Lernfeld Bautechnik

Zimmerer

Fachstufen

Von
Balder Batran
Herbert Bläsi
Volker Frey
Gerd Hillberger
Michael Kässer
Dr. Klaus Köhler
Bernd Schaaf

11., überarbeitete Auflage

Mit vielen Beispielen, projektbezogenen
und handlungsorientierten Aufgaben sowie zahlreichen
mehrfarbigen Abbildungen

HANDWERK UND TECHNIK – HAMBURG

VORWORT

Der aktuelle Rahmenlehrplan und die Ausbildungsverordnung für Zimmerer erfordern ein Unterrichtswerk, welches Lehrern und Schülern eine Hilfe für **ganzheitliches und schüleraktives Lernen** bietet.

Vorliegendes Werk erfüllt diese Forderung in besonderem Maße.

Das Werk baut auf die sechs Lernfelder der Grundstufe (1. Ausbildungsjahr) auf und deckt mit den Lernfeldern sieben bis achtzehn den Lehrstoff der Fachstufen des Zimmerers (2. und 3. Ausbildungsjahr) ab.

Inhaltlich hält sich somit das Werk an die Vorgaben des Bundesrahmenlehrplans und ist dadurch für die Stoffauswahl eine **ideale Orientierungshilfe** für den Lehrer. Durch die **Projektorientierung** und die didaktisch-methodische Aufbereitung der Inhalte eignet sich das Werk hervorragend für **selbstständiges, eigenverantwortliches Lernen** und führt die Schüler zunehmend in die **Selbststeuerung ihrer Lernprozesse** ein.

Bei der Gestaltung wurde auf Bewährtes zurückgegriffen. Besondere Sorgfalt wurde auch hier der **Veranschaulichung** durch die zahlreichen farbigen Zeichnungen und Fotos gewidmet. Außerdem wird durch **eine schülerangemessene und sehr anschauliche Sprache** ein Beitrag geleistet, der die **Erfolgschancen** vergrößert und damit die **Motivation** der Lernenden verstärkt.

Für **Anregungen** und **Hinweise**, die zur Weiterentwicklung des Werkes beitragen können, sind Verfasser und Verlag jederzeit dankbar. Sie erreichen uns gerne direkt per E-Mail unter **bau@handwerk-technik.de.**

VORWORT ZUR 11. AUFLAGE

Auch diese Neuauflage wurde genutzt, das Werk im Hinblick auf die **aktuellen Entwicklungen von Technik und Normung** in Wort und Bild auf dem neuesten Stand zu halten.

Ein großer Teil der Verbesserungen ist auf den ständigen, intensiven Dialog mit den Nutzern zurückzuführen.

Zu diesem Werk sind auch **Arbeitsblätter** erhältlich (Bestellnr. HT35161 und HT35162), die in Verbindung mit dem Buch einen großen Beitrag zu **selbstständigem** und **eigenverantwortlichem Lernen** leisten.

Stuttgart, im Frühjahr 2023 — Die Verfasser

Verfasser und Verlag danken den Herren Dr. Gunnar Kleist und Dr. Uwe Noldt für ihre Mithilfe bei der Gestaltung des Lernfeldes 17, für das sie teilweise die Texte verfasst und einen Teil der Bilder zur Verfügung gestellt haben.

ISBN 978-3-582-13616-9 Best.-Nr. 3516

Verlag Handwerk und Technik GmbH, Lademannbogen 135, 22339 Hamburg; Postfach 63 05 00, 22331 Hamburg – 2023
E-Mail: bau@handwerk-technik.de – Internet: www.handwerk-technik.de

Satz: CMS – Cross Media Solutions GmbH, 97082 Würzburg
Druck und Bindung: Himmer GmbH Druckerei und Verlag, 86167 Augsburg

Das Projekt

Der Werkstoff Holz

Die Lernfelder

Lernfeld 8: Errichten einer tragenden Holzwand

Lernfeld 9: Einziehen einer leichten Trennwand

Lernfeld 10: Einbauen einer Holzbalkendecke

Lernfeld 11: Herstellen einer geraden Holztreppe

Das Projekt

Im Folgenden wird das Projekt, ein Einfamilienwohnhaus in Holzbauweise, vorgestellt.
Das Projekt steht im Mittelpunkt der 12 Lernfelder. Viele Lerninhalte werden am Beispiel des Projektes erarbeitet.
Es wird auch aufgezeigt, wie man projektbezogen arbeitet und was man in den einzelnen Lernfeldern am Projekt lernt.

Das Projekt in Skelettbauweise
(Ebenso wäre auch eine andere Bauweise wie z. B. Fachwerk- oder Rahmenbauweise möglich.)

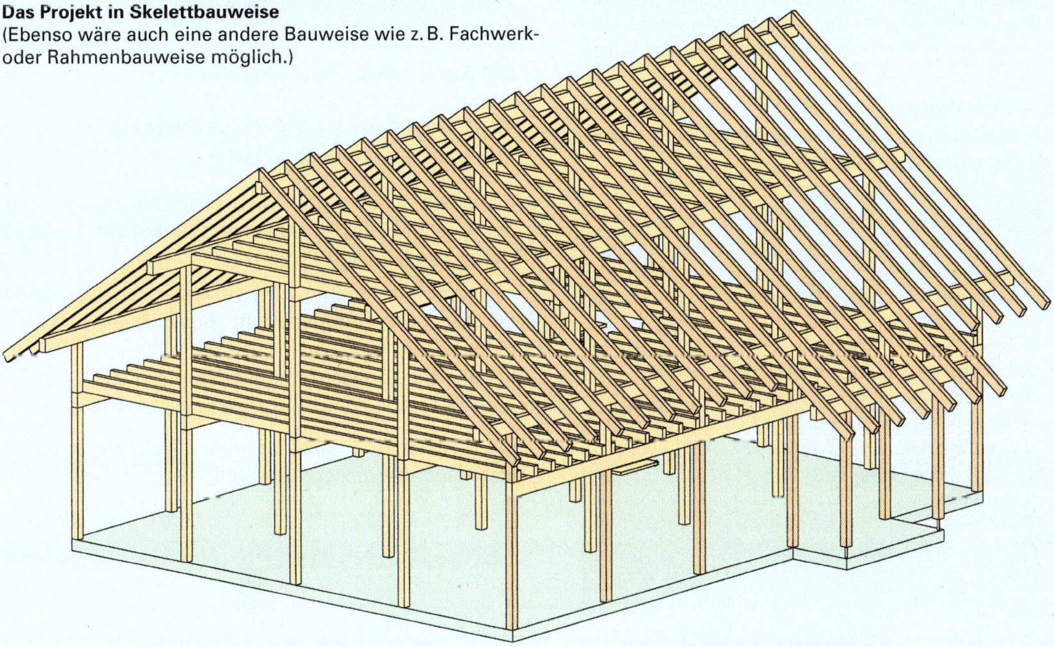

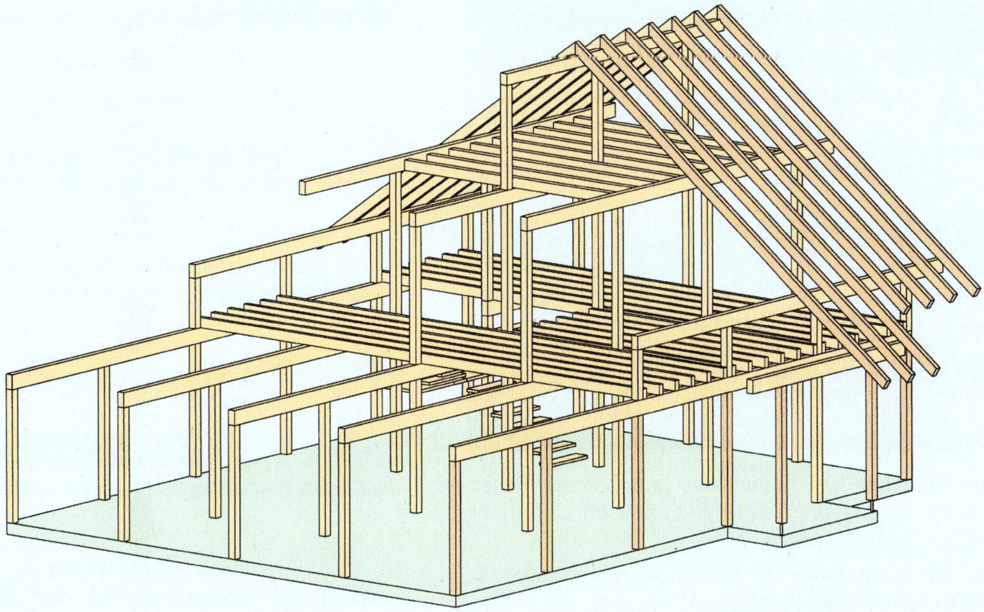

Was ist ein Projekt?

Im vorliegenden Buch werden viele Lerninhalte am Beispiel eines Einfamilienwohnhauses in Holzbauweise dargestellt.

Dies soll

- den **Praxisbezug,**
- den **Wirklichkeitsbezug,**
- die **Anschaulichkeit** und
- das **Interesse** am Lernen herstellen und fördern.

Das Einfamilienwohnhaus steht im Mittelpunkt von 12 Lernfeldern, die auf die 6 Lernfelder der Grundstufe aufbauen. Das Lernen an einem solchen Beispiel wird als projektbezogenes Lernen bezeichnet, wobei das im Mittelpunkt des Lernens stehende Einfamilienwohnhaus auch als **Projekt** bezeichnet wird.

In den 12 Lernfeldern werden die Lerninhalte des zweiten und dritten Ausbildungsjahres (= Fachstufen) des Zimmerers erarbeitet.

	Lernfeld 7	Abbinden und Richten eines Satteldaches
	Lernfeld 8	Errichten einer tragenden Holzwand
	Lernfeld 9	Einziehen einer leichten Trennwand
	Lernfeld 10	Einbauen einer Holzbalkendecke
	Lernfeld 11	Herstellen einer geraden Holztreppe
	Lernfeld 12	Schiften am gleich geneigten Walmdach
	Lernfeld 13	Schiften am ungleich geneigten Walmdach
	Lernfeld 14	Einbauen einer Gaube und eines Dachflächenfensters
	Lernfeld 15	Fertigen eines Hallenbinders
	Lernfeld 16	Konstruieren einer gewendelten Holztreppe
	Lernfeld 17	Sanieren eines Fachwerkhauses
	Lernfeld 18	Warten eines Niedrigenergiehauses

Die **Aufgaben** am Ende eines jeden Lernschrittes können bei entsprechender Mitarbeit im Unterricht selbstständig gelöst werden.

Zu den wichtigsten Lernfeldern werden auch **projektbezogene Aufgaben** angeboten, die in Partnerarbeit oder Gruppenarbeit zu bearbeiten sind.

Das Projekt, ein Einfamilienwohnhaus, steht im Mittelpunkt eines jeden Lernfeldes. Viele Lerninhalte werden am Beispiel des Projektes dargeboten.

Das Projekt – Einfamilienwohnhaus

Wie werden projektbezogene Aufgaben bearbeitet?

Zu jedem Kapitel sind auch projektbezogene Aufgaben gestellt. Diese sollen und können die **berufliche Handlungsfähigkeit** fördern.

Für projektbezogenes Lernen eignet sich besonders **Partner-** oder **Gruppenarbeit**. Bei Partner- und Gruppenarbeiten können sich die Lernenden gegenseitig helfen, sie können miteinander diskutieren, und sie können füreinander Verantwortung übernehmen.

Beim Lösen der projektbezogenen Aufgaben empfiehlt sich folgende Vorgehensweise:

wir klären das **Ziel**

↓

wir **informieren** uns

↓

wir **planen** die Arbeit
bzw.
wir **überlegen** Lösungswege

↓

wir **entscheiden** uns für eine Lösung

↓

wir **führen** die Arbeit **aus**
bzw.
wir **lösen** die Aufgaben
und **prüfen** das Ergebnis

↓

wir **beurteilen** die Arbeit

Vorgehensweise bei der Lösung projektbezogener Aufgaben

Projektbeschreibung

Beim Projekt handelt es sich um ein Einfamilienwohnhaus in Holzbauweise. Es besteht aus einem Erdgeschoss und aus einem ausgebauten Dachgeschoss.

Im Erdgeschoss befinden sich Wohn- und Arbeitsräume, im Dachgeschoss die Schlafräume.

Auf den folgenden Seiten ist das Projekt in Holzskelettbauweise dargestellt. Ebenso wäre das Einfamilienwohnhaus auch in anderen Bauweisen, z. B. in **Fachwerkbauweise** oder **Rahmenbauweise**, möglich.

Im Folgenden ist der Erdgeschossgrundriss dargestellt.

Das Skelett ist im Raster von 2,50 m/2,50 m angeordnet. Die Treppe in das Dachgeschoss ist zweiläufig und besitzt ein Podest. Andere Treppenformen wären in diesem Treppenraum auch möglich. Innerhalb des Rasters ist die Grundrissgestaltung variabel; d. h. zwischen den Stützen können beliebig Wände eingezogen werden.

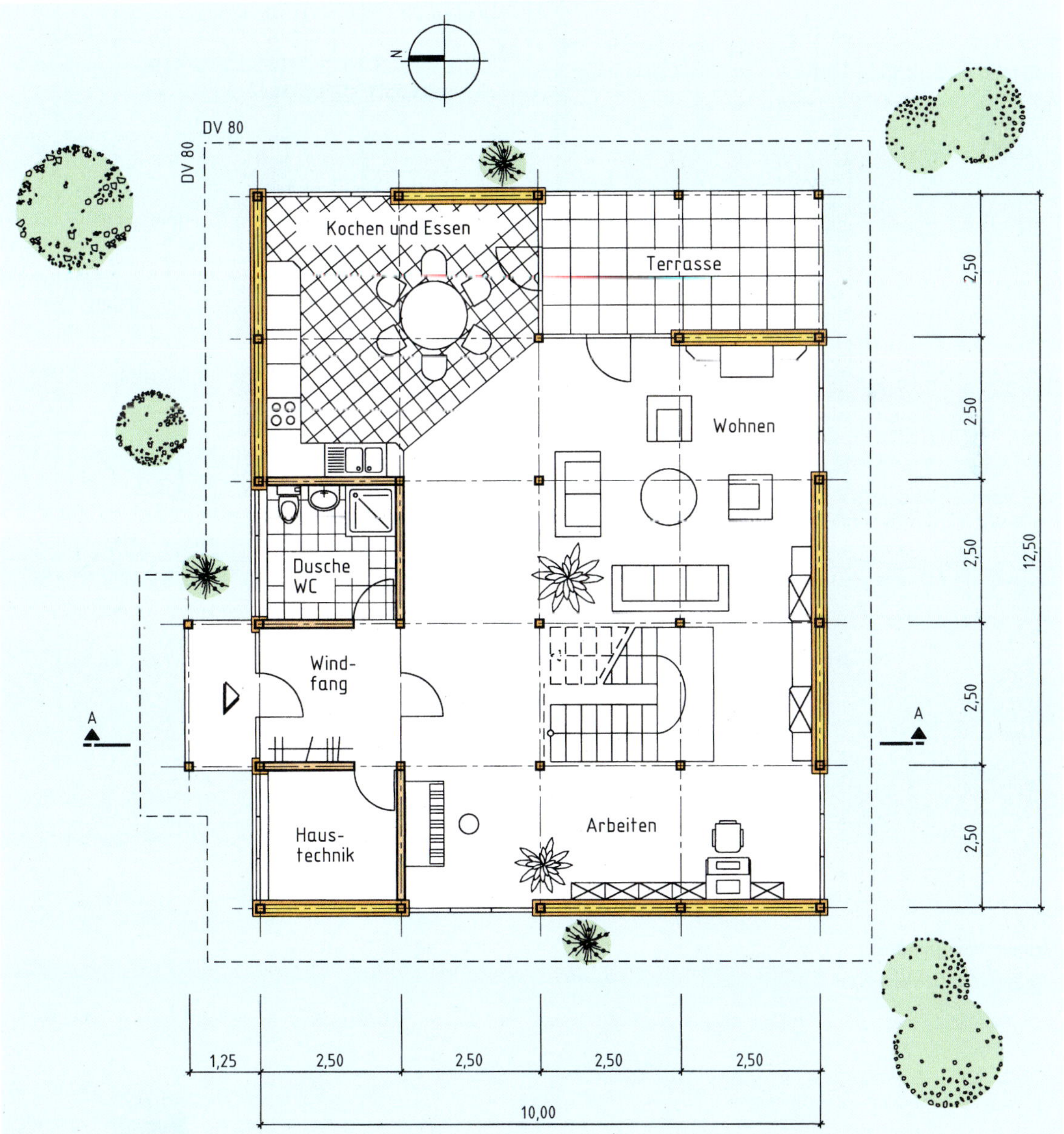

Erdgeschossgrundriss

Im Dachgeschoss befinden sich das Elternschlafzimmer, zwei Kinderzimmer, ein Abstellraum und ein Bad mit WC. In der Südostecke befindet sich ein Balkon. Die Belichtung der Räume erfolgt durch Giebelfenster und Dachflächenfenster. Ebenso wären auch Dachgauben möglich.

Das Dach hat die Form eines Satteldaches. Andere Dachformen, wie z. B. Krüppelwalmdach oder Pultdach, wären unter Umständen auch möglich. Würde man auf den Balkon verzichten, so wäre auch ein Walmdach denkbar.

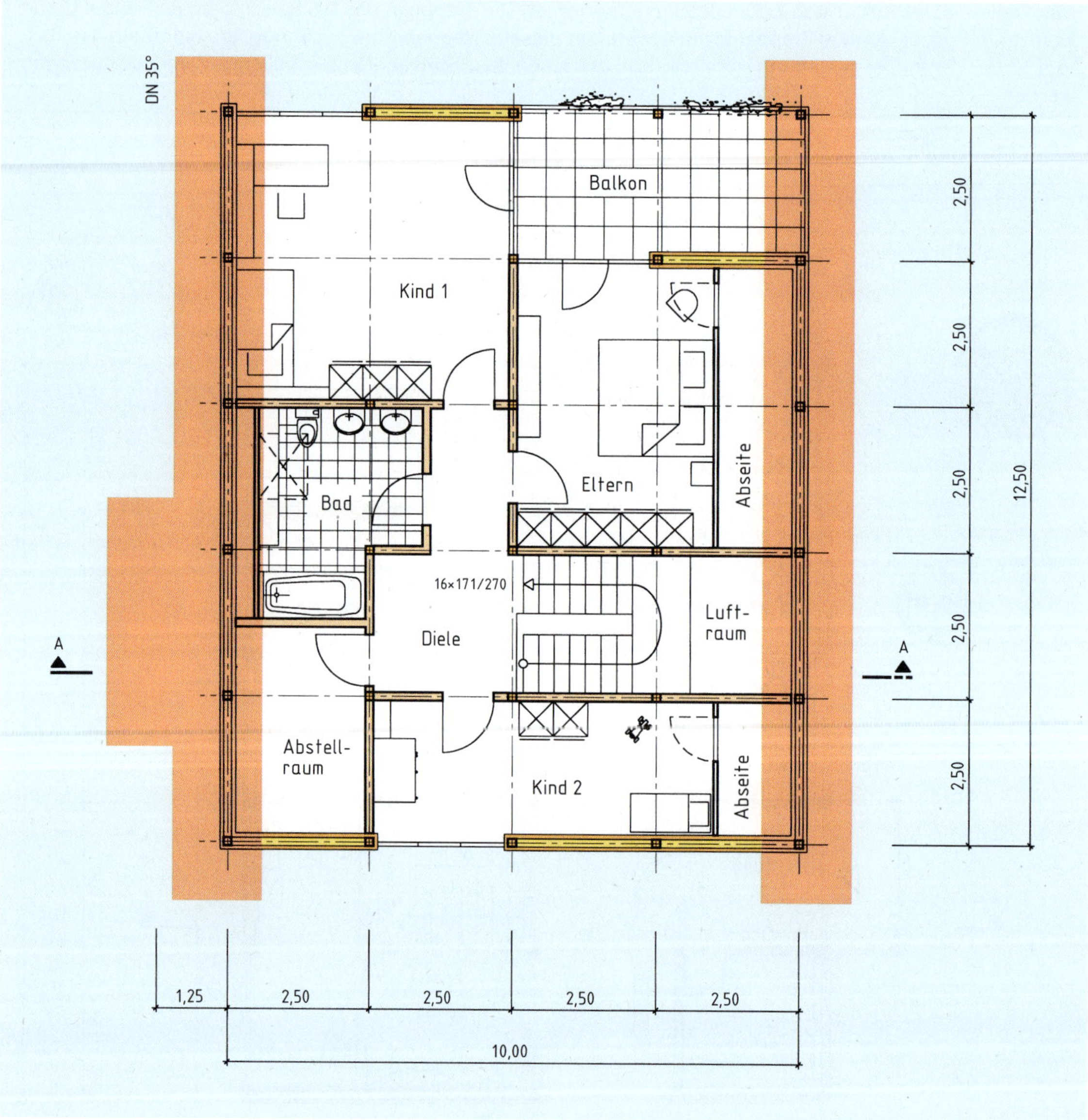

Dachgeschossgrundriss

Die Geschosshöhe beträgt im Erdgeschoss 2,75 m, im Dachgeschoss 2,625 m. Zur besseren Nutzung des Dachgeschosses ist ein Kniestock vorgesehen.

Zusätzlich sind hier weitere Möglichkeiten, wie z. B. eine Dachgaube, verschiedene Treppenformen oder ein mögliches Untergeschoss, dargestellt.

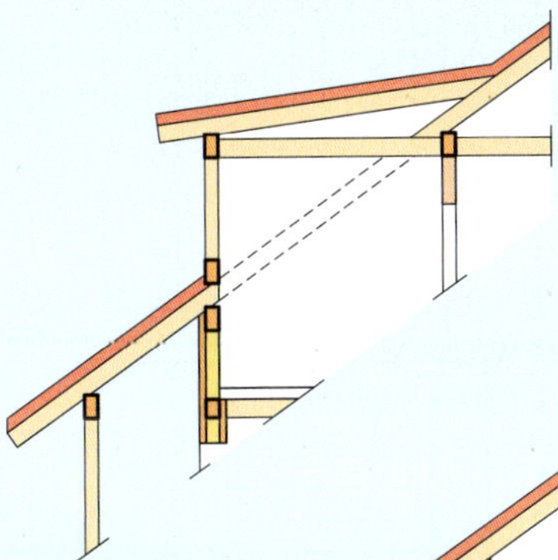

Schleppdachgaube

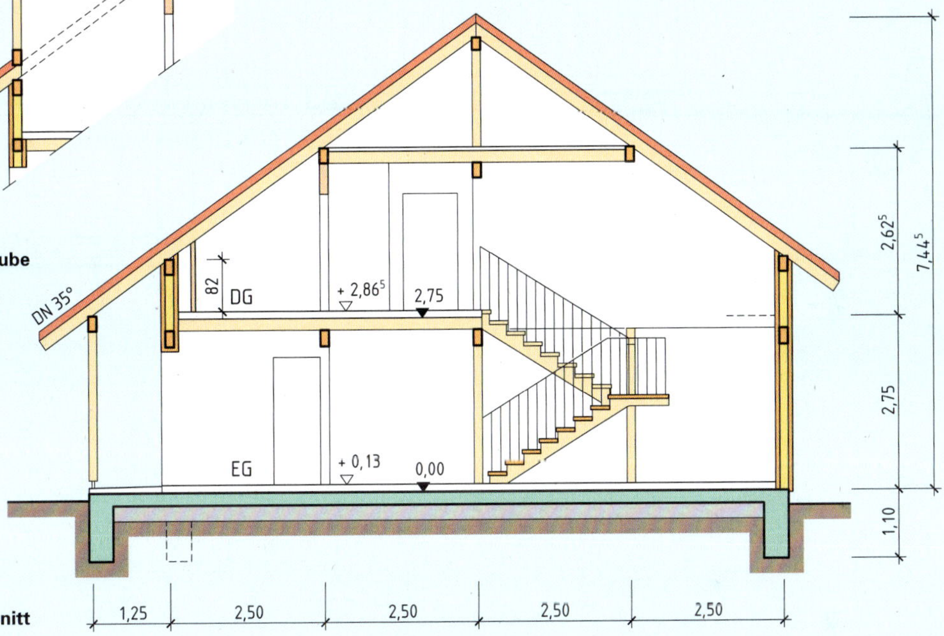

Schnitt

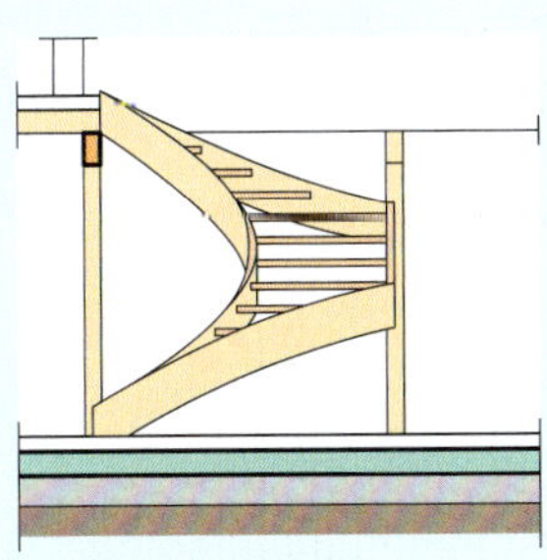

Gewendelte Treppe

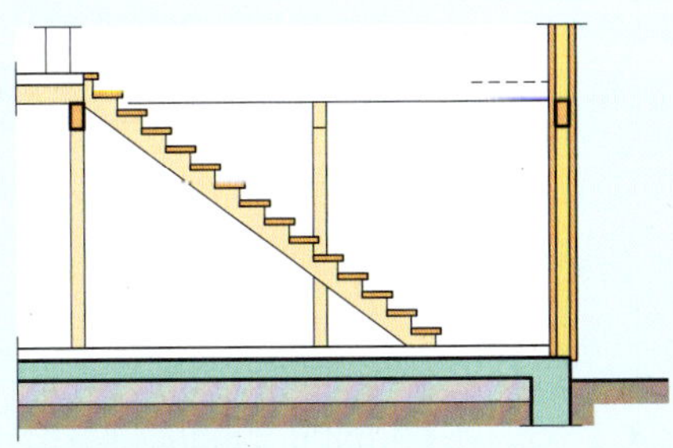

Einläufige Treppe

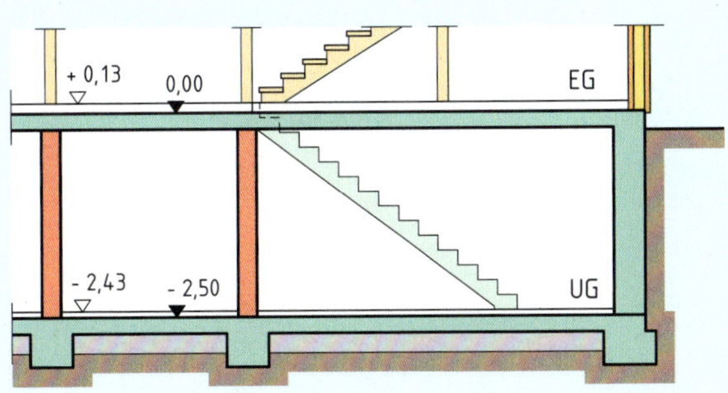

Untergeschoss mit einläufiger gerader Stahlbetontreppe

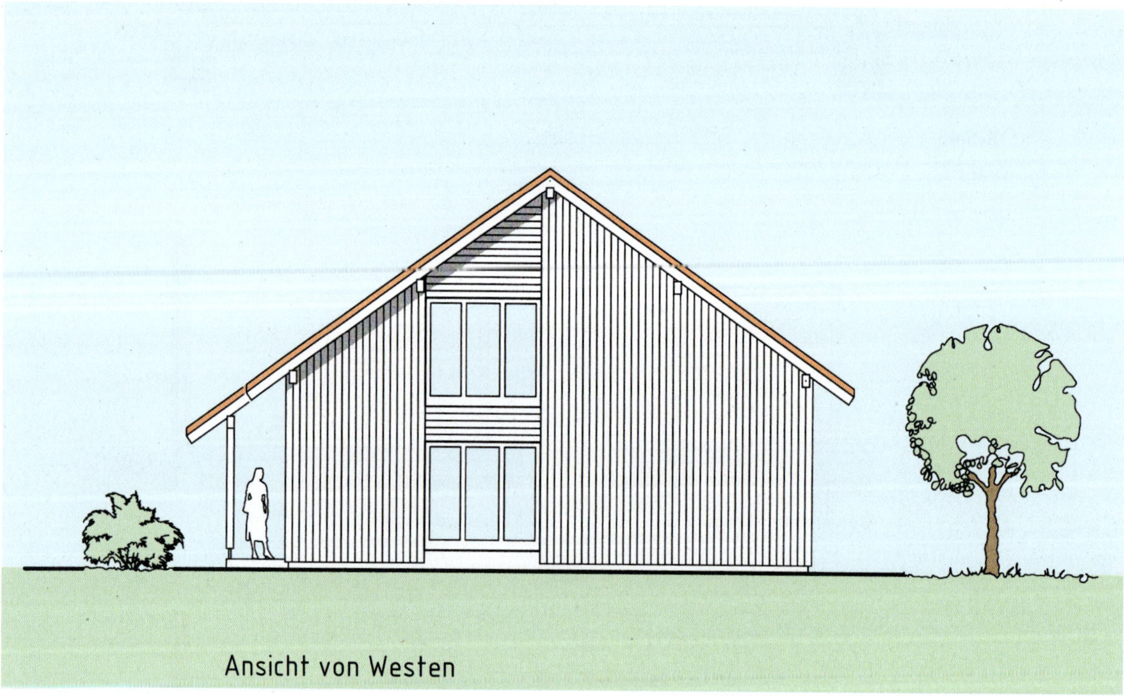

Ansichten

Ansichten

Was wir im Einzelnen am Projekt lernen werden

(Die Lernfelder 1 ... 6 wurden bereits in der Grundstufe behandelt.)

Das Lernfeld 7 – Abbinden und Richten eines Satteldaches

Wir lernen, für den Grundriss unseres Projektes verschiedene Dachkonstruktionen zu vergleichen und deren Tragverhalten zu beurteilen. Wir entscheiden uns für eine zweckmäßige Dachkonstruktion und legen unter Berücksichtigung der Dachdeckung die Sparrenlage und Sparrenlänge fest.
Wir erwerben uns Kenntnisse über den Holzschutz und den Brandschutz. Wir beschreiben den Arbeitsablauf beim Abbinden und Richten und bedenken den Einsatz und die Wartung der Maschinen.
Wir ermitteln zeichnerisch und rechnerisch die Abbundmaße, erstellen Holzlisten und stellen wichtige Details zeichnerisch dar.

Satteldach

Das Lernfeld 8 – Errichten einer tragenden Holzwand

Wir lernen, für unser Projekt die verschiedenen Konstruktionsarten zu vergleichen und erarbeiten die Anforderungen an tragende Wände. Aus diesem Verständnis heraus wählen, begründen und zeichnen wir funktionale Wandaufbauten.
Wir berücksichtigen die Gesichtspunkte der Energieeinsparung und wir lernen, durch qualitätssichernde Maßnahmen Bauschäden zu vermeiden.
Wir wollen Verständnis für erhaltenswerte Fachwerkhäuser entwickeln und uns über die Entwicklung des Holzbaus informieren.

Holzwand

Das Lernfeld 9 – Einziehen einer leichten Trennwand

Wir lernen, nichttragende leichte Trennwände einschließlich ihrer Unterkonstruktionen herzustellen und entscheiden uns für die Baustoffe der Dämmung und Beplankung. Die bauphysikalischen Anforderungen werden dabei berücksichtigt, und wir legen Wert auf systemgerechte Wand-, Decken- und Fußbodenanschlüsse.
Auf der Grundlage selbst erstellter Zeichnungen berechnen wir den Materialbedarf.

Leichte Trennwand

Das Lernfeld 10 – Einbauen einer Holzbalkendecke

Wir lernen, für unser Projekt die Konstruktion einer Holzbalkendecke auszuwählen; dafür bestimmen wir die Holzart, teilen die Balkenlage ein und stellen sie isometrisch dar.
Wir lernen die Einflussgrößen auf die Balkenquerschnitte kennen und legen den Decken- und Fußbodenaufbau fest. Für unser Projekt planen wir die Herstellung eines Flachdaches.
Wir berechnen die Auflagerkräfte an den Balken und führen Kostenberechnungen durch.

Holzbalkendecke

Das Lernfeld 11 – Herstellen einer geraden Holztreppe

Wir lernen, für unser Projekt eine einläufige gerade Holztreppe mit aufgesattelten Trittstufen unter Berücksichtigung der technischen Regeln zu planen und zu konstruieren.
Wir entscheiden uns für eine Holzart und deren Oberflächenbehandlung nicht nur unter konstruktiven, sondern auch unter ästhetischen Gesichtspunkten.
Für ein eventuelles Untergeschoss unseres Projektes stellen wir die Schalungskonstruktion einer einläufigen geraden Stahlbetontreppe dar.

Gerade Treppe

Das Lernfeld 12 – Schiften am gleich geneigten Walmdach

Wir lernen, Dachlinien und Dachflächen für ein Walmdach mit gleichen Dachneigungen zu bestimmen. Wir ermitteln dabei die erforderlichen Maße zum Anreißen des Gratsparrens und der Schifter sowohl rechnerisch wie auch zeichnerisch.
Für die Traufe und den First lernen wir Ausführungsvarianten kennen und stellen diese zeichnerisch dar.

Gleich geneigtes Walmdach

Das Lernfeld 13 – Schiften am ungleich geneigten Walmdach

Wir lernen, die Konstruktion für ein Walmdach mit ungleichen Dachneigungen über einem zusammengesetzten Grundriss zu entwickeln. Wir bestimmen die Dachlinien und Dachflächen für das Haupt- und Nebendach. Wir fertigen Grundrisse und Dachprofile an und erarbeiten uns für das Austragen, Anreißen und Ausarbeiten von Grat-, Kehl- und Schiftersparren die notwendigen Kenntnisse.
Wir planen den Arbeitsablauf für das Abbinden und Richten des Daches, und wir berücksichtigen den Einsatz, die Bedienung und die Wartung von Holzbearbeitungsmaschinen.
Wir lernen den vorschriftsmäßigen Aufbau von Dachfanggerüsten kennen.

Ungleich geneigte Dachflächen

Das Lernfeld 14 – Einbauen einer Gaube und eines Dachflächenfensters

Wir lernen, die verschiedenen Dachgauben nach ihrer Form und Konstruktion zu unterscheiden und planen den Einbau einer Gaube in das Dach unseres Projektes. Besondere Beachtung finden die Dachanschlüsse. Für unser Projekt wählen wir Dachflächenfenster aus und lernen, sie unter Berücksichtigung der Einbauvorschriften einzubauen.
Mithilfe selbst gefertigter Aufmaßskizzen erstellen wir ein Aufmaß und berechnen die Massen nach VOB.

Dachgauben

Das Lernfeld 15 – Fertigen eines Hallenbinders

Wir lernen die Vorteile von Hallenbindern kennen und vergleichen deren Merkmale. Wir entwerfen einen Fachwerkbinder und erkennen bei ihm die Zug-, Druck- und Nullstäbe. Wir konstruieren die Knotenpunkte und ordnen die Verbindungsmittel an.
Den Zusammenhang zwischen Spannweite und Binderhöhe berücksichtigen wir, und wir erkennen die Notwendigkeit von Windverbänden.

Hallenbinder

Das Lernfeld 16 – Konstruieren einer gewendelten Holztreppe

Wir lernen, für unser Projekt eine gewendelte Treppe zu planen und zu konstruieren. Unter Beachtung der Konstruktionsregeln und des Steigungsverhältnisses lernen wir, die Stufen der Treppe zeichnerisch und rechnerisch zu verziehen.
Wir stellen die Treppe im Grundriss sowie die Abwicklung von Wangen zeichnerisch dar.

Gewendelte Treppe

Das Lernfeld 17 – Sanieren eines Fachwerkhauses

Wir lernen, eine Fachwerkkonstruktion auf Schäden zu untersuchen, diese zu dokumentieren und mögliche Ursachen zu ermitteln. Wir entscheiden uns für Möglichkeiten zur Schadensbegrenzung und legen die Art und den Umfang der Instandsetzung fest. Hierbei lernen wir auch, die notwendigen Sicherungsmaßnahmen wie Abfangungen und Arbeitsgerüste zu berücksichtigen.
Wir lernen bauliche Holzschutzmaßnahmen sowie solche mit Holzschutzmitteln kennen und legen fest, wie Gefahrenstoffe sicher gelagert und entsorgt werden.
Wir skizzieren die instandzusetzenden Knotenpunkte und erstellen dazu Ausführungszeichnungen.

Instandsetzen eines Fachwerks

Das Lernfeld 18 – Warten eines Niedrigenergiehauses

Wir lernen am Beispiel unseres Projektes als Niedrigenergiehaus, die Bauteile hinsichtlich der erforderlichen Pflege- und Wartungsmaßnahmen zu prüfen.
Neben der Instandsetzung der Oberflächenbeschichtung der hölzernen Außenfassade lernen wir auch, die bauphysikalischen Eigenschaften eines Niedrigenergiehauses zu erhalten. In diesem Zusammenhang sollen für geplante Nutzungsänderungen oder geringfügige Umbauten Empfehlungen gegeben werden, wie insbesondere die Winddichtigkeit der Außenbauteile erhalten wird.
Als Nachweis für die werterhaltenden Pflegemaßnahmen werden die vorgenommenen Arbeiten dokumentiert.

Niedrigenergiehaus

Der Werkstoff Holz

Holz ist ein faszinierender Baustoff, der viele Vorteile in sich vereinigt. Besonders hervorzuheben sind seine Ökobilanz, die Umweltverträglichkeit, die einfache Bearbeitung und – bei nachhaltiger Forstwirtschaft – die unbegrenzte Verfügbarkeit. Holz als Naturprodukt ist aber auch Qualitätsschwankungen unterworfen, muss vor Schäden durch Organismen geschützt werden und hat durch seine Mikrostruktur charakteristische mechanische Eigenschaften. Der Zimmerer, der täglich mit diesem Baustoff umgeht, muss die Zusammenhänge kennen und das Material beurteilen können.

Die Bedeutung des Waldes

Der Wald als Ökosystem hat sowohl die Funktion als Wasserspeicher und Sauerstoffversorger als auch wirtschaftliche Bedeutung als Holzlieferant. Dabei wachsen etwa 60 Millionen m^3/a in Deutschland, von denen etwa ⅔, also 40 Millionen m^3/a genutzt werden. Jeder m^3 Holz, der nicht verfeuert oder dem natürlichen Verfall der Fäulnis preisgegeben wird, sondern als verbautes Holz viele Jahre überdauert, speichert etwa 1 t CO_2. Holzbau ist somit aktiver Umweltschutz. Die Bäume in Deutschland entnehmen der Atmosphäre in jeder Sekunde 2,5 t CO_2, produzieren daraus Holz und geben 1,8 t O_2 an die Umgebung ab. Darüber hinaus hat der Wald auch als Erholungsort für Menschen und Rückzugsgebiet für Tiere großen Wert. Bäume sorgen außerdem für ein ausgeglichenes Klima: Eine ausgewachsene Eiche beispielsweise verdunstet bis zu 1500 l Wasser pro Tag, filtert Schadstoffe aus der Luft und spendet Schatten. Besonders in alpinen Regionen dient der Wald als Bannwald zum Schutz vor Lawinen. Auch die Bodenerosion wird durch das Wurzelwerk der Bäume verhindert.

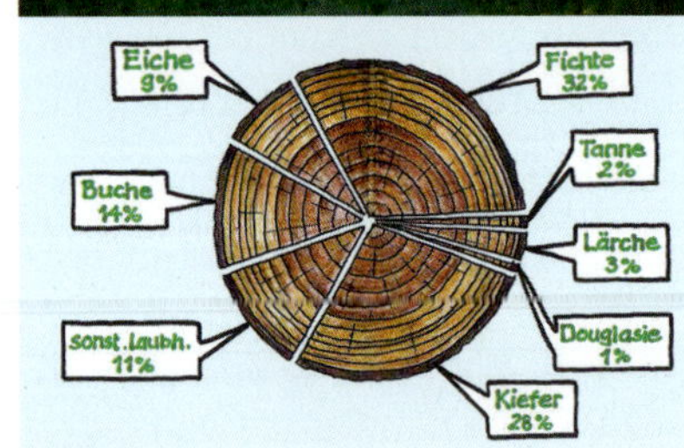

Anteil der Baumarten am deutschen Wald

Holz als Baustoff

Holz wurde schon sehr früh in der Kulturgeschichte des Menschen als Baustoff eingesetzt. Es ist leicht zu beschaffen und zu bearbeiten und da es nachwächst, steht es bei vernünftiger Waldwirtschaft in ausreichendem Maß zur Verfügung. Darüber hinaus hat Holz noch eine Reihe weiterer herausragender Eigenschaften: Es besitzt, bezogen auf seine geringe Dichte, eine große Festigkeit, hat ein günstiges Brandverhalten, ist biologisch zu hundert Prozent abbaubar und ungiftig. Es kann Wasser aufnehmen und abgeben und wirkt in Innenräumen feuchteregulierend. Im Vergleich zu anderen Baustoffen hat Holz eine überaus günstige Ökobilanz.

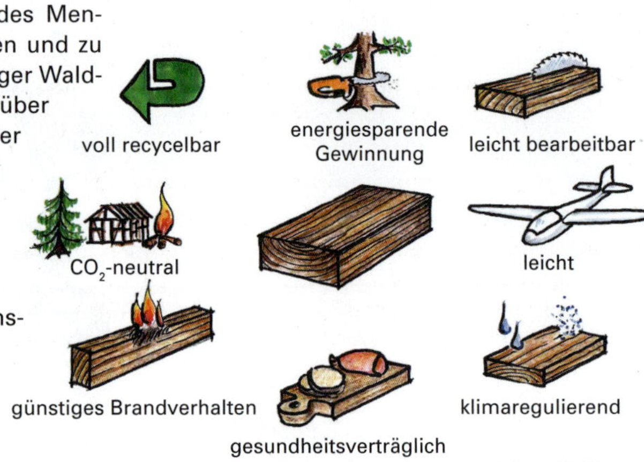

Holz als Baustoff

Wachstum des Holzes

Der Stammquerschnitt umfasst von außen nach innen die Borke, die Bastregion, das Kambium, den Splint und den Kern. Im Splintholz steigt das Wasser aus der Erde mit darin gelösten Nährsalzen auf. Sowohl der Sog durch die Verdunstung aus den Blättern als auch Kapillarkräfte sorgen dafür, dass Wasser in den Blättern bzw. Nadeln zur Verfügung steht. Dort geschieht die Fotosynthese, das heißt, dass unter Lichteinwirkung mithilfe des Blattgrüns (Chlorophyll) Wasser und Kohlendioxid aus der Luft in Sauerstoff und Zucker umgewandelt werden. Daraus bildet der Baum dann Cellulose und Lignin, die Hauptbestandteile des Holzes. In der Bastschicht werden die Aufbaustoffe (Zucker) zum Kambium geleitet, die Dickenwachstumsschicht. Hier werden nach innen durch Zellteilung neue Holzzellen gebildet, nach außen neue Bastzellen. Im Laufe der Zeit verkernen die inneren Splintholzzellen, Harze, Fette und Gerbstoffe werden eingelagert, was bei Farbkernhölzern zu einer Vorfärbung führt (Kiefer, Eiche usw.). Der so entstandene Kern dient nun nicht mehr zur Saftleitung, sondern als Stütze des Baumes. Sein Holz ist schwerer, härter und resistenter gegen Schädlingsbefall. Das Längenwachstum geschieht in den Triebknospen des Stammes und der Zweige.

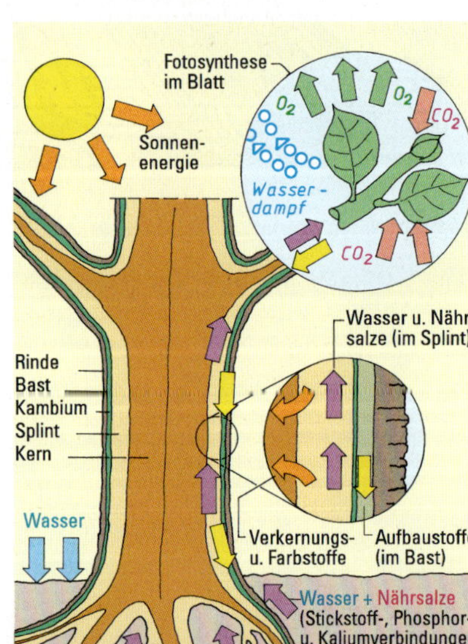

Nahrungshaushalt des Baumes

> Der Baum stellt seine Aufbaustoffe (Zucker) aus Wasser (H_2O) und Kohlendioxid (CO_2) her und gibt dabei Sauerstoff ab (Fotosynthese).

Chemischer Aufbau des Holzes

Holz besteht hauptsächlich aus den Elementen Sauerstoff, Wasserstoff, Kohlenstoff und Stickstoff. Dabei sorgt der Kohlenstoff bei der Verbrennung für die Schwarzfärbung, übrig bleibt Asche, die aus den im Holz gebundenen Mineralien besteht. Das beim Wachstum des Baumes gespeicherte Kohlendioxid wird bei der Verbrennung wieder frei. Die Holzsubstanz besteht im Wesentlichen aus Cellulose und Lignin. Dabei verhält sich die langfaserige Cellulose wie der Stahl im Stahlbeton: Sie sorgt für die Zugfestigkeit, das Lignin für die Druckfestigkeit (ähnlich dem Beton).

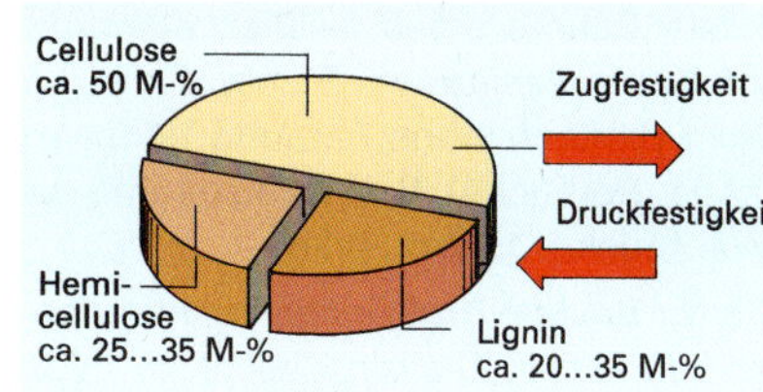

Anteile der Holzbestandteile

Mikroskopischer Aufbau des Holzes

Betrachtet man den Stammquerschnitt eines Baumes, so erkennt man Jahrringe. Sie entstehen durch den Wechsel von Früh- und Spätholzzellen. Erst der Blick durchs Mikroskop lässt die Unterschiede erkennen: Die im Frühjahr und Frühsommer gebildeten Frühholzzellen sind dünnwandig und weiträumig, die im Spätsommer gewachsenen Zellen hingegen haben dicke Zellwände und enge Hohlräume (Spätholz).

Je nach Funktion werden unterschieden:

Stützzellen als Hauptmasse des Holzes, die als langgezogene, längenversetzte Zellen dem Holz die Festigkeit geben.

Leitzellen, die als hintereinanderliegende, in Verbindung stehende Zellen für die Leitung des Wassers sorgen.

Speicherzellen, die hauptsächlich als Markstrahlen quer zur Faserrichtung liegen und der Speicherung von Aufbaustoffen dienen.

Nadelhölzer bestehen aus nur einer Zellart, den Tracheiden, die alle Funktionen erfüllen. Bei Laubhölzern sind als Leitzellen oder Poren auch sogenannte Tracheen vorhanden. Bei der Esche als grobporigem Holz sind sie mit dem bloßen Auge erkennbar, bei feinporigen Hölzern wie der Buche nur durchs Mikroskop.

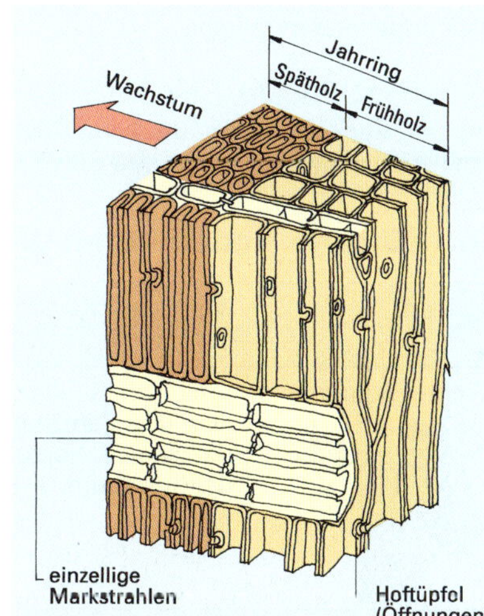

Frühholz	große, dünnwandige Zellen
Spätholz	kleine, dickwandige Zellen
Markstrahlen	einzellig; Aussteifung

Schematische Darstellung von Nadelholzzellen

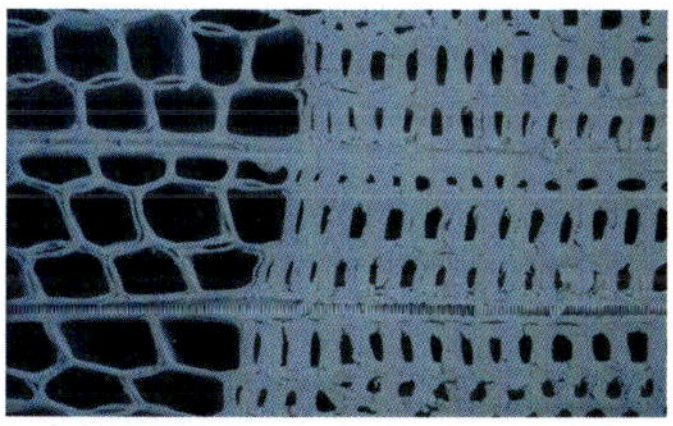

Mikroskopische Aufnahme eines Nadelholzes im Querschnitt. Links Früh-, rechts Spätholz, quer verlaufende Zellen der Markstrahlen.

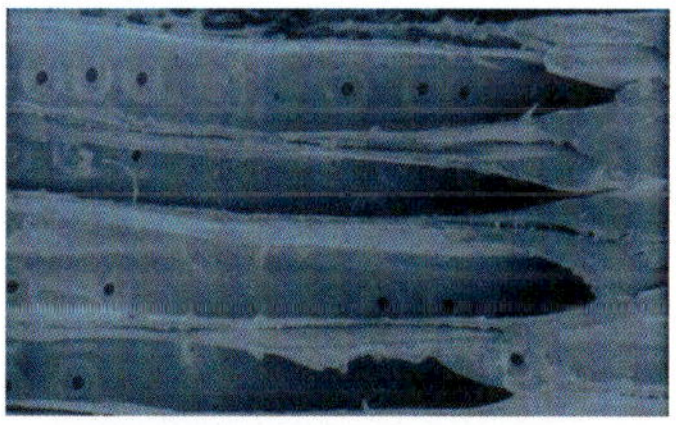

Nadelholz im Längsschnitt. Deutlich sichtbar die Verbindungsöffnungen unter den Zellen, die Tüpfel.

Nadelholz im Querschnitt. Ein Riss trennt die Spätholzzellen voneinander, während im Frühholz die Zellwände zerstört werden

Makroskopischer Aufbau des Holzes

Man unterscheidet drei **Hauptschnittrichtungen** am Holz, den Quer-, Radial- und Tangentialschnitt. Wird das Holz **quer** zur Faserrichtung eingeschnitten, so erkennt man mit bloßem Auge die Jahrringe, die Markstrahlen und die gröberen Schichten wie Rinde, Splint und Kern. Im Zentrum verläuft die Markröhre. Beim **Radialschnitt** wird die Markröhre angeschnitten, die Jahrringe sind als parallele Streifen erkennbar. Man nennt diese Art auch Spiegelschnitt, weil die parallel angeschnittenen Markstrahlen leicht spiegelnd erscheinen (besonders bei der Eiche). Der **Tangentialschnitt** trennt das Holz außerhalb der Mitte in Längsrichtung. Die Jahrringe erscheinen je nach Lage des Schnittes breiter und durch die Abholzigkeit in schuppenartiger Ausprägung (Fladerung).

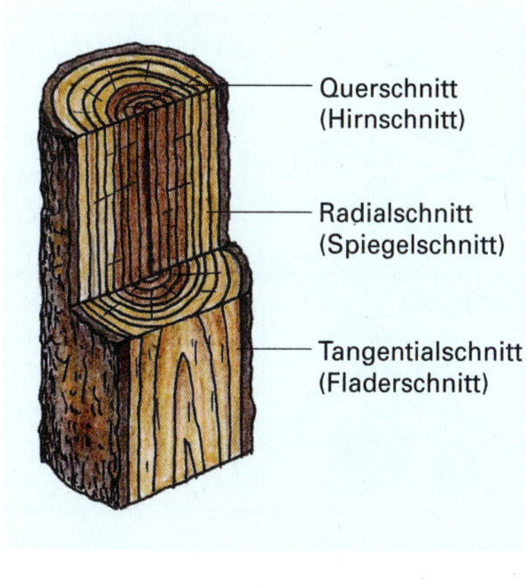

Haben Bäume einen farblich erkennbaren Kern, so spricht man von **Kernholzbäumen** (Eiche, Kiefer, Lärche), Bäume mit verkerntem Splintholz ohne Färbung nennt man **Reifholzbäume** (Fichte, Tanne, Rotbuche). **Splintholzbäume** weisen keine Verkernung auf (Weißbuche, Ahorn, Birke).

Die für **Baukonstruktionen** wichtigsten Holzarten sind Fichte, Tanne und Kiefer. Sie sind leicht zu bearbeiten, schnell nachwachsend und haben eine ausreichende Festigkeit. Im **Innenausbau**, besonders im Treppen- und Möbelbau, kommen auch Laubhölzer zur Anwendung. Wegen ihrer großen Härte sind Eiche und Buche als Treppenstufen beliebt.

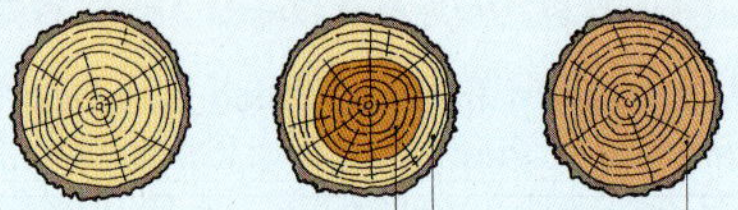

Splintholzbaum	Kernholzbaum	Reifholzbaum
Weißbuche Ahorn Birke	Kiefer Lärche Eiche	Fichte Tanne Rotbuche

Baumarten nach Splint- und Kernholzanteil

Je nach Schnittart zeigt sich die Holzmaserung anders. Nadelhölzer eignen sich für Baukonstruktionen, Laubhölzer finden eher im Innenausbau Verwendung.

Europäische Nadelbäume und Laubbäume

Holzart	Besondere Kennzeichen des Holzes	Eigenschaften des Holzes [1]	Verwendung
Fichte (Rottanne) 	rötlich weiß glänzend, deutliche Jahrringe, Harzkanäle, Harzgallen; Reifholzbaum	Rohdichte 470 kg/m³; weich bis mittelhart, gut zu bearbeiten, hohe Elastizität und Tragfähigkeit, im Trockenen dauerhaft, leicht entflammbar	als Bauholz für Betonschalungen, Gerüste, Dachstühle; Balken, Kanthölzer, Bretter, Bohlen und Latten; Bauteile im Gebäude
Tanne (Weißtanne) 	gelblich weiß, matt und nicht glänzend, keine Harzgänge, langfaserig; Reifholzbaum	Rohdichte 450 kg/m³; weicher als Fichtenholz, gut zu bearbeiten, hohe Elastizität, Tragfähigkeit und Biegsamkeit, im Trockenen dauerhaft, leicht entflammbar	wie Fichtenholz; Balken, Kanthölzer, Bohlen, Bretter, Latten; Bauteile im Gebäude
Kiefer (Föhre) 	Kern gelblich rot bis rotbraun, im Splint gelblich weiß, deutliche Jahrringe, sehr harzreich (Harzgeruch); Kernholzbaum	Rohdichte 520 kg/m³; härter und dichter als Fichtenholz, gut bearbeitbar, geringere Elastizität, große Tragfähigkeit, dauerhaft auch im Wechsel von nass und trocken; Bläuegefahr	wie Fichtenholz; ferner für Treppen, Außentüren, Fenster, Außenschalungen
Lärche 	braunroter Kern und hellgelber Splint, nachdunkelnd, enge und gleichmäßige Jahrringe, dünne Harzgänge, harzreich; Kernholzbaum	Rohdichte 590 kg/m³; härter, dichter und zäher als Kiefer, gut bearbeitbar, große Elastizität und Tragfähigkeit, sehr dauerhaft auch im Wechsel von nass und trocken	Fußböden, Treppen, Außentüren, Fenster, Wasserbapu, Vertäfelungen, Innenausbau
Eiche 	im Kern gelblich braun, im Splint gelblich weiß nachdunkelnd, deutliche Jahrringe, ringporig, helle deutliche Markstrahlen, Gerbsäuregeruch; Kernholzbaum	Rohdichte 750 kg/m³; sehr hart und dicht, schwer zu bearbeiten, außerordentliche Tragfähigkeit, durch Gerbsäure widerstandsfähig gegen Fäulnis, witterungsbeständig, sehr dauerhaft auch im Wechsel von nass und trocken	vorzügliches Bauholz für feuchtbeanspruchte Bauteile, Treppen, Parkettfußböden, Außentüren, Schwellen, Wasserbau, Holzfachwerk
Rotbuche 	gelblich bis rötlich, sichtbare Jahrringe, breite Markstrahlen im Sehnenschnitt; Reifholzbaum	Rohdichte 720 kg/m³; mittelhart bis hart, leicht spaltbar, kurzfaserig, geringe Elastizität, hohe Tragfähigkeit, dauerhaft im Trockenen	Treppen, Parkettfußböden, Werkzeugtisch, Holzpflaster, Werkbänke, Möbelbau

[1]) Rohdichteangaben bezogen auf lufttrockenes Holz

Dauerhaftigkeit des Holzes

Die Holzarten unterscheiden sich sehr im Hinblick auf ihre **Widerstandsfähigkeit gegen Pilzbefall**. Generell sind Hölzer im trockenen Zustand wenig anfällig für Fäulnis. Dies zeigen eindrucksvoll Holzbauwerke, die Hunderte von Jahren nahezu unbeschadet überstanden haben. Steigt jedoch die Holzfeuchte, dann erhöht sich auch die Gefahr eines Schadens durch Holz zerstörende Pilze. Je nach Anfälligkeit werden Hölzer in **5 Dauerhaftigkeitsklassen** (Resistenzklassen) eingeteilt. Bei den Farbkernhölzern ist zu beachten, dass der Kern durch die eingelagerten Stoffe dauerhafter als der Splint ist. Besonders die Eiche ist durch ihre Gerbstoffe weitgehend vor Fäulnis geschützt.

Jahrhundertealte Gehöfte (Maihaugen-Museum, Norwegen)

Dauerhaftigkeitsklasse		Holzarten
1	sehr dauerhaft	Teak, Robinie
2	dauerhaft	Eiche, Eibe
3	mäßig dauerhaft	Lärche, Kiefer
4	wenig dauerhaft	Fichte, Tanne
5	nicht dauerhaft	Buche, Esche

Dauerhaftigkeit ausgewählter Holzarten

Die Heddal-Stabkirche in Norwegen, erbaut bereits um 1250 n. Chr. Bei Bedarf werden lediglich Dachschindeln ersetzt, um Feuchteschäden zu vermeiden

Verbaut man Holz unter Wasser, so ist es wiederum sehr dauerhaft. Venedig beispielsweise steht auf Holzstützen, die ganz im Meerwasser stehen.

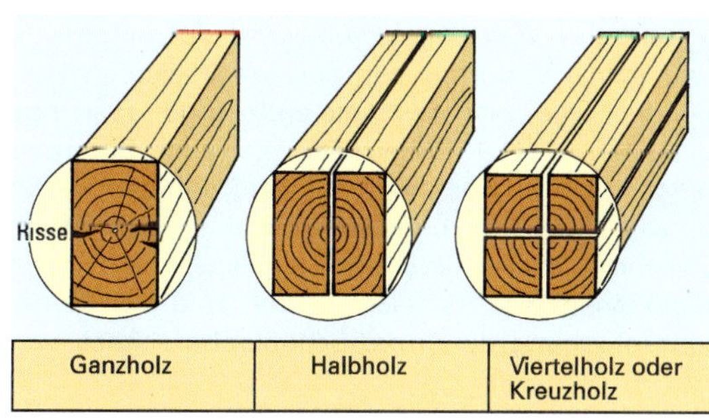

Bauschnittholz (Einschnittarten)

Handelsformen des Holzes

Beim Bauholz wird zwischen Baurundholz, Bauschnittholz, Konstruktionsvollholz und Brettschichtholz unterschieden. Das Baurundholz findet nur in Ausnahmefällen (z. B. für Absprießungen, Gerüste) Verwendung.

Nadelschnittholz ist nach DIN 4074 ein „Holzerzeugnis" mit einer Dicke von mindestens 6 mm. Dabei wird zwischen

- Kantholz,
- Bohle,
- Brett und
- Latte

unterschieden.

Konstruktionsvollholz (KVH) ist ein güteüberwachtes Schnittholz aus Nadelholz, das insbesondere für sichtbare Holzkonstruktionen aus Vollholz verwendet wird. An Konstruktionsvollholz werden gegenüber Nadelschnittholz erhöhte Güteanforderungen gestellt, wie z. B.

- Holzfeuchte von etwa 15 %,
- herzfreier bzw. herzgetrennter Einschnitt,
- gehobelte und gefaste Oberfläche,
- Aussägen von Fehlstellen und Verleimung mittels Keilzinkstoß,
- Beschränkung der Rissbreiten und Baumkanten.

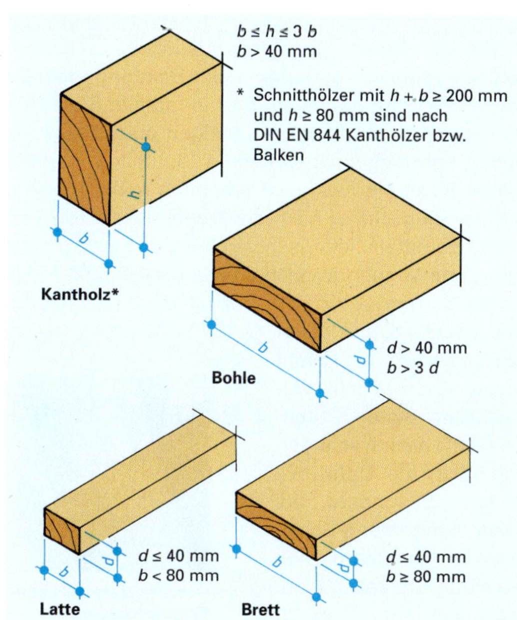

Holzfehler

Beim Bauholz unterscheiden wir **Holzfehler**, die Folge ungünstigen Wachstums sind, und solche, die zwar durch normales Wachstum entstanden, sich jedoch negativ auf die Gebrauchsfähigkeit auswirken. Zu den Wachstumsfehlern gehören Abholzigkeit, Krummschäftigkeit, Drehwuchs, exzentrischer Wuchs und Ringschäle. Zu den unerwünschten Folgen normalen Wachstums gehören Äste und Schwindrisse.

Abholzigkeit liegt vor, wenn der Stammdurchmesser pro 1 m nach oben hin um mehr als 1 cm abnimmt. Bei der **Krummschäftigkeit** wächst der Stamm nicht gerade, sondern meist in einer Bogenform. Häufig kommt dies bei Bäumen in starker Hanglage vor. Die Holzausbeute ist dadurch kleiner. Beim **Drehwuchs** verlaufen die Holzfasern nicht geradlinig parallel, sondern spiralförmig. Die Folge ist ein Verdrehen des Holzes bei der Trocknung und eine Festigkeitsminderung durch schräg angeschnittene Fasern. **Exzentrischer Wuchs** ist oftmals die Folge von einseitiger Belastung des Baumes während der Wachstumsphase, etwa durch einen umgestürzten Baum, dessen Last abgefangen werden muss oder durch Winddruck. Der Baum bildet auf der Gegenseite Druckholz (Einlagerung von Lignin) und sein Querschnitt wird asymmetrisch. Sehr starke Verformungen bei der Trocknung können die Folge sein. Risse, die entlang der Jahrringe entstehen, werden **Ringschäle** oder auch Ringrisse genannt. Große Spannungen im Holzinneren, durch extreme Witterungseinflüsse ausgelöst, können die Ursache sein. Als Bauholz ist solches Holz völlig ungeeignet, weil es leicht zerfällt und bei Biegebeanspruchung durch die Schubkräfte schnell versagt.

Andere Holzfehler gehen nicht auf Wachstumsstörungen zurück, sondern sind ganz natürliche Eigenschaften des Holzes, etwa die **Rissbildung** bei der Trocknung. Durch die unterschiedlichen Schwindmaße in radialer und tangentialer Richtung entsteht bei Ganzhölzern häufig ein Riss in radialer Richtung. Bei sichtbarem Holz beeinträchtigen diese Risse die Optik, bei biegebeanspruchten Bauteilen können solche Risse die Festigkeit erheblich mindern, ähnlich der Ringschäle. Auch die Tragfähigkeit von Verbindungsmitteln im Rissbereich kann herabgesetzt sein. **Äste** können je nach Größe die Festigkeit des Holzes extrem verringern, vor allem die Zugfestigkeit, bei der Druckfestigkeit wirken sie sich nicht so stark aus. Nicht verwachsene Äste (Durchfalläste) beeinträchtigen vor allem die Optik des Holzes. Besonders bei Verkleidungen und Schalbrettern für Betonarbeiten sind Durchfalläste unerwünscht.

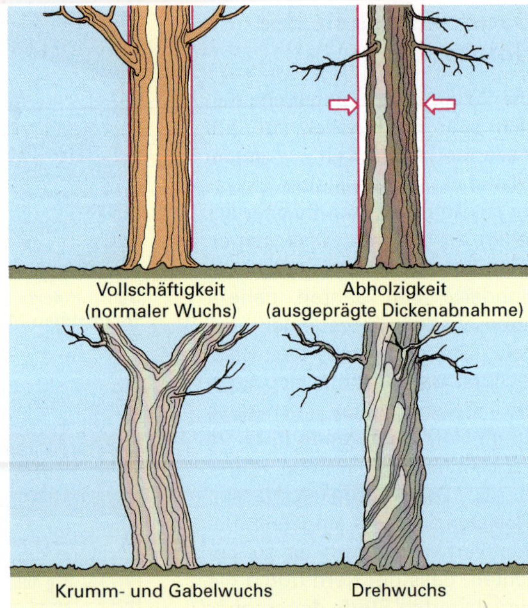

Abweichungen vom normalen Wachstum

Durch Drehwuchs verursachte Verformung einer Pfette

Krummwuchs in Hanglage

Exzentrischer Stammquerschnitt mit Schwindriss

Durch Ringschäle zerstörter Brettschichtträger (Versuchsanstalt FMPA)

Durchfalläste an einer Profilschalung

Druckholz als dunkle Jahrringe in der Mitte erkennbar

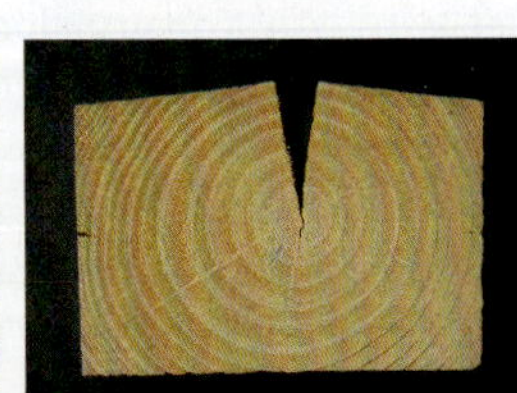

Schwindriss an einem Ganzholz

Holzfeuchte

Arbeiten des Holzes

Holz ist ein hygroskopischer Stoff, das heißt, er kann Wasser aufnehmen und abgeben. Eine Folge davon ist das **Arbeiten** des Holzes. Darunter versteht man die Form- und Maßänderung infolge der Wasseraufnahme oder -abgabe. Wird das Holz frisch gefällt, so kann es bis zu 150 % Wasser enthalten, bezogen auf die Masse (Masse-Prozent). Das leichte, im Modellbau beliebte Balsaholz kann bis zu 400 M.-% Wasser aufnehmen. Trocknet das Holz, so entweicht zuerst das in den Zellhohlräumen befindliche **freie Wasser**. Bei etwa 30 % ist dies gänzlich verdunstet, es befindet sich nur noch gebundenes Wasser in den Zellwänden. Die Zellwände (Fasern) sind gesättigt, deshalb auch **„Fasersättigungspunkt"**. Trocknet das Holz weiter, so entweicht dieses **gebundene Wasser** und die Zellen schrumpfen. Trocknet man das Holz bis zur Massekonstanz (das heißt, jedes längere Verweilen im Trockenofen führt zu keiner weiteren Verringerung der Masse), so wird der **Darrpunkt** erreicht.

Holzfeuchtemessung

Die **Holzfeuchte** wird immer auf die Masse im Darrzustand bezogen. Eine Holzfeuchte von 10 % bedeutet demnach, dass die Masse des Wassers einem Zehntel der Trockenmasse des Holzes entspricht. Mit dem **Darrverfahren** kann so die Holzfeuchte sehr genau bestimmt werden. Man wiegt das feuchte Holz, trocknet es bis zum Darrzustand, wiegt es erneut und errechnet die Holzfeuchte nach der Formel

$$U_T = \frac{m_{feucht} - m_{trocken}}{m_{trocken}} \cdot 100\,\%$$

Dieses Verfahren ist allerdings sehr aufwendig und somit nicht alltagstauglich. Deshalb werden in der Praxis **Holzfeuchtemessgeräte** eingesetzt, die auf der Basis der elektrischen Widerstandsmessung arbeiten (die elektrische Leitfähigkeit von feuchtem Holz ist größer als von trockenem). Wichtig ist das genaue Vorgehen nach den jeweiligen Herstellerangaben. Die Abstände der Einschlagelektroden sind vorgegeben, die Randabstände beim Messen müssen eingehalten werden, weil sonst das Ergebnis verfälscht würde. Imprägniertes Holz hat durch die eingedrungenen Salze bereits eine größere Leitfähigkeit und sollte nicht gemessen werden.

Schwindverformungen

Durch die unterschiedlichen Schwindmaße verziehen sich Holzquerschnitte auf verschiedene Weise. Hölzer mit Markröhre (Ganzhölzer oder Herzbretter) bekommen Herzrisse und verjüngen sich zu den Enden hin, Seitenbretter und Halbhölzer werden auf der linken Seite (Splintseite) hohl, Viertelhölzer verformen sich rautenförmig. Da das Holz entlang der Jahrringe am stärksten schwindet, wirkt sich der längste, nicht unterbrochene Jahrring am meisten aus. Er „zieht" das Seitenbrett krumm. Daneben ist es auch entscheidend, wie das Holz getrocknet wird. Trocknet es in der Sonne, noch dazu bei starken Luftbewegungen schnell, so entstehen fein verteilte Windrisse, die darauf zurückzuführen sind, dass das Holz im Inneren noch sehr feucht ist, die Oberfläche jedoch schon stark getrocknet ist. Das äußere, trockene Holz leitet die Feuchte nicht mehr so gut nach draußen (Verschalung) und die aus den großen Feuchteunterschieden resultierenden Spannungen wirken sich in Form vieler Risse aus.

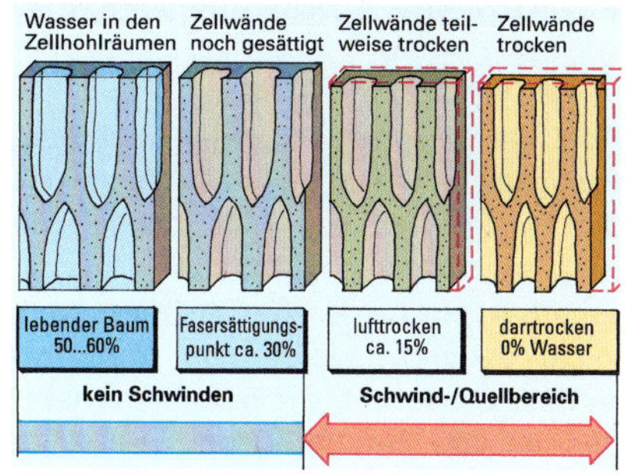

Wassergehalt des Holzes

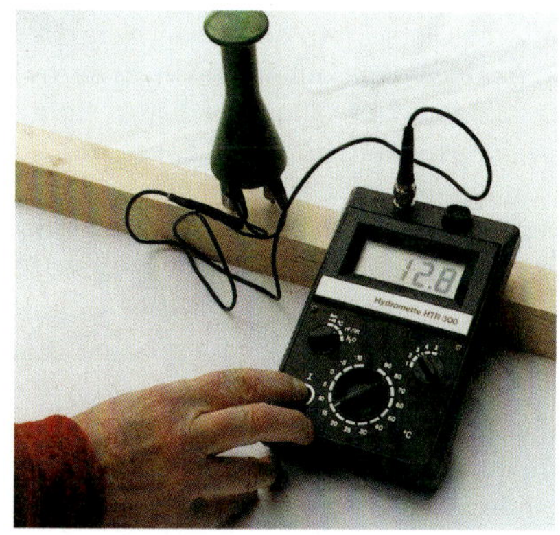
Holzfeuchtemessgerät

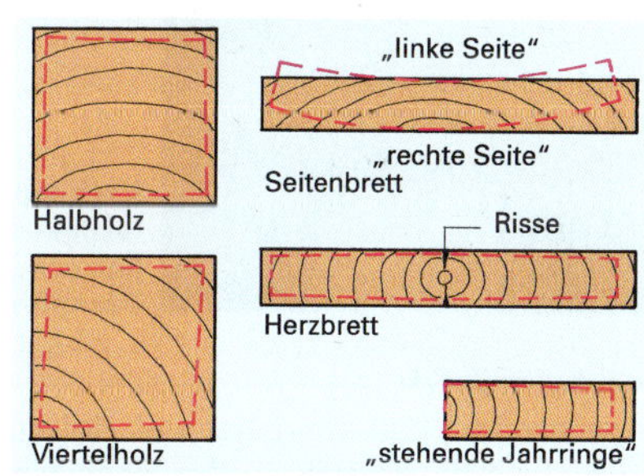

Schwindverformungen

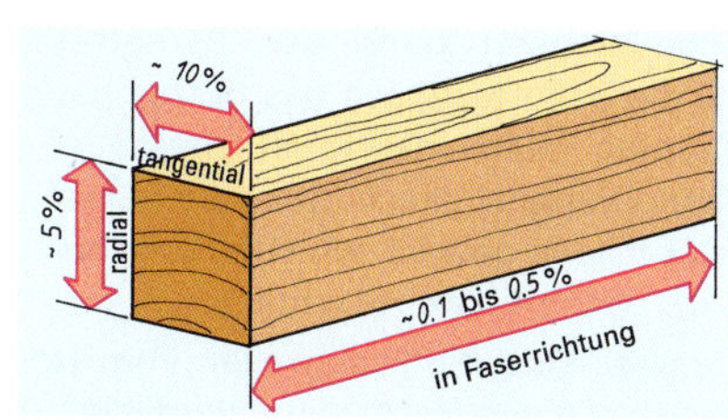

Schwindrichtungen und -maße

Schwindrisse und Verformungen an Schnittholz

Technische Eigenschaften des Holzes

Druck- und Zugfestigkeit

Holz hat, bezogen auf seine Eigenlast, eine große Festigkeit, ähnlich der des Stahls. Allerdings sind die Festigkeiten von Holz je nach Belastungsrichtung sehr unterschiedlich. Man nennt diese Eigenschaft **Anisotropie**. Warum dies so ist, lässt sich leicht erklären, wenn man den mikroskopischen Aufbau betrachtet. Die einzelnen, nebeneinanderliegenden und langgezogenen Holzzellen lassen sich vereinfacht als Röhrenbündel beschreiben. Betrachtet man das Bruchverhalten in einem Kraft-Verformungs-Diagramm, so lassen sich die Unterschiede in der Festigkeit gut erkennen. Einer hohen **Zug- und Druckfestigkeit längs zur Faser** steht eine geringe **Druckfestigkeit quer zur Faser** mit starken Verformungen (Eindrücken) und eine sehr geringe **Zugfestigkeit quer zur Faserrichtung** gegenüber.

Aufgrund des unterschiedlichen Zellaufbaus mit geringerem Porenvolumen haben Laubhölzer wie Buche, Eiche oder Esche eine größere Querdruckfestigkeit. Überall dort, wo diese Festigkeit verlangt wird (Fußbodenbeläge, Eisenbahnschwellen usw.), kommen häufig Laubhölzer zum Einsatz. Auch lastverteilende Konsolen bei Pfosten-Pfetten-Anschlüssen kann man in der Praxis finden.

Die höhere Querdruckfestigkeit des Laubholzes wurde an dieser Dachpfette ausgenutzt

Scherfestigkeit

Eine große Bedeutung hat bei Holzkonstruktionen auch die **Scherfestigkeit**. Der klassische Fall ist der Versatz, bei dem Druckkräfte aus Streben eine Scherbeanspruchung des Vorholzes verursachen. Da die Scherfestigkeit des Holzes parallel zur Faserrichtung relativ gering ist, muss auf ausreichende Vorholzlängen geachtet werden. Äste, die quer zur Scherfläche gewachsen sind, erhöhen die aufnehmbaren Scherkräfte wesentlich.

Generell sind die Festigkeiten vom **Holzgefüge,** insbesondere von Holzfehlern abhängig. Eng gewachsene Jahrringe haben einen höheren Spätholzanteil und damit höhere Festigkeiten. Darüber hinaus spielt auch die Holzfeuchte eine Rolle, je höher die Feuchte, desto geringer die Festigkeit. Dieser Tatsache wird bei der Bemessung von Holztragwerken durch den Statiker Rechnung getragen und mögliche Holzfehler werden, abhängig von der jeweiligen Sortierklasse, durch ein Sicherheitskonzept mit einkalkuliert.

> Die Festigkeit des Holzes hängt von der Art der Beanspruchung im Verhältnis zur Faserrichtung ab. Die Festigkeit in Faserrichtung (Druck und Zug) sind wesentlich höher als quer zur Faser.

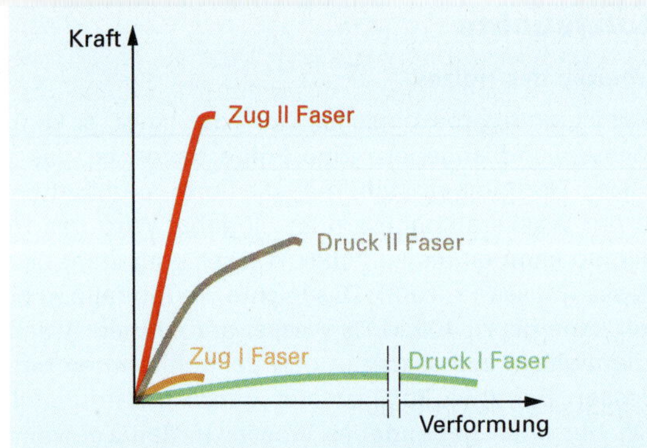

Kraft-Verformungsdiagramm für Nadelholz

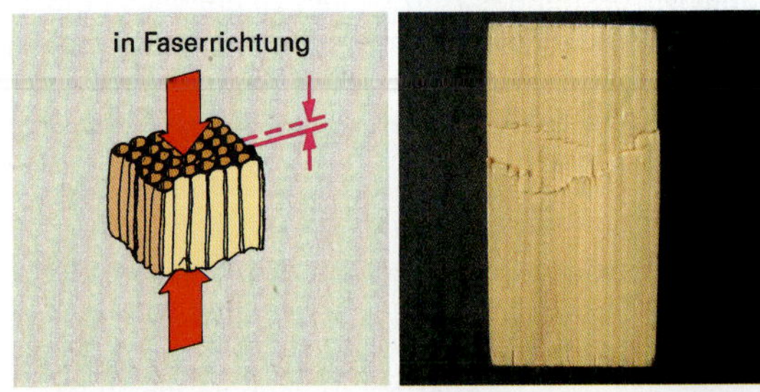

Druck II Faser: Die Fasern sind geknickt, hohe Festigkeit

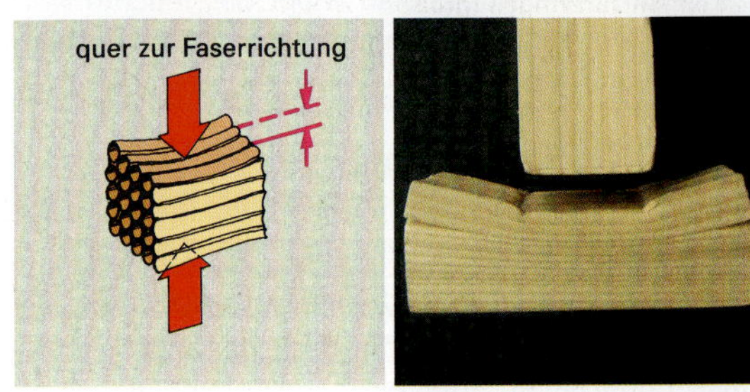

Druck ⊥ Faser: Die Holzzellen werden flachgedrückt, geringe Festigkeit

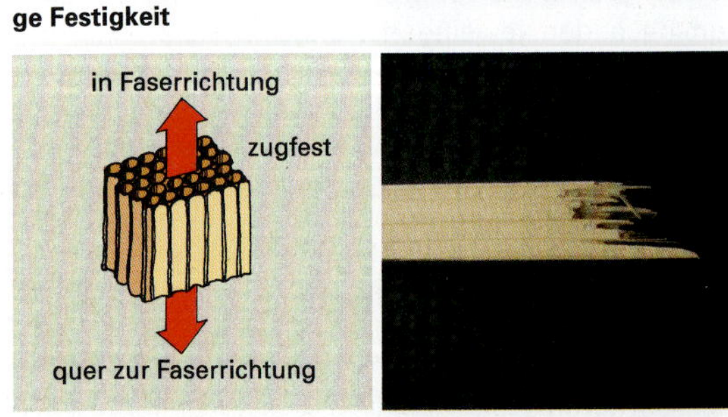

Zug II Faser: Die Fasern reißen unkontrolliert, hohe Festigkeit

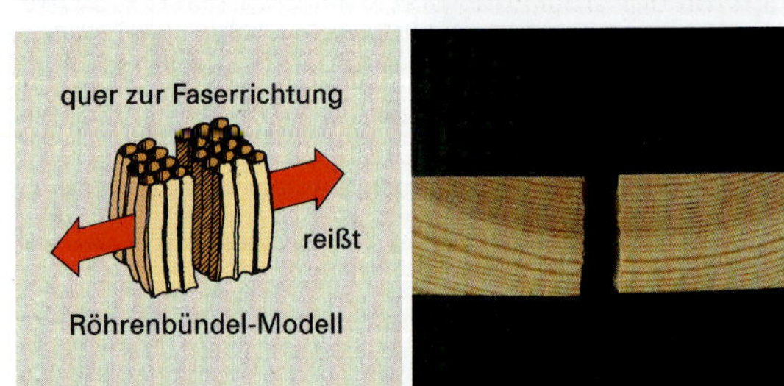

Zug ⊥ Faser: Holzzellen werden glatt getrennt, sehr geringe Festigkeit

Härte

Als **Härte** bezeichnet man den Widerstand, den ein Körper dem Eindringen eines anderen Körpers entgegensetzt. Je größer die **Rohdichte** des Holzes, desto größer ist auch seine Härte. Umgangssprachlich spricht man bei Laubhölzern auch oft von „Hartholz". Als härtestes europäisches Holz gilt die Weißbuche, die in Handhobeln als Hobelsohle Verwendung findet. Auf eine ausreichende Härte kommt es vor allem bei stark beanspruchten Bauteilen wie Treppenstufen oder Parkettfußböden an. Bei Nadelhölzern ist vor allem der **Spätholzanteil** entscheidend für die Härte. Wie bei der Festigkeit wirkt sich auch eine höhere Holzfeuchte negativ auf die Härte aus.

Härte	Holzart	Rohdichte in kg/dm^3
Weiches Holz	Tanne Fichte Kiefer	0,45 0,47 0,52
Mittelhartes Holz	Lärche	0,59
Hartes und sehr hartes Holz	Rotbuche Eiche	0,72 0,75

Weiche und harte Holzarten und ihre Rohdichten (lufttrocken)

Holz mit breiten Jahrringen ist schnell gewachsen und weicher als Holz mit engen Jahrringen (großer Spätholzanteil)

Schäden an einer Treppenstufe aus zu weichem Nadelholz

Sortierklassen für Nadelschnittholz

Die oben beschriebenen Holzfehler haben auf die Tragfähigkeit des Holzes enorme Auswirkungen. Um dieser Tatsache Rechnung zu tragen und dennoch eine gute Holzausnutzung zu gewährleisten, werden Hölzer in **Sortierklassen** eingeteilt. Dabei gibt der Zahlenwert jeweils die zulässige Biegespannung an (S 13 hat also eine zulässige Biegespannung von 13 MPa (N/mm^2)). Die **Kriterien**, die bei der Sortierung beachtet werden müssen, sind

- Äste
- Faserneigung
- Markröhre
- Jahresringbreite
- Risse
- Baumkante
- Krümmung
- Verfärbung, Fäule
- Druckholz
- Insektenfraß
- Mistelbefall
- mechanische Schäden

Die **Sortierung** kann durch geschultes Fachpersonal per Augenschein (**visuell** mit apparativer Unterstützung) oder mit Maschinen (**maschinell** sortiert) geschehen. Bei der maschinellen Sortierung kommen unter anderem Scanner für die Astaufnahme zur Anwendung oder Biegewiderstandsmessungen über Rollensysteme. Bei der Sortierung ist wichtig, dass das Holz im trockenen Zustand sortiert wird (trockensortiert TS), weil etwa Risse und Krümmungen mit der Trocknung erst entstehen. Bei der Sortierung von Bohlen muss festgelegt sein, wie das Holz später zur Anwendung kommt. Im Zuge der immer dickeren Dämmstoffschichten werden Bohlen teilweise als Sparren hochkant eingebaut. Bohlen, die dafür geeignet sind, müssen den Zusatz „K" aufweisen (als Kantholz sortiert). Ein kleiner Ast auf der Schmalseite hätte in diesem Fall sehr viel stärkere Auswirkungen auf die Biegefestigkeit als bei einer Bohle, die flach liegend als Gerüstbelag dient.

Die Sortierkriterien sind für Kanthölzer, Bretter/Bohlen und Latten jeweils unterschiedlich. Bei Latten werden nur S 10 und S 13 sortiert, Äste haben durch die kleinen Querschnittsabmessungen der Latte besonders große Auswirkungen.

Benennung	Sortierklassen	
	visuelle Sortierung	maschinelle Sortierung
Schnittholz mit geringer Tragfähigkeit	S7	MS7
Schnittholz mit normaler Tragfähigkeit	S10	MS10
Schnittholz mit überdurchschnittlicher Tragfähigkeit	S13	MS13
Schnittholz mit besonders hoher Tragfähigkeit	–	MS17

Sortierklassen nach visueller und maschineller Sortierung

Dachlatte S 13, der Ast misst weniger als 1/3 der Lattenbreite

Als Dachlatte unbrauchbar, der Ast misst mehr als ½ der Lattenbreite

Festigkeitsklassen

Mit der Einführung des europaweit geltenden Sicherheitskonzeptes haben sich im Hinblick auf die Bemessung von Holzbauteilen grundlegende Änderungen ergeben. Nicht mehr die **zulässigen Spannungen**, die den drei Sortierklassen für Kanthölzer zugeordnet waren, sind nun maßgebend, sondern ein **Bemessungswert**, der ermittelt werden muss aus der Dauer, mit der eine Last auf das Bauwerk einwirken wird (Windlasten werden beispielsweise mit kurzen Zeitspannen berücksichtigt), aus der Nutzungsklasse (ob das Holz im Bauwerk Feuchte ausgesetzt sein wird) und einem Teilsicherheitsbeiwert. Mit diesen Kriterien wird der **Festigkeitskennwert** modifiziert.

Festigkeitseigenschaften (charakteristische Festigkeiten) für Nadelholz (DIN EN 338)

Festigkeitsklassen	C 16	C 18	C 20	C 22	C 24	C 27	C 30	C 35	C 40	C 45
	charakteristische Festigkeiten f_k in MPa (N/mm^2)									
Biegung $f_{m,k}$	16	18	20	22	24	27	30	35	40	45
Zug in Faserrichtung $f_{t,0,k}$	10	11	12	13	14	16	18	21	24	27
Zug rechtwinklig zur Faserrichtung $f_{t,90,k}$	0,4									
Druck in Faserrichtung $f_{c,0,k}$	17	18	19	20	21	22	23	25	26	27
Druck rechtwinklig zur Faserrichtung $f_{c,90,k}$	2,2	2,2	2,3	2,4	2,5	2,6	2,7	2,8	2,9	3,1
Schub $f_{v,k}$	3,2	3,4	3,6	3,8	4,0					

Holztrocknung

Der Einfluss der Feuchte auf Bauholz reicht von der Festigkeitsminderung über die Gefahr der späteren Rissbildung und Verformung bis zur erhöhten Anfälligkeit für Schädlingsbefall. Deshalb spielt die Holztrocknung eine große Rolle.

Natürliche Holztrocknung

Bei der natürlichen Trocknung (auch Freilufttrocknung) wird das Schnittholz mit Leisten gestapelt. Mit dieser Methode kann man das Holz bis auf etwa 15...20 M.-% trocknen. Will man Bohlen aus Laubhölzern trocknen, so rechnet man überschlägig pro cm Holzstärke ein Jahr Trocknungszeit. Das Holz sollte hierbei nicht der direkten Sonneneinstrahlung und keinen zu starken Luftströmungen ausgesetzt sein, da es sonst zum Verschalen kommen kann (siehe S. 17).

Je nach Schnittholzware wird ein **Kastenstapel** oder ein **Blockstapel** angelegt. Die Hölzer sollten waagerecht gestapelt werden, die Leisten sollten genau übereinander- und nicht weiter als 1,25 m auseinanderliegen. Für besäumte Bretter kommt der Kastenstapel, für unbesäumte Bretter und Bohlen der Blockstapel zur Anwendung. Der Bodenabstand sollte möglichst größer als 50 cm sein, um den Stapel vor Spritzwasser und Bodenfeuchte zu schützen.

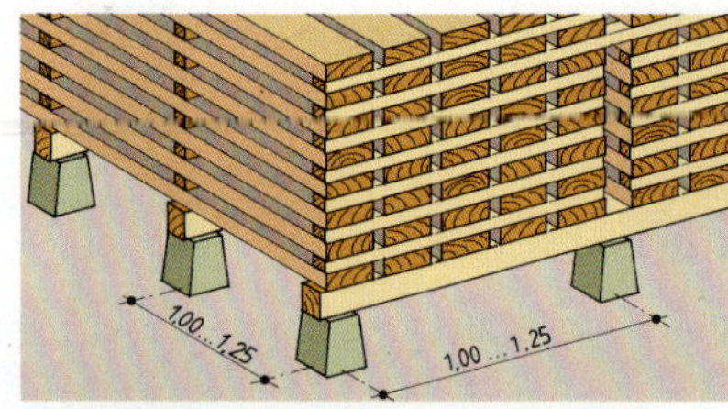

Kastenstapel

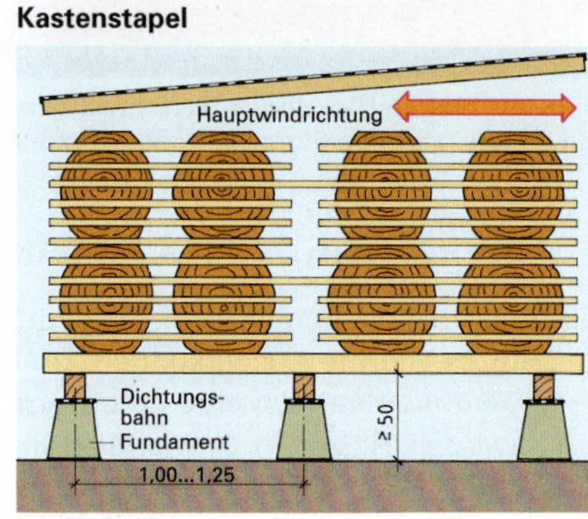

Blockstapel

Technische Trocknung

Die langen Trocknungszeiten und der damit verbundene Aufwand für Vorratshaltung und Lagerplatz, auch die zunehmenden Qualitätsanforderungen an Bauholz haben dazu geführt, dass Holz vermehrt technisch getrocknet wird. Weitere Vorteile sind die Abtötung eventueller Schädlinge bei Trocknungstemperaturen um 70 °C und das gesteuerte und damit schonende Trocknen des Holzes. Darüber hinaus kann jede erwünschte Holzfeuchte erzielt werden. Es sind sowohl kleine Trocknungsanlagen für Zimmereien und Schreinereien im Gebrauch als auch Großanlagen mit Raum für 250 m³ Holz und mehr.

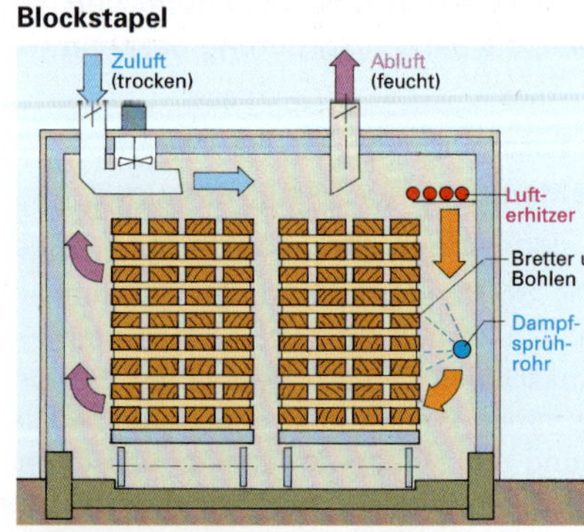

Technische Trocknung

Das Prinzip einer Trocknungsanlage

Das Holz wird mit Wellblechleisten gestapelt, um den Luftfluss zu ermöglichen. Trockene, warme Luft wird zugeführt, nimmt im Vorbeistreichen die Feuchte des Holzes auf und verlässt die Anlage. Bei Bedarf kann die Luft wieder mit Feuchte angereichert werden, um das Verschalen zu verhindern.

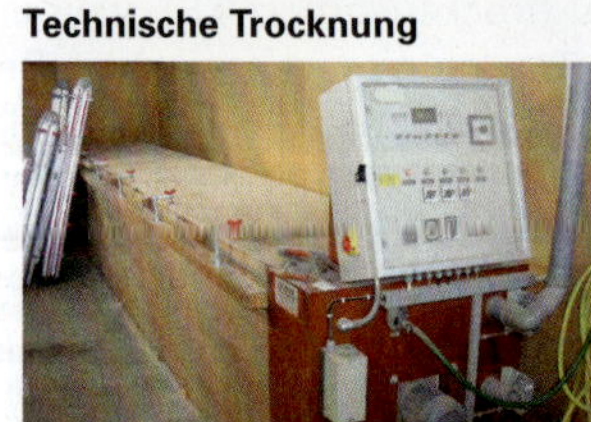

Das schon etwas ältere Modell einer Trocknungsanlage für 5 m³ Holz in einem Treppenbaubetrieb. Die Trocknungskammer hinter der Steuerungseinheit wurde im Eigenbau erstellt.

Lernfeld 7: **Abbinden und Richten eines Satteldaches**

Die obere Begrenzung bei Gebäuden ist das Dach. Das Dach unseres Projektes besitzt die Form eines Satteldaches. Neben der raumbegrenzenden Aufgabe hat das Dach die Aufgabe, das Haus vor Regen, Schnee, Wind, Kälte und Hitze zu schützen. Der Dachvorsprung ist nicht nur bei hohem Sonnenstand ein Schattenspender für die darunterliegenden Fenster, sondern er schützt auch die Umfassungswände unseres Projektes vor Witterungseinflüssen.

Für Dächer gibt es eine Vielzahl von Konstruktionen. Bei Gebäuden wie unserem Projekt, also bei Wohngebäuden, überwiegen bei geneigten Dächern die zimmermannsmäßigen Konstruktionen. Für weit gespannte Dachkonstruktionen, vor allem bei flach geneigten oder flachen Dächern, sind Konstruktionen des Ingenieurholzbaus wegen des geringeren Baustoffbedarfs und der damit verbundenen geringeren Eigenlast wirtschaftlicher (siehe Lernfeld 15).

7.1 Dachformen

Dächer haben einen wesentlichen Einfluss auf das Gesamtaussehen des Gebäudes. Außerdem gestalten die Dächer auch stark das Erscheinungsbild der Landschaft. Besonders die geneigten Dächer fügen sich oft sehr schön in die natürlichen Landschaftsformen ein. Dächer erfüllen also nicht nur sachliche, zweckdienliche Aufgaben, sondern sie besitzen auch eine sehr große Bedeutung für die Gestaltung unserer Umwelt.

Form, Neigung, Konstruktion, Deckungsart und Farbe des Daches sind entscheidend dafür, wie sich der Baukörper in seine Umgebung einpasst oder ob er möglicherweise wie ein Fremdkörper wirkt.

Moderne Dachform (Holz-Netzwerk)

Dachlandschaft

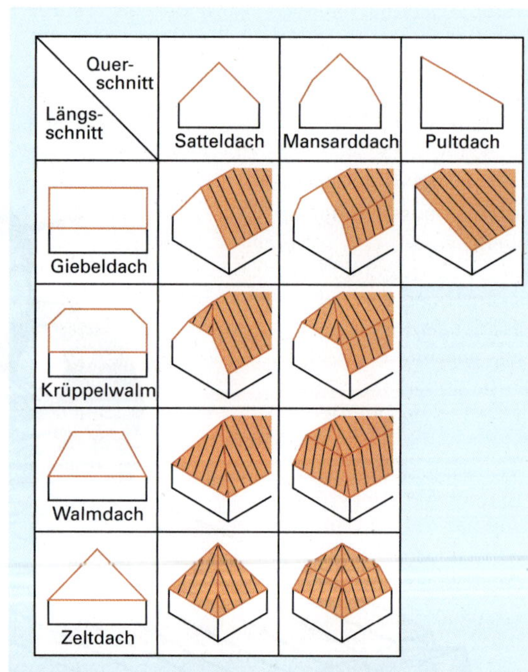

Traditionelle Dachformen

Die traditionellen Erscheinungsformen geneigter Dächer sind nach ihrem Querschnitt in Sattel-, Mansard- und Pultdach zu unterscheiden, nach dem Längsschnitt in Giebel-, Krüppelwalm-, Walm- und Zeltdach.

Von 5° ... 40° Dachneigung werden Dächer als **mäßig steile Dächer** bezeichnet. Alle Dächer mit mehr als 40° Neigung sind **Steildächer**. Bis zu einer Neigung von 5° werden die Dächer als **Flachdächer** bezeichnet.

Die Dachneigung unseres Projektes beträgt etwa 30°; das Dach zählt somit zu den mäßig steilen Dächern.

Neben den traditionellen Erscheinungsformen geneigter Dächer treten in der modernen Architektur verschiedentlich Formen auf, deren Flächen nicht eben sind, z. B. Kuppeln oder Schalen. Diese ausgefallenen Formen bieten sich in erster Linie für die Gestaltung von Repräsentations-, Kirchen-, Theater- oder Sportbauten an.

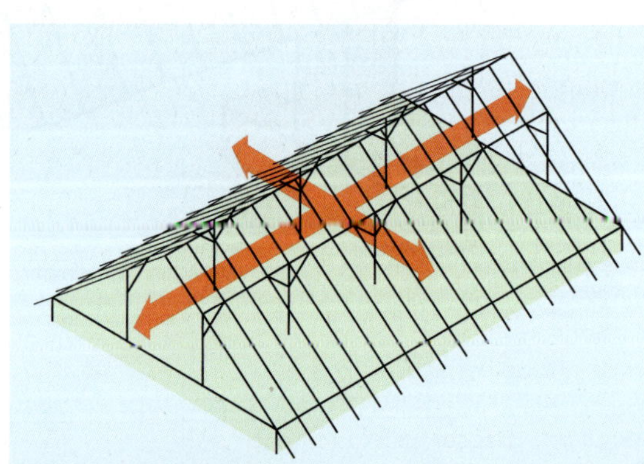

Längs- und Queraussteifung

7.2 Pfettendachstühle

Für unser Projekt in Holzskelettbauweise bietet sich als Dachkonstruktion ein Pfettendachstuhl an.

Bei Pfettendachstühlen ruhen die Sparren als schräg liegende Balken auf den Pfetten (Fußpfette – Mittelpfette – Firstpfette). Die Pfetten sammeln die senkrechten Dachlasten und leiten sie auf die Pfosten und Streben. Für Fußpfette wird auch häufig der Begriff „Schwelle" verwendet.

Dachkonstruktionen müssen ein steifes Gerippe bilden. Besondere Aufmerksamkeit muss deshalb der **Längs-** und **Queraussteifung** beigemessen werden.

Längsaussteifung

In Längsrichtung werden Pfettendachstühle durch Pfettenstränge ausgesteift. Die Pfetten werden durch senkrechte Pfosten mit Bügen (Kopfbändern), v-förmig angeordneten Streben oder Dreifachstützen (aus einem Pfosten und zwei Streben) unterstützt. Die Steifigkeit wird durch die entstehenden Dreiecke hervorgerufen.

Die Längsaussteifung kann auch durch **Scheiben** erfolgen, wobei die Scheiben in Form von Dachgeschoss-Längswänden vorhanden sein können, oder es kann auch die Dachfläche selbst als Scheibe ausgebildet sein. Letzteres kann durch eine Dachschalung aus plattenförmigen Holzwerkstoffen oder einer diagonalen Bretterschalung über oder unter den Sparren erzielt werden.

In Längsrichtung werden Pfettendachstühle durch die Pfettenstränge ausgesteift. Die Pfosten, Streben oder Büge müssen so angeordnet werden, dass sie mit der Pfette unverschiebliche Dreiecke bilden. Eine weitere Möglichkeit für die Längsaussteifung von Pfettendachstühlen kann durch die Scheibenwirkung der Dachgeschoss-Längswände oder die Scheibenbildung in der Dachfläche erfolgen.

Queraussteifung

In Querrichtung erhält das Pfettendach seine Steifigkeit durch die Dreiecke aus Pfosten, Sparren und Decke. Die Sparren müssen dabei mit den Pfetten (Fußpfette, Mittelpfette bzw. Firstpfette) fest verbunden werden. Am First müssen die gegenüberliegenden Sparren nicht miteinander verbunden werden, die beiden Sparrenlagen sind also voneinander unabhängig.

In der Regel genügen für die Anschlüsse der Sparren an die Pfetten eine Sparrenkerve und ein Sparrennagel. Besser ist die Verbindung mit einem Blechformteil (Sparrenpfetten-Anker), wobei auf die Kerve nicht verzichtet werden soll.

In Querrichtung erhalten Pfettendächer ihre Steifigkeit durch unverschiebliche Dreiecke aus Sparren, Pfosten und Decke.

Bei unserem Projekt erfolgt die Queraussteifung des Pfettendaches durch die Dreiecke aus Sparren, Pfosten und Deckenbalken.

Die Längsaussteifung des Daches wird durch die Scheibenwirkung der Dachgeschoss-Längswände und eine Dachschalung erzielt.

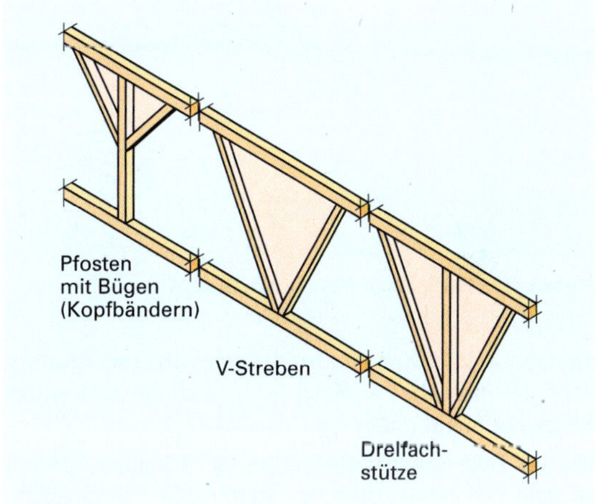

Dreiecke zur Längsaussteifung

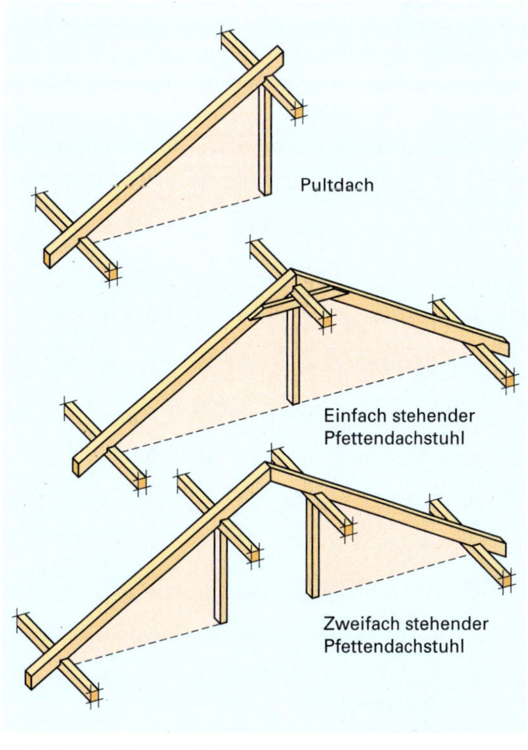

Dreiecke zur Queraussteifung

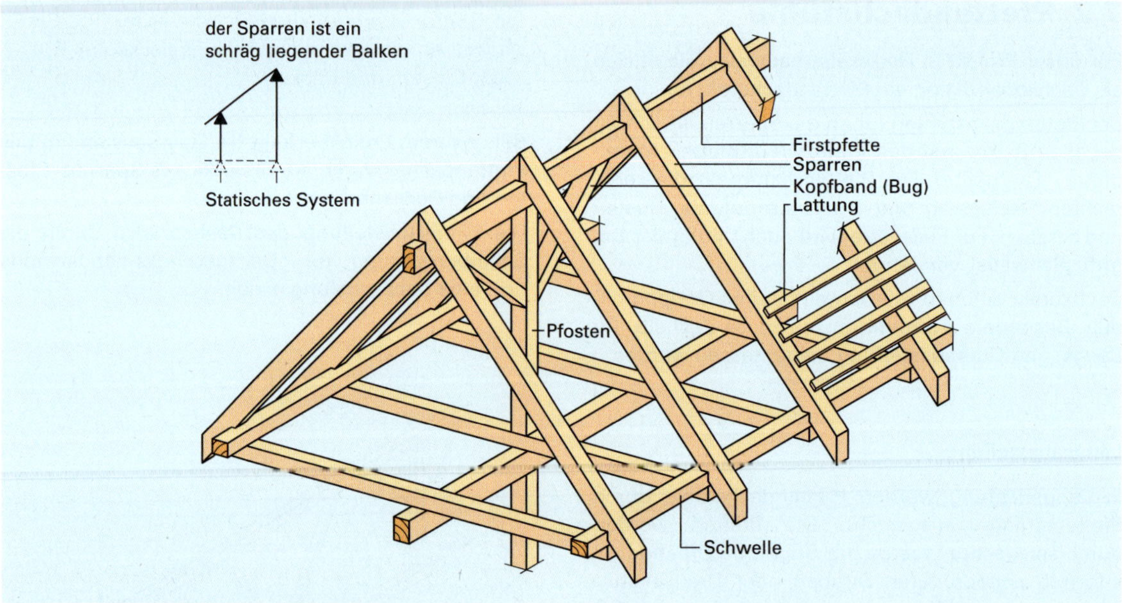

Pfettendach mit einfach stehendem Stuhl

Je nach Anzahl der Pfettenstränge wird das Pfettendach als **einfach, zweifach** oder **dreifach stehendes Tragwerk** ausgebildet.

Bei der Dachkonstruktion unseres Projektes handelt es sich um einen dreifach stehenden Pfettendachstuhl; bei etwas geringerer Dachneigung wäre bei gleicher Gebäudebreite auch ein zweifach stehender Pfettendachstuhl möglich.

In der Regel sind zweifach stehende Pfettendachstühle wirtschaftlicher als einfach stehende. Dreifach stehende Pfettendachstühle sind im Allgemeinen erst bei Spannweiten über 13 m wirtschaftlicher als zweifach stehende.

Die früher üblichen **abgestrebten Pfettendachstühle**, bei denen die Pfosten zusätzlich abgestrebt wurden, stellen kein zweckmäßiges Tragwerk dar. Diese veraltete Konstruktion wurde mit der falschen Annahme begründet, dass die horizontalen Windkräfte, vor allem bei steilen Dächern, nicht mehr in die Fußpfette einzuleiten wären. Inzwischen ist aber be-

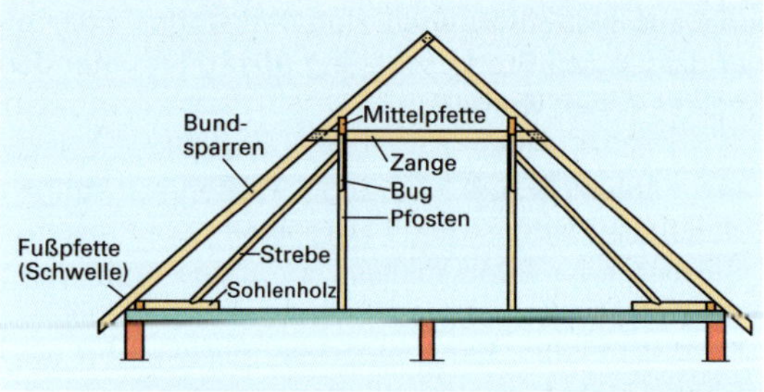

Abgestrebter Pfettendachstuhl (veraltete, unzweckmäßige Dachkonstruktion)

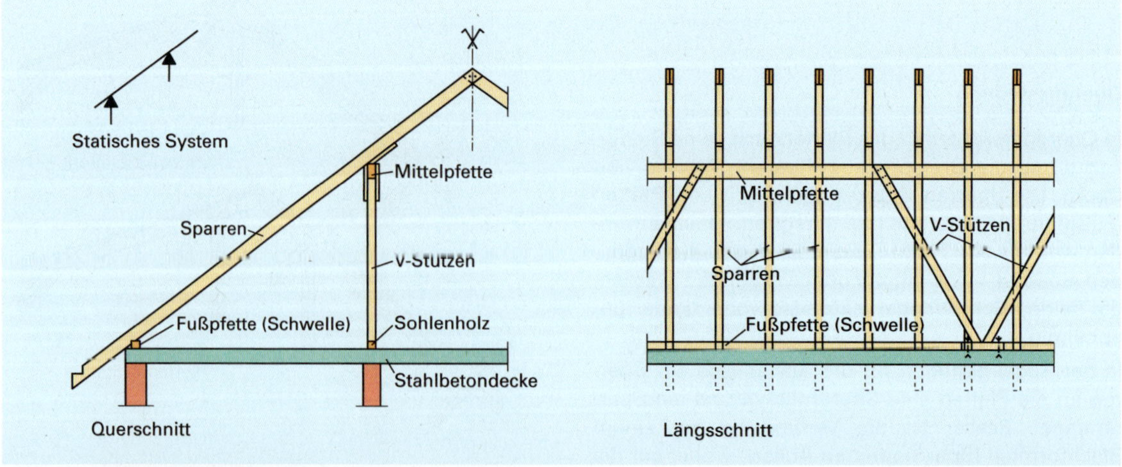

Zweifach stehender Pfettendachstuhl

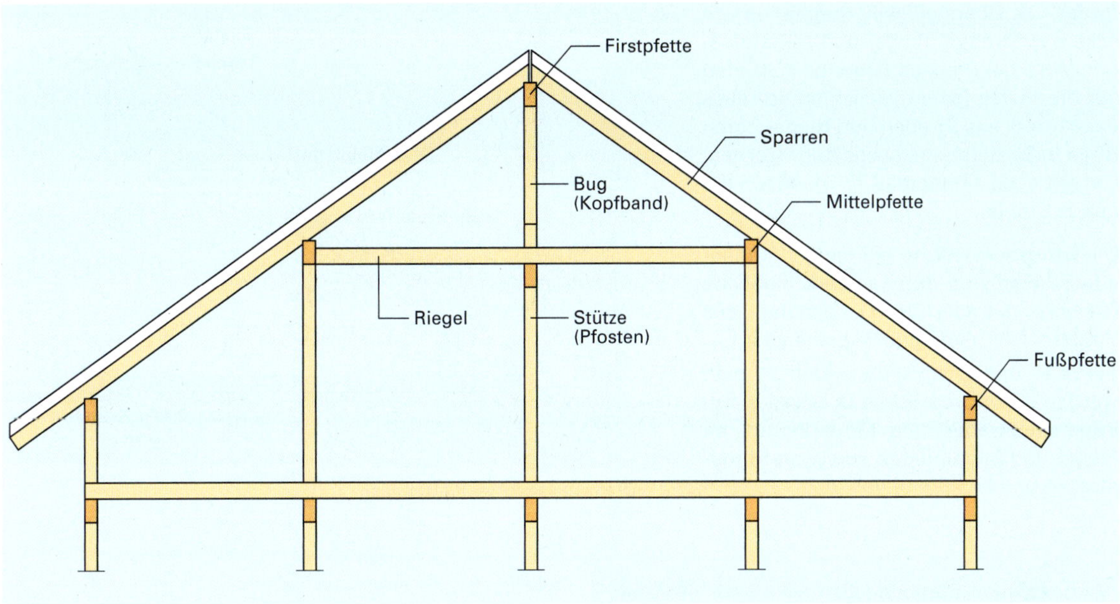

Dreifach stehender Pfettendachstuhl am Beispiel unseres Projektes

kannt, dass die Kerven sehr große Winddruckkräfte übertragen können. Die zusätzliche Verbindung durch einen Sparrennagel oder Sparrenpfetten-Anker gibt die nötige Sicherheit bei Windsog. Ebenso unzweckmäßig ist die Ausbildung eines **Binders** aus Bundsparren, Streben und Zangen. Da die Streben hier nur druckfest angeschlossen sind, bleiben sie völlig wirkungslos, wenn ihre Dachseite mit Winddruck belastet wird. Die schmalen Zangen besitzen nicht die erforderliche Knicksicherheit, um den Winddruck auf die gegenüberliegende Seite zu übertragen. Die Windkräfte werden allein durch die Sparren in die Fußpfetten übergeleitet. Diese Konstruktion ist also auch ohne Streben und Zangen standfest.

Der Einbau (auch nachträglicher Einbau) von **Dachflächenfenstern** oder der Einbau von **Dachgauben** ist bei Pfettendachstühlen verhältnismäßig unkompliziert, solange die Pfettenstränge dabei nicht unterbrochen werden müssen.

Liegende Pfettendachstühle

Liegende Pfettendachstühle werden heute nur noch selten ausgeführt. Trotzdem ist es für einen Zimmerer wichtig, auch bei alten Dachstühlen die Konstruktionsprinzipien und die Lastabtragung zu kennen.

Bei liegenden Pfettendachstühlen werden die Pfetten durch parallel zu den Sparren verlaufende Streben unterstützt. Dies bietet den Vorteil, dass der Dachraum besser nutzbar wird; sie sind aber weniger wirtschaftlich als die Pfettendächer mit stehenden Pfettensträngen.

Liegende Pfettendächer können einfach, zweifach oder dreifach liegend ausgeführt werden. Bei den zwei- und dreifach liegenden Stühlen ist in Binderebene zwischen den Mittelpfetten ein Riegel einzubauen.

Die **Queraussteifung** wird bei einfach liegenden Stühlen durch das Strebenpaar erzielt. Dreifach liegende Stühle erhalten die er-

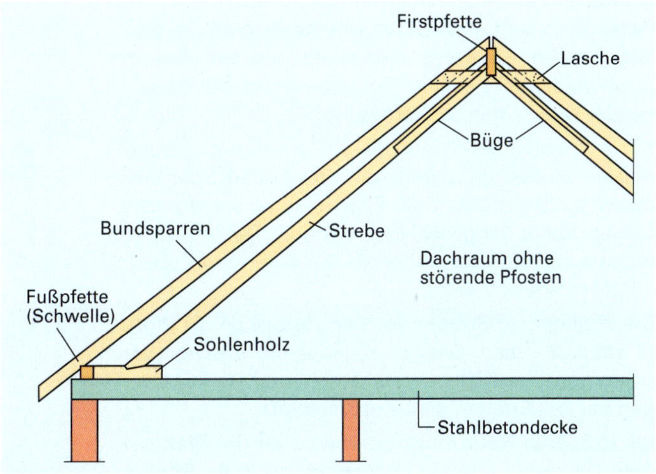

Einfach liegendes Pfettendach

forderliche Quersteifigkeit durch die Dreiecke aus Streben, Riegel und Mittelpfosten. Wird bei dreifach liegenden Stühlen auf die Mittelpfosten verzichtet, so muss das Viereck aus Streben und Riegel durch Büge in Binderebene ausgesteift werden. Dasselbe gilt sinngemäß für zweifach liegende Stühle.

Die **Längsaussteifung** bei einfach liegenden Stühlen wird durch unverschiebliche Dreiecke (parallel zur Dachebene) aus Streben, Firstpfette und Bügen erzielt.

Bei zwei- und dreifach liegenden Stühlen werden die erforderlichen Dreiecke durch Büge an Streben und Mittelpfetten, an Riegel und Mittelpfetten sowie an Mittelpfosten und Firstpfette gebildet.

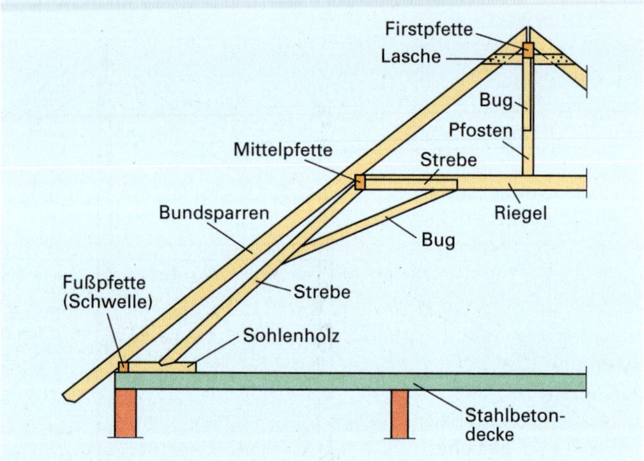

Dreifach liegendes Pfettendach

Abgestrebte Pfettendachstühle und liegende Pfettendachstühle sind Konstruktionen, die nur noch selten bei Neubauten zur Ausführung kommen. Trotzdem muss der Zimmerer ihr Tragverhalten kennen, um bei Sanierungen oder Umbauten fachgerechte Entscheidungen treffen zu können.

7.2.1 Bauliche Durchbildung

Alle Verbindungen müssen so ausgeführt werden, dass die Konstruktionsteile nicht **unnötig geschwächt** werden. Grundsätzlich rufen Kerven am First- und Fußpunkt keine Schwächung des Sparrens hervor. Kragen beim zweifach stehenden Pfettendach die Sparren bis zu einem Viertel ihrer Länge aus, sind die Kerven ebenfalls unschädlich. Kerven bei Sparren, die weit auskragen, und Kerven an der Mittelpfette dreifach stehender Stühle schwächen die Sparren. Im Bereich des Sparrenauflagers trägt nur noch der über der Kerve vorhandene Sparrenquerschnitt. In solchen Fällen kann statt einer Kerve eine Knagge an die Unterseite des Sparrens angenagelt werden. Damit steht wieder der gesamte Sparrenquerschnitt als tragender Querschnitt zur Verfügung.

Zur Aufnahme der Windsogkräfte werden die Sparren an die Pfetten angenagelt. Bei hohen Sparrenquerschnitten müssen die Sparrennägel schräg von beiden Seiten eingeschlagen werden. Der Ausziehwiderstand ist dabei höher als bei einem von oben eingeschlagenen Nagel.

Die Pfosten und Streben werden stumpf an die Pfette angeschlossen. Seitlich angenagelte Laschen sichern gegen seitliches Verschieben, und sie übertragen bei den Streben die Horizontalkraft.

Bei größeren Horizontalkräften wird an der Pfettenunterseite eine Knagge angenagelt, und die Strebe wird abgestirnt daran angeschlossen.

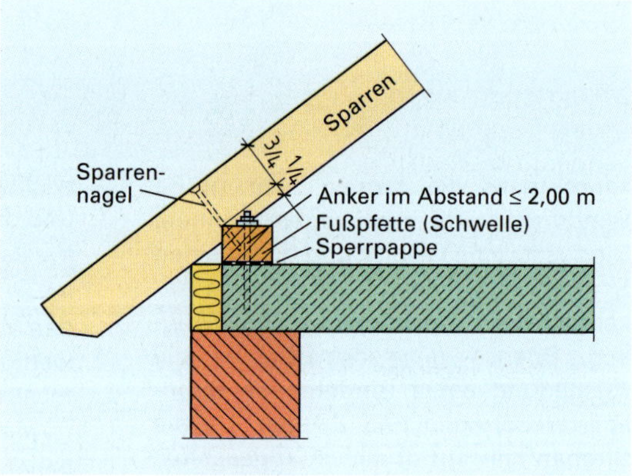

Sparrenfuß (ohne Kniestock)

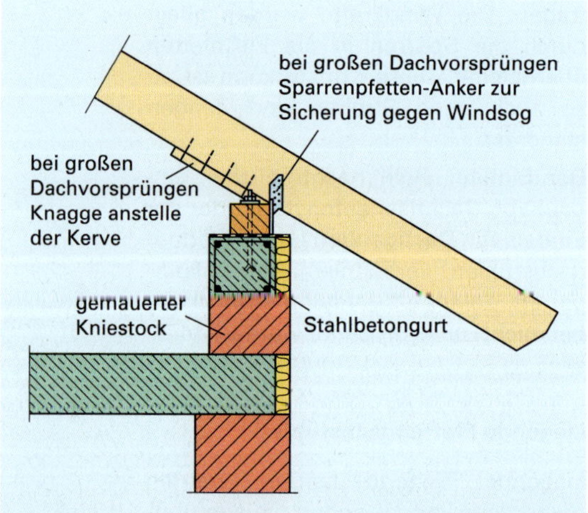

Sparrenfuß (mit Kniestock und großem Dachvorsprung)

Zapfenverbindungen, Versatzungen und Verbindungen mit **abgestirnten Strebenzapfen** rufen eine Schwächung der Pfette hervor und sollen deshalb nur noch bei sehr geringer Pfettenbelastung oder sehr eng angeordneten Streben zur Ausführung kommen.

Ist eine Stahlbetondecke vorhanden, so werden die Fußpunkte der Pfosten und Streben verankert. Bei leichten Dachkonstruktionen ist diese Verankerung besonders wichtig. Die Pfosten werden an Beton-Flachstahlankern angeschlossen. Für Streben kann auch ein Sohlenholz auf der Decke verankert und daran die Strebe mit Versatz angeschlossen werden. V-Streben und Dreifachstützen werden auf ein verankertes Sohlenholz gesetzt und mit einer Lochplatte beidseitig gesichert. Eine ebenso gute Sicherung kann durch verankerte T- und L-Walzprofile erzielt werden.

Die Sparrenfüße werden in der Regel mit Kerven auf die Fußpfette aufgelagert und durch Sparrennägel oder Sparrenpfetten-Anker gesichert. Die Fußpfette muss in Abständen von höchstens 2,00 m mit der Decke bzw. dem Kniestock verankert werden.

Alle Verbindungen müssen unter dem Gesichtspunkt ausgeführt werden, die Hölzer nicht unnötig zu schwächen.

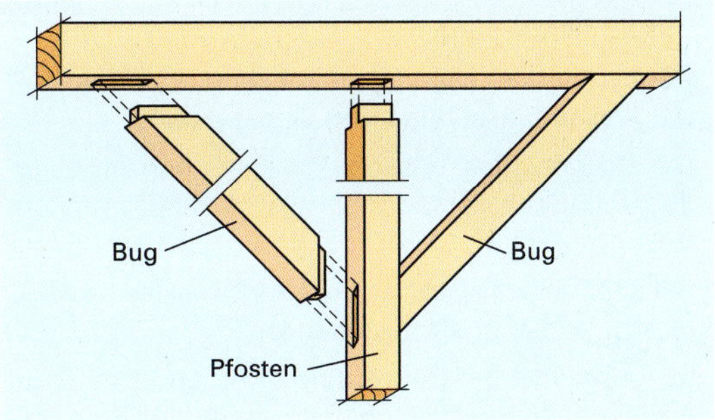

Anschlüsse mit Zapfen rufen unnötige Querschnittsschwächungen hervor

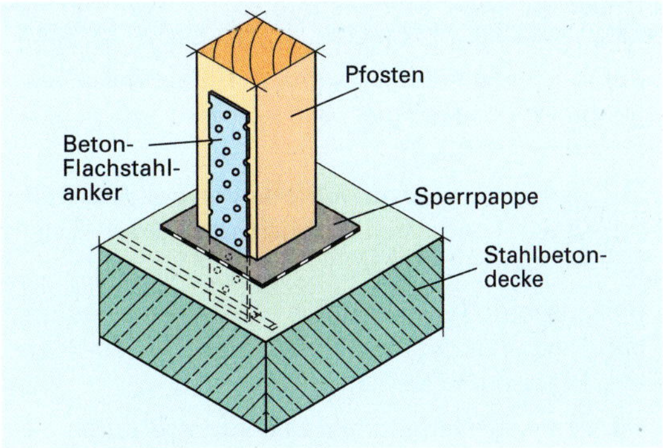

Pfostenverankerung mit Beton-Flachstahlanker

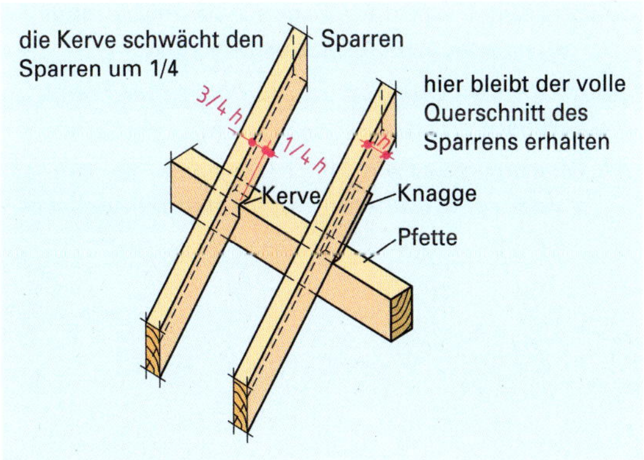

Sparrenlagerung

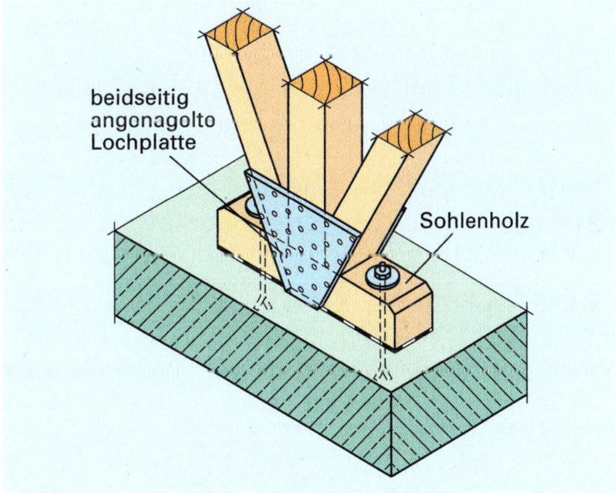

Fußpunkt einer Dreifachstütze

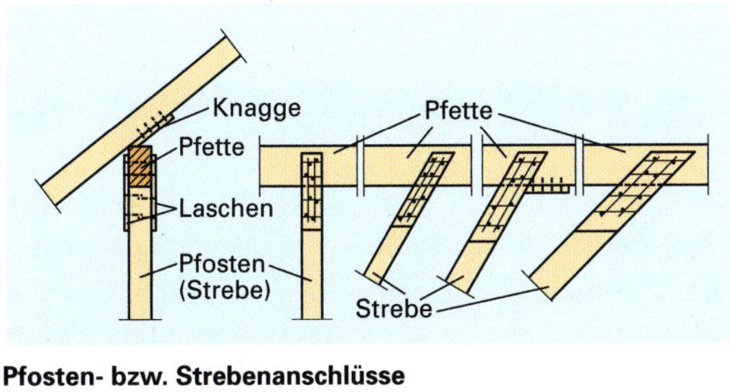

Pfosten- bzw. Strebenanschlüsse

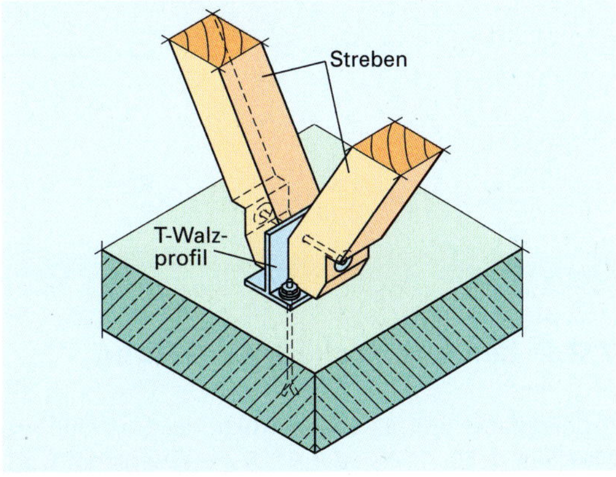

Fußpunkt einer V-Stütze

Zusammenfassung

Dächer haben einen wesentlichen Einfluss auf das Gesamtaussehen eines Gebäudes.

Die Dachneigung unseres Projektes beträgt etwa 30°; das Dach zählt somit zu den mäßig steilen Dächern.

Bei der Dachkonstruktion unseres Projektes handelt es sich um ein dreifach stehendes Pfettendach.

In Längsrichtung werden Pfettendachstühle durch die Pfettenstränge ausgesteift. Die Pfosten, Streben oder Büge müssen so angeordnet werden, dass sie mit der Pfette unverschiebliche Dreiecke bilden. Eine weitere Möglichkeit für die Längsaussteifung von Pfettendachstühlen kann durch die Scheibenwirkung der Dachgeschoss-Längswände oder der Scheibenbildung in der Dachfläche erfolgen.

In Querrichtung erhalten Pfettendächer ihre Steifigkeit durch unverschiebliche Dreiecke aus Sparren, Pfosten und Decke.

Bei unserem Projekt erfolgt die Queraussteifung des Pfettendaches durch die Dreiecke aus Sparren, Pfosten und Deckenbalken.

Die Längsaussteifung des Daches wird durch die Scheibenwirkung der Dachgeschoss-Längswände und eine Dachschalung erzielt.

Abgestrebte Pfettendachstühle und liegende Pfettendachstühle sind Konstruktionen, die nur noch selten bei Neubauten zur Ausführung kommen. Trotzdem muss der Zimmerer ihr Tragverhalten kennen, um bei Sanierungen oder Umbauten fachgerechte Entscheidungen treffen zu können.

Alle Verbindungen müssen unter dem Gesichtspunkt ausgeführt werden, die Hölzer nicht unnötig zu schwächen.

Aufgaben

1. *Nennen Sie die Aufgaben der Dächer.*
2. *Nennen Sie die Dachneigungen*
   a) mäßig steiler Dächer und
   b) Steildächer.
3. *Nennen Sie die traditionellen Formen der geneigten Dächer.*
4. *Um welche Dachform und um welche Dachkonstruktion handelt es sich bei unserem Projekt?*
5. *Wie werden die Dachlasten bei Pfettendachstühlen abgetragen?*
6. *Fertigen Sie Strichskizzen von einem einfach, zweifach und dreifach stehenden Pfettendachstuhl.*
7. *Durch welche Konstruktionsteile wird bei Pfettendachstühlen die Queraussteifung hervorgerufen?*
8. *Durch welche Konstruktionsteile wird bei Pfettendachstühlen die Längsaussteifung hervorgerufen?*
9. *Warum ruft die Sparrenkerve an einer Firstpfette keine Beeinträchtigung der Tragfähigkeit des Sparrens hervor?*
10. *Warum müssen die Fußpfetten (Schwellen) in der Decke oder im Kniestock verankert sein?*
11. *Warum verursachen die Sparrenkerven bei großen Dachvorsprüngen und an Mittelpfetten eine Schwächung des Sparrens?*
12. *Skizzieren Sie den Traufpunkt eines Pfettendaches.*
13. *Warum muss ein Zimmerer auch Fachkenntnisse von veralteten Dachkonstruktionen besitzen?*

7.2.2 Zeichnerische Darstellung

Arbeitspläne von Dachkonstruktionen werden im Maßstab 1:50, 1:25 oder 1:20 im Querschnitt, im Längsschnitt und in der Draufsicht dargestellt.

Für Teilzeichnungen, z. B. von der Traufe oder dem First, werden die Maßstäbe 1:10 oder 1:5 gewählt.

Die Zeichnungen müssen so bemaßt und beschriftet werden, dass alle für den Zimmerer wichtigen Informationen daraus hervorgehen.

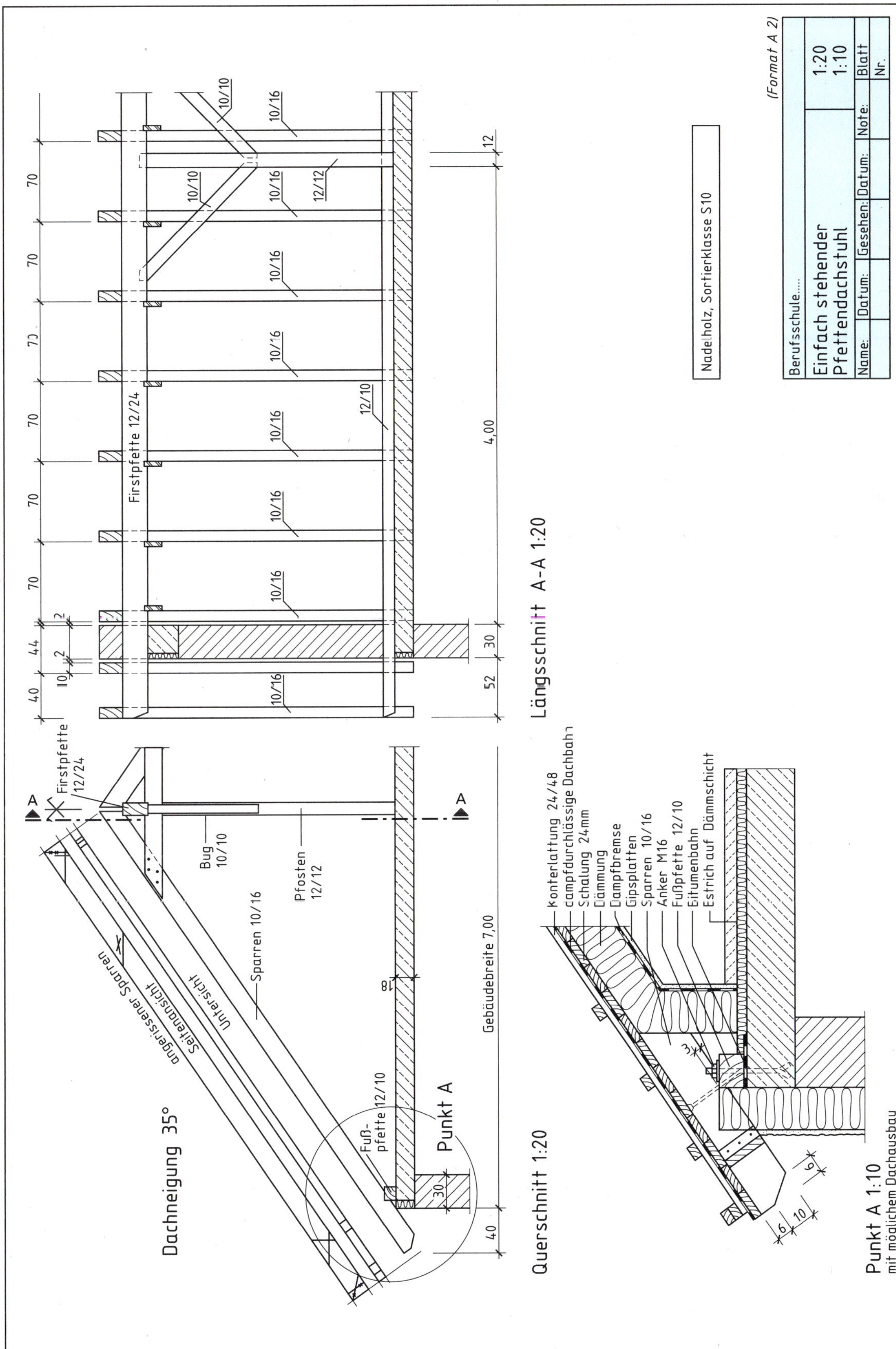
Längsschnitt A-A 1:20
Firstpfette 12/24
10/16
10/10
12/12
12/10
4,00
Querschnitt 1:20
Dachneigung 35°
Firstpfette 12/24
Bug 10/10
Pfosten 12/12
Sparren 10/16
Untersicht
Seitenansicht
angerissener Sparren
Fuß-pfette 12/10
Punkt A
Gebäudebreite 7,00
Konterlattung 24/48
dampfdurchlässige Dachbahn
Schalung 24mm
Dämmung
Dampfbremse
Gipsplatten
Sparren 10/16
Anker M16
Fußpfette 12/10
Bitumenbahn
Estrich auf Dämmschicht
Punkt A 1:10
mit möglichem Dachausbau
Nadelholz, Sortierklasse S10
(Format A 2)
Berufsschule.....
Einfach stehender Pfettendachstuhl
1:20
1:10
Name:
Datum:
Gesehen:
Datum:
Note:
Blatt
Nr.

Aufgaben:

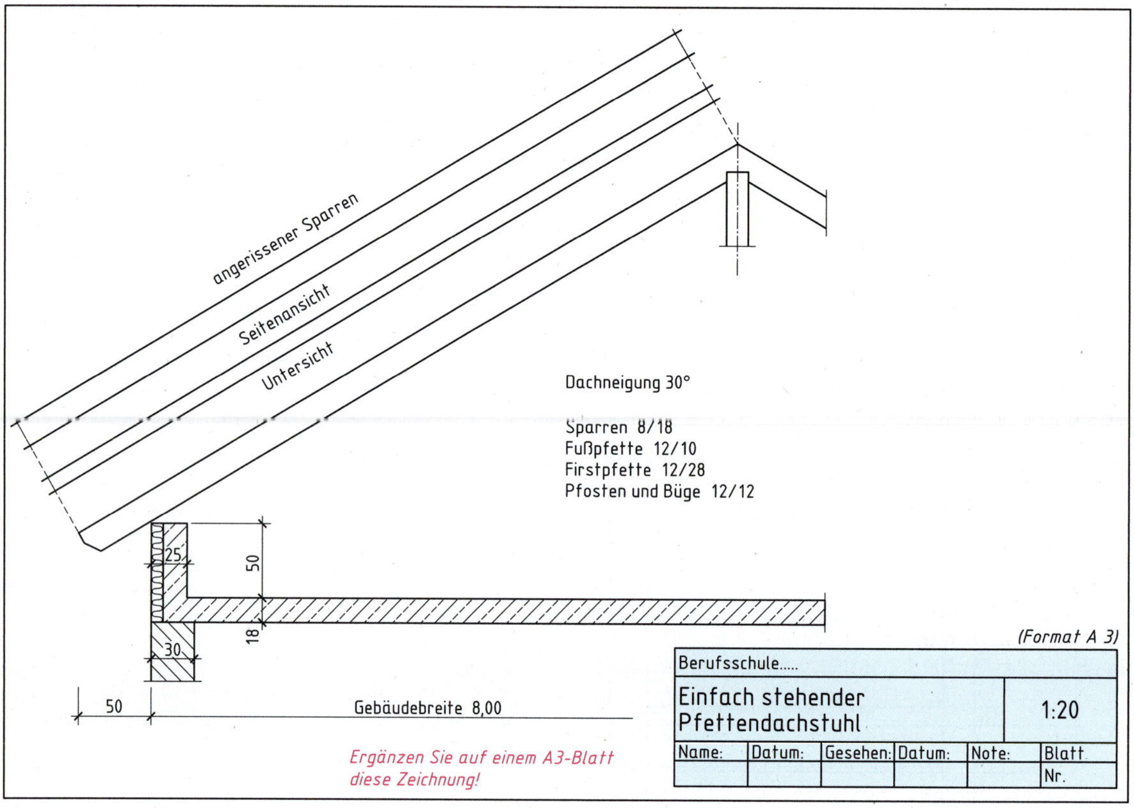
angerissener Sparren
Seitenansicht
Untersicht
Dachneigung 30°
Sparren 8/18
Fußpfette 12/10
Firstpfette 12/28
Pfosten und Büge 12/12
25
50
18
30
50
Gebäudebreite 8,00
Ergänzen Sie auf einem A3-Blatt diese Zeichnung!
(Format A 3)
Berufsschule.....
Einfach stehender Pfettendachstuhl
1:20
Name: Datum: Gesehen: Datum: Note: Blatt Nr.

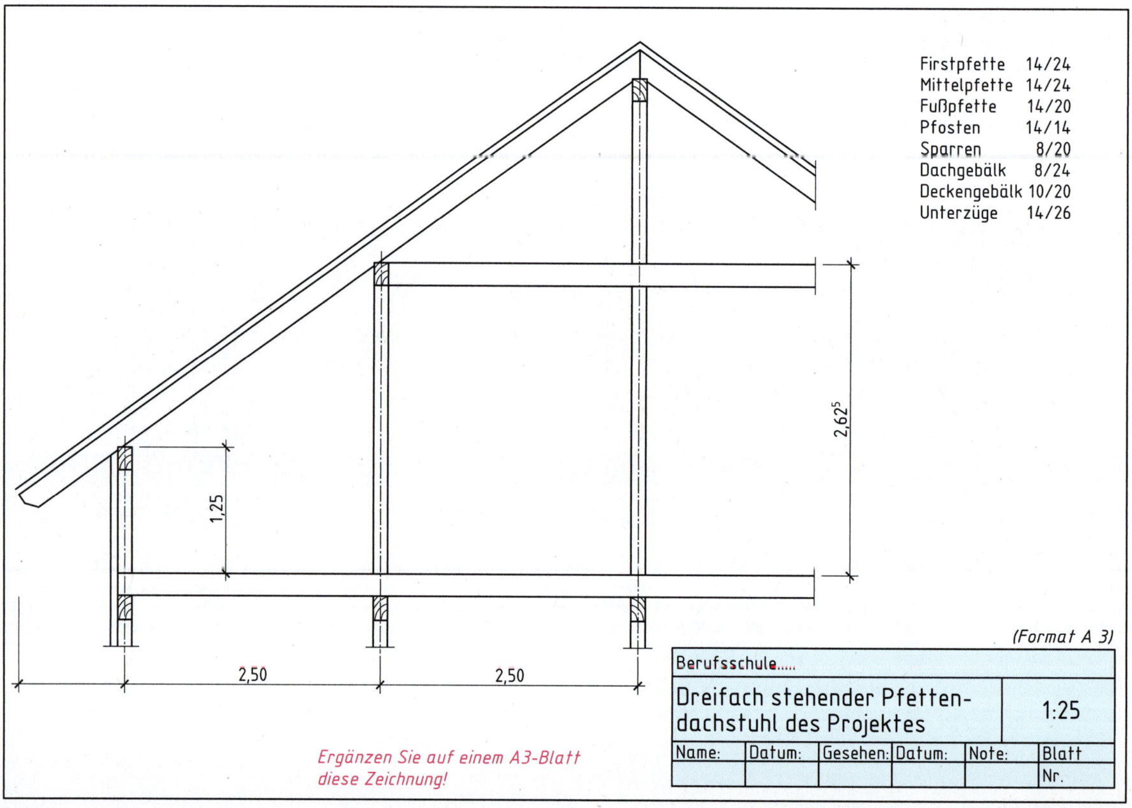
Firstpfette 14/24
Mittelpfette 14/24
Fußpfette 14/20
Pfosten 14/14
Sparren 8/20
Dachgebälk 8/24
Deckengebälk 10/20
Unterzüge 14/26
2,62⁵
1,25
2,50
2,50
Ergänzen Sie auf einem A3-Blatt diese Zeichnung!
(Format A 3)
Berufsschule.....
Dreifach stehender Pfettendachstuhl des Projektes
1:25
Name: Datum: Gesehen: Datum: Note: Blatt Nr.

7.3 Sparren- und Kehlbalkendächer

Beim **Sparrendach** bilden die Sparren mit der darunterliegenden Decke ein **steifes Dreieck**. Die Verbindungspunkte können gelenkig ausgebildet werden. Es ist jedoch dabei zu beachten, dass an den Sparrenfußpunkten neben den Vertikalkräften auch beachtliche Horizontalkräfte auftreten. Je geringer die Dachneigung ist, umso größer werden die Horizontalkomponenten der Auflagerkräfte.

Sparrendächer sind deswegen auch nur für steile Dächer (ab etwa 25° Dachneigung) in der Form von Satteldächern geeignet.

Bei unserem Projekt ist wegen des Kniestockes ein Sparrendach ungeeignet.

Das Sparrendach erlaubt eine größtmögliche Freiheit im Hinblick auf die Ausbaumöglichkeit des Dachraums, da keinerlei innen liegende Konstruktionsteile vorhanden sind.

Das statische System des Sparrendaches ist der „Dreigelenkrahmen" (aus Sparrenpaar und Decke). Dieses System muss bei Dachumbauten, Dacheinbauten oder Dachaufbauten immer erhalten bleiben.

So ist z. B. der Einbau von Dachflächenfenstern, die breiter als ein Sparrenfeld sind, äußerst problematisch und darf nur nach Rücksprache mit einem Baustatiker erfolgen. Dasselbe gilt auch für den nachträglichen Einbau von Dachgauben.

Die gegenüberliegenden Dachflächen können bei Sparren- und Kehlbalkendächern unterschiedlich geneigt sein.

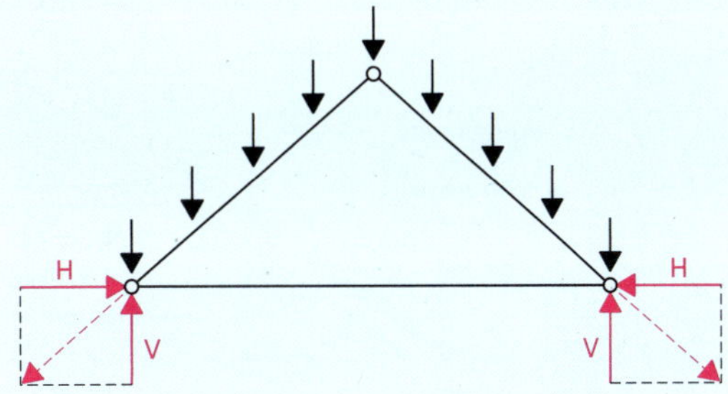

Auflagerreaktion beim Sparrendach

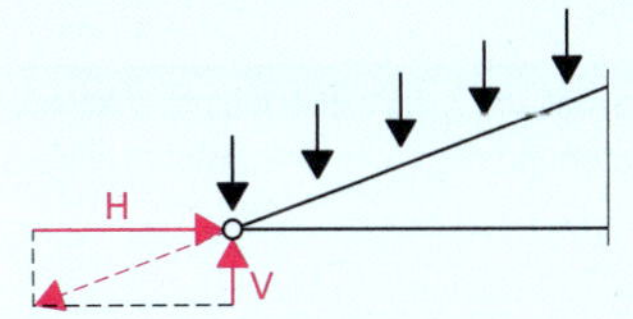

Je geringer die Dachneigung, um so größer die Horizontalkomponente

Vertikale und horizontale Auflagerkräfte

Beim Sparrendach bilden die Sparren in Verbindung mit der Decke ein unverschiebliches Dreieck.

An den Sparrenfußpunkten treten neben den vertikalen Auflagerkräften auch erhebliche horizontale Kräfte auf.

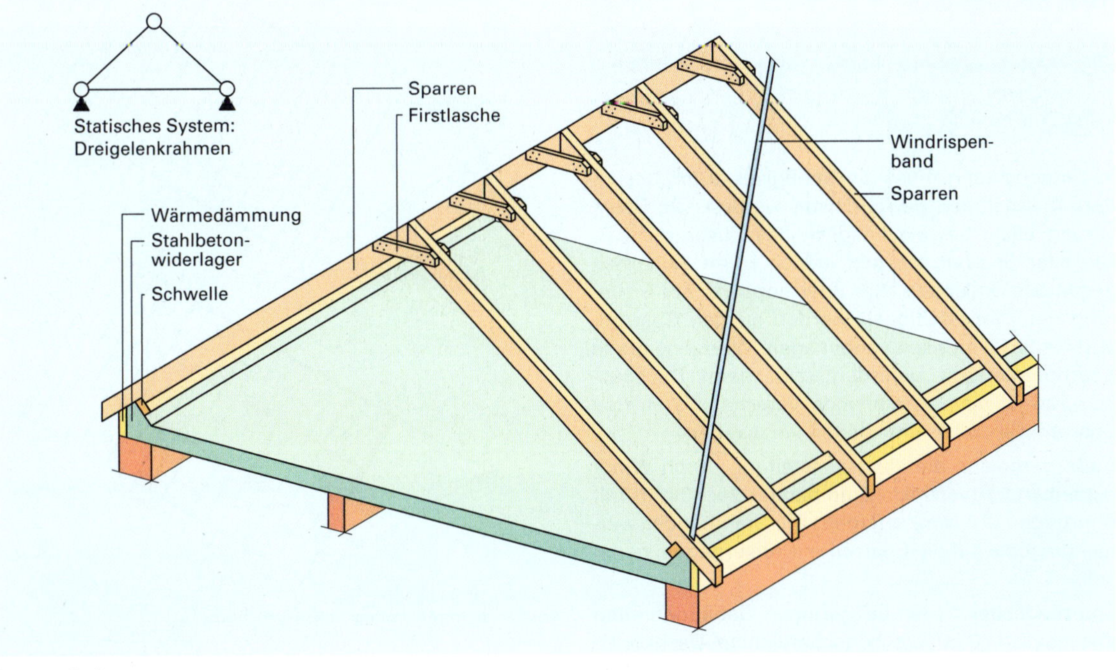

Sparrendach

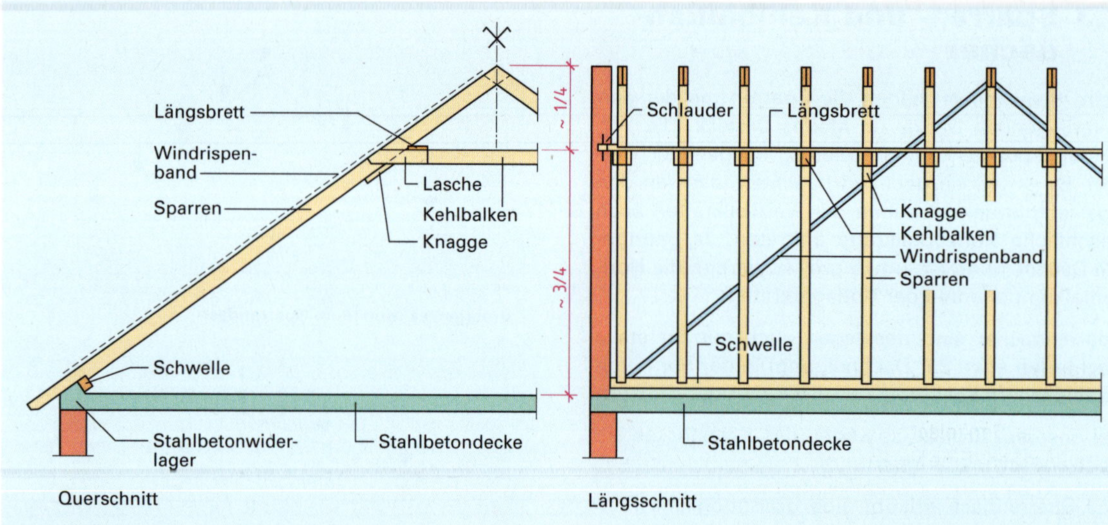

Kehlbalkendach

Beim **Kehlbalkendach** wird das Sparrenpaar zusätzlich durch einen Kehlbalken ausgesteift.

Die Sparren stützen sich außer im Firstpunkt auch noch über den Kehlbalken ab. Die günstigste Lage des Kehlbalkens ist etwa in $^3/_4$ der Dachhöhe; u. U. kann ein eventueller Dachausbau eine andere Lage erfordern.

Das statische System des Kehlbalkendaches ist wie beim Sparrendach der „Dreigelenkrahmen", der lediglich durch den Kehlbalken eine zusätzliche Aussteifung erhält.

Die **Queraussteifung** wird bei Sparren- und Kehlbalkendächern durch die unverschieblichen Dreiecke aus den Sparrenpaaren und der darunterliegenden Decke hervorgerufen.

> Die Queraussteifung bei Sparren- und Kehlbalkendächern erfolgt durch die Dreiecksbildung aus Sparrenpaar und Decke.

In Längsrichtung muss die Steifigkeit durch besondere Maßnahmen gewährleistet werden. Die Dachlattung allein bewirkt lediglich das Zusammenwirken aller Sparren, sie gibt jedoch keine Sicherheit gegen das Umkippen aller Sparrenpaare. Zur Sicherung der **Längssteifigkeit** werden an den Sparrenunterseiten Windrispen angenagelt. Wird eine glatte Sparrenuntersicht gefordert (z. B. beim Dachausbau), so ist eine aussteifende Verschalung an den Sparrenober- oder -unterseiten vorzusehen.

Außerdem kann die Längsaussteifung durch Windrispenbänder (verzinkte Stahlbänder 2 × 40 mm mit Bohrungen ⌀ 5 mm) erfolgen. Die Stahlbänder werden diagonal auf die Sparren mit Ankernägeln genagelt.

Sparrendächer stellen bei geringen Gebäudebreiten (bis etwa 8,00 m) die wirtschaftlichste Dachkonstruktion dar. Kehlbalkendächer sind nur bei steilen

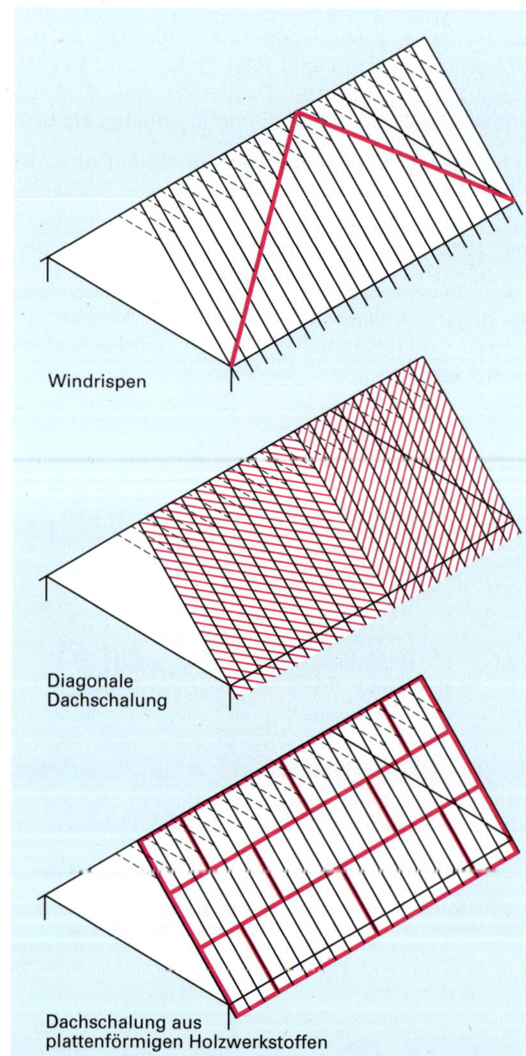

Längsaussteifung bei Sparren- und Kehlbalkendächern

Dächern (ab 45° Dachneigung) und bei größeren Spannweiten wirtschaftlicher als Sparrendächer.

Die Längsaussteifung der Sparren- und Kehlbalkendächer erfolgt durch den diagonalen Einbau von Windrispen, durch diagonale Bretterschalungen oder durch eine Dachschalung aus plattenförmigen Holzwerkstoffen.

7.3.1 Bauliche Durchbildung

Firstpunkt

Die einfachste Verbindung der Sparrenpaare erfolgt durch eine Senkelschmiege und beidseitig angenagelte Laschen. Eine verkämmte Firstbohle stellt eine große Erleichterung beim Richten der Gespärre dar und ist deshalb empfehlenswert.

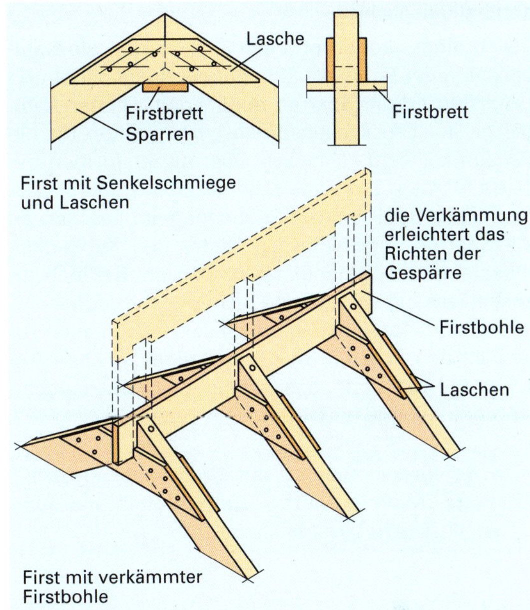

Firstausbildung

Fußpunkt

In den häufigsten Fällen werden die Decken unter Sparren- und Kehlbalkendächern in Stahlbeton ausgeführt. Der Sparrenfuß wird dann über eine Schwelle an ein Stahlbetonwiderlager angeschlossen.

Hierbei sind folgende Anschlüsse möglich:

- Der Sparren wird durch einen Winkelschnitt direkt auf die Schwelle aufgesetzt und mit einem Sparrennagel gesichert (Ausbildung ohne Dachvorsprung).
- Der Sparren wird am Fußpunkt eingeschnitten und auf die Schwelle aufgelegt und angenagelt. Diese Ausbildung eignet sich auch für Dachvorsprünge.
- Der Sparrenfuß wird über eine Knagge an die Schwelle angeschlossen. Die Knagge muss durch Sparrennägel oder Bolzen am Sparren gehalten werden.

Bei der Verwendung von Sparrenschuhen aus verzinktem Stahlblech, die an eine in die Decke einbetonierte Ankerschiene angeschraubt werden, erübrigt sich das Stahlbetonwiderlager.

Seltener werden die Sparren an die Balken einer Holzbalkendecke angeschlossen. Hier ist darauf zu achten, dass der Deckenbalken mit dem Sparrenpaar ein geschlossenes Dreieck bildet. Der Deckenbalken muss also über die gesamte Gebäudebreite durchlaufend sein.

Die Verbindung Deckenbalken – Sparren kann folgendermaßen ausgeführt werden:

- Stirnversatz mit Aufschiebling
- Fersenversatz
- Blechformteil-Verbindung

Bei den Anschlüssen der Sparren an die Decke muss darauf geachtet werden, dass neben der vertikalen Auflagerkraft auch eine beachtliche Horizontalkraft vorhanden ist.

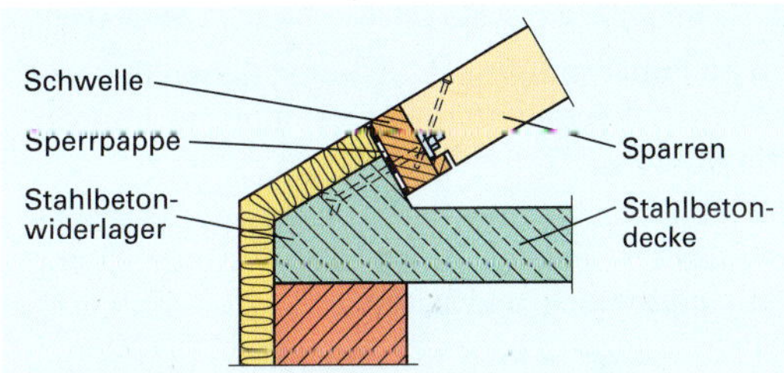

Sparrenfuß ohne Dachvorsprung

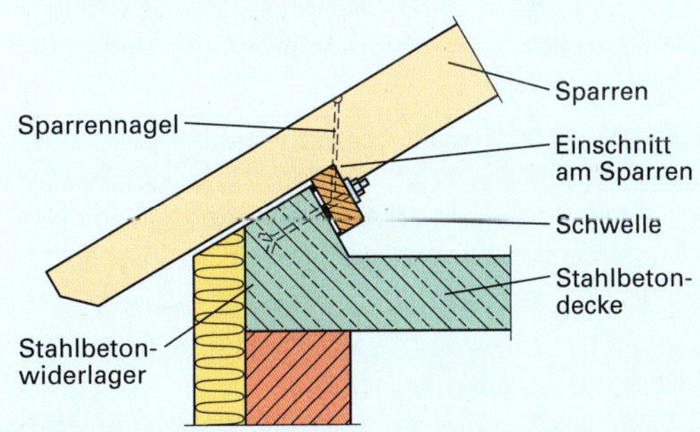

Sparrenfuß mit Einschnitt

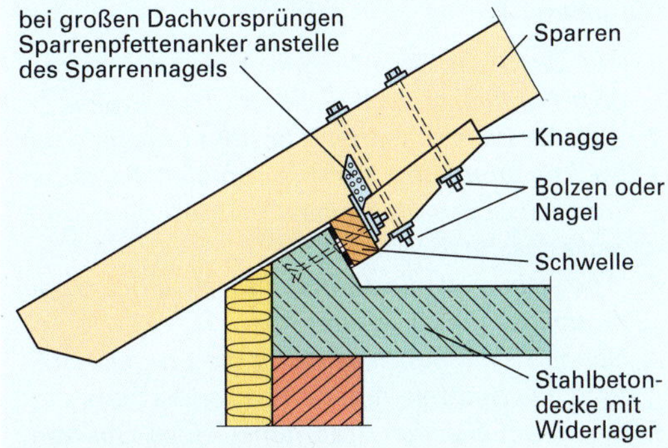

Sparrenfuß mit Knagge

Kehlbalkenanschluss

Bis zu einer Länge von etwa 3 m werden die Kehlbalken in der Regel als Zangenpaar ausgebildet und beidseitig an die Sparren angenagelt. Da der Kehlbalken auf Druck beansprucht wird, sollten für die Zangen keine zu schlanken Querschnittsformen gewählt werden. Einteilige Kehlbalken werden im Allgemeinen durch beidseitig angenagelte Laschen an die Sparren angeschlossen. Unter den Kehlbalken muss eine Knagge angenagelt werden. Kehlbalkenanschlüsse mit Versatz sind nicht nur sehr aufwendige Konstruktionen, sondern sie schwächen auch zusätzlich den Sparren. Der Vorteil eines solchen Anschlusses liegt darin, dass die für einen Dachausbau störende Knagge entfällt.

Die Kehlbalken werden auf Druck beansprucht. Dies ist bei der Wahl des Querschnittes und des Anschlusses zu berücksichtigen.

Zusammenfassung

Beim Sparrendach bilden die Sparren in Verbindung mit der Decke ein unverschiebliches Dreieck.

An den Sparrenfußpunkten treten neben den vertikalen Auflagerkräften auch erhebliche horizontale Kräfte auf.

Die Queraussteifung bei Sparren- und Kehlbalkendächern erfolgt durch die Dreiecksbildung aus Sparrenpaar und Decke.

Die Längsaussteifung der Sparren- und Kehlbalkendächer erfolgt durch den diagonalen Einbau von Windrispen, durch diagonale Bretterschalungen oder durch eine Dachschalung aus plattenförmigen Holzwerkstoffen.

Bei den Anschlussen der Sparren an die Decke muss darauf geachtet werden, dass neben der vertikalen Auflagerkraft auch eine beachtliche Horizontalkraft vorhanden ist.

Die Kehlbalken werden auf Druck beansprucht. Dies ist bei der Wahl des Querschnittes und des Anschlusses zu berücksichtigen.

Aufgaben

1. *Aus welchem Grund eignet sich ein Sparren- oder Kehlbalkendach nicht für unser Projekt?*
2. *Welcher Zusammenhang besteht zwischen der Dachneigung und der horizontalen Auflagerkraft am Sparrenfuß eines Sparren- oder Kehlbalkendaches?*
3. *Wodurch wird die Quersteifigkeit eines Sparrendaches hervorgerufen?*
4. *Nennen Sie Möglichkeiten für die Längsaussteifung von Sparren- und Kehlbalkendächern.*
5. *Skizzieren Sie den Traufpunkt eines Sparrendaches auf einer Stahlbetondecke.*

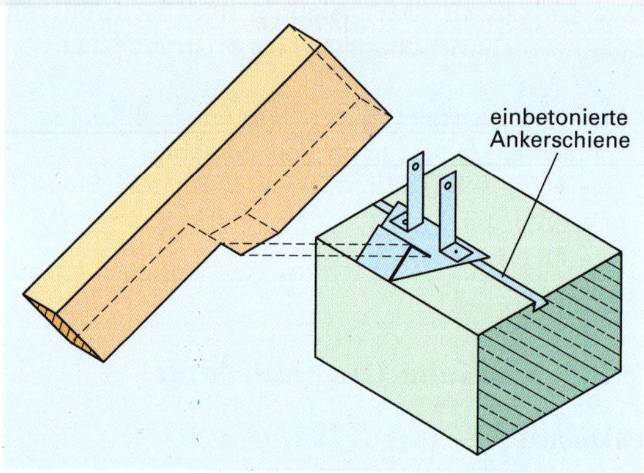

Sparrenfuß an Stahlbetondecke mit Blechformteil

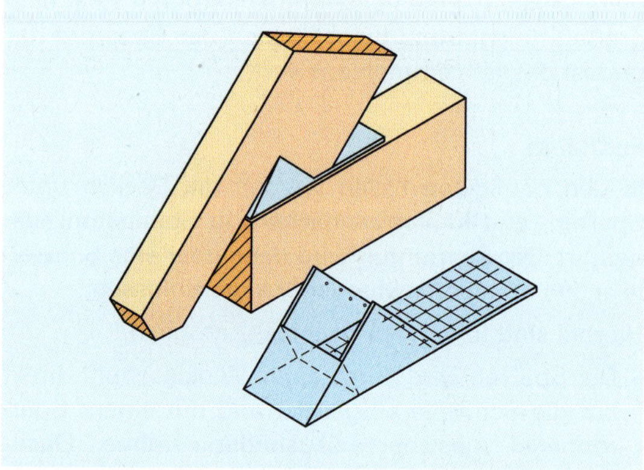
Sparrenfuß an Holzbalkendecke mit Blechformteil

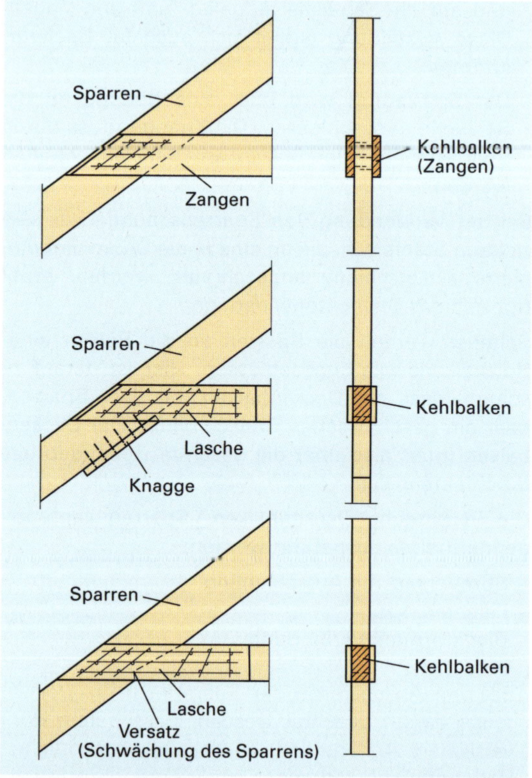

Kehlbalkenanschlüsse

7.3.2 Zeichnerische Darstellung

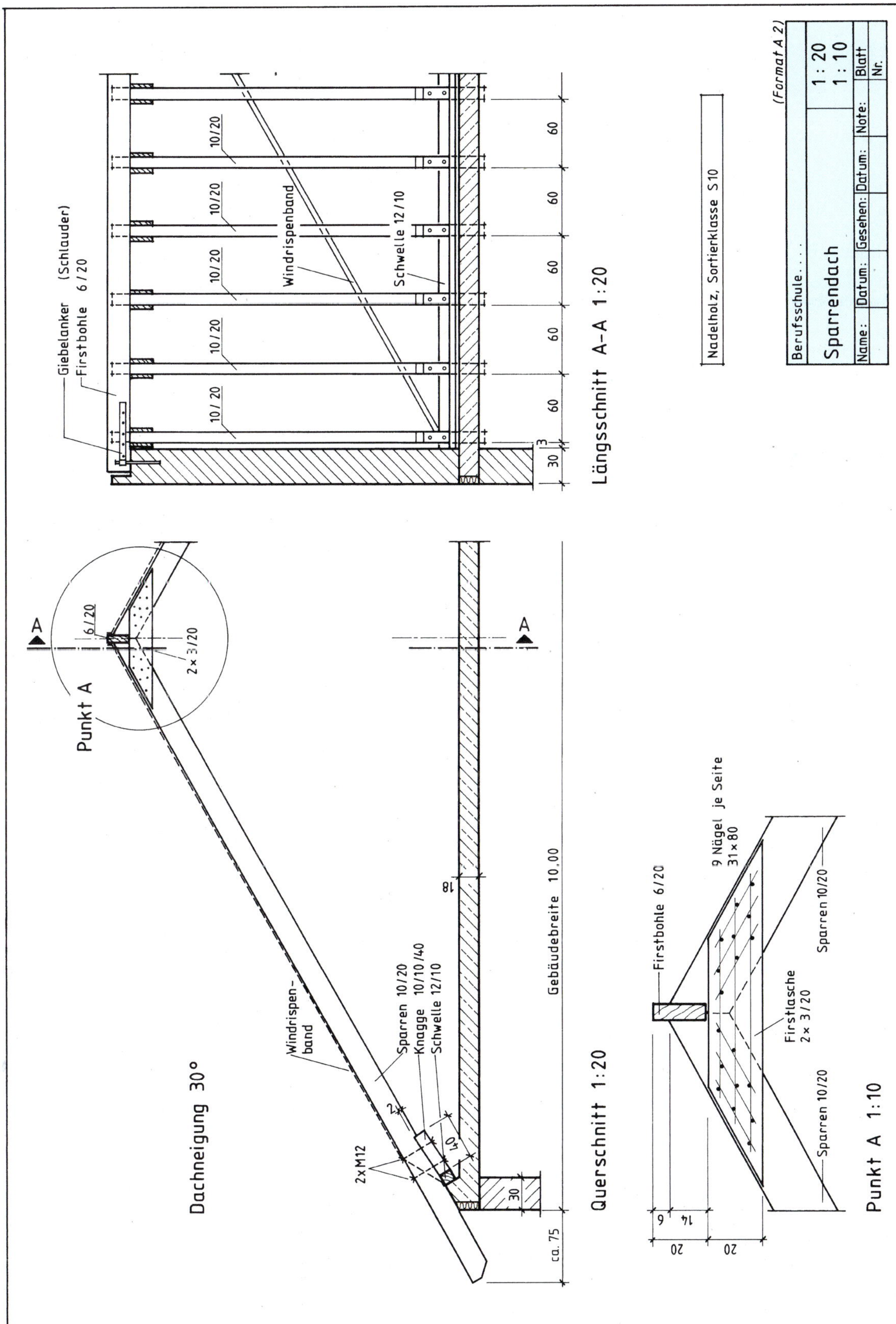

Aufgaben:

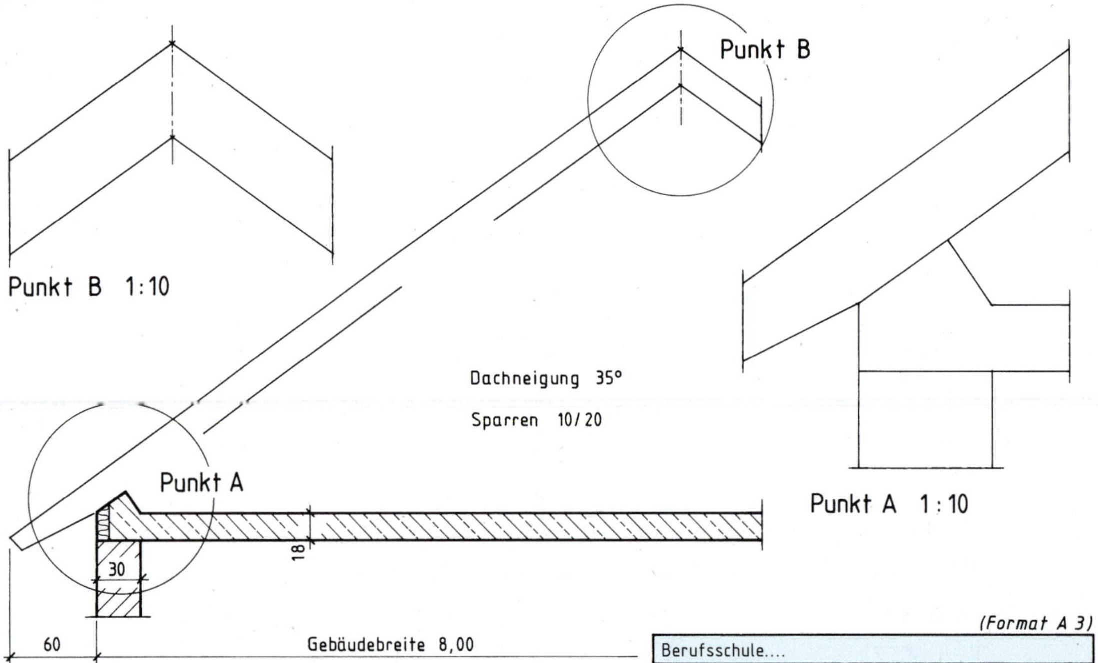

Ergänzen Sie auf einem A3-Blatt diese Zeichnung!

(Format A 3)

Berufsschule....					
Sparrendach					1:20 1:10
Name:	Datum:	Gesehen:	Datum:	Note:	Blatt Nr.

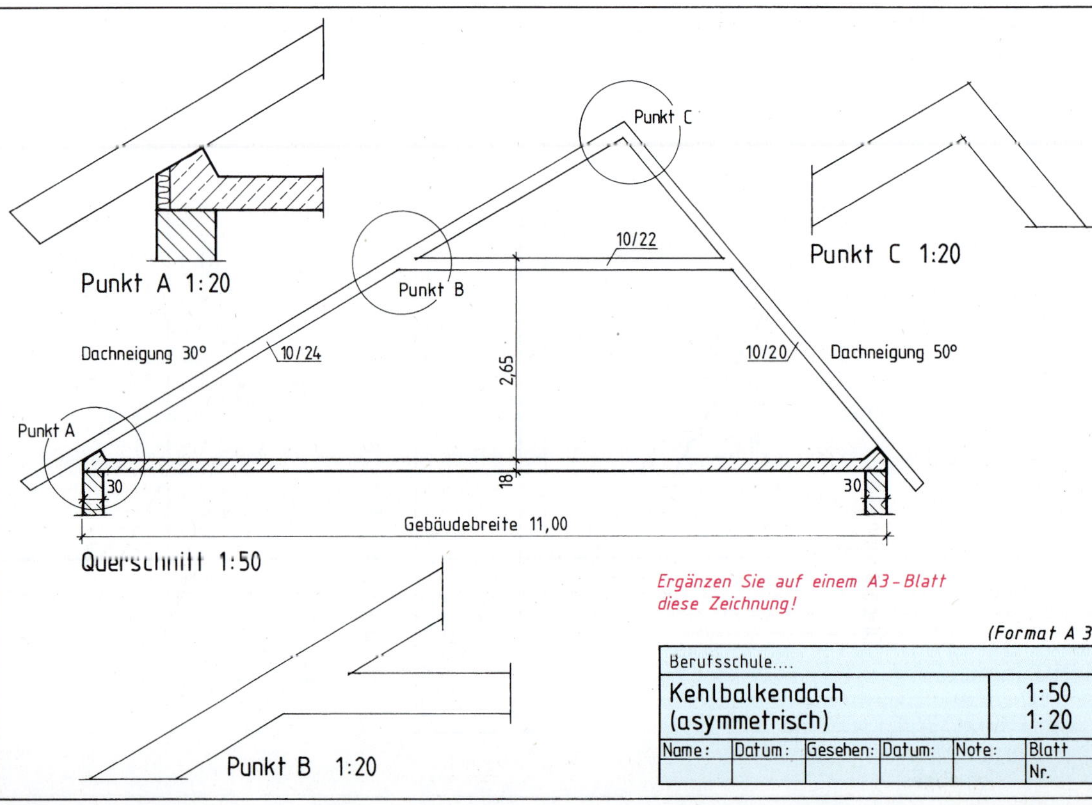

Ergänzen Sie auf einem A3-Blatt diese Zeichnung!

(Format A 3)

Berufsschule....					
Kehlbalkendach (asymmetrisch)					1:50 1:20
Name:	Datum:	Gesehen:	Datum:	Note:	Blatt Nr.

7.4 Spreng- und Hängewerksdächer

Spreng- und Hängewerksdächer sind veraltete Konstruktionen und kommen deshalb nur in Ausnahmefällen zur Ausführung. Trotzdem ist es für den Zimmerer wichtig, sich auch bei alten Dachkonstruktionen auszukennen, um bei Sanierungen oder Umbauarbeiten fachgerechte Entscheidungen treffen zu können. An Stelle der Spreng- und Hängewerksdächer werden heute Fachwerk- oder Brettschichtbinder verwendet. Der einzige Vorteil der Spreng- und Hängewerksdächer gegenüber Fachwerkbindern liegt wohl darin, dass u. U. der Dachraum besser genutzt und die Konstruktion verhältnismäßig einfach hergestellt werden kann.

Bei Spreng- und Hängewerksdächern werden die Dachlasten über Pfetten auf Spreng- bzw. Hängewerke abgeleitet. Die Spreng- bzw. Hängewerke werden hierbei in Abständen zwischen etwa **4 m** und **5 m** angeordnet.

Die **Quersteifigkeit** wird durch den Binder (Spreng- bzw. Hängewerk) hervorgerufen. In **Längsrichtung** erhalten diese Dächer die erforderliche Steifigkeit durch unverschiebliche Dreiecke aus Pfosten (oder Strebe), Pfette und Bug.

7.4.1 Sprengwerksdächer

Nach außen abgesprengte Dächer

Sprengwerksdächer unterscheiden sich im Wesentlichen von den abgestrebten Pfettendachstühlen darin, dass sowohl die senkrechten als auch die waagerechten Lasten lediglich über die Streben abgetragen werden. Dadurch bleiben der Bundbalken bzw. die Stahlbetondecke unbelastet; die Dachlasten werden auf die Außenwände abgeleitet. Das nach außen abgesprengte Dach kann als einfaches, zweifaches oder dreifaches Sprengwerksdach ausgebildet werden.

Nach innen abgesprengte Dächer

Bei Gebäuden mit tragender Mittelwand kann die Last der Mittelpfette nach innen auf die Mittelwand abgetragen werden. Dabei müssen die Streben unter den Pfetten durch Zangen gehalten werden. Auf die Zangen kann nur dann verzichtet werden, wenn die Pfettenlasten durch Streben sowohl auf eine Mittelwand als auch auf die Außenwände abgeleitet werden.

Bei größeren Spannweiten wird außer den Mittelpfetten eine Firstpfette angeordnet, wobei die Last der Firstpfette über senkrechte Pfosten auf eine darunterliegende Mittelwand, die Lasten der Mittelpfetten durch Streben teils auf die Außenwände, teils auf die Mittelwand abgetragen werden.

> Bei Sprengwerksdächern werden die Pfettenlasten durch Streben auf die Außenwände (= nach außen abgesprengte Dächer) oder auf eine Mittelwand (= nach innen abgesprengte Dächer) abgeleitet.

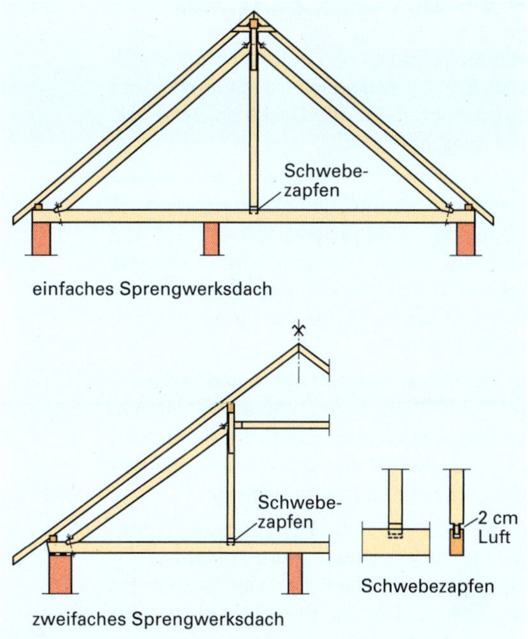

Nach außen abgesprengte Dächer

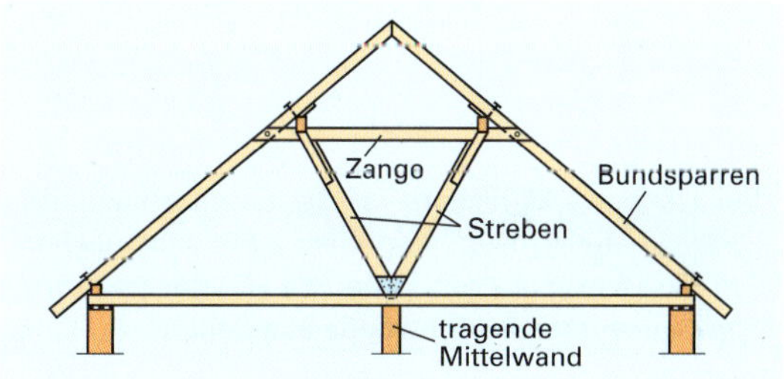

Nach innen abgesprengtes Dach

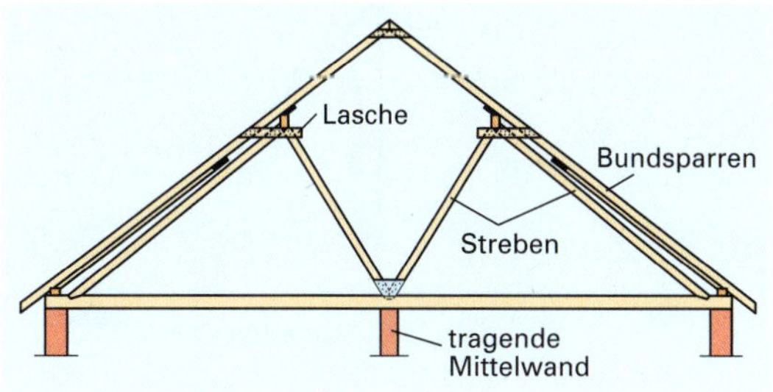

Nach innen und außen abgesprengtes Dach

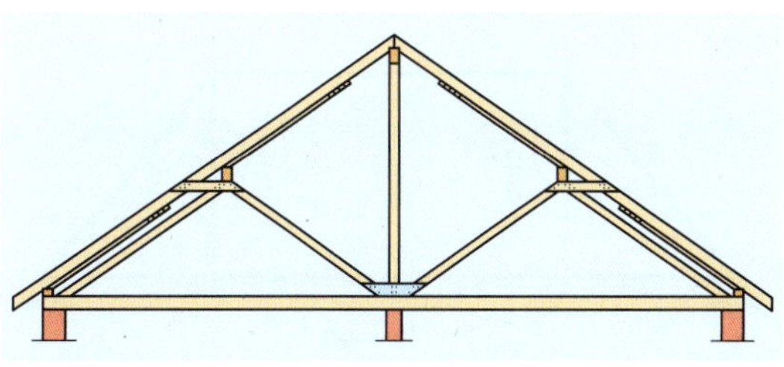

Nach innen und außen abgesprengtes Dach mit Firstpfette und Pfosten

7.4.2 Hängewerksdächer

Hängewerksdächer unterscheiden sich von Sprengwerksdächern dadurch, dass die darunterliegende Decke an den Pfosten aufgehängt ist.

Ein beachtlicher Teil der Deckenbelastung wird somit über das Dachtragwerk abgeleitet. Hängewerksdächer sind besonders dafür geeignet, große Räume (ohne Zwischenwände) zu überspannen. Sie sind die Vorläufer der heute üblichen Hallenbinder.

In der Regel werden Hängewerksdächer mit einfachen oder zweifachen Hängewerken ausgebildet; dreifache Hängewerke sind wegen der schwer auszubildenden Knotenpunkte sehr selten.

Sprengwerke und Hängewerke waren früher auch beliebte Konstruktionen für Stege und Brücken. Sie sind jedoch im modernen Holzbau den Binderkonstruktionen (Fachwerkbinder, Brettschichtholzbinder usw.) gewichen.

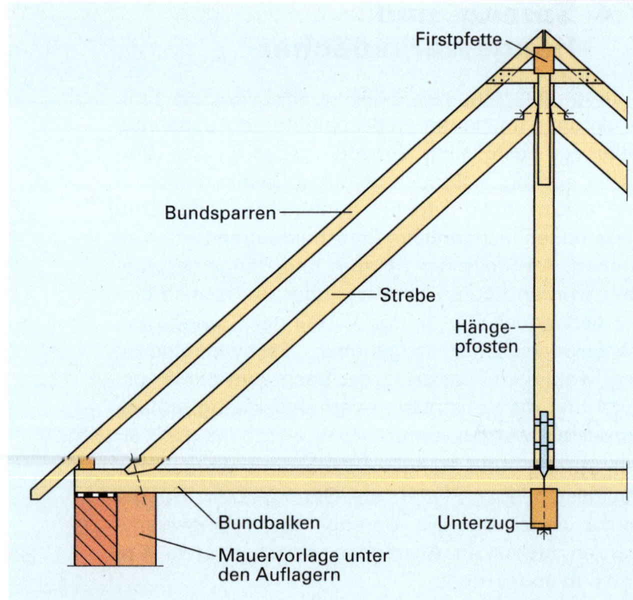

Einfaches Hängewerksdach

Bei Hängewerksdächern ist die darunterliegende Decke an den Pfosten aufgehängt. Ein beachtlicher Teil der Deckenlast wird über die Hängewerkskonstruktion auf die Außenwände abgeleitet.

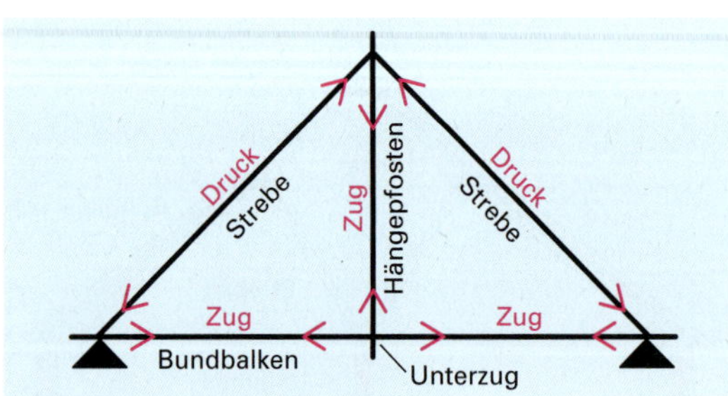

Einfaches Hängewerk (System)

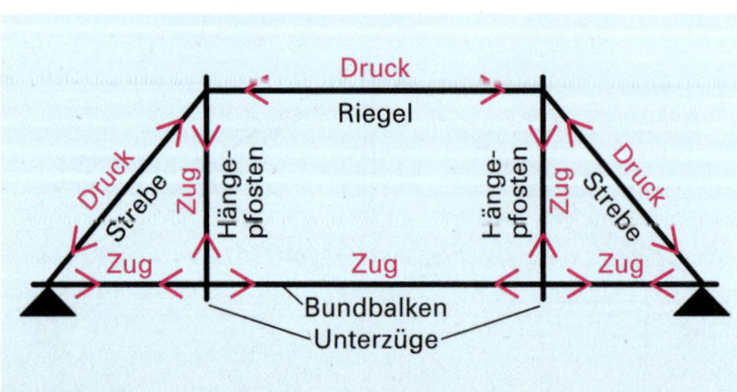

Doppeltes Hängewerk (System)

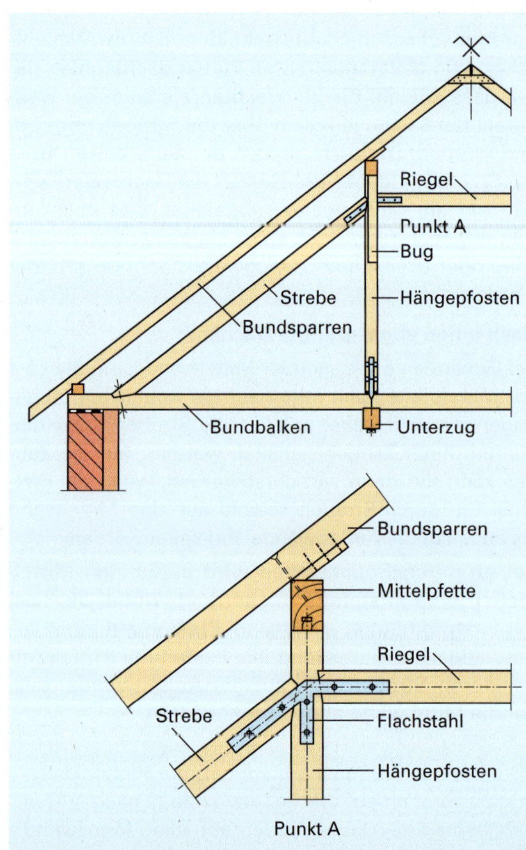

Doppeltes Hängewerksdach

7.4.3 Zeichnerische Darstellung

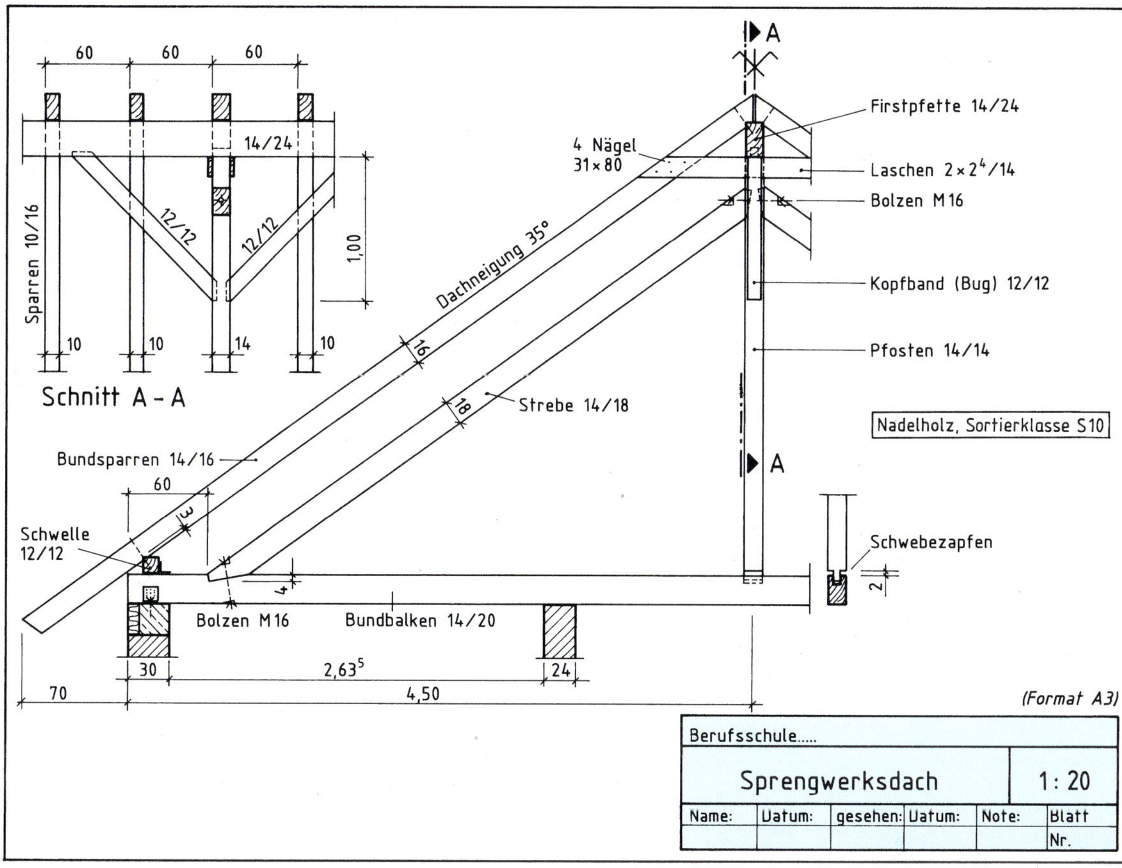

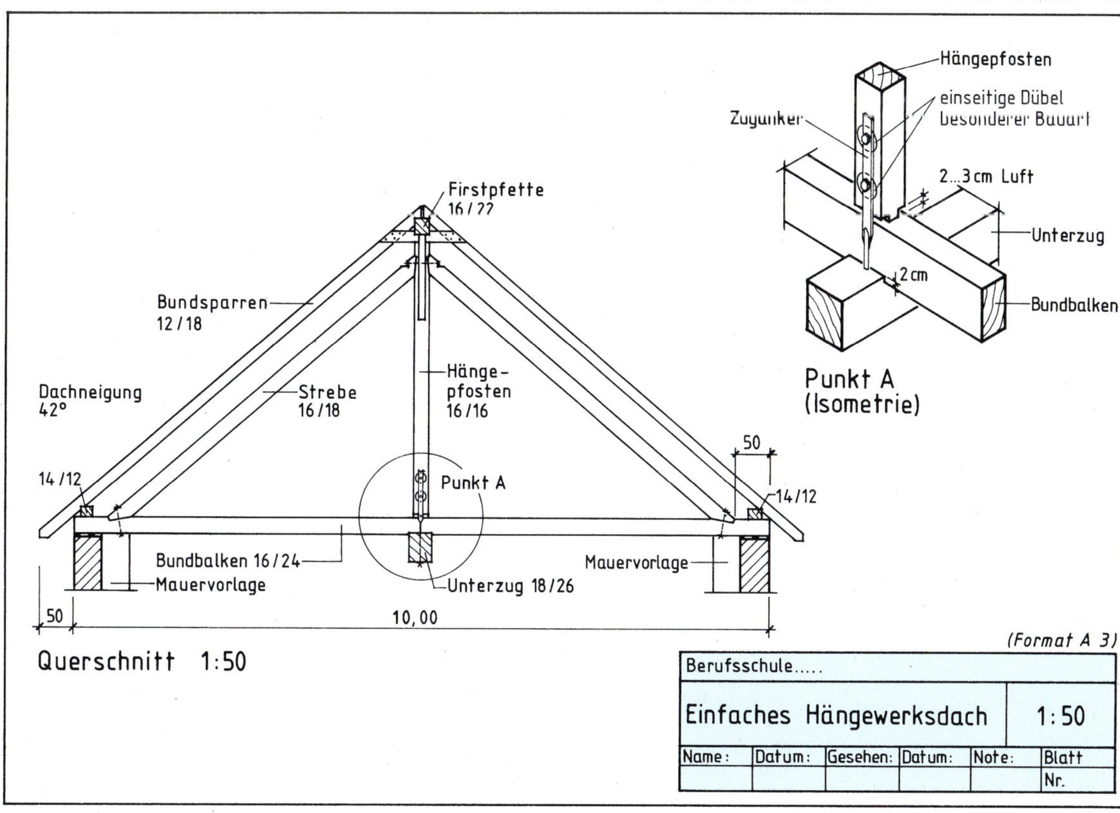

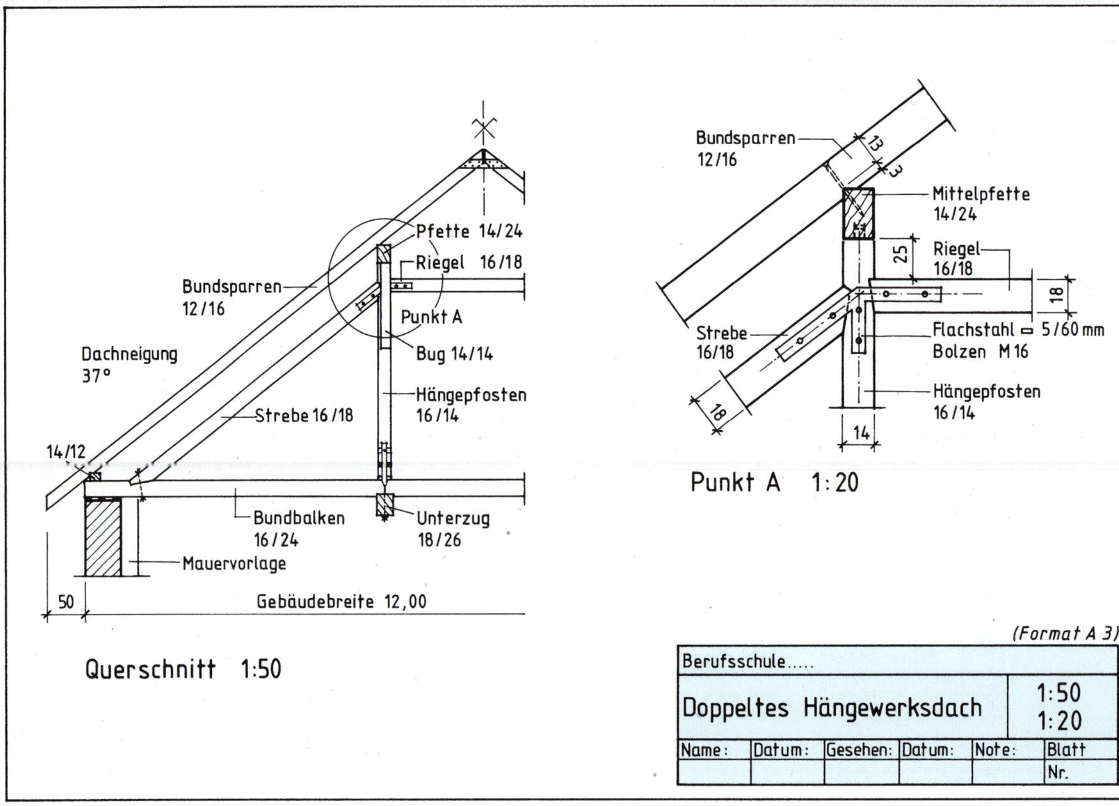
Pfette 14/24
Riegel 16/18
Bundsparren 12/16
Punkt A
Bug 14/14
Dachneigung 37°
Hängepfosten 16/14
Strebe 16/18
14/12
Bundbalken 16/24
Unterzug 18/26
Mauervorlage
50
Gebäudebreite 12,00
Querschnitt 1:50
Bundsparren 12/16
13
3
Mittelpfette 14/24
25
Riegel 16/18
18
Strebe 16/18
Flachstahl ▭ 5/60 mm
Bolzen M16
Hängepfosten 16/14
18
14
Punkt A 1:20
(Format A 3)
Berufsschule.....
Doppeltes Hängewerksdach
1:50
1:20
Name: Datum: Gesehen: Datum: Note: Blatt
Nr.

Aufgabe:

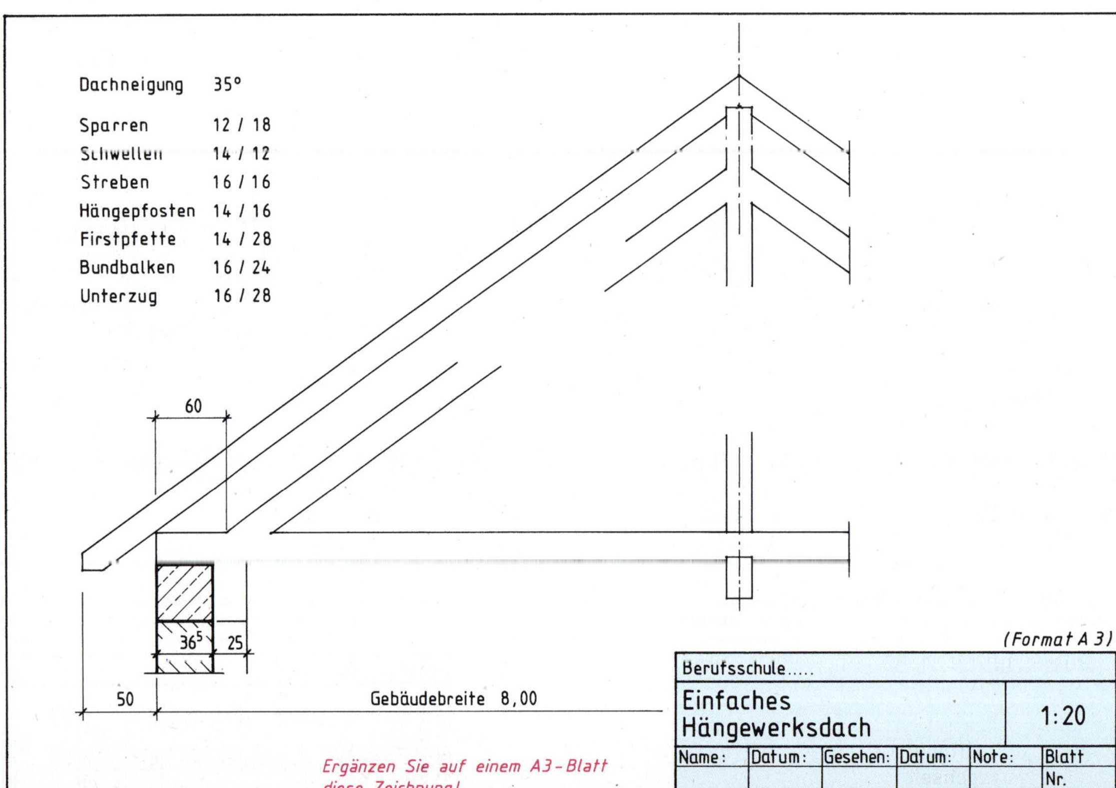
Dachneigung 35°
Sparren 12 / 18
Schwellen 14 / 12
Streben 16 / 16
Hängepfosten 14 / 16
Firstpfette 14 / 28
Bundbalken 16 / 24
Unterzug 16 / 28
60
36⁵
25
50
Gebäudebreite 8,00
Ergänzen Sie auf einem A3-Blatt diese Zeichnung!
(Format A 3)
Berufsschule.....
Einfaches Hängewerksdach
1:20
Name: Datum: Gesehen: Datum: Note: Blatt
Nr.

7.5 Traufe und Ortgang

Traufe und Ortgang können sowohl ohne als auch mit Überstand ausgebildet werden.

Dachüberstände (Dachvorsprünge) haben sich in vielerlei Hinsicht als zweckmäßig erwiesen und es sollte deshalb nicht auf sie verzichtet werden.

Die Dachüberstände schützen das Gebäude vor Regen, Schnee und Hagelschlag. Im Sommer schützen sie vor starker Sonneneinstrahlung.

Nicht zuletzt sind die Dachüberstände auch eine Art Visitenkarte des Zimmerers. Hier wird oft die Art der Dachkonstruktion sowie das handwerkliche Können des Zimmerers ersichtlich. Durch Traufe und Ortgang erhalten die Gebäude häufig ihren Stil und ihren unverwechselbaren Charakter.

Die Ausbildung der Dachüberstände ist regional sehr verschieden. So sind z. B. in Regionen mit viel Regen oder viel Schneefall in der Regel die Dachüberstände größer ausgebildet als in klimatisch milderen Regionen.

Bei Flachdächern wird häufig auf einen Dachüberstand verzichtet. Der Dachrand von Flachdächern wird auch als Attika bezeichnet.

Dachüberstände schützen die Gebäudefassade vor Witterungseinflüssen. Bei hohem Sonnenstand spenden sie Schatten.

Traufe und Ortgang

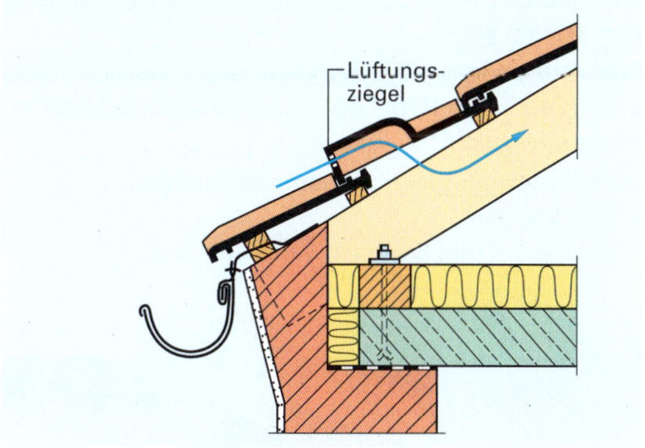

Gemauertes Gesims

7.5.1 Traufe

Bei steileren Dächern oder bei mehrgeschossigen Gebäuden kann der Dachüberstand sehr knapp gehalten werden. Hier wird häufig ein massives (gemauertes oder betoniertes) Gesims ausgebildet.

Flachere Dächer und Dächer von ein- oder zweigeschossigen Häusern erhalten in der Regel einen Dachüberstand durch auskragende Sparren. Die Sparren können im Bereich des Überstandes unten sichtbar oder auch verschalt sein. Grundsätzlich muss darauf geachtet werden, dass bei ausgebauten Dachgeschossen im Bereich der Dachlattung eine gut funktionierende Belüftung vorhanden ist.

Dachüberstände werden durch Schnee und durch Windsog meist sehr hoch belastet. Zudem sind die Sparren am Auflager durch die Kerve geschwächt. Deshalb muss sehr sorgfältig gearbeitet werden, und die Angaben in den Bauplänen über Sparrenquerschnitte, Kerventiefen, Verankerungen usw. sind strengstens einzuhalten.

Bei Traufe und Ortgang wird häufig die Art der Dachkonstruktion wie auch das handwerkliche Können des Zimmerers sichtbar. Durch Traufe und Ortgang erhalten die Gebäude ihren Stil und ihren unverwechselbaren Charakter.

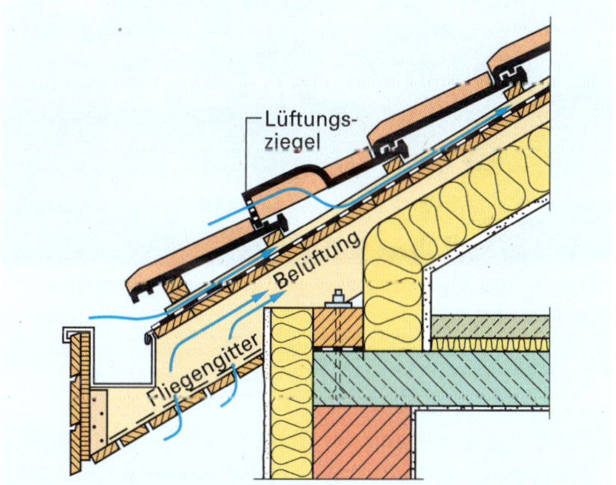

Dachüberstand an der Traufe

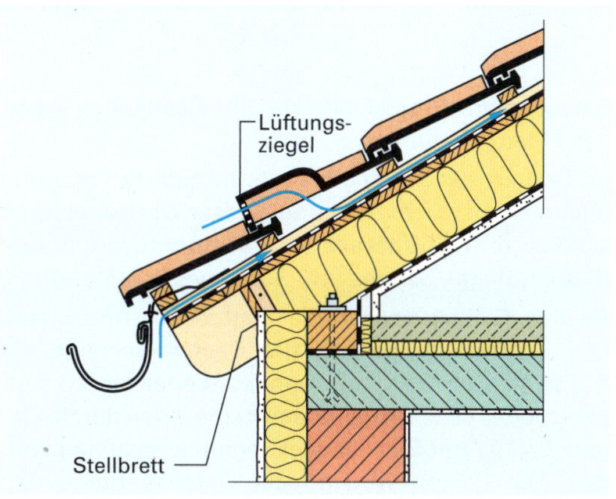

Dachüberstand an der Traufe mit sichtbaren Sparrenköpfen

7.5.2 Ortgang

An den Ortgängen sind Ausbildungen ohne und mit Dachüberstand möglich. Hier ist jedoch nicht nur die Gebäude- und Dachform ausschlaggebend, sondern auch die Dachkonstruktion. So ist z. B. bei Sparren- und Kehlbalkendächern ein größerer Ortgangüberstand nahezu unmöglich.

Pfettendächer mit auskragenden Pfetten ermöglichen jedoch große Überstände. Durch eine Verstärkung der auskragenden Pfetten wird es möglich, mit Dachüberständen im Giebelbereich Balkone zu überdachen, wie sie in Gebirgsregionen sehr häufig anzutreffen sind.

Für Ortgänge – im Bereich des Dachabschlusses – sind in der Regel drei unterschiedliche Ausführungen möglich:

- Ortgangziegel oder Ortgangdachsteine,
- Ortgangbrett,
- Zahnleiste (bei Biberschwanzdeckung).

Ortgangüberstand eines Pfettendachstuhles als Balkonüberdachung

Traufe und Ortgang werden ohne oder mit Dachüberstand ausgebildet. Dachüberstände bieten den Fassaden Schutz vor Niederschlägen, und sie schützen vor sommerlicher Hitze.

Bei unserem Projekt besteht die Dachkonstruktion aus einem Pfettendach.

Im Bereich der Traufen kragen die Sparren aus und bilden einen Dachvorsprung. Dieser Dachüberstand schützt die Holzfassade vor Witterungseinflüssen (Regen, Hagel, Schnee und Sonneneinstrahlung).

An den Giebeln kragen die Pfetten aus und bieten den Sparren im Bereich der Dachvorsprünge die Auflager. Der Ortgang kann entweder durch Ortgangziegel bzw. Ortgangdachsteine oder durch Ortgangbretter mit Blechabdeckungen ausgebildet werden. Der Balkon wird an der Ostseite durch den Dachüberstand vollständig überdeckt.

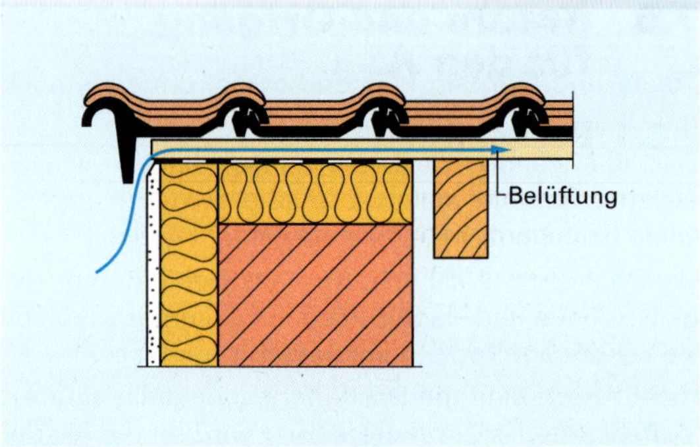

Ortgang ohne Dachüberstand mit Ortgangziegel und Querbelüftung

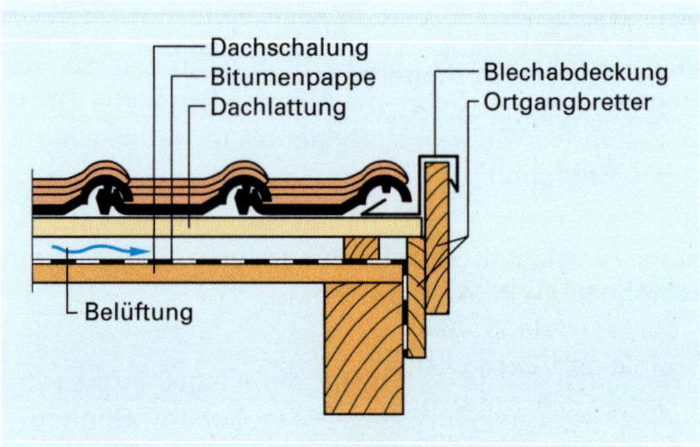

Ortgang bei Dachüberstand mit Ortgangbrettern

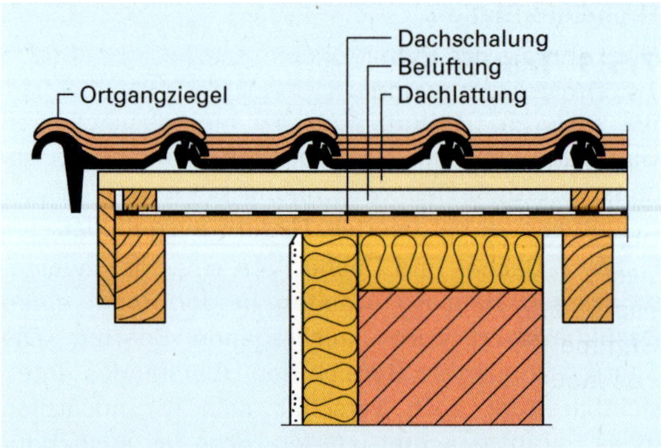

Ortgang bei Dachüberstand mit Ortgangziegel

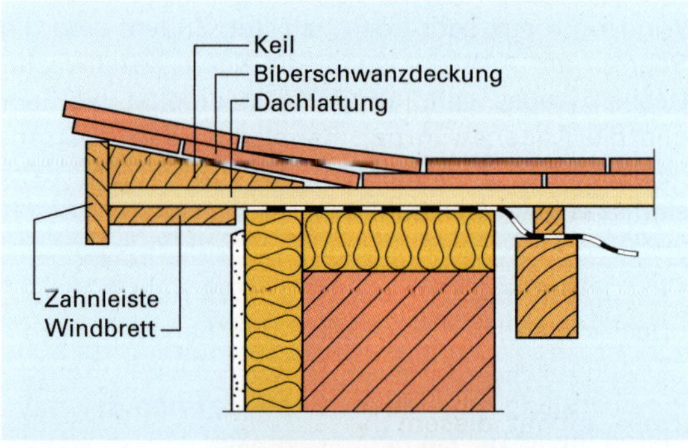

Ortgang mit Zahnleiste bei Biberschwanzdeckung

7.6 Rechnerische Grundlagen für den Abbund

7.6.1 Berechnungen am Dreieck

Konstruktionsmaße wie z.B. Sparren-, Kehlbalken- oder Gratsparrenlängen und deren Kervenmaße werden immer seltener zeichnerisch auf dem Reißboden ermittelt. Inzwischen gehen viele Zimmerer dazu über, diese Maße rechnerisch zu ermitteln.

Durch die allgemeine Einführung von Taschenrechnern ist das Rechnen mit Quadratzahlen und Winkelfunktionen wesentlich erleichtert und auch genauer geworden.

Um Konstruktionsmaße ermitteln zu können, sind Berechnungen am Dreieck durchzuführen.

Hierzu zählen

- der **Satz des Pythagoras,**
- **Ähnlichkeiten am Dreieck** und
- die **Winkelfunktionen**

Im Folgenden wird auf den Lehrsatz des Pythagoras eingegangen, mit dessen Hilfe an rechtwinkligen Dreiecken bei zwei bekannten Seitenlängen die dritte Seitenlänge berechnet werden kann.

Grundinformation:

Der Lehrsatz des Pythagoras ist nur bei rechtwinkligen Dreiecken anwendbar.

Die dem rechten Winkel gegenüberliegende Seite ist die **Hypotenuse** und wird mit ***c*** gekennzeichnet. Sie ist immer die längste Seite des Dreiecks. Die beiden übrigen Seiten sind die **Katheten** und werden mit ***a*** und ***b*** gekennzeichnet. Der Lehrsatz des Pythagoras sagt aus, dass in einem rechtwinkligen Dreieck die Summe der Kathetenquadrate gleich dem Hypotenusenquadrat ist.

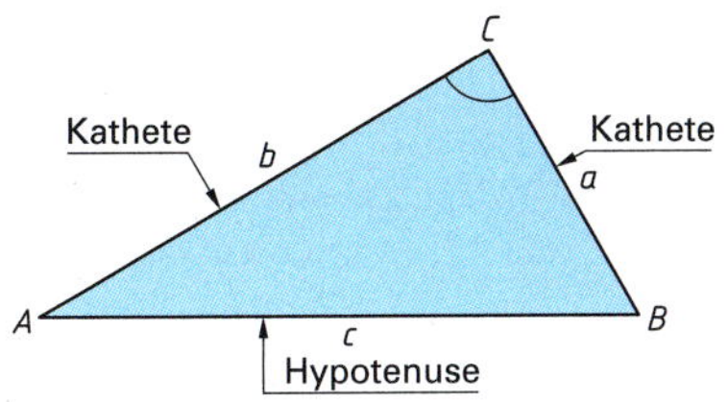

In der folgenden Abbildung sind die Quadrate über den Seiten eines rechtwinkligen Dreiecks gezeichnet.

Die Seiten des Dreiecks verhalten sich wie

3 : 4 : 5.

Dreiecke mit diesem Seitenverhältnis sind **immer** rechtwinklige Dreiecke.

In allen rechtwinkligen Dreiecken gilt:

$$c^2 = a^2 + b^2$$

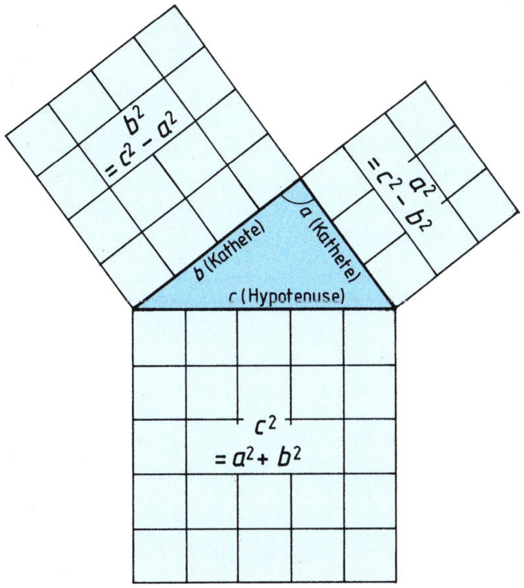

Durch Umstellen der Formel und Wurzelziehen kann jeweils eine Seite eines rechtwinkligen Dreiecks berechnet werden, wenn die beiden anderen bekannt sind.

$$\sqrt{c^2} = \sqrt{a^2 + b^2}$$

$$c = \sqrt{a^2 + b^2}$$

$$a = \sqrt{c^2 - b^2}$$

$$b = \sqrt{c^2 - a^2}$$

Beispiel 1:

Die Sparrenlängen des dargestellten Daches sollen ermittelt werden.

Lösung:

Das Dachprofil kann in 2 rechtwinklige Dreiecke unterteilt werden, bei denen jeweils 2 Seiten bekannt sind.

l_1 und l_2 entsprechen der Hypotenuse und somit der Seite c des jeweiligen Dreiecks.

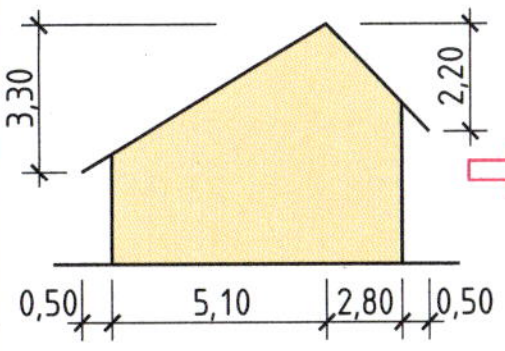

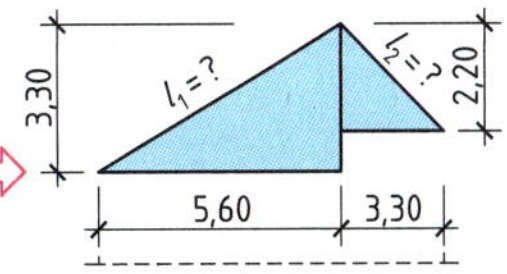

$$c = \sqrt{a^2 + b^2}$$

$l_1 = \sqrt{(5{,}60\ m)^2 + (3{,}30\ m)^2} = \sqrt{31{,}36\ m^2 + 10{,}89\ m^2}$

$= \sqrt{42{,}25\ m^2} \qquad = \underline{6{,}50\ m}$

$l_2 = \sqrt{(3{,}30\ m)^2 + (2{,}20\ m)^2} = \sqrt{10{,}89\ m^2 + 4{,}84\ m^2}$

$= \sqrt{15{,}73\ m^2} \qquad = \underline{3{,}97\ m}$

Beispiel 2:

Die Gebäudebreite des dargestellten Hauses soll errechnet werden.

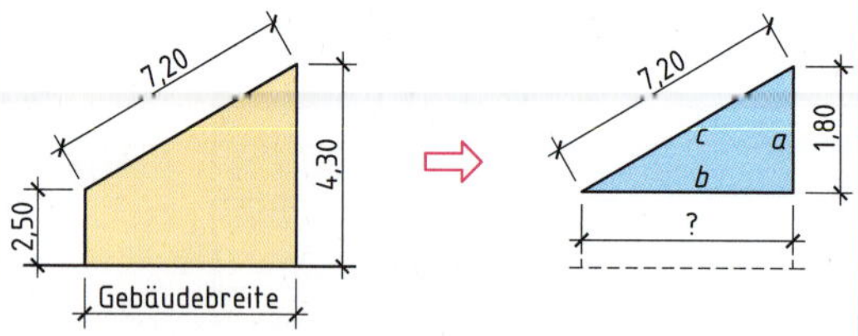

$$b = \sqrt{c^2 - a^2}$$

Lösung:

Die Gebäudebreite entspricht der Kathete b des rechtwinkligen Hilfsdreiecks.

$b = \sqrt{(7{,}20\ m)^2 - (1{,}80\ m)^2} = \sqrt{51{,}84\ m^2 - 3{,}24\ m^2}$

$= \sqrt{48{,}6\ m^2} \qquad = \underline{6{,}97\ m}$

Beispiel 3:

Die Höhe des Gebäudes ist zu ermitteln. Der First liegt in der Mitte.

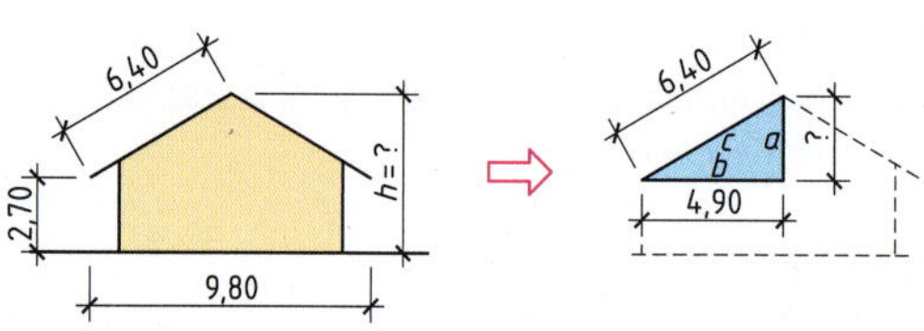

$$a = \sqrt{c^2 - b^2}$$

Lösung:

Der Höhenunterschied zwischen Traufe und First entspricht der Kathete a des rechtwinkligen Dreiecks.

$a = \sqrt{(6{,}40\ m)^2 - (4{,}90\ m)^2} = \sqrt{40{,}96\ m^2 - 24{,}01\ m^2}$

$= \sqrt{16{,}95\ m^2} \qquad = \underline{4{,}12\ m}$

Gebäudehöhe = 4,12 m + 2,70 m
= <u>6,82 m</u>

Bei einem Sonderfall eines gleichschenkligen rechtwinkligen Dreiecks sind die Katheten gleich lang und die beiden Winkel betragen jeweils 45°.

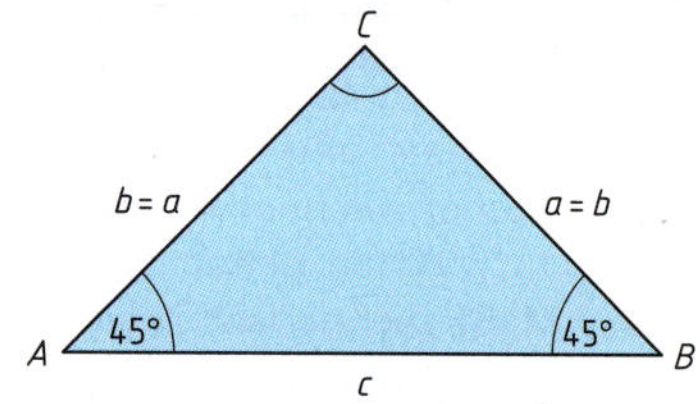

$$a = b$$

Aus dem Lehrsatz des Pythagoras folgt:

$c^2 = a^2 + b^2 = a^2 + a^2 = 2a^2$

$c = \sqrt{2a^2} = a\sqrt{2}$

$$c = a \cdot \sqrt{2}$$

Durch Einsetzen des Wertes für $\sqrt{2} = 1{,}414$ und Umstellen ergibt sich:

$$c = a \cdot 1{,}414 \qquad a = \frac{c}{1{,}414}$$

Beispiel:

Die beiden Neigungswinkel des dargestellten Daches betragen 45°.
Wie lang sind die Sparren?

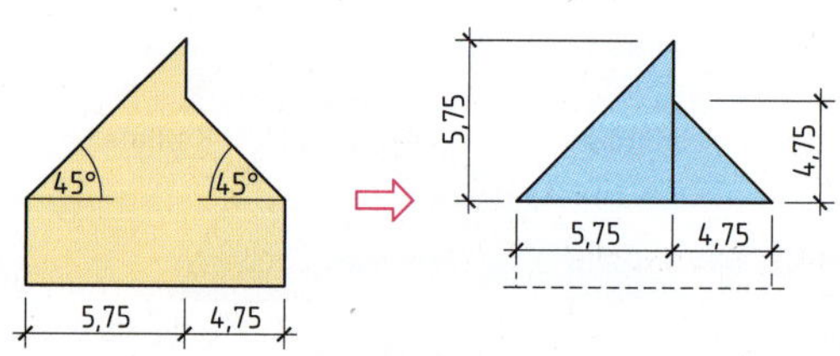

Lösung:

$c_1 = 5{,}75\ m \cdot 1{,}414 = \underline{8{,}13\ m}$

$c_2 = 4{,}75\ m \cdot 1{,}414 = \underline{6{,}72\ m}$

Die Länge des langen Sparrens (c_1) beträgt <u>8,13 m</u>.

Die Länge des kurzen Sparrens (c_2) beträgt <u>6,72 m</u>.

Die Hypotenuse entspricht der Diagonalen eines Quadrates.

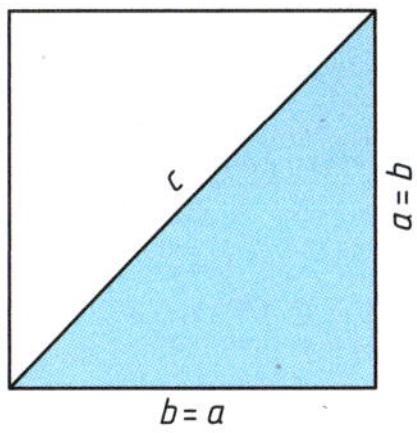

Quadratdiagonale = Quadratseite · 1,414

$$\text{Quadratseite} = \frac{\text{Quadratdiagonale}}{1{,}414}$$

Beispiel:

Die Seiten des dargestellten Quadrates sollen errechnet werden.

Länge der Diagonale = 4,80 m

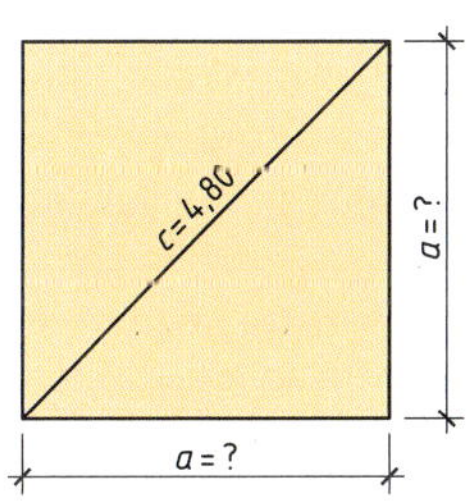

Lösung:

$$a = \frac{c}{1{,}414} = \frac{4{,}80\ \text{m}}{1{,}414} = 3{,}394\ \text{m}$$

Die Seitenlänge beträgt <u>3,39 m</u>.

Hierzu Aufgaben: 1 … 9

Ähnliche Dreiecke

Im Folgenden wird auf ähnliche Dreiecke und deren Beziehungen untereinander eingegangen.

Grundinformation:

Ist bei der Berechnung eines Dreiecks nur eine Seite bekannt, so können die beiden restlichen Seiten mithilfe der **Ähnlichkeit** ermittelt werden.

Dreiecke sind einander ähnlich, wenn ihre Winkel gleich sind. Dies gilt nicht nur für rechtwinklige Dreiecke, sondern für alle Dreiecke.

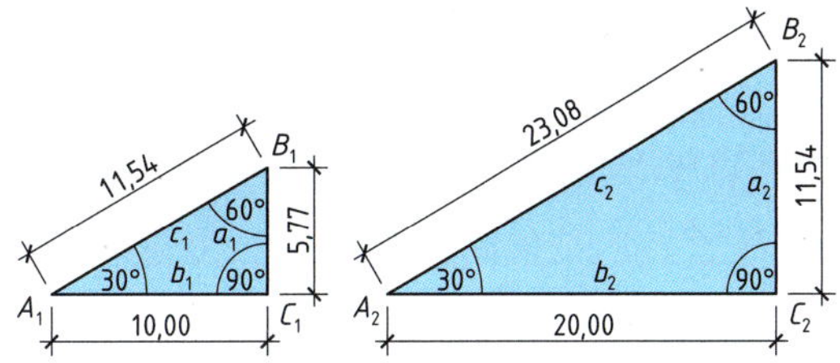

Die dargestellten Dreiecke haben die gleichen Winkel (30°, 60° und 90°), sind aber unterschiedlich groß. Werden die Seitenverhältnisse für beide Dreiecke aufgestellt, ergeben sich folgende Gleichungen:

$$\frac{a_1}{c_1} = \frac{5{,}77\ \text{m}}{11{,}54\ \text{m}} = \underline{0{,}5} \qquad \frac{a_2}{c_2} = \frac{11{,}54\ \text{m}}{23{,}08\ \text{m}} = \underline{0{,}5}$$

$$\Rightarrow \quad \frac{a_1}{c_1} = \frac{a_2}{c_2}$$

$$\frac{b_1}{c_1} = \frac{10{,}00\ \text{m}}{11{,}54\ \text{m}} = \underline{0{,}867} \qquad \frac{b_2}{c_2} = \frac{20{,}00\ \text{m}}{23{,}08\ \text{m}} = \underline{0{,}867}$$

$$\Rightarrow \quad \frac{b_1}{c_1} = \frac{b_2}{c_2}$$

$$\frac{a_1}{b_1} = \frac{5{,}77\ \text{m}}{10{,}00\ \text{m}} = \underline{0{,}577} \qquad \frac{a_2}{b_2} = \frac{11{,}54\ \text{m}}{20{,}00\ \text{m}} = \underline{0{,}577}$$

$$\Rightarrow \quad \frac{a_1}{b_1} = \frac{a_2}{b_2}$$

$$\frac{c_1}{a_1} = \frac{11{,}54\ \text{m}}{5{,}77\ \text{m}} = \underline{2{,}0} \qquad \frac{c_2}{a_2} = \frac{23{,}08\ \text{m}}{11{,}54\ \text{m}} = \underline{2{,}0}$$

$$\Rightarrow \quad \frac{c_1}{a_1} = \frac{c_2}{a_2}$$

$$\frac{c_1}{b_1} = \frac{11{,}54\ \text{m}}{10{,}00\ \text{m}} = \underline{1{,}154} \qquad \frac{c_2}{b_2} = \frac{23{,}08\ \text{m}}{20{,}00\ \text{m}} = \underline{1{,}154}$$

$$\Rightarrow \quad \frac{c_1}{b_1} = \frac{c_2}{b_2}$$

$$\frac{b_1}{a_1} = \frac{10{,}00\ \text{m}}{5{,}77\ \text{m}} = \underline{1{,}73} \qquad \frac{b_2}{a_2} = \frac{20{,}00\ \text{m}}{11{,}54\ \text{m}} = \underline{1{,}73}$$

$$\Rightarrow \quad \frac{b_1}{a_1} = \frac{b_2}{a_2}$$

Aus den Ergebnissen wird deutlich, dass bei Dreiecken mit gleichen Winkeln die jeweiligen Seitenverhältnisse gleich sind. Dabei spielt die Größe der Dreiecke keine Rolle.

Dreiecke sind einander ähnlich, wenn ihre Winkel gleich sind. Die Flächen können verschieden groß sein.

Ist nun ein Wert der Seitenverhältnisse unbekannt, so kann dieser durch Umstellen folgender Gleichungen ermittelt werden:

$$\frac{a_1}{c_1} = \frac{a_2}{c_2} \qquad \frac{b_1}{c_1} = \frac{b_2}{c_2} \qquad \frac{a_1}{b_1} = \frac{a_2}{b_2}$$

$$\frac{c_1}{a_1} = \frac{c_2}{a_2} \qquad \frac{c_1}{b_1} = \frac{c_2}{b_2} \qquad \frac{b_1}{a_1} = \frac{b_2}{a_2}$$

Beispiel 1:

Die Länge der Seite a_2 ist zu ermitteln. Die beiden Dreiecke sind ähnlich, da die Winkel gleich sind.

Lösung:

$$\frac{a_1}{b_1} = \frac{a_2}{b_2}$$

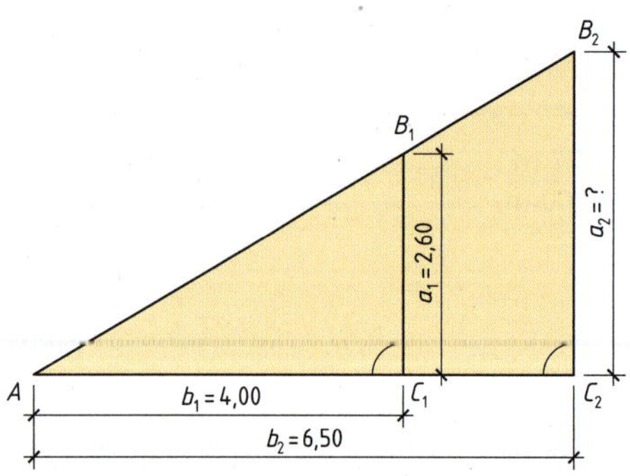

$$a_2 = a_1 \cdot \frac{b_2}{b_1} = \frac{2{,}60\ \text{m} \cdot 6{,}50\ \text{m}}{4{,}00\ \text{m}} = \underline{4{,}225\ \text{m}}$$

Beispiel 2:

Bei dem dargestellten Satteldach soll die Kehlbalkenlänge ermittelt werden.

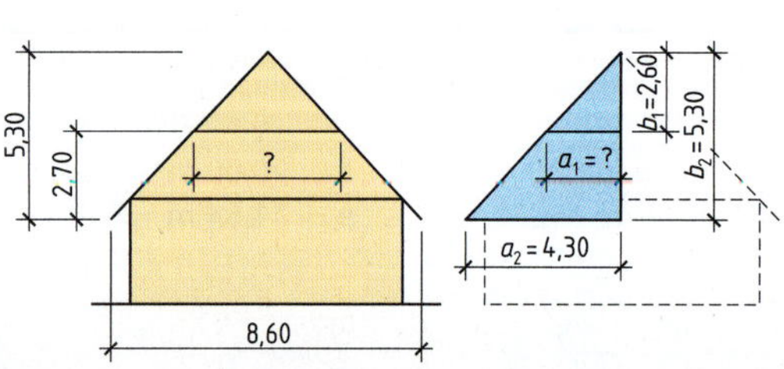

Lösung:

Kehlbalkenlänge = $2 \cdot a_1$

$$\frac{a_1}{b_1} = \frac{a_2}{b_2}$$

$$a_1 = a_2 \cdot \frac{b_1}{b_2} = \frac{4{,}30\ \text{m} \cdot (5{,}30\ \text{m} - 2{,}70\ \text{m})}{5{,}30\ \text{m}} = 2{,}11\ \text{m}$$

Kehlbalkenlänge = $2{,}11\ \text{m} \cdot 2 = \underline{4{,}22\ \text{m}}$

Hierzu Aufgaben: 10 ... 14

Winkelfunktionen

Im Folgenden wird auf die wichtigsten Winkelfunktionen als Seitenverhältnisse im rechtwinkligen Dreieck eingegangen.

Grundinformation:

Im rechtwinkligen Dreieck bezeichnet man die beiden kurzen Seiten als **Katheten** und die lange, dem rechten Winkel gegenüberliegende Seite als **Hypotenuse.** Die Katheten werden, bezogen auf den gegebenen Winkel, als **Ankathete** oder **Gegenkathete** bezeichnet.

Die dem entsprechenden Winkel **gegen**überliegende Kathete wird also als **Gegen**kathete bezeichnet und die dem entsprechenden Winkel **an**liegende Seite wird als **An**kathete bezeichnet.

Auf den Winkel α bezogen, ergeben sich folgende Bezeichnungen:

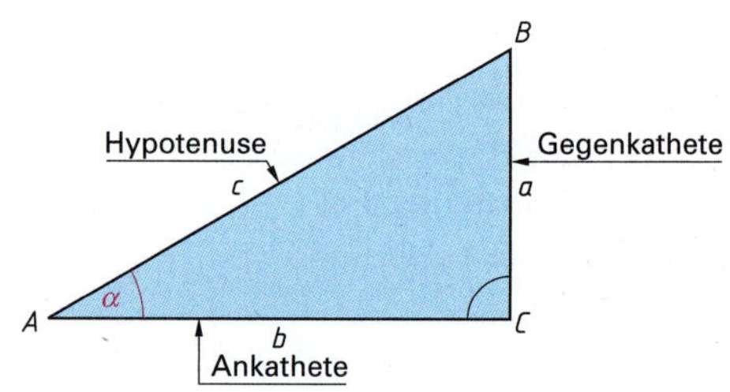

Auf den Winkel β bezogen, ergeben sich folgende Bezeichnungen:

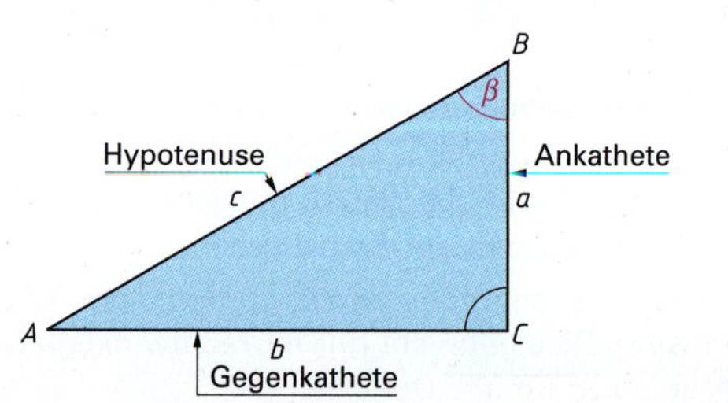

Werden die Seitenverhältnisse von rechtwinkligen Dreiecken mit unterschiedlichen Winkeln miteinander verglichen, so ergibt sich folgendes Bild:

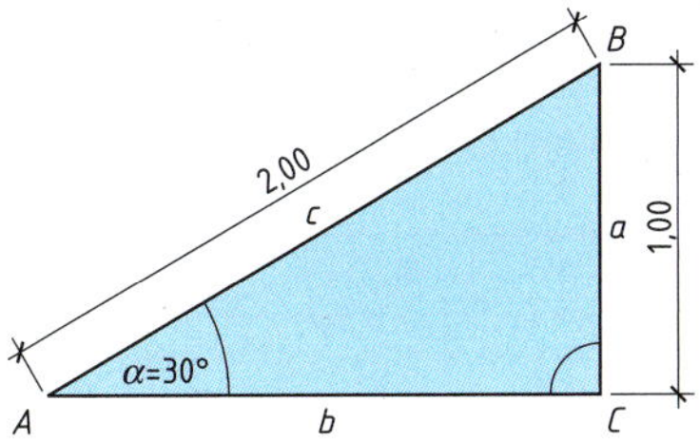

$\frac{a}{c} = \frac{1{,}00\ m}{2{,}00\ m} = \underline{0{,}5}$

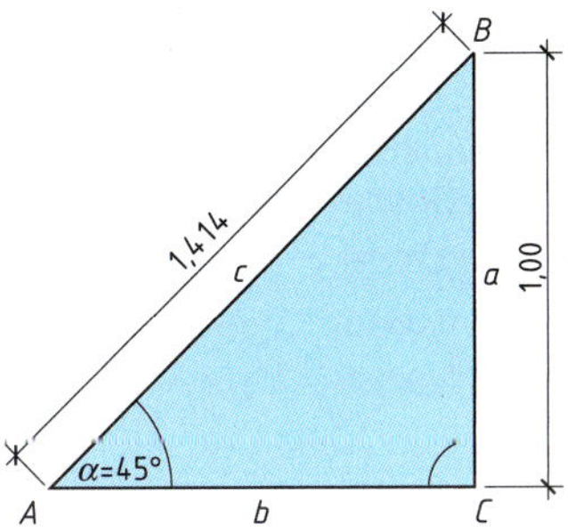

$\frac{a}{c} = \frac{1{,}00\ m}{1{,}414\ m} \sim \underline{0{,}7072}$

Daraus folgt, dass die Seitenverhältnisse von der Größe der Winkel abhängig sind.

Diese Verhältnisse werden als **Winkelfunktionen** bezeichnet.

Ändert man den Winkel α, so ändern sich auch die jeweiligen Seitenverhältnisse:

$\frac{a}{c}$ oder $\frac{b}{c}$ oder $\frac{a}{b}$

Im rechtwinkligen Dreieck sind sechs verschiedene Seitenverhältnisse möglich:

$\frac{a}{c}; \frac{b}{c}; \frac{a}{b}$ und ihre Kehrwerte $\frac{c}{a}; \frac{c}{b}; \frac{b}{a}$

Jeder Winkel an der Hypotenuse hat daher sechs Winkelfunktionen mit folgenden Bezeichnungen:

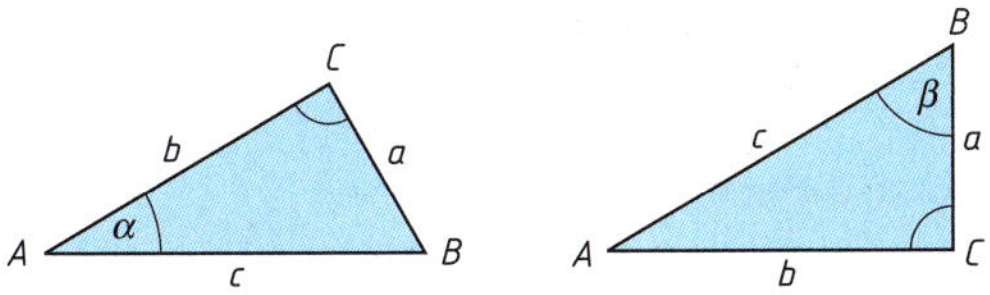

Winkelfunktion	*bezogen auf α*	*bezogen auf β*
Sinus $= \frac{\text{Gegenkathete}}{\text{Hypotenuse}}$	$\sin\alpha = \frac{a}{c}$	$\sin\beta = \frac{b}{c}$
Kosinus $= \frac{\text{Ankathete}}{\text{Hypotenuse}}$	$\cos\alpha = \frac{b}{c}$	$\cos\beta = \frac{a}{c}$
Tangens $= \frac{\text{Gegenkathete}}{\text{Ankathete}}$	$\tan\alpha = \frac{a}{b}$	$\tan\beta = \frac{b}{a}$
Kotangens $= \frac{\text{Ankathete}}{\text{Gegenkathete}}$	$\cot\alpha = \frac{b}{a}$	$\cot\beta = \frac{a}{b}$
Sekans $= \frac{\text{Hypotenuse}}{\text{Ankathete}}$	$\sec\alpha = \frac{c}{b}$	$\sec\beta = \frac{c}{a}$
Kosekans $= \frac{\text{Hypotenuse}}{\text{Gegenkathete}}$	$\text{cosec}\,\alpha = \frac{c}{a}$	$\sec\beta = \frac{c}{b}$

Die drei zuletzt aufgeführten Winkelfunktionen Kotangens, Sekans und Kosekans sind Kehrwerte der drei erstgenannten Winkelfunktionen. Sie sind für die Ermittlung von Konstruktionsmaßen im Holzbau von geringer Bedeutung.

Der Sinuswert eines Winkels entspricht dem Kosinuswert seines Ergänzungswinkels.

Der Ergänzungswinkel eines Winkels ist immer die Ergänzung zu einem rechten Winkel.

Der Ergänzungswinkel zu einem Winkel von 30° beträgt demnach 90° – 30° = 60°.

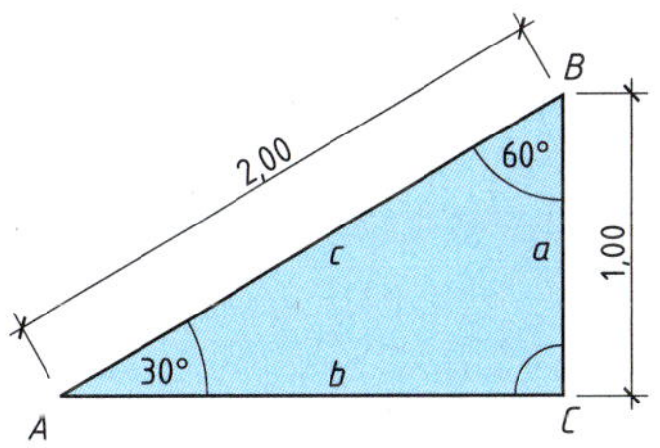

$\sin 30° = \frac{\text{Gegenkathete}}{\text{Hypotenuse}} = \frac{a}{c} = \frac{1{,}00\ m}{2{,}00\ m} = \underline{0{,}5}$

$\cos 60° = \frac{\text{Ankathete}}{\text{Hypotenuse}} = \frac{a}{c} = \frac{1{,}00\ m}{2{,}00\ m} = \underline{0{,}5}$

Ebenso entspricht der Tangenswert eines Winkels dem Kotangenswert seines Ergänzungswinkels.

$\tan\alpha = \frac{a}{b} = \cot\beta$

Durch die Verbreitung von Taschenrechnern verliert das Ermitteln von Winkelfunktionswerten anhand von Tabellen zunehmend an Bedeutung.

Mithilfe des Taschenrechners werden die gesuchten Werte schneller und genauer ermittelt.

Es ist jedoch wichtig zu wissen, dass elektronische Rechner nicht denken können; sie gehorchen lediglich den Rechenbefehlen, die ihnen durch Tastendruck eingegeben werden.

Jedes rechnerische Problem muss deshalb vom Schüler richtig erfasst werden, und der Rechenvorgang muss bekannt sein. Erst dann kann der elektronische Rechner ein brauchbares Hilfsmittel sein.

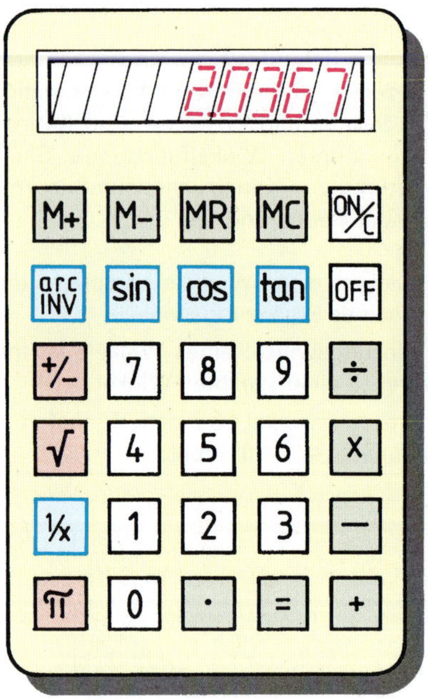

sin **Sinustaste**
Durch ihr Drücken wird die **Sinusfunktion** eines zuvor eingegebenen Winkels ermittelt.

cos **Kosinustaste**
Durch ihr Drücken wird die **Kosinusfunktion** eines zuvor eingegebenen Winkels ermittelt.

tan **Tangenstaste**
Durch ihr Drücken wird die **Tangensfunktion** eines zuvor eingegebenen Winkels ermittelt.

arc INV **Doppelfunktionstaste**
Durch ihr Drücken wird der Winkel eines zuvor errechneten **Funktionswertes** ermittelt. Bei manchen Taschenrechnern ist die Doppelfunktionstaste mit [2nd] bezeichnet.

1/x **Reziproktaste (Kehrwerttaste)**
Durch ihr Drücken wird der Kehrwert eines zuvor eingegebenen Wertes angezeigt.

Beispiel 1:

Für folgende Winkel sind die Funktionswerte mithilfe des Taschenrechners zu ermitteln:

a) Sinus des Winkels 35°

b) Kosinus des Winkels 66,7°

c) Tangens des Winkels 50,77°

	Eingabe		Taste		Anzeige
a)	35	→	sin	→	0,5736
b)	66,7	→	cos	→	0,3955
c)	50,77	→	tan	→	1,2248

Beispiel 2:

Für folgende Funktionswerte sind die Winkel mithilfe des Taschenrechners zu ermitteln:

a) Sinus = 0,5075

b) Kosinus = 0,8646

c) Tangens = 2,0204

Zur Ermittlung der Winkel ist nach Eingabe der Funktionswerte die Doppelfunktionstaste zu drücken. Diese Taste wird bei manchen Rechnern als [arc] (Arcus), bei anderen als [INV] (Inversion) oder [2nd] bezeichnet.

	Eingabe		Taste		Anzeige		Taste		Anzeige
a)	0,5075	→	arc	→	0,5075	→	sin	→	30,50
b)	0,8646	›	arc	›	0,8646	›	ooc	›	30,16
c)	2,0204	→	arc	→	2,0204	→	tan	→	63,67

Beispiel 3:

a) Für den Winkel von 35° ist der Kotangens mithilfe des Taschenrechners zu ermitteln.

b) Für den Kotangens von 1,732 ist der Winkel mithilfe des Taschenrechners zu ermitteln.

	Eingabe		Taste		Anzeige		Taste		Anzeige
a)	35	→	arc	→	0,700	→	1/x	→	1,428
b)	1,732	→	1/x	→	0,577	→	arc	→	
						→	tan		30,00

Hierzu Aufgaben: 15 ... 18

Im Folgenden wird gezeigt, wie mithilfe der Winkelfunktionen Seiten und Winkel in rechtwinkligen Dreiecken berechnet werden.

Um fehlende Werte (Seitenlängen oder Größen der Winkel) einer Dreieckskonstruktion mithilfe der Winkelfunktionen zu berechnen, müssen mindestens 2 Größen gegeben sein.

Daraus ergeben sich **4 Möglichkeiten:**

① **Hypotenuse und ein Winkel**
② **Hypotenuse und eine Kathete**
③ **eine Kathete und ein Winkel**
④ **beide Katheten**

Beispiel zu ①:

In einem rechtwinkligen Dreieck sind die Hypotenuse $c = 12{,}3$ cm und der Winkel $\alpha = 38{,}6°$ gegeben.

Gesucht:
a) Winkel β
b) Kathete *a*
c) Kathete *b*

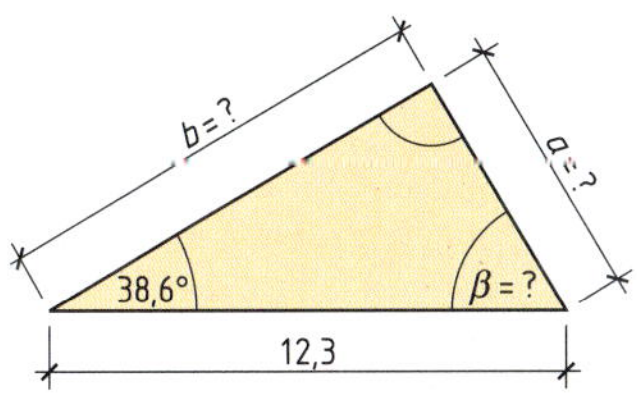

Lösung:

a)
$\beta = 180° - 90° - 38{,}6°$
$\beta = \underline{51{,}4°}$

b) Kathete *a* → Gegenkathete zu α

$$\sin\alpha = \frac{\text{Gegenkathete}}{\text{Hypotenuse}}$$

Gegenkathete = $\sin\alpha \cdot$ Hypotenuse
$\sin 38{,}6°$ = 0,6239
Gegenkathete = 0,6239 · 12,3 cm = <u>7,67 cm</u>

c) Kathete *b* → Ankathete zu α

$$\cos\alpha = \frac{\text{Ankathete}}{\text{Hypotenuse}}$$

Ankathete = $\cos\alpha \cdot$ Hypotenuse
$\cos 38{,}6°$ = 0,7815
Ankathete = 0,7815 · 12,3 cm = <u>9,6 cm</u>

Beispiel zu ②:

Das Grundmaß des ungleich geneigten Satteldaches beträgt 9,65 m.

Die Länge des kurzen Sparrens beträgt 5,10 m.

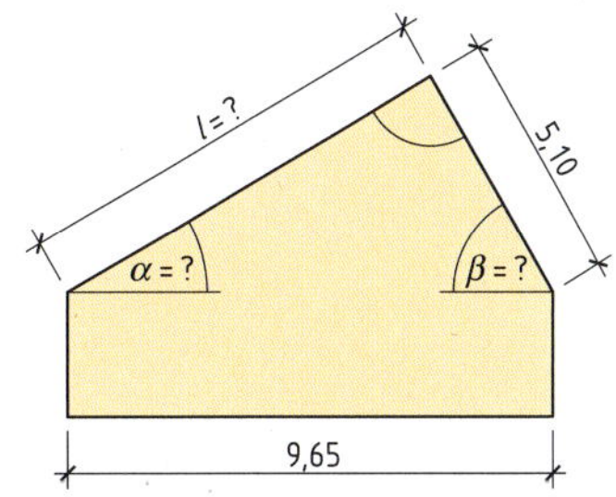

a) Wie groß ist der flache Neigungswinkel α?
b) Wie groß ist der steile Neigungswinkel β?
c) Wie lang ist der lange Sparren?

Lösung:

a) Grundmaß = Hypotenuse
kurzer Sparren = Gegenkathete zu α

$$\sin\alpha = \frac{\text{Gegenkathete}}{\text{Hypotenuse}}$$

$$\sin\alpha = \frac{5{,}10\text{ m}}{9{,}65\text{ m}} = 0{,}5285$$
$$\alpha = \underline{31{,}9°}$$

b) Grundmaß = Hypotenuse
kurzer Sparren = Ankathete zu β

$$\cos\beta = \frac{\text{Ankathete}}{\text{Hypotenuse}}$$

$$\cos\beta = \frac{5{,}10\text{ m}}{9{,}65\text{ m}} = 0{,}5285$$
$$\beta = \underline{58{,}1°}$$

Probe: 31,9° + 58,1° + 90° = 180°

c) Grundmaß = Hypotenuse
langer Sparren = Ankathete zu α

$$\cos\alpha = \frac{\text{Ankathete}}{\text{Hypotenuse}}$$

Ankathete = $\cos\alpha \cdot$ Hypotenuse
$\cos 31{,}9°$ = 0,8490
Ankathete = 0,8490 · 9,65 m = 8,19 m
langer Sparren = <u>8,19 m</u>

Beispiel zu ③:

Das Grundmaß des dargestellten Pultdaches beträgt 7,55 m.

Die Dachneigung beträgt 35°.

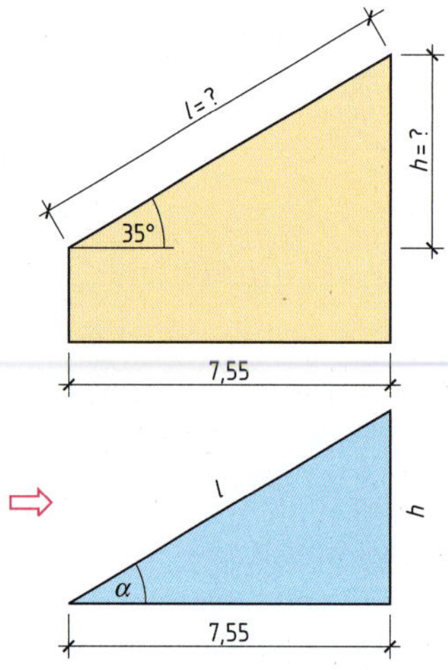

Gesucht:

a) Firsthöhe h

b) Sparrenlänge l

Lösung:

a) Grundmaß = Ankathete zu α

Firsthöhe h = Gegenkathete zu α

$$\tan \alpha = \frac{\text{Gegenkathete}}{\text{Ankathete}}$$

Gegenkathete = $\tan \alpha \cdot$ Ankathete

tan 35° = 0,7002

Gegenkathete = 0,7002 · 7,55 m = 5,29 m

Firsthöhe = <u>5,29 m</u>

b) Grundmaß = Ankathete zu α

Sparrenlänge l = Hypotenuse

$$\cos \alpha = \frac{\text{Ankathete}}{\text{Hypotenuse}}$$

Hypotenuse = $\frac{\text{Ankathete}}{\cos \alpha}$

cos 35° = 0,8192

Hypotenuse = $\frac{7{,}55 \text{ m}}{0{,}8192}$ = 9,22 m

Sparrenlänge = <u>9,22 m</u>

Beispiel zu ④:

Das Grundmaß des dargestellten Satteldaches beträgt 11,20 m, die Firsthöhe 3,30 m.

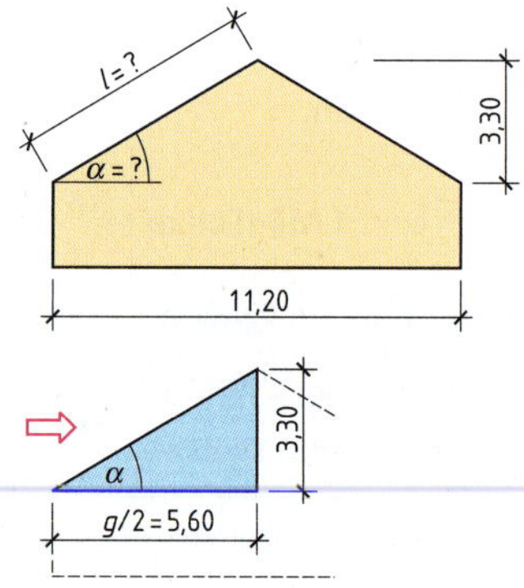

Gesucht:

a) Dachneigung α

b) Sparrenlänge l

Lösung:

a) $\frac{\text{Grundmaß}}{2}$ = Ankathete zu α

Firsthöhe = Gegenkathete zu α

$$\tan \alpha = \frac{\text{Gegenkathete}}{\text{Ankathete}}$$

$\tan \alpha = \frac{3{,}30 \text{ m}}{5{,}60 \text{ m}} = 0{,}5893$

α = <u>30,5°</u>

Dachneigung = <u>30,5°</u>

b) $\frac{\text{Grundmaß}}{2}$ = Ankathete zu α

Sparrenlänge = Gegenkathete

$$\cos \alpha = \frac{\text{Ankathete}}{\text{Hypotenuse}}$$

Hypotenuse = $\frac{\text{Ankathete}}{\cos \alpha}$

cos 30,5° = 0,8616

Hypotenuse = $\frac{5{,}60 \text{ m}}{0{,}8616}$ = 6,50 m

Sparrenlänge = <u>6,50 m</u>

Hierzu Aufgaben: 19 … 22

Aufgaben zum Lehrsatz des Pythagoras

1. Berechnen Sie die Seite *c* des abgebildeten Dreiecks.

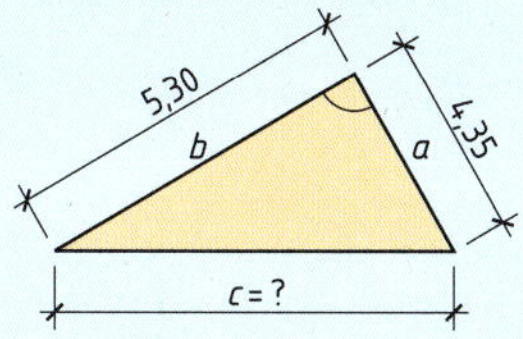

2. Beim Vermessen einer rechteckigen Fläche kann als Kontrollmaß die Diagonale *d* gemessen werden. Wie lang muss die Diagonale *d* bei Seitenlängen von *l* = 25,20 m (12,35 m) und *b* = 18,70 m (9,60 m) sein?

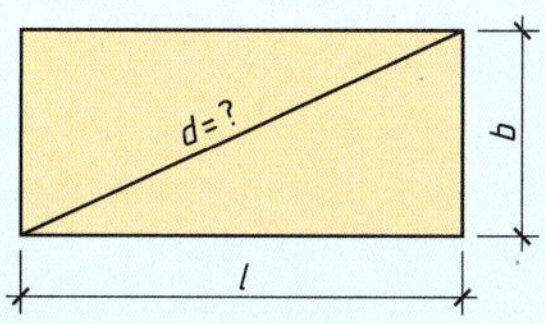

3. Beim Vermessen einer rechteckigen Fläche sind die beiden Längsseiten *l* nicht zugänglich. Die Breite *b* beträgt 12,40 m (19,50 m), die Diagonale *d* beträgt 22,30 m (28,80 m).

   Berechnen Sie die Länge *l*.

4. Ermitteln Sie mit dem Lehrsatz des Pythagoras die fehlenden Seiten *a*, *b* oder *c* in der Tabelle.

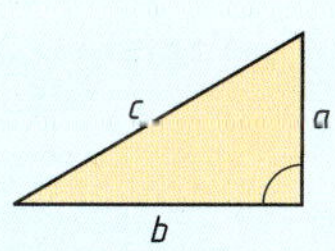

	Seiten			Seiten			
	a	b	c	a	b	c	
a)	1,000	1,333	?	2,700	?	4,667	g)
b)	1,200	1,600	?	2,900	3,867	?	h)
c)	?	1,867	2,500	?	4,113	5,333	i)
d)	?	2,000	2,667	3,300	4,400	?	j)
e)	1,700	?	3,000	?	4,667	6,000	k)
f)	2,000	?	3,500	3,900	?	6,667	l)

5. Berechnen Sie die Sparrenlänge *l* des Satteldaches. Der First liegt in der Gebäudemitte.

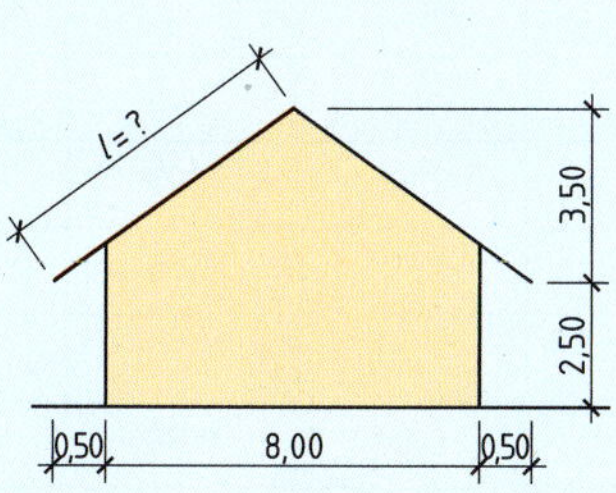

6. Ermitteln Sie die Sparrenlängen l_1 und l_2 des dargestellten Daches.

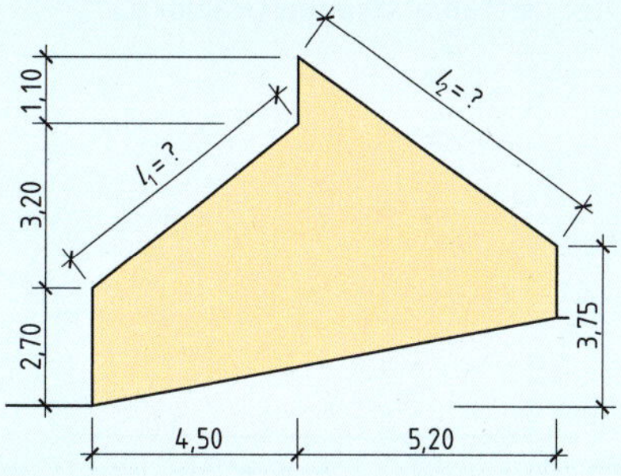

7. Berechnen Sie die Gebäudehöhe *h*, wenn der First in der Gebäudemitte liegt.

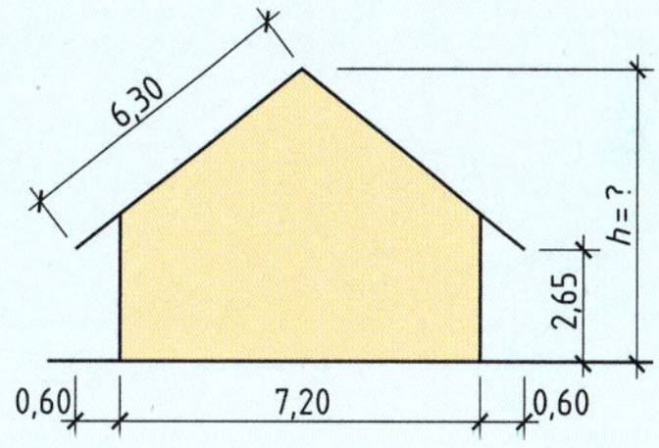

8. Ermitteln Sie die Länge des Kopfbandes, wenn auf jeder Seite 4 cm für Zapfen zugegeben werden.

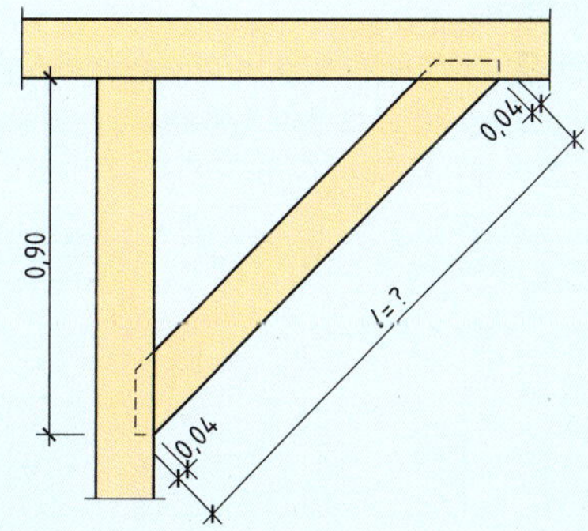

9. Berechnen Sie
   a) die Sparrenlängen l_1 und l_2.
   b) die Gebäudehöhe *h*
   des dargestellten Gebäudes.

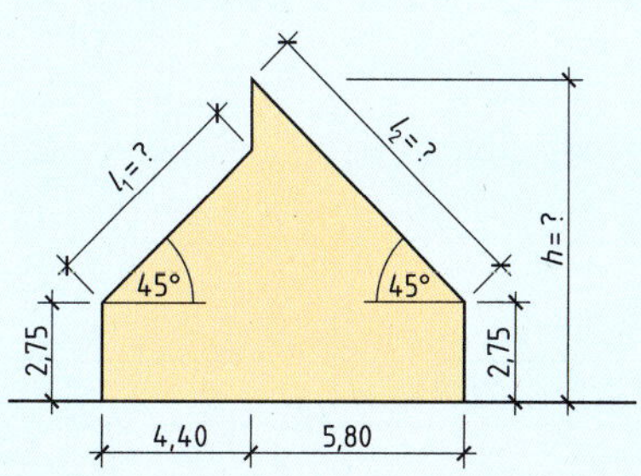

Aufgaben zu ähnlichen Dreiecken

10. Ermitteln Sie die Seiten c_1, c_2, c_3, a_2 und a_3 der abgebildeten ähnlichen Dreiecke.

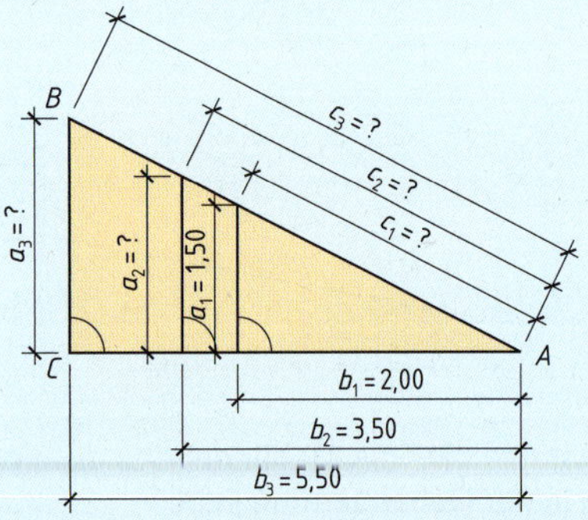

11. Berechnen Sie die Längen der beiden Pfosten l_1 und l_2.

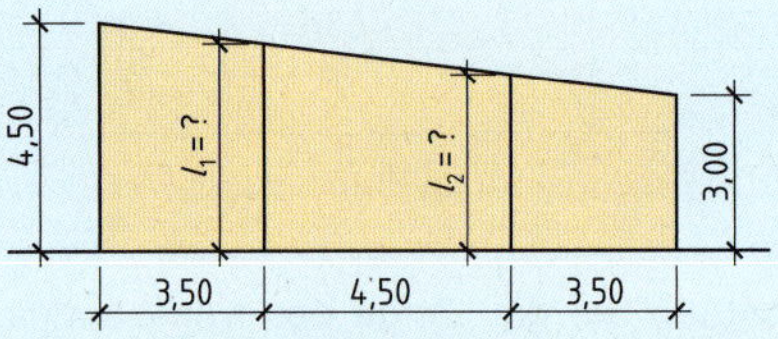

12. Berechnen Sie
    a) die Giebelfläche des Hauptgebäudes,
    b) die Giebelfläche des Anbaus
    für das abgebildete Gebäude.

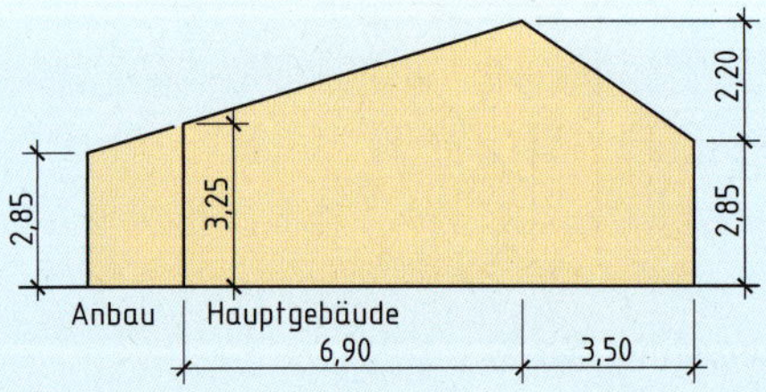

13. Die Kehlbalkenlänge des dargestellten Satteldaches soll berechnet werden.

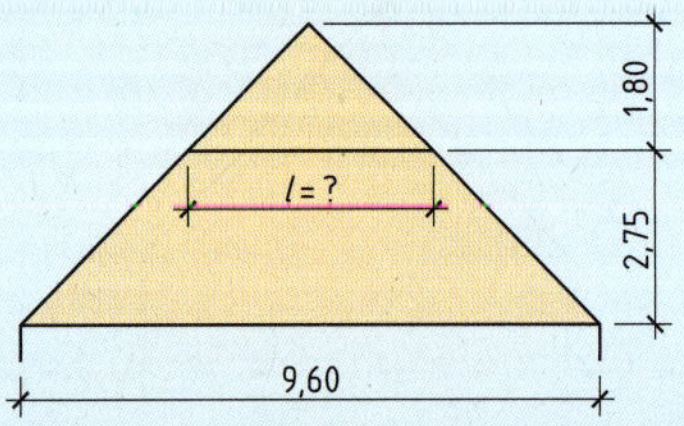

14. Berechnen Sie für das abgebildete Satteldach
    a) die Kehlbalkenlänge,
    b) die Sparrenlänge.

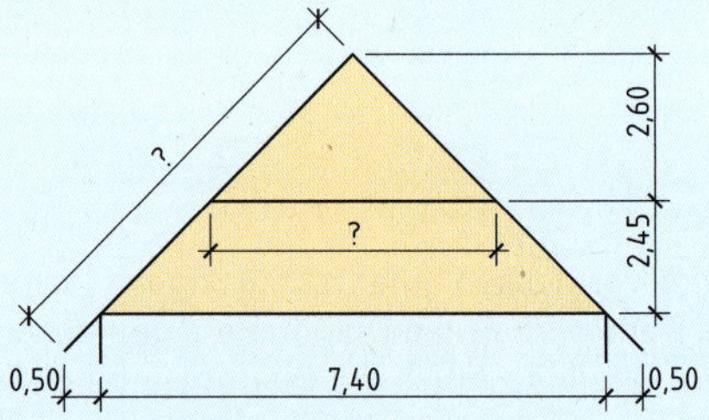

Aufgaben zu den Winkelfunktionen

15. Berechnen Sie mithilfe des Taschenrechners folgende Winkelfunktionen:

a) cos 12°	b) cos 55,5°	c) cos 38,66°
d) sin 36°	e) sin 18,1°	f) sin 79,91°
g) tan 25°	h) tan 31,8°	i) tan 89,99°

16. Ermitteln Sie mithilfe des Taschenrechners die Winkel für folgende Winkelfunktionen:

a) $\sin \alpha = 0{,}7034$	b) $\sin \alpha = 0{,}9627$
c) $\cos \alpha = 0{,}8590$	d) $\tan \gamma = 2{,}7080$
e) $\tan \beta = 0{,}3443$	f) $\cos \gamma = 0{,}6004$

17. Berechnen Sie für rechtwinklige Dreiecke den Winkel α, wenn die folgenden Maße (in m) gegeben sind:

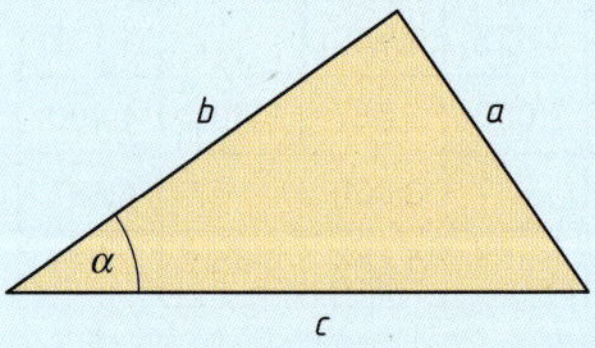

Aufgabe \ Seite	a	b	c
a)	4,25	–	8,85
b)	–	3,60	10,30
c)	2,68	5,83	–
d)	–	6,59	9,78
e)	7,75	–	13,50
f)	5,80	9,80	–

18. Ermitteln Sie die fehlenden Werte für rechtwinklige Dreiecke.

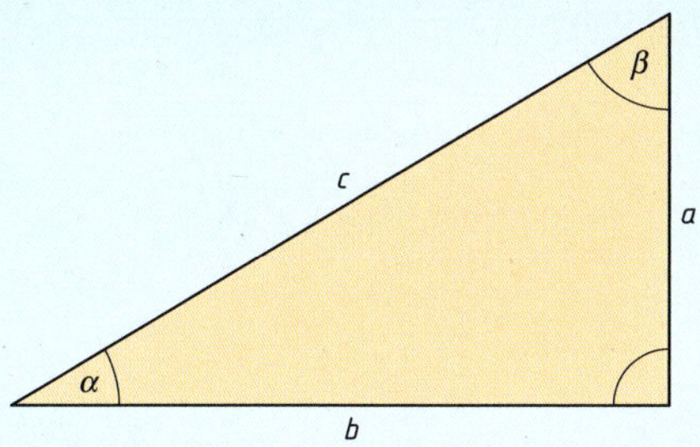

Seiten / Winkel / Aufgabe	a	b	c	α	β
a)	3,55 m	4,25 m	?	?	?
b)	?	3,78 m	9,23 m	?	?
c)	8,25 m	?	?	30°	?
d)	?	?	15,45 m	?	54°
e)	?	1206,5 cm	?	25°	?
f)	?	?	273,7 cm	?	17,3°
g)	4,20 m	3,90 m	?	?	?
h)	?	718 cm	12,15 m	?	?
i)	983 cm	?	?	35°	?
j)	?	?	8,35 m	?	61°
k)	?	519 cm	?	19°	?
l)	?	?	7,18 m	?	45°
m)	508 cm	6,35 m	?	?	?

19. Berechnen Sie den Traufwinkel und die Sparrenlänge des dargestellten Satteldaches.

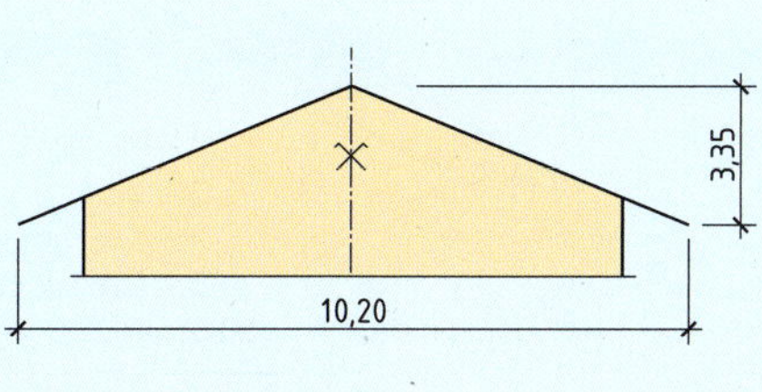

20. Berechnen Sie
   a) die Sparrenlänge l,
   b) die Gebäudehöhe h
   des dargestellten Pultdaches.
   Die Dachneigung beträgt 35°.

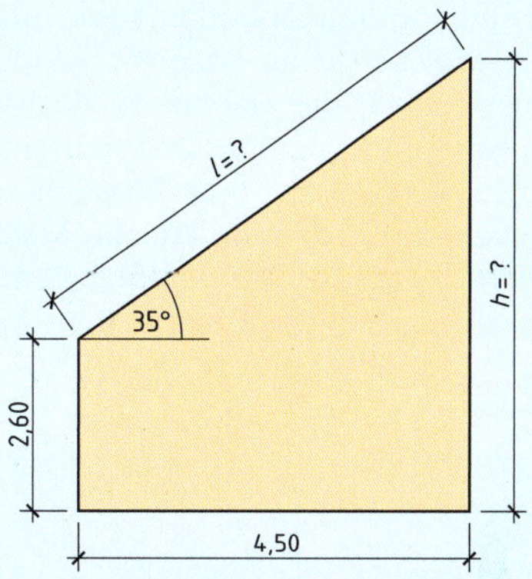

21. Ermitteln Sie
   a) die Sparrenlänge l,
   b) die Firsthöhe h
   des Satteldaches.
   Die Dachneigung beträgt 37°.

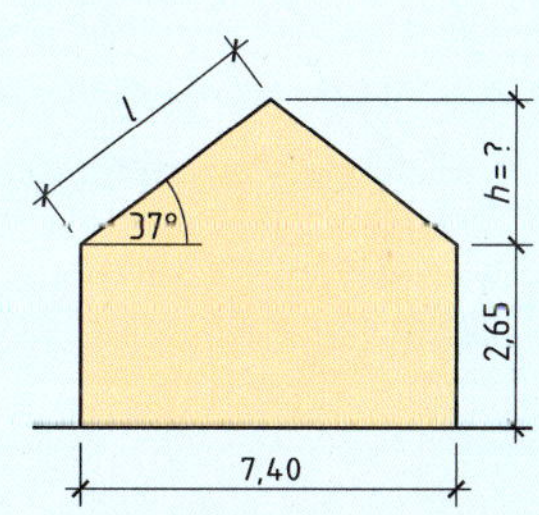

22. Für das dargestellte ungleich geneigte Satteldach sind
   a) beide Traufwinkel,
   b) beide Sparrenlängen
   zu berechnen.

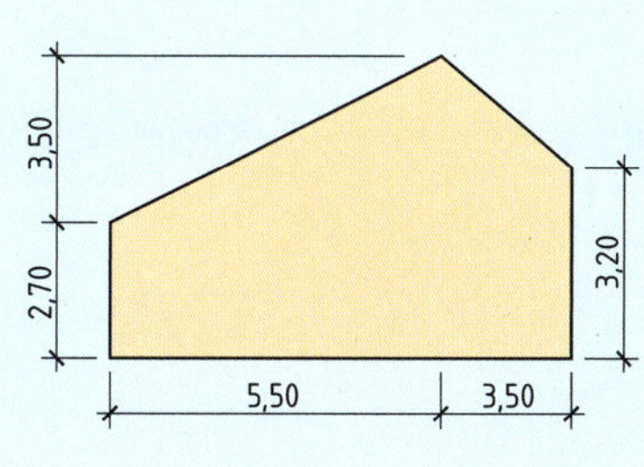

7.6.2 Rechnerischer Abbund

Im Folgenden wird aufgezeigt, wie Abbundmaße an Sparren-, Kehlbalken- und Pfettendächern berechnet werden.

Grundinformationen:

Bei der Ermittlung von Abbundmaßen müssen die gegebenen Größen genau beachtet werden, denn sie bestimmen das anzuwendende Rechenverfahren. Dabei kommt es vor, dass 2 Verfahren (z. B. der Lehrsatz des Pythagoras oder Winkelfunktionen) zum Ergebnis führen können. Welche Methode angewandt wird, hängt von der persönlichen Neigung und Fähigkeit ab, sie bleibt somit dem Bearbeiter überlassen.

Beispiel 1:

Für das dargestellte Satteldach sind

a) die Sparrenlänge *l* und

b) die Länge der Doppelzangen *x* zu ermitteln.

Lösung:

a) Firsthöhe = 2,90 m + 1,30 m = 4,20 m

$$\text{Grundmaß} = \frac{0{,}40\text{ m} + 9{,}60\text{ m} + 0{,}40\text{ m}}{2} = 5{,}20\text{ m}$$

$$\text{Sparrenlänge} = \sqrt{(4{,}20\text{ m})^2 + (5{,}20\text{ m})^2}$$

$$= \sqrt{17{,}64\text{ m}^2 + 27{,}04\text{ m}^2}$$

$$= \sqrt{44{,}68\text{ m}^2}$$

$$= \underline{6{,}68\text{ m}}$$

b) Firsthöhe = 4,20 m
Grundmaß = 5,20 m

$$\text{Zangenlänge } x \rightarrow \quad \frac{x:2}{1{,}30\text{ m}} = \frac{5{,}20\text{ m}}{4{,}20\text{ m}}$$

$$x:2 = \frac{5{,}20\text{ m} \cdot 1{,}30\text{ m}}{4{,}20\text{ m}}$$

$$x:2 = 1{,}61\text{ m}$$

$$\text{Zangenlänge } x = 1{,}61\text{ m} \cdot 2 = \underline{3{,}22\text{ m}}$$

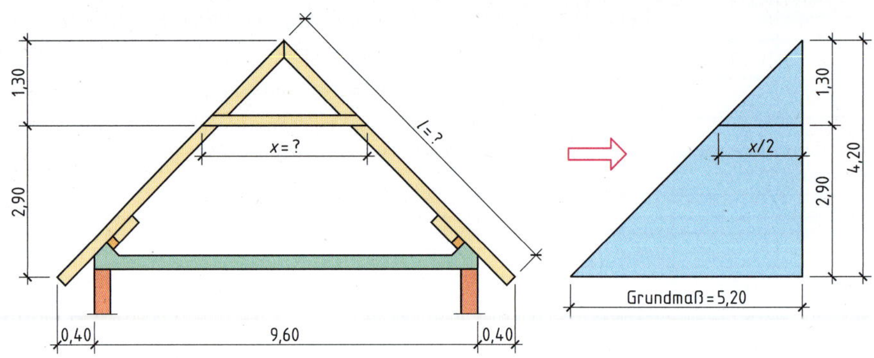

Beispiel 2:

Am dargestellten Sparren sind zu berechnen

a) die Senkelschmiege *x*,

b) die Sparrenlänge *l*.

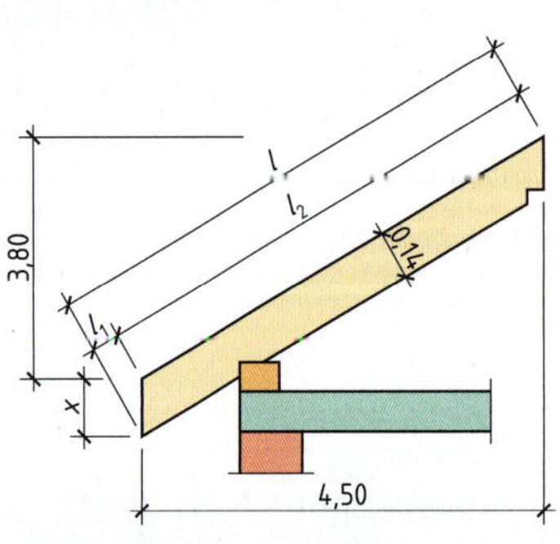

Lösung:

a) Länge der Senkelschmiege

Gegeben:

Firsthöhe = 3,80 m

Grundmaß = 4,50 m

Sparrendicke = 0,14 m

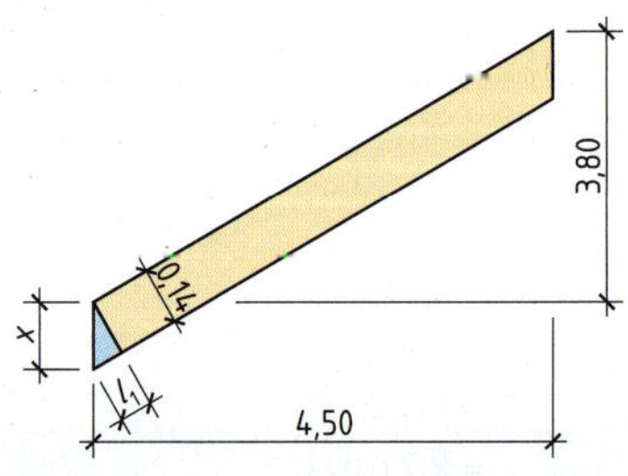

Aufgrund der Ähnlichkeit der dargestellten Dreiecke gilt:

$l_1 = \frac{3{,}80 \text{ m} \cdot 0{,}14 \text{ m}}{4{,}50 \text{ m}} = 0{,}118 \text{ m}$

$x = \sqrt{(l_1)^2 + (\text{Sparrendicke})^2}$

$= \sqrt{(0{,}118 \text{ m})^2 + (0{,}14 \text{ m})^2}$

$x = \sqrt{0{,}0139 \text{ m}^2 + 0{,}0196 \text{ m}^2} = \sqrt{0{,}0335 \text{ m}^2}$

$x = 0{,}183 \text{ m}$

Die Länge der Senkelschmiege beträgt <u>18,3 cm</u>.

b) Sparrenlänge $l = l_1 + l_2$

Gegeben:
Firsthöhe = 3,80 m
Grundmaß = 4,50 m
$l_1 = 0{,}118$ m

$l_2 = \sqrt{(4{,}50 \text{ m})^2 + (3{,}80 \text{ m})^2} = \sqrt{20{,}25 \text{ m}^2 + 14{,}44 \text{ m}^2}$

$l_2 = \sqrt{34{,}69 \text{ m}^2} = 5{,}89 \text{ m}$

Sparrenlänge $l = 0{,}118 \text{ m} + 5{,}89 \text{ m} = 6{,}008 \text{ m} \approx \underline{6{,}01 \text{ m}}$

Beispiel 3:

Von der dargestellten Dachgaube sind
a) die Sparrenlänge,
b) der Neigungswinkel
zu berechnen.

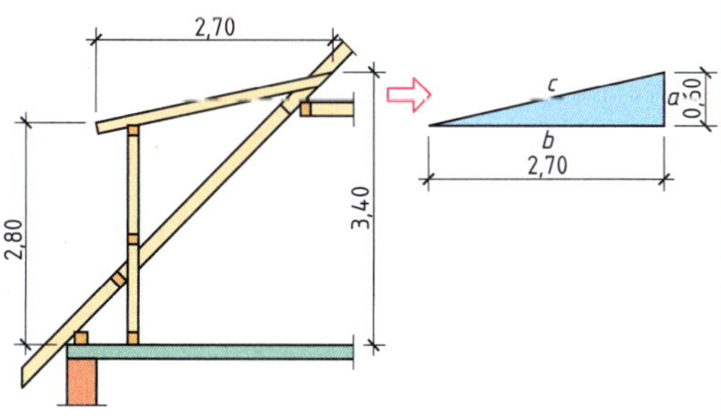

Lösung:

a) Der Sparren steigt um 3,40 m – 2,80 m = 0,60 m
Sparrengrundmaß = 2,70 m

Sparrenlänge $= \sqrt{(0{,}60 \text{ m})^2 + (2{,}70 \text{ m})^2}$

$= \sqrt{0{,}36 \text{ m}^2 + 7{,}29 \text{ m}^2}$

$= \sqrt{7{,}65 \text{ m}^2}$

$= \underline{2{,}77 \text{ m}}$

b) Steigung des Sparrens = a

= Gegenkathete zu α = 0,60 m

Sparrengrundmaß = b

= Ankathete zu α = 2,70 m

$\tan \alpha = \frac{\text{Gegenkathete}}{\text{Ankathete}}$

$\tan \alpha = \frac{0{,}60 \text{ m}}{2{,}70 \text{ m}} = 0{,}2222$

$\alpha = 12{,}5°$

Die Neigung des Gaubensparrens beträgt <u>12,5°</u>.

Beispiel 4:

Die Maße l, h, x, l_1 und s sind zu berechnen.

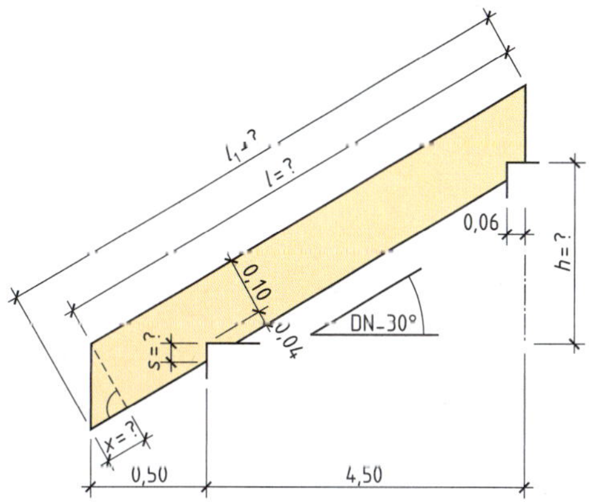

Lösung:

a) Länge l

Gegeben: Neigungswinkel $\alpha = 30°$

Grundmaß = Gegenkathete
= 0,50 m + 4,50 m
= 5,00 m

Gesucht: Sparrenlänge = Hypotenuse

$\cos \alpha = \frac{\text{Ankathete}}{\text{Hypotenuse}}$

Hypotenuse $= \frac{\text{Ankathete}}{\cos \alpha}$

$\cos 30° = 0{,}8660$

Hypotenuse $= \frac{5{,}00 \text{ m}}{0{,}8660} = \underline{5{,}77 \text{ m}}$

Länge l = <u>5,77 m</u>

b) Höhe h

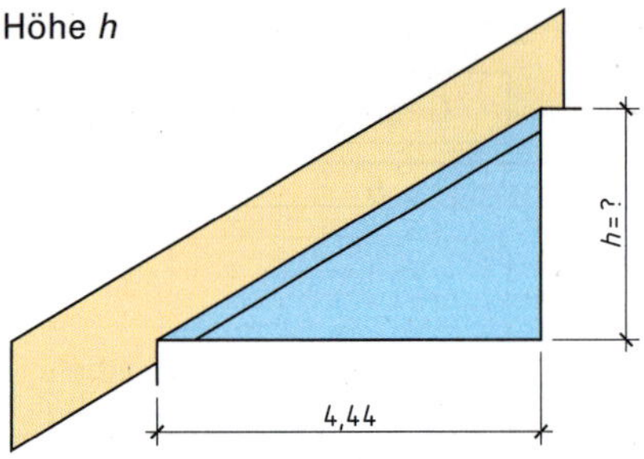

Gegeben: Neigungswinkel $\alpha = 30°$

Grundmaß = Ankathete zu α

= 4,50 m – 0,06 m
= 4,44 m

Gesucht: Höhe h = Ankathete zu α

$$\tan \alpha = \frac{\text{Gegenkathete}}{\text{Ankathete}}$$

Gegenkathete = $\tan \alpha \cdot$ Ankathete
tan 30° = 0,5774
Gegenkathete = 0,5774 · 4,44 m = 2,56 m
Höhe h = <u>2,56 m</u>

c) Länge x

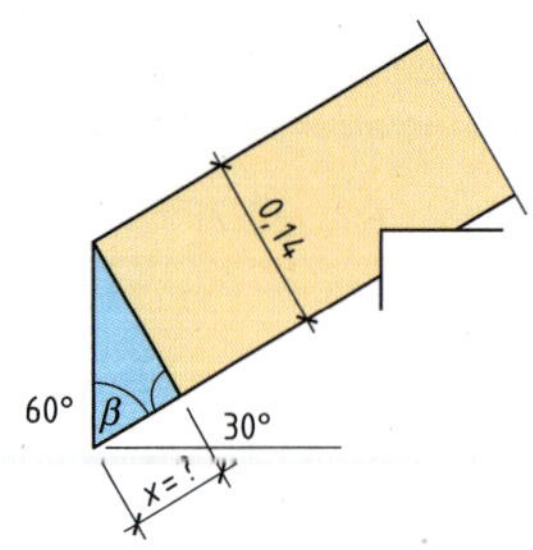

Gegeben: Neigungswinkel $\beta = 90° - 30° = 60°$

Sparrenhöhe = Gegenkathete zu β

= 0,14 m

Gesucht: Länge x = Ankathete zu β

$$\tan \beta = \frac{\text{Gegenkathete}}{\text{Ankathete}}$$

Ankathete $= \dfrac{\text{Gegenkathete}}{\tan \beta}$

tan 60° = 1,7321

Ankathete $= \dfrac{0{,}14\ \text{m}}{1{,}7321} = 0{,}08\ \text{m}$

Länge x = <u>8 cm</u>

d) Sparrenlänge $l_1 = l + x$

Gegeben: l = 5,77 m
x = 0,08 m

Gesucht: Sparrenlänge l_1 = 5,77 m + 0,08 m
= <u>5,85 m</u>

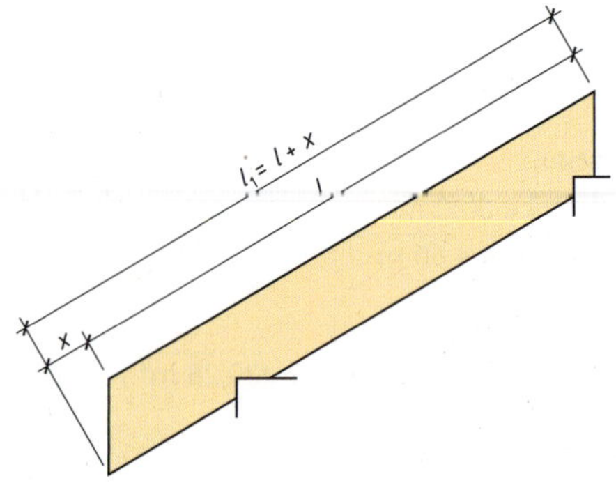

e) Kerveneinschnitt s

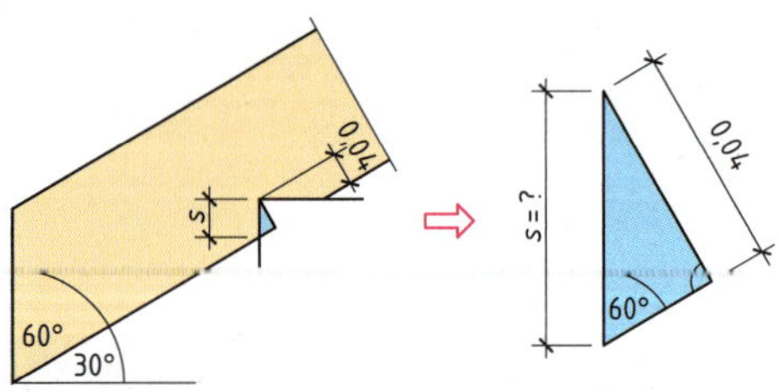

Gegeben: Winkel $\beta = 60°$

Kerventiefe = Gegenkathete zu β

= 4 cm

Gesucht: Kerveneinschnitt = Hypotenuse

$$\sin \beta = \frac{\text{Gegenkathete}}{\text{Hypotenuse}}$$

Hypotenuse $= \dfrac{\text{Gegenkathete}}{\sin \beta}$

sin 60° = 0,8660

Hypotenuse $= \dfrac{4\ \text{cm}}{0{,}8660} = 4{,}6\ \text{cm}$

Kerveneinschnitt = <u>4,6 cm</u>

Beispiel 5:

Für ein Pfettendach mit zweifach stehendem Stuhl sind folgende Abbundmaße zu ermitteln:

a) Sparrenlänge l_1 (von Trauf- bis Firstlinie) unter Berücksichtigung der Dachlattenabstände
b) Dachvorsprung l_2
c) Waagerechter Abstand Fußpfette bis Pfosten l_3
d) Abstand Traufe bis Fußpfettensenkel l_4
e) Abstand Traufe bis Mittelpfettensenkel l_5
f) Abschnittswinkel β am First

Lösung:

a) Sparrenlänge l_1
Zuerst ist die ungefähre Länge zu ermitteln.

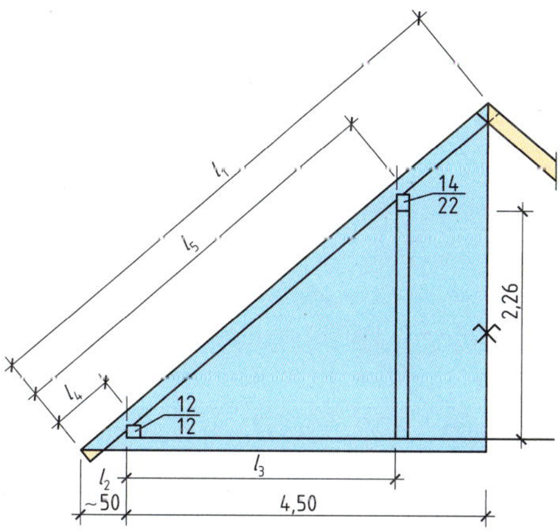

Gegeben: Dachneigungswinkel α = 40°

Grundmaß = Ankathete zu α
= 4,50 m + 0,50 m
= 5,00 m

Gesucht: Sparrenlänge = Hypotenuse

$$\cos\alpha = \frac{\text{Ankathete}}{\text{Hypotenuse}}$$

$$\text{Hypotenuse} = \frac{\text{Ankathete}}{\cos\alpha}$$

$\cos 40°$ = $\underline{0{,}7660}$

$$\text{Hypotenuse} = \frac{5{,}00\ \text{m}}{0{,}7660} = \underline{6{,}527\ \text{m}}$$

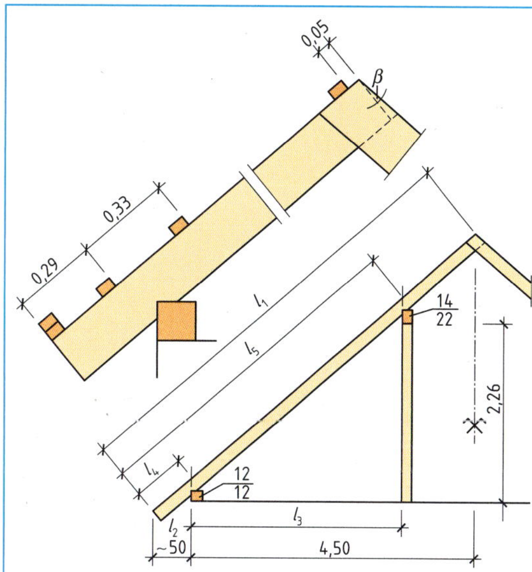

Die genaue Sparrenlänge ist unter Beachtung der Dachlattenabstände zu ermitteln.

Folgende Angaben sind zu beachten:

Lattenabstand	= 0,33 m
Lattenabstand zur Traufe	= 0,29 m
Lattenabstand zum First	= 0,05 m

Der Abstand zwischen der zweiten und der letzten Dachlatte muss durch den normalen Lattenabstand von 0,33 m teilbar sein.

Abstand zweite Latte bis letzte Latte
= 6,527 m – 0,29 m – 0,05 m = 6,187 m

Anzahl der Abstände
= 6,187 m : 0,33 m = 18,7

Gewählt: 19 Abstände

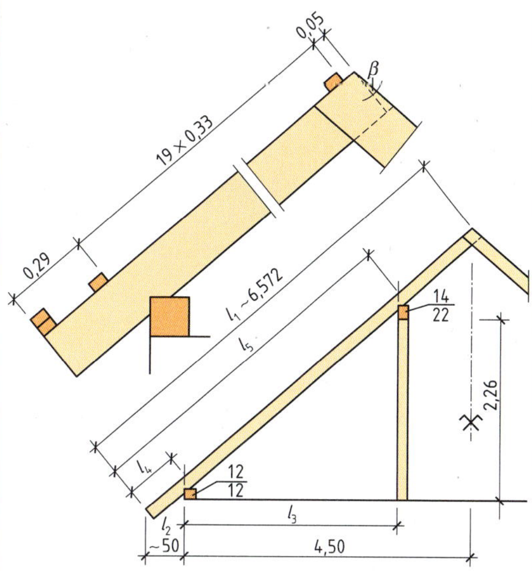

Genaue Sparrenlänge
= 19 · 0,33 m + 0,29 m + 0,05 m = $\underline{6{,}61\ \text{m}}$

b) Dachvorsprung l_2
Dachvorsprung = halbe Hausbreite – 4,50 m

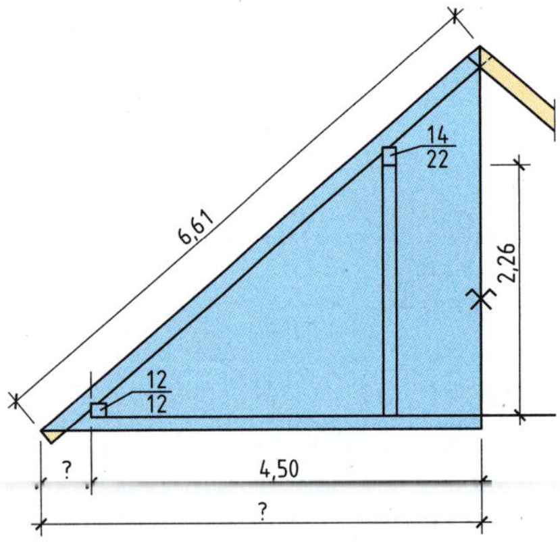

Gegeben: Dachneigungswinkel $\alpha = 40°$
Sparrenlänge = **Hypotenuse**
= 6,61 m

Gesucht: halbe Hausbreite = **Ankathete zu α**

$$\cos \alpha = \frac{\text{Ankathete}}{\text{Hypotenuse}}$$

Ankathete = Hypotenuse · cos α

cos 40° = 0,7660

Ankathete = 6,61 m · 0,7660 = 5,063 m

Dachvorsprung = 5,063 m – 4,50 m = <u>0,563 m</u>

c) Waagerechter Abstand Fußpfette bis Pfosten l_3

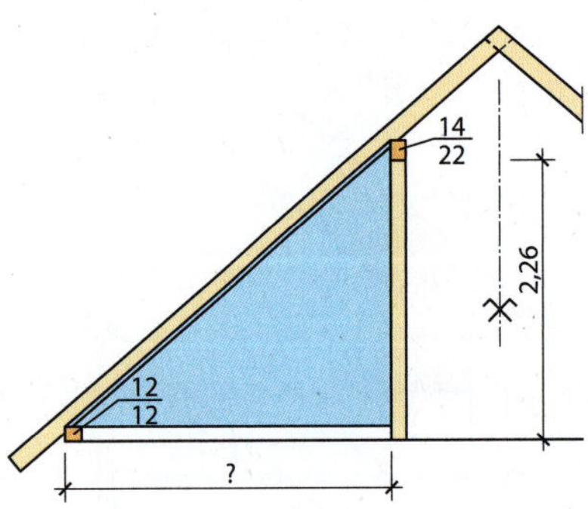

Gegeben: Dachneigungswinkel $\alpha = 40°$
Höhe h = **Gegenkathete zu α**

Pfosten = 2,26 m
+ 0,22 m
– 0,12 m
= 2,36 m

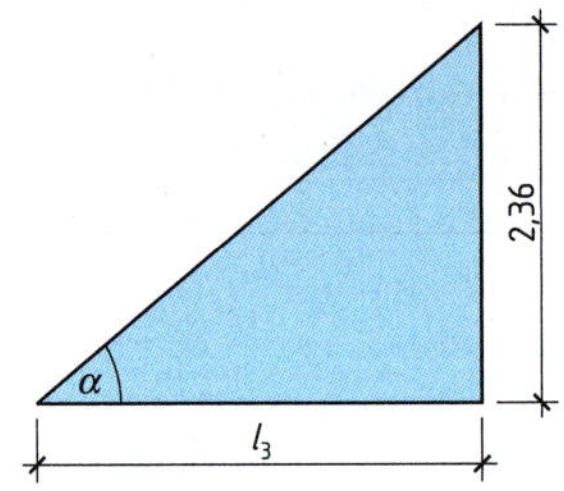

Gesucht: Abstand l_3 = Ankathete

$$\tan \alpha = \frac{\text{Gegenkathete}}{\text{Ankathete}}$$

$$\text{Ankathete} = \frac{\text{Gegenkathete}}{\tan \alpha}$$

tan 40° = 0,8391

$$\text{Ankathete} = \frac{2{,}36\ \text{m}}{0{,}8391} = 2{,}813\ \text{m}$$

Waagerechter Abstand Fußpfette bis Pfosten
l_3 = <u>2,813 m</u>

d) Abstand Traufe bis Fußpfettensenkel l_4

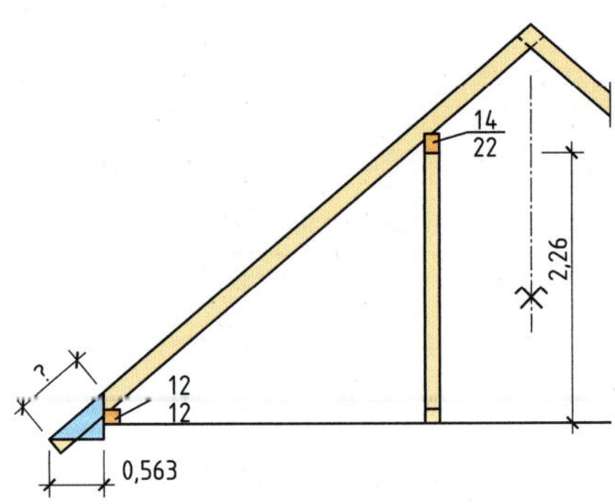

Gegeben: Dachneigungswinkel $\alpha = 40°$
Dachvorsprung = **Ankathete zu α**
= 0,563 m

Gesucht: Abstand l_4 = **Hypotenuse**

$$\cos \alpha = \frac{\text{Ankathete}}{\text{Hypotenuse}}$$

$$\text{Hypotenuse} = \frac{\text{Ankathete}}{\cos \alpha}$$

cos 40° = 0,7660

$$\text{Hypotenuse} = \frac{0{,}563\ \text{m}}{0{,}7660} = 0{,}735\ \text{m}$$

Abstand Traufe bis Fußpfettensenkel l_4 = <u>0,735 m</u>

e) Abstand Traufe bis Mittelpfettensenkel l_5

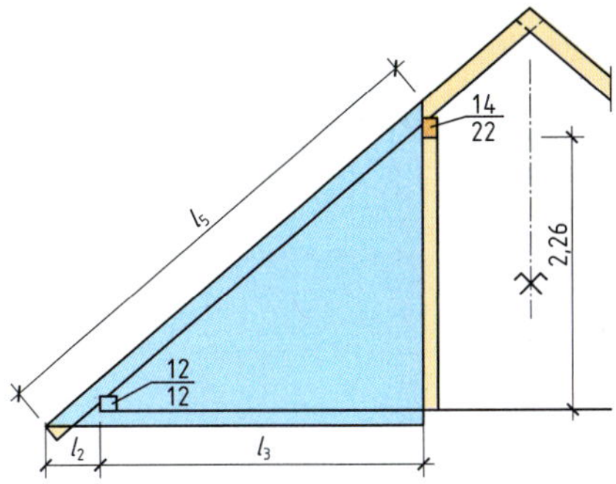

Gegeben: Dachneigungswinkel $\alpha = 40°$

Abstand $l_3 + l_2$ = Ankathete zu α

= 2,813 m
+ 0,563 m
= 3,376 m

Gesucht: Abstand l_5 = Hypotenuse

$$\cos \alpha = \frac{\text{Ankathete}}{\text{Hypotenuse}}$$

$$\text{Hypotenuse} = \frac{\text{Ankathete}}{\cos \alpha}$$

$$\cos 40° = 0{,}7660$$

$$\text{Hypotenuse} = \frac{3{,}376\ \text{m}}{0{,}7660} = 4{,}41\ \text{m}$$

Abstand Traufe bis Mittelpfettensenkel l_5 = 4,41 m

f) Abschnittswinkel β am First

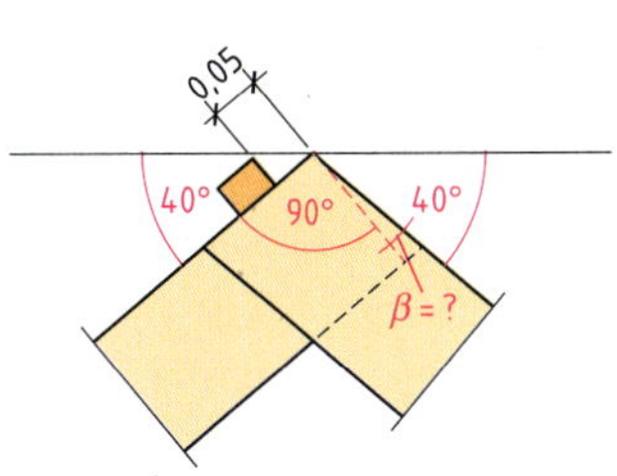

Gegeben: Dachneigungswinkel $\alpha = 40°$

Firstwinkel = 180° – 2 · Dachneigungswinkel 40°
= 100°

Abschnittswinkel = 100° – 90° = 10°

Vereinfacht:
Abschnittswinkel = 90° – 2 · Dachneigungswinkel
= 90° – 2 · 40° = 10°

Aufgaben

1. Berechnen Sie
   a) die Längen der Vertikalstäbe v_1, v_2, v_3 und v_4,
   b) die Längen der Diagonalstäbe d_1, d_2 und d_3 des abgebildeten Pultdachbinders.

   Der Traufwinkel beträgt 9,5°.

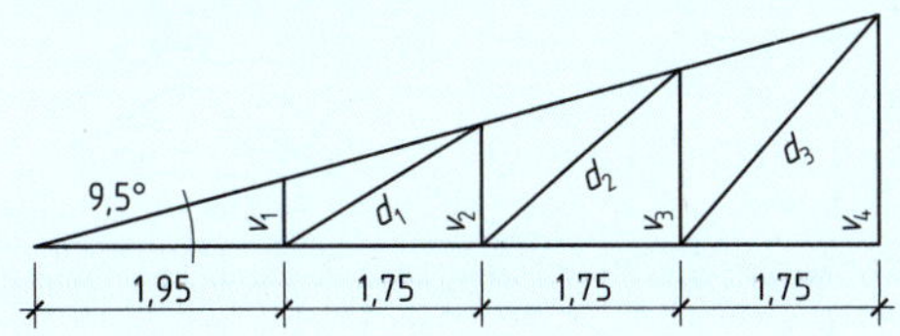

2. Ermitteln Sie
   a) den Traufwinkel des dargestellten Pultdachbinders,
   b) die Längen der Vertikalstäbe v_1, v_2 und v_3,
   c) die Winkel zwischen den Diagonalstäben d_1, d_2, d_3 und dem Untergurt.

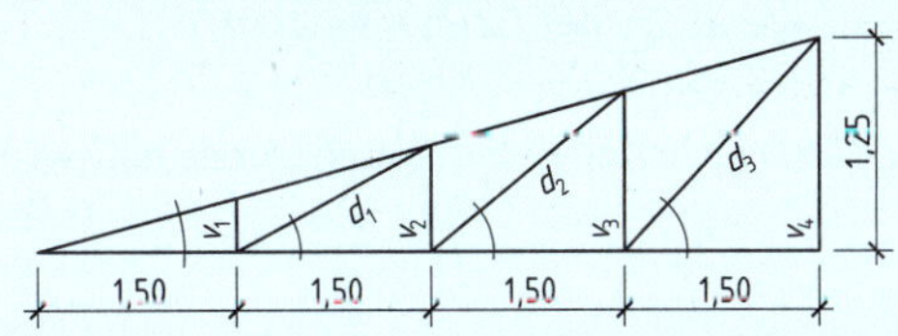

3. Berechnen Sie die Länge l des abgebildeten Sparrens.

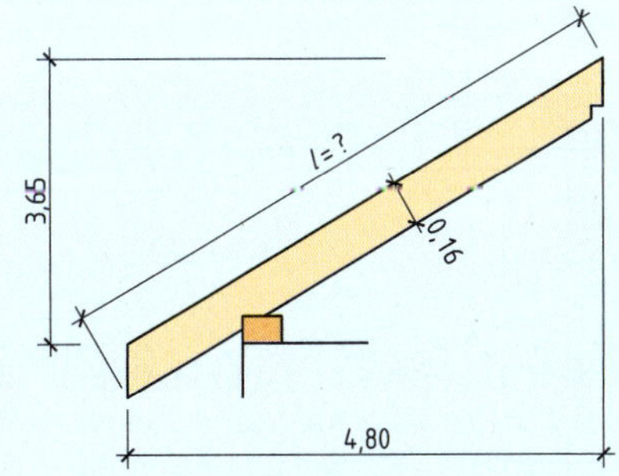

4. Berechnen Sie
   a) die Länge der Doppelzangen l,
   b) die Dachneigung des dargestellten Sparrens.

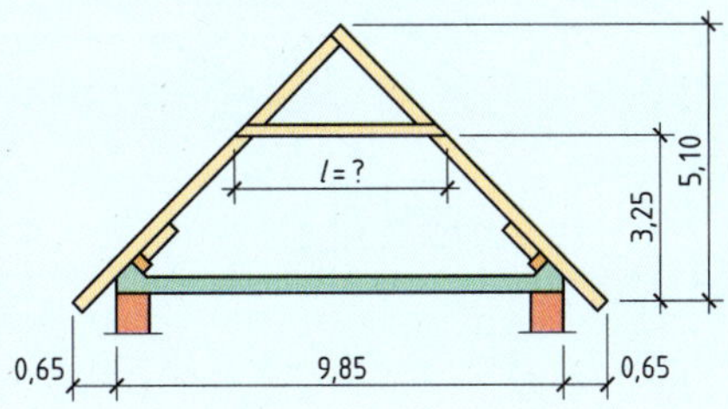

5. Für das dargestellte Sparrendach sind folgende Größen zu berechnen:
   a) die Sparrenlänge l,
   b) der Abstand l_1, vom Traufpunkt bis Unterkante Schwelle (auf dem Sparren gemessen).

   Die Dachneigung beträgt 28°.

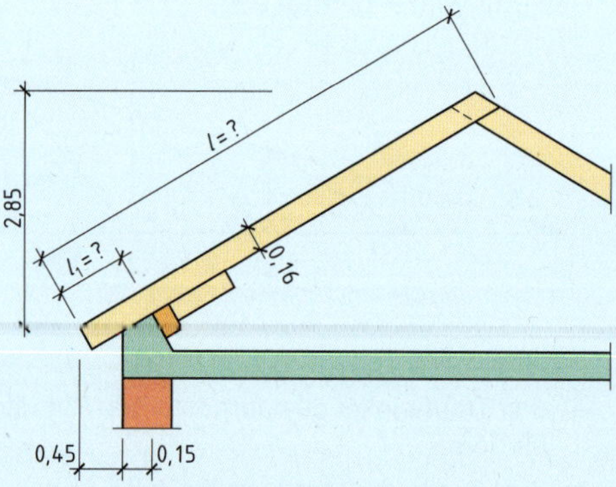

6. Berechnen Sie
   a) die Länge des Gaubensparrens,
   b) den Schmiegenwinkel α.

   Die Dachneigung des Pfettendaches beträgt 35°.

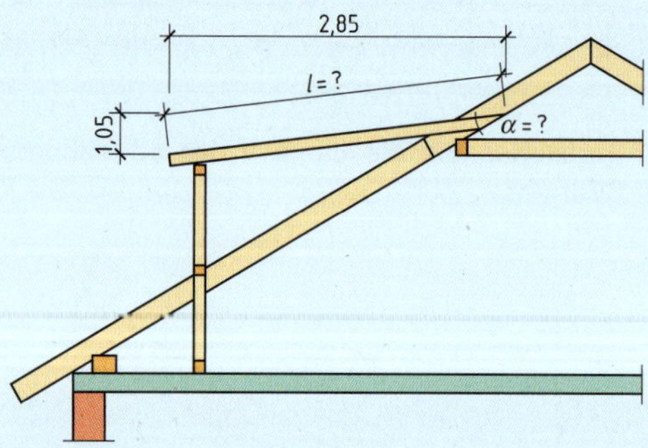

7. Bei dem abgebildeten Fußpunkt eines Pfettendaches ist der Abstand von Außenkante Mauer bis Außenkante Schwelle zu ermitteln.

   Die Dachneigung beträgt 32°.

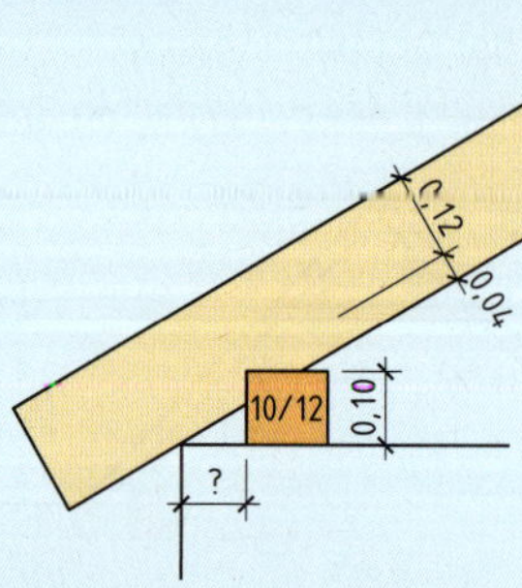

8. Berechnen Sie die Sparrenlänge des Sparrendaches unter Berücksichtigung der Dachlatteneinteilung.

   Dachneigung = 35°
   Lattenabstand = 0,334 m
   Lattenabstand zur Traufe = 0,294 m
   Lattenabstand zum First = 0,038 m

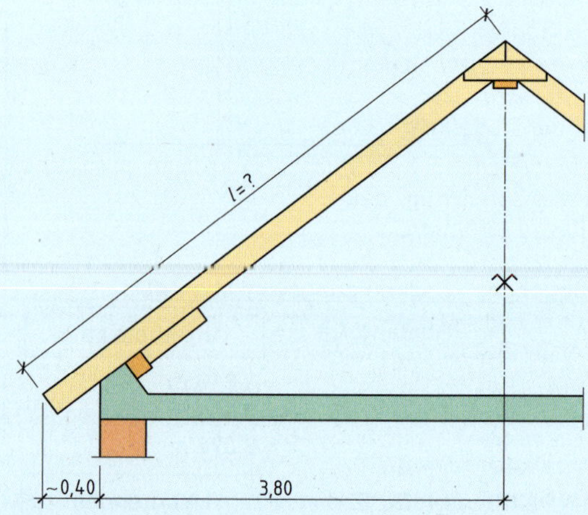

9. Berechnen Sie für den Dachstuhl unseres Projektes folgende Abbundmaße:
   a) Dachneigungswinkel α,
   b) Sparrenlänge l_1,
   c) Abstand Traufe – Mittelpfettensenkel l_2,
   d) Abstand Traufe – Fußpfettensenkel l_3,
   e) Höhe bis Oberkante Firstpfette h.

   Der waagerechte Dachvorsprung soll mindestens 70 cm betragen.

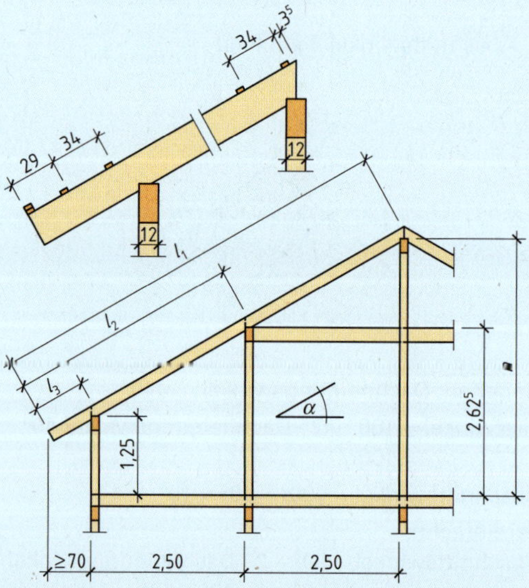

7.6.3 Holzliste

Der Holzbedarf ist die Holzmenge, die der Zimmermann zur Herstellung von Dachstühlen, Verschalungen, Verschlägen und Ähnlichem benötigt und beim Holzhändler oder Sägewerk bestellt. Die zu bestellende Holzmenge (Rohholzmenge) ist immer größer als die am fertigen Bauteil oder Werkstück aufgemessene Menge (Fertigholzmenge). Verbindungen wie Zapfen und Überblattungen sowie die Unterschiede zwischen benötigten Holzlängen und handelsüblichen Längen führen zu Schnittverlusten, die bei der Bestellung zu berücksichtigen sind.

Um wirtschaftlich mit geringem Verschnitt zu arbeiten ist es wichtig, den Holzbedarf genau und sorgfältig zu ermitteln.

Im Folgenden wird aufgezeigt, wie Holzlisten unter Berücksichtigung des Verschnitts erstellt werden.

Grundinformation:

Der Holzbedarf für Zimmer- und Holzbauarbeiten wird nach Querschnitt der benötigten Hölzer berechnet.

Querschnitt	Berechnungseinheit
Balken und Kanthölzer	m^3
Bretter und Bohlen	m^2
Dachlatten	m

Die Ermittlung des Holzbedarfs wird durch das Aufstellen einer **Holzliste** vereinfacht und überschaubarer gemacht.

In einer Holzliste müssen Angaben über Anzahl, Querschnitt und Länge der benötigten Hölzer enthalten sein.

Die waagerecht verlaufenden Hölzer werden in der Reihenfolge von unten nach oben, die senkrechten Hölzer von links nach rechts in die Holzliste eingetragen. Bei der Aufstellung einer Holzliste werden die Maße einer Konstruktionszeichnung entnommen. Da diese Maße Fertigmaße sind, müssen vorgesehene Zapfenverbindungen sowie Längs- und Querverbindungen als Längenzuschlag berücksichtig werden.

Rohholzmenge = Fertigholzmenge + Verschnittmenge

Verschnittmenge = Rohholzmenge – Fertigholzmenge

$$\text{Verschnittsatz} = \frac{\text{Verschnittmenge} \cdot 100\,\%}{\text{Fertigholzmenge}}$$

Beispiel:

Für das dargestellte Pfettendach soll

a) eine Holzliste aufgestellt werden,

b) der Verschnittsatz bei Verwendung handelsüblicher Längen ermittelt werden.

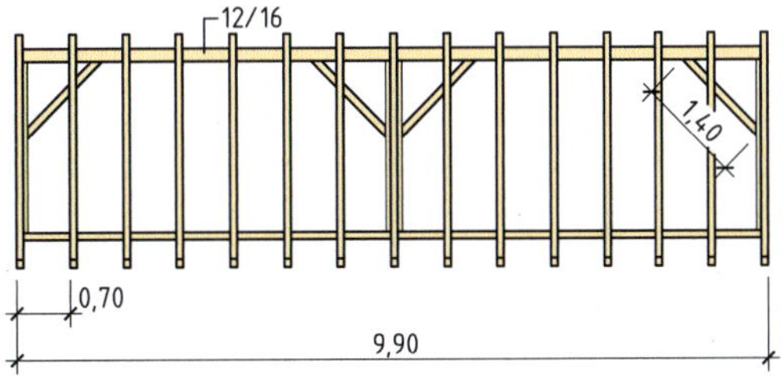

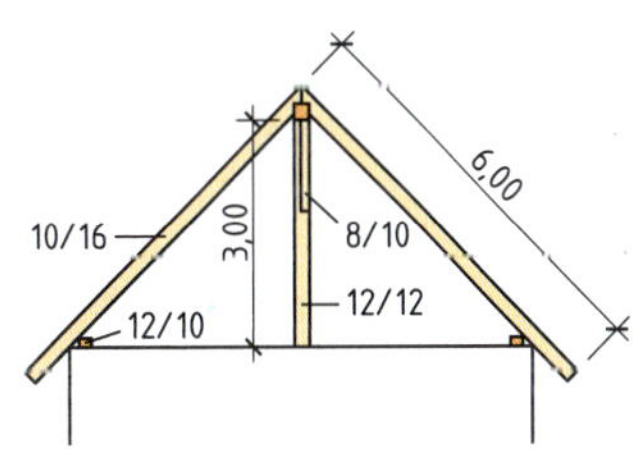

Für Zapfenverbindungen sind 4 cm zuzuschlagen.

Lösung:

a)

Schwellenlänge

9,90 m + 0,20 m = 10,10 m

Da die Schwelle über 8,00 m lang ist, wird sie gestoßen. Hierfür sind 20 cm vorgesehen.

Pfettenlänge

9,90 m + 0,30 m = 10,20 m

30 cm für Längsverbindung.

Pfosten = 3,00 m + 0,04 m = 3,04 m

Kopfbänder = 1,40 m + 2 · 0,04 m = 1,48 m

Sparren = 6,00 m

Möglicher Aufbau einer **Holzliste**

Pos.	Bezeichnung	Anzahl	Querschnitt in cm	Länge in m		Inhalt in m^3	Bemerkung
				einzeln	gesamt		

Pos.	Bezeichnung	Anzahl	Querschnitt in cm	Läng in m		Inhalt in m³	Bemerkung
				einzeln	gesamt		
1	Schwelle	2	10/12	10,10	20,20	0,242	
2	Pfette	1	12/16	10,20	10,20	0,196	
3	Pfosten	3	12/12	3,04	9,12	0,131	
4	Kopfbänder	4	8/10	1,48	5,92	0,047	
5	Sparren	30	8/16	6,00	180,00	2,304	
						2,920	

Fertigholzmenge = <u>2,920 m³</u>

b) Um den Verschnitt zu ermitteln ist es sinnvoll, eine zweite Holzliste mit handelsüblichen Holzlängen aufzustellen.

Pos.	Bezeichnung	Anzahl	Querschnitt in cm	Länge in m		Inhalt in m³	Bemerkung
				einzeln	gesamt		
1	Schwellen	2	10/12	5,50	11,00	0,132	
		2	10/12	4,75	9,50	0,114	
2	Pfette	1	12/16	5,50	5,50	0,106	
		1	12/16	4,75	4,75	0,091	
3	Pfosten	1	12/12	3,25	3,25	0,047	
		1	12/12	6,25	6,25	0,090	
4	Kopfband	1	8/10	6,00	6,00	0,048	
5	Sparren	30	8/16	6,00	180,00	2,304	
						2,932	

Rohholzmenge = <u>2,932 m³</u>

Die in der Tabelle rot unterlegten Einzellängen sind die vom Holzhändler zu liefernden Längen.

Verschnittmenge
= Rohholzmenge – Fertigholzmenge
= 2,932 m³ – 2,920 m³ = <u>0,012 m³</u>

$$\text{Verschnittsatz} = \frac{\text{Verschnittmenge} \cdot 100\,\%}{\text{Fertigholzmenge}}$$

$$= \frac{0{,}012\ \text{m}^3 \cdot 100\,\%}{2{,}920\ \text{m}^3}$$

$$= \underline{0{,}41\,\%}$$

Aufgaben

1. Für das dargestellte Pfettendach soll eine Holzliste aufgestellt werden.
   Die Pfosten sind in der Firstpfette eingezapft.
   Die Kopfbänder sind beidseitig eingezapft.
   Die Zapfenlänge beträgt 5 cm.

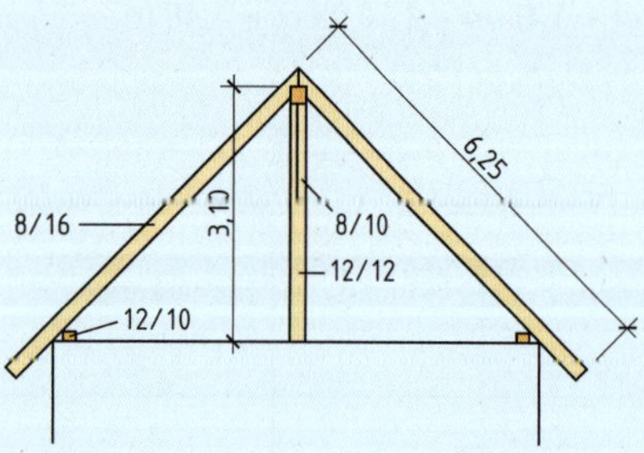

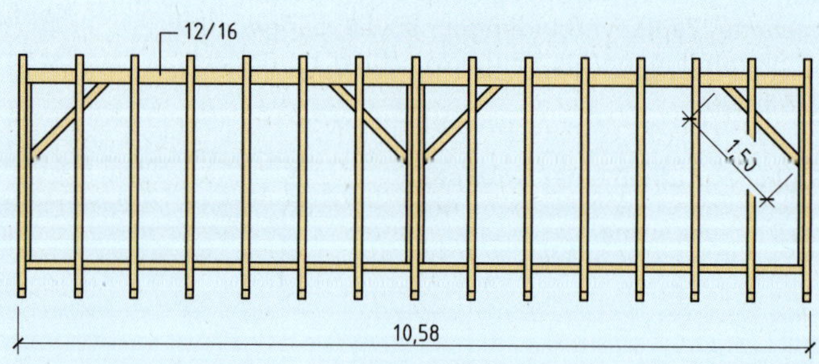

2. Stellen Sie eine Holzliste für das dargestellte Gebäude auf.
   Pfosten, Schwellen, Riegel und Pfetten sind durch Zapfen miteinander verbunden.
   Zapfenlänge = 4 cm

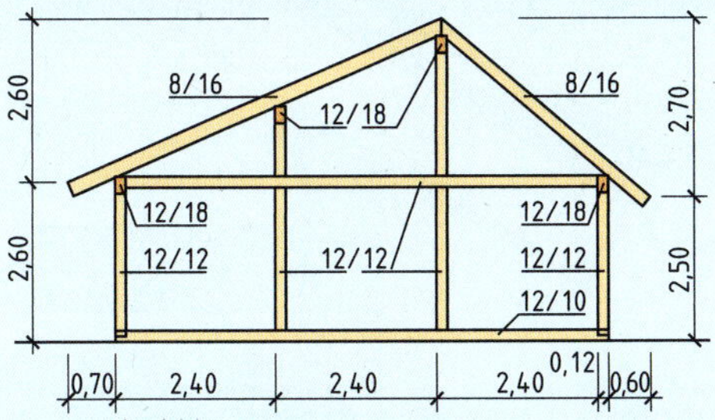

Ansicht

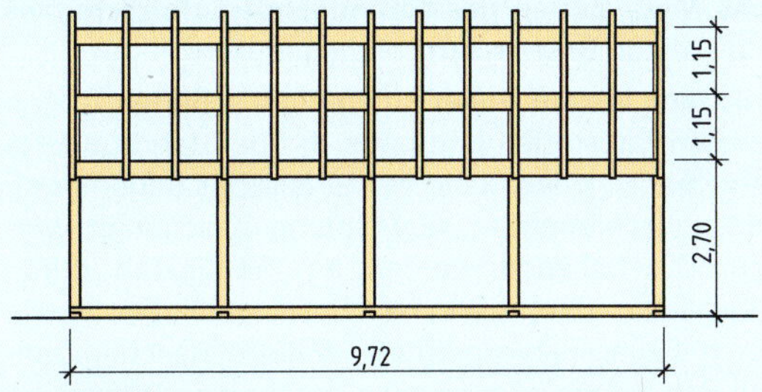

Ansicht

3. Ermitteln Sie die Fertigholzmenge des abgebildeten Ferienhauses in m^3.
   Alle Verbindungen sind stumpf ausgeführt.

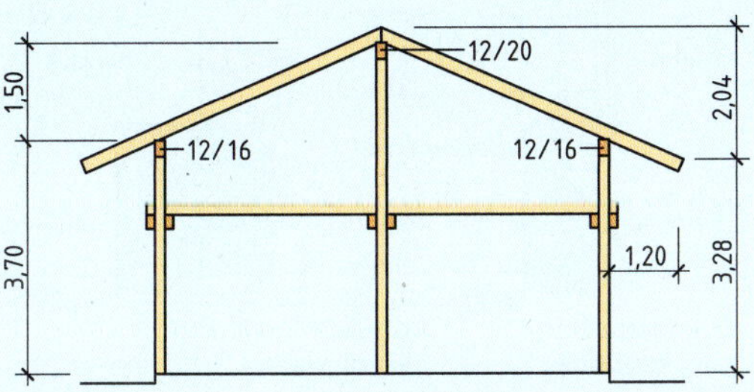

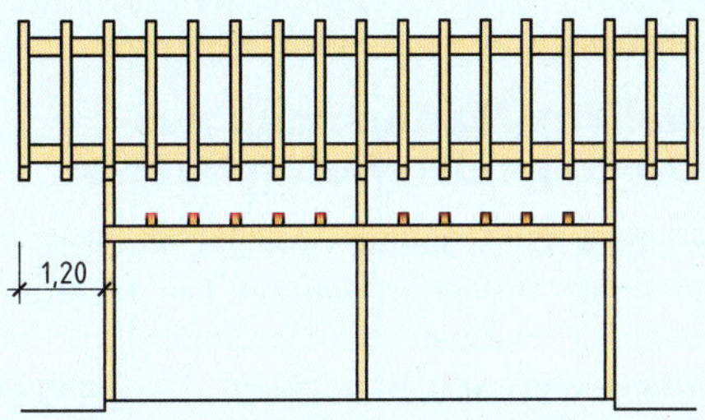

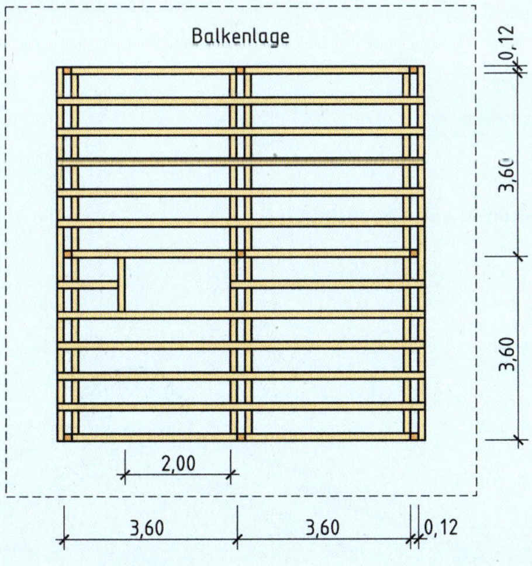

Ferienhaus in
Holzskelettbauweise

Pfosten	12/12
Zangen	8/18
Pfetten	12/20 u. 12/16
Balken	12/18
Sparren	8/16

4. Erstellen Sie eine Holzliste für die Dachkonstruktion unseres Projektes.
   Alle Angaben sind den Projektzeichnungen auf Seite 4 und 5 zu entnehmen.
   Fehlende Maße sind selbst festzulegen.

7.7 Holzschutz

Die ausführliche Behandlung des Holzschutzes erfolgt im Lernfeld 17 „Sanieren eines Fachwerkhauses". In folgendem Abschnitt wird lediglich auf **bauliche Maßnahmen des vorbeugenden Holzschutzes** und auf den **Brandschutz** eingegangen.

Holz zählt wegen seiner guten Eigenschaften zu den ältesten Baustoffen und hat sich über Jahrhunderte bewährt. Trotzdem kann es bei falscher Behandlung und unsachgemäßer Verwendung beschädigt werden. Die Schäden werden am häufigsten durch pflanzliche und tierische Holzschädlinge sowie durch Feuer hervorgerufen. Weitere Beschädigungen des Holzes können auch durch chemische oder mechanische Beanspruchungen verursacht werden.

Aufgabe des Zimmerers ist es, die Anfälligkeit des Holzes für diese Beschädigungen durch geeignete Schutzmaßnahmen herabzusetzen.

Grundsätzlich unterscheidet man beim Holzschutz zwischen **vorbeugenden** und **bekämpfenden** Maßnahmen.

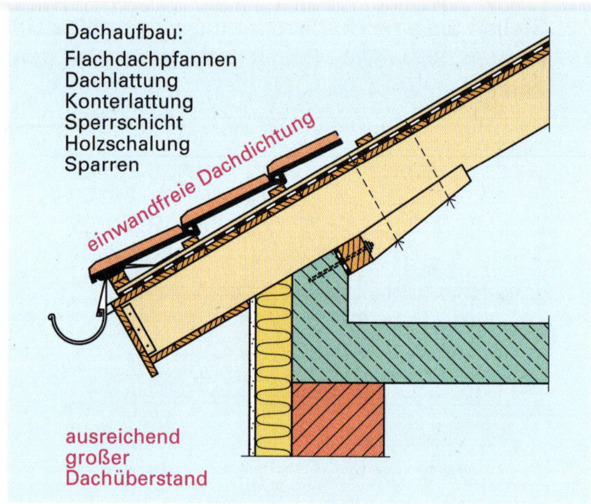

Dachdichtung – Dachentwässerung – Dachvorsprung

7.7.1 Bauliche Maßnahmen des vorbeugenden Holzschutzes

Zahlreiche Holzschäden können bereits durch bauliche Maßnahmen verhindert werden. Die wichtigsten Maßnahmen müssen der Veränderung des Feuchtigkeitsgehaltes von Holz gelten. Die richtige Wahl der Holzart, die geeigneten Konstruktionen und Querschnittsabmessungen sind ausschlaggebend für den Schutz vor vorzeitiger Zerstörung durch mechanische Beanspruchungen und durch Feuer.

Pflanzliche Holzschädlinge (Pilze) entwickeln sich besonders gut in feuchtem Holz. Es sollen deshalb nur ausreichend getrocknete Hölzer verarbeitet werden. Das Holz ist so einzubauen, dass eine Wiederbefeuchtung verhindert wird.

Folgende **fünf Grundsätze** gelten für den baulichen Holzschutz:

① **Regenwasser muss vom Holz ferngehalten oder schnell abgeleitet werden.**

Beispiele:
- Einwandfreie Dachdichtung und Dachentwässerung
- Ausreichend große Dachüberstände
- Mindestens 30 cm Abstand zwischen Oberkante Erdboden und Unterkante des Holzes als Schutz vor Spritzwasser
- Abtropfmöglichkeiten für das Wasser.

② **Eindringen von Feuchtigkeit aus benachbarten Stoffen oder Bauteilen muss verhindert werden.**

Beispiel:
- Sperrschichten aus Bitumenbahnen unter den Auflagern von Balken, Schwellen, Pfetten und Pfosten auf Mauerwerk.

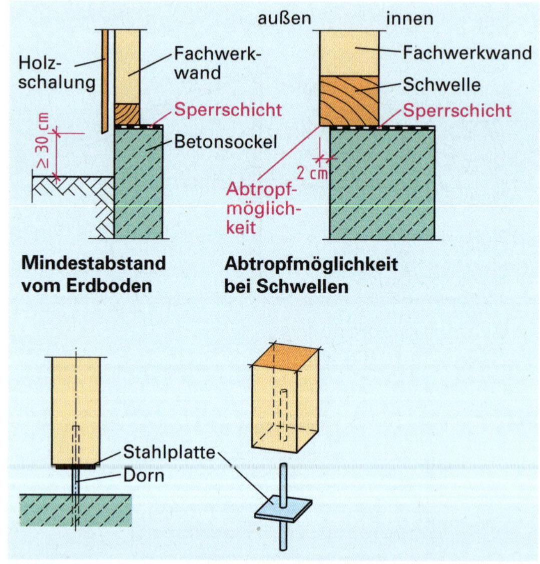

Fernhalten von Feuchtigkeit

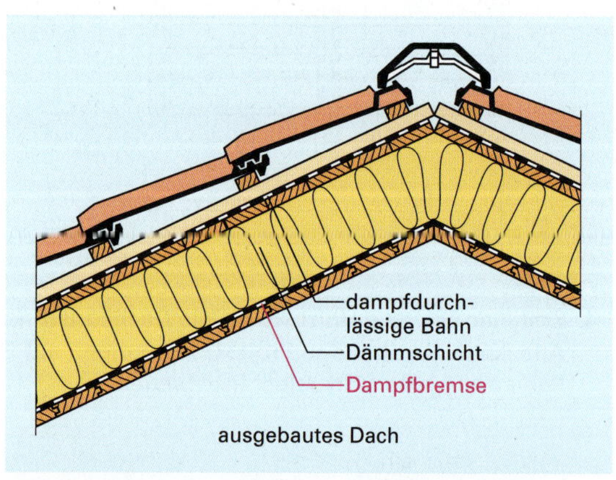

Schutz vor Schwitzwasserbildung (Tauwasserbildung)

③ **Schwitzwasserbildung (Tauwasserbildung) muss verhindert werden.**

Beispiele:
- In Dächern über ausgebauten Dachgeschossen müssen Dampfbremsen eingebaut werden.
- Fassaden, Verschalungen und Dachkonstruktionen müssen ausreichend hinterlüftet sein.
- Feucht- und Nassräume müssen geeignete Durchlüftungsmöglichkeiten haben, damit die durchschnittliche Luftfeuchte niedrig gehalten wird.

④ **Als Schutz vor Insekten muss das Bauholz vollständig entrindet und entbastet sein. Dadurch werden mögliche Insektenbrutstätten beseitigt.**

⑤ **Zum Schutz vor leichter Entflammbarkeit soll die Holzoberfläche möglichst klein gehalten werden.**

Beispiele:
- Gehobelte Holzteile haben eine kleinere Oberfläche als sägeraue Teile.
- Durch die Wahl der Konstruktion kann die Oberfläche klein gehalten werden, z. B. Leimbinder anstatt Nagelbrettbinder.

Viele Holzschäden können durch bauliche Maßnahmen verhindert werden. Die wichtigsten Maßnahmen gelten der Veränderung der Holzfeuchte.

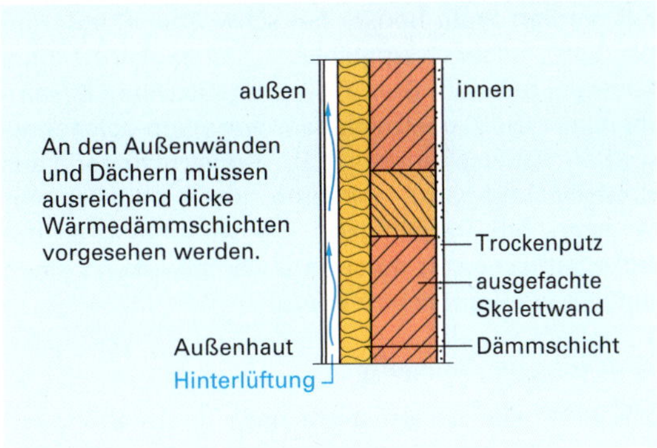

Schutz vor Schwitzwasserbildung

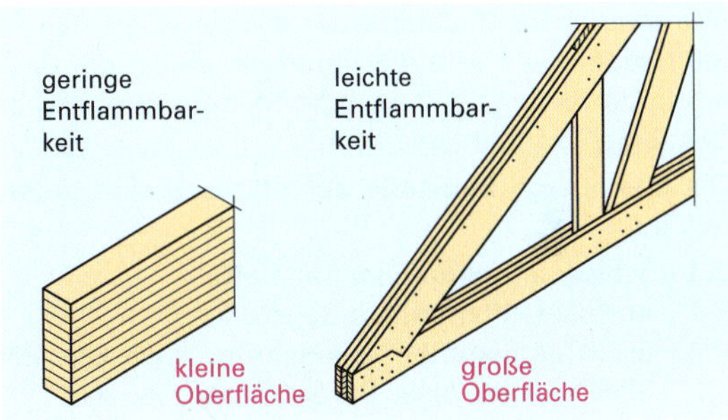

Binder aus Brettschichtholz – Nagelbrettbinder

7.7.2 Brandschutz

Die Landesbauordnungen der einzelnen Bundesländer enthalten die wesentlichen Vorschriften über den Brandschutz baulicher Anlagen. Daneben enthalten auch noch andere Verordnungen und Richtlinien (z. B. Gewerbeordnung, Garagenverordnung, Hochhausrichtlinien) Brandschutzbestimmungen.

Die Verordnungen und Richtlinien legen fest, welche Anforderungen unter bestimmten Bedingungen an Baustoffe und Bauteile zu stellen sind. Diesen Anforderungen liegen Begriffe zugrunde, die in **DIN 4102** „Brandverhalten von Baustoffen und Bauteilen" und in **DIN EN 13501** „Klassifizierung von Bauprodukten und Bauarten zu ihrem Brandverhalten" eingehend erklärt und festgelegt sind.

Im Folgenden wird auf das **Brandverhalten** und die **Einteilung der Baustoffe und Bauteile** nach DIN 4102 eingegangen.

Brandverhalten

Werden nichtbrennbare Baustoffe oder Bauteile hohen Temperaturen, wie sie bei Bränden entstehen, ausgesetzt, so ist ihr Verhalten sehr unterschiedlich. Bauteile aus Stahl verlieren z. B. sehr schnell ihre Tragfähigkeit, Gipsputze reißen oder Natursteine zerbrechen.

Konstruktionen aus brennbaren Baustoffen weisen gegebenenfalls ein günstigeres Brandverhalten auf als Konstruktionen aus nichtbrennbaren Baustoffen;

Voraussetzungen für einen Brandvorgang

Stahlkonstruktion nach Brandfall

z. B. verliert Stahl bereits bei schwacher Rotglut etwa 50% seiner Tragfähigkeit. Stahlkonstruktionen kommen daher im Brandfall zum plötzlichen Zusammensturz. Holzkonstruktionen, vor allem solche aus großen Querschnitten (z. B. Konstruktionen aus Brettschichtträgern), verlieren im Brandfalle nur langsam ihre Tragfähigkeit. Die Verkohlung an der Holzoberfläche ruft durch ihre Dämmwirkung einen natürlichen Brandschutz hervor.

Einteilung der Baustoffe

DIN 4102 teilt die Baustoffe nach ihrem Brandverhalten in Klassen ein:

Klasse A = nichtbrennbare Baustoffe
Klasse B = brennbare Baustoffe

Nichtbrennbare Baustoffe der Klasse A werden in die Gruppen A 1 und A 2 unterteilt, wobei die Baustoffe der Gruppe A 2 geringe Mengen brennbarer Bestandteile enthalten dürfen.

Die brennbaren Baustoffe der Klasse B sind unterteilt in:

B 1 = schwer entflammbare Baustoffe
B 2 = normal entflammbare Baustoffe
B 3 = leicht entflammbare Baustoffe. Nach DIN EN 13501 entfällt diese Baustoffklasse jedoch.

Zu den nichtbrennbaren Baustoffen der Klasse A 1 zählen z. B. Beton, Mörtel, Glas und Asbest. Für Baustoffe der Klasse A 2 muss ein Nachweis (Prüfverfahren nach DIN 4102) erbracht werden.

Zu den brennbaren Baustoffen der Klasse B 1 zählen z. B. mit mineralischen Bindemitteln gebundene Holzwolleplatten, zur Klasse B 2 zählen insbesondere Holz und Holzwerkstoffe von mehr als 2 mm Dicke, und zur Klasse B 3 zählen z. B. Papier, Stroh sowie Holz und Holzwerkstoffe bis zu 2 mm Dicke.

Die Einteilung der Baustoffe erfolgt nach einem in DIN 4102 beschriebenen Prüfverfahren.

Einteilung der Bauteile

Nach DIN 4102 werden Bauteile in **Feuerwiderstandsklassen** eingeteilt.

Die Feuerwiderstandsklassen werden durch die **Feuerwiderstandsdauer** zum Ausdruck gebracht. Die Feuerwiderstandsdauer eines Bauteils ist die Mindestzeit in Minuten, mit der das Bauteil unter dem Einfluss des Feuers seine Aufgaben im Rahmen eines Gebäudes erfüllen kann, d. h., tragende Bauteile müssen während der Feuerwiderstandsdauer tragfähig bleiben, raumabschließende Bauteile müssen außerdem raumabschließend bleiben, und auf der dem Feuer zugekehrten Seite darf keine Temperaturerhöhung von mehr als 140 K im Mittel bzw. 180 K maximal auftreten.

Bauteile werden entsprechend ihrer Feuerwiderstandsdauer in die Feuerwiderstandsklassen F 30, F 60, F 120 und F 180 eingestuft und werden darüber hinaus nach den verwendeten Baustoffen benannt (Baustoffklasse A oder B bzw. A und B).

Klasse		Beispiele		
A nicht brennbar	A1	Betone	Mauerwerk	Stahl

	A2 (geringe Mengen brennbarer Bestandteile)	Mineralwolle-Dämmstoffe	Gipsplatten, Typ DF (Feuerschutzplatten GKF)	
		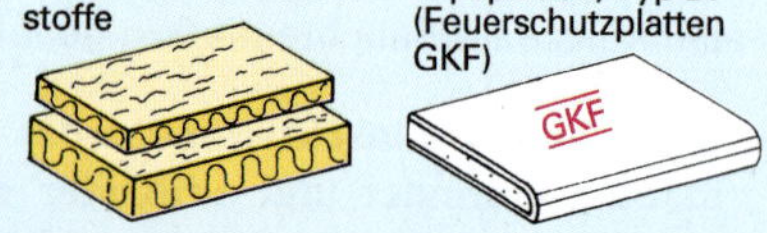		
B brennbar	B1 (schwer entflammbar)	Gipsplatten (Bauplatten)	Spanplatten	Polystyrol PSWU

	B2 (normal entflammbar)	Holz, $d \geq 2$ mm	Dachbahnen	PVC-Beläge
		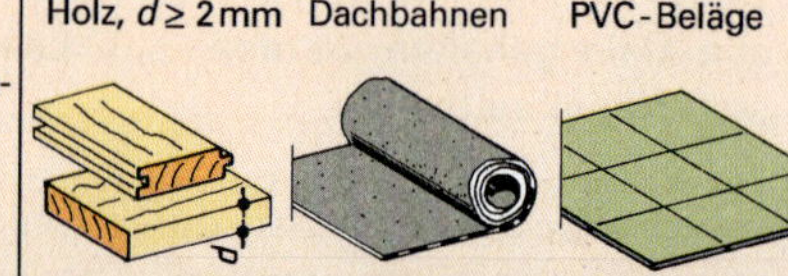		
	B3 (leicht entflammbar)	Papiere	Holzwolle	Holz u. Holzwerkstoffe $d < 2$ mm

Einteilung der Baustoffe nach ihrem Brandverhalten

> Baustoffe werden nach ihrem Brandverhalten in folgende Klassen eingeteilt:
> A1 und A 2 = nichtbrennbare Baustoffe
> B = brennbare Baustoffe
> B 1 = schwer entflammbare Baustoffe
> B 2 = normal entflammbare Baustoffe
> B 3 = leicht entflammbare Baustoffe

Feuerwiderstandsklasse	Feuerwiderstandsdauer in Minuten	Bauaufsichtliche Benennung
F 30	≥ 30	feuerhemmend
F 60	≥ 60	
F 90	≥ 90	feuerbeständig
F 120	≥ 120	
F 180	≥ 180	hoch feuerbeständig

Feuerwiderstandsklassen und ihre bauaufsichtlichen Benennungen

Bei der Einstufung der Bauteile wird bei den verwendeten Baustoffen zwischen „wesentlichen Teilen" und „übrigen Bestandteilen" unterschieden. Unter „wesentlichen Teilen" werden bei tragenden Bauteilen die tragenden und aussteifenden Teile verstanden, bei nichttragenden Bauteilen werden hierunter jene Teile verstanden, welche die Standsicherheit des Bauteils hervorrufen (z. B. aussteifende Rahmen bei nichttragenden Wänden). Bei raumabschließenden Bauteilen wird unter „wesentlichen Teilen" auch eine in Bauteilebene durchgehende Schicht, die bei der Prüfung (nach DIN 4102) nicht zerstört werden darf, verstanden.

Feuerwiderstandsklassen von Balken

Auf Biegung beanspruchte, frei liegende Balken, die einer bestimmten Feuerwiderstandsklasse zugeordneten werden sollen, müssen mindestens den Sortierklassen S 10, MS 10 (nach DIN 4074) angehören.

Bei der Zuordnung in Feuerwiderstandsklassen wird zwischen **drei-** oder **vierseitiger** Brandbeanspruchung unterschieden. Eine dreiseitige Brandbeanspruchung ist vorhanden, wenn die Balkenoberseite so abgedeckt ist, dass während der gesamten Feuerwiderstandsdauer (30 bzw 60 min) kein vierseitiger Brandangriff erfolgen kann.

Maßgebend für die Zuordnung ist die am Balken zu erwartende größte Biegespannung. Je größer die Biegespannung ist, desto größer müssen auch die Querschnittsabmessungen der Balken sein.

Biegespannung σ_B	Feuerwiderstandsklasse-Benennung F30-B		F60-B	
	Brandbeanspruchung			
	3-seitig	4-seitig	3-seitig	4-seitig
	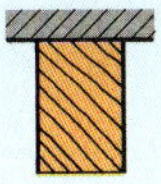		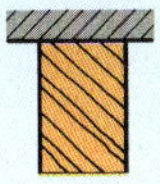	
MPa (N/mm²)	*b/h* (mm)	*b/h* (mm)	*b/h* (mm)	*b/h* (mm)
≥ 13	150/260	160/300	300/520	320/600
= 10	120/200	130/240	240/400	260/480
= 7	100/160	100/200	200/320	220/400
≤ 3	80/160	90/180	180/240	200/320

Mindestabmessungen *b*/*h* unbekleideter Vollholzbalken

Biegespannung σ_B	Feuerwiderstandsklasse-Benennung F30-B I		I F60-B	
	Brandbeanspruchung			
	3-seitig	4-seitig	3-seitig	4-seitig
				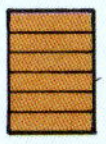
MPa (N/mm²)	*b* (mm)	*b* (mm)	*b* (mm)	*b* (mm)
≥ 14	140	150	280	300
= 10	110	120	220	240
= 7	90	90	170	180
≤ 3	80	80	140	160

Mindestbreiten unbekleideter Balken aus Brettschichtholz, Seitenverhältnis *b* : *h* ≥ 2

Bauteile werden nach DIN 4102 hinsichtlich ihres Brandverhaltens in die Feuerwiderstandsklassen F 30, F 60, F 90, F 120 und F 180 eingeteilt.

Zusammenfassung

Wirksamer Schutz von Holz wird durch die Wahl der geeigneten Holzart und durch den fachgerechten Einbau erreicht. Die wirksamste Maßnahme des vorbeugenden Holzschutzes ist der Schutz vor Wiederbefeuchtung.

Baustoffe werden nach ihrem Brandverhalten in Klassen eingeteilt.

Klasse A 1 und A 2 = nichtbrennbare Baustoffe;
Klasse B = brennbare Baustoffe.

Die brennbaren Baustoffe sind unterteilt in

B 1 = schwer entflammbare Baustoffe,
B 2 = normal entflammbare Baustoffe,
B 3 = leicht entflammbare Baustoffe.

Bauteile werden nach ihrem Brandverhalten in Feuerwiderstandsklassen eingeteilt. Die Feuerwiderstandsklassen kommen durch die Feuerwiderstandsdauer in Minuten zum Ausdruck. Ihre Kurzbezeichnungen sind F 30, F 60, F 90, F 120 und F 180 mit der jeweiligen Angabe der verwendeten Baustoffklasse, z. B. F 30-B, F 90-AB usw.

Biegebeanspruchte Balken gehören den Feuerwiderstandsklassen F 30-B oder F 60-B an.

Aufgaben

1. *Warum ist die Wahl der geeigneten Holzart ein wesentlicher Bestandteil des vorbeugenden Holzschutzes?*
2. *Nennen Sie Maßnahmen, die getroffen werden können, das eingebaute Holz vor Wiederbefeuchtung zu schützen.*
3. *Nennen Sie die Voraussetzungen für einen Brandvorgang.*
4. *Warum müssen für Bauteile aus nichtbrennbaren Baustoffen (z. B. Stahlstützen) Brandschutzmaßnahmen getroffen werden?*
5. *Warum besitzen Holzkonstruktionen aus großen Querschnitten (z. B. Leimbinder) ein günstigeres Brandverhalten als Stahlkonstruktionen?*
6. *Nennen Sie die Baustoffklassen (nach DIN 4102).*
7. *Ordnen Sie folgende Baustoffe den Baustoffklassen zu: Stahl, Beton, Holz mit einer Dicke von 1,5 cm, Holzwolleplatte.*
8. *Welche Bedeutung haben die Kurzbezeichnungen F 60-A und F 180-AB?*

7.8 Abbinden eines Pfettendaches

Am Beispiel des Pfettendaches unseres Projektes soll im Folgenden schrittweise der Abbund beschrieben werden.

7.8.1 Arbeitsvorbereitung

Planloses Vorgehen führt zu Zeit- und Geldverlusten, so z. B. wenn bei Arbeitsbeginn benötigte Geräte und Werkstoffe nicht zur Verfügung stehen. Nur gezielte Arbeitsvorbereitung ermöglicht rationelles Bauen.

Die **betriebliche Arbeitsvorbereitung** muss bereits bei der Kalkulation (Vorausbestimmung der Kosten) beginnen. Dazu müssen das Arbeitsverfahren festgelegt, die erforderlichen Arbeitskräfte sichergestellt werden und die notwendigen Maschinen und Geräte zur Verfügung stehen. Ist der Auftrag erteilt, kann mit der eigentlichen Arbeitsvorbereitung begonnen werden. Die **Werkstoffbedarfsliste** und ein **Verzeichnis der anfallenden Arbeiten** werden erstellt.

Zur Bauzeitplanung werden zeitliche Abfolge und Dauer der einzelnen Arbeiten festgelegt und im Zusammenhang grafisch dargestellt. Es gibt mehrere Möglichkeiten der Darstellung, die gebräuchlichste ist das **Balkendiagramm.** Die früher recht aufwendige Bauzeitplanung wird durch den Einsatz von Computern und entsprechender Software erheblich erleichtert und verbessert (s. Buchteil „Was Zimmerer über Computer wissen sollten").

Die **Arbeitsvorbereitung des einzelnen Mitarbeiters** ist ebenso wichtig. Zuerst muss er sich Klarheit über die zu lösende Aufgabe verschaffen. Der nächste Schritt ist die Auswahl geeigneter **Werkstoffe** und die Kontrolle hinsichtlich Eignung und Menge der vom Betrieb bereitgestellten Werkstoffe. Bei Maschinen ist die **Funktionsfähigkeit der Schutzvorrichtungen** zu überprüfen. **Werkzeuge** müssen in einwandfreiem Zustand sein. Eine wichtige Voraussetzung für rationelles Arbeiten ist die **Ordnung am Arbeitsplatz**. Werkstoff und Gerät müssen ihren nach den Erfordernissen des Arbeitsablaufes festgelegten Platz haben. Unordnung verzögert den Arbeitsablauf und schafft Unfallgefahren.

Gezielte und detaillierte Arbeitsvorbereitung ist eine wesentliche Voraussetzung des wirtschaftlichen Bauens.

Für den Abbund des Daches unseres Projekts heißt dies, dass vor Beginn der Arbeiten folgende Voraussetzungen geprüft werden müssen.

1. Ist das Holz (nach der Holzliste) vorhanden?
2. Stehen die Werkzeuge und Maschinen zur Verfügung?
3. Liegen die Baupläne mit geprüften Maßen und gegebenenfalls die berechneten Abbundmaße vor?

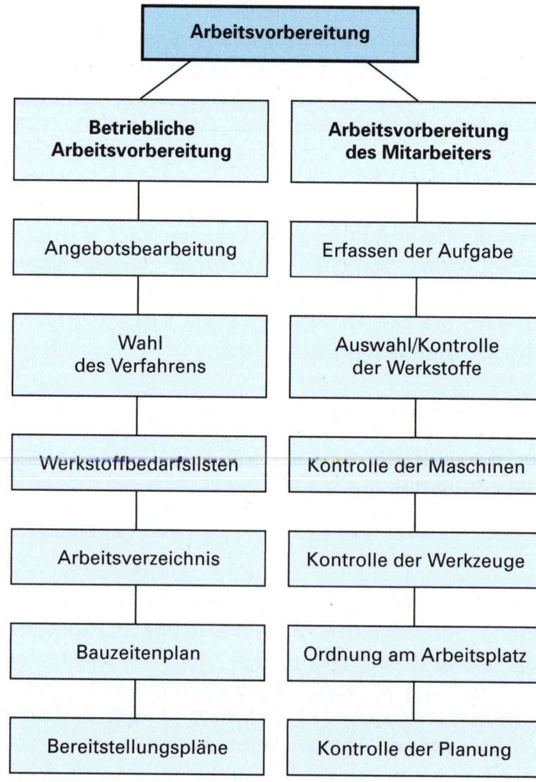

Aufgaben der Arbeitsvorbereitung

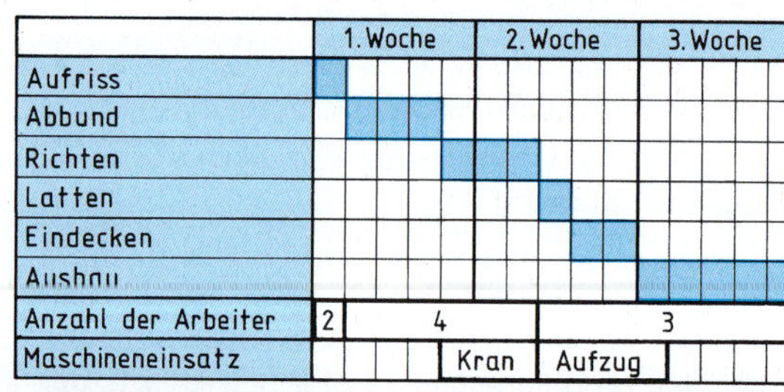

Balkendiagramm

Abbundplatz

7.8.2 Abbundverfahren

Die Wahl des Abbundverfahrens wird in der Regel vom Meister festgelegt. Das schnellste Verfahren ist der computergesteuerte vollautomatische Abbund mithilfe einer CNC (**c**omputerized **n**umerical **c**ontrol) – gesteuerten Abbundanlage. Die Arbeitsweise dieser Maschinen ist im Buchteil „Was Zimmerer über Computer wissen sollten“ beschrieben. Für den herkömmlichen Abbund stehen im Allgemeinen drei Verfahren zur Auswahl. Sie unterscheiden sich in der unterschiedlichen Ermittlung der Abbundmaße. Die Abbundmaße können **zeichnerisch**, **rechnerisch** oder **computergestützt** ermittelt werden.

Bei der zeichnerischen Ermittlung kann entweder auf dem Reißboden im Maßstab 1 : 1 gearbeitet werden oder am Reißbrett im Maßstab 1 : 5 bzw. 1 : 10.

Werden die Abbundmaße rechnerisch ermittelt (siehe Abschnitt 7.6 Rechnerische Grundlagen des Abbunds), so sind wieder zwei unterschiedliche Verfahren möglich: die Abbundmaße können mit dem Taschenrechner einzeln und schrittweise berechnet oder mithilfe von Programmen am Computer ermittelt werden. Ein guter Zimmerer zeichnet sich unter anderem auch dadurch aus, dass er in der Lage ist, mit den einfachsten Hilfsmitteln Abbundmaße zu ermitteln.

Die Sparrenlänge wird in der Regel beim Abbund vom Zimmerer festgelegt, wobei in den Plänen die Größe des Dachvorsprungs an der Traufe als Richtmaß vorgegeben wird. Das Abbundmaß der Sparrenlänge ist von der Deckungsart des Daches abhängig. Die Sparrenlänge muss so festgelegt werden, dass sich die Dachfläche mit ganzen Ziegelreihen oder Dachsteinreihen decken lässt.

Sinngemäß gilt dies auch für die Dachvorsprünge (Ortgänge) an den Giebeln (siehe Abschnitt 7.10 Dachdeckungen).

Die Abbundmaße können rechnerisch oder zeichnerisch ermittelt werden, wobei der Einsatz des Computers eine große Hilfe darstellt.

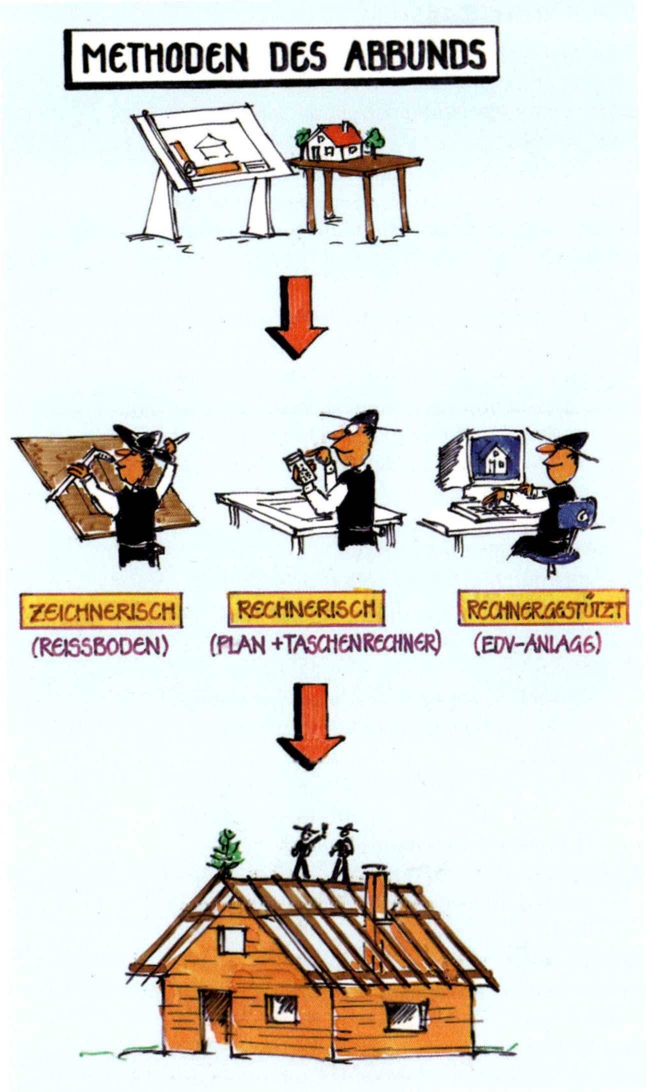

Abbundverfahren

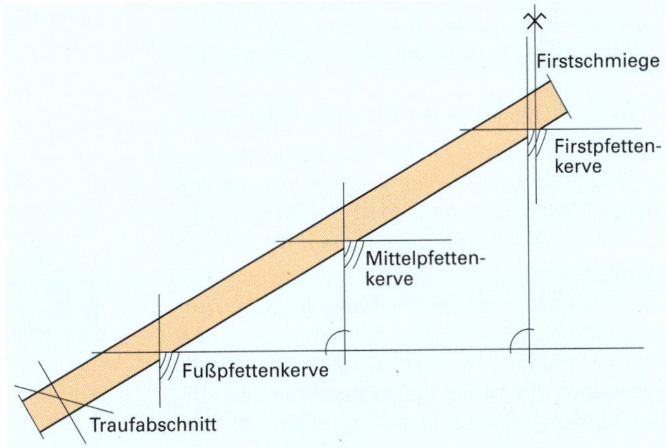

Aufriss des Lehrsparrens unseres Projektes

7.8.3 Anreißen

Sind alle Abbundmaße ermittelt, so werden die Hölzer angerissen. Voraussetzung für eine exakt passende Holzkonstruktion ist das genaue Anreißen.

Für das Anreißen werden verschiedene Zeichen verwendet. Diese Zeichen sind nicht genormt und deshalb regional etwas unterschiedlich.

1. Abschnitt
   – an diesem Riss wird das Holz abgesägt
2. Bundseite
   – da Holz nie genau maßhaltig ist und auch oft Krümmungen aufweist, wird eine Seite des Kantholzes, in der Regel die mit den geringsten Fehlkanten, als Bundseite gekennzeichnet
3. Kennzeichnung des herauszuarbeitenden oder wegfallenden Holzes
   – das durch ein Kreuz oder eine Schraffur gekennzeichnete Holz wird herausgearbeitet bzw. fällt weg
4. Mittelriss
   – dieser Riss kennzeichnet eine Symmetrieachse oder die Mitte einer Holzlänge
5. Mauerriss
   – dieser Riss kennzeichnet die Stelle, an der das Holz auf einem Massivbauteil (z. B. Mauer, Betongurt) aufliegt
6. Ungültiger Riss
   – Irren ist menschlich, falsch ausgeführter Riss

Abzubindende Hölzer mit gleicher Form und Länge werden gemeinsam bearbeitet. Dies gilt insbesondere für die Sparren. Dazu werden die Hölzer zusammengespannt, und die Schmiegen oder die Kerven werden in einem Arbeitsgang gesägt bzw. eingefräst.

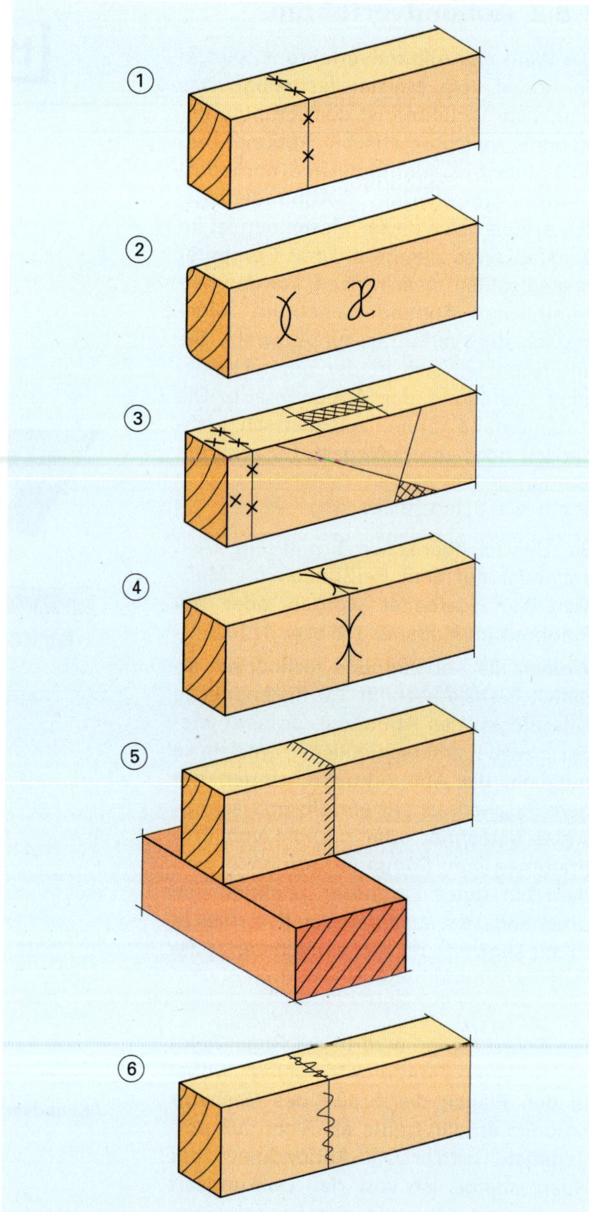

Abbundzeichen

> Voraussetzung für eine exakt passende Holzkonstruktion ist das genaue Anreißen.
>
> Für das Anreißen werden verschiedene Zeichen verwendet, durch welche die jeweilige Art der Bearbeitung zum Ausdruck kommt.

7.8.4 Maschinen für den Abbund

Der Umgang mit den Handwerkzeugen und die Pflege der Handwerkzeuge wurde bereits in der Grundstufe behandelt. In diesem Abschnitt wird auf die wichtigsten Maschinen eingegangen.

Die wichtigsten **ortsfesten Maschinen** in Zimmereibetrieben sind die Tischkreissäge, die Pendelkreissäge (Kappkreissäge), die Tischbandsäge, die Abrichthobelmaschine, die Dickenhobelmaschine und die Tischfräsmaschine. Auf diese Maschinen wird im Folgenden eingegangen.

Zusammengespannte Sparren

Tischkreissäge

Eine der wichtigsten Holzbearbeitungsmaschinen ist die Tischkreissäge. Ihr Einsatz ist sehr vielseitig.

Bei Längsschnitten (Schnitte in Faserrichtung) und beim Schneiden größerer Plattenwerkstoffe können im Werkstoff vorhandene Spannungen frei werden, die dazu führen, dass sich die Schnittfuge schließt und das Sägeblatt verklemmt. Durch das Klemmen kann das Werkstück plötzlich angehoben und zurückgeschleudert werden. Um dies zu verhindern, müssen hinter dem Sägeblatt ein **Spaltkeil** und über dem Sägeblatt eine **Schutzhaube** angebracht sein. Spaltkeil und Schutzhaube sichern außerdem den Benutzer vor Berühren des Zahnkranzes.

Die Schutzhaube ist mit der **Absaugung** verbunden. Vom Sägeblatt hochgeschleuderte Späne werden durch die Schutzhaube abgefangen und durch die Absaugung abgeleitet. Außerdem werden Späne und Staub auch unten am Sägeblatt abgesaugt.

Die Dicke des senkrecht und waagerecht verstellbaren Spaltkeils muss der Dicke des Sägeblattes angepasst sein. Der Spaltkeil darf nicht dicker als die Schnittfugenbreite und nicht dünner als der Sägeblattgrundkörper sein.

Der Spaltkeilabstand vom Sägeblatt muss so gering wie möglich sein; er darf auf keinen Fall größer als **8 mm** (bei älteren Maschinen 10 mm) sein. Die Höhe des Spaltkeils ist so einzustellen, dass die höchste Sägezahnspitze um etwa **2 mm** den Spaltkeil überragt.

Bei Sägeblättern bis 250 mm Durchmesser kann die Schutzhaube mit Absaugung am Spaltkeil befestigt sein. Bei Sägeblättern über 250 mm Durchmesser ist die Schutzhaube mit Absaugung vom Spaltkeil unabhängig über eine besondere Haltevorrichtung höhenverstellbar angebracht.

Das Sägeblatt muss auch unter dem Tisch gegen Berühren gesichert (abgedeckt) sein.

Damit auch schmale Werkstücke eine möglichst sichere Auflage haben, soll der Tischspalt am Sägeblatt möglichst schmal sein. Die zerspanbaren Tischeinlagen (aus Hartholz, Kunststoff oder Aluminium) sind zu erneuern, sobald die Spaltbreite an einer Stelle mehr als 3 mm neben der Schnittfuge beträgt.

Wesentlich für die Sicherheit beim Arbeiten an Tischkreissägen ist die richtige Zuführung des Werkstückes. Beim Besäumen von Brettern und Bohlen ist ein **Führungsschlitten** oder ein **Führungslineal** mit **Führungsleiste** zu verwenden. Für Längsschnitte ist ein **Parallelanschlag**, für Querschnitte ist ein **Queranschlag** (Winkelanschlag) zu verwenden. Kurze und schmale Werkstücke dürfen nur mit einem **Schiebestock** zugeführt werden.

Eine **Abweisleiste** verhütet den Rückschlag kleiner Abfallstücke beim Querschneiden.

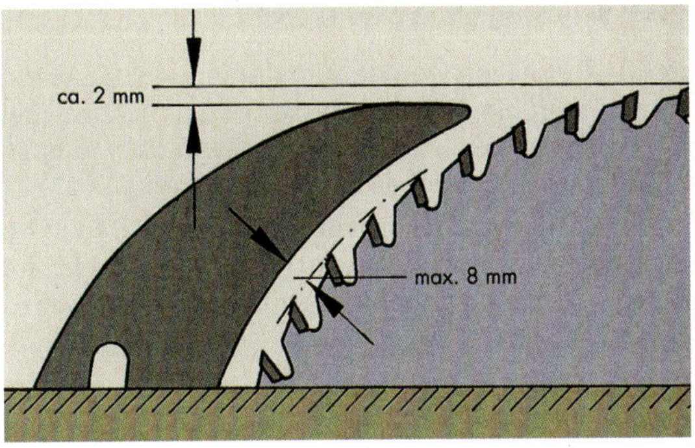

Spaltkeilabstand vom Sägeblatt so gering wie möglich (< 8 mm) einstellen, Spaltkeilhöhe etwa 2 mm unter der höchsten Sägezahnspitze

Schutzhaube (mit Absaugung) auf Werkstückdicke einstellen

Bei schmalen Werkstücken (Breite 120 mm und weniger) Schiebestock verwenden

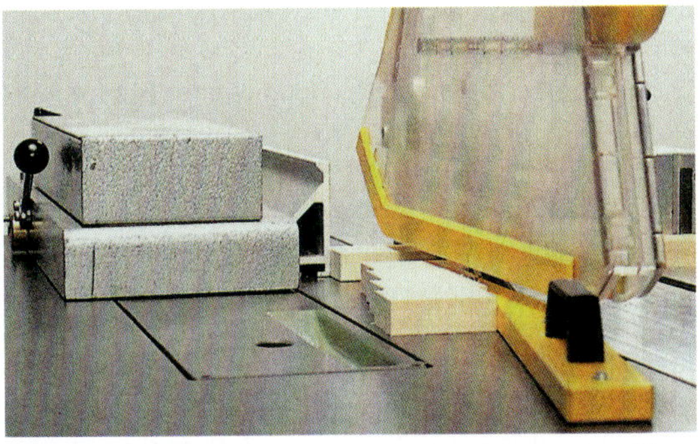

Abweisleiste anbringen, wenn die Werkstücke vom Sägeblatt erfasst und zurückgeschleudert werden können

Pendelkreissäge (Kappkreissäge)

Pendelkreissägen werden zum Ablängen von Latten, Brettern, Bohlen und Kanthölzern verwendet. Bei Pendelkreissägen wird das Sägeblatt über das in Schnittposition liegende Werkstück geführt.

In Ruhe- oder Ausgangsstellung muss das Sägeblatt allseitig, während des Schneidevorganges bis auf den zum Schneiden benötigten Teil abgedeckt sein.

Pendelkreissägen müssen so eingerichtet sein, dass die Säge nach dem Schnitt automatisch in die Ausgangsstellung zurückkehrt und dort selbsttätig festgehalten wird.

Am Auflagetisch müssen Anschläge für die Werkstücke vorhanden sein, die nur für den Durchtritt des Sägeblattes unterbrochen sein dürfen.

Der Ausschlag der Pendelkreissäge muss so begrenzt sein, dass der Zahnkranz des Sägeblattes nicht über die vordere Tischkante hinausgeführt werden kann.

Bei Pendelkreissägen muss das Sägeblatt während des Schneidevorgangs bis auf den zum Schneiden benötigten Teil abgedeckt sein.

Pendelkreissägemaschine mit Längenanschlag

Tischbandsäge

Die Bandsäge ermöglicht, im Gegensatz zur Kreissäge, geschweifte Schnitte. Außerdem wird der Schnitt senkrecht begrenzt und ist somit für das Einschneiden von Zapfen, Überblattungen usw. geeignet.

Mit dem verhältnismäßig dünnen Sägeblatt können saubere Schnitte mit geringem Schnittverlust durchgeführt werden.

Das Sägeband läuft über eine untere und eine obere Rolle. Die untere Rolle (= Antriebsrolle) ist mit dem Motor gekoppelt. Die obere Rolle ist höhenverstellbar gelagert, damit das Sägeband aufgelegt, gespannt und wieder abgenommen werden kann.

Gesägt werden kann nur mit gespanntem Band. Bei längerem Sägen erwärmt sich das Band und dehnt sich aus. Es muss dann in Ruhestellung nachgespannt werden.

Da sich beim Abkühlen das Band wieder zusammenzieht, muss es nach dem Abstellen der Maschine sofort entspannt werden, sonst würde es zerreißen.

Bei Tischbandsägen modernerer Bauart erfolgt das Spannen und Entspannen des Bandes automatisch.

Der Bandlauf muss bis auf die Schneidestelle auf seiner ganzen Länge verdeckt sein. Beide Rollen müssen verkleidet sein. Der Bandschlitz im Tisch muss möglichst eng sein. Ausgefranste Einsatzklötze müssen erneuert werden, wobei darauf zu achten ist, dass sie bündig mit der Tischoberfläche sind.

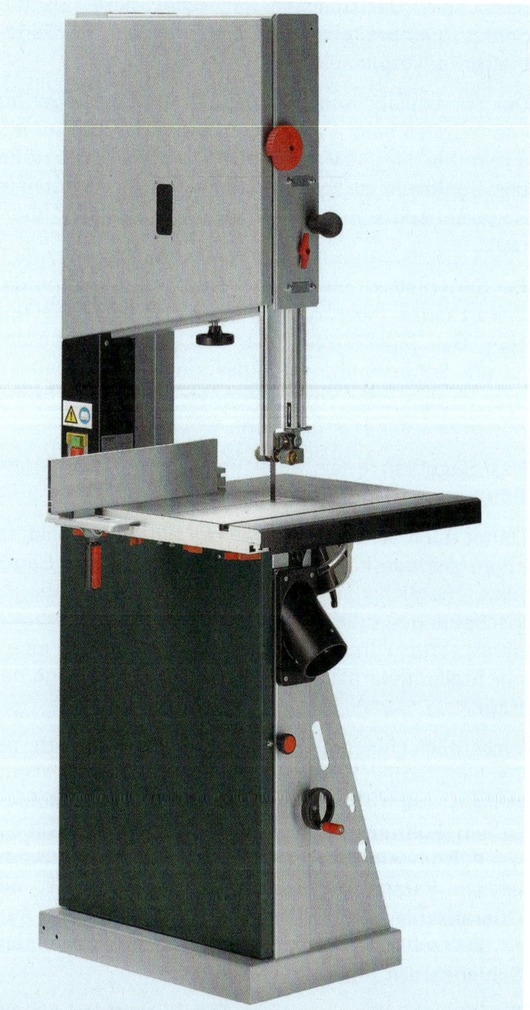

Tischbandsäge

Für die Zuführung der Werkstücke gilt Ähnliches wie bei den Tischkreissägen:

- Kleine Werkstücke dürfen nur mit dem Schiebestock zugeführt werden.
- Beim Hochkantschneiden von Brettern oder Bohlen ist ein Anschlagwinkel zu verwenden.
- Beim Ablängen von Rundhölzern sind Keilstützen (als Sicherung gegen Verdrehen) zu verwenden.

Der Bandlauf bei Tischbandsägen muss bis auf die Schneideseite verdeckt sein. Außerdem müssen beide Rollen verkleidet sein. Nach dem Sägen muss das Band sofort entspannt werden.

Auftrennen breiter Werkstücke: Der Anlagewinkel gibt dem Werkstück Führung und schaltet die Kippgefahr aus

Abrichthobelmaschine

Die Abrichthobelmaschine wird dazu benutzt, Holzflächen genau eben abzurichten und Fügekanten oder Fasen anzuhobeln. Sie besteht im Wesentlichen aus einem höhenverstellbaren Tisch, dem Unterbau, der Messerwelle mit Abdeckung, dem Fügeanschlaglineal und dem Motor. Der Tisch ist durch die Messerwelle unterbrochen. Der vordere Aufgabetisch ist länger als der hintere Abnahmetisch. Durch die Höhenverstellung des Aufgabetisches wird die Spanabnahme bestimmt. Der Abnahmetisch muss in der Höhe so eingestellt werden, dass er die Tangente zur Flugkreisbahn der Hobelmesserschneiden bildet. Bei einem zu hoch eingestellten Abnahmetisch würde das Werkstück beim Zuführen gegen die Tischlippe stoßen. Ein zu tief eingestellter Abnahmetisch hätte zur Folge, dass das Werkstück keinen bündigen Kontakt zum Abnahmetisch bekäme und keine ebene Hobelfläche entstünde.

Schneiden von Rundholz: Die Keilstütze mit Sicherungsstiften verhindert das Herumreißen der Holzrolle

Die Messerwelle muss hinter dem Fügeanschlag vollkommen und vor dem Fügeanschlag jeweils so weit verdeckt sein, wie es nach den Abmessungen der zu bearbeitenden Werkstücke möglich ist. Als Messerwellenabdeckung sind folgende Ausführungen möglich:

- in der Höhe verstellbare und seitlich verschiebbare Abdeckung (das Werkstück wird **unter** der Messerwellenabdeckung durchgeschoben, während die zuführende Hand über den Schutz gleitet),
- Messerwellenabdeckung mit selbsttätigem Schwenkschutz,
- scharnierverbundene Holzklappen (Gliederkette) in Verbindung mit der Fügeleiste.

Die Fügeleiste aus elastischem Holz (z. B. Esche) erleichtert das Fügen durch ihre Federkraft, mit der das Werkstück gegen das Fügeanschlaglineal gedrückt wird. Gleichzeitig bewirkt die Fügeleiste eine sichere Messerwellenabdeckung unmittelbar neben dem Werkstück.

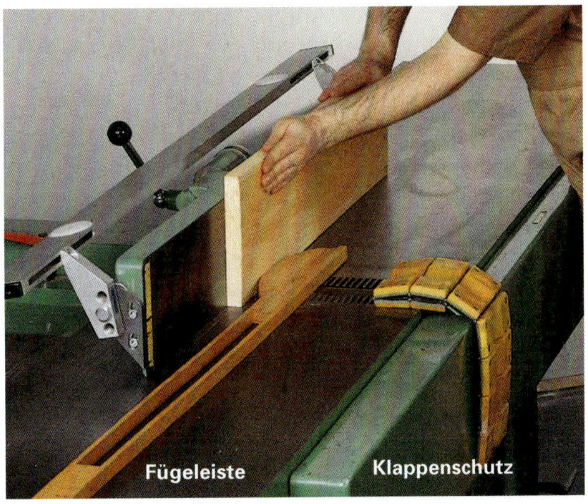

Fügen breiter Werkstücke an der Abrichthobelmaschine

Kurze Werkstücke (unter 40 cm Länge) dürfen aus Sicherheitsgründen nur unter Verwendung einer **Zuführlade** abgerichtet werden.

An der runden Messerwelle sind die Messer befestigt. Jeder Messersatz muss form- und massengleich sein, damit keine Unwucht in der Welle entsteht. Der Messerüberstand darf 1,1 mm nicht überschreiten.

Die Messerwelle der Abrichthobelmaschine muss hinter dem Fügeanschlag vollkommen und vor dem Fügeanschlag so weit verdeckt sein, wie es nach den Abmessungen der zu bearbeitenden Werkstücke möglich ist.

Abrichten kurzer Werkstücke an der Abrichthobelmaschine

Dickenhobelmaschine

Die Dickenhobelmaschine unterscheidet sich im Wesentlichen durch ihre über dem Werkstück liegende Messerwelle von der Abrichthobelmaschine. Mit ihr können Kanthölzer und Dachlatten vierseitig, Bretter und Bohlen an den Breitseiten gehobelt werden. Die Hölzer werden selbsttätig eingezogen (automatischer Vorschub) und gegen Rückschlag gesichert.

Die Messerwelle ist durch eine seitlich geschlossene Schutzhaube überdeckt.

Als Rückschlagsicherung dienen Greifer an der Einschubseite, die über die gesamte Breite der Maschine reichen. Die einzelnen Greifer dürfen höchstens 15 mm breit sein und müssen nach jedem Anheben selbsttätig zurückfallen. Durch eine Sperrstange werden die Greifer gegen Durchpendeln gesichert.

Der automatische Vorschub wird durch die Transportwalzen (Einzug- und Auszugwalze) erzielt. Vor und hinter der Messerwelle sind die Druckbalken angeordnet, die das Hochheben des Werkstückes verhindern.

Um ein sauberes Hobeln und einen störungsfreien Transport zu erreichen, müssen die Transportwalzen und die Druckbalken eingestellt und in regelmäßigen Zeitabständen auf ihre Einstellung geprüft werden. Dazu wird zweckmäßigerweise ein hierzu angefertigtes Stück Hartholz von etwa 10 ... 12 cm Höhe als Lehre benutzt. Die Lehre wird zunächst mit einer 1 mm dicken Unterlage (Ziehklinge) unter die Messerwelle gestellt. Danach wird der Tisch hochgedreht, bis die Messer beim Rückwärtsdrehen der Welle leicht anschlagen. Die Druckbalken vor und hinter der Messerwelle werden auf dieselbe Höhe (gleiches Stichmaß) wie die Messer gestellt. Dann wird die Lehre ohne Unterlage unter die Ein- und Auszugwalze geschoben und danach die Höhe eingestellt. Die Unterkante der Rückschlagsicherungsgreifer müssen in Ruhestellung 3 mm tiefer als der Messerflugkreis bzw. 2 mm tiefer als die Transportwalzen liegen. Die Gleitwalzen im Tisch sind so einzustellen, dass sie 0,2 mm über der Tischoberfläche vorstehen.

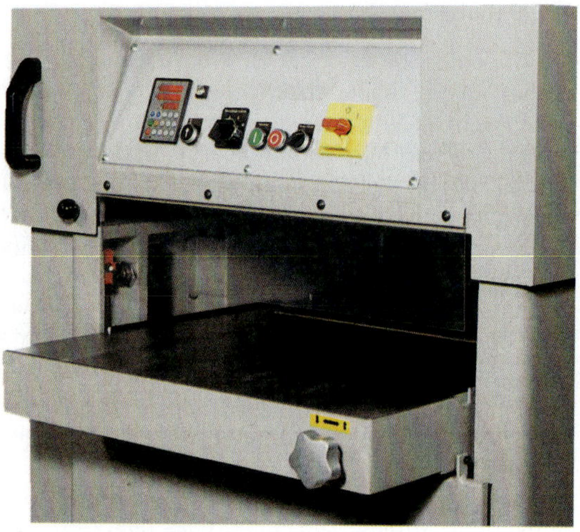

Dickenhobelmaschine

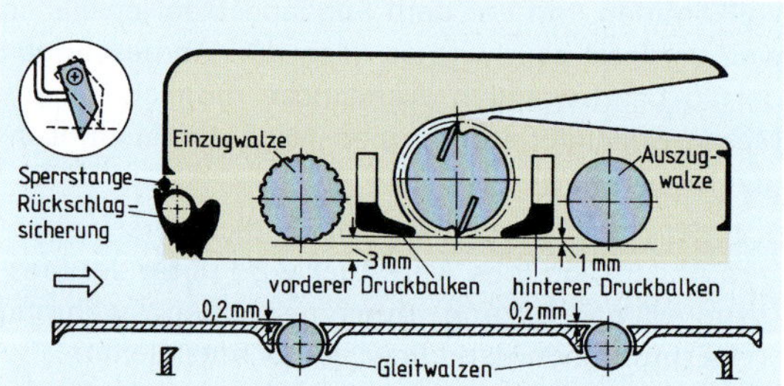

Schematischer Längsschnitt einer Dickenhobelmaschine

Die Messerwelle der Dickenhobelmaschine ist von einer Schutzhaube überdeckt. Die Hölzer werden durch Greifer gegen Rückschlag gesichert.

Abrichtdickenhobelmaschinen sind kombinierte Hobelmaschinen, die sowohl zum Abrichten als auch zum Dickenhobeln verwendet werden können. An sie werden – was die Betriebssicherheit betrifft – dieselben Anforderungen gestellt, die für die jeweiligen Einzelmaschinen gelten.

Tischfräsmaschine

Unter den bisher beschriebenen Holzbearbeitungsmaschinen ist die Fräsmaschine am vielseitigsten einsetzbar. In Zimmereibetrieben wird sie hauptsächlich zum Schlitzen, Nuten, Graten, Kehlen, Fälzen, Abblatten, Zapfenschneiden und Profilieren benutzt. Diese Vielfalt setzt bei der Bedienung ein hohes Maß an Kenntnis, Erfahrung und Umsicht voraus.

Tischfräsmaschinen gibt es in unterschiedlichen Bauarten, z. B. mit fest stehendem Tisch und höhenverstellbarer Spindel, mit verstellbarem Tisch und fest stehender Spindel sowie Maschinen, bei denen Links- und Rechtslauf der Spindel möglich ist.

Für das Arbeiten an der Fräse müssen verschiedene, den jeweiligen Arbeitsgängen entsprechende Arbeits- und Schutzvorrichtungen verwendet werden, die es ermöglichen, das Werkzeug bis auf die Schneidestelle abzudecken.

Tischfräsmaschine

Fräswerkzeuge

Nach der Bauart unterscheidet man
- einteilige Werkzeuge,
- Verbundwerkzeuge,
- zusammengesetzte Werkzeuge und
- Werkzeugsätze (Fräsersätze).

Auf modernen Fräswerkzeugen sind die höchstzulässige Drehzahl, die Abmessungen (Durchmesser, Höhe, Bohrung) und der Schneidenwerkstoff (HL, HSS oder HM) angegeben. Für alte Werkzeuge ohne Angaben beträgt die höchstzulässige Drehzahl immer 4500 U/min und die max. Schnittgeschwindigkeit 40 m/s.

Fräswerkzeuge, die aufgrund
- ihrer weitgehend kreisrunden Form,
- ihrer Spandickenbegrenzung auf 1,1 mm,
- ihrer eng begrenzten Spanlückenweite

als rückschlagarm gelten, erhalten das **DGUV Test**-Zeichen.

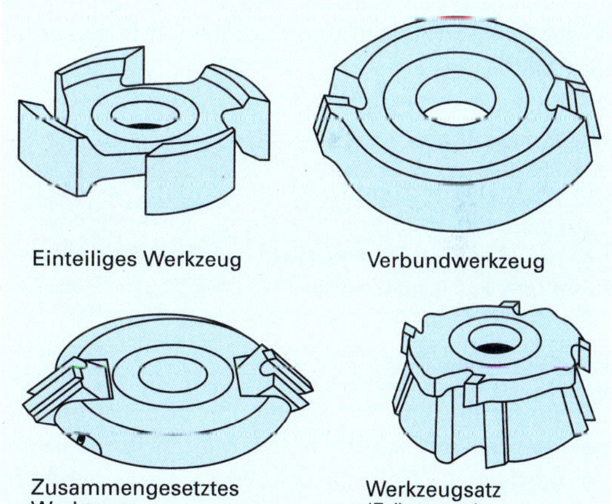

Bauarten der Fräswerkzeuge

Für das Arbeiten an der Fräse müssen verschiedene, den jeweiligen Arbeitsgängen entsprechende Arbeits- und Schutzvorrichtungen verwendet werden, die es ermöglichen, das Werkzeug bis auf die Schneidestelle abzudecken.

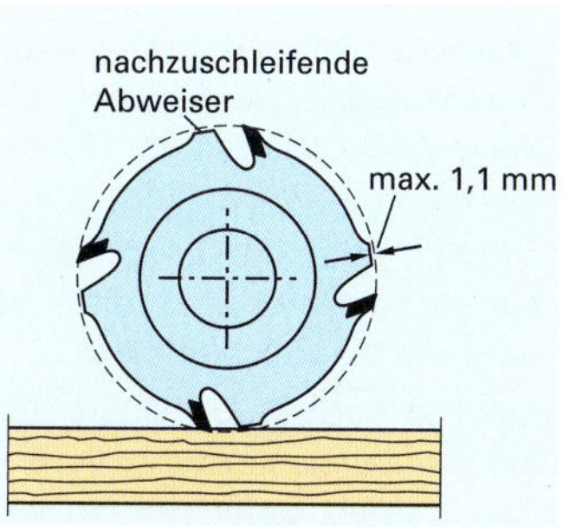

Eindringtiefe der Schneiden auf max. 1,1 mm begrenzt – rückschlagarm

Spandickenbegrenzung

Die **Zapfenfräse** ist eine Abbundmaschine, die die Herstellung zimmermannsmäßiger Holzverbindungen automatisiert. Nahezu alle Zapfenformen (gerade Zapfen, abgesetzte Zapfen und schräge Zapfen) können mit der Zapfenfräse rationell und passgenau hergestellt werden.

Das Fräswerkzeug wird auf die Zapfengeometrie eingestellt und die Steuerung ermöglicht eine vierseitige Bearbeitung in einem Arbeitsgang.

Neben dem Fräsen von Zapfen ermöglicht der Fräskopf auch Blattfräsungen, z. B. für Firstblätter oder Eckblätter.

Die Zapfenfräse besitzt einen Auflagetisch mit Anschlag für die Längeneinstellung.

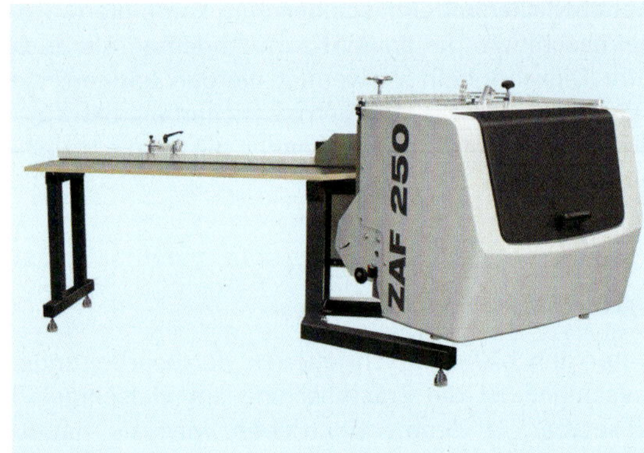

Zapfenfräse

Die Zapfenfräse ermöglicht die automatische Herstellung von Zapfen und Blattungen in einem Arbeitsgang.

Im Abschnitt **„Was Zimmerer über Computer wissen sollten"** wird außerdem noch auf **computergesteuerte Abbundanlagen** eingegangen.

Diese Anlagen automatisieren den Abbund. Dennoch müssen alle Abbunddaten zuvor in den Computer eingegeben werden. Dies erfordert vom Zimmerer Fachkenntnisse und Fertigkeiten in besonderem Maße.

Zimmererbohrmaschine

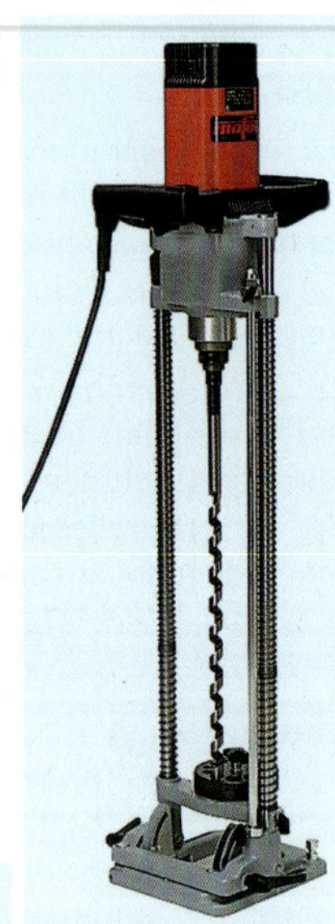

Handmaschinen

Die wichtigsten Handmaschinen in Zimmereibetrieben sind die Handbohrmaschine, die Handkreissäge, die Handkettensäge (Schwertsäge), die Kettenfräse und der Balkenhobel.

Handbohrmaschine

Löcher für Bolzen-, Stabdübel- und Dübelverbindungen werden fast ausschließlich mit der Bohrmaschine hergestellt. Bohrmaschinen können freihändig geführt oder mit Gestell verwendet werden. Bei modernen Handbohrmaschinen ist die Drehzahl durch verschiedene Gänge einstellbar oder durch eine elektronische Steuerung stufenlos wählbar. Manche Bohrmaschinen sind mit einem Schlagwerk ausgerüstet. Diese Maschinen eignen sich, bei der Verwendung von hartmetallbestückten Bohrern, zum Bohren von Stein.

Die zu wählende Drehzahl beim Bohren hängt hauptsächlich vom Durchmesser des Bohrers und von der Härte des Werkstückes (Hart- oder Weichholz) ab.

Je größer der Bohrerdurchmesser ist, umso kleiner muss die Drehzahl sein. Harte Hölzer sind mit einer kleineren Drehzahl zu bohren als weiche Hölzer.

Für Einlassdübel müssen je nach Dübelbauart und Durchmesser kreisrunde Vertiefungen in die zu verbindenden Hölzer eingefräst werden. Dafür werden verschiedene **Fräsköpfe** in die Bohrmaschine gespannt.

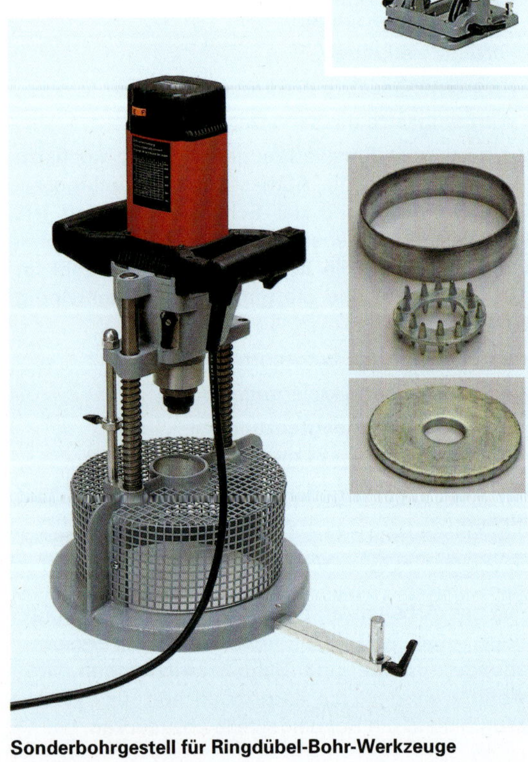

Sonderbohrgestell für Ringdübel-Bohr-Werkzeuge

Handkreissäge

Die Verwendung der Handkreissäge ist sehr vielseitig. Sie wird nicht nur zum Zuschneiden von Brettern, Bohlen, Kanthölzern und plattenförmigen Werkstoffen verwendet, sondern sie eignet sich beim Einsetzen eines Falzmesserkopfes, Fräskopfes oder eines Wanknut-Sägeblattes anstelle des Sägeblattes auch zum Falzen, Nuten oder Fräsen.

Handkreissägen müssen mit einem Spaltkeil ausgerüstet sein, wenn die Schnitttiefe mehr als 18 mm beträgt. Der Spaltkeil ist dann so einzustellen, dass er innerhalb der Schnitttiefe nicht mehr als 5 mm vom Zahnkranz entfernt ist.

Das Sägeblatt muss einen selbsttätigen Schwenk-Blattschutz haben, der frei beweglich ist und nicht festgeklemmt werden kann. Während des Leerlaufs muss der gesamte Zahnkranz vom Blattschutz verdeckt sein.

> Handkreissägen müssen mit einem Spaltkeil und einem selbsttätigen Schwenk-Blattschutz ausgerüstet sein.

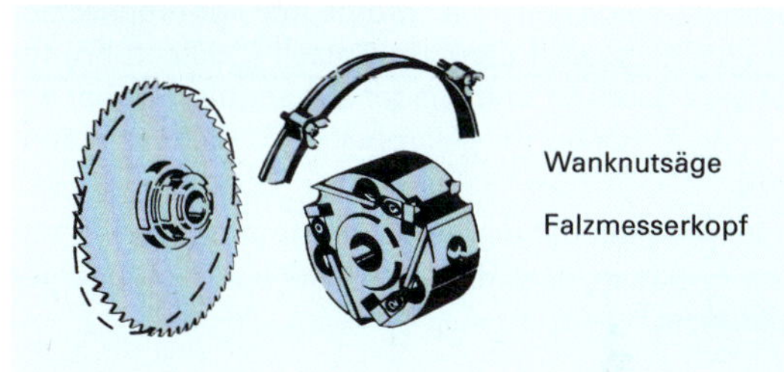

Handkreissäge

Handkettensäge

Handkettensägen werden hauptsächlich zum Ablängen von Bohlen, Kant- und Rundhölzern verwendet. Die Sägewirkung wird durch eine Sägekette hervorgerufen. Die Sägekette läuft über eine Schiene (Schwert) und wird durch einen Elektro- oder Verbrennungsmotor angetrieben.

Handkettensägen für Einmannbetrieb (Schwertsägen) müssen mit einem Krallenanschlag ausgerüstet sein, oder es müssen Einrichtungen zum Anbringen eines solchen Anschlages vorhanden sein. Der Krallenanschlag verhindert das Rückschlagen der Säge und dient als Drehpunkt für das Eindringen des Schwertes in das Holz.

Um die Verletzungsgefahr z. B. beim Hochschlagen der Säge zu vermindern, sind die meisten Handkettensägen mit einer automatischen Kettenbremse ausgestattet.

Nach Möglichkeit sollte nie im Umlenkbereich der Sägekette an der Spitze der Führungsschiene gesägt werden.

Handkettensäge

Kettenstemmmaschine (Kettenfräse)

Die Kettenstemmmaschine wird hauptsächlich zum Ausfräsen von Zapfenlöchern verwendet. Die Fräswirkung wird durch eine gezahnte Kette hervorgerufen, die wie bei der Kettensäge um eine Schiene läuft und durch einen Elektromotor angetrieben wird.

Kettenstemmmaschine

Kettenstemmmaschinen können je nach Bauart ortsfest oder nicht ortsfest sein. Für Zimmereibetriebe ist die nicht ortsfeste Maschine zweckmäßiger, da die Kanthölzer meist sehr lang sind und es ein erheblicher Aufwand wäre, sie an eine ortsfeste Kettenstemmmaschine zu bringen.

Die nicht ortsfeste Kettenstemmmaschine hat einen Fuß mit seitlichem Anschlag. Beim Fräsen eines Zapfenloches wird die Maschine mit dem Fuß auf das Kantholz gestellt und mit dem verstellbaren Anschlag von der Bundseite her angeschlagen. An der Tiefenstellschraube wird die gewünschte Zapfenlochtiefe eingestellt. Der Motor mit Führungsschiene und Kette wird über ein Gestell (Säulenführung) abwärts gedrückt und wieder angehoben, wobei ein mit dem Handgriff gekoppelter Schalter betätigt wird.

Beim Arbeiten mit der Kettenstemmmaschine ist darauf zu achten, dass die Kette stets gut geölt und gespannt ist.

Balkenhobel

Der Balkenhobel ist eine Handhobelmaschine und wird hauptsächlich zum Hobeln sichtbar bleibender Kanthölzer verwendet.

Die Hobelsohle ist höhenverstellbar.

Handhobelmaschinen müssen wie die ortsfesten Hobelmaschinen mit runden Messerwellen ausgerüstet sein. Ihre Messer dürfen höchstens 1,1 mm herausragen. Der Abstand zwischen Schneidenflugkreis und den Sohlenlippen darf 5 mm nicht überschreiten.

Handhobelmaschinen haben eine Späneauswurfvorrichtung, die so ausgebildet ist, dass ein Berühren der Messerwelle beim Hineinfassen in die Auswurföffnung verhindert wird.

Balkenhobel

Zusammenfassung

Jugendliche unter 16 Jahren dürfen nicht an Säge-, Hobel- und Fräsmaschinen arbeiten. Jugendliche über 16 Jahren dürfen nur unter der Anleitung einer fachkundigen Person an diesen Maschinen arbeiten.

Die wichtigsten ortsfesten Maschinen in Zimmereibetrieben sind die Tischkreissäge, die Pendelkreissäge, die Tischbandsäge, die Abrichthobelmaschine, die Dickenhobelmaschine und die Tischfräsmaschine.

Vor dem Arbeiten an diesen Maschinen muss überprüft werden, ob die vorgeschriebenen Schutzvorrichtungen funktionsfähig sind.

Bei allen Holzbearbeitungsmaschinen müssen die Schneidewerkzeuge, bis auf den zum Schneiden notwendigen Bereich, abgedeckt bzw. verkleidet sein.

Die wichtigsten Handmaschinen in Zimmereibetrieben sind die Handbohrmaschine, die Handkreissäge, die Handkettensäge, die Kettenfräse und der Balkenhobel.

Vor dem Arbeiten mit Handmaschinen muss ein sicherer Standplatz eingerichtet werden, und die Werkstücke müssen gegen eine Lageveränderung gesichert werden. Beim Arbeiten sollen die Handmaschinen möglichst mit beiden Händen geführt werden.

Aufgaben

1. *Unter welchen Umständen ist Jugendlichen über 16 Jahren erlaubt, an Holzbearbeitungsmaschinen zu arbeiten?*
2. *Welche ortsfesten Maschinen und welche Handmaschinen sind für den Abbund des Daches unseres Projektes erforderlich? Begründen Sie Ihre Auswahl.*
3. *Welcher Zusammenhang besteht zwischen der Ordnung am Arbeitsplatz und der Arbeitssicherheit?*
4. *Nennen Sie die Sicherheitseinrichtungen an Tischkreissägen.*
5. *Warum muss das Band bei Tischbandsägen sofort nach dem Arbeiten entspannt werden?*
6. *Welche Bedeutung hat das Zeichen „DGUV TEST" auf Fräswerkzeugen?*
7. *Beschreiben Sie den Vorgang beim Einstellen der Transportwalzen und Druckbalken einer Dickenhobelmaschine.*
8. *Nennen Sie die Sicherheitseinrichtungen bei Handkreissägen.*
9. *Wozu dient der Krallenanschlag bei Handkettensägen?*
10. *Beschreiben Sie den Vorgang beim Fräsen eines Zapfenloches unter Berücksichtigung der Arbeitssicherheit.*

7.9 Richten eines Pfettendachstuhls

Ist der Abbund der Dachkonstruktion abgeschlossen und sind alle übrigen vorbereitenden Arbeiten ausgeführt, kann das Dach gerichtet werden. Andere Bezeichnungen dafür sind auch „aufrichten“ oder „aufschlagen“.

Von vielen Zimmerern wird diese Arbeit als die schönste empfunden, weil hier die gesamte Konstruktion vollendet wird. Der krönende Abschluss ist dann das Richtfest, bei dem der Zimmerer im Richtspruch der Bauherrschaft Glück und Segen im neuen Haus wünscht und seine Dankbarkeit zum Ausdruck bringt, dass eine Arbeit ohne nennenswerte Unfälle zu Ende ging.

Verlegen der Fußpfetten, provisorischer Längsverband (Verschwertung)

7.9.1 Unfallschutz

Beim Aufrichten eines Daches werden Arbeiten in großer Höhe verrichtet. Es besteht eine ständige Absturzgefahr und im Schwenkbereich des Krans schweben Lasten über den Köpfen aller am Bau Beteiligten.

Um Unfälle zu vermeiden muss darauf geachtet werden, dass **ordnungsgemäße Arbeitsgerüste** und ab 5 m Absturzhöhe **Fanggerüste** oder Absturzsicherungen wie **Fangnetze** oder **Höhensicherungsgeräte** vorhanden sind. Nicht nur im Schwenkbereich von Kranen, sondern auf allen Baustellen ist ein **Schutzhelm** zu tragen.

Beim Richten eines Daches besteht erhöhte Unfallgefahr.

Verlegen der Firstpfette und der Mittelpfetten

7.9.2 Richten

Zuerst werden die Fußpfetten (Schwellen) verlegt. Es muss darauf geachtet werden, dass sie waagerecht und fluchtrecht liegen. Danach werden die Pfetten verlegt, wobei hier mit der Firstpfette, bei Pfettendächern ohne Firstpfette mit den obersten Pfetten begonnen wird. Auch hier muss darauf geachtet werden, dass sie waagerecht und fluchtrecht liegen. Die parallele Lage ergibt sich beim Auflegen der Sparren, die auch das Umkippen der Pfettenstränge verhindern. Im Montagezustand werden häufig die Pfetten durch Hilfsstützen (Sprieße) unterstützt, bevor sie endgültig mit Pfosten, Streben

Verlegen der Mittelpfetten, danach Verlegen der Sparren

oder Mauerwerk unterbaut werden. Dabei muss beachtet werden, dass in diesem Zustand die Längsaussteifung durch **Verschwertungen** hergestellt wird. In Querrichtung erhält das Dach durch die zunächst provisorisch angehefteten Sparren seine Steifigkeit.

Sind alle Pfettenstränge eingebaut und waagerecht, fluchtrecht und parallel ausgerichtet, werden die restlichen Sparren ausgelegt. Die Sparrenlage wurde bereits beim Abbund aufgeteilt und die Lage der Sparren auf den Pfetten durch Risse gekennzeichnet.

Gegen Verschieben und zur Windsogsicherung werden die Sparren an Schwellen und Pfetten mit Sparrennägeln und bzw. oder Sparrenpfetten-Anker fixiert.

In den meisten Fällen erstreckt sich das Richten eines Daches über mehrere Tage. Bei jedem Verlassen der Baustelle muss sich der Zimmerer sicher sein, dass ein in der Nacht aufkommender Wind die Dachkonstruktion nicht zum Umfallen bringt. Auch gemauerte Giebelscheiben, auf denen die Pfetten aufliegen, sind nicht in der Lage, die Dachkonstruktion in Längsrichtung auszusteifen. **Nicht der gemauerte Giebel steift das Dach aus, sondern das Dach steift den gemauerten Giebel aus!**

Bevor nun eine geschlossene Dachschalung auf die Sparren aufgenagelt wird und die Dachfläche dem Wind eine Angriffsfläche bietet, muss sich der Zimmerer vergewissern, dass

- alle Verbindungen sachgerecht hergestellt sind,
- alle Verbindungsmittel eingebaut sind,
- alle Verankerungen mit den übrigen Bauteilen kraftschlüssig wirksam sind und
- alle aussteifenden Bauteile (Streben, Windrispen usw.) eingebaut sind.

Nach dem Verlegen der Sparren wird die Dachschalung aufgebracht

Richtfest

Zusammenfassung

Beim Richten eines Daches besteht ein erhöhtes Unfallrisiko. Um Unfälle zu vermeiden ist darauf zu achten, dass ordnungsgemäße Arbeits- und Fanggerüste vorhanden sind. Außerdem muss auf allen Baustellen ein Schutzhelm getragen werden.

Eine Dachkonstruktion besitzt erst im fertigen Zustand die erforderliche Längs- und Quersteifigkeit. Beim Richten muss gegebenenfalls durch Hilfskonstruktionen (z.B. durch Verschwertungen) die Steifigkeit hergestellt werden.

Aufgaben

1. *Warum besteht für Zimmerer beim Richten eines Daches ein erhöhtes Unfallrisiko?*
2. *Wodurch können die Unfallgefahren gemindert werden?*
3. *Beschreiben Sie die Schritte beim Richten der Dachkonstruktion unseres Projektes.*
4. *Wodurch wird während des Richtens gewährleistet, dass sich die Dachkonstruktion in Längsrichtung nicht verschiebt?*

7.10 Dachdeckungen

Dachdeckungen müssen so ausgeführt werden, dass sie das Gebäude gegen Regen, Schnee und Schmelzwasser schützen. Es wird dabei zwischen **Eindeckungen** und **Abdichtungen** unterschieden. Eindeckungen sind z. B. Ziegel-, Betondachstein- und Faserzementplattendeckungen. Sie bestehen aus einzelnen Elementen, die eine vorgeschriebene Mindestneigung haben müssen. Abdichtungen bestehen aus einer geschlossenen wasser- und luftdichten Dachhaut, z. B. aus geklebten Bitumendachbahnen, Kunststoffdachbahnen oder flüssigen Kunststoffen.

Für beide Deckungsarten gilt der Grundsatz, das Wasser so schnell wie möglich der Rinne bzw. dem Regenfallrohr oder dem Dacheinlauf zuzuleiten.

Im Folgenden werden die Eindeckungen behandelt. Die Dachdeckung unseres Projekts kann mit Dachziegeln, Betondachsteinen, Faserzementdachplatten oder Faserzementwellplatten erfolgen.

Bei den Dachdeckungen wird zwischen Eindeckungen und Abdichtungen unterschieden. Das Dach unseres Projekts erhält eine Eindeckung.

7.10.1 Ziegeldeckungen

Die älteste und heute noch am häufigsten angewandte Deckung geneigter Dächer ist die Ziegeldeckung. Dachziegel werden aus dem Rohstoff Lehm hergestellt. Die aufbereitete Masse wird gepresst oder geformt, getrocknet und gebrannt. Nach Art der Herstellung werden **Pressdachziegel** und **Strangdachziegel** unterschieden. Pressdachziegel, z. B. Flachdachziegel oder Krempziegel, werden auf Stempelpressen hergestellt. Strangdachziegel (mit einfacher Verfalzung oder ohne Verfalzung, z. B. Biberschwanzziegel, Hohlpfannen) werden mit Strangpressen hergestellt.

Die Wahl der Dachziegel ist von der Gestaltung der Dachfläche und vor allem von der Dachneigung abhängig.

Die **Regeldachneigung** beträgt für Dachziegel mit mehrfacher Ringverfalzung (Flachdachziegel) bei einem Dach ohne Unterkonstruktion **22°**, für Dachziegel mit unterbrochener Ringverfalzung (Reformziegel) oder mit Verschiebefalz (Verschiebeziegel) ebenso für Dachziegel ohne Verfalzung (Biberschwanzziegel) bei einem Dach ohne Unterkonstruktion **30°**, für Dachziegel mit Seitenverfalzung oder Seitenaufkantung (Strangfalzziegel, Krempziegel) **35°**.

Bei Dächern mit zusätzlichen Maßnahmen (z. B. durch Unterspannung mit Unterspannbahnen) oder mit Unterdach (z. B. Holzschalung mit einer Dachbahn) darf die Regeldachneigung für Dachziegel verringert werden.

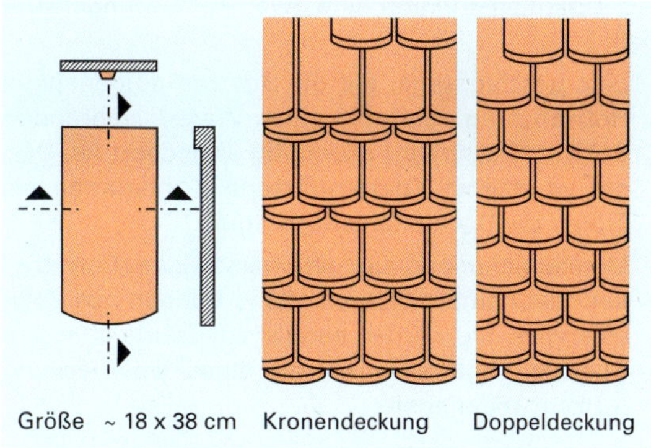

Biberschwanzziegel – Biberschwanzziegeldeckung

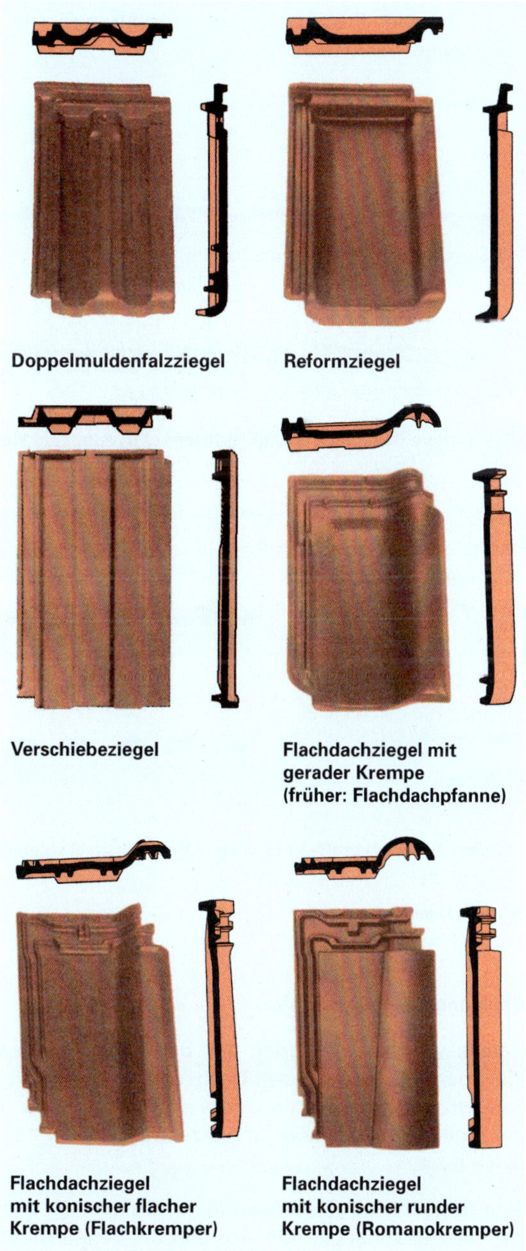

Beispiele von Falzziegeln

Als Unterkonstruktion sind zwei Ausführungen üblich:

- Eine geschlossene, auf die Sparren aufgenagelte Holzschalung, die mit einer Wasser führenden Schicht (Dachbahn) oberseitig abgedeckt ist. Darauf werden in Sparrenrichtung Konterlatten als Träger der Dachlatten aufgenagelt.
- Unterspannungen aus gitterverstärktem Polyethylen oder dampfdiffusionsoffene Bahnen aus Polyestervlies. Sie werden parallel zur Traufe über den Sparren abgerollt und mit einer Überdeckung ≥ 10 cm angenagelt.

Dachziegel werden aus Lehm gepresst oder geformt und gebrannt. Nach Art der Herstellung wird zwischen Pressdachziegeln und Strangdachziegeln unterschieden.

Übersicht über die Dachziegel

Verfalzung	Strangdachziegel	Pressdachziegel
ohne Verfalzung	Biberschwanzziegel, Hohlpfanne	Mönch- und Nonnenziegel, Krempziegel
nur mit Seitenfalz	Strangfalzziegel	–
Falzziegel mit nach oben offener Deckfuge	–	Doppelmuldenfalzziegel, Reformziegel, Verschiebeziegel
Falzziegel mit überwölbter Deckfuge	–	Flachdachziegel

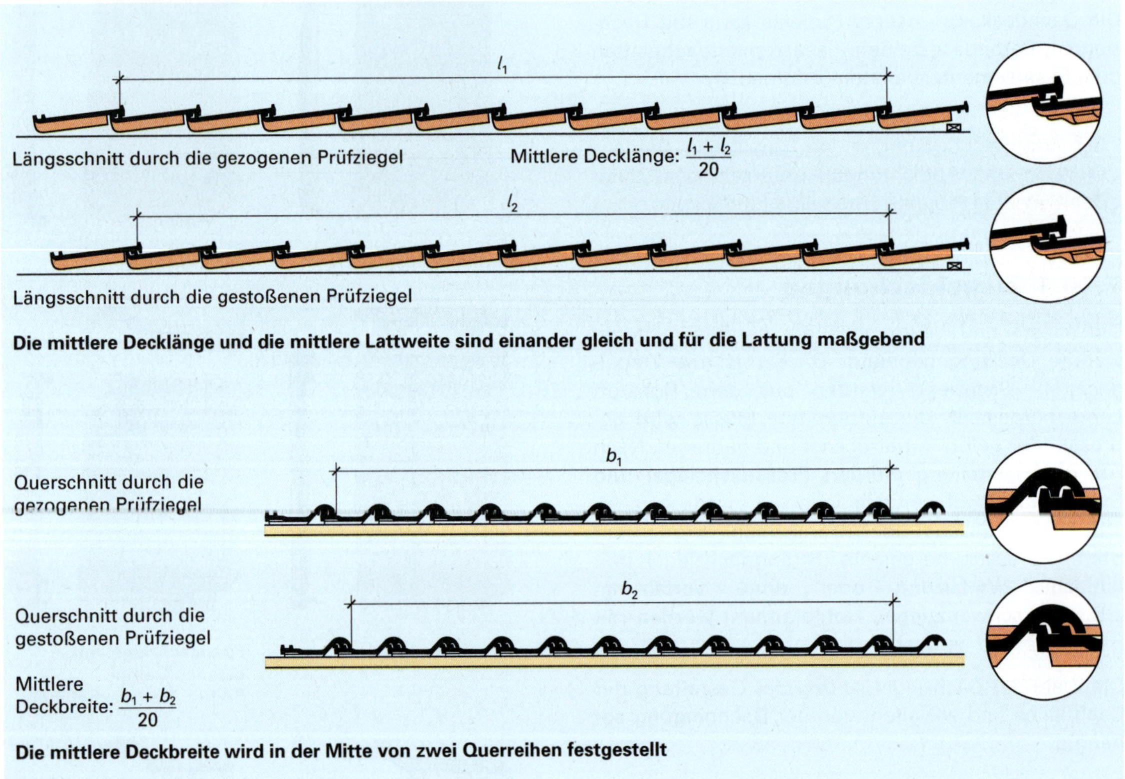

Mittlere Deckmaße

Decklänge und Deckbreite

Bereits vor dem Abbinden des Bauholzes müssen die Sparrenlänge und der Dachvorsprung am Ortgang so festgelegt werden, dass sich die Länge und die Breite der Dachfläche in **ganze Ziegelreihen** aufteilen lässt.

Eine fachgerechte Ziegeldeckung ist weitgehend von der Lattung abhängig. Der Abstand der Latten muss überall gleich sein. Er muss genau der mittleren Lattenweite, abhängig von den gewählten Ziegeln, entsprechen. Außerdem muss die Lattung genau waagerecht verlaufen.

Grundsätzlich wird bei Dächern mit Eindeckung, gleich welcher Neigung, eine Be- und Entlüftung vorgesehen. Die Belüftung erfolgt durch in den unteren Ziegelreihen eingebaute Lüftungsziegel. Die Entlüftung wird durch die in der obersten Ziegelreihe eingebauten Lüftungsziegel oder durch den Lüftungsfirst (Trockenfirst) erzielt.

7.10.2 Betondachsteindeckungen

Betondachsteine sind in ihrer Form den Dachziegeln ähnlich. Dächer mit Betondachsteindeckung werden wie Ziegeldächer entweder einschalig oder mit Unterkonstruktion ausgeführt. Sie sind auch in jedem Falle mit Be- und Entlüftungsöffnungen zu versehen.

Betondachsteine haben keine Kopf- und Fußverfalzungen und sind dadurch in der Höhenüberdeckung und damit in den Lattenabständen variabel.

Die variable Höhenüberdeckung ermöglicht das Abstimmen der Deckung auf jede Sparrenlänge.

Betondachsteine lassen sich in **vier Gruppen** unterteilen:

- Dachsteine **ohne Verfalzungen** in Biberformat
- Dachsteine mit **tief liegendem Wasserfalz** und ebener Oberfläche
- Dachsteine mit **hoch liegendem Wasserfalz** und mit **symmetrischem Mittelwulst** und ebenen Wasser führenden Flächen oder mit **asymmetrischem Mittelwulst** und gewölbten Wasser führenden Flächen
- Dachsteine mit **hoch liegendem Wasserfalz ohne Mittelwulst** und mit muldenförmiger Wasser führender Fläche

Die **Regeldachneigung** beträgt für Betondachsteine mit hoch liegendem Längsfalz bei einem Dach ohne Unterkonstruktion **22°**, für Betondachsteine mit tief liegendem Längsfalz bei einem Dach ohne Unterkonstruktion **25°** und für Dachsteindeckungen als Kronen- oder Doppeldeckung mit Dachsteinen in Biberform **30°**.

Bei Dächern mit zusätzlichen Maßnahmen (z.B. durch Unterspannungen mit Unterspannbahnen) oder mit Unterdach (z.B. Holzschalung mit einer Dachbahn) darf die Regeldachneigung für Betondachsteine verringert werden.

Betondachsteine haben keine Querverfalzungen und sind somit in der Höhenüberdeckung variabel.

Es gibt ebene Dachsteine ohne Wasserfalz (Längsfalz) und mit tief liegendem Wasserfalz und profilierte Dachsteine mit hoch liegendem Wasserfalz.

Mindesthöhenüberdeckung bei Betondachsteinen

Längsfalz des Dachsteins	Dachneigung	Mindesthöhenüberdeckung
mit hoch liegendem Längsfalz	über 30° von 22…30° unter 22°	7,5 cm 8,5 cm 10,0 cm
mit tief liegendem Längsfalz	über 30° von 25…35° unter 25°	8,0 cm 9,5 cm 10,5 cm

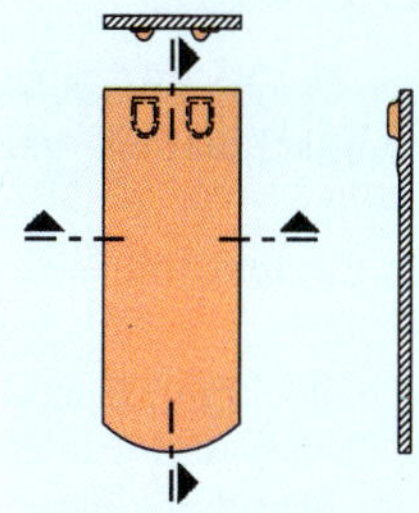

Größe 16,8 × 42 cm

Dachstein in Biberformat

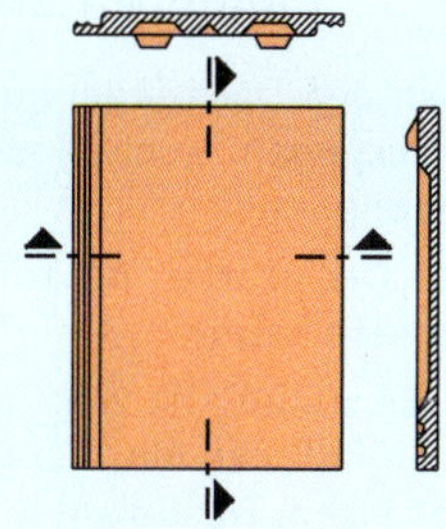

Größe 33,4 × 42 cm

Dachstein, ebenflächig mit tief liegendem Längsfalz

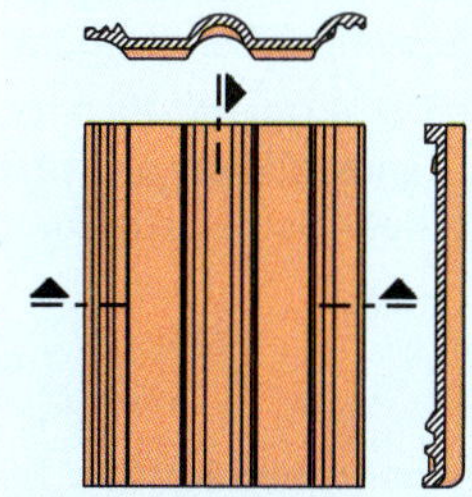

Größe 33 × 42 cm

Dachstein mit hoch liegendem Längsfalz, symmetrischem Mittelwulst

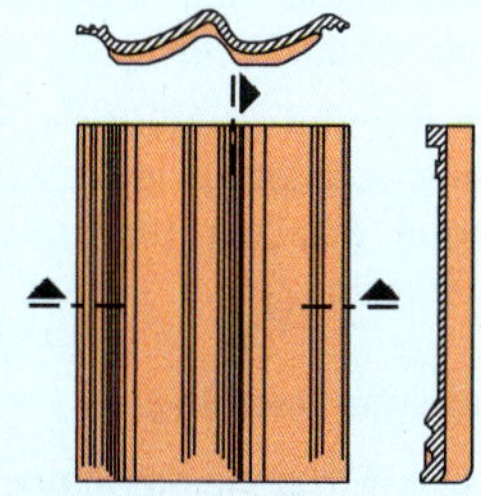

Größe 33,2 × 42 cm

Dachstein mit hoch liegendem Längsfalz, asymmetrischem Mittelwulst

Deckfläche (Dachsteine mit symmetrischem Mittelwulst)

Deckfläche (Dachsteine mit ebener Oberfläche)

7.10.3 Deckungen aus Faserzementdachplatten

Neben den Dachziegeln und Dachsteinen finden für Eindeckungen auch Faserzementdachplatten Verwendung.

Diese Dachplatten bestehen aus Zement mit innen liegenden Fasern.

Ihre Beliebtheit ist wohl auf die vielseitigen Gestaltungsmöglichkeiten (Verlegeart, Farbe) und auf die Möglichkeit, Dachplatten auch für Wandverkleidungen zu verwenden, zurückzuführen.

Die Dachplatten sind aus 4 mm dicken ebenen Tafeln in Rechteck- und Quadratform hergestellt. Daneben sind sie mit gestutzten Ecken, Quadratplatten auch mit Bogenschnitt, handelsüblich. Sie sind werkseitig gelocht für die Befestigung mit Schieferstiften (Nägeln).

Die Art und Ausführung der Deckung mit Faserzementdachplatten ist sowohl handwerklich als auch formal aus der jahrhundertalten Schieferdeckung entstanden.

Größen der Quadratplatten: 40 × 40 cm, 30 × 30 cm, 20 × 20 cm

Größen der Rechteckplatten: 60 × 30 cm, 40 × 20 cm, 40 × 13 cm, 30 × 20 cm, 30 × 15 cm, 20 × 10 cm

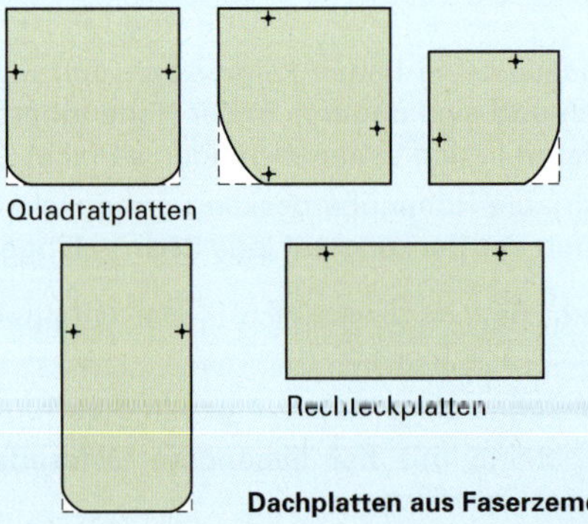

Dachplatten aus Faserzement

Deutsche Deckung

Die empfohlene Regeldachneigung beträgt 25°. Bei der deutschen Deckung verlaufen die Plattenreihen (Gebinde) steigend zur Hauptwetterrichtung. Mit zunehmender Dachneigung verringert sich die Gebindesteigung (25° Dachneigung erfordert eine Gebindesteigung von 30°, 60° Dachneigung erfordert eine Gebindesteigung von 8°, Dächer über 70° Dachneigung können ohne Gebindesteigung gedeckt werden).

Die Verlegung erfolgt auf einer geschlossenen Holzschalung, gegebenenfalls mit Dachbahnenvordeckung.

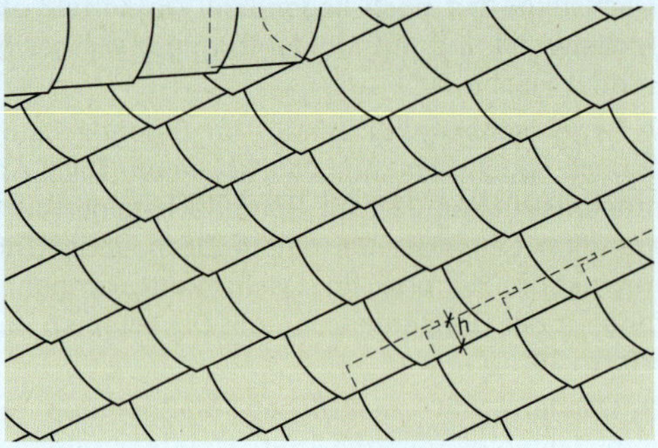

Deutsche Deckung

Doppeldeckung

Die empfohlene Regeldachneigung beträgt 25°. Bei der Doppeldeckung wird die erste Dachplatte von der dritten mit der vorgeschriebenen Höhenüberdeckung überdeckt. Mit zunehmender Dachneigung verringert sich die Mindestüberdeckung. Beim Plattenformat 40 × 40 cm beträgt die Höhenüberdeckung bei einer Dachneigung über 50° mindestens 7 cm, bei Dachneigungen von 25 ... 30° mindestens 12 cm. Als Unterkonstruktion wird in der Regel eine horizontale Lattung vorgesehen. Eine geschlossene Schalung wie bei der deutschen Deckung ist ebenfalls möglich.

Die Deckungen aus Faserzementdachplatten sind den Schieferdeckungen nachempfunden. Faserzementdachplatten sind jedoch einfacher zu verlegen.

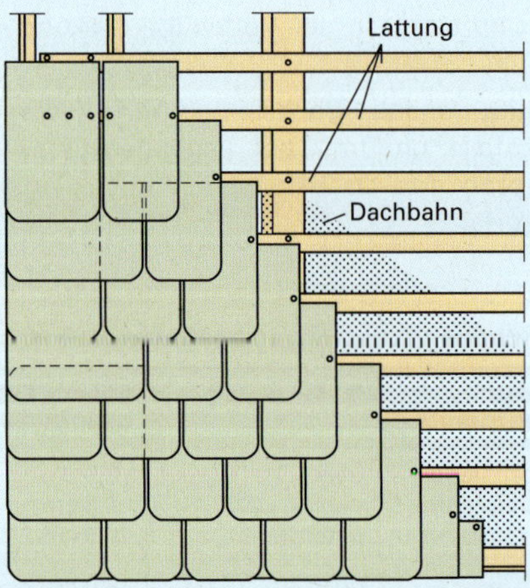

Doppeldeckung

Waagerechte Deckung

Die empfohlene Regeldachneigung beträgt 30°, bei Deckung auf Latten 35°. Bei der waagerechten De-

ckung werden die Platten, wie bei der deutschen Deckung, mit Höhen- und Seitenüberdeckung, jedoch ohne Gebindesteigung verlegt. Die Deckrichtung erfolgt gegen die Hauptwetterrichtung. Als Unterkonstruktion ist eine geschlossene Schalung möglich, jedoch nicht notwendig. In der Regel wird eine horizontale Lattung vorgesehen.

Die Höhen- und Seitenüberdeckung nimmt mit zunehmender Dachneigung ab.

Die waagerechte Deckung ist wegen ihres geringen Materialbedarfs und der kurzen Verlegezeit besonders kostengünstig.

Dachplatten aus Faserzement finden nicht nur für Dachdeckungen, sondern auch für Wandverkleidungen Verwendung. Die deutsche Deckung erfordert eine geschlossene Holzschalung als Unterkonstruktion. Für die Doppeldeckung und die waagerechte Deckung ist eine horizontale Lattung in erforderlichen Abständen ausreichend.

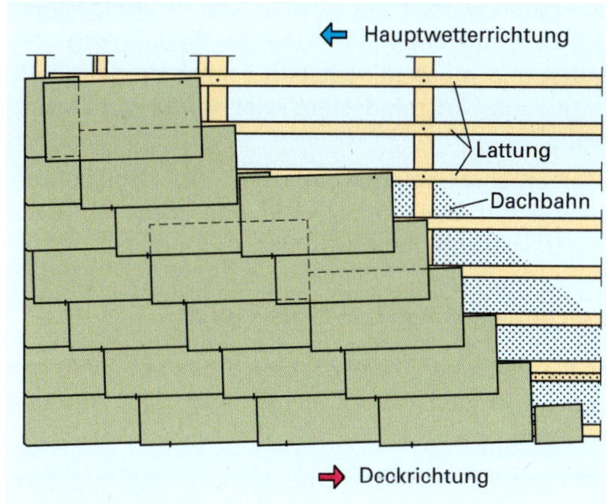

Waagerechte Deckung

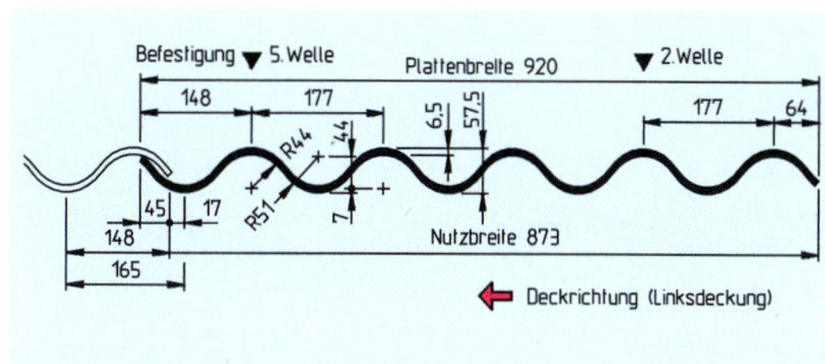

Faserzementwellplatte Profil 177/51

7.10.4 Deckungen mit Faserzementwellplatten

Um die nötige Biegesteifigkeit bei großformatigen Faserzementdachplatten zu erreichen, werden sie mit gewellten Profilen hergestellt. Dabei sind unterschiedliche, zum Teil genormte Profile und Plattengrößen handelsüblich.

Formstücke, wie Traufenzahnleisten, Traufenfußstücke, Giebelleisten, Firsthauben u.a., erleichtern die Verlegearbeiten. Die Platten werden je nach Länge auf Latten (nur bei Kurzwellplatten) oder auf Pfetten bzw. Sparrenpfetten verlegt. Zusätzliche Unterkonstruktionen (außer Unterspannungen mit Unterspannbahnen) sind nicht üblich.

Deckungen mit Faserzementwellplatten belasten die Dachkonstruktion nur wenig. Die großformatigen Platten ermöglichen eine Dachdeckung in verhältnismäßig kurzer Zeit.

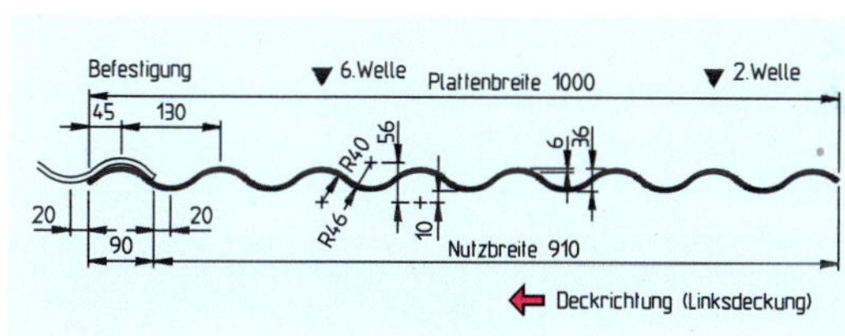

Faserzementwellplatte Profil 130/30

Faserzementwellplatten Profil 177/51

Die Platten haben 5 Wellen, eine Breite von 920 mm und Längen von 1250 mm, 1600 mm, 2000 mm und 2500 mm.

Bei Dachneigungen ≥ 7...10° müssen in die Längenüberdeckung Dichtungsschnüre (Kittschnüre) eingelegt werden. Die Seitenüberdeckung der Platten beträgt 47 mm.

Um eine vierfache Plattenüberdeckung zu vermeiden erhalten bei der Überdeckungsfolge die zweiten und dritten Platten einen Eckschnitt.

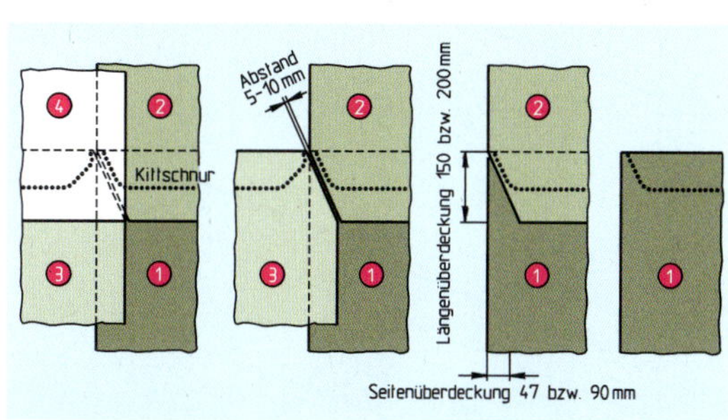

Verlegevorgang

Faserzementwellplatten erhalten ihre Steifigkeit durch das Wellenprofil.

Die Platten werden am zweiten und fünften Wellenberg befestigt. Die Entfernung der Befestigung vom Plattenrand muss mindestens 5 cm betragen. Jede Platte muss an mindestens vier Punkten befestigt sein.

Faserzementwellplatten können auf Holzpfetten, Stahlpfetten, Stahlbetonpfetten oder direkt auf einer Betondecke aufgelegt werden.

Faserzementwellplatten Profil 130/30

Die Platten haben 8 Wellen, eine Breite von 1000 mm und Längen von 1250 mm, 1600 mm, 2000 mm und 2500 mm.

Mindestdachneigung, größte Dachtiefe, Längenüberdeckung und größte Pfettenabstände

Dachneigung	max. Länge Traufe – First	Längenüberdeckung	max. Pfettenabstände
≥ 7…8°	10 m	200 mm	1,15 m
≥ 8…10°	20 m	200 mm	1,15 m
≥ 10…12°	30 m	200 mm	1,15 m
≥ 12…20°	über 30 m	200 mm	1,15 m
≥ 20…75°	über 30 m	200 mm	1,45 m
≥ 75° (Wandverlegung)		100 mm	–

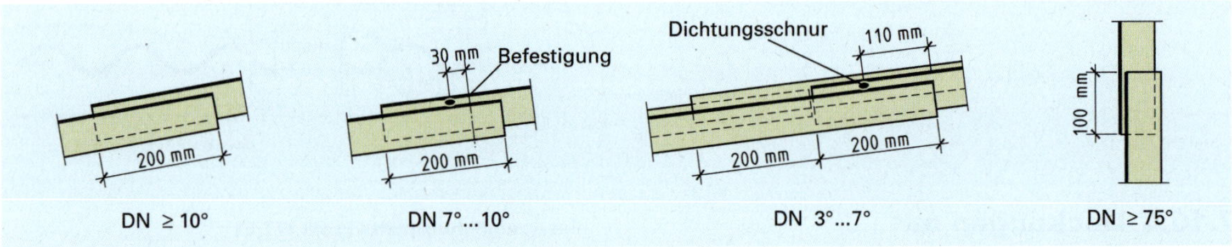

Längenüberdeckung bei den Profilen 177/51 und 130/30

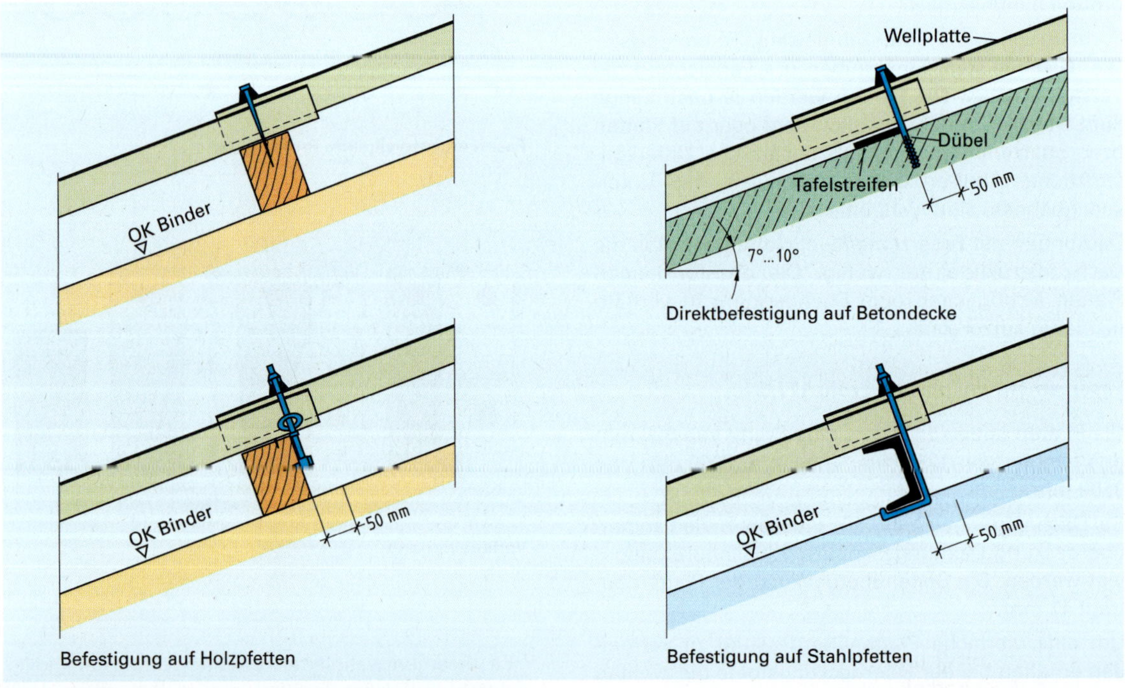

Befestigungsmöglichkeiten der Profile 177/51 und 130/30

Die Seitenüberdeckung beträgt 90 mm.

Befestigt werden die Platten am zweiten und sechsten Wellenberg.

Bei Dachneigungen ab 20° darf der Pfettenabstand höchstens 1,175 m betragen.

Ansonsten gelten dieselben Bestimmungen (größte zulässige Dachtiefe, Längenüberdeckung, Verlegeregeln usw.) wie für das Profil 177/51.

Kurzwellplatten aus Faserzement

Die Platten haben 6 Wellen, eine Breite von 1097 mm und eine Länge von 625 mm (Ausgleichsplatten auch mit einer Länge von 830 mm).

Die Seitenüberdeckung beträgt 47 mm, die Längenüberdeckung 125 mm.

Kurzwellplatten erfordern eine Regeldachneigung von 10°.

Die Platten werden auf Latten (4 x 6 cm) im Abstand von 50 cm verlegt. Die Deckrichtung erfolgt von rechts nach links und von der Traufe zum First. Die Platten besitzen Eckschnitte und Bohrungen. Außerdem gibt es Ausgleichsplatten ohne Bohrungen und ohne Eckschnitte mit Längen von 625 mm und 830 mm.

Befestigt werden die Platten mit Nägeln am zweiten und fünften Wellenberg. In die Längenüberdeckung werden 2 cm unter den Nagellöchern Dichtungsschnüre eingelegt.

Während die Faserzementwellplatten mit Längen bis 2500 mm (Profile 177/51 und 130/30) überwiegend für Wandverkleidungen und Dächer von landwirtschaftlichen Bauten und Industriebauten Verwendung finden, werden die Kurzwellplatten überwiegend für Wohnhausdächer verwendet.

Kurzwellplatten aus Faserzement haben 6 Wellen, eine Breite von 1097 mm und eine Länge von 625 mm. Sie werden auf Latten im Abstand von 500 mm verlegt

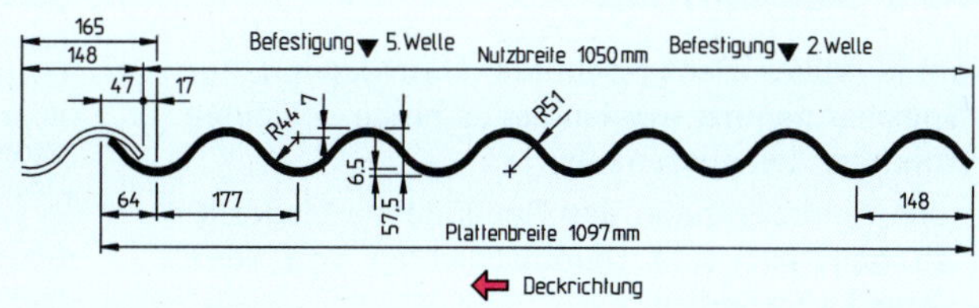

Profil der Kurzwellplatte

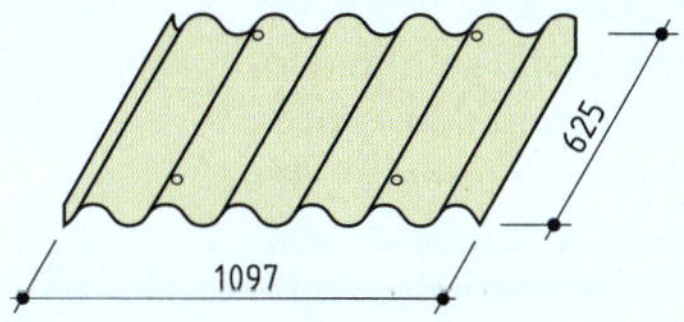

Kurzwellplatte (Linksdeckung)

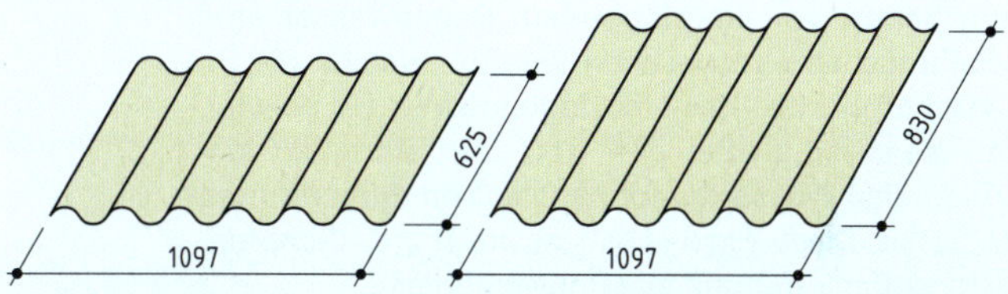

Kurzwellplatten

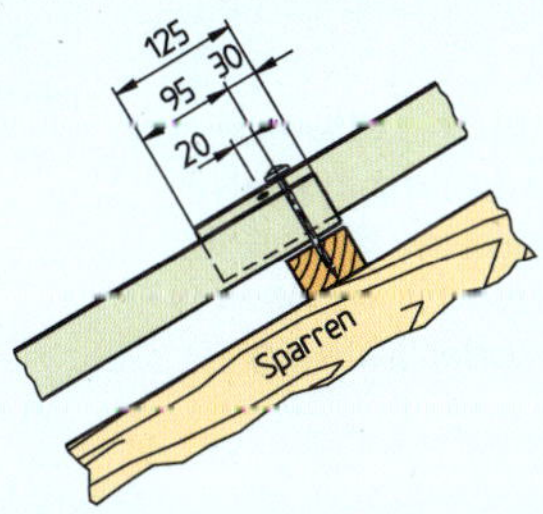

Längenüberdeckung

Glockennagel

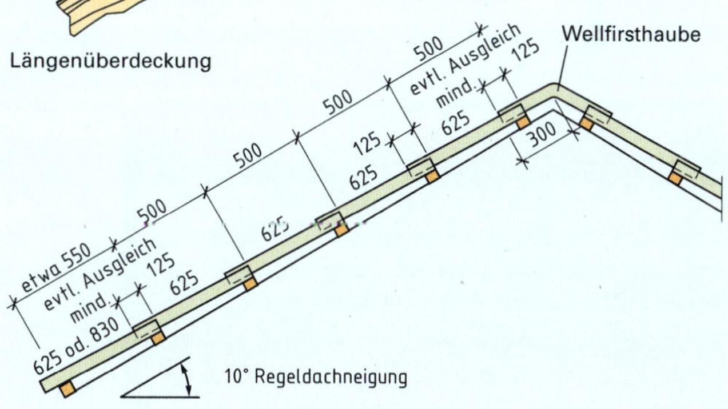

Querschnitt

Kurzwellplatten aus Faserzement

ACHTUNG!

Bei älteren Faserzementplatten können die Fasern teilweise oder ganz aus Asbest bestehen. **Das Einatmen von Asbeststaub ist lebensgefährlich!** Deshalb dürfen solche Platten nur mit geeigneten und geprüften Spezialwerkzeugen staubfrei bearbeitet werden.

Trennschleifer dürfen nie für die Bearbeitung mineralisch gebundener Baustoffe verwendet werden.

Um eine gefahrfreie Bearbeitung von Faserzementplatten sicherzustellen, müssen die **Gefahrstoffverordnung (GefStoffV)** und die **Technischen Regeln für Gefahrstoffe, TRGS 559 „Mineralischer Staub“** strengstens beachtet und eingehalten werden.

7.10.5 Dachaufbau

Während früher Dachgeschosse überwiegend nur als Speicher genutzt wurden, ist es heute üblich sie zu Wohnzwecken auszubauen.

Um den Anforderungen des Gebäudeenergiegesetzes zu genügen, sind Dämmschichten von etwa 18 … 24 cm erforderlich.

Bei einer Dämmschicht zwischen den Sparren wird der Bereich von Unterkante bis Oberkante des Sparrens vollständig mit dem Dämmstoff gefüllt. Um bauphysikalisch bedingte Feuchteschäden durch Tauwasser zu vermeiden, muss unterhalb der Dämmschicht eine Dampfbremse eingebaut werden. Die Dampfbremse ist nur funktionsfähig, wenn sie **absolut dicht** ist. Über der Dämmschicht muss zum Schutz vor eindringendem Regenwasser eine Schalungsbahn vorgesehen werden, welche die Eigenschaft besitzt, das eindringende Wasser abzuleiten, gleichzeitig aber den trotz Dampfbremse eindringenden Wasserdampf nach außen durchdringen zu lassen. Diese Eigenschaft besitzen z. B. dampfdiffusionsoffene Bahnen aus Polyestervlies.

Der Bereich unterhalb der Dachdeckung (z. B. der Bereich zwischen den Ziegeln und der Dachschalung) muss **durchlüftet** sein.

Die Belüftung erfolgt an der Traufe durch **Lüftungsziegel** (oder Lüftungsdachsteine), die Entlüftung am First durch die Fugen des **Trockenfirstes**. Bei vermörtelten Firstziegeln (oder Firststeinen) müssen auch im Firstbereich Lüftungsziegel (oder Lüftungsdachsteine) vorgesehen werden.

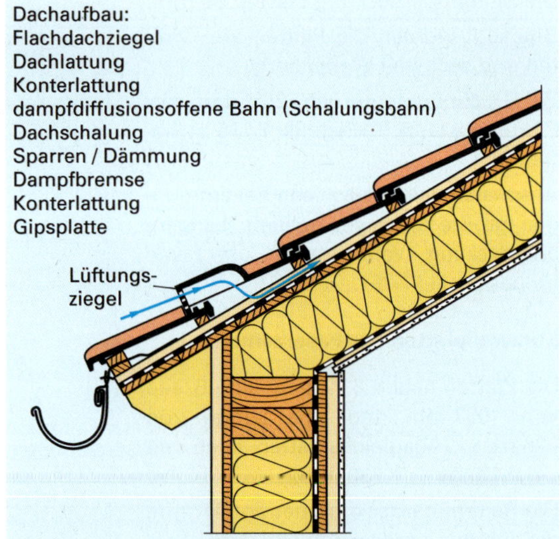

Traufe eines Daches mit Unterkonstruktion

Bei ausgebauten Dachräumen muss unterhalb der Dämmschicht eine Dampfbremse angeordnet werden.

Zusammenfassung

Bei den Dachdeckungen wird zwischen Eindeckungen und Abdichtungen unterschieden. Das Dach unseres Projekts erhält eine Eindeckung, welche aus Ziegeln, Betondachsteinen oder Platten aus Faserzement bestehen kann.

Bei Ziegeln wird zwischen Pressdachziegeln und Strangdachziegeln unterschieden.

Bei den Betondachsteinen wird zwischen Dachsteinen mit hoch liegendem und tief liegendem Längsfalz unterschieden. Dachplatten aus Faserzement finden nicht nur für Dachdeckungen, sondern auch für Wandverkleidungen Verwendung.

Faserzementwellplatten erhalten ihre Steifigkeit durch das Wellenprofil.

Bei zu Wohnzwecken ausgebauten Dächern ist immer raumseitig eine Dampfbremse einzubauen. Die Wärmedämmschicht wird oberhalb mit einer dampfdiffusionsoffenen Bahn abgedeckt. Sie verhindert das Eindringen von Regenwasser in die Dämmschicht, gleichzeitig lässt sie aber den Wasserdampf nach außen entweichen.

Aufgaben

1. *Mit welchen Deckungsmaterialien kann das Dach unseres Projekts eingedeckt werden?*
2. *Wie werden bei Dachdeckungen mit Flachdachpfannen die mittleren Deckmaße ermittelt?*
3. *Welcher Zusammenhang besteht zwischen einer Ziegeldeckung und der Sparrenlänge?*
4. *Nennen Sie die Befestigungsmöglichkeiten von Faserzementwellplatten bei Dachdeckungen.*
5. *Welche Vor- und Nachteile haben Ziegeldeckungen gegenüber Betondachsteindeckungen?*
6. *Aus welchem Grund muss bei Dachdeckungen aus Faserzementplatten die Hauptwetterrichtung berücksichtigt werden?*
7. *Nennen Sie die wichtigsten Deckungsarten für Faserzementdachplatten und ihre wesentlichen Unterscheidungsmerkmale.*
8. *Nennen und begründen Sie die Vorzüge einer Dachdeckung mit Faserzementwellplatten gegenüber einer Ziegeldeckung.*
9. *Warum muss bei ausgebauten Dachräumen unterhalb der Dämmschicht eine Dampfbremse angeordnet werden?*

Lernfeld 8:
Errichten einer tragenden Holzwand

Nachdem das massive Untergeschoss oder der Gebäudesockel fertiggestellt ist, kann mit dem Aufbau der Holzkonstruktion unseres Einfamilienhauses begonnen werden. Zuerst sind die tragenden Wände des Erdgeschosses zu errichten. Ein Blick auf den EG-Grundriss macht deutlich, dass es sich dabei neben wenigen Innenwänden vorwiegend um Außenwände handelt. Als wesentliche Teile des Tragwerks leiten sie die lotrechten Lasten aller Geschosse ab; gleichzeitig wirken sie an der Aussteifung des Bauwerks (z.B. gegen Windlasten) mit.

Neben diesen statischen Aufgaben haben tragende Wände einen gewichtigen Anteil am Wohnkomfort des Hauses. Von Innenwänden erwarten wir ausreichende Schalldämmung, um belästigende Geräusche zu dämpfen. An Außenwände stellen wir weitergehende Anforderungen: Außer dem Schutz vor Außenlärm sollen sie durch gute Wärmedämmung für behagliche Raumtemperaturen zu jeder Jahreszeit sorgen. Der Heizenergieverbrauch ist mindestens so weit abzusenken, wie es die gültigen Vorschriften zur Energieeinsparung verlangen. Dabei ist auch entscheidend, dass die Außenwände luftdicht gefertigt und verbunden werden, um große Wärmeverluste durch Zugluft auszuschließen und Bauschäden durch Tauwasserbildung im Innern der Bauteile zu verhindern. Dies setzt eine passgenaue Ausführung der Wandelemente und ihre sorgfältige Montage auf der Baustelle voraus. Gleiches gilt beim Einbau von Fenstern und Türen. Zu den genannten technischen Anforderungen treten Fragen der Gestaltung: Das äußere Erscheinungsbild des Hauses wird durch die Wahl und Ausführung der Wandbekleidungen maßgeblich bestimmt. Vergleiche hierzu die Ansichten unseres Projekthauses.

8.1 Fachwerkbau

Fachwerkbauten prägen heute noch das unverwechselbare Gesicht historisch gewachsener Dorf- und Stadtmitten. Mehrgeschossige Wohnhäuser, meist auf steinernen Sockelgeschossen oder Kellern errichtet, Scheunen, Stallungen, gewerbliche Nutzbauten, z.B. Mühlen und Keltern, bis hin zu imposanten Rathäusern wurden in Fachwerkkonstruktionen erstellt. Über viele Jahrhunderte war es in weiten Gegenden Mittel- und Westeuropas selbstverständlich, die meisten Gebäude in dieser überlieferten „Standardbauweise" zu errichten. Beim Fachwerkbau konnten Meister und Gesellen für alle sichtbar ihr Können beweisen; reich verzierte, stolze Bürgerhäuser zeugen noch heute von dieser **Blütezeit des traditionellen Holzbaus.**

Fertigungstechnisch gesehen gehört die Fachwerkbauweise zum **Montagebau**, bei dem die in der Werkstatt, dem Zimmerplatz oder Abbundzentrum ausgearbeiteten Hölzer als relativ leichte und einfach zu transportierende „Fertigteile" zur Baustelle gebracht werden. Zügig setzt man dort die geschosshohen Wände zusammen und richtet sie auf. Nach Einbau der Holzbalkendecke wiederholt sich der Bauablauf: Geschoss um Geschoss entsteht in kurzer Bauzeit das hölzerne Tragwerk eines Fachwerkhauses.

Süddeutsches Fachwerkhaus

8.1.1 Tragende Hölzer der Fachwerkwand

Als tragend gelten hier jene Hölzer, die durch lotrecht wirkende Lasten beansprucht werden. Dazu gehören das **Rähm**, auch Rähmpfette oder Wandpfette genannt, die **Pfosten** und die **Schwelle**. Bei den genannten Lasten handelt es sich hauptsächlich um die ständig wirkenden Eigenlasten der Konstruktion (Tragwerk, Ausfachungen, Putze, Beläge) und die veränderlichen Nutzlasten auf den Decken (Personen und Einrichtungen, nichttragende leichte Trennwände).

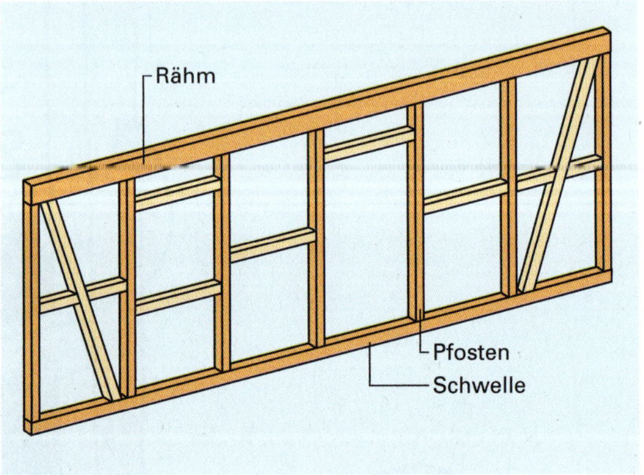

Tragende Hölzer

Das Rähm (Wandpfette)

Das waagerecht verlaufende Rähm grenzt die Fachwerkwand nach oben ab. Es nimmt bei einer eingeschossigen Wand Decken- oder Dachlasten auf und leitet sie in die Pfosten weiter. Bei mehrgeschossigen Gebäuden kommen alle Belastungen dazu, die über die darüberliegenden Wände abgetragen werden. Das Rähm fungiert dabei als durchlaufender Mehrfeldträger, der vorwiegend **auf Biegung** beansprucht wird. Dafür eignen sich hochkant verlegte Balken mit ausreichend großem Biegewiderstand. Zapfenlöcher wirken sich allerdings als Schwächung des Querschnitts aus.

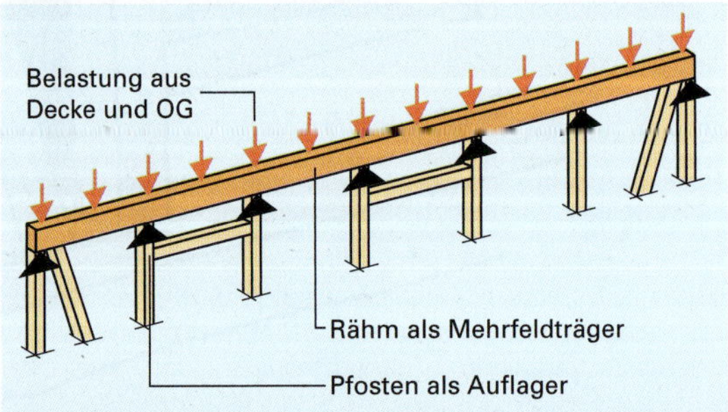

Das Rähm unter Biegebeanspruchung

Bei längeren Fachwerkwänden muss das Rähm mit **Längsverbindungen gestoßen werden**.

Längsverbindungen am Rähm

Bedingt durch die Stellung der Streben wird das Rähm außer auf Biegung auch durch **Zugkräfte** beansprucht. Horizontale Geschosslasten (z. B. aus Windsog auf querstehende Außenwände) können das Rähm ebenfalls unter Zug setzen. Die Längsverbindungen sind demzufolge **zugfest** auszuführen. Die Sicherung erfolgt mit Nägeln, Holzschrauben oder Bolzen.

Zum Einsatz kommen:
- Gerades Hakenblatt,
- gerades Blatt mit Dübeln,
- schräges Hakenblatt (mit und ohne Keil),
- einfaches Schwalbenschwanzblatt.

Längsverbindungen werden bei langem Rähm notwendig. Da sie Zugkräfte übertragen, müssen sie besonders sorgfältig ausgearbeitet werden.

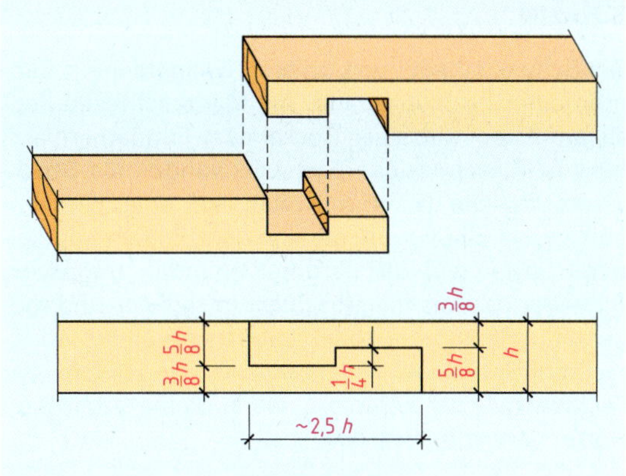

Gerades Hakenblatt (zugfeste Längsverbindung)

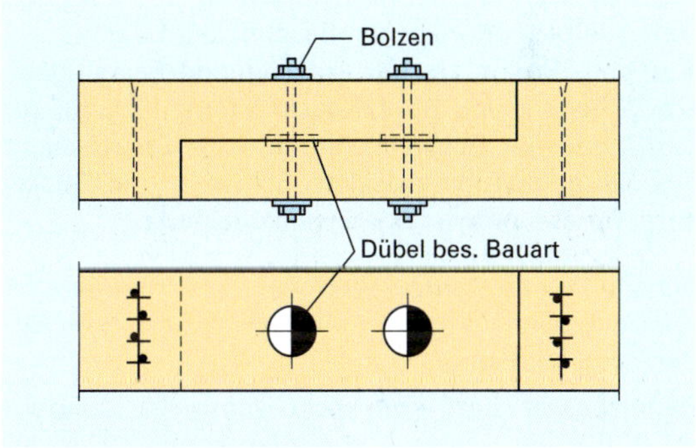

Gerades Blatt mit Dübeln

Pfosten

Die senkrecht stehenden Pfosten nehmen zusammen mit den Streben die auf das Rähm einwirkenden Belastungen auf und leiten sie in die Schwelle ab. Die lotrechte Gesamtlast einer Wand wird durch die relativ enge Teilung auf viele „Schultern" verteilt, sodass die einzelnen Pfostenlasten viel geringer sind als beispielsweise im Holzskelettbau.

Die große **Druckfestigkeit** des Holzes **in Faserrichtung** wird für die Lastabtragung optimal genutzt. Die Gefahr des Knickens, die bei hochbelasteten, schlanken Druckstäben maßgebend für die Bemessung der Stützenquerschnitte ist, spielt bei den nur geschosshohen, vergleichsweise gering belasteten Fachwerkpfosten nur eine untergeordnete Rolle, wenn **quadratische Holzquerschnitte** entsprechend der Wanddicke (ab 12/12 cm) verwendet werden. Die Abmessungen richten sich letztlich nach den auftretenden Belastungen.

Schwachpunkte der Konstruktion stellen die **Zapfenverbindungen** Pfosten/Rähm und Pfosten/Schwelle dar. Hier treffen die Pfostenlasten rechtwinklig zur Faserrichtung auf geringe Druckfestigkeiten; außerdem ist die Aufstandsfläche wegen des Zapfenlochs erheblich reduziert. Bei Zapfenverbindungen ist zu beachten, dass das Zapfenloch etwa 0,5 cm tiefer als die Zapfen ausgestemmt wird. An Eck- und Türpfosten werden die Zapfen abgesteckt (geächselt), damit bei den Schwellen- bzw. Rähmabschnitten ein Vorholz stehen bleibt.

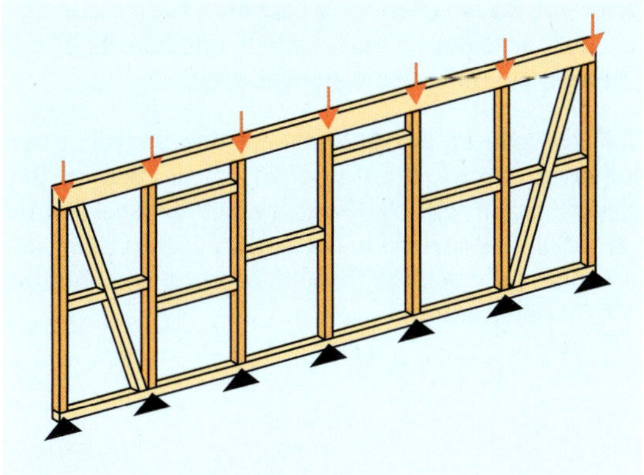
Pfosten mit Druck in Faserrichtung

Die geschosshohen Pfosten leiten die lotrechten Lasten auf die Schwelle ab. Quadratische Querschnitte eignen sich am besten.

Schwelle

Die Schwelle bildet den unteren waagerechten Rahmen einer Fachwerkwand. Als **Mauerschwelle** liegt sie auf einem massiven Sockel oder Fundament auf, bei mehrgeschossigen Fachwerkwänden als **Stockwerksschwelle** (Saumschwelle) auf einer Deckenbalkenlage. Sie verteilt die von den Pfosten abgeleiteten Lasten auf die darunterliegenden tragenden Bauteile. Da Holz hauptsächlich in radialer und tangentialer Richtung arbeitet, kann es durch die waagrechten Schwellen zu erheblichen Setzungen der Fachwerkwände kommen, wenn keine trockenen Hölzer verwendet werden.

Die Mauerschwelle kann, da sie voll auf dem Fundament aufliegt, schwächer als die übrigen Hölzer der Fachwerkwand bemessen werden. Liegende **rechteckige Querschnitte** sind üblich.

Als unterstes Holz der Fachwerkwand ist die Mauerschwelle besonders gegen Feuchtigkeit zu schützen. Aus dem Boden kapillar aufsteigende Feuchtigkeit sowie Regen- und Spritzwasser können schnell zur Verrottung der Schwelle führen. Eine **Sperrschicht** aus Bitumenpappe zwischen Schwelle und Sockel sorgt für den notwendigen **Feuchteschutz**.

Schäden durch **Spritzwasser** werden vermieden, indem die Schwelle mindestens 30 cm über dem Boden eingebaut wird.

Regenwasser darf sich nicht sammeln, sondern muss von der Schwelle abtropfen können. Dies erreicht man durch die richtige Lage der Schwelle auf dem Sockel.

Die mittige Anordnung würde zwar zu einer günstigen zentrischen Lastabtragung im Sockel führen, hätte auf Dauer allerdings Feuchteschäden zur Folge, weil sich Regenwasser staut und oberhalb der Sperrpappe in die Schwelle eindringt.

Die Schwelle an der Außenkante des Sockels überstehen zu lassen, führt zu einer guten Lösung. Das Wasser tropft ab, die Fuge zwischen Sockel und Schwelle bleibt trocken. Die aus statischer Sicht ungünstige außermittige Sockelbelastung wird hierbei in Kauf genommen.

Schwellen nehmen die Pfostenlasten auf und verteilen sie gleichmäßig. Sie müssen vor Spritz- und Regenwasser sowie aufsteigender Feuchtigkeit geschützt werden.

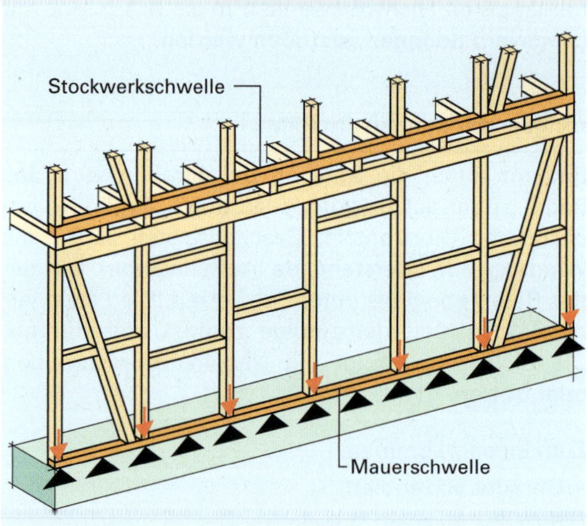

Schwelle verteilt die Pfostenlasten

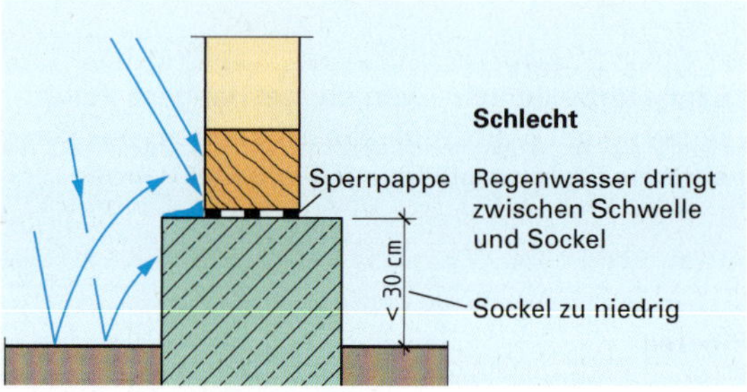

Schlechte Schwellenlagerung

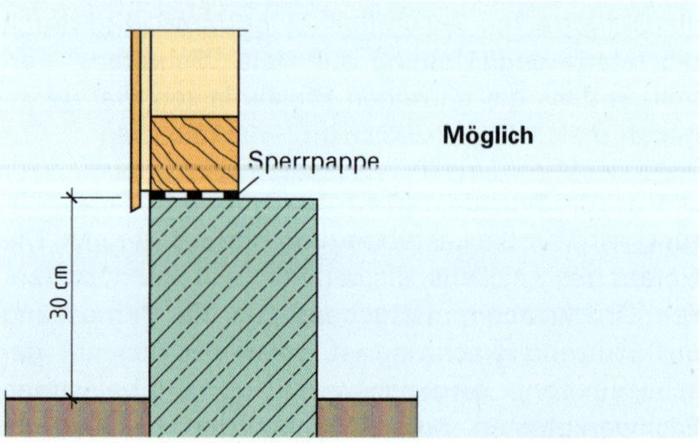

Schwellenlagerung bei außenseitiger Bekleidung

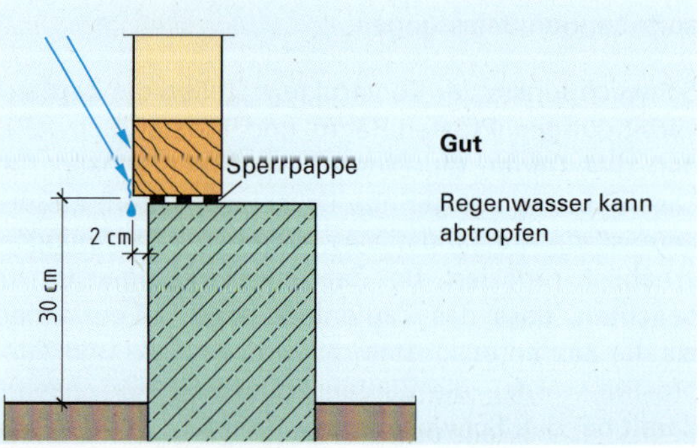

Gute Schwellenlagerung

8.1.2 Aussteifende Hölzer der Fachwerkwand

Zur Aufnahme und Ableitung von Winddruck- und Windsoglasten, die auf die Außenwände einwirken, muss der Fachwerkbau insgesamt ausgesteift werden. Die Hauptaufgabe fällt dabei den tragenden Wänden zu. Die horizontalen Lasten werden dabei von Geschoss zu Geschoss über **Streben** oder vergleichbare Aussteifungskonstruktionen bis zum Gebäudesockel geleitet. Dabei verwendet man im Fachwerkbau immer das Prinzip der **Dreiecksbildung**: diese unverschieblichen Wandteile (z. B. auch Kopf- und Fußbänder, Andreaskreuze oder Fachwerkbilder) sind in ausreichender Anzahl und in geeigneter Weise auszuführen, um die Aussteifung des Tragwerks sicherzustellen.

Aussteifung durch Kopf- und Fußbänder

Strebenausführung

Eine Fachwerkwand muss über mindestens zwei Streben verfügen, die vorzugsweise in den Endfeldern der Wand anzuordnen sind. Damit die Windlasten möglichst umgehend abgeleitet werden, sollten die Strebenfüße zueinander gerichtet sein. Ansonsten beanspruchen die Horizontalkräfte die ganze Wand bis zur entfernten Strebe. Bei längeren Fachwerkwänden werden paarweise weitere Streben eingebaut. Der Querschnitt der Streben kann quadratisch oder rechteckig sein.

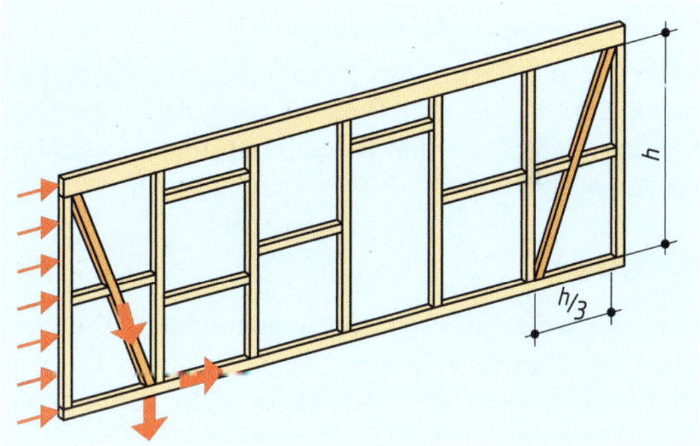

Günstige Anordnung der Streben

Statisch günstig ist eine **Neigung**, bei der das Strebengrundmaß etwa **1/3** des lichten Abstandes zwischen Schwelle und Rähm aufweist.

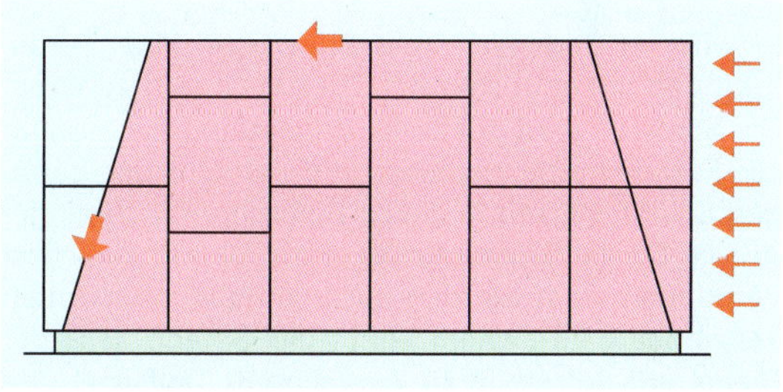

Ungünstige Anordnung

Als **Verbindung** mit der Schwelle und dem Rähm wird meist ein einfacher **Versatz mit Zapfen** gewählt. Die Stirn des Versatzes verläuft immer in der Winkelhalbierenden des stumpfen Winkels zwischen Strebe und Schwelle bzw. Rähm. Der jeweils gleiche Winkel zwischen Fasern und Versatz-Stirnfläche stellt dann sicher, dass beidseitig gleich große Kräfte übertragen werden können. Da die Strebenneigung bei Fachwerkwänden in der Regel 70 ... 75° beträgt, reicht eine Versatztiefe von 1/6 der Holzdicke aus. Der Abstand zwischen Pfosten und Strebenansatz (Besteck) sollte 8 ... 12 cm betragen.

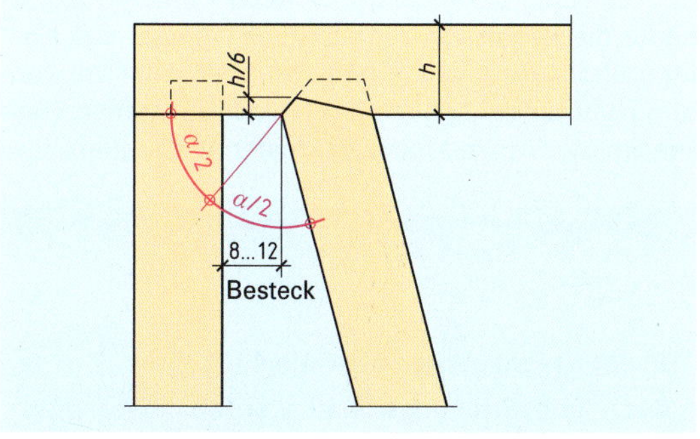

Strebenanschluss

Streben steifen die Fachwerkwände in Längsrichtung aus. Sie leiten die Windkräfte auf dem kürzesten Wege in die Schwelle und letztlich in das Fundament. Voraussetzung hierfür ist eine fachgerechte Ausarbeitung der Verbindung der Streben mit Schwelle und Rähm.

8.1.3 Riegel und Gefache

Die zwischen den Pfosten waagerecht verlaufenden Riegel teilen die geschosshohen Wandabschnitte zwischen den Pfosten in kleinere (in der Regel zwei) Ausfachungsfelder. Bei alten Fachwerkgebäuden wurden die **Ausfachungen** häufig aus Lehm mit Flechtwerk hergestellt. Je größer die zusammenhängende Fläche war, umso eher bildeten sich Schwindrisse. Durch kleinere Gefache wurde die Rissbildung vermindert und die Anbindung der Ausfachungen an das Tragwerk verbessert (z.B. um Winddruck auf die Wandfläche aufzunehmen).

Wandöffnungen für Türen und Fenster entstehen durch den Einbau von Sturz- und Brüstungsriegeln. Als konstruktives Bindeglied zu den Blendrahmen der Ausbauteile müssen sie die Maßhaltigkeit der Wandöffnungen gewährleisten.

Während die Fachriegel traditionell nur durch einfache Zapfen mit den Pfosten verbunden werden, kommen bei Sturz- und Brüstungsriegel verstärkende Versätze hinzu.

Sturzriegel

Die Versatzfläche zeigt hier nach **unten**. Die von oben kommende Belastung (z.B. aus dem Gefachmauerwerk) kann nun den Riegel nicht auf Fenster- oder Türrahmen drücken. Dadurch wird verhindert, dass Türen klemmen und Fensterscheiben zerspringen.

Brüstungsriegel

Er wird im Gegensatz zum Sturzriegel einer Belastung von unten ausgesetzt. Dies lässt sich erklären: Die Schwelle wird durch die tragenden Pfosten quer zur Faserrichtung gepresst und – wegen der geringen Druckfestigkeit in dieser Richtung – auch eingedrückt. Da die Brüstungsriegel mit den Pfosten fest verbunden sind, werden sie ebenfalls nach unten verschoben. Es besteht somit die Gefahr, dass der Riegel auf der steiferen Ausfachung „aufsitzt" und nach oben in die Fensteröffnung gedrückt wird. Als Gegenmaßnahme müssen die Versatzflächen des Brüstungsriegels nach **oben** zeigen.

Bei beidseitig bekleideten Fachwerkwänden (dies ist heute die Regel) werden sämtliche Riegel aus Kostengründen nur noch mit Zapfen oder unter Verwendung von angenagelten **Stahlblechformteilen** (Balkenschuhe, Winkel) mit den Pfosten verbunden.

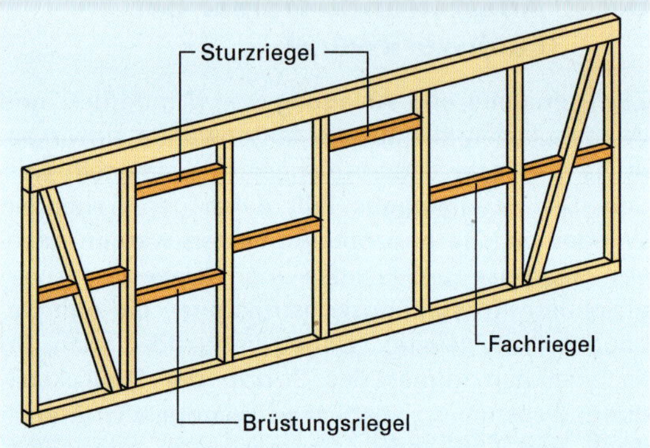

Riegel

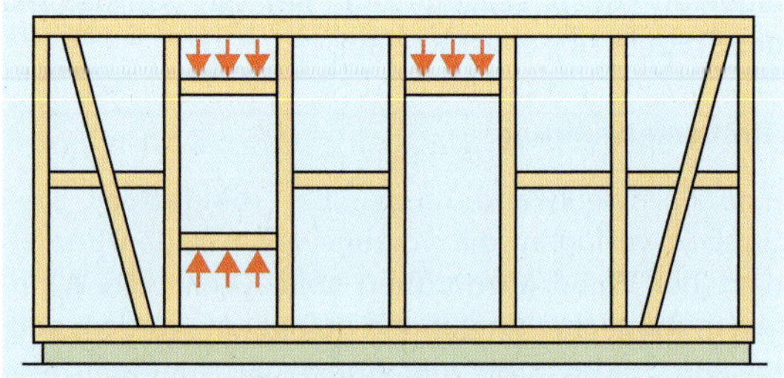

Belastung von Sturz- und Brüstungsriegel

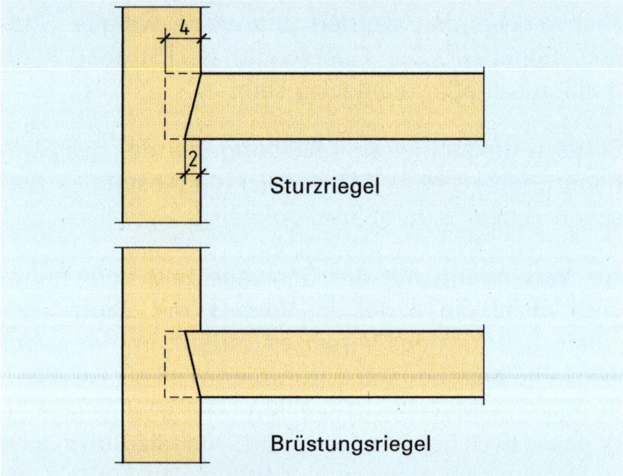

Sturz- und Brüstungsriegel

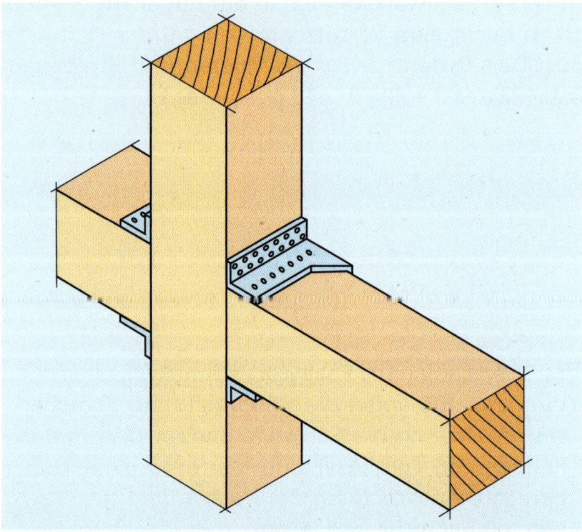

Befestigung der Riegel mit Balkenschuhen

Die Riegel unterteilen die Gefache.
Sturz- und Brüstungsriegel werden mit Zapfen und Versatz in die Pfosten eingelassen.

8.1.4 Abbund einer Fachwerkwand

Bevor mit dem Anreißen der Hölzer begonnen wird, muss deren **Bundseite** festgelegt und mit einem **Bundzeichen** gekennzeichnet werden. Zusammengesetzte Hölzer sollen trotz unterschiedlicher Dicke mindestens an dieser Seite bündig sein.

Im Allgemeinen stellen die Außenseiten der Hölzer deren Bundseite dar, bei Schwelle und Rähm zusätzlich deren Oberseiten. Bei Eckpfosten sind dies entsprechend zwei Außenseiten.

Dafür sind grundsätzlich die besten (z. B. scharfkantigen und rissfreien) Seiten zu wählen.

Das **Anreißen und Abbinden** einer Fachwerkwand erfolgt in einer bestimmten Reihenfolge:

1. Schwelle und Rähm

- Man legt Schwelle und Rähm an den äußeren Bundseiten aufeinander.
- Die Wandlänge, sämtliche Öffnungs- und Zwischenmaße sowie alle Zapfenlöcher werden abgetragen und angerissen.
- Schließlich stemmt man die Zapfenlöcher aus.

2. Pfosten

- Auf einem ebenen Untergrund, der Zulage, werden Schwelle und Rähm entsprechend der Wandhöhe ausgelegt.
- Man legt die Pfostenhölzer rechtwinklig aus, reißt deren Länge und die Zapfen an und arbeitet sie aus.

3. Streben

- Alle ausgearbeiteten Hölzer werden zusammengesetzt, ausgewinkelt und verklammert.
- Das Vorholz oder Besteck (*a*) für den Strebenversatz wird auf Schwelle und Rähm abgetragen.
- Entsprechend den Rissen für das Vorholz richtet man die Hölzer aus und reißt Strebenlänge und Versatz an.
- Die Streben sind nun auszuarbeiten.

4. Riegel

- Die Fachwerkwand wird auseinandergenommen (ausgefahren), und mit den Streben wieder zusammengesetzt, ausgewinkelt und verklammert.
- Man legt alle Riegel (Fachriegel, Brüstungs- und Sturzriegel) entsprechend ihrer späteren Lage auf, reißt an und arbeitet sie aus.
- Die Wand wird nochmals ausgefahren, um dann mit sämtlichen Hölzern wieder zusammengebaut zu werden.
- Die Fachwerkwand ist einschließlich aller Verbindungen auf Genauigkeit zu prüfen und gegebenenfalls an den Zapfen mit Bohrlöchern für Holznägel zu versehen.

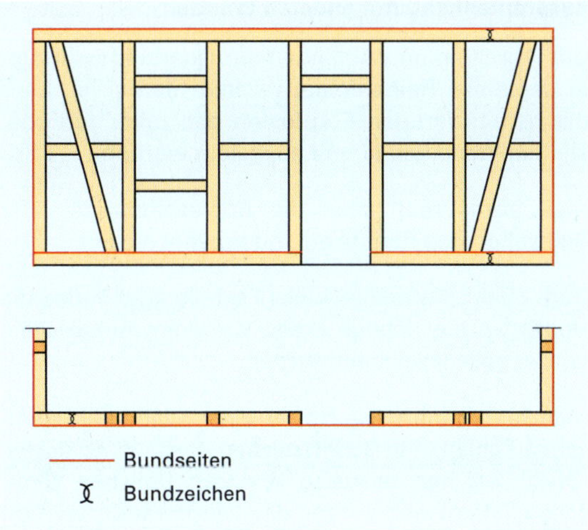

Bundseiten an der Fachwerkwand

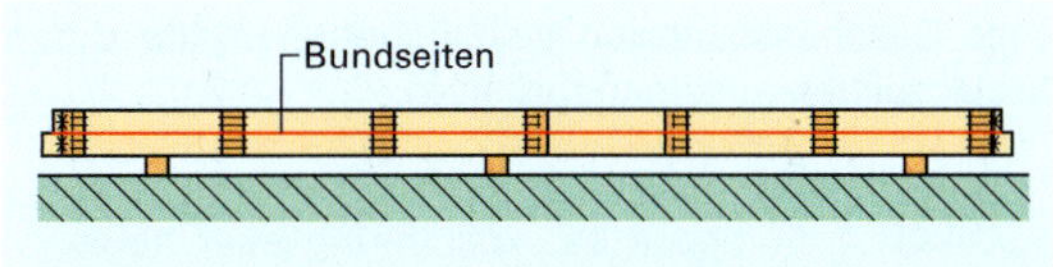

1. Schritt: Anreißen von Schwelle und Rähm

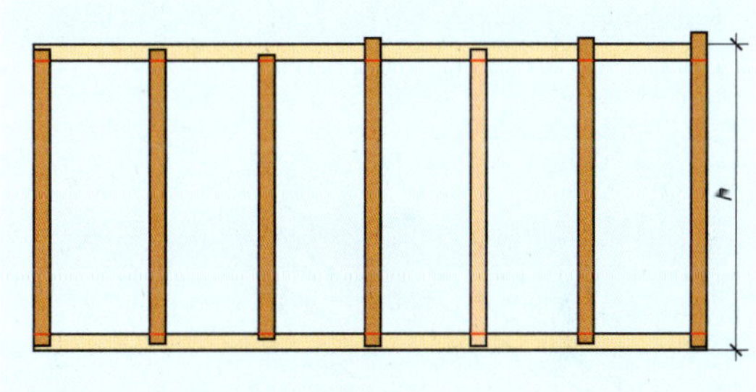

2. Schritt: Anreißen der Pfosten

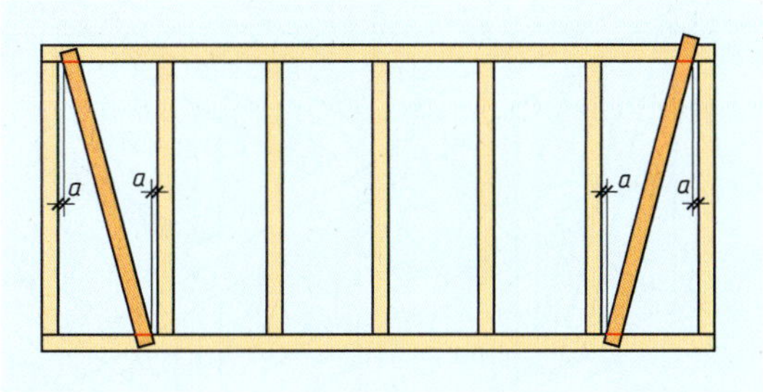

3. Schritt: Anreißen der Streben. Die Wand muss ausgewinkelt sein.

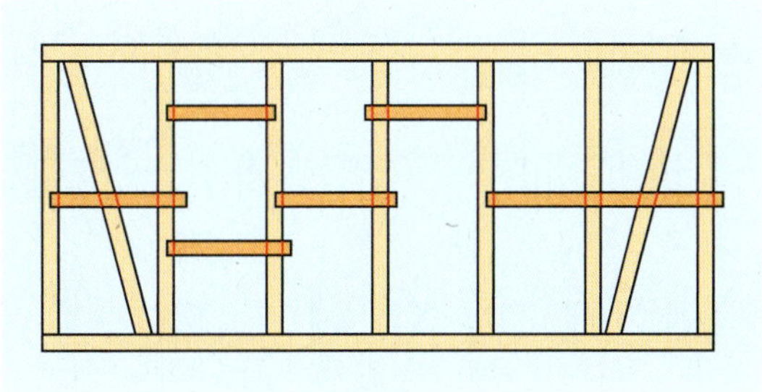

4. Schritt: Anreißen der Riegel

Zusammenhang mit anderen Wänden

Das Anreißen und Abbinden der **Querwände** erfolgt in derselben Reihenfolge. Wichtig hierbei ist, dass die bereits fertigen Eckpfosten der zuvor fertiggestellten Wand wieder mit ausgelegt werden.

Als Letztes reißt man die Eckverbindungen der Schwellen und Rähme an und arbeitet sie aus.

Damit beim Aufrichten eines Fachwerkgebäudes die Hölzer an die richtige Stelle kommen, müssen sie vorher gekennzeichnet werden.

Man nummeriert alle Hölzer einer Wand mit römischen Zahlen, den **Schriftzeichen**, fortlaufend durch. (Diese weichen teilweise von den üblichen römischen Ziffern ab.) Hölzer der Längswände werden zusätzlich mit einer **Rute**, jene der Querwände mit einem **Ausstich** versehen. Die Hölzer unterschiedlicher Geschosse lassen sich gegebenenfalls durch **Stockzeichen** auseinanderhalten.

> Die systematische Kennzeichnung aller abgebundener Hölzer der Fachwerkwände ist Voraussetzung für eine zügige Montage auf der Baustelle.

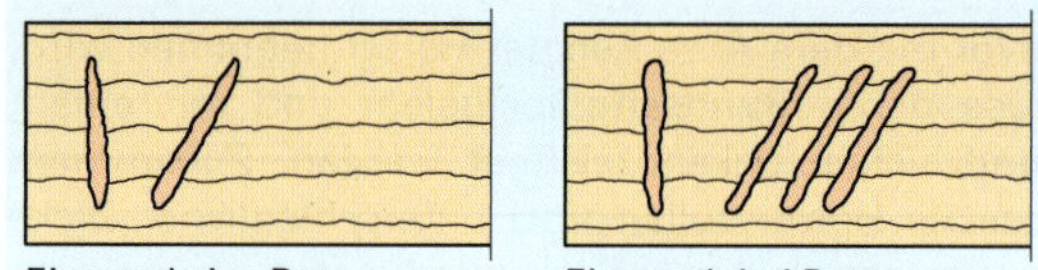

Eins und eine Rute — Eins und drei Ruten

Rute für Längswände

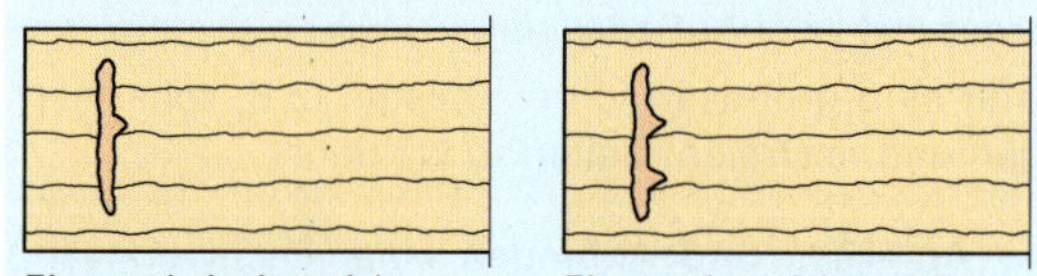

Eins und ein Ausstich — Eins und zwei Ausstiche

Ausstich für Querwände

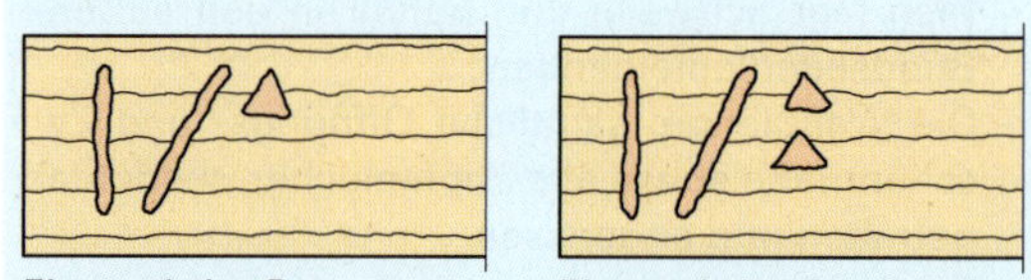

Eins und eine Rute, erster Fachwerkstock — Eins und eine Rute, zweiter Fachwerkstock

Stockzeichen

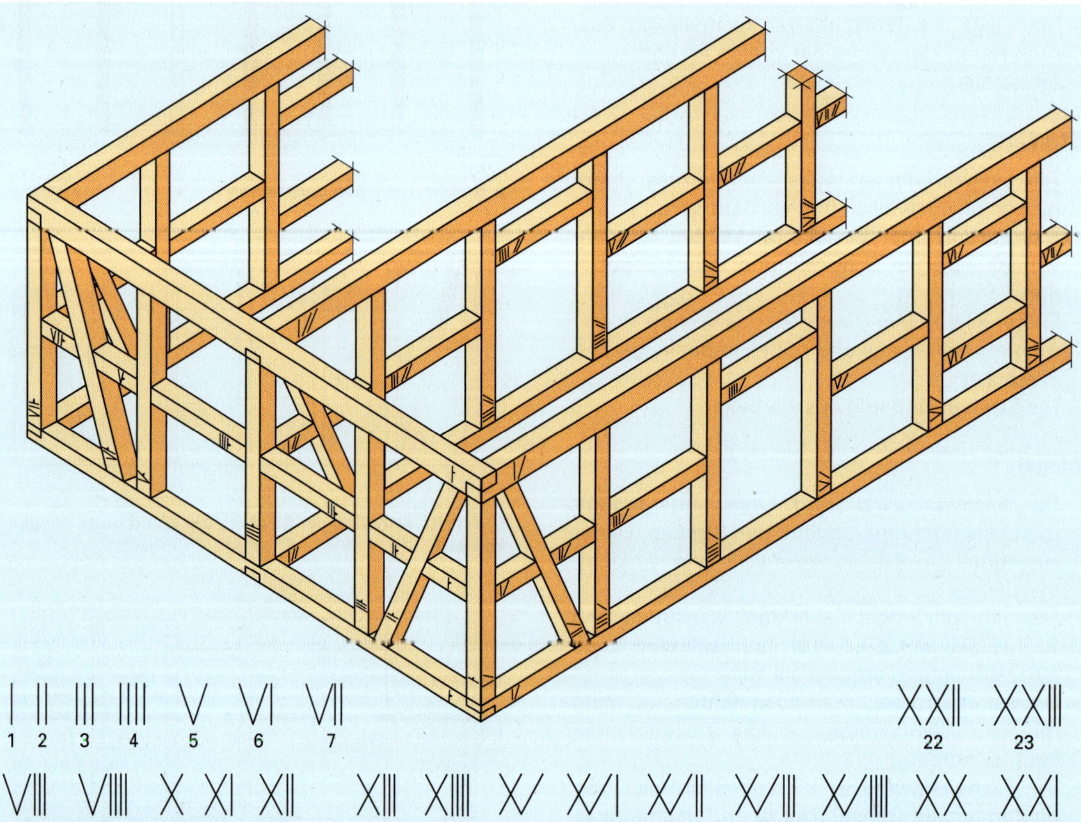

Schriftzeichen auf Hölzern

Montage und Richten der Fachwerkwand

Für den Transport zur Baustelle werden die Fachwerke nochmals auseinandergenommen und pro Wand (entsprechend ihrer Kennzeichnung) zusammengefasst und gebündelt.

Auf der Baustelle bestimmen die örtlichen Gegebenheiten das weitere Verfahren. Steht ein ausreichend großer **Richtplatz** zur Verfügung, können die abgebundenen Hölzer in der Waagerechten zugelegt und verbunden werden. Ganze Fachwerkwände oder größere Wandabschnitte lassen sich dann mithilfe von Hebezeugen aufstellen und richten. Bei kleineren Bauvorhaben oder beengten Verhältnissen baut man die Wand an ihrem Einbauort stehend zusammen.

Montage- und Hilfsstützen sorgen im Bauzustand für die notwendige Standsicherheit. Sie können erst entfernt werden, wenn die Schwellen verankert und das Tragwerk insgesamt durch Querwände und Decken hinreichend ausgesteift ist.

Anschließend lassen sich gegebenenfalls auch die Türschwellen aussägen.

Fachwerkhaus im Bauzustand

Zusammenfassung

Der Holzfachwerkbau zählt zu den Montagebauweisen. Der Abbund erfolgt auf dem Zimmerplatz oder in der Werkstatt, die Endmontage anschließend auf der Baustelle.

Eine Fachwerkwand besteht aus tragenden Hölzern (Pfosten, Schwelle, Rähm) und aussteifenden Hölzern (Streben, Fuß- und Kopfbänder).

Längsverbindungen des Rähms müssen zugfest ausgeführt werden.

Schwellen sind wirksam vor aufsteigender Feuchtigkeit und eindringendem Regenwasser zu schützen.

Die Streben werden in den Endfeldern angebracht; sie sollen entgegengesetzt geneigt sein, wobei die Strebenfüße zueinander zeigen. Günstig sind Neigungen zwischen 70° und 75°.

Riegel dienen zur Unterteilung der Gefache.

Für Verbindungen von Sturz- und Brüstungsriegel mit den Pfosten eignen sich Zapfen mit Versatz; Zwängungen von Fenstern und Türen sind damit ausgeschlossen.

Beim Abbinden einer Fachwerkwand werden nacheinander die Schwellen und Rähme, die Pfosten, die Streben und die Riegel angerissen und ausgearbeitet.

Aufgaben

1. *Nennen Sie die einzelnen Hölzer einer Fachwerkwand und erläutern Sie deren Aufgaben.*
2. *Welche Querschnittsformen eignen sich für Rähm, Pfosten, Schwelle, Strebe und Riegel? Begründen Sie Ihre Wahl.*
3. *Warum müssen die Längsverbindungen des Rähms zugfest ausgeführt werden?*
4. *Weshalb werden Zapfenlöcher tiefer gestemmt als der Zapfen lang ist?*
5. *Auf welche Weise wird die Schwelle gegen Niederschlagswasser und aufsteigende Feuchtigkeit geschützt?*
6. *Weshalb soll die Schwelle etwa 2 cm über der Außenkante des Fundamentes vorstehen?*
7. *Weshalb müssen mindestens zwei gegengleiche Streben je Fachwerkwand eingebaut werden?*
8. *Aus welchem Grund werden die Streben so eingebaut, dass die Strebenfüße nach innen zeigen?*
9. *Wie wird die günstigste Strebenneigung ermittelt?*
10. *Begründen Sie die Lage der Versatzungen an den Sturz- und Brüstungsriegeln.*
11. *Beschreiben Sie das Anreißen, Abbinden und Richten einer Fachwerkwand.*
12. *Wie kann die Standsicherheit beim Errichten von Fachwerkwänden gewährleistet werden?*

8.1.5 Zeichnerische Darstellung

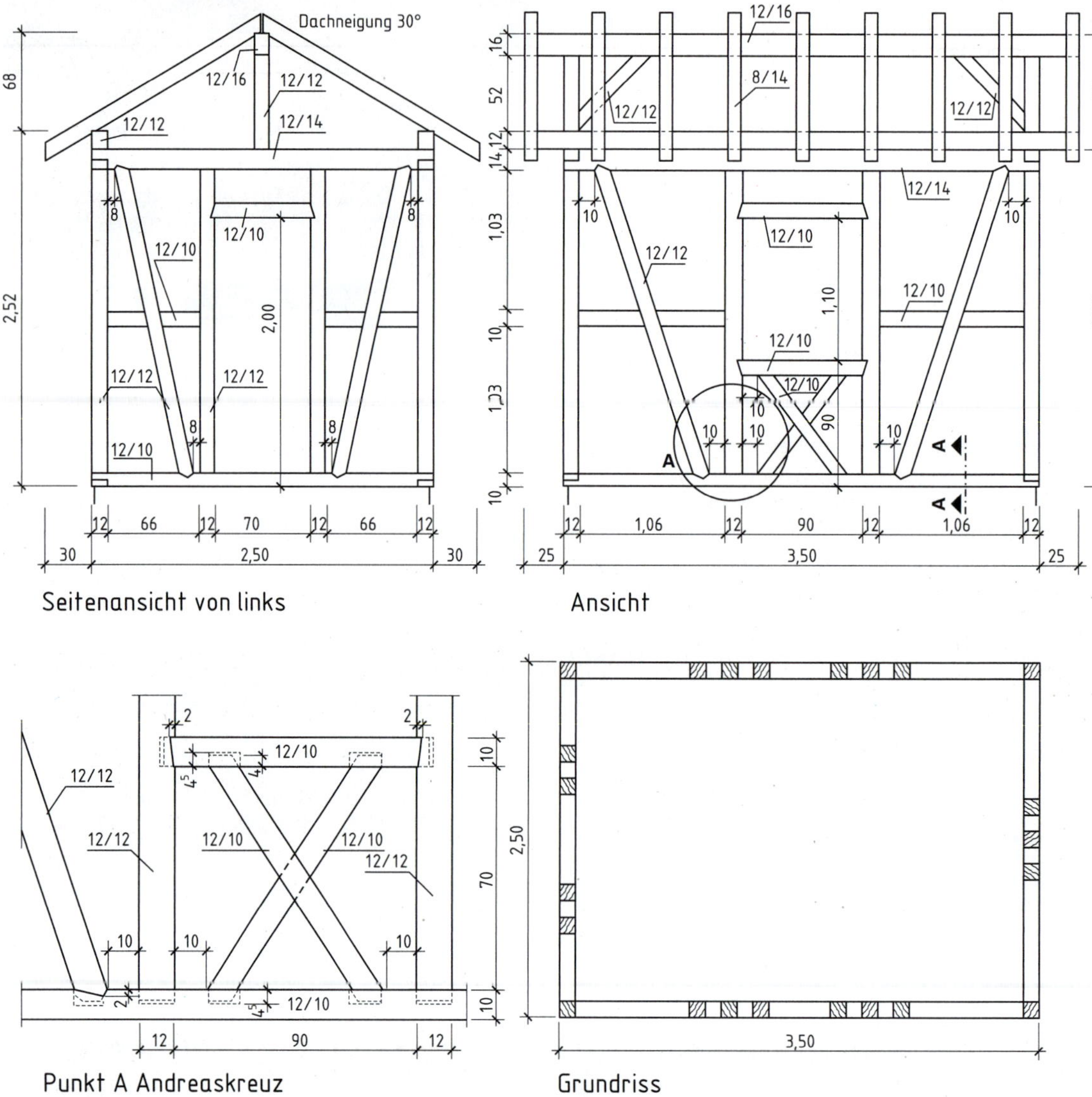

Gartenhaus in Fachwerkbauweise

Aufgabe 1

1. Zeichnen Sie die Ansicht der zweiten Giebelwand (Seitenansicht von rechts) des Gartenhäuschens, Maßstab 1 : 20. Die Wand ist ohne Fenster.
2. Zeichnen Sie den Schnitt A-A durch den Sockel, Maßstab 1 : 5. Bodenplatte (d = 10 cm) und Fundament (b = 25 cm) sind aus Stahlbeton. Holzdielen (d = 4 cm) auf Lagerhölzern 6/6 cm als Bodenbelag. Die Ausfachung erfolgt in kleinformatigem Ziegelmauerwerk (d = 11,5 cm), Format A4 breit.

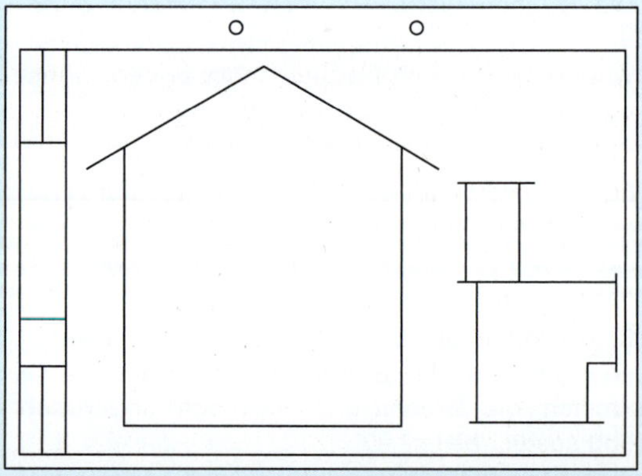

Aufgabe 2

1. Beim Projekthaus sollen die tragenden Wände in Fachwerkbauweise erstellt werden. Zeichnen Sie das Fachwerk der EG-Außenwand auf der Eingangsseite (Norden) in der Ansicht, Maßstab 1 : 50. Bodenplatte und Kellerwand aus Stahlbeton. Abmessungen und Holzquerschnitte sind der nachfolgenden Darstellung zu entnehmen.
2. Zeichnen Sie die Detail-Punkte A, B, C in der Ansicht mit Darstellung aller Holzverbindungen, Maßstab 1 : 5, A4-Breitformat.

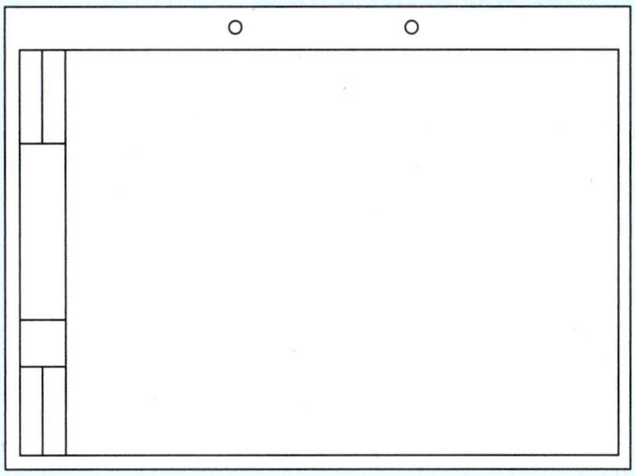

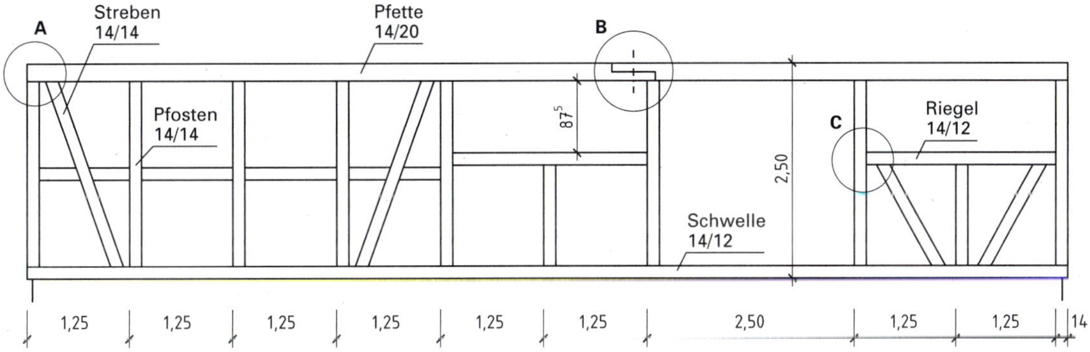

Fachwerkwand Nordseite

8.1.6 Fachwerkbau heute

Die Fachwerkbauweise genießt besonders bei Zimmerern, aber auch allgemein ein hohes Ansehen. Die Wertschätzung gilt der hochstehenden und für alle sichtbaren Handwerkskunst, die über Jahrhunderte das abwechslungsreiche Erscheinungsbild von Häusern, Dörfern und Städten prägte.

Heutzutage werden neue Wohngebäude zwar wieder in zunehmendem Maße als Holzhäuser erstellt, aber nur noch selten als Fachwerkbauten.

Diese Entwicklung lässt sich nachvollziehen:

- Die heutige Architektur verwendet eine einfachere, klarere Formensprache.
- Der arbeitsintensive Abbund treibt den Lohnkostenanteil der Baumaßnahme in die Höhe.
- Die traditionellen Verbindungen benötigen größere Holzquerschnitte und -längen; auch die Vielzahl der Hölzer führt zu erhöhtem Materialbedarf.
- Bauartbedingt „setzen" sich Fachwerkkonstruktionen stärker als neuzeitliche Bauweisen (viele Verbindungen, Eindrückungen, Schwinden der Hölzer).
- Die vielen Fugen zwischen den Ausfachungen und Hölzern stellen bauphysikalisch und hinsichtlich des Holzschutzes anfällige Schwachstellen dar (der Witterung ausgesetztes Fachwerk aus Nadelholz muss vorbeugend mit Holzschutzmitteln geschützt werden).
- Zeitgemäße Standards wie z. B. das Niedrigenergiehaus verlangen hochgedämmte und luftdichte Außenwände. Dies ist nur bei beidseitig bekleideten Fachwerkwänden möglich. Kann das Tragwerk aber nicht sichtbar bleiben, bieten sich wirtschaftlichere Bauweisen an, beispielsweise der Holzrahmenbau.

Bei der Restaurierung oder Erweiterung bestehender Fachwerkbauten oder beim Neubau unbeheizter Gebäude in historischer Umgebung hat diese traditionelle Bauweise, oft verknüpft mit Anforderungen des Denkmalschutzes, auch heute noch ihre Bedeutung.

8.2 Holzrahmenbau

Der Holzrahmenbau stellt ein **Bausystem** dar, das mit dem vor allem in Nordamerika und Skandinavien verbreiteten Holzrippenbau verwandt ist. Er hat sich in den letzten Jahren als Standard für sogenannte „Holzhäuser in Tafelbauart" durchgesetzt. Auch für unser Projekthaus ist er hervorragend geeignet.

Das Bauprinzip beruht auf einfachen Regeln:
- **Rippen** (Kanthölzer) bilden das Tragwerk.
- **Beplankungen** (Holzwerkstoffplatten) steifen es aus.
- **Nägel** verbinden die stumpf gestoßenen Hölzer und Platten.

Für Wände, Decken, Dächer, Anschlüsse und Verbindungen wurden **Standardkonstruktionen** für Wohnhäuser entwickelt, die den unterschiedlichen Anforderungen gerecht werden. In einer Art „Katalog" können Bauherr, Planer und der ausführende Holzbaubetrieb aus geeigneten konstruktiven Varianten auswählen. Planungs- und Ausführungsfehler sind weitgehend ausgeschlossen, weil die geltenden technischen Regeln und bauaufsichtlichen Bestimmungen bei diesen „Musterlösungen" berücksichtigt sind.

Planung und Ausführung des Bauvorhabens gehen einfacher vonstatten und können in kürzerer Zeit und damit wirtschaftlicher abgewickelt werden. Der Holzrahmenbau eignet sich daher für große und kleine Zimmereien gleichermaßen.

Das Bausystem „Holzrahmenbau" kommt mit nur wenig unterschiedlichen Holzquerschnitten und Plattenwerkstoffen aus. Dennoch erweist sich diese standardisierte Bauweise als sehr **flexibel** hinsichtlich der Gestaltung von Fassaden, Grundrissen und auch in Bezug auf die Fertigungstechnik. Gleichbleibende Abstände von Rippen und Balken (Raster) erlauben eine **rationelle Herstellung** der Wand- und Deckenelemente in der Werkhalle. Die Montage der vorgefertigten Elemente beansprucht nur noch kurze Zeit. Im Einzelfall ist es aber auch möglich, einen großen Teil der Zimmerarbeiten auf die Baustelle zu verlagern.

Strengere Bestimmungen hinsichtlich des geforderten Wärmeschutzes – vom Gebäudeenergiegesetz vorgeschrieben – lassen sich durch weiterentwickelte Konstruktionen erfüllen.

Zusammenfassung

Der Holzrahmenbau ist ein standardisiertes Bausystem, das für alle Bauteile normgerechte Regelausführungen vorsieht. Er zeichnet sich durch kleine Holzquerschnitte, großflächige Beplankungen, einfache Verbindungen, rationelle Vorfertigung und schnelle Montage aus. Kostengünstiges Bauen ist damit möglich. Das System lässt gestalterische Vielfalt zu und passt sich neuen technologischen Entwicklungen an.

Wohngebäude in Holzrahmenbauweise

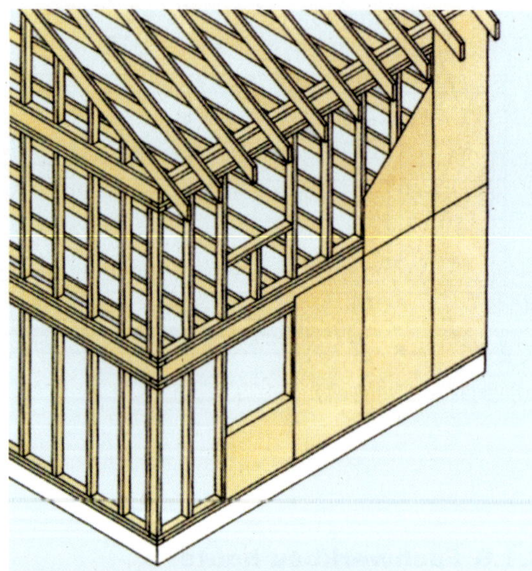

Das Bauprinzip: Rippen und Beplankung

Vorgefertigte Wandelemente

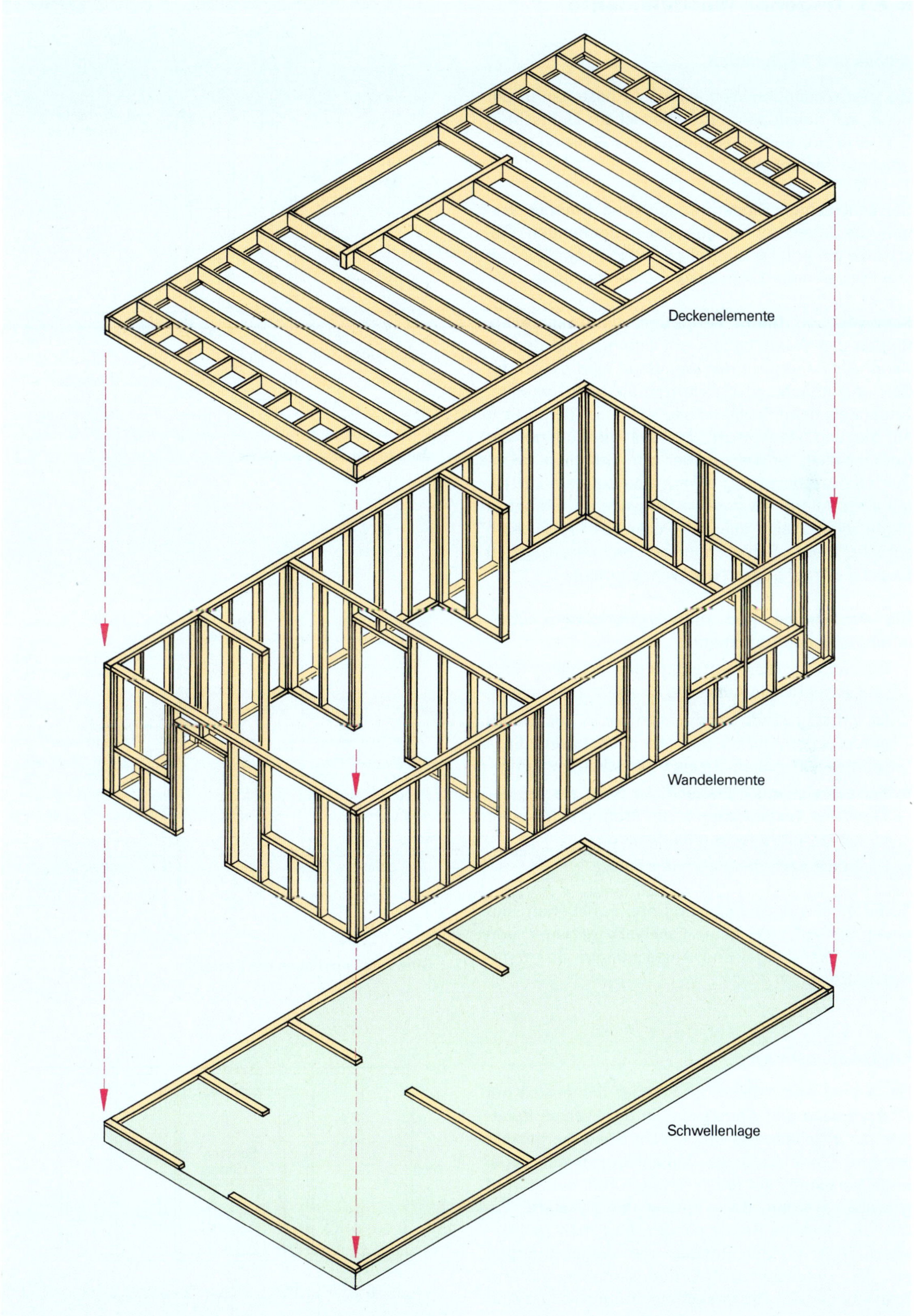

System des Holzrahmenbaus (ohne Beplankungen dargestellt)

8.2.1 Tragende Wandelemente

Aufbau und Tragfunktion

Die geschosshohen Wandelemente bestehen in der Regel aus Holzrippen mit einheitlichem Querschnitt (z. B. 6/12 cm) und einer mindestens einseitig angebrachten Beplankung.

Die senkrechten Rippen, sogenannte **Ständer**, tragen die lotrechten Lasten der aufgehenden Geschosse ab; in ihrer statischen Funktion sind sie mit den Pfosten einer Fachwerkwand vergleichbar.

Schwelle und **Rähm** begrenzen als waagerechte Rippen das Wandelement am unteren und oberen Rand. Als Randgurte der Wandtafel sind sie an der Ein- und Ableitung von Horizontalkräften beteiligt. Anders als beim Fachwerkbau wird das Rähm nicht auf Biegung beansprucht, weil sich die Auflager der Deckenbalken senkrecht über den Ständern befinden. Die Lastabtragung erfolgt also auf dem kürzesten Weg. Allerdings werden Schwelle und Rähm in ungünstiger Weise quer zur Faser auf Druck beansprucht. Diese „Schwachpunkte" begrenzen letzten Endes die Tragfähigkeit der Wandelemente.

Die **Beplankung** aus Holzwerkstoffplatten übernimmt folgende Aufgaben:

1. Sie sorgt für die Aussteifung des Wandelements und somit für die Ableitung waagerechter Lasten.
2. Gleichzeitig steift sie die Ständer in der Wandebene gegen Knicken aus. Nur deshalb sind diese schmalen Querschnitte als Druckstäbe tragfähig.
3. Bei ausreichender Plattendicke wirkt sie bei der vertikalen Lastabtragung mit. Man spricht daher von einer mittragenden Beplankung.
4. Sie bildet auch den Raumabschluss.

Somit vereint die Beplankung drei Funktionen „auf einen Schlag", die beim Fachwerk getrennt von Streben, Wandriegel und Ausfachungen übernommen werden.

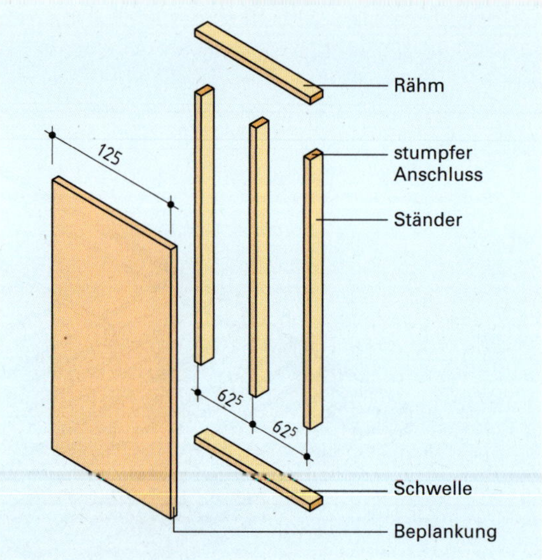

Aufbau der Wandelemente

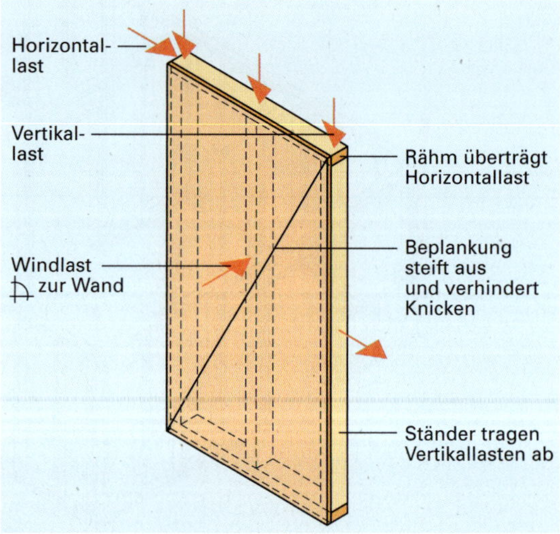

Statische Funktionen der Bauteile

Konstruktionsraster

Das Konstruktionsraster der Ständer richtet sich mit **62,5 cm** nach den Abmessungen der Werkstoffplatten, die üblicherweise mit 125 cm Breite hergestellt werden. Damit kann die Beplankung in der Regel **ohne Verschnitt** auf jedem zweiten Ständer stumpf gestoßen werden. Beim Einbau von Fenstern, Türen, die nicht ins Raster passen, fügt man zusätzliche Ständer an den Rändern der Wandöffnungen ein. Bei „unpassenden" Grundrissmaßen verfährt man sinngemäß. Die Gestaltungsmöglichkeiten sind also kaum eingeschränkt. Allerdings führt dies zu erhöhten Material- und Lohnkosten und verschlechtert die Wärmedämmung bei Außenwänden.

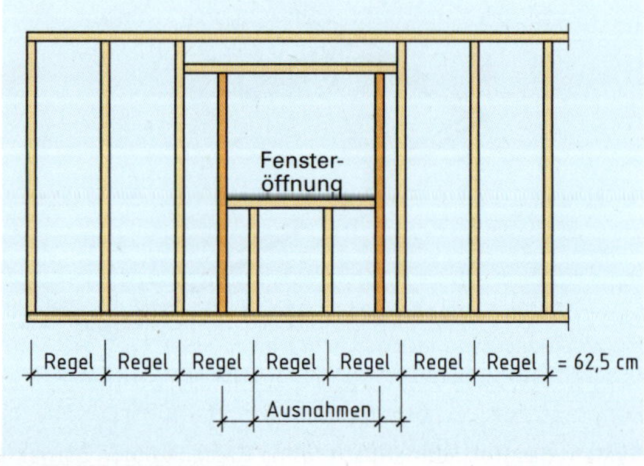

Konstruktionsraster

Rippen

Für Ständer, Rähme und Schwellen kommen hauptsächlich technisch getrocknete **Bauschnitthölzer** mit Querschnitten von 6/12 ... 6/16 cm zum Einsatz. **Konstruktionsvollholz** (KVH®, MH®) erfüllt alle geforderten Eigenschaften – z. B. bezüglich Tragfähigkeit, Holzfeuchte, Maßhaltigkeit, Oberfläche – in besonderem Maße und sollte bevorzugt werden.

Dicke [cm]	Breite [cm]					
	12	14	16	18	20	24
6	●	●	●	●	●	●
8	●	●	●		●	●

Konstruktionsvollhölzer für Rippen

Bei großen Dämmstoffdicken, wie bei Niedrigenergiehäusern notwendig, müssen in Richtung der Wanddicke noch breitere Hölzer (bis 6/24 cm) verbaut werden. Als Alternative zu den Kanthölzern setzen sich **Doppel-T-Träger** (**Stegträger**) aus Holzwerkstoffen durch, wenn hochgedämmte Außenwände mit Dicken von 30 cm und mehr auszuführen sind. Bei hoher Tragfähigkeit erlauben diese Holz-Stegträger eine fast durchgehende Dämmstoffeinlage, weil die Stege sehr schmal (< 25 mm) gehalten sind. Diese Sonderformen müssen über eine bauaufsichtliche Zulassung verfügen.

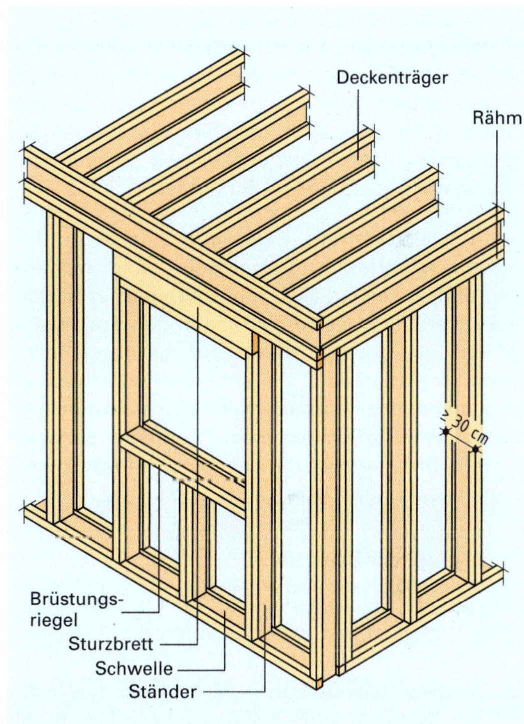

Doppel-T-Träger bei hochgedämmten Außenwänden

Bei mehrgeschossigen Gebäuden werden statt der üblichen zweilagigen Vollholz-Schwellen und Rähme solche aus härteren Holzwerkstoffen, z. B. Baufurnierholz, verwendet, um größere Lasten bei kleineren Verformungen übertragen zu können.

Beplankung

Als aussteifende **Holzwerkstoffplatten** eignen sich

- Kunstharz-/zementgebundene Holzspanplatten,
- OSB-Platten,
- Baufurniersperrholz,
- Holzfaserplatten,
- mehrschichtige Massivholzplatten.

Welche Dicke und welcher Plattentyp jeweils verwendet werden kann, richtet sich nach den klimatischen Bedingungen (Nutzungsklassen) und den statisch-konstruktiven Erfordernissen. Kunstharzgebundene Holzspanplatten der Klassen P5 und P7 kommen beispielsweise für die äußere Beplankung tragender Außenwände mit einer Dicke ab 13 mm zum Einsatz. Gleiches gilt für die Plattentypen OSB/3 und OSB/4.

Im Innenbereich sind auch **Gipswerkstoffplatten** einsetzbar. Sollen sie für die Aussteifung herangezogen werden, benötigen sie eine entsprechende bauaufsichtliche Zulassung, deren weitere Festlegungen zu beachten sind.

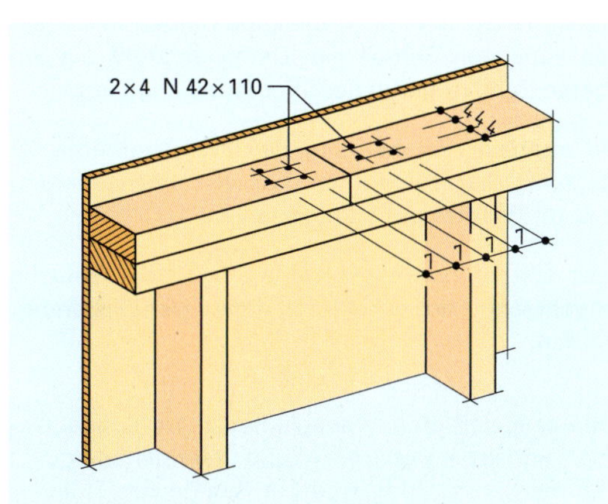

Genagelter Rähmstoß in Gefachmitte

Verbindungsmittel

Im Allgemeinen werden Draht- oder Maschinenstifte, Sondernägel und -schrauben, Klammern, Stahlbleche und Stahlblechformteile verwendet. Mit Dübeln und Bolzen erfolgen die Verankerungen der Schwelle am Gebäudesockel. Typisch sind Nägel N 42 × 110 für die Verbindung der Rippen; für Beplankungen genügen Nägel N 25 × 60.

8.2.2 Herstellung und Montage der Wandelemente

Vorfertigung

In der Zimmerei oder der Werkhalle eines Holzbauunternehmens können die einzelnen Elemente witterungsunabhängig vorgefertigt werden. Je nach Ausstattung des Betriebs erfolgt ihre Herstellung liegend auf einfachen Fertigungstischen oder halbautomatischen Anlagen. In der Regel entstehen dabei nur **teilgefertigte Wandelemente**, die unter Verwendung von Nagel- oder Klammerapparaten aus den Rippenhölzern und einer einseitigen, aussteifenden Beplankung zusammengesetzt werden. Damit bleiben alle Hölzer für die bei der Endmontage herzustellenden Verbindungen zugänglich. Die geringere Masse der Tafeln erleichtert darüber hinaus die Lagerung, den Transport zur und auf der Baustelle sowie das endgültige Aufrichten.

Die zwischen Schwelle, Rähm und Ständer in Hirnholz ausgeführten Heftnagelungen sind nichttragend und dienen lediglich zur Montagefixierung der Kanthölzer. Die Nagelverbindungen der Beplankung mit den Rippen sind dagegen für die aussteifende Wirkung entscheidend. Sie sind in engem Abstand mit allen Rippen auszuführen. An den stumpfen Stößen der Werkstoffplatten muss zweireihig genagelt werden. Der geringe Randabstand erfordert eine sorgfältige Ausführung.

Montage auf der Baustelle

Nachdem die Schwellenlage auf dem Sockel ausgerichtet und verankert wurde, können die tragenden Wandelemente montiert werden. Dabei sind die übereinanderliegenden Schwellenteile zu verbinden und die Wandanschlüsse herzustellen. Die Abbildungen zeigen die Regelausführung einiger Verbindungen.

Die einzelnen Wandelemente werden am oberen Rand mit einem durchlaufenden Gurtholz, dem oberen Teil des zweiteiligen Rähms, zugfest verbunden. Die Gurte der inneren Tragwände binden in die außen liegenden Rähme ein. Damit entsteht ein am oberen Rand ringartig geschlossenes Zugglied.

Die **zugfeste Verankerung** der Wandelemente ist sorgfältig auszuführen, um die Gebäudeaussteifung (z. B. für Windlasten) sicherzustellen.

Jetzt erst können die Dämmstoffe in die Gefache eingebracht und der Wandaufbau vervollständigt werden.

Die teilgefertigten Wandelemente werden auf der Baustelle verbunden und vervollständigt. Bei der Ausführung sind die Regeln des Holzrahmenbaus zu beachten.

Wandelemente werden ausgerichtet

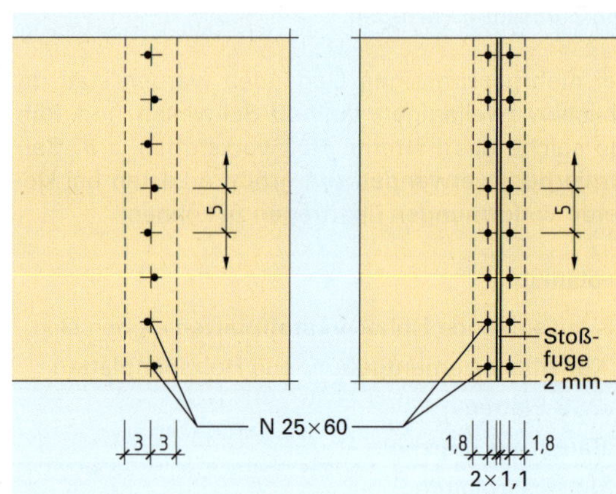

Nagelung der Beplankung

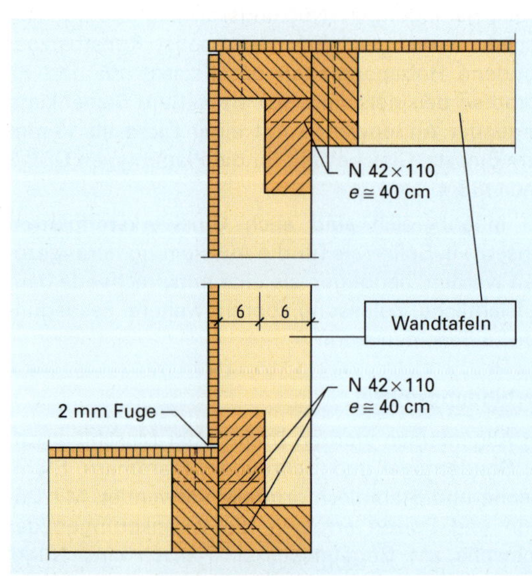

Anschlüsse an Außen- und Innenecke (Grundriss)

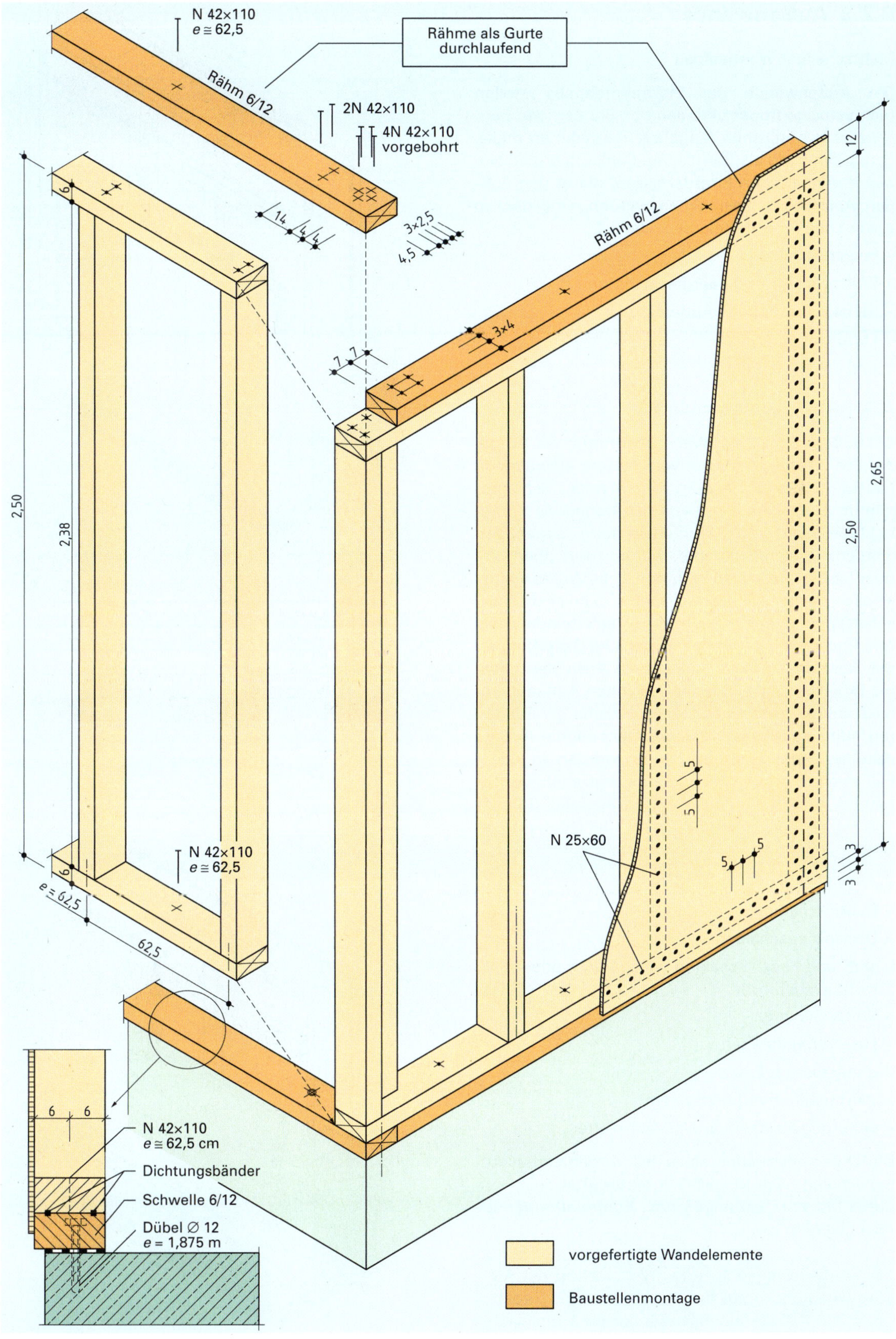

Montage der Wandelemente

8.2.3 Außenwände

Mehrschaliger Wandaufbau

Die Außenwände des Holzrahmenbaus stellen **mehrschalige Konstruktionen** dar, bei der jede Bauteilschicht bestimmte Aufgaben übernehmen muss, damit die Wand als Ganzes ihre Funktion erfüllt. Neben den statischen Erfordernissen, die in den vorigen Abschnitten besprochen wurden, sind dies in erster Linie Anforderungen an den

- Feuchteschutz,
- Wärmeschutz und Energieeinsparung,
- Schallschutz (gegen Außenlärm),
- Luftdichtheit
- und die Gestaltung.

Außenschale (Bauteilschicht 1)

Die äußere Schale der Wand übernimmt die Aufgabe des **Wetterschutzes**. Von außen einwirkende Feuchte (Niederschläge im Allgemeinen, Schlagregen im Besonderen) soll von den tragenden Wandbauteilen und der Wärmedämmung abgehalten werden. Durchfeuchtungen würden dort über kurz oder lang zu Bauschäden führen. Die „Wetterschutzschale" dient also einerseits dem baulichen Holzschutz; andererseits erlaubt sie als architektonisches Ausdrucksmittel sehr unterschiedliche **Gestaltungen der Fassade** (vergleiche hierzu die Ansichten unseres Projekthauses). Von der gewählten Außenwandbekleidung hängt es ab, ob zusätzliche „Windsperren" (diffusionsoffene Abdeckungen) auf der Außenseite der „Kernwand" erforderlich werden. In jedem Fall sind solche Konstruktionen vorzuziehen, bei denen auf Holzschutzmittel für die tragenden Ständer und Rähme innerhalb der Wand verzichtet werden kann.

Zum Wetterschutz eignen sich:

- Deckelschalung,
- Deckleistenschalung,
- Nut- und Feder-Schalung (waagerecht oder senkrecht ausgeführt),
- Stülpschalung,
- Faserzementplatten,
- mineralischer Putz,
- Wärmedämmverbundsystem,
- witterungsbeständige Werkstoffplatten.

Die Unterkonstruktion sollte bei vorgehängten Außenschalen nach Möglichkeit **hinterlüftet** sein, was durch lotrechte Lattungen bzw. Konterlattungen erreicht werden kann.

Die Außenschale bildet den Wetterschutz der Außenwand und prägt das Aussehen eines Gebäudes. Bei Holzbekleidungen ist auf gute Hinterlüftung zu achten.

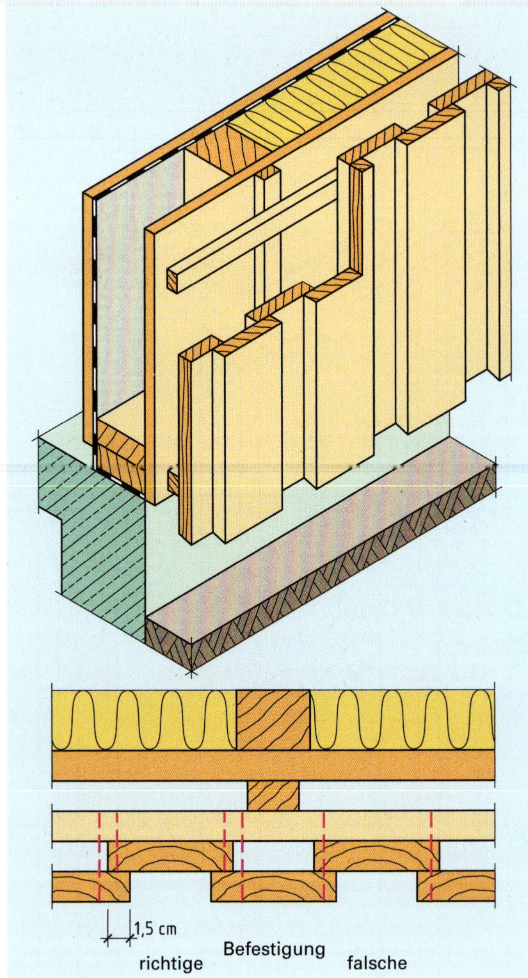

Deckelschalung

Stülpschalung

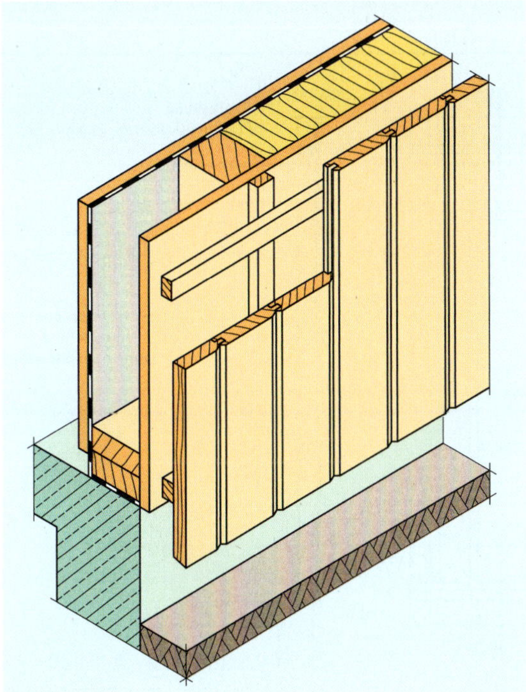

Senkrechte Nut- und Feder-Schalung

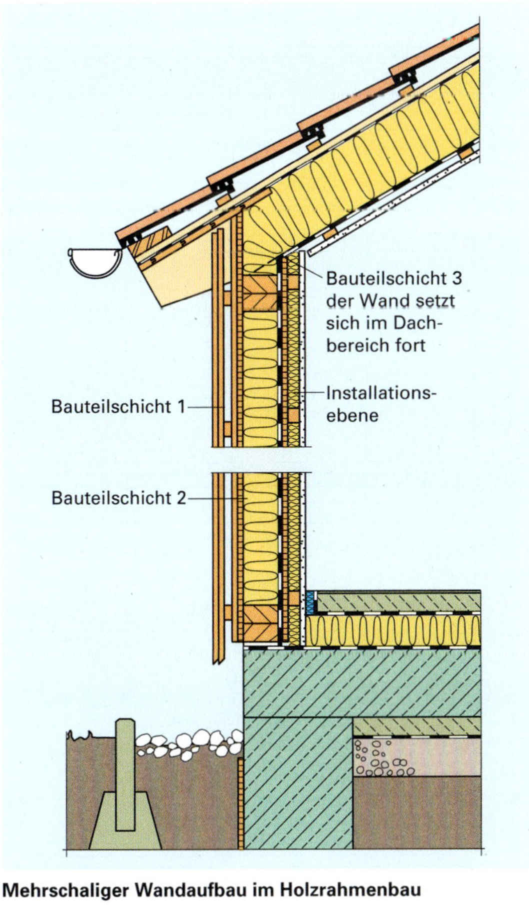

Mehrschaliger Wandaufbau im Holzrahmenbau

Tragende „Kernwand“ (Bauteilschicht 2)

Darunter soll hier der Hauptbestandteil des Wandquerschnitts verstanden werden. Die „Kernwand“ umfasst demnach folgende Bauteile:

- Rippen,
- Beplankungen (sofern sie direkt an den Rippen angebracht sind),
- Wärmedämmung im Gefachbereich,
- Sperrschichten (Folien, Pappen).

Bei beidseitiger Beplankung der Rippen stellt dieser Wandbereich eine zweischalige Konstruktion dar, die für die Funktionen Tragfähigkeit (siehe hierzu Abschnitt 8.2.1), Wärmedämmung und Dichtheit zu sorgen hat.

Wärmedämmung

Die Dicke der „Kernwand“ hängt bei Wohngebäuden heutzutage weniger von der statischen Berechnung ab, sondern von den gesetzlichen Anforderungen an den Wärmeschutz bzw. die Energieeinsparung. Dämmstoffdicken von 20 cm und mehr sind heute keine Seltenheit mehr. Dies gilt besonders dann, wenn nicht nur die geforderten Mindestwerte eingehalten, sondern Häuser mit geringstem Heizwärmebedarf (Niedrigenergie- oder Passivhaus-Standard) gebaut werden sollen.

Für die Wärmedämmung in den Gefachen werden hauptsächlich folgende Dämmstoffe verwendet:

- Mineralwolledämmplatten,
- lose Zelluloseflocken (werden eingeblasen),
- andere Naturfaserdämmstoffe.

Die Mineralwolledämmstoffe sind genormt, die anderen bedürfen einer Zulassung. Die Dämmung muss den Gefach-Hohlraum lückenlos füllen, um Wärmeverlusten und „kalten Zonen“ vorzubeugen. Sonst könnte dort infolge Dampfdiffusion Tauwasser ausfallen, sich ansammeln und langfristig zu Feuchteschäden in der Dämmung und Holzkonstruktion führen.

Dichtheit der Konstruktion (Bauteilschicht 3)

Die Raumseite ist in höchstem Maße **luftdicht** auszubilden. Die unter der innenseitigen Beplankung angeordnete **Dampfbremse** (= Luftsperre, z.B. PE-Folie, mind. 0,2 mm dick) ist zu diesem Zweck vollflächig anzubringen und sorgfältig an allen Stößen und Anschlüssen mit geeigneten Klebebändern abzudichten. Geeignet sind auch diffusionsbremsende Pappen oder Platten. Um diese nicht zu beschädigen, empfiehlt sich der Einbau einer Installationsebene.

Auf der außenseitigen Beplankung kann eine diffusionsoffene (offenporige) **Windsperre** zusätzlichen Schutz vor Durchfeuchtung der „Kernwand“ infolge von Regenwasser bieten. Bei unzureichender Hinterlüftung von Brettschalungen ist sie sogar notwendig.

8.2.4 Zeichnerische Darstellung

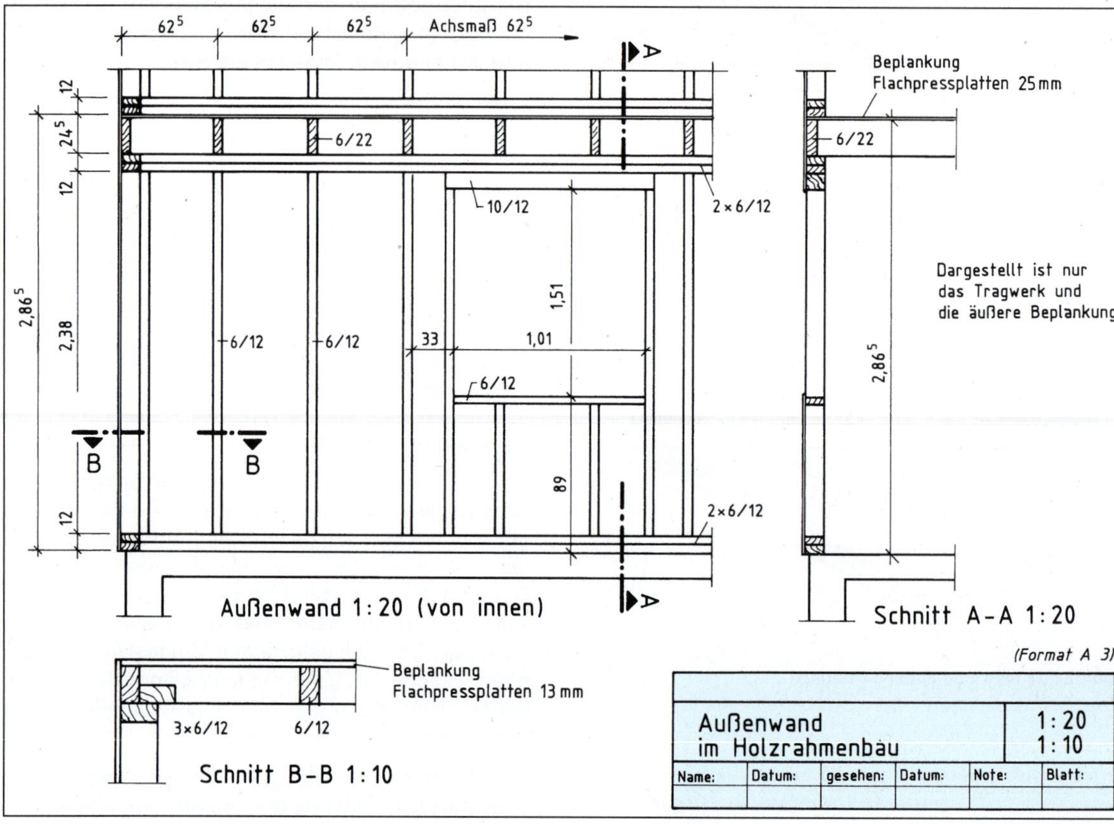

Aufgaben

1. Das Projekthaus wird als Holzrahmenbau ausgeführt. Zeichnen Sie ein Wandelement für die Außenwand im EG auf der Westseite in der Ansicht, Maßstab 1 : 20. Die Wand soll aus zwei Teilen mit je 5,00 m Länge gefertigt werden. Wandhöhe = 2,50 m, Rippen 6/14 cm, Fenstersturz 14/20 cm, Bodenplatte und Kellerwand aus Stahlbeton. Die Beplankung ist hier nicht darzustellen. Maßstab 1 : 5, A4-Breitformat.
2. Zeichnen Sie die folgende Details:
   - Waagrechter Schnitt durch die Wandecke mit vollständigem Wandaufbau und Darstellung der Verbindungsmittel.
   - Senkrechter Schnitt durch Schwelle und Sockel, Maßstab 1 : 5, A4-Breitformat.

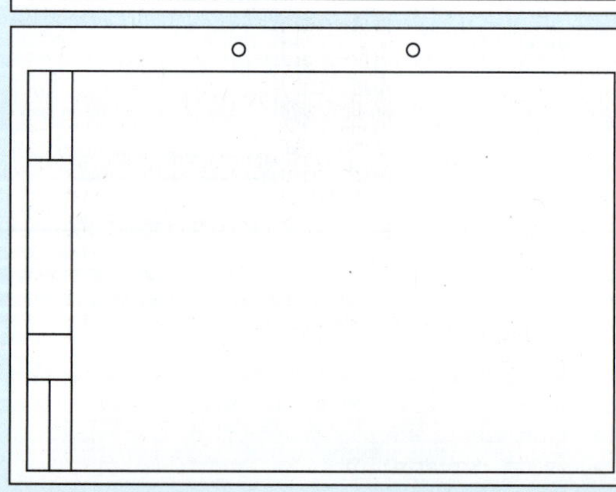

8.3 Holzskelettbau

Die Holzskelettbauweise gehört zu den fortentwickelten Systemen für zeitgemäßes Bauen in Holz. Anders als beim Holzrahmenbau handelt es sich hier aber um ein **offenes System**, das nicht durch Standardkonstruktionen bis ins Detail geregelt wurde. Entsprechend vielartig sind die damit konstruierten Bauten: Wohngebäude, Büro- und Verwaltungsbauten, Schulen und Kindergärten, Ausstellungsgebäude, Vereinsheime und andere.

Konstruktionsmerkmale

Typisch für den Skelettbau ist seine in einem **Konstruktionsraster** angeordnete Tragstruktur aus Stützen und Trägern, die durch raumabschließende, meist nichttragende Wände vervollständigt wird.

Neue Verbindungsmittel und die Verwendung von Brettschichtholz ermöglichen weit gespannte und dennoch schlanke Holzskelette. Die Anzahl der tragenden Bauteile und Knotenpunkte wird auf ein Minimum reduziert. Hervorzuheben sind die in großem Abstand stehenden und über mehrere Stockwerke **durchlaufenden Stützen**. Dies erlaubt formstabile, setzungsarme Konstruktionen, weil die lotrechten Lasten ausschließlich in Faserlängsrichtung abgetragen werden. Schwachpunkte der Fachwerkkonstruktion – quergepresste Schwellen und Rähme, Schwinden rechtwinklig zur Faser – werden somit vermieden.

Das Aufrichten von mehrgeschossigen Skelettbauten erfordert allerdings eine **anspruchsvollere Montagetechnik**, weil die Konstruktion nicht Stockwerk um Stockwerk erstellt werden kann.

Das tragende Skelett bleibt auch nach dem Ausbau in den meisten Fällen **sichtbar**. Das großzügige, offene Tragwerk prägt die Architektur und Gestalt des gesamten Gebäudes.

Bei gleicher Skelettstruktur können durch die flexible Anordnung der nichttragenden Wände unterschiedliche Grundrisse realisiert werden.

Die Ausbildungen der **Fuß- und Knotenpunkte** des Tragwerks verdienen besondere Beachtung. Die zu übertragenden Kräfte sind größer als beispielsweise beim Fachwerk- oder Holzrahmenbau. Dies macht die Verwendung von Verbindungsmitteln des Ingenieurholzbaus erforderlich (Stabdübel, Dübel besonderer Bauart, geschweißte Stahlformteile).

Der Holzskelettbau ist ein variables, offenes Bausystem, das sich unterschiedlichen Anforderungen an Größe, Nutzung, Raumbildung, Gestaltung und Fertigungsverfahren anpasst. Das im Raster konstruierte Tragwerk prägt das Bauwerk nach außen und innen.

Wohnhaus in Skelettbauweise

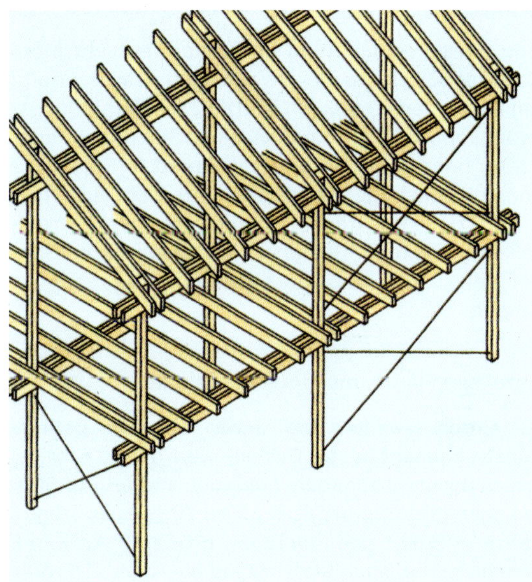

Tragwerk

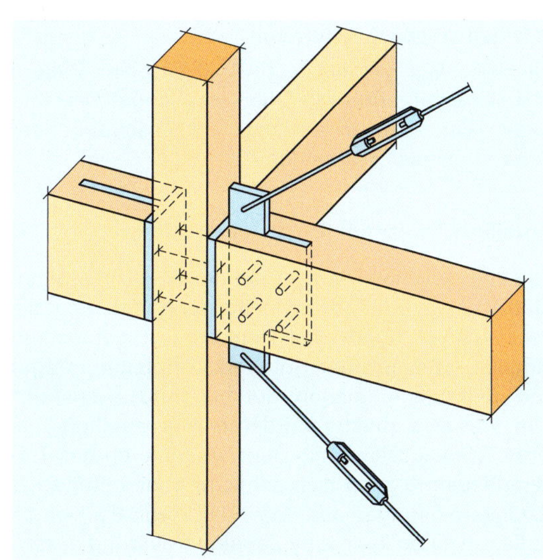

Knoten mit Verbandsanschluss

8.3.1 Konstruktionssysteme

Einteiliger Träger und Doppelstütze ①

Dieses Konstruktionssystem zeichnet sich durch **einfache Verbindungen** aus. Die Träger werden in Geschosshöhe zwischen die durchlaufenden Doppelstützen gefügt und auf **Futterhölzern** gelagert, die beide Stützenteile miteinander verbinden. Das vereinfacht die Montage und erlaubt eine direkte Einleitung der Auflagerkräfte. Stehen die Stützen in der Ebene der Außenwand, schließt ein langes Mittelholz den Raum zwischen den Doppelstützen. Hier ist eine luftdichte geklebte Verbindung anderen Lösungen (Verschraubungen, Nagelungen) vorzuziehen. Bei Verwendung von rechteckigen Kanthölzern wirkt die Stütze schlanker.

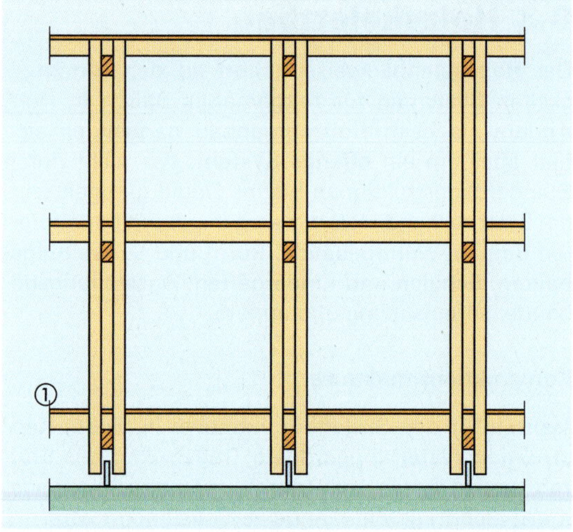

Doppelträger (Zange) und einteilige Stütze ②

Eine direkte Auflagerung der Zange ist nicht möglich. Der Anschluss der zweiteiligen Träger erfolgt seitlich an den einteiligen Stützen. Als Verbindungsmittel kommen hier hauptsächlich Stabdübel, Passbolzen oder Dübel besonderer Bauart in Frage. Die Konstruktionshöhe der Decke setzt sich auch hier aus der Höhe der Träger und der Dach- oder Deckenbalken zusammen. Geeignet sind quadratische Stützenquerschnitte und hochkantige, eher schmale Zangen.

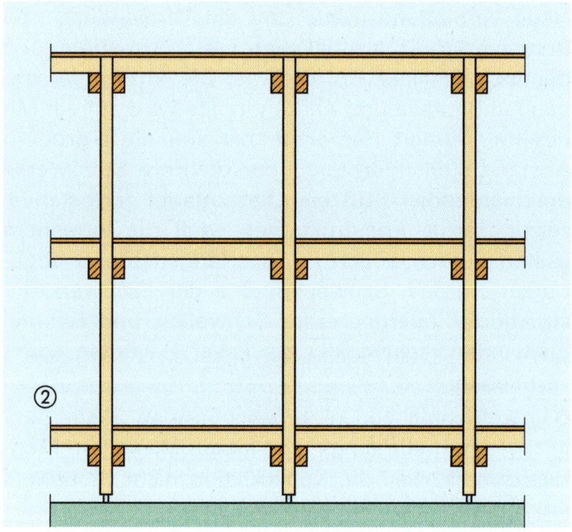

Einteiliger Träger und einteilige Stütze ③

Für Geschossbauten, bei denen auf eine **geringe Konstruktionshöhe der Decken** Wert gelegt wird, ist dieses System besonders geeignet. Träger und Stütze liegen jetzt in einer Ebene. Der Anschluss Träger/Stütze erfordert dadurch einen größeren Aufwand. Konsolartig ausgebildete Stahlteile oder T-Profile dienen als Auflager. Für solche Knoten wurden auch spezielle Verbindungen entwickelt, die den Montageaufwand erheblich reduzieren.

Die Balkenlage verläuft rechtwinklig zu den Trägern und wird mit bündiger Oberkante angeschlossen. Dafür kann man zugelassene Balkenschuhe oder Balkenverbinder verwenden.

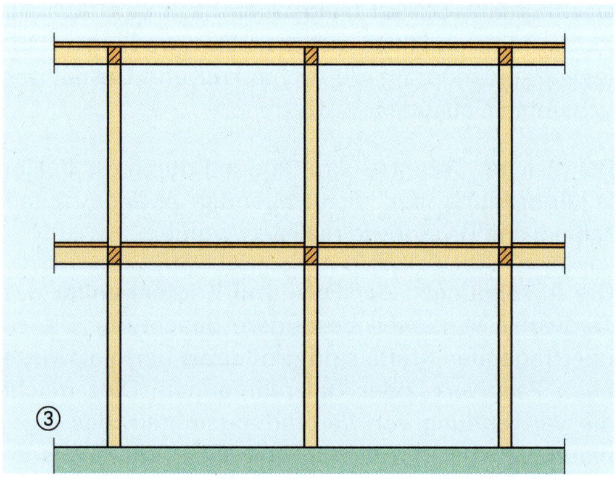

Einteiliger Träger auf Stütze (eingeschossig) ④

Hier liegen die Hauptträger auf der eingeschossigen Stütze **direkt** auf. Rechtwinklig dazu verlaufen die Deckenbalken oder – bei kleinerem Trägerabstand möglich – Dielen oder Holzwerkstoffplatten. Träger und Balkenlage können durchlaufend ausgeführt sein, was sich günstig auf deren Tragverhalten auswirkt. Zur Lagesicherung oder Verstärkung des Trägerauflagers eignen sich seitliche oder mittige Laschenverbindungen aus Holz oder Stahl. Bei kleinen Auflagerkräften kann eine Zapfenverbindung ausreichen.

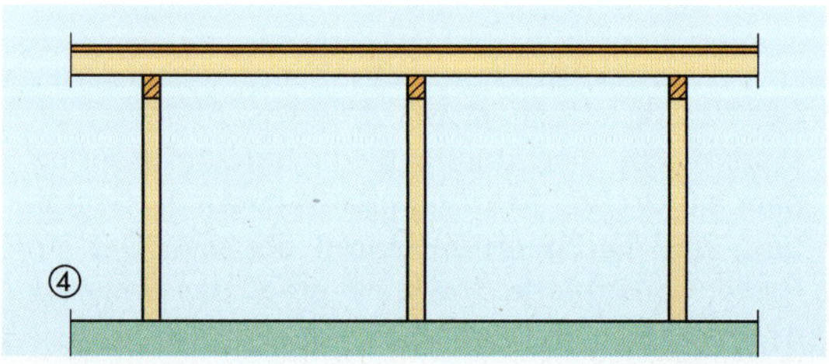

8.3.2 Knoten und Verbindungen

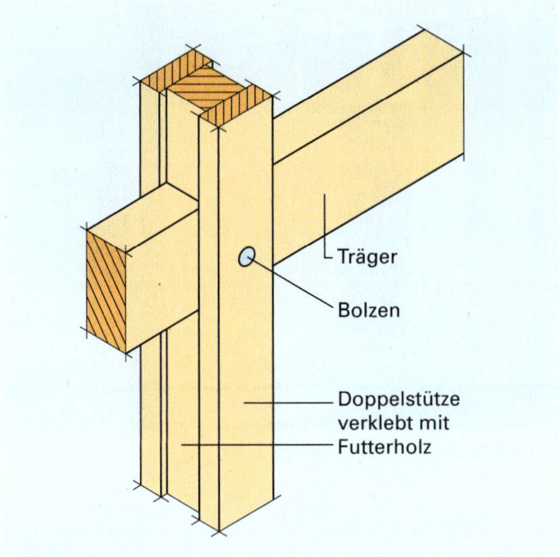

Trägeranschluss zu ①

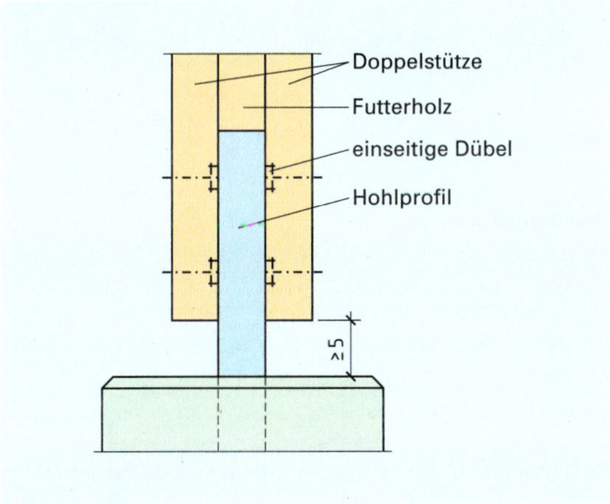

Fußpunkt zu ①

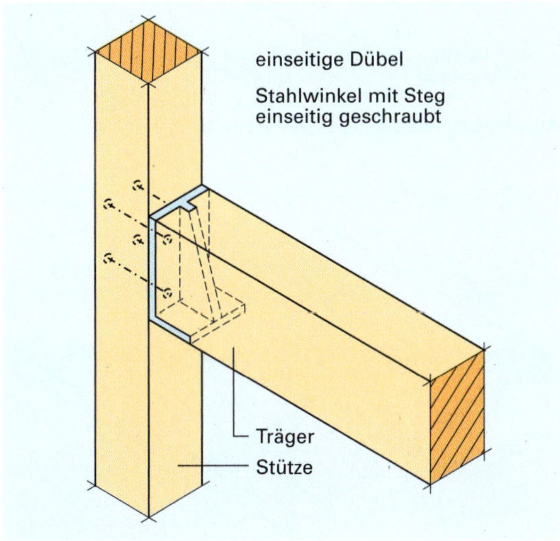

Trägeranschluss zu ③

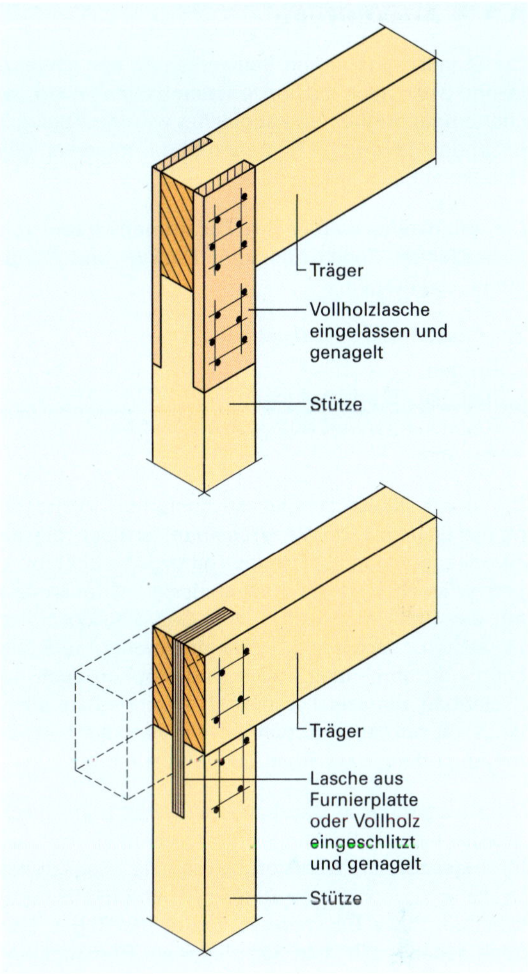

Trägeranschlüsse zu ④

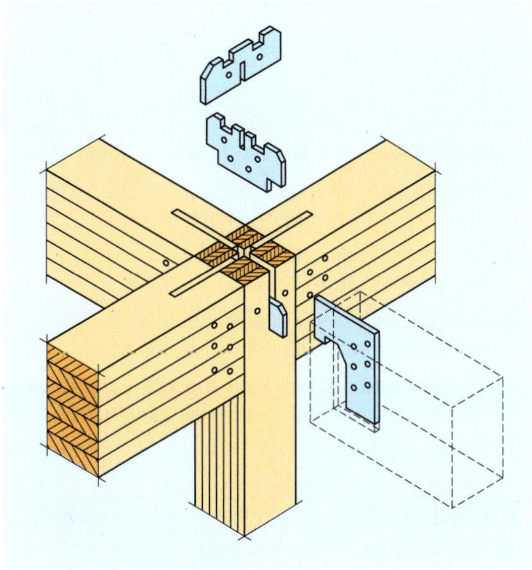

Verbindung mit Hakenplatten zu ③

8.3.3 Aussteifung

Die Standsicherheit von Bauwerken ist nur gewährleistet, wenn auch die horizontalen Lasten (Wind) sicher aufgenommen und abgeleitet werden. Dies gilt besonders bei den oft filigranen Stabtragwerken des Holzskelettbaus.

Die Windkräfte werden im **Zusammenwirken** von aussteifenden Konstruktionen in Decken- und Wandebene abgetragen.

Zur **Aussteifung in Wandebene** dienen:

- Streben,
- diagonale Brettschalungen,
- Beplankungen mit Holzwerkstoffplatten,
- Verbände.

Die durch Beplankungen ausgesteiften Wandelemente (sogenannte **Wandscheiben**) erfüllen diesen Zweck am besten, weil sie nur geringe Verschiebungen zulassen. Auf die kraftschlüssige Verankerung mit der Unterkonstruktion (z. B. Gebäudesockel) ist zu achten. Vorgefertigte Wandelemente, wie sie beim Holzrahmenbau üblich sind, können auch im Skelettbau eingesetzt werden. Hier dienen sie allerdings oft nur zur Aussteifung; die vertikale Lastabtragung erfolgt dann über das Holzskelett.

Die **Aussteifung in Deckenebene** erzielt man durch großflächige Beplankungen der Balkenlage mit dafür zugelassenen Werkstoffplatten. Die ausgesteifte Decke wird dadurch zur **Deckenscheibe** (Horizontalscheibe). Diese Bauweise ist heute die Regel. Nur noch selten greift man auf diagonale Brettschalungen oder Verbände zurück. Parallele Brettschalungen sind wegen ihrer Verschieblichkeit ungeeignet.

In sich steife Deckenbauarten, wie z. B. die Brettstapel- oder Holz-Beton-Verbunddecke, können ohne weiteres als Deckenscheiben herangezogen werden.

Wandscheibe im Holzskelettbau

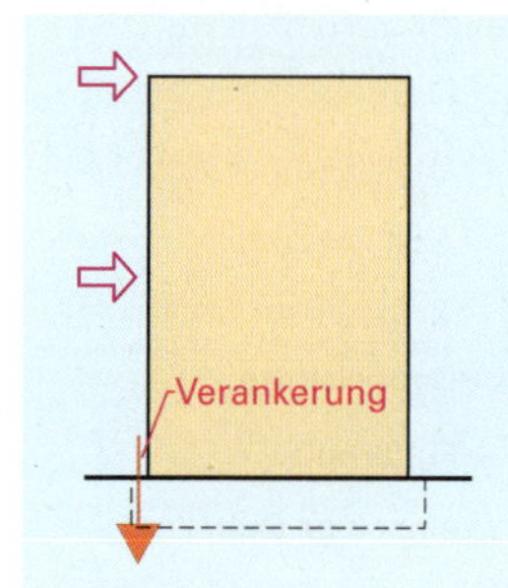

Wandscheibe

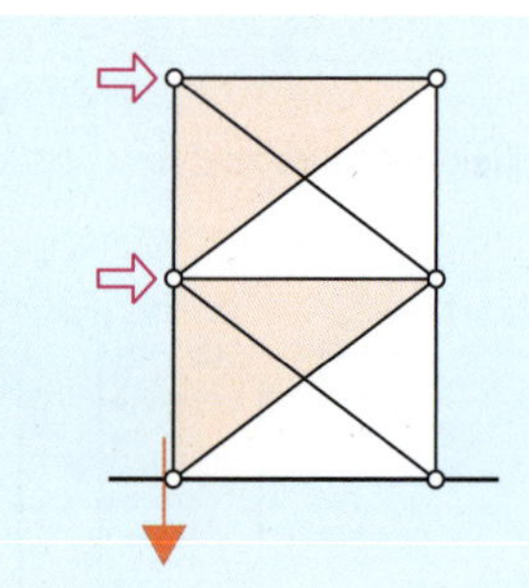

Verbände

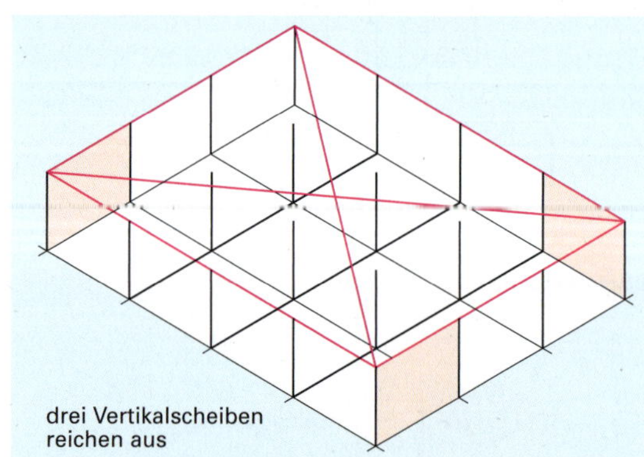

Aussteifung mit starrer Deckenscheibe

Decken-Beplankung mit Holzwerkstoffplatten

Aufgaben zum Holzrahmen- und Holzskelettbau

1. *Welche Vorteile haben Holzrahmen- und Holzskelettbau gegenüber dem Fachwerkbau?*
2. *Beschreiben Sie die Herstellung der Wandelemente (Holzrahmenbau).*
3. *Wie lassen sich Feuchteschäden bei mehrschaligen Außenwänden vermeiden?*
4. *Nennen und beschreiben Sie die verschiedenen Konstruktionssysteme des Skelettbaus.*
5. *Skizzieren Sie je einen Fuß und Knotenpunkt von jedem System.*
6. *Welche Rolle spielt das Konstruktionsraster?*
7. *Wie wird beim Holzrahmenbau/beim Holzskelettbau die Gebäudeaussteifung erreicht?*

8.3.4 Zeichnerische Darstellung

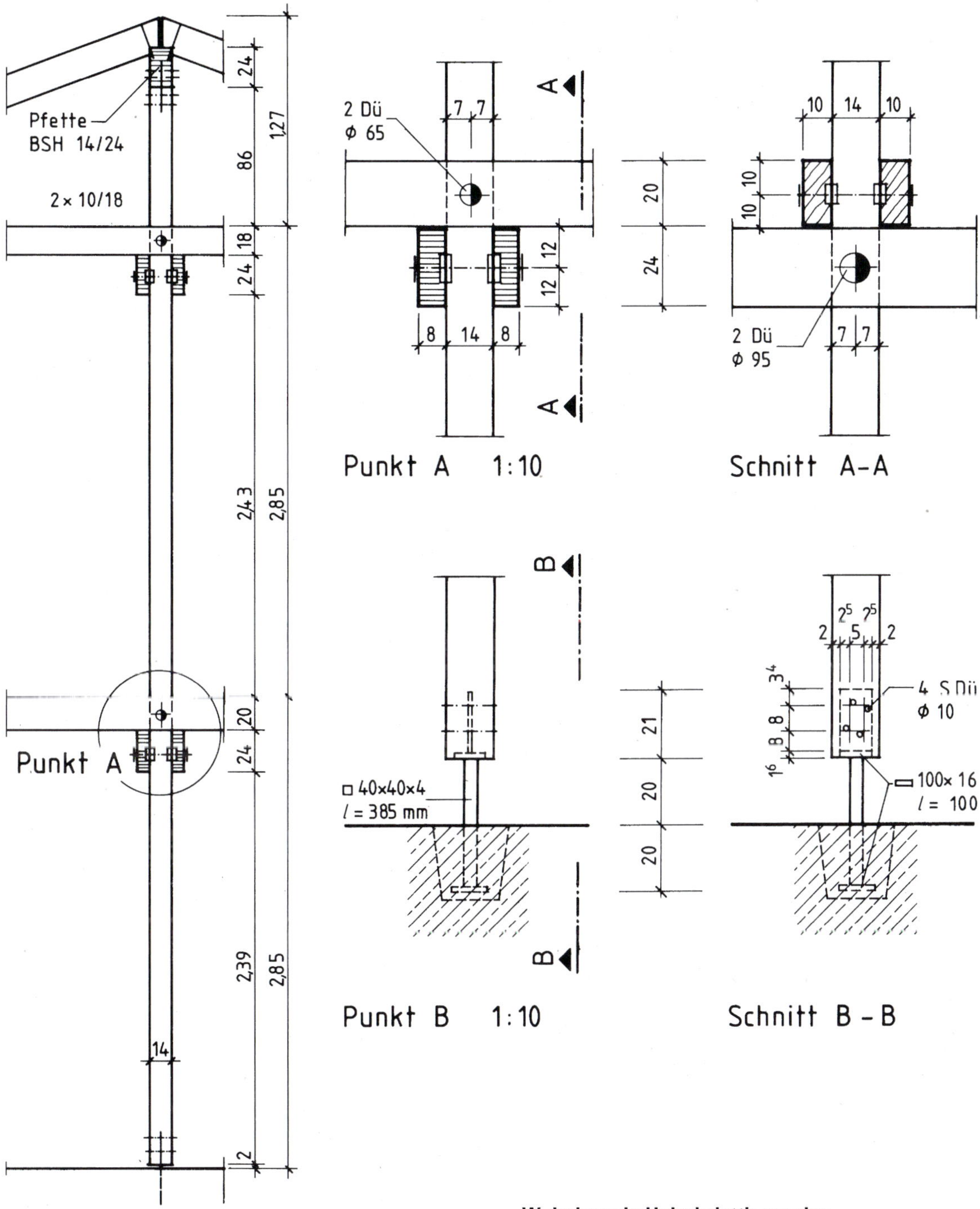

Wohnhaus in Holzskelettbauweise
Tragwerk (Ausschnitt)

Aufgabe

Stellen Sie den Knoten „Punkt A“ der oben dargestellten Zeichnung isometrisch dar (ohne Verbindungsmittel).

Maßstab 1 : 5, A4-Hochformat

8.4 Fenster

Unterscheidungen

Fenster können nach folgenden Gesichtspunkten unterschieden werden, und zwar nach

- der Öffnungs- und Flügelart,
- der Konstruktion der Fensterrahmen,
- der Verglasung,
- den Rahmenwerkstoffen.

8.4.1 Bestandteile des Fensters

- **Blendrahmen:** Er ist fest mit dem Bauwerk verbunden. Der Spalt zwischen den Holzbauteilen der Außenwand und dem Blendrahmen wird mit Mineralwolle oder PUR-Schaumstoff gedämmt und mit elastischen Stoffen oder Dichtungsbändern abgedichtet.
- **Flügelrahmen**: Er wird am Blendrahmen beweglich befestigt. Durch Verfalzung zwischen Blend- und Flügelrahmen mit zusätzlich eingebauten Gummidichtungsprofilen wird eine gute Abdichtung erreicht. Diese schützt vor eindringender Feuchtigkeit, verhindert Wärmeverlust und Zugerscheinungen.
- **Pfosten** (früher Setzholz genannt): Unterteilt den Blendrahmen in der Breite.
- **Riegel** (früher Kämpfer genannt): Unterteilt den Blendrahmen in der Höhe.
- **Sprossen:** Leisten, die den Flügelrahmen in Höhe und Breite unterteilen. Sie dienen vor allem der Gestaltung. Eine Unterteilung in kleine Fensterflächen ist oftmals bei Fenstern von denkmalgeschützten Fachwerkhäusern gefordert.

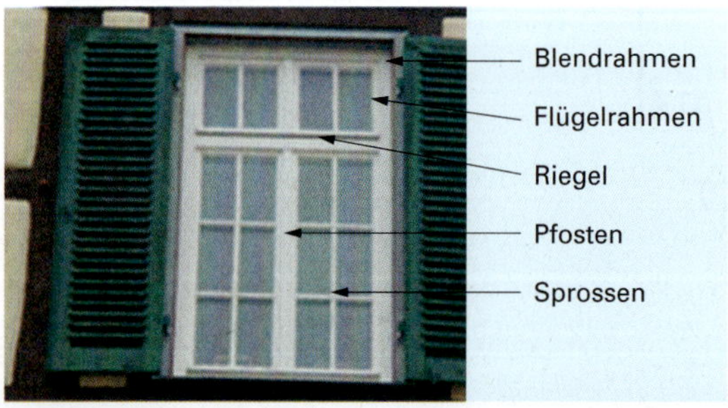

Bestandteile des Fensters

- **Beschläge:** Hierunter fallen sämtliche Elemente, die für die Bedienbarkeit der Fenster notwendig sind. Dies sind Fensterbänder, durch die der Flügelrahmen beweglich am Blendrahmen befestigt wird. Die Funktionen des Kippens oder Öffnens muss mit den Bedienelementen, in der Regel einem Drehgriff (Olive), möglich sein.
- **Verglasung:** Sie besteht in der Regel aus mehreren Glasscheiben, die in den Glasfalz des Fensterflügels eingesetzt werden.

8.4.2 Fensterkonstruktionen

Nach ihrer Bauart können Fenster als Einfachfenster, Verbundfenster oder als Kastenfenster hergestellt werden.

- **Einfachfenster**: Sie bestehen aus **einem** Blend- und **einem** Flügelrahmen. Die Dichtheit dieser Fensterart wird durch Verfalzung in Blend- und Flügelrahmen und umlaufende Gummidichtungsprofile erreicht. Die Verglasung besteht aus mindestens zwei Scheiben (2-Scheiben-Isolierverglasungen).

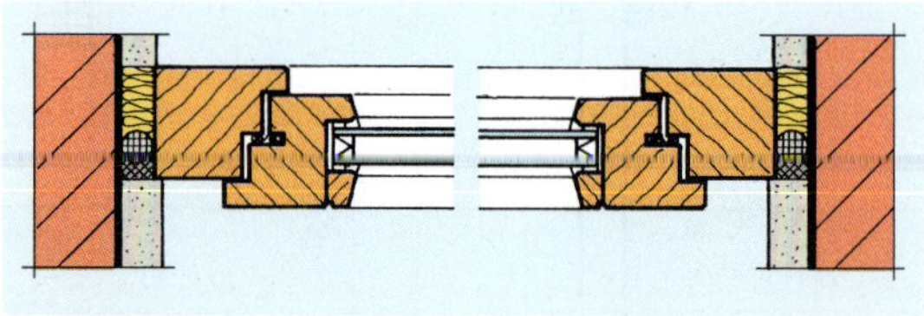

Einfachfenster

- **Verbundfenster**: Diese Konstruktion besteht aus **einem** Blendrahmen und **zwei** Flügelrahmen. Die beiden Flügelrahmen werden mit speziellen Beschlägen miteinander verbunden, können aber zu Reinigungszwecken getrennt werden. Die stehende Luftschicht zwischen den Verglasungen wirkt wärmedämmend.

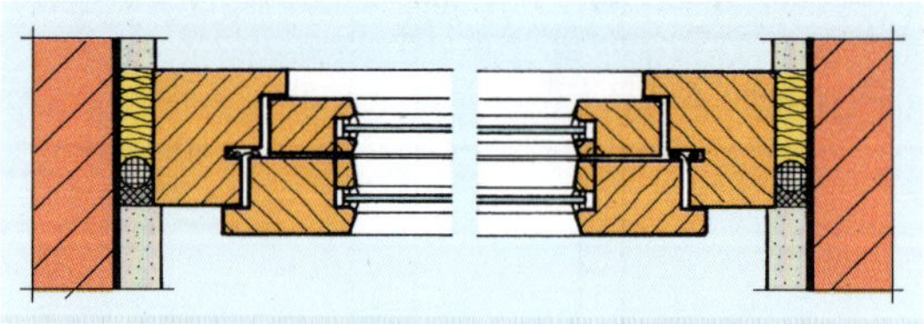

Verbundfenster

- **Kastenfenster**: Kastenfenster bestehen aus **zwei** Blendrahmen im Abstand von mindestens 10 cm. Zu jedem Blendrahmen gehört ein Flügelrahmen. Die Flügelrahmen können sich unabhängig voneinander bewegen. Der relativ große Abstand bewirkt einen recht guten Schallschutz.

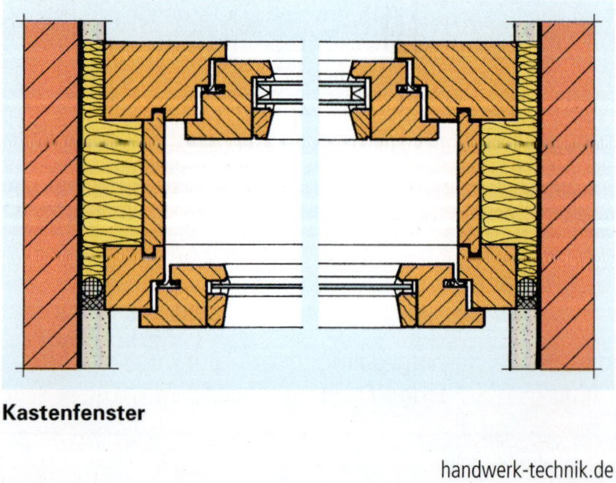

Kastenfenster

8.4.3 Öffnungsarten von Fenstern

Bezeichnungen

Nach der Bewegungsrichtung der Flügel werden Fenster mit folgenden Öffnungsarten unterschieden:

- **Drehflügelfenster**: Der Fensterflügel wird links oder rechts am Blendrahmen angeschlagen und lässt sich in der Regel nach innen öffnen.

  Hierbei bedeutet die Bezeichnung

  „rechtsöffnend": Flügel zur Ansichtsseite öffnend mit den Bändern auf der rechten Seite.

  „linksöffnend": Flügel zur Ansichtsseite öffnend mit den Bändern auf der linken Seite.
- **Kippflügelfenster**: Der Fensterflügel wird am unteren Blendrahmen angeschlagen. Kippfenster werden meist als Oberlicht ausgeführt.
- **Drehkippfenster**: Spezialbeschläge ermöglichen die Umstellung des Fensters zum Dreh- oder Kippflügel. In gekippter Stellung wird der Fensterflügel durch eine Schere gehalten.

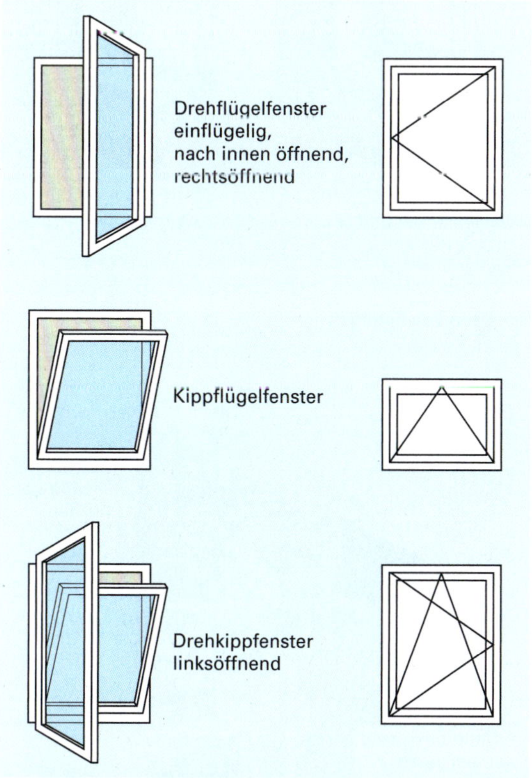

Fensterbezeichnungen

Die Öffnungsart des Fensters wird nach der Bewegungsrichtung der Fensterflügel benannt. Am häufigsten werden Drehkippfenster verwendet.

- **Schwingfenster**: Der Fensterflügel wird in der Mitte der senkrechten Blendrahmenhölzer durch ein Drehlager mit dem Blendrahmen verbunden. Beim Öffnen schwingt der untere Teil des Fensters nach außen, der obere nach innen. Rollläden können bei geöffnetem Fenster nicht vollständig heruntergelassen werden.
- **Wendefenster**: Der Fensterflügel wird in der Mitte der waagerechten Blendrahmenhölzer mit diesen verbunden. Beim Öffnen dreht eine Flügelhälfte nach innen, die andere nach außen. Rollläden können bei geöffnetem Flügel überhaupt nicht heruntergelassen werden.

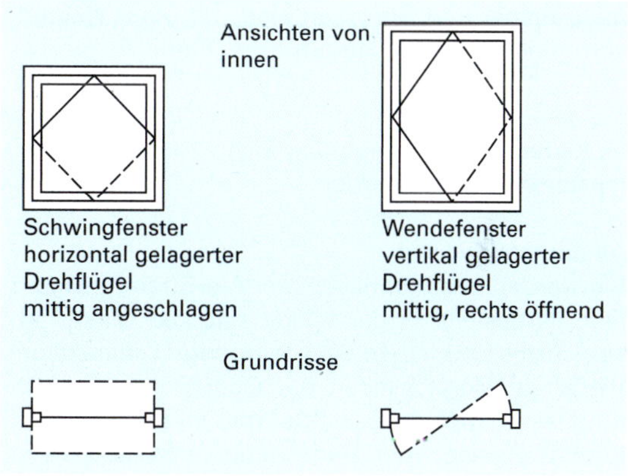

Zeichnerische Darstellung

Darstellung der Öffnungsarten

Festlegungen für die Darstellung von Fenstern und Fenstertüren sind in der DIN EN 12519 dokumentiert. Bei der zeichnerischen Darstellung von Öffnungsarten muss definiert sein, ob die Fenster von **innen** oder von **außen** betrachtet und dargestellt werden.

Ein Drehfenster geht in der Regel nach innen auf. Wird das Fenster von innen dargestellt, bewegt sich der Flügel beim Öffnen in die Richtung des Betrachters. Die Bewegung des Flügels wird dann mit einer durchgehenden Linie dargestellt.

Wird ein Fenster von außen dargestellt, bewegt sich der Flügel beim Öffnen weg vom Betrachter. Die Bewegung des Flügels wird mit einer gestrichelten Linie dargestellt.

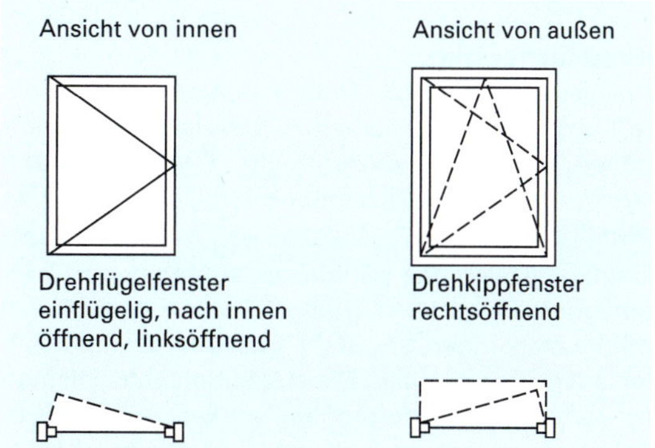

Zeichnerische Darstellung

8.4.4 Werkstoffe

Die Rahmen von Fenstern können aus **Holz**, **Kunststoff** oder **Aluminium** sein. Rahmen aus einfachen Stahlprofilen werden selten verwendet, da sie die Anforderungen des Wärmeschutzes nicht erfüllen.

Holzfenster:
Die der Witterung ausgesetzten Rahmenprofile sind mit einer Oberflächenbehandlung zu versehen. Sowohl offenporige Lasuren als auch filmbildende, deckende Anstriche oder Holzschutzanstriche stehen zur Verfügung. Die Profilierung aller waagerecht verlaufenden Fensterteile wie Flügel- oder Blendrahmen, Riegel und Sprossen sind mit einer Neigung von mindestens 15° auszuführen, damit Regenwasser, auch bei nach innen gekippten Flügeln, abfließen kann. Heimische Holzarten wie Douglasie, Fichte, Kiefer, Lärche, Tanne und Eiche können für Holzfenster verwendet werden.

Aluminium-Fenster:
Sie werden aus mehrschaligen Alu-Strangpressprofilen hergestellt. In der Pflege sind die Fenster anspruchslos und haben eine sehr lange Lebensdauer. Vielfältige Möglichkeiten der Oberflächenbeschichtung lassen großen Gestaltungsspielraum zu. Durch Kunststoffstege oder Hartschaumkerne werden innere und äußere Schale thermisch voneinander getrennt.

Holz-Aluminium-Fenster:
In Holz-Aluminium-Fenstern ergänzen sich die guten Eigenschaften beider Werkstoffe. Holz wird als tragende, innere, wärmedämmende Konstruktion verwendet und mit einer wetterschützenden Außenschale aus Aluminium-Aufbauteilen kombiniert. Somit entfallen aufwendige Anstrich- und Pflegearbeiten für die Holzbauteile.

Um noch bessere Wärmedämmwerte zu erzielen, können die Aluminiumprofile zusätzlich ausgeschäumt werden.

Schließlich können aus rein optischen Gründen auch Holzflügelrahmen mit Blendrahmen aus Aluminium kombiniert werden und umgekehrt: Aluminiumflügelrahmen mit Blendrahmen aus Holz.

Kunststofffenster:
Aus schlagzähem PVC (Polyvinylchlorid) hergestellte Kunststofffenster haben mittlerweile einen sehr hohen Marktanteil erreicht. Ihre Oberfläche kann strukturell und farblich unterschiedlich beschaffen sein.

Um Eigenlasten und Windlasten aufnehmen zu können, müssen vor allem größere Fenster in der Regel mit Verstärkungen aus Stahl- oder Aluminium-Profilen ausgeführt werden. Die stehenden Luftschichten in den Hohlkammerprofilen wirken wärmedämmend. Zusätzlich können sie auch ausgeschäumt oder mit Schaumstoffkernen versehen werden.

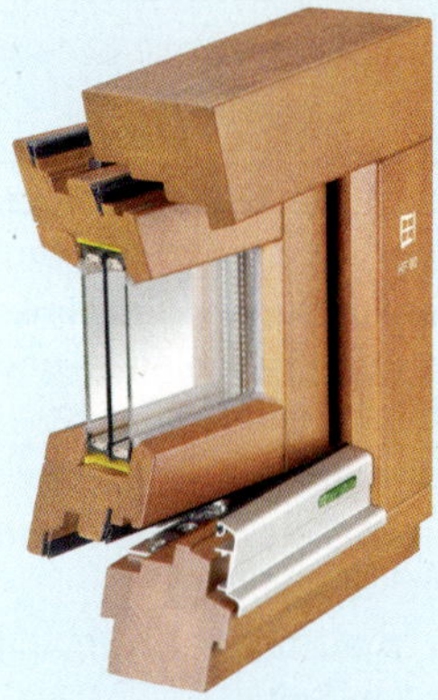

Holzfenster mit 3-Scheiben-Isolierverglasung und zusätzlichem Alu-Abdeckprofil am unteren Blendrahmen

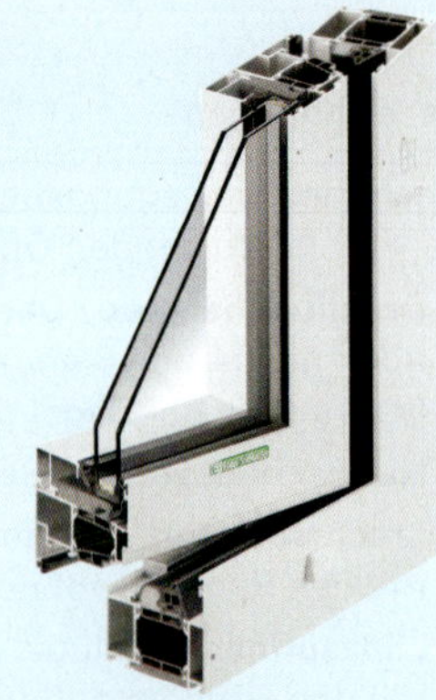

Aluminium-Fenster mit 2-Scheiben-Isolierverglasung

Blendrahmen und Flügelrahmen flächenbündig

Holz-Aluminium-Fenster

Bauarten von Fenstern

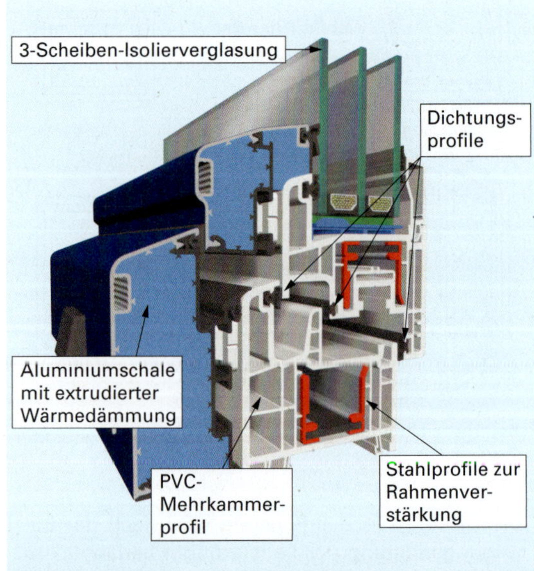

Hochwertiges Fenster für den Passivhausbau

8.4.5 Verglasungen

Die **Einfachverglasung** besteht ausschließlich aus einer Glasscheibe. Ihre Dämmeigenschaft ist gering. Sie kann daher nur im Innenbereich Verwendung finden.

Für Fenster von beheizten Innenräumen ist der Einbau von **Isolierverglasungen (IV)** heute Standard. Diese bestehen in der Regel aus zwei oder drei Scheiben mit einem Abstand von 6 ... 16 mm. Der Scheibenzwischenraum ist entweder mit sehr trockener Luft oder einem schlecht wärmeleitenden Edelgas gefüllt. Je nach Anzahl der Scheiben werden Isolierverglasungen (IV) auch als Doppel- oder Dreifachverglasung bezeichnet.

Die immer höheren Anforderungen an den Wärmeschutz führten zur Entwicklung von **Wärmeschutzgläsern**.

Die aus zwei bis drei Scheiben bestehenden Mehrscheibenisoliergläser können zusätzlich mit auf der Innenseite aufgebrachten Wärmedämmbeschichtungen ausgeführt werden. Diese reflektieren die Wärmestrahlungen in den Innenraum zurück.

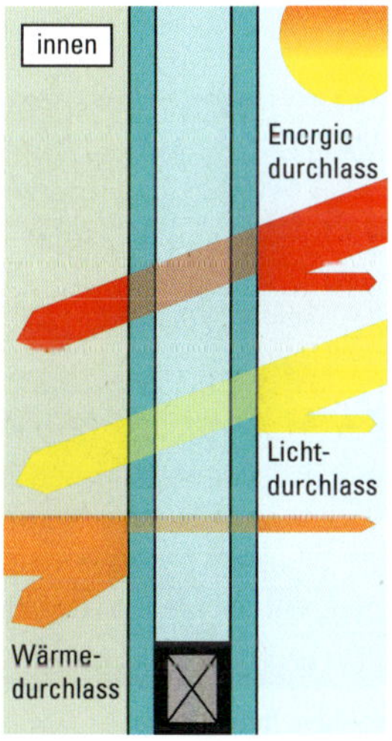

Wärmeschutz-Isolierglas
gute Wärmedämmung
hoher Energiedurchlass
hoher Lichtdurchlass

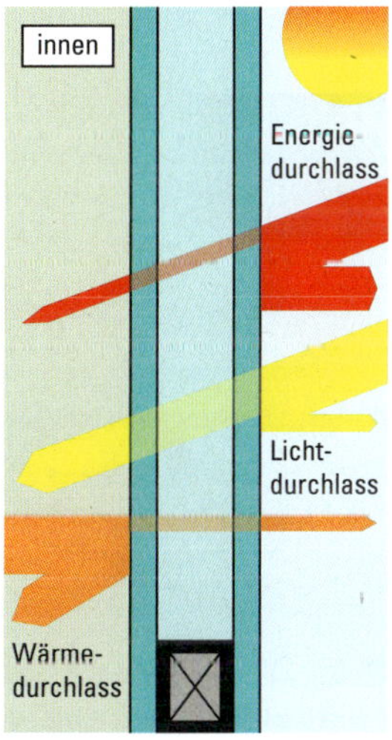

Sonnenschutz-Isolierglas
gute Wärmedämmung
niedriger Energiedurchlass
hoher Lichtdurchlass

Für besondere Anforderungen wurden **Funktionsgläser** wie **Brandschutzverglasungen**, **Sonnenschutzverglasungen** oder **Schallschutzverglasungen** hergestellt.

Bei **Sicherheitsverglasungen** werden **Einscheibensicherheitsglas** (ESG) und **Verbundsicherheitsglas** (VSG) unterschieden.

ESG ist ein durch Wärmebehandlung vorgespanntes Glas. Bei gewaltsamer Zerstörung zerfällt es in kleine Krümel und nicht in gefährliche Glassplitter.

VSG besteht aus mehreren Scheiben. Diese sind durch hochelastische Kunststofffolien (PVB – Polyvinylbutyral) miteinander verbunden. Beim Bruch der Scheibe bleiben die Glasbruchstücke an der Kunststofffolie haften.

Verbundsicherheitsglas (VSG)

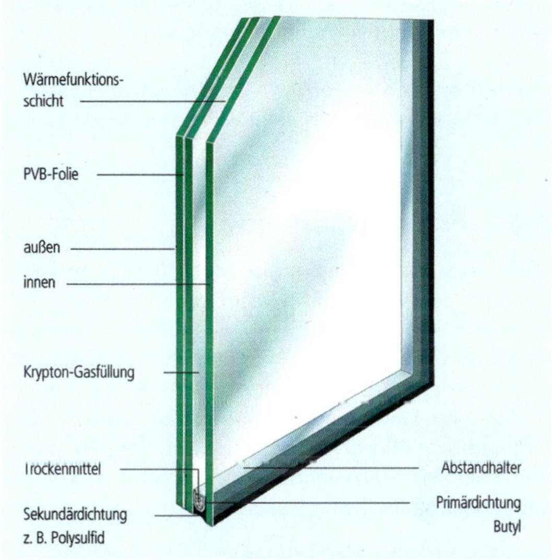

Isolierglasfenster mit Verbundsicherheitsglas

Transparente Fassaden sind nur mit modernen Wärme- und Sonnenschutzverglasungen möglich

Verglasungen können als Einfach-, Doppel- oder Mehrscheiben-Isolierverglasung ausgeführt werden. Einfachverglasungen dürfen wegen des geringen Wärmeschutzes nicht für Fenster von beheizten Räumen verwendet werden. Für spezielle Anforderungen wurden Funktionsgläser entwickelt.

8.4.6 Fenstereinbau

In den Werkplänen sind die Fensteröffnungen bemaßt. Dennoch sollte vor der Fensterherstellung das tatsächlich vorhandene Maß nochmals überprüft werden.

Zwischen dem Fenster und den Wänden muss genügend Platz zum Ausrichten und Verkeilen der Fenster sein. Beim Einsetzen des Fensters ist darauf zu achten, dass es waagerecht steht und dass der Rahmen durch das Verkeilen nicht verzogen wird.

Die Fenster werden an der Wand mit Haltewinkeln befestigt. Diese werden bei Holzkonstruktionen üblicherweise verschraubt, bei Mauerwerk entweder genagelt oder in Verbindung mit Spreizdübeln ebenfalls verschraubt. Je nach Fensterprofil ist auch eine direkte Verschraubung des Blendrahmens ohne Haltewinkel mit dem Wandbauteil möglich.

Beim Einbau von Fenstern ist darauf zu achten, dass die Blendrahmen nicht verzogen werden.

8.4.7 Fugenausbildung

Nach dem Gebäudeenergiegesetz (GEG) müssen Gebäude zur Vermeidung von Durchfeuchtung und Schimmelbildung luftdicht ausgeführt werden. Mögliche Undichtigkeiten können mit dem Blowerdoor-Test (siehe auch Abschnitt 18.3.3) nachgewiesen werden. Der Fugenausbildung zwischen Fenster und angrenzenden Außenwandbauteilen, in unserem Falle als Holzkonstruktion ausgeführt, kommt dabei besonders große Bedeutung zu.

Bauphysikalische Anforderung

Außenwandbauteile müssen grundsätzlich verschiedene Funktionen erfüllen (siehe hierzu Abschnitt 8.2.3 Außenwände). Eingebaute Fenster sind Teil der Außenwand und müssen deshalb dieselben Funktionen erfüllen können. Wie bei der Außenwand sind hierfür bestimmte Bauteilschichten verantwortlich.

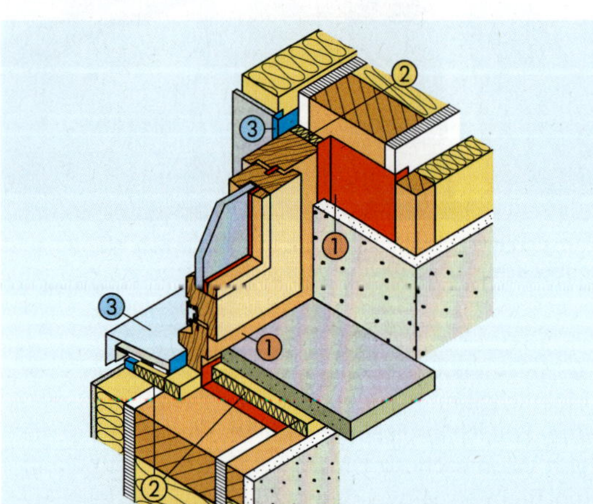

Fugenausbildung

Die Anschlussfugen der Fenster müssen gewissermaßen eine nahtlose Verbindung der einzelnen Bauteilschichten ermöglichen.

Bauteilschicht 1:
Nach innen muss die Fuge Fenster/Wand luftdicht hergestellt werden. Dies geschieht meist durch die Verwendung von Fugendichtungsbändern. Diese müssen sorgfältig mit dem Fensterrahmen und der Fensterlaibung verklebt werden.

Bauteilschicht 2:
Die Fuge selbst muss aus Gründen des Schall- und Wärmeschutzes mit einem Dämmstoff verfüllt werden.

Bauteilschicht 3:
Je nach Wahl der Fassade muss der Anschluss an den Fensterrahmen durch geeignete Anputzleisten, Anschlussfolien oder vorkomprimierte Dichtbänder, wind- und regensicher hergestellt werden. Gleichzeitig muss jedoch Feuchtigkeit aus dem Innenbereich nach außen entweichen können. Das Fugenmaterial muss also diffusionsoffen sein.

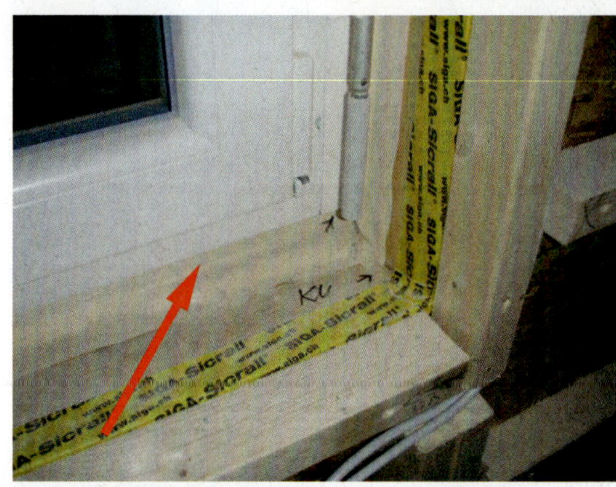

Bauteilschicht 1: luftdichter Anschluss innen beim Holzrahmenbau mit innerer Installationsebene

Bauteilschicht 3: schlagregendichter Anschluss außen auf Holzfaserplatte mit bereits angebrachter Konterlattung

Die fehlerfreie Ausbildung von Anschlussfugen bei Fenstern (und auch bei allen Außentüren) ist sehr aufwendig. Sie muss geplant und sorgfältig ausgeführt werden. Die Materialien müssen unter Berücksichtigung der Außenwandkonstruktion aufeinander abgestimmt werden. Es ist daher bereits bei der Erstellung der Leistungsverzeichnisse (siehe Abschnitt 14.8.1) zu klären, wie die Fugen herzustellen sind und von welchem Gewerk (zum Beispiel Zimmerer oder Fensterbauer) die Ausführung übernommen wird. Wird auf eine Außenwand in Holzrahmenbauweise ein Außenputz auf einer Putzträgerplatte angebracht, wie im Beispiel rechts, so wird es die Aufgabe des Stuckateurs sein, den Putzanschluss an das Rahmenprofil schlagregendicht auszuführen.

Abdichtung der Anschlussfugen am unteren Fensterrand – vor Anbringung des Fenstersimses

Schlagregendichter Anschluss von Holzwerkstoffplatten am Blendrahmen durch den Zimmerer

Schlagregendichter Anschluss an Rollladenführungsschiene und Fenstersims vom Stuckateur

Senkrechter Schnitt durch ein Holzfenster (Einfachfenster) mit unterem und oberem Anschluss an Außenwand aus Holzrahmenbau

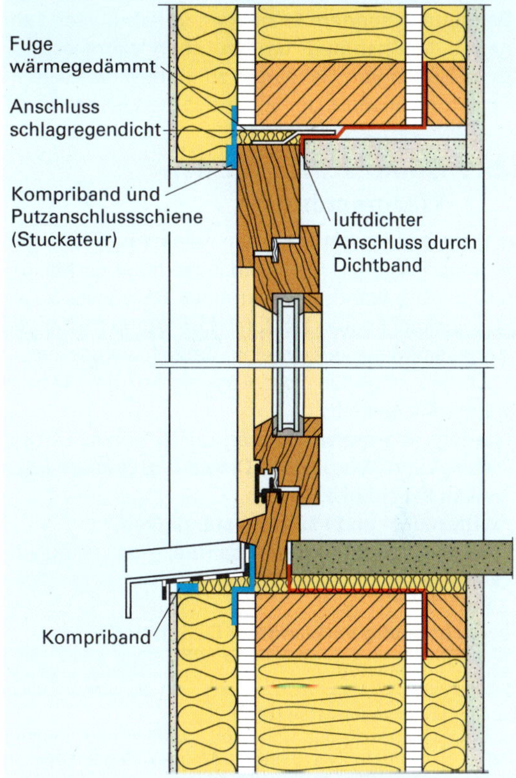

Waagrechter Schnitt

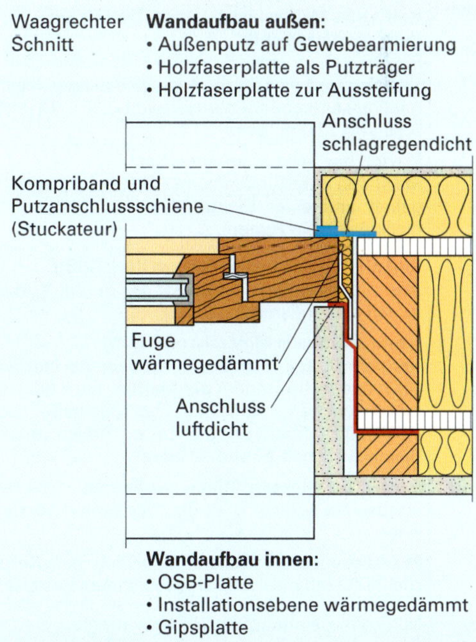

Fugenausbildung

Die Anschlussfugen zwischen Fenster und Wandbauteilen müssen sorgfältig wärmegedämmt, luftdicht und dennoch diffusionsoffen hergestellt werden.

8.5 Wärmeschutz

Baulicher Wärmeschutz ist nicht nur für die **wirtschaftliche Nutzung** der Gebäude (geringe Heizkosten) von Bedeutung, sondern es hängen von ihm auch sehr stark die **Gesundheit** und das **Wohlbefinden der Bewohner** ab. Maßnahmen zum baulichen Wärmeschutz werden vorgenommen, um vermeidbare Energieverluste beim Heizen von Gebäuden zu unterbinden. Sie tragen also dazu bei, Energie zu sparen und somit auch die Belastung unserer Umwelt durch Reduktion der CO_2-Emissionen zu verringern.

8.5.1 Dämmstoffe für den Wärmeschutz

An Wärmedämmstoffe werden keine Anforderungen wie Druckfestigkeit, Steifigkeit oder hohe Dichte gestellt, um die Standsicherheit eines Bauwerkes zu sichern. Vielmehr sollen sie durch ihre Eigenschaften die Wärmedämmfähigkeit einzelner Bauteile verbessern.

Es werden folgende Forderungen an die Wärmedämmstoffe gestellt:

- **geringe Wärmeleitfähigkeit** durch hohen Luftporenanteil, durch geringe Dichte und geringen Anteil an Feuchtigkeit,
- **Witterungs- und Fäulnisbeständigkeit,**
- **geringe Feuchtigkeitsaufnahme,** nach Möglichkeit Wasser abweisend.

Mikroaufnahme der Zellstruktur von Polystyrolschaum

Übersicht häufig verwendeter Dämmstoffe

Form	Dämmstoff	Verwendungsbeispiele
Dämmplatten und Dämmmatten	**Holzwolleplatten (WW):** Hergestellt aus Holzwolle, getränkt und überzogen mit Bindemitteln wie Zement, Magnesit oder Gips. 15...100 mm dick, 0,50 m breit und 2,00 m lang.	Außen oder innen liegende Dämmschicht an Bauteilen aus Beton. Zwischenschicht für zweischaliges Mauerwerk. Als Putzträger bei leichten Trennwänden und Gebälken (Holzbalkendecken, Dächer). Als Dämmschicht bei schwimmenden Estrichen. Als Dämmschicht bei Kalt- und Warmdächern.
	Holzwolle-Mehrschichtplatten (WW-C) mit Hartschaumschicht: Sie bestehen aus Schaumkunststoffen (z. B. Polystyrolschaum) und einseitiger oder beidseitiger Beschichtung aus mineralisch gebundener Holzwolle, 15...75 mm dick, 0,50 m breit und 2,00 m lang.	
	Platten aus Schaumkunststoffen: Meist aus Polystyrolschaum („Styropor") mit etwa 98 % Luftgehalt und einer Dichte von etwa 20 kg/m³. Platten- und blockförmig im Handel.	Als Dämmschicht bei schwimmenden Estrichen. Zwischenschicht bei zweischaligem Mauerwerk. Zur Herstellung von Verbundplatten. Als Füllkörper für Stahlbetonrippendecken.
	Korkplatten aus expandiertem Kork (ICB): Aus aufgeblähtem Korkschrot (Rinde der Korkeiche) und Bitumen als Bindemittel.	Als Dämmschicht bei schwimmenden Estrichen und bei Warmdächern.
	Dämmstoffe aus Mineralwolle (MW): Hergestellt aus Glasfasern, Hochofenschlackenfasern oder Steinfasern. Im Handel als Matten, Filze oder Platten in unterschiedlichen Dicken. Vorzugsmaße der Platten 0,50/1,00 m, Matten und Filze auf Rollen mit 1,00 m Breite. Dichte zwischen 20 und 30 kg/m³.	Belastbare Faserdämmstoffe als Dämmschicht bei schwimmenden Estrichen.
	Matten aus lockerer Mineralwolle sind in der Regel mit einer elastischen Schicht (z. B. Bitumenpapier) versteppt bzw. verklebt.	Nicht belastbare Faserdämmstoffe als Dämmschicht bei Kalt- und Warmdächern. Als Zwischenbauteil in leichten Trennwänden. Dämmschicht in Holzbalkendecken und bei geneigten Dächern (zwischen den Sparren). Ummantelung von Rohrleitungen. Zwischenschicht bei zweischaligem Mauerwerk.
	Pflanzliche Faserdämmstoffe werden aus Kokosfasern oder chemisch und mechanisch aufbereiteten Holzfasern hergestellt.	
lose Dämmstoffe	Naturbims, Hüttenbims, Hüttenschlacke, Steinkohlenschlacke, Kieselgur, Blähton, Glas- und Steinwolle	Zur Herstellung von Leichtbeton und Mauersteinen. Als Füllstoff für Holzbalkendecken.
	Schaumige Kunststoffe, z. B. Polystyrolschaum oder Polyurethanschaum	Zur Herstellung von Styropor-Beton und Styropor-Mauerziegeln. Zum Ausschäumen von Fertigteilen (Wandelemente) und Flachdachkonstruktionen aus Holz oder Stahl.

Die meisten Dämmstoffe finden außer für den Wärmeschutz auch für den Schallschutz Verwendung.

8.5.2 Grundbegriffe

Wärmespeicherung

Dauerbeheizte Räume sollen bei verminderter Wärmezufuhr die vorhandene Wärme speichern. Bei Klassenzimmern z. B. soll nach dem Unterricht die Wärme bei gedrosselter Heizung gespeichert werden.

Gute Wärmedämmung bedeutet **nicht** zugleich auch gute Wärmespeicherung.

Im Sommer hat der Wärmeschutz die Aufgabe, die Räume gegen Wärme zu schützen. Sind die Baustoffe der Außenwände und Dachdecken gut wärmespeichernd, so wird die von der Sonne eingebrachte Wärmemenge vorerst gespeichert und erst dann wieder an die Raumluft abgegeben, wenn außen bereits kühlere Temperaturen herrschen.

Bauteile aus dichten Baustoffen (z. B. Beton, Kalksandstein-Mauerwerk, Vollziegel-Mauerwerk) besitzen gute wärmespeichernde Eigenschaften.

Bei Holzbauwerken müssen die Außenwände Schichten aus dichten Baustoffen erhalten. Beplankungen mit Spanplatten oder Gipsplatten erzielen bereits brauchbare Werte bezüglich der Wärmespeicherung.

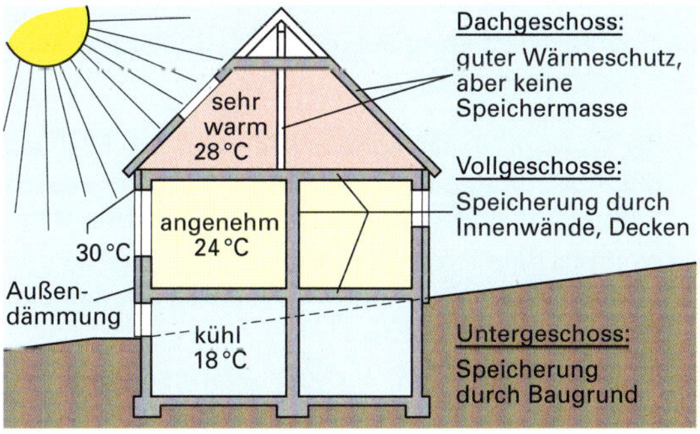

Sommerlicher Wärmeschutz

Gute Wärmedämmung bedeutet noch lange keine Wärmespeicherung. Wärmespeicherung wird durch dichte Baustoffe besonders im Gebäudeinneren erreicht.

Wärmebrücken und Undichtigkeiten

Besondere Aufmerksamkeit gilt dem Vermeiden von Wärmebrücken. Unter Wärmebrücken versteht man Schwachstellen in Bauteilen, die wesentlich geringere Wärmedurchlasswiderstände aufweisen. Gerade an diesen Stellen muss sehr sorgfältig gearbeitet werden.

Wärmebrücken treten auch immer da auf, wo Stahlbetonbauteile in Außenbauteile einbinden. Hier muss an der Außenseite der Stahlbetonbauteile eine ausreichend dicke Wärmedämmschicht (mindestens 8 cm) vorgesehen werden.

Bei Holzhäusern spielen Undichtigkeiten der Außenwände eine wesentlich größere Rolle. Viele Feuchteschäden im Wandinnern machten klar, dass die wasserdampfhaltige Warmluft durch kleinste „Öffnungen" in Mengen ausströmen kann. Dieser Wärme- und Feuchtestrom wird durch ein Luftdruckgefälle zwischen Innen und Außen in Gang gesetzt, das bereits bei geringen Windgeschwindigkeiten entsteht. Die Folgen sind gravierend: Nicht nur Wärme „zieht" es nach außen; im Bauteilinnern kondensiert der Wasserdampf zu großen Tauwassermengen aus und durchnässt Dämmung und Wand. Der innenseitige luftdichte Raumabschluss durch eine Dampfbremse (= Luftsperre) ist unerlässlich und muss sorgfältigst ausgeführt werden.

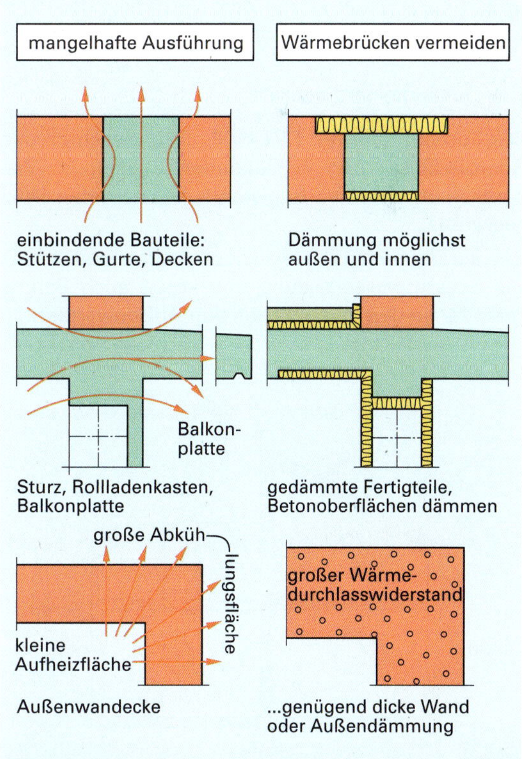

Wärmebrücken

Undichte Außenwände sind wärmetechnische Schwachstellen; sie müssen durch geeignete Luftsperren vermieden werden.

8.5.3 Anforderungen an den baulichen Wärmeschutz

DIN 4108-2, „Wärmeschutz und Energie-Einsparung in Gebäuden", legt für raumabschließende Bauteile Mindestanforderungen fest.

Dies sind die Mindestwerte der Wärmedurchlasswiderstände. Dabei wird unterschieden zwischen Bauteilen mit einer flächenbezogenen Masse unter 100 kg/m^2 und solchen mit einer flächenbezogenen Masse von >100 kg/m^2.

Ganz wesentlichen Einfluss auf Energieverluste beim Beheizen von Gebäuden haben die **Gebäudeform** und der Anteil der **Fensterflächen** an den Außenwandflächen eines Gebäudes.

Je größer die Außenwandflächen im Verhältnis zum Volumen eines Gebäudes sind, umso größer ist der Wärmeverlust beim Beheizen des Gebäudes.

In der Praxis bedeutet dies, dass würfelförmige Gebäude in wärmetechnischer Hinsicht günstiger sind als quaderförmige und dass quadratische oder rechteckige Grundrisse günstiger sind als Winkelgrundrisse.

Da der Wärmedurchgang bei Fenstern in der Regel größer ist als bei Außenwänden, steigt der Energiebedarf beim Beheizen mit dem Verhältnis der Fensterflächen zur Außenwandfläche.

Das Gebäudeenergiegesetz

Die Forderungen der DIN 4108, „Wärmeschutz und Energie-Einsparung in Gebäuden", zielen im Wesentlichen auf einen **hygienisch begründeten Wärmeschutz**.

Ein derartiger Mindestwärmeschutz verhindert z. B. die Schwitzwasserbildung und somit auch Schimmelpilze an den Innenflächen von Außenwänden.

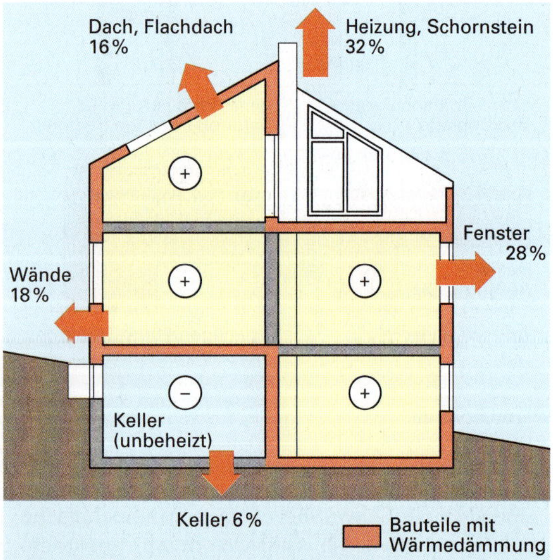

Wärmeverluste eines Einfamilienhauses

Beginnend mit den Energiepreiskrisen der 70er-Jahre wuchs zunehmend auch die **ökonomische** Bedeutung des Wärmeschutzes. Mit dem damaligen Energieeinsparungsgesetz und der daraus entstandenen Wärmeschutzverordnung wurden Vorschriften erlassen, die eine Beschränkung des Energieverbrauches forderten.

Da die **CO_2-Emission** der Hauptgrund für Treibhauseffekt, Waldsterben und weltweite Klimaveränderung ist und rund ein Drittel des gesamten CO_2-Ausstoßes auf die Raumheizung und Warmwasserbereitung entfällt, leistet der Wärmeschutz auch einen zentralen Beitrag zum Umweltschutz.

Das **Gebäudeenergiegesetz** (GEG) löste die Energieeinsparverordnung (EnEV), die Wärmeschutzverordnung und die Heizanlagenverordnung ab. Ziel des Gebäudeenergiegesetzes ist, den Energiebedarf für Beheizung, Kühlung und Lüftung eines Gebäudes sowie für Warmwasserbereitung zu reduzieren und den dazu benötigten Primärenergiebedarf (und damit auch die CO_2-Emission) zu begrenzen. Dabei können **regenerative Energiequellen** (z. B. eigene Stromversorgung durch eine Fotovoltaikanlage, durch Wind- oder Wasserkraft) mit ihrem Energiebeitrag angerechnet werden.

Das Gebäudeenergiegesetz stellt nicht nur Forderungen an die Begrenzung der Transmissionswärmeverluste (Wärmeverluste durch die Außenbauteile), sondern sie stellt auch Forderungen an den maximalen Jahres-Heizenergiebedarf.

Der Jahres-Heizenergiebedarf von Gebäuden setzt sich zusammen aus

1. der Transmissionswärme (= Wärmetransport durch die Außenbauteile), den Wärmeverlusten durch Lüftung, abzüglich der Wärmegewinne durch Bewohner, Beleuchtung und elektrische Geräte und abzüglich der Wärmegewinne durch Sonneneinstrahlung auf die Fenster,
2. dem Energiebedarf für die Warmwasserbereitung,
3. den Energieverlusten der Heizungsanlage, gegebenenfalls auch den Verlusten einer Lüftungs- oder Klimaanlage und
4. der regenerativen Energie (z. B. der Energie aus der eigenen Fotovoltaikanlage).

(Siehe auch Abschnitt 18.2 Energiebilanz.)

Durch die Forderungen des Gebäudeenergiegesetzes sollen der Energieverbrauch und die CO_2-Emission bei der Beheizung von Gebäuden und der Warmwasserbereitung deutlich verringert werden.

8.5.4 Rechnerische Nachweise

Wärmeleitung – Wärmedämmung

Die **Wärmeleitfähigkeit** λ eines Baustoffes gibt an, welche Wärmemenge durch die Fläche von 1 m² einer 1 m dicken Schicht eines Baustoffes bei einer Temperaturdifferenz zwischen den beiden Oberflächen von einem Kelvin in einer Sekunde hindurchgeleitet wird.

Die Einheit der Wärmeleitfähigkeit ist $\frac{W}{m \cdot K}$

Abhängig ist die Wärmeleitfähigkeit von der Größe und Verteilung der Luftporen im Baustoff sowie vom Anteil der in den Poren eingeschlossenen Luft am Gesamtrauminhalt.

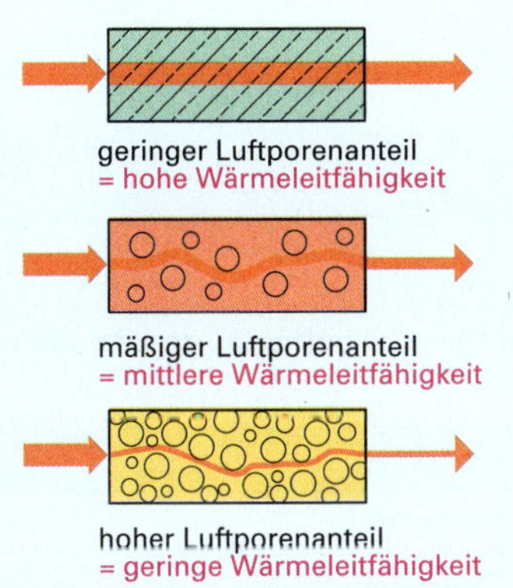

Wärmeleitfähigkeit

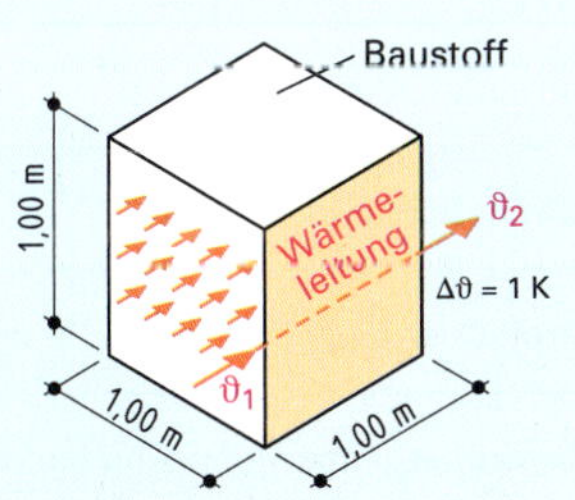

Darstellung der Wärmeleitung

Die **Wärmedämmfähigkeit** eines Bauteils hängt von der Wärmeleitfähigkeit λ des Baustoffes und von der Dicke d der Bauteilschicht ab.

Der Maßstab für die Wärmedämmfähigkeit ist der **Wärmedurchlasswiderstand** R. Er nimmt mit der Dicke einer Bauteilschicht und mit abnehmender Wärmeleitfähigkeit des Baustoffes zu.

Die Einheit des Wärmedurchlasswiderstandes ist $\frac{m^2 \cdot K}{W}$

Je größer der Wärmedurchlasswiderstand eines Bauteiles ist, umso besser ist die Wärmedämmung.

λ = Wärmeleitfähigkeit in $\frac{W}{m \cdot K}$

ϑ = Temperatur in K

$\Delta\vartheta$ = Temperaturdifferenz in K

R = Wärmedurchlasswiderstand in $\frac{m^2 \cdot K}{W}$

Bei einem einschichtigen Bauteil ist der Wärmedurchlasswiderstand der Quotient aus Bauteildicke in m und der dazugehörigen Wärmeleitfähigkeit.

$$\text{Wärmedurchlasswiderstand } R = \frac{\text{Bauteildicke } d}{\text{Wärmeleitfähigkeit } \lambda}$$

Bemessungswerte der Wärmeleitfähigkeit von Baustoffen (nach DIN 4108-4)

Baustoff	Rohdichte ϱ in kg/m³	Wärmeleitfähigkeit λ in W/(m · K)
Putze		
– Putzmörtel aus Kalk, Kalkzement und hydraulischem Kalk	1800	1,00
– Gipsputzmörtel	1200	0,43
– Leichtputz	≤ 1000	0,38
Mörtel		
– Zementmörtel	2000	1,60
– Normalmauermörtel	1800	1,20
– Dünnbettmörtel	1600	1,00
Estriche		
– Zementestrich	2000	1,40
– Calciumsulfatestrich	2100	1,20
– Gussasphaltestrich	2300	0,90
Betonbauteile		
– Normalbeton	2000	1,35
– Leichtbeton	800	0,39
– Stahlbeton (mit 1 % Stahl)	2300	2,30
Bauplatten		
– Gipswandbauplatten	1000	0,34
– Gipsplatten nach DIN 18180, DIN EN 520 (Gipskartonplatten)	700	0,21
Mauerwerk		
– Vollklinkermauerwerk	2000 2400	0,96 1,40
– Vollziegel-, Hochlochziegelmauerwerk	1800 2200	0,81 1,20
– Kalksandsteinmauerwerk	1200 1600	0,56 0,79
– Porenbetonmauerwerk	600 800	0,19 0,25
Wärmedämmstoffe		
– Mineralwolle (MW)		0,030 … 0,052
– Expandierter Polystyrolschaum (ESP)		0,030 … 0,052
– Extrudierter Polystyrolschaum (XPS)		0,022 … 0,046
– Polyurethanhartschaum (PUR-E)		0,020 … 0,041
– Holzfaserdämmstoff (WF)		0,032 … 0,063
Holz- und Holzwerkstoffe		
– Konstruktionsholz (Fichte, Tanne, Kiefer)	500 700	0,13 0,18
– Sperrholz	500 700	0,13 0,17
– Spanplatte	600 900	0,14 0,18
– OSB-Platte	650	0,13
– Holzfaserplatte (MDF)	400	0,10

Beispiel:

Berechnen Sie den vorhandenen Wärmedurchlasswiderstand der 16 cm dicken Außenwand einer Blockhütte aus Kiefernholz ($\varrho = 700\ \text{kg/m}^3$).

Lösung:

$$R = \frac{d}{\lambda}$$

$$R = \frac{0{,}16\ \text{m} \cdot \text{m} \cdot \text{K}}{0{,}18\ \text{W}}$$

$$\underline{R = 0{,}89\ \frac{\text{m}^2 \cdot \text{K}}{\text{W}}}$$

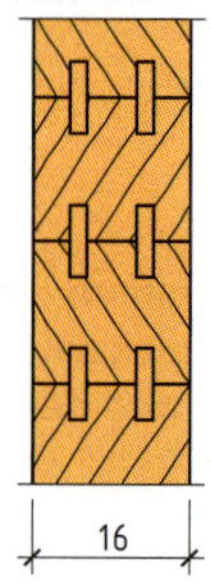

Wärmeübergang

Zwischen den Bauteiloberflächen und der Luft findet ein Wärmeübergang statt. Das Maß für den Wärmeübergang sind die Wärmeübergangskoeffizienten. Sie haben an der Innenseite und Außenseite unterschiedliche Werte.

Ihre Kehrwerte sind die Wärmeübergangswiderstände.

h = Wärmeübergangskoeffizient in $\frac{\text{W}}{\text{m}^2 \cdot \text{K}}$

R_s = Wärmeübergangswiderstand in $\frac{\text{m}^2 \cdot \text{K}}{\text{W}}$

Wärmedurchgang

Besteht eine Temperaturdifferenz zwischen Außenluft und Raumluft, so fließt eine bestimmte Wärmemenge in Richtung des Temperaturgefälles durch das Bauteil. Der Wärmedurchgangskoeffizient des Bauteils gibt an, wie groß die durchfließende Wärmemenge ist. Ihr Kehrwert ist der Wärmedurchgangswiderstand.

U = Wärmedurchgangskoeffizient in $\frac{\text{W}}{\text{m}^2 \cdot \text{K}}$

R_T = Wärmedurchgangswiderstand in $\frac{\text{m}^2 \cdot \text{K}}{\text{W}}$

Der Wärmedurchgangswiderstand ist die Summe aus innerem und äußerem Wärmeübergangswiderstand und dem Wärmedurchlasswiderstand des Bauteils.

$$R_T = R_{si} + R + R_{se}$$

Beispiel:

Berechnen Sie den erforderlichen Wärmedurchlasswiderstand einer Außenwand.

Wärmedurchgangskoeffizient $U = 0{,}24\ \frac{\text{W}}{\text{m}^2 \cdot \text{K}}$

Wärmeübergangskoeffizient $h_{\text{innen}} = 8\ \frac{\text{W}}{\text{m}^2 \cdot \text{K}}$

$h_{\text{außen}} = 23\ \frac{\text{W}}{\text{m}^2 \cdot \text{K}}$

Lösung:

$$R_T = \frac{1\ \text{m}^2 \cdot \text{K}}{0{,}24\ \text{W}} = 4{,}17\ \frac{\text{m}^2 \cdot \text{K}}{\text{W}}$$

$$R_{si} = \frac{1\ \text{m}^2 \cdot \text{K}}{8\ \text{W}} = 0{,}13\ \frac{\text{m}^2 \cdot \text{K}}{\text{W}};$$

$$R_{se} = \frac{1\ \text{m}^2 \cdot \text{K}}{23\ \text{W}} = 0{,}04\ \frac{\text{m}^2 \cdot \text{K}}{\text{W}}$$

$$R_T = R_{si} + R + R_{se}$$

$$R = 4{,}17\ \frac{\text{m}^2 \cdot \text{K}}{\text{W}} - 0{,}13\ \frac{\text{m}^2 \cdot \text{K}}{\text{W}} - 0{,}04\ \frac{\text{m}^2 \cdot \text{K}}{\text{W}} =$$

$$\underline{= 4{,}00\ \frac{\text{m}^2 \cdot \text{K}}{\text{W}}}$$

Die wichtigsten Formeln des baulichen Wärmeschutzes

Zeichen	Begriff	Einheit
d	Bauteildicke	m
ϑ	Temperatur	K
$\Delta\,\vartheta$	Temperaturdifferenz	K
λ	Wärmeleitfähigkeit	$\frac{\text{W}}{\text{m} \cdot \text{K}}$
R	Wärmedurchlasswiderstand	$\frac{\text{m}^2 \cdot \text{K}}{\text{W}}$
h	Wärmeübergangkoeffizient	$\frac{\text{W}}{\text{m}^2 \cdot \text{K}}$
R_{si}	Wärmeübergangswiderstand (innen)	$\frac{\text{m}^2 \cdot \text{K}}{\text{W}}$
R_{se}	Wärmeübergangswiderstand (außen)	$\frac{\text{m}^2 \cdot \text{K}}{\text{W}}$
U	Wärmedurchgangskoeffizient	$\frac{\text{W}}{\text{m}^2 \cdot \text{K}}$
R_T	Wärmedurchgangswiderstand	$\frac{\text{m}^2 \cdot \text{K}}{\text{W}}$

Die wichtigsten Formeln des baulichen Wärmeschutzes

Wärmedurchlasswiderstand	$R = \frac{d}{\lambda}$
Wärmedurchgangswiderstand	$R_T = R_{si} + R + R_{se}$
Wärmedurchgangskoeffizient	$U = \frac{1}{R_T}$

Wärmeübertragungswiderstände (DIN EN ISO 6946)

Innen- bzw. Außenfläche	Richtung des Wärmestromes		
	aufwärts	horziontal	abwärts
R_{si}[1] $m^2 \cdot K/W$	0,10	0,13	0,17
R_{se}[2] $m^2 \cdot K/W$	0,04	0,04	0,04

[1] innere Oberfläche (engl.: **s**urface **i**nterior)
[2] äußere Oberfläche (engl.: **s**urface **e**xterior)

Die angegebenen Werte gelten für ebene Oberflächen, sofern keine besonderen Angaben über Randbedingungen vorliegen. Wenn die Richtung des Wärmestromes von den Angaben abweicht, wird empfohlen, die Werte für den horizontalen Wärmestrom zu verwenden.

Mindestanforderungen an Wärmedurchlasswiderstände von Bauteilen mit einer flächenbezogenen Masse < 100 kg/m² (nach DIN 4108)

Für Außenwände, Decken unter nicht ausgebauten Dachräumen sowie für Dächer mit einer flächenbezogenen Masse < 100 kg/m² muss immer ein Wärmedurchlasswiderstand **$R \geq$ 1,75 m² · K/W** vorhanden sein.

Bei Rahmen- und Skelettbauweise gilt diese Forderung lediglich für den Gefachbereich. Zusätzlich ist hier im Mittel ein Wärmedurchlasswiderstand **$R \geq$ 1,0 m² · K/W** einzuhalten.

Mindestwerte für Wärmedurchlasswiderstände von Bauteilen mit einer flächenbezogenen Masse ≥ 100 kg/m² (nach DIN 4108)

Bauteile		Wärmedurchlasswiderstand R in $m^2 \cdot K/W$
Außenwände; Wände von Aufenthaltsräumen gegen Bodenräume, Durchfahrten, offene Hausflure, Garagen, Erdreich		1,20
Wände zwischen fremdgenutzten Räumen; Wohnungstrennwände		0,07
Treppenraumwände	zu Treppenräumen mit wesentlich niedrigeren Innentemperaturen (z. B. indirekt beheizte Treppenräume); Innentemperatur ≤ 10 °C, aber Treppenraum mindestens frostfrei	0,25
	zu Treppenräumen mit Innentemperaturen > 10 °C (z. B. Verwaltungsgebäude, Geschäftshäuser, Unterrichtsgebäude, Hotels, Gaststätten und Wohngebäude)	0,07
Wohnungstrenndecken, Decken zwischen fremden Arbeitsräumen; Decken unter Räumen zwischen gedämmten Dachschrägen und Abseitenwänden bei ausgebauten Dachräumen	allgemein	0,35
	in zentralbeheizten Bürogebäuden	0,17
Unterer Abschluss nicht unterkellerter Aufenthaltsräume	unmittelbar an das Erdreich bis zu einer Raumtiefe von 5 m	0,90
	über einen nicht belüfteten Hohlraum an das Erdreich grenzend	
Decken unter nicht ausgebauten Dachräumen; Decken unter bekriechbaren oder noch niedrigeren Räumen; Decken unter belüfteten Räumen zwischen Dachschrägen und Abseitenwänden bei ausgebauten Dachräumen, wärmegedämmte Dachschrägen		
Kellerdecken; Decken gegen abgeschlossene, unbeheizte Hausflure u. Ä.		
Decken (auch Dächer), die Aufenthaltsräume gegen die Außenluft abgrenzen	nach unten, gegen Garagen (auch beheizte), Durchfahrten (auch verschließbare) und belüftete Kriechkeller	1,75
	nach oben, Dächer und Decken unter Terrassen	1,20

Berechnung einschichtiger Bauteile

Beispiel:

Berechnen Sie den Wärmedurchlasswiderstand und den Wärmedurchgangskoeffizienten einer 37,5 cm dicken Außenwand (unverputzt) in Mauerwerk aus Porenbeton-Blocksteinen $\left(\varrho = 600 \frac{kg}{m^3}\right)$.
Entspricht der errechnete Wärmedurchlasswiderstand dem Vorgeschriebenen?

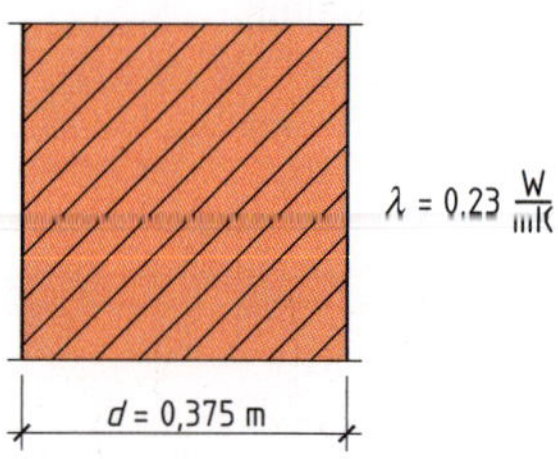

Lösung:

1. Flächenbezogene Masse der Wand

$$0{,}375\ \text{m} \cdot 600\ \frac{\text{kg}}{\text{m}^3} = 225\ \frac{\text{kg}}{\text{m}^2} > 100\ \frac{\text{kg}}{\text{m}^2}$$

2. Aus der Tabelle S. 125 → erforderlicher Wärmedurchlasswiderstand

$$\text{erf. } R = 1{,}20\ \frac{\text{m}^2 \cdot \text{K}}{\text{W}}$$

3. Berechnung des Wärmedurchlasswiderstands und des Wärmedurchgangskoeffizienten. Vergleich mit dem vorgeschriebenen Wert.

$$\text{vorh. } R = \frac{d}{\lambda} = \frac{0{,}375\ \text{m} \cdot \text{m} \cdot \text{K}}{0{,}23\ \text{W}}$$

$$= 1{,}63\ \frac{\text{m}^2 \cdot \text{K}}{\text{W}} > 1{,}20\ \frac{\text{m}^2 \cdot \text{K}}{\text{W}}$$

Die Außenwand entspricht den Anforderungen der DIN 4108.

$$\text{vorh. } R_T = R_{si} + R + R_{se}$$

$$= (0{,}13 + 1{,}63 + 0{,}04)\ \frac{\text{m}^2 \cdot \text{K}}{\text{W}}$$

$$= 1{,}80\ \frac{\text{m}^2 \cdot \text{K}}{\text{W}}$$

$$\text{vorh. } U = \frac{1}{R_T} = \frac{1\ \text{W}}{1{,}80\ \text{m}^2 \cdot \text{K}} = 0{,}56\ \frac{\text{W}}{\text{m}^2 \cdot \text{K}}$$

Berechnung mehrschichtiger Bauteile

Grundinformation:

Der Wärmedurchlasswiderstand eines mehrschichtigen Bauteils ist die Summe der Wärmedurchlasswiderstände der einzelnen Bauteilschichten.

$$R_{gesamt} = R_1 + R_2 + R_3 + \ldots$$

Da der Wärmedurchlasswiderstand eines einschichtigen Bauteils als Quotient aus Bauteildicke und der dazugehörigen Wärmeleitfähigkeit des Baustoffs errechnet wird, ist der **Wärmedurchlasswiderstand** mehrschichtiger Bauteile die Summe der Quotienten aus den Schichtdicken und den dazugehörigen Wärmeleitfähigkeiten.

$$R = \frac{d_1}{\lambda_1} + \frac{d_2}{\lambda_2} + \frac{d_3}{\lambda_3} + \ldots$$

Der **Wärmedurchgangswiderstand** eines mehrschichtigen Bauteils ist die Summe aus dem inneren und äußeren Wärmeübergangswiderstand und dem Wärmedurchlasswiderstand des mehrschichtigen Bauteils.

$$R_T = R_{si} + R + R_{se}$$

Der Wärmedurchgangskoeffizient ist der Kehrwert des Wärmedurchgangswiderstands.

$$U = \frac{1}{R_T}$$

Vorgang bei der Berechnung:

1. Berechnung der flächenbezogenen Masse des Bauteils, um festzustellen, ob diese Masse größer oder kleiner 100 kg/m² ist.
2. Mindestwert des Wärmedurchlasswiderstands, Wärmeübergangswiderstände und Wärmeleitfähigkeiten der einzelnen Baustoffe aus den Tabellen entnehmen.
3. Den vorhandenen Wärmedurchlasswiderstand berechnen und mit dem vorgeschriebenen Tabellenwert vergleichen.
   Der vorhandene Wert muss **größer** als der Tabellenwert oder **gleich** dem Tabellenwert sein.
4. Den Wärmedurchgangswiderstand berechnen.
5. Den Wärmedurchgangskoeffizienten als Kehrwert des Wärmedurchgangswiderstands berechnen.

Beispiel:

Berechnen Sie den Wärmedurchgangskoeffizienten für die dargestellte Außenwand.

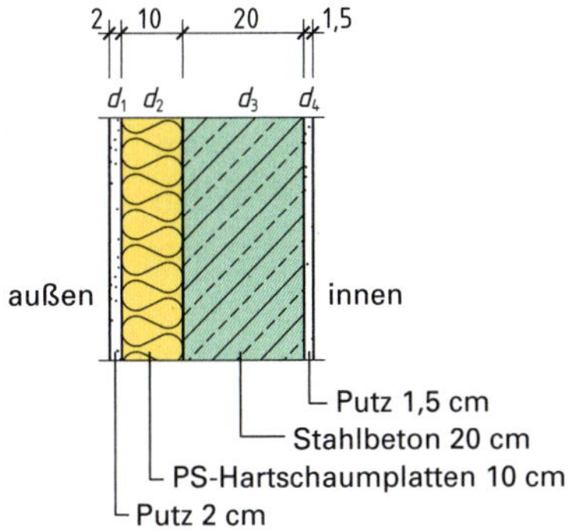

Lösung:

1. Flächenbezogene Masse der Wand > 100 kg/m²

2. Tabellenwerte:

Wärmedurchlasswiderstand $R \geq 1{,}2 \frac{m^2 \cdot K}{W}$

Wärmeübergangswiderstände

$R_{si} = 0{,}13 \frac{m^2 \cdot K}{W}$ $\quad R_{se} = 0{,}04 \frac{m^2 \cdot K}{W}$

Wärmeleitfähigkeiten

$\lambda_1 = 1{,}00 \frac{W}{m \cdot K}$ $\quad \lambda_2 = 0{,}030 \frac{W}{m \cdot K}$

$\lambda_3 = 2{,}30 \frac{W}{m \cdot K}$ $\quad \lambda_4 = 1{,}00 \frac{W}{m \cdot K}$

3. Vorhandener Wärmedurchlasswiderstand

$$R = \frac{d_1}{\lambda_1} + \frac{d_2}{\lambda_2} + \frac{d_3}{\lambda_3} + \frac{d_4}{\lambda_4}$$

$$R = \frac{0{,}02\ m \cdot m \cdot K}{1{,}00\ W} + \frac{0{,}10\ m \cdot m \cdot K}{0{,}030\ W} + \frac{0{,}20\ m \cdot m \cdot K}{2{,}30\ W} + \frac{0{,}015\ m \cdot m \cdot K}{1{,}00\ W}$$

$$R = 0{,}02 \frac{m^2 \cdot K}{W} + 3{,}33 \frac{m^2 \cdot K}{W} + 0{,}09 \frac{m^2 \cdot K}{W} + 0{,}02 \frac{m^2 \cdot K}{W}$$

$$R = 3{,}46 \frac{m^2 \cdot K}{W} > 1{,}2 \frac{m^2 \cdot K}{W}$$

4. Vorhandener Wärmedurchgangswiderstand

$$R_T = R_{si} + R + R_{se}$$

$$R_T = 0{,}13 \frac{m^2 \cdot K}{W} + 3{,}46 \frac{m^2 \cdot K}{W} + 0{,}04 \frac{m^2 \cdot K}{W}$$

$$R_T = 3{,}63 \frac{m^2 \cdot K}{W}$$

5. Vorhandener Wärmedurchgangskoeffizient

$$U = \frac{1\ W}{3{,}63\ m^2 \cdot K} = \underline{0{,}28 \frac{W}{m^2 \cdot K}}$$

Berechnung der erforderlichen Dicke von Dämmschichten

Grundinformation:

Im Stahlbetonbau werden die Wanddicken im Allgemeinen nach statischen Gesichtspunkten festgelegt. Die Dicke der Wärmedämmschicht wird in einem darauf folgenden Rechengang ermittelt.

Der vorgeschriebene Wert des Wärmedurchlasswiderstands wird aus der entsprechenden Tabelle entnommen.

Für das Bauteil ohne Wärmedämmschicht wird der Wärmedurchlasswiderstand berechnet und in folgende Gleichung eingesetzt:

erforderlicher Wärmedurchlasswiderstand (Tabellenwert) = vorhandener Wärmedurchlasswiderstand des Bauteils ohne Wärmedämmschicht + $\frac{\text{Dicke der Wärmedämmschicht in m}}{\text{Wärmeleitfähigkeit des Wärmedämmstoffes}}$

$$R_{erf} = R_{vorh} + \frac{d}{\lambda}$$

Wird die Gleichung umgestellt, so ist die Dicke der Wärmedämmschicht das Produkt aus der Differenz des erforderlichen und vorhandenen Wärmedurchlasswiderstands und der Wärmeleitfähigkeit des Wärmedämmstoffes.

$$d = (R_{erf} - R_{vorh}) \cdot \lambda$$

Zusammenfassend die einzelnen Schritte des Rechengangs:

1. Berechnung der flächenbezogenen Masse des Bauteils ohne Wärmedämmschicht, um festzustellen, ob diese größer oder kleiner als 100 kg/m² ist.
2. Die Werte für den Wärmedurchlasswiderstand und die Wärmeleitfähigkeiten der einzelnen Baustoffe aus den entsprechenden Tabellen entnehmen.
3. Den vorhandenen Wärmedurchlasswiderstand des Bauteils ohne Wärmedämmschicht berechnen.
4. Die Dicke der Wärmedämmschicht mit der Gleichung $d = (R_{erf} - R_{vorh}) \cdot \lambda$ berechnen.

Beispiel:

Berechnen Sie die erforderliche Dicke der Wärmedämmschicht für eine Decke, die einen Aufenthaltsraum nach unten gegen die Außenluft abgrenzt.

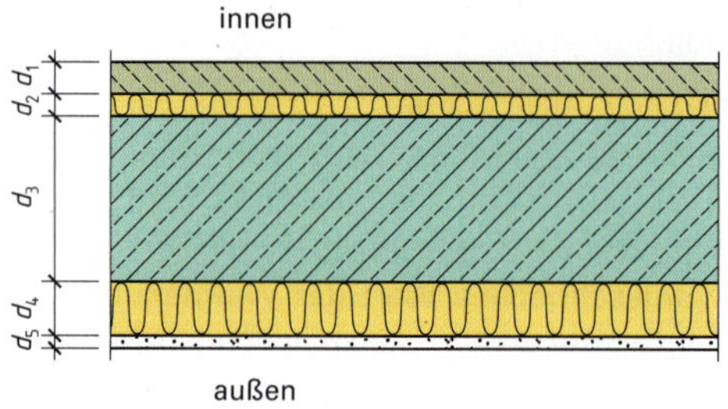

Deckenaufbau

Zementestrich	d_1 = 3,5 cm
Trittschalldämmstoff	d_2 = 1,5 cm
Stahlbetonplatte	d_3 = 20,0 cm
Wärmedämmschicht	d_4 = ?
Außenputz	d_5 = 1,5 cm

Lösung:

1. Flächenbezogene Masse der Decke > 100 kg/m²
2. Tabellenwerte:

Wärmedurchlasswiderstand $R_{erf} = 1{,}75 \frac{m^2 \cdot K}{W}$

Wärmeleitfähigkeiten der einzelnen Baustoffe

Zementestrich	$\lambda_1 = 1{,}40 \frac{W}{m \cdot K}$
Trittschalldämmstoff	$\lambda_2 = 0{,}05 \frac{W}{m \cdot K}$
Stahlbetonplatte	$\lambda_3 = 2{,}30 \frac{W}{m \cdot K}$
Wärmedämmstoff	$\lambda_4 = 0{,}04 \frac{W}{m \cdot K}$
Außenputz	$\lambda_5 = 1{,}00 \frac{W}{m \cdot K}$

3. Vorhandener Wärmedurchlasswiderstand der Decke ohne Wärmedämmschicht:

$$R_{vorh} = \frac{d_1}{\lambda_1} + \frac{d_2}{\lambda_2} + \frac{d_3}{\lambda_3} + \frac{d_5}{\lambda_5}$$

$$R_{vorh} = \frac{0{,}035 \text{ m} \cdot \text{m} \cdot \text{K}}{1{,}40 \text{ W}} + \frac{0{,}015 \text{ m} \cdot \text{m} \cdot \text{K}}{0{,}05 \text{ W}} + \frac{0{,}20 \text{ m} \cdot \text{m} \cdot \text{K}}{2{,}30 \text{ W}} + \frac{0{,}015 \text{ m} \cdot \text{m} \cdot \text{K}}{1{,}00 \text{ W}}$$

$$R_{vorh} = 0{,}03 \frac{m^2 \cdot K}{W} + 0{,}30 \frac{m^2 \cdot K}{W} + 0{,}09 \frac{m^2 \cdot K}{W} + 0{,}02 \frac{m^2 \cdot K}{W}$$

$$R_{vorh} = 0{,}44 \frac{m^2 \cdot K}{W}$$

4. Dicke der Wärmedämmschicht:

$$d_4 = (R_{erf} - R_{vorh}) \cdot \lambda_4$$

$$d_4 = \left(1{,}75 \frac{m^2 \cdot K}{W} - 0{,}44 \frac{m^2 \cdot K}{W}\right) \cdot 0{,}04 \frac{W}{m \cdot K}$$

$$d_4 = 1{,}31 \frac{m^2 \cdot K}{W} \cdot 0{,}04 \frac{W}{m \cdot K} = 0{,}052 \text{ m}$$

Gewählte Dicke der Dämmschicht = <u>6,0 cm</u>

Zusammenfassung

Dämmstoffe dienen zur Herstellung wärmedämmender Bauteile. Sie haben eine geringere Wärmeleitfähigkeit, müssen witterungs- und fäulnisbeständig sein und sollen nur wenig Feuchtigkeit aufnehmen können.

DIN 4108, „Wärmeschutz und Energie-Einsparung in Gebäuden", legt für raumabschließende Bauteile Mindestwerte für den Wärmeschutz fest.

Die Wärmedämmfähigkeit eines Bauteiles hängt von der Wärmeleitfähigkeit der Baustoffe und von den Dicken der Bauteilschichten ab. Gute Wärmedämmung bedeutet noch lange keine Wärmespeicherung. Dauerbeheizte Räume sollen bei gedrosselter Heizung die Wärme speichern. Im Sommer soll die von der Sonne eingebrachte Wärmeenergie vorerst im Bauteil gespeichert werden und erst später, wenn außen bereits kühlere Temperaturen herrschen, an die Raumluft abgegeben werden.

Aufgaben

1. Wie groß ist die Wärmeleitfähigkeit einer Holzwolleplatte?

2. Berechnen Sie den vorhandenen Wärmedurchgangswiderstand einer Außenwand.

   Wärmedurchlasswiderstand $R = 1{,}35 \frac{m^2 \cdot K}{W}$

   Wärmeübergangswiderstände

   $R_{si} = 0{,}13 \frac{m^2 \cdot K}{W}$ $\quad R_{se} = 0{,}04 \frac{m^2 \cdot K}{W}$

3. Berechnen Sie den Wärmedurchlasswiderstand einer Dachdecke, wenn der Wärmedurchgangswiderstand $R_T = 1{,}45 \frac{m^2 \cdot K}{W}$ und die Wärmeübergangswiderstände

   $R_{si} = 0{,}13 \frac{m^2 \cdot K}{W}$ $\quad R_{se} = 0{,}04 \frac{m^2 \cdot K}{W}$

   betragen.

4. a) Berechnen Sie den Wärmedurchgangskoeffizienten für eine Außenwand mit dem Wärmedurchlasswiderstand $R = 1{,}2 \frac{m^2 \cdot K}{W}$. Flächenbezogene Masse der Wand > 100 kg/m².

   b) Entspricht die Außenwand den Anforderungen des baulichen Wärmeschutzes nach DIN 4108?

5. Berechnen Sie die Wärmedurchlasswiderstände. Entsprechen die Bauteile den Anforderungen des baulichen Wärmeschutzes nach DIN 4108?

   a) Außenwand, 30 cm dick, aus Hohlblockmauerwerk (NM), $\varrho = 600$ kg/m³;

   b) Außenwand, 37,5 cm dick, aus Stahlbeton, $\varrho = 2300$ kg/m³;

   c) Außenwand, 24 cm dick, aus Vollziegeln, $\varrho = 1800$ kg/m³.

6. Eine Decke (flächenbezogene Masse > 100 kg/m²) unter einem nicht ausgebauten Dachgeschoss hat einen Wärmedurchlasswiderstand

   $R = 0{,}90 \frac{m^2 \cdot K}{W}$.

   a) Berechnen Sie den Wärmedurchgangskoeffizienten.

   b) Entspricht die Decke den Anforderungen des baulichen Wärmeschutzes nach DIN 4108?

7. Berechnen Sie den Wärmedurchgangskoeffizienten für eine Kellerdecke (flächenbezogene Masse > 100 kg/m²) mit einem Wärmedurchlasswiderstand $R = 1{,}45 \frac{m^2 \cdot K}{W}$.

8. Für eine Sandwich-Außenwandtafel soll der Wärmedurchgangskoeffizient U berechnet werden. Entspricht der Wärmedurchlasswiderstand den Anforderungen der DIN 4108?

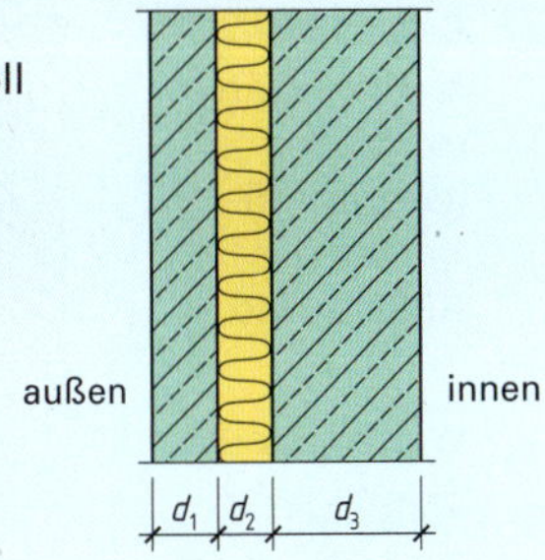

   Wandaufbau:

   Stahlbeton $d_1 = 6{,}0$ cm, $\lambda_1 = 2{,}3 \frac{W}{m \cdot K}$

   Holzwolleplatte $d_2 - 5{,}0$ cm, $\lambda_2 = 0{,}06 \frac{W}{m \cdot K}$

   Stahlbeton $d_3 = 14{,}0$ cm, $\lambda_3 = 2{,}3 \frac{W}{m \cdot K}$

9. Für eine 20 cm dicke, beidseitig verputzte Wohnungstrennwand aus Stahlbeton soll der Wärmedurchgangskoeffizient berechnet werden.

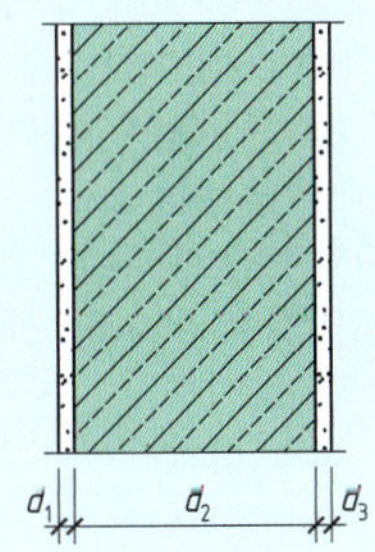

   Wandaufbau:
   Innenputz $d_1 = 1{,}5$ cm
   Stahlbeton $d_2 = 20{,}0$ cm
   Innenputz $d_3 = 1{,}5$ cm

10. Berechnen Sie den Wärmedurchgangskoeffizienten für eine Außenwand mit folgendem Aufbau:

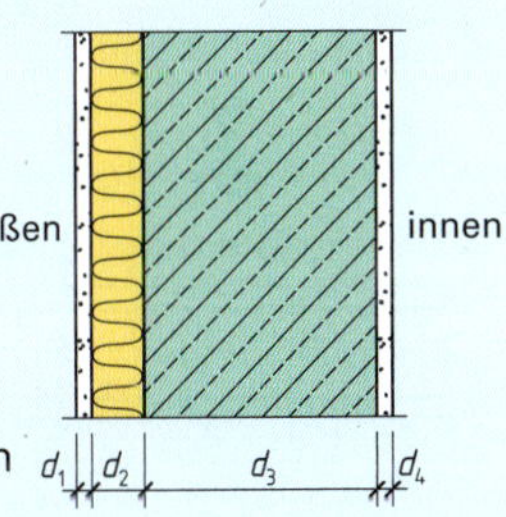

   Wandaufbau:
   Außenputz $d_1 = 2{,}0$ cm
   Holzwolleplatte $d_2 = 6{,}0$ cm
   Stahlbeton $d_3 = 18{,}0$ cm
   Innenputz $d_4 = 1{,}5$ cm

11. Wie groß ist der Wärmedurchlasswiderstand für das dargestellte Flachdach im Bereich der Deckenbalken, im Bereich der Dämmung und im Mittel?

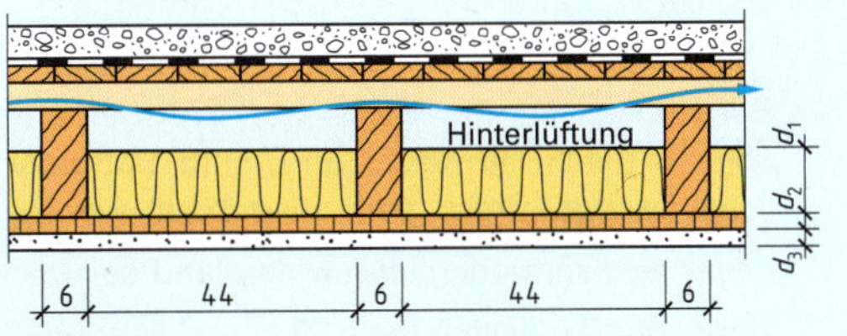

Dachaufbau:

Dämmschicht $d_1 = 14{,}0$ cm ($\lambda_1 = 0{,}04$)

Spanplatte $d_2 = 2{,}5$ cm ($\lambda_2 = 0{,}14$)

Gipsplatte $d_3 = 1{,}2$ cm ($\lambda_3 = 0{,}25$)

12. Berechnen Sie den Wärmedurchgangskoeffizienten der Außenwand.

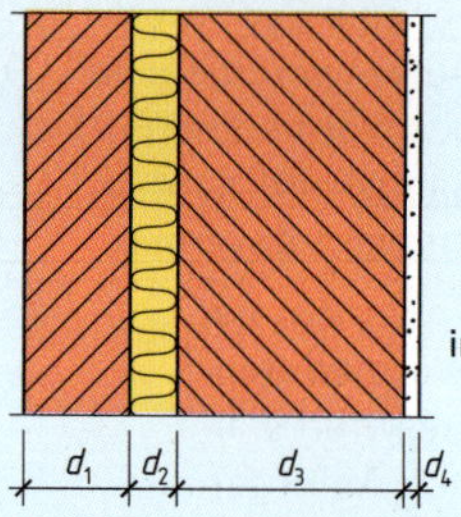

Wandaufbau:

Vollziegel
$\varrho = 1800\ kg/m^3$ $d_1 = 11{,}5\ cm$

Schaumkunststoff
Wärmeleitfähigkeitsgruppe 035 $d_2 = 3{,}5\ cm$

Hohlblockmauerwerk
$\varrho = 1000\ kg/m^3$ $d_3 = 24{,}0\ cm$

Gipsputz ohne Gesteinskörnung $d_4 = 1{,}5\ cm$

Entspricht der Wärmedurchgangskoeffizient den Anforderungen der DIN 4108?

13. Ermitteln Sie den Wärmedurchgangskoeffizienten (Mittelwert) der Außenwand eines Fertighauses.

Wandaufbau:

Holzschalung (Kiefer)	$d_1 = 24\ mm$	$\lambda = 0{,}13\ \frac{W}{m \cdot K}$
Spanplatte	$d_2 = 25\ mm$	$\lambda = 0{,}14\ \frac{W}{m \cdot K}$
Dämmstoff	$d_3 = 100\ mm$	$\lambda = 0{,}04\ \frac{W}{m \cdot K}$
Ständer (Fichte)	$d_3 = 100\ mm$	$\lambda = 0{,}13\ \frac{W}{m \cdot K}$
Gipsplatte	$d_4 = 18\ mm$	$\lambda = 0{,}25\ \frac{W}{m \cdot K}$

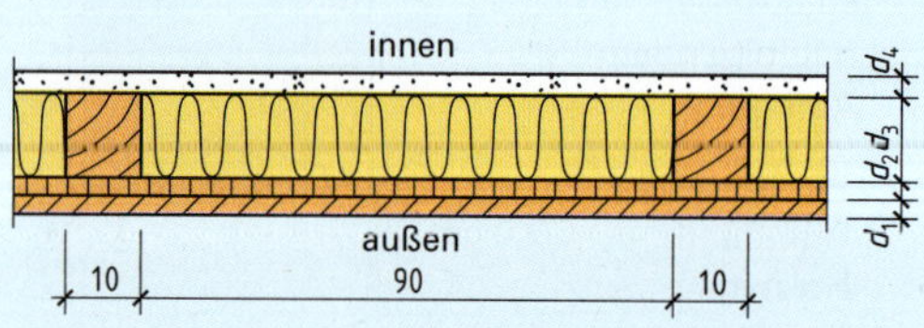

14. Wie dick muss (nach DIN 4108) die Wärmedämmschicht aus Schaumkunststoff ($\lambda = 0{,}04$) für eine Dachdecke (flächenbezogene Masse > 100 kg/m²) gewählt werden, wenn der Wärmedurchlasswiderstand ohne Wärmedämmschicht im Mittel $0{,}13\ \frac{m^2 \cdot K}{W}$ beträgt?

15. Berechnen Sie die Dicke der Wärmedämmschicht (nach DIN 4108) an einem Satteldach (das Dachgeschoss soll ausgebaut werden), wenn der Wärmedurchlasswiderstand der Dachziegel mit Dachschalung $0{,}07\ \frac{m^2 \cdot K}{W}$ beträgt.
Als Wärmedämmstoff sollen Mineralwollematten ($\lambda = 0{,}035$) verwendet werden. Die flächenbezogene Masse des Daches beträgt 50 kg/m².

16. Wie dick muss (nach DIN 4108) die Wärmedämmschicht aus Holzwolleplatten für die dargestellte Außenwand mindestens sein, um den Anforderungen des baulichen Wärmeschutzes zu entsprechen?

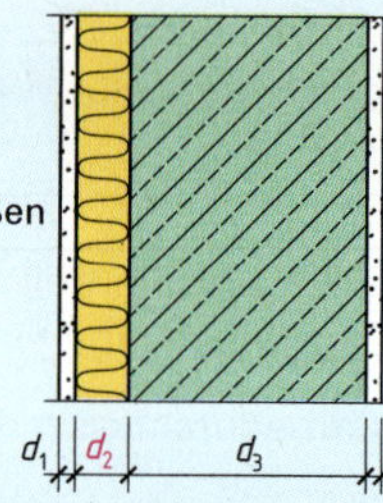

Wandaufbau: $\left(\lambda \text{ in } \frac{W}{m \cdot K}\right)$

Außenputz, $\lambda = 1{,}00$	$d_1 = 2{,}0\ cm$
Holzwolleplatte, $\lambda = 0{,}09$	$d_2 = ?$
Stahlbeton, $\lambda = 2{,}3$	$d_3 = 20{,}0\ cm$
Innenputz, $\lambda = 0{,}51$	$d_3 = 1{,}5\ cm$

17. Wie dick muss die Wärmedämmschicht (Mineralwolle $\lambda = 0{,}04$) der dargestellten Außenwand im Gefachbereich mindestens sein, um dem Wärmedurchlasswiderstand der DIN 4108 zu entsprechen?
(Die Luftschicht hinter der Dämmung bleibt unberücksichtigt!)
Die flächenbezogene Masse beträgt 50 kg/m².

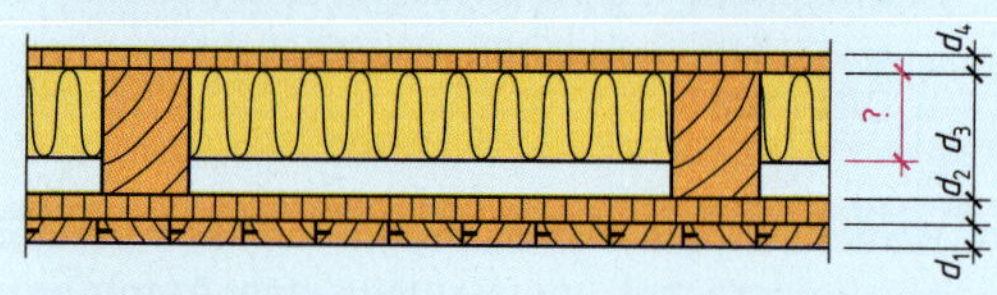

Wandaufbau:

Nadelholzschalung	$d_1 = 20\ mm$
Spanplatte, $\varrho = 600\ kg/m^3$	$d_2 = 25\ mm$
Ständer	$d_3 = 120\ mm$
Spanplatte, $\varrho = 600\ kg/m^3$	$d_4 = 25\ mm$

18. Berechnen Sie die nach DIN 4108 erforderliche Dicke der Wärmedämmschicht einer Decke über einer Durchfahrt.

Deckenaufbau: $\left(\lambda \text{ in } \frac{W}{m \cdot K}\right)$

Zementestrich, $\lambda = 1{,}4$	$d_1 = 3{,}5\ cm$
Trittschalldämmung, $\lambda = 0{,}04$	$d_2 = 2{,}0\ cm$
Stahlbetondecke, $\lambda = 2{,}3$	$d_3 = 18{,}0\ cm$
Wärmedämmschicht Holzwolleplatte, $\lambda = 0{,}09$	$d_4 = ?$
Kalkzementputz, $\lambda = 1{,}00$	$d_5 = 2{,}0\ cm$

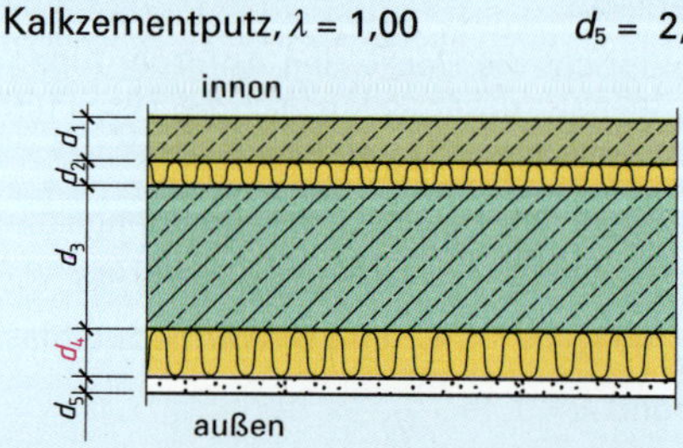

Lernfeld 9:
Einziehen einer leichten Trennwand

In unserem Projekthaus werden im Erdgeschoss und Dachgeschoss eine Vielzahl von Räumen durch leichte Trennwände unterteilt. Solche Wände haben keine tragende Funktion und beeinflussen die Statik des Gebäudes nicht. Aufgrund ihrer geringen Eigenlast können sie unabhängig von darunter- oder darüberliegenden Wänden aufgestellt werden. Sie können fest eingebaut oder versetzbar ausgebildet werden. Sowohl der Aufbau als auch ein durch veränderte Wohnbedürfnisse erforderlicher späterer Abbau sind schnell und sauber durchzuführen. Leichte Trennwände sind somit in besonderem Maße dort geeignet, wo eine Anpassung der Grundrisse an veränderte Nutzungserfordernisse eingeplant werden soll. Dies ist auch an den Grundrissen unseres Projekthauses zu erkennen.

In unserem Projekthaus werden die leichten Trennwände in Montagebauweise ausgeführt. Diese Bauweise bietet erhebliche Vorteile. Sie verringert die Baufeuchte und verkürzt die Bauzeit durch Vorfabrikation und geringen Montageaufwand.

Die fachlich richtige Ausführung leichter Trennwände erfordert vom Zimmermann besondere Kenntnisse und Fertigkeiten. Er muss wissen, worauf bei der fachgerechten Herstellung einer leichten Trennwand zu achten ist.

9.1 Anforderungen

Die leichten Trennwände in unserem Projekthaus werden in **Trockenbauweise** erstellt. Merkmal des Trockenbaus ist, dass die zur Herstellung notwendigen Bauelemente vorgefertigt sind und im Wesentlichen trocken zusammengefügt und verbunden werden.

Leichte Trennwände in Trockenbaukonstruktion sind nach DIN 4103 nichttragende, innere Trennwände von geringer flächenbezogener Masse (< 50 kg/m^2), die nur der Raumtrennung dienen und nicht zur Gebäudeaussteifung herangezogen werden dürfen. Sie haben keine statischen Aufgaben zu erfüllen, müssen jedoch ihre Eigenlast und die auf ihre Fläche wirkenden Lasten (z. B. Konsollasten aufgehängter Gegenstände, gegenlehnende Personen, aufprallende Gegenstände) aufnehmen können.

Werden vorgefertigte Elemente verwendet, kann die Wand in einer kurzen Bauzeit errichtet werden. Der Raum ist sofort nutzbar, es entsteht keine Baufeuchte, Trocknungszeiten entfallen. Die geringe Wanddicke von leichten Trennwänden ermöglicht eine größere Raumnutzfläche.

Leichte Trennwände erfüllen als raumabschließende Bauteile aufgrund ihrer stofflichen Struktur und ihrer Konstruktion bauphysikalische Eigenschaften wie Wärme-, Schall- und Brandschutz. Auch wenn innerhalb unseres Projekthauses keine Anforderungen an den Schallschutz gestellt werden, sollten die Empfehlungen gemäß DIN 4109 für den normalen und erhöhten Schallschutz im eigenen Wohn- und Arbeitsbereich Beachtung finden, z. B. zwischen Kinder- und Elternschlafzimmer. An die raumabschließenden nichttragenden Trennwände in unserem Projekthaus werden brandschutztechnisch keine Anforderungen gestellt.

Leichte Trennwände dienen der Raumabtrennung und dürfen nicht zur Gebäudeaussteifung herangezogen werden. In Trockenbauweise können sie mit erhöhten Anforderungen an den Wärme-, Schall- und Brandschutz ausgeführt werden.

9.2 Konstruktionsarten

Die leichten Trennwände für unser Projekthaus werden in Skelettbauweise erstellt und bestehen aus der Tragkonstruktion, dem sogenannten **Ständerwerk**, und der daran befestigten **Beplankung**. Die Konstruktion wird auch als **Montagewand** bezeichnet. Ihre Standsicherheit wird durch Verankerung an den umgebenden Bauteilen (Wand, Decke, Boden) sichergestellt.

Die Tragkonstruktion kann in **zimmermannsmäßiger** Ausführung aus Holz hergestellt werden. Vorzugsweise werden heute für die Tragkonstruktion korrosionsgeschützte **Stahlblechprofile** verwendet.

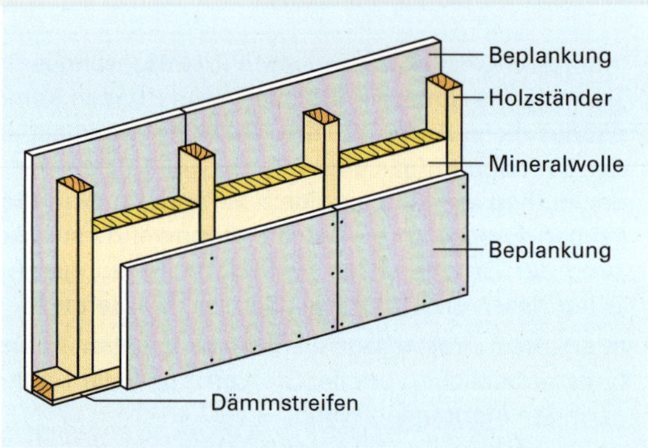

Leichte Trennwand ohne besondere bauphysikalische Anforderungen – Einfachständerwand

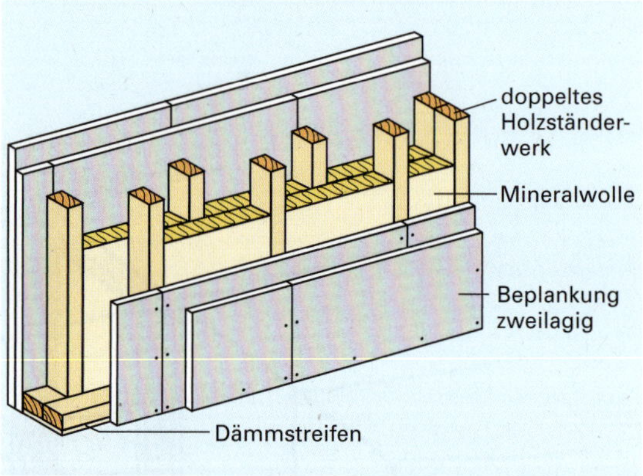

Leichte Trennwand mit erhöhten Anforderungen an Wärme-, Schall- und Brandschutz – Doppelständerwand

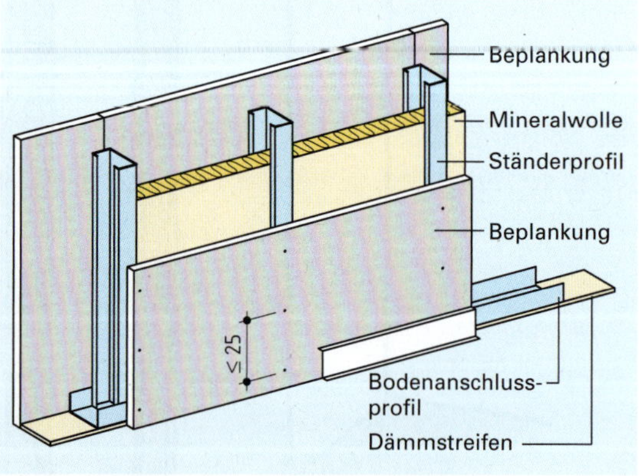

Metall-Einfachständerwand einlagig beplankt

Die aus beiden Materialien hergestellten **Ständerwände** werden in zwei Bauarten ausgeführt als

- **Einfachständerwand** und
- **Doppelständerwand.**

Die Einfachständerwand besteht aus Unterkonstruktion und beidseitiger Beplankung mit Trockenbauplatten.

Die Doppelständerwand besteht aus zwei nebeneinander angeordneten Unterkonstruktionen, von denen jeweils nur die Wandaußenseite mit Trockenbauplatten beplankt ist. Sie werden im Allgemeinen bei höheren Anforderungen an den Schallschutz eingebaut. Durch die Trennung der Unterkonstruktion in zwei Ständerreihen mit dazwischen gelegtem Dämmstreifen wird eine verbesserte Schalldämmung erzielt. Bei unserem Projekthaus wäre dies im Bereich des Treppenhauses und zwischen Bad und Kinderzimmer angebracht.

.4

Die **Beplankung** kann mit verschiedenen Plattenwerkstoffen erfolgen (siehe Abschnitt 9.4). Sie kann einlagig oder mehrlagig (z.B. zweilagige Beplankung) ausgeführt werden. Die Anzahl der Plattenlagen bestimmt im Wesentlichen die Eigenschaften für den Schall- und Brandschutz. Bei Anforderungen an den Brandschutz sind z.B. Gipsplatten Typ F (siehe Abschnitt 9.4.7) vorzusehen. Eine mehrlagige Beplankung erhöht nicht nur die mechanische Beanspruchbarkeit (z.B. für Fliesenbeläge), sondern verbessert durch die höhere flächenbezogene Masse auch den Schallschutz. Getrennt verschraubte Beplankungen sind im Gegensatz zu dicken Platten günstiger, solange die Beplankung ihren biegeweichen Charakter beibehält.

Der **Hohlraum** im Wandinnern wird mit wärme- und schalldämmendem Material ausgefüllt und zum Einbau von Elektro- und Sanitärinstallationen genutzt. Für die Hohlraumdämmung kommen anorganische und organische Dämmstoffe sowie auch lose Schüttungen zum Einsatz.

Die Abmessungen der Tragkonstruktionsteile und der Beplankung hängen von Raumhöhe, Ständerabstand und Art der Baustoffe ab. Je nach Art der gewählten Beplankung beträgt der Achsabstand der Ständer 62,5 bzw. 50 cm.

Montagewände sind Trockenbaukonstruktionen, bestehend aus einer Unterkonstruktion (Holz oder Metall) und einer Beplankung mit Trockenbauplatten.

Metall- und Holzständerwände werden als Einfachständer- oder als Doppelständerwände mit einlagiger oder mehrlagiger Beplankung ausgeführt.

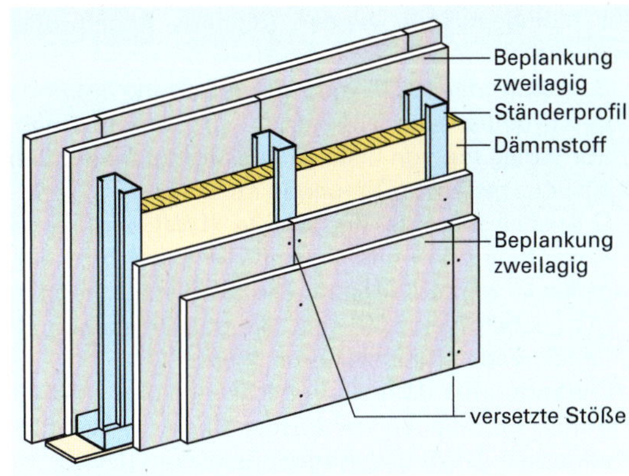

Metall-Einfachständerwand zweilagig beplankt

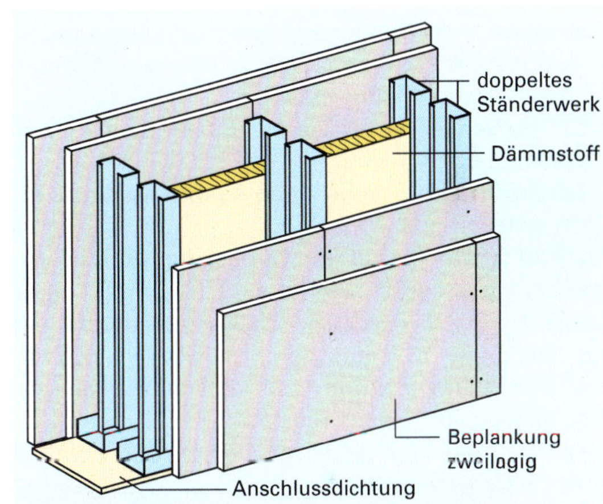

Metall-Doppelständerwand zweilagig beplankt

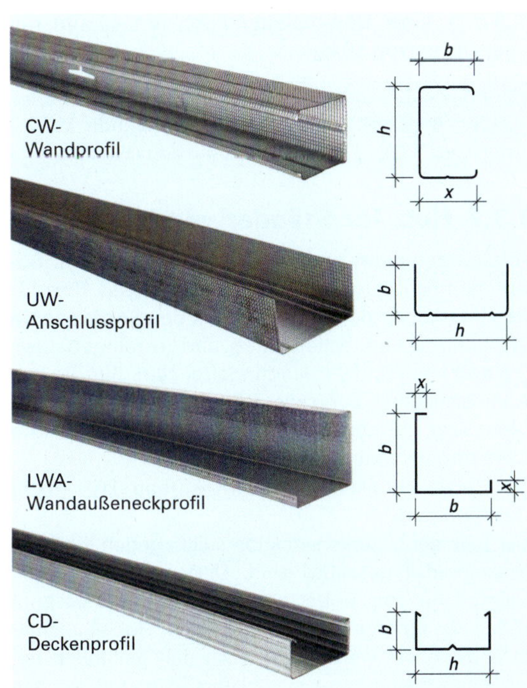

Standardprofile aus Metall nach DIN 18182-1/DIN EN 14195

9.3 Konstruktionsteile

9.3.1 Metallprofile für Ständerwände

Die Profile werden aus verzinktem, dünnwandigem Stahlblech (Zinkauflage mindestens 100 g/m^2) durch Kaltverformung (Walzen oder Kanten) hergestellt. Die Nennblechdicke s liegt im Bereich von 0,4 ... 2,0 mm.

Die Profile haben im Allgemeinen einen u-förmigen Querschnitt, deren Profilsteg durch Sicken ausgesteift sind.

Für Montagewände werden folgende Regelprofile verwendet:

- **C-Wandprofile (CW)** sind zur Aussteifung am Ende der Profilflansche abgekantet und umgebördelt. Zur Verlegung von Installationsleitungen befinden sich ausgestanzte Öffnungen im Steg.
- **U-Anschlussprofile für Wände (UW)** sind ohne Abkantung oben offen, damit die CW-Profile eingesteckt werden können. Die Profilstege können mit Löchern versehen sein, die das Befestigen an flankierenden Bauteilen erleichtern.
- **L-Wandprofile (LW)** sind gleichschenklige Winkelprofile und dienen zur Aussteifung von **Wandinnenecken (L Wi)** und **Wandaußenecken (L Wa)**.
- **U-Aussteifungsprofile (UA)** werden bei Wandöffnungen angeordnet. Sie werden mittels Winkellaschen mit Boden und Decke verdübelt. Da der Deckenanschluss Durchbiegungen aufnehmen muss, sind die UA-Profile mit Langlöchern zur beweglichen Verschraubung versehen.
- **CD-Profile** werden für Deckenunterkonstruktionen verwendet.
- **UD-Profile** ermöglichen den Wandanschluss für Unterdecken.

Die Profile werden auf der Verpackung durch Kurzbezeichnungen gekennzeichnet.

Beispiel: CW 75 × 50 × 0,6 – Z 100 = Wandprofil mit der Stegbreite 73,8 mm, der Flanschbreite 50 mm, der Blechstärke 0,6 mm und einem zweiseitigen Zinküberzug von jeweils 100 g/m².

Auch Metallständerwände mit Beplankung erhalten eine Kurzbezeichnung.

Beispiel: CW 50/75, MW 40/50 = Metallständerwand mit einer Flanschbreite 50 mm, einer Gesamtwanddicke von 75 mm, einer Beplankungsdicke von 12,5 mm, einer Dämmplattendicke von 40 mm mit einer Dichte von 50 kg/m³.

Metallprofile werden aus feuerverzinktem Stahlblech hergestellt. Für leichte Trennwände kommen CW-, UW-, L- und UA-Profile zum Einsatz.

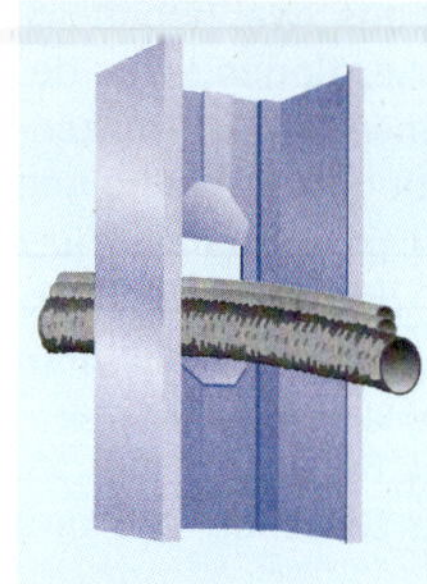

H-Stanzung in Metallständer

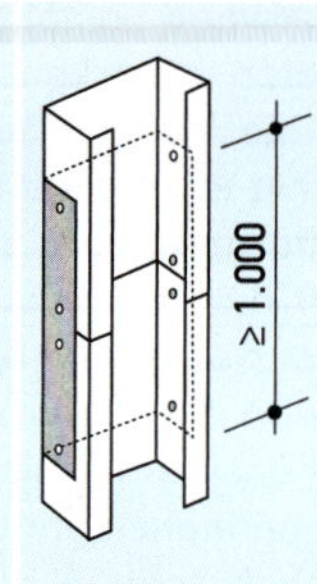

Verlängerung für Wände ≤ 5 m

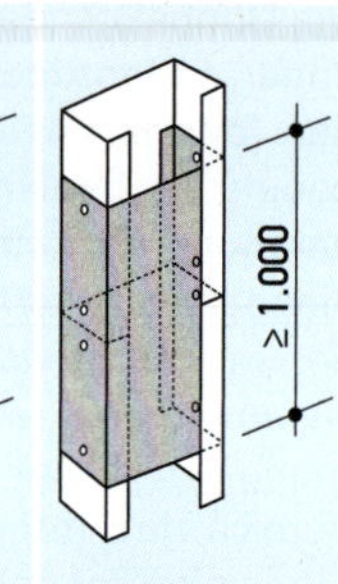

Verlängerung für Wände > 5 m

Profil	Kurzzeichen	Höhe [mm]	Breite [mm]	Stärke [mm]	Anwendungsbereiche
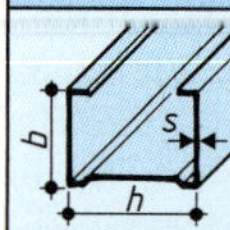	CW 50 CW 75 CW 100	48,8 73,8 98,8	50 50 50	0,6 0,6 0,6	Ständerprofile für Montagewände und Wandvorsatzschalen
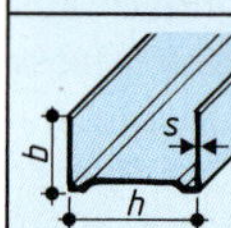	UW 50 UW 75 UW 100	50 75 100	40 40 40	0,6 0,6 0,6	Anschlussprofile an Boden und Decke für Montagewände und Vorsatzschalen
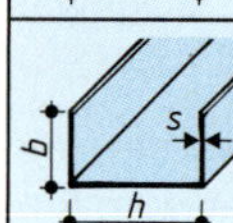	UA 50 UA 75 UA 100	48,8 73,8 98,8	40 40 40	2,0 2,0 2,0	Aussteifungsprofile für Montagewände, z. B. für Türlaibungen
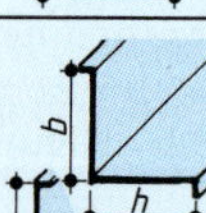	L Wi 60	60	60	0,6	L-Wandinneneckprofil
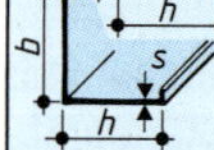	L Wa 60	60	60	0,6	L-Wandaußeneckprofil für Montagewände
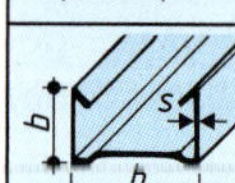	CD 60	60	27	0,6	Profile für Unterdecken
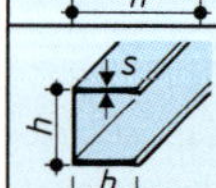	UD 28	28	27	0,6	Wandanschlussprofil für Unterdecken

Abmessungen der Standardprofile

9.3.2 Holz für Ständerwände

Holzständerwände kommen heute weniger vor. Sofern sie noch hergestellt werden, muss das Holz für die Unterkonstruktion mindestens der **Sortierklasse S10** entsprechen, scharfkantig und im eingebauten Zustand eben und verwindungsfrei sein. Für die Unterkonstruktion – Schwelle, Rähm, Ständer – werden Kanthölzer mit den Abmessungen 40/60, 40/80 und 60/60 mm verwendet.

Die Holzfeuchtigkeit darf beim Einbau 20 % nicht überschreiten.

Alle Teile der Unterkonstruktion sollen gegen Pilz- und Insektenbefall geschützt sein. Dies geschieht durch Anwendung von Holzschutzmitteln (siehe Abschnitt 17.3.5). Es dürfen nach DIN 68800-4 nur Holzschutzmittel angewendet werden, die nach den geltenden gesetzlichen Bestimmungen verkehrsfähig und für den vorgeschriebenen Einsatzzweck verwendbar sind.

Querschnitt	Breite [mm]	Höhe [mm]	Anwendungsbereiche
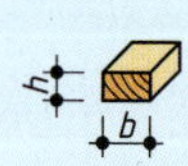	48 50 60	24 30 40	Unterkonstruktion für Unterdecken und Wandvorsatzschalen
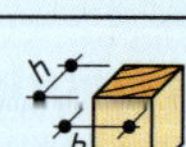	60 60	60 60	Ständer für Montagewände und Wandvorsatzschalen
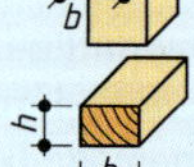	40 40	40 80	Boden- und Deckenanschluss für Montagewände und Wandvorsatzschalen
Für Systemelemente werden von den Herstellern auch Spezialquerschnitte (meist verleimte Holzwerkstoffe) geliefert.			

Holzquerschnitte für Unterkonstruktionen

Zusammenfassung

Leichte Trennwände in Trockenbaukonstruktion sind nichttragende, innere Trennwände, die keine statischen Aufgaben erfüllen.

Je nach Aufbau können sie erhöhte wärme-, schall- und brandschutztechnische Anforderungen erfüllen.

Leichte Trennwände bestehen aus der Tragkonstruktion und der Beplankung.

Die Tragkonstruktion kann ein- oder zweischalig aus Holz oder aus Metallprofilen hergestellt werden.

Metallprofile für die Tragkonstruktion werden aus feuerverzinkten, dünnwandigen Stahlblechen durch Kaltverformung hergestellt. Verwendet werden C-, U- und L-Wandprofile.

Aufgaben

1. *Wann wird eine nichttragende Innenwand als leichte Trennwand eingestuft?*
2. *Welche Anforderungen werden an leichte Trennwände gestellt?*
3. *Bei unserem Projekthaus soll im Dachgeschoss die Trennwand zwischen Abstellraum und Kinderzimmer als Einfachständerwand ausgeführt werden. Welche Konstruktionsart ist darunter zu verstehen?*
4. *Welche Trennwände müssten bei unserem Projekthaus als Doppelständerwände ausgeführt werden? Begründen Sie Ihre Wahl.*
5. *Bei welchen Trennwänden unseres Projekthauses wären erhöhte Anforderungen hinsichtlich des Schallschutzes notwendig?*
6. *Skizzieren Sie eine leichte Trennwand als Holzständerwand im Horizontalschnitt.*

9.4 Beplankung

Die Beplankung kann mit verschiedenen plattenförmigen Werkstoffen ausgeführt werden. Sie werden aus organischen (Holzspänen, Holzfasern u.a.) und anorganischen (Gips) Werkstoffen hergestellt. Zum Einsatz kommen Sperrholzplatten, Spanplatten, Holzfaserplatten, Holzwollеplatten, Gipsplatten und Gipsfaserplatten.

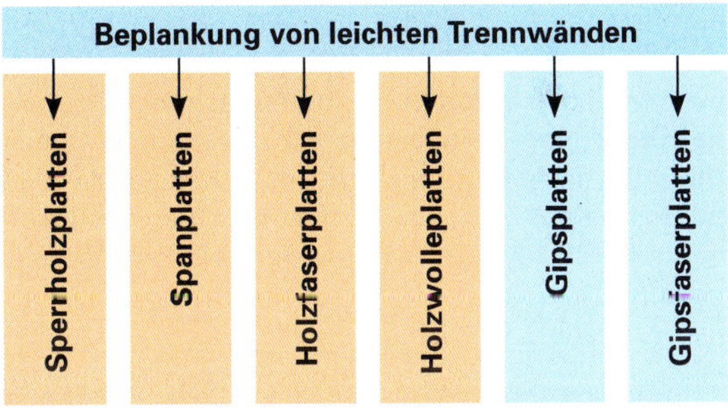

Übersicht über plattenförmige Werkstoffe

9.4.1 Sperrholzplatten

DIN EN 313 gilt für Platten aus Furniersperrholz, Mittellagensperrholz (Stabsperrholz, Stäbchensperrholz) und Verbundsperrholz.

Eigenschaften

Durch das kreuzweise Verkleben, auch als **Absperren** bezeichnet, wird das Arbeiten des Holzes stark eingeschränkt. Die Beständigkeit der Sperrholzplatten, besonders Feuchtigkeitseinflüssen gegenüber, hängt wesentlich von der Verklebung ab.

Für die Herstellung von Sperrholzplatten werden Polykondensationsklebstoffe verwendet. Nach der Dauerhaftigkeit der Verklebung werden Sperrholzplatten für die Verwendung im Trockenbereich, im Feuchtbereich und im Außenbereich unterschieden.

Sperrholz gilt als normal entflammbar (Baustoffklasse B 2); es kann durch Feuerschutzmittel schwer entflammbar (Baustoffklasse B 1) gemacht werden.

Bei Sperrholz wird als Plattenlänge das Maß in Richtung des Faserverlaufs der Decklagen definiert, die Plattenbreite ist dann das Maß rechtwinklig zur Plattenlänge.

Sperrholzplatten werden nach dem Aussehen ihrer Oberflächen klassifiziert. Dies erfolgt anhand der Anzahl und Größe von natürlichen Merkmalen des Holzes und von fertigungsbedingten Fehlern. Es werden **fünf Erscheinungsklassen** unterschieden mit den Kurzbezeichnungen E, I, II, III, IV.

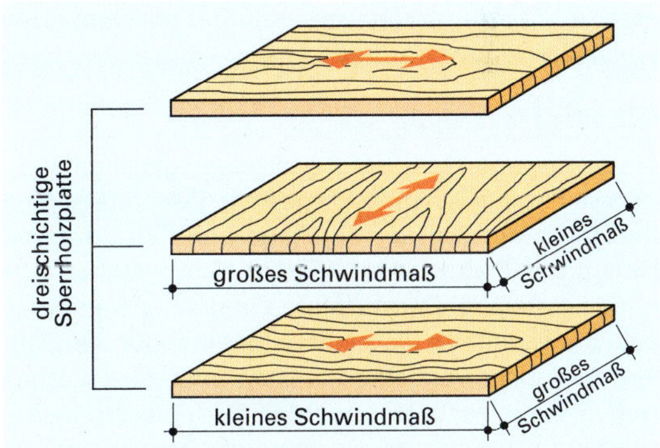

Prinzip des Absperrens

Bei Sperrholzplatten wird das Arbeiten des Holzes durch kreuzweises Verkleben der Schichten stark eingeschränkt. Nach der Dauerhaftigkeit der Verklebung können die Platten im Trockenbereich, im Feuchtbereich oder im Außenbereich eingesetzt werden.

In den Erscheinungsklassen I ... IV besteht keine Einschränkung hinsichtlich der Anzahl und der Breite der zur Bildung der Decklage einer Platte verwendeten Furniere, sofern die Fugen ordnungsgemäß ausgeführt sind. Furniere für die Decklagen der Klasse I müssen hinsichtlich Farbe und Zeichnung gut aufeinander abgestimmt sein. Die Fugen der Decklagen müssen annähernd parallel zu den Plattenkanten verlaufen. In Klasse E darf es sich bei Schälfurnier-Decklagen um ein oder zwei hinsichtlich Farbe und Zeichnung gut aufeinander abgestimmte Furniere handeln, wobei die Fuge sauber ausgeführt sein und annähernd in der Plattenmitte sowie annähernd parallel zu den Plattenkanten verlaufen muss.

Arten, Abmessungen, Normung

Sperrholzplatten für Wandtafeln werden in Furniersperrholz und Mittellagensperrholz unterteilt.

9.4.2 Furniersperrholzplatten

Bei diesen Platten bestehen alle Schichten aus parallel zur Plattenebene liegenden Furnieren, die meist aus den Holzarten Buche, Birke, Kiefer, Fichte, Tanne, Macoré, Mahagoni, Olumé und Limba als Rundschälfurniere hergestellt werden.

Furniersperrholzplatten, die für tragende und/oder aussteifende Beplankung von Wandelementen verwendet werden, sollten mindestens 5 mm dick sein; Furniersperrholzplatten an Außenflächen sollten eine Dicke von mindestens 12 mm haben. Nach DIN 1052 dürfen für tragende und aussteifende Teile nur Furniersperrholzplatten mit einer Biegefestigkeit von ≥ 40 MPa (MN/m^2) in Faserrichtung des Deckfurniers und ≥ 15 MPa (MN/m^2) senkrecht zum Deckfurnier verwendet werden.

Furniersperrholzplatten bestehen aus mindestens drei Furnierlagen, deren Faserrichtungen meist um 90° versetzt sind. Furniersperrholzplatten dürfen für tragende und/oder aussteifende Teile verwendet werden.

Mittellagensperrholz

Mittellagensperrholz wird nach dem gleichen Prinzip wie Furniersperrholz hergestellt. Der Unterschied besteht in der Art der Mittellage und den größeren Dicken der Platten (13…45 mm). Sie bestehen aus mindestens zwei Deckfurnieren und einer Mittellage aus nebeneinanderliegenden miteinander verklebten oder nicht verklebten Leisten oder Streifen aus Holz. Für die Mittellage werden Nadelhölzer, insbesondere Fichte, für die Deckfurniere Laubhölzer wie Buche und Pappel verwendet.

Nach der Art der Mittellage werden folgende Sperrholzplatten unterschieden:

- **Stäbchensperrholz**: Die Platte besteht aus höchstens 7 mm breiten und hochkant angeordneten Schälfurnierstreifen, die miteinander verklebt sind. Die Jahrringe der Furnierstreifen stehen hochkant zur Plattenebene. Damit wird das Quell- und Schwindvermögen des Holzes in die kleinste Abmessung der Platte, nämlich in ihre Dicke, gelegt.
- **Stabsperrholz**: Die Platte besteht aus verklebten oder nicht verklebten 7…30 mm breiten Vollholzstäben, die aus verleimten Seitenbrettern gewonnen werden.

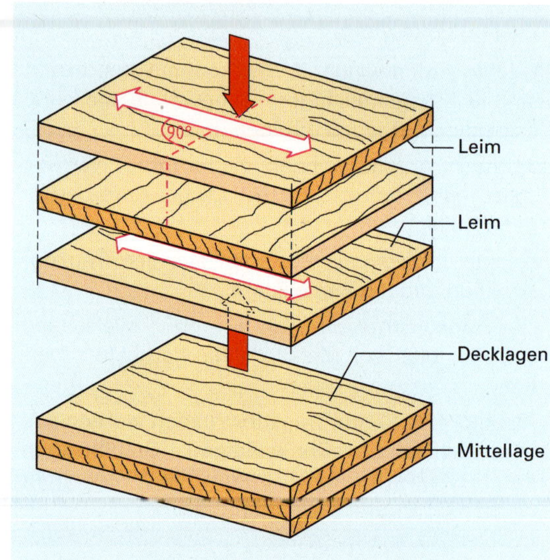

Aufbau einer Furniersperrholzplatte (dreilagig)

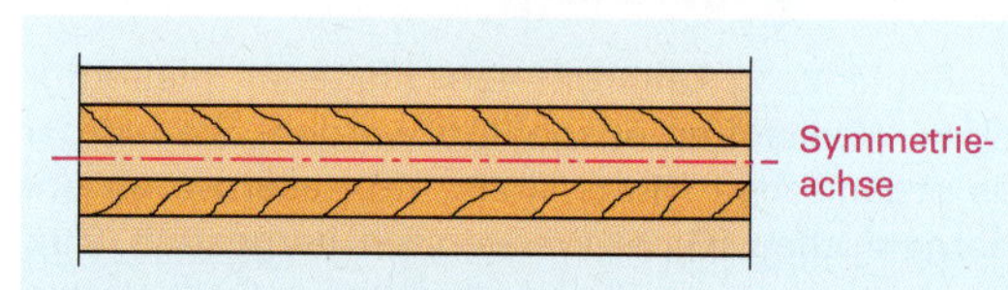

Fünflagige Furniersperrholzplatte

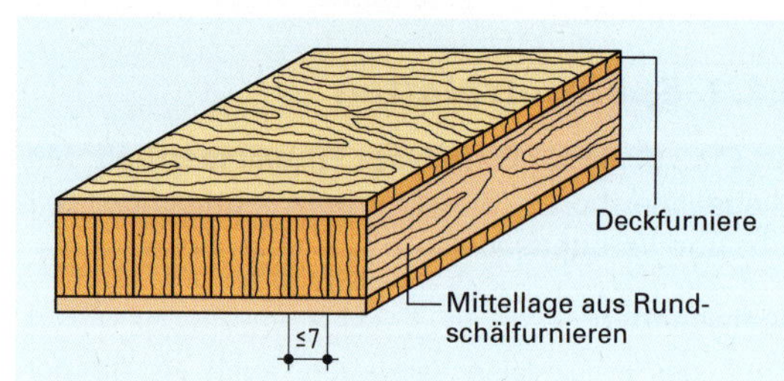

Aufbau einer Stäbchensperrholzplatte

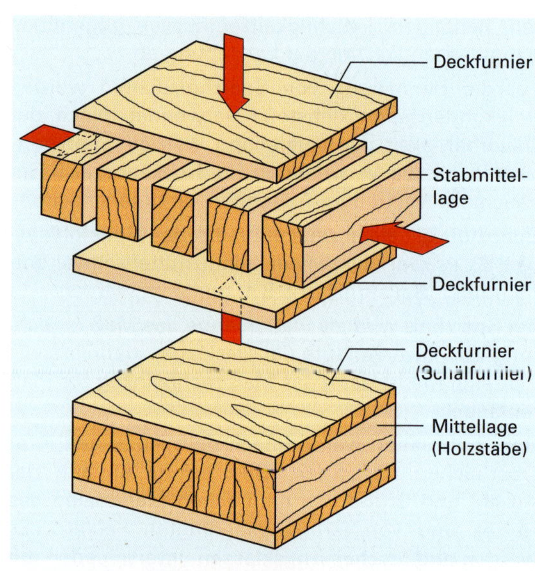

Aufbau einer Stabsperrholzplatte

Sperrholzplatten können nach DIN EN 636 im Trocken-, Feucht- und Außenbereich für tragende Zwecke (Kennzeichnung mit „S“) oder für allgemeine Zwecke (Kennzeichnung mit „G“) verwendet werden.

Sperrholz zur Verwendung im Trockenbereich (DIN EN 636) ist für die Innenanwendung ohne Gefahr der Durchfeuchtung vorgesehen und wird der **Gebrauchsklasse 1** zugeteilt. Unter dieser Bedingung ist die Gleichgewichtsfeuchte des Sperrholzes durch einen Feuchtegehalt im Werkstoff gekennzeichnet, der einer Temperatur von 20 °C und einer relativen Luftfeuchte von 65 % entspricht. Die Qualität der Verklebung muss die Anforderungen der **Verklebungsklasse 1** erfüllen.

Sperrholz zur Verwendung im Feuchtbereich (DIN EN 636) ist für den Einsatz im Außenklima bei Schutz gegen direkte Bewitterung vorgesehen und wird den **Gebrauchsklassen 1 und 2** zugeteilt. Eine vorübergehende Befeuchtung, z. B. während der Bauphase, ist möglich. Die Platten können z. B. hinter Außenbekleidungen oder unter Dach eingebaut werden. Die Qualität der Verklebung muss die Anforderungen der **Verklebungsklasse 2** erfüllen.

Sperrholz zur Verwendung im Außenbereich (DIN EN 636) wird für Außenbauteile mit Wetterbeanspruchung eingesetzt und ist den **Gebrauchsklassen 1, 2 und 3** zuzuordnen. Es widersteht direkter Bewitterung und der Einwirkung von Wasser oder Wasserdampf bei Belüftung, wobei es häufig Feuchtegehalte von über 20 % erreichen kann. Die Qualität der Verklebung muss die Anforderungen der **Verklebungsklasse 3** erfüllen.

Werden bei der Herstellung von Sperrholzplatten formaldehydhaltige Stoffe verwendet, so sind die Platten zur **Verwendung im Innenbereich** zu prüfen und den **Klassen E1** oder **E2** zuzuordnen. Nach DIN EN 636 und DIN EN 13986 unterliegen Sperrholzplatten einer Erstprüfung und einer werkseigenen Produktionskontrolle.

Formaldehyd-klasse	Formaldehydabgabe
Erstprüfung des Produkts	
Klasse E1	≤0,124 mg/m³ Luft
Klasse E2	>0,124 mg/m³ Luft oder >3,5 … ≤8 mg/m² h oder >5 … ≤12 mg/m² h innerhalb von 3 Tagen nach Herstellung
Werkseigene Produktionskontrolle	
Klasse E1	≤3,5 mg/m² h oder ≤5 mg/m² h innerhalb von 3 Tagen nach Herstellung
Klasse E2	>3,5 … ≤8 mg/m² h oder >5 … ≤12 mg/m² h innerhalb von 3 Tagen nach Herstellung

Formaldehydabgabe

Nach der Dauerhaftigkeit können Sperrholzplatten im Trocken-, Feucht- und Außenbereich verwendet werden.

9.4.3 Spanplatten

Herstellung

Spanplatten werden aus kleinen Holzteilchen, z. B. Holzspänen, Hobelspänen, Sägespänen, und/oder anderen lignozellulosehaltigen Teilchen, z. B. Flachsschäben, Hanfschäben, Bagasse, durch Verpressen unter Zusatz von Klebstoffen und unter Hitzeeinwirkung hergestellt. In Messermühlen wird das Spangut zu Feinspänen zerkleinert, anschließend getrocknet und gesichtet. In Mischkammern besprüht man die Späne mit Klebstoff und schüttet sie anschließend auf Formbleche. In Etagen-Heizpressen werden die Platten gepresst. Sie werden dann eine Woche gelagert, damit sich die Feuchte und die Temperatur im Innern der Platte ausgleichen.

Eigenschaften

Die Güte der Spanplatten wird wesentlich durch die Form und Lage der Späne und durch ihre Verleimung beeinflusst.

Es werden grobe, breite und feine, schmale Späne unterschieden. Für Deckschichten werden feine, für Mittelschichten grobe Späne verwendet. Die Spanlage ist dann günstig, wenn die Späne kreuz und quer liegen. Die Platten haben also keine ausgeprägte Längs- und Querrichtung; sie arbeiten deshalb nach allen Richtungen fast gleich stark. Da die Späne mit Kunstharzleim umhüllt sind, quellen und schwinden die Platten bei veränderter Luftfeuchtigkeit weniger und langsamer als Sperrholzplatten und zeichnen sich auch durch ein besseres Stehvermögen aus.

Holzspanplatten sind nach DIN 4102 normal entflammbar (B 2). Platten bestimmter Dicke und Qualität gelten auf Nachweis als schwer entflammbar (B 1) und daraus hergestellte Bauteile als feuerhemmend (Feuerwiderstandsklassen F 30 und F 60).

Spanplatten müssen bei Auslieferung aus dem Herstellerwerk die allgemeinen Anforderungen nach DIN EN 312 erfüllen.

Spanplatten sind die häufigste Quelle von **Formaldehyd-Emissionen in Innenräumen**. Die Formaldehydabgabe ist hauptsächlich darauf zurückzuführen, dass Spanplatten mit Klebstoffen auf Aminoplast-Basis hergestellt werden. Die Menge des abgegebenen Formaldehyds (chemische Formel: HCHO) ist entscheidend für die Einteilung der Spanplatten in die **Formaldehydklasse E1 oder E2**. Der Formaldehydgehalt darf in der **Klasse E1** 8 mg und in der **Klasse E2** > 8 … ≤ 20 mg je 100 g Platte nicht übersteigen. Die Bestimmung des Formaldehydgehaltes erfolgt über ein besonderes Verfahren, das als Perforatormethode bekannt ist. Die festgelegten Kennwerte werden als Perforatorwerte bezeichnet.

Die Anforderung bezüglich des Formaldehydgehalts von Spanplatten ist in der „Chemikalienverbotsverordnung“ festgelegt. Darüber hinaus sind folgende Ergänzungen aus der DIN EN 312 zu beachten:

1. Für Spanplatten der **Formaldehydklasse E1** ist die Formaldehydabgabe von maximal 0,124 mg pro m^3 Luft einzuhalten. Nach DIN EN 120 soll bei der werkseigenen Produktionskontrolle der Halbjahres-Mittelwert 6,5 mg Formaldehyd je 100 g Plattenmasse nicht überschreiten.

   In bestimmten Ländern sind nur Produkte der Formaldehydklasse E1 zulässig.
2. Für Spanplatten der **Formaldehydklasse E2** darf die Formaldehydabgabe von > 0,124 ... ≤ 0,3 mg pro m^3 Luft betragen.

Arten, Abmessungen, Normung

Nach dem Herstellverfahren werden Strang- und Flachpressplatten unterschieden.

Bei **Strangpressplatten** liegen die Späne vorzugsweise senkrecht zur Plattenebene. Nach der Querschnittstruktur werden Vollplatten (SV) und Röhrenplatten (SR) unterschieden. Haben die Platten größere Dicken, so müssen sie aus Gründen der Aushärtung des Bindemittels Röhreneinlagen erhalten. Solche Platten eignen sich für Innenbeplankungen; die Röhren übernehmen eine zusätzliche Wärmedämmung.

Bei **Flachpressplatten** kommen die Späne vorzugsweise parallel zur Plattenebene zu liegen. Nach dem Plattenaufbau werden folgende Typen unterschieden:

- **Einschichtplatten**: Sie bestehen aus **einem** Spansortiment, zeigen also über den ganzen Querschnitt gleichmäßige Gefüge.
- **Mehrschichtplatten** (meist fünfschichtig): Sie weisen zu den beiden äußeren Feinspanschichten noch weitere Schichten feinster und gut verdichteter Späne auf. Fünfschichtige Platten werden vor allem für die Beplankung von Wandelementen eingesetzt.

Die Oberfläche von Spanplatten kann unterschiedlich beschaffen sein. Sie kann roh, d.h. ungeschliffen, geschliffen oder gehobelt, flüssigbeschichtet mit Lacken oder pressbeschichtet mit festem Material, wie Furnieren, harzgetränkten Dekorpapieren, dekorativen Schichtpressstoffplatten oder Folien, sein.

DIN EN 312 unterscheidet nach dem Verwendungszweck folgende Platten:

1. Platten für allgemeine Zwecke zur Verwendung im Trockenbereich (Typ P1)
2. Platten für Inneneinrichtungen (einschließlich Möbel) zur Verwendung im Trockenbereich (Typ P2)
3. Platten für nichttragende Zwecke zur Verwendung im Feuchtbereich (Typ P3)
4. Platten für tragende Zwecke zur Verwendung im Trockenbereich (Typ P4)
5. Platten für tragende Zwecke zur Verwendung im Feuchtbereich (Typ P5)
6. Hoch belastbare Platten für tragende Zwecke zur Verwendung im Trockenbereich (Typ P6)
7. Hoch belastbare Platten für tragende Zwecke zur Verwendung im Feuchtbereich (Typ P7)

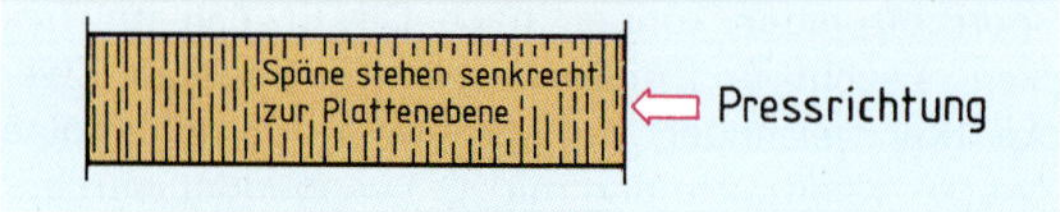

Strangpressplatte als Vollplatte

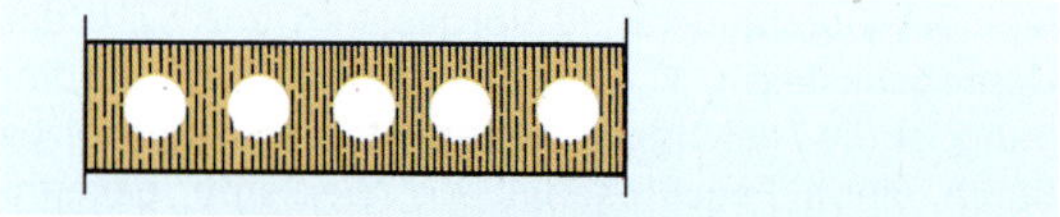
Strangpressplatte mit Röhreneinlagen

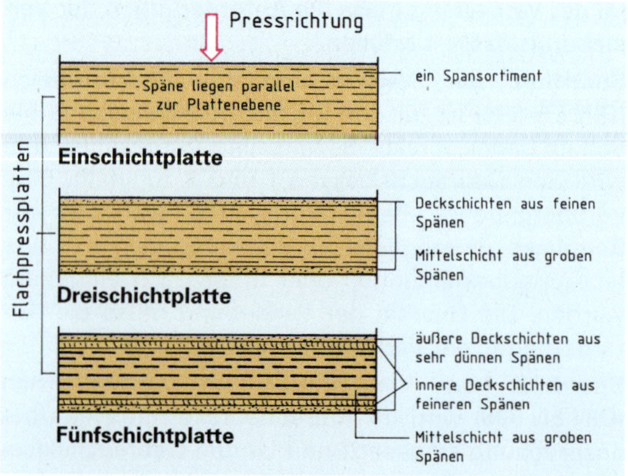

Flachpressplatten

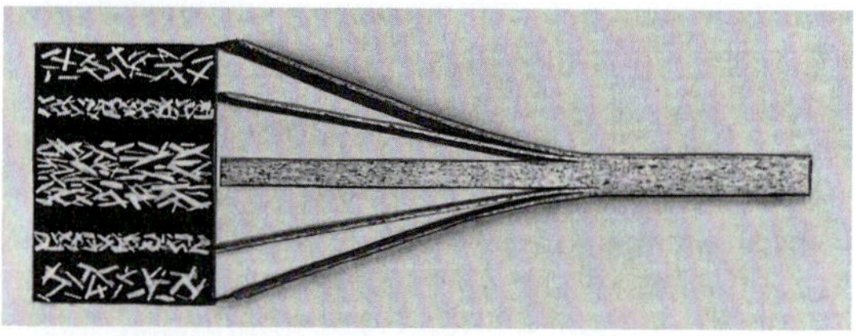
Aufbau einer fünfschichtigen Holzspanplatte

Beplankung mit OSB-Platten

Bei Strangpressplatten liegen die Späne vorzugsweise senkrecht, bei Flachpressplatten parallel zur Plattenebene. Flachpressplatten werden als Ein-, Drei- und Fünfschichtplatten hergestellt.

Die Platten unterscheiden sich in ihren mechanischen Eigenschaften, insbesondere im Hinblick auf die Biege-, Querzug- und Abhebefestigkeit.

Jede Platte oder jeder Stapel muss deutlich vom Hersteller durch Aufdruck oder Aufkleber mit den folgenden Angaben in der vorgegebenen Reihenfolge gekennzeichnet sein:

1. Namen des Herstellers
2. Nummer der Europäischen Norm EN 312
3. Plattentyp, z. B. P3
4. Nenndicke in mm
5. Formaldehydklasse
6. Chargennummer oder Herstellungswoche und -jahr

Zusätzlich dürfen die Platten farbig gekennzeichnet werden. Es werden jeweils zwei Farben verwendet. Die erste Farbe gibt an, ob die Platte für allgemeine oder für tragende Zwecke vorgesehen ist. Die zweite Farbe gibt an, ob die Platte zur Verwendung im Trockenbereich oder im Feuchtbereich geeignet ist.

Die Farbe Weiß steht für allgemeine Zwecke, Gelb für tragende Zwecke, Blau für den Trockenbereich und Grün für den Feuchtbereich.

OSB-Platten

Platten aus langen, schlanken, ausgerichteten Spänen erhalten nach DIN EN 300 die Kennzeichnung **OSB** (Oriented Strand Boards). Bei ihnen sind die Späne, auch Strands genannt, in den Außenschichten parallel ausgerichtet, in den Mittelschichten können sie zufällig oder im Allgemeinen quer zur Plattenhauptachse ausgerichtet sein. Sie haben eine wesentlich höhere Biegefestigkeit in Plattenlängsrichtung. Man verwendet sie deshalb häufig für Dachschalungen im Industriebau. Unterschieden werden vier Plattentypen:

OSB/1: Platten für allgemeine Zwecke und für Inneneinrichtungen im Trockenbereich.

OSB/2: Platten für tragende Zwecke im Trockenbereich. Sie weisen verbesserte mechanische Eigenschaften auf.

OSB/3: Platten für tragende Zwecke im Feuchtbereich. Sie weisen verbesserte Eigenschaften im Hinblick auf Feuchtebeständigkeit und Dauerhaftigkeit auf.

OSB/4: Hochbelastbare Platten für tragende Zwecke im Feuchtbereich. Sie weisen erheblich höhere mechanische Eigenschaftswerte auf.

OSB-Platten erreichen aufgrund des sehr geringen Leimanteils von etwa 2,5 % Phenolharz einen Formaldehydwert, der mit 0,77 mg/100 g sehr niedrig ist.

OSB-Platten reagieren wie jeder Holzwerkstoff auf Feuchtigkeitsveränderungen mit Quellen und Schwinden. Vor dem Verarbeiten sollten die Platten deshalb unbedingt dem Klima des Raumes angepasst werden. Bei Verwendung von scharfkantigen Platten muss zwischen den Stößen eine Dehnfuge von mindestens 3 mm eingehalten werden.

OSB-Platten zeichnen sich durch hohe Biegefestigkeit in Plattenlängsrichtung aus.

9.4.4 Zementgebundene Spanplatten

Sie werden nach DIN EN 633 als plattenförmige Werkstoffe durch Verpressen von kleinen Teilchen aus Holz oder anderen Teilchen pflanzlichen Ursprungs mit einem **hydraulischen Zement** und möglichen Zusätzen hergestellt.

Im Vergleich zu Spanplatten haben zementgebundene Spanplatten eine größere Rohdichte, eine geringere Biegefestigkeit, eine höhere Feuchtebeständigkeit, ein ungünstigeres „Stehvermögen" bei Feuchtebeanspruchung und ein besseres Brandverhalten.

Zementgebundene Spanplatten können im Trocken-, Feucht- und Außenbereich eingesetzt werden. Der Feuchtbereich ist durch die **Nutzungsklasse 2** definiert, die durch eine Feuchte im Werkstoff gekennzeichnet wird, die einer Temperatur von 20 °C und einer relativen Luftfeuchte entspricht, die nur wenige Wochen im Jahr 85 % überschreitet. Platten dieser Art sind für die Anwendung in den biologischen Gefährdungsklassen 1 und 2 geeignet. Der Außenbereich ist durch die **Nutzungsklasse 3** definiert. Platten dieser Art sind für die Anwendung in den biologischen Gefährdungsklassen 1, 2, 3 und 4 geeignet.

Für die Verwendung zementgebundener Spanplatten werden neben den allgemeinen Anforderungen nach DIN EN 634-2 auch noch Anforderungen an festgelegte Eigenschaften gestellt.

Eigenschaften zementgebundener Spanplatten

Eigenschaft[1]	Anforderung (für alle Dicken)
Rohdichte	1000 kg/m^3
Biegefestigkeit[2]	9 MPa (N/mm^2)
Biege-Elastizitätsmodul[2]	Klasse 1 ⇒ 4500 MPa (N/mm^2) Klasse 2 ⇒ MPa (N/mm^2)
Querzugfestigkeit	0,5 MPa (N/mm^2)
Dickenquellung, 24 h	1,5 %
Querzugfestigkeit nach Zyklustest	0,3 MPa (N/mm^2)
Dickenquellung nach Zyklustest	1,5 %

[1] Die angegebenen Werte gelten für einen Feuchtegehalt, der sich im Werkstoff bei einer relativen Luftfeuchte von 65 % und einer Temperatur von 20 °C einstellt.

[2] Die Werte für die Biegefestigkeit und den Elastizitätsmodul müssen in allen Richtungen der Plattenebene nachgewiesen werden.

Zementgebundene Spanplatten kommen dort zum Einsatz, wo sich Vorzüge wie Brandverhalten und Feuchtebeständigkeit positiv auf die Konstruktion auswirken.

9.4.5 Holzfaserplatten

Herstellung

Holzfaserplatten bestehen aus verholzten Fasern mit Füllstoffen (wie Hartholz, Papier, Stroh) und ohne diese mit oder ohne Kunstharzbindemittel. Die Fasern werden aus Holzabfällen durch maschinelle Zerkleinerung gewonnen. Dem Holzfaserbrei kann Phenolharzleim zugesetzt werden. Die Fasermasse wird über Siebe entwässert. Der Siebabdruck kennzeichnet die Unterseite der Platte. Die Faserplatten werden anhand ihres Herstellverfahrens unterschieden in

- Faserplatten nach dem **Nassverfahren** und
- Faserplatten nach dem **Trockenverfahren**.

Platten nach dem Nassverfahren sind Faserplatten mit einem Feuchtegehalt von mehr als 20 % im Stadium der Plattenformung. Zu ihnen gehören poröse, mittelharte und harte Platten. Platten nach dem Trockenverfahren sind Faserplatten mit einem Feuchtegehalt von weniger als 20 % im Stadium der Plattenformung. Sie werden unter Zusatz eines synthetischen Bindemittels unter Druck und Hitze hergestellt.

> Aus Holzfasern werden mit Bindemitteln oder ohne Bindemittel poröse und mittelharte bis harte Platten hergestellt.

Poröse Holzfaserplatten (SB – DIN EN 316)

Die Platten besitzen ein **hohes Wärmedämmvermögen**. Ihre Rohdichte liegt zwischen 230 kg/m³ und 400 kg/m³. Aufgrund ihrer Struktur zeigen die Platten gute schallabsorbierende Eigenschaften, die durch ein Öffnen der Oberfläche (Löcher, Schlitze o. Ä.) noch verbessert werden können. Weitere Eigenschaften, wie Feuerschutz und Feuchteresistenz, können ihnen verliehen werden (Kurzzeichen SB.I).

Poröse Platten können mit **Bitumenemulsionen** feuchtigkeitsunempfindlich gemacht werden. Sie müssen allerdings durchgehend bituminiert sein. Die wärme- und schalldämmenden Eigenschaften werden beibehalten. Die Platten werden in zwei verschiedenen Härten hergestellt; Kurzzeichen: BPH1 und BPH2.

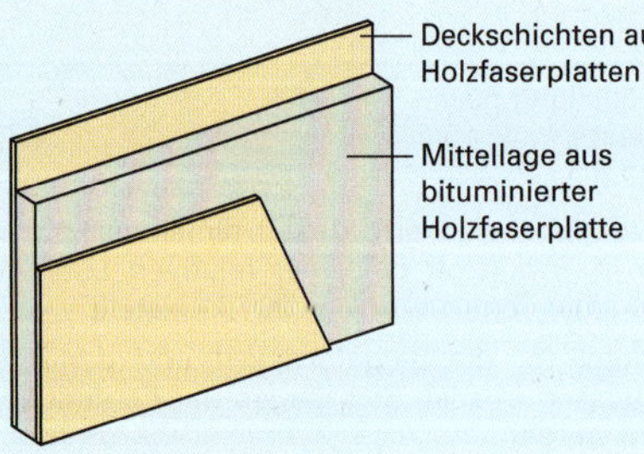

Wandelement als Verbundplatte

> Poröse Platten besitzen wärmedämmende und schallabsorbierende Eigenschaften. Bituminierte Platten sind feuchtigkeitsunempfindlich.

Kurzzeichen verschiedener Faserplattentypen (DIN EN 316)

Nach der Rohdichte werden folgende Erzeugnisse unterschieden:

Bezeichnung	Kurzzeichen	Rohdichte in kg/m³
Harte Platten	HB	≥ 900
Mittelharte Platten geringer Dichte	MBL	≥ 400 … < 560
Mittelharte Platten hoher Dichte	MBH	560 … < 900
Poröse Platten	SB	≥ 230 … < 400
Platten nach dem Trockenverfahren	MDF	> 350 … > 900

Ausgeprägte wärme- und schalltechnische Eigenschaften besitzen die Platten nicht. Sie sind brennbar; mit Schaum bildenden Flammschutzmitteln können die Platten schwer entflammbar gemacht werden.

Harte Platten werden durch eine Öltränkung und/oder unter hoher Wärmeeinwirkung gehärtet. Durch besondere Verfahren kann die Oberfläche gestaltet werden. Im Handel kommen unter anderem PVC- und kunstharzbeschichtete, kunstharzlackierte, mit Jute oder Textilgewebe kaschierte Platten vor. Sie werden besonders für Wandverkleidungen eingesetzt.

Für tragende und aussteifende Wandelemente dürfen nur harte Platten verwendet werden.

Faserplatten (DIN EN 622-5)
Auf Anwendungsbedingungen und Verwendungszwecke bezogene Kurzzeichen

Faserplatten nach dem Trockenverfahren (MDF) können im Trocken- und Feuchtbereich eingesetzt werden. DIN EN 622-5 unterscheidet nach dem Verwendungszweck folgende Platten:

1. Platten für allgemeine Zwecke zur Verwendung im Trockenbereich (Typ MDF)
2. Platten für allgemeine Zwecke zur Verwendung im Feuchtbereich (Typ MDF.H)
3. Platten für tragende Zwecke zur Verwendung im Trockenbereich (Typ MDF.LA)
4. Platten für tragende Zwecke zur Verwendung im Feuchtbereich (Typ MDF.HLS)
5. Leichte MDF-Platten zur Verwendung im Trockenbereich (Typ L-MDF)
6. Leichte MDF-Platten zur Verwendung im Feuchtbereich (Typ L-MDF.H)
7. Ultraleichte MDF-Platten zur Verwendung im Trockenbereich (Typ UL1-MDF)
8. Ultraleichte MDF-Platten zur Verwendung im Trockenbereich (Typ UL2-MDF)
9. Platten zur Verwendung als Unterdeckplatten für Dachdeckungen und Wände (Typ MDF.RWH)

9.4.6 Holzwolleplatten

Herstellung

Holzwolleplatten bestehen aus langfaserigen Hobelspänen und mineralischen Bindemitteln. Die langen, gleichmäßigen Holzspäne werden mit Magnesit, Portlandzement oder einer Kombination aus Zement und Kalk ummantelt (= mineralisiert). Das Abbinden und Erhärten vollzieht sich bei hohen Temperaturen.

Durch die Hitzeeinwirkung werden die Holzfasern keimfrei gemacht, gedämpft und durch die mineralischen Bestandteile konserviert.

Arten, Abmessungen, Normung

Grundlage hierfür ist DIN EN 13168. Sie legt in Stufen bzw. Klassen die Grenzmaße für die Länge, für die Breite, für die Dicke, für die Abweichung von der Rechtwinkligkeit, für die Abweichung von der Ebenheit, für die Druckspannung, für die Biegefestigkeit, für die Zugfestigkeit senkrecht zur Plattenebene, für den Chloridgehalt und die Wasserdampf-Diffusionswiderstandszahl fest.

DIN EN 13168 unterscheidet Holzwolleplatten und Holzwolle-Mehrschichtplatten.

Holzwolleplatten

Die Platten sind meist magnesitgebunden. Sie können auch einseitig mit einem im Werk aus Feinspänen hergestellten Porenverschluss geliefert werden. Solche Platten haben eine glatte Oberfläche, die als Unterlage für Anstriche o.Ä. dienen kann. Die Platten haben in der Regel ein Standardmaß von 200 cm auf 50 cm. Sie eignen sich auch zur Herstellung einschaliger oder doppelschaliger selbsttragender Trennwände.

Holzwolleplatten werden mit den Buchstaben **WW** gekennzeichnet (engl.: **W**ood **W**ool board, slab).

Holzwolle-Mehrschichtplatten

Bei Mehrschichtplatten werden die Hobelspäne mit einem mineralischen Bindemittel gebunden und auf einer oder beiden Seiten mit einem anderen Dämmstoff, z.B. Mineralwolle oder Hartschaum-Platten, beschichtet. Die Holzwolleschicht muss die angrenzende Dämmschicht vollkommen bedecken.

Der Wärmedämmwert liegt höher, die flächenbezogene Masse ist niedriger als bei Holzwolleplatten.

Stufen	Anforderungen in kPa[3])
CS (10/Y)[1]) 20	≥20
CS (10/Y) 30	≥30
CS (10/Y) 50	≥50
CS (10/Y) 75	≥75
CS (10/Y) 100	≥100
CS (10/Y) 150	≥150
CS (10/Y) 200	≥200
CS (10/Y) 300	≥300
CS (10/Y) 500	≥500
CS (10/Y) 750	≥750
CS (10/Y) 1000	≥1000

Stufen für die Druckfestigkeit

Stufen	Anforderungen in kPa[3])
TR[2]) 5	≥5
TR 7,5	≥7,5
TR 10	≥10
TR 15	≥15
TR 20	≥20
TR 40	≥40
TR 70	≥70
TR 100	≥100

Stufen für die Zugfestigkeit senkrecht zur Plattenebene

[1]) Symbol für die angegebene Stufe der Druckfestigkeit bzw. der Druckspannung

[2]) Symbol für die angegebene Stufe der Zugfestigkeit senkrecht zur Plattenebene

[3]) 1 kPa entspricht 1 kN/m^2

Mehrschichtplatten, mit denen leichte Trennwände ohne Holzgerippe hergestellt werden, müssen mindestens 50 mm dick sein. Platten für die beidseitige Beplankung von Fachwerkwänden müssen folgende Dicken haben:

a) Außenwände außen = 35 mm
innen = 25 mm

b) Innenwände = 25 mm

Mehrschichtplatten werden mit den Buchstaben **WW-C** gekennzeichnet (engl.: **W**ood **W**ool **C**omposite board, slab).

3-Schicht-Holzwolle-Mehrschichtplatte in Verbindung mit EPS

Zwischen zementgebundenen Holzwolledeckschichten befindet sich ein Polystyrolkern. Die Platten werden zur Wärmedämmung von Decken, Wänden, Stützen, Trägern und Dächern verwendet. Die Platten haben in der Regel ein Standardmaß von 200 cm auf 50 cm und werden in Dicken von 25, 35, 50, 75, 100 mm geliefert. Ab 35 mm Dicke ist ein Stufenfalz möglich.

Eine 3-Schicht-Holzwolleplatte in Verbindung mit EPS wird mit den Buchstaben **WW-C/3 EPS** gekennzeichnet (engl.: **3**-layered **C**omposite **W**ood **W**ool board, slab in combination with **EPS**).

Leichte Trennwände können mit Ein- oder Mehrschichtplatten errichtet werden. Die Platten zeichnen sich durch hohe Wärmedämmung, ausreichenden Brandschutz und geringe Massen aus.

Holzwolle-Einschichtplatte

Holzwolle-Zweischichtplatte

Holzwolle-Dreischichtplatte

9.4.7 Gipsplatten

Herstellung

Gipsplatten sind werksmäßig gefertigte dünne Platten, die aus einem mit **Karton** ummantelten bzw. beschichteten **Gipskern** bestehen.

Die Platten werden am Fließband hergestellt. Der Oberseitenkarton wird in eine Blechform eingelegt und an den Längskanten gebördelt. Der Gipsbrei wird eingebracht, der Rückseitenkarton aufgelegt und mit dem Oberseitenkarton verklebt. Die Platten werden auf genaue Dicke gewalzt und auf die erforderliche Länge geschnitten.

Eigenschaften

Die Eigenschaften der beiden Ausgangsstoffe Gips und Karton und ihr Zusammenwirken bestimmen die besonderen Qualitäten der Gipsplatten. Der Karton macht die Platten ausreichend biegesteif und elastisch, der harte, spröde Gipskern verleiht der Platte genügende Stoß- und Schlagfestigkeit.

Gipsplatten sind schwer entflammbar (B 1) und daher für den Brandschutz geeignet. Die Poren im Karton und Gipskern verleihen den Platten ausreichende Wärmedämmfähigkeit, sofern sie vor Feuchtigkeit geschützt sind.

Arten, Abmessungen, Normung

Für leichte Trennwände stehen mehrere Plattenarten und Lieferformen zur Verfügung. Nach DIN EN 520 sind folgende Plattenarten zu unterscheiden:

- **Gipsplatten Typ A** werden für Wand- und Deckenbekleidungen auf Unterkonstruktion, für Leichtwände und für vorgefertigte Bauteile verwendet.
- **Gipsplatten Typ H (Gipsplatten mit reduzierter Wasseraufnahmefähigkeit)** erhalten Zusätze, die die Wasseraufnahmefähigkeit reduzieren. Sie sind für Feuchträume und Räume mit höherer Luftfeuchtigkeit geeignet. Je nach Wasseraufnahmevermögen erhalten die Platten die Bezeichnung „Typ H 1", „Typ H 2" bzw. „Typ H 3".
- **Gipsplatten Typ E (Gipsplatten für Beplankungen)** weisen eine reduzierte Wasseraufnahmefähigkeit und eine auf ein Mindestmaß reduzierte Wasserdampfdurchlässigkeit auf. Sie werden besonders als Beplankungen für Außenwandelemente, die keiner dauernden Außenbewitterung ausgesetzt sind, verwendet.
- **Gipsplatten Typ F (Gipsplatten mit verbessertem Gefügezusammenhalt des Kerns bei hohen Temperaturen)** werden für Bauteile mit besonderen Anforderungen an den Brandschutz eingesetzt. Zur Verbesserung des Gefügezusammenhalts bei hohen Temperaturen erhält der Gipskern mineralische Fasern und/oder andere Zusätze.
- **Gipsplatten Typ P** besitzen eine speziell für den Auftrag von Gipsputzen oder für eine Klebeverbindung mit anderen Materialien vorgesehene Ansichtsseite. Die Platten können auch perforiert hergestellt werden.
- **Gipsplatten Typ D (Gipsplatten mit definierter Dichte)** weisen eine definierte Dichte auf, um eine verbesserte Leistungsfähigkeit sicherzustellen.
- **Gipsplatten Typ R (Gipsplatten mit erhöhter Festigkeit)** weisen eine erhöhte Bruchfestigkeit sowohl in Längs- als auch in Querrichtung auf.
- **Gipsplatten Typ I** weisen eine erhöhte Oberflächenhärte auf.

Bei Gipsplatten des Typs A, F, D, R und I kann auf die Ansichtsseite ein geeigneter Gipsputz oder eine geeignete dekorative Beschichtung aufgebracht werden.

Bei den Gipsplatten des Typs P sind die kartonummantelten Längskanten unterschiedlich ausgebildet.

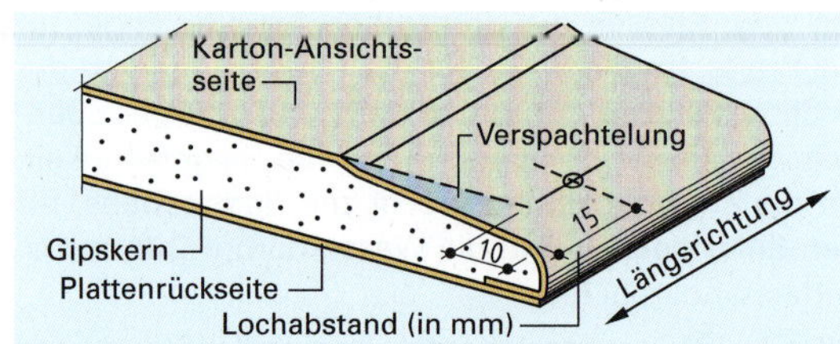

Aufbau der Gipsplatte (Standardplatte)

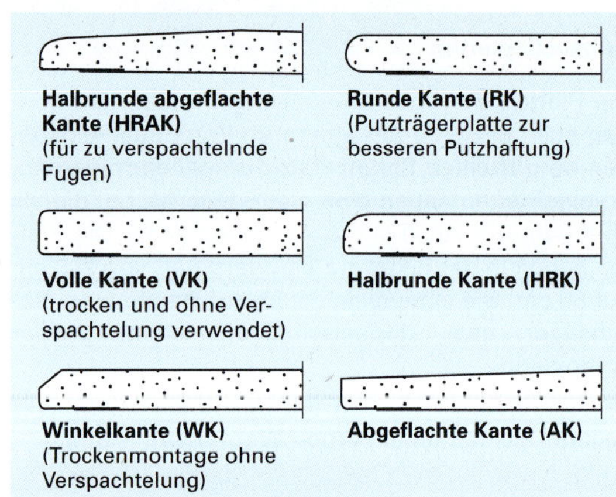

Kantenausbildung von Gipsplatten

Gipsplatte Typ	Abmessungen (Nennmaße) in mm		
	Länge	Breite	Dicke
Typ P	1200, 1500, 1800, 2000	400, 600, 900 1200	9,5 und 12,5
Typen A, H, D, E, F, I, R		600, 625, 900 1200, 1250	9,5, 12,5, 15
Weitere Längen und Breiten sind ebenfalls zulässig.			

Gipsplatten: übliche Nennmaße

Beispiel für Plattenbezeichnungen:

- Gipsplatte DFH2[1])/EN 520 – 1250/3000/12,5 runde Kante

[1]) Gipsplatten können die Leistungsmerkmale mehrerer Plattentypen aufweisen. In diesem Fall sind in der Bezeichnung der Platte alle Buchstaben aufzuführen.

9.4.8 Faserverstärkte Gipsplatten

DIN EN 15283 unterscheidet Gipsplatten mit Vliesarmierung und Gipsfaserplatten.

Gipsplatten mit Vliesarmierung (Kennzeichnung GM) bestehen aus einem Gipskern mit einem fest anhaftenden Vlies aus anorganischen oder organischen Fasern. Die Fasern befinden sich auf oder unmittelbar unter der Plattenoberfläche. Um zusätzliche Eigenschaften zu erreichen, kann der Kern ebenfalls Fasern, Zusätze und/oder Füllstoffe enthalten.

Nach ihren Eigenschaften werden folgende Gipsplatten mit Vliesarmierung unterschieden:

1. Gipsplatten mit verringerter Wasseraufnahmefähigkeit (Kennzeichnung in Abhängigkeit von der Wasseraufnahmefähigkeit GM-H1 und GM-H2)
2. Gipsplatten mit erhöhter Oberflächenhärte (Kennzeichnung GM-I)
3. Gipsplatten mit erhöhter Festigkeit (Kennzeichnung GM-R)
4. Gipsplatten mit verbessertem Gefügezusammenhalt bei hohen Temperaturen (Kennzeichnung GM-F)

Zusammenfassung

Bei Furniersperrholzplatten bestehen alle Lagen aus parallel zur Plattenebene liegenden Furnieren.

Bei Mittellagen-Sperrholz besteht die Mittellage aus Holzleisten oder -streifen, die dicht nebeneinanderliegend miteinander verklebt oder nicht verklebt sind.

Spanplatten werden aus Holzteilchen durch Verpressen unter Zusatz von Klebstoffen und unter Hitzeeinwirkung hergestellt.

Sperrholz- und Spanplatten können im Bauwesen für tragende und aussteifende Zwecke im Trocken- und im Feuchtbereich eingesetzt werden.

Nach der Menge der Formaldehydabgabe werden Spanplatten in die Potentialklassen 1 und 2 eingeteilt. Unbeschichtete Spanplatten der Klasse 2 dürfen in Deutschland nicht verwendet werden.

Poröse Faserplatten zeichnen sich durch hohes Wärmedämmvermögen aus.

Holzwolleplatten bestehen aus langfaserigen Holzspänen, die mit Bindemitteln mineralisiert werden. Die Platten werden ein- oder mehrschichtig hergestellt.

Gipsplatten bestehen aus einem Gipskern, der mit Karton ummantelt bzw. beschichtet ist. Die Platten lassen sich einfach bearbeiten.

Für die Beplankung von Ständerwänden werden vorzugsweise Gipsplatten des Typs A, H, E und F eingesetzt.

Faserverstärkte Gipsplatten sind besonders stoßfest, besitzen eine hohe Feuerwiderstandsklasse sowie eine hohe Abriebfestigkeit.

Gipsfaserplatten (Kennzeichnung GF) bestehen aus einem Gipskern, der mit anorganischen und/oder organischen Fasern verstärkt ist. Der Kern kann Zusatzmittel und/oder Füllstoffe enthalten, die der Platte zusätzliche Eigenschaften verleihen.

Nach ihren Eigenschaften werden folgende Gipsfaserplatten unterschieden:

1. Gipsfaserplatten mit verringerter Wasseraufnahmefähigkeit (Kennzeichnung GF-H)
2. Gipsfaserplatten mit verringerter Wasseraufnahme an der Plattenoberfläche (Kennzeichnung in Abhängigkeit von der Wasseraufnahmefähigkeit GF-W1 und GF-W2)
3. Gipsfaserplatten mit erhöhter Dichte (Kennzeichnung GF-D)
4. Gipsfaserplatten mit erhöhter Oberflächenhärte (Kennzeichnung GF-I)
5. Gipsfaserplatten mit erhöhter Festigkeit (Kennzeichnung in Abhängigkeit von den Festigkeitskennwerten GF-R1 und GF-R2)

Aufgaben

1. *Welchen Vorteil hat das kreuzweise Verkleben bei Sperrholz?*
2. *Welcher Unterschied besteht im Aufbau zwischen Stabsperrholz und Stäbchensperrholz?*
3. *Beschreiben Sie die Herstellung einer Spanplatte.*
4. *In welchen wichtigen Eigenschaften unterscheidet sich eine Spanplatte von einer Sperrholzplatte?*
5. *Begründen Sie, warum Spanplatten der Formaldehyd-Potentialklasse 2 in Deutschland nicht erlaubt sind?*
6. *Was versteht man unter der Kennzeichnung OSB?*
7. *Worin unterscheidet sich eine OSB/4-Platte von einer OSB/3-Platte?*
8. *In welchen Eigenschaften unterscheiden sich zementgebundene Spanplatten von allgemeinen Spanplatten?*
9. *Welche Eigenschaften besitzen poröse Faserplatten?*
10. *Worauf beruht die hohe Wärmedämmfähigkeit der Holzwolleplatte?*
11. *Begründen Sie, warum Holzwolleplatten nach DIN 4102 der Baustoffklasse B 1 zugeordnet sind.*
12. *Nennen Sie die wichtigsten Eigenschaften von Gipsplatten.*
13. *Welche besondere Aufgabe übernehmen Gipsplatten des Typs F?*
14. *In unserem Projekthaus werden Wohn-, Schlaf- und Sanitärräume mit Montagewänden abgetrennt. Wählen Sie für die Beplankung geeignete Plattenwerkstoffe aus. Begründen Sie Ihre Wahl.*

9.5 Ausführung von leichten Trennwänden

9.5.1 Anschluss an angrenzende Bauteile

Die leichten Trennwände, wie sie bei unserem Projekthaus vorkommen, sind zwischen Holzstützen, Boden und Decke einzubauen. Nach DIN 4103 werden starre und gleitende Anschlüsse unterschieden. Für den Schallschutz sind dichte Anschlüsse erforderlich. Es müssen Schallbrücken vermieden werden, weil sonst eine Flankenübertragung des Schalls stattfindet.

Bei der Ausführung der Wand- und Bodenanschlüsse sind deshalb alle Anschlussteile entweder auf **weichfedernden Dichtungsstoffen**, z.B. aus Mineralwolle-Dämmstoffen, oder mit Trennwandkitt versehen am Untergrund bzw. den flankierenden Bauteilen zu befestigen. Die Anschlussprofile können auch mit selbstklebender Anschlussdichtung versehen sein.

Deckenanschluss

Bei **starren Anschlüssen** wird die Unterkonstruktion über UW-/CW-Profile mit den angrenzenden Bauteilen verdübelt. Dieser Anschluss kann Deckendurchbiegungen bis etwa 10 mm aufnehmen.

Gleitende Anschlüsse sind verschiebliche Verbindungen, die Deckendurchbiegungen von mehr als 10 mm ausgleichen können. Der gleitende Deckenanschluss entsteht dadurch, dass ein verkürzter Ständer mindestens 15 mm in das Deckenanschlussprofil beweglich eingreift bzw. geführt wird. Das Deckenanschlussprofil wird aus Gründen des Schall- und Brandschutzes mit einem Paket Gipsplattenstreifen an der Decke befestigt und von der Beplankung ohne Verbindung, also verschieblich, überdeckt.

Die schall- und brandschutztechnisch leistungsfähigsten Anschlüsse entstehen, wenn die gesamte Wandkonstruktion an die Rohbaudecke herangeführt wird. Werden Trennwände nachträglich eingebaut, sollte die durchgehende Beplankung von Deckenbekleidungen oder Unterdecken durch eine **Trennfuge** unterbrochen werden.

Fußbodenanschluss

Der schalltechnisch günstigste Bodenanschluss wird erzielt, wenn der schwimmende Estrich gegen die Trennwand läuft. Dadurch werden die **Schallnebenwegübertragungen** weitgehend unterbunden.

Wird die Trennwand auf den schwimmenden Estrich gestellt, sollte er durch einen Flex-Schnitt im Bereich des Wandanschlusses getrennt werden. Damit die Anschlussprofil-Befestigung in der Wandachse erfolgen kann, wird die Trennfuge außerhalb der Wandachse gelegt. Dabei muss sichergestellt sein, dass die Trennfuge frei von Staub- und Bauschuttteilchen bleibt.

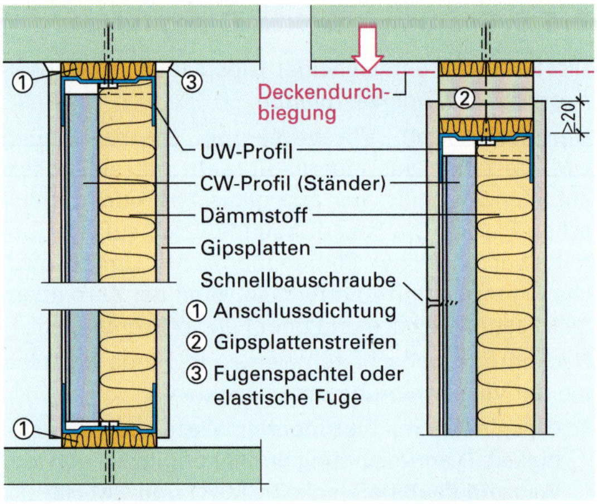

Starrer Boden- und Deckenanschluss **Gleitender Deckenanschluss**

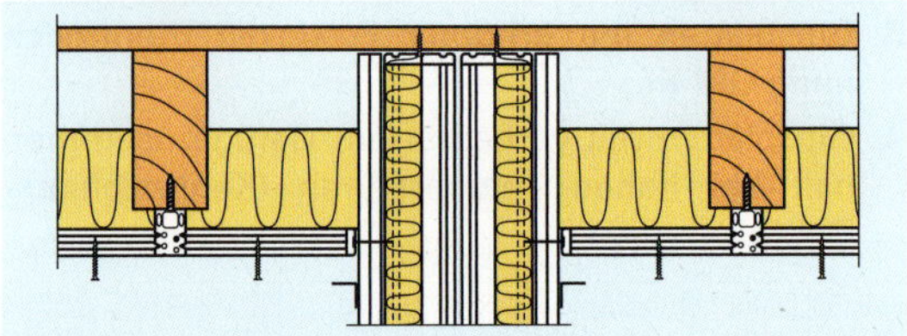

Leichte Trennwand parallel zu den Balken

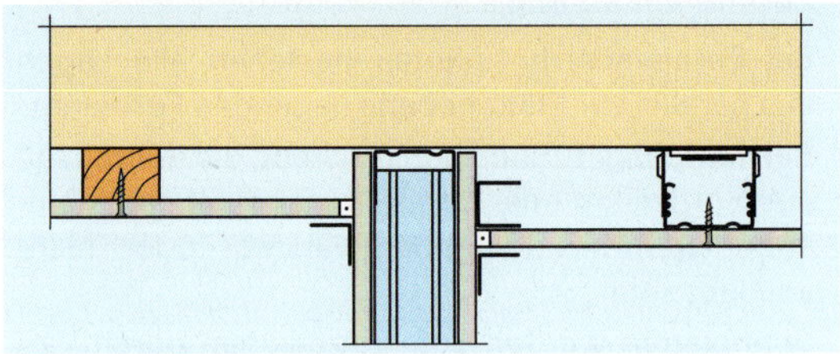

Leichte Trennwand quer zu den Balken

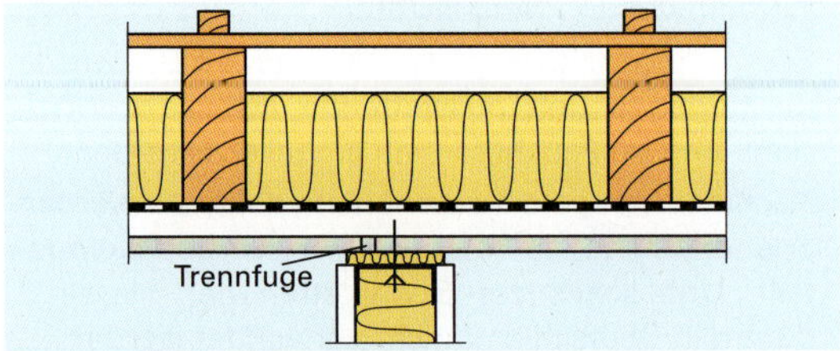

Trennung der Innenbeplankung

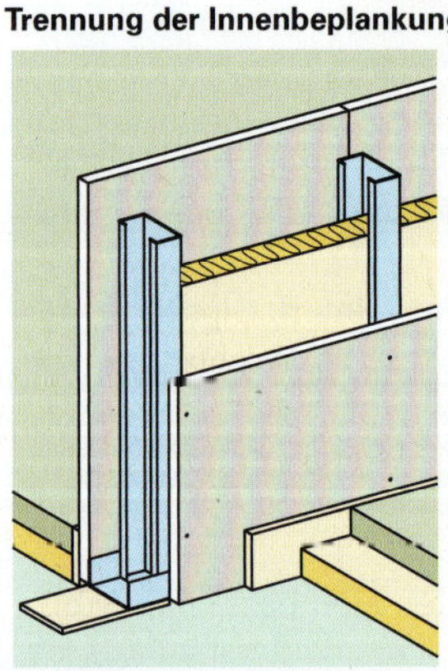

Fußbodenanschluss auf der Rohdecke

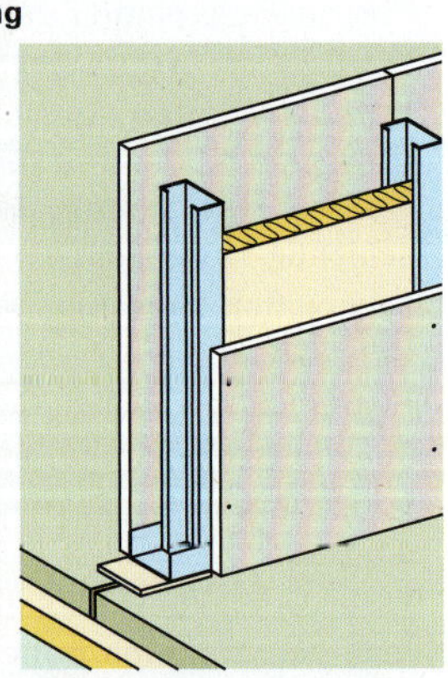

Fußbodenanschluss auf dem Estrich

Wandanschlüsse

Bei der konstruktiven Ausbildung von **Wandecken** sind hinsichtlich der Unterkonstruktion zwei Ausführungsvarianten möglich:

- Im Außeneckbereich wird jeweils ein CW-Profil angeordnet. Innenecken können durch Verwendung eines LWi-Profiles ausgebildet werden.
- Im Inneneckbereich werden zwei CW-Profile angeordnet.

Die Ausführung eines **Wandabzweigs** in Verbindung mit LW-Profilen verhält sich schalltechnisch am günstigsten; die Schall-Längsleitung wird dadurch unterbrochen. Bei mittleren Schallschutzanforderungen ist es ausreichend, die Beplankung der flankierenden Wand durch eine Fuge zu trennen. Damit die Profilbefestigung in der Wandachse erfolgen kann, wird die Trennfuge außerhalb der Wandachse gelegt. Eine durchlaufende einlagige Beplankung als Wandanschluss sollte nur bei geringen Schallschutzanforderungen vorgesehen werden.

Mit gleitenden Randanschlüssen werden mögliche Deckendurchbiegungen berücksichtigt. Aus Gründen des Schallschutzes sind zwischen Anschlussteilen und flankierenden Bauteilen Dichtungsstoffe oder Dichtungsbänder einzubauen.

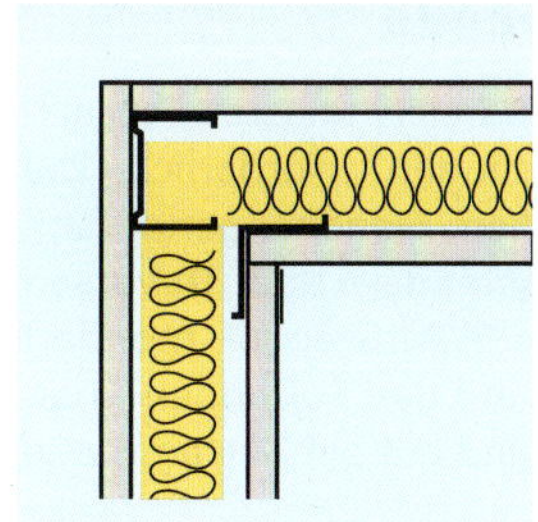

Wandecke mit Wandprofil LWi, die einfachste und schalltechnisch günstigste Ausführung

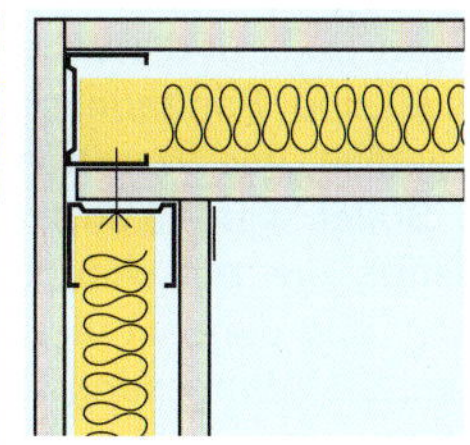

Wandecke mit CW-Ständern als Alternative

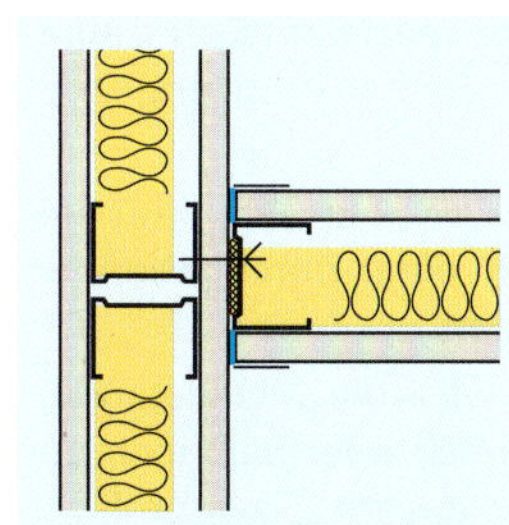

Wandabzweig mit durchlaufender einlagiger Beplankung für geringe Schallschutzanforderungen

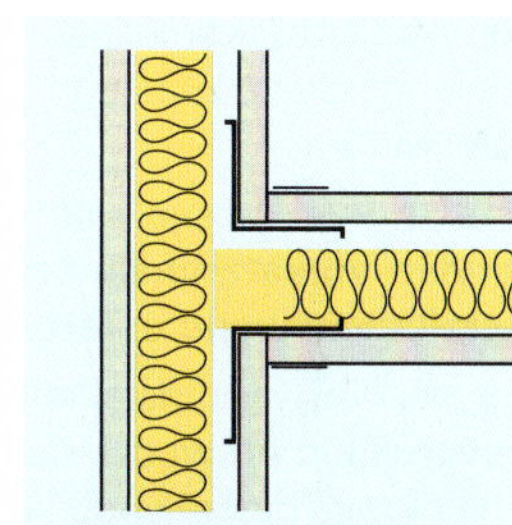

Wandabzweig mit LW-Profilen für hohe Schallschutzanforderungen

9.5.2 Wandöffnungen

Bei den leichten Trennwänden unseres Projekthauses sind eine Vielzahl von Türöffnungen vorzusehen. Bei Metallständerwänden müssen die Türöffnungen vor der Montage der UW-Bodenprofile eingemessen werden. Über Wandöffnungen müssen horizontale UW-Profile angeordnet werden, die seitlich mit UA-Aussteifungsprofilen verschraubt werden. Die UA-Profile werden über Winkellaschen mit Boden und Decke verdübelt. Der Deckenanschluss muss Durchbiegungen ermöglichen. Daher sind die UA-Profile mit Langlöchern zur beweglichen Verschraubung der Winkellaschen versehen.

Bei der Beplankung ist unbedingt darauf zu achten, dass keine Plattenstöße in der Verlängerung der Türzarge liegen. Sie müssen zur Vermeidung von Rissbildungen oberhalb des Sturzes auf gesondert eingestellten CW-Profilen angeordnet werden.

Einteilige Stahl- oder Holz-Umfassungszargen werden während des Wandaufbaus in die Unterkonstruktion eingestellt und mit den UA-und CW-Profilen verschraubt. Mehrteilige Zargen können nachträglich eingebaut werden.

Der Einbau von Oberlichtern und Festverglasungen folgt entsprechend den konstruktiven Gesichtspunkten wie bei Türöffnungen. In jedem Fall ist eine Auswechslung über und unter der Fensteröffnung bzw. der Einbauöffnung erforderlich.

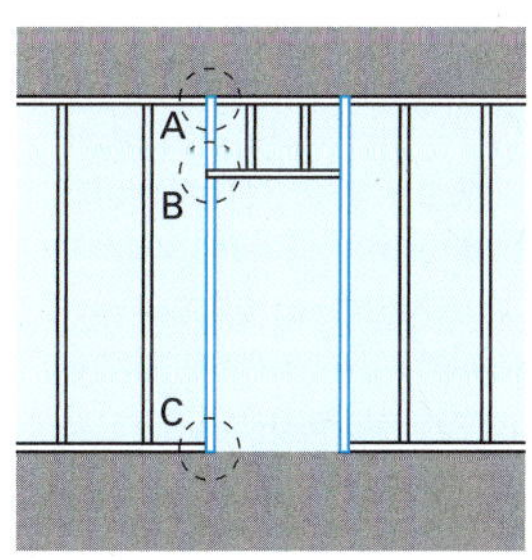

Türöffnungen mit Aussteifungsprofilen UA

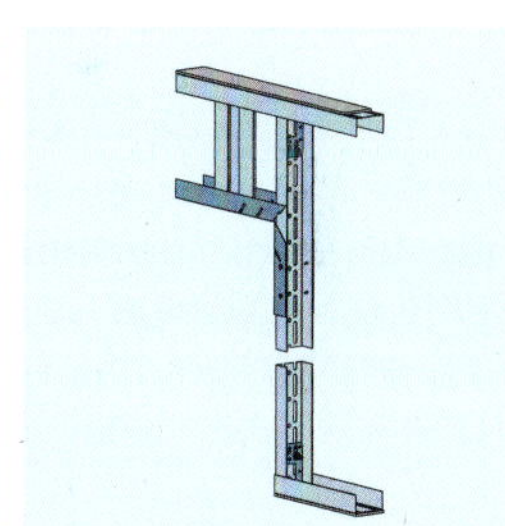

Profil-Details A, B, C

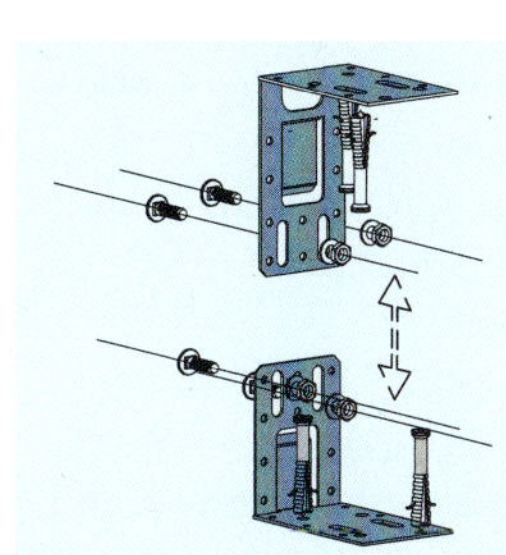

Türpfosten-Steckwinkelsatz

Türöffnungen müssen vor Montage der UW-Bodenprofile eingemessen werden. Stahl- oder Holzzargen werden während des Wandaufbaues in die Unterkonstruktion eingestellt und mit den Profilen verschraubt.

9.5.3 Installationswände

Für den Bad- und Küchenbereich unseres Projekthauses sind Sanitärinstallationen erforderlich. Die Einbauteile, wie Waschbecken, wandhängende Urinale, Boiler, werden an **Tragständern** oder **Traversen** befestigt, die zwischen die Wandständer montiert werden und die Last direkt auf den Fußboden übertragen. Die Abmessungen sind auf die Systemmaße abgestimmt.

Um Fließgeräusche und Körperschallübertragungen von haustechnischen Anlagen zu unterbinden, müssen Rohrleitungen und Befestigungen mit Gummi- oder Filzstreifen von der Unterkonstruktion getrennt sein. Auch die Rohrdurchführungen müssen mithilfe von Abdichtungsmassen oder speziellen Rohrdurchführungs-Systemen von der Beplankung abgekoppelt werden.

Intallationen lassen sich entweder in einer frei stehenden **Vorsatzschale** oder in einer durchgehenden **Installationswand** unterbringen.

Bei der Vorwandinstallation wird die Metallständerkonstruktion entweder raumhoch oder halbhoch vor eine bereits bestehende Wand gesetzt. Die raumhohe Installationswand wird als Metall-Doppelständerwand ausgeführt. Die Ständerreihen werden in den Drittelspunkten durch Plattenstreifen stabilisiert. Eine doppelte Beplankung mit feuchtigkeitsunempfindlichen Trockenbauplatten (Gipsplatten Typ H und E), Gipsfaserplatten oder Spanplatten ist vorzusehen.

L 9.4.7

Installationswände erfordern besondere konstruktive Maßnahmen, wie doppelte Beplankung mit feuchtigkeitsunempfindlichen Plattenwerkstoffen, vollflächige Abdichtungsmaßnahmen im Spritzwasserbereich, spezielle Traversen oder Tragständer für wandhängende Lasten.

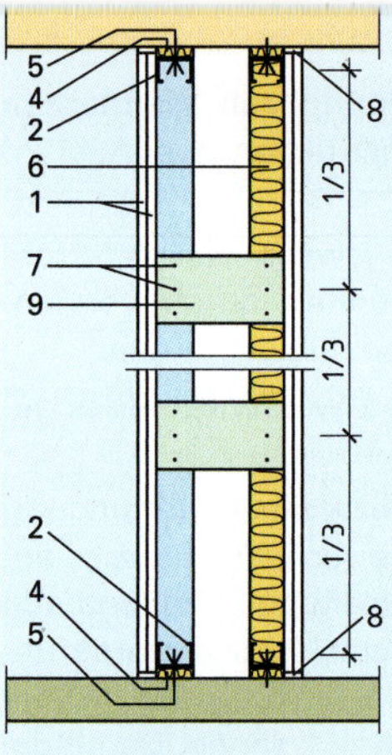

Installationswand

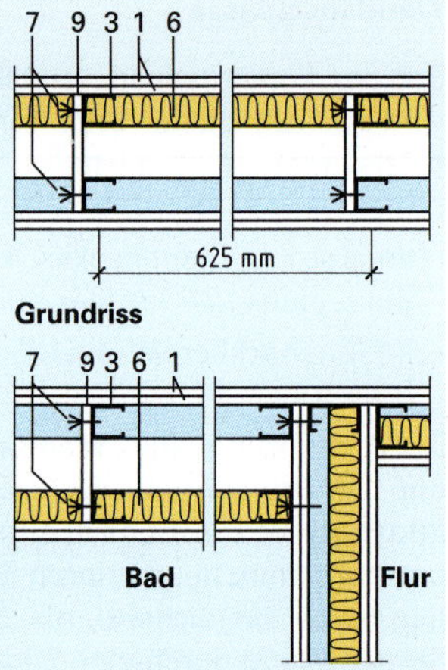

Trennwandanschluss

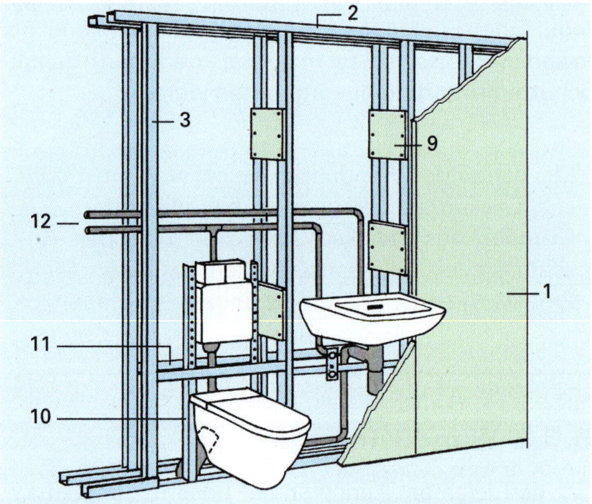

1: Gipsplatten
2: UW-Profil
3: CW-Profil
4: Dämmstreifen
5: Verdübelung
6: Dämmstoff
7: Schnellbauschrauben
8: elastische Verfugung
9: Gipsplattenstreifen
10: Tragständer
11: Traversen
12: Rohrleitungen

Doppelständerwerk aus Metallprofilen

Zusammenfassung

Mit gleitenden Randanschlüssen werden mögliche Deckendurchbiegungen berücksichtigt. Ständerprofile werden so verkürzt in die UW-Profile eingestellt, dass Deckendurchbiegungen ohne Zwängung möglich sind.

Die Schall-Längsdämmung von leichten Trennwänden wird durch die Art und Ausführung des Bodenanschlusses beeinflusst.

Um die Schall-Längsdämmung im Wandanschlussbereich zu verbessern, sollte die Beplankung der flankierenden, durchgehenden Wand durch eine Fuge oder ganz getrennt sein.

Der Einbau von Türzargen erfolgt in Verbindung mit UW-Profilen, die mit einem Holzeinschub zu versehen sind.

In Installationswänden lassen sich alle gängigen Rohrdurchmesser einbauen und Sanitärbauteile anhängen.

Aufgaben

1. *In welchen Fällen sind gleitende Deckenanschlüsse erforderlich?*
2. *In unserem Projekthaus sind die leichten Trennwände mit Türöffnungen zu versehen. Worauf ist bei der Montage zu achten?*
3. *Die leichte Trennwand zwischen Kinder- und Elternschlafzimmer wird auf den schwimmenden Estrich gestellt. Skizzieren Sie hierfür den Fußbodenanschluss in der Ausführung als Metall-Einfachständerwand.*
4. *Skizzieren Sie im Querschnitt die Ausbildung einer Wandecke, wenn eine Metall-Einfachständerwand, einfach beplankt, vorgesehen ist.*
5. *Skizzieren Sie im Querschnitt einen Wandabzweig, der hohen Schallschutzanforderungen entsprechen soll. Vorgesehen ist eine Metall-Einfachständerwand, zweilagig beplankt.*

9.6 Herstellen einer Einfachständerwand im Dachgeschoss

Die Montagewand zwischen Abstellraum und Kinderzimmer unseres Projekthauses im Dachgeschoss ist als Einfachständerwand mit einlagiger Beplankung auszuführen. Verwendet werden Metallprofile und Gipsplatten. Die Wand wird zwischen Holzstützen eingebaut, der Bodenanschluss erfolgt direkt auf dem Estrich, der Deckenanschluss wird quer zu den Kehlbalken bis zur Innenbeplankung der Kehlbalkendecke ausgeführt. Der Dachraum über der Kehlbalkendecke wird nicht ausgebaut und die Oberseite mit 19 mm Spanplatten beplankt.

9.6.1 Anforderungen an den Brand-, Schall- und Wärmeschutz

In der Regel werden keine Anforderungen an den **Brandschutz** gestellt, wenn folgende Voraussetzungen gegeben sind:

- Es befinden sich über dem obersten Dachgeschoss keine Aufenthaltsräume,
- es gibt nur eine Wohnung auf der Geschossebene,
- es handelt sich um ein frei stehendes Gebäude mit einem Mindestabstand zum Nachbargebäude von 5,00 m,
- es ist eine harte Bedachung, z.B. Dachziegeldeckung, vorgesehen.

Die **Schalldämmung** der Trennwand im Dachgeschoss ist im Zusammenhang mit den flankierenden Bauteilen zu beurteilen. Ein ausreichender Schallschutz durch die Trennwand lässt sich nur dann er-
1 reichen, wenn die Schall-Längsleitung über die flankierenden Bauteile gemindert wird.

Die erforderlichen **Wärmedämmmaßnahmen** sind entsprechend DIN 4108 und des **Gebäudeenergiegesetzes** durchzuführen. Für alle Bauteile unseres Projekthauses, die gegen Außenluft oder unbeheizte Gebäudeteile abgrenzen, gelten nach dem Gebäudeenergiegesetz für Wohngebäude, die ganz zum Wohnen genutzt werden, folgende Mindestanforderungen:

- Dachschrägen, Kehlbalkendecken, Abseitenwände: $U \leq 0{,}20\ \text{W/m}^2 \cdot \text{K}$ (≥ 200 mm Dämmung)
- Kniestöcke und Giebelwände (wie Außenwände): $U \leq 0{,}20\ \text{W/m}^2 \cdot \text{K}$

Die Funktionstüchtigkeit der nach außen abgrenzenden Bauteile hängt auch von einer richtig angeordneten Dampfbremse und der Winddichtigkeit der Bauteilflächen und -anschlüsse ab. Luftundichtigkeiten bedeuten nicht nur Wärmeverluste, sondern führen auch zu Feuchteschäden, wenn warme Innenluft nach außen strömt und eine zu hohe Wasserdampfkondensation im Bauteil zur Folge hat.

Die Anschlüsse der Trennwand an die Kehlbalkendecke und an die Giebelwand müssen konstruktiv so ausgeführt werden, dass keine Wärmebrücken entstehen.

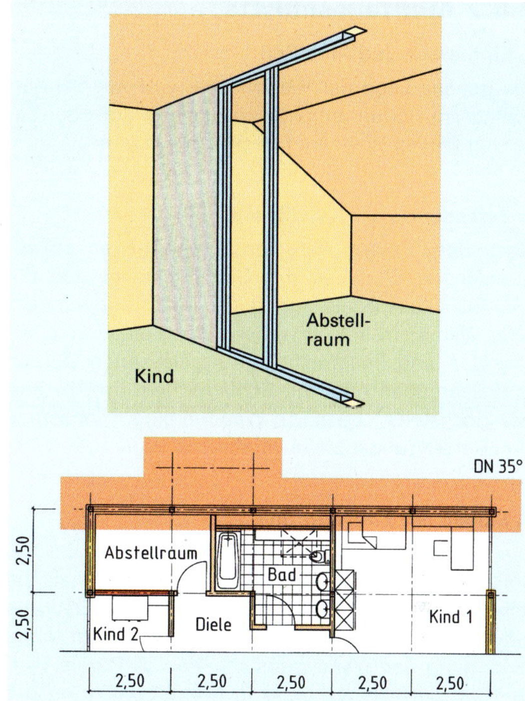

Montagewand zwischen Abstellraum und Kinderzimmer

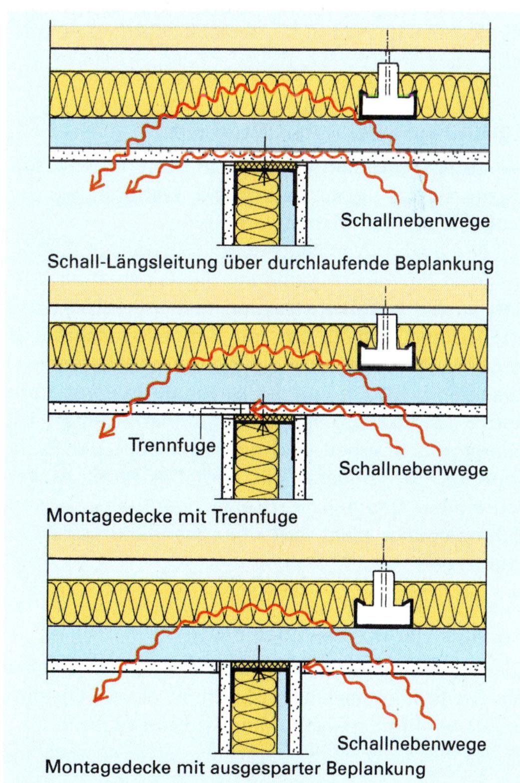

Schall-Längsleitung bei Unterdecken

Beim Ausbau eines Dachgeschosses müssen alle Bauteile nicht nur standsicher sein, sondern auch bauphysikalische Anforderungen erfüllen.

9.6.2 Montageschritte

1. Einmessen und Anreißen

Die genaue Lage der Wandachse wird mit Schnurschlag am Boden aufgerissen und mit Lot oder Laser auf Pfeiler, Wand und Decke übertragen.

2. Befestigung der Anschlussprofile

Nach dem Ausgleichen von Unebenheiten an angrenzenden Bauteilen mit Gipsmörtel werden die UW-Anschlussprofile rückseitig mit Trennwandkitt oder Dämmstreifen versehen. Die Befestigung erfolgt lot- und fluchtrecht mit zugelassenen Dübeln und Schrauben oder mit Schlagdübeln im Abstand von höchstens 1,00 m. An Wänden sind mindestens drei Befestigungspunkte vorzusehen.

3. Einbau der Ständerprofile

Die auf Länge gerichteten Ständerprofile sind bei starren Anschlüssen etwa 10 ... 15 mm kürzer als die lichte Weite zwischen den UW-Profilen. Dadurch sind Deckendurchbiegungen bis zu 10 mm ohne Zwängung der Wand möglich. Die CW-Profile werden mit der offenen Seite in Montagerichtung der Beplankung im Achsabstand von 62,5 cm in die UW-Profile eingestellt und ausgerichtet. Sie müssen mindestens 15 mm in die Anschlussprofile eingreifen.

4. Beplankung der ersten Wandseite

Die zugeschnittenen Gipsplatten sind 15 ... 20 mm kürzer als die lichte Raumhöhe. Dadurch werden Stauchungen der Platten vermieden.
An der ersten Wandseite wird mit ganzer Plattenbreite (1 250 mm) begonnen. Die Gipsplatten werden an die Unterkonstruktion fest angedrückt und im Abstand von 25 cm mit Schnellbauschrauben verschraubt. Dabei sind die Plattenrandabstände zu beachten (>1,0 cm von der kartonierten Längskante und >1,5 cm von der geschnittenen Kante). Die obersten Schrauben sind nicht mit dem UW-Profil, sondern 1,0 cm tiefer mit dem CW-Profil zu verschrauben. Dadurch wird eine eventuelle Deckendurchbiegung nicht auf die Ständerkonstruktion übertragen.

5. Einbau der Hohlraumdämmung

Die **Hohlraumdämmung** wird anschließend zwischen die CW-Profile geklemmt (Zuschnitt etwa 1 cm breiter als der Profilabstand, **Mindestdicke 40 mm**).

6. Beplankung der zweiten Wandseite

Die Beplankung der zweiten Wandseite wird mit einer halben Plattenbreite (625 mm) begonnen. Dadurch entsteht der erforderliche Fugenversatz. Die Platten werden ebenfalls mit Schnellbauschrauben befestigt.

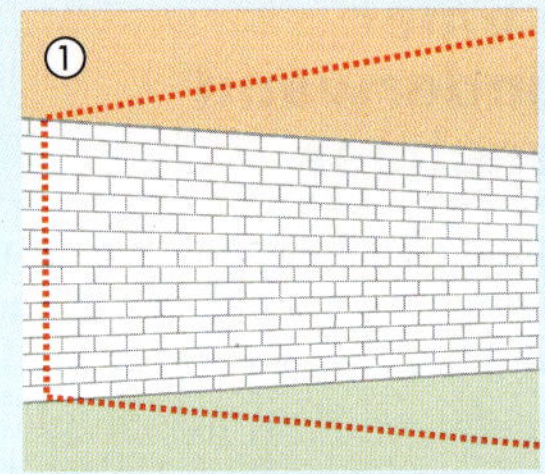

Einmessen und Anreißen

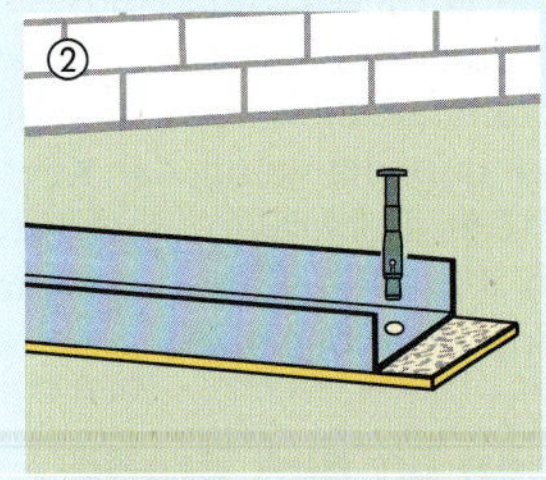

Befestigung der UW-Anschlussprofile

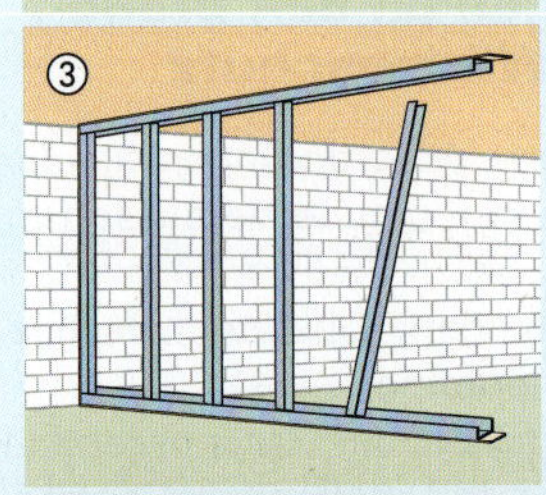

Einbau der CW-Ständerprofile

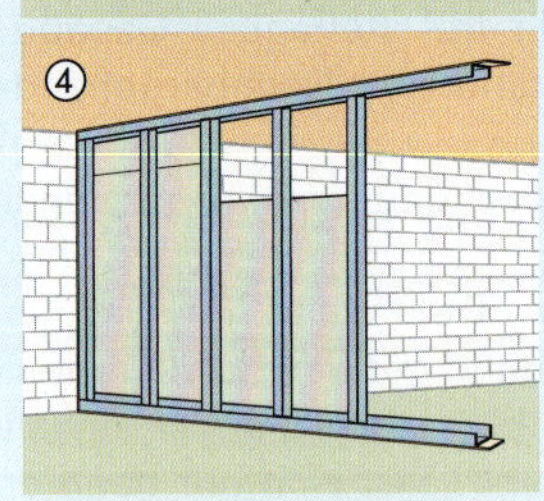

Beplankung auf der 1. Wandseite

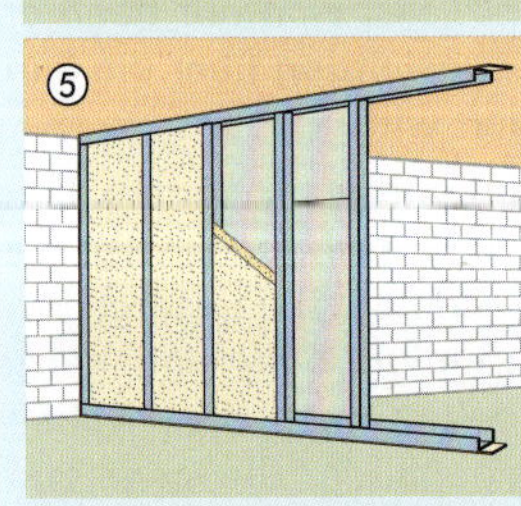

Einbau der Hohlraumdämmung

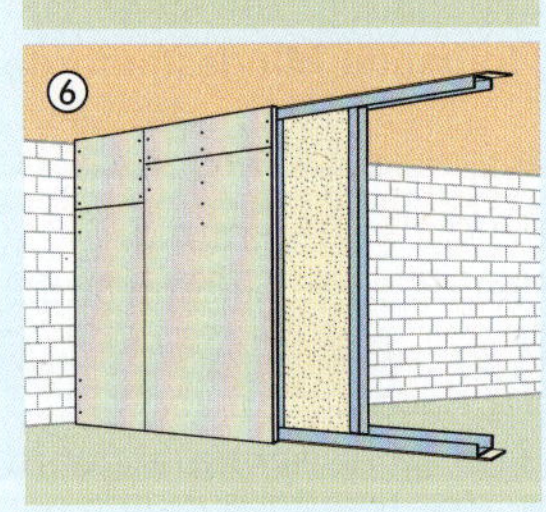

Beplankung auf der 2. Wandseite

9.6.3 Befestigung von Trockenbauplatten

Die Wahl der Befestigungsmittel hängt vom Plattenmaterial und von der Art der Unterkonstruktion ab. Trockenbauplatten können mit Schrauben, Nägeln, Stahlklammern und mit Klemmprofilen befestigt werden. Schrauben, Nägel und Stahlklammern sind materialgerecht zu verarbeiten und dürfen eine nachfolgende Oberflächenbearbeitung nicht durch eine Oberflächenbeschädigung oder durch Überstände erschweren. Bei Gipsplatten muss im Besonderen darauf geachtet werden, dass der Karton von den Befestigungmitteln nicht durchstoßen wird. Klemmprofile werden zur Befestigung von Trockenbauplatten mit fertiger Oberflächenkaschierung eingesetzt. Die Platten lassen sich wieder leicht demontieren.

9.6.4 Dichtungsbänder und Dichtstoffe

Ein dichter, aber gleichzeitig elastischer Anschluss von leichten Trennwänden an die angrenzenden Bauteile erfordert den Einbau von Dichtungsbändern oder Dichtstoffen. Dieser elastische Anschluss sorgt nicht nur für die rissfreie Konstruktion, er ist auch erforderlich bei Anforderungen an den Schall-, Brand- und Wärmeschutz. In manchen Fällen ist ein auf die Plattenart abgestimmtes Dichtungsmaterial für die Randfugenabdichtung erforderlich.

9.6.5 Verfugung der Trockenbauplatten

Für Gipsplatten werden je nach Fugenart und dem teilweise erforderlichen Bewehrungsstreifen unterschiedliche Spachtelmassen verwendet. Zum Einsatz kommen Fugengips, faserbewehrter Fugengips, Jointfiller, Dispersionsspachtel, Fugenkleber. Die Fugen sind nach Angaben der Trockenbauplattenhersteller zu verspachteln.

Je nach Art der Materialien und den Ansprüchen an die Konstruktion müssen Bewehrungsstreifen im Fugenbereich eingespachtelt werden. Die Fugenbewehrungsstreifen nehmen Zugspannungen auf, z. B. thermische Spannungen, die im Fugenbereich zu Rissbildungen führen können.

Die Fugen sind im ersten Arbeitsgang mit einer Spachtel oder Traufel und mit Fugengips auszufüllen und zu verspachteln. Um eine vollständige Verfüllung der Fuge zu erreichen, ist es zweckmäßig, den Fugenspachtel beim ersten Spachtelgang quer zur Fuge unter leichtem Druck einzubringen. Das Abziehen sollte nach Möglichkeit in einem Zug von oben nach unten, oder umgekehrt, erfolgen. Dadurch werden unnötige Ansätze und Spachtelgrate vermieden. Mit dem Überschussmaterial können die sichtbaren Schraubenköpfe verspachtelt werden.

Ständerprofile werden so verkürzt in die UW-Profile eingestellt, dass Deckendurchbiegungen ohne Zwängung möglich sind.

Beim Verspachteln der Plattenfugen ist auf flächengleiche Übergänge zu achten.

Zur Fugensicherheit sind die Fugen nach Angaben des Plattenherstellers zu verspachteln.

	Befestigungsmittel	Plattenart, Unterkonstr.
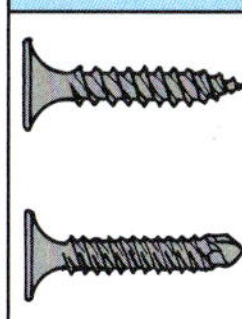	Schnellbauschrauben (z.B. nach DIN 18182) Korrosionsschutz durch Phosphat- oder Zinkschicht – mit Trompetenkopf und reduzierter Spitze – mit Trompetenkopf und Bohrspitze	nahezu alle Plattenarten, Gipsplatten, faserverstärkte Gipsplatten und Gipsvliesplatten auf Holz oder Metallprofilen bis 0,7 mm Blechdicke für Befestigung auf Metallprofilen mit Blechdicken bis zu 2,25 mm
	Spanplattenschrauben – verzinkt, mit Senkkopf und Kreuzschlitz	außer Holzwerkstoffplatten auch Fibersilicatplatten auf Holzunterkonstruktion
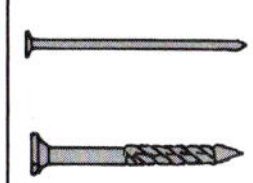	Nägel, Stahl verzinkt – glatt, Spitze darf beharzt sein – profiliert (Schraub- oder Rillennägel)	nahezu alle Platten auf Holzunterkonstruktion, für Wandkonstruktionen und Unterdecken (nur profilierte Nägel)
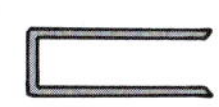	Stahlklammern, verzinkt und mit beharzten Spitzen, maschinelle Verarbeitung	nahezu alle Platten auf Holzunterkonstruktion, für Wand- und Deckenkonstruktionen
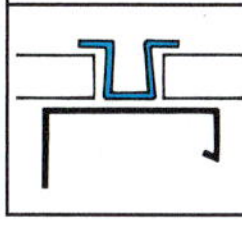	Klemmprofile Ausführungen sind herstellerabhängig	in der Regel für die Klemm-Montage von Platten mit fertiger Oberfläche bei Wandkonstruktionen

Befestigungsmittel für Trockenbauplatten

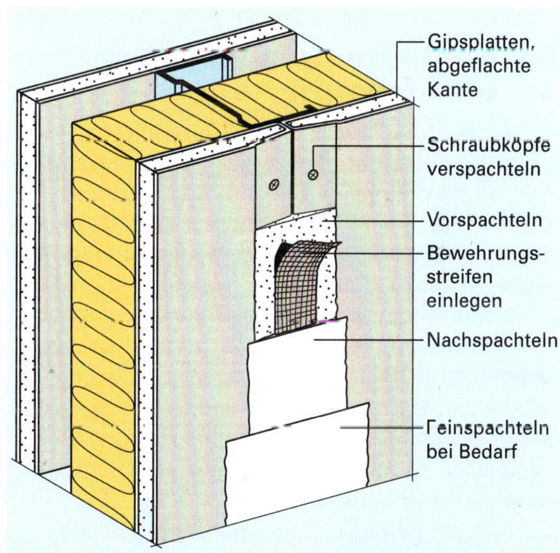

Verfugen von Gipsplatten mit Bewehrungsstreifen

Aufgaben

1. *Beschreiben Sie die Arbeitsschritte bei der Herstellung einer Einfachständerwand.*
2. *In welchen Abständen werden UW- und CW-Profile von Metallständerwänden an angrenzenden Bauteilen befestigt?*
3. *Die Raumhöhe im Dachgeschoss beträgt 2,45 m. In welcher Länge sind die CW-Profile zuzuschneiden? Begründen Sie diese Länge.*
4. *Warum wird die Beplankung nicht mit dem UW-Profil der Decke verschraubt?*
5. *Beschreiben Sie die Arbeitsschritte beim Verfugen von Gipsplatten mit Bewehrungsstreifen.*

9.7 Abseitenwand

Die Abseitenwände unseres Projekthauses werden als traufseitiger Dachraumabschluss eingebaut. Die Konstruktion hängt von der Höhe und damit von der Nutzbarkeit des Dachraumes zwischen Abseitenwand und Traufe ab. Wird der Bereich als Abstellraum ($h \geq 1$ m) benutzt, muss die Dämmung entlang dem Sparren bis zur Traufe geführt werden. Bei geringerer Höhe wird die Wärmedämmung entlang der Abseitenwand und der Decke zur Gebäudeaußenecke geführt.

Die Trockenbauplatten können direkt auf den Pfosten befestigt werden, andernfalls ist eine horizontale Traglattung zu montieren. Als Unterkonstruktion dienen sowohl Holz- als auch Metallprofile.

Um Feuchteschäden zu vermeiden, muss auf die Innenseite der Wärmedämmung eine Dampfbremse fehlerfrei eingebaut werden.

Für die Herstellung einer Abseitenwand können hinsichtlich der Anordnung der Wärmedämmung zwei unterschiedliche Ausführungsarten gewählt werden.

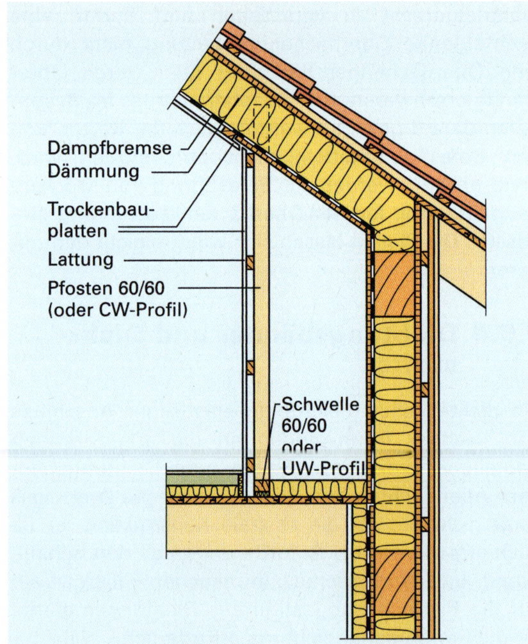

Anordnung der Wärmedämmung bei Abseitenwänden

9.8 Bekleidung von Stützen und Trägern

In unserem Projekthaus, das in Holzskelettbauweise erstellt wird, werden eine Vielzahl von Holzstützen und -trägern eingebaut. Im Brandfall muss die Standsicherheit von frei liegenden und damit gefährdeten tragenden Bauteilen möglichst lange gewährleistet sein. Sie müssen deshalb mit zusätzlichen schützenden Bekleidungen versehen werden, um eine bestimmte geforderte **Feuerwiderstandsklasse** zu erreichen.

Stützen und Balken aus Holz werden den **Feuerwiderstandsklassen F30-B** oder **F60-B** zugeordnet. Bei bestimmten Mindestabmessungen sind keine Bekleidungen erforderlich.

Sind diese Mindestquerschnitte nicht möglich, so können die Holzbauteile ohne Unterkonstruktion sehr einfach mit **Brandschutzplatten** bekleidet werden. Sie erreichen dann je nach Plattenart und -dicke Feuerwiderstandsklassen bis F90-B. Bekleidungen mit Holzwerkstoff- oder Gipsplatten Typ F sind nach DIN 4102 genormt.

Bei frei liegenden biegebeanspruchten Vollholz- und Brettschichtbalken ist die Zuordnung zu einer Feuerwiderstandsklasse von der Anzahl der beflammten Seiten (Brandbeanspruchung 3- oder 4-seitig), der vorhandenen Biegespannung und der Querschnittsabmessung abhängig.

Für die Bekleidung können folgende Brandschutzplatten der Baustoffklasse A verwendet werden: Gipsplatten Typ F, Gipsfaserplatten (GF), Gipsplatten mit Vliesarmierung (GM-F), Fibersilikatplatten (FS-Platten) und Holzwerkstoffplatten für Holzbauteile F30-B.

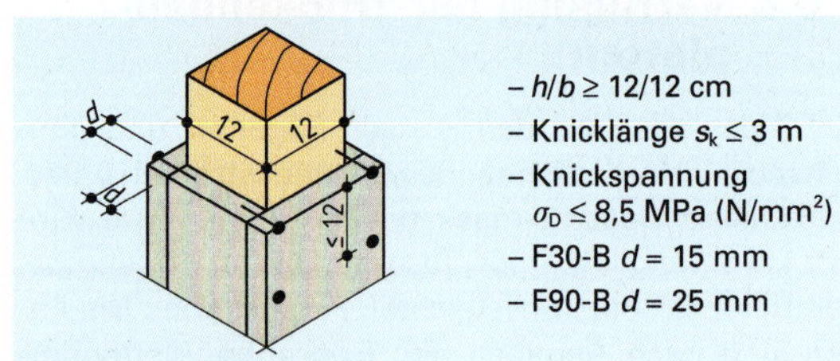

Bekleidung von Holzstützen
Beispiel GM-F-Platten

Mindestplattendicke (mm) Holzstützen (S), -balken (B)						
	F30-B		F60-B		F90-B	
Plattenart	S	B	S	B	S	B
Sperrholz	19	19	–	–	–	–
Spanplatten	19	19	–	–	–	–
Nut- + Feder-Bretter	24	24	–	–	–	–
Gipsplatte Typ F	12,5	12,5	2 × 12,5	2 × 12,5	3 × 12,5	3 × 12,5
Faserverstärkte Gipsplatten	–	–	–	–	–	–
GM-F-Platten	15	15	15	15	25	25
FS-Platten	8	–	22	–	35	–

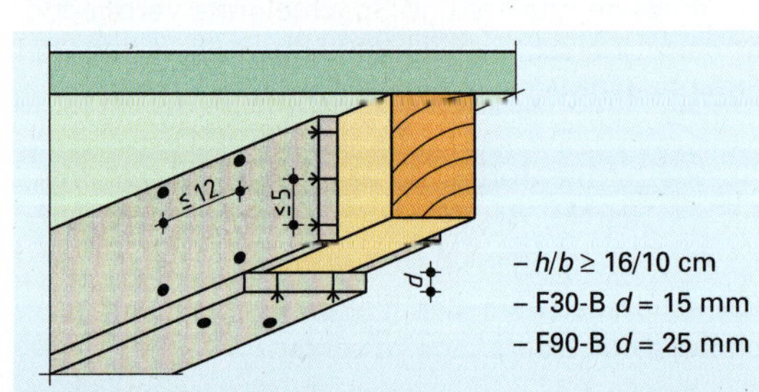

Bekleidung von Holzbalken
Beispiel GM-F-Platten

9.9 Ermittlung des Materialbedarfs

Für die in unserem Projekthaus zu erstellenden Montagewände müssen die erforderlichen Wandbaustoffe und Bauelemente bestellt werden. Vorher sind die Mengen der verschiedenen Baustoffe und Teile überschlagsmäßig zu ermitteln. Dazu werden die zeichnerischen Vorgaben sowie Materialbedarfstabellen benutzt. Aus der Zeichnung kann das Aufmaß der Wandflächen ermittelt werden, aus den Tabellen können die Material- bzw. Bauteilmengen pro m² für die unterschiedlichen Trockenbaukonstruktionen entnommen werden. Materialverschnitt und Baustellenverluste werden pauschal mit Prozentsätzen hinzugerechnet.

Bei der Aufmaßberechnung für nichttragende Trennwände gelten deren Maße bis zu den sie begrenzenden ungeputzten, ungedämmten bzw. nicht bekleideten Bauteilen (Rohbaumaße). Wandöffnungen bis zu einer Größe von 2,5 m² werden übermessen, Öffnungen über 2,5 m² werden abgezogen.

Beispiel:
In einem Wohnhaus sollen Metallständerwände eingebaut werden. Ermitteln Sie den Materialbedarf.

Konstruktive Angaben:
- Metallständerwand CW 100/125[1]), feste Randanschlüsse;
- Hohlraumdämmung MW 1,25 m/0,625 m/80 mm;
- Beplankung Gipsplatten 2,50 m/1,25 m/12,5 mm, Verspachtelung ohne Bewehrungsstreifen;
- Aufmaß: 38 m² Trennwandfläche;
- Verschnittzuschlag pauschal 8%.

Lösung:

Gipsplatten
$2{,}0\ m^2/m^2 \cdot 38\ m^2 \cdot 1{,}08 = 82{,}08\ m^2$
Anzahl: $82{,}08\ m^2 : (2{,}50 \cdot 1{,}25)\ m^2$
$82{,}08\ m^2 : 3{,}125\ m^2 = 26{,}26$ = 27 Platten

Fugengips (25 kg/Sack)
$0{,}5\ kg/m^2 \cdot 38\ m^2 \cdot 1{,}08 = 20{,}52\ kg$ = 1 Sack

Dämmplatten
$1{,}0\ m^2/m^2 \cdot 38\ m^2 \cdot 1{,}08 = 41{,}04\ m^2$
Anzahl: $41{,}04\ m^2 : (1{,}25 \cdot 0{,}625)\ m^2$
$41{,}04\ m^2 : 0{,}781\ m^2 = 52{,}548$ = 53 Platten

CW-Profile (2,50 m/Stück)
$2{,}0\ m/m^2 \cdot 38\ m^2 \cdot 1{,}08 = 82{,}08\ m$
Stückzahl: 82,08 m : 2,50 m = 32,83 = 33 Stück

UW-Profile (4,00 m/Stück)
$0{,}7\ m/m^2 \cdot 38\ m^2 \cdot 1{,}08 = 28{,}73\ m$
Stückzahl: 28,73 m : 4,00 m = 7,18 = 8 Stück

Anschlussdichtung (30 m/Rolle)
$1{,}2\ m/m^2 \cdot 38\ m^2 \cdot 1{,}08 = 49{,}25\ m$
Rollenzahl: 49,25 m : 30 m = 1,64 = 2 Rollen

Dübelverankerung (100 Stück/Paket)
$1{,}5$ Stück/m² $\cdot\ 38\ m^2 \cdot 1{,}08 = 61{,}56$ Stück = 1 Paket

Schnellbauschrauben (1000 Stück/Paket)
29 Stück/m² $\cdot\ 38\ m^2 \cdot 1{,}08 = 1191$ Stück = 2 Pakete

[1]) Wanddicke in mm

Konstruktion/Material		Verbrauch
Ständerwände (Montagewände)		
– Beplankung Trockenbauplatten	einlagig	2,0 m²/m²
	zweilagig	4,0 m²/m²
– Holzständer	Einfachständerwand	1,5 m/m²
	Doppelständerwand	3,0 m/m²
– Anschluss-Kanthölzer	Einfachständerwand	1,2 m/m²
	Doppelständerwand	2,4 m/m²
– CW-Ständerprofile	Einfachständerwand	2,0 m/m²
	Doppelständerwand	4,0 m/m²
– UW-Anschlussprofile	Einfachständerwand	0,7 m/m²
	Doppelständerwand	1,4 m/m²
– Anschlussdichtung	Einfachständerwand	1,2 m/m²
	Doppelständerwand	2,4 m/m²
– Dämmstreifen zw. Doppelständern		0,5 m/m²
– Mineralwolledämmplatten		1,0 m²/m²
– Dübelverankerung	Einfachständerwand	1,5 St./m²
	Doppelständerwand	3,0 St./m²
– Schnellbauschrauben	Bepl. einlagigTN 25/35	29 St./m²
	zweilagigTN 25/35	12,5 St./m²
– Bewehrungsstreifen		1,5 m/m²
– Fugengips/	einlagige Beplankung	0,5 kg/m²
Fugenfüller	zweilagige Beplankung	0,8 kg/m²

Materialbedarf ohne Verschnitt und Baustellenverluste

Länge (mm)	Breite (mm)	Dicken (mm)
1000	600	20; 30; 40
1250	625	50; 60; 80; 100; 120; 140

Abmessungen Mineralwolleplatten

Aufgaben

Ermitteln Sie für die Montagewände (Trennwände) der nachfolgenden Aufgaben den Materialbedarf.

1. Montagewand zwischen Elternschlafzimmer und Flur, Kinderzimmer. Konstruktive Angaben sind der Zeichnung in 9.10 zu entnehmen. Verspachtelung mit Bewehrungsstreifen; Aufmaß nach Zeichnung;
   Verschnittzuschlag pauschal 10%.
2. Montagewände mit doppelter Beplankung für eine Arztpraxis
   Konstruktive Angaben:
   Metallständerwand CW 75/125, feste Randanschlüsse;
   Hohlraumdämmung MW 1,25 m/0,625 m/60 mm;
   Beplankung Gipsplatten 3,00 m/1,25 m/12,5 mm;
   Verspachtelung mit Bewehrungsstreifen;
   Aufmaß: 165 m² Trennfläche;
   Verschnittzuschlag pauschal 8%.
3. Montagewände für ein Bürogebäude
   Konstruktive Angaben:
   Metallständerwand CW 100/125, feste Randanschlüsse;
   Hohlraumdämmung MW 1,25 m/0,625 m/80 mm;
   Beplankung Gipsplatten 3,00 m/1,25 m/12,5 mm,
   Verspachtelung ohne Bewehrungsstreifen;
   Aufmaß: 125 m² Trennfläche;
   Verschnittzuschlag pauschal 10%.

9.10 Zeichnerische Darstellung

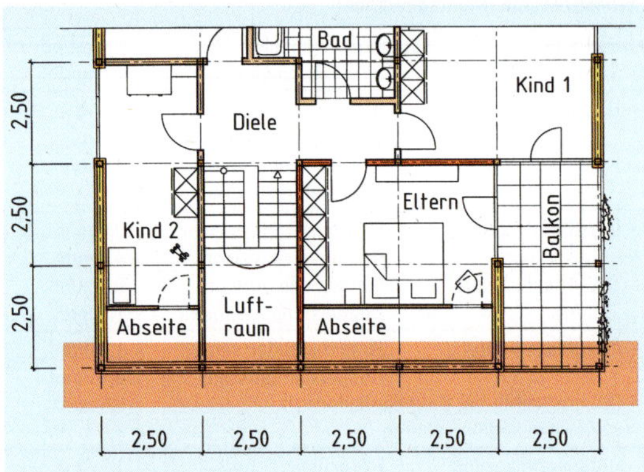

Auszug Grundriss OG

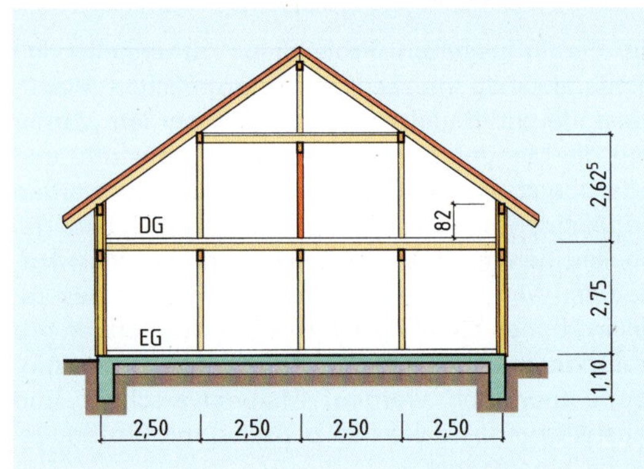

Schnitt

Aufgaben

1. Für die Trennwand zwischen Diele, Kinder- und Elternschlafzimmer ist eine Einfachständerwand in Holzkonstruktion auszuführen. Für die Beplankung werden 19 mm dicke Spanplatten verwendet.

   Zeichnen Sie im Maßstab 1 : 50
   a) den Grundriss mit Einteilung der Unterkonstruktion,
   b) die Ansicht mit Einteilung der Unterkonstruktion,
   c) den Vertikalschnitt A-A,
   d) die Ansicht mit Platteneinteilung.

2. Zeichnen Sie für die Holzständerwand im Maßstab 1 : 2
   a) die Schnitte der Randanschlüsse Decke, Boden und Wand,
   b) als Alternative den Schnitt eines gleitenden Deckenanschlusses.

3. Die Wand zwischen Elternschlafzimmer und Treppenhaus soll als Doppelständerwand mit zweilagiger Beplankung ausgeführt werden. Planen und zeichnen Sie diese als Montagewand 100/125 (Wanddicke 125 mm). Verwendet werden Metallprofile und Gipsplatten 12,5 mm.

   Zeichnerische Darstellung wie Aufgabe 1.

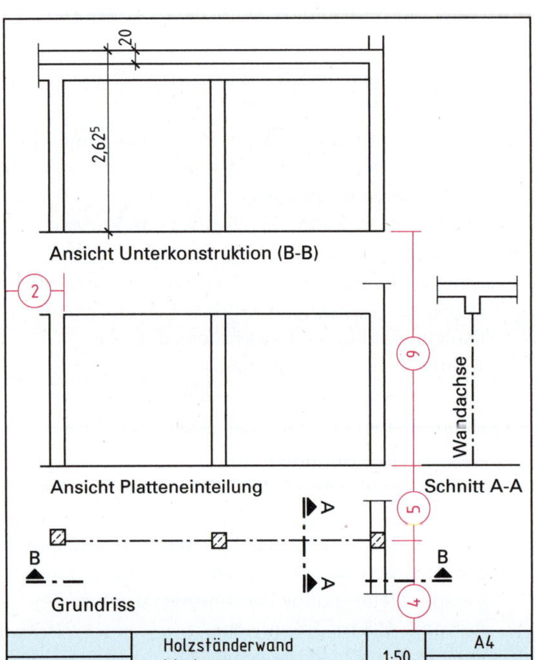

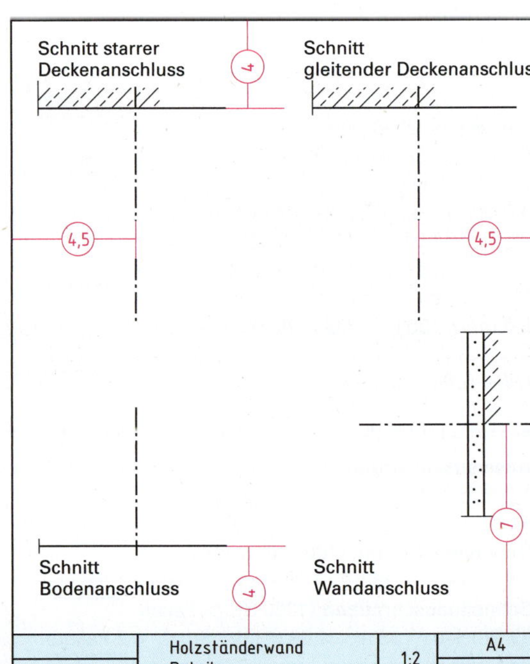

Lernfeld 10: **Einbauen einer Holzbalkendecke**

Als Holzbalkendecken werden Decken bezeichnet, deren tragende Konstruktion aus Vollholzbalken, Brettschichtträgern oder Balken mit zusammengesetzten Querschnitten besteht.

Bei unserem Projekt wird die Decke über dem Erdgeschoss als Holzbalkendecke aus Vollholzbalken ausgeführt. Im folgenden Lernfeld wird auf die Konstruktion solcher Decken eingegangen.

Holzbalkendecken können so ausgeführt werden, dass ihre Balken an der Deckenunterseite sichtbar bleiben. Hierbei wird dem Betrachter deutlich vor Augen geführt, dass es sich bei der Konstruktion um den schönen natürlichen Werkstoff Holz handelt. Bei einer solchen Deckenkonstruktion leistet der Zimmerer einen maßgebenden Beitrag zu der Gestaltung eines Raumes.

Für Flachdächer gelten ganz ähnliche Konstruktionsregeln wie für Holzbalkendecken. Ist für Holzbalkendecken in erster Linie der Schallschutz von Bedeutung, müssen bei Flachdächern auch Feuchtigkeitsschutz und Wärmeschutz beachtet werden.

10.1 Holzbalkendecken

Als Holzbalkendecken werden Decken bezeichnet, deren tragende Konstruktion aus Vollholzbalken, Brettschichtträgern oder Balken mit zusammengesetzten Querschnitten besteht. Welche Art von Balken verwendet wird, hängt vor allem von der zu überbrückenden Spannweite ab.

Bei Spannweiten bis etwa 5 m sind Vollholzbalken noch wirtschaftlich, während z. B. Brettschichtträger sich für wesentlich größere Spannweiten eignen.

Holzbalkendecken werden heute vorwiegend im Holzfachwerk-, Holzskelett- und Holzrahmenbau verwendet. Auch kleine gemauerte Gebäude wie Einfamilienhäuser können Holzbalkendecken erhalten.

Die fast ausschließliche Verwendung von Holzbalkendecken bei Bauten aus früheren Zeiten ergab sich aus den relativ großen Spannweiten, die mit dieser Deckenkonstruktion möglich waren. Ähnliche Spannweiten bei Massivdecken waren nur mit Gewölben oder gewölbeartigen Konstruktionen möglich.

Bei unserem Projekt ist die Decke über dem Erdgeschoss als Holzbalkendecke ausgebildet.

10.1.1 Anforderungen

Gegenüber Massivdecken haben Holzbalkendecken einige entscheidende Nachteile, die deren Verwendungsmöglichkeiten einschränken.

Weder im Bereich des Brand- noch des Schallschutzes erreichen Holzbalkendecken ähnlich gute Werte wie Stahlbetondecken. Auch der Vorteil der größeren Spannweiten ist längst überholt.

Holzbalkendecken werden dennoch häufig verwendet, da sie nur eine geringe Eigenlast haben und schnell und trocken hergestellt werden können. Bei den Holzbauweisen wie Skelett- und Rahmenbau sind die Holzbalkendecken außerdem ein tragender Teil der gesamten Konstruktion.

Bei der Ausführung der Decken muss darauf geachtet werden, dass die Anforderungen des **Brand- und Schallschutzes** berücksichtigt werden.

Brandschutz

Holzbalkendecken müssen mindestens der Feuerwiderstandsklasse F30 entsprechen. Die Decken müssen also im Falle eines Brandes dem Feuer mindestens 30 Minuten widerstehen.

Tragfähigkeit

Holzbalkendecken sind so zu bemessen, dass sie sich bei Belastung nicht mehr als 1/300 ihrer Spannweite durchbiegen.

> Holzbalkendecken sind unter Berücksichtigung des Brand- und Schallschutzes ausreichend tragfähig herzustellen.

Beispiel für die Gestaltung der Unterseite einer Holzbalkendecke

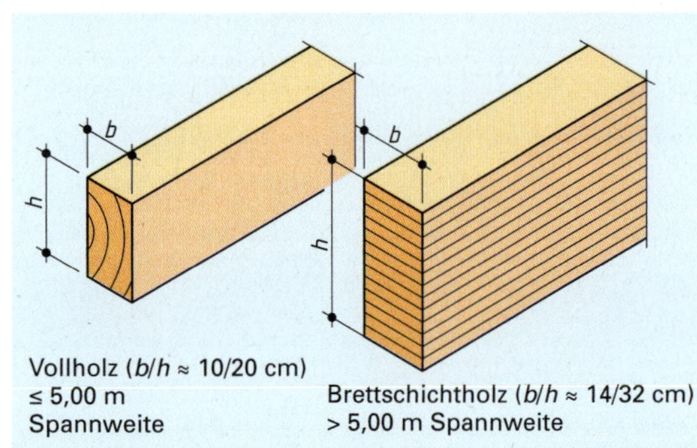

Deckenbalken

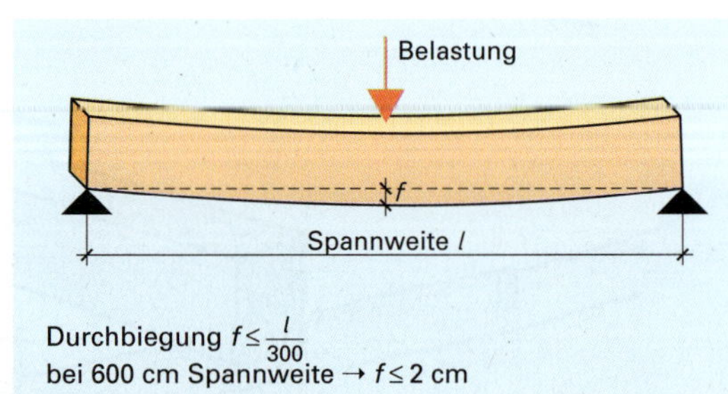

Zulässige Durchbiegung

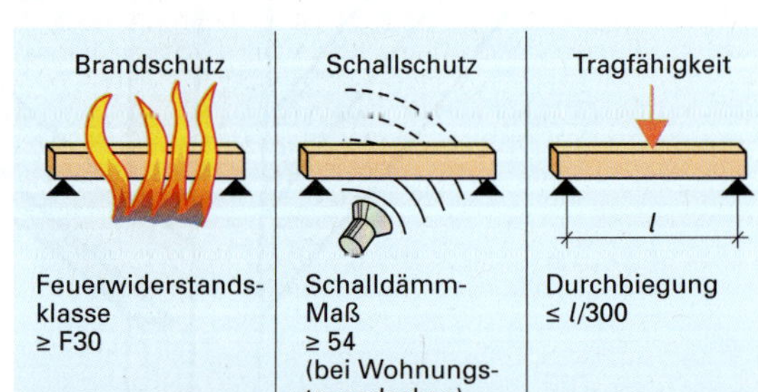

Bauphysikalische Anforderungen

10.1.2 Bezeichnung der Balken

Die Balken sind der tragende Teil einer Holzbalkendecke. Der Verband aller Balken wird als **Balkenlage** bezeichnet. Dabei wird zwischen folgenden Balkenlagen unterschieden:

- **Geschossbalkenlagen**

  Sie trennen zwei Geschosse voneinander und dienen als Fußboden und Decke. Trennen sie zwei voneinander unabhängige Wohnungen, so sind sie besonders schalldämmend auszuführen.

- **Kehlbalkenlagen**

  Diese kommen vor allem bei Kehlbalkendächern vor. Die Anforderungen hinsichtlich des Schallschutzes sind im Allgemeinen geringer, da es sich selten um Wohnungstrenndecken handelt.

- **Dachbalkenlagen**

  Sie schließen Gebäude nach oben ab und sind der tragende Teil der obersten Decke und des Daches. Dachbalkenlagen kommen bei Flachdächern vor und sind besonders wärmedämmend auszubilden.

  Innerhalb einer Balkenlage werden die Balken nach deren Lage und Zweck unterschieden.

- **Giebelbalken**

  Sie befinden sich an den Giebelseiten eines Gebäudes. Der Abstand zwischen der Innenseite der Giebelwände und den Balken beträgt mindestens 2 cm.

- **Wandbalken**

  Sie liegen auf massiven Zwischenwänden. Reicht der Überstand der Balken nicht zur Befestigung der Deckenschalung aus, so werden sie durch seitlich angenagelte Latten verbreitert.

- **Streichbalken**

  Diese liegen an beiden Seiten aufgehender Wände. Auch hier ist ein Abstand von mindestens 2 cm einzuhalten.

  Ort- und Giebelbalken sind demzufolge Streichbalken mit einer bestimmten Lage innerhalb der Balkenlage.

- **Zwischenbalken**

  Hier handelt es sich um Balken, die möglichst im gleichen Abstand zwischen fest liegenden Balken (z.B. Wand- und Streichbalken) verlegt werden. Zwischenbalken sollen möglichst über die ganze Breite des Gebäudes gehen. Sie werden dann auch als Ganzbalken bezeichnet und dienen zur Aussteifung gegenüberliegender Außenwände.

  Bei großen Gebäudebreiten werden die Balken gestoßen. Die Stöße müssen über den tragenden Innenwänden oder den Unterzügen liegen.

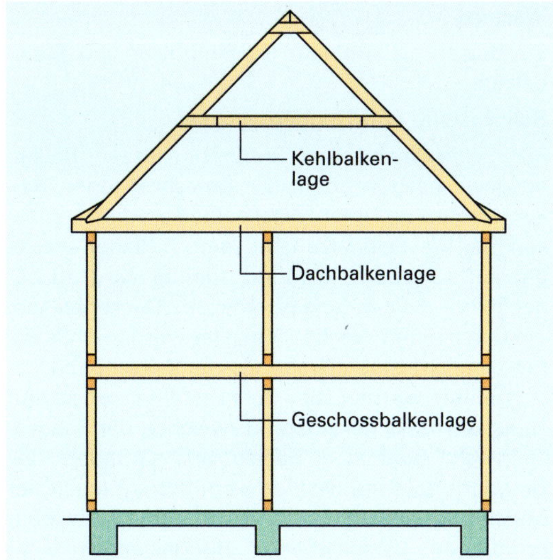

Balkenlagen im Gebäude

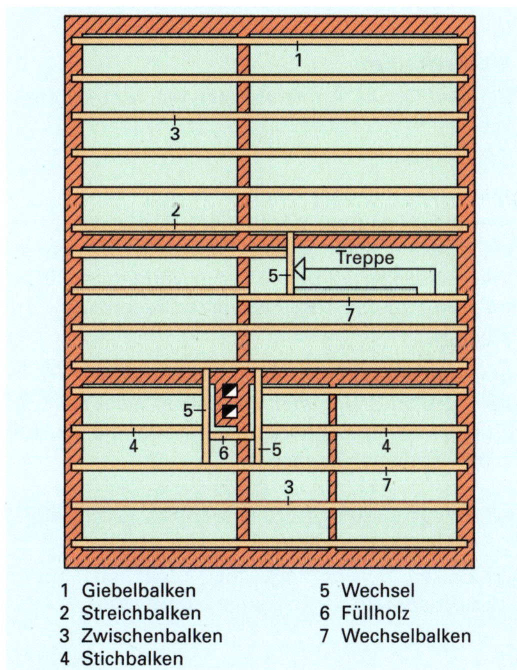

Balkenlage

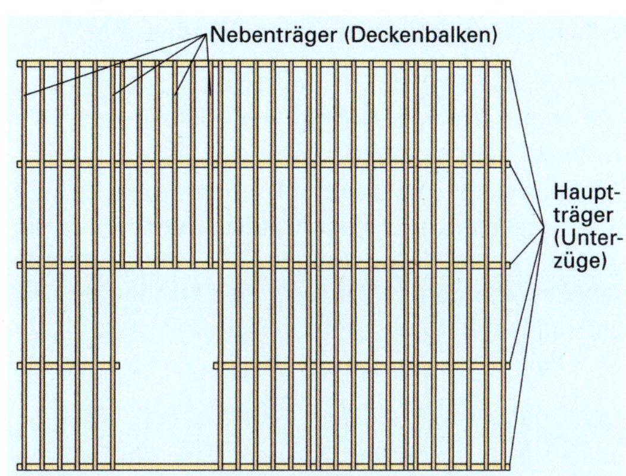

Bezeichnung der Balken an unserem Projekt

- **Wechsel**

  Sie dienen als Aufleger für Füllhölzer und Stichbalken.

- **Schornstein- und Treppenwechsel**

  Für Schornsteine und Treppen müssen Balken ausgewechselt werden. Die unterbrochenen Balken werden an einen Wechselbalken angeschlossen. Der Wechselbalken hat seine Auflager entweder auf tragenden Wänden oder er wird an benachbarte Balken angeschlossen. Deckenbalken, die durch einen Wechsel belastet werden, müssen mit einer größeren Breite als die Zwischenbalken ausgeführt werden. Bei Schornsteinen ist darauf zu achten, dass der Abstand zwischen der Schornsteinwand und den Balken aus Gründen des Brandschutzes mindestens 5 cm beträgt (nach der Musterbauordnung 5 cm, nach den Landesbauordnungen verschiedener Bundesländer 6 cm bzw. 20 cm von Innenkante Rauchrohr). Dieser Zwischenraum wird in der Regel mit Beton ausgefüllt.

- **Wechselbalken**

  Sie sind für die Aufnahme der Wechsel erforderlich.

- **Stichbalken**

  Sie liegen mit dem einen Ende auf einer Mauer (bei Massivbauten) oder einem Rähm (bei Fachwerkbauten). Das andere Ende wird mit einem Wechselbalken verbunden. Als Verbindung kommen Brustzapfen oder Balkenschuhe infrage.

- **Füllhölzer**

  Sie kommen dort vor, wo aus konstruktiven Gründen, z.B. an Schornsteinen, Balken nicht als Endauflager für die Fußbodenbretter oder die Deckenschalung dienen können.

Balkenlagen werden in Geschoss-, Kehl- und Dachbalkenlagen unterteilt.

Die Balken werden nach ihrer Lage und ihrem Zweck innerhalb der Balkenlage bezeichnet.

10.1.3 Balkenauflager

Balkenauflager bei gemauerten Wänden

Die Auflagerlänge ist von der Belastung des Balkens und seiner Breite abhängig, sie sollte jedoch mindestens 15 cm betragen.

Der Balkenkopf ist allseitig mit einem Holzschutzmittel zu streichen und gegen aufsteigende Feuchtigkeit mit einem Sperrstreifen (z.B. einer Bitumenbahn) zu unterlegen. Die restlichen Flächen des Balkenkopfes dürfen keine Berührung mit dem Mauerwerk haben.

Die Balkenauflager auf gemauerten Wänden müssen so ausgeführt werden, dass die Balkenköpfe vor Feuchtigkeit geschützt sind.

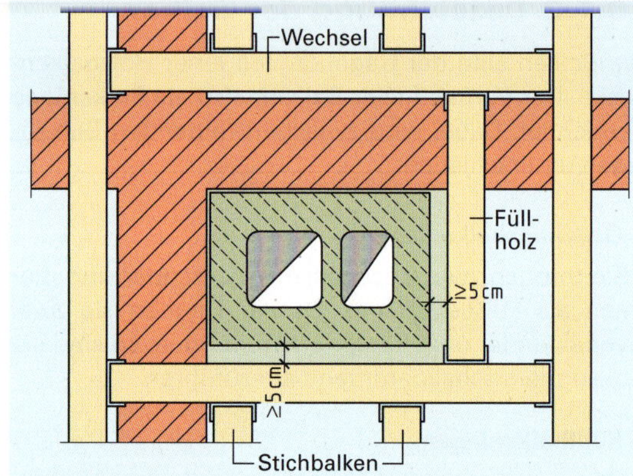

Schornsteinwechsel

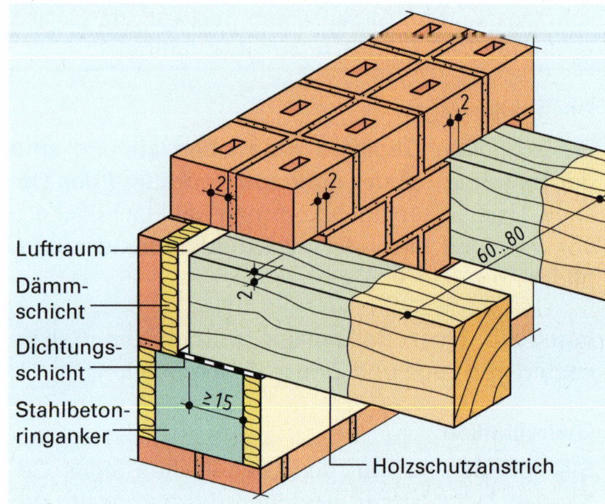

Balkenkopf im Mauerwerk

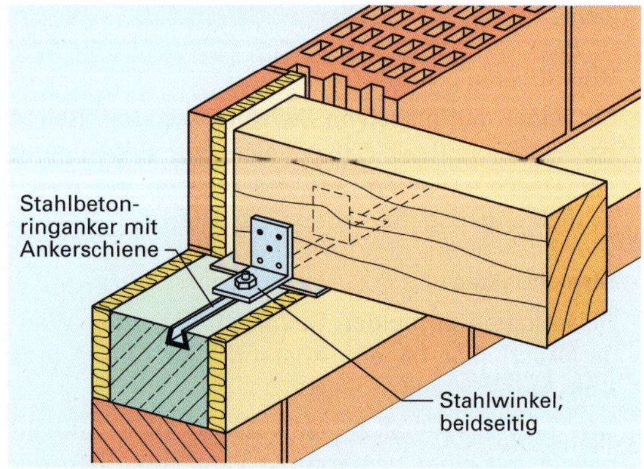

Kopfanker auf Ringbalken

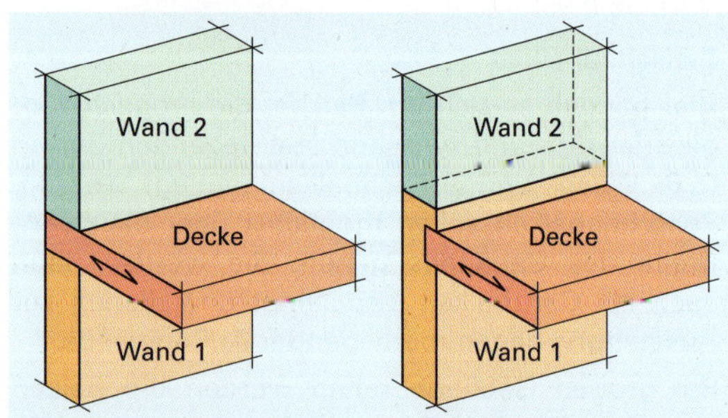

Balkenauflager bei der Holzrahmenbauweise
(Schematische Darstellung)

Balkenauflager bei der Holzrahmenbauweise

Im Holzrahmenbau sind zwei unterschiedliche Deckenauflager üblich:
- auf die Außenwände aufgelegtes Deckengebälk (Plattformbauweise) und
- zwischen den Außenwänden eingehängtes Deckengebälk (Quasi-Balloon-Bauweise).

Bei der **Plattformbauweise** werden die Decken auf den Außenwänden aufgelagert. Das Gebäude entsteht geschossweise, wobei „Plattformen" entstehen, auf denen die weitere Montage des Gebäudes erfolgt.

Bei der **Quasi-Balloon-Bauweise** sind die Außenwände in der Geschosshöhe durchlaufend, der Wandstoß liegt oberhalb der Decke. Die Balkenköpfe sind durch einen Randbalken miteinander verbunden, und das Deckengebälk wird zwischen den Außenwänden eingehängt. Die Decke bildet dadurch mit den Außenwänden eine Hülle (Balloon), was sich vorteilhaft auf die Luftdichtheit auswirkt.

Bei den Balkenauflagern im Holzrahmenbau wird das Deckengebälk entweder auf den Außenwänden aufgelegt oder zwischen die Außenwände eingehängt.

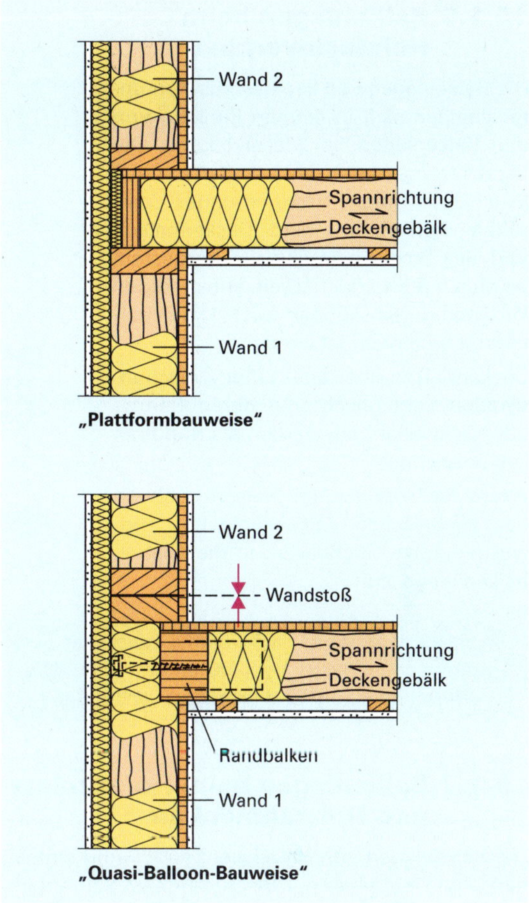

Balkenauflager bei der Holzrahmenbauweise

10.1.4 Verankerung

Holzbalkendecken haben in Gebäuden neben der raumtrennenden Funktion auch eine aussteifende Funktion.

Bestehen die Außenwände aus Mauerwerk, ist der Verbindung (Verankerung) der Deckenbalken mit dem Mauerwerk besondere Aufmerksamkeit zu widmen. **Kopf-** und **Giebelanker** (auch Schlaudern genannt) sind nur noch bei Umbauarbeiten an älteren Gebäuden anzutreffen. Im heutigen Mauerwerksbau werden **Stahlbetonringanker** (Ringbalken) vorgesehen, welche die gemauerten Außenwände wie ein „Ring" zusammenhalten. Mit diesen Stahlbetonbalken werden die Betonbalken verschraubt. An den Balkenköpfen kann dies entweder durch einbetonierte Ankerschienen und Stahlblechwinkel oder direkt mit Schwerlastdübeln erfolgen.

10.1.5 Abstände und Querschnitte der Balken

Die Querschnitte und Abstände der Balken sind voneinander abhängig. Mit zunehmendem Balkenabstand ist der Querschnitt zu vergrößern. Außerdem spielt die Spannweite der Balken eine wesentliche Rolle. Schmale, hohe Querschnitte sind für das Tragverhalten am günstigsten (geringe Durchbiegung). Der Abstand zwischen den Balken (Bundmaß) liegt in der Regel zwischen 60 und 90 cm.

Balken-querschnitt	Spannweite der Balken in m bei einem Balkenabstand (Bundmaß) von			
in cm	60 cm	70 cm	80 cm	90 cm
10/20*	3,95	3,75	3,59	3,45
10/22*	4,35	4,13	3,95	3,80
12/24*	5,03	4,78	4,57	4,40
12/26	5,45	5,18	4,95	4,76
14/20	4,41	4,19	4,01	3,85
16/20*	4,61	4,38	4,19	4,03
16/22	5,07	4,82	4,61	4,43
16/24	5,54	5,26	5,04	4,84
18/24	5,76	5,47	5,23	5,03

* Balken werden in diesen Querschnitten auf Vorrat eingeschnitten

Günstige Balkenquerschnitte und zulässige Spannweiten bei einer Belastung von 4,0 kN/m^2 Nadelholz Sortierklasse S 10. (Diese Tabelle ersetzt nicht den Tragfähigkeitsnachweis durch einen Tragswerksplaner.)

10.1.6 Balkenlagen beim Holzfachwerkbau

Die Balkenlagen von Fachwerkbauten unterscheiden sich in einigen Punkten von den Balkenlagen bei Massivbauten. Die Verankerung mit den Außenwänden kann hier durch Verkämmungen zwischen dem Rähm, dem Deckenbalken und der Stockwerksschwelle hergestellt werden. Statt der arbeitsaufwendigen Verkämmungen können auch Universalverbinder verwendet werden.

Deckenbalken über oder unter Zwischenwänden sind gleichzeitig deren Rähme oder Schwellen. Sie werden als Bundbalken bezeichnet.

Ältere Fachwerkbauten weisen auch an den Giebelseiten Balkenköpfe auf. Hier wurden kurze Stichbalken in die Giebelbalken eingezapft.

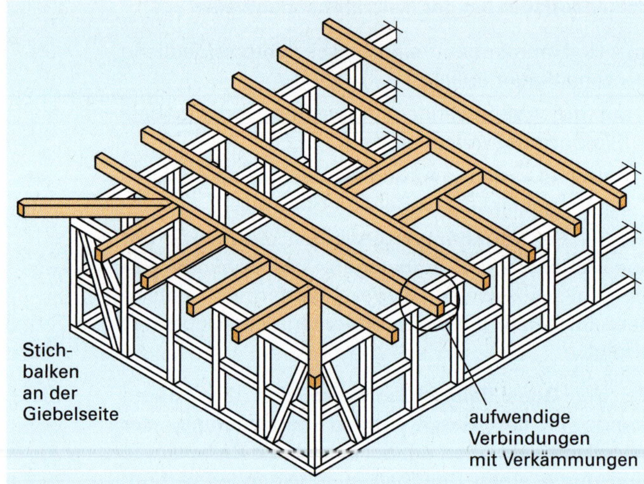

Balkenlage beim Holzfachwerkbau

Die Balkenlage beim Fachwerkbau wird mit den Außenwänden durch Verkämmungen oder Universalverbinder zug- und druckfest verbunden.

10.1.7 Balkenlagen beim Holzskelett- und Holzrahmenbau

Die Balkenlagen von Holzskelettbauten sind einfach herzustellen, da hier nur Blechformteile, Schrauben, Bolzen oder Nägel als Verbindungsmittel verwendet werden. Traditionelle Zimmermannsverbindungen kommen hier nicht zur Anwendung. Die Balkenlagen können auf zwei verschiedene Arten ausgeführt werden:

- Die Decken- oder Dachbalken werden zwischen den Trägern wie Riegel angebracht.
- Die Decken- oder Dachbalken werden auf die Träger der Skelettbaukonstruktionen gelegt.

Die Decken- oder Dachbalken von Holzskelettbauten können auf oder zwischen den Trägern verlegt werden.

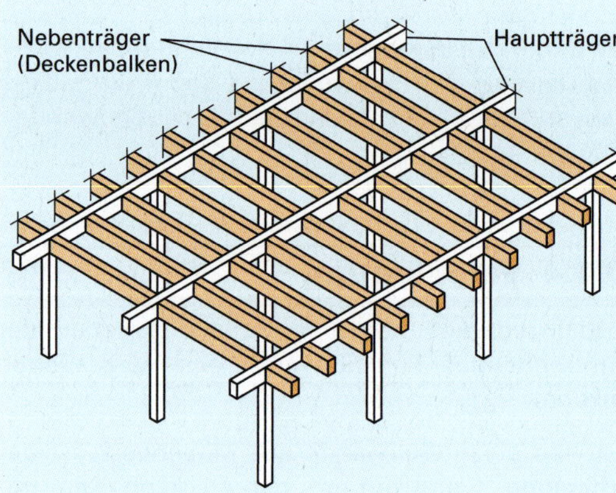

Deckenbalken zwischen den Trägern

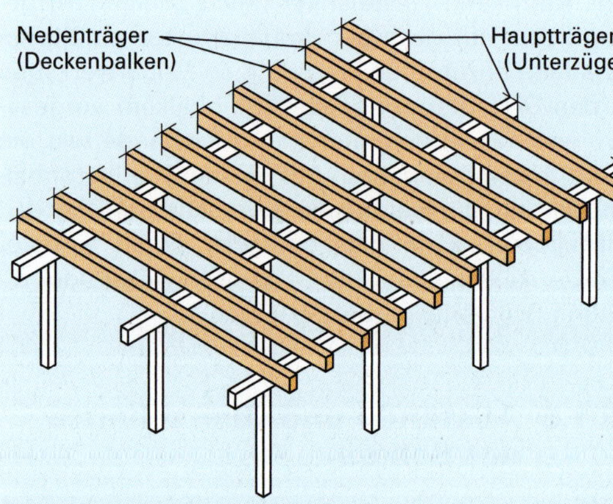

Deckenbalken auf den Trägern

Balkenlagen beim Holzskelettbau

10.1.8 Verbindungen bei Holzbalkendecken

Bei Holzbalkendecken spielen vor allem die Querverbindungen eine wichtige Rolle. Die Balken werden in einer Ebene rechtwinklig miteinander verbunden.

Bei der Wahl der Verbindung sollte darauf geachtet werden, dass die tragenden Holzquerschnitte nicht unnötig geschwächt werden.

Die Querverbindungen müssen zugfest ausgebildet werden. Bei den zimmermannsmäßigen Verbindungen geschieht dies durch das Einlassen einer Flachklammer.

Die Verbindungen des Ingenierholzbaus, z. B. die Verbindungen mit Blechformteilen, sind immer zugfest, druckfest und seitlich unverschiebbar.

Zu den **zimmermannsmäßigen Querverbindungen** zählen
- das einfache Blatt,
- der einfache Zapfen,
- der gerade Brustzapfen,
- der schräge Brustzapfen.

Wirtschaftlicher in der Ausführung und in der Regel tragfähiger sind die Verbindungen des Ingenieurholzbaus wie Balkenschuhe, Winkelverbinder oder Z-Profile.

Die Verbindungen bei Holzbalkendecken müssen zugfest, druckfest und seitlich unverschiebbar sein.

10.1.9 Aufbau von Holzbalkendecken

Holzbalkendecken können auf zwei grundsätzlich verschiedene Arten konstruiert werden:

- Holzbalkendecken mit unterseitiger Bekleidung,
- Holzbalkendecken mit sichtbaren Balken.

Beide Arten müssen unter anderem den Anforderungen des Schall- und des Brandschutzes genügen.

Holzbalkendecken mit unterseitiger Bekleidung

Eine gute **Trittschalldämmung** kann auf zwei verschiedene Arten erreicht werden:

- Zwischen den Balken und dem Bodenbelag wird ein Dämmstreifen aus Mineralwolle verlegt. Die Schallwellen werden durch den Dämmstreifen daran gehindert, sich in den Balken und anschließend in den darunterliegenden Raum fortzupflanzen.
- Durch das Abhängen der Unterdecke kann ebenfalls eine hohe Trittschalldämmung erreicht werden. Die Schallwellen können hier zwar bis in den Deckenbalken gelangen, sie werden dann aber von der Dämmschicht zwischen dem Balken und der abgehängten Decke abgefangen.

Die Luftschalldämmung wird durch eine hohe flächenbezogene Masse der Holzbalkendecken erreicht. Durch eine Füllung aus Sand oder durch aufgelegte Betonplatten erhalten die Decken die nötige Masse.

Der Brandschutz kann durch die abgehängte oder untergenagelte Decke gewährleistet werden, wenn diese aus einem feuerhemmenden Werkstoff (z. B. Gipsplatten) hergestellt wird. Auch durch eine Vergrößerung der Balkenquerschnitte kann der erforderliche Brandschutz erreicht werden.

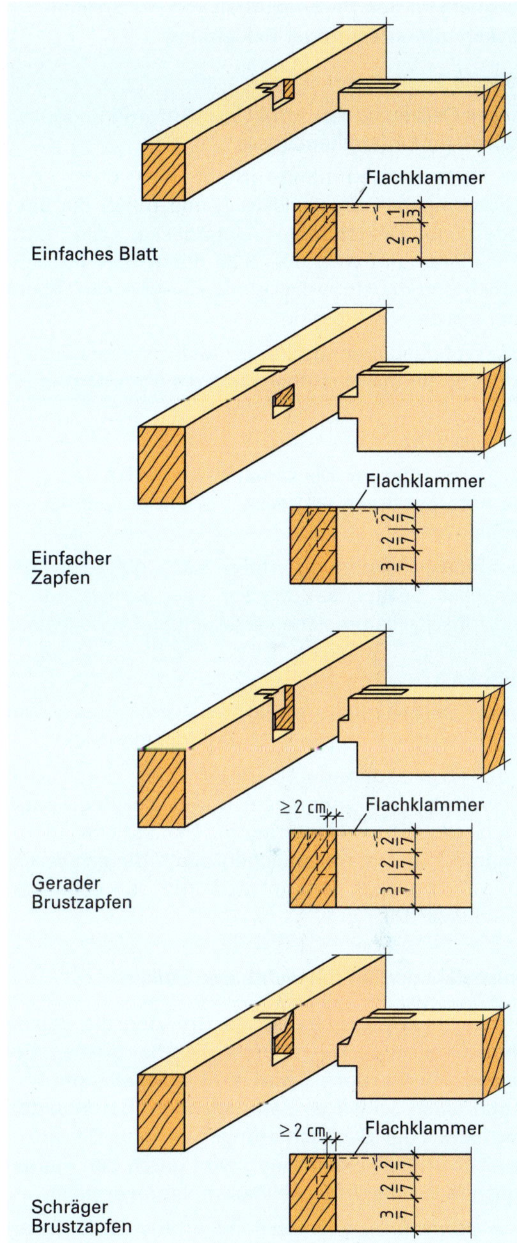

Zimmermannsmäßige Verbindungen

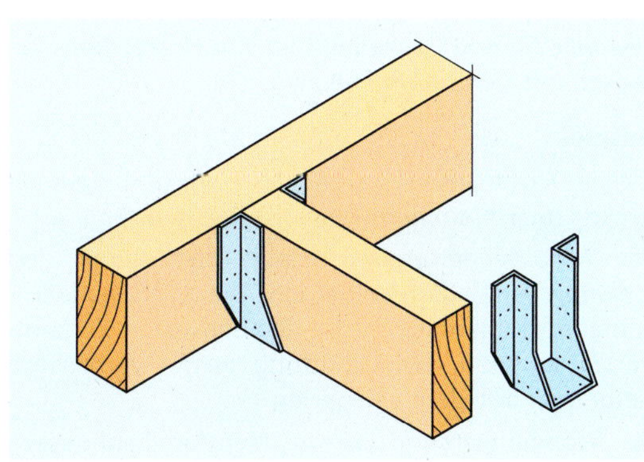

Verbindung mit Balkenschuh

Beispiele für den Deckenaufbau von Holzbalkendecken mit unterseitiger Bekleidung

Beispiel 1

Dieser Deckenaufbau erfüllt die Anforderungen an Decken für Einfamilienhäuser.

Die Trittschalldämmung erfolgt hier durch den schwimmenden Trockenestrich und durch die über Federbügel abgehängte Unterdecke. Die Luftschalldämmung wird ebenfalls durch den Trockenestrich und die Unterdecke etwas verbessert, bleibt aber trotzdem nur gering.

Als Wohnungstrenndecke in Mehrfamilienhäusern erfüllt dieser Deckenaufbau nicht die Anforderungen.

Beispiel 2

Auch mit diesem Deckenaufbau werden lediglich die Anforderungen an Decken für Einfamilienhäuser erfüllt.

Die Trittschalldämmung erfolgt durch die zementgebundenen Spanplatten, die auf einer Sandschüttung und Trittschalldämmplatten schwimmend verlegt sind.

Beispiel 3

Dieser Deckenaufbau erfüllt die Anforderungen an Wohnungstrenndecken in Mehrfamilienhäusern.

Die Trittschalldämmung erfolgt hier durch den schwimmenden Zementestrich und die über Federbügel abgehängte Unterdecke. Die Luftschalldämmung erfolgt im Wesentlichen durch die schweren, etwa 5 cm dicken Betonplatten und den schweren Zementestrich.

Holzbalkendecken mit sichtbaren Balken

Oft sollen aus gestalterischen Gründen die Balken der Holzbalkendecke von unten sichtbar bleiben. Bei diesen Konstruktionen wird die Luftschalldämmung durch einen schweren Zementestrich, Betonplatten und bzw. oder Sandschüttungen erhöht. Die erforderliche Trittschalldämmung wird durch den Einbau weich federnder Trittschalldämmplatten erreicht.

Bei Verwendung entsprechend großer Balkenquerschnitte können die Holzbalkendecken auch als feuerhemmend (F 30, F 60) ausgeführt werden.

Beispiele für den Deckenaufbau von Holzbalkendecken mit sichtbaren Balken

Beispiel 1

Dieser Deckenaufbau erfüllt die Anforderungen an Decken für Einfamilienhäuser.

Die Trittschalldämmung erfolgt hier durch den schwimmenden Zementestrich. Die Luftschalldämmung wird ebenfalls durch den schweren Zementestrich und die Sandschüttung etwas verbessert, bleibt aber trotzdem nur gering.

Als Wohnungstrenndecke in Mehrfamilienhäusern erfüllt dieser Deckenaufbau nicht die Anforderungen.

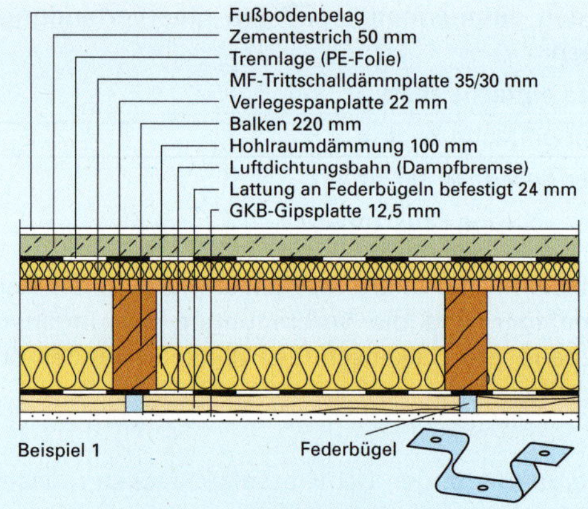

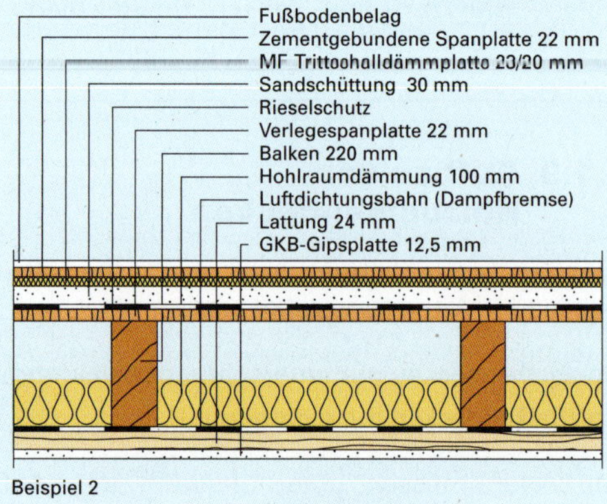

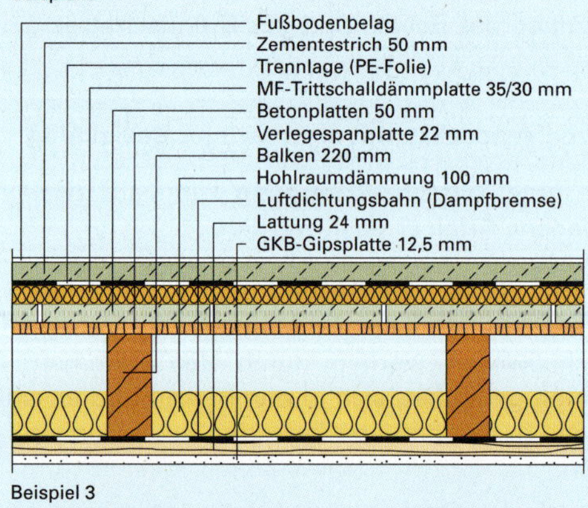

Beispiele für den Deckenaufbau von Holzbalkendecken mit unterseitiger Bekleidung

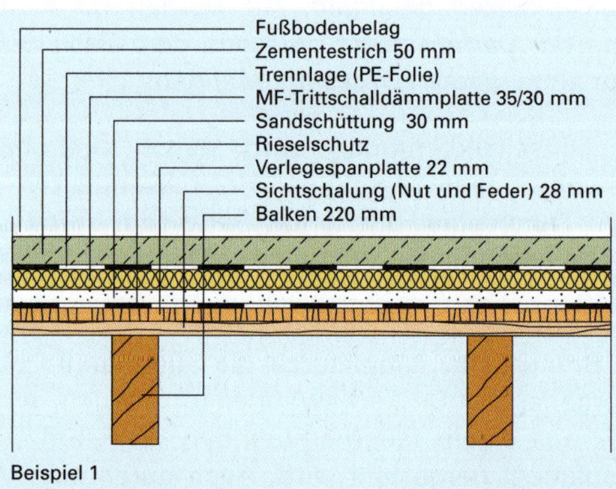

Beispiel für den Deckenaufbau einer Holzbalkendecke mit sichtbaren Balken

Beispiel 2

Dieser Deckenaufbau erfüllt die Anforderungen an Wohnungstrenndecken in Mehrfamilienhäusern.

Die Trittschalldämmung erfolgt hier durch den schwimmenden, auf Trittschalldämmplatten aufgebrachten Zementestrich.

Die Luftschalldämmung erfolgt im Wesentlichen durch die schweren, etwa 5 cm dicken Betonplatten und den schweren Zementestrich.

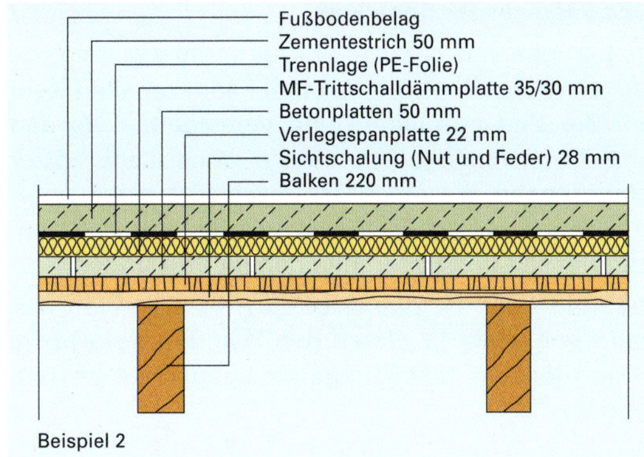

Beispiel für den Deckenaufbau einer Holzbalkendecke mit sichtbaren Balken

Holzbalkendecken können auf zwei unterschiedliche Arten konstruiert werden:

- Holzbalkendecken mit unterseitiger Bekleidung und
- Holzbalkendecken mit sichtbaren Balken.

10.1.10 Fußbodenaufbau

Die Ausführung eines Fußbodens wird von bauphysikalischen, wirtschaftlichen, konstruktiven und gestalterischen Gesichtspunkten beeinflusst.

Fußböden in Aufenthaltsräumen sollten grundsätzlich schwimmend verlegt werden. Dabei spielt es keine Rolle, ob der Fußboden auf einer Holzbalken- oder Stahlbetondecke verlegt wird.

Als Material für die Dämmschicht zwischen dem Fußboden und der Deckenkonstruktion sind folgende Dämmstoffe geeignet:

- Trittschalldämmplatten aus Schaumkunststoffen oder Faserdämmstoffen,
- Trockenschüttung aus Schaumkunststoff, Blähton oder Perlitgestein.

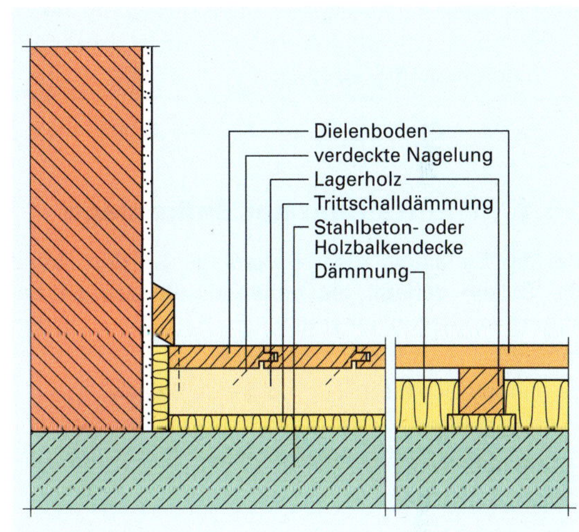

Dielenfußboden

Dielenfußboden aus Massivholz

Die Lagerhölzer werden in einem Abstand von etwa 45 cm schwimmend auf einem Dämmstreifen verlegt und in der Höhe ausgerichtet. Die Zwischenräume sind mit Dämmstoff auszufüllen. Anschließend werden die gehobelten Dielen verdeckt auf die Lagerhölzer genagelt. Geeignet sind vor allem Dielen aus nordischer Kiefer sowie aus Red- oder Pitchpine. Dielen mit stehenden Jahrringen sind besonders geeignet, da diese sich kaum werfen.

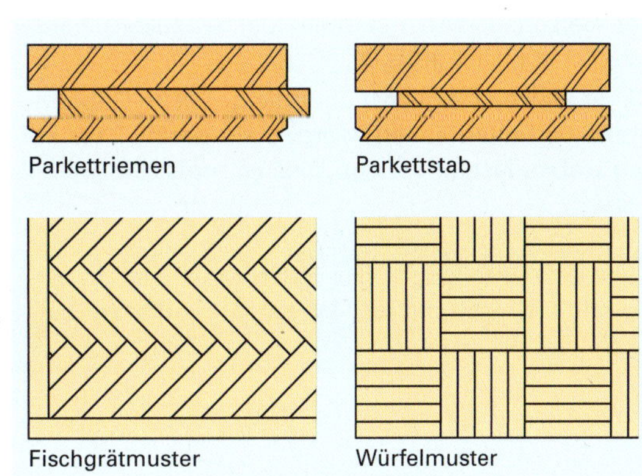

Verlegemuster von Stabparkettfußböden

Parkettfußböden

Die üblichen Parkettarten sind Stabparkett, Mosaikparkett und das immer häufiger verwendete Fertigparkett.

Das **Stabparkett** kann auf Lagerhölzern verlegt oder auf Estrichen auf Dämmschicht geklebt werden. Parkettstäbe sind allseitig genutet und werden durch eingelegte Federn miteinander verbunden. Parkettriemen weisen umlaufend Nut und Feder auf. Der Abstand der Lagerhölzer richtet sich nach der Größe der Stäbe und nach dem Verlegemuster.

Mosaikparkett besteht aus etwa 8 mm dicken Lamellen, die auf Papier oder Gewebe zusammengehalten werden. Mosaikparkett wird auf den Untergrund geklebt. Der Untergrund muss sauber und eben sein.

Geeignet als Untergrund sind Spanplatten, Gussasphalt und mineralisch gebundene Estriche.

Fußböden aus Fertigparkett

Als Fertigparkett bezeichnet man mehrschichtig abgesperrte Elemente mit Nut und Feder an allen Kanten. Sie sind geschliffen und versiegelt. Aufgrund ihrer Formstabilität können sie ohne Lagerhölzer schwimmend auf einer Dämmschicht verlegt werden. Die einzelnen Elemente werden durch Verleimung in Nut und Feder miteinander verbunden.

Fußböden aus Holzwerkstoffen müssen einen Abstand von etwa 1,5 cm zu den Wänden aufweisen, damit mögliche Bewegungen ausgeglichen werden können.

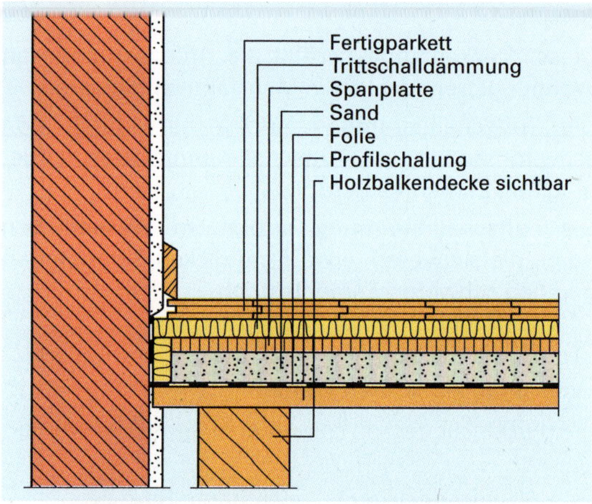

Fertigparkettboden (schwimmende Verlegung)

> Holzbalkendecken können mit unterseitiger Bekleidung oder mit sichtbaren Balken hergestellt werden. Insbesondere die Anforderungen des Schall- und Brandschutzes müssen bei der Herstellung von Holzbalkendecken und Holzfußböden berücksichtigt werden.

10.1.11 Einteilung der Balkenlage

Bei der Einteilung einer Balkenlage werden zuerst die Balken verlegt, die notwendigerweise an bestimmten Stellen innerhalb der Balkenlage liegen müssen.

Es handelt sich hierbei um folgende Balken:

- Giebelbalken,
- Streichbalken,
- Wechselbalken,
- Wandbalken.

Die übrigen Balken (Zwischenbalken) werden anschließend verlegt. Dabei ist darauf zu achten, dass der Balkenabstand innerhalb der einzelnen Felder möglichst gleich groß ist.

Da die Balken möglichst über die gesamte Gebäudebreite verlaufen sollen, werden sie parallel zur kurzen Gebäudeseite verlegt. Dies ist meist die Giebelseite.

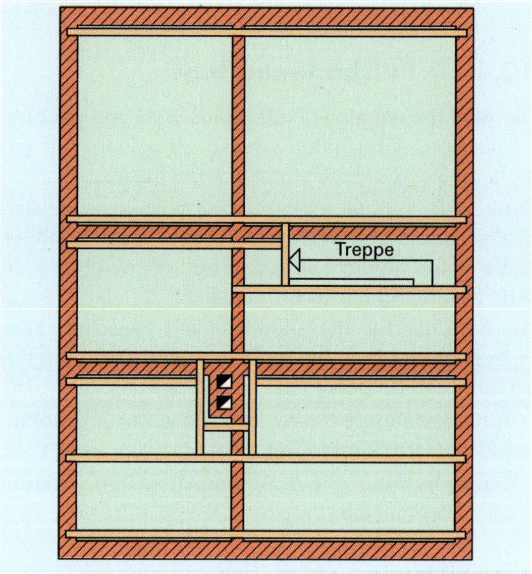

Verlegen von Giebel-, Streich- und Wechselbalken

> Bei der Einteilung einer Balkenlage werden zuerst die Giebel-, Streich-, Wechsel- und Wandbalken verlegt.

10.1.12 Balkonausbildungen

Sowohl im Holzfachwerkbau als auch im Holzskelettbau ist die Konstruktion von Balkonen einfach.

Je nach Holzbausystem werden über die Außenwände auskragende Decken- oder Trägerbalken als Tragkonstruktion für Balkone genutzt.

Bis etwa 1,50 m können Balkone freitragend ausgeführt werden. Über 1,50 m sollten sie unterstützt werden.

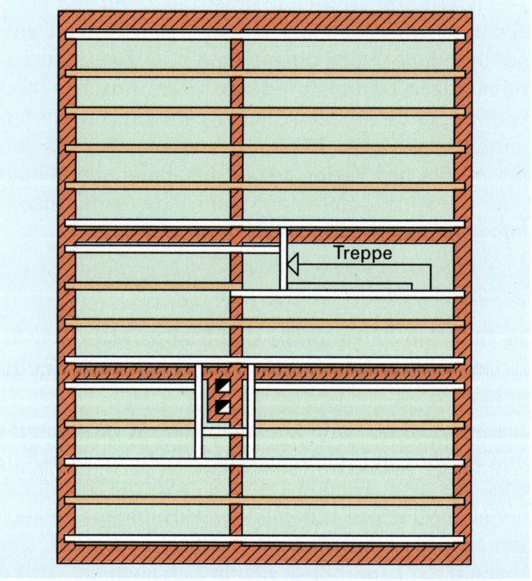

Verlegen der Stich- und Zwischenbalken

Der Balkon unseres Projektes ist in das tragende Skelett eingebunden.

Die Größe des Balkons beträgt zwei Raster, d. h. er besitzt eine Grundfläche von 2 × 2,50 m × 2,50 m.

Der Balkon ist nicht auskragend, er steht auf den Skelettstützen und ist überdacht.

Balkongeländer

Balkongeländer müssen mindestens 90 cm hoch sein, bei Absturzhöhen über 12 m mindestens 110 cm. Der Abstand zwischen waagerechten Geländerbrettern darf höchstens 2 cm, zwischen senkrechten Geländerbrettern höchstens 12 cm betragen.

Die Befestigung des Geländers an den Deckenbalken muss dauerhaft stabil sein.

Balkone können auskragend oder mit Unterstützung ausgebildet sein.

Balkongeländer müssen eine Höhe von mindestens 90 cm haben.

10.1.13 Abgehängte Decken (Unterdecken)

Abgehängte Decken haben folgende Aufgaben zu erfüllen:

- Sie bilden den Raumabschluss nach oben,
- sie verbessern die Wärmedämmung,
- sie verbessern die Schalldämmung,
- sie verbessern den Brandschutz der tragenden Deckenkonstruktion,
- sie verbessern die Raumakustik,
- sie dienen der Aufnahme der Beleuchtung, der Be- und Entlüftung, der Sprinkleranlage usw.

Außerdem kann durch eine abgehängte Decke die Gestaltung eines Raumes stark beeinflusst werden.

Abgehängte Decken bestehen aus einer **Unterkonstruktion** und der **Beplankung**.

Aufgrund der unterschiedlichen Temperaturausdehnung der tragenden und der abgehängten Decken muss zwischen den Wänden und der Unterdecke immer eine Fuge vorgesehen werden.

Unterkonstruktionen

Unterkonstruktionen aus Holz

Die Unterkonstruktion kann aus direkt an der Decke befestigten Holzlatten bestehen. Auch mit Schnellabhängern abgehängte Unterkonstruktionen sind üblich. Der Achsabstand zwischen den Latten richtet sich nach der Art der Beplankung (Plattengröße und Plattendicke). Im Allgemeinen werden Latten mit den Querschnitten 24/48 mm und 30/50 mm verwendet. Welche Art der Abhängung verwendet wird, hängt von der zur Verfügung stehenden Raumhöhe und von den in der Decke unterzubringenden Installationen ab. Bei niedriger Geschosshöhe und ohne Installationen zwischen Unterdecke

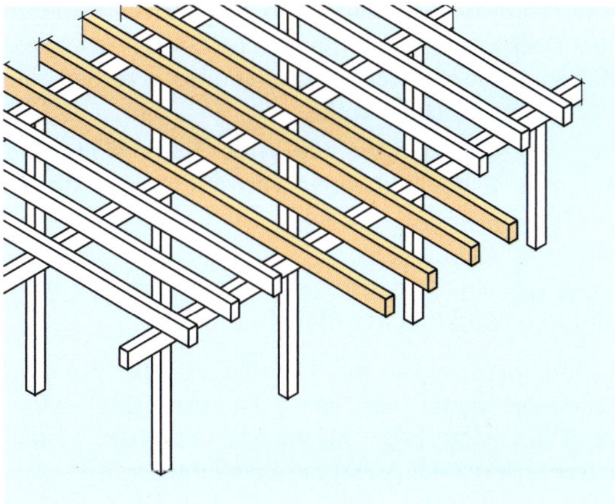

Auskragende Deckenbalken

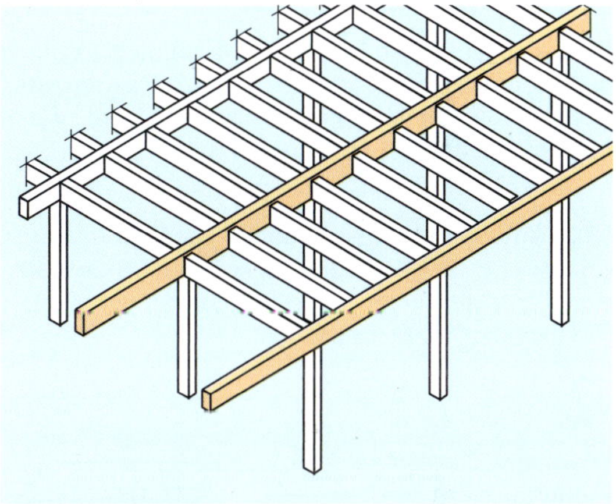

Auskragende Träger

Abgehängte Decke

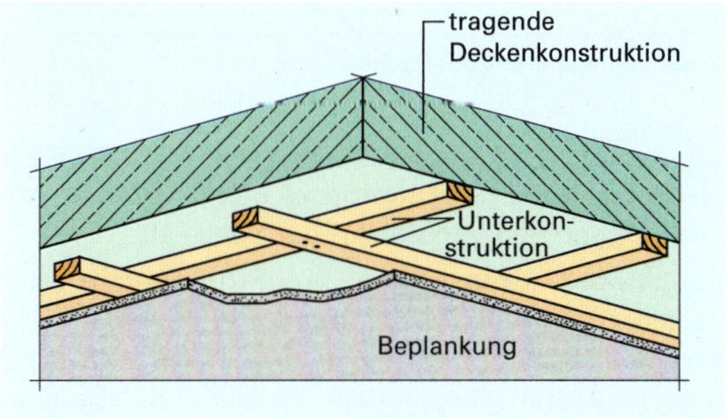

Unterkonstruktion und Beplankung

und Decke werden die Latten direkt an der tragenden Deckenkonstruktion befestigt. Große Geschosshöhen und notwendige Installationen erfordern ein Abhängen der Unterdecke.

Für das Abhängen werden in der Regel höhenverstellbare Schnellabhänger verwendet. Mit diesen Abhängern ist das Herstellen einer ebenen Unterdecke einfach.

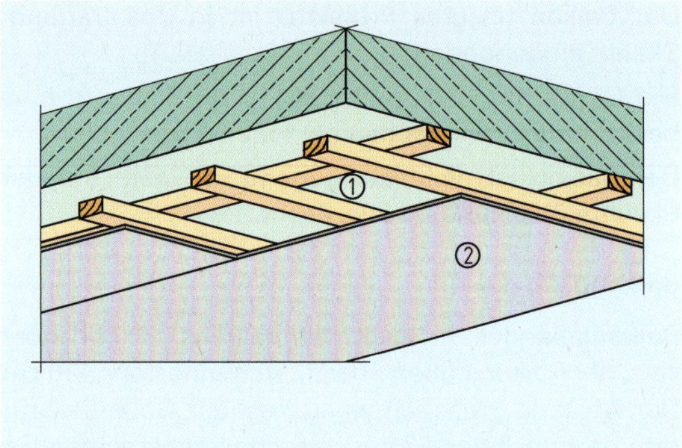

① Unterkonstruktion (Latten); ② Beplankung

Direkt befestigte Unterkonstruktion aus Holz

Unterkonstruktion aus Metall

Unterkonstruktionen aus Metall werden immer über Schnellabhänger von der tragenden Deckenkonstruktion abgehängt, wobei das Profil der Metallleisten die Art der Abhänger bestimmt.

Metallprofile haben den Vorteil, dass sie sich nicht verziehen. Das Herstellen einer ebenen Unterdecke kann daher gewährleistet werden.

Da die abgehängten Decken nicht gegen die Wände stoßen, müssen sie gegen Schaukelbewegungen gesichert werden. Dieses Absichern wird durch schräg angebrachte Abhänger erreicht.

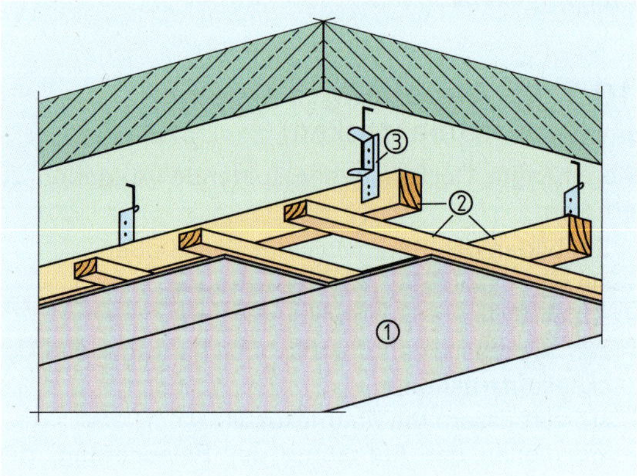

① Beplankung; ② Latten; ③ Schnellabhänger

Abgehängte Unterkonstruktion aus Holz

Die Unterkonstruktion abgehängter Decken kann direkt (z.B. in Holz) oder abgehängt (z.B. in Holz oder Metall) unter der tragenden Deckenkonstruktion angebracht werden.

Art	Form	
Gerichtete Unterdecken	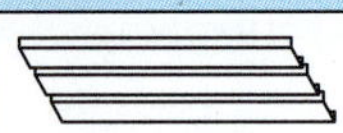 Paneeldecke	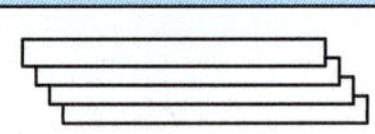 Lamellendecke
Rasterdecken	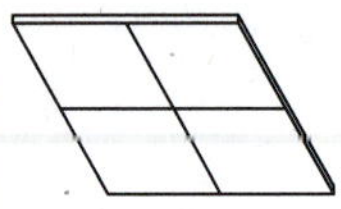 Plattenrasterdecke	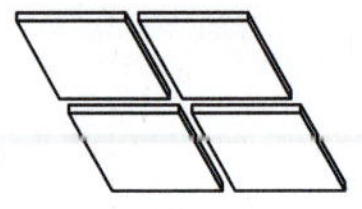 Bandrasterdecke
Kassettendecken	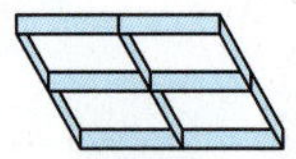 Kassettendecke mit offenen Feldern	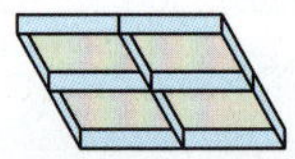 Kassettendecke mit geschlossenen Feldern
Fugenlose Unterdecke	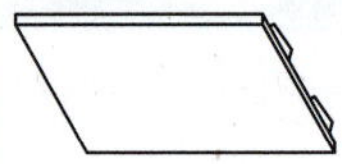	

Arten von abgehängten Decken

Beplankung

Die Beplankung der Unterdecke hängt von den Anforderungen und von der Art der Decke ab.

Gerichtete Decken können aus Profilbrettern oder Schalbrettern mit Zwischenraum hergestellt werden. Auch Metall- und Kunststoffprofile sowie extra zugeschnittene Gipsplatten werden als Beplankungsmaterial verwendet.

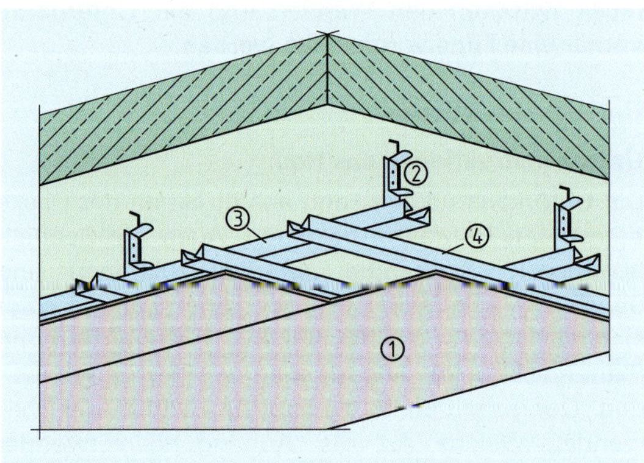

① Beplankung; ② Schnellabhänger; ③ Grundprofil; ④ Tragprofil

Abgehängte Unterkonstruktion aus Metall

Rasterdecken können sowohl aus kleinen Kassettenplatten als auch aus größeren Tafeln hergestellt werden, wobei die Fugen sichtbar bleiben. Als Material werden glatte, gelochte oder geschlitzte Gipsplatten verwendet. Plattenförmige Holzwerkstoffe wie Furnierplatten, furnierte Spanplatten oder Weichfaserplatten sind ebenfalls geeignet.

Kassettendecken werden aus Holz, Holzwerkstoffen, Metall- und Kunststoffprofilen oder aus Gipsplatten hergestellt.

Kassettendecken wirken in hohem Maße schallschluckend (schallabsorbierend) und können je nach Neigung und Stellung der Einzelteile die Akustik verbessern.

Fugenlose Unterdecken werden in der Regel aus Gipsplatten, faserverstärkten Gipsplatten oder plattenförmigen Holzwerkstoffen hergestellt.

Abgehängte Decken werden als gerichtete Decken, Rasterdecken, Kassettendecken oder fugenlose Unterdecken ausgebildet.

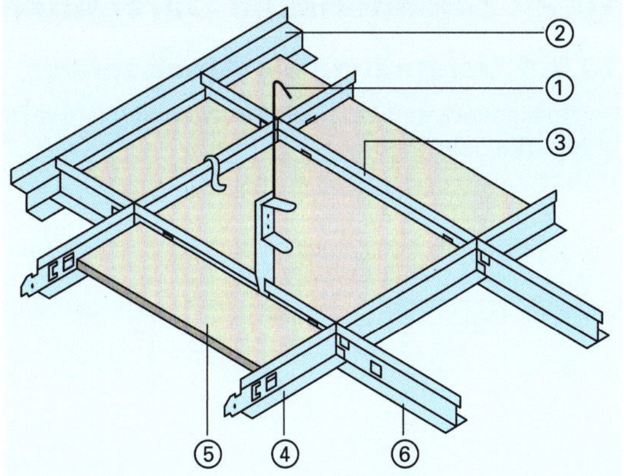

① Schnellabhänger ④ Grundprofil
② Wandprofil ⑤ Beplankung
③ Querprofil ⑥ Abdeckung

Rasterdecke

Zusammenfassung

Die tragende Konstruktion von Holzbalkendecken sind die Balkenlagen. Diese bestehen aus Vollholzbalken, bei Spannweiten über 5 m aus Brettschichthölzern.

Holzbalkendecken finden hauptsächlich bei Fachwerkbauten, Holzskelettbauten und Bauten in Rahmenbauweise Verwendung. Auch in kleineren Massivbauten können Holzbalkendecken eingebaut werden.

Bei der Herstellung ist besonders darauf zu achten, dass sie ausreichend tragfähig sind und dass die Anforderungen des Brand- und Schallschutzes beachtet werden.

Holzbalkendecken werden mit unterseitiger Bekleidung oder mit sichtbaren Balken hergestellt.

Bei der Einteilung einer Balkenlage wird mit den Balken mit zwingender Lage begonnen; dies sind die Giebel-, Streich- und Wechselbalken. Danach werden die Zwischenbalken verlegt.

Bei den Holzfußböden wird zwischen Dielenfußböden und Parkettböden unterschieden.

Balkone können entweder auskragend ausgebildet oder unterstützt sein. Das Balkongeländer muss eine Höhe von mindestens 90 cm besitzen.

Abgehängte Decken (Unterdecken) bestehen aus einer Unterkonstruktion und einer Beplankung. Die Unterkonstruktion kann direkt an der tragenden Deckenkonstruktion befestigt oder von ihr abgehängt sein.

Abgehängte Decken werden als gerichtete Decken, Rasterdecken, Kassettendecken oder fugenlose Unterdecken ausgebildet.

Aufgaben

1. *Nennen Sie die Vorteile von Holzbalkendecken gegenüber Massivdecken.*
2. *Welche Anforderungen werden an Holzbalkendecken gestellt?*
3. *Wie viele cm darf sich ein Balken einer Holzbalkendecke mit einer Spannweite von 5,00 m höchstens durchbiegen?*
4. *Welcher der drei Balkenquerschnitte besitzt die höchste Biegesteifigkeit und eignet sich somit am besten als Deckenbalken?*

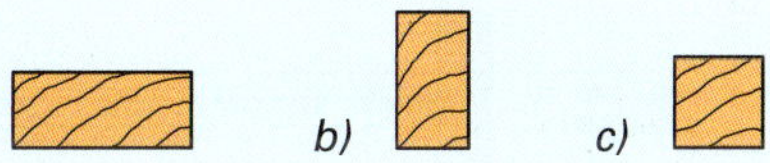

a) b) c)

5. *Auf welche Arten kann die Balkenlage an unserem Projekt (Holzskelettbauweise) ausgeführt werden?*
6. *Wodurch kann der Trittschallschutz bei Holzbalkendecken erhöht werden?*
7. *Wodurch kann der Luftschallschutz bei Holzbalkendecken erhöht werden?*
8. *Beschreiben Sie das Einteilen einer Balkenlage.*
9. *Beschreiben Sie den Aufbau eines Dielenfußbodens aus Massivholz.*
10. *Auf welche unterschiedlichen Konstruktionsweisen können Balkone bei Holzbalkendecken ausgeführt werden?*
11. *Welche Konstruktion besitzt der Balkon unseres Projekts?*
12. *Beschreiben Sie die Konstruktion einer abgehängten Decke.*

10.2 Zeichnerische Darstellung von Holzbalkendecken

10.2.1 Darstellung als Arbeitsplan

Holzbalkendecken werden als Arbeitspläne in der Draufsicht dargestellt. Geeignete Maßstäbe sind 1:20, 1:25 oder 1:50.

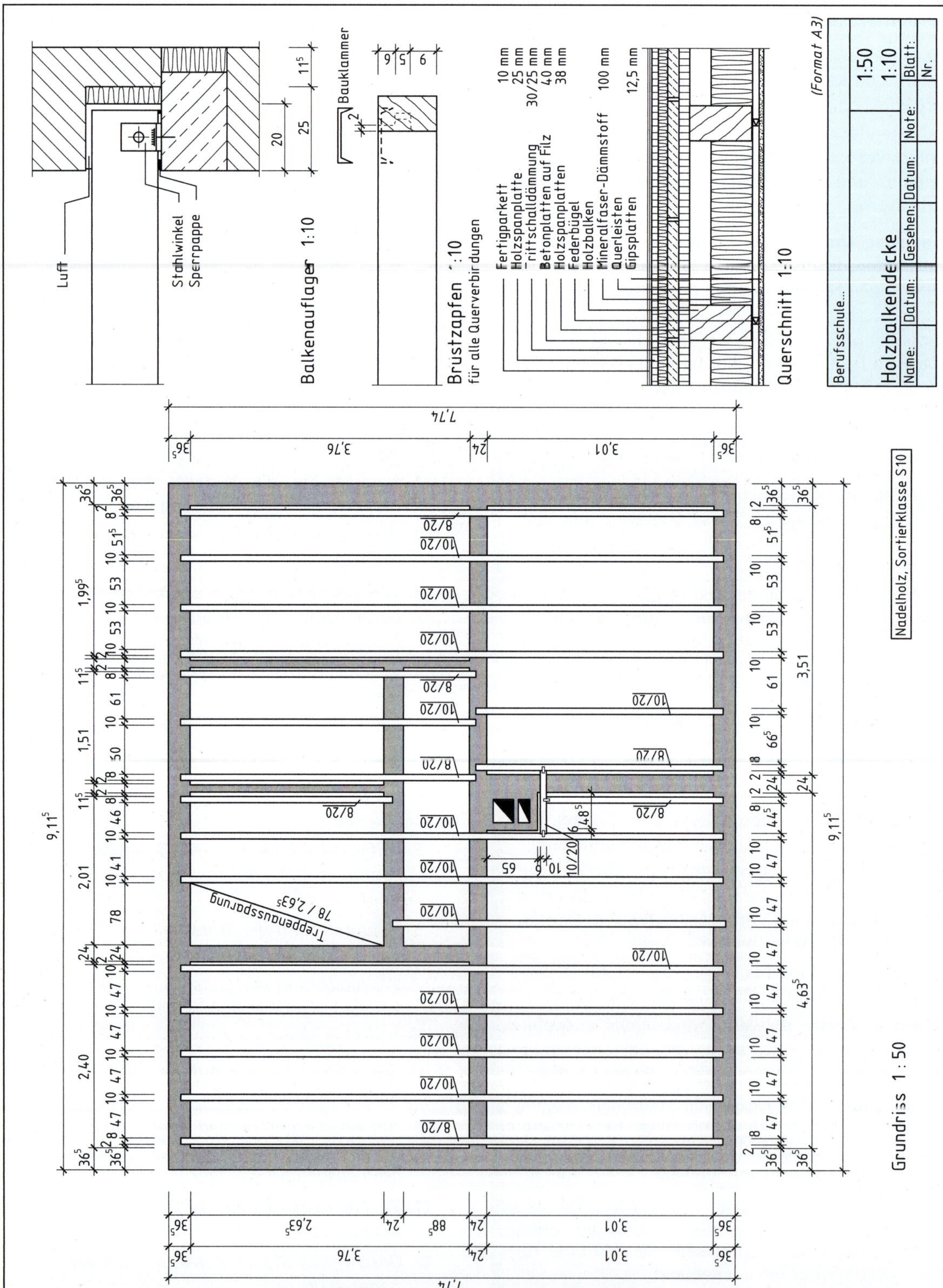

Aufgaben

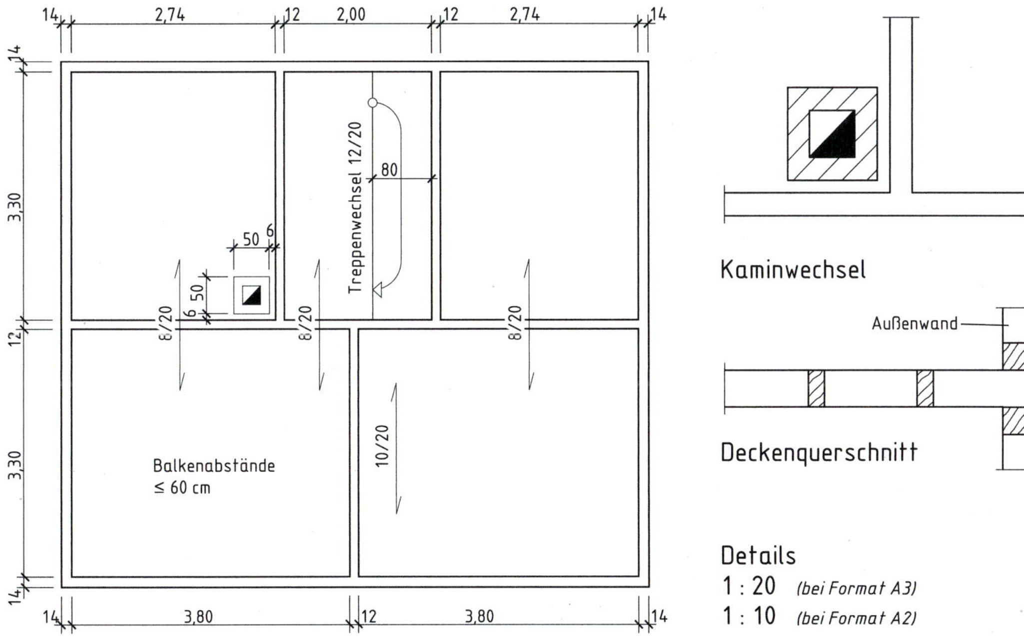

Grundriss
1 : 50 *(bei Format A3)*
1 : 20 *(bei Format A2)*

Zeichnen Sie die Holzbalkendecke !

Holzbalkendecke in einem Fachwerkhaus					Maßstab je nach Format
Name:	Datum:	Gesehen:	Datum:	Note:	Blatt:
					Nr.

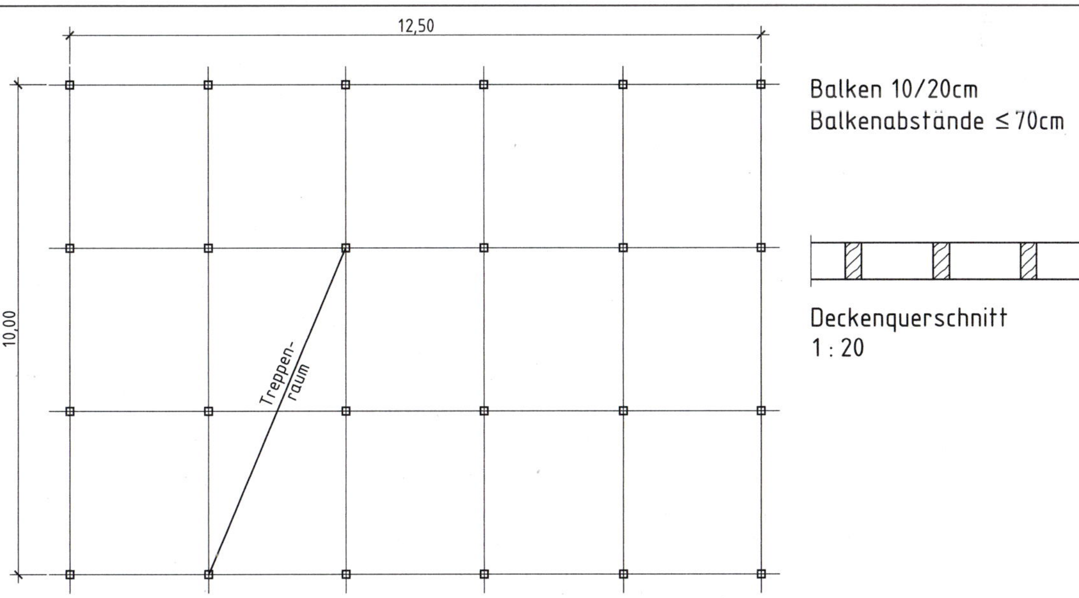

(Format A3)

Grundriss
1 : 50

Zeichnen Sie die Holzbalkendecke des Projekts !

Holzbalkendecke Projekt					1 : 50 1 : 20
Name:	Datum:	Gesehen:	Datum:	Note:	Blatt:
					Nr.

10.2.2 Isometrische Darstellung

Die Form von Bauteilen ist aus den Ansichts- und Schnittzeichnungen oft nur schwierig zu erkennen. In solchen Fällen ist das Zeichnen von Schrägbildern (3-D-Abbildungen) zu empfehlen. Schrägbilder kommen unserer Wahrnehmung mit dem Auge sehr nahe.

Die **isometrische Projektion** ist eine genormte Schrägbilddarstellung, bei der alle Kanten unverkürzt in einem bestimmten Maßstab abgebildet werden. Die Höhen werden dabei senkrecht gezeichnet, die Längen und Breiten im Winkel von 30° zur Waagerechten.

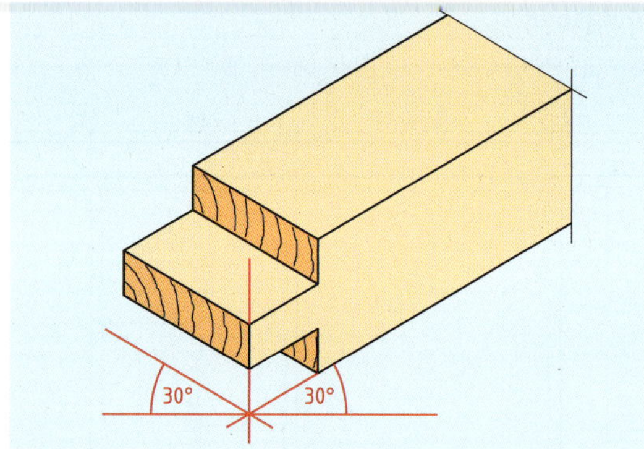

Isometrie

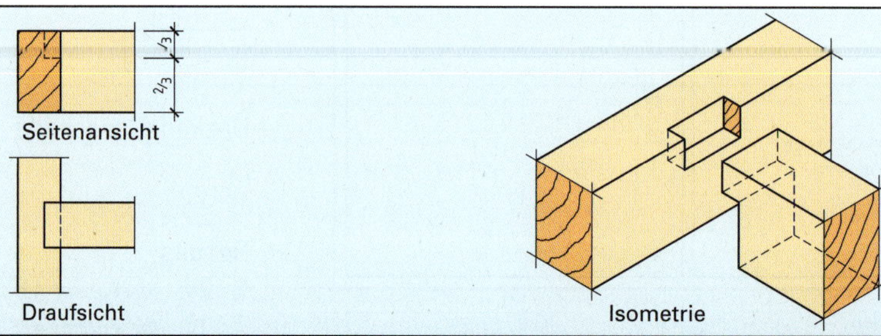

Einfaches Blatt

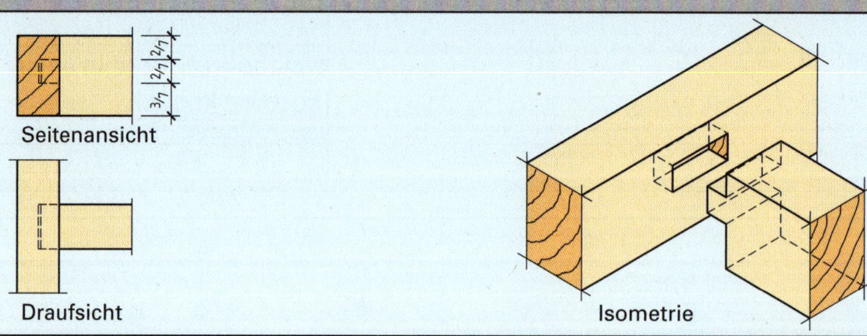

Einfacher Zapfen

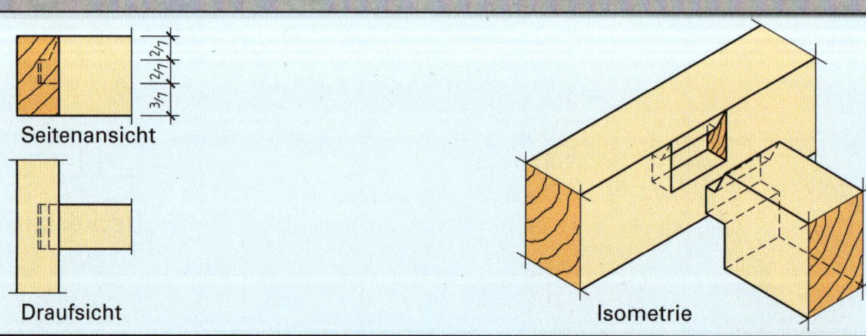

Schräger Brustzapfen

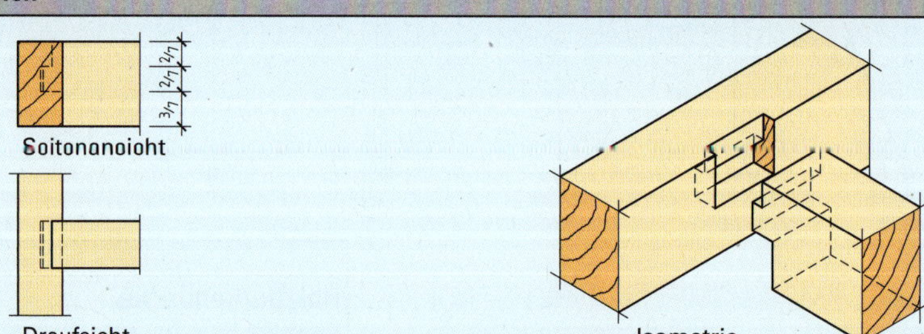

Gerader Brustzapfen

Aufgaben

Vervollständigen Sie die Isometrien.

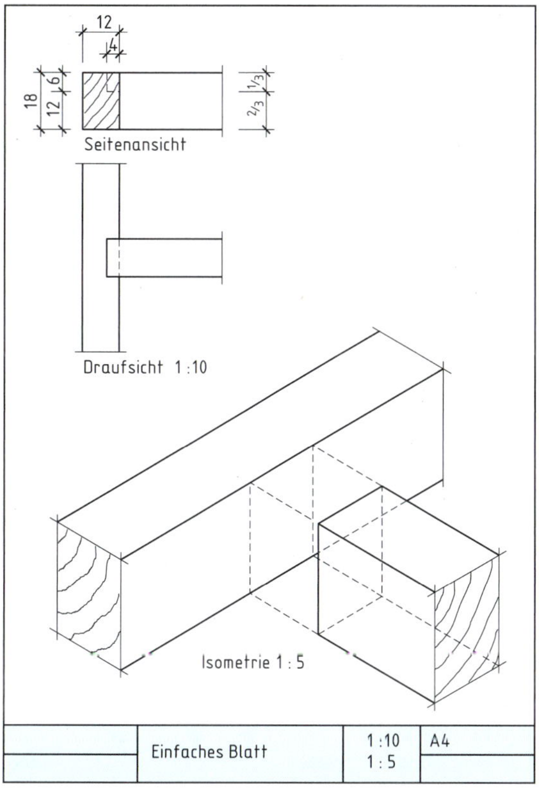

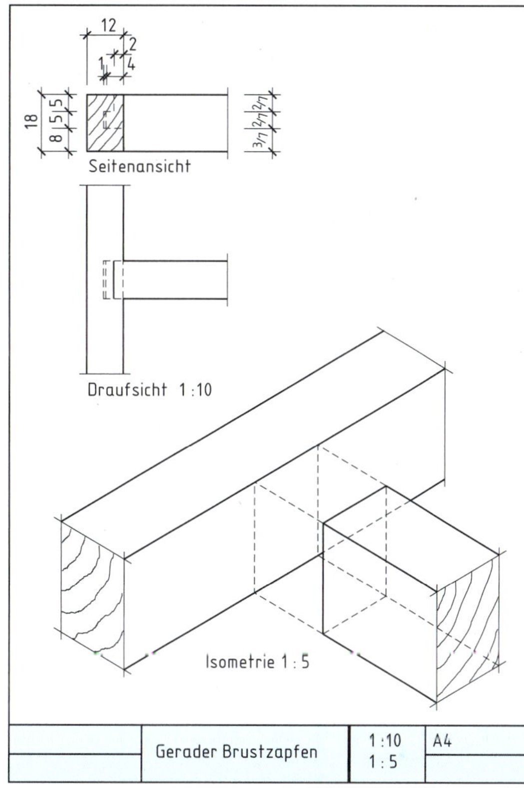

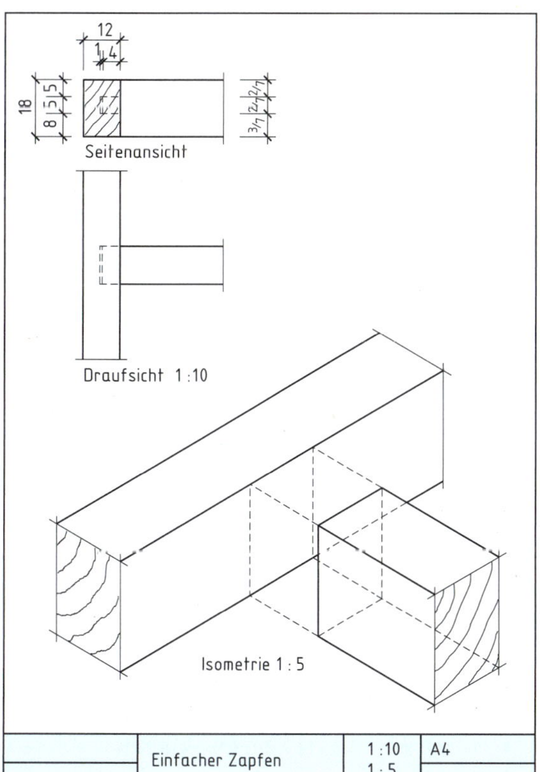

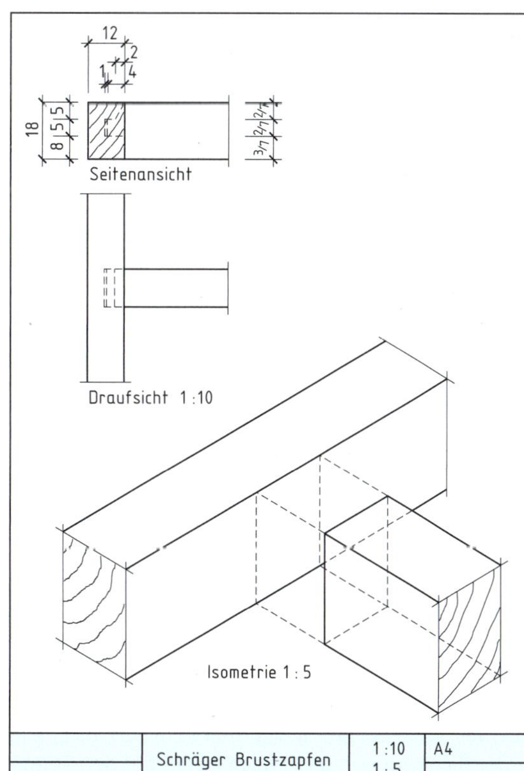

10.3 Ermittlung von Auflagerkräften

Im Folgenden wird aufgezeigt, wie an einem Träger, z. B. einem **Deckenbalken** in der Holzbalkendecke unseres Projekts, die Auflagerkräfte berechnet werden.

Grundinformation:

Sollen bei einem Träger auf zwei Stützen die Auflagerkräfte berechnet werden, so betrachtet man den Träger als Hebel, wobei eines der beiden Auflager als Drehpunkt angenommen wird.

Nach der Gleichgewichtsbedingung $\Sigma M = 0$ muss die Summe der Momente aus den auf den Träger wirkenden Kräften und ihren dazugehörigen Hebellängen sowie des Moments aus der Auflagerkraft und der Stützweite gleich null sein.

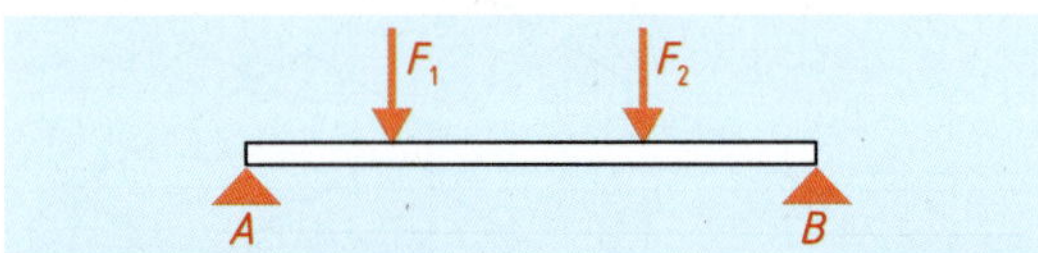

Wird der Drehpunkt in A angenommen, so kann mit der Gleichgewichtsbedingung $\Sigma M = 0$ die Auflagerkraft B berechnet werden.

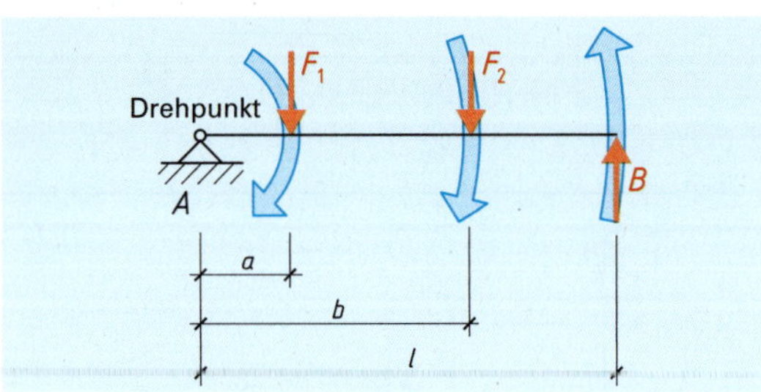

$$\Sigma M_{(A)} = 0; \quad F_1 \cdot a + F_2 \cdot b - B \cdot l = 0$$

$$B = \frac{F_1 \cdot a + F_2 \cdot b}{l}$$

Die Auflagerkraft A kann berechnet werden, indem man den Drehpunkt in B annimmt.

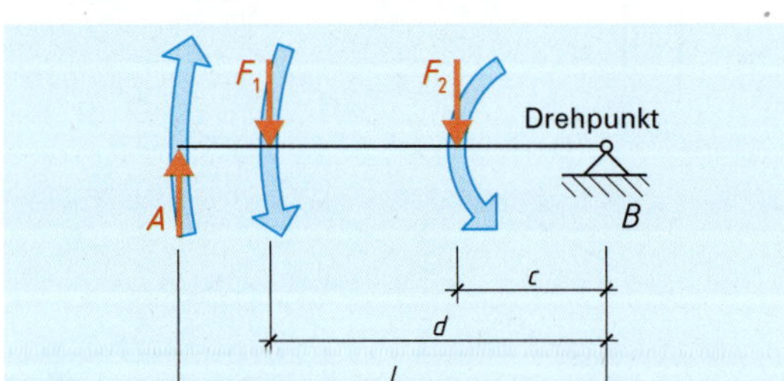

$$\Sigma M_{(B)} = 0; \quad A \cdot l - F_1 \cdot d - F_2 \cdot c = 0$$

$$A = \frac{F_1 \cdot d + F_2 \cdot c}{l}$$

Da am Träger Gleichgewicht herrscht, ist die Summe aller Vertikalkräfte gleich null ($\Sigma V = 0$); d. h., alle in der Richtung von **oben nach unten** auf den Träger wirkenden Kräfte (z. B. Trägerbelastungen) sind genauso groß wie die in der Richtung von **unten nach oben** auf den Träger wirkenden Kräfte (z. B. Auflagerreaktionen).

Hier muss eine Vorzeichenregelung getroffen werden; die von oben nach unten wirkenden Kräfte müssen umgekehrtes Vorzeichen erhalten wie die von unten nach oben wirkenden Kräfte.

Wird eine Auflagerkraft mit der Gleichgewichtsbedingung $\Sigma M = 0$ ermittelt, so kann die zweite Auflagerkraft mit der Gleichgewichtsbedingung $\Sigma V = 0$ errechnet werden.

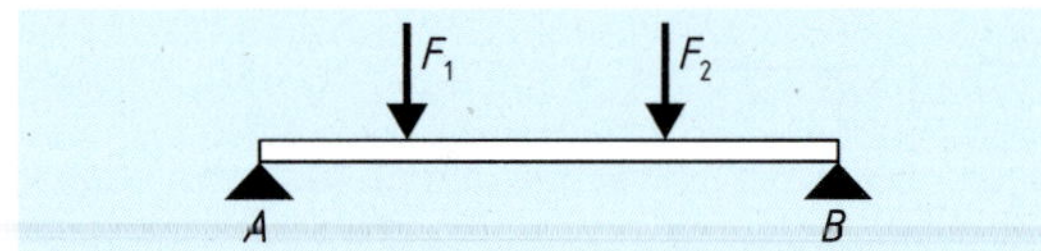

$$\Sigma V = 0; \quad F_1 + F_2 - A - B = 0$$

$$A = F_1 + F_2 - B$$

$$B = F_1 + F_2 - A$$

Die Kräfte A und B sind die Auflagerreaktionen, also jene Kräfte, die den Auflagerkräften (Aktionen) an den Auflagern gleich groß entgegenwirken.

Beispiel:

Berechnen Sie die Auflagerkräfte A und B.

$F_1 = 2{,}0$ kN
$F_2 = 3{,}0$ kN
$F_3 = 4{,}0$ kN
$a = 0{,}50$ m
$b = 0{,}90$ m
$c = 1{,}50$ m
$l = 2{,}10$ m

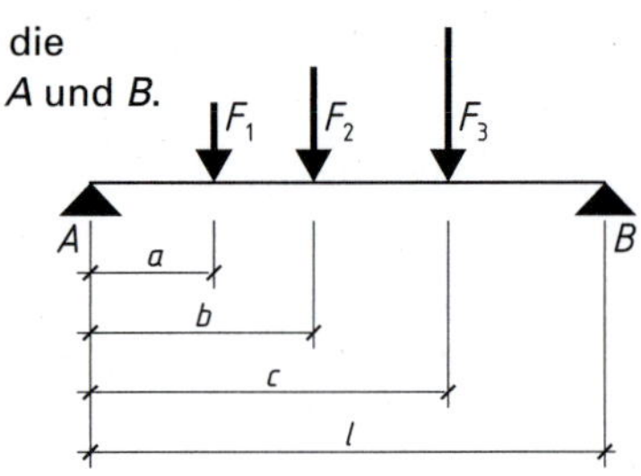

Drehpunkt in A:

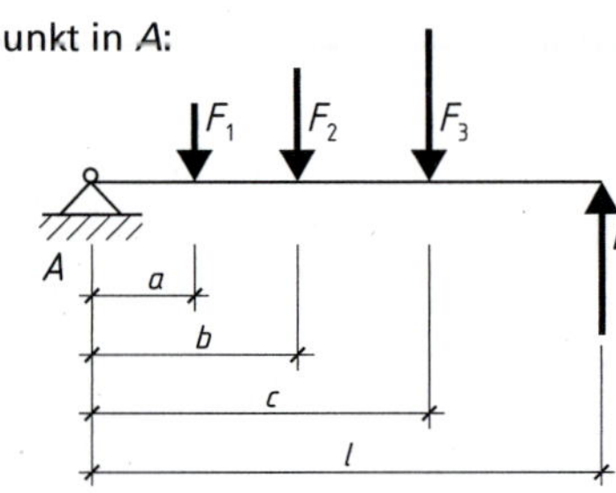

$$\Sigma M_{(A)} = 0; \quad F_1 \cdot a + F_2 \cdot b + F_3 \cdot c - B \cdot l = 0$$

$$B = \frac{F_1 \cdot a + F_2 \cdot b + F_3 \cdot c}{l}$$

$$B = \frac{2{,}0\text{ kN} \cdot 0{,}50\text{ m} + 3{,}0\text{ kN} \cdot 0{,}90\text{ m} + 4{,}0\text{ kN} \cdot 1{,}50\text{ m}}{2{,}10\text{ m}}$$

$$B = \frac{1{,}00\text{ kN/m} + 2{,}70\text{ kN/m} + 6{,}00\text{ kN/m}}{2{,}10\text{ m}} = \frac{9{,}70\text{ kN m}}{2{,}10\text{ m}}$$

B – $\underline{4{,}62\text{ kN}}$

$$\Sigma V = 0; \quad F_1 + F_2 + F_3 - A - B = 0$$

$A \quad = F_1 + F_2 + F_3 - B$

$A \quad = 2{,}0\text{ kN} + 3{,}0\text{ kN} + 4{,}0\text{ kN} - 4{,}62\text{ kN}$

$A \quad = \underline{4{,}38\text{ kN}}$

Sehr häufig wirken auf die Träger **Streckenlasten**, d. h., gleichmäßig verteilte Belastungen wirken über die gesamten Trägerlängen oder über einen Teil der Träger. Streckenlasten werden durch Eigenlasten der Träger, durch Nutzlasten (z. B. Möbel, Einrichtungsgegenstände, Personen usw.) und durch Bauteile (z. B. Wände, Deckenauflager usw.) verursacht.

Zur Berechnung der Auflagerkräfte wird die Streckenlast in eine Einzelkraft (= Ersatzlast) als Produkt aus Streckenlast und der dazugehörigen Strecke umgerechnet.

Ersatzlast (kN)
= Streckenlast (kN/m) · Strecke (m)

Die Streckenlast wird als Einzelkraft (Ersatzlast) in der Mitte der Strecke angenommen.

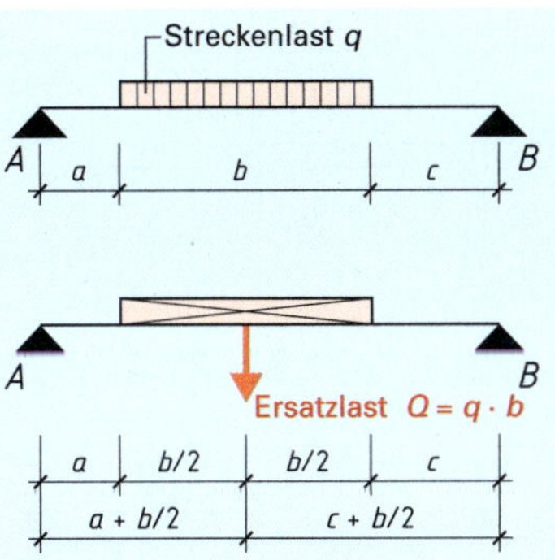

Beispiel 1:

Berechnen Sie die Befestigungskraft am dargestellten Auslegergerüst.

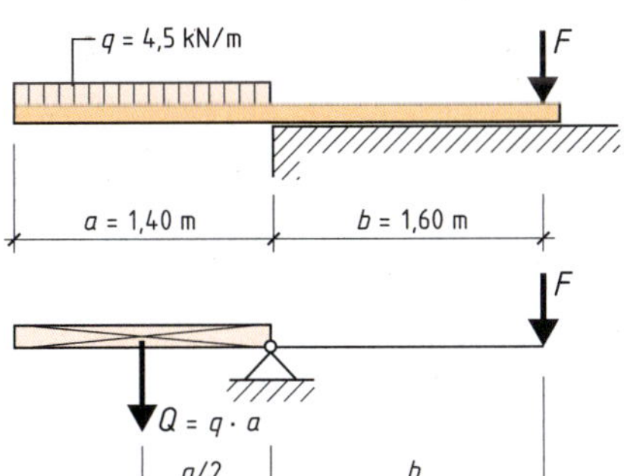

Ersatzlast $Q = q \cdot a$

$Q = 4{,}5\ \text{kN/m} \cdot 1{,}40\ \text{m}$

$Q = 6{,}3\ \text{kN}$

$\Sigma M = 0; \quad F \cdot b - Q \cdot \frac{a}{2} = 0$

$F = \frac{Q \cdot a}{2 \cdot b}$

$F = \frac{6{,}3\ \text{kN} \cdot 1{,}40\ \text{m}}{2 \cdot 1{,}60\ \text{m}}$

$F = \underline{2{,}76\ \text{kN}}$

Beispiel 2:

Berechnen Sie die Auflagerkräfte *A* und *B* am dargestellten Träger.

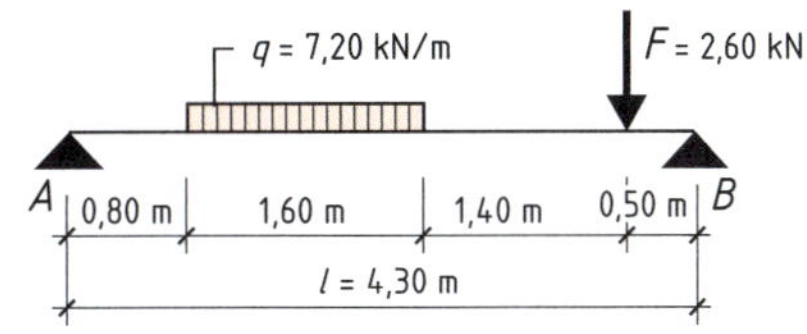

Drehpunkt in *A*:

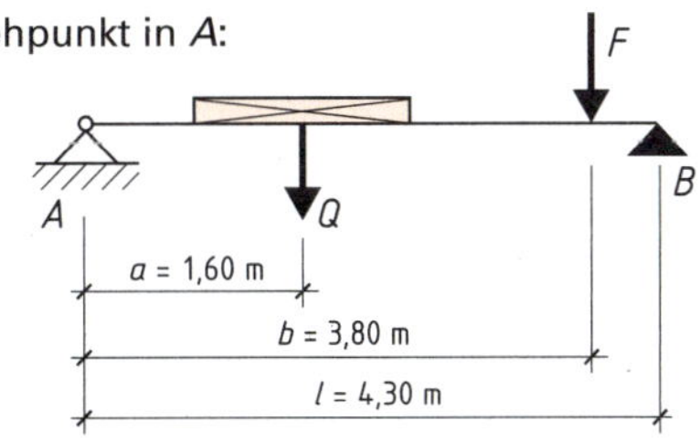

$Q = 7{,}20\ \text{kN/m} \cdot 1{,}60\ \text{m}$

$Q = 11{,}52\ \text{kN}$

$\Sigma M_{(A)} = 0; \quad Q \cdot a + F \cdot b - B \cdot l = 0$

$B = \frac{Q \cdot a + F \cdot b}{l}$

$B = \frac{11{,}52\ \text{kN} \cdot 1{,}60\ \text{m} + 2{,}60\ \text{kN} \cdot 3{,}80\ \text{m}}{4{,}30\ \text{m}}$

$B = \frac{28{,}31\ \text{kN/m}}{4{,}30\ \text{m}} = \underline{6{,}58\ \text{kN}}$

$\Sigma V = 0; \quad Q + F - A - B = 0$

$A = Q + F - B$

$A = 11{,}52\ \text{kN} + 2{,}60\ \text{kN} - 6{,}58\ \text{kN} = \underline{7{,}54\ \text{kN}}$

Beispiel 3:

Berechnen Sie die Auflagerkräfte *A* und *B* am dargestellten Träger mit Kragarm.

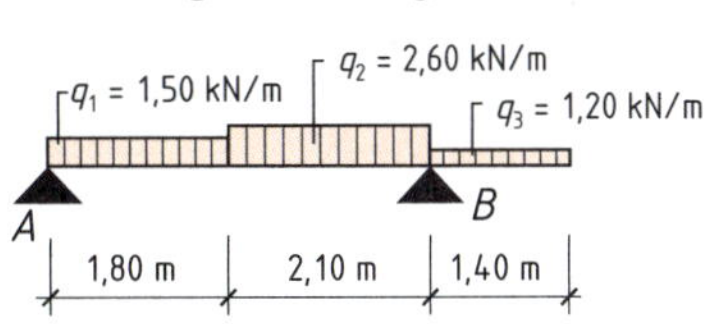

Drehpunkt in *A*:

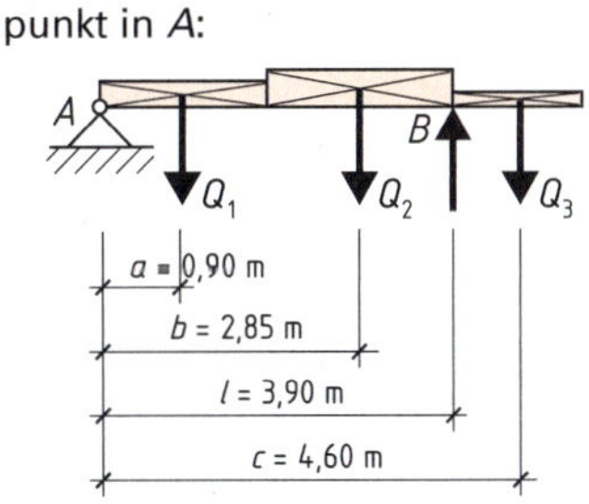

$Q_1 = 1{,}50\ \text{kN/m} \cdot 1{,}80\ \text{m}; \quad Q_1 = 2{,}70\ \text{kN}$

$Q_2 = 2{,}60\ \text{kN/m} \cdot 2{,}10\ \text{m}; \quad Q_2 = 5{,}46\ \text{kN}$

$Q_3 = 1{,}20\ \text{kN/m} \cdot 1{,}40\ \text{m}; \quad Q_3 = 1{,}68\ \text{kN}$

$\Sigma M_{(A)} = 0; \quad Q_1 \cdot a + Q_2 \cdot b + Q_3 \cdot c - B \cdot l = 0$

$$B = \frac{Q_1 \cdot a + Q_2 \cdot b + Q_3 \cdot c}{l}$$

$$B = \frac{2{,}70 \text{ kN} \cdot 0{,}90 \text{ m} + 5{,}46 \text{ kN} \cdot 2{,}85 \text{ m} + 1{,}68 \text{ kN} \cdot 4{,}60 \text{ m}}{3{,}90 \text{ m}}$$

$$B = \frac{2{,}43 \text{ kN/m} + 15{,}56 \text{ kN/m} + 7{,}73 \text{ kN/m}}{3{,}90 \text{ m}}$$

$$B = \frac{25{,}72 \text{ kN/m}}{3{,}90 \text{ m}} = \underline{6{,}59 \text{ kN}}$$

$\Sigma V = 0; \quad Q_1 + Q_2 + Q_3 - A - B = 0$

$A = Q_1 + Q_2 + Q_3 - B$

$A = 2{,}70 \text{ kN} + 5{,}46 \text{ kN} + 1{,}68 \text{ kN} - 6{,}59 \text{ kN}$

$A = \underline{3{,}25 \text{ kN}}$

Aufgaben

1. Berechnen Sie die Auflagerkräfte *A* und *B* am dargestellten Träger.

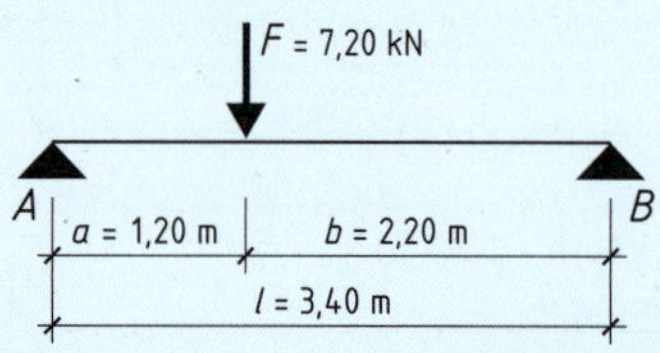

2. Für den dargestellten Träger sollen die Auflagerkräfte berechnet werden.

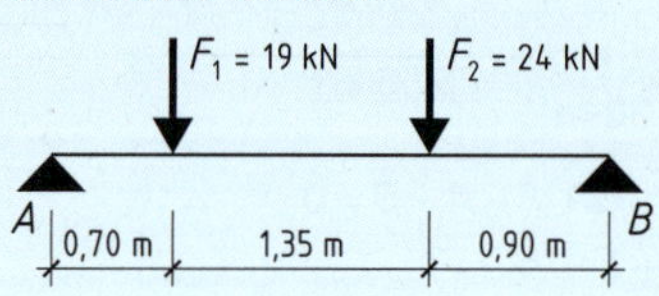

3. Berechnen Sie die Auflagerkräfte an einem Deckenbalken unseres Projektes bei einer Stützweite von 2,50 m und 5,00 m.

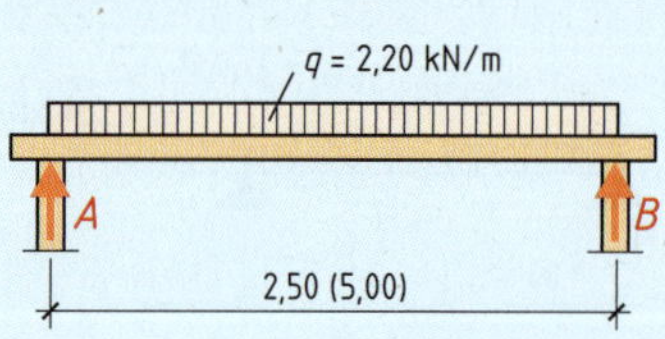

4. Ein Stahlträger I PE 240 hat eine Eigenlast von 0,307 kN/m. Auf ihn wirken drei Einzelkräfte, $F_1 = 2{,}8$ kN, $F_2 = 2{,}3$ kN und $F_3 = 4{,}7$ kN.

   Berechnen Sie die Auflagerkräfte *A* und *B*.

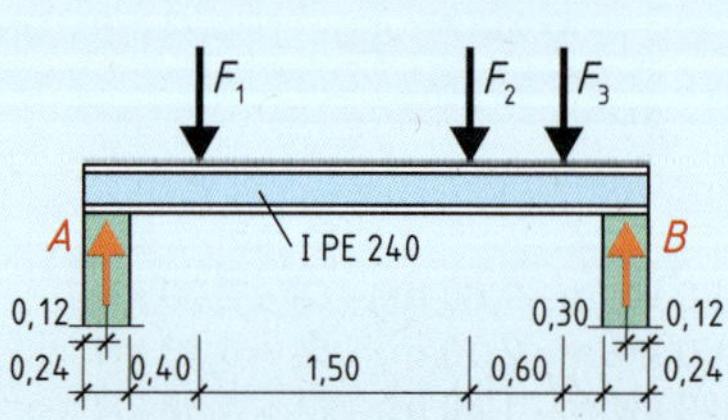

5. Berechnen Sie die Auflagerkräfte an den dargestellten Trägern.

a)

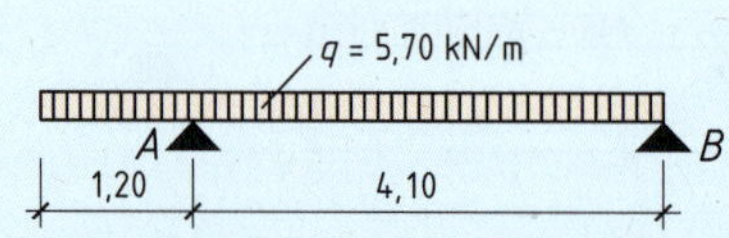

b)

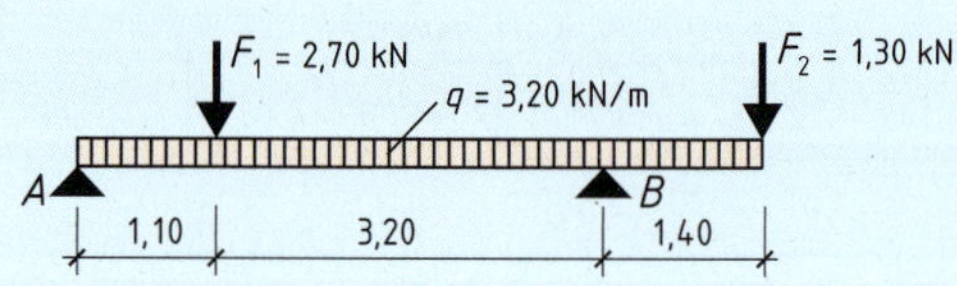

c)

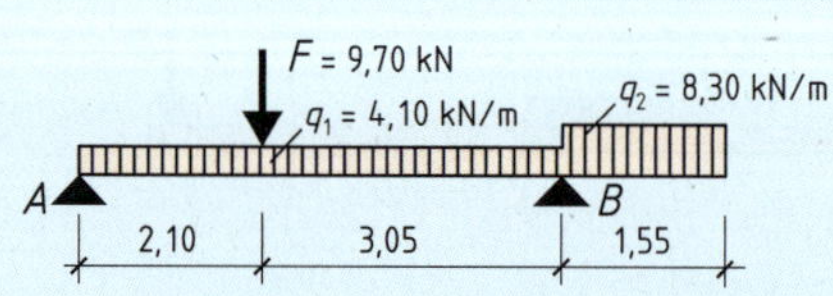

d)

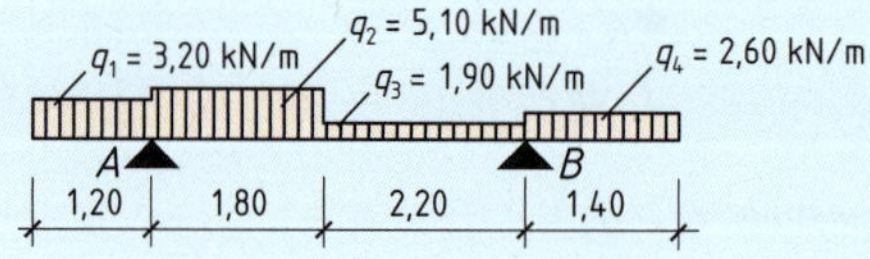

e)

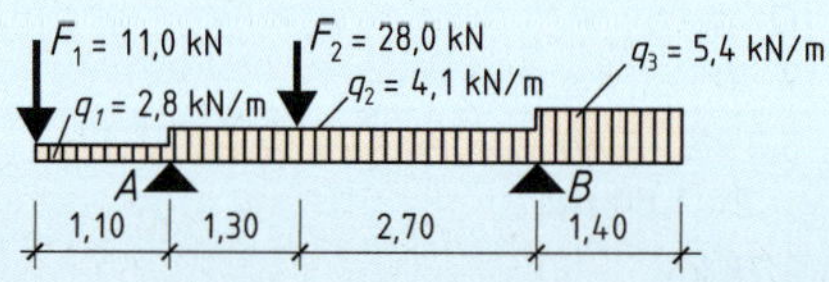

10.4 Kostenrechnen

Ein Unternehmen kann nur dann bestehen, wenn die Erlöse die Kosten übersteigen. Um dies kontrollieren und um entsprechende Preise bilden zu können, muss der Unternehmer seine Kosten selbst kennen. Das betriebliche Kostenrechnen ist deshalb unerlässliche Voraussetzung für eine wirtschaftliche Betriebsführung.

10.4.1 Lohn-, Material- und Maschinenkosten

Um einen Auftrag zu erhalten, muss der Unternehmer ein Angebot abgeben. Dieses Angebot soll so hoch sein, dass es dem Unternehmen einen angemessenen Ertrag sichert. Es darf auf der anderen Seite aber nicht zu hoch sein, da sonst ein anderes Unternehmen den Auftrag bekommt. Um hier den angemessenen Preis zu bilden, ist die Voraussetzung, dass der Unternehmer die Kosten, die ihm selbst entstehen, die **Selbstkosten**, möglichst genau kennt.

Für eine von einem Zimmereibetrieb erbrachte Bauleistung fallen zuerst einmal sogenannte **Einzelkosten** an. Einzelkosten sind Kosten, die direkt bei Erbringung der Leistung anfallen, also z. B.:

- Lohnkosten,
- Materialkosten,
- Maschinenkosten.

Um diese Kosten angemessen verrechnen zu können, muss der Unternehmer wissen, welche Kosten ihm für Lohn, für Material und für Maschinen entstehen.

Lohnkosten setzen sich aus den tatsächlich gezahlten Löhnen sowie evtl. Zuschlägen (z. B. Überstundenzuschlägen) und evtl. Lohnnebenkosten (z. B. Fahrgeld, Auslösung) zusammen. Da im Betrieb im Allgemeinen mehrere Mitarbeiter mit verschiedenem Lohn beschäftigt sind, ist es üblich, für die Kostenrechnung einen betriebsinternen **Mittellohn** zu ermitteln. Hierzu werden die tatsächlich gezahlten Löhne unter Hinzurechnung von Lohnzuschlägen und Lohnnebenkosten zusammengerechnet und durch die Zahl der Arbeitnehmer geteilt.

Beispiel:

Ein Zimmereibetrieb beschäftigt 11 Mitarbeiter. Diese erhalten folgende Löhne:

1 Werkpolier	19,40 €/h
4 Zimmerer	18,90 €/h
2 Ausbaufacharbeiter	15,24 €/h
4 Bauwerker	13,85 €/h

Jeder Mitarbeiter erhält pro Tag 5,50 € Fahrgeld.

Ermitteln Sie den Mittellohn bei achtstündigem Arbeitstag.

Lösung:

Werkpolier	1 · 19,40 €/h =	19,40 €/h
4 Zimmerer	4 · 18,90 €/h =	75,60 €/h
2 Ausbaufacharbeiter	2 · 15,24 €/h =	30,48 €/h
4 Bauwerker	4 · 13,85 €/h =	55,40 €/h
		180,88 €/h
Lohn pro Stunde	= 180,88 € : 11 =	16,44 €/h
Fahrgeldanteil pro Stunde	5,50 € : 8 =	0,69 €/h
Mittellohn:		17,13 €/h

Materialkosten enthalten neben dem für die Materialien bezahlten Einkaufspreis noch die für Auf- und Abladen und evtl. für Sortieren entstehenden Kosten sowie einen Zuschlag für Verschnitt.

Da der Unternehmer am Bau nur das tatsächlich eingebaute Material bezahlt bekommt, muss er seine Verluste durch Verschnitt vorher hinzurechnen.

Materialkosten =

Einkaufspreis
+ Kosten für Auf- und Abladen
+ Kosten für Sortieren
+ Verschnittzuschlag

Beispiel:

1 m³ Bauholz kostet frei Zimmerplatz 465,00 €. Es wird mit 3% Verlust und Verschnitt gerechnet. Für Auf- und Abladen fallen Lohnkosten von 25,00 € an.

Wie viel muss der Unternehmer pro m³ Holz verrechnen?

Lösung:

Lieferpreis	465,00 €
Verlust und Verschnitt	
465,00 € · 0,03	= 13,95 €
Lohnkosten	25,00 €
	503,95 €

Maschinenkosten setzen sich aus Abschreibung, Verzinsung und Reparaturkosten zusammen. Unter Abschreibung versteht man den Ersatz des Wertverlustes der Maschinen durch Abnutzung und Altern.

Der Betrag für Verzinsung soll dem Unternehmer das in der Maschine angelegte Kapital verzinsen. Der Anteil für Reparaturkosten soll die anfallenden Instandsetzungen ermöglichen. Verrechnungssätze für Abschreibung, Verzinsung und Reparatur sind in besonderen Gerätelisten enthalten.

10.4.2 Gemeinkosten

Mit Lohnkosten, Materialkosten und Maschinenkosten sind im Allgemeinen alle direkt bei der Herstellung anfallenden Kosten erfasst. Damit sind aber nicht **alle** Kosten berücksichtigt. In jedem Betrieb fallen außerdem sogenannte **Gemeinkosten** an, die keiner Teilleistung direkt zugeordnet werden können. Solche Gemeinkosten sind z. B.:

- Verwaltungskosten,
- Bürokosten,
- Steuern,
- Sozialleistungen usw.

Diese Kosten müssen selbstverständlich ebenfalls erfasst und verrechnet werden.

Hierzu gibt es verschiedene Möglichkeiten. In handwerklichen Betrieben wird meist so verfahren, dass die gesamten Gemeinkosten prozentual den Lohn- und Materialkosten zugeschlagen werden. Die Höhe der Zuschlagssätze wird ermittelt, indem die Summe der lohnbezogenen Gemeinkosten (Sozialleistungen, Gehälter) im Verhältnis zu den gezahlten Löhnen ermittelt wird; die materialbezogenen Gemeinkosten (Lagerung) werden ins Verhältnis zu den Materialkosten gesetzt.

Beispiel:

In einem Zimmereibetrieb fielen im Vorjahr 156370 € lohnbezogene Gemeinkosten und 12870 € materialbezogene Gemeinkosten an. Im gleichen Jahr wurden 120320 € Löhne und 82500 € Materialkosten bezahlt.

Mit welchen Gemeinkostenzuschlägen muss der Betrieb rechnen?

Lösung:

Gemeinkostenzuschlag auf Lohn

$$\frac{156370\text{ €}}{120320\text{ €}} \cdot 100\,\% = \underline{129{,}96\,\%}$$

Gemeinkostenzuschlag auf Material

$$\frac{12870\text{ €}}{82500\text{ €}} \cdot 100\,\% = \underline{15{,}60\,\%}$$

10.4.3 Zeitaufwandswerte

Um die Selbstkosten ermitteln zu können, genügt es nicht zu wissen, wie viel eine Lohnstunde bzw. eine Materialeinheit kostet. Es muss außerdem ermittelt werden, wie viel Material bzw. wie viele Lohnstunden für eine bestimmte Leistung erforderlich sind.

Beim Material ist dies relativ einfach aus den Plänen und der Leistungsbeschreibung zu ermitteln.

Schwieriger ist es schon, die erforderliche Arbeitszeit im Voraus zu ermitteln. Hier kann man sich nur auf Erfahrungswerte früherer Baustellen stützen. Das Verfahren zur Ermittlung solcher Zeitaufwandswerte wird als **Nachkalkulation** bezeichnet.

Der Polier hält auf der Baustelle täglich im Tagesbericht fest, wie viele Stunden für welche Arbeit aufgewendet wurden. So kann während oder am Ende der Bauzeit für jede Einzelarbeit ermittelt werden, wie viele Stunden hierfür aufgewendet wurden. Da der Umfang der Arbeiten bekannt ist, kann aus Leistungsmenge und Zeit die benötigte Zeit für eine Leistungseinheit errechnet werden.

Beispiel:

Für Abbinden und Aufstellen eines Dachstuhls (378 m Abbund) wurden auf einer Baustelle 72 Arbeitsstunden benötigt.

Ermitteln Sie den Zeitaufwandswert für 1 m Abbund.

Lösung:

$$\frac{72\text{ h}}{378\text{ m}} = \underline{0{,}19\text{ h/m}}$$

Beispiele für Zeitaufwandswerte:

Leistung	Zeitaufwandswert
Bauholz abladen	0,15 h/m³
Bauholz aufladen	0,2 h/m³
Bauholz sortieren	0,4 h/m³
Bauholz imprägnieren	0,05 h/m²
Einfachen Dachstuhl abbinden und aufschlagen	0,2 h/m

Leistung	Zeitaufwandswert
Deckenbalken abbinden und verlegen	0,18 h/m
Gesimsschalung zurichten und anbringen	0,6 h/m²
Dachlattung	0,2 h/m²
Profilbretterschalung	1,0 h/m²
Fußleisten	0,12 h/m

10.4.4 Einheitspreise für Teilleistungen

Jedes Bauvorhaben wird in der sogenannten Leistungsbeschreibung in einzelne überschaubare Teilleistungen aufgegliedert. Solche Teilleistungen sind z. B.:

Bauholzlieferung, Sortierklasse S 10	m^3
Imprägnieren des Bauholzes gegen Pilz- und Insektenbefall	m^2
Liefern, Abbinden und Aufschlagen der Dachstuhlhölzer	m
Dachlattung 24/48 cm, liefern und anbringen	m^2
Mineralwollematten, auf Alufolien geklebt, liefern und anbringen	m^2
usw.	

Für diese Teilleistungen werden jeweils auf die Einheit (m, m^2, m^3, Stück) bezogene **Einheitspreise** ermittelt. Bei Abschlagszahlungen oder nach Beendigung der Bauleistung wird dann jeweils festgestellt, wie viele Einheiten (m, m^2, m^3, Stück) bei der einzelnen Teilleistung geleistet wurden, und durch Multiplikation mit dem Einheitspreis der Gesamtpreis ermittelt.

Zur Ermittlung des Einheitspreises werden zuerst für jede Teilleistung Lohnkosten, Materialkosten und Maschinenkosten erfasst. Die Summe dieser Kosten sind die Herstellkosten. Den Herstellkosten werden die Zuschläge für Gemeinkosten auf Lohn und Material zugerechnet. Damit sind die Selbstkosten erfasst, nicht aber der Gewinn.

Es kommt deshalb noch ein Zuschlag für **Wagnis und Gewinn** hinzu. Dieser wird oft auch in die Gemeinkostenzuschläge eingerechnet.

Zusammensetzung des Einheitspreises

Lohnkosten
\+ Materialkosten
\+ Maschinenkosten
= Herstellkosten
\+ Zuschläge für Gemeinkosten auf Lohn und Material
= Selbstkosten
\+ Zuschlag für Wagnis und Gewinn
= Einheitspreis der Teilleistung

Beispiel:

Ermitteln Sie den Einheitspreis der Teilleistung:

Dachlattung, liefern und anbringen m^2

Zusätzliche Angaben:

Zeitaufwandswert 0,2 h/m^2

Es werden 4,4 m Latten je m^2 Lattung benötigt.

Die Latten kosten frei Baustelle 0,35 € pro m zuzügl. 5 % für Verlust und Verschnitt.

Pro m^2 werden 10 Nägel zu 0,05 € pro Stück benötigt.

Mittellohn 18,18 €/h.

Gemeinkostenzuschläge: 130 % auf Lohn, 10 % auf Material.

Zuschlag für Wagnis und Gewinn: 10 % der Selbstkosten.

Lösung:

1.	Lohnkosten 0,2 h/m^2 · 18,18 €/h	= 3,64 €/m^2
2.	Materialkosten	
	Latten 4,4 m/m^2 · 0,35 €/m · 1,05	= 1,62 €/m^2
	Nägel 10 Stück/m^2 · 0,05 €/Stück	= 0,50 €/m^2
	Materialkosten insgesamt	2,12 €/m^2
3.	Herstellkosten	
	3,64 €/m^2 + 2,12 €/m^2	= 5,76 €/m^2
4.	Gemeinkostenzuschlag	
	auf Lohn 3,64 €/m^2 · 1,3	= 4,73 €/m^2
	auf Material 2,12 €/m^2 · 0,1	= 0,21 €/m^2
5.	Selbstkosten	= 10,70 €/m^2
6.	Zuschlag für Wagnis und Gewinn	
	10,70 €/m^2 · 0,1	= 1,07 €/m^2
7.	Einheitspreis der Teilleistung	= 11,77 €/m^2

10.4.5 Angebot

Im Angebot werden die Einheitspreise der einzelnen Teilleistungen mit der für die Teilleistung angegebenen Menge multipliziert und so der Gesamtpreis je Teilleistung ermittelt. Die Gesamtpreise der einzelnen Teilleistungen ergeben zusammen die Nettoangebotssumme. Ihr muss noch die **Mehrwertsteuer** (19 %) zugeschlagen werden. Dies ergibt dann die Bruttoangebotssumme.

Aufgaben zu 10.4.1

1. Ein kleiner Zimmereibetrieb beschäftigt 3 Zimmerer mit je 18,24 € Stundenlohn und 1 Bauwerker mit 14,85 € Stundenlohn.

   Berechnen Sie den Mittellohn.

2. Ein Zimmereibetrieb beschäftigt 7 Mitarbeiter. Diese erhalten einschließlich Zulagen folgende Löhne:

1 Werkpolier	20,80 €/h
4 Zimmerer	19,30 €/h
2 Bauwerker	14,00 €/h

   Jeder Mitarbeiter erhält pro Tag 5,00 € Fahrgeldzuschuss.

   Ermitteln Sie den Mittellohn bei achtstündigem Arbeitstag.

3. Im Zimmereibetrieb aus Aufgabe 2 wird vorübergehend 9 Stunden pro Tag gearbeitet. Für die 9. Stunde wird 25% Überstundenzuschlag bezahlt.

   Berechnen Sie den neuen Mittellohn einschließlich Überstundenzuschlag.

4. 1 m^3 Bauholz, Sortierklasse S 13, kostet frei Zimmerplatz 499,00 €. Für Auf- und Abladen fallen Lohnkosten von 22,00 €/m^3 an. Es wird mit 4% Verlust und Verschnitt gerechnet.

   Wie viel muss der Unternehmer pro m^3 Holz verrechnen?

5. 1 m Dachlatten 24/48 kostet frei Baustelle 0,35 €. Für Verschnitt und Verlust werden 5% veranschlagt. Pro m^3 (= 850 m) fallen für Auf- und Abladen 25,00 € Lohnkosten an.

   Ermitteln Sie den Verrechnungssatz für 1 m Latten.

Aufgaben zu 10.4.2

6. In einem Zimmereibetrieb fielen im Vorjahr 210 570 € lohnbezogene und 13 240 € materialbezogene Gemeinkosten an. Im gleichen Jahr wurden 167 385 € Löhne und 63 050 € Materialkosten bezahlt.

   Mit welchen Gemeinkostenzuschlägen muss der Betrieb rechnen?

7. In einem Zimmereibetrieb fielen insgesamt 210 870 € Gemeinkosten an. Die ausbezahlten Löhne betrugen 151 417 €, die Materialkosten 79 980 €.

   Welcher Gemeinkostenzuschlag muss auf den Lohn verrechnet werden, wenn auf die Materialkosten generell ein Gemeinkostenzuschlag von 20% verrechnet wird?

Aufgaben zu 10.4.3

8. 1 Zimmerer benötigt für Hochtragen, Zurichten und Annageln von 420 m Fußleisten insgesamt 43 Stunden.

   Ermitteln Sie den Zeitaufwandswert.

9. 3 Zimmerer benötigen für Abbinden und Aufstellen von 312 m Abbund eines Dachstuhls bei achtstündiger Arbeitszeit 4 Tage.

   Ermitteln Sie den Zeitaufwandswert für 1 m Abbund.

10. 2 Zimmerer bringen 220 m^2 Dachlattung in insgesamt 40 Arbeitsstunden an.

    Ermitteln Sie den Zeitaufwandswert.

11. Für 297 m^3 beidseitig geschalten Wandbeton (25 cm dick) fielen 3320 Stunden für Schalarbeiten an.

    Ermitteln Sie den Zeitaufwand pro m^2 Schalung.

Aufgaben zu 10.4.4

12. Ermitteln Sie den Einheitspreis der Teilleistung:

    Dachlattung, liefern und anbringen m^2
    Zusätzliche Angaben:

    Zeitaufwandswert 0,18 h/m^2.

    Je m^2 Lattung werden 4 m Latten benötigt, Lattenpreis frei Baustelle 0,38 € pro m, Zuschlag für Verschnitt und Verlust 5%.

    Pro m^2 werden 10 Nägel zu 0,05 € pro Stück benötigt.

    Mittellohn: 18,20 €/h.

    Gemeinkostenzuschläge: 140% auf Lohn, 12% auf Material.

    Zuschlag für Wagnis und Gewinn: 10% der Selbstkosten.

13. Ermitteln Sie den Einheitspreis der Teilleistung:

    Liefern, Abbinden und Aufschlagen der Dachstuhlhölzer m

    Zusätzliche Angaben:

    Zeitaufwandswert 0,28 h/m,

    pro m Abbund werden 0,02 m^3 Holz benötigt.

    Bauholz, kostet frei Baustelle 492,50 €/m^3. Es ist mit 5% Verlustzuschlag zu rechnen.

    Für Maschinenkosten werden pro Meter Abbund 0,25 € verrechnet.

    Mittellohn: 18,10 €/h.

    Gemeinkostenzuschläge: 140% auf Lohn, 10% auf Material.

    Zuschlag für Wagnis und Gewinn: 10% der Selbstkosten.

14. Ermitteln Sie den Einheitspreis der Teilleistung:

Imprägnieren des Bauholzes gegen Pilz- und Insektenbefall m²

Zusätzliche Angaben:

Zeitaufwandswert 0,1 h/m².

Preis des Holzschutzmittels 2,40 €/kg, es werden 0,05 kg pro m² benötigt, der Verlustzuschlag beträgt 20 %.

Mittellohn 18,90 €/h.

Gemeinkostenzuschläge: 135 % auf Lohn, 10 % auf Material.

Zuschlag für Wagnis und Gewinn: 10 % der Selbstkosten.

15. Ermitteln Sie den Einheitspreis der Teilleistung:

Schalung der Wand als raue Schalung, Betonoberfläche absatzfrei und möglichst porenlos.

Höhe bis 3,00 m m²

Zusätzliche Angaben:

Zeitaufwandswert 1,2 h/m².

Abschreibung der Schalung 2,90 €/m².

Mittellohn: 19,30 €/h.

Gemeinkostenzuschläge: 140 % auf Lohn, 10 % auf Material (Schalung).

Zuschlag für Wagnis und Gewinn: 10 % der Selbstkosten.

16. Ermitteln Sie den Einheitspreis der Teilleistung:

Mineralwollematten, auf Alufolien geklebt, liefern und anbringen m²

Zusätzliche Angaben:

Zeitaufwandswert 0,25 h/m².

Preis der Mineralwollematten 13,90 €/m², 10 % Zuschlag für Verschnitt.

Mittellohn: 18,90 €/h.

Zuschläge für Gemeinkosten: 140 % auf Lohn, 10 % auf Material.

Zuschlag für Wagnis und Gewinn: 10 % der Selbstkosten.

17. Ermitteln Sie den Einheitspreis der Teilleistung:

Profilbretterschalung liefern und anbringen m²

Zusätzliche Angaben:

Zeitaufwandswert 1,0 h/m².

Preis der Profilbretter 15,60 €/m², Zuschlag für Verlust und Verschnitt 10 %, Befestigungsmaterial 0,80 €/m².

Für Geräteeinsatz werden 0,80 €/m² verrechnet.

Mittellohn: 19,20 €/h.

Gemeinkostenzuschläge: 140 % auf Lohn, 12 % auf Material.

Zuschlag für Wagnis und Gewinn: 10 % der Selbstkosten.

18. Wie viel muss der Unternehmer für Holzlieferung und Abbund der Holzbalkendecke unseres Projektes verlangen, wenn er mit 10 % Gewinnzuschlag rechnet?

Zusätzliche Angaben:

Zeitaufwandswert 0,2 h/m; Mittellohn 19,40 €/h;

Maschinenkosten 0,50 €/m Abbund;

Bauholz frei Baustelle 466,00 €/m³, Verschnittzuschlag 5 %;

Gemeinkostenzuschläge: 135 % auf Lohn, 15 % auf Material.

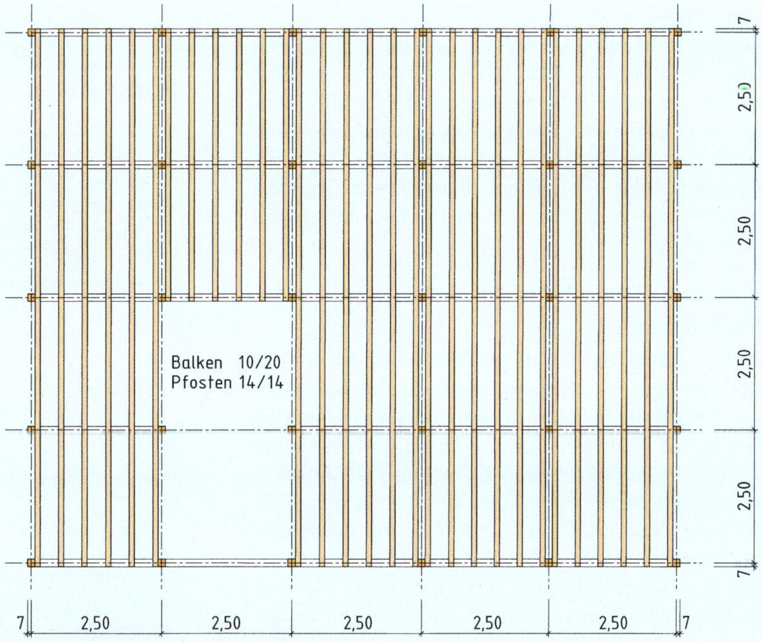

Holzbalkendecke unseres Projektes

10.5 Flachdächer

Dächer bis zu einer Dachneigung von 10° werden als Flachdächer bezeichnet.

Ihre Tragkonstruktionen bestehen aus Holz, Stahl oder Stahlbeton. Für die Tragkonstruktionen aus Holz gelten dieselben Konstruktionsregeln und -grundsätze wie für Holzbalkendecken. Da es sich bei Flachdächern um Außenbauteile handelt, sind ein erhöhter Wärmeschutz und eine **Abdichtung** erforderlich.

Die Dachhaut bei Flachdächern besteht aus Bitumenbahnen oder thermoplastischen bzw. elastomeren Kunststoffbahnen. Die Anzahl der Lagen hängt von der Art der Bahnen und der Dachneigung ab. Bitumenbahnen werden zwei- oder dreilagig verlegt, Kunststoffbahnen in der Regel einlagig.

Der Dachaufbau ist immer mehrschichtig, wobei grundsätzlich zwischen **durchlüfteten zweischaligen** Dächern (Kaltdächern) und **nicht durchlüfteten einschaligen** Dächern (Warmdächern) unterschieden wird.

10.5.1 Durchlüftete zweischalige Dächer (Kaltdächer)

Kaltdächer haben grundsätzlich einen zweischaligen Aufbau. Die Möglichkeiten der Konstruktionen sind sehr vielfältig, trotzdem lässt sich Allgemeines zu den Funktionen der Schalen sagen:

- Die **untere** Schale hat tragende, raumabschließende und wärmedämmende Aufgaben. Sie muss außerdem einen bestimmten Dampfwiderstand besitzen.
- Die **obere** Schale hat die Aufgabe, Schutz gegen Niederschlag zu bieten und das anfallende Wasser abzuleiten.

Die untere Schale wird ähnlich wie bei Holzbalkendecken ausgebildet. Die Wärmedämmschicht liegt auf der unteren Deckenverkleidung. Darüber entsteht der für die Belüftung erforderliche Hohlraum. Die Dachschalung kann entweder direkt auf die Balkenlage oder auf darüber angeordnete Querhölzer aufgenagelt werden. Auf der Dachschalung liegt die Dachhaut.

Aufgaben und Ausführung der einzelnen Schichten

Dampfbremse

Die Dampfbremse unter der Wärmedämmschicht setzt den Dampfdurchgang herab. Sie ist vor allem dann erforderlich, wenn in den darunterliegenden Räumen bei normalen Raumtemperaturen mit einer sehr hohen Luftfeuchtigkeit zu rechnen ist. Ansonsten werden keine so hohen Anforderungen (wie z. B. beim Warmdach) an deren Dampfdurchlasswiderstand gestellt. In der Regel genügt die Verlegung von handelsüblichen Dampfbremsen. Sie werden mit ausreichend überlappenden Stößen aufgenagelt.

Wohnhaus mit Flachdach

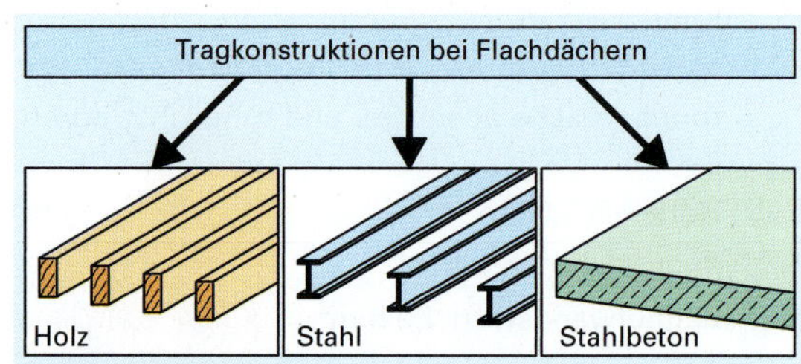

Tragkonstruktionen

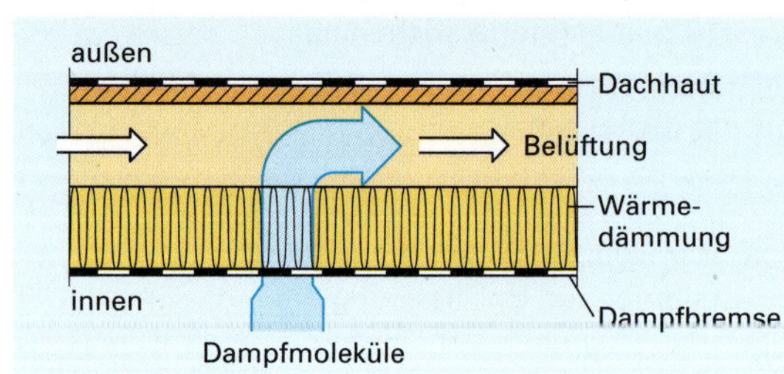

Kaltdach (Prinzip)

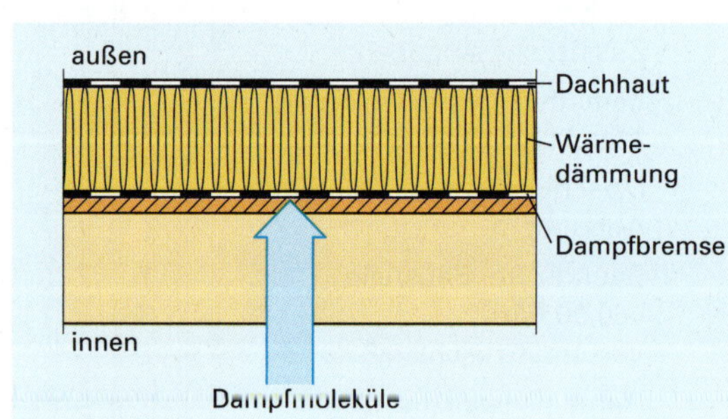

Warmdach (Prinzip)

Es wird zwischen durchlüfteten zweischaligen Dächern (Kaltdächern) und nicht durchlüfteten einschaligen Dächern (Warmdächern) unterschieden.

Wärmedämmschicht

Die Aufgaben der Wärmedämmschicht sind

- den Wärmeaustausch zwischen den unter dem Dach liegenden Räumen und der Außenluft klein zu halten und
- dafür zu sorgen, dass kein Kondenswasser unterhalb der Dampfbremse entsteht. (Die Taupunkttemperatur der Raumluft muss sich bei richtigem Dachaufbau so weit nach der kalten Seite hin verlagern, dass sie über der Dampfbremse und somit in der Wärmedämmschicht liegt.)

Diese Forderungen sind maßgebend für die Bemessung der Wärmedämmschicht. Die Dicke der Wärmedämmschicht ergibt sich aufgrund der Forderungen des baulichen Wärmeschutzes nach DIN 4108 und dem Gebäudeenergiegesetz.

Als Wärmedämmstoffe werden hauptsächlich mineralische Faserdämmstoffe in Form von Platten oder Matten oder Platten aus Schaumkunststoffen verwendet.

Belüftung

Die Belüftung findet zwischen der Wärmedämmschicht und der oberen Schale statt. Der Luftraum muss sich über die gesamte Dachfläche erstrecken. Be- und Entlüftungsöffnungen müssen in ihrer Größe und Anordnung so ausgeführt sein, dass die mit Wasserdampf angereicherte Luft ohne Stau in allen Bereichen abgeführt werden kann.

Bei belüfteten Flachdächern ist lediglich eine Querlüftung durch den Wind möglich (bei Steildächern entsteht durch den Höhenunterschied zwischen Traufe und First eine zusätzliche Luftbewegung).

Der zu belüftende Dachzwischenraum oberhalb der Wärmedämmschicht sollte mindestens 15 cm hoch sein.

Dachschalung

Die Dachschalung hat die Aufgabe, die Dachbelastung auf die Querhölzer oder das Dachgebälk zu übertragen und der Dachhaut eine ebene, geschlossene Auflage zu bieten.

Dachschalungen werden bei Wohngebäuden aus gespundeten Brettern (nach DIN 4072) oder aus plattenförmigen Holzwerkstoffen hergestellt. Dächer bei Hallen oder hallenartigen Bauwerken können u. U. auch Dachschalungen aus ungehobelten Brettern oder Bohlen erhalten.

Um eine gute Entwässerung zu gewährleisten, soll die Dachschalung so aufgebracht werden, dass eine Mindestneigung von 3° vorhanden ist. Dies kann durch Keile unter den Platten oder durch eine Überhöhung der Träger hervorgerufen werden. Die Verbindungsmittel (Nägel, Schrauben oder Schraubennägel) müssen verzinkt oder auf andere Weise dauerhaft gegen Korrosion geschützt sein.

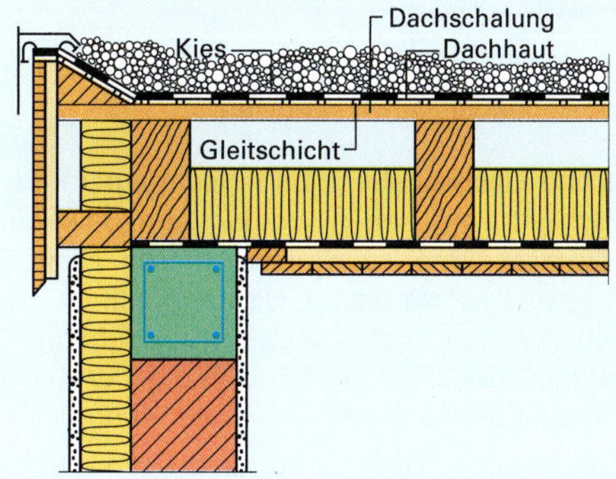

Schnitt quer zur Balkenlage

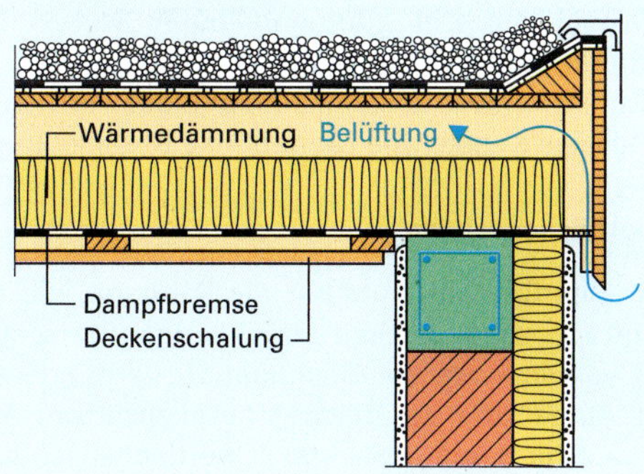

Schnitt längs zur Balkenlage

Kaltdach

Die Wärmedämmschicht hat die Aufgabe, den Wärmeaustausch zwischen der Außenluft und den Räumen klein zu halten, sowie dafür zu sorgen, dass kein Kondenswasser unterhalb der Dampfbremse entsteht.

Balkenlage eines Flachdaches

Zwischen der Wärmedämmschicht und der Dachschalung muss sich ein Belüftungsraum über die gesamte Dachfläche erstrecken. Die Dachschalung wird aus gespundeten Brettern oder plattenförmigen Holzwerkstoffen hergestellt.

Dachhaut

Die Dachhaut hat die Aufgabe, das Gebäude vor Niederschlagwasser zu schützen.

Zwischen Dachschalung und Dachhaut muss eine Gleitschicht vorgesehen werden, um Bewegungen der Dachschalung auszugleichen. Die Gleitschicht kann aus lose verlegten Bitumenbahnen, Kunststoffvliesen oder Lochglasvlies-Bitumenbahnen hergestellt werden. Für die Herstellung der Dachhaut kommen folgende Stoffe zur Verwendung:

- bitumenhaltige Dachbahnen und Bitumenschweißbahnen,
- Kunststoffdachbahnen (bitumenverträglich) in Verbindung mit bitumenhaltigen Stoffen (Polymer-Bitumen-Dachdichtungsbahnen),
- Kunststoffdachbahnen, einlagig lose verlegt,
- flüssige Kunststoffe für nahtlose Beschichtungen.

Dachhaut

Die Aufgabe der Dachhaut ist es, das Gebäude vor Niederschlagwasser zu schützen. Zwischen Dachschalung und Dachhaut wird eine Gleitschicht eingebaut.

Oberflächenschutz

Der Oberflächenschutz hat die Aufgabe, die Dachhaut vor mechanischen Einwirkungen zu schützen, die Verwitterung der Dachhaut zu vermindern und die Aufheizung des Daches herabzusetzen. Außerdem erhöht ein schwerer Oberflächenschutz die Sturmsicherheit des Daches.

Als Oberflächenschutz sind folgende Ausführungen möglich:

- mindestens 5 cm dicke Kiesschüttung,
- in einem Sand- oder Kiesbett schwimmend verlegte Betonplatten,
- Dachbegrünung (Bepflanzung).

Dachbegrünung als Oberflächenschutz

10.5.2 Nicht durchlüftete einschalige Dächer (Warmdächer)

Warmdächer sind einschalige unbelüftete Dächer, bei denen sich die tragenden Teile (Balken, Dachträger, Dachschalung) im „warmen" Bereich, also unterhalb der Wärmedämmschicht, befinden. Die Konstruktion muss so ausgeführt werden, dass die Raumluft möglichst ungehindert an die tragenden Teile kommt. Sollte aus gestalterischen Gründen eine Unterdecke gewünscht werden, so ist diese mit offenen Fugen herzustellen.

Bei Warmdächern liegt auf der Dachschalung eine Dampfbremse mit hohem Dampfdurchlasswiderstand, darüber die Wärmedämmschicht.

Zwischen der Wärmedämmschicht und der Dachhaut muss eine Dampfdruckausgleichschicht eingebaut werden.

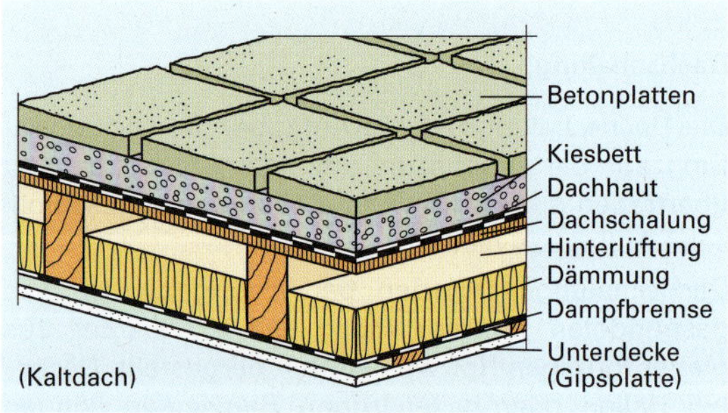

Schwimmend verlegte Platten als Oberflächenschutz

Aufgaben und Ausführung der einzelnen Schichten

Dachschalung, Dachhaut und **Oberflächenschutz** haben beim Warmdach dieselben Aufgaben wie beim Kaltdach. Es werden daher auch die gleichen Anforderungen an sie gestellt.

Der Oberflächenschutz hat die Aufgabe, die Dachhaut vor mechanischen Einwirkungen zu schützen, die Verwitterung der Dachhaut zu vermindern, die Aufheizung des Daches herabzusetzen und die Sturmsicherheit des Daches zu erhöhen.

Dampfbremse

Die Dampfbremse unter der Wärmedämmschicht verhindert das Eindringen von Wasserdampf und dessen Kondensation. Eine durchfeuchtete Wärmedämmschicht hätte nur noch sehr geringen Dämmwert. Warmdächer müssen deshalb eine Dampfbremse mit hohem Dampfdurchlasswiderstand erhalten.

Unter der Dampfbremse wird zweckmäßigerweise eine Gleitschicht vorgesehen, welche eventuelle Bewegungen der Dachschalung ausgleicht und zusätzlich etwas dampfbremsend wirkt. In der Regel besteht die Gleitschicht aus einer unterseitig bekiesten Glasvlies-Bitumendachbahn, die auf die Dachschalung genagelt wird.

Dampfbremsen, die eine hochdichte Wirkung haben sollen, werden im Allgemeinen aus Dichtungsbahnen mit Metalleinlagen (Kupfer oder Aluminium) oder aus Kunststoffbahnen hergestellt.

Dampfbremsen aus Bitumenschweißbahnen, Glasgewebe-Dichtungsbahnen und Glasvlies-Bitumendachbahnen weisen unterschiedlich geringere Wirkungen auf.

Die Bitumendachbahnen werden in der Regel, Aluminium-Dichtungsbahnen aber in jedem Falle vollflächig mit Heißbitumenklebemasse auf die Gleitschicht aufgeklebt. Alle übrigen Dampfbremsen werden je nach Stoffeigenschaft lose verlegt oder punktweise geklebt. Die Stöße (Längs- und Querstöße) müssen mit mindestens 8 cm Überdeckung verklebt werden.

Die Aufgaben der **Wärmedämmschicht** und die Anforderungen an sie sind dieselben wie beim Kaltdach. Zusätzlich muss bei der Auswahl der Dämmstoffe die Trittfestigkeit beachtet werden.

Dampfdruckausgleichschicht

Die Dampfdruckausgleichschicht soll Dampfdruckunterschiede in der Dachfläche ausgleichen und Temperaturbewegungen der Dachabdichtung ermöglichen. Dies wird durch eine zusammenhängende Luftschicht unterhalb der Abdichtung erreicht. Diese Luftschicht kann auf verschiedene Arten hergestellt werden:

- die erste Lage der Dachabdichtung wird nur punktweise verklebt bzw. lose verlegt,
- Verwendung von Dichtungsbahnen mit werkseitig aufgeklebten Kaschierungsstreifen,
- zwischen Dämmschicht und Abdichtung wird eine vollflächige Trennschicht (z. B. Polyestervlies) gelegt,
- die Verklebung erfolgt durch 3 ... 4 tellergroße Klebepunkte/m² oder 3 ... 4 Klebestreifen pro m Bahnbreite; die Überdeckungen werden voll verklebt.

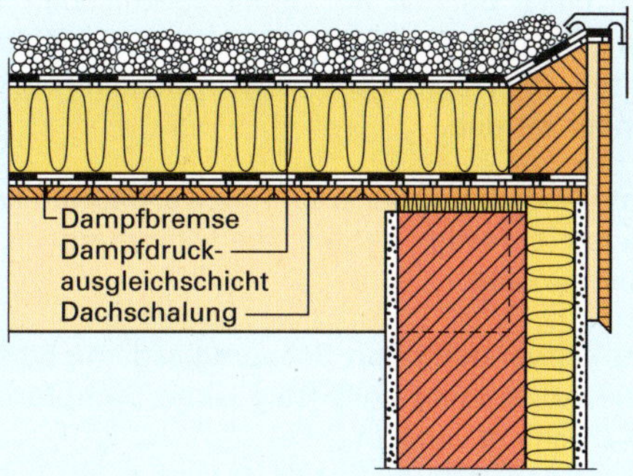

Schnitt längs zur Balkenlage

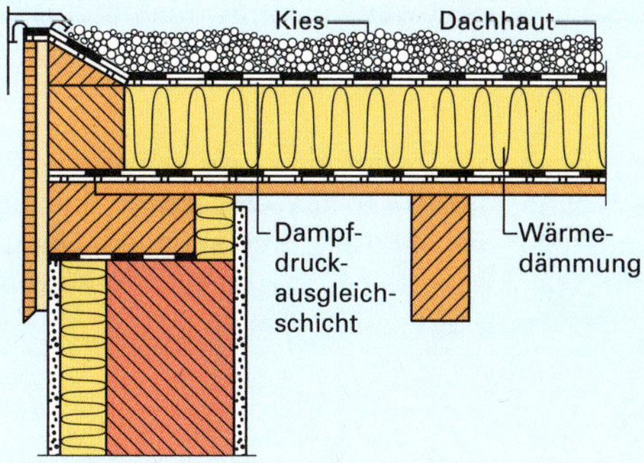

Schnitt quer zur Balkenlage

Warmdach

Die Dampfbremse hat die Aufgabe, das Eindringen von Wasserdampf und dessen Kondensation in der Wärmedämmschicht zu verhindern.

Untersicht eines Warmdaches

Die Wärmedämmschicht des Warmdaches hat dieselben Aufgaben wie die des Kaltdaches, nämlich den Wärmeaustausch zwischen der Außenluft und den Räumen klein zu halten und dafür zu sorgen, dass kein Kondenswasser unterhalb der Dampfbremse entsteht.

Werden diese Bahnen auf Stahltrapezblechen verlegt, können zur teilweisen Verklebung auch Kaltklebemassen (Bitumen, PUR- oder Kunststoffkleber) verwendet werden.

Die erste Abdichtungslage auf Holzwerkstoffen kann mit Nägeln befestigt werden. Die Nahtüberdeckung wird voll verklebt.

Bei der Verwendung von Schaumglasdämmstoffen wird die Abdichtung vollflächig ohne Dampfdruckausgleichschicht verklebt.

Auf Mineralwolledämmstoffen kann die Abdichtung vollflächig verklebt werden, da der Dampfdruckausgleich in der Dämmschicht erfolgt.

Die Aufgabe der Dampfdruckausgleichschicht besteht darin, den aus eingeschlossener und einwandernder Feuchtigkeit entstehenden Dampfüberdruck auszugleichen sowie eine Beweglichkeit der Dachhaut zu ermöglichen.

Verlegen der Dämmschicht

Zusammenfassung

Dächer bis zu einer Dachneigung von 10° werden als Flachdächer bezeichnet.

Ihre Tragkonstruktionen bestehen aus Holz, Stahl oder Stahlbeton. Für die Tragkonstruktionen aus Holz gelten dieselben Konstruktionsregeln und -grundsätze wie für Holzbalkendecken. Da es sich bei Flachdächern um Außenbauteile handelt, ist sowohl ein erhöhter Wärmeschutz als auch eine Abdichtung erforderlich.

Der Dachaufbau ist immer mehrschichtig, wobei grundsätzlich zwischen durchlüfteten zweischaligen Dächern (Kaltdächern) und nicht durchlüfteten einschaligen Dächern (Warmdächern) unterschieden wird.

Bei Kaltdächern befindet sich die Wärmedämmschicht zweckmäßigerweise zwischen den Deckenbalken. Darüber muss sich eine durchlüftete Schicht befinden, die den in die Wärmedämmschicht eindringenden Wasserdampf an die Außenluft abführt.

Warmdächer erhalten raumseitig unterhalb der Wärmedämmschicht eine Dampfbremse und unmittelbar unterhalb der Dachhaut eine Dampfdruckausgleichschicht.

Der Oberflächenschutz bei Flachdächern kann aus einer Kiesschüttung oder einer Dachbegrünung bestehen. Flachdächer, die begehbar sein sollen, erhalten als Oberflächenschutz einen schwimmend verlegten Belag aus Betonplatten.

Aufgaben

1. *Woraus besteht die Tragkonstruktion eines Flachdaches?*
2. *Welcher bauphysikalische Unterschied besteht zwischen einem „Warmdach“ und einem „Kaltdach“?*
3. *Skizzieren Sie einen Querschnitt durch ein Flachdach als Kaltdach, dessen Tragkonstruktion aus Holzbalken besteht.*
4. *Ein Flachdach soll an der Unterseite sichtbares Deckengebälk besitzen. Entwerfen Sie einen Flachdachaufbau und begründen Sie die Wahl Ihres Aufbaus.*
5. *Auf welche Art und Weise kann der Oberflächenschutz eines Flachdaches ausgebildet werden?*
6. *Nennen Sie die Aufgaben der einzelnen Schichten eines durchlüfteten zweischaligen Flachdaches.*
7. *Nennen Sie die Aufgaben der einzelnen Schichten eines nicht durchlüfteten einschaligen Flachdaches.*
8. *Bei einem Warmdach wurde die Dampfbremse fehlerhaft, d.h. nicht ausreichend dicht eingebaut. Welche Bauschäden treten nach kurzer Zeit bei diesem Flachdach auf?*
9. *Begründen Sie die Vorteile von geneigten Dächern gegenüber Flachdächern.*

Lernfeld 11:
Herstellen einer geraden Holztreppe

Erd- und Obergeschoss des Projektes sollen vorerst durch eine gerade Holztreppe verbunden werden. Gestalterische Anforderungen durch den Bauherrn, baurechtliche Vorschriften sowie die Beschränkung auf eine gerade Treppe beeinflussen sowohl Form und Konstruktion der Treppe. Auch die Wahl der Holzart spielt eine wesentliche Rolle im Treppenbau. Stabilität, Abnutzung und Aussehen der Treppen werden durch die Holzart beeinflusst.

Das Planen, Berechnen, Zeichnen und Herstellen von Treppen gehört mit zu den anspruchsvollsten Arbeiten des Zimmerers.

11.1 Begriffe und Vorschriften

In der DIN 18065 und den Landesbauordnungen der Länder sind Begriffe und Vorschriften für den Treppenbau festgelegt.

Treppe

Eine Treppe besteht aus wenigstens einem Treppenlauf mit mindestens drei aufeinander folgenden Stufen.

Notwendige Treppen

Treppen, die nach den maßgebenden Vorschriften zwingend vorhanden sein müssen.
Zusätzliche Treppen werden als nicht notwendige Treppen bezeichnet. Für sie gelten andere Vorschriften (vgl. Tabelle unten).

Treppenlauf

Der Treppenlauf ist die ununterbrochene Folge von mindestens drei und höchstens achtzehn Stufen zwischen zwei Ebenen.

Lauflinie

Die Lauflinie ist eine gedachte, von Vorderkante Antrittstufe bis Vorderkante Austrittstufe verlaufende Linie. Sie liegt innerhalb des Gehbereichs einer Treppe.
Ein Punkt oder Kreis markiert den Anfang und ein Pfeil das Ende der Lauflinie. Die Steigungsrichtung und die Lauflänge werden hiermit eindeutig gekennzeichnet. Auf der Lauflinie wird das Steigungsverhältnis einer Treppe gemessen. Hier müssen die Auftrittbreiten der Stufen gleich groß sein.

Stufen

Die erste bzw. unterste Stufe eines Treppenlaufs wird als **Antrittstufe** bezeichnet. Die letzte bzw. oberste Stufe ist die **Austrittstufe**. Sie ist bereits Teil des Podestes oder des Zwischenpodestes. Der waagerechte Teil einer Stufe wird als **Trittstufe**, der senkrechte Teil, falls vorhanden, als **Setzstufe** bezeichnet.

Treppenauftritt *a*

ist das waagerechte Maß von der Vorderkante einer Stufe bis zur Vorderkante der nächsten Stufe.

Treppensteigung *s*

ist das senkrechte Maß von der Oberkante einer Stufe bis zur Oberkante der nächsten Stufe.

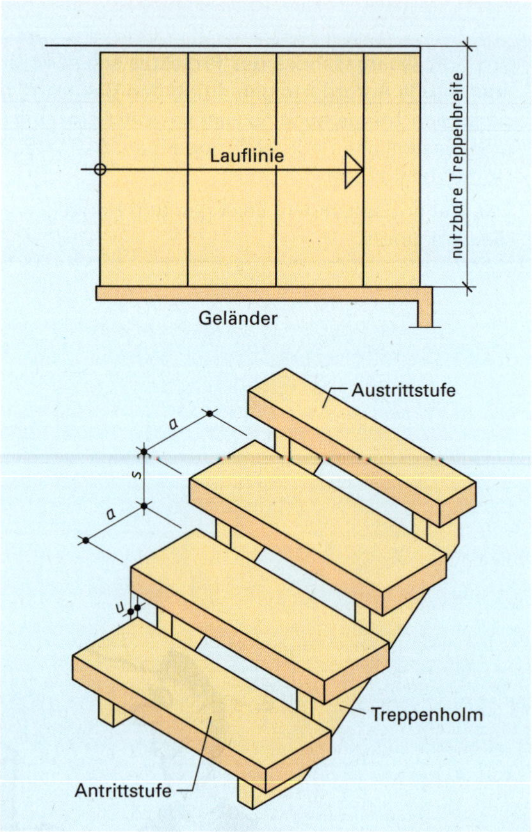

Begriffe

Nach DIN 18065 gelten folgende Anforderungen für Steigungen und Auftritte:

Gebäudeart	Treppenart	Nutzbare Treppenlaufbreite min.	Treppensteigung *s*	Treppenauftritt *a*
Wohngebäude mit nicht mehr als zwei Wohnungen	Treppen, die zu Aufenthaltsräumen führen	80	14 … 20	23 … 37[1])
	Kellertreppen, die nicht zu Aufenthaltsräumen führen	80	14 … 21	21 … 37[2])
	Bodentreppen, die nicht zu Aufenthaltsräumen führen	50	14 … 21	21 … 37[2])
Sonstige Gebäude	Baurechtlich notwendige Treppen	100	14 … 19	26 … 37
Alle Gebäude	Baurechtlich nicht notwendige (zusätzliche) Treppen	50	14 … 21	21 … 37

[1]) Bei Stufen mit einer Auftrittfläche zwischen 24 und 26 cm, muss die Unterschneidung mindestens so groß sein, dass eine Trittfläche von 26 cm erreicht wird.
[2]) Bei Stufen mit einer Auftrittfläche zwischen 21 und 24 cm, muss die Unterschneidung mindestens so groß sein, dass eine Trittfläche von 24 cm erreicht wird.

Treppen ohne Setzstufen (offene Treppen) müssen mindestens 3 cm unterschnitten werden.

Unterschneidung *u*

ist das waagerechte Maß, um das die Vorderkante einer Stufe über die Breite der Trittfläche der darunterliegenden Stufe vorspringt. Bei Treppen ohne Setzstufen ist eine Unterschneidung von mindestens 3 cm vorzusehen. Bei Treppen mit Setzstufen und einer Auftrittbreite von weniger als 26 cm muss die Unterschneidung so groß sein, dass die Auftrittbreite und die Unterschneidung zusammen mindestens 26 cm betragen.

Podeste

Treppenpodeste sind Treppenabsätze am Anfang und am Ende eines Treppenlaufs. Meistens sind sie Teile der Geschossdecken. Zwischenpodeste werden eingeplant, um einen Treppenlauf aus Sicherheitsgründen nach spätestens achtzehn Steigungen zu unterbrechen oder um eine Richtungsänderung vorzunehmen. Häufig wird das Podest auf halber Höhe angeordnet.

Lichte Durchgangshöhe

Das senkrechte Maß zwischen Vorderkante der Stufen und der Unterkante darüberliegender Bauteile muss mindestens zwei Meter betragen.

Geländer

Schutzeinrichtung gegen Absturz an Treppen und Treppenpodesten. Die Geländerhöhen werden von Vorderkante der Stufen gemessen und betragen bei Wohngebäuden mindestens 90 cm. Ist mit der Anwesenheit von Kleinkindern zu rechnen, darf der lichte Abstand von Geländerteilen in einer Richtung nicht mehr als 12 cm betragen.

Handlauf

Der Handlauf ist die obere Begrenzung des Geländers und dient zur Abstützung beim Begehen einer Treppe. Er ist griffgerecht auszuführen und in der Höhe so anzubringen, dass er bequem genutzt werden kann. Er soll dabei nicht tiefer als 80 cm und nicht höher als 115 cm angebracht werden. Der seitliche Abstand zur Wand soll mindestens 5 cm betragen, die Breite zwischen 3 und 4,5 cm.

Treppenwange

Wangen unterstützen die Stufen und begrenzen sie seitlich. Je nach Lage unterscheidet man zwischen Wand- und Lichtwange.

Treppenholm

Treppenholme tragen bzw. unterstützen die Stufen. Sie kommen bei aufgesattelten Treppen zur Anwendung.

> In der DIN 18065 und den Landesbauordnungen der Länder sind Begriffe und Vorschriften für den Treppenbau festgelegt.

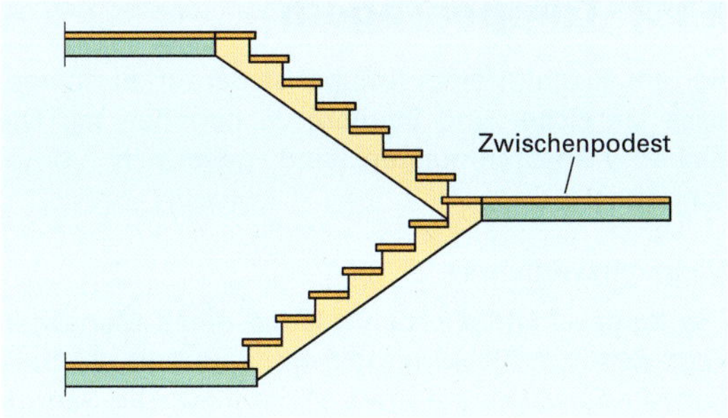

Ausgleichstreppe

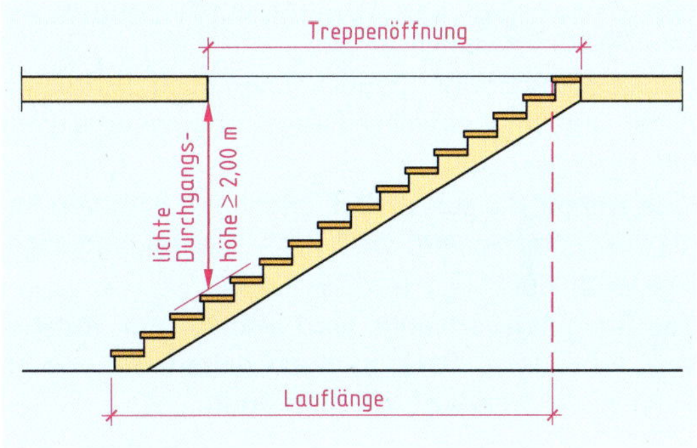

Geschosstreppe

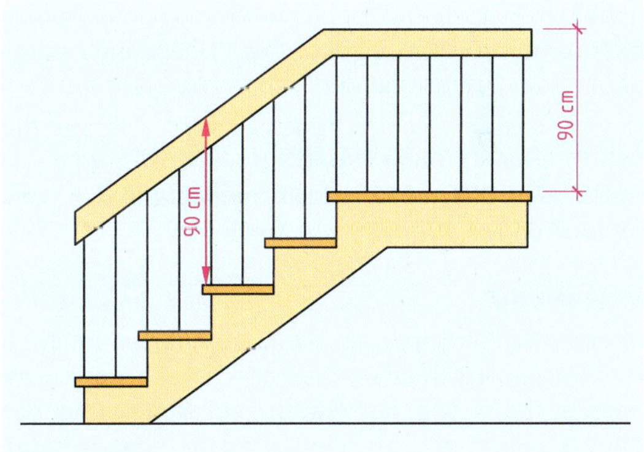

Geländerhöhe

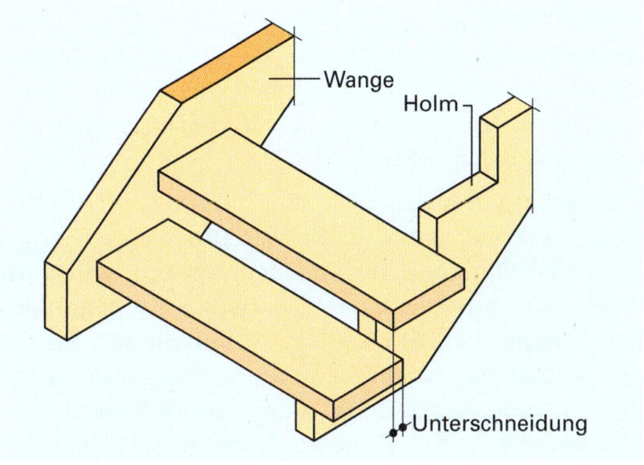

Treppenwange – Treppenholm

11.2 Treppenregeln

Bei der Planung einer Treppe ist darauf zu achten, dass sie **sicher** und **bequem** zu begehen ist. Die Sicherheitsbestimmungen sind gesetzlich vorgeschrieben.

Steigungsverhältnis

Die durchschnittliche Schrittlänge eines Menschen liegt zwischen 59 cm und 65 cm, während die Steigungsmöglichkeit bei etwa 31 cm liegt. Die Schrittlänge ist demnach etwa doppelt so groß wie die Steigungsmöglichkeit. Aus diesem Verhältnis wird die Schrittmaßregel abgeleitet, nach der die Summe aus zwei Steigungen (*s*) und einem Auftritt (*a*) 59 ... 65 cm beträgt.

Neben der Schrittmaßregel können auch die Sicherheits- und Bequemlichkeitsregel angewendet werden.

Eine Treppe, die aus 13 Steigungen mit dem Verhältnis 17/29 cm besteht, wird nach DIN folgendermaßen bezeichnet: 13 × 170/290.

Das Steigungsverhältnis wird also in mm angegeben. Für unsere Berechnungen halten wir uns jedoch an die bauübliche Maßordnung.

Podestlänge

Beim Begehen einer Treppe wird ein Rhythmus, der durch das Steigungsverhältnis bestimmt wird, eingehalten. Dieser Rhythmus sollte durch das Podest nicht unterbrochen werden. Die Podestlänge sollte daher dem Schrittmaß der Treppe entsprechen.

Die Mindestlänge eines Podestes setzt sich aus der Schrittlänge und einer Auftrittbreite zusammen, sie muss nach DIN 18065 jedoch mindestens der nutzbaren Treppenlaufbreite entsprechen.

Treppenarten

In der DIN 18065 werden die Treppenarten nach ihrer Form unterschieden. Die Form einer Treppe wird hauptsächlich von der Größe und Bedeutung des Bauwerks und dem zur Verfügung stehenden Raum bestimmt. Auch gestalterische Gesichtspunkte beeinflussen die Wahl der Form. Nach Art der Treppenläufe werden gerade und gewendelte Treppen unterschieden.

Die **einläufige gerade Treppe** eignet sich für Gebäude mit geringer Geschosshöhe, da ein Zwischenpodest nicht vorgesehen ist. Sie wird als Treppe für das Projekt ausgewählt.

Zweiläufige Treppen sind für Gebäude mit großer Geschosshöhe geeignet. **Gewinkelte Treppen** brauchen viel Platz und werden deshalb nur selten im Wohnhausbau verwendet. Die **zweiläufig gegenläufige Treppe** wird am häufigsten verwendet. Sie ist gut zu begehen, verbraucht wenig Platz und ist bei der Grundrissgestaltung von Wohnhäusern unproblematisch. Sie eignet sich für das Projekt am besten.

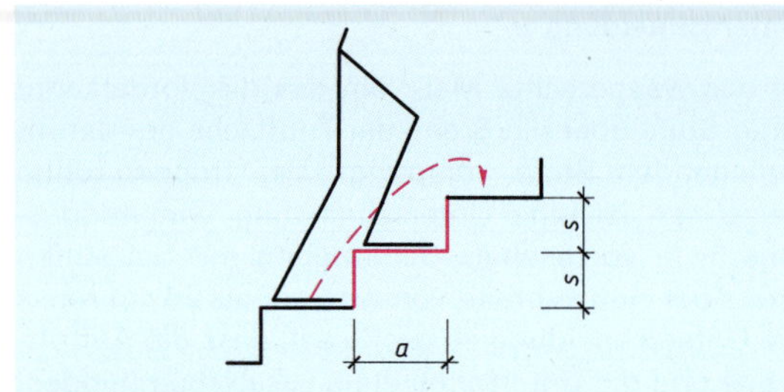

Schrittmaßregel

Schrittmaßregel

$$a + 2s = 59 \ldots 65 \text{ cm}$$

Sicherheitsregel

$$a + s = 46 \text{ cm}$$

Bequemlichkeitsregel

$$a - s = 12 \text{ cm}$$

Podestlänge
= 1 Treppenauftritt + 1 Schrittlänge

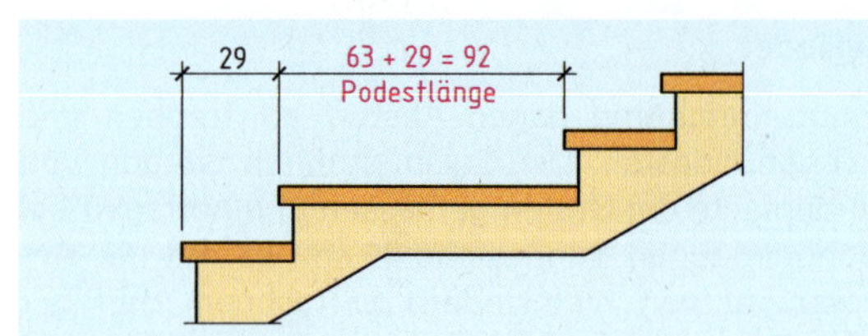

Podestlänge

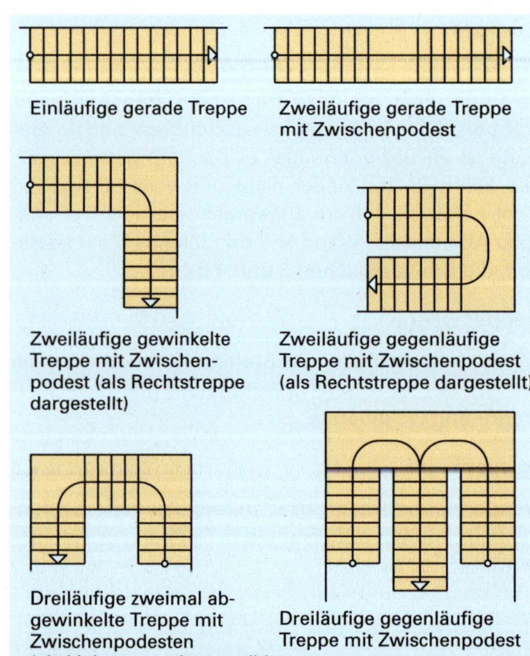

Treppenarten

11.3 Berechnungen an Treppen

Bei Holztreppen sind in der Regel folgende Maße zu berechnen:
- die Anzahl der Steigungen,
- die Steigungshöhe,
- das Steigungsverhältnis,
- die Treppenlauflänge,
- die Länge der Wangen,
- die lichte Durchgangshöhe,
- die erforderliche Treppenöffnung.

Treppensteigung, Treppenauftritt, Lauflänge

Zur Ermittlung des Steigungsverhältnisses für eine bestimmte Treppe muss die Geschosshöhe von Oberkante Fußboden bis Oberkante Fußboden des darüberliegenden Geschosses bekannt sein.

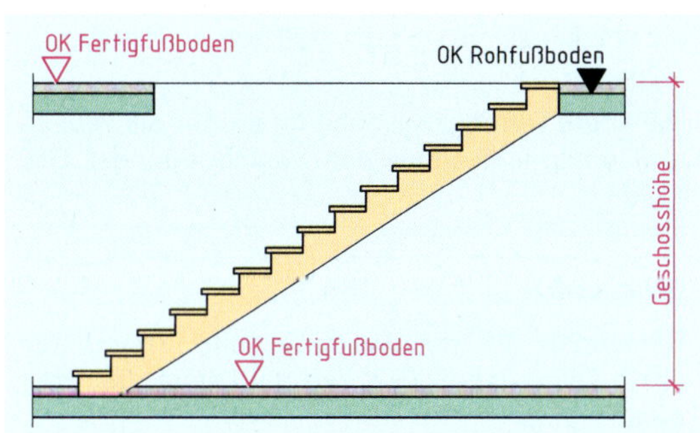

Dieses Maß wird nun durch die gewünschte Steigungshöhe geteilt, um die Anzahl der Steigungen zu erhalten. Da das Ergebnis nur selten eine ganze Zahl ergibt, wird dieses auf eine ganze Zahl ab- oder aufgerundet. Anschließend wird die Geschosshöhe durch die ermittelte Anzahl der Steigungen geteilt. Das Ergebnis ist die genaue Steigungshöhe. Die Auftrittbreite wird entweder durch die Schrittmaß- oder die Sicherheitsregel ermittelt.

$$\text{Anzahl der Treppensteigungen} = \frac{\text{Geschosshöhe}}{\text{gewählte Steigungshöhe}}$$

⇩

$$\text{Steigungshöhe} = \frac{\text{Geschosshöhe}}{\text{Anzahl der Treppensteigungen}}$$

Zur Ermittlung der Lauflänge wird die Auftrittbreite mit der Anzahl der Auftritte multipliziert. Dabei ist zu beachten, dass die Anzahl der Steigungen je Treppenlauf immer um 1 größer ist als die Anzahl der Auftritte, da der letzte Auftritt ein Teil des Podestes oder der Geschossdecke ist.

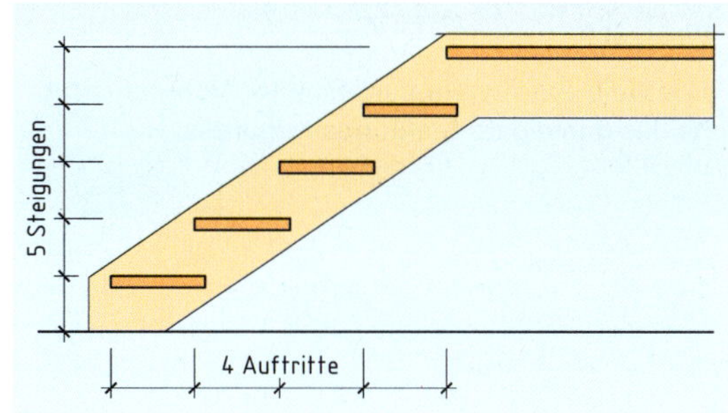

Je niedriger die Steigungshöhe angenommen wird, umso länger wird die Lauflänge. Die Treppe beansprucht somit viel Platz.

Lauflänge = Treppenauftritt · Anzahl der Auftritte

Beispiel 1:

Die Geschosshöhe eines Einfamilienwohnhauses beträgt von Oberkante Fußboden bis Oberkante Fußboden 2,75 m.

Angenommene Steigungshöhe 17 cm
Angenommenes Schrittmaß 62 cm

Lösung:

Anzahl der Steigungen 2,75 m : 0,17 m = 16,2 Steigungen.

Da nur volle Steigungen möglich sind, muss die Anzahl auf 17 Steigungen aufgerundet oder auf 16 Steigungen abgerundet werden.

1. Möglichkeit: 17 Steigungen
   275 cm : 17 = <u>16,2 cm Steigungshöhe</u>
2. Möglichkeit: 16 Steigungen
   275 cm : 16 = <u>17,2 cm Steigungshöhe</u>

Wenn die Steigungshöhe bekannt ist, kann die Auftrittbreite ermittelt werden.

Nach der Schrittmaßregel $2s + a = 62$ cm ergeben sich folgende Auftrittbreiten:

$a = 62$ cm − 2 · 16,2 cm = <u>29,6 cm</u>
$a = 62$ cm − 2 · 17,2 cm = <u>27,6 cm</u>

Lauflänge bei einer Auftrittbreite von 29,6 cm:
16 · 29,6 cm = <u>473,6 cm</u>

Lauflänge bei einer Auftrittbreite von 27,6 cm:
15 · 27,6 cm = <u>414 cm</u>

Aus den beiden Beispielen ist ersichtlich, dass bei einem Unterschied der Steigungshöhe von nur 1 cm die Lauflänge sich um 59,6 cm verändert.

Bei gegebener Geschosshöhe und gegebenem Grundmaß wird die Berechnung auf ähnliche Weise vorgenommen.

Beispiel 2:

Ermitteln Sie für die dargestellte Wohnhaustreppe das günstigste Steigungsverhältnis.

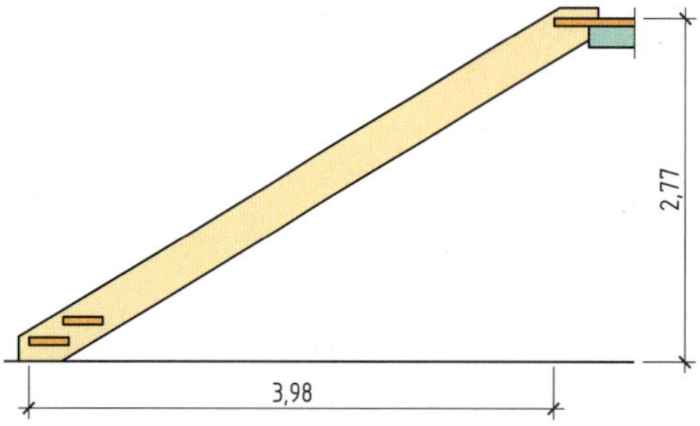

Übliche Treppensteigungen bei Wohnhäusern etwa 17 cm

Lösung:

Anzahl der Treppensteigungen = 277 cm : 17 cm
= 16,3 Steigungen

Gewählt 17 Steigungen
Steigungshöhe = 277 cm : 17 = 16,3 cm
Auftrittbreite = 398 cm : 16 = 24,9 cm

Kontrolle durch die Schrittmaßregel:
2 · 16,3 cm + 24,9 cm = 57,5 cm

Die Verhältniszahl ist sehr klein. Es wird deshalb ein zweiter Versuch gemacht.

Gewählt 16 Steigungen
Steigungshöhe = 277 cm : 16 = 17,3 cm
Auftrittbreite = 398 cm : 15 = 26,5 cm

Kontrolle durch die Schrittmaßregel:
2 · 17,3 cm + 26,5 cm = 61,1 cm

Die Verhältniszahl liegt zwischen 59 cm und 65 cm. Das Steigungsverhältnis für die Treppe wird daher mit 17,3 cm/26,5 cm festgelegt.

Lichte Durchgangshöhe, Treppenöffnung

Zur Ermittlung der lichten Durchgangshöhe werden die Deckenstärke und die Summe der Steigungshöhen, die außerhalb der Treppenöffnung liegen, von der Geschosshöhe abgezogen. Das übrig gebliebene senkrechte Maß muss mindestens der vorgeschriebenen lichten Durchgangshöhe entsprechen. Von der lichten Durchgangshöhe wird die Länge der Treppenöffung beeinflusst.

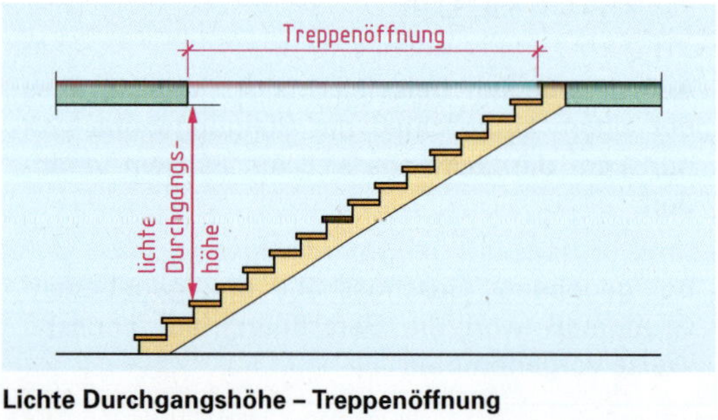

Lichte Durchgangshöhe – Treppenöffnung

Beispiel 3:

Ermitteln Sie die lichte Durchgangshöhe und prüfen Sie, ob diese den Vorschriften entspricht.

Steigung = 17 cm
Geschosshöhe = 16 Steigungen = 16 · 17 cm
= 272 cm

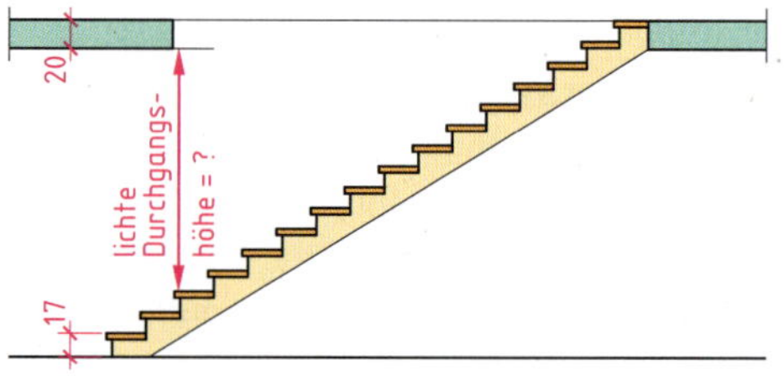

Lösung:

Lichte Durchgangshöhe
= Geschosshöhe – Deckenstärke – 3 Steigungen
= 272 cm – 20 cm – 3 · 17 cm
= 272 cm – 20 cm – 51 cm = 201 cm
= 201 cm

Die lichte Durchgangshöhe ist größer als 200 cm und entspricht somit den Vorschriften der DIN 18065.

Beispiel 4:

Berechnen Sie für die dargestellte Treppe die lichte Durchgangshöhe und die Länge der Treppenöffnung.

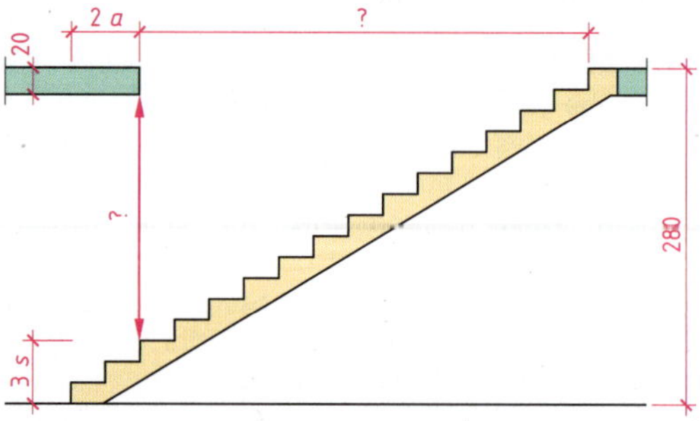

Lösung:

Anzahl der Steigungen = 280 cm : 17 cm
= 16,5 Steigungen

Gewählt 16 Steigungen
Steigungshöhe = 280 cm : 16 = 17,5 cm
Auftrittbreite = 63 cm – 2 · 17,5 cm = 28 cm
Lauflänge = 15 · 28 cm = 420 cm

Lichte Durchgangshöhe
= 280 cm – 20 cm – 200 cm = 60 cm
60 cm entsprechen etwa 3 Steigungshöhen.
3 Steigungen = 3 · 17,5 cm = 52,5 cm

Lichte Durchgangshöhe
= 280 cm – 20 cm – 52,5 cm
= 207,5 cm = 2,075 m

Die Anforderung der DIN 18065 ist eingehalten.

Treppenöffnung

Zur Berechnung der lichten Durchgangshöhe wurden 3 Steigungshöhen abgezogen.

Für die Berechnung der Treppenöffnung werden daher 2 Auftrittbreiten von der Lauflänge abgezogen.

Lauflänge = 420 cm

Auftrittbreite = 28 cm

Treppenöffnung = 420 cm – 2 · 28 cm = 364 cm

= 3,64 m

Die lichte Durchgangshöhe kann auch von der in **Treppenneigung** liegenden Lauflinie gemessen werden. Es ist daher möglich, das Treppenloch kleiner zu bemessen, ohne dass die lichte Durchgangshöhe beeinträchtigt wird.

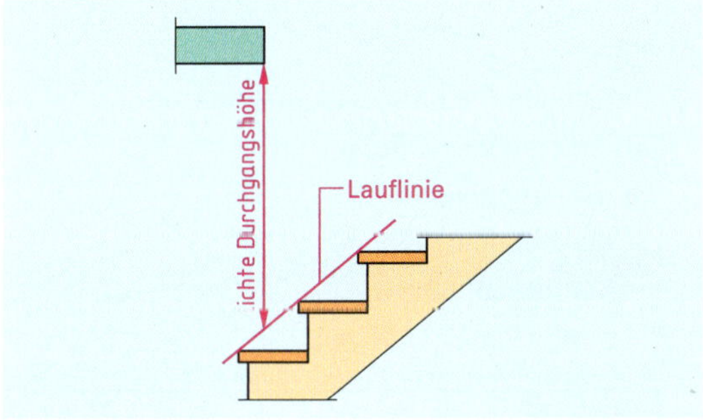

Beispiel 5:

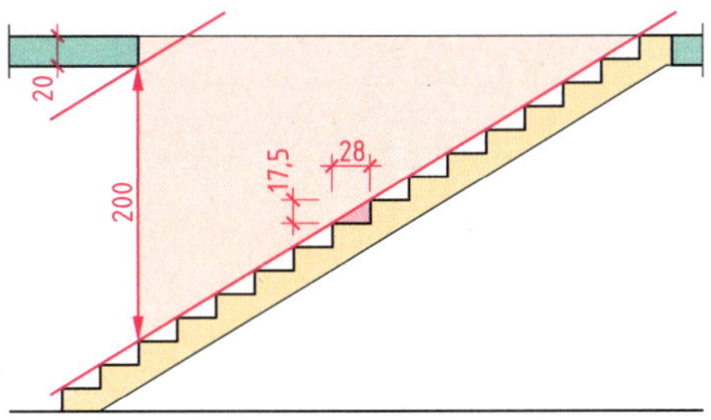

Für dieselbe Treppe soll die kleinstmögliche Treppenöffnung errechnet werden. Dies ist mithilfe **ähnlicher Dreiecke** möglich.

Lösung:

$$\frac{\text{Treppenöffnung}}{\text{Durchgangshöhe + Decke}} = \frac{\text{Auftrittbreite}}{\text{Steigungshöhe}}$$

$$\text{Treppenöffnung} = \frac{2{,}20\ \text{m} \cdot 0{,}28\ \text{m}}{0{,}175\ \text{m}} = \underline{3{,}52\ \text{m}}$$

Holmlänge

Bei den aufgesattelten Treppen ist die Holmlänge in der Regel mit dem **Lehrsatz des Pythagoras** zu berechnen.

Da bei Holztreppen auch der Austritt zur Treppenkonstruktion zählt, muss dieser ebenso bei der Berechnung berücksichtigt werden wie die Unterschneidung der Stufen.

Beispiel 6:

Berechnen Sie die Holmlänge einer aufgesattelten Treppe mit 16 Steigungen.

Steigungsverhältnis = 17 cm/29 cm

Letzter Auftritt = 29 cm

Unterschneidung = 4 cm

Stufendicke = 5 cm

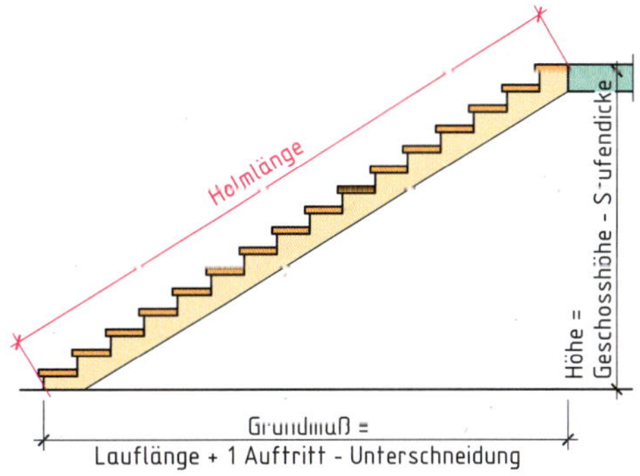

Lösung:

Grundmaß des Treppenholms
= 15 + 1 Auftritte – 1 Unterschneidung
= 16 · 29 cm – 4 cm = 460 cm

Höhe = 16 Steigungen –1 Stufendicke
= 16 · 17 cm – 5 cm = 267 cm

Holmlänge = $\sqrt{(460\ \text{cm})^2 + (267\ \text{cm})^2}$
= 531,9 cm

Das Berechnen der genauen Holmlängen von gestemmten oder eingeschobenen Treppen ist nicht sinnvoll, da der Rechenaufwand im Vergleich zur zeichnerischen Lösung unverhältnismäßig groß ist.

Beispiel 7:

Berechnen Sie die Wangenlänge einer gestemmten Treppe mit 16 Steigungen.

Steigungsverhältnis = 18 cm/27 cm
Letzter Auftritt = 20 cm
Vorsprung der Wange im Antritt = 5 cm
Senkrechtes Besteck im Austritt = 5 cm

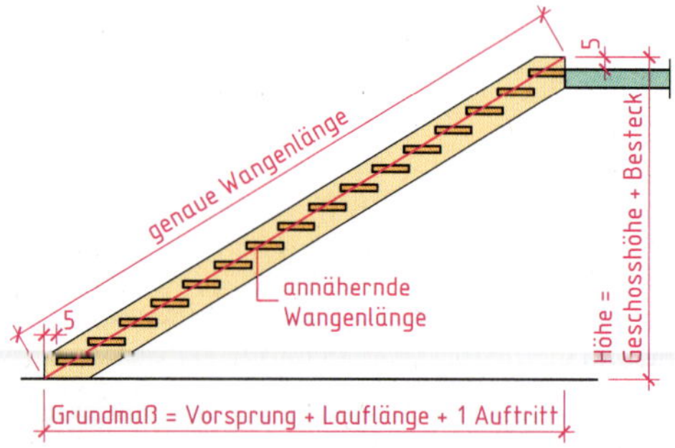

Lösung:

Grundmaß der Wange
= Vorsprung + 15 + 1 Auftritte
$= 5\ \text{cm} + 15 \cdot 27\ \text{cm} + 20\ \text{cm} = 430\ \text{cm}$

Höhe = 16 Steigungen + senkrechtes Besteck
$= 16 \cdot 18\ \text{cm} + 5\ \text{cm} = 293\ \text{cm}$

Wangenlänge $= \sqrt{(430\ \text{cm})^2 + (293\ \text{cm})^2}$
$= \underline{520\ \text{cm}}$

Aufgaben

1. Ermitteln Sie für die dargestellte Ausgleichstreppe
   a) die Treppenlauflänge *l*,
   b) die Höhendifferenz *h*.

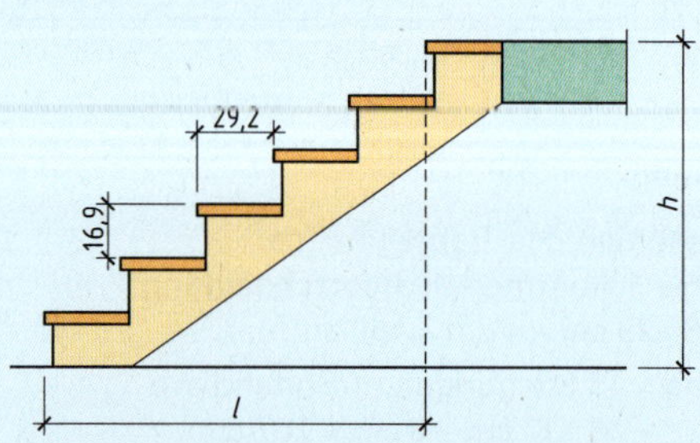

2. Eine Geschosstreppe hat 16 Treppensteigungen. Wie viele Treppenauftritte sind vorhanden?
3. Berechnen Sie das Steigungsverhältnis der dargestellten Treppe.

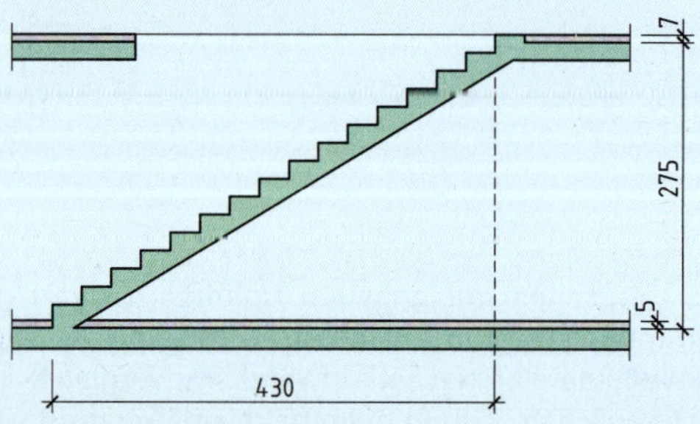

4. Ermitteln Sie die fehlenden Werte in der Tabelle.

	Schrittmaßregel		Sicherheitsregel	
Aufgabe	Treppensteigung	Treppenauftritt	Treppensteigung	Treppenauftritt
a)	16,4 cm	?	14,2 cm	?
b)	?	26,2 cm	19,6 cm	?
c)	?	29,8 cm	?	34,3 cm
d)	17,9 cm	?	15,4 cm	?
e)	?	28,4 cm	?	32,6 cm

5. Für ein Wohnhaus mit einer Geschosshöhe von 2,72 m soll eine Treppe hergestellt werden.
   Ermitteln Sie mithilfe der Schrittmaßregel (Schrittmaß 63 cm angenommen)
   a) das Steigungsverhältnis,
   b) die Treppenlauflänge.

6. Berechnen Sie für die abgebildete Treppe
   a) die Treppensteigung,
   b) den Treppenauftritt,
   c) die Treppenlauflänge.
   Schrittmaß 63 cm

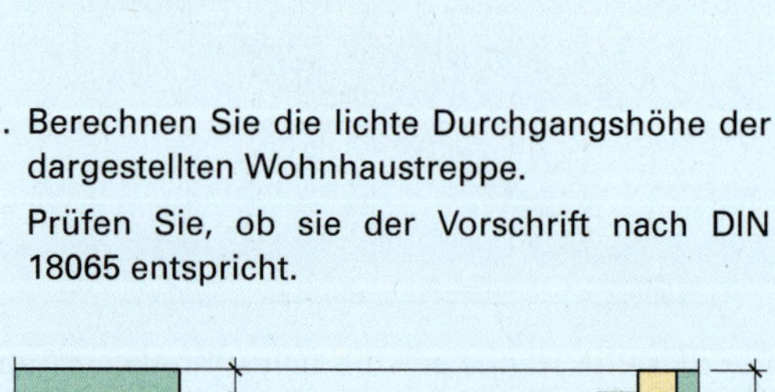

7. Berechnen Sie die lichte Durchgangshöhe der dargestellten Wohnhaustreppe.
   Prüfen Sie, ob sie der Vorschrift nach DIN 18065 entspricht.

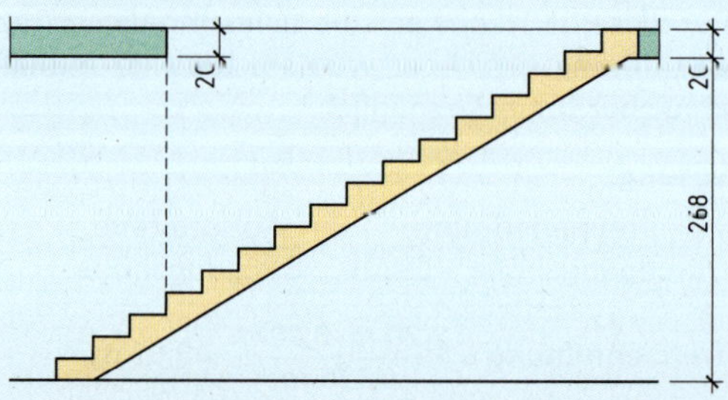

8. Berechnen Sie mithilfe der Schrittmaßregel
   a) die Treppensteigung,
   b) den Treppenauftritt,
   c) die Treppenlauflänge,
   d) die Treppenöffnung.

   Die lichte Durchgangshöhe beträgt 210 cm.

   Schrittmaß 63 cm

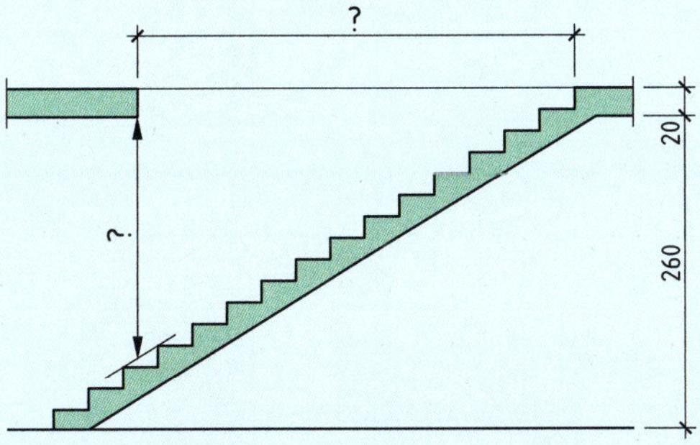

9. Ermitteln Sie die Holmlänge der aufgesattelten Ausgleichstreppe, wenn das Steigungsverhältnis 17,2/28,6 cm beträgt.

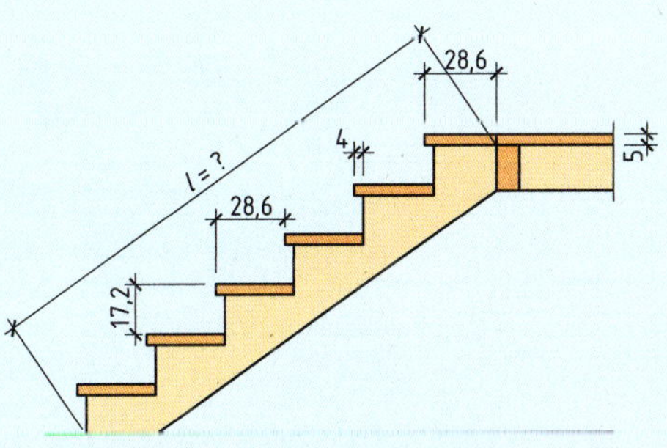

10. Berechnen Sie die ungefähre Wangenlänge der abgebildeten halb gestemmten Treppe. Das Steigungsverhältnis beträgt 17/29 cm.

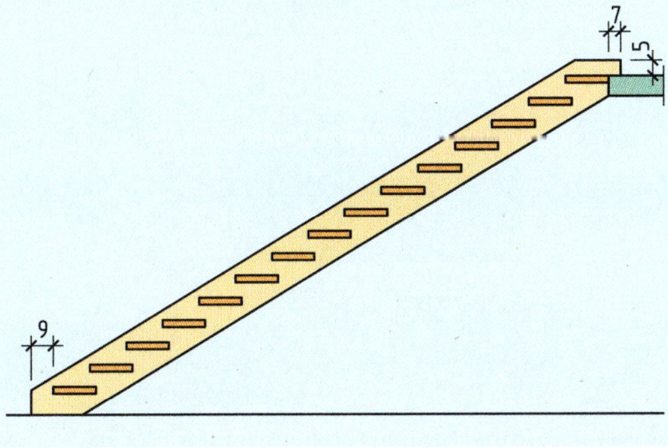

11. Berechnen Sie die kleinstmögliche Treppenöffnung, wenn eine lichte Durchgangshöhe von 2,00 m (2,10 m) gefordert wird.

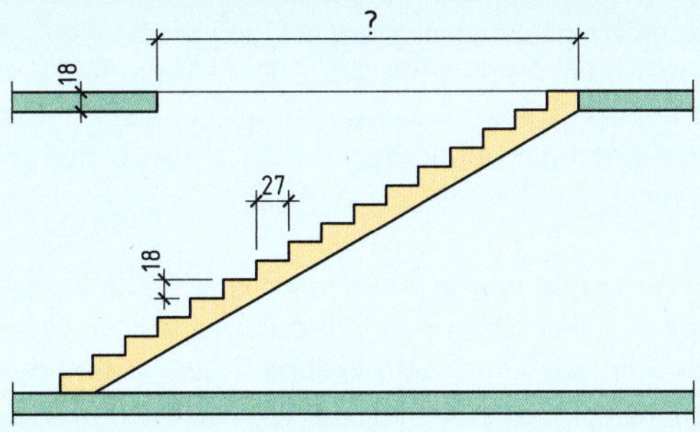

12. Bei der dargestellten aufgesattelten Ausgleichstreppe sind Stufenbreite und Auftrittbreite der Austrittstufe gleich.

    Ermitteln Sie das Steigungsverhältnis.

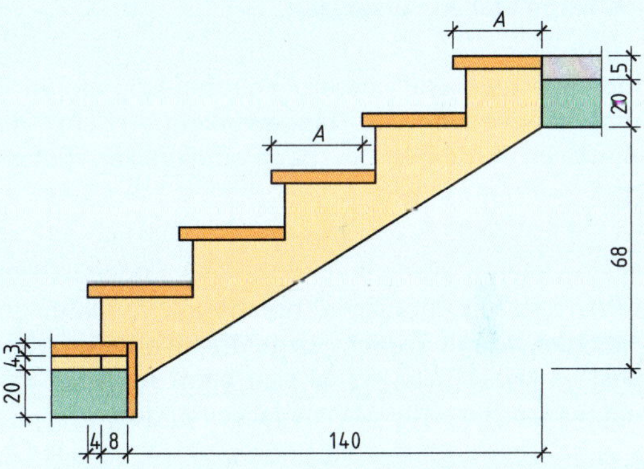

13. Ermitteln Sie die Breite für die abgebildete Wange einer aufgesattelten Treppe, wenn für das untere Wangenbesteck 18 cm erforderlich sind.

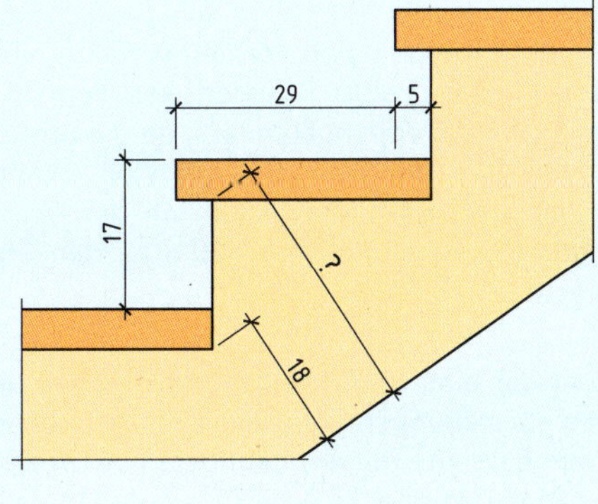

11.4 Konstruktionsarten

11.4.1 Aufgesattelte Treppen

Das typische Merkmal aufgesattelter Treppen ist die stufenförmig ausgeschnittene Wange, die hier als Treppenholm bezeichnet wird. Die Trittstufen werden auf den Treppenholm gelegt und befestigt. Setzstufen kommen bei aufgesattelten Treppen nur selten vor.

Die Trittstufen werden entweder durch Dübel, verstöpselte Holzschrauben oder verdeckte Steckverbundschrauben mit dem Treppenholm verbunden. Die Verbindung zwischen Treppenpodest und Treppenholm kann auf unterschiedliche Weise ausgeführt werden. Das untere Auflager wird häufig mit einer **Klaue** ausgeführt, während der Holm am oberen Ende lediglich gegen das Podest gelehnt und mittels Schrauben oder Winkeln gesichert wird. Solche aufgeklauten Treppenholme können bei starker Belastung im Klaueneck einreißen. Um dies zu verhindern, werden Bolzen rechtwinklig zur Unterkante des Treppenholms durchgeschraubt und an den sichtbaren Stellen verstöpselt.

Eine einfachere und bessere Holmbefestigung wird durch Verwendung von **Hängewinkeln** erreicht. Die Hängewinkel werden an den Podestbalken befestigt.

Ist am unteren Wangenauflager kein Podestbalken vorhanden, so kann dieser Knotenpunkt mithilfe von **Stahlwinkeln mit Zapfen** ausgeführt werden. Dabei spielt es keine Rolle, ob es sich beim Auflager um eine Holzbalken- oder Massivdecke handelt.

Eine Sonderform der aufgesattelten Treppen sind die **Einholmtreppen.** Hier handelt es sich um aufgesattelte Treppen, die statt zwei Wangen an den Seiten nur eine in der Mitte haben. Diese Mittelwange wird als **Holm** bezeichnet, da sie wesentlich stärker als eine Wange bemessen werden muss.

An der schmalsten Stelle sollten die Holme mindestens 16 cm breit sein.

Aufgesattelte Treppen sind verhältnismäßig einfach herzustellen. Die größte Schwierigkeit liegt in der Befestigung des Treppengeländers, da die Stufen an den Seiten über die Wangen vorstehen. Während man früher gekröpfte Metallstäbe an den Wangen befestigte, wird das Geländer heute an den Stufen angebracht.

Aufgrund der einfachen Herstellung und der unbegrenzten Gestaltungsmöglichkeiten sind aufgesattelte Treppen heute die am häufigsten verwendeten Treppenkonstruktionen.

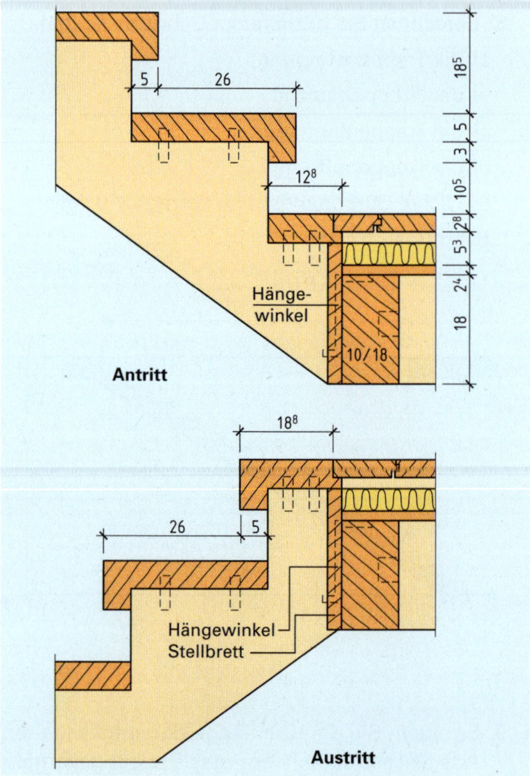

An- und Austritt bei Podest- oder Deckenbalken

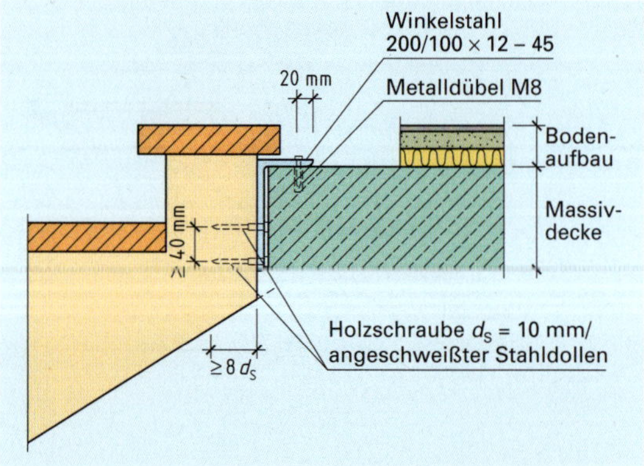

Treppenaustritt bei Stahlbeton-Podest oder -Decke

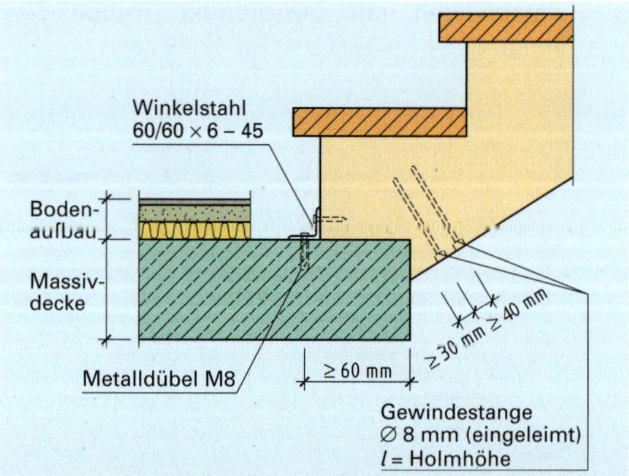

Treppenantritt bei Stahlbeton-Podest oder -Decke

Befestigung der Trittstufen

An die Verbindung zwischen den Trittstufen und den Treppenholmen werden Anforderungen gestellt, die bei der Herstellung zu berücksichtigen sind.

- Die Verbindung muss aus Sicherheitsgründen fest und dauerhaft sein.
- In der Regel wird eine unsichtbare Verbindung gefordert.
- Die Verbindung muss so hergestellt werden, dass die Treppe nicht knarrt.

Verbindung mit Holzschrauben

Die Stufen werden vorgebohrt und die Schrauben so tief versenkt, dass sie durch eingeleimte Holzpfropfen verdeckt werden können.

Diese Verbindung ist einfach und schnell herzustellen, da die Stufen nur auf den Holm gelegt und mit diesem verschraubt werden. Um das Knarren zu verhindern, kann zwischen der Stufe und dem Holm ein schmales Fugenband eingelegt werden. Die Holzpfropfen müssen aus der gleichen Holzart wie die Stufen hergestellt sein. Beim Einleimen der Holzpfropfen ist darauf zu achten, dass die Maserung der Pfropfen und die der Stufen möglichst übereinstimmen.

Verbinden mit Holzdübeln

Zur Aufnahme der Dübel werden in die Unterseite der Stufen und die Oberseiten des Holms Dübellöcher gebohrt. Da die Dübellöcher genau übereinander liegen müssen, wird mit einer Bohrschablone gearbeitet. Zur Sicherung wird die Verbindung an den Dübeln und Auflagerflächen verleimt. Man kann für eine bessere Passung den Holm 3 … 4 mm in die Stufenunterseite einlassen (z. B. mit der Oberfräse).

Verbindung mit Steckverbundschrauben

In die Unterseite der Stufen werden Kunststoffhülsen eingeleimt. In die Stufenlagerflächen des Treppenholms werden Stielkopfschrauben eingeschraubt. Damit die Treppe nicht knarrt, werden zwischen den Stufen und dem Holm Fugenbänder eingelegt. Anschließend werden die Trittstufen auf das Auflager gelegt und die Verbindung zusammengepresst.

> Die Verbindung zwischen den Trittstufen und den Treppenholmen erfolgt mit Holzschrauben, Holzdübeln oder Steckverbundschrauben.

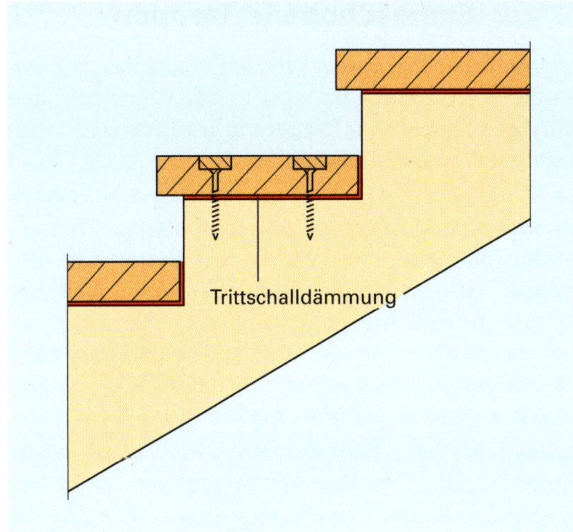

Verbindung mit Holzschrauben

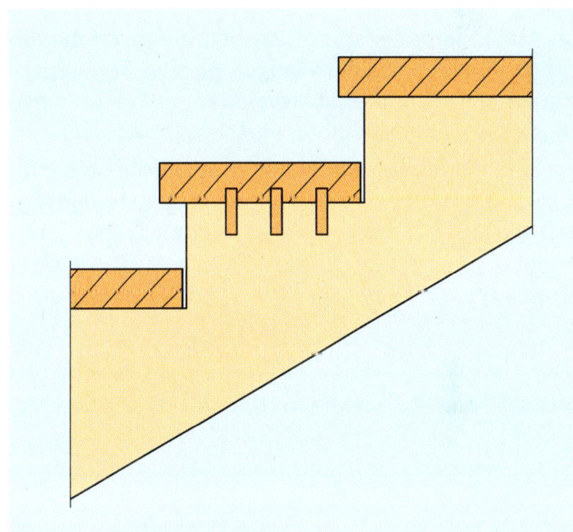

Verbindung mit Holzdübeln

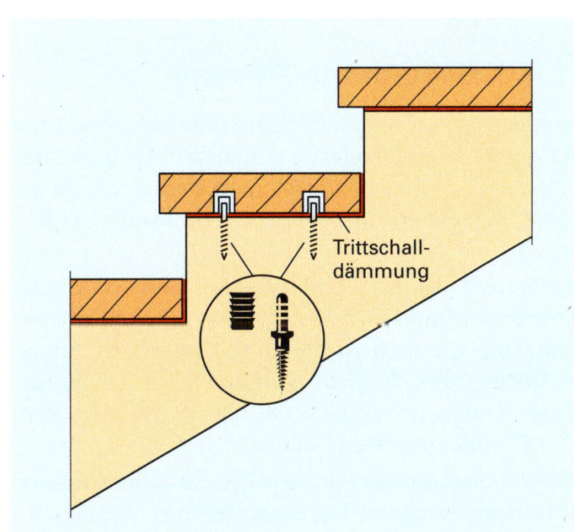

Verbindung mit Steckverbundschrauben

11.4.2 Eingeschobene Treppen

Eingeschobene Treppen werden meist als Nebentreppen verwendet und sind in der Regel ziemlich steil. Sie kommen nur für gerade Treppenläufe infrage und haben keine Setzstufen.

Die Stufen werden in 2 ... 3 cm tief eingefräste **Wangennuten** eingeschoben. Bei sehr steilen Treppen werden die Nuten von Vorder- bis Hinterkante der Wangen gefräst, da die Stufen die volle Wangenbreite beanspruchen. Bei weniger steilen Treppen sind die Stufen schmaler als das waagerechte Maß der Wangenbreite. In diesem Falle werden die Nuten nur so weit gestemmt, wie die Stufen breit sind. Meistens wird ein Besteck von 4 ... 5 cm eingehalten.

Eingeschobene Treppen werden in der Regel mit Treppenschrauben zusammengehalten. Werden die Nuten schwalbenschwanzförmig ausgearbeitet, kann auf die Treppenschrauben verzichtet werden.

Das Wangenauflager entspricht dem der aufgesattelten Treppe.

Die Geländerbefestigung ist bei eingeschobenen Treppen einfach. Da die Wangen ganz außen liegen, können die Geländerpfosten oder -stäbe in diese eingelassen oder mit ihnen verschraubt werden.

Treppen, bei denen die Nuten von Vorder- bis Hinterkante der Wangen reichen, werden als **eingesägte Treppen** bezeichnet. Solche Treppen finden überwiegend für untergeordnete Zwecke (z.B. als Bautreppe oder als Treppe in Werkstätten) Verwendung.

Die Trittstufen eingeschobener Treppen werden in eingefräste Wangennuten geschoben.
Eingeschobene Treppen haben keine Setzstufen.

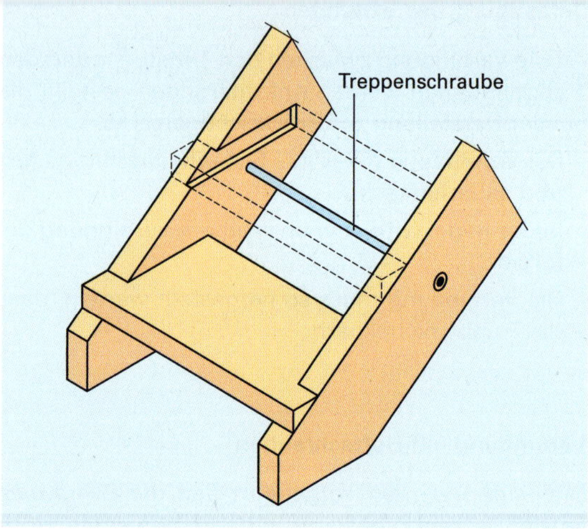

Eingeschobene Treppe

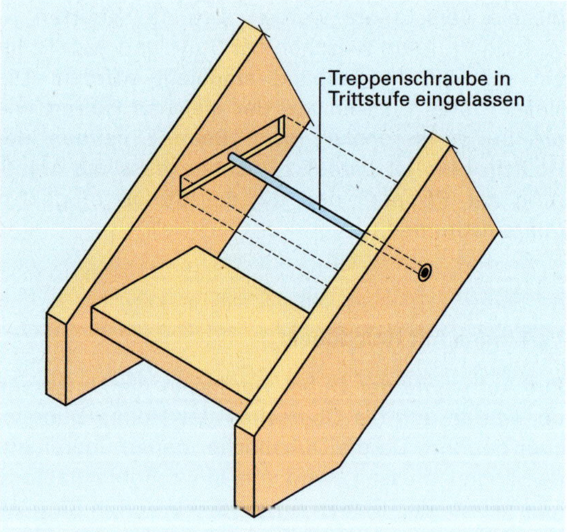

Halb gestemmte Treppe

11.4.3 Gestemmte Treppen

Bei den gestemmten Treppen unterscheidet man **voll gestemmte Treppen,** bei denen Tritt- und Setzstufen in die Wangen eingestemmt sind, und **halb gestemmte Treppen,** bei denen die Setzstufen entfallen.

Gestemmte Treppen unterscheiden sich von eingeschobenen Treppen dadurch, dass sowohl an der Oberkante als auch an der Unterkante der Wangen ein Besteck von 4 ... 5 cm vorhanden ist. Die eingefrästen Nuten gehen also nie bis zur Wangenober- oder Wangenunterkante durch.

Das Wangenauflager wird wie bei der aufgesattelten und eingeschobenen Treppe ausgeführt.

Gestemmte Treppen müssen besonders sorgfältig hergestellt werden, da sie zum Knarren neigen.

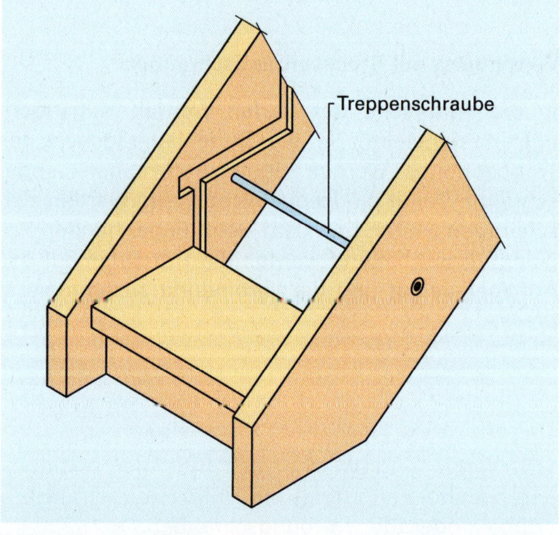

Voll gestemmte Treppe

Damit die Einstemmlöcher so genau wie möglich hergestellt werden können, ist beim Anreißen sorgfältig vorzugehen. Besonders genau werden die Risse, wenn die Tritt- und Setzstufen mit der Hirnholzfläche auf die Wangen gestellt werden und man deren Umrisse mit einer **Reißnadel** auf die Wangen überträgt. Die Reißnadel muss dabei in Faserrichtung des Holzes gezogen werden, damit sie durch die Fasern gegen die Stufen gedrückt wird.

Zum Ausfräsen der Stufenlöcher werden **Treppenwangenfräsen** (Oberfräsen) verwendet.

Der Durchmesser des verwendeten Fräskopfes muss **kleiner** als die Stufendicke sein, damit die beim Schleifen der Stufen eventuell entstandenen Dickenunterschiede ausgeglichen werden können. Der Fräskopfdurchmesser muss allerdings größer als die halbe Stufendicke sein, damit in der Mitte des Loches kein Grat stehen bleibt.

Die Verbindung zwischen den Tritt- und Setzstufen ist ebenfalls sorgfältig auszuführen. An der **oberen Verbindung** werden die Setzstufen in die Trittstufen eingestemmt, wobei es verschiedene Möglichkeiten gibt:

1. Die Setzstufe wird mit voller Dicke in die Trittstufe eingelassen. Diese Verbindung ist sehr einfach. Sie hat aber den Nachteil, dass sie sich beim Schwinden der Setzstufe lockert.
2. Die Setzstufe wird ausgefälzt. Dadurch ist das Schwindmaß an der Verbindung geringer. Die „Luft“ sorgt dafür, dass die Trittstufe auf der Feder der Setzstufe immer fest aufsitzt.
3. Durch eine Keilfeder, die sich in die Nut einpresst, ist immer eine feste Verbindung gewährleistet.

Die **untere Verbindung** muss so ausgeführt werden, dass sie als Auflager für die Trittstufen dienen kann. Es muss also ausreichend Platz für eine Vernagelung oder Verschraubung vorhanden sein.

Vor dem Abnageln der Tritt- und Setzstufen an der unteren Verbindung werden jeweils zwei Trittstufen **auseinandergekeilt.** Dadurch entsteht eine Vorspannung der Stufen, die einem späteren Knarren entgegenwirkt. Diese Vorspannung kann noch verstärkt werden, indem die Oberkante der Setzstufen leicht überhöht wird.

Bei gestemmten Treppen werden die Tritt- und Setzstufen in die Wangen eingelassen.

Gestemmte Treppen werden als gerade und als gewendelte Treppen ausgeführt.

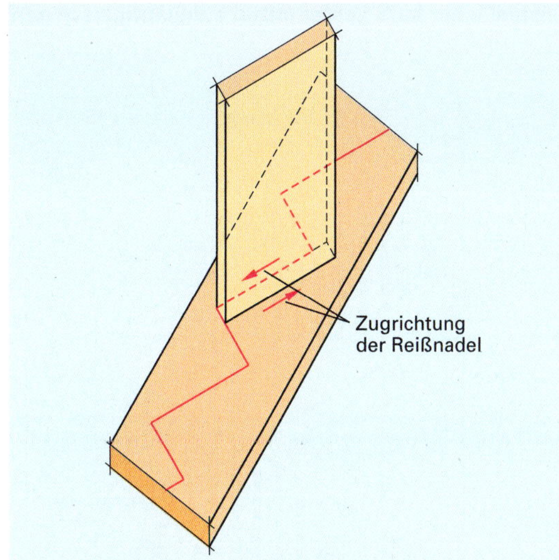

Anreißen der Stufen auf die Wange

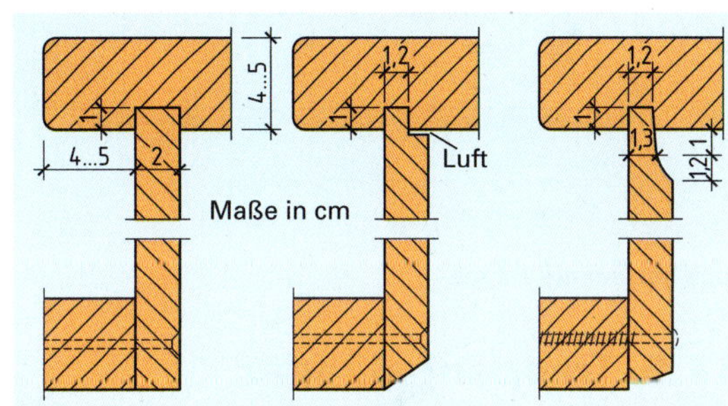

Verbindung zwischen Tritt- und Setzstufe

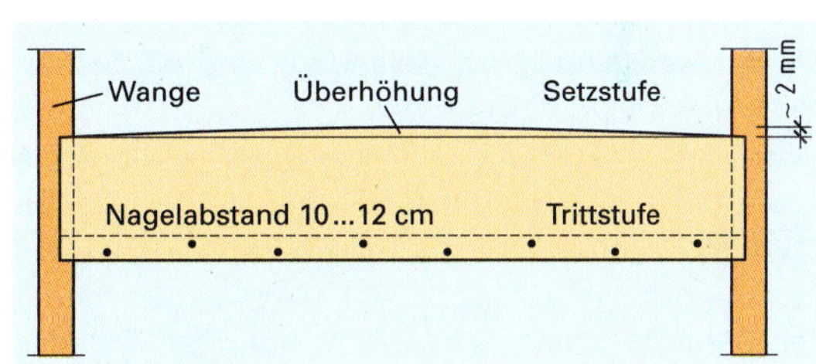

Überhöhte Setzstufe

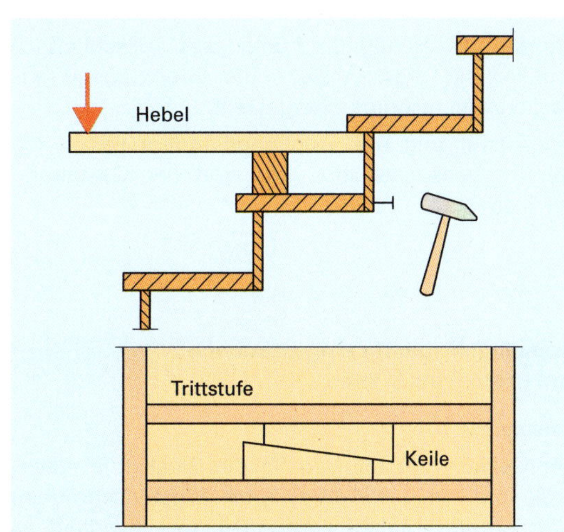

Auseinanderdrücken der Trittstufen

Beispiel einer halb gestemmten zweiläufigen gegenläufigen Podesttreppe

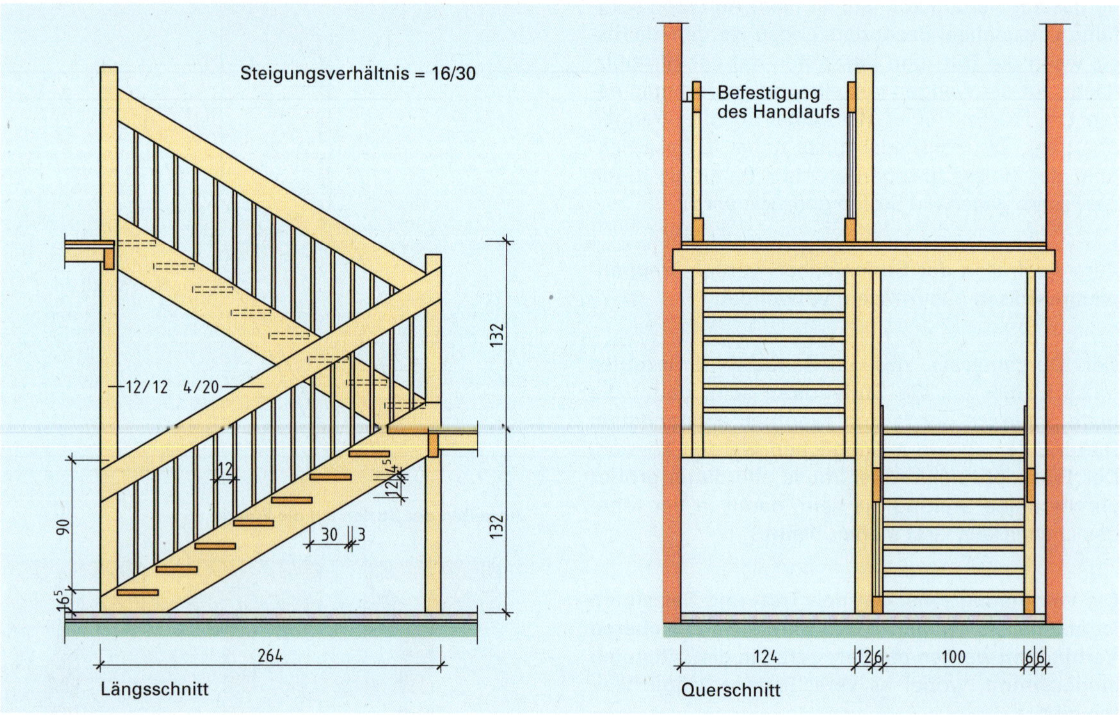

Halb gestemmte Treppe

11.5 Treppengeländer

Treppengeländer sichern vor seitlichem Absturz und geben beim Begehen einer Treppe Halt.

Bei der Herstellung von Geländern sind die Sicherheitsvorschriften einzuhalten.

Über diese Vorschriften hinaus hat vor allem die Ausführung des **Handlaufs** Bedeutung für die Sicherheit.

Der Handlauf muss gut in der Hand liegen, damit der Benutzer einen festen Halt hat. Der Teil des Handlaufs, der von der Hand umschlossen wird, sollte 55 ... 60 mm dick sein.

Wurden die Handläufe früher fast ausschließlich profiliert, so werden sie heute überwiegend aus Rechteckquerschnitten hergestellt.

Die Ausführung des Treppengeländers hängt von der Treppenkonstruktion und von der Gestaltung der Treppe ab.

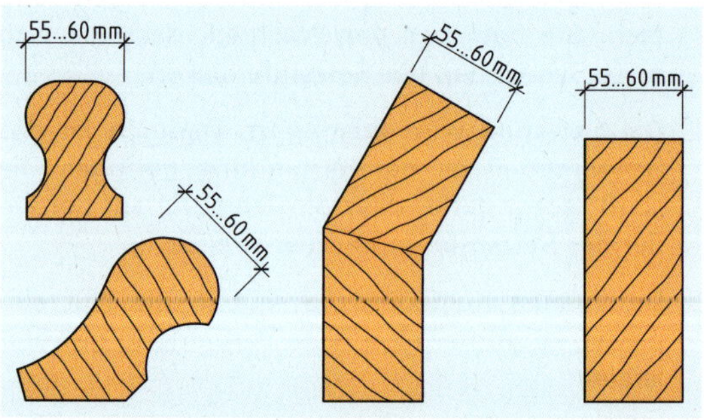

Mögliche Querschnittsformen von Handläufen

Treppengeländer für eingeschobene und gestemmte Treppen

Beispiele:

Der Geländerpfosten wird in die Blockstufe eingezapft und mit der Wange durch Pfostenschrauben oder Kropfschrauben verbunden. Der Handlauf ist mit dem Pfosten verdübelt oder verzapft. Die Gelän-

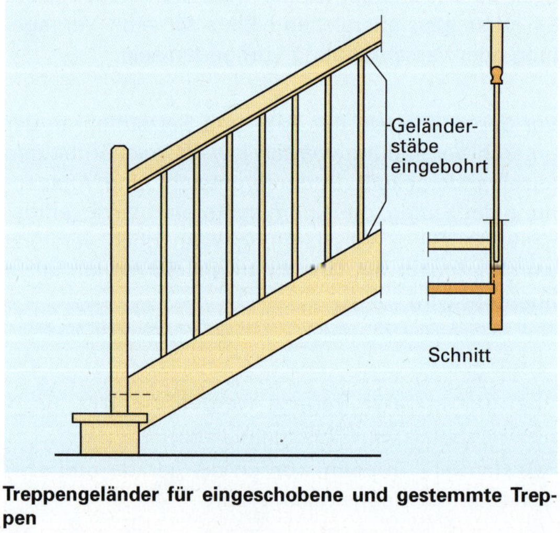

Treppengeländer für eingeschobene und gestemmte Treppen

derstäbe sind in die Wange und in den Handlauf eingelassen. Diese Geländerform wurde früher sehr häufig verwendet, wobei die Geländerpfosten und -stäbe meist verziert wurden.

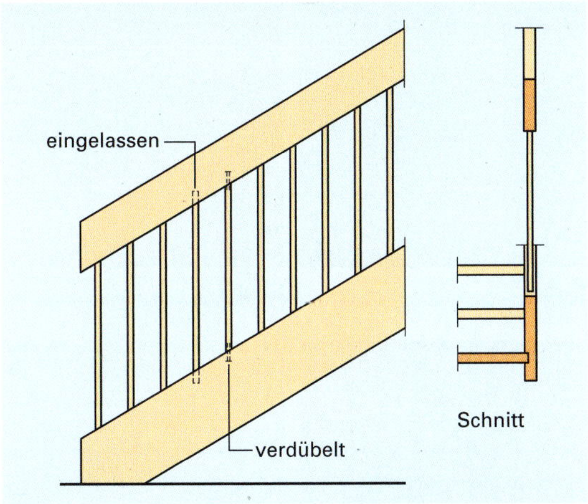

Geländer ohne Pfosten

Der Handlauf dieses Geländers hat den heute gebräuchlichen rechteckigen Querschnitt. Die Geländerstäbe, entweder aus Holz oder Stahl, werden in die Wange und den Handlauf eingelassen.

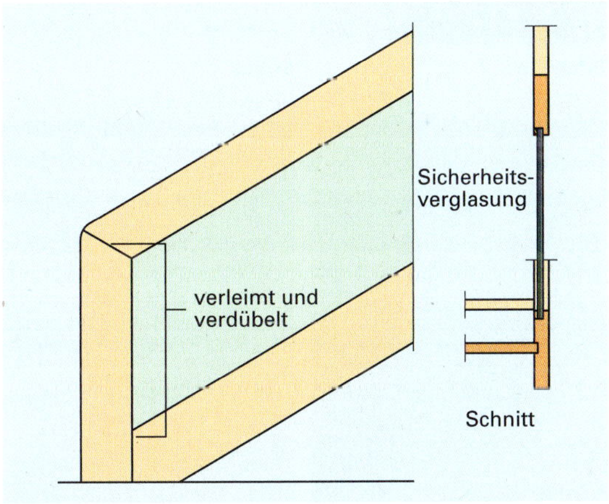

Geländer mit Sicherheitsverglasung

Der Handlauf wird am Antritt und am Austritt bis zur Wange heruntergezogen und bildet mit dieser einen Rahmen. Dieser Rahmen kann mit Geländerstäben, parallel zur Wange verlaufenden Brettern oder mit einer Sicherheitsverglasung ausgefüllt werden.

Handlauf und Wangen werden entweder mit einer Dübel- oder mit einer Keilzinkenverleimung verbunden.

Treppengeländer für aufgesattelte Treppen

Sie sind etwas schwieriger herzustellen, da die Wangen unter den Trittstufen um einige cm eingerückt sind. Die Geländerstäbe werden entweder seitlich an den Wangen befestigt oder direkt mit den Trittstufen verbunden.

Beispiele:

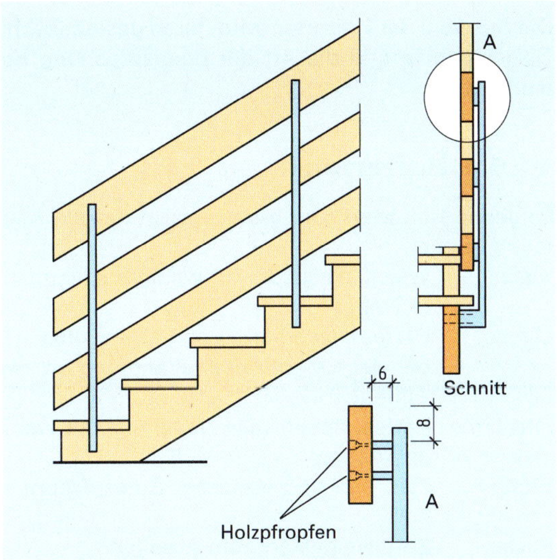

Treppengeländer für aufgesattelte Treppen

Die Stahlhaltestäbe sind unten gekröpft und seitlich an den Wangen befestigt. Damit der Handlauf nicht außerhalb der Laufbreite liegt, wird dieser seitlich an den Stäben befestigt. Hierbei ist darauf zu achten, dass der Abstand zum Stahlstab mindestens 4 cm und die Grifftiefe mindestens 8 cm betragen.

Kniebretter bilden die Zwischenfüllung.

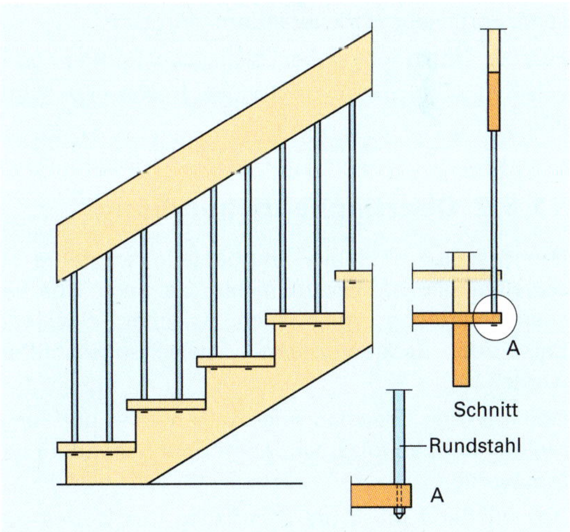

Treppengeländer für aufgesattelte Treppen

Stahl- oder Holzstäbe werden in einem lichten Abstand von höchstens 12 cm direkt an den Stufen befestigt.

Stahlstäbe werden häufig von der Unterseite der Stufe verschraubt, während Holzstäbe eingebohrt und verleimt werden.

Treppengeländer dienen der Sicherheit. Ihre Ausführung hängt von der Treppenkonstruktion und gestalterischen Überlegungen ab.

11.6 Holzarten im Treppenbau

Die Auswahl der Holzarten wird durch gestalterische Gesichtpunkte und die Art der Beanspruchung beeinflusst.

11.6.1 Holzarten

Folgende Holzarten sind grundsätzlich für alle Bauteile geeignet:

Kiefer	Weich, elastisch. Für wenig beanspruchte Treppen.
Lärche	Hartes Nadelholz. Hoher Harzgehalt ist bei der Oberflächenbehandlung zu beachten!
Pitch Pine	Hartes, harzreiches Nadelholz mit wenigen Asten.
Esche	Zäh, hart und elastisch. Gutes Treppenholz.
Buche	Hart. Neigt stark zum Arbeiten.
Eiche	Hart und schwer. Nur Kernholz verwenden. Sehr gutes Treppenholz.
Mahagoni	Hart und abriebfest. Arbeitet wenig.
Teak	Hart und schwer. Arbeitet kaum. Hoher Ölgehalt ist bei der Oberflächenbehandlung zu beachten!

Alle Treppenteile können aus Vollholz oder verleimtem Holz hergestellt werden, wobei die Holzfeuchte bei etwa 10% liegen muss. Außerdem sollten keine liegenden Jahrringe vorkommen, da das Holz sonst seine Form sehr stark verändern würde.

Für die Trittstufen eignen sich auch Furnier- oder Tischlerplatten. Formänderungen treten hier kaum auf.

11.6.2 Oberflächenbehandlung

Grundsätzlich sind alle Treppenteile sorgfältig zu schleifen und sauber zu halten. Je nach Oberflächenbehandlung muss auch zwischen einzelnen Beiz- oder Lackiervorgängen zwischengeschliffen werden.

Durch Beizen, Bleichen oder Kalken kann der Farbton der Treppenhölzer verändert oder besonders betont werden.

Anschließend muss die Oberfläche des Holzes geschützt werden.

Folgende Verfahren sind möglich:

Versiegeln, wenn eine hohe Abriebfestigkeit erreicht werden soll. Bei Versiegelungen handelt es sich in der Regel um Zweikomponentenlacke.

Lackieren bei geringerer Beanspruchung.

Ölen bei geringer Beanspruchung. Mit speziellen Holzölen, meist in Verbindung mit zweitem Arbeitsgang mit Wachs.

Wachsen bei geringerer Beanspruchung. Das Wachs muss speziell für Treppen und Fußböden geeignet sein.

Kiefer

Lärche

Pitch Pine

Esche

Buche

Eiche

Mahagoni

Teak

Mattieren bei geringer Beanspruchung.

Wachs und Mattierung belassen den natürlichen Charakter des Holzes eher als eine Versiegelung oder Lackierung.

Vorsicht, manche Lacke, Versiegelungen oder Mattierungen enthalten Lösemittel. Das Einatmen der Lösemitteldämpfe ist gesundheitsschädlich. Vor der Anwendung sind die Verarbeitungshinweise sorgfältig zu lesen und zu beachten. Gegebenenfalls ist bei der Verarbeitung ein Atemschutz zu tragen.

Schutz der Treppenhölzer

Während der Lagerung und des Transportes sind die fertigen Treppenteile sorgfältig mit festem Verpackungsmaterial gegen Beschädigung zu schützen. Nach dem Einbau der Treppe, der so spät wie möglich vorgenommen werden sollte, sind mindestens die Trittstufen gegen Beschädigung zu schützen.

Passend zugeschnittene Platten aus Holzwerkstoffen werden auf die Trittstufen gelegt und mit Klebebändern gesichert.

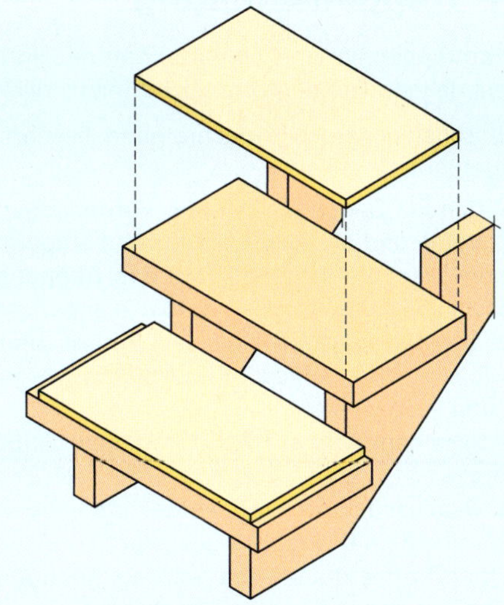

Schutz der Trittstufen während der Bauphase

Zusammenfassung

Zum besseren Verständnis der am Bau Beteiligten und zur Erleichterung bei der Planung von Treppen sind in der DIN 18065 die Grundbegriffe für Treppen festgelegt.

In den Landesbauordnungen und der DIN 18065 sind die wesentlichen Sicherheitsvorschriften enthalten. Gerade Treppen werden der Form nach wie folgt eingeteilt:

- Einläufige Treppe
- Zweiläufige Treppe mit Zwischenpodest
- Zweiläufige gewinkelte Treppe mit Zwischenpodest
- Zweiläufige gegenläufige Treppe mit Zwischenpodest

Das Steigungsverhältnis einer Treppe wird meistens mit der Schrittmaßregel festgelegt. Die Sicherheits- und Bequemlichkeitsregel werden selten angewendet. Die Podestlänge sollte sich nach der durchschnittlichen Schrittlänge richten. Dabei muss sie mindestens der Treppenbreite entsprechen.

Zur Festlegung der Steigungshöhe muss mindestens die Geschosshöhe bekannt sein.

Die Trittstufen aufgesattelter Treppen werden auf die Treppenholme gelegt.

Die Trittstufen eingeschobener Treppen werden in eingefräste Wangennuten eingeschoben.

Bei gestemmten Treppen werden die Tritt- und Setzstufen in die Wangen eingelassen.

Treppengeländer dienen der Sicherheit. Ihre Ausführung wird von der Treppenkonstruktion und von gestalterischen Gesichtspunkten beeinflusst.

Aufgaben

1. *Erläutern Sie die Begriffe: Notwendige Treppe, Treppenlauf, Treppenlauflinie, Trittstufe, Setzstufe, Antrittstufe, Austrittstufe, Treppenwange, Treppenholm.*
2. *Skizzieren Sie den Grundriss einer einläufigen geraden Treppe und einer zweiläufigen gegenläufigen Treppe mit Zwischenpodest.*
3. *Das Steigungsverhältnis einer Treppe kann durch das Anwenden der Schrittmaßregel, der Sicherheitsregel oder der Bequemlichkeitsregel bestimmt werden. Erläutern Sie jede dieser Regeln.*
4. *Wo wird die lichte Durchgangshöhe einer Treppe gemessen?*
5. *Skizzieren Sie das untere und obere Wangenauflager einer aufgesattelten Treppe.*
6. *Wodurch unterscheiden sich eingeschobene und gestemmte Treppen voneinander? Fertigen Sie Skizzen an.*
7. *Zeichnen Sie die Stufenausbildung einer voll gestemmten Treppe im Maßstab 1:10, wenn das Steigungsverhältnis 17,5/28 cm beträgt.*
8. *Worauf ist bei der Formgebung von Handläufen zu achten?*
9. *Skizzieren Sie je ein Treppengeländer für eine aufgesattelte und eine gestemmte Treppe.*
10. *Wie sollten die Jahrringe bei Treppenhölzern verlaufen? Begründen Sie Ihre Antwort.*

11.7 Treppenschalung

Ortbetontreppen lassen sich vorteilhaft mit Holz einschalen, da jede Treppenform leicht herzustellen ist.

Das Einschalen wird wie nachfolgend beschrieben durchgeführt.

1. Auf den Fußboden werden die Vorderkanten der Trittstufen und die Treppenlaufbreite aufgerissen.
2. An der Treppenhauswand wird das Treppenprofil einschließlich der Treppenlaufdicke angerissen.
3. Die Unterkonstruktion für das Podest und die Laufplatte wird aufgestellt, sorgfältig ausgerichtet und ausgesteift.
4. Die Schalhaut wird auf der Unterkonstruktion befestigt.
5. Die Seitenschalung wird aufgestellt, abgestützt und mit einem Drängbrett gesichert.
6. An der Treppenhauswand werden Knaggen zur Aufnahme der Stellbretter angebracht.
7. Die Stellbretter werden zwischen der Treppenhauswand und der Seitenschalung eingepasst und befestigt.
8. Zum Schluss werden die Stellbretter in deren Mitte ausgesteift, damit sie sich beim Betonieren nicht verformen.

Nach dem Ausschalen der Treppe sind sofort Sicherungen gegen den Absturz von Personen zu treffen.

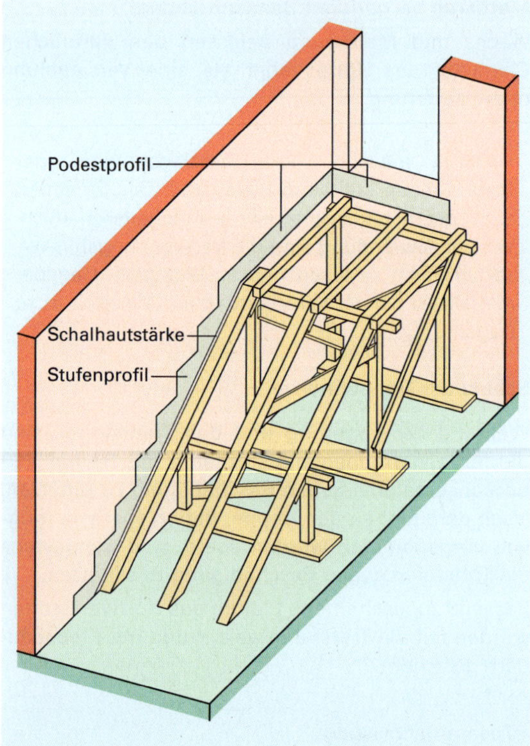

Unterkonstruktion

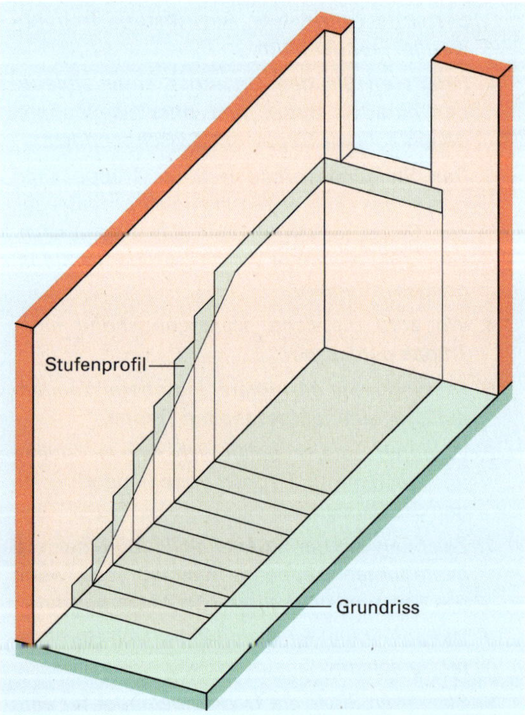

Treppenaufriss

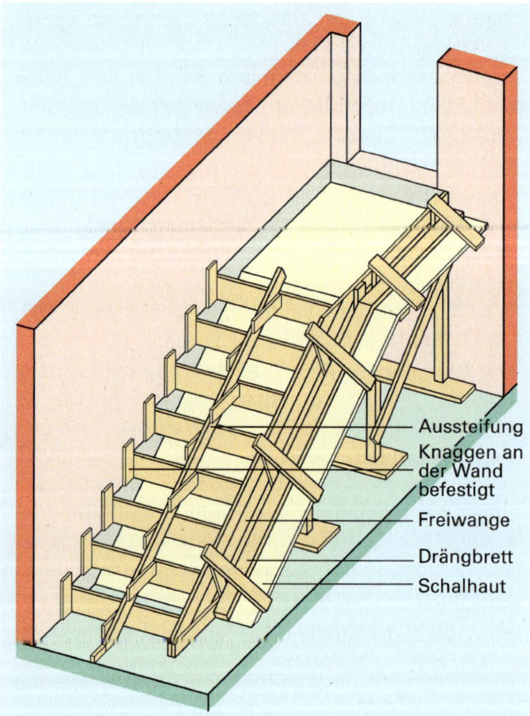

Treppenschalung

Bei der Herstellung von Treppenschalungen aus Holz und Holzwerkstoffen ist auf eine sorgfältige Aussteifung zu achten. Die Unterkonstruktion ist gegen Kippen, die Seitenschalung und die Stellbretter sind gegen den beim Betonieren auftretenden Schalungsdruck auszusteifen.

11.8 Zeichnerische Darstellung von Holztreppen

Treppen werden im Grundriss, im Schnitt und falls erforderlich in der Ansicht dargestellt.

Die gebräuchlichen Maßstäbe sind 1:20 und 1:10. Bei Detailzeichnungen kann es sinnvoll sein, einen größeren Maßstab, z.B. 1:5, zu wählen.

Im Grundriss müssen folgende Inhalte bzw. Angaben enthalten sein:

- Draufsicht auf die Treppe mit Darstellung der Stufen, Unterschneidungen, Wangen, Handläufe, Podeste und der Lauflinie.
- Bemaßung der Treppenlaufbreite und der Podesttiefen.
- Eintragung des Steiungsverhältnisses für jeden Treppenlauf.

Im Schnitt sind geschnittene Treppenläufe, Podeste und Decken einschließlich der Materialschraffuren darzustellen. Nicht geschnittene Bauteile sind als Ansicht darzustellen.

Folgende Maßangaben müssen vorhanden sein:

- Stufenstärke, Stufenbreite,
- Geschosshöhe, Steigungsverhältnis, Geländerhöhe.

In Detailzeichungen sind Anschlüsse deutlich darzustellen.

Hier sind alle zum Bau der Treppe erforderlichen Maße einzutragen.

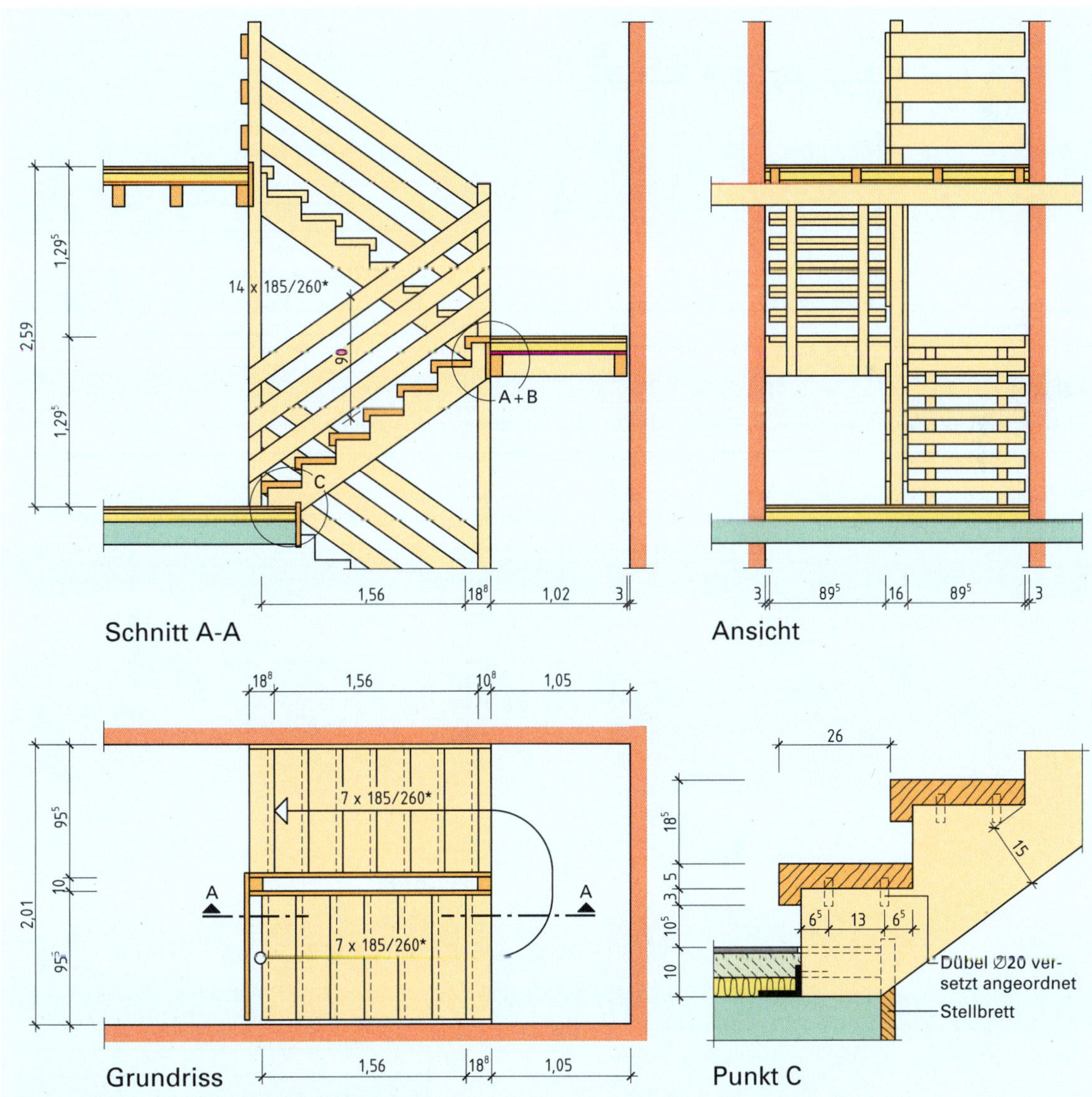

* In Bauzeichnungen wird die Anzahl der Steigungen × Steigung/Auftritt in mm angegeben.

Aufgesattelte Treppe

Aufgabe 1

Zeichnen Sie die abgebildete Musterlösung einer einläufigen aufgesattelten Treppe.

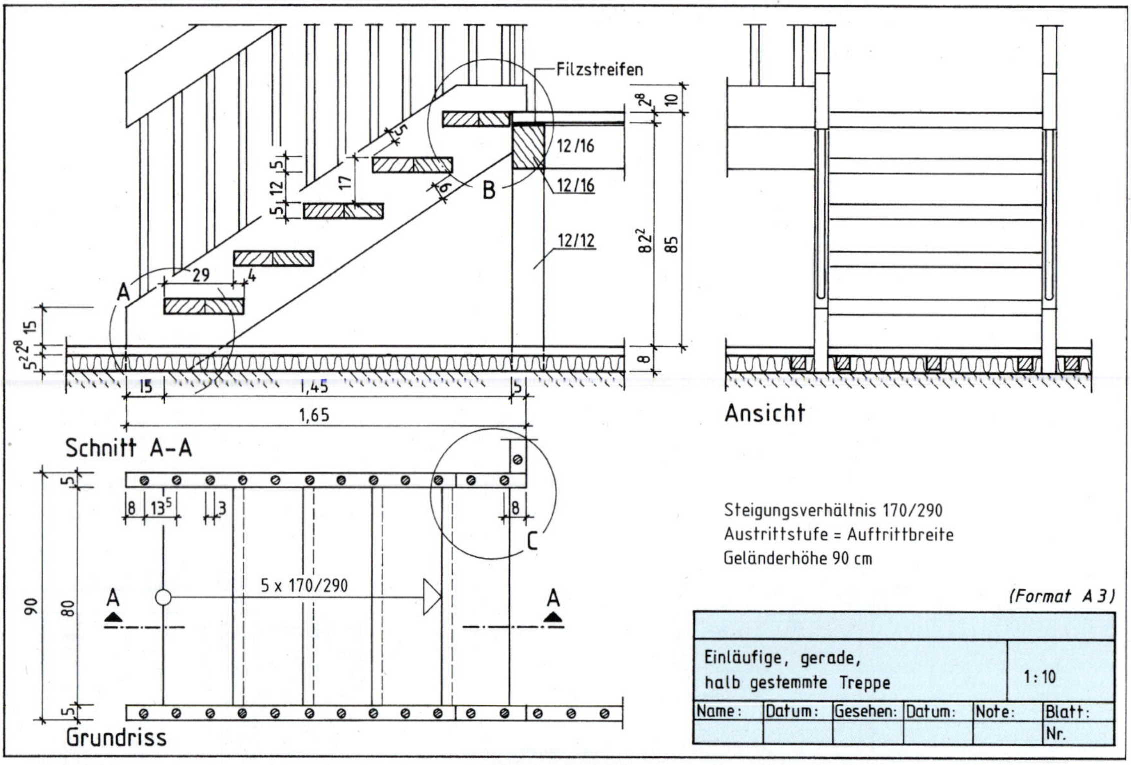

Aufgabe 2

Zeichnen Sie die Detailpunkte A, B, und C aus der Musterlösung von Aufgabe 1.

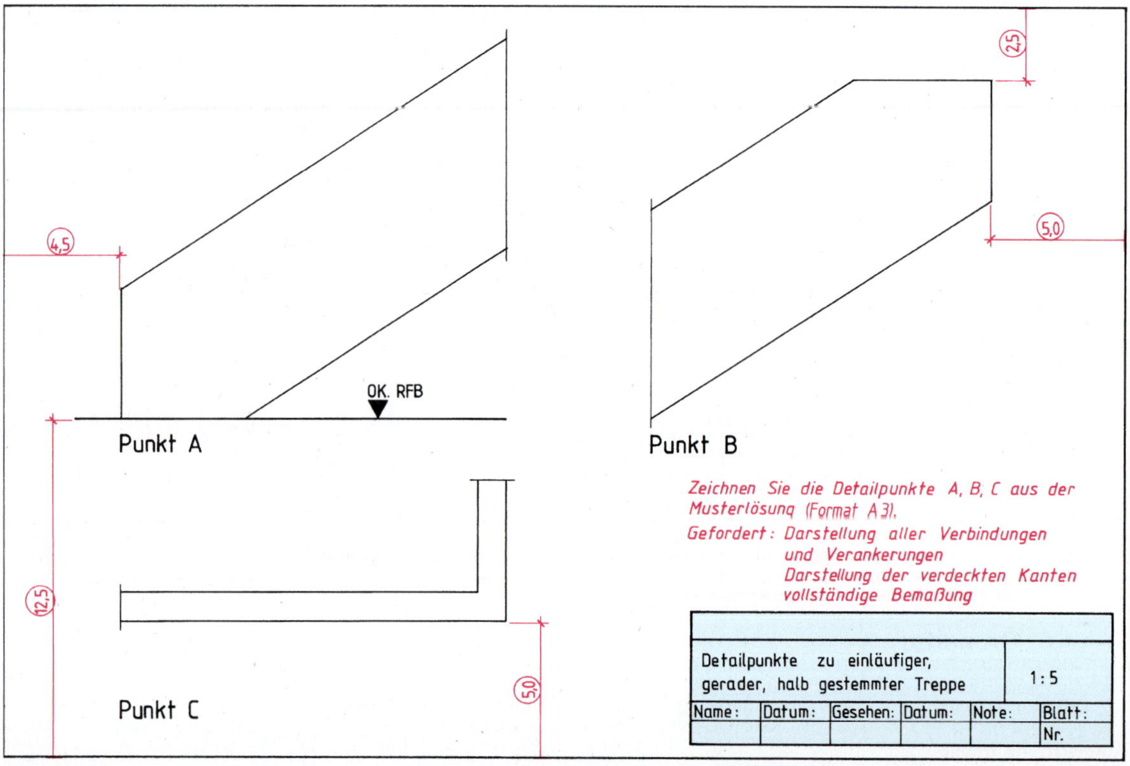

Aufgabe 3

Zeichnen Sie für das Projekt eine einläufige aufgesattelte Treppe. Darzustellen sind Grundriss, Schnitt sowie die Details des An- und Austritts. Das Geländer ist im Grundriss und im Schnitt darzustellen.

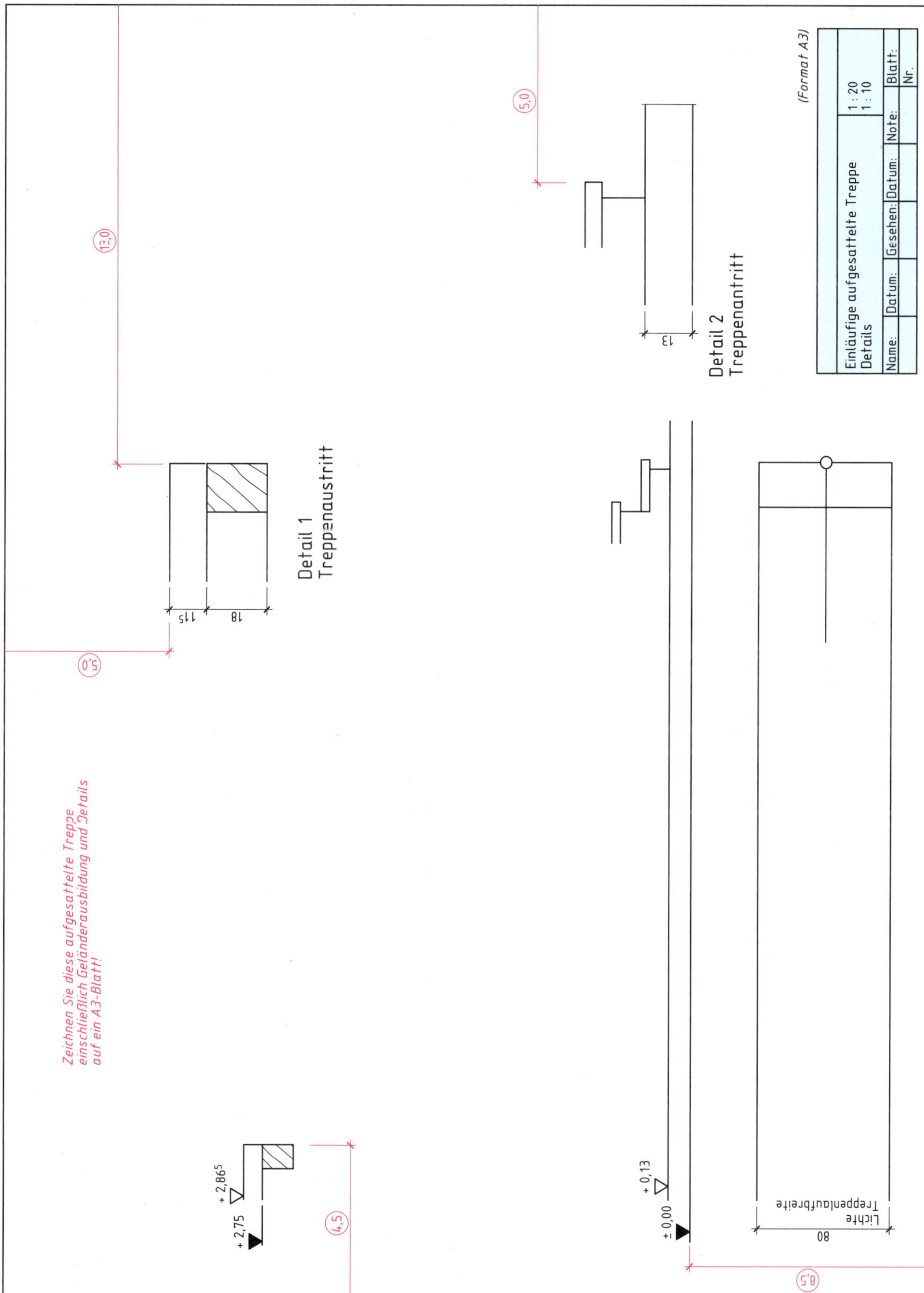

Aufgabe 4

Zeichnen Sie für das Projekt eine einläufige halb gestemmte Treppe. Darzustellen sind Grundriss, Schnitt sowie die Details des An- und Austritts. Das Geländer ist im Grundriss und im Schnitt darzustellen.

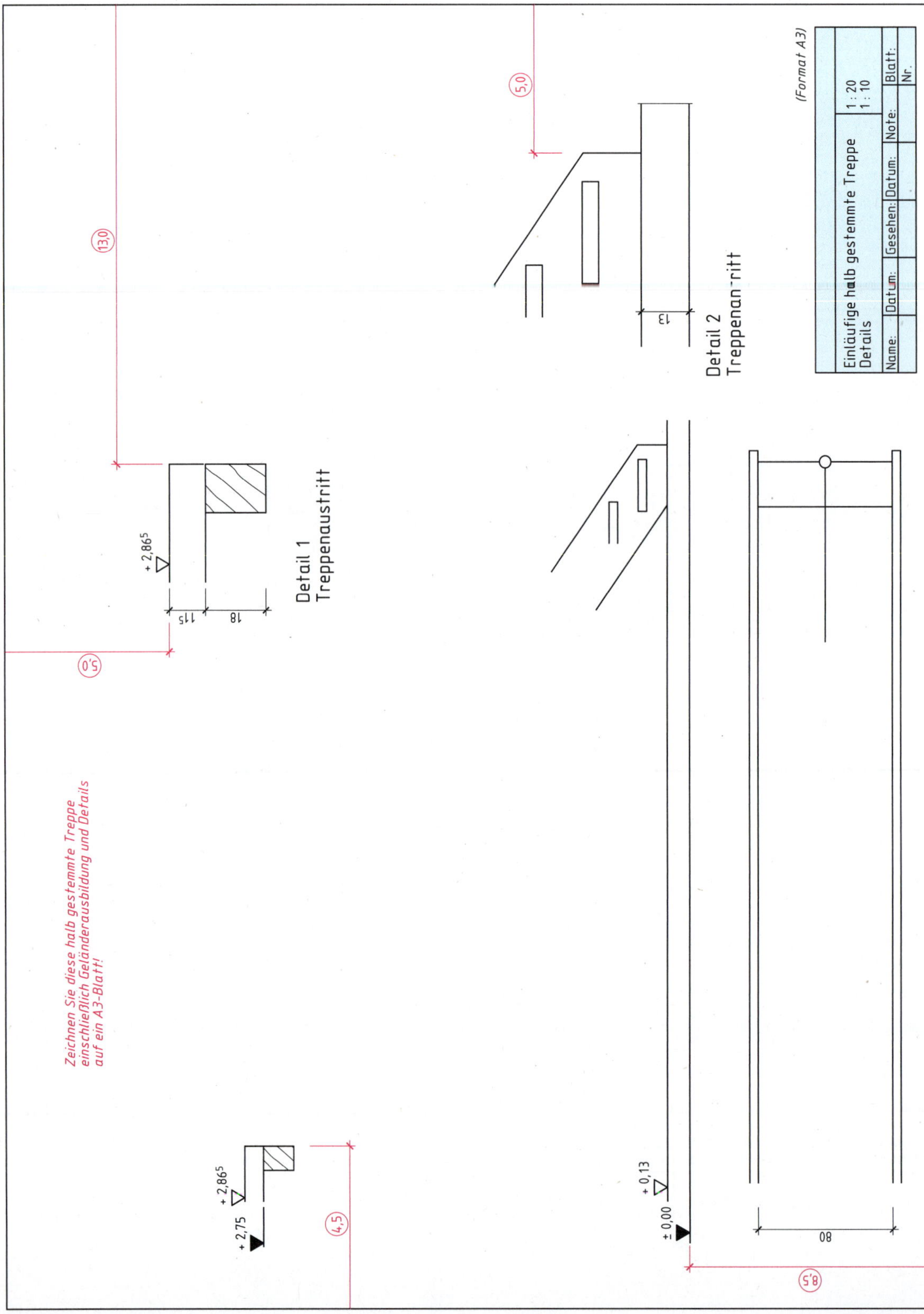

11.9 Projektaufgabe

Für das Projekt ist eine einläufige gerade aufgesattelte Holztreppe vorgesehen.

1. Legen Sie die Laufrichtung fest. Beachten Sie dabei die lichte Durchgangshöhe.
2. Skizzieren Sie den Fußbodenaufbau im Erd- und Obergeschoss und legen Sie die Konstruktionshöhe fest.
3. Ermitteln Sie die Steigungshöhe *s* der Treppe.
4. Berechnen Sie das Steigungsverhältnis mithilfe der Schrittmaßregel.
5. Ermitteln Sie die Länge des Treppenlochs und beachten Sie, dass die Länge so klein wie möglich sein soll.
6. Zeichnen Sie im Maßstab 1:10 den Grundriss, sowie Längs- und Querschnitt der Treppe. Achten Sie auf vollständige Bemaßung und Beschriftung.
7. Skizzieren Sie verschiedene Geländerarten, die sich für diese Treppe eignen. Beachten Sie die Sicherheitsanforderungen.
8. Wählen Sie ein Geländer aus und zeichnen Sie es in den Längsschnitt der Treppe ein.

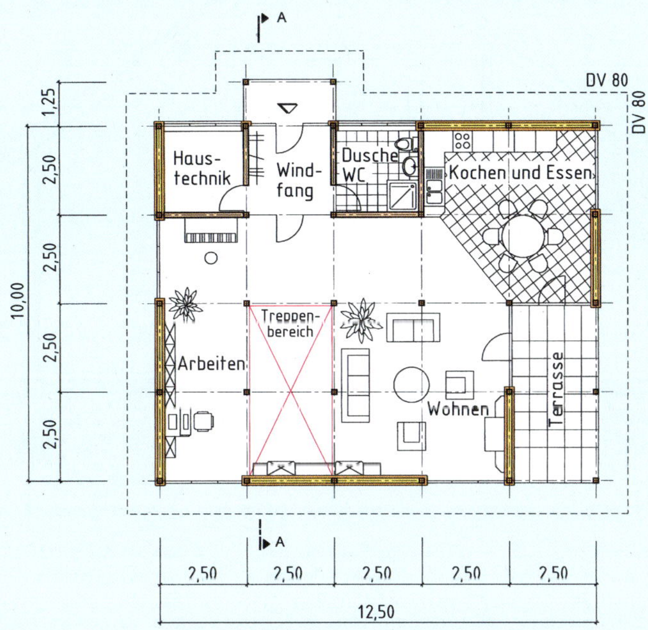

Erdgeschoss

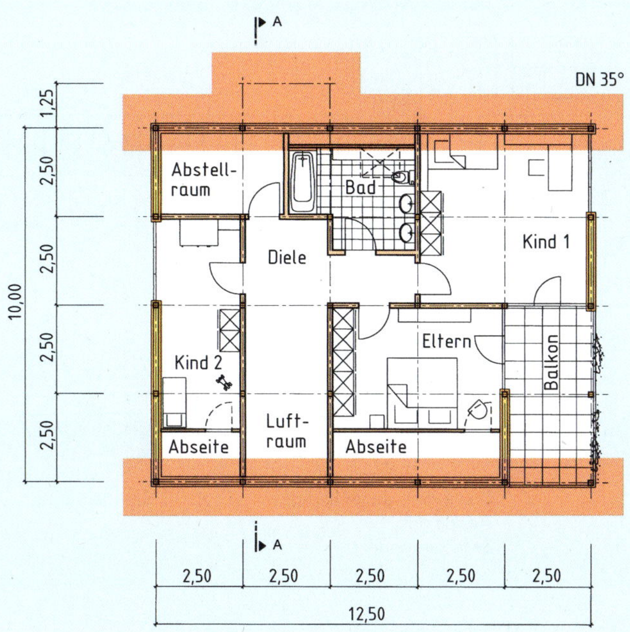

Dachgeschoss

9. Zeichnen Sie im Maßstab 1:5 folgende Details Ihrer Treppe:
   - das Auflager des Treppenholms am Antritt und Austritt der Treppe,
   - die Verbindung zwischen den Stufen und dem Treppenholm,
   - den Anschluss des Geländers am Treppenholm oder an den Stufen.

10. Wählen Sie eine Holzart für die Treppe aus, und begründen Sie Ihre Wahl.

11. Wählen Sie aus den abgebildeten Treppenformen eine oder mehrere Formen aus, die sich Ihrer Meinung nach für das Projekt eignen würden. Begründen Sie Ihre Auswahl.

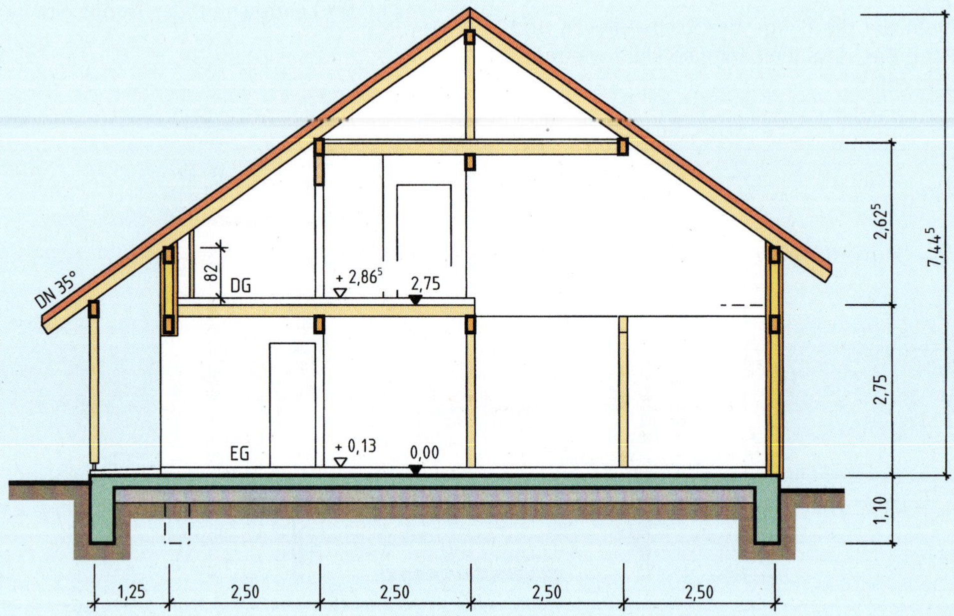

Schnitt

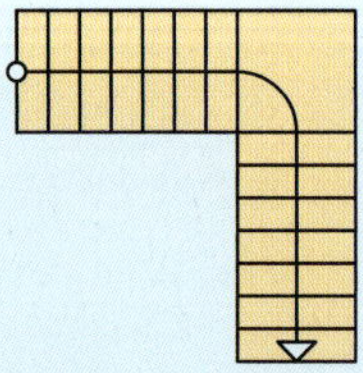

Zweiläufige gewinkelte Treppe mit Zwischenpodest

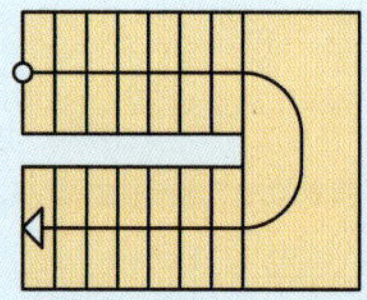

Zweiläufige gegenläufige Treppe mit Zwischenpodest

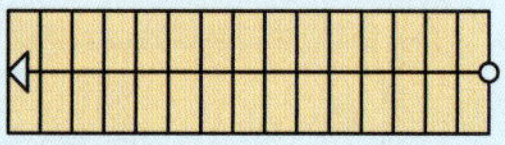

Einläufige gerade Treppe

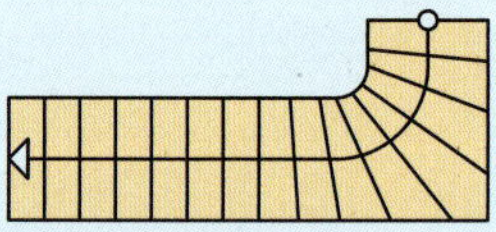

Einläufige im Antritt viertelgewendelte Treppe

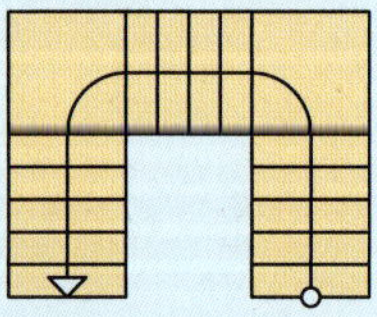

Dreiläufige zweimal abgewinkelte Treppe mit Zwischenpodest

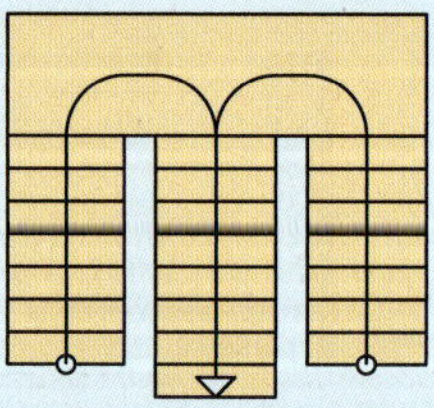

Dreiläufige gegenläufige Treppe mit Zwischenpodest

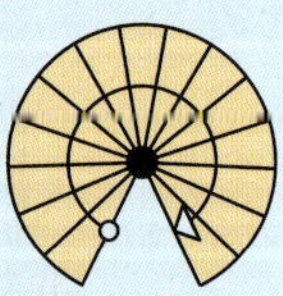

Spindeltreppe

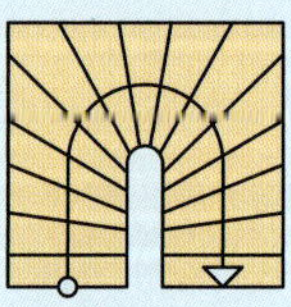

Einläufige halbgewendelte Treppe

Treppenformen

Lernfeld 12:
Schiften am gleich geneigten Walmdach

Unter Schiftung versteht man das Austragen und Ausarbeiten von **Grat-, Kehl-, Schifter-** und **schrägen Giebelsparren.** Sie kommt immer dort vor, wo Dachflächen schräg aufeinander treffen.

Die Schiftung zählt zweifellos zu den schwierigsten Arbeiten des Zimmerers, da sie sowohl ein gutes räumliches Vorstellungsvermögen als auch ein hervorragendes handwerkliches Können erfordert. Sehr schwierig wird sie, wenn größere Gebäude (Schwimmhallen, Gemeindezentren oder Kirchen) geneigte Dachflächen über schiefwinkligen Grundrissen haben. Auch bei unserem Projekt wäre u.U. ein Walmdach mit gleich geneigten Dachflächen möglich.

12.1 Dachausmittlung

12.1.1 Grundlagen

Bevor mit dem Austragen und Anreißen der Grat- oder Kehlsparren begonnen werden kann, muss deren Lage und die des Firstes bestimmt werden. Dazu müssen der Grundriss und die Profile bekannt sein. Diese Arbeit wird als **Dachausmittlung** bezeichnet. Die Lage der Grat-, Kehl- und Firstlinien hängt davon ab, ob alle Dachflächen gleich oder verschieden geneigt sind. Außerdem spielt es eine Rolle, wie die Traufen zueinander liegen.

Bei **gleicher Dachneigung** haben Sparren mit derselben Firsthöhe das gleiche Grundmaß. Wird nun eine Linie im Abstand dieses Grundmaßes parallel zu den Traufen gezogen, so entstehen an den Gebäudeecken Schnittpunkte. Werden die Gebäudeecken und die Schnittpunkte miteinander verbunden, so sind die Grat- oder Kehllinien gefunden.

Da die Schnittpunkte denselben Abstand zu den sich schneidenden Traufen haben, verlaufen Grat- und Kehllinien in der **Winkelhalbierenden** der Gebäudeecken. Bei gleicher Dachneigung reicht es, wenn man lediglich die Winkelhalbierenden der Traufecken findet und diese zum Schnitt bringt. Der Neigungswinkel der Dachflächen ist dabei unwichtig.

Die Firstlinie wird durch das Verbinden der Anfallspunkte gefunden. Bei parallel verlaufenden und gleich hohen Traufen liegt die Firstlinie genau in der Mitte.

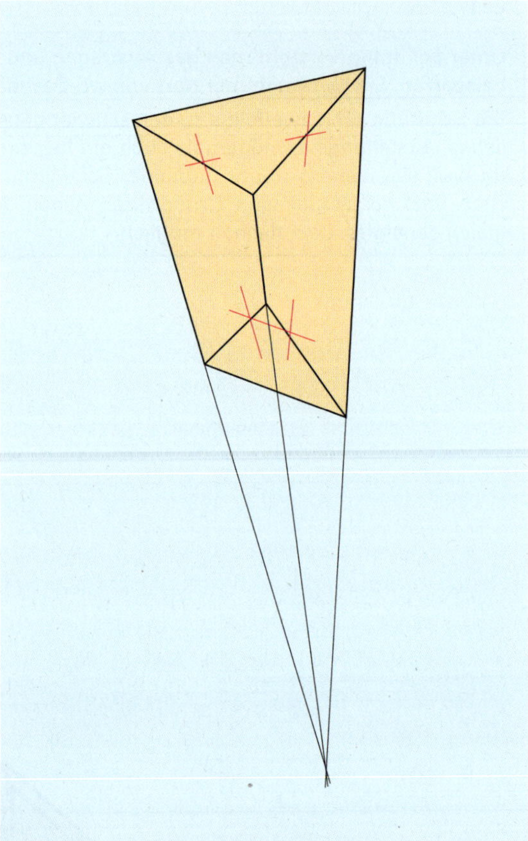

Ausmittlung mithilfe der Winkelhalbierenden

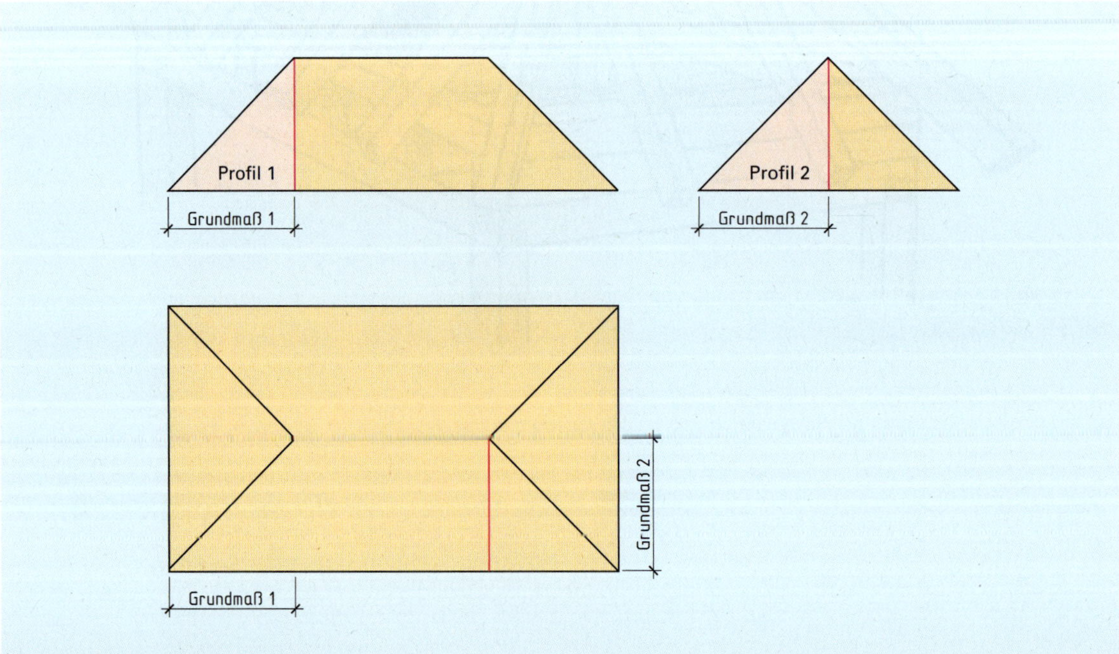

Ausmittlung bei gleicher Dachneigung

12.1.2 Ausmittlung

Bei Dächern, deren Grundfläche sich aus mehreren Rechtecken, Quadraten oder sonstigen geometrischen Formen zusammensetzt, werden zuerst alle **Grat-** und **Kehllinien** eingezeichnet. Alle Dachflächen müssen allseitig von Trauf-, First-, Kehl- oder Gratlinien begrenzt sein.

Dabei ergibt sich an dem dargestellten Beispiel, dass die Dachflächen 1, 5 und 8 allseitig von Trauf- und Gratlinien begrenzt sind. An allen übrigen Dachflächen fehlt die Begrenzung zu einer oder mehreren Seiten.

Für die weitere Ausmittlung des Daches ist es sinnvoll, jede Dachfläche für sich zu begrenzen und nach dem folgenden Schema vorzugehen.

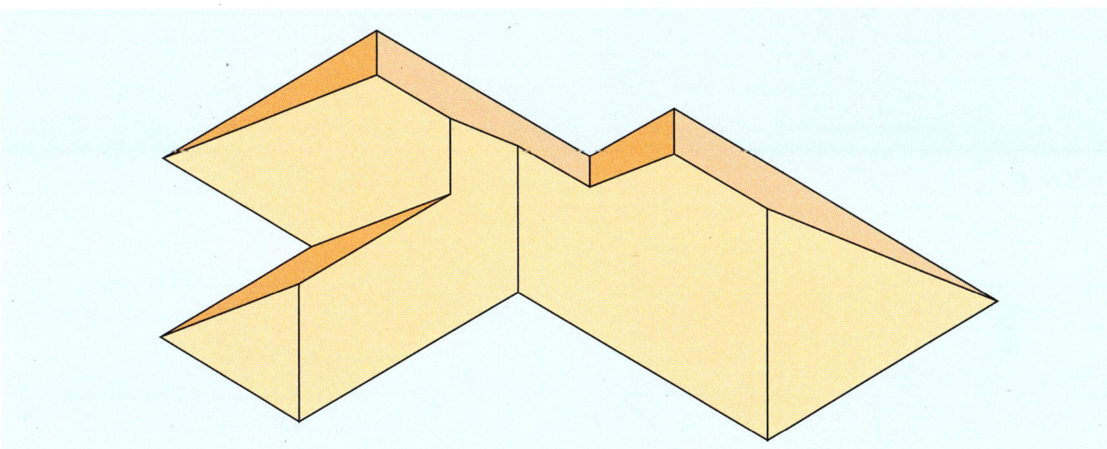

Isometrie eines Walmdaches mit gleich geneigten Dachflächen

Schritt Nr.	Dachflächen Nr.	Lage der Traufen zueinander	Begrenzungslinie	Bemerkung
1				sämtliche Grat- und Kehllinien einzeichnen
2	2 und 10	parallel	First	
3	2 und 7	rechtwinklig	Grat	
4	2 und 6	parallel	First	Dachfläche 2 ist geschlossen
5	3 und 6	rechtwinklig	Grat	Dachfläche 3 ist geschlossen
6	4 und 6	parallel	First	Dachflächen 4 und 6 sind geschlossen
7	7 und 10	rechtwinklig	Grat	Dachfläche 10 ist geschlossen
8	7 und 9	parallel	First	Dachflächen 7 und 9 sind geschlossen

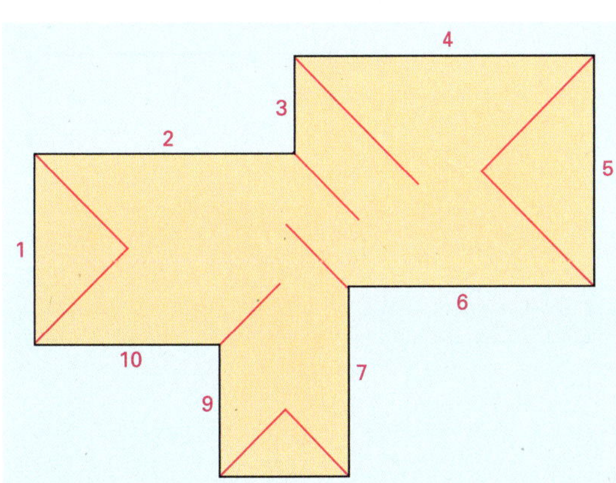

Schritt Nr. 1

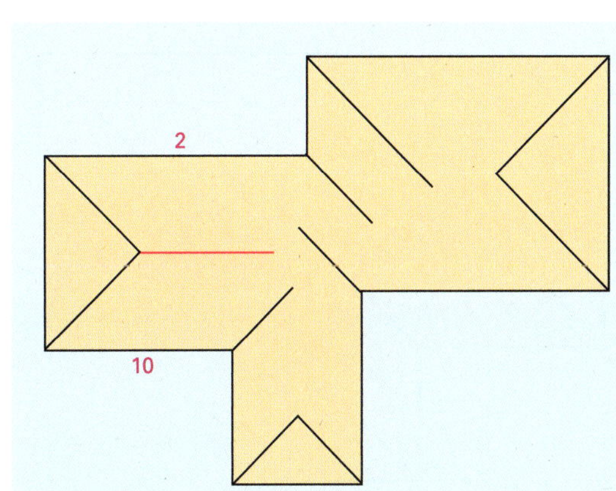

Schritt Nr. 2

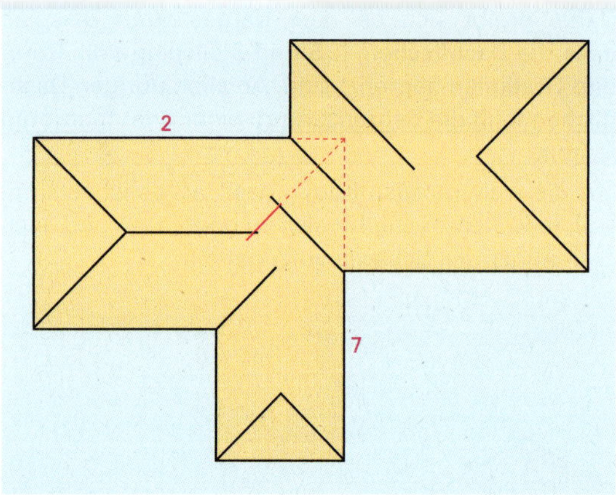

Schritt Nr. 3

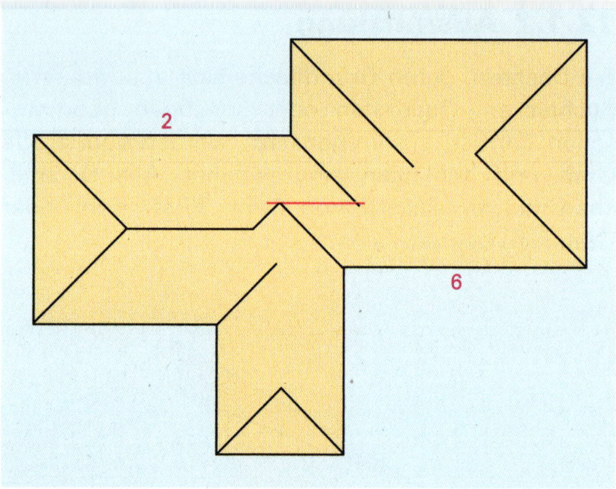

Schritt Nr. 4

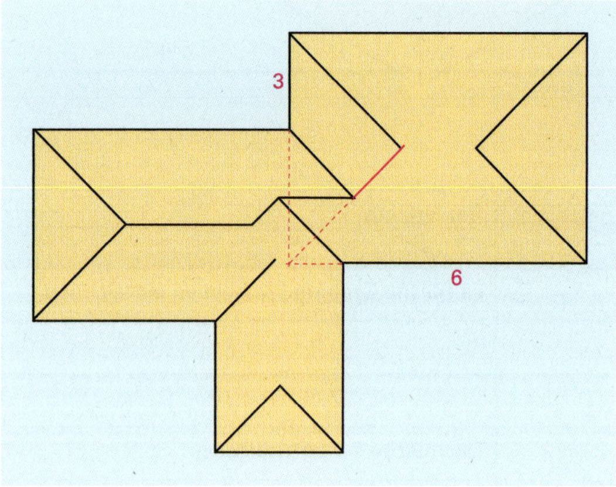

Schritt Nr. 5

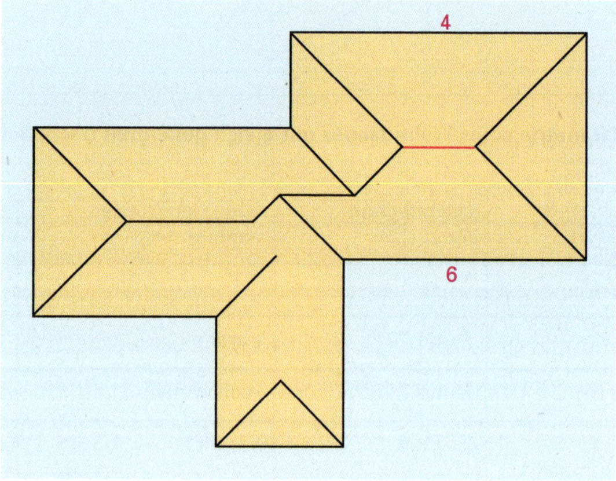

Schritt Nr. 6

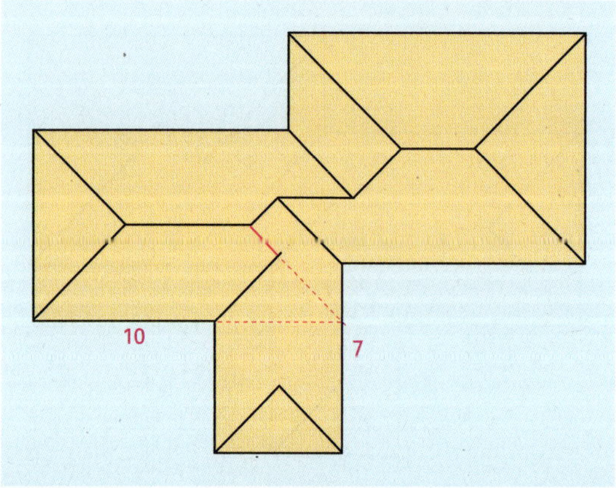

Schritt Nr. 7

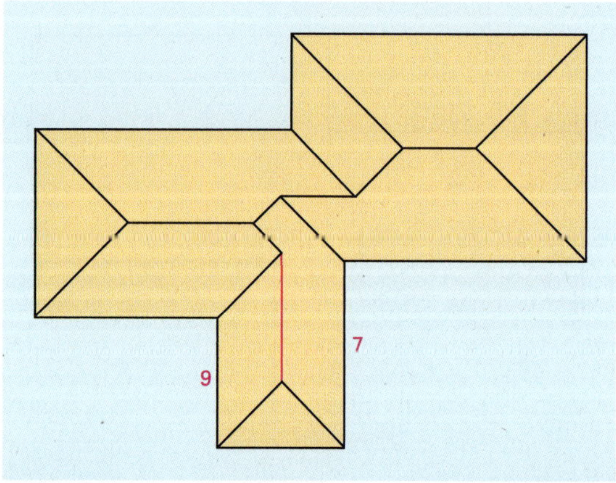

Schritt Nr. 8

12.1.3 Ermittlung von wahren Größen

Bei Dächern sind weder in den Ansichten noch in den Draufsichten die Dachflächen in ihrer **tatsächlichen Größe** dargestellt. Da sie nicht parallel zur Bildebene liegen, erscheinen sie immer kleiner, als sie tatsächlich sind. Lediglich die First- und Trauflinien sowie die Normalsparren sind in ihrer wahren Länge sichtbar.

Die wahren Größen der Dachflächen sowie die der Grat- und Kehlsparren sind nur dann zu sehen, wenn man **rechtwinklig** davor steht. Damit der Betrachter die Dachflächen in ihrer tatsächlichen Größe sehen kann, müssen diese so umgeklappt werden, dass sie parallel zur Bildebene des Grundrisses liegen.

Zur Ermittlung der wahren Größen von Dachflächen sind mindestens ein Profil und der Grundriss notwendig.

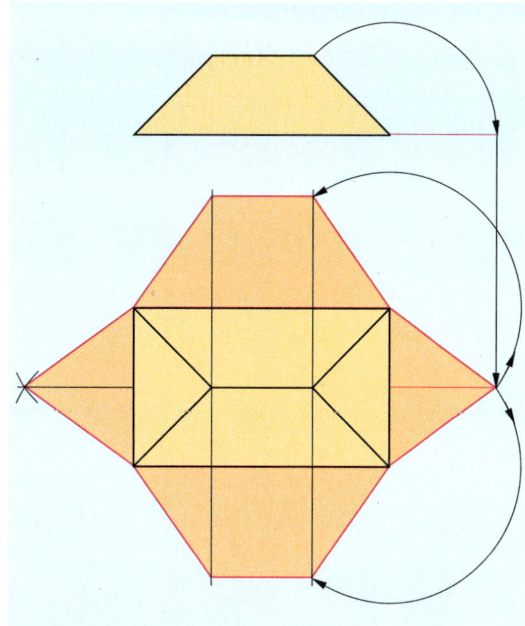

Wahre Größen der Dachflächen

Wahre Längen von Grat- und Kehlsparren

Da die Grat- und Kehlsparren ebenso wie die Dachflächen nicht parallel zur Bildebene der Zeichnung liegen, erscheinen sie ebenfalls verkürzt. Auch hier müssen die Sparren so umgeklappt werden, dass der Betrachter rechtwinklig vor ihnen steht und somit ihre wahre Länge sieht.

Um die wahre Größe von Grat- und Kehlsparren zu ermitteln, müssen der Grundriss und ein Profil gezeichnet werden.

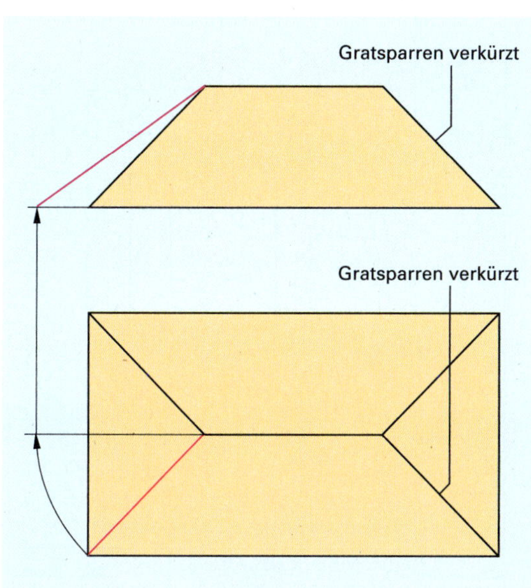

Wahre Länge des Gratsparrens

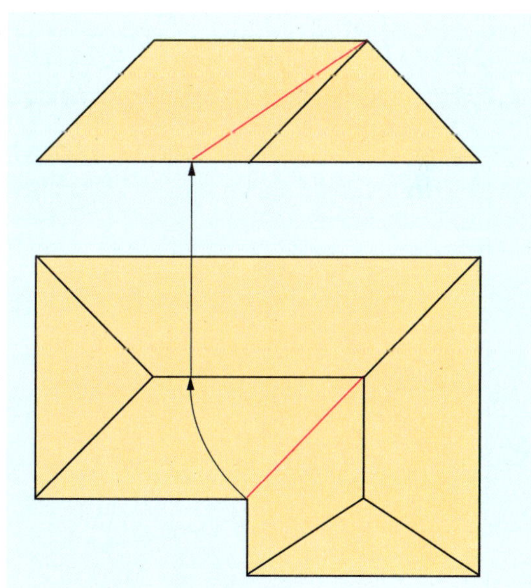

Wahre Länge des Kehlsparrens

Bei Walmdächern mit gleicher Dachneigung verlaufen alle Grat- und Kehllinien in der Winkelhalbierenden der sich schneidenden Traufen.

Bei gegenüberliegenden Traufen auf gleicher Höhe verlaufen die Firstlinien immer in der Mitte zwischen den Traufen und parallel zu diesen.

12.1.4 Zeichenaufgaben

Zeichnen Sie die Musterlösungen auf ein A4-Blatt

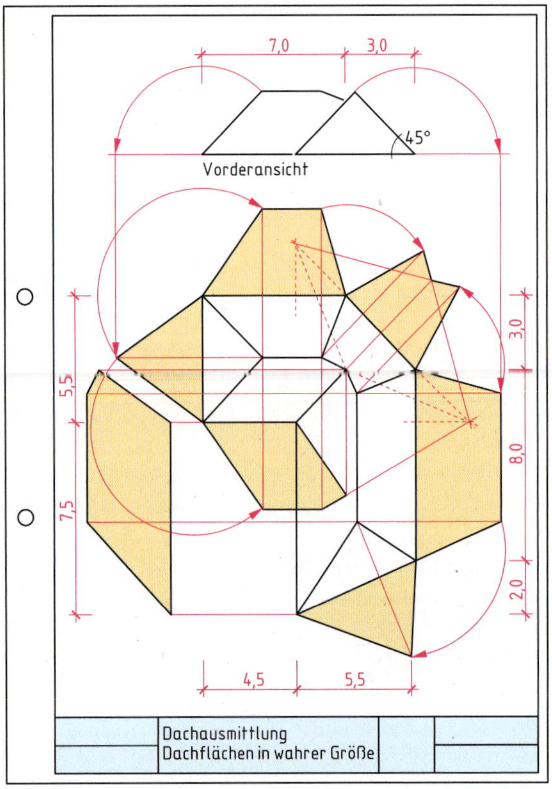

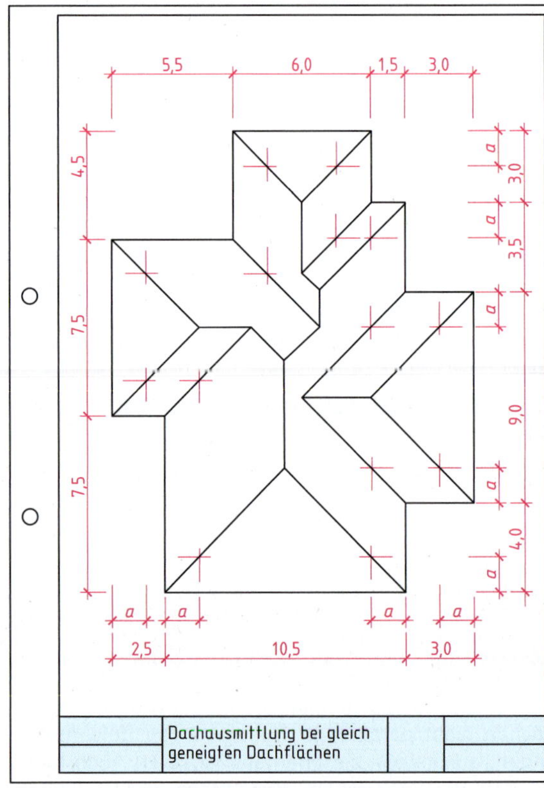

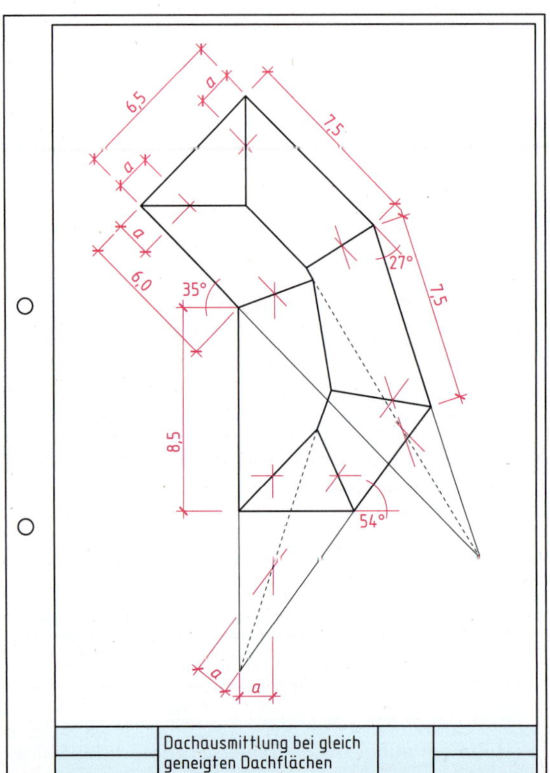

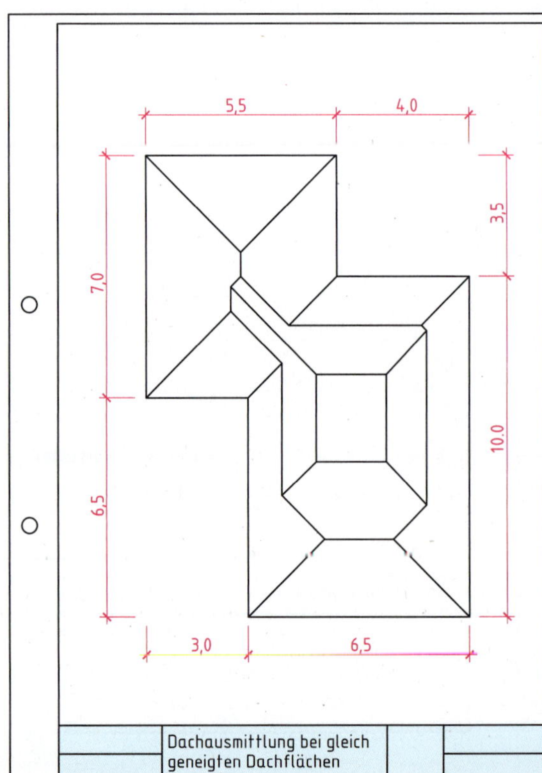

Fertigen Sie die Dachausmittlungen, wie auf den Aufgabenblättern beschrieben, an.

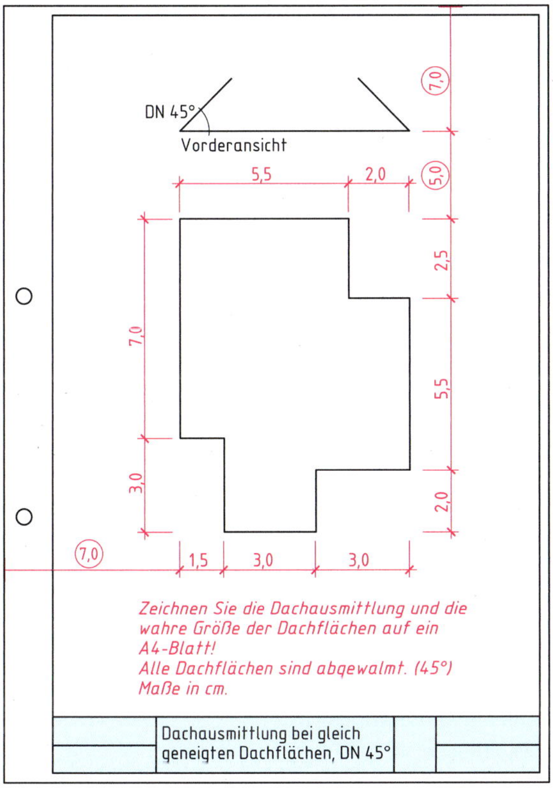

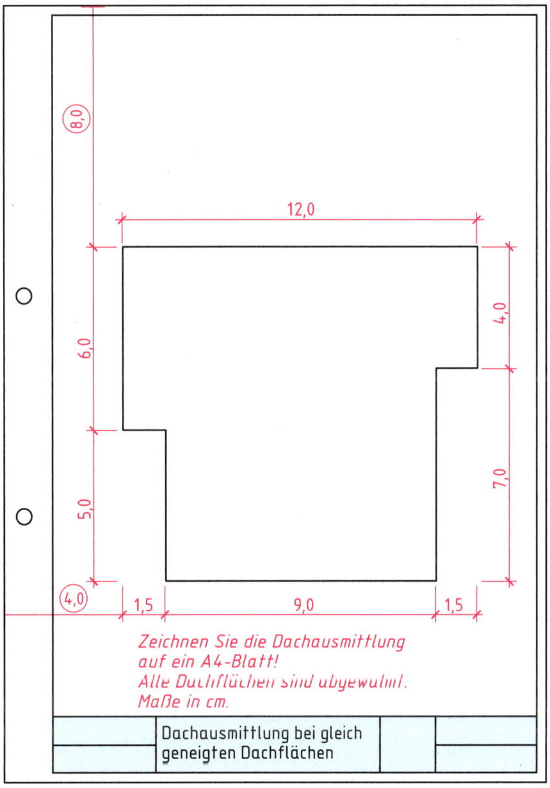

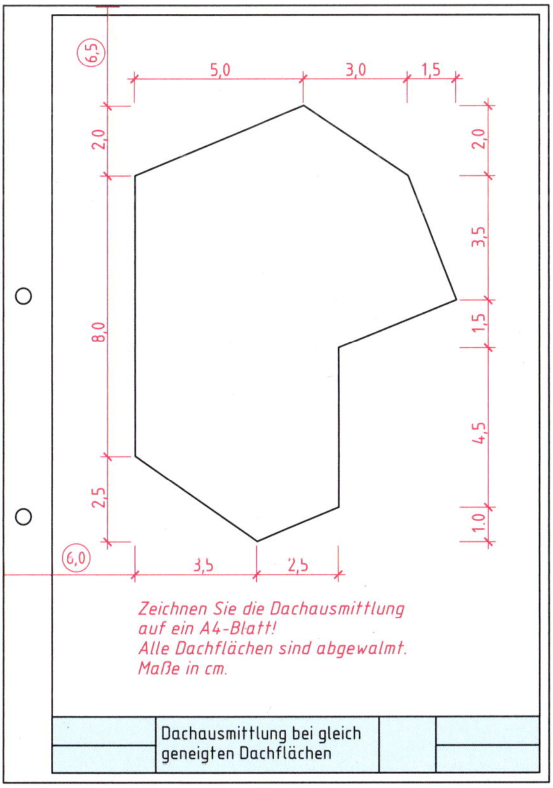

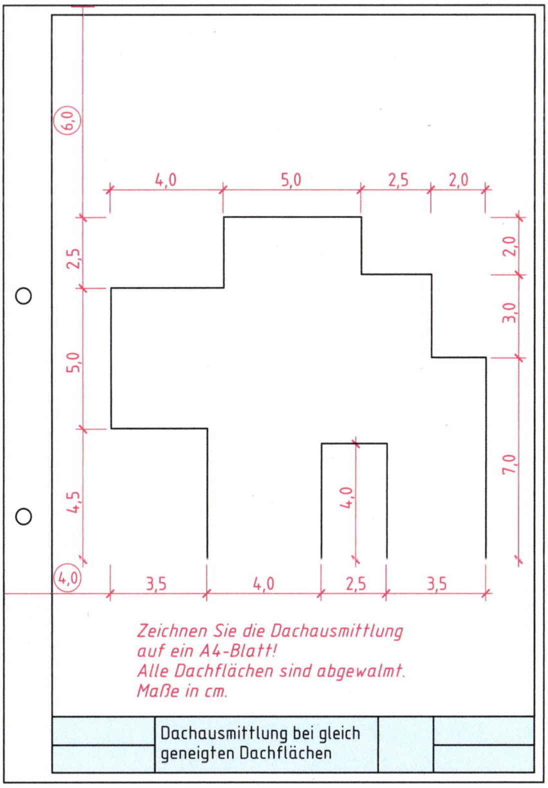

12.2 Berechnungen am gleich geneigten Walmdach

12.2.1 Berechnung wahrer Größen

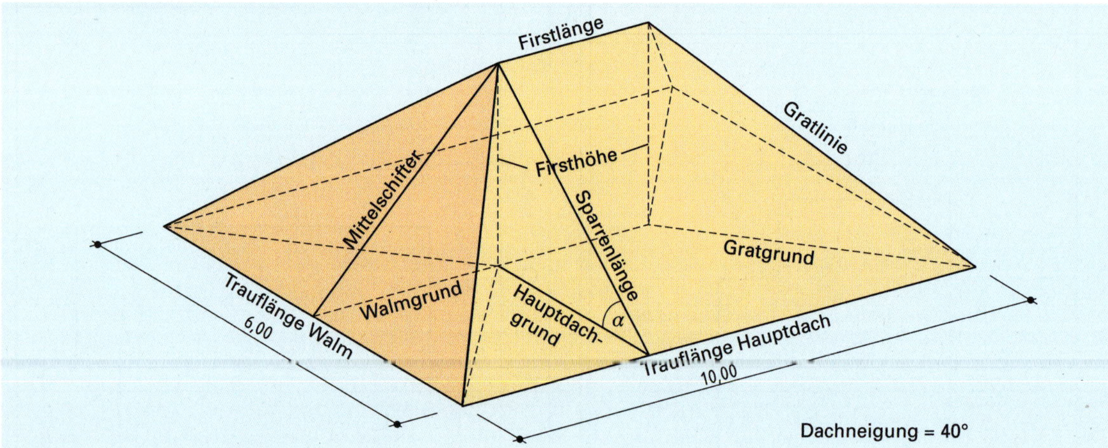

Walmdach mit gleich geneigten Dachflächen

Bezeichnungen:

Trauflänge Hauptdach (Hauslänge): l_{HD}
Trauflänge Walm (Hausbreite): l_W
Firstlänge: l_F
Firsthöhe (hier bezogen auf die Traufhöhe): h_F
Grundmaß Hauptdach: g_{HD}
Grundmaß Walm: g_W
Grundmaß Gratsparren (Gratgrund): g_G
Länge der Gratlinie: l_G
Sparrenlänge Hauptdach: l_S
Sparrenlänge Walm (Mittelschifter): l_{SW}
Dachneigungswinkel: α
Dachfläche: A

Beispiel:

Für das dargestellte Walmdach mit gleich geneigten Dachflächen sind folgende Größen zu berechnen:

a) Firsthöhe,
b) Länge des Hauptdachsparrens (bei gleich geneigten Walmdächern ist dies zugleich die Länge des Mittelschifters),
c) Länge des Gratgrundmaßes,
d) Länge der Gratlinie,
e) Dachfläche.

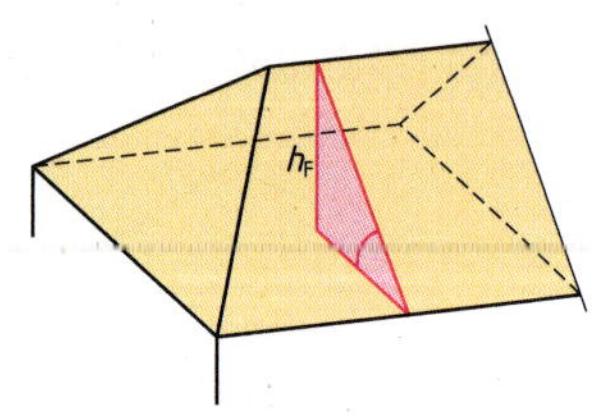

Lösung:

a) Firsthöhe

Berechnung über Winkelfunktionen: $\tan \alpha = \dfrac{\text{Gegenkathete}}{\text{Ankathete}}$

Gegeben: $\tan 40° = 0{,}8391$
Ankathete: $l_W : 2 = 6{,}00\ \text{m} : 2 = 3{,}00\ \text{m}$

Gesucht: Gegenkathete = Firsthöhe h_F

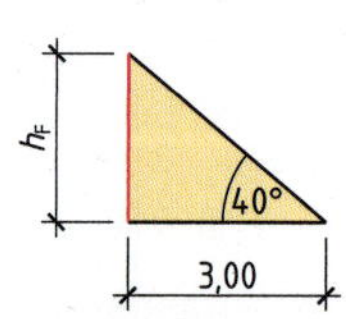

Firsthöhe

Lösung:

$$\text{Gegenkathete} = \text{Ankathete} \cdot \tan \alpha$$

Firsthöhe = (Trauflänge Walm : 2) · tan 40°
$h_F = 3{,}00\ \text{m} \cdot 0{,}8391 = 2{,}517\ \text{m}$
Firsthöhe h_F = $\underline{2{,}517\ \text{m}}$

b) Länge des Hauptdachsparrens

Gegeben: Firsthöhe $a = 2{,}517$ m

Grundmaß bei gleich geneigten Dachflächen $= \frac{1}{2} \cdot$ Gebäudebreite $= \frac{6{,}00 \text{ m}}{2}$
$= 3{,}00$ m

Gesucht: Hauptdachsparren l_S

$$l_S = \sqrt{h_F^2 + g_{HD}^2} = \sqrt{(2{,}517 \text{ m})^2 + (3{,}00 \text{ m})^2}$$
$$= \sqrt{6{,}335 \text{ m}^2 + 9{,}00 \text{ m}^2}$$
$$= \sqrt{15{,}335 \text{ m}^2}$$
$$= 3{,}916 \text{ m}$$

Hauptdachsparren = <u>3,916 m</u>

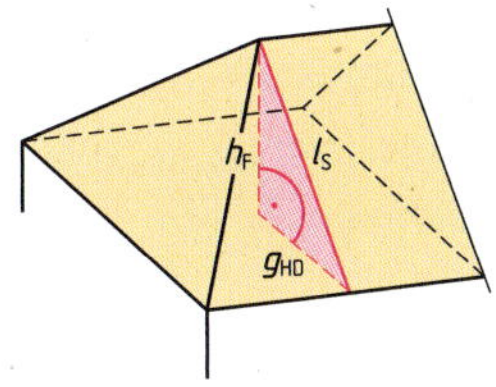

Länge des Hauptdachsparrens

c) Länge des Gratgrundmaßes g_G
→ Diagonale im Quadrat

Gegeben:
Seitenlängen $= g_W = g_{HD} = 3{,}00$ m
Diagonale $= 3{,}00 \text{ m} \cdot \sqrt{2}$
$= 4{,}243$ m

Gratgrundmaß = <u>4,243 m</u>

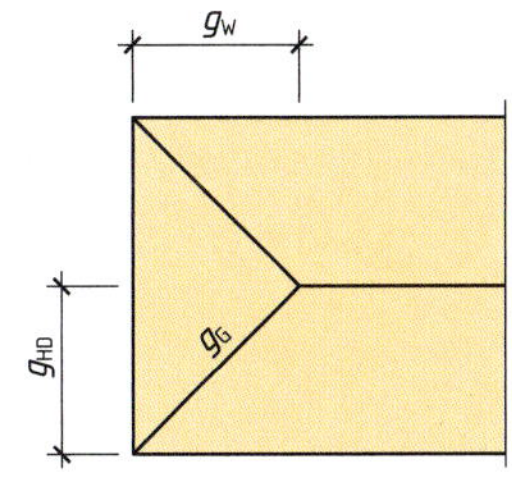

d) Länge der Gratlinie l_G

Gegeben: Firsthöhe
$h_Γ = 2{,}517$ m
Gratgrundmaß
$g_G = 4{,}243$ m

Gesucht: Gratlinie l_G

$$l_G = \sqrt{h_F^2 + g_G^2}$$
$$= \sqrt{(2{,}517 \text{ m})^2 + (4{,}243 \text{ m})^2}$$
$$= \sqrt{6{,}335 \text{ m}^2 + 18{,}00 \text{ m}^2}$$
$$= \sqrt{24{,}335 \text{ m}^2}$$
$$= 4{,}933 \text{ m}$$

Gratlinie = <u>4,933 m</u>

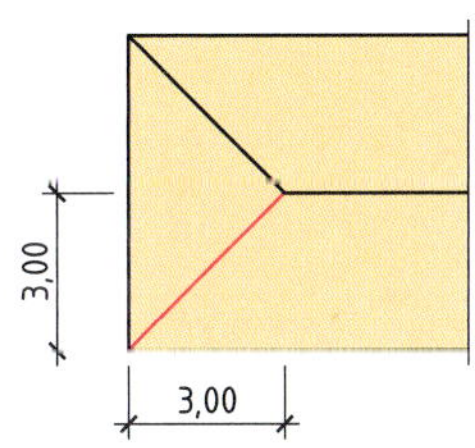

Länge des Gratgrundmaßes

e) Dachfläche des gesamten Daches

Dachfläche = 2 · Walmfläche + 2 · Hauptdachfläche

Walmfläche:

$$A_W = \frac{1}{2}\, l_W \cdot l_{SW}$$
$$= \frac{1}{2} \cdot 6{,}00 \text{ m} \cdot 3{,}916 \text{ m}$$
$$= \underline{11{,}748 \text{ m}^2}$$

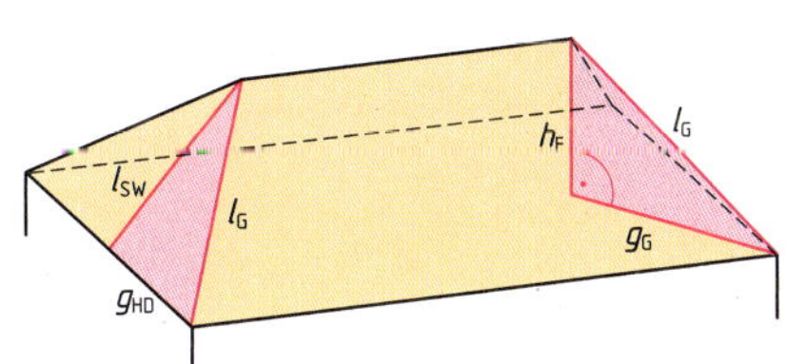

Länge der Gratlinien

Hauptdachfläche:

$$A_{HD} = \frac{l_F + l_{HD}}{2} \cdot l_S$$

$l_F = 10{,}00 \text{ m} - 2 \cdot g_W = 4{,}00$ m

$$A_{HD} = \frac{4{,}00 \text{ m} + 10{,}00 \text{ m}}{2} \cdot 3{,}916 \text{ m}$$
$$= \underline{27{,}412 \text{ m}^2}$$

$$A_{ges} = 2 \cdot A_W + 2 \cdot A_{HD}$$
$$= 2 \cdot 11{,}748 \text{ m}^2 + 2 \cdot 27{,}412 \text{ m}^2$$
$$A_{ges} = \underline{78{,}32 \text{ m}^2}$$

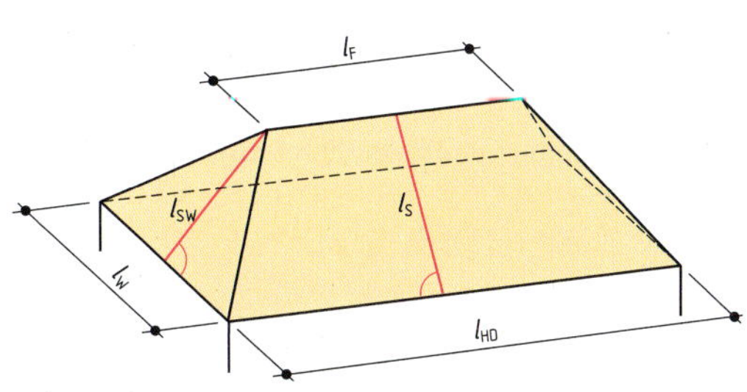

Dachflächen

12.2.2 Aufgaben

1. Berechnen Sie für das dargestellte Walmdach
   a) die Längen aller Gratsparren,
   b) die Längen der Firstlinien,
   c) die Dachfläche,
   d) die Länge des Verfallgrates.
   Die Dachneigung beträgt 35°.

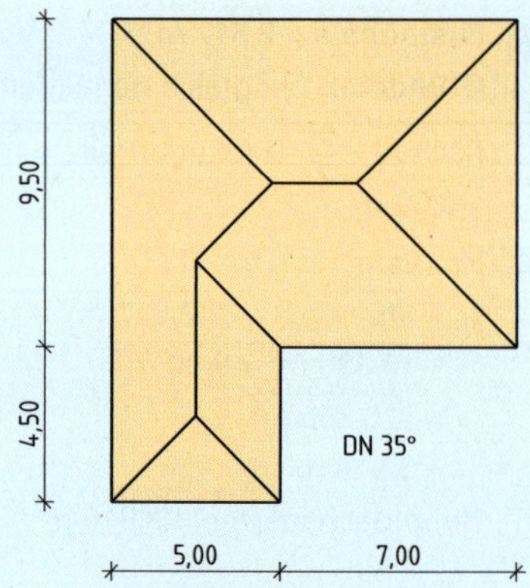

2. Berechnen Sie für das dargestellte Walmdach
   a) die Längen aller Gratsparren,
   b) die Längen der Firstlinien,
   c) die Dachfläche.
   Die Dachneigung beträgt 40°.

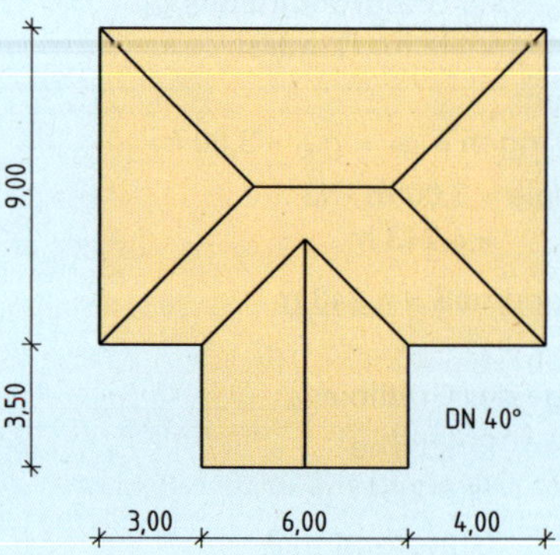

3. Berechnen Sie für den Kirchturm und das Kirchenschiff
   a) die Sparrenlängen,
   b) die Gratsparrenlängen,
   c) die Dachflächen.
   Alle Dachflächen des Turmes sind gleich geneigt. Auch die Dachflächen des Schiffes sind gleich geneigt.

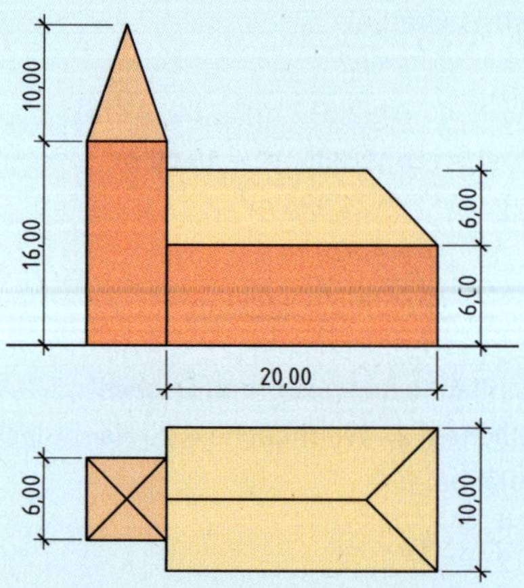

4. Das dargestellte Walmdach hat gleich geneigte Dachflächen. Der Traufwinkel beträgt 45°.
   Berechnen Sie
   a) die Sparrenlängen für das Hauptdach und den Anbau,
   b) die Längen der Hauptdach- und Anbaugratsparren,
   c) die Länge des Verfallgrates,
   d) die gesamte Dachfläche.

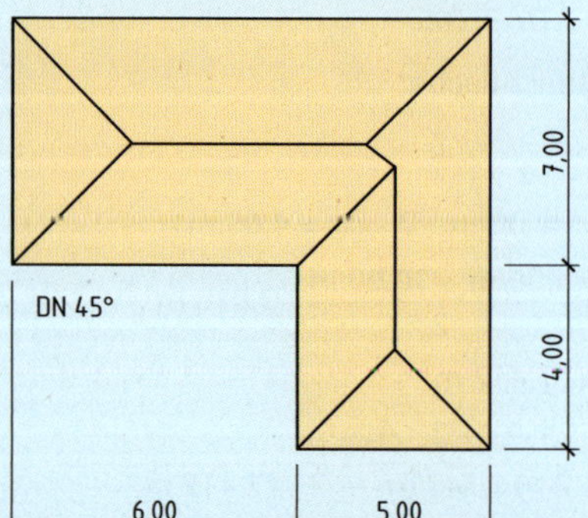

12.3 Gratsparren

Das Schiften von Grat- und Kehlsparren kann auf verschiedene Weise vorgenommen werden. Das **Austragen auf dem Reißboden** im Maßstab 1:1 ist sehr genau, benötigt aber bei großen Dächern einen enormen Platzbedarf in der Abbundhalle und wird in Zimmereibetrieben nur noch selten, z.B. bei Vordächern o.Ä., angewandt. Allerdings ist diese Methode zum Erlernen des Schiftens sehr gut geeignet, weil man durch die große Zeichnung einen guten Überblick bekommt und so die Zusammenhänge zwischen Grundriss und Profilen gut erkennen kann. Schmiegen, Kerven sowie die Länge der Grat- oder Kehlsparren können auch **rechnerisch** ermittelt werden, wobei eine Zeichnung im Maßstab 1:10 hilfreich ist. Diese errechneten Maße werden dann mithilfe eines Anreißwinkels, einem sog. Alphawinkel, auf die Hölzer übertragen.

Nachfolgend werden zwei gängige **zeichnerische Methoden** erklärt, um Grat- und Kehlsparren auszutragen.

Bei der **Senkelmethode** wird der Gratsparren neben dem Hauptdachprofil ausgetragen. Bei der **Höhenmethode** (nach dem Prinzip des Flächenschiftens) wird das Profil des Gratsparrens direkt über dem Gratgrund dargestellt. Diese Methode ist auch bei unterschiedlicher Dachneigung übersichtlich, da der Bezug zum Grundriss gut zu erkennen ist.

12.3.1 Senkelmethode

Lehrsparrenprofil

Der **Lehrsparren** wird einschließlich Kerven und Abschnitten im **Profil** gezeichnet.

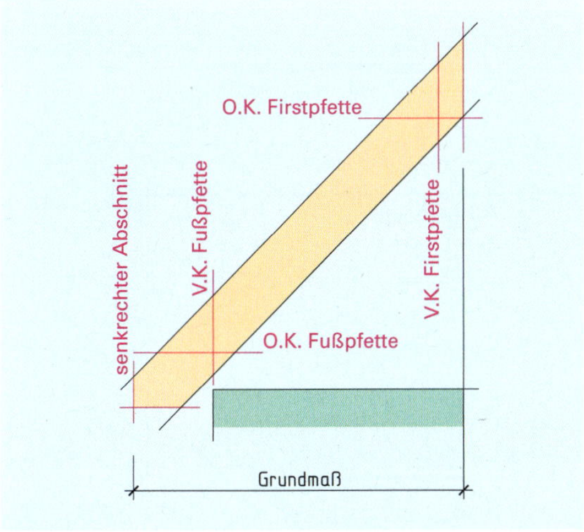

Profil

Grundriss

Mithilfe des Normalsparrengrundmaßes wird das **Grundmaß** (Gratgrundlinie) des Gratsparrens ermittelt.

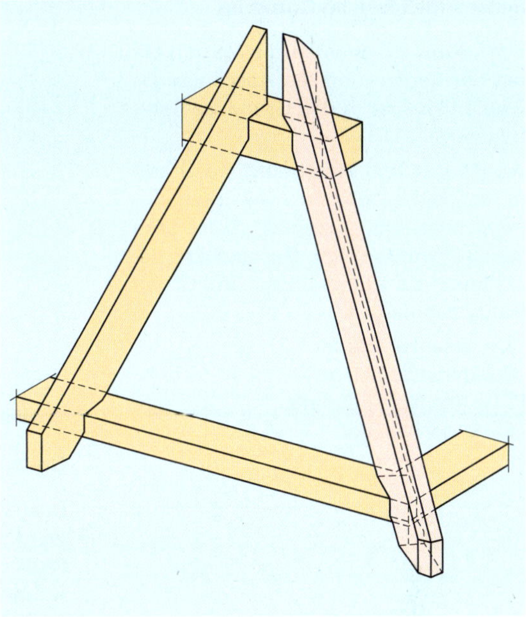

Gratsparren

Die Gratgrundlinie verläuft in der Winkelhalbierenden des Traufecks.

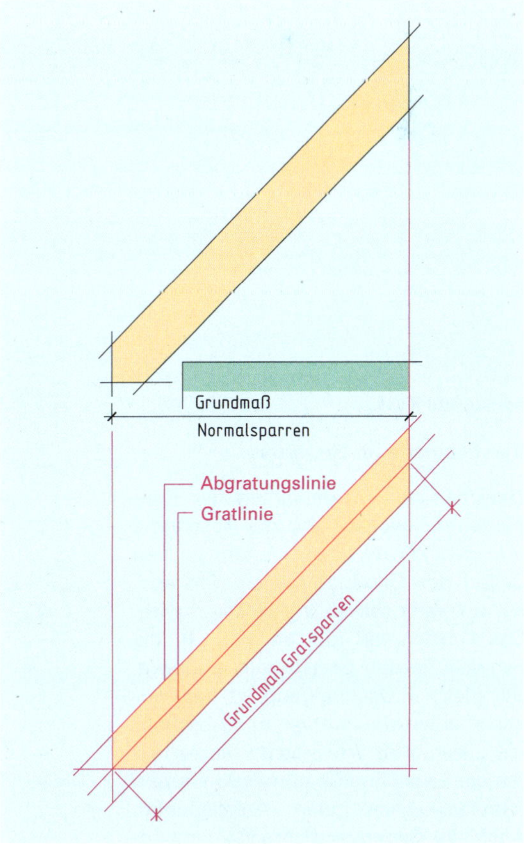

Austragung eines Gratsparrens bei gleicher Dachneigung

Senkrechte Risse im Grundriss

Vom Profil aus werden die Vorderkanten der Kerven und die Abschnitte an Traufe und First in den Grundriss übertragen.

Wo Kerven und Abschnitte die Gratlinie schneiden, werden Winkelrisse eingezeichnet, sog. „Ursenkel". Diese Senkelrisse werden mit Buchstaben bezeichnet, die auf die Lage im Grund Bezug nehmen.

T = Ursenkel Traufe
S = Ursenkel Schwelle
PF = Ursenkel Firstpfette
F = Ursenkel First

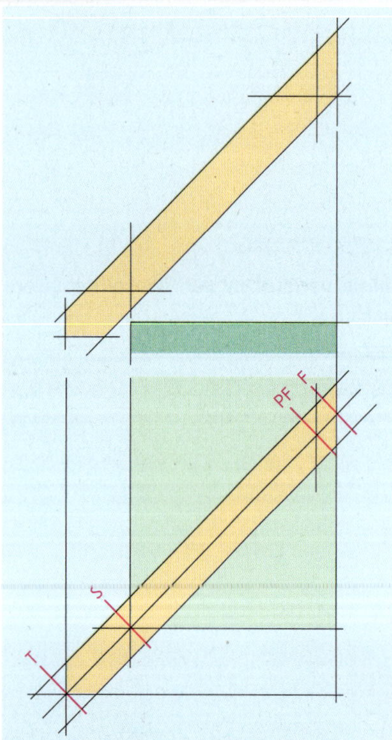

Senkrechte Risse

Verstichmaße im Grundriss

Zwischen den Vorderkanten der Fußpfetten (Schwellen) bzw. der Abschnitte und den Winkelrissen entsteht an den Seiten des Gratsparrens ein Abstand, der als **Verstichmaß *a*** bezeichnet wird. Das Verstichmaß gibt an, wo z.B. die Schwelle in den Gratsparren eindringt. Bei gleicher Dachneigung ist das Verstichmaß an allen Kerven und Abschnitten gleich groß. An Gratsparren verlaufen die Verstichmaße immer von außen (Traufeck) nach innen (Anfallspunkt). Auch die **Gegenverstichmaße** (von innen nach außen) werden eingezeichnet.

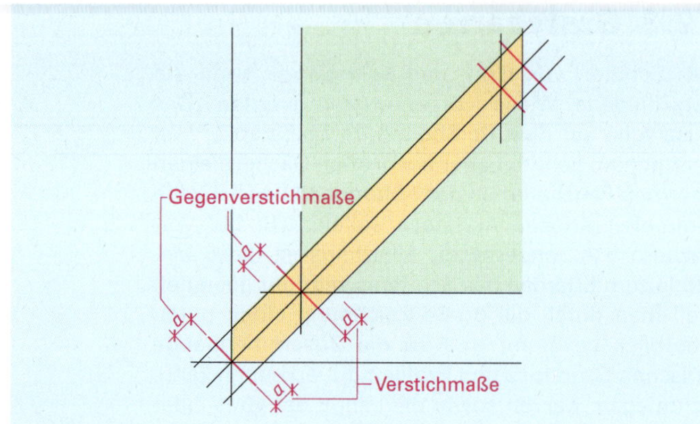

Verstichmaße

Gratsparrenprofil

Das Gratsparrengrundmaß sowie alle Senkel und Verstichmaße werden auf eine Maßlatte übertragen und anschließend in das Profil eingezeichnet. Die Trauflänge des Normalsparrens wird waagerecht verlängert und mit dem Ursenkel T geschnitten. Ursenkel F wird am Firstpunkt angelegt. Schnittpunkt Traufhöhe und Ursenkel T sowie Schnittpunkt Firsthöhe mit Ursenkel F werden durch eine Linie, die Gratlinie, in wahrer Länge miteinander verbunden.

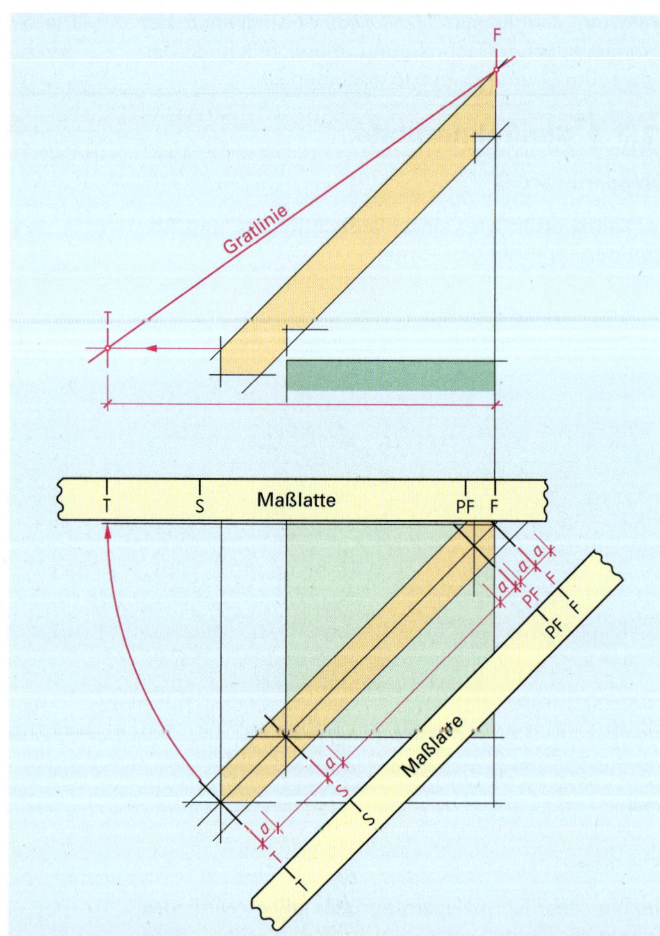

Gratsparrenprofil

Senkelrisse und Verstichmaße

Die restlichen Senkelrisse S und PF sowie alle Verstichmaße werden vom Profilgrund auf die Gratlinie hochgelotet.

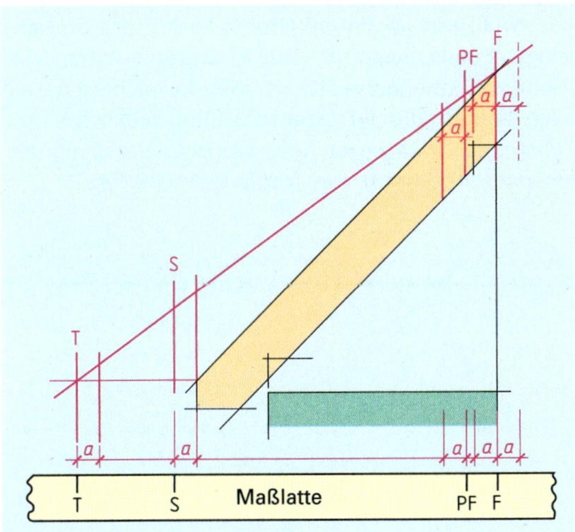

Senkelrisse und Verstichmaße

Waagerechte Risse

Alle waagerechten Risse (waagerechter Abschnitt sowie Fußpfetten- und Pfettenoberkante) W1 ... W3 werden waagerecht vom Lehrsparrenprofil in das Gratsparrenprofil übertragen.

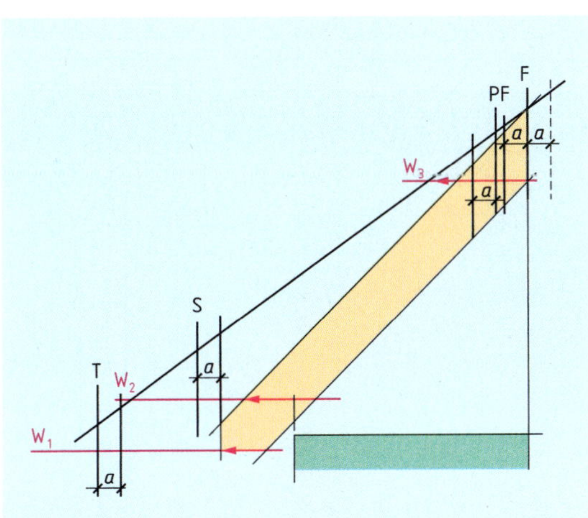

Waagerechte Risse

Abgratungslinie

Im Profil des Gratsparrens wird vom Traufpunkt aus eine waagerechte Linie gezeichnet, auf der das Verstichmaß eingetragen wird. Durch den Endpunkt des Verstichmaßes wird parallel zur Gratlinie die **Abgratungslinie** gezogen.

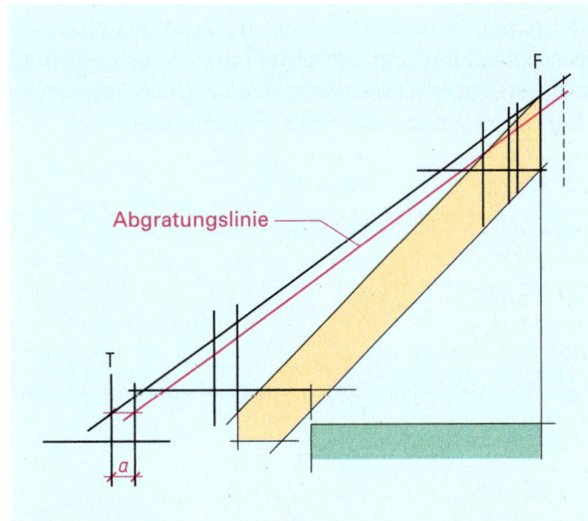

Abgratungslinie

Gratsparrendicke

Die Dicke des Gratsparrens wird meist durch statische Überlegungen bestimmt. Sie kann aber auch zeichnerisch ermittelt werden. Dazu wird ein Senkelriss ***b*** aus dem Lehrsparrenprofil in das Gratsparrenprofil von der Abgratungslinie aus nach unten eingetragen. Durch den Endpunkt vom Senkel ***b*** im Gratprofil wird parallel zur Gratlinie die Unterkante des Gratsparrens eingezeichnet. Der Vorteil der zeichnerischen Ermittlung liegt darin, dass bei sichtbarem Gebälk die Unterkanten aller Sparren bündig sind.

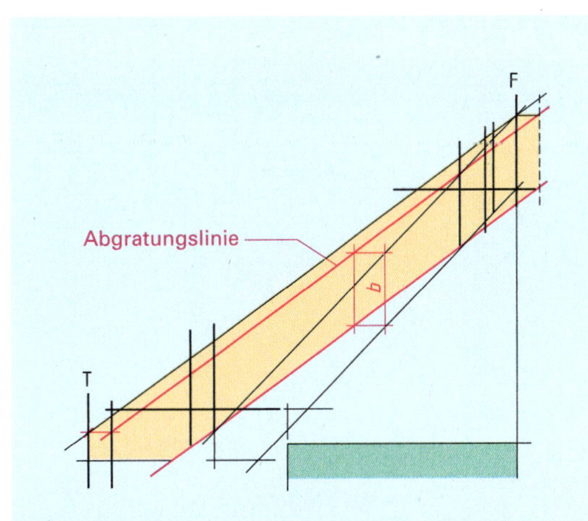

Gratsparrendicke

Zur Austragung eines Gratsparrens bei gleicher Dachneigung sind ein Profil und der Grundriss notwendig.

Die Gratlinie verläuft vom Traufeck zum Anfallspunkt.

12.3.2 Höhenmethode (nach dem Prinzip des Flächenschiftens)

Wie bei der Senkelmethode wird zuerst das Normalprofil gezeichnet und mit dem Normalsparrengrundmaß der Grundriss ermittelt. Auch hier ist eine sorgfältige Bezeichnung aller Risse unerlässlich.

Höhenlinien aus dem Normalprofil

Alle Höhen bzw. waagerechten Risse (Firsthöhe, Firstpfettenhöhe, Schwellenhöhe, Traufhöhe und waagerechter Traufabschnitt) werden auf eine Maßlatte übernommen.

Diese Maßlatte wird **winkelrecht** zum Gratgrund angelegt. Etwas Abstand zum Gratgrund macht die Zeichnung übersichtlich. Bei der Bezeichnung der Risse sollten die Gratsparrenseiten zusätzlich mit *rechts* und *links* bezeichnet werden. Dabei ist die Blickrichtung immer von Traufe Richtung First.

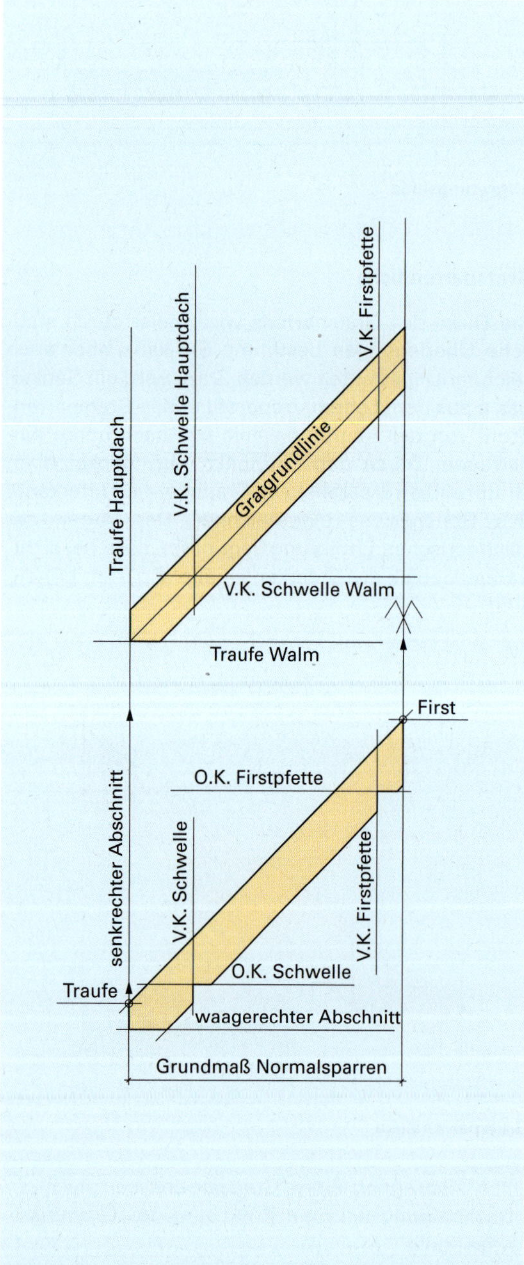

Normalprofil und Grundriss

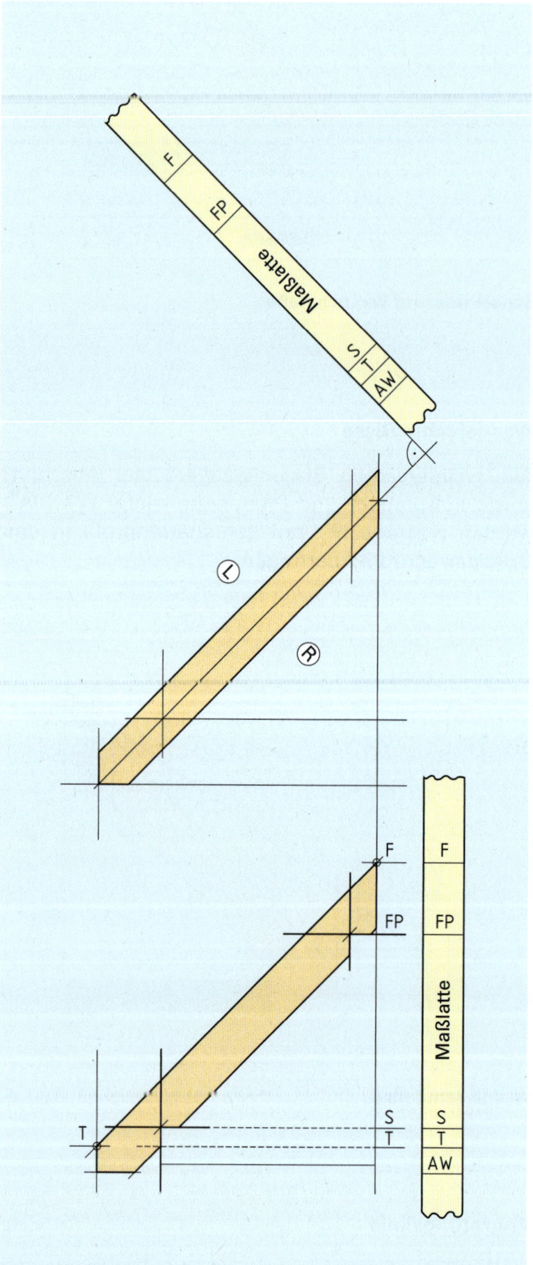

Höhenlinien

Gratsparrenprofil

Als erstes wird der First- und Traufpunkt des Gratsparrens winkelrecht zum Gratgrund hochgelotet und mit First- und Traufhöhe geschnitten.

Der so ermittelte Traufpunkt wird mit dem Firstpunkt verbunden und man erhält die wahre Länge des Gratsparrens, die Gratlinie.

Trauf- und Firstpunkt

Die für First- und Traufabschnitt notwendigen Verstiche werden in das Gratsparrenprofil hochgelotet. Die Bezeichnung R für rechts und L für links kennzeichnet, auf welche Seite der Riss auf das Holz übertragen werden muss. Hier ist die sichtbare Seite die rechte Seite. Die Abgratungslinie wird durch den Schnittpunkt Traufhöhe und Verstichmaß Traufe parallel zur Gratlinie eingezeichnet.

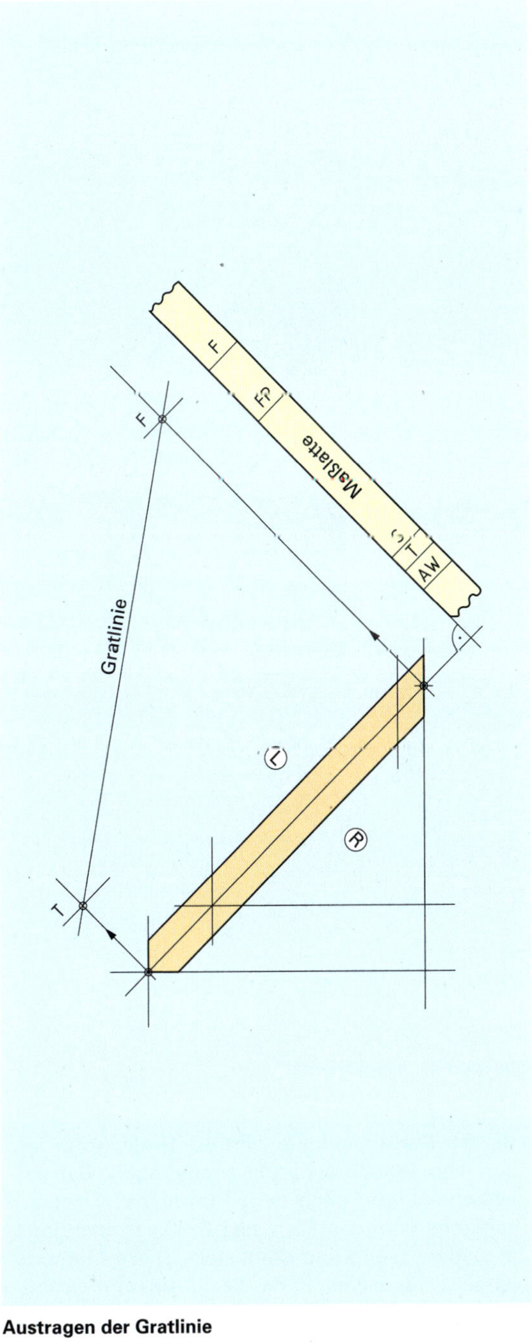

Austragen der Gratlinie

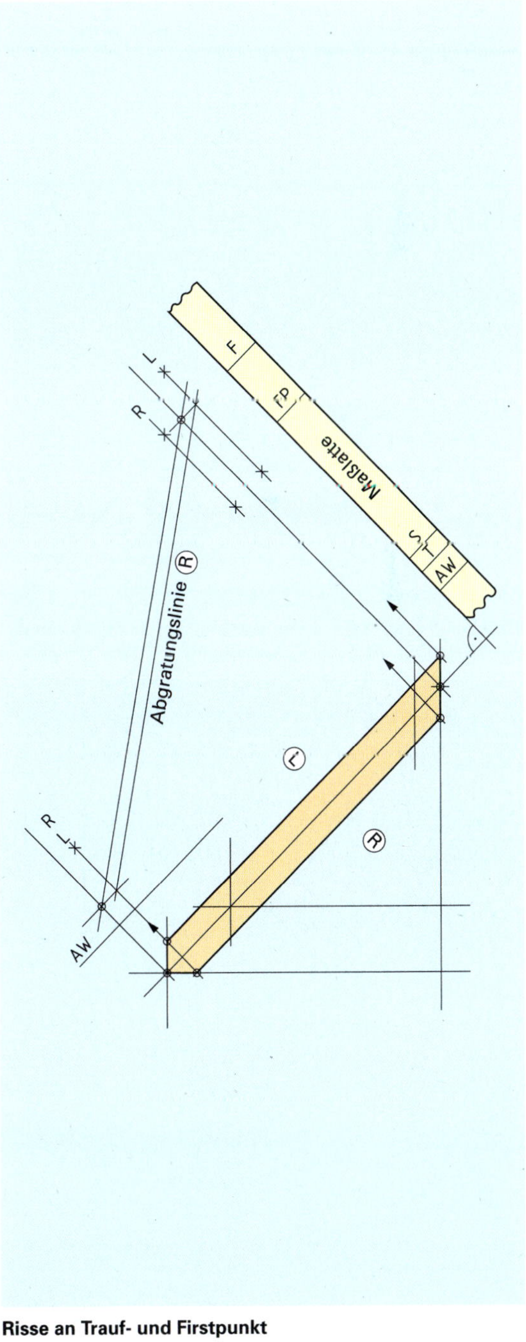

Risse an Trauf- und Firstpunkt

Kerven

Die Schwellenecke sowie der Schnittpunkt Gratlinie mit Firstpfettenvorderkante werden ebenfalls in das Gratsparrenprofil hochgelotet. Schwellen und Firstpfettenhöhe werden waagerecht in das Gratsparrenprofil übernommen. Bei einer Herzkerve (hier an der Schwelle) arbeitet man am besten mit Gegenverstichen. Diese werden in das Gratsparrenprofil hochgelotet. Bei der Rutschkerve an der Firstpfette werden die beiden Verstichmaße hochgelotet. Somit sind die Gratsparrenkerven ermittelt.

Eine sorgfältige Bezeichnung der einzelnen Risse (senkrecht und waagerecht) sorgt für eine übersichtliche und verständliche Zeichnung und ermöglicht ein leichtes Übertragen der Risse auf das für den Gratsparren vorgesehene Holz. Durch die Kennzeichnung der Risse mit rechts und links können diese direkt auf die jeweilige Seite des Holzes übertragen werden. Zur besseren Veranschaulichung kann der Gratsparren „ausgearbeitet“ eingezeichnet werden.

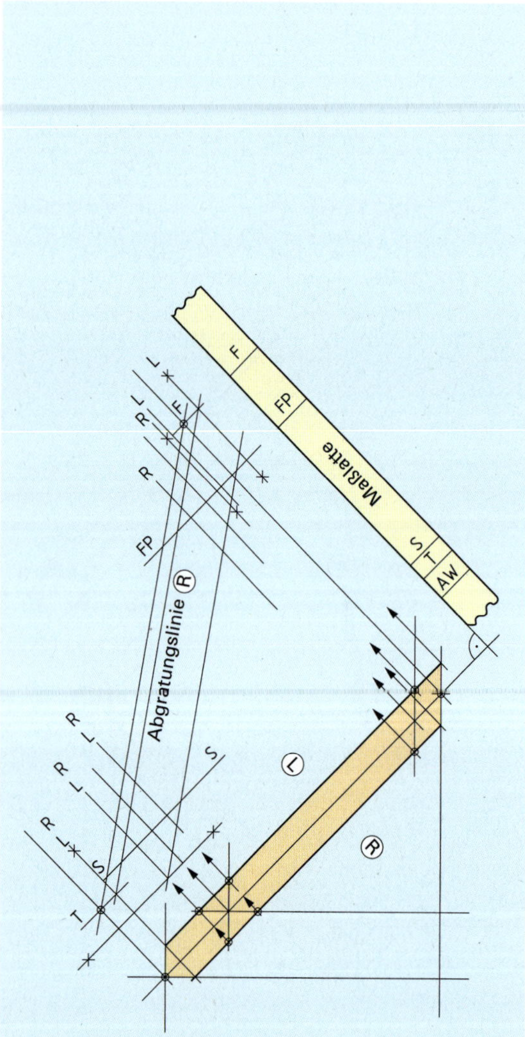

Risse für die Kerven

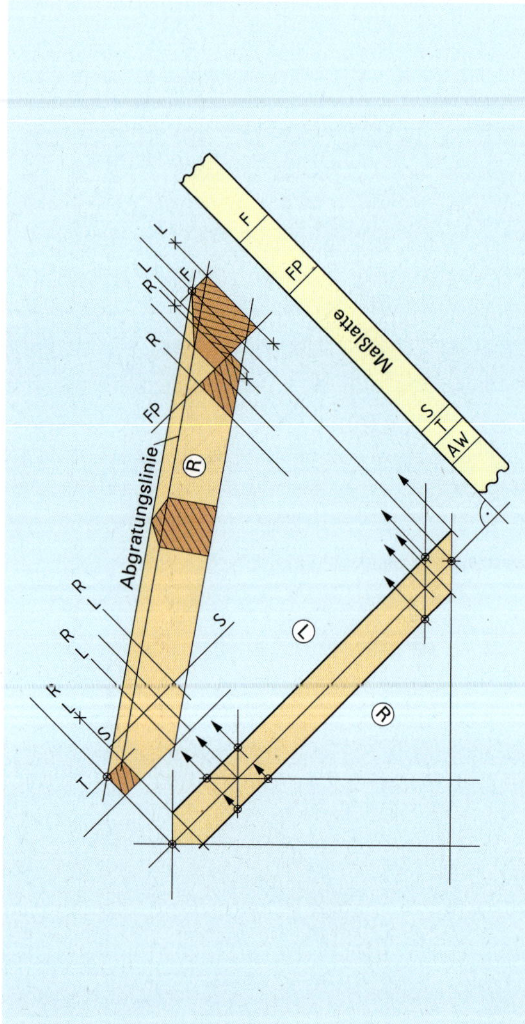

Gratsparren „ausgearbeitet“

Bei der Senkelmethode wird der Gratsparren neben dem Hauptdachprofil ausgetragen. Bei der Höhenmethode nach dem Prinzip des Flächenschiftens wird das Profil des Gratsparrens direkt über dem Gratgrund dargestellt. Diese Methode ist sehr übersichtlich, da der Bezug zum Grundriss stets vorhanden ist.

12.3.3 Übertragung der Risse auf den Gratsparren

- Die ermittelten Risse werden direkt vom Reißboden auf den als Gratsparren vorgesehenen Balken übertragen.
- Die zueinander gehörenden Risse (Verstich- und Gegenverstichmaß) werden an der Ober- und Unterseite des Balkens miteinander verbunden. Die so entstehenden Schnittpunkte stellen die Kerven- und Abschnittsecken dar, die gekennzeichnet werden müssen.

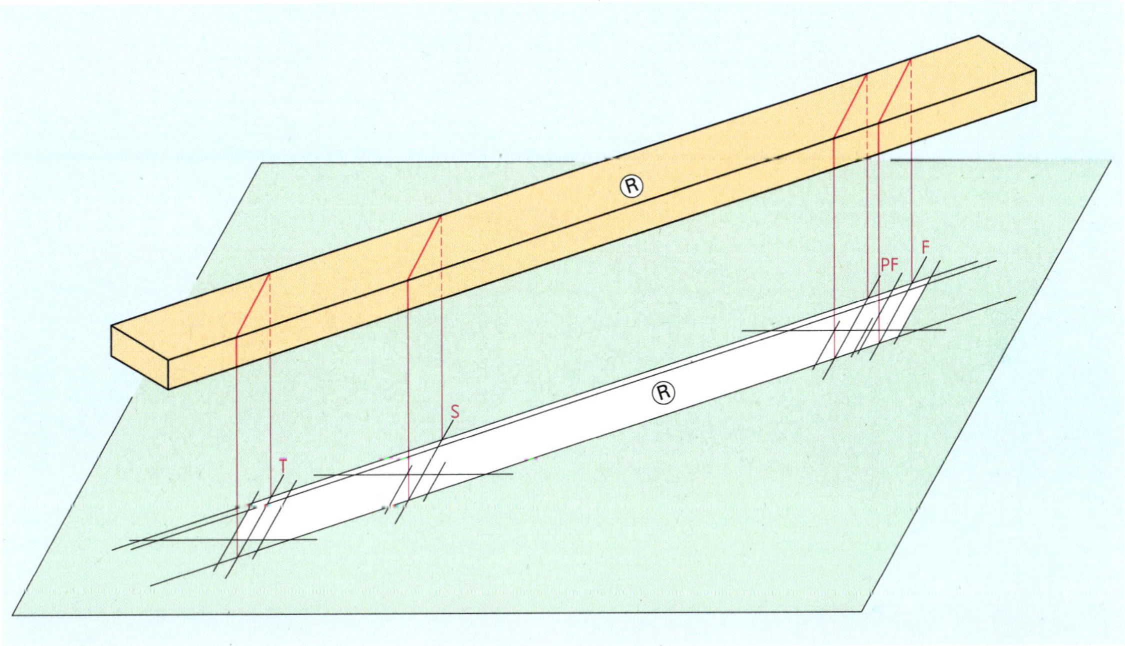

Übertragen der senkrechten Risse

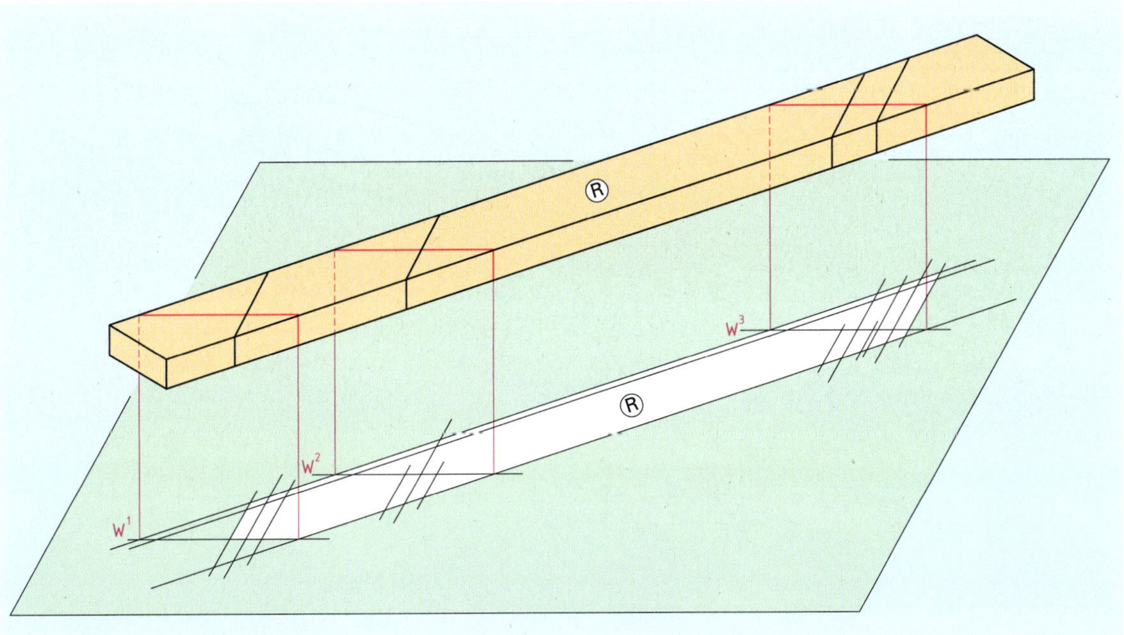

Übertragen der waagerechten Risse

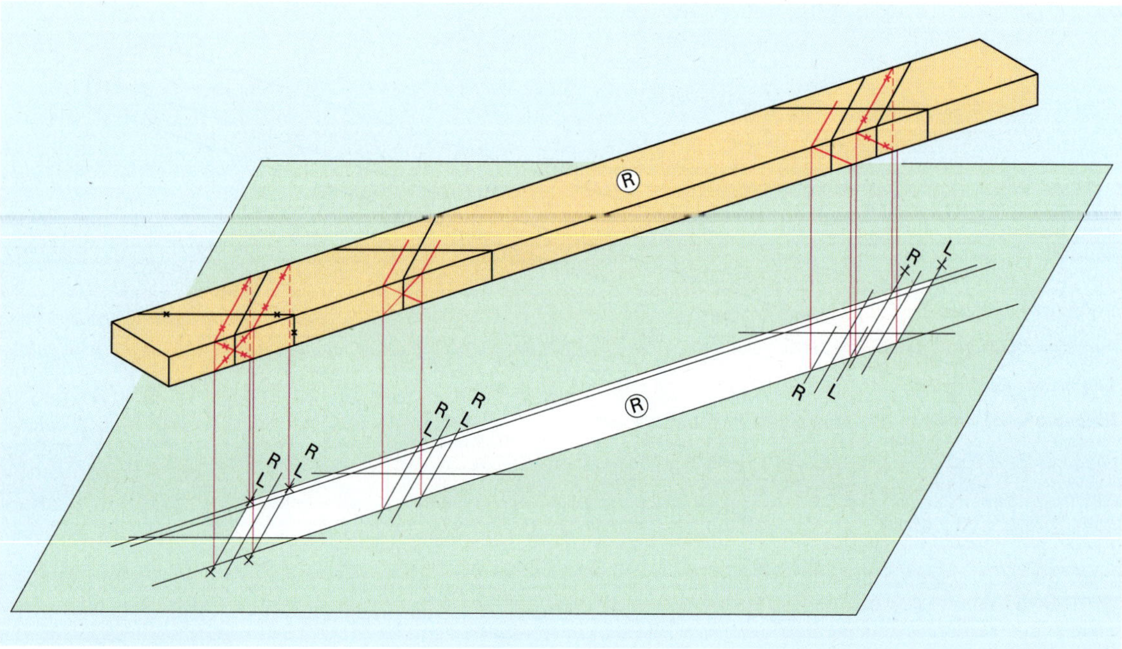

Übertragen der Verstiche

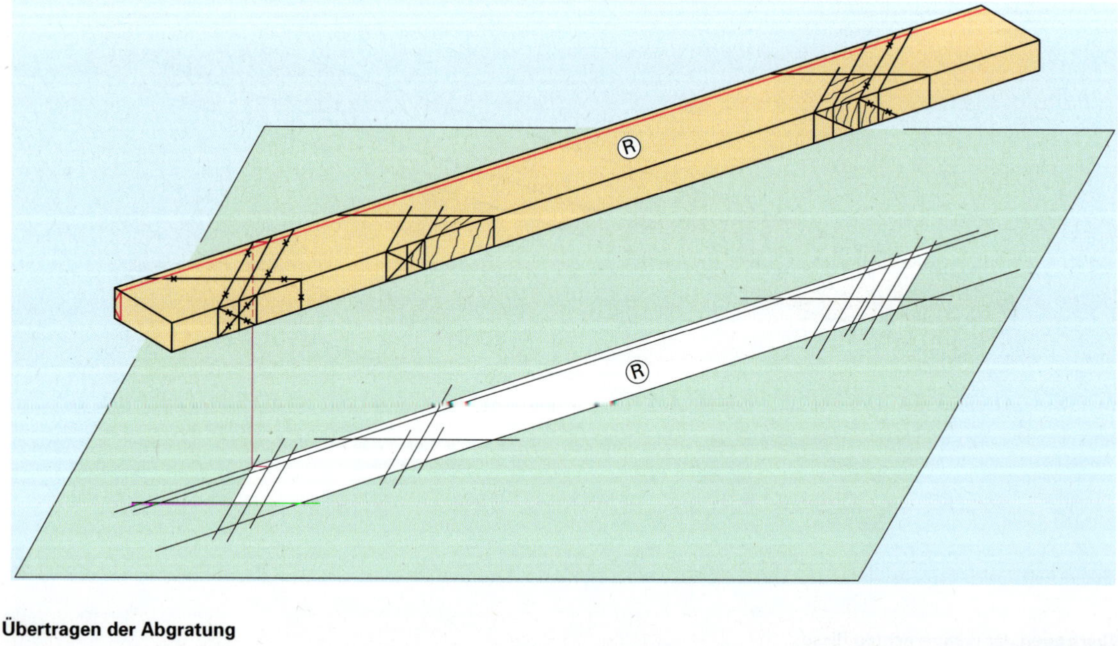

Übertragen der Abgratung

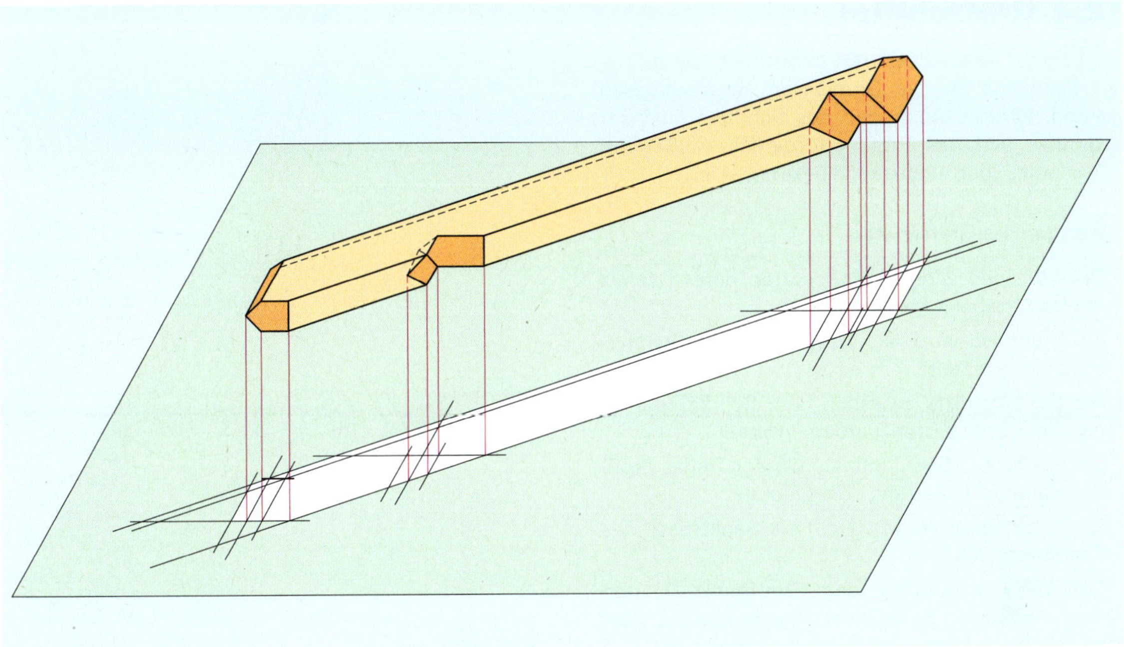

Ausgearbeiteter Gratsparren

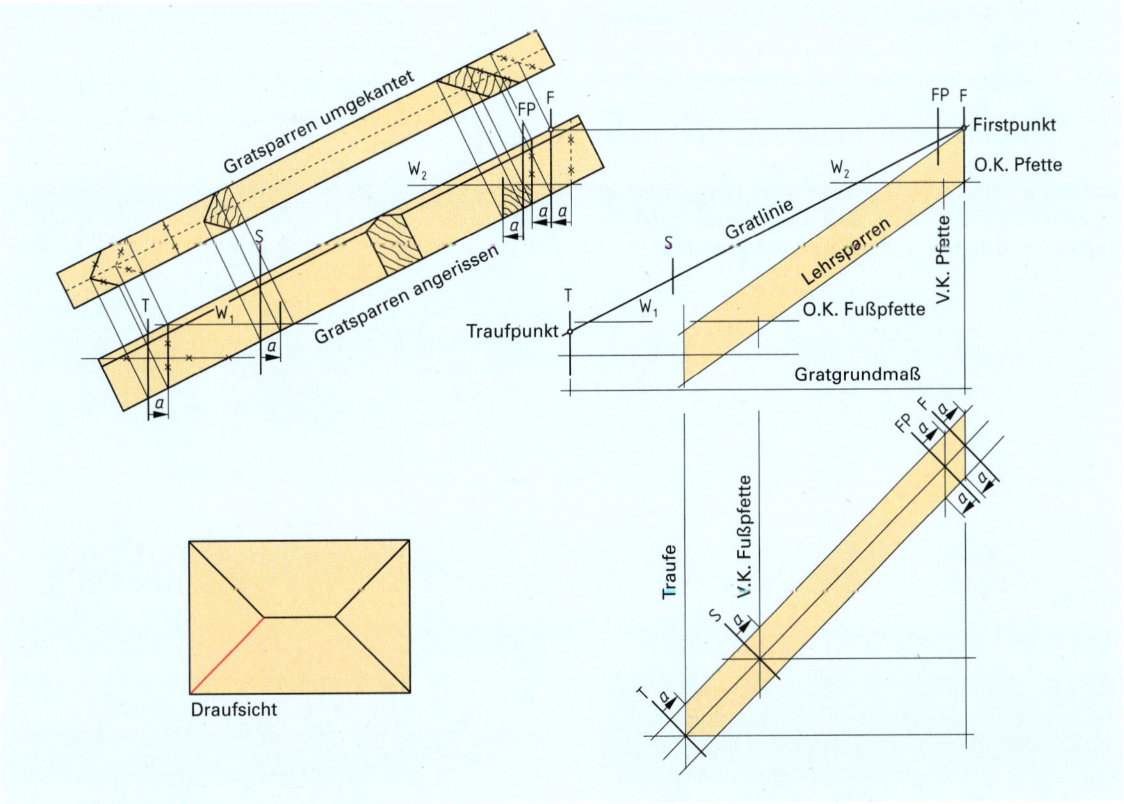

Gratsparren bei gleich geneigten Dachflächen

12.4 Gratschifter

Als Schifter werden Sparren bezeichnet, die mit einer Schmiege an den Gratsparren angeschlossen werden. Für das Austragen des Schifters sind der Grundriss und das Profil erforderlich. Außerdem müssen die Sparrenabstände bekannt sein.

Austragen des Gratschifters

- Die Abstände aller Schiftersparren eines Daches müssen festgelegt sein.
- Im Grundriss wird das Grundmaß des Schiftersparrens ermittelt.
- Die Schnittpunkte zwischen dem Schiftersparren und dem Gratsparren werden ermittelt.
- Die ermittelten Schnittpunkte werden in das Profil des Hauptdachsparrens hochgelotet.
- Diese lotrechten Risse stellen die Senkelrisse des Schiftersparrens dar.
- Der Abstand zwischen dem Traufpunkt (T) und dem äußeren Senkelriss (S) entspricht der tatsächlichen Länge des Schiftersparrens.
- Vom Reißboden werden alle Risse auf den Schifter übertragen.
- Die Senkelrisse werden an der Sparrenober- und -unterkante miteinander verbunden und mit dem Abschnittszeichen versehen.
- Durch das Abschneiden des Schifters an den Senkelrissen entsteht die Schifterschmiege. Über sie wird der Schiftersparren mit dem Gratsparren verbunden.

Beim Anreißen und Ausarbeiten von der Schifterschmiege muss sehr sorgfältig und genau vorgegangen werden. Fehler bei der Längenermittlung führen zu falschen Sparrenabständen. Wird die Schmiege ungenau angerissen oder ausgearbeitet, entstehen am Anschluss zum Gratsparren größere Fugen, die nicht nachgebessert werden können.

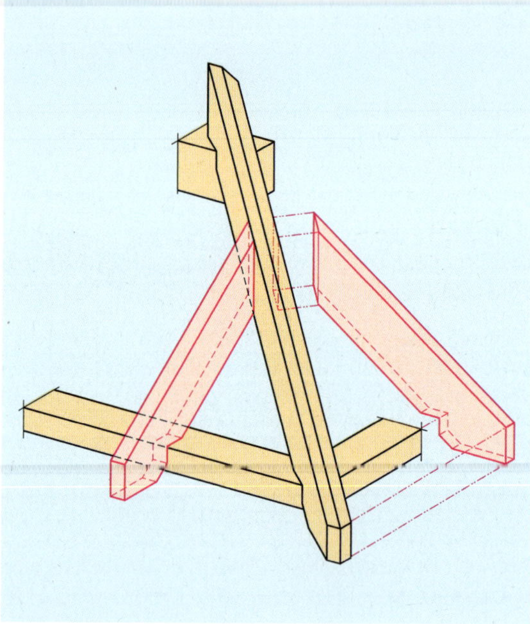

Gratschifter

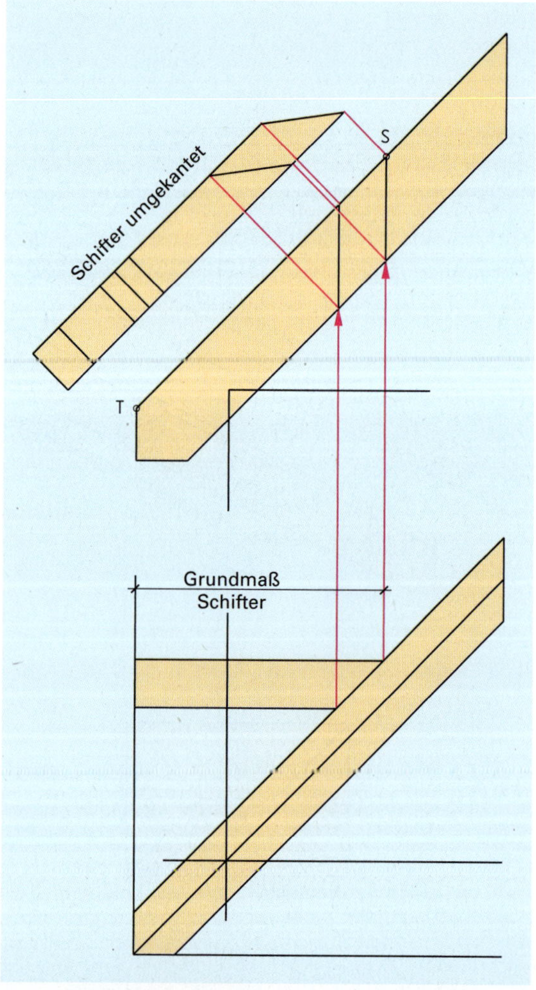

Austragung des Gratschifters

> Zur Austragung der Schiftersparren sind der Grundriss und wenigstens ein Profil erforderlich. Außerdem müssen die Sparrenabstände festgelegt sein. Schiftersparren müssen besonders sorgfältig angerissen und ausgearbeitet werden.

12.5 Hexenschnitt am Gratsparren

Werden die Sparren an der Traufe rechtwinklig abgeschnitten, so wirkt sich dies auch auf den Abschnitt des Gratsparren aus.

Diesen Abschnitt bezeichnet man als **einfachen Hexenschnitt**.

Sparrenprofil

Im Profil ① wird die Abschnittslinie bis zum Hausgrund (hier gleich Vorderkante Schwelle) verlängert. Durch den entstandenen Schnittpunkt wird eine waagerechte Linie **Hx** gezeichnet.

Grundriss

Im Gratgrund ② sind Abschnitt **T**, Hausgrundeck **S** (hier gleich Schwelleneck) und die Verstichmaße einzuzeichnen.

Gratprofil

In das Gratprofil ③ werden **T**, **S** und die Verstichmaße aus dem Grundriss übernommen.

Aus dem Sparrenprofil wird **Hx** übertragen und zum Schnittpunkt mit **S** gebracht. Durch Verbinden des Traufpunktes mit diesem Schnittpunkt und das Übertragen der Verstichmaße wird der Gratsparrenabschnitt gefunden.

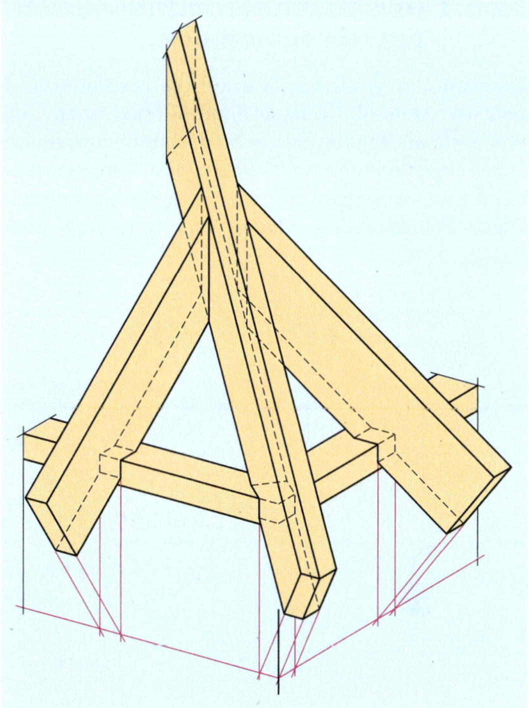

Hexenschnitt bei gleichen Dachneigungen

Ein rechtwinkliger Traufabschnitt am Normalsparren führt zu einem spitzwinkligen Abschnitt, dem Hexenschnitt, am Gratsparren.

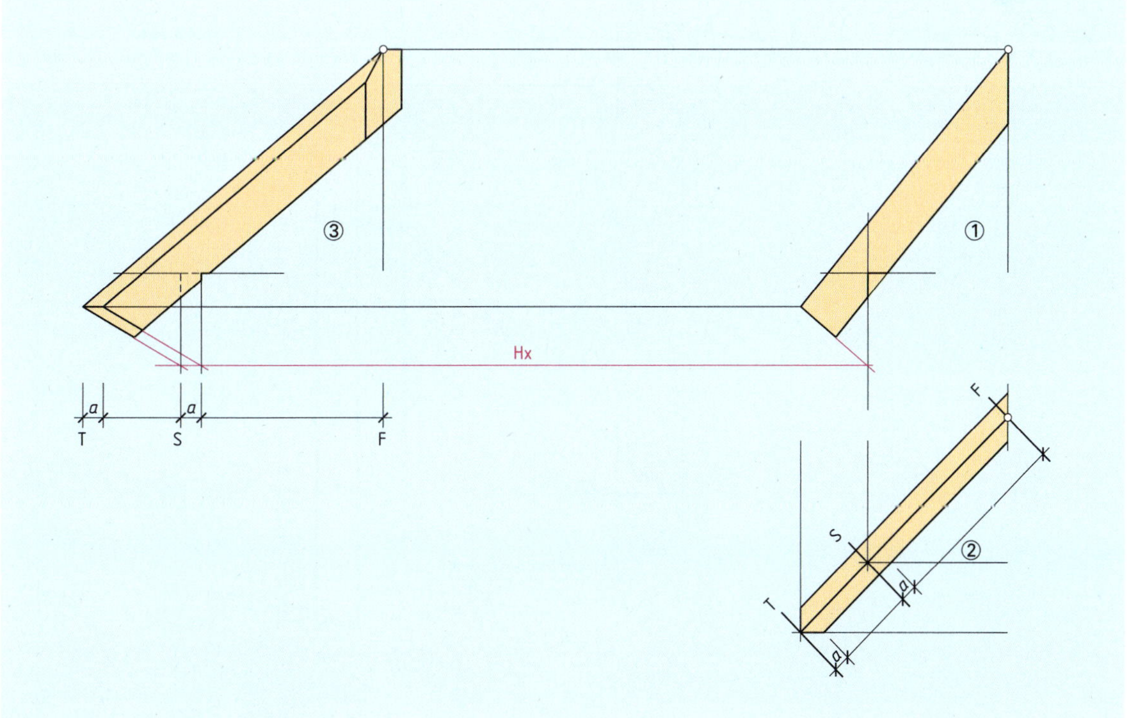

Austragung eines Hexenschnittes

12.5.1 Hexenschnittermittlung nach der Höhenmethode

Die Höhe Hx wird ebenfalls auf die Maßlatte übernommen und ins Gratsparrenprofil übertragen. Alle weiteren benötigten Risse sind schon vorhanden. Die Schwellenhöhe und die beiden Verstichmaße der Schwelle werden mit der Höhe Hx geschnitten. Diese Schnittpunkte werden mit dem Traufpunkt bzw. dem Schnittpunkt Gratlinie – waagerechte Traufhöhe verbunden. Man erhält die Abschnittsrichtungen für die Gratsparrenmitte und die rechte und linke Seite des Gratsparrens. (Bei gleicher Dachneigung sind die Abschnittslinien parallel und rechte und linke Seite sind identisch.) Um den Abschnitt sauber ausführen zu können, ist es auch hier sinnvoll mit Gegenverstichen zu arbeiten.

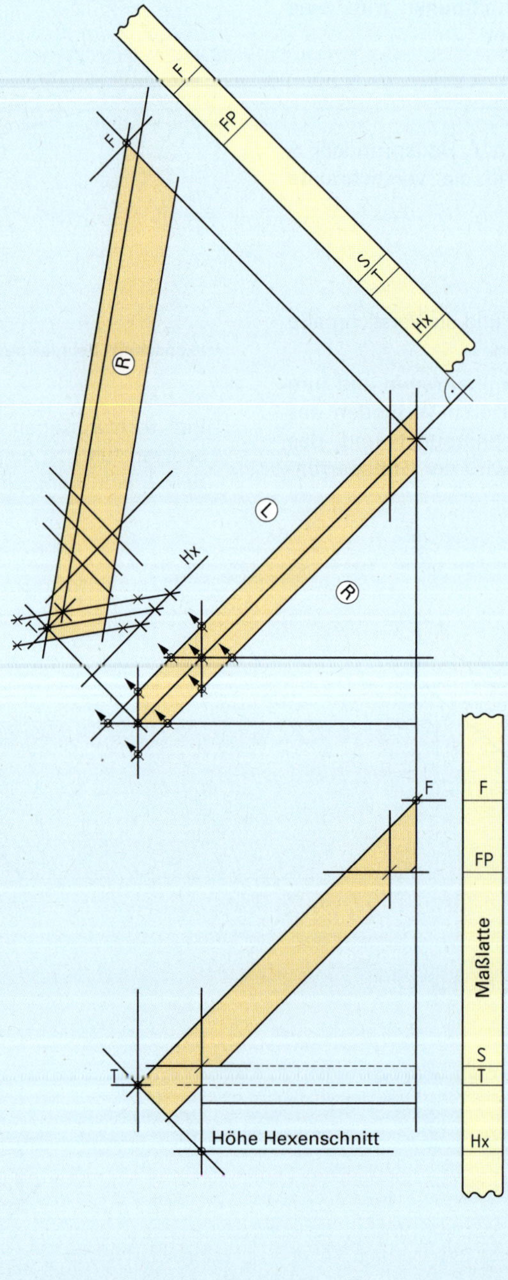

Austragung eines Hexenschnittes nach der Höhenmethode

12.6 Zeichenaufgaben

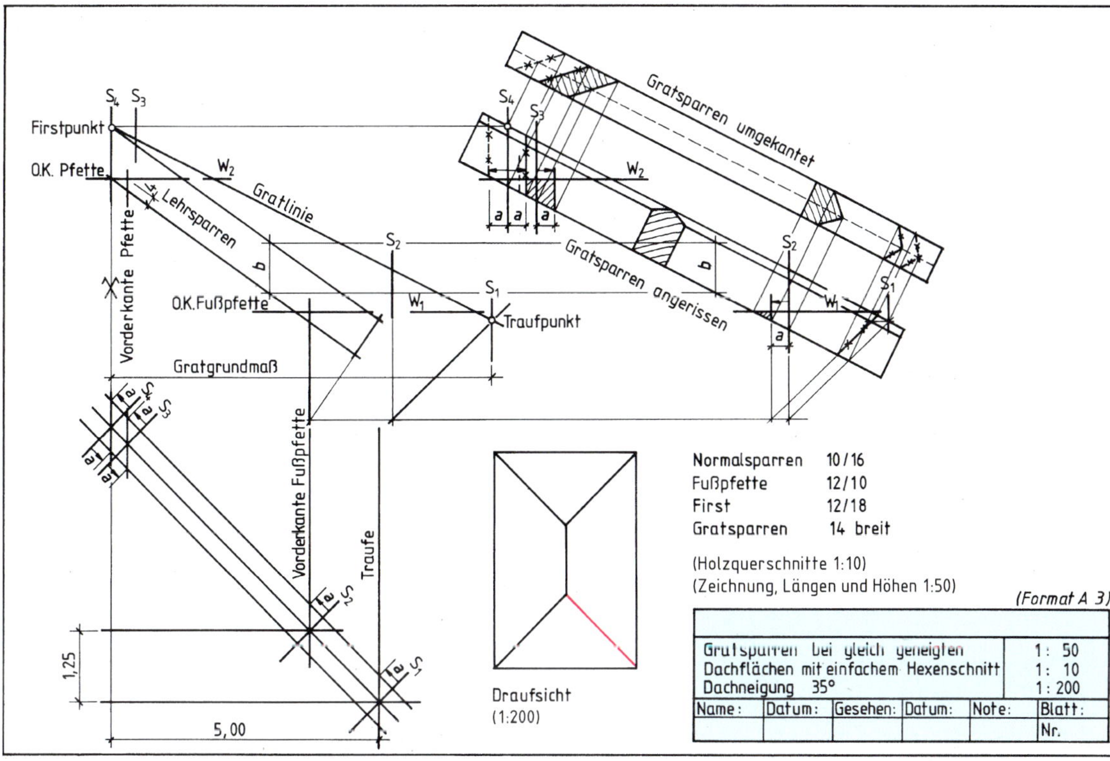

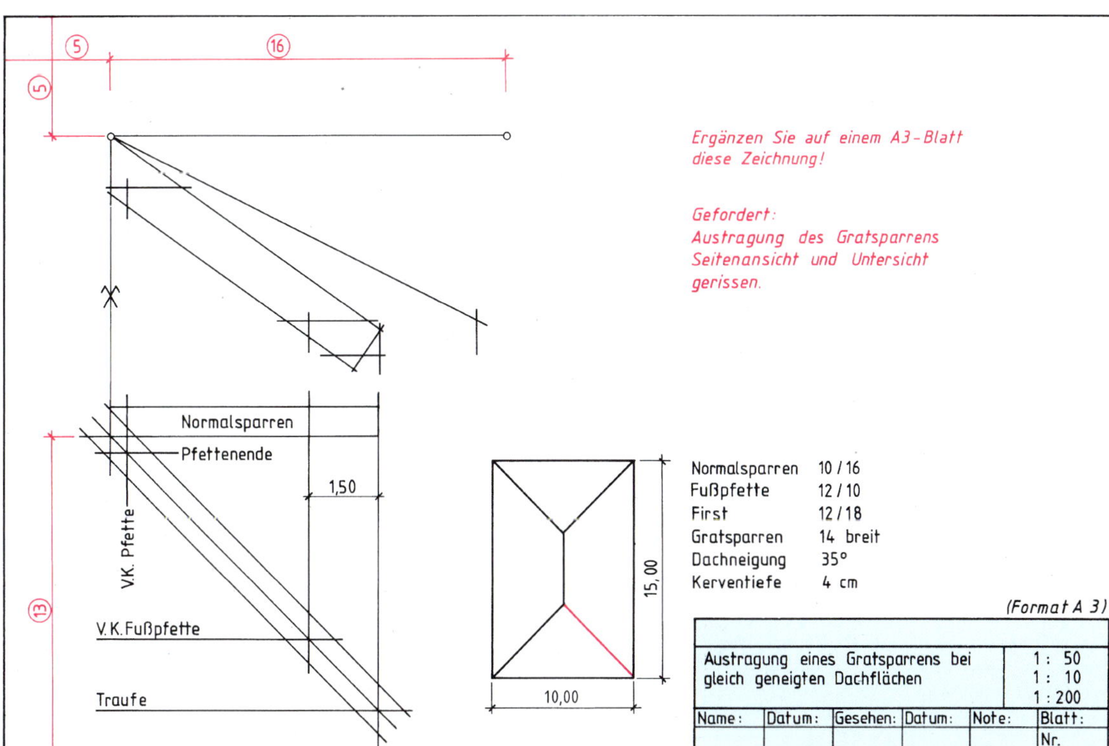

Ergänzen Sie auf einem A3-Blatt diese Zeichnung!

Gefordert:
Austragung des Gratsparrens Seitenansicht und Untersicht gerissen.

Zeichenaufgaben

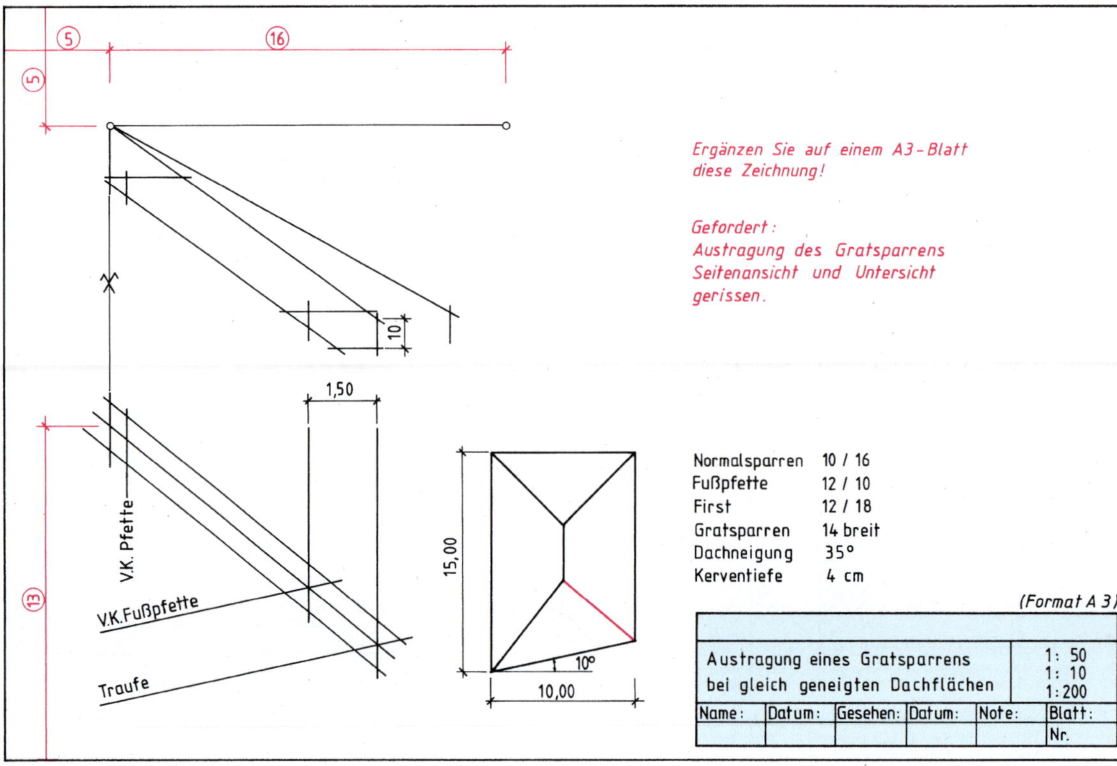

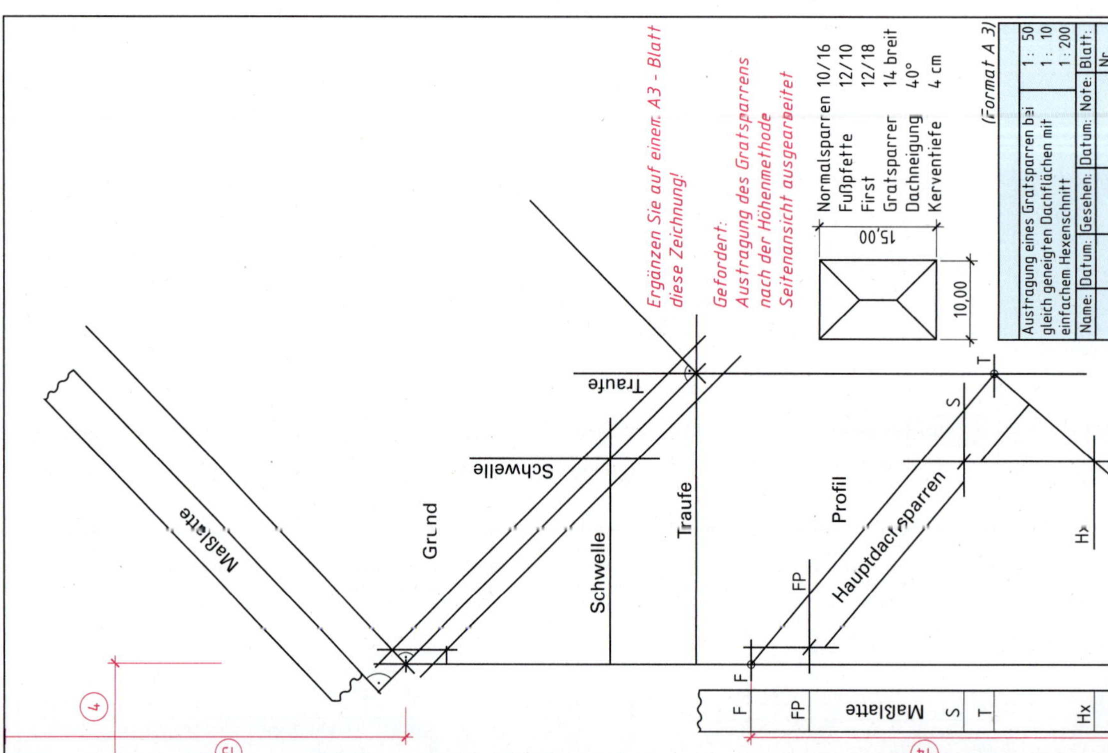

12.7 Berechnungen am Gratsparren

Beispiel:

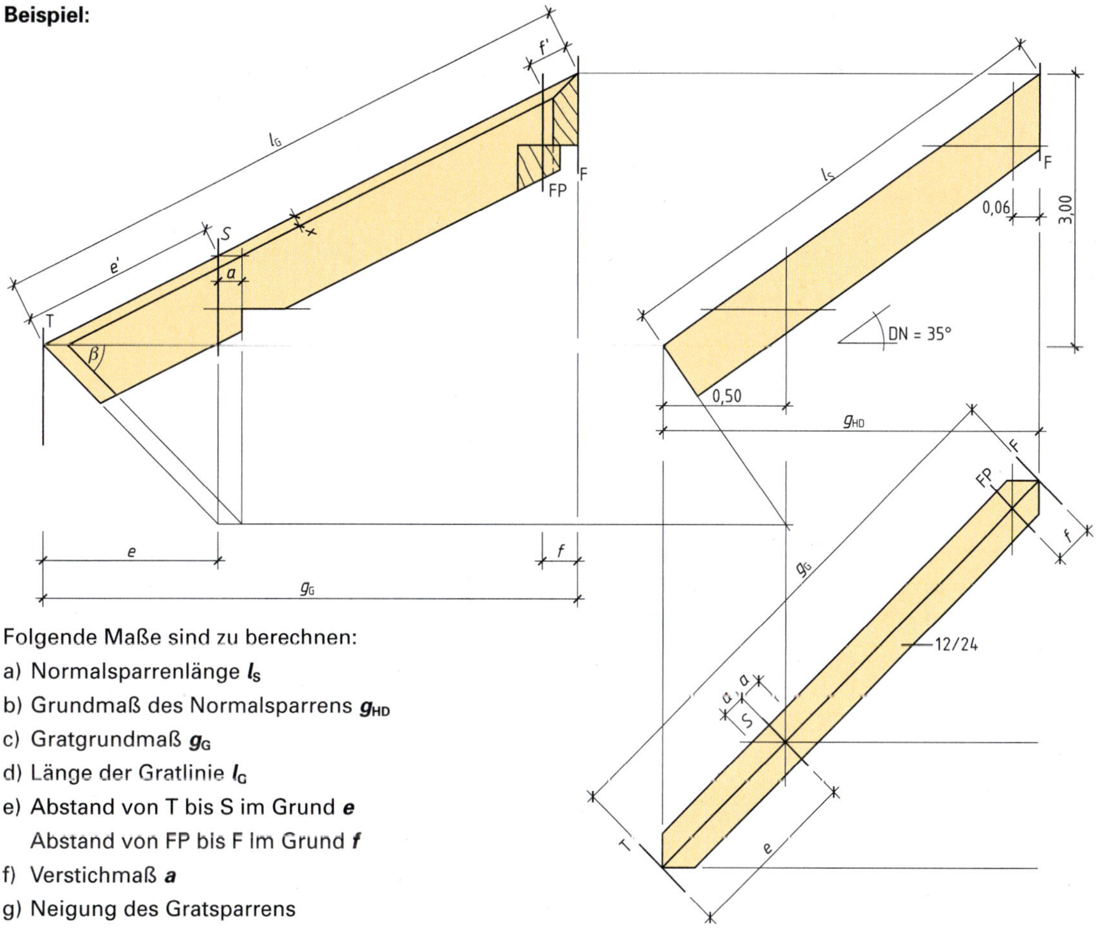

Folgende Maße sind zu berechnen:

a) Normalsparrenlänge $\boldsymbol{l_S}$

b) Grundmaß des Normalsparrens $\boldsymbol{g_{HD}}$

c) Gratgrundmaß $\boldsymbol{g_G}$

d) Länge der Gratlinie $\boldsymbol{l_G}$

e) Abstand von T bis S im Grund ***e***

Abstand von FP bis F im Grund ***f***

f) Verstichmaß ***a***

g) Neigung des Gratsparrens

h) Abstand von T bis S auf der Gratlinie ***e'***

Abstand von FP bis F auf der Gratlinie ***f'***

i) Abgratung ***x***

j) Traufabschnittswinkel am Gratsparren, „Hexenschnitt" ***β***

Lösung:

a) Normalsparrenlänge

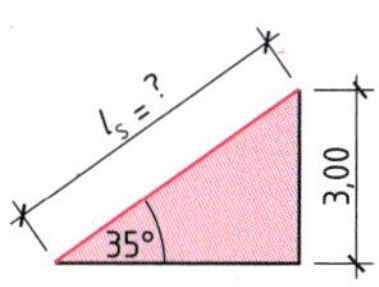

Gegeben: Dachneigung 35°

Firsthöhe = Gegenkathete zu α = 3,00 m

Gesucht: Sparrenlänge = Hypotenuse

$$\sin\alpha = \frac{\text{Gegenkathete}}{\text{Hypotenuse}}$$

sin 35° = 0,5736

$$\text{Hypotenuse} = \frac{\text{Gegenkathete}}{\sin}$$

$$\text{Hypotenuse} = \frac{3{,}00\text{ m}}{0{,}5736} = 5{,}23\text{ m}$$

Normalsparren = <u>5,23 m</u>

b) Grundmaß des Normalsparrens

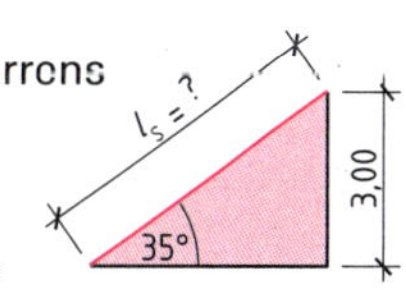

Gegeben: Dachneigung 35°

Firsthöhe = Gegenkathete zu α = 3,00 m

Gesucht: Grundmaß = Ankathete zu α

$$\tan\alpha = \frac{\text{Gegenkathete}}{\text{Ankathete}}$$

tan 35° = 0,7002

$$\text{Ankathete} = \frac{\text{Gegenkathete}}{\tan}$$

$$\text{Ankathete} = \frac{3{,}00\text{ m}}{0{,}7002} = 4{,}284\text{ m}$$

Grundmaß des Normalsparrens = <u>4,284 m</u>

c) Gratgrundmaß
→ Diagonale im Quadrat

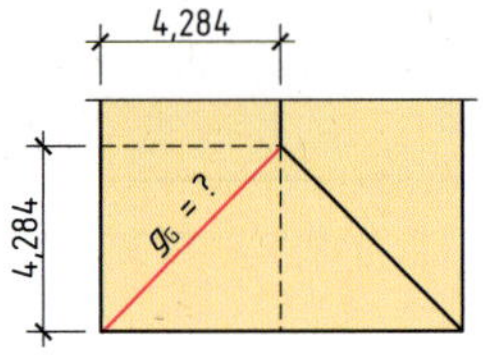

Gegeben: Grundmaß des Normalsparrens = 4,284 m

4,284 m · $\sqrt{2}$ = 6,058 m

Gratgrundmaß = 6,058 m

d) Gratlinie

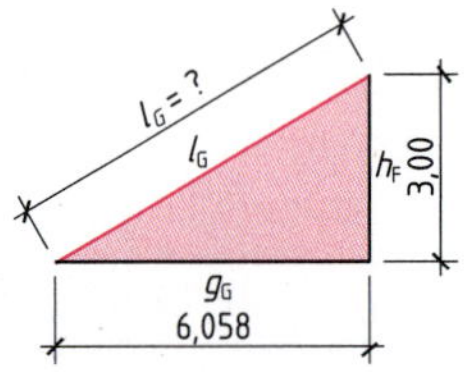

Gegeben: Firsthöhe = a = 3,00 m
Gratgrundmaß = b = 6,058 m

Gesucht: Gratlinie c

$c = \sqrt{a^2 + b^2}$

$= \sqrt{(3{,}00\ \text{m})^2 + (6{,}058\ \text{m})^2}$

$= \sqrt{45{,}70\ \text{m}^2} = 6{,}76\ \text{m}$

Gratlinie = 6,76 m

e) Abstände e und f im Grund
→ Diagonale im Quadrat

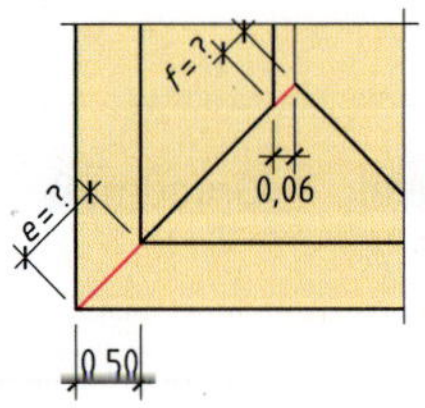

Gegeben: Dachvorsprung = 0,50 m
halbe Sparrenbreite = 0,06 m

Gesucht: e

$e = 0{,}50\ \text{m} \cdot \sqrt{2} = 0{,}707\ \text{m}$

Gesucht: f

$f = 0{,}06\ \text{m} \cdot \sqrt{2} = 0{,}085\ \text{m}$

f) Verstichmaß a

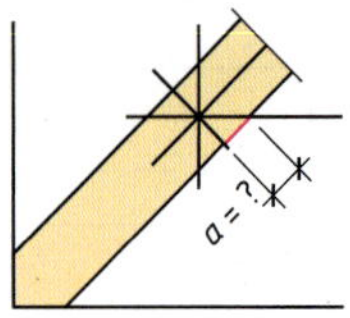

Gegeben: Gratsparrenbreite = 0,12 m

Gesucht: Verstichmaß $a = \frac{\text{Gratsparrenbreite}}{2}$

$= 0{,}12\ \text{m} : 2 = 0{,}06\ \text{m}$

g) Neigung des Gratsparrens

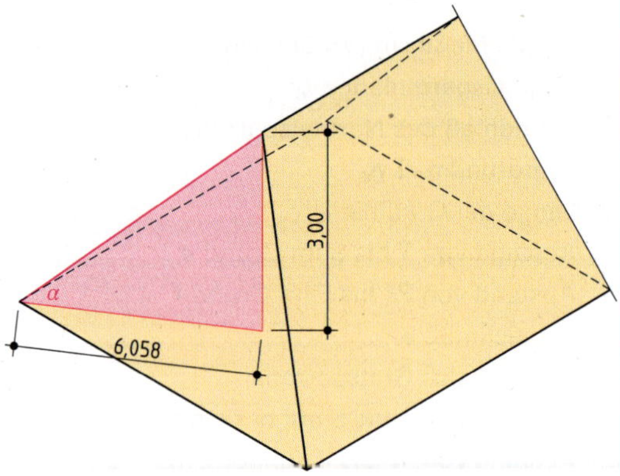

Gegeben: Firsthöhe = Gegenkathete zu α = 3,00 m

Gratgrundmaß = Ankathete zu α = 6,058 m

Gesucht: Neigung des Gratsparrens

$\tan \alpha = \frac{\text{Gegenkathete}}{\text{Ankathete}}$

$\tan \alpha = \frac{3{,}00\ \text{m}}{6{,}058\ \text{m}} = 0{,}4952$

$\alpha = 26{,}34°$

Neigung des Gratsparrens = 26,34°

h) Längen e' und f'

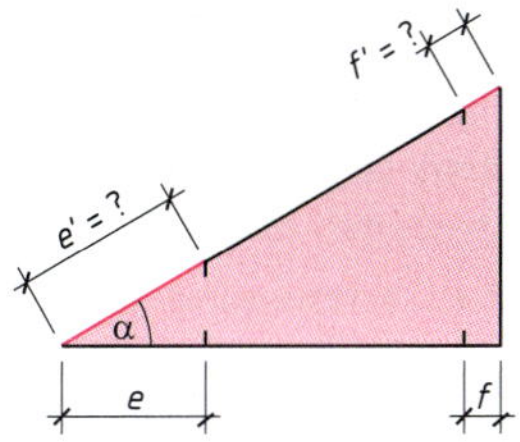

Gegeben: Neigung des Gratsparrens = 26,35°

e = Ankathete zu α = 0,707 m

f = Ankathete zu α = 0,085 m

Gesucht: e' = Hypotenuse

f' = Hypotenuse

$\cos = \frac{\text{Ankathete}}{\text{Hypotenuse}}$

$\text{Hypotenuse} = \frac{\text{Ankathete}}{\cos}$

cos 26,35° = <u>0,8961</u>

$e' = \frac{0{,}707\text{ m}}{0{,}8961} = \underline{0{,}789\text{ m}}$

$f' = \frac{0{,}085\text{ m}}{0{,}8961} = 0{,}095\text{ m}$

i) Abgratung x

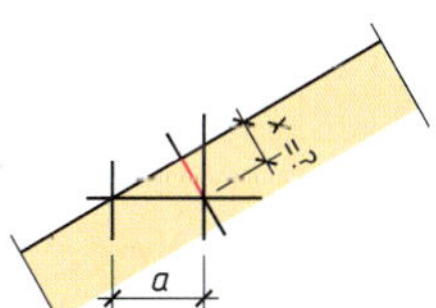

Gegeben: Neigung = 26,35°

Verstichmaß a = Hypotenuse = 0,06 m

Gesucht: Abgratung x = Gegenkathete zu α

$\sin \alpha = \frac{\text{Gegenkathete}}{\text{Hypotenuse}}$

Gegenkathete = sin · Hypotenuse
sin 26,35° = 0,4439
Gegenkathete = 0,4439 · 0,06 m = 0,027 m
Abgratung x = <u>0,027 m</u>

j) Traufabschnittswinkel am Gratsparren

Hauptdachprofil

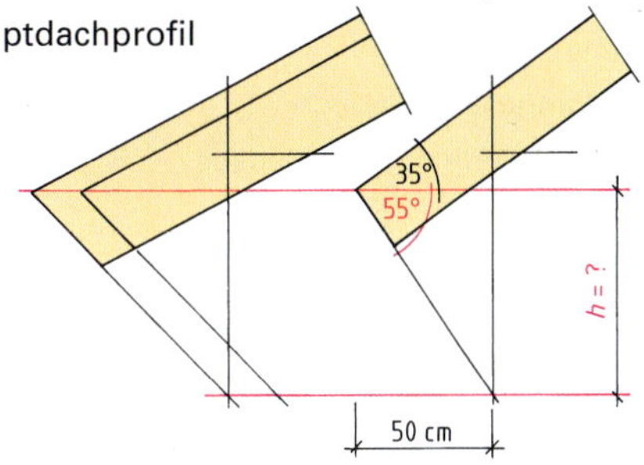

Gegeben: Restwinkel = 55° (Abschnittswinkel-Dachneigung)

Dachvorsprung = Ankathete zum Restwinkel = 0,50 m

Gesucht: Abstand h = Gegenkathete zum Restwinkel

$\tan = \frac{\text{Gegenkathete}}{\text{Ankathete}}$

tan 55° = 1,4281
Gegenkathete = Ankathete · tan
Gegenkathete = 0,50 m · 1,4281 = 0,714 m
Abstand h = <u>0,714 m</u>

Gratprofil

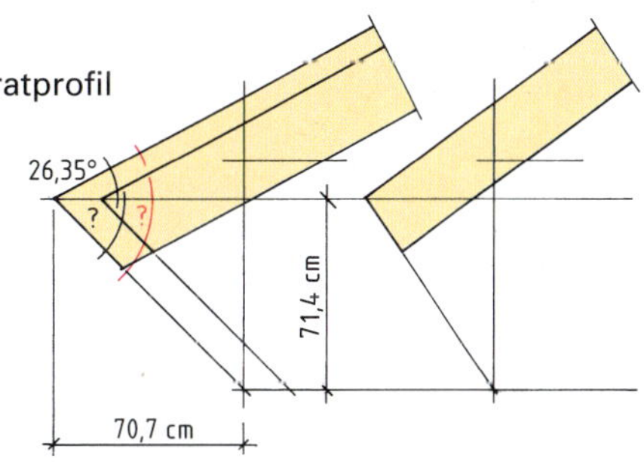

Gegeben: Abstand h = Gegenkathete zum Restwinkel = 0,714 m

Gesucht: Abstand e = Gegenkathete zum Restwinkel = 0,707 m

$\tan = \frac{\text{Gegenkathete}}{\text{Ankathete}}$

$\tan = \frac{0{,}714\text{ m}}{0{,}707}\text{ m} = 1{,}010$

Restwinkel am Gratsparren = 45,29°
Abschnitt am Gratsparren = 26,35° + 45,29° = <u>71,64°</u>

12.7.1 Aufgaben

1. Berechnen Sie
   a) die Länge der Gratlinie,
   b) die Abstände der Senkelrisse
   T/S,
   S/FP,
   FP/F

   auf der Gratlinie des abgebildeten Gratsparrens eines gleich geneigten Walmdaches.

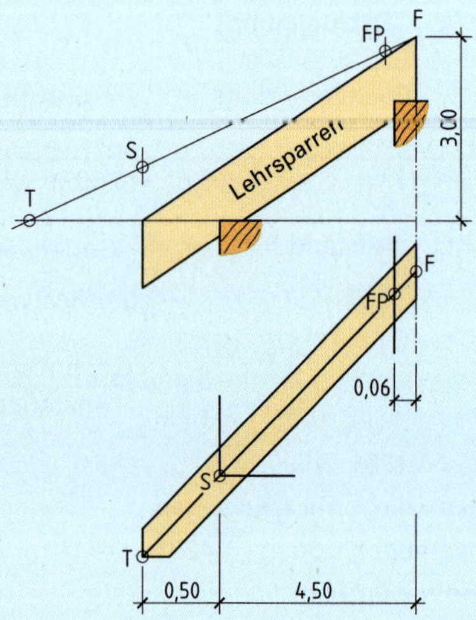

2. Berechnen Sie bei dem dargestellten Sparren
   a) die Sparrenlänge l,
   b) die Höhe h,
   c) den Kerveneinschnitt s.

   Dachneigung = 38°.

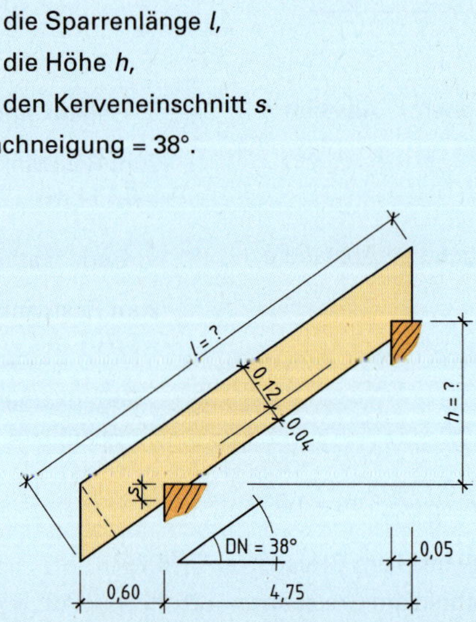

3. Für ein Walmdach mit gleich geneigten Dachflächen ist die Länge des dargestellten Schiftersparrens l zu berechnen.

   Die Dachneigung beträgt 35°.

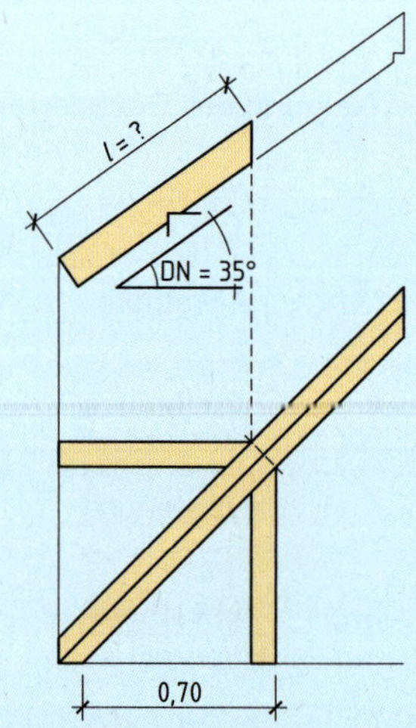

4. Für das abgebildete gleich geneigte Walmdach sind folgende Maße zu berechnen:
   a) Normalsparrenlänge l_S,
   b) Grundmaß des Normalsparrens g_{HD},
   c) Gratgrundmaß g_G,
   d) Länge der Gratlinie l_G,
   e) Grundmaße e und f
   f) Verstichmaß a,
   g) Neigung des Gratsparrens,
   h) Längen e' und f',
   i) Abgratung x,
   j) Traufabschnittswinkel am Gratsparren (Hexenschnitt).

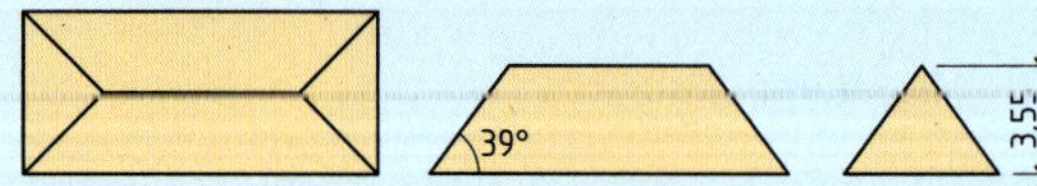

Draufsicht Seitenansicht

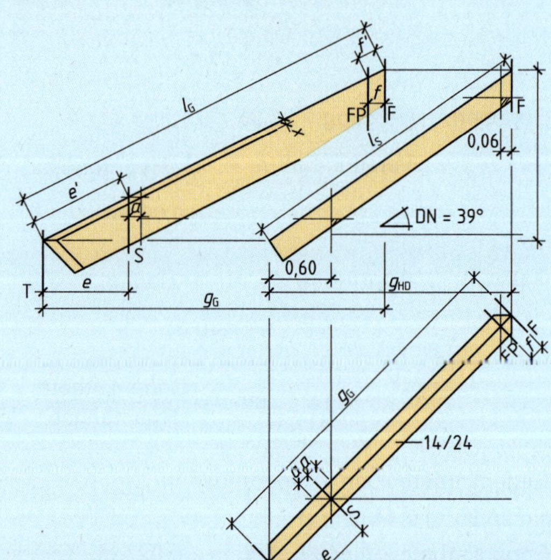

Gratsparren des Walmdaches

12.8 Projektaufgaben

Für das Projekt ist als Alternative ein Walmdach mit gleich geneigten Dachflächen vorgesehen.

1. Wie aus den Plänen hervorgeht, sind im Dachgeschoss unter anderem Schlaf- und Kinderzimmer vorgesehen. Auf die optimale Nutzung der Räume und des Balkons haben die Dachneigung und die Höhe des Kniestocks einen wesentlichen Einfluss. Legen Sie die Dachneigung und die Kniestockhöhe fest.
2. Der Dachvorsprung beträgt allseitig 50 cm. Ermitteln Sie die Sparrenabstände.
3. Zeichnen Sie die Sparrenlage im Maßstab 1:50.
4. Tragen Sie den Gratsparren und zwei Gratschifter aus. Die Normalsparren sollen rechtwinklig abgeschnitten werden.

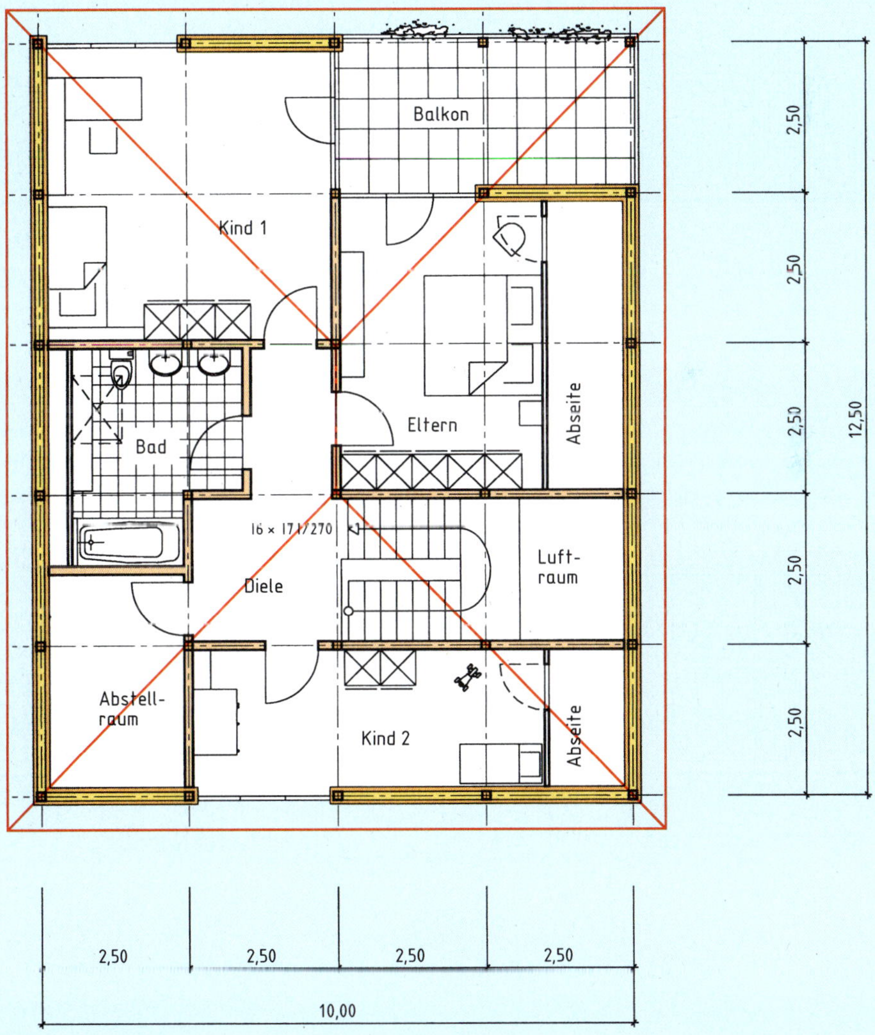

Das ausgemittelte Walmdach des Projektes

5. Berechnen Sie folgende Maße:
   a) die Länge des Normalsparrens,
   b) das Gratgrundmaß,
   c) die Länge der Gratlinie,
   d) die Neigung der Gratgrundlinie,
   e) die Neigung des Gratsparrens,
   f) die Lage der Kerven,
   g) das Verstichmaß,
   h) die Längen der Schiftersparren.

6. Vergleichen Sie die errechneten Werte mit den Maßen Ihrer Zeichnungen.

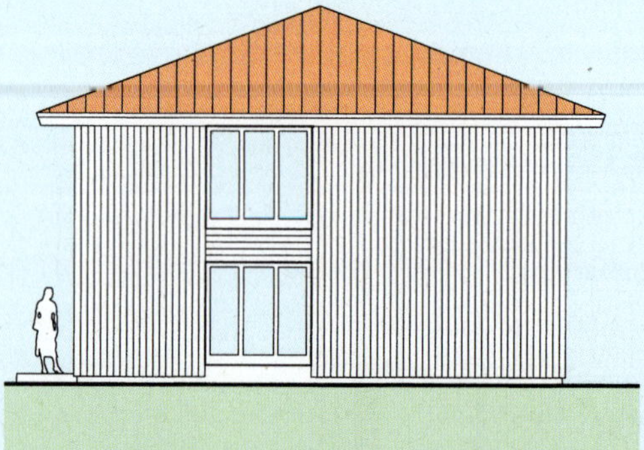

Ansicht von Westen

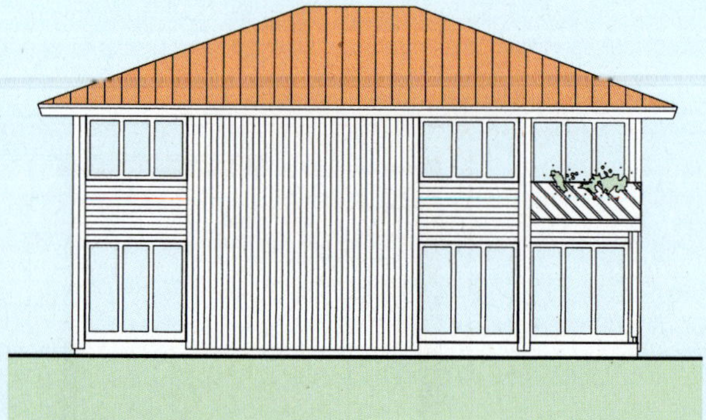

Ansicht von Süden

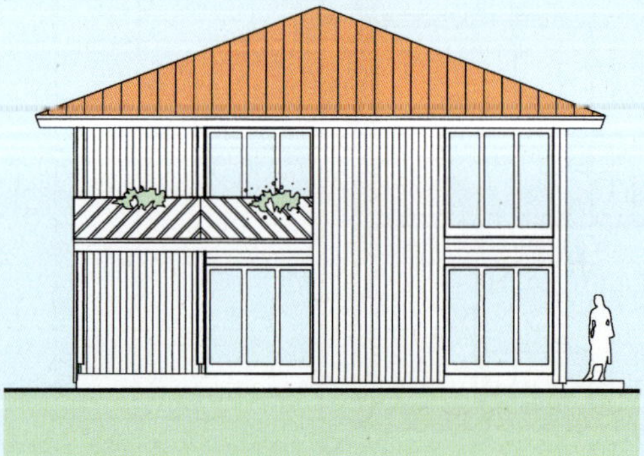

Ansicht von Osten

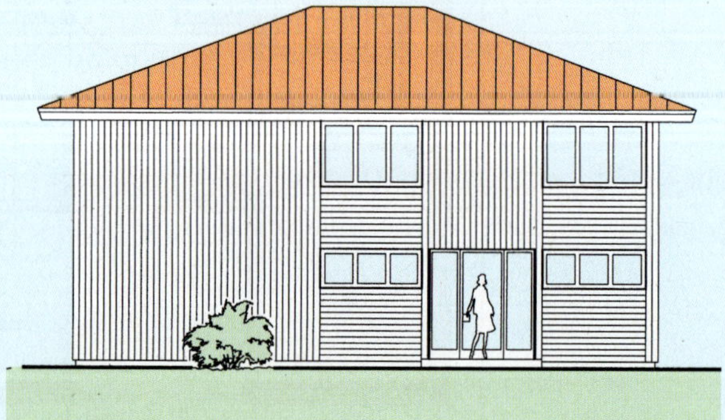

Ansicht von Norden

Lernfeld 13:
Schiften am ungleich geneigten Walmdach

Aus gestalterischen Gründen werden die Walmseiten häufig steiler geneigt als die Hauptdachseiten eines Walmdachs. Außerdem wird der Dachraum durch diese Maßnahme erheblich vergrößert. Sind nun die Walm- und Hauptdachflächen verschieden geneigt, so verlaufen Grat- und Kehllinien nicht mehr in der Winkelhalbierenden der sich schneidenden Traufen. Dadurch ergeben sich wesentliche Veränderungen beim Austragen der Grat- und Kehlsparren im Vergleich zu Walmdächern mit gleich geneigten Dachflächen.

13.1 Dachausmittlung

Auch bei Walmdächern mit ungleich geneigten Dachflächen müssen Grat-, Kehl- und Firstlinien festgelegt werden, bevor mit der Austragung und dem Anreißen der Hölzer begonnen werden kann.

Im Vergleich zur Dachausmittlung bei gleich geneigten Walmdächern müssen nun die Profile gezeichnet werden.

- Vom Traufpunkt A ausgehend, werden die verschieden geneigten Profile gezeichnet.
- In beliebiger Höhe wird eine Parallele zum Grund gezeichnet, die mit den Profilsparren Schnittpunkte bildet.
- Durch Herunterloten der Schnittpunkte auf den Grund werden die Strecken $\overline{AB}$ und $\overline{AC}$ ermittelt.
- Das Verhältnis dieser Strecken zueinander entspricht dem Verhältnis der Sparrengrundmaße.
- Im Abstand $\overline{AB}$ wird eine Parallele zur Traufe mit der flachen Neigung gezogen und im Abstand $\overline{AC}$ eine Parallele zur Traufe mit der steileren Neigung.
- Durch das Verbinden der so entstandenen Schnittpunkte mit den entsprechenden Traufecken werden die Grat- und Kehllinien ermittelt.

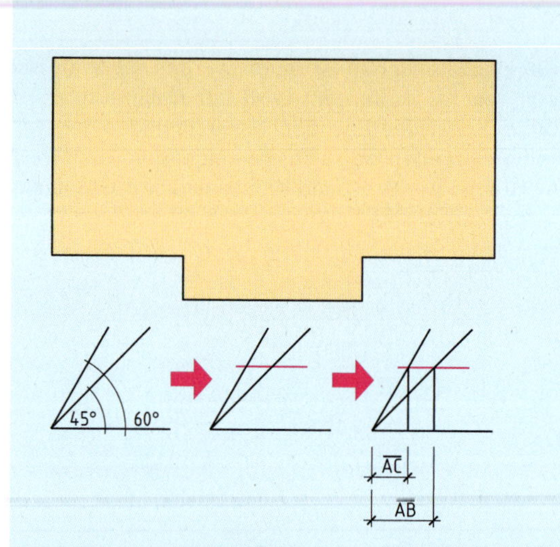

Entwicklung der Hilfsprofile

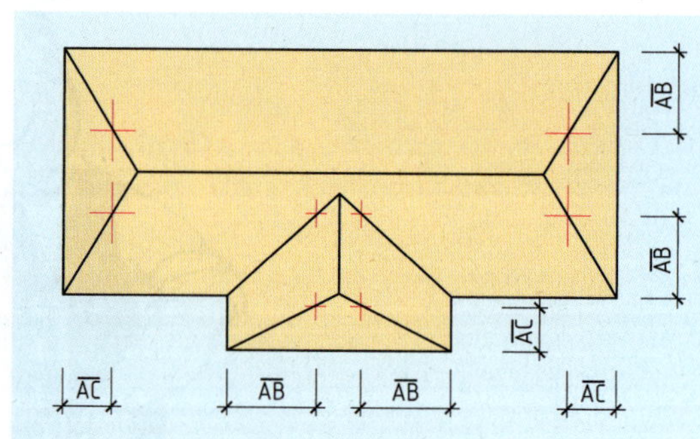

Ausmittlung bei ungleicher Dachneigung

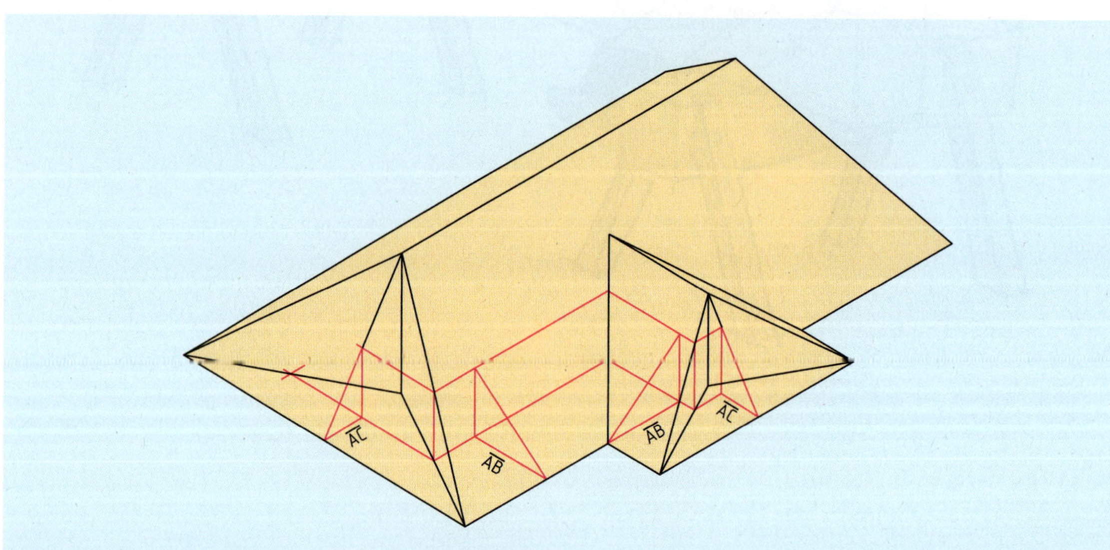

Isometrie der Dachausmittlung

13.1.1 Dächer über zusammengesetzten Grundflächen

Nachdem die Profile der unterschiedlich geneigten Dachflächen gezeichnet und deren Grundmaße ermittelt sind, kann mit der Dachausmittlung begonnen werden. Hierbei wird genauso vorgegangen wie bei der Dachausmittlung von gleich geneigten Dächern.

Schritt Nr.	Dachflächen Nr.	Lage der Traufen zueinander	Begrenzungslinie	Bemerkung
1				sämtliche Grat- und Kehllinien einzeichnen
2	2 und 11	parallel	First	Dachfläche 2 ist geschlossen
3	3 und 11	rechtwinklig	Grat	Dachfläche 11 ist geschlossen
4	3 und 10	parallel	First	Dachfläche 3 ist geschlossen
5	4 und 10	rechtwinklig	Grat	Dachfläche 4 ist geschlossen
6	5 und 10	parallel	First	Dachfläche 5 ist geschlossen
7	6 und 10	rechtwinklig	Grat	Dachfläche 6 ist geschlossen
8	7 und 10	parallel	First	Dachfläche 7 ist geschlossen
9	8 und 10	schräg	First	Dachflächen 8 und 10 sind geschlossen; der First verläuft in der Winkelhalbierenden der Traufen 8 und 10

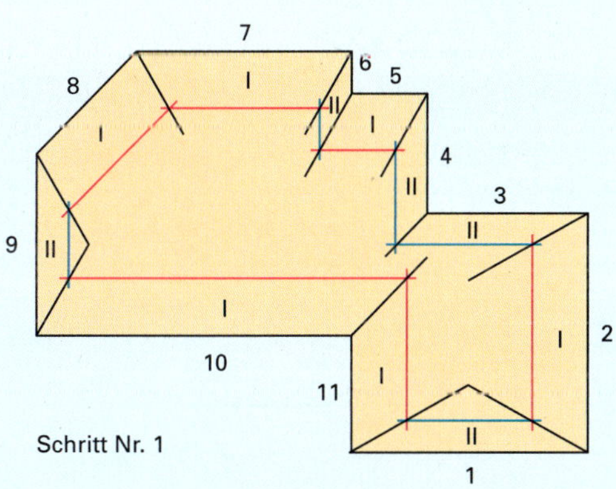

Schritt Nr. 1

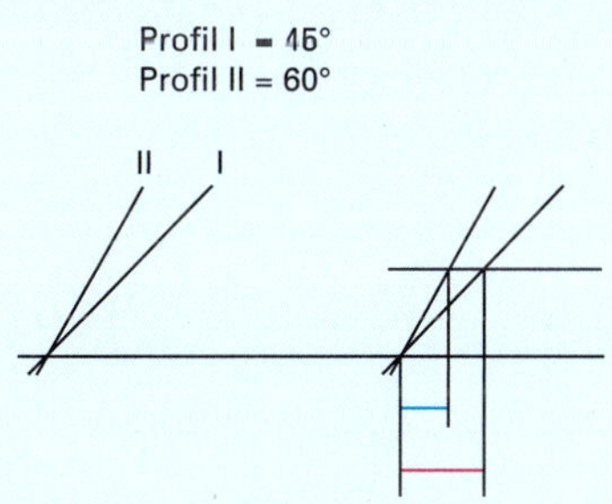

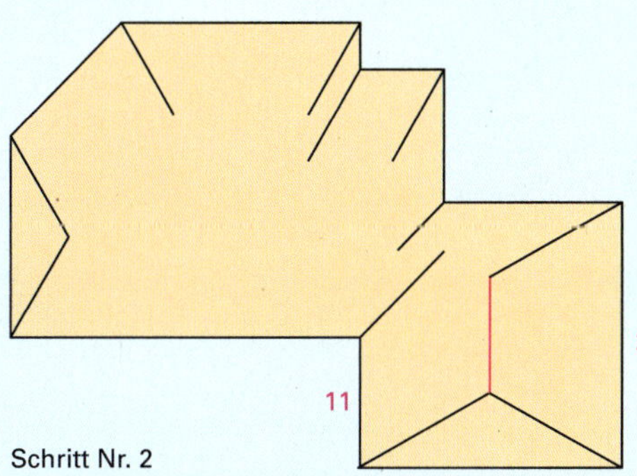

Schritt Nr. 2

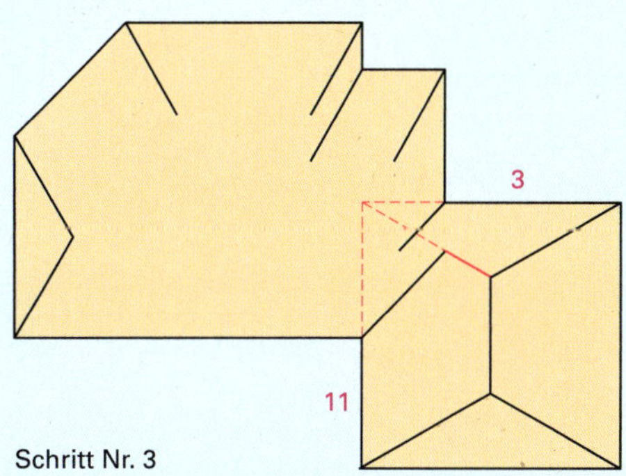

Schritt Nr. 3

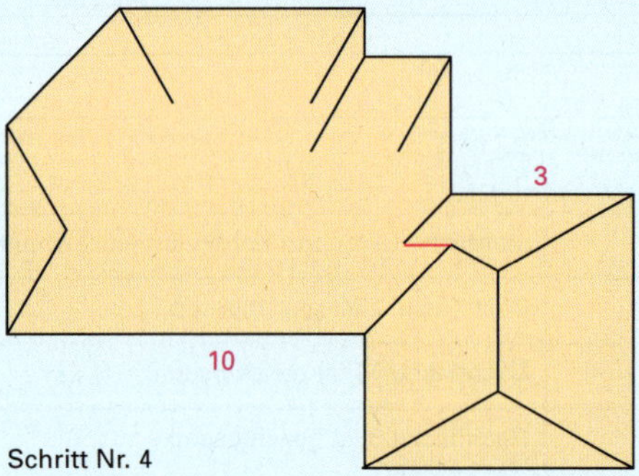

Schritt Nr. 4

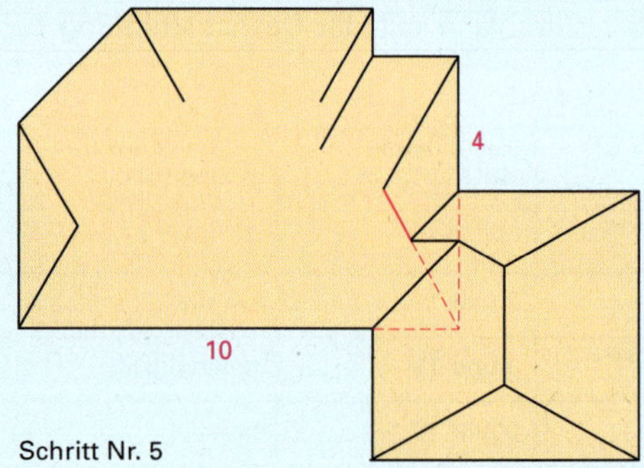

Schritt Nr. 5

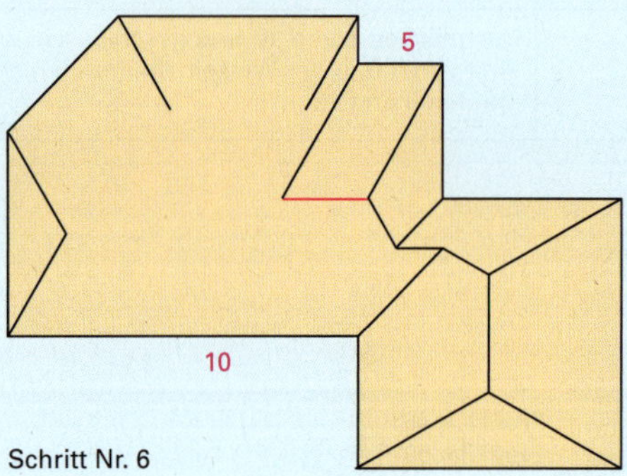

Schritt Nr. 6

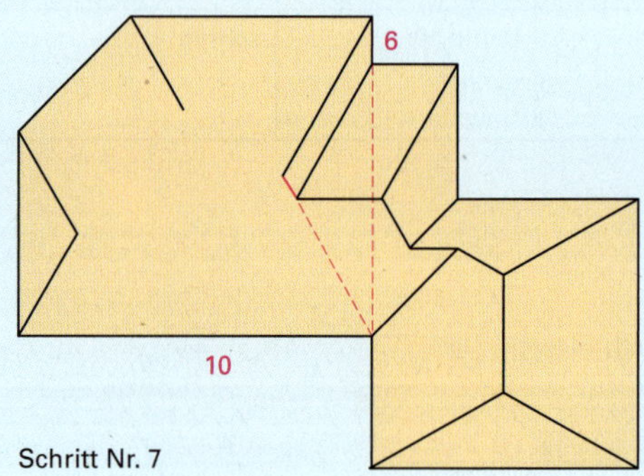

Schritt Nr. 7

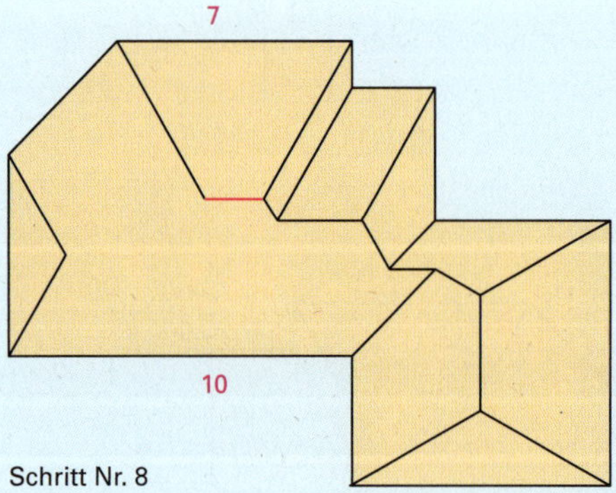

Schritt Nr. 8

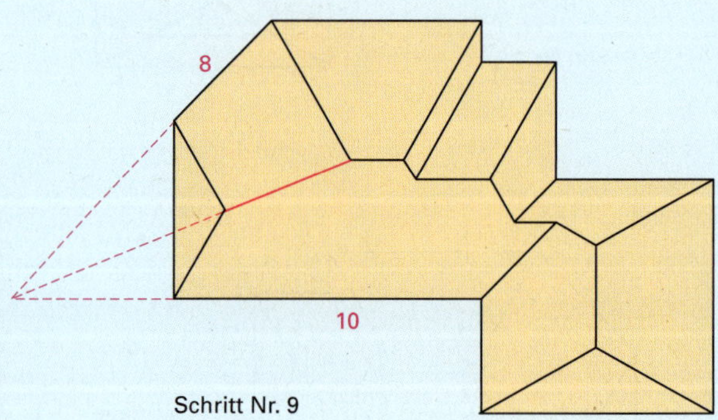

Schritt Nr. 9

Für die Dachausmittlung bei Walmdächern mit ungleicher Dachneigung müssen alle Profile eingezeichnet werden. Die Grat- und Kehllinien verlaufen nie in der Winkelhalbierenden der Traufen.

13.1.2 Verschieden hohe Traufen

Bei verschieden hoch liegenden Traufen gibt es zwei verschiedene Möglichkeiten der Dachausmittlung:

1. Die Ansicht, eine Seitenansicht und der Grundriss werden gezeichnet. Mithilfe der rechtwinkligen Parallelprojektion werden Grat-, Kehl-, First- und Verfallgratlinien ermittelt.

2. Bei dieser Möglichkeit werden die Trauflinien zunächst in eine Höhe gelegt und der Grundriss sowie die erforderlichen Profile werden gezeichnet. Danach werden in den Profilen die Höhendifferenzen (*x* und *y*) der Traufen festgelegt und deren entsprechende Grundmaße (*x'* und *y'*) ermittelt. Soll eine Traufe tiefer gelegt werden, wird die Traufe um dieses Grundmaß nach außen verschoben. Soll eine Traufe höher gelegt werden, muss sie um das Grundmaß nach innen verlegt werden. Sind alle Trauflinien in einer Höhe, kann mit der Ausmittlung begonnen werden. Anschließend werden Traufen in ihre ursprüngliche Lage zurückgelegt.

1. Möglichkeit

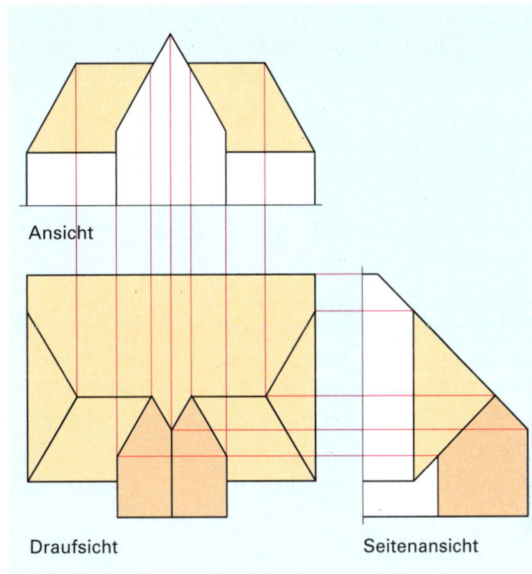

Ausmittlung durch Projektion

2. Möglichkeit

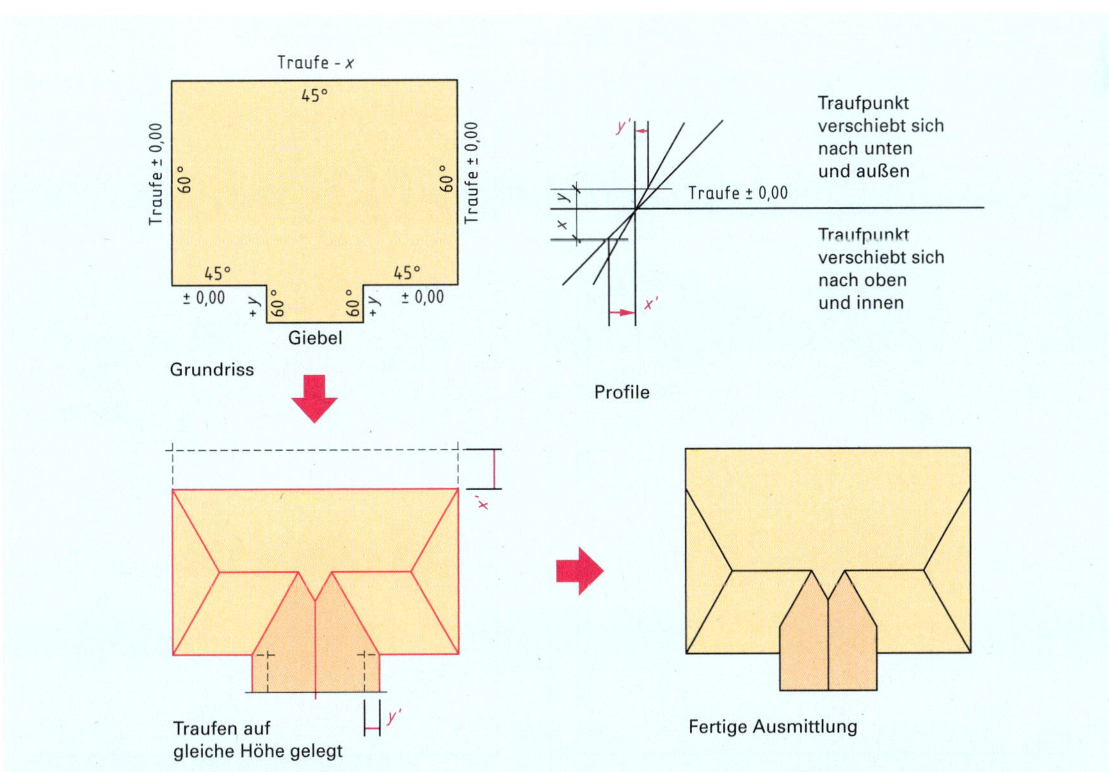

Ausmittlung durch Verschieben der Traufen

13.1.3 Zeichenaufgaben zur Dachausmittlung

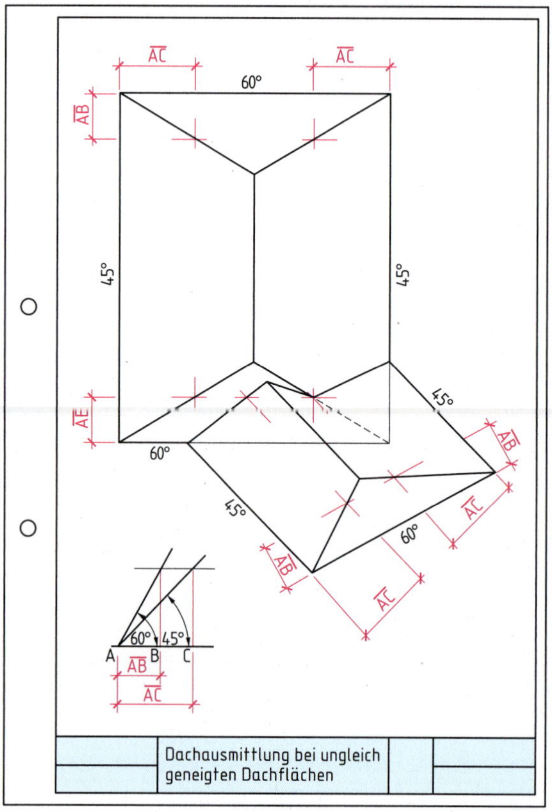

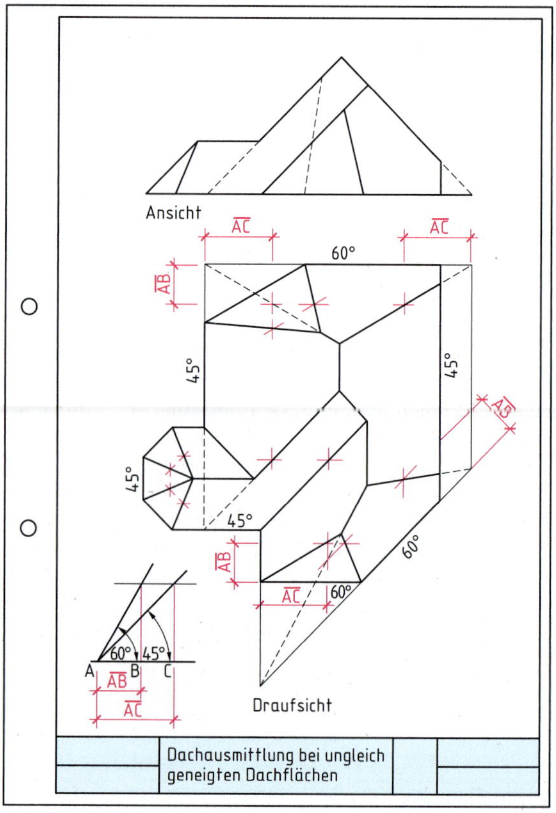

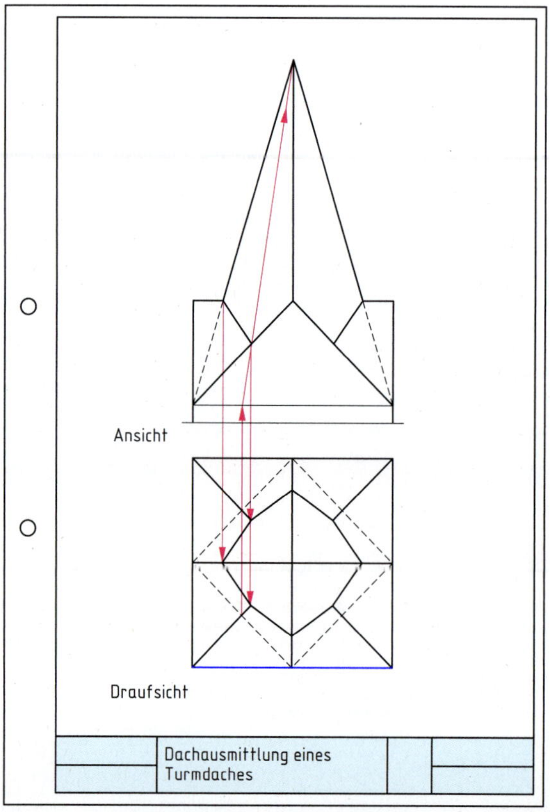

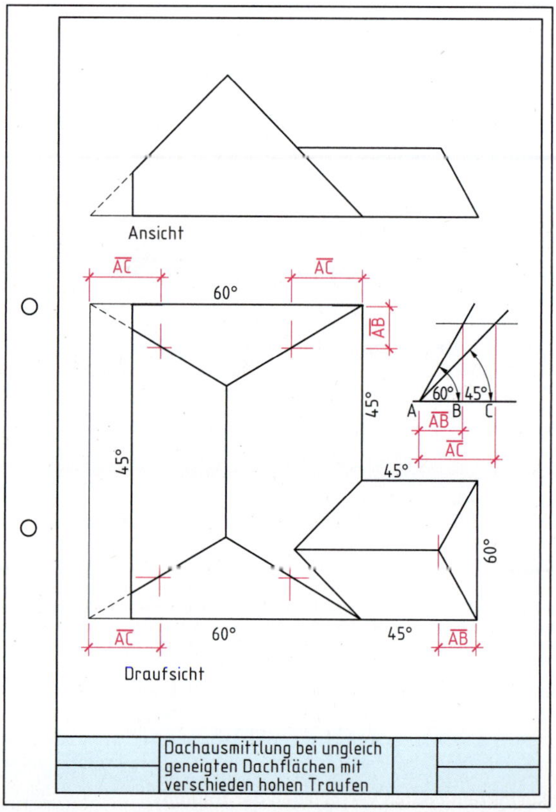

13.1.4 Übungsaufgaben zur Dachausmittlung

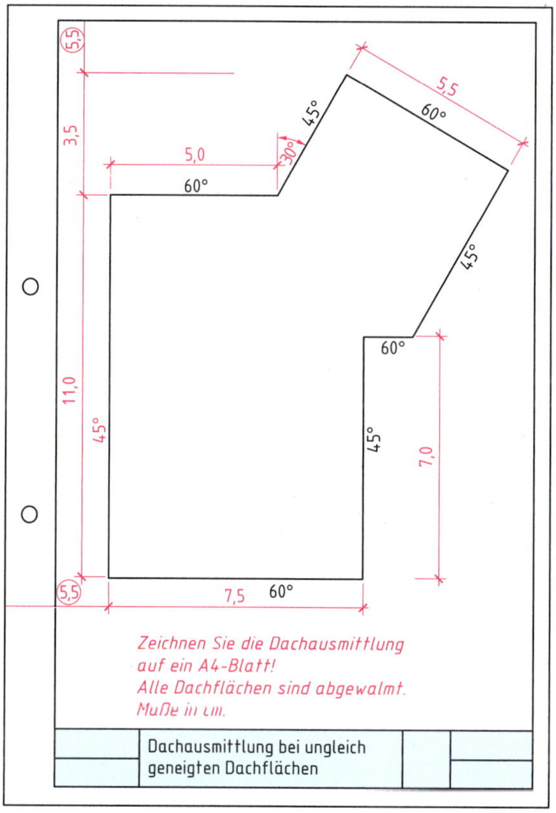

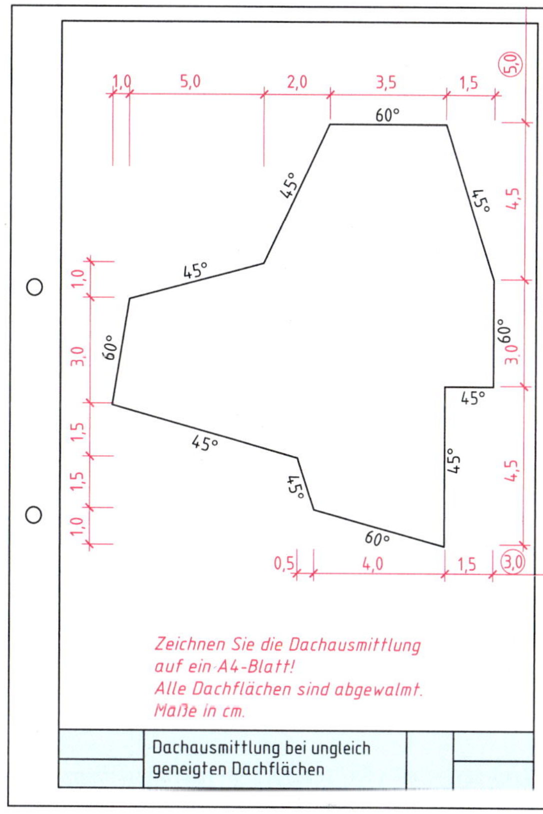

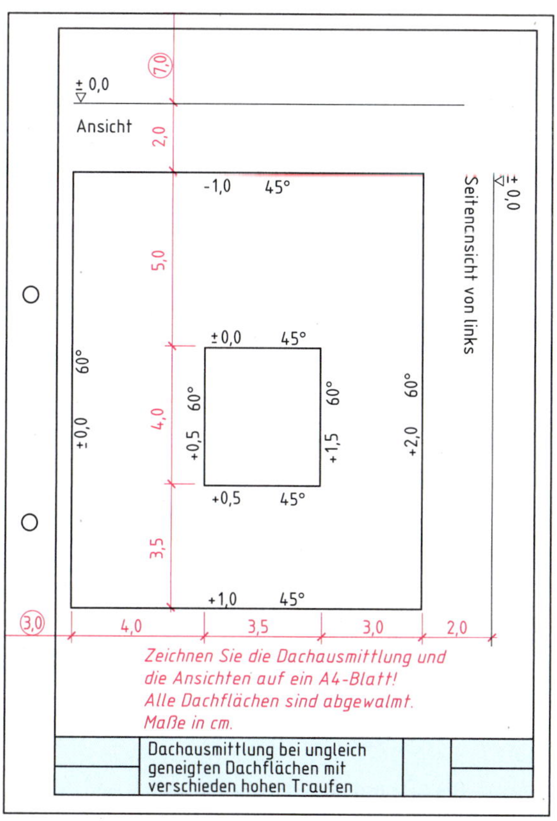

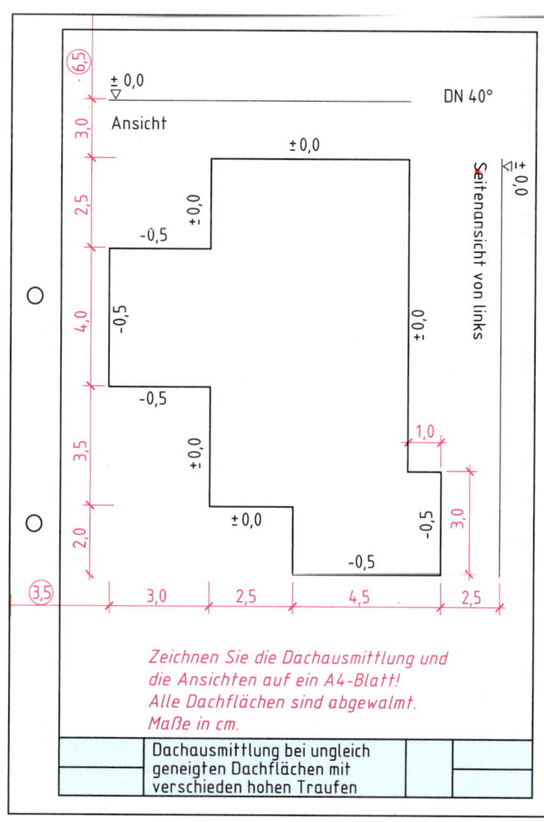

13.2 Gratsparren

13.2.1 Gratlinie in der Mitte

Bei der zeichnerischen Austragung von Grat- und Kehlsparren sind der Grundriss und die Profile beider Dachflächen erforderlich.

- Die **Gratlinie** verläuft auch hier vom Traufeck zum Anfallspunkt. Um das Traufeck im Grundriss zu finden, muss außer dem **Lehrsparren** auch der **Mittelschifter** des Walmdaches in das Profil eingetragen werden.
- Das **Grundmaß** des Mittelschifters wird rechtwinklig zur Vorderkante des Lehrsparrens im Grundriss abgetragen.
- Durch den Endpunkt des Grundmaßes verläuft die Walmdachtraufe. Sie wird mit der Hauptdachtraufe zum Schnittpunkt gebracht.
- Die **Vorderkante** der Walmdachschwelle bzw. der Pfette wird ebenfalls aus dem Profil in den Grundriss übertragen und mit den Vorderkanten der Schwellen und Pfetten des Hauptdaches zum Schnittpunkt gebracht.

  Da sowohl beim Lehrsparren als auch beim Mittelschifter das Oberholz das Gleiche ist (etwa $^3/_4\ h$), liegen die Kervenecken der Schwellen und der Pfetten **nicht in der Mitte** des Gratsparrens.

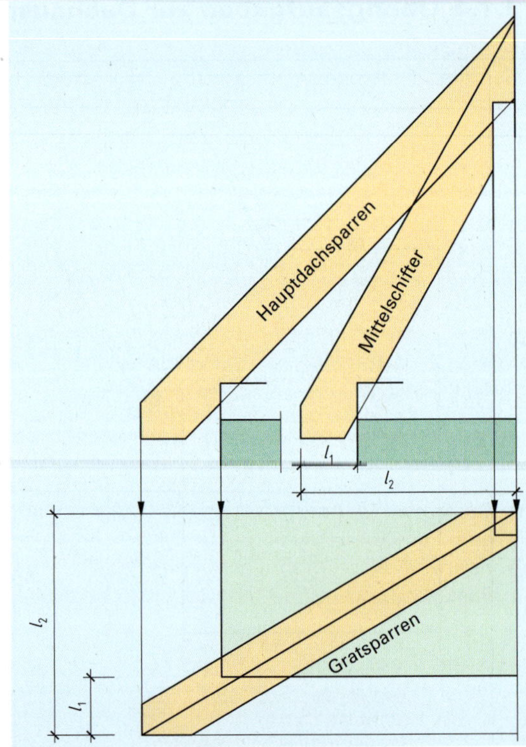

Gratsparren bei ungleicher Dachneigung

Die Verstichmaße am Traufeck werden genauso wie bei gleich geneigten Dächern ermittelt. Die Verstichmaße sind jedoch nie gleich groß.

An den Kerven können die Verstichmaße auf zwei verschiedene Weisen ermittelt werden.

1. Der Senkelriss wird durch das Kerveneck gezeichnet. Mit den Gegenverstichmaßen ergeben sich vier verschieden große Verstichmaße von denen keines mit denen am Traufeck übereinstimmt.
2. Wo die Vorderkanten der Schwellen die Gratlinie schneiden, werden die Senkelrisse eingezeichnet. Es entstehen zwei verschieden große Verstichmaße, die mit den Verstichmaßen am Traufeck übereinstimmen. Die Anwendung dieser Variante ist in der Regel günstiger.

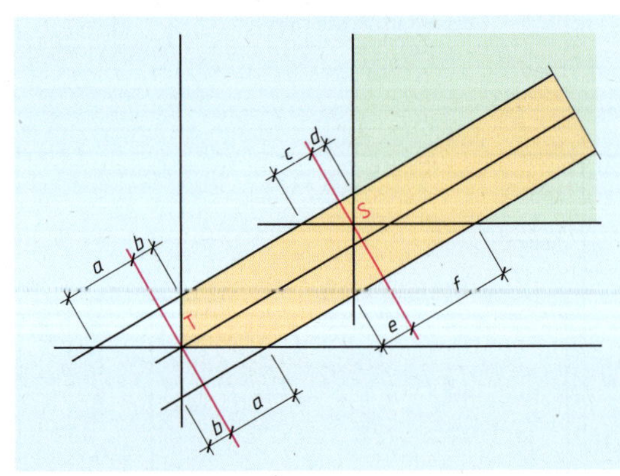

Senkel durch Kerveneck

Die Abgratungslinien werden auf die gleiche Weise wie beim Gratsparren bei gleicher Dachneigung ermittelt. Durch die unterschiedlichen Dachneigungen liegen die Abgratungslinien allderdings nicht mehr in einer Höhe.

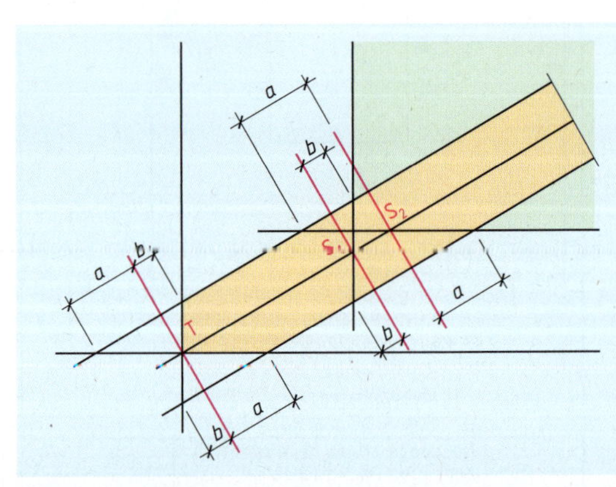

Senkel im Schnittpunkt zwischen Gratlinie und Vorderkante Schwellen

Für die Austragung von Gratsparren bei ungleich geneigten Dachflächen müssen das Haupt- und das Walmdachprofil sowie der Grundriss aufgerissen werden.

13.2.2 Gratlinie nicht in der Mitte

Bei ungleicher Dachneigung liegen die Abgratungslinien der Gratsparren verschieden hoch. Dieses führt zu einer Schwächung der Gratsparren. Je ungleicher die Dachneigung ist, umso größer wird die Schwächung. Im extremen Falle liegt die untere Abgratungslinie des Gratsparrens fast an der Sparrenunterkante. Bei einer solchen Gratsparrenform ist der Anschluss der Schiftersparren nur dann möglich, wenn diese als Klauenschifter ausgebildet werden. Das Austragen und Ausarbeiten von Klauenschiftern erfordert einen großen Arbeitsaufwand. Es ist daher zweckmäßig, die Abgratungslinien so anzuordnen, dass sie in **einer Höhe** liegen.

Um dieses zu erreichen, wird der Gratsparren zur **flacher** geneigten Dachfläche verschoben, wobei die Gratlinie wie bisher vom Traufeck zum Anfallspunkt verläuft.

Das Verschieben des Gratsparrens lässt sich am besten am Fußpunkt darstellen.

1. Durch das Traufeck **A** wird ein Winkelriss gezogen. Vom Traufeck aus werden auf dem Winkelriss die Gratsparrenbreite ***b*** abgetragen und der Punkt **B** festgelegt.

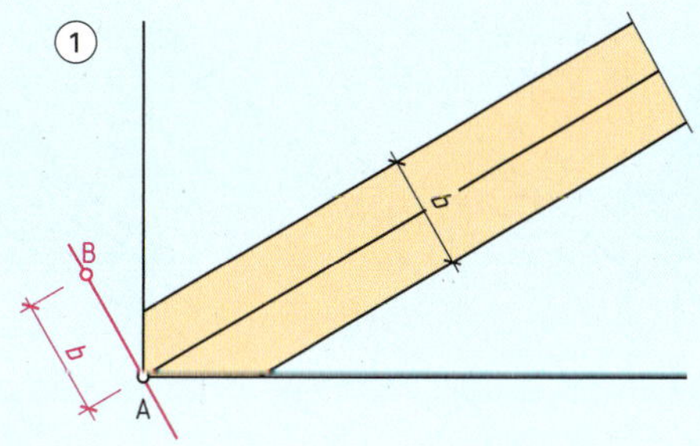

2. Parallel zur Walmtraufe wird eine Linie von **B** zur Hauptdachtraufe gezogen.
Bis zu dem so gefundenen Schnittpunkt **C** wird der Gratsparren verschoben.

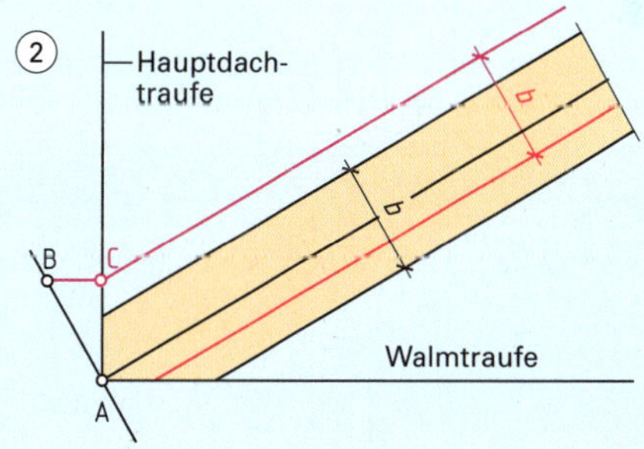

3. Durch das Verlegen des Gratsparrens werden die Verstichmaße an der Traufe **gleich groß**.

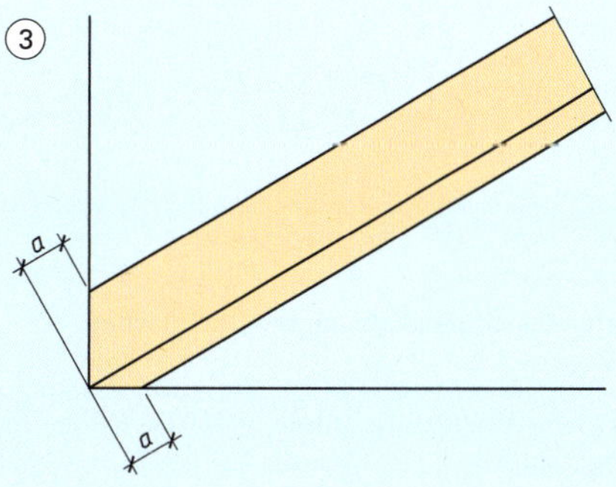

Beispiel eines aus der Mitte verlegten Gratsparrens – Senkelmethode

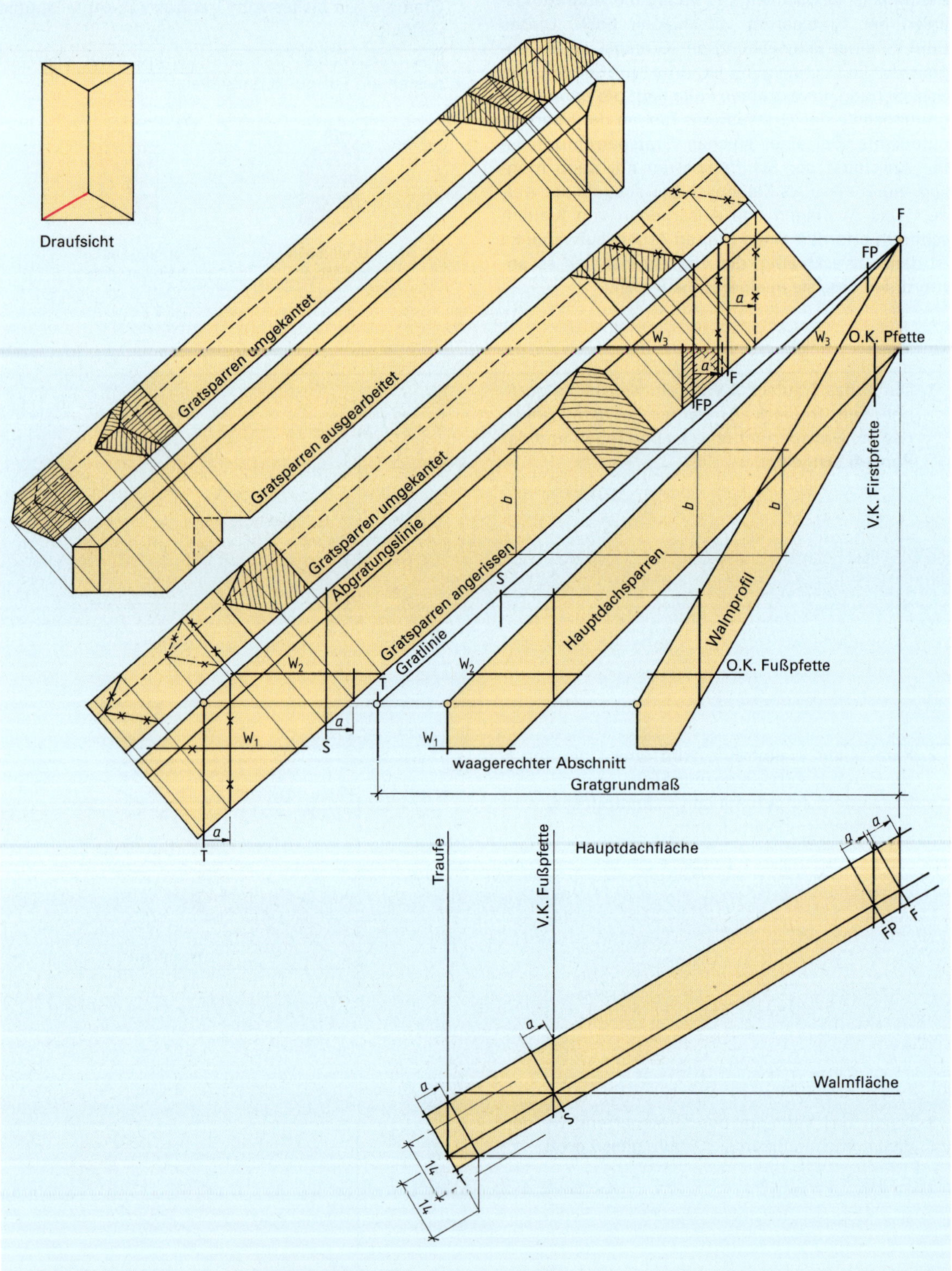

Gratsparren bei ungleich geneigten Dachflächen

Damit die Abgratungslinien in einer Höhe liegen, wird der Gratsparren in Richtung des flacher geneigten Daches gerückt.

Höhenmethode nach dem Prinzip des Flächenschiftens

Wie beim gleich geneigten Walmdach werden zuerst die **maßgebenden Höhen** (Firsthöhe, Firstpfettenhöhe, Schwellenhöhe, Traufhöhe, Höhe Hx) aus dem Normalprofil auf eine Maßlatte übernommen.

Diese Maßlatte wird wieder **winkelrecht** zum Gratgrund angelegt.

Alle weiteren Schritte sind gleich wie beim gleich geneigten Gratsparren. Bei dieser Methode erkennt man leichter, wo die Risse aus dem Grundriss herkommen und sieht so übersichtlich den Zusammenhang zwischen Grundriss und Gratsparrenprofil.

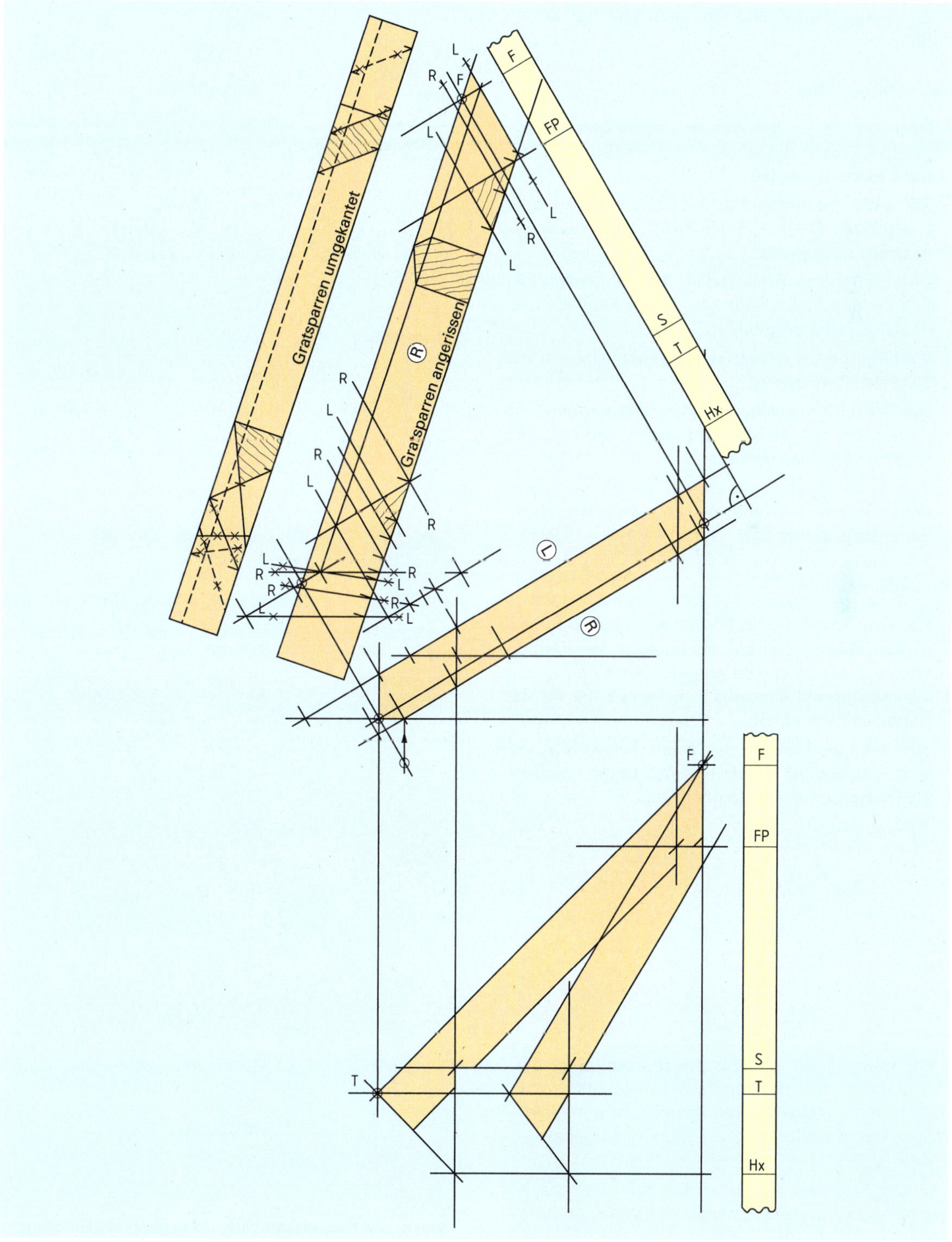

13.2.3 Gratschifter

Als Schifter werden die Sparren bezeichnet, die mit einer Schmiege an die Gratsparren angeschlossen werden. Für das Austragen der Haupt- und Walmdachschifter bei ungleicher Dachneigung sind beide vom Austragen des Gratsparrens bereits vorhandenen Profile und der Grundriss notwendig.

Bei gleicher Dachneigung ist nur ein Profil notwendig, da die Haupt- und Walmdachschifter gleich sind.

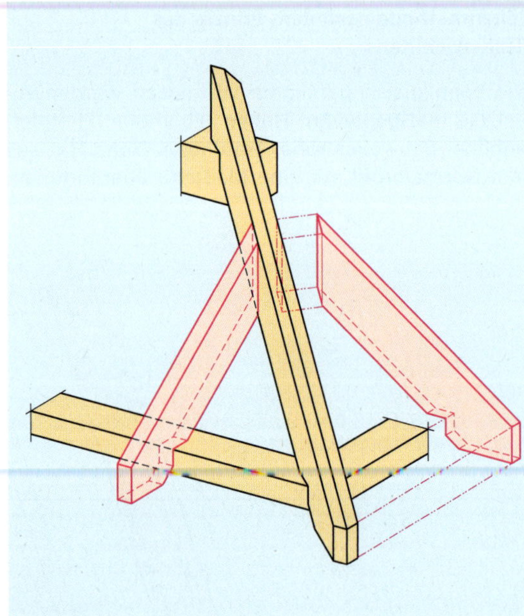

Gratschifter

Hauptdachschifter

- Nachdem der Sparrenabstand eines Daches festgelegt ist, kann das Schiftergrundmaß im Grundriss bestimmt werden.
- Sämtliche Schnittpunkte des Schifters mit dem Gratsparren werden in das Profil des Hauptdachsparrens hochgelotet.
- Diese lotrechten Risse stellen die **Senkelrisse** der Schifter dar. Gleichzeitig wird die tatsächliche Länge der Schifter ermittelt.
- Vom Reißboden werden diese Senkelrisse auf das Schifterholz übertragen.
- Die Senkelrisse werden an der Sparrenober- und -unterkante miteinander verbunden und mit dem Abschnittszeichen versehen.
- Wie beim Schiftersparren am gleich geneigten Walmdach ist auch hier ein sehr sorgfältiges Arbeiten erforderlich.

Walmdachschifter

- Das Grundmaß des Walmdachschifters kann nicht in das Walmdachprofil hochgelotet werden. Es wird auf eine Maßlatte eingezeichnet und in das Walmdachprofil übertragen. Dasselbe gilt für das Schmiegengrundmaß.
- Nachdem die Maße in das Walmdachprofil eingetragen sind, wird das weitere Austragen wie beim Hauptdachschifter vorgenommen.

Zur Austragung der Schiftersparren sind der Grundriss und das Hauptdach- sowie das Walmdachprofil notwendig. Die Schmiegen der Walm- und Hauptdachschifter verlaufen entgegengesetzt.

In der Regel ist die Schmiege des Hauptdachschifters spitzwinkliger als die des Walmschifters.

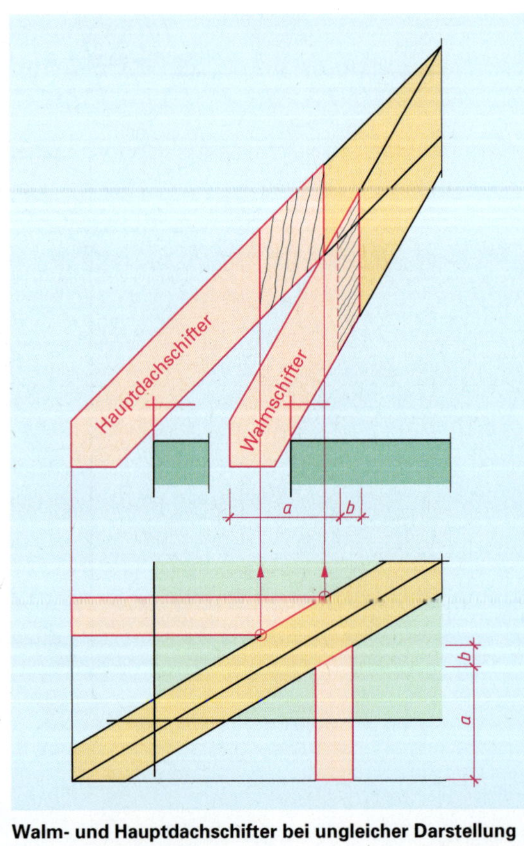

Walm- und Hauptdachschifter bei ungleicher Darstellung

13.2.4 Gratklauenschifter

Bei sichtbarer Dachkonstruktion kann es aus gestalterischen Gründen erforderlich sein, den Gratschifter an den Gratsparren anzuklauen:

- In den Grundriss ist der Klauenschifter einzuzeichnen, dessen Klaue bis zur Gratsparrenmitte reicht.
- Backenschmiege (1 und 2) und Klauenabschnitt (3 und 4) werden in das Profil übertragen.
- Aus dem Profil wird der Schnittpunkt zwischen Hinterkante Sparren und waagerechtem Abschnitt (5) in den Grundriss gelotet. Am Schnittpunkt mit der Gratlinie (6) liegt die hintere Gratsparrenabschnittskante. Diese wird verlängert und schneidet sich in den Punkten 7 und 8 mit den Verlängerungen des Schifters.
- Punkte 7 und 8 werden in das Profil übertragen und mit den Rissen 9 und 10 des Klauenabschnittes verbunden.
- Die ermittelten Linien stellen den Klaueneinschnitt dar.

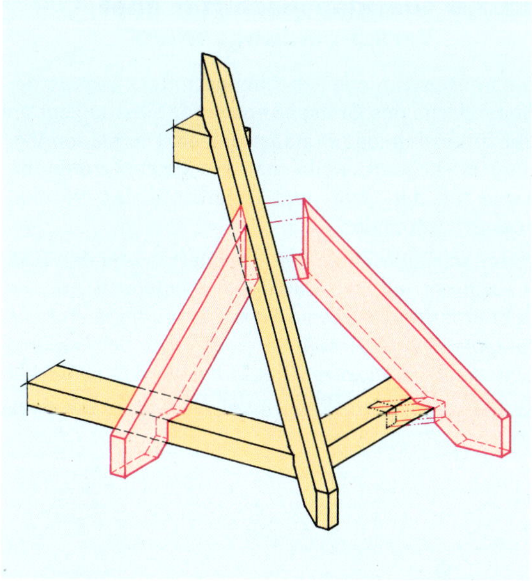

Gratklauenschifter

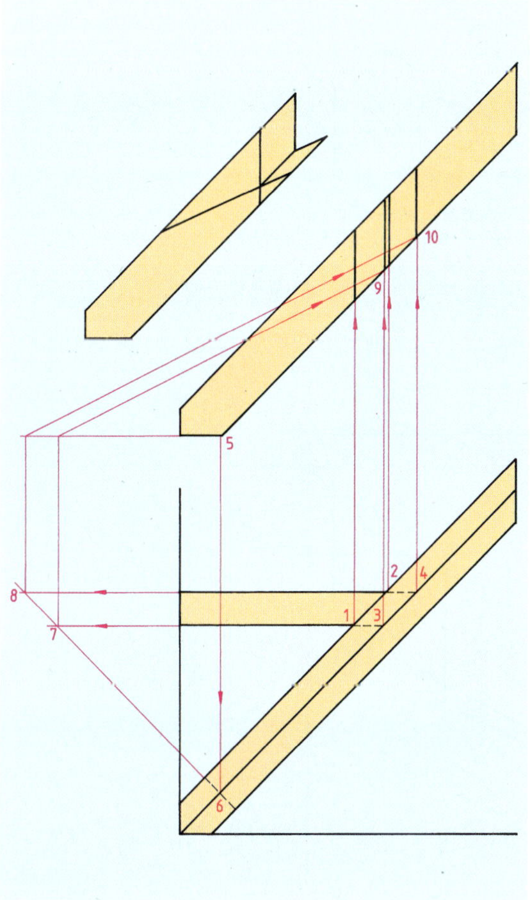

Austragung

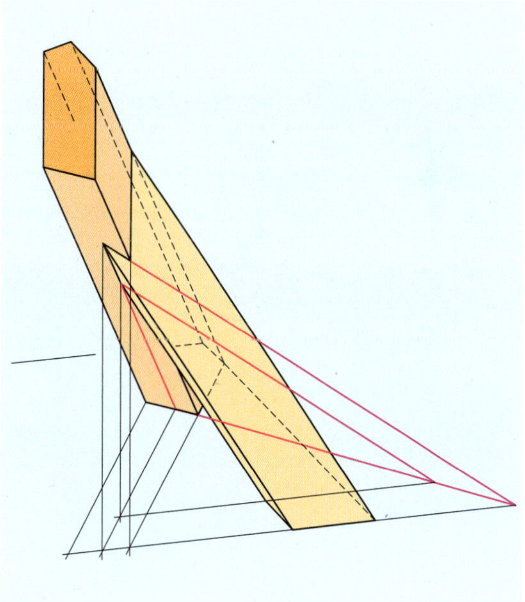

Räumliche Darstellung der Austragung

Das Anreißen und Ausarbeiten eines Gratklauenschifters ist sehr aufwendig. Gratklauenschifter werden daher nur noch selten aus gestalterischen Gründen verwendet.

13.2.5 Gratklauenschifter über Verschneidungslinien

Die Senkelschmiege des Klauenschifters liegt an der Seitenfläche des Gratsparrens an. Die Klaue liegt an der Unterkante des Gratsparrens an. Die Klauenrichtung erhält man, wenn man die Gratsparrenunterkante mit der Ober- und Unterkante des Normalsparrens schneidet.

Dazu „schneidet" man den Gratsparren und den Normalsparren auf der Traufhöhe waagerecht ab. Die Schnittpunkte *Oberkante Sparren/Traufhöhe* und *Unterkante Sparren/Traufhöhe* sowie der Schnittpunkt *Unterkante Gratsparren/Traufhöhe* werden senkrecht zu dem jeweiligen Profil in den Grundriss gezogen. Man erhält die Schnittpunkte A und B. Parallel zur Gratgrundlinie durch den Punkt A wird die Verschneidungslinie UK gezogen und schneidet den Klauenschifter in den Punkten UKL und UKR. Parallel zur Gratgrundlinie durch den Punkt B wird die Verschneidungslinie OK gezogen und schneidet den Klauenschifter in den Punkten OKL und OKR. Diese Schnittpunkte zieht man senkrecht in das Normalsparrenprofil und schneidet sie mit der Oberkante und Unterkante Sparren. Durch das Verbinden der Punkte auf Oberkante mit Unterkante erhält man die Klauenrichtung. Diese Methode ist gleichermaßen für Hauptdach- und Walmschifter bei gleicher und ungleicher Dachneigung anzuwenden.

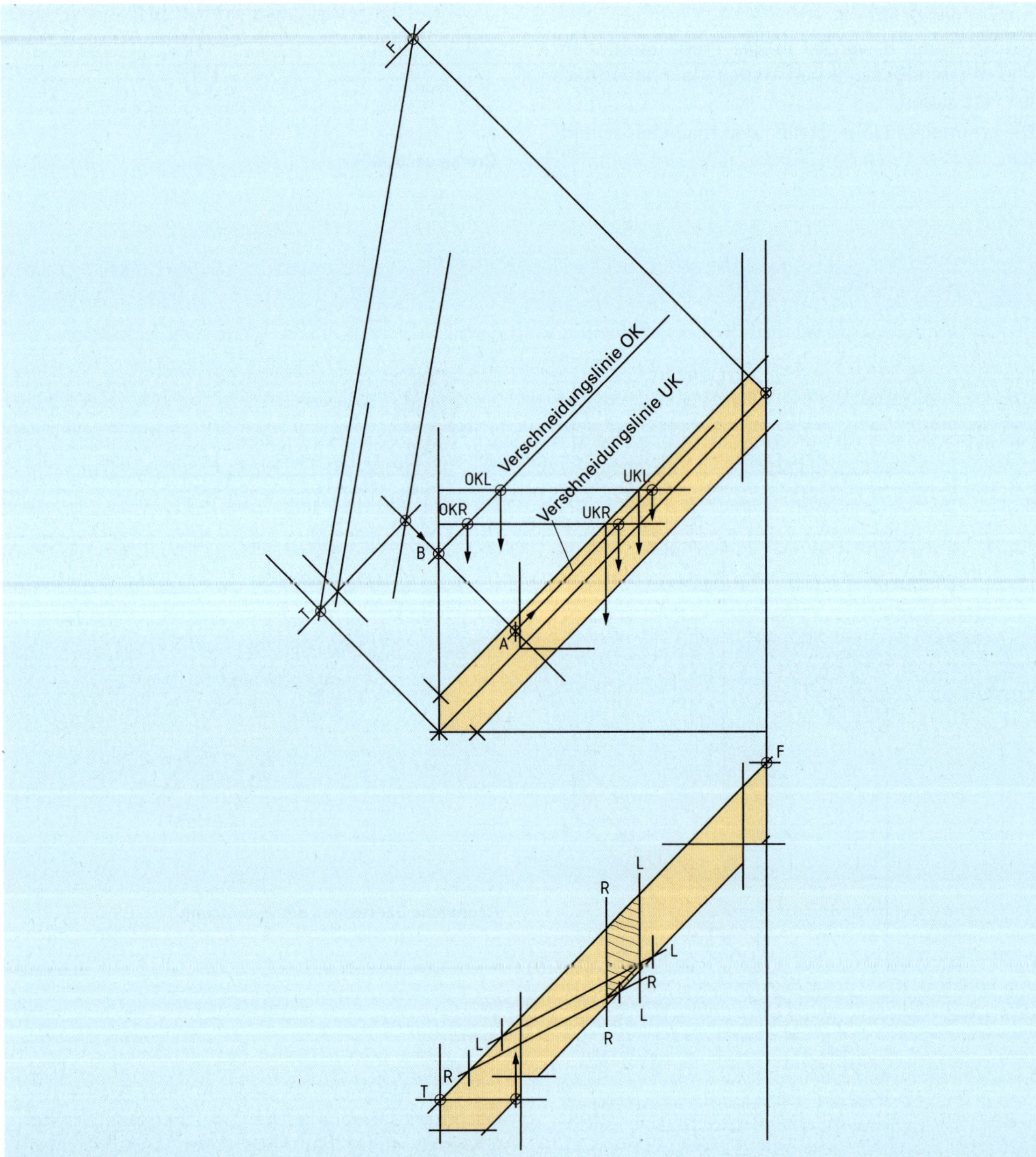

Gratklauenschifter

13.3 Kehlsparren

13.3.1 Kehllinie in der Mitte

Bei Walmdächern über Winkelgrundrissen oder mit Anbauten, also bei einspringenden Gebäudeecken, sind Kehlsparren erforderlich.

Der Unterschied bei der Austragung des Kehlsparrens zu der des Gratsparrens, liegt lediglich im unterschiedlichen Abtragen der Verstichmaße. Hier werden sie grundsätzlich vom Senkelriss nach außen (in Richtung Traufe) abgetragen. Dadurch entstehen ausspringende Kerven und einspringende Traufabschnitte.

Statt einer Gratlinie entsteht die Kehllinie und statt der Abgratungslinien ergeben sich hier Überhöhungslinien.

Die Überhöhungslinien werden mithilfe der Verstichmaße ermittelt und liegen höher als die Kehllinie.

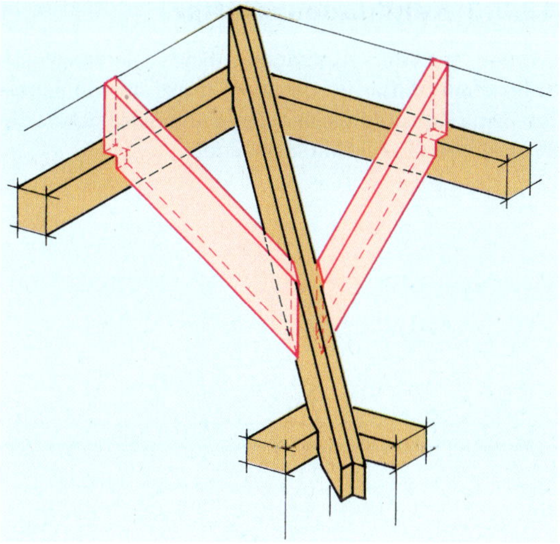

Kehlschifter

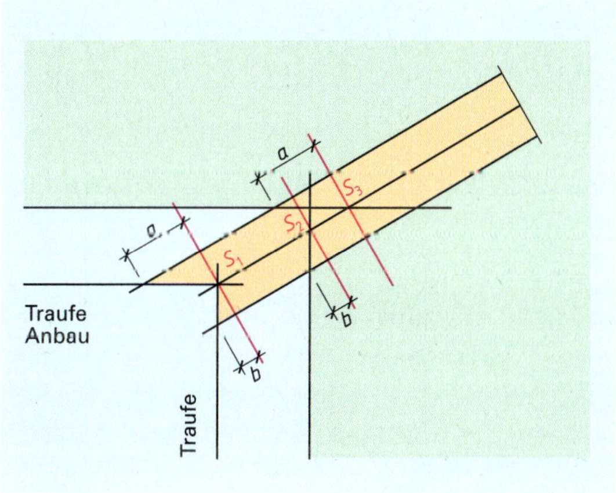

Verstichmaße

Die Verstichmaße des Kehlsparrens werden vom Senkel aus in Richtung Traufe abgetragen.

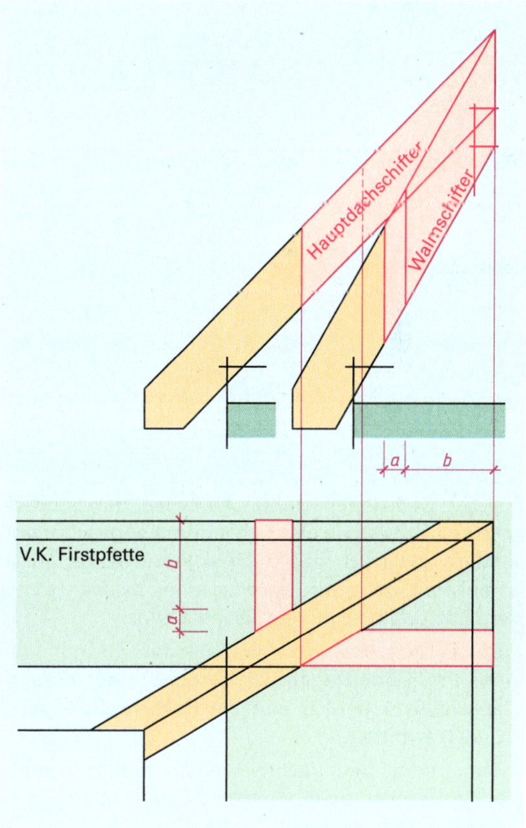

Kehlschifter bei ungleicher Dachneigung

13.3.2 Kehlschifter

Die Kehlschifter verlaufen rechtwinklig vom First zum Kehlsparren. Sie werden wie die Gratschifter durch eine Schmiege an den Kehlsparren angeschlossen.

Das Austragen von Kehlschiftern ist ähnlich dem der Gratschifter. Der Unterschied liegt darin, dass sich die Schmiege am unteren Ende befindet und dass das Grundmaß von der Firstlinie nach außen zur Traufe hin abgetragen wird.

Kehlschifter sind Sparren, die mit der Schmiege an den Kehlsparren angeschlossen werden.

Das Grundmaß der Kehlschifter wird von der Firstlinie aus abgetragen.

13.3.3 Kehlklauenschifter

Werden bei der Austragung eines Kehlsparrens Kehlklauenschifter vorgesehen, muss der Kehlsparren keine Kehle aufweisen. Die Kehle wird durch die aufgeklauten Kehlschifter gebildet.

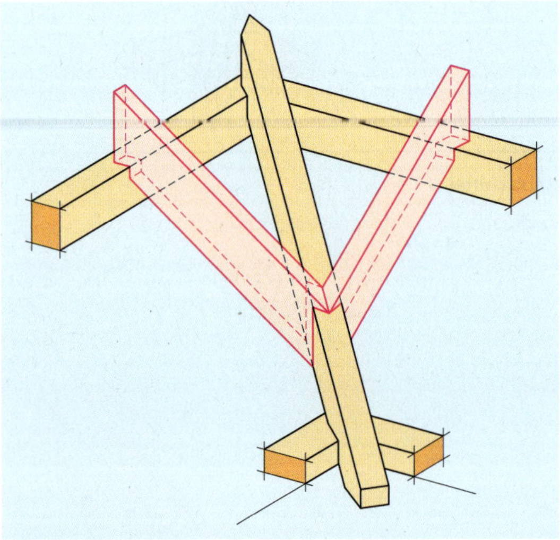

Kehlklauenschifter

Bei der Kehlklauenschiftung werden die Schiftersparren nicht nur an den Kehlsparren angeschmiegt, sondern zusätzlich noch aufgeklaut. Das Verfahren ist aufwendiger, führt aber zu einer exakten Kehle zwischen den betroffenen Dachflächen.

- Der Kehlklauenschifter wird aus dem Grundriss in das Profil übertragen. Dabei werden der Klauenabschnitt (1 und 2) und die Backenschmiege (3 und 4) ermittelt.
- Der durch den rechtwinkligen Kehlsparrenabschnitt entstandene Verstich (5) wird ebenfalls in das Profil übertragen.
- Durch den Verstichpunkt wird parallel zum Sparrenprofil die Oberkante des Kehlsparrens eingezeichnet.
- Die Backenschmiege wird von der Oberkante des Kehlsparrens mit dem Klauenabschnitt an der Oberkante des Normalsparrens verbunden.
- Die ermittelten Linien stellen den Klaueneinschnitt dar.

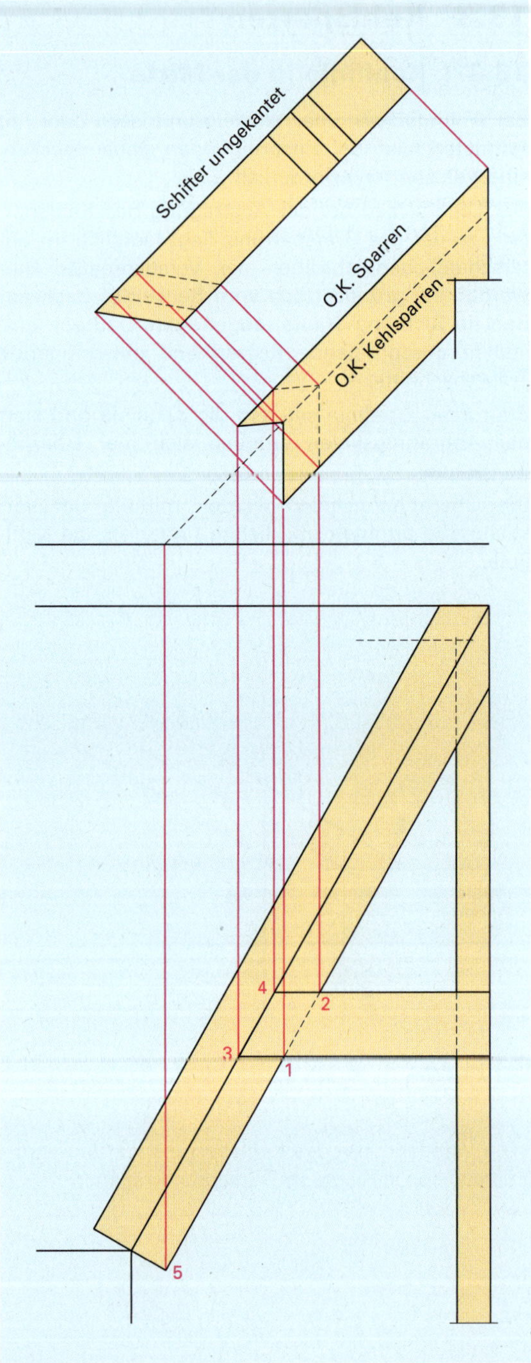

Austragung

Bei der Verwendung von Kehlklauenschiftern wird der Kehlsparren nicht ausgekehlt. Die aufgeklauten Schifter bilden die Kehle.

13.3.4 Kehllinie nicht in der Mitte

Auch beim Kehlsparren bei ungleicher Dachneigung liegen die Überhöhungslinien verschieden hoch, wenn die Kehllinie in der Mitte des Sparrens liegt. Werden die Überhöhungslinien gleich hoch gelegt, so kann aus demselben Balkenquerschnitt ein größerer Kehlbalkenquerschnitt gewonnen werden. Der Kehlsparren muss daher zur **flacher** geneigten Dachfläche verschoben werden. Die Verschiebung wird genauso wie beim Gratsparren vorgenommen:

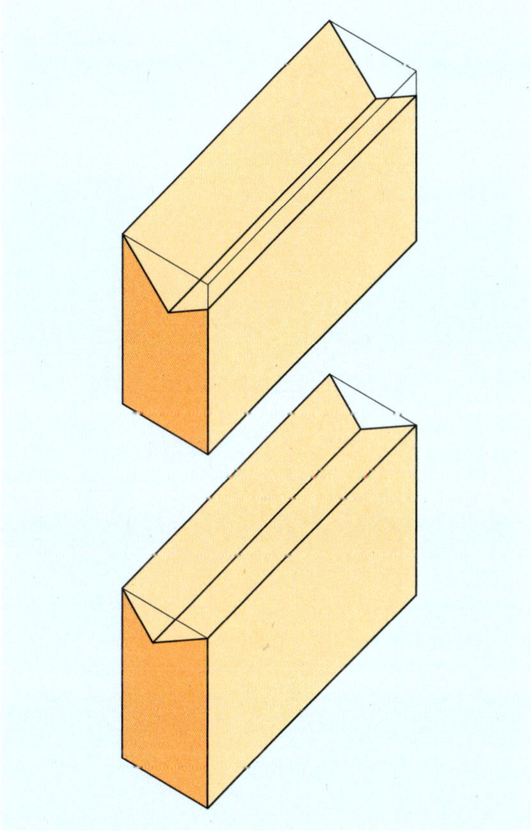

Kehlsparren verschoben, bessere Querschnittsnutzung

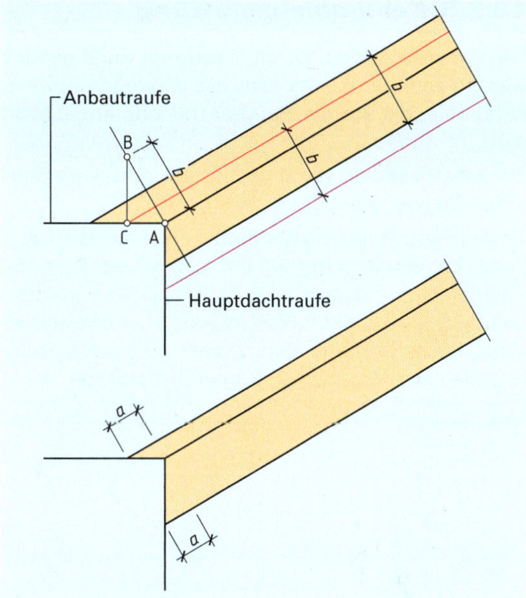

Kehlsparrenverschiebung

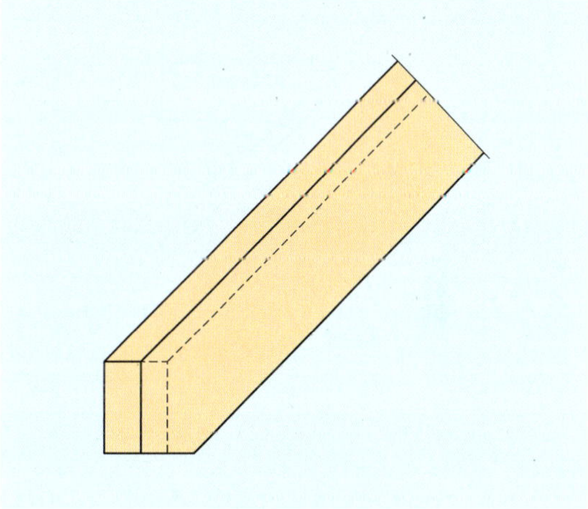

Überhöhungslinien liegen verschieden hoch

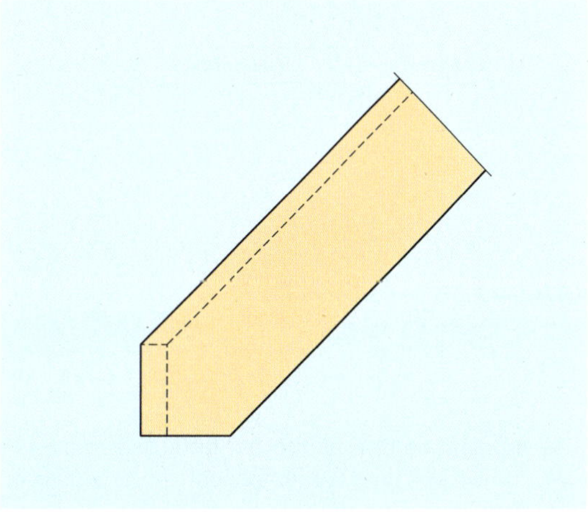

Überhöhungslinien liegen gleich hoch

Ähnlich wie beim Gratsparren wird ein Winkelriss durch das Traufeck **A** gezogen, auf dem die Kehlsparrenbreite *b* abgetragen wird. Vom Punkt **B** wird parallel zur Hauptdachtraufe eine Linie gezogen und zum Schnittpunkt mit der Anbautraufe gebracht.

Bis zu diesem Punkt (**C**) wird der Kehlsparren verlegt.

Durch das Verlegen des Kehlsparrens sind die Verstichmaße *a* an der Traufe **gleich groß**.

Die Verschiebung des Kehlsparrens bei ungleicher Dachneigung führt zu einer besseren Querschnittsausnutzung der Balken.

13.3.5 Kehlbohlenschiftung

Für kleine Anbauten, deren Dachraum nicht genutzt werden kann, empfiehlt sich die Verwendung einer Kehlbohle, die **auf** die Hauptdachfläche angebracht wird.

Zunächst werden Hauptdachprofil und Grundriss untereinander gezeichnet.

Anschließend wird die Kehlbohle einschließlich aller Risse im Hauptdachprofil um den Punkt **D** in die Waagerechte geklappt und in den Grund übertragen. Hier ist die Kehlbohle in wahrer Größe dargestellt. Dieser Vorgang kann durch Zirkelschlag oder mithilfe einer Messlatte durchgeführt werden.

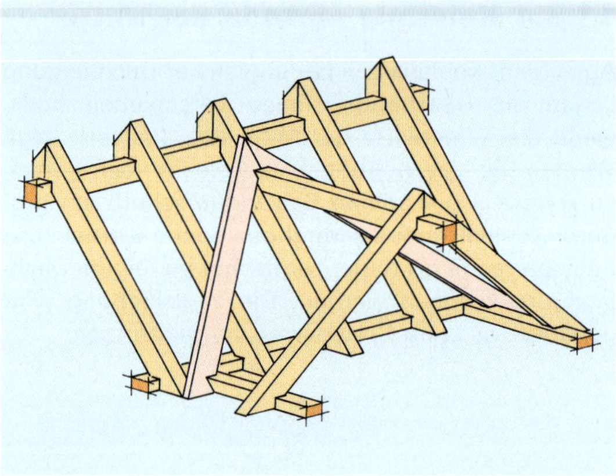

Kehlbohle

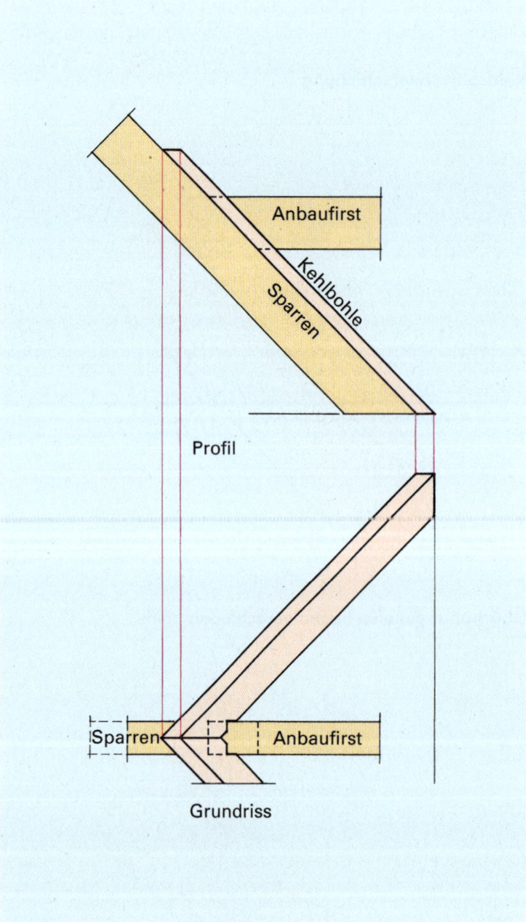

Kehlbohle Profil und Grundriss

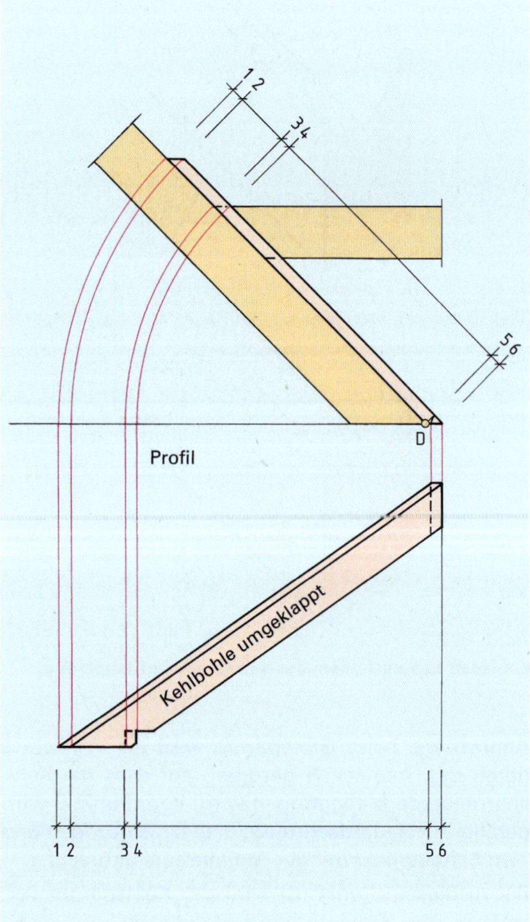

Kehlbohle umgeklappt

Kehlbohlen werden häufig bei untergeordneten Anbauten oder bei Satteldachgauben verwendet. Sie werden direkt auf die Hauptdachsparren gelegt und mit diesen verbunden. Es müssen keine Schiftersparren hergestellt werden.

13.4 Schräger Giebelsparren

Schräge Giebelsparren kommen bei Satteldächern vor, deren Dachflächen von den Giebelsparren nicht rechtwinklig, sondern schräg begrenzt sind.

Da die Giebelsparren nur eine Dachfläche begrenzen, sind im Gegensatz zu den Kehl- und Gratsparren keine Kehl- bzw. Gratlinien vorhanden. Die Giebelsparren werden lediglich **einseitig abgeschrägt**. Die Abschrägung wird wie die Überhöhungs- bzw. Abgratungslinien mithilfe des Verstichmaßes ermittelt.

Der vom spitzwinkligen Gebäudeeck zum First verlaufende Giebelsparren wird wie ein Gratsparren, der andere wie ein Kehlsparren ausgetragen. Auf die Gegenverstichmaße wird verzichtet, da keine Kervenecken zu ermitteln sind. Der Winkelriss, der beim Grat- und Kehlsparren durch das Kerveneck verläuft, wird hier im Schnittpunkt zwischen Schwellen- bzw. Pfettenvorderkante und der Außenkante des Sparrens eingetragen. Der Abstand zwischen dem Winkelriss und der Schwellenvorderkante auf der gegenüberliegenden Seite des Giebelsparrens bildet das Verstichmaß.

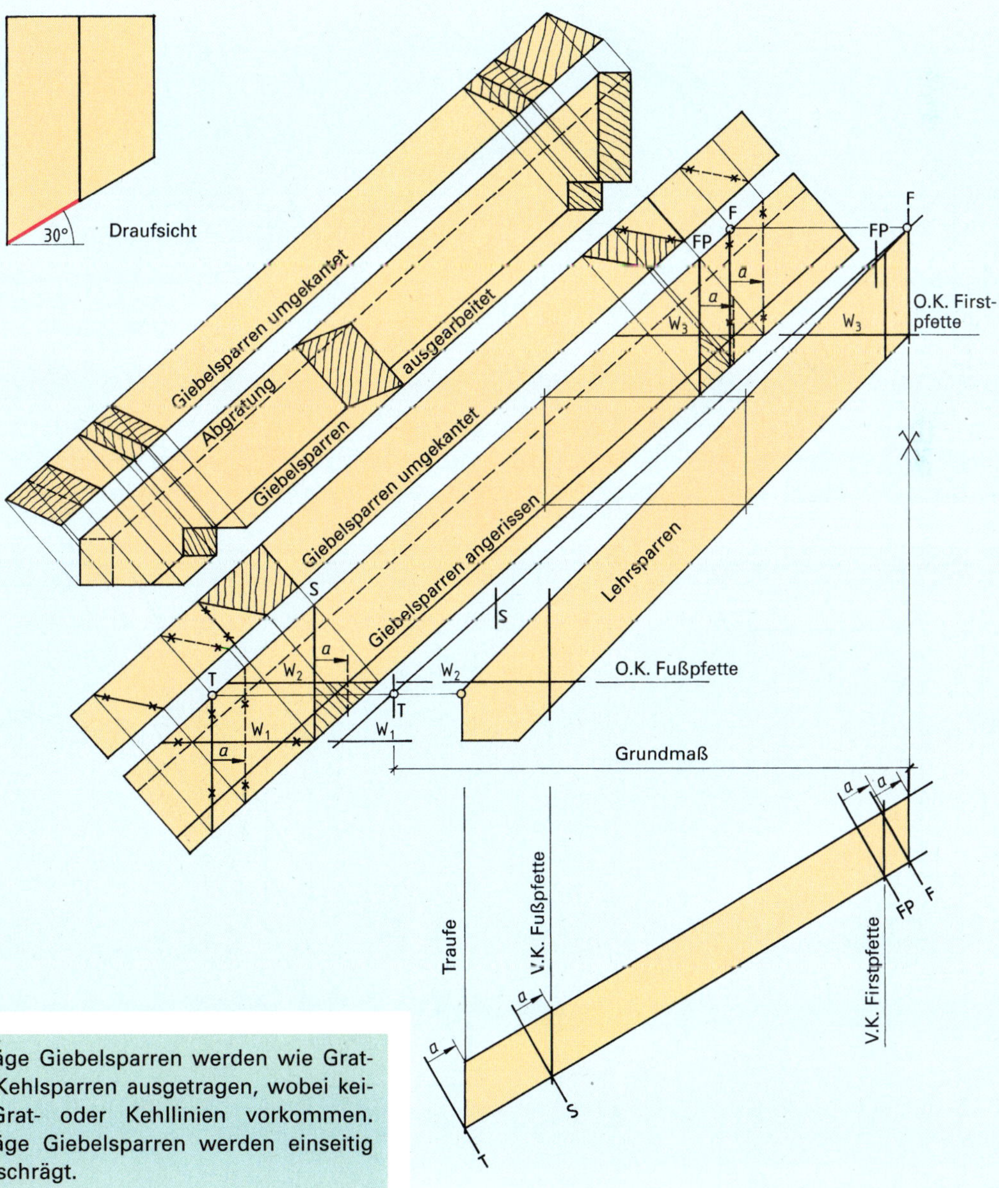

Schräge Giebelsparren werden wie Grat- und Kehlsparren ausgetragen, wobei keine Grat- oder Kehllinien vorkommen. Schräge Giebelsparren werden einseitig abgeschrägt.

13.5 Verfallgratsparren

Bei Gebäuden mit Winkelgrundrissen ist das Dach des Anbaus meistens niedriger als das Dach des Hauptdaches. In diesem Fall endet die Kehllinie am First des Anbaus. Von diesem Anfallspunkt aus verläuft der Verfallgratsparren bis zum First des Hauptdaches.

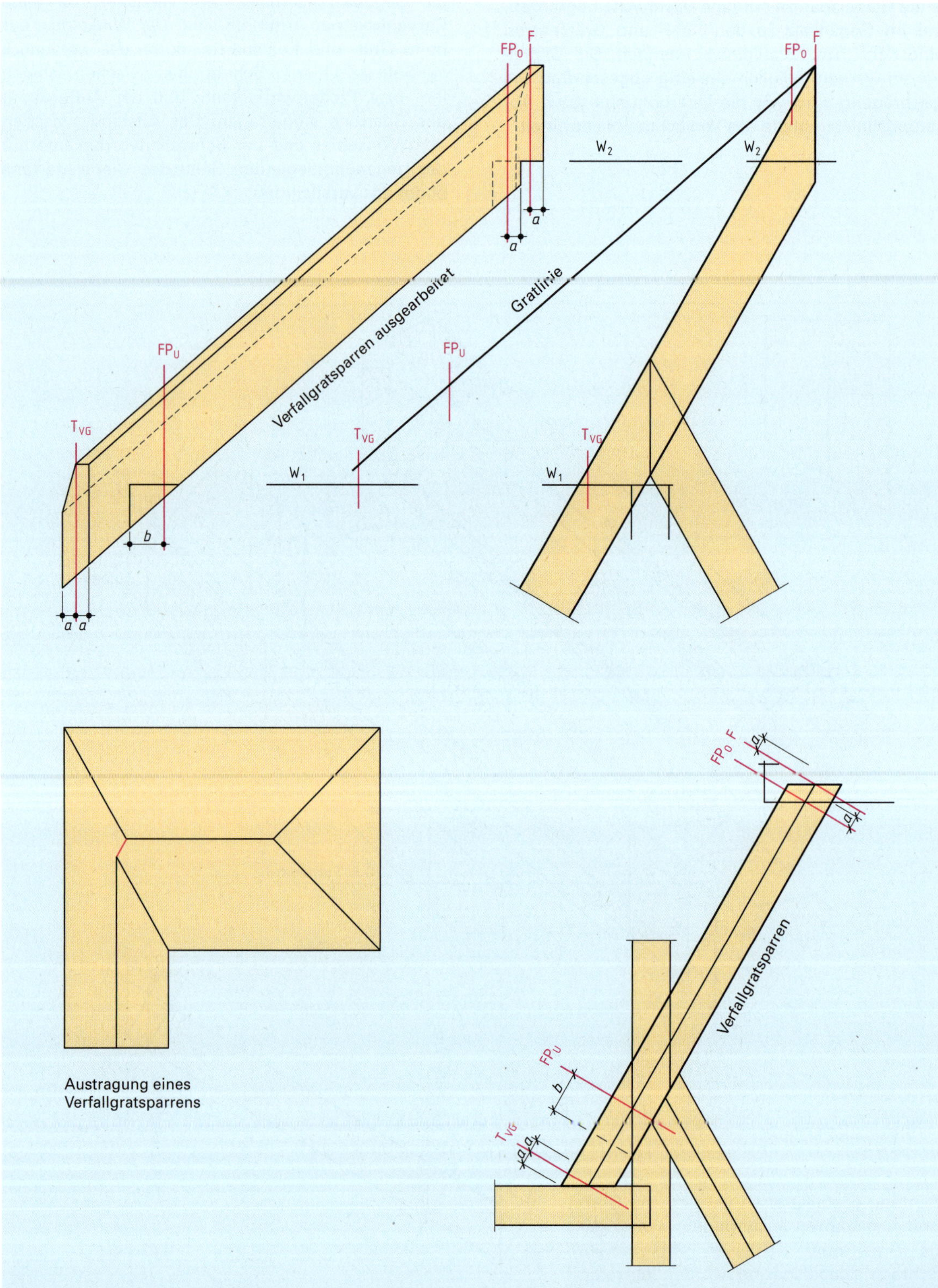

Austragung eines Verfallgratsparrens

13.6 Hexenschnitt am Gratsparren

Im Vergleich zum einfachen Hexenschnitt am gleich geneigten Walmdach sind beim ungleich geneigten, zusätzlich zum Grundriss, beide Profile erforderlich.

Beim folgenden Beispiel soll der Hauptdachsparren rechtwinklig abgeschnitten werden. Die Abschnitte am Walmsparren und am Gratsparren müssen ermittelt werden.

Im Hauptdachprofil wird die Abschnittslinie bis zum Hausgrund verlängert. Durch den entstandenen Schnittpunkt wird eine waagerechte Linie **Höhe Hx** gezeichnet.

Im Walmprofil wird diese Linie mit dem Hausgrund zum Schnittpunkt **P** gebracht. Die Verbindungslinie zwischen dem Traufpunkt und dem Punkt **P** entspricht dem Sparrenabschnitt am Walmsparren.

Im Grundriss werden das Verstichmaß *b* sowie die weiteren Abstände *a*, *c* bis zum Hausgrund eingezeichnet.

Auf die waagerechte Linie **Höhe Hx** im Gratprofil werden die Abstände aus dem Grund eingezeichnet. Durch Verbinden der jeweiligen Punkte mit dem Traufpunkt werden die Abschnitte an Haupt- und Walmdachseite des Gratsparrens ermittelt.

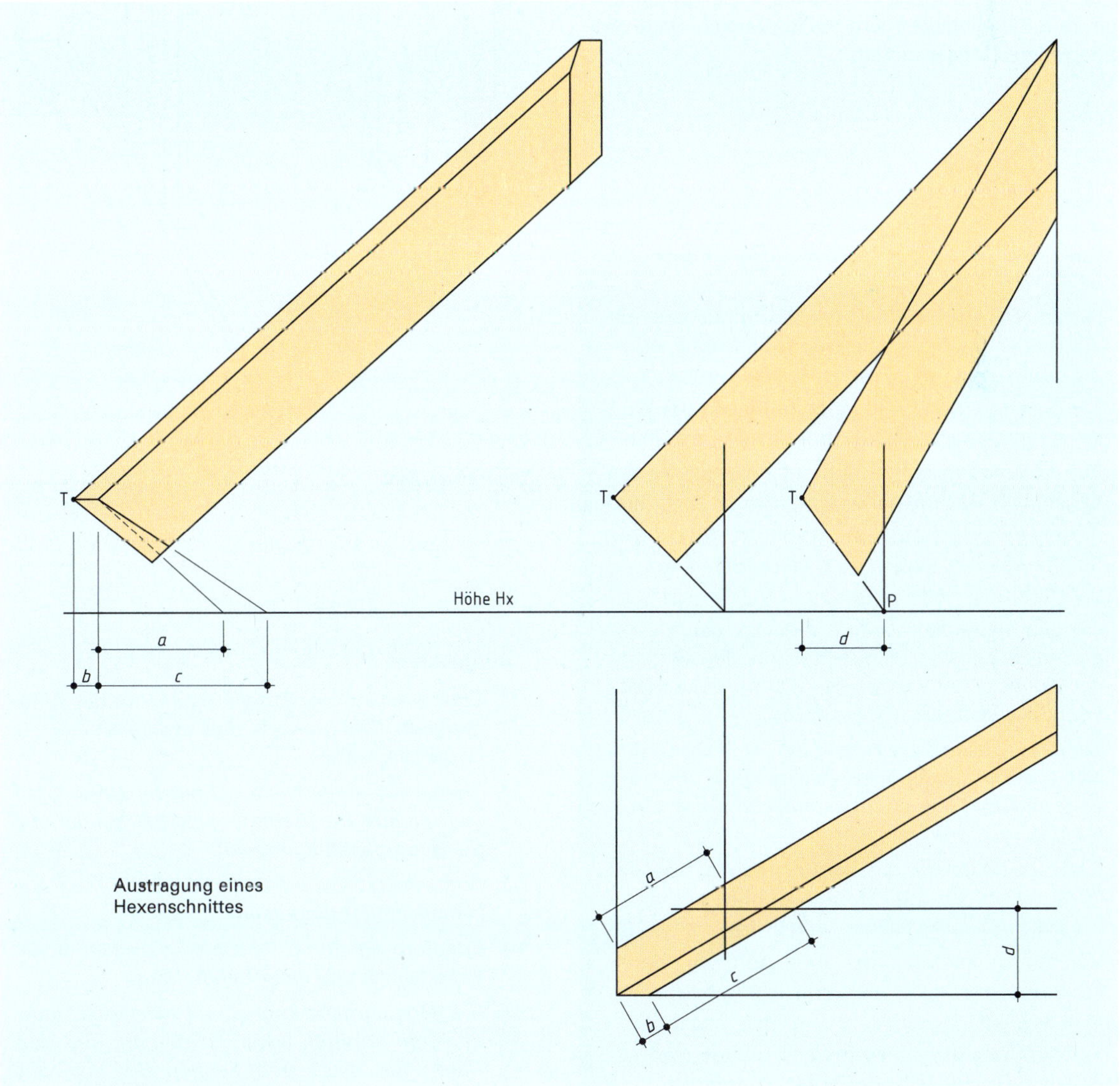

Austragung eines Hexenschnittes

13.7 Sparrenwechsel

Sparrenwechsel müssen immer dort eingebaut werden, wo im Dach größere Öffnungen für Kamine oder Dachflächenfenster vorgesehen sind.

In seltenen Fällen kommt es vor, dass ein Sparrenwechsel an einen Grat- oder Kehlsparren angeschlossen werden muss.

Zur Austragung des Sparrenwechsels, hier an der Walmseite des Daches dargestellt, sind das Profil und der Grundriss zu zeichnen.

Im Profil wird die Lage des Wechsels festgelegt und der Wechselquerschnitt eingezeichnet. Anschließend wird der Wechsel in den Grundriss übertragen.

Die wahren Längen des Sparrenwechsels sind somit ermittelt und nur im Grundriss erkennbar. Dies gilt allerdings nur, wenn der Sparrenwechsel waagerecht eingebaut wird.

Durch die Übertragung der Punkte 1 … 4 auf die Unter- und Seitenansicht wird die Backenschmiege des Sparrenwechsels ermittelt.

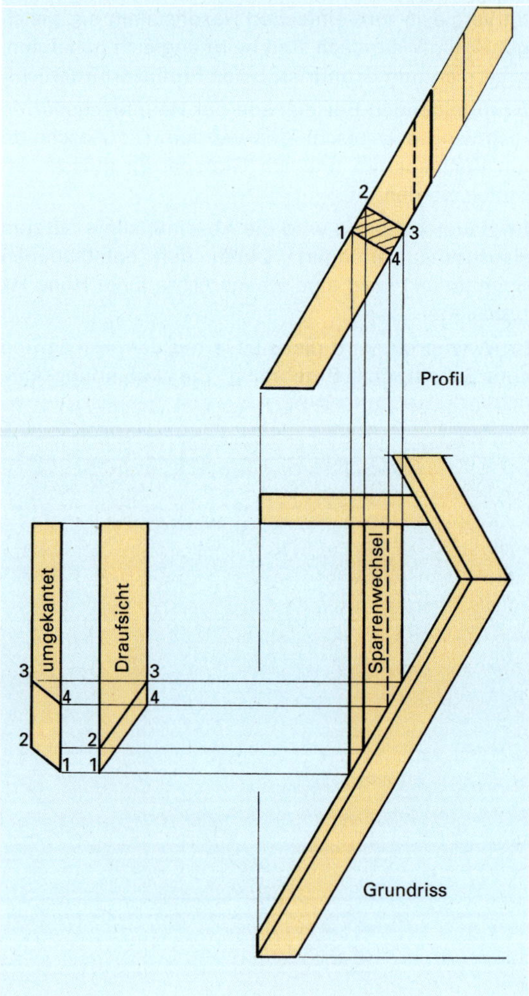

Sparrenwechsel

Zusammenfassung

Für die Dachausmittlung von Walmdächern mit ungleicher Dachneigung sind alle Profile erforderlich.

Die Grat- und Kehllinien verlaufen nie in der Winkelhalbierenden der sich schneidenden Traufen.

Zur Austragung von Grat- und Kehlsparren bei ungleicher Dachneigung sind das Walm- und Hauptdachprofil sowie der Grundriss notwendig.

Schiftersparren stoßen mit einer Schmiege an die Grat- oder Kehlsparren.

Für die Hauptdachschifter müssen das Hauptdachprofil und der Grundriss vorhanden sein. Für die Walmschifter werden das Walmprofil und der Grundriss benötigt.

Schräge Giebelsparren werden wie Grat- und Kehlsparren ausgetragen. Sie werden aber nur abgeschrägt. Kehl- oder Gratlinien sind nicht vorhanden.

Grat- und Kehlsparren werden häufig aus der Mitte gelegt, um den Holzquerschnitt besser zu nutzen.

Kehlbohlen kommen bei Anbauten vor, deren Dachgeschoss nicht ausgebaut werden sollen oder können.

Für das Anreißen eines Hexenschnittes sind außer dem Grundriss beide Profile erforderlich.

Aufgaben

1. *Erläutern Sie die Vorteile eines aus der Mitte gelegten Gratsparrens und skizzieren Sie die Vorgehensweise.*
2. *Tragen Sie einen Hexenschnitt für einen Gratsparren aus. Die Walmneigung beträgt 60° und die Hauptdachneigung 45°.*
3. *Aus welchen Gründen werden Grat- und Kehlklauenschifter eingebaut?*
4. *Erläutern Sie den Unterschied zwischen einem Kehlsparren und einer Kehlbohle.*
5. *Die Verstichmaße können auf zwei verschiedene Arten ermittelt werden. Erläutern und skizzieren Sie diese und nennen Sie Vor- und Nachteile.*

13.8 Grundsätze beim Flächenschiften

Oftmals führen mehrere verschiedene Wege zum richtigen Ergebnis. Dies gilt auch für das Aufreißen und Ausarbeiten von (schwierigen) Dachkonstruktionen. Um den richtigen, der Aufgabe entsprechenden Weg zu beschreiten, muss man die verschiedenen Wege kennen. Bei schwierigen Dachkonstruktionen setzt sich immer mehr das **„Flächenschiften"** durch.

Die konsequente Anwendung der darstellenden Geometrie, gepaart mit einer systematischen Vorgehensweise sowie einer durchdachten Bezeichnung, ermöglicht selbst schwierigste Dachkonstruktionen übersichtlich und nachvollziehbar darzustellen. Ein wichtiger Bestandteil des „flächigen Schiftens" ist der Zusammenhang zwischen **Grund**, **Profilen** und **Ausklappung**. Die auszutragenden Schifthölzer sollen nicht „beliebig" auf dem Reißboden angeordnet sein, sondern in einer klaren Zuordnung zueinander stehen und so den Aufriss übersichtlich und nachvollziehbar machen.

Wie der Name schon verdeutlicht, geht es beim „flächigen Schiften" um Flächen bzw. Ebenen. Sparrenoberkante und -unterkante werden als Ebene betrachtet. Diese Ebene wird dargestellt und somit können alle Hölzer, die in dieser Ebene liegen, egal ob gerade oder schräg, bearbeitet werden.

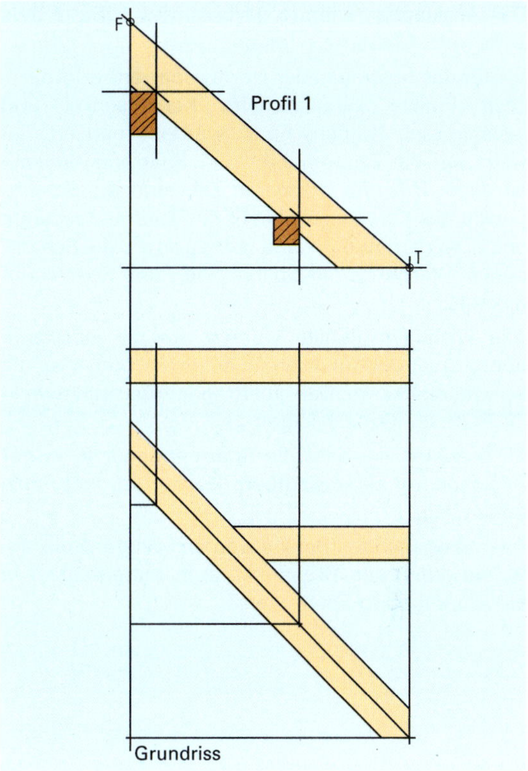

Grund und Profil

Als Grundlage dienen das **Profil des Normalsparrens** und der dazugehörende Grundriss. Anhand eines Normalsparrens und eines Gratschifters wird gezeigt, wie diese Ebene aufgerissen und das sog. **Flächenprofil** erstellt wird.

Die wahre Größe der Dachfläche 1 erhält man durch Ausklappen der Sparrenoberkante. Der Traufpunkt dient als Drehpunkt, d.h., die Hauptdachtraufe wird im Grundriss zur Klappachse.

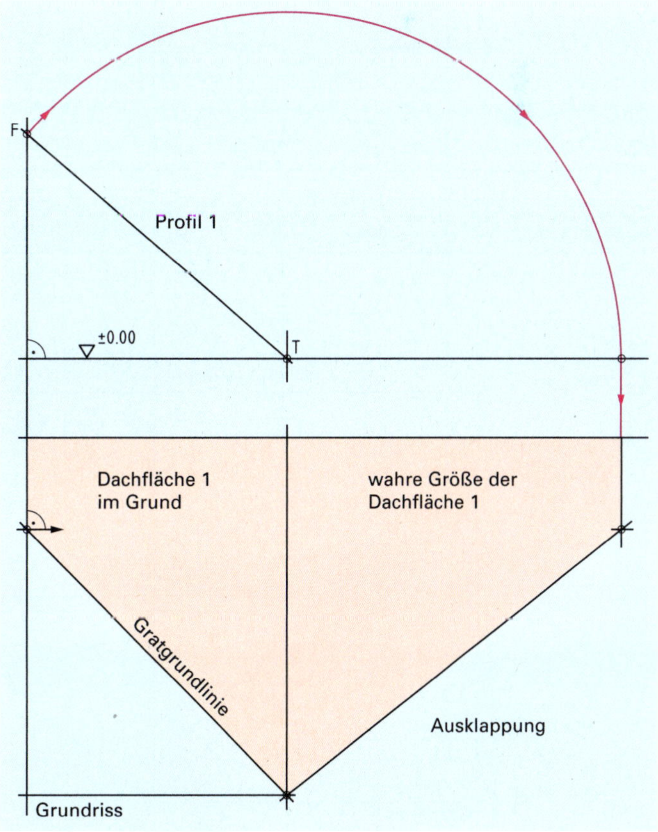

Dachfläche in wahrer Größe

Für den Aufriss und die Schiftung komplizierter Dachkonstruktionen setzt sich immer mehr die Methode der Flächenschiftung durch.

Das Ausklappen kann je nach Aufrissgröße mittels **Zirkel** oder **Maßlatte** erfolgen.

Die für das Austragen des Normalsparrens erforderlichen Punkte (Firstabschnitt, Kervensenkel und -waagerisse, Traufabschnitt) werden markiert, jeweils auf die Sparrenober- und Sparrenunterkante bezogen. D.h., für die Kerve z.B. sind die Schnittpunkte des Kervensenkels mit der Sparrenoberkante und der Sparrenunterkante wichtig sowie die Schnittpunkte Waageriss mit Sparrenober- und Sparrenunterkante.

Alle wichtigen Punkte werden auf die Holzkante übertragen, die durch den Drehpunkt läuft, hier die Sparrenoberkante. Das Übertragen muss rechtwinklig zu dieser Kante erfolgen.

Zu beachten ist, dass die Sparrenoberkante in der Ausklappung als **unsichtbare Fläche** auf dem Reißboden liegt.

Alle maßgebenden Punkte werden von der Holzkante, die durch den Drehpunkt läuft, mittels Zirkel in die Ausklappung übertragen.

Alle waagerechten Maße an der Traufe oder auf der Firstlinie sind im Grundriss in ihrer wahren Länge sichtbar und können direkt ins Flächenprofil übernommen werden.

Für den Schifterabschnitt werden die Sparrenoberkante und die -unterkante parallel zur Bezugskante, hier die Gratlinie, eingezeichnet.

Das anzureißende Holz wird auf die Ausklappung gelegt, hierher haben wir ja alle wichtigen Punkte und Linien übertragen. Dabei ist zu beachten, dass die Sparren- bzw. Schifteroberkante auf dem Reißboden liegt, d.h., alle Linien, die mit OK (Oberkante) bezeichnet sind, werden auf die Kanten angetragen, die auf dem Reißboden liegen. Die Linien, die mit UK (Unterkante) bezeichnet sind, werden auf die oben liegende Holzkante übertragen. Die zueinander gehörenden Punkte auf Holzober- und -unterkante werden miteinander verbunden und die entsprechende Bearbeitung markiert. Jetzt kann das Holz ausgearbeitet werden.

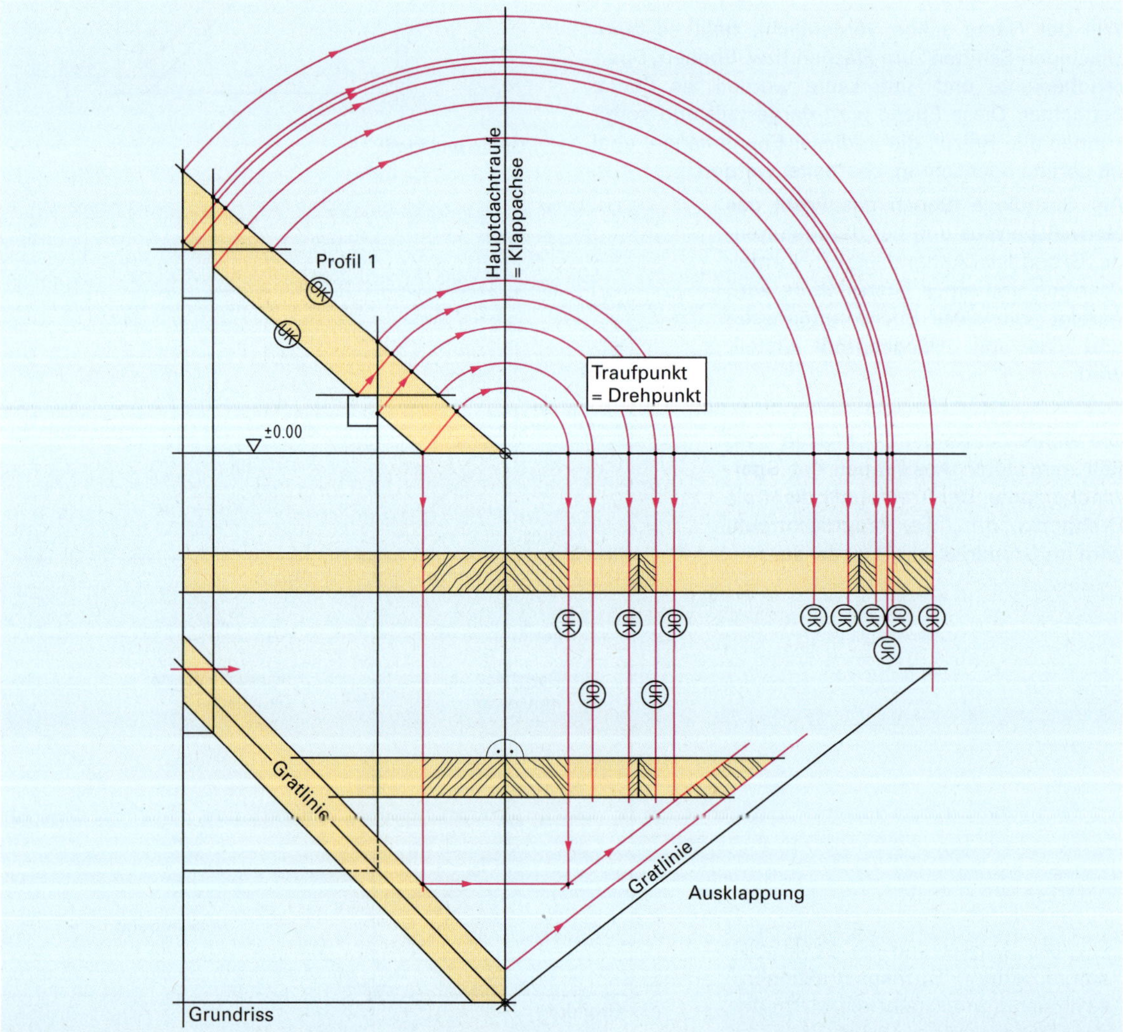

Schiftung mit der Methode des Flächenschiftens

13.8.1 Beispielaufgabe zum Flächenschiften

Bei dem Beispiel handelt es sich um zwei **schräge Giebelsparren** mit winkelrecht zur Dachfläche verlaufendem **Sparrenwechsel** und **schrägen Schiftern**, die senkrecht und winkelrecht zur Dachfläche liegen.

Der eine Giebelsparren steht senkrecht zur Dachfläche und der andere Giebelsparren liegt winkelrecht zur Dachfläche.

Die Lösung der Aufgabe ist auf den folgenden Seiten in 6 Schritten dargestellt.

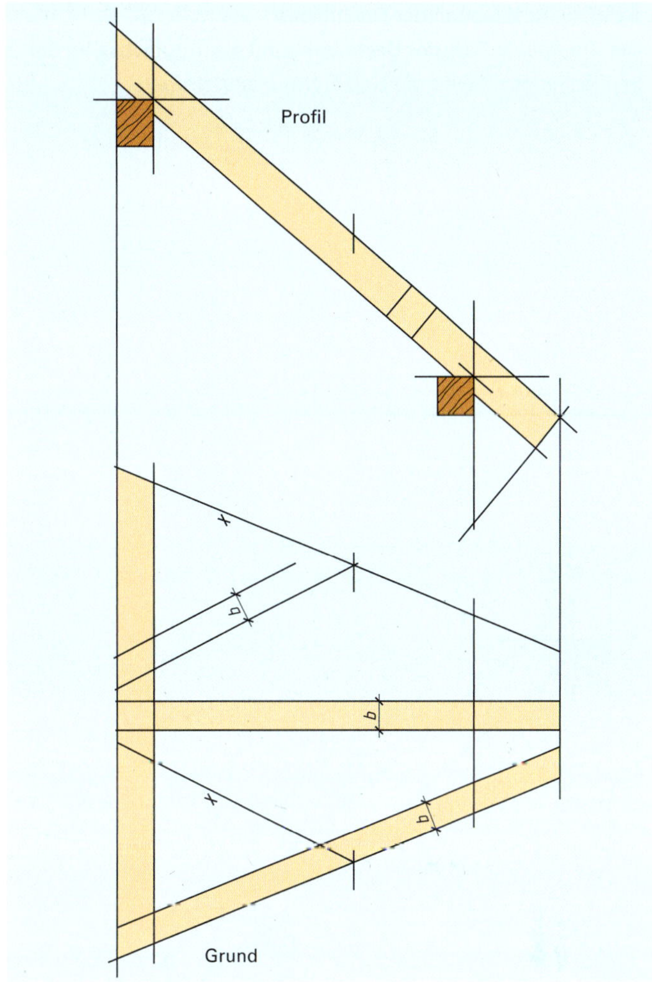

Aufriss

Beispielaufgabe ausgearbeitet

1. Schritt – Ausklappen der Dachfläche

- Der Traufpunkt T ist der Drehpunkt und die Traufachse ist die „Klappachse".
- Im Flächenprofil wird die Holzbreite *b* eingetragen.

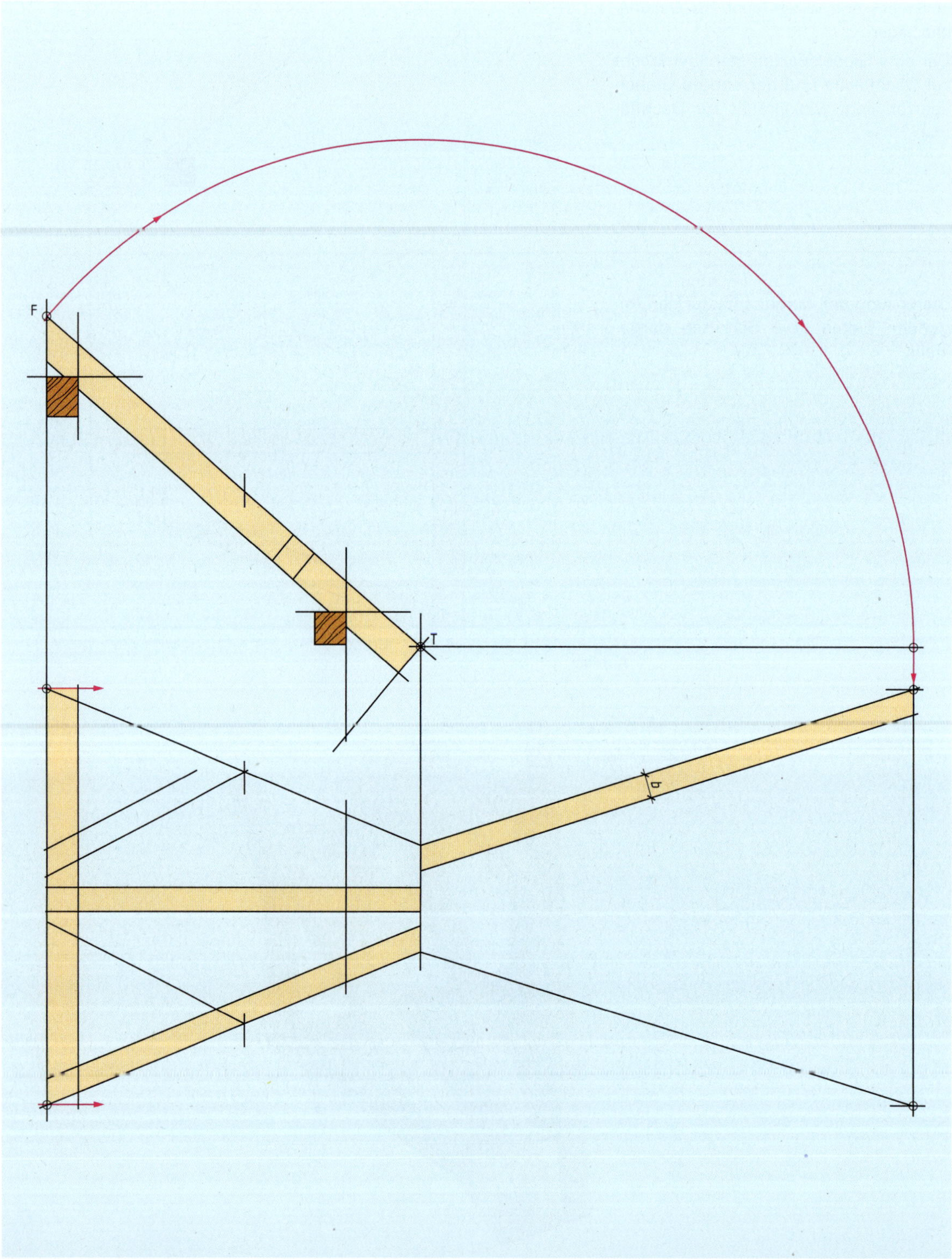

Ausklappen der Dachfläche

2. Schritt – Firstabschnitt und Kerven

- Die für den Firstabschnitt und die Kerven maßgebenden Punkte werden winkelrecht auf die Sparrenoberkante übertragen.
- Mittels Zirkel werden die Punkte von der Sparrenoberkante in die Ausklappung übertragen und mit OK (Oberkante) und UK (Unterkante) bezeichnet.

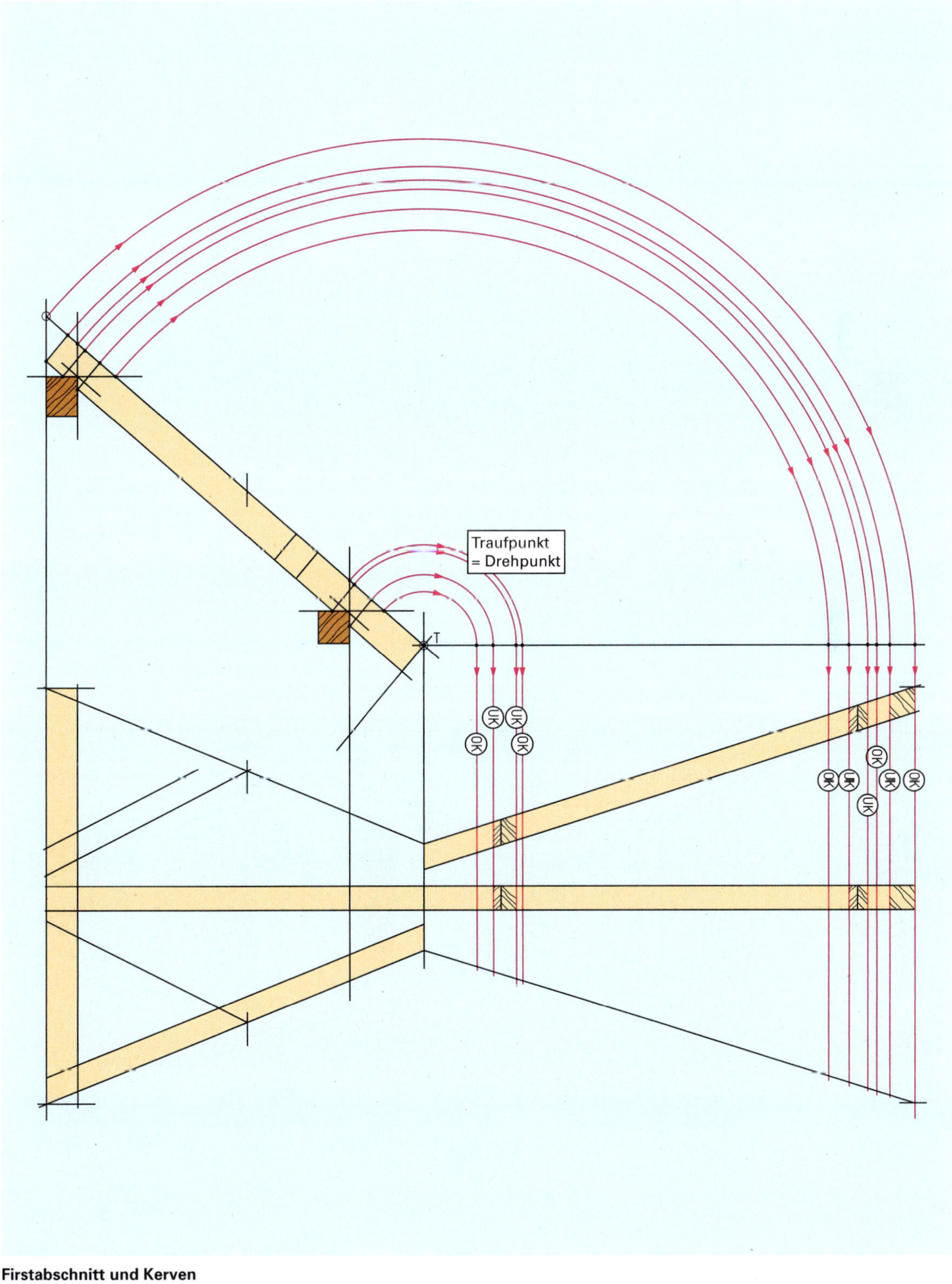

Firstabschnitt und Kerven

3. Schritt – Übertragen des Wechsels und des Anfallspunktes der Schifter in die Ausklappung
– Der Grundriss und das Flächenprofil können nun vervollständigt werden.

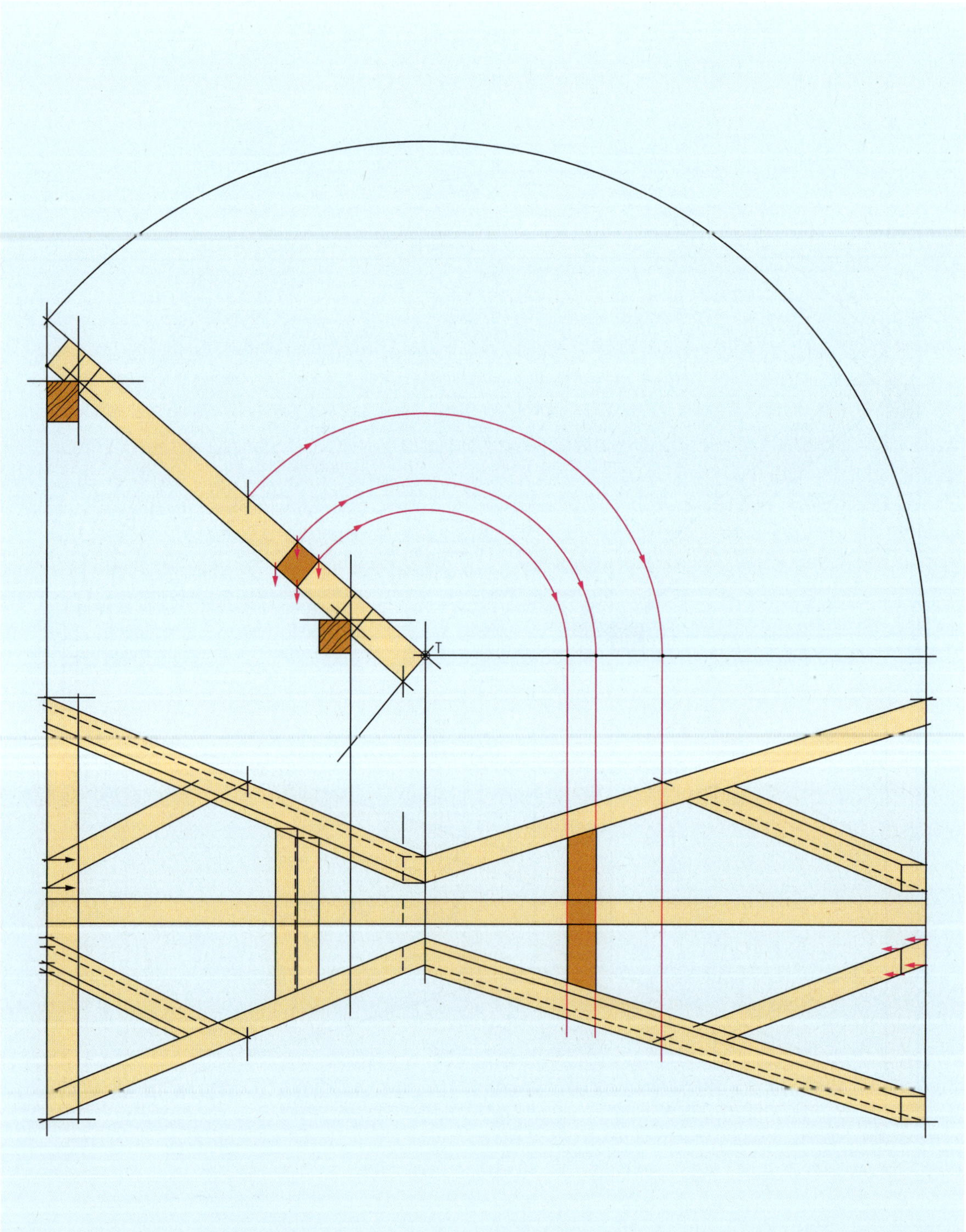

Vervollständigung des Grundrisses und des Flächenprofils

4. Schritt – Abschnitt der Firstpfette und der Schwelle in Richtung des winkelrechten Giebelsparrens

- Die Eckpunkte der Firstpfette und der Schwelle werden in die Ausklappung übertragen und mit der Außenkante des schrägen Giebelsparrens geschnitten.
- Diese Schnittpunkte werden in den Grundriss übernommen. Dabei ist auf eine sorgfältige Bezeichnung der Oberkanten (OK) und Unterkanten (UK) zu achten.

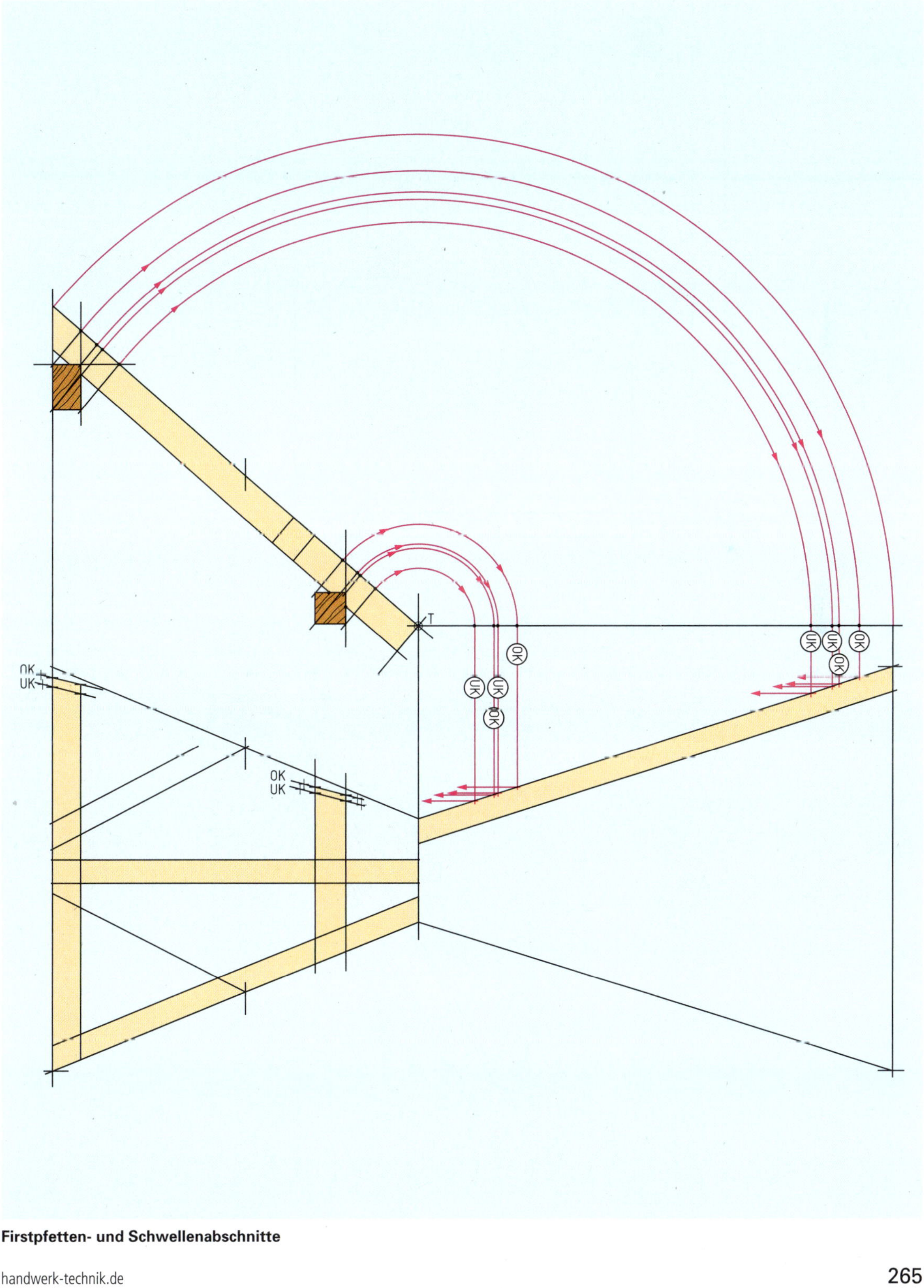

Firstpfetten- und Schwellenabschnitte

5. Schritt – Austragen des senkrechten Giebelsparrens

– Der senkrechte Giebelsparren wird in Bezug zum Grundriss ausgetragen. Dabei werden die Höhen im Normalprofil abgenommen.

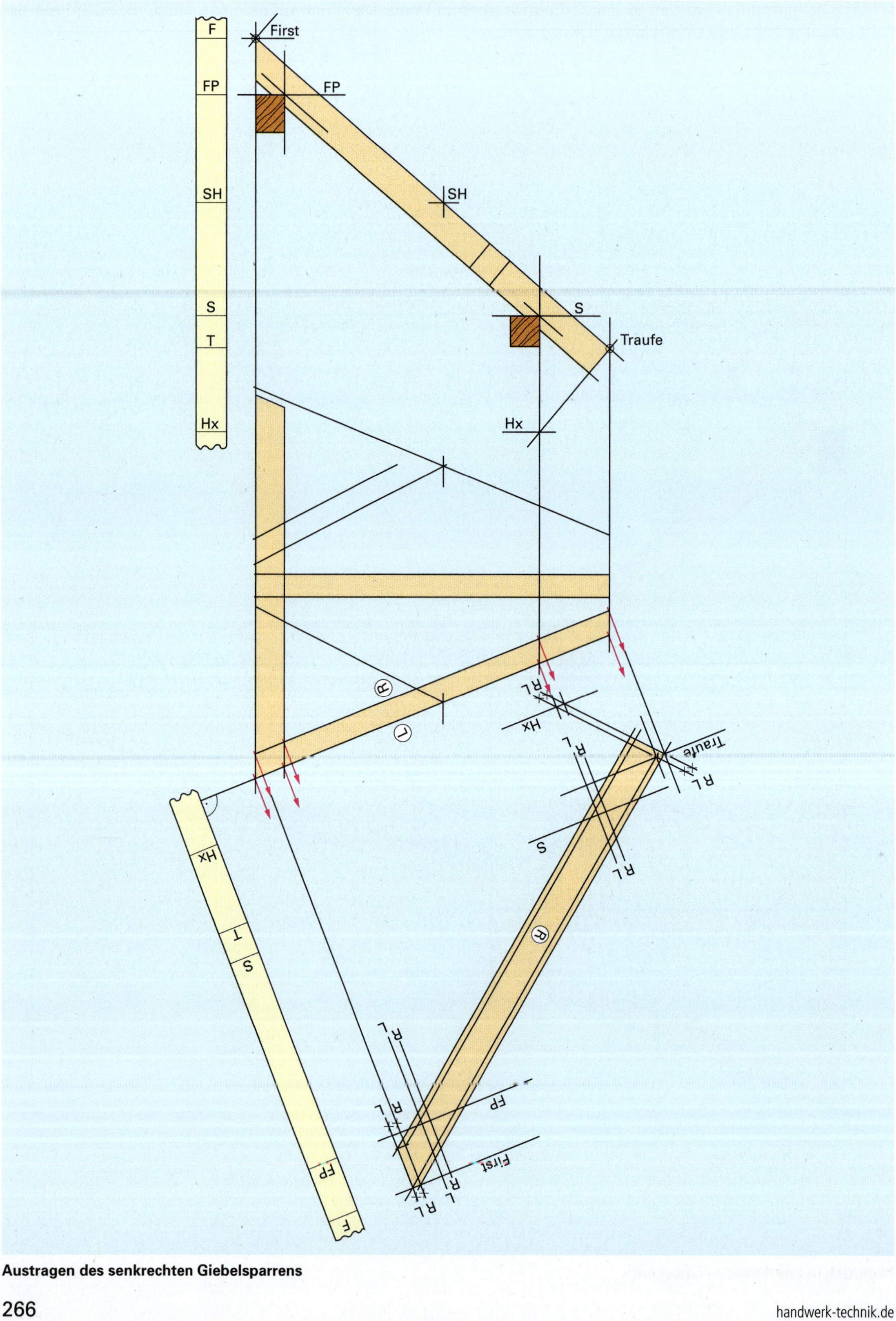

Austragen des senkrechten Giebelsparrens

6. Schritt – Austragen des senkrechten schrägen Schifters
– Der senkrechte schräge Schifter wird direkt über dem Grundriss ausgetragen.

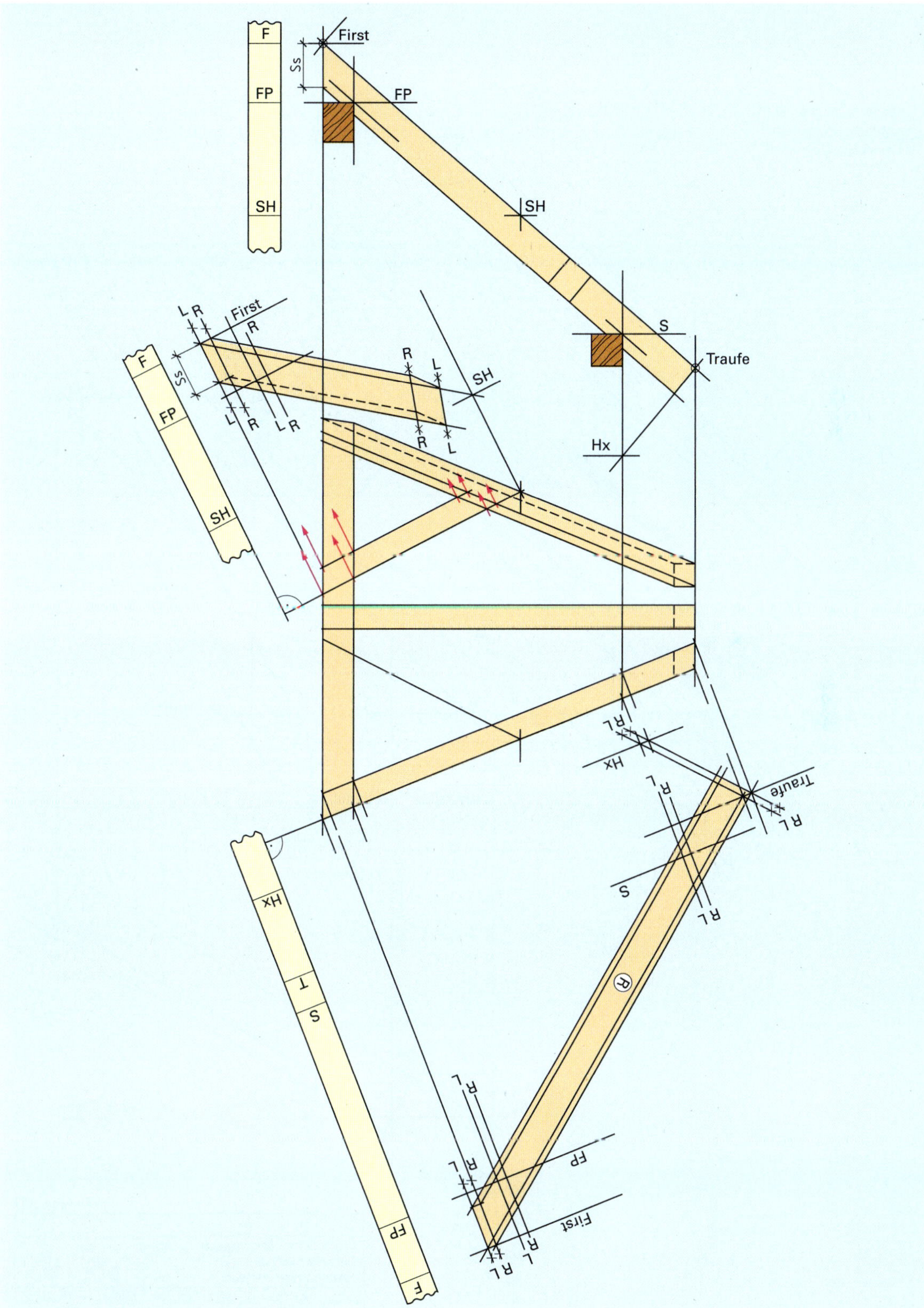

Austragen des senkrechten schrägen Schifters

13.9 Zeichenaufgaben – nach der Senkelmethode

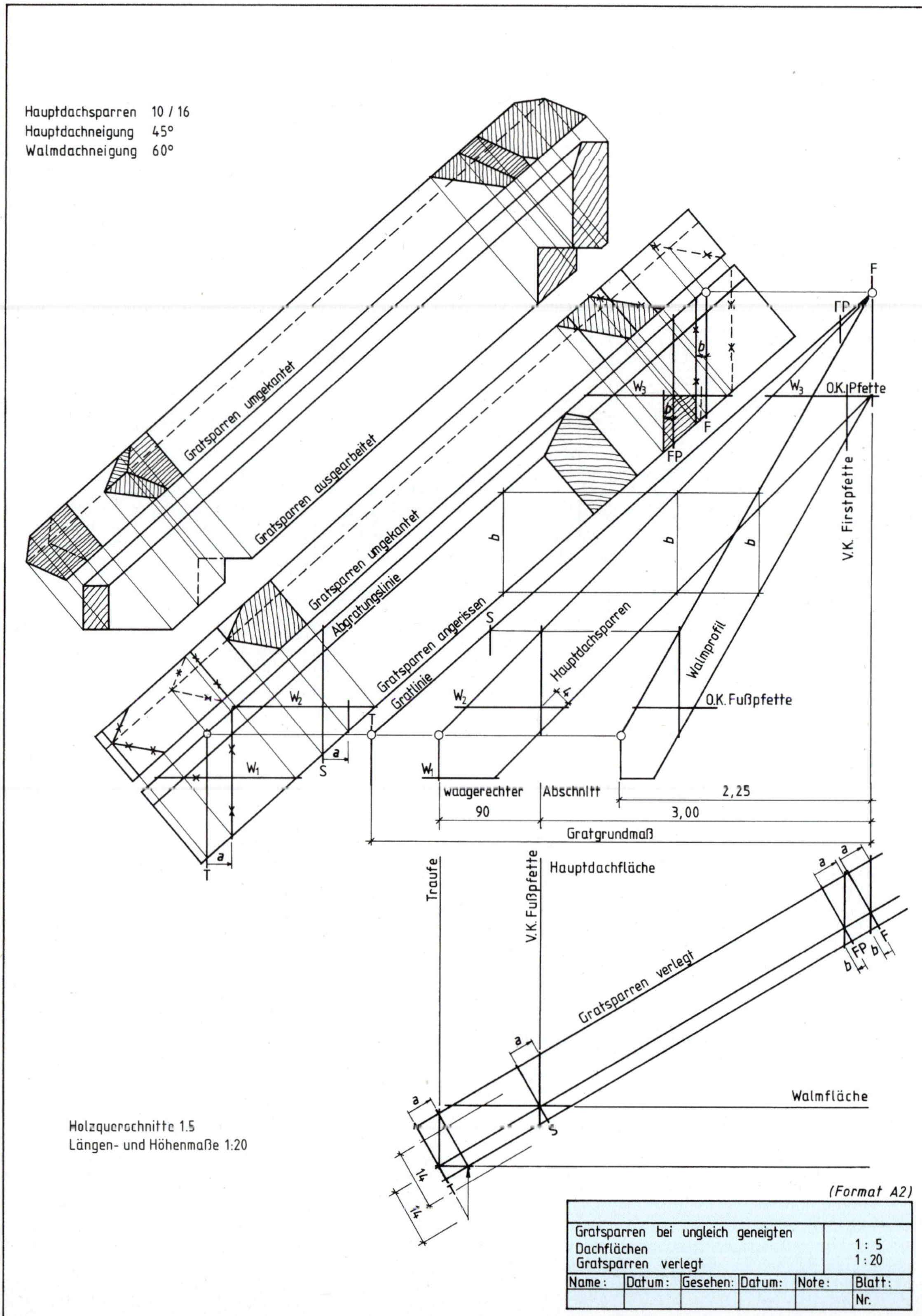

Ergänzen Sie auf einem A2-Blatt diese Zeichnung!

Gefordert:
Austragung des Gratsparrens bei ungleicher Dachneigung
Seitenansicht und Untersicht angerissen und ausgearbeitet

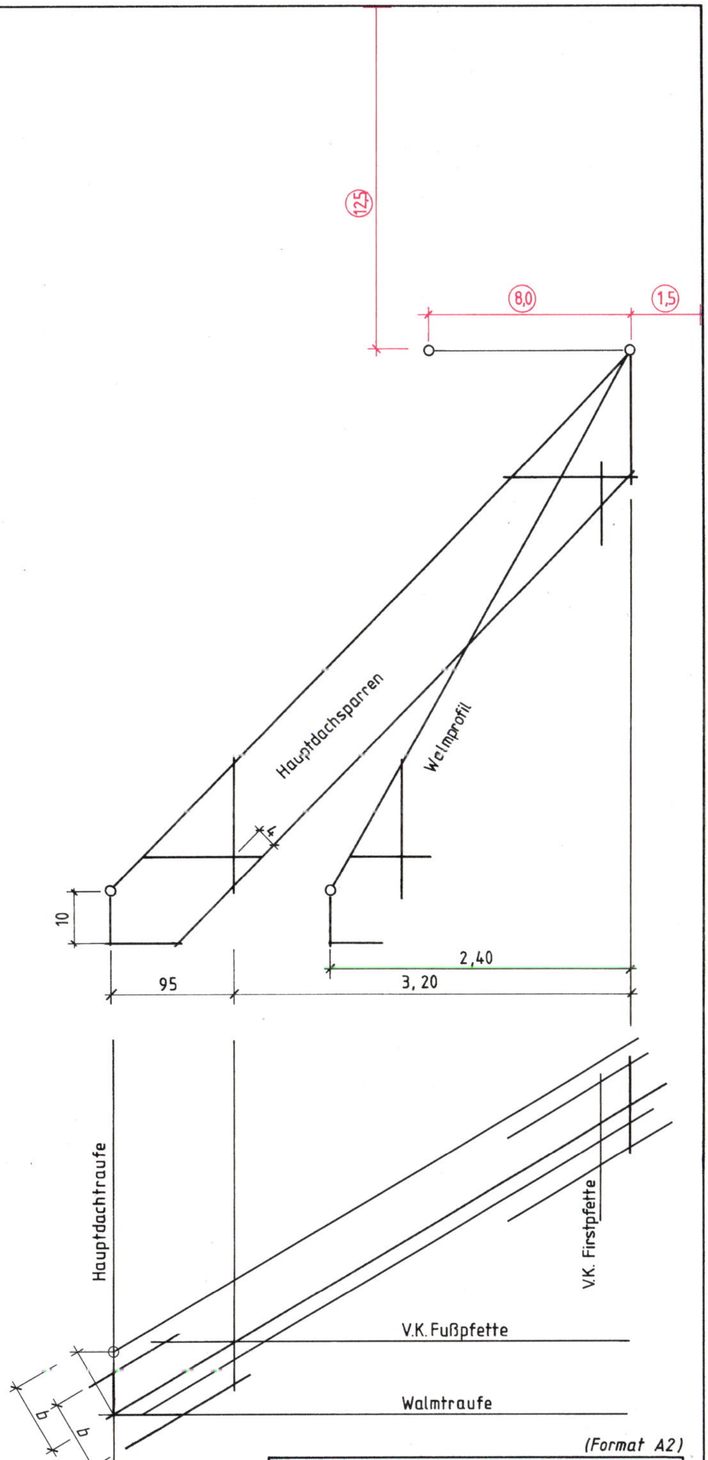

Normalsparren	10 / 16
Fußpfette	10 / 12
Firstpfette	12 / 18
Gratsparren	14 breit
DN Hauptdach	45°
DN Walm	60°

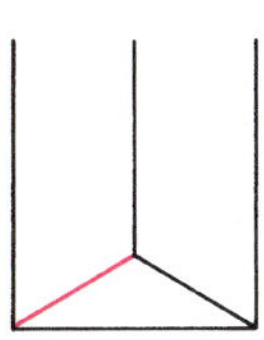

(Format A2)

Gratsparren bei ungleicher Dachneigung Gratsparren verlegt					1 : 5 1 : 20 1 : 200
Name:	Datum:	Gesehen:	Datum:	Note:	Blatt:
					Nr.

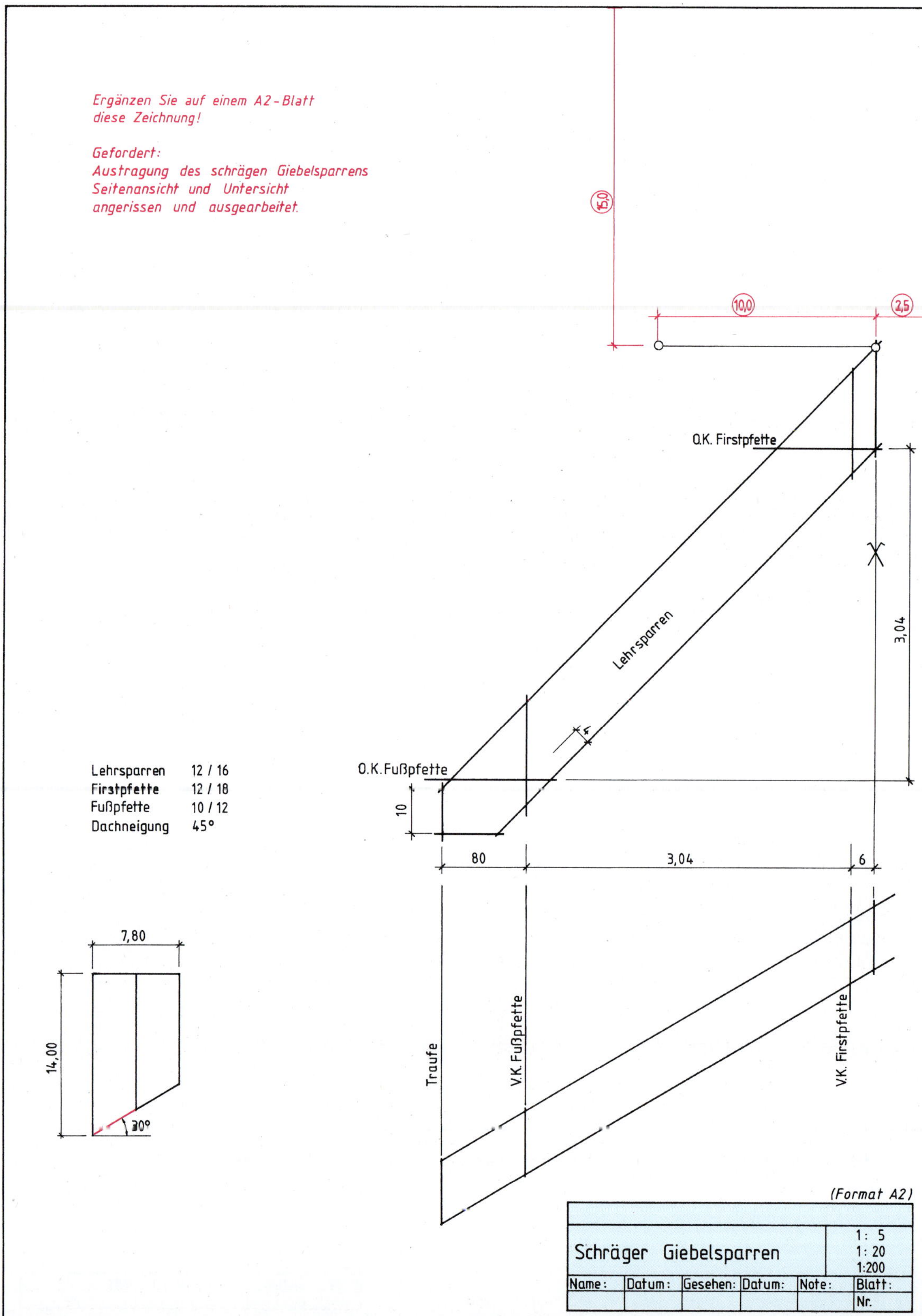
Ergänzen Sie auf einem A2-Blatt
diese Zeichnung!
Gefordert:
Austragung des schrägen Giebelsparrens
Seitenansicht und Untersicht
angerissen und ausgearbeitet.
15,0
10,0
2,5
O.K. Firstpfette
Lehrsparren
3,04
O.K. Fußpfette
10
80
3,04
6
Lehrsparren 12 / 16
Firstpfette 12 / 18
Fußpfette 10 / 12
Dachneigung 45°
7,80
14,00
30°
Traufe
V.K. Fußpfette
V.K. Firstpfette
(Format A2)
Schräger Giebelsparren
1: 5
1: 20
1:200
Name:
Datum:
Gesehen:
Datum:
Note:
Blatt:
Nr.

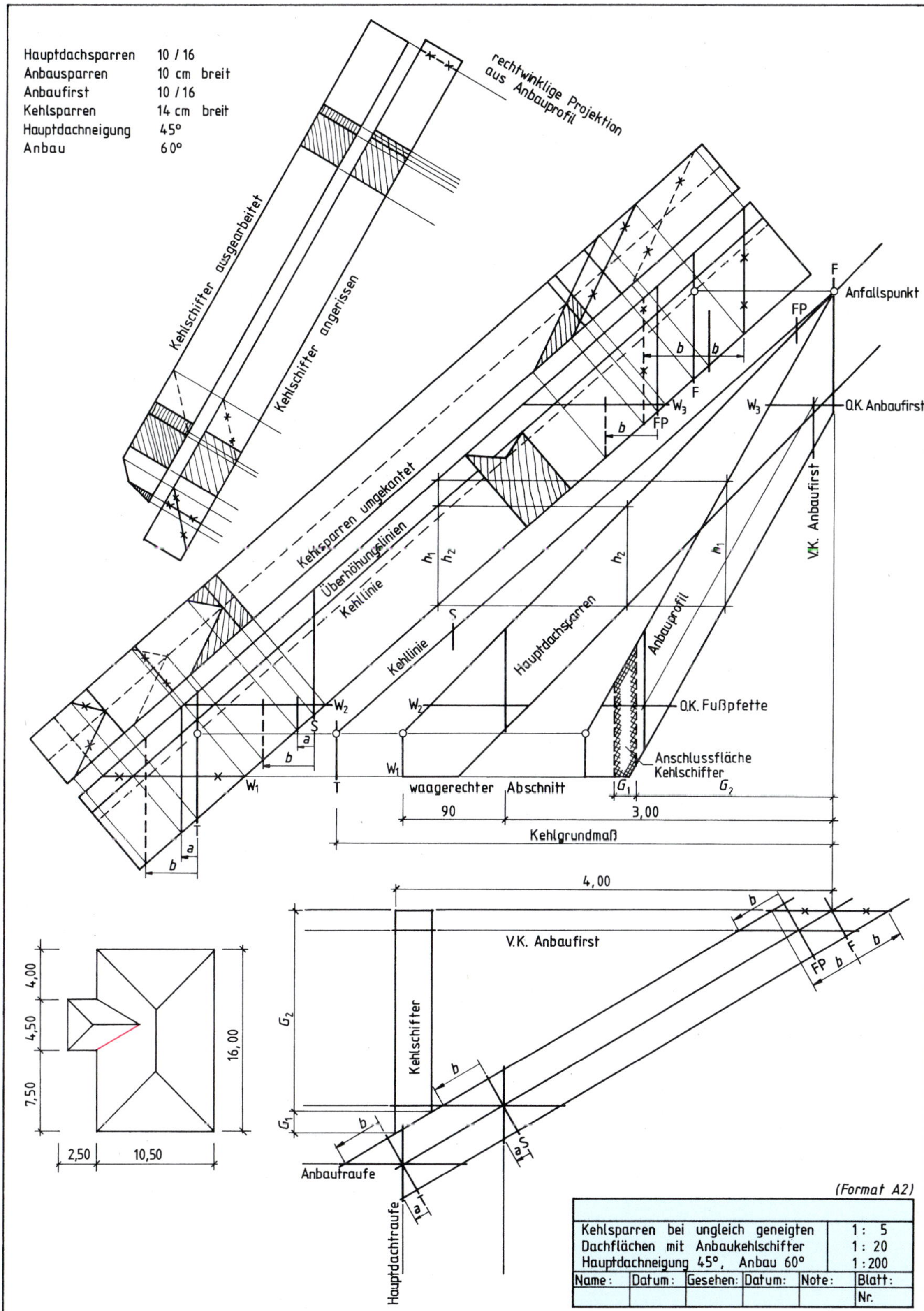

Hauptdachsparren 10 / 16
Anbausparren 10 cm breit
Anbaufirst 10 / 16
Kehlsparren 14 cm breit
Hauptdachneigung 45°
Anbau 60°
rechtwinklige Projektion aus Anbauprofil
Kehlschifter ausgearbeitet
Kehlschifter angerissen
Kehlsparren umgekantet
Überhöhungslinien
Kehllinie
Hauptdachsparren
Anbauprofil
Anfallspunkt
FP
F
W3
O.K. Anbaufirst
V.K. Anbaufirst
O.K. Fußpfette
W2
W1
Anschlussfläche Kehlschifter
waagerechter Abschnitt
90
3,00
Kehlgrundmaß
4,00
G_1
G_2
h_1
h_2
Kehlschifter
Anbautraufe
Hauptdachtraufe
4,00
4,50
7,50
16,00
2,50
10,50
(Format A2)
Kehlsparren bei ungleich geneigten Dachflächen mit Anbaukehlschifter Hauptdachneigung 45°, Anbau 60°
1: 5
1: 20
1:200
Name: Datum: Gesehen: Datum: Note: Blatt: Nr.

Ergänzen Sie auf einem A2-Blatt diese Zeichnung!

Gefordert:
Austragung des Kehlsparrens Seitenansicht und Untersicht angerissen und ausgearbeitet.

Hauptdachsparren	10 / 16
Hauptdachfirst	12 / 18
Anbausparren	10 breit
Anbaufirst	12 / 18
Kehlsparren	14 breit
Hauptdachneigung	45°
Anbau	60°

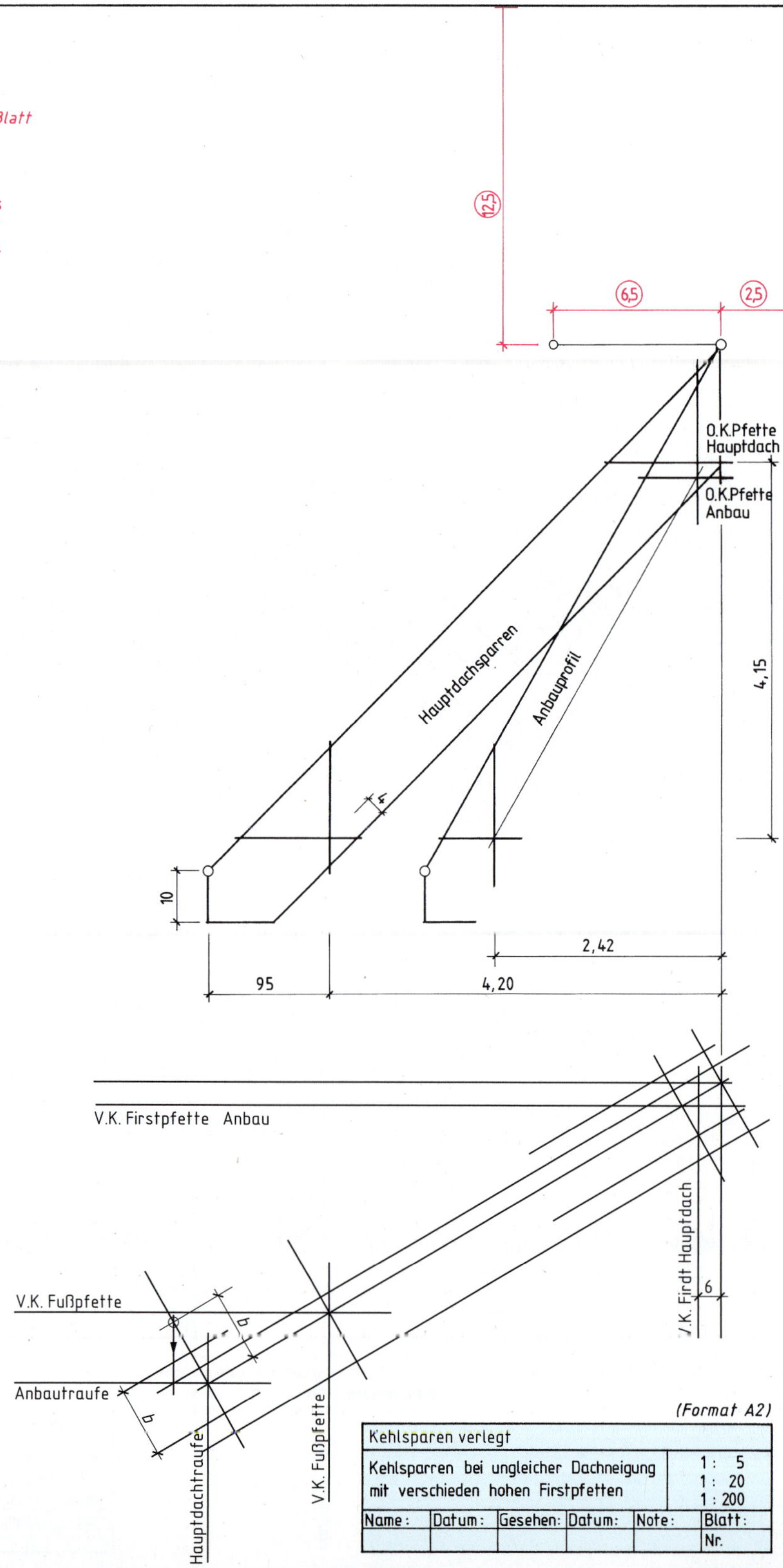

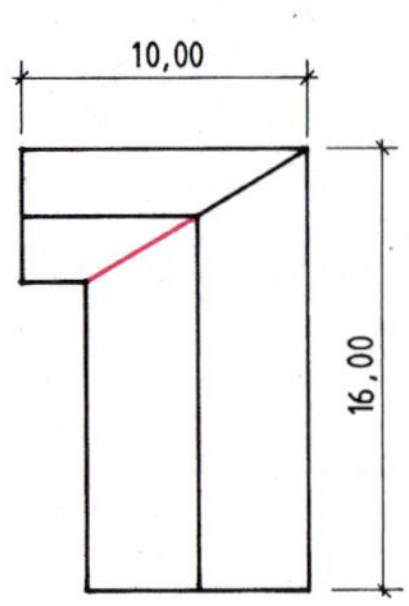

(Format A2)

Kehlsparen verlegt					
Kehlsparren bei ungleicher Dachneigung mit verschieden hohen Firstpfetten					1 : 5 1 : 20 1 : 200
Name:	Datum:	Gesehen:	Datum:	Note:	Blatt:
					Nr.

Aufgabe zur Flächenschiftung

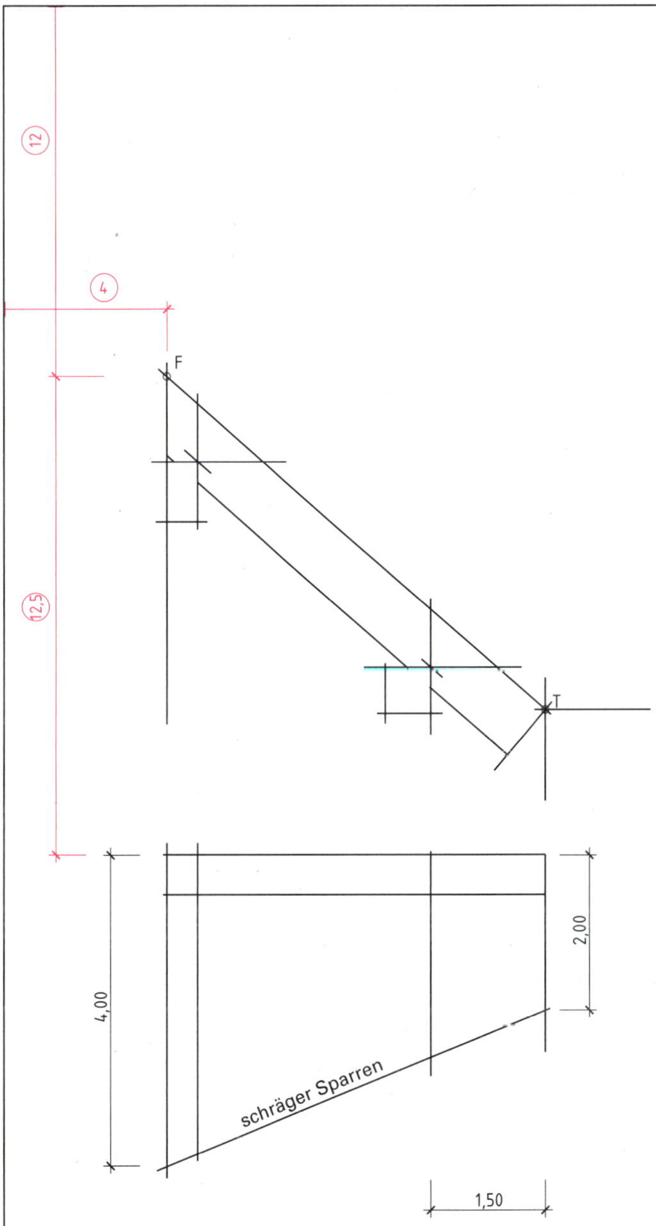

Ergänzen Sie auf einem A3-Blatt diese Zeichnung!
Gefordert:
Austragung des schrägen Sparrens im Flächenprofil. Abschnitt der Firstpfette und Schwelle in der Flucht der Außenkante des schrägen Sparrens.

Normalsparren	10/16
schräger Sparren	10/16
Firstpfette	8/16
Schwelle	12/12
Dachneigung	40°
Obholz	12 cm

(Format A3)

Flächenschiftung: schräger Sparren					1 : 10 1 : 50
Name:	Datum:	Gesehen:	Datum:	Note:	Blatt:
					Nr.

13.10 Schutzgerüste

Schutzgerüste haben die Aufgabe, die am Bau Beteiligten gegen Absturz zu sichern sowie das Herabfallen von Baustoffen und Werkzeugen zu verhindern. Schutzgerüste werden nicht zum Aufenthalt bei Arbeiten am Bauwerk verwendet. Sie dienen lediglich dem Schutz der am Bau Beteiligten, der Passanten und der Verkehrsteilnehmer.

13.10.1 Fanggerüst

Für Arbeitsplätze, die mehr als 3,00 m über dem Boden liegen und nicht durch ein Arbeitsgerüst gesichert sind, muss ein Fanggerüst vorgesehen werden. Die Breite des Fanggerüstes richtet sich nach der möglichen Absturzhöhe über dem Gerüst. Bis 2,00 m Absturzhöhe muss die Breite mindestens 0,90 m, bis 3,00 m Absturzhöhe mindestens 1,30 m betragen.

Bei Fanggerüsten als Standgerüste sind Absturzhöhen über 2,00 m, bei allen übrigen Gerüstbauarten über 3,00 m unzulässig.

Der horizontale Abstand zwischen Bauwerk und Fanggerüst darf nicht größer als 30 cm sein. Besteht eine Absturzgefahr auch zum Bauwerk hin, so ist die Belagfläche nach innen zu verbreitern.

Bei auskragenden Gebäudeteilen (z. B. Balkone, Gesimsplatten) ist die nutzbare Gerüstbreite von der Außenkante dieser vorspringenden Bauteile zu messen.

Seitenschutz

Der Seitenschutz bei Fanggerüsten wird entweder senkrecht oder schräg angebracht. Wird ein Seitenschutz verwendet, so darf dieser um max. 15° gegen die Senkrechte geneigt sein. Bei einer Neigung über 15° muss der Seitenschutz als geschlossene **Schutzwand** ausgebildet werden, wobei die Schutzwanddicke der Gerüstbelagdicke entsprechen muss. Die senkrechte Höhe der Schutzwand muss mindestens 1,00 m betragen.

13.10.2 Schutzdach

Schutzdächer haben die Aufgabe, die am Bau Beteiligten, die Passanten und die Verkehrsteilnehmer vor herabfallenden Gegenständen zu schützen.

Die Breite (Auskragung) richtet sich nach den örtlichen Erfordernissen, sie muss aber mindestens 1,50 m betragen. Bei Fassadengerüsten muss das Schutzdach das Gerüst um mindestens 60 cm überragen.

Schutzdächer müssen eine mindestens 60 cm hohe Bordwand besitzen.

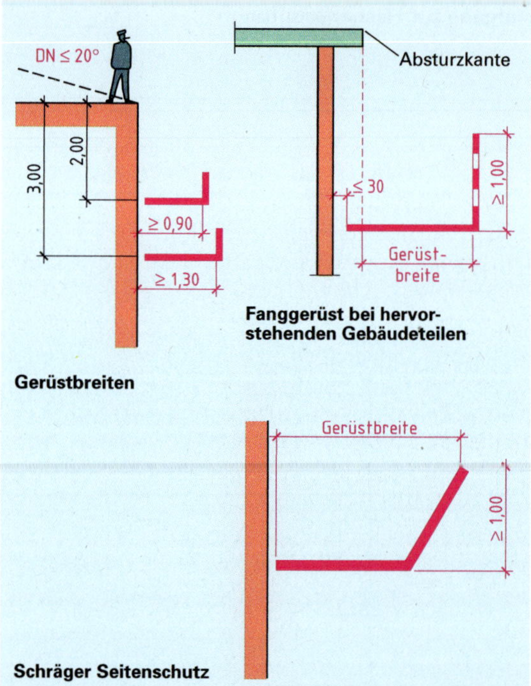

Gerüstbreiten

Fanggerüst bei hervorstehenden Gebäudeteilen

Schräger Seitenschutz

Schutzgerüste

Schutzdach

Zu den Schutzgerüsten zählen die Fanggerüste, die Dachfanggerüste und die Schutzdächer. Sie dürfen nie zum Aufenthalt bei Arbeiten am Bauwerk verwendet werden.

13.10.3 Dachfanggerüst

Sollte bei Dacharbeiten aus arbeitstechnischen Gründen kein Seitenschutz angebracht werden können, so müssen stattdessen **Dachfanggerüste** verwendet werden, die ein Auffangen abstürzender Personen gewährleisten.

Dachfanggerüste sind erforderlich, wenn Arbeitsplätze oder Verkehrswege auf Dächern mit mehr als 20° … 60° Neigung eine Absturzhöhe an der Absturzkante (= Traufe) von mehr als **3,00 m** besitzen.

Die Mindestbreite des Gerüstbelags muss 60 cm betragen.

Dachfanggerüste erhalten als Seitenschutz immer eine Schutzwand, die mindestens 70 cm von der Traufkante entfernt sein muss.

Der Gerüstbelag darf nicht tiefer als 1,50 m unterhalb der Traufkante liegen.

Für die Höhe der Schutzwand gelten folgende Bestimmungen:

- Die Gesamthöhe der Schutzwand muss mindestens 1,00 m betragen.
- Die Schutzwand muss die Traufkante um das Maß 1,50 m – *b* überragen.

Die Schutzwand kann aus einer geschlossenen oder unterbrochenen Verbretterung oder aus tragfähigen Netzen bzw. Geflechten bestehen.

Wenn die Absturzhöhe mehr als 3,00 m beträgt, müssen Arbeitsplätze und Verkehrswege auf Dächern mit mehr als 20° Neigung durch Dachfanggerüste gesichert sein.

Bei Arbeiten an Dächern mit Neigungen zwischen 45° und 60° müssen zusätzlich „Arbeitsplätze" geschaffen werden. Dies sind z. B. Dachdeckerstühle oder Dachdecker-Auflegeleitern. Auch Lattungen gewährleisten bereits ein sichereres Arbeiten als gedeckte Dachflächen. Bei hohen Dächern mit Höhenunterschieden von mehr als 5,00 m zwischen Arbeitsplatz und Dachfanggerüst müssen zusätzlich Schutzwände auf der Dachfläche angeordnet werden.

Bei Dachneigungen zwischen 45° und 60° sind besondere Arbeitsplätze einzurichten. Bei Höhenunterschieden von mehr als 5,00 m müssen zusätzliche Schutzwände angeordnet sein.

Bei Dacharbeiten müssen auch Schutzmaßnahmen gegen Absturz ins Gebäudeinnere vorgenommen werden. Diese Maßnahmen sind unabhängig von der Dachneigung erforderlich.

Geeignete Maßnahmen sind hier Fanggerüste oder Fangnetze unter der Arbeitsstelle.

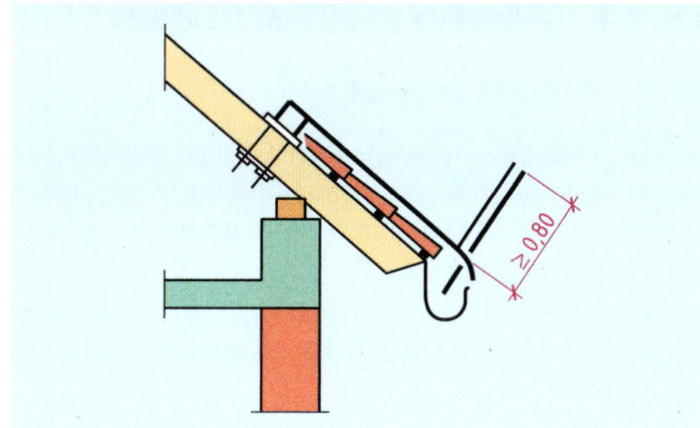

Schutzwand im Bereich der Traufe als Absturzsicherung

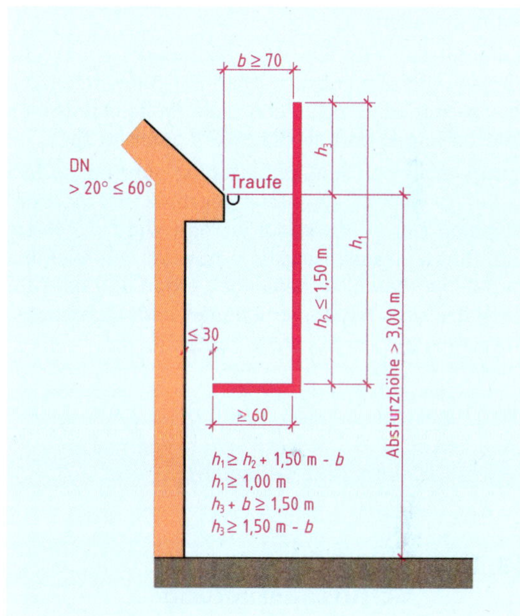

Dachfanggerüste

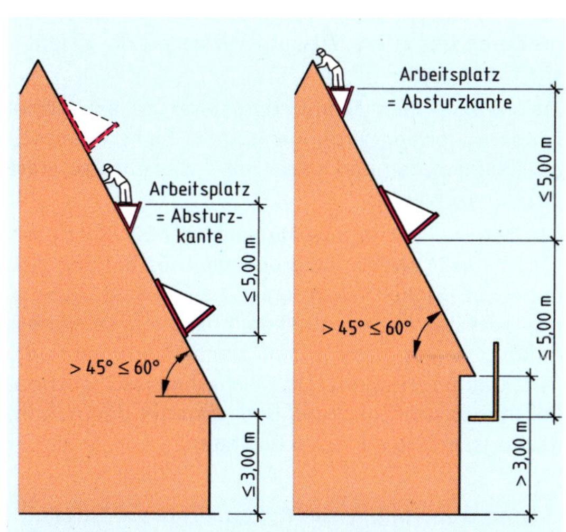

„Arbeitsplätze" an Dächern mit Neigungen zwischen 45° und 60°

13.11 Absturzsicherungen

13.11.1 Auffangnetz

Bei Dacharbeiten müssen auch Schutzmaßnahmen gegen den Absturz ins Gebäudeinnere getroffen werden. Diese Maßnahmen sind unabhängig von den Dachneigungen erforderlich.

Neben Fanggerüsten sind hier insbesondere Auffangnetze eine geeignete Maßnahme zur Absturzsicherung.

Auffangnetze werden auch dann verwendet, wenn Fanggerüste nur unter sehr großem Aufwand anzubringen wären. Dies ist z. B. der Fall bei Arbeiten an Türmen, Schornsteinen, Brücken oder bei Dacharbeiten in Hallen.

Auffangnetze müssen den Sicherheitsregeln der BG Bau – Berufsgenossenschaft der Bauwirtschaft – entsprechen und nach den sicherheitstechnischen Anforderungen der DIN EN 1263-1 gefertigt sein.

Beim Einsatz von Auffangnetzen ist ganz besonders darauf zu achten, dass nur geprüfte und gekennzeichnete Netze verwendet werden, dass die Netze und deren Tragkonstruktion nur an ausreichend tragfähigen Bauteilen befestigt werden und dass für die Netze und Tragkonstruktionen eine Gebrauchsanweisung auf der Baustelle vorhanden ist.

> Auffangnetze kommen häufig bei turmartigen Bauwerken und Dachdeckungen von Hallen als Absturzsicherung zur Anwendung.

Auffangnetz

Auffanggurt

13.11.2 Persönliche Schutzausrüstung

Die persönliche Schutzausrüstung kommt in Betracht, wenn die Verwendung von Gerüsten unzweckmäßig ist. Dies kann der Fall sein, wenn z. B. bei Dacharbeiten der Aufbau eines Gerüstes mit **größeren** Gefahren verbunden wäre als die eigentliche Dacharbeit.

Zur persönlichen Schutzausrüstung zählen insbesondere Auffanggurte, Haltegurte, Sicherheitsseile mit Falldämpfer und dazu Höhensicherungsgeräte oder Seilkürzer.

Die Höhensicherungsgeräte nach DIN EN 360 haben sich als sehr zweckmäßig erwiesen. Es handelt sich dabei um Sicherheitsgeschirre, die die zu sichernden Arbeiter bei eventuellen Abstürzen selbsttätig auffangen und dabei durch einen Falldämpfer die Stoßkräfte verringern. Das Sicherheitsseil wird dabei immer straff gehalten und gestattet dadurch im Auszugsbereich ein freies Bewegen.

> Ist die Einrichtung von Gerüsten unzweckmäßig, so muss bei Arbeiten in Höhe eine persönliche Schutzausrüstung verwendet werden.

Aufgaben

1. *Welche Aufgaben haben Schutzgerüste?*
2. *Ab welcher Arbeitshöhe sind Fanggerüste erforderlich?*
3. *Wovon ist die Breite eines Fanggerüstes abhängig?*
4. *Beschreiben Sie die Abmessungen eines Dachfanggerüstes.*
5. *Beschreiben Sie die Funktion eines Höhensicherungsgerätes.*
6. *Worin unterscheiden sich Dachdecker-Auflegeleitern von Anlegeleitern?*

13.12 Projektaufgaben

Als weitere Alternative ist für das Projekt ein Walmdach mit ungleich geneigten Dachflächen vorzusehen. Wie aus den Ansichten und der Ausmittlung zu entnehmen ist, sind zwei verschiedene Dachneigungen vorgesehen. Der Balkon ist nicht überdacht.

1. Legen Sie die Dachneigungen fest.
2. An den Hauptdachseiten beträgt der Dachvorsprung 50 cm. Ermitteln Sie den Dachvorsprung an den Walmseiten.
3. Zeichnen Sie die Sparrenlage im Maßstab 1:50.
4. Tragen Sie einen Gratsparren und einen Gratschifter entsprechend den Vorlagen (13.9) aus. Die Sparren an den Hauptdachseiten sollen rechtwinklig abgeschnitten werden.
5. Tragen Sie den Kehlsparren mit einem Kehlschifter aus.
6. Tragen Sie den Verfallgratsparren aus.

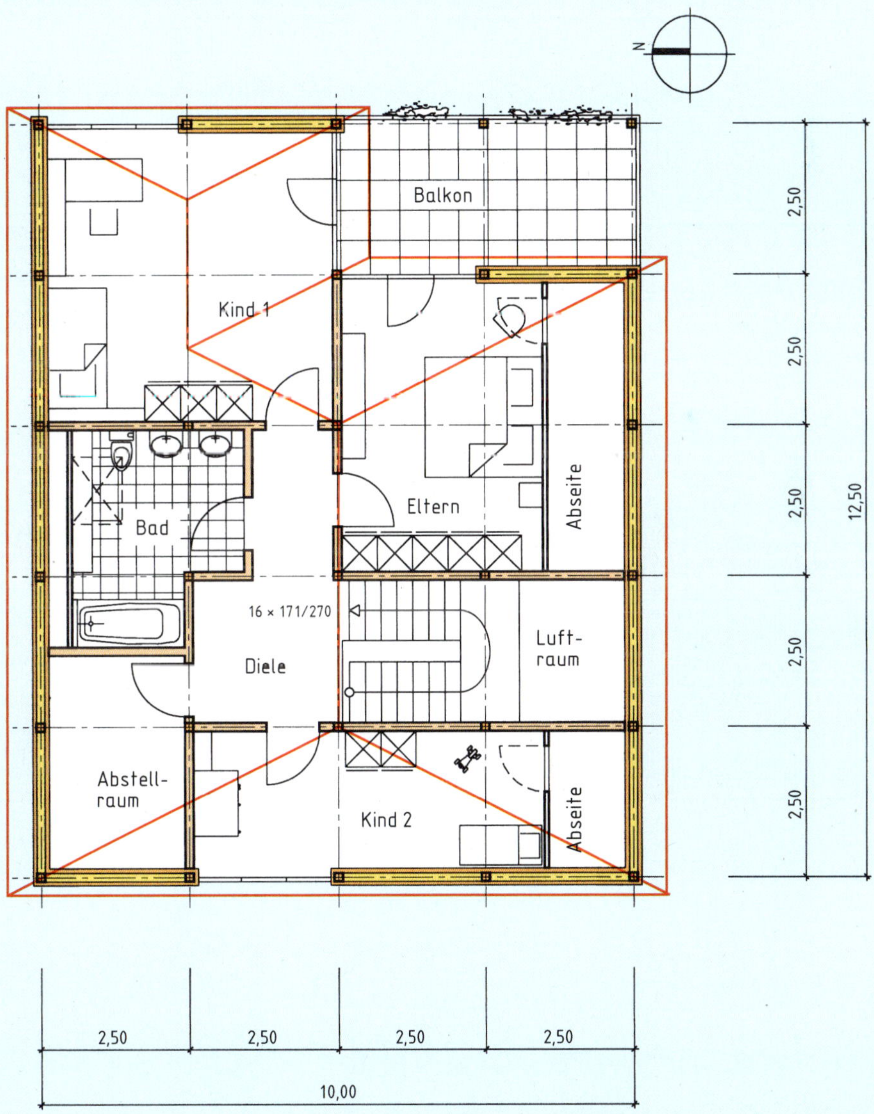

Dachgeschoss

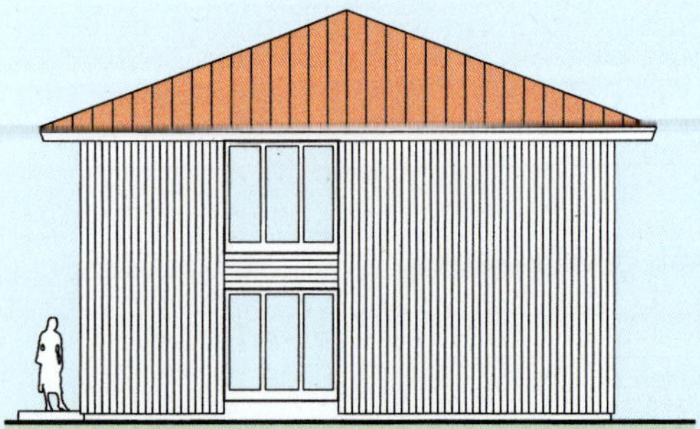

Ansicht von Westen

Ansicht von Süden

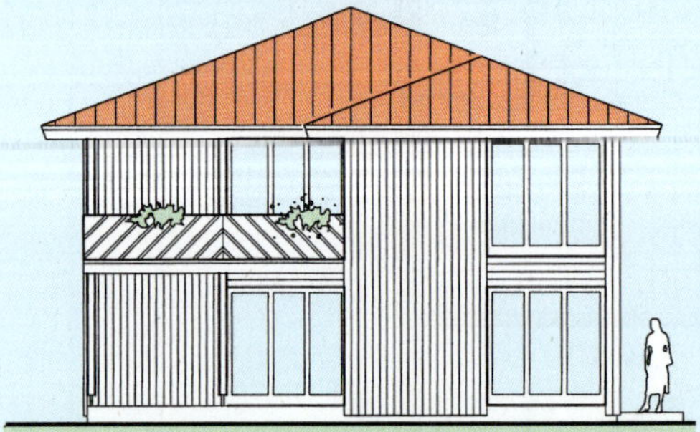

Ansicht von Osten

Ansicht von Norden

Lernfeld 14: **Einbauen einer Gaube und eines Dachflächenfensters**

Zur Belichtung und Belüftung der Dachräume werden neben den Giebelfenstern auch Dachflächenfenster, Dachgauben und Dacheinschnitte angeordnet. Dachgauben vergrößern außerdem die nutzbare Dachgeschossfläche. Durch Dacheinschnitte werden Dachterrassen geschaffen.

Dachräume sind oftmals Wohnflächen mit besonderem Reiz. Nicht selten entscheiden sich Hauseigentümer im Nachhinein für einen Ausbau. Um die nötige Belichtung und Belüftung sicherzustellen, bietet sich der vergleichsweise preisgünstige Einbau von Dachflächenfenstern an. Um zusätzlich noch Wohnraum zu gewinnen, kommen Dachgauben zum Einsatz. Mit der Wahl ihrer Form können gestalterische Akzente in der Dachfläche gesetzt werden.

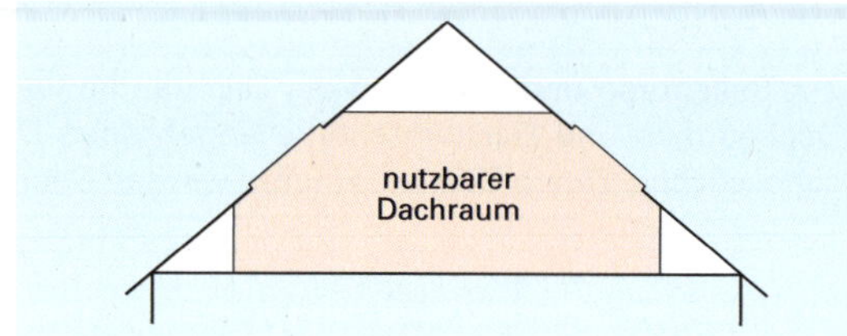

Dachflächenfenster

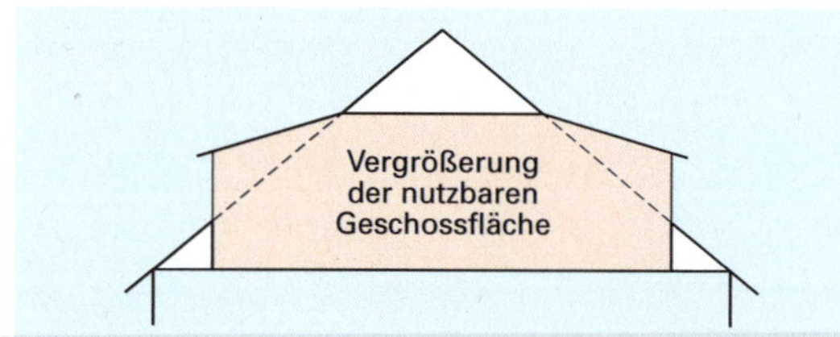

Dachgauben

Rundgauben

14.1 Gaubenarten

Je nach baulicher Situation, Gegend und Dachdeckung kommen verschiedene Formen zur Anwendung. Die am häufigsten vorkommenden sind:

- Schleppdachgaube,
- Trapezgaube,
- Fledermausgaube,
- Rundgaube,
- Dreiecksgaube (Spitzgaube),
- Satteldachgaube,
- Walmdachgaube.

Schleppdachgaube

Sie ist die einfachste und daher häufigste Form einer Dachgaube. Es sind keine Bauhölzer zu schiften. Ihre Neigung ist flacher als die des Hauptdaches. Die Seitenwände erscheinen als dreieckige, senkrechte Fläche (auch Seitenbacken genannt) und können mit Brettern verschalt, verschindelt oder mit Blechen verkleidet werden.

Bei Schleppdachgauben bilden die Gaubensparren zugleich die Gaubendecke. Es muss darauf geachtet werden, dass zwischen Unterkante der Gaubendecke und Oberkante des Fußbodens eine „Kopfhöhe" (lichte Höhe) von mindestens 1,85 m vorhanden ist.

Schleppdachgaube

Trapezgaube

Trapezgaube

Werden die Seitenwände der Schleppdachgaube abgeschrägt, so entsteht die Trapezgaube. Die Seiten werden ebenfalls mit der Dachdeckung gedeckt.

Fledermausgaube

Die Trapezgaube passt sich durch die Schrägen oftmals besser in das Gesamtbild des Daches ein. Durch Abschrägen der Seitenbacken kann eine bestehende Schleppdachgaube nachträglich zu einer Trapezgaube umgebaut werden.

Fledermausgaube

Wie die Trapezgaube ist auch die Fledermausgaube ganz gedeckt.

Bei der Fledermausgaube wird die Dachfläche nur leicht angehoben. Sie eignet sich besonders für Dächer mit Reet-, Schindel-, Schiefer- oder Biberschwanzdeckungen.

Fledermausgauben sind besonders schön, wenn ihre Umrisslinie vom Scheitel nur allmählich in die Waagerechte übergeht. Das Verhältnis von Rahmenhöhe zur halben Gaubenbreite soll zwischen 1:2,5 und 1:3 betragen. Die größtmögliche Rahmenhöhe hängt von der für die jeweilige Dachdeckung vorgeschriebenen Mindestneigung ab. Außerdem ist es optisch ungünstig, wenn Fledermausgauben unmittelbar an den First anstoßen; es sollen zwischen dem First und dem obersten Gaubenansatz mindestens 50 cm Abstand verbleiben. Mancherorts werden Fledermausgauben auch als „Ochsenaugen" bezeichnet.

Rundgaube

Rundgauben sind wie Fledermausgauben aufwendiger in der Herstellung, die Kehlbohlen auf dem Hauptdach werden vorgattert. Als Eindeckung kommt in der Regel Blech zur Anwendung.

Dreiecksgaube

Flachdachgaube

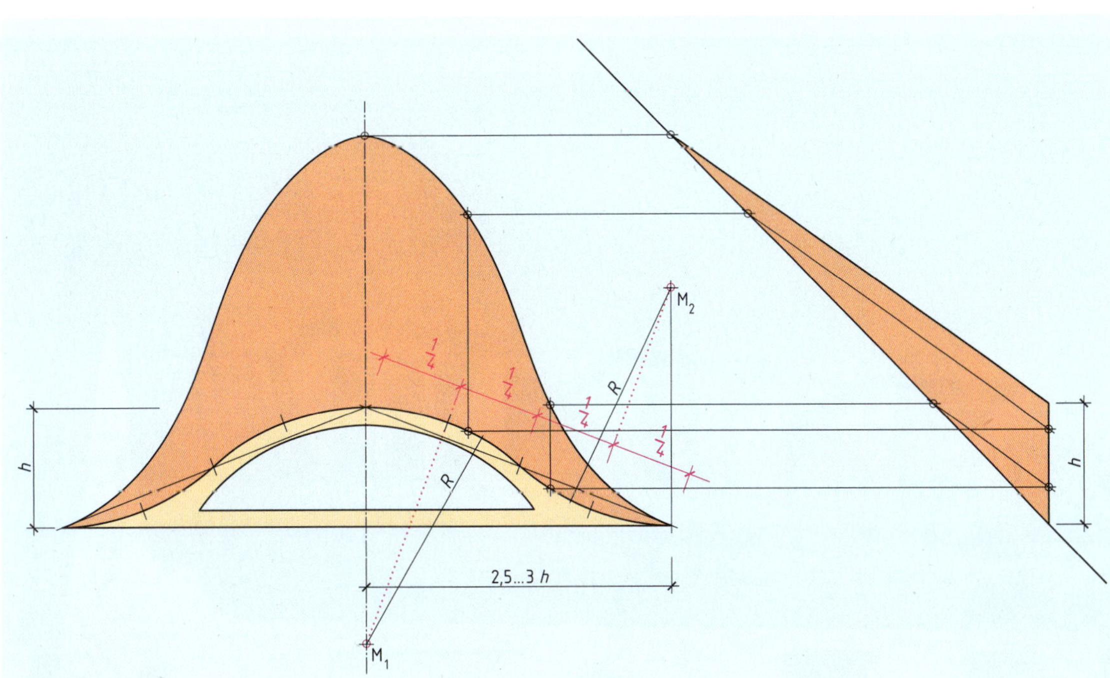

Fledermausgaube

Dreiecksgaube

Die Dreiecksgaube besteht aus drei Dreiecksflächen, zwei davon bilden das Dach mit einem meist waagerecht verlaufenden First, die vordere Dreiecksfläche bildet das Gaubenfenster. Der Raumgewinn ist in der Regel geringer als bei anderen Gauben.

Satteldachgaube

Werden die Dachflächen der Dreiecksgaube bei gleichbleibender Breite am Ortgang verlängert, so entsteht die Satteldachgaube. Auch sie hat, wie die Schleppdachgaube, dreieckige Seitenflächen (Seitenbacken).

Das Dach der Satteldachgaube schließt mit Kehlen an die Hauptdachfläche an.

Die Vorderseite dieser Gauben bildet wie bei den Schleppdachgauben ein Kantholzrahmen aus Pfette, Pfosten und Riegel, der bei kleinen Gauben in Brüstungshöhe auf die Sparren aufgesetzt und bei größeren Gauben unmittelbar auf die Geschossdecke aufgestellt wird.

Walmdachgauben

Wird die Dachfläche der Satteldachgaube vorne abgewalmt, so entsteht die Walmdachgaube oder die Krüppelwalmdachgaube. Sie erscheint auf dem Dach nicht so wuchtig wie eine Satteldachgaube gleicher Größe.

Schleppdachgauben, mit Schiefer eingedeckt

Dachgauben dienen zur Belichtung, Belüftung und Vergrößerung von Dachräumen. Die häufigsten Arten sind die Schleppdach-, Trapez-, Fledermaus-, Dreiecks-, Satteldach- und Walmdachgaube.

Walmdachgauben

14.2 Planung einer Dachgaube

Bei der Planung einer Dachgaube ist von inneren, äußeren und konstruktiven Gesichtspunkten auszugehen. Wo verlangt der geplante Wohngrundriss mehr Kopffreiheit und Belichtung, ebenso ist zu fragen, inwieweit die erforderlichen Dachaufbauten die äußere Optik des Gebäudes verändern würden, bzw. wo beispielsweise unerwünschte Asymmetrien entstünden.

Bei der Frage der Konstruktion ist zu berücksichtigen, ob es sich um ein Sparren- oder Pfettendach handelt.

Sparrendach

Bedingt durch die abstützende Lastabtragung der Sparren darf eine Gaube nur über maximal zwei Sparrenfelder gehen. Die seitlichen Sparren werden in der Regel verstärkt. Die Gauben werden oftmals auf die Sparren aufgesetzt.

Pfettendach

Hier liegen die Sparren auf den Pfetten auf und dürfen beliebig ausgewechselt werden. Meist werden die Gauben stehend ausgebildet, das heißt, die Gaubenpfetten liegen auf eigenen Pfosten auf.

> Bei der Planung einer Gaube sind konstruktive und optische Gesichtspunkte zu beachten.
>
> Bei Sparren- und Kehlbalkendächern darf eine Gaube maximal zwei Sparrenfelder breit sein, bei Pfettendächern sind Gauben in der Breite nicht beschränkt.

14.3 Konstruktion von Gauben

14.3.1 Konstruktion einer Schleppdachgaube

Eine Schleppdachgaube ist vergleichsweise einfach einzubauen, weil keine Hölzer zu schiften sind. Die Lage des Brüstungsriegels ergibt sich durch die Brüstungshöhe von 1,00 ... 1,10 m. Eine eventuelle Kniestockwand kann entsprechend ausgespart werden. Die Neigung der Gaubensparren sollte dem Hauptdach angepasst und möglichst steil sein, um das Ableiten des Niederschlagwassers zu gewährleisten. Bei Unterschreiten der Mindestneigung des Deckungsmaterials vom Hauptdach muss auf eine andere Deckung (meist Blech) ausgewichen werden. Das obere Auflager der Gaubensparren kann entweder die Dachpfette sein, oder man lässt sie auf die Hauptdachsparren laufen. Bei unterschiedlicher Sparrenteilung von Haupt- und Gaubendach kann auch eine lastverteilende Bohle zur Anwendung

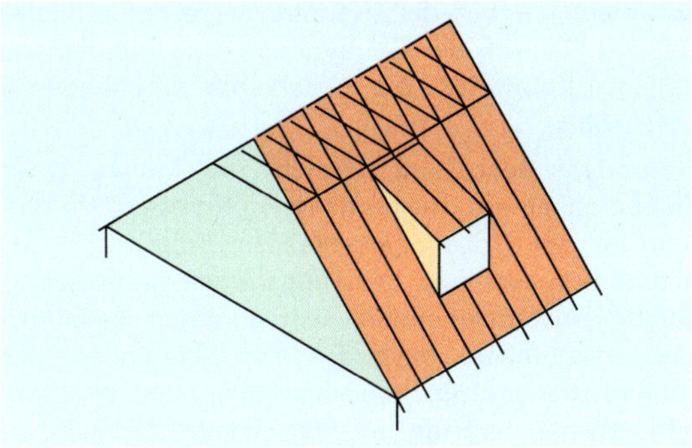

Schleppdachgaube bei einem Kehlbalkendach

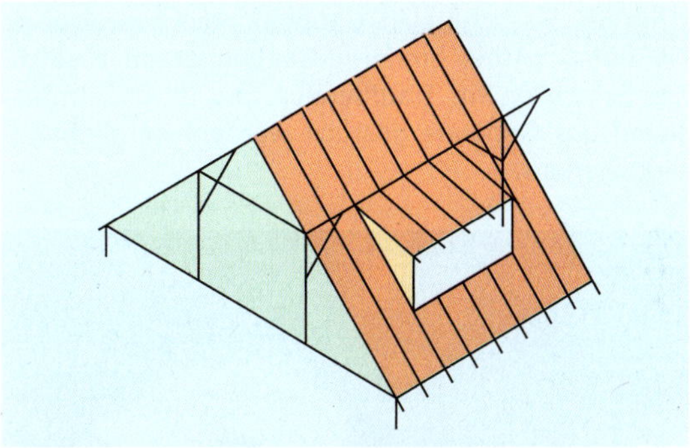

Schleppdachgaube bei einem Pfettendachstuhl

Schleppdachgaube

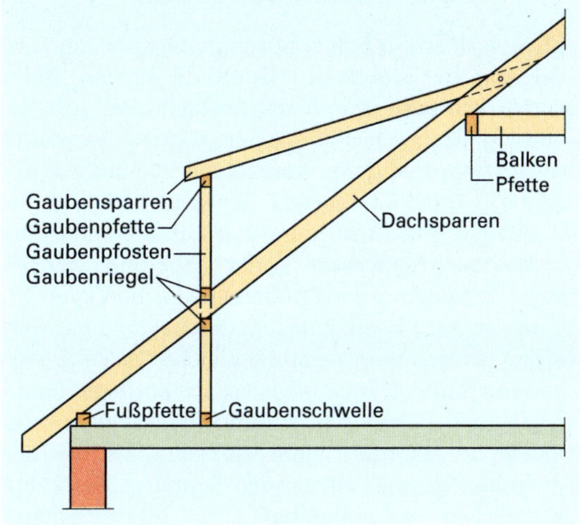

Schleppdachgaube

kommen, die auf den Hauptdachsparren aufliegt. Bei der Planung der Gaubenhöhe sind mindestens 1,85 m „Kopfhöhe" bis Unterkante Gaubendecke vorzusehen.

Besondere Beachtung verdient der Einbau einer Gaube bei einem brüstungshohen Kniestock. In diesem Fall wird das Sparrenteil zur Traufe hin zwischen Schwelle und Brüstungsriegel eingespannt. Durch den entstehenden, sehr geringen Hebelarm und eventuelles, nachträgliches Schwinden der Konstruktionshölzer, beispielsweise beim Neubau, können die Sparren an der Traufe beträchtlich durchhängen. Hier muss entweder mit verankernden Maßnahmen im Auflagerbereich (durch Blechformteile bei schmalen Gauben) oder abstützende Maßnahmen (bei breiteren Gauben durch zusätzliche Schwellen im Traufbereich, die durch Streben gegen das Gebäude gestützt werden) entgegengewirkt werden.

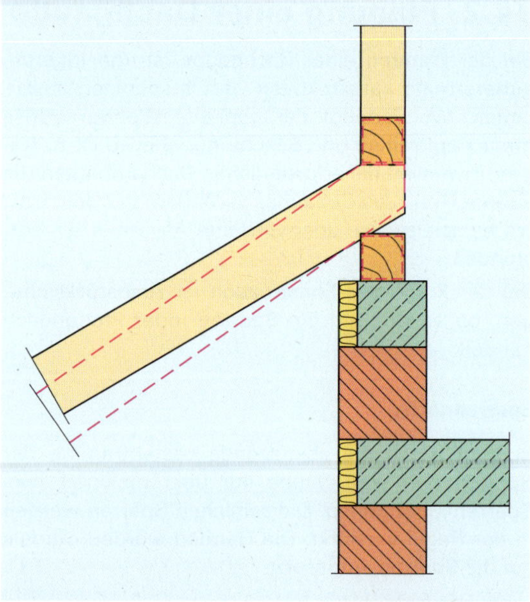

Gefahr des Durchhängens aufgrund des Schwindens der Hölzer

Abstützung der Sparrenköpfe bei großen Dachüberständen

Dreiecksgaube mit Kehlsparren

14.3.2 Konstruktion einer Dreiecks- oder Satteldachgaube

Im Unterschied zur Schleppdachgaube entstehen am Übergang von Gaube zu Hauptdach Kehlen. Beim Neubau kommen hier häufig Kehlsparren zur Anwendung. Beim nachträglichen Einbau empfiehlt sich die Anordnung von Kehlbohlen, die auf das bestehende Dach aufgesetzt werden. Wichtig ist die fachgerechte Ausführung der Kehlen, damit das anfallende Regenwasser sicher abgeführt werden kann. Die Neigung der Gaubendachflächen kann im Unterschied zur Schleppdachgaube beliebig gewählt werden, sodass hier meist die gleiche Deckung Verwendung findet. Der bauphysikalisch korrekte Innenausbau mit Dämmung, Luftdichtheitsschicht und Verkleidung erfordert mehr Aufwand als bei der Schleppdachgaube, um an den Schnittstellen keine Kältebrücken oder mangelnde Luftdichtigkeit entstehen zu lassen.

Satteldachgaube mit Kehlbohlen

Zusammenfassung

Zur Belichtung und Belüftung der Dachräume werden Dachgauben und Dachflächenfenster angeordnet. Dachgauben vergrößern außerdem die nutzbare Dachgeschossfläche.

Die am häufigsten vorkommenden Gaubenformen sind Schleppdachgaube, Trapezgaube, Fledermausgaube, Dreiecksgaube, Satteldachgaube und Walmdachgaube.

Die Schleppdachgaube ist die einfachste und daher häufigste Form einer Dachgaube.

Bei den komplizierteren Gauben muss besonders im Anschlussbereich der Kehlen auf einen sorgfältigen Ausbau geachtet werden (korrekte Dämmung und Luftdichtheit).

Bei Sparrendächern darf eine Gaube nur über maximal zwei Sparrenfelder gehen. Die seitlichen Sparren werden in der Regel verstärkt.

Bei Pfettendächern liegen die Sparren auf den Pfetten auf und dürfen beliebig ausgewechselt werden.

Die Neigung der Gaubensparren sollte dem Hauptdach angepasst und möglichst steil sein, um das Ableiten des Niederschlagwassers zu gewährleisten.

Bei der Planung der Gaubenhöhe sind mindestens 1,85 m „Kopfhöhe" bis Unterkante Gaubendecke vorzusehen.

Bei der Konstruktion einer Dreiecks- oder Satteldachgaube kommen Kehlsparren oder -bohlen zur Anwendung.

Bei einem brüstungshohen Kniestock wird das Sparrenteil zur Traufe hin zwischen Schwelle und Brüstungsriegel eingespannt und muss durch besondere Maßnahmen gegen Durchhängen gesichert werden.

Projekthaus mit einer Schleppdachgaube

Aufgaben

1. *Nennen Sie die wichtigsten Gaubenformen.*
2. *Geben Sie die Bezeichnung der abgebildeten Gauben an.*

3. *Was müssen Sie beachten beim Einbau einer Dachgaube in ein bestehendes Sparrendach?*
4. *Zeichnen Sie einen Schnitt durch eine Schleppdachgaube und bezeichnen Sie die einzelnen Teile.*
5. *Wonach richten sich Größe und Anordnung einer Dachgaube?*
6. *Wann ordnen Sie beim Bau einer Spitzgaube einen Kehlsparren und wann eine Kehlbohle an?*
7. *Geben Sie die Maße für Brüstungshöhe und Kopfhöhe (Maß von Oberkante Fußboden bis Unterkante Gaubendecke) an.*
8. *Welche Gefahr ergibt sich beim Bau einer Gaube, wenn ein brüstungshoher Kniestock vorliegt? Welche Gegenmaßnahmen können Sie treffen?*
9. *Welche Gaubenart schlagen Sie zum Einbau in unser Projekthaus vor? Fertigen Sie eine Schnittzeichnung durch das Dachgeschoss an, in der Ihre gewählte Gaube sichtbar ist.*
10. *Wie gehen Sie vor, wenn die Neigung der Schleppdachgaubensparren konstruktionsbedingt unter der Mindestneigung der Deckung des Hauptdaches liegt?*
11. *Welche Materialien eignen sich zur Verkleidung der Seitenbacken einer Schleppdachgaube?*

Projekthaus mit einer Satteldachgaube

Projekthaus mit einer Spitzdachgaube

14.4 Dachflächenfenster

Eine schnellere und kostengünstigere Lösung zur Belichtung und Belüftung von Dachräumen stellt das Dachflächenfenster dar. Dabei wird allerdings in der Regel kein zusätzlicher Wohnraum gewonnen und die Glasscheiben liegen in der Dachebene, was eine größere Anfälligkeit für Verschmutzung und schwierigere Reinigung mit sich bringt.

Dachflächenfenster in unterschiedlicher Anordnung

14.5 Planung für den Einbau

14.5.1 Wahl des Fenstertyps

Man unterscheidet je nach der Aufhängung des Fensterflügels

- Schwingfenster,
- Top-Schwingfenster,
- Klappfenster,
- Klapp-/Schwingfenster,
- Schwing-Hebefenster,
- Schwingflügel mit Türfunktion.

Die einfachste Art stellt das Schwingfenster dar, das sich nur um eine Achse drehen lässt und meist den Ansprüchen für Belichtung/Belüftung in Toilettenräumen oder Fluren und Treppenhäusern genügt. Es lässt sich durch den Drehpunkt in Fenstermitte gut reinigen.

Für Wohnräume wählt man den zusätzlichen Klappmechanismus oder ein Top-Schwingfenster (drehbare Aufhängung im oberen Drittel des Fensters), um mehr Kopffreiheit zu erhalten und optimale Sicht nach draußen zu gewährleisten.

Je nach Lage des Fensters kommt überdies eine Unten- oder Obenbedienung in Frage.

Besonders bei der Obenbedienung empfiehlt sich der Einbau eines elektrischen Antriebs.

Soll ein Dachflächenfenster zusätzlich als Handwerkerausstieg oder als Notausstieg dienen, so kommt sowohl der Klappmechanismus als auch ein Schwingflügel mit Türfunktion zur Anwendung.

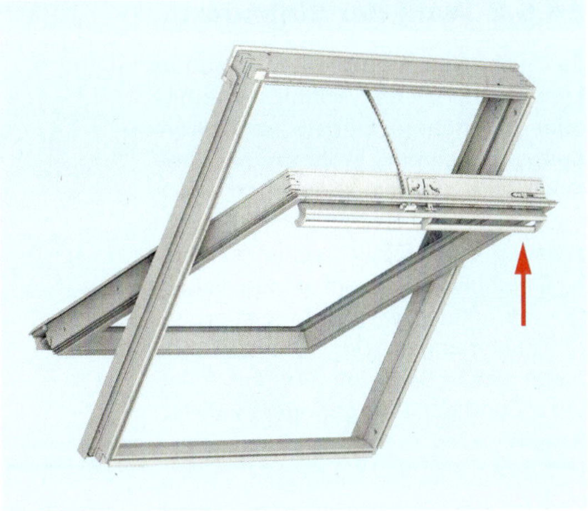

Schwingfenster (Obenbedienung)

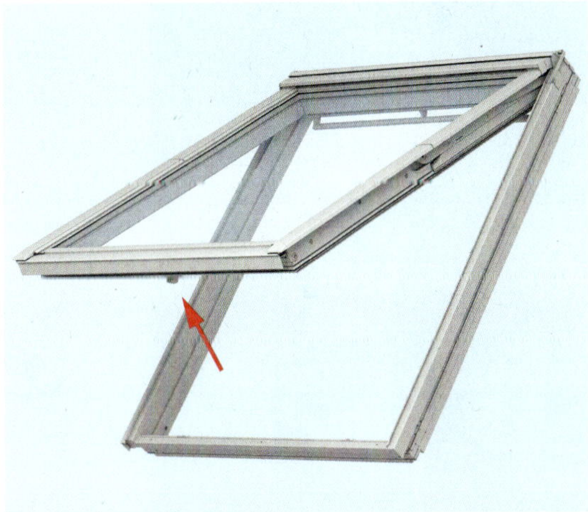

Klappfenster (Untenbedienung)

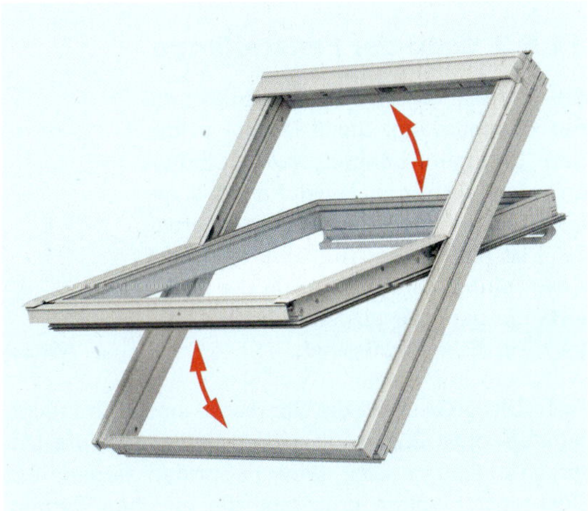

Schwingfenster als Elektro-Solarfenster

14.5.2 Wahl der Einbauart

Je nach Nutzung des Wohnraumes kommt einmal der wohnlich-niedrige oder der höhere Einbau zur Anwendung. In einem Wohnzimmer beispielsweise ist es angenehm, wenn man auch im Sitzen nach draußen schauen kann, folglich sollte der untere Durchblickpunkt tief genug liegen. Diese Einbauart erfordert meist größere Fensterlängen. Der höhere Einbau bietet sich in Badezimmern und Toiletten an und benötigt geringere Fensterlängen.

Hindernis für den niedrigen Einbau könnte ein konstruktiv notwendiger Kniestock sein. Bei nichttragenden Kniestöcken kann eine Aussparung ausgeführt werden.

Wohnlich-niedriger Einbau

Belichtung einer Dachgeschosswohnung – Dachfenster übereinander angeordnet

Höherer Einbau

14.5.3 Wahl der Fensterlänge

Sie ist abhängig von der Einbauart und der Dachneigung. Steile Dächer erfordern geringere Längen, flache Dächer erfordern größere Fensterlängen. Ist die Dachneigung gering (unter etwa 35°), so kommt der Aufkeilrahmen zur Anwendung. Durch ihn kann die Fensterlänge geringer ausfallen und er bietet zusätzliche Kopffreiheit.

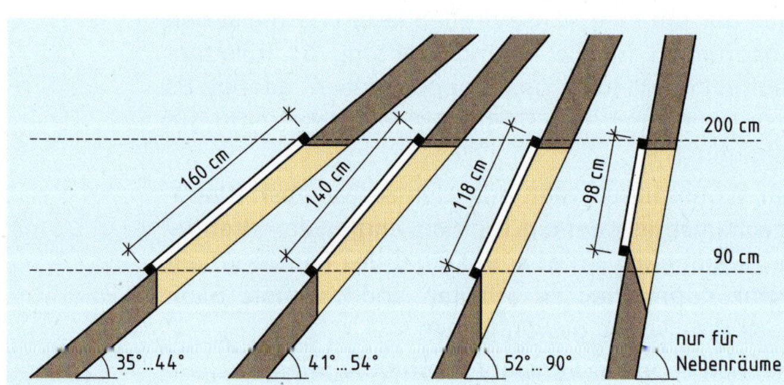

Abhängigkeit der Fensterlänge von der Dachneigung

Nach DIN 5034 sollte die Oberkante eines Senkrechtfensters etwa 2,20 m über dem Fußboden, die Unterkante 0,90 m über dem Fußboden liegen. Für Dachfenster gelten prinzipiell die gleichen Regeln, die Oberkante darf durch den geneigten Einbau, der einen besseren Blick nach oben zulässt, auch auf 2,00 m liegen (empfohlene Ausführung). Bei Fenstern mit Untenbedienung empfiehlt sich eine Unterkante von 1,20 m über dem Fußboden.

14.5.4 Wahl der Fensterbreite

Für Nebenräume wählt man die Fensterbreite nach dem lichten Sparrenabstand, um aufwendige Auswechslungen zu vermeiden.

Bei Wohnräumen richtet sich die Wahl der Fensterbreite stärker nach optischen Gesichtspunkten und einer optimalen Ausleuchtung des Raumes und erfordert in den meisten Fällen die Auswechslung von Sparren.

Dachfenster nebeneinander angeordnet

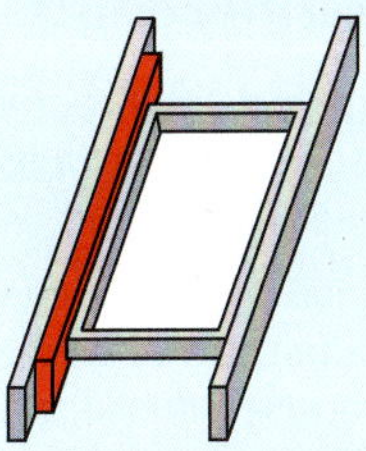

Sparrenabstand etwas zu breit: Sparren aufdoppeln.

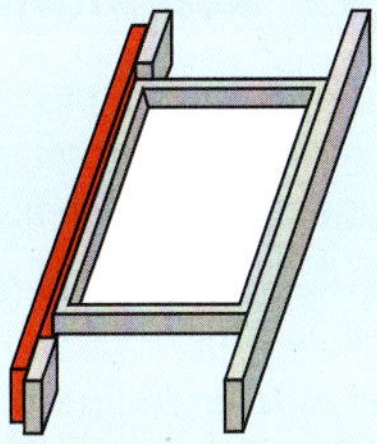

Sparrenabstand etwas zu schmal: Hilfssparren beinageln und Sparren ausschneiden.

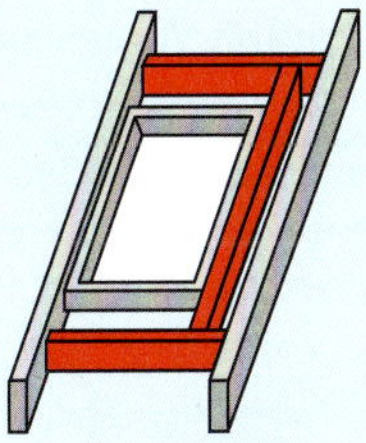

Sparrenabstand erheblich zu breit: Wechsel und Füllholz einbauen.

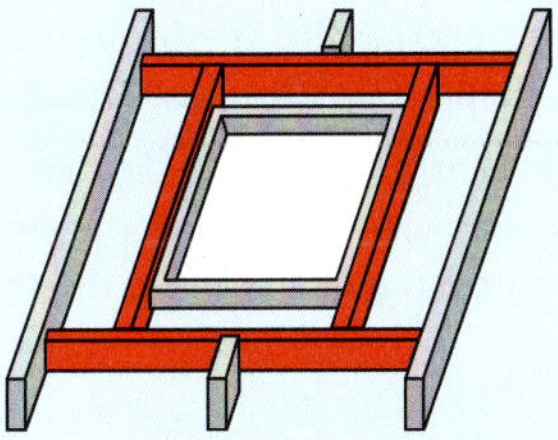

Sparrenabstand erheblich zu schmal: Sparren ausschneiden. Wechsel und Füllhölzer einbauen.

14.5.5 Wahl der Fensterfläche

Sind Länge und Breite der einzelnen Fenster festgelegt, ist die Gesamtfläche zu wählen. Dabei spielen sowohl individuelle Ansprüche der Bewohner als auch die Vorgaben der Landesbauordnungen eine Rolle. Generell gilt, dass mehr Licht auch mehr Wohnqualität bedeutet. Helle, sonnendurchflutete Wohnräume sind behaglicher und wirken sich positiv auf Stimmung und Gesundheit aus. Durch ihren geneigten Einbau bieten Dachfenster eine größere Lichtausbeute als senkrecht eingebaute Fenster.

Die Landesbauordnungen der 16 Bundesländer geben Mindestanforderungen an die Fensterflächen für Aufenthaltsräume in Abhängigkeit von der Raumfläche an.

Dabei wird die Raumfläche in Dachgeschosswohnungen ab einer Raumhöhe von 1,50 m gerechnet.

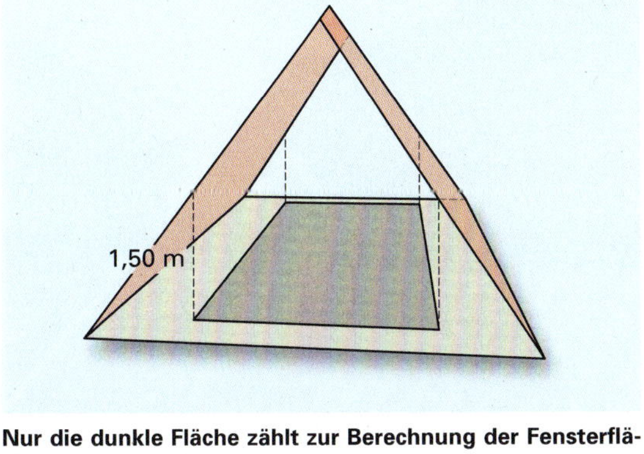

Nur die dunkle Fläche zählt zur Berechnung der Fensterfläche

Bundesland	Anteil an der Raumfläche in %
Bayern	12,5
Baden-Württemberg	10,0
Berlin	12,5
Bremen	12,5
Hamburg	12,5
Hessen	12,5
Niedersachsen	12,5
Nordrhein-Westfalen	12,5
Rheinland-Pfalz	10,0
Saarland	12,5
Schleswig-Holstein	ausreichend
Brandenburg	12,5
Mecklenburg-Vorpommern	12,5
Sachsen	12,5
Sachsen-Anhalt	12,5
Thüringen	12,5

In der DIN 5034 werden Empfehlungen für die Anordnung der Fenster im Raum gegeben. Danach sind folgende Punkte zu berücksichtigen:

- Möglichst gleichmäßige Verteilung der Fenster im Raum.
- Bei einzelnen Fenstern im Raum bietet eine mittige Anordnung die besten Belichtungsergebnisse.
- Je höher die Fensteroberkante, desto größer der Lichteinfall. Auch Fensterkombinationen bis zum First sind möglich.

14.5.6 Sommerlicher Wärmeschutz

Bei der Planung der Belichtung von Dachräumen darf der sommerliche Wärmeschutz nicht außer Acht gelassen werden.

Dabei sind außen liegende Rollläden innenliegenden Rollos und Jalousien überlegen. Zwar sind sie teurer und anfälliger für Witterungseinflüsse, aber sie sind effektiver in ihrer Wirkung zur Beschattung.

Bei der Bedienung der Dachfensterrollos kann der Kunde mittlerweile aus einer Vielzahl von Antrieben wählen. Neben dem Handbetrieb mittels Kurbel sind auch elektrische Systeme erhältlich mit Wandschaltern oder Funkfernsteuerung.

Der Markt bietet darüber hinaus intelligente Systeme mit Licht- und Temperatursensoren, die die Beschattung selbstständig durchführen.

Außen liegende Rollos

Innen liegender Rollo

14.5.7 Eindeckrahmen

Hersteller von Dachfenstern bieten zu ihren Produkten passende Eindeckrahmen. Diese sind abgestimmt auf die Dachdeckung, es muss also bereits bei der Planung die Deckungsart bekannt sein. Dabei kann auch die Farbe gewählt werden.

Das Material sollte mit den übrigen am Dach verwendeten Materialien verträglich sein (bei verzinkten Dachrinnen niemals Kupfereindeckmaterialien verwenden – Gefahr der Korrosion).

Kombieindeckrahmen (Aluminium) für flache Dachdeckungsmaterialien

Aufkeilrahmen (Kupfer) für Betondachsteine

Dachausstieg

Dachflächenfenster sind preisgünstige Alternativen zu Dachgauben.

Vor dem Einbau sind Fenstertyp, Einbauart, Fensterlänge, -breite festzulegen und der Eindeckrahmen passend zur Dachdeckung und sonstigen Blechteilen am Dach zu wählen.

Die Fensterfläche richtet sich nach den Mindestangaben der jeweiligen Landesbauordnungen.

Für den sommerlichen Wärmeschutz empfiehlt sich ein außen liegender Rollo.

14.6 Einbau eines Dachflächenfensters

Eine ausführliche Einbauanleitung liegt jedem neugekauften Dachflächenfenster bei und geht auf die herstellerspezifischen Besonderheiten ein. Der Ablauf stellt sich wie folgt dar:

- **Einbau des unteren und oberen Wechsels** in Abhängigkeit von Einbauart, Fensterlänge, Ziegelmaßen und Dachfensterfutter. Dabei sollte das Sturzbrett möglichst waagerecht eingebaut werden für optimale Kopffreiheit und Möglichkeit der Luftzirkulation an der Fensterinnenseite. Im entsprechenden Abstand muss der obere Wechsel eingebaut werden.
- **Einbau und Ausrichten des Blendrahmens**
- **Einsetzen des Flügels**
- **Anschließen des Blendrahmens an das Unterdach** (Winddichtheit) und Elemente der Wärmedämmung, Dampfbremse bzw. Luftdichtheitsschicht
- **Anschluss an Dachdeckung** mit Eindeckrahmen und Wasser abführenden Maßnahmen auf dem Unterdach im Bereich über dem Dachfenster (z. B. mit Wasserableitrinne)
- **Innenausbau mit Dachfensterfutter**

Auf einen bauphysikalisch korrekten Anschluss des Blendrahmens ist besonders zu achten. Heute bieten verschiedene Firmen fertig konfektionierte Schürzen aus Folien an, die den Anschluss im Eckbereich erleichtern und die Luftdichtheit gewährleisten. Wärmebrücken durch Lücken im Zwischenraum Blendrahmen/Sparren sind zu vermeiden durch eingebrachtes Wärmedämmmaterial. Auch hier bieten Hersteller schon fertige Lösungen an, beispielsweise Rahmenteile aus Polystyrol-Hartschaum. Sie verhindern eine starke Abkühlung der Innenoberflächen des Blendrahmens und der Laibung und beugen somit dem Tauwasserniederschlag vor.

Einbau eines Blendrahmens

Anschluss zur Winddichtheit (hier mit konfektionierter Schürze)

Anschluss mit Schürze. Zwischen Blendrahmen und Schürze ist ein Dämmrahmen eingebracht (schwarz)

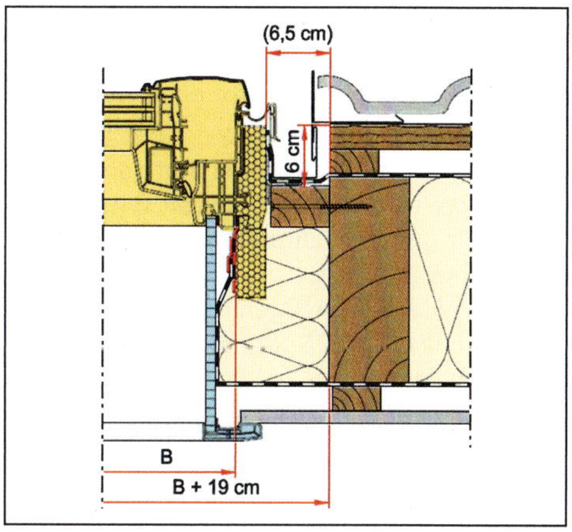

Durch einen tief in der Dachfläche liegenden Blendrahmen und zusätzliche Dämmmaßnahmen kann Tauwasseranfall an der Fensterinnenoberfläche weitgehend vermieden werden.

Dazu sollten etwa 2,5 ... 5 cm Luft zwischen Blendrahmen und Sparren sein, um Dämmmaterial einbringen zu können. Auch hier gibt es schon vorgefertigte Dämmrahmen. Die Winddichtheit erreicht man durch sorgfältiges Hochführen und Befestigen der Unterspannung in Form einer diffusionsoffenen Bahn an den Blendrahmen oder durch den Einsatz speziell konfektionierter Schürzen aus diffusionsoffenem Material.

Der Winter bringt es an den Tag: Fehler beim Einbau (mangelnde Luftdichtheit oder fehlende Dämmung) bewirken eine Erwärmung der Dachfläche und Abschmelzen des Schnees.

14.7 Wartung und Pflege

Dachfenster unterscheiden sich durch ihre besondere Einbausituation wesentlich von senkrecht eingebauten Fenstern. Besonders bei Dachfenstern mit Klappfunktion entstehen enorme Hebelkräfte, denn der Flügel soll in jeder beliebigen Position sicher stehen bleiben. Auch der Trend zur Mehrfachverglasung wirkt sich hier in Form einer höheren Fenstermasse aus.

Dies erfordert eine komplexe und hochbelastete Mechanik, die trotz der besonderen Witterungsverhältnisse mit großen Temperaturdifferenzen über viele Jahre einwandfrei funktionieren soll. Hier kann die hin und wieder durchgeführte Schmierung mit einom hoohwortigon Sprühfott dio Lobonsdauor boträchtlich verlängern.

Bleiben Fensterflügel nicht mehr in ihrer Position oder schließen asymmetrisch, so ist dies ein Hinweis auf einen defekten Federmechanismus. Hier wird in den meisten Fällen der Austausch der Mechanik oder des ganzen Flügels erforderlich.

Besonderes Augenmerk sollte auch auf die Dichtungen der Fenster gerichtet werden. Starke Tauwas-

Beim Einbau eines Dachflächenfensters ist nach Herstelleranleitung vorzugehen. Es ist besonders darauf zu achten, dass der Blendrahmen waagerecht und senkrecht ausgerichtet ist und die Anschlüsse bauphysikalisch korrekt ausgeführt werden.

Besonders muss auf luftdichten Anschluss im Innenbereich und winddichten Anschluss im Außenbereich geachtet werden. Zwischen Sparren und Blendrahmen muss gedämmt werden.

Die Wahl des Eindeckrahmens richtet sich nach der Dachdeckung und anderen am Dach verwendeten Metallen.

Außen liegende Rollos

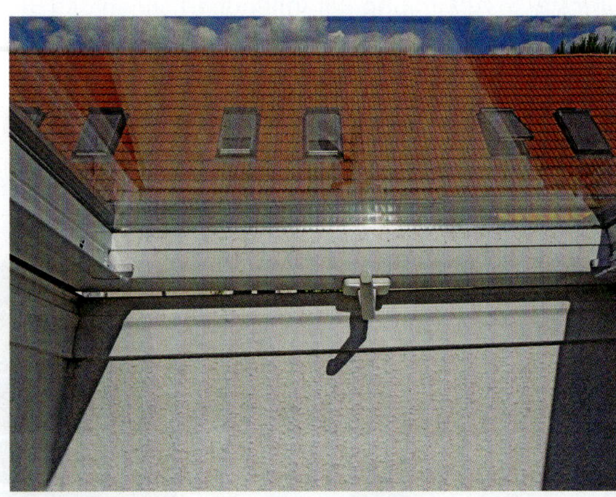

Asymmetrisch schließender Fensterflügel

serbildung kann ein Hinweis darauf sein, dass die Dichtungen spröde geworden sind und die Luftdichtheit nicht mehr gewährleistet ist. Die Folge ist, dass die warme, feuchte Raumluft in den kalten Bereich dringen kann, die Feuchte dort kondensiert und sich niederschlägt. Die Folge ist Schimmelbildung.

Schadhafte Dichtung mit beginnender Schimmelbildung

In extremen Fällen können große Mengen an Tauwasser anfallen, die dann ins Rauminnere fließen und zu Schimmelbildung an den Wänden führen.

Zusammenfassung

Dachflächenfenster stellen eine schnelle und kostengünstige Lösung zur Belichtung und Belüftung von Dachräumen dar.

Man unterscheidet je nach der Aufhängung des Fensterflügels Schwingfenster, Top-Schwingfenster, Klappfenster, Klapp-/Schwingfenster, Schwing-Hebefenster und Schwingflügel mit Türfunktion.

Die einfachste Art stellt das Schwingfenster dar, das sich nur um eine Achse drehen lässt.

Je nach Lage des Fensters kommt eine Unten- oder Obenbedienung in Frage.

Je nach Nutzung des Wohnraumes kommt einmal der wohnlich-niedrige (Wohnräume) oder der höhere Einbau (Badezimmer, Nebenräume) zur Anwendung.

Die Wahl der Fensterlänge ist abhängig von der Einbauart und der Dachneigung.

Die Wahl der Fensterbreite richtet sich nach den Anforderungen für die Belichtung und dem lichten Sparrenabstand.

Je nach Bundesland sollte die Glasfläche zwischen 10 und 12,5 % der Wohnfläche des Raumes nicht unterschreiten.

Dachfenster sollten hin und wieder mit Sprühfett geschmiert werden, damit die Mechanik länger funktionsfähig bleibt.

Schadhafte Dichtungen sollten ausgetauscht werden, um Schimmelbildung zu vermeiden.

Starker Pilzbefall an einem Dachfenster als Folge schadhafter Dichtungen

Tauwasser läuft ins Innere, rechts im Bild Eisansatz

Aufgaben

1. *Nennen Sie die auf dem Markt befindlichen Dachflächenfenstertypen.*
2. *Wonach richtet sich die Wahl des Fenstertyps?*
3. *Welche Einbauarten gibt es? In welchem Fall kommen sie jeweils zur Anwendung?*
4. *Wonach richtet sich die Wahl der Fensterlänge?*
5. *Wie kann man die Kopffreiheit eines Dachflächenfensters erhöhen?*
6. *Welche Kriterien spielen bei der Wahl der Fensterbreite eine Rolle?*
7. *Welche Fensterfläche sollte in Abhängigkeit von der Raumgröße gewählt werden?*
8. *Wie sollten Dachfenster in der Dachfläche angeordnet werden?*
9. *Was müssen Sie bei der Wahl des Eindeckrahmens beachten?*
10. *Nennen Sie den Ablauf der Arbeitsgänge beim Einbau eines Dachflächenfensters.*
11. *Welche Probleme können bei Dachfenstern im Laufe der Zeit auftreten?*
12. *Welche Tipps zur Wartung und Pflege sollten Hauseigentümern gegeben werden?*
13. *Welche Folgen können schadhafte Dichtungen haben?*

14.8 Vergabe- und Vertragsordnung für Bauleistungen (VOB)

In der VOB sind die Allgemeinen Bestimmungen für die Vergabe von Bauleistungen (Teil A der VOB), die Allgemeinen Vertragsbedingungen für die Ausführung (Teil B) und die Allgemeinen technischen Vertragsbedingungen (Teil C) enthalten. Teil A ist bei öffentlichen Auftraggebern verbindlich und enthält vereinbarte europäische Vergaberichtlinien; Teil B ist nur verbindlich, wenn dies vereinbart wurde; Teil C enthält Normen, die die Ausführung regeln. Statt auf Grundlage des Teiles B der VOB können Verträge auch auf Grundlage des Bürgerlichen Gesetzbuches (BGB) abgeschlossen werden.

14.8.1 Vergabe

Jeder Bauausführung geht die **Vergabe** voraus, wobei unter Vergabe nicht nur die Auftragserteilung, sondern das gesamte Verfahren zum Abschluss eines Bauvertrages verstanden wird.

Der Auftraggeber erstellt zuerst eine Leistungsbeschreibung, die die Grundlage für das Angebot des Unternehmers darstellt. Die Leistungsbeschreibung erfolgt meist durch ein **Leistungsverzeichnis,** in dem die gesamte Bauleistung in einzelne Teilleistungen aufgegliedert wird. Dies erleichtert das technische Verstehen der geforderten Leistung und damit die Kalkulation. Leistungsverzeichnisse werden heute meist aus standardisierten Textbausteinen am Computer erstellt (s. Kapitel „Was Zimmerer über Computer wissen sollten“). Im Leistungsverzeichnis werden über die Beschreibung der Teilleistungen hinaus alle besonderen Umstände angegeben, die die Preisgestaltung beeinflussen können. Die Anbieter unterliegen also nur einem Preiswettbewerb.

Bei der Leistungsbeschreibung durch ein **Leistungsprogramm** wird nur die Bauaufgabe ausgeschrieben; jeder Anbieter bietet seine eigene technische Lösung an. Zum Preiswettbewerb tritt hier ein technischer Wettbewerb hinzu.

Die **Wertung der Angebote** erfolgt nicht nur unter dem Gesichtspunkt des Preises. Es soll nicht der billigste, sondern der wirtschaftlichste Anbieter zum Zuge kommen. Bei Abschluss des Bauvertrages sind verschiedene Vertragsarten möglich.

Beim **Einheitspreisvertrag** werden Preise pro Einheit (m, m^2, m^3, Stück) der einzelnen Teilleistung vereinbart; z. B. 4,20 € für Lieferung und Einbau einer bestimmten Unterspannung in Form einer diffusionsoffenen Bahn pro m^2. Wobei die ungefähr zu erwartende Menge **vor** Ausführung bestimmt werden muss (z. B. 280 m^2). **Nach** der Ausführung wird durch Aufmaß die tatsächliche Menge der Leistung ermittelt. Der Rechnungsbetrag für die Teilleistung ergibt sich, indem die Abrechnungsmenge mit dem Einheitspreis multipliziert wird.

Einzelne Teilleistungen werden im Leistungsverzeichnis üblicherweise als Positionen bezeichnet und nummeriert.

Beim **Pauschalvertrag** wird ein Pauschalpreis für die gesamte Bauleistung vereinbart; dies ist nur möglich, wenn die Bauleistung nach Art und Ausführung von vornherein genau bestimmt ist.

Ein **Stundenlohnvertrag**, bei dem die aufgewendeten Stunden verrechnet werden, kommt nur bei Bauleistungen geringen Umfangs infrage, die überwiegend Lohnkosten verursachen.

Dem Auftraggeber muss der Beginn der Stundenlohnarbeiten angezeigt werden.

Die geleisteten Arbeitsstunden müssen dann vom Unternehmer zeitnah aufgelistet und dem Auftraggeber zur Anerkennung vorgelegt werden.

Beim Einheitspreisvertrag erfolgt die Abrechnung durch Aufmessen der erbrachten Leistungen. Beim Pauschalvertrag wird vor Arbeitsbeginn ein fester Preis vereinbart. Beim Stundenlohnvertrag wird die Arbeitszeit des Unternehmers bezahlt.

VOB
Vergabe- und Vertragsordnung für Bauleistungen

TEIL A	TEIL B	TEIL C
Allgemeine Bestimmungen für die Vergabe von Bauleistungen (DIN 1960) (3 Abschnitte)	Allgemeine Vertragsbedingungen für die Ausführung von Bauleistungen (DIN 1961)	Allgemeine technische Vertragsbedingungen für Bauleistungen (ATV) (DIN 18299 - 18459)

Gliederung der VOB

Vertragsart	Anwendungsbeispiele
Einheitspreisvertrag	Regelvertrag, allgemein üblich 
Pauschalvertrag	Bei genau erfassbarer Leistung, z. B. Fertiggaragen, Carports 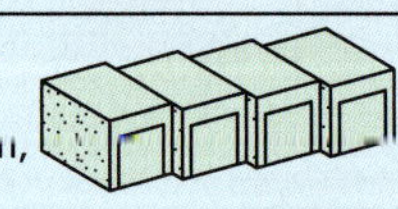
Stundenlohnvertrag	Bei kleinen und lohnintensiven Arbeiten, z. B. nachträglicher Einbau einer Gaube, Altbausanierung 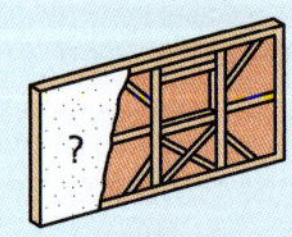

Anwendung der Vertragsarten

14.8.2 Allgemeine Vertragsbedingungen

Auftraggeber und Auftragnehmer tragen die **Haftung** für eigenes Verschulden und für das Verschulden der von ihnen beauftragten Personen. Der Auftragnehmer ist gegenüber dem Auftraggeber für die Einhaltung der Regeln der Technik (z.B. Normen) sowie der gesetzlichen, behördlichen und berufsgenossenschaftlichen Vorschriften verantwortlich. Etwaige **Bedenken gegen die Art der Ausführung hat er** dem Auftraggeber bzw. Architekten **unverzüglich mitzuteilen**.

Auch nach der **Abnahme** der Bauleistung durch den Auftraggeber muss der Auftragnehmer noch für seine Leistungen einstehen. Mit der Abnahme beginnt die **Verjährungsfrist für Mängelansprüche**, innerhalb derer der Auftragnehmer durch ihn verschuldete Mängel kostenlos beheben muss.

Nach VOB gilt für Bauwerke eine Verjährungsfrist für Mängelansprüche von 4 Jahren; nach dem Bürgerlichen Gesetzbuch (BGB) gilt für Bauwerke eine Verjährungsfrist für Mängelansprüche von 5 Jahren. Soll die Regelung nach VOB gelten, so muss dies im Vertrag festgelegt werden, sonst gilt das BGB.

Nachdem bisher bei BGB-Verträgen die Vorschriften des Werkvertrages maßgebend waren, sind seit 1.1.2018 im BGB der **Bauvertrag** und der **Verbraucherbauvertrag** als besondere Arten des Werkvertrags enthalten. Letzterer enthält besondere Schutzvorschriften für Verbraucher.

14.8.3 Allgemeine technische Vertragsbedingungen (ATV)

Die Allgemeinen technischen Vertragsbedingungen (VOB Teil C) enthalten eine Sammlung von Ausführungsnormen für die verschiedenen Gewerke, wie Erdarbeiten, Mauerarbeiten, Betonarbeiten usw. Für alle Gewerke geltende Regelungen sind in DIN 18299 – Allgemeine Regelungen für Bauarbeiten jeder Art – enthalten. Die Allgemeinen technischen Vertragsbedingungen für **Zimmer- und Holzbauarbeiten** sind in **DIN 18334** niedergelegt. Ausgenommen hiervon sind Einschalarbeiten, für die DIN 18331 gilt, und Verbauarbeiten, für die DIN 18303 maßgebend ist. In diesen Normen werden die **Anforderungen an Werkstoffe und Arbeitsverfahren festgelegt**. In den entsprechenden Kapiteln wird jeweils darauf Bezug genommen. **Hinweise für die Leistungsbeschreibung** sollen zur einheitlichen und eindeutigen Formulierung von Leistungsbeschreibungen beitragen. Um Streitigkeiten zu vermeiden, wird ausdrücklich bestimmt, welche Arbeiten **Nebenleistungen** sind, die auch ohne ausdrückliche Erwähnung in der Leistungsbeschreibung unentgeltlich mit zu erledigen sind. **Besondere Leistungen** sind nur dann im Leistungsumfang enthalten, wenn sie im Vertrag besonders erwähnt sind.

Auch **Grundsätze für Aufmaß und Abrechnung** sind in diesen Normen geregelt.

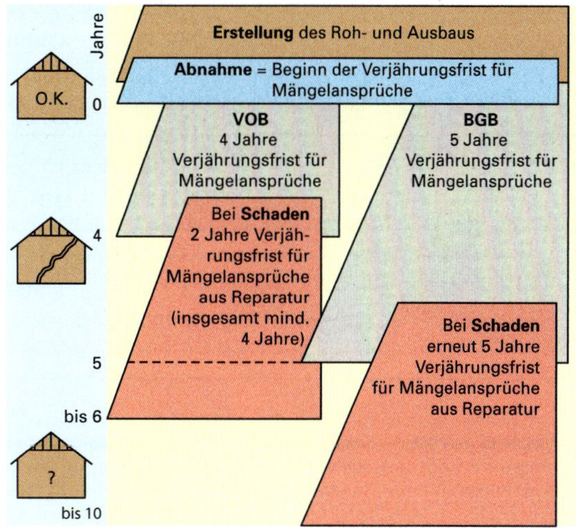

Verjährungsfristen für Mängelansprüche nach VOB und BGB

Bauverträgen sollten die allgemeinen Vertragsbedingungen der Vergabe- und Vertragsordnung für Bauleistungen (VOB) zugrunde gelegt werden.

Nebenleistungen des Zimmerers sind z. B.:
– Einbauen von Holzschrauben bis 6 mm Durchmesser und einer Länge bis 100 mm sowie Nägeln, sofern es sich nicht um vergütete oder besonders geformte Verbindungselemente handelt, – Einrichten und Räumen der Baustelle einschließlich der Geräte und dergleichen, – Vorhalten der Baustelleneinrichtung, – Vorhalten der Kleingeräte und Werkzeuge, – Schutz- und Sicherheitsmaßnahmen nach den Unfallverhütungsvorschriften, – Befördern aller Baustoffe innerhalb der Baustelle, – Beseitigen aller selbst verursachten Verunreinigungen und Entsorgung der Abfälle, – Sichern der Arbeiten gegen Niederschlagswasser, mit dem üblicherweise gerechnet werden muss, und seine etwa erforderliche Beseitigung.
Besondere Leistungen des Zimmerers sind z. B.:
– Auf-, Um- und Abbauen sowie Vorhalten von Gerüsten für eigene Leistungen, sofern die zu bearbeitende oder zu bekleidende Fläche höher als 3,50 m über der Standfläche des hierfür erforderlichen Gerüstes liegt, – Umbau von Gerüsten für Zwecke anderer Unternehmer, – Bearbeiten von Oberflächen durch Hobeln, Schleifen, Fasen oder Profilieren (z. B. Ausbildung sichtbarer Sparren- oder Balkenköpfe), – Anschließen von Luft- und Winddichtheitsschichten sowie Dampfbremsen an bauseits erstellte Bauteile, – Zuschnitte von Schalungen, Bekleidungen und dergleichen an schrägen An- und Abschlüssen, – Sicherungsmaßnahmen zur Unfallverhütung für Leistungen anderer Unternehmer, – Beseitigung von Hindernissen.

Nebenleistungen und besondere Leistungen bei Zimmer- und Holzbauarbeiten

Die Allgemeinen technischen Vertragsbedingungen regeln Beschreibung, Ausführung und Abrechnung der Bauleistungen.

DIN 18334 – Zimmer- und Holzbauarbeiten
jeweils ergänzend zu ATV DIN 18299

Hinweise für Leistungsbeschreibungen
Zusätzliche Inhalte der Leistungsbeschreibungen

Stoffe, Bauteile
Verzeichnis der Normen für die gebräuchlichsten genormten Stoffe und Bauteile

Ausführung
Allgemeines; Verzimmerungen; Holzhausbau, Holzrahmenbau, Holztafelbau; Latten und Bretter für Fehlböden; Dachschalungen; Wand- und Deckenschalungen; Wand- und Deckenbekleidungen; Dachlattung; Lagerhölzer, Blindböden, Unterböden, Fußböden, Fußleisten; Außenwandbekleidungen; Türen und Tore; Verschläge; Treppen; Holzschutz

Nebenleistungen, besondere Leistungen
Aufzählung von speziellen Nebenleistungen und besonderen Leistungen

Abrechnung
Zusätzliche Hinweise für das Aufmaß; Abzüge

Inhaltsübersicht DIN 18334

Ergänzend zu ATV DIN 18299 – Allgemeine Regelungen für Bauarbeiten jeder Art – sind in DIN 18334 Allgemeine technische Vertragsbedingungen für Ausschreibung, Ausführung und Abrechnung von Zimmer- und Holzbauarbeiten niedergelegt.

Zusammenfassung

Die Vergabe von Bauleistungen umfasst Ausschreibung, Angebot und Vertragsabschluss. Ausschreibung und Vertragsart können den technischen Gegebenheiten entsprechend gewählt werden.

Bauverträgen sollten die allgemeinen Vertragsbedingungen der Vergabe- und Vertragsordnung für Bauleistungen (VOB) zugrunde gelegt werden.

Sollen die Verträge nach dem Bürgerlichen Gesetzbuch (BGB) abgeschlossen werden, gelten (ab 1.1.2018) die Regelungen zum Bauvertrag bzw. Verbraucherbauvertrag.

Die Allgemeinen technischen Vertragsbedingungen der VOB regeln Beschreibung, Ausführung und Abrechnung der Bauleistungen.

Ergänzend zu ATV DIN 18299 – Allgemeine Regelungen für Bauarbeiten jeder Art – sind in DIN 18334 Allgemeine technische Vertragsbedingungen für Ausschreibung, Ausführung und Abrechnung von Zimmer- und Holzbauarbeiten geregelt.

Aufgaben

1. *Unterscheiden Sie Leistungsbeschreibung durch Leistungsverzeichnis und Leistungsbeschreibung durch Leistungsprogramm.*
2. *Nennen Sie Anwendungsbeispiele für die verschiedenen Vertragsarten.*
3. *Welche Vertragsart würde sich*
   a) für den nachträglichen Einbau einer Gaube,
   b) für unser Projekt anbieten?
4. *Welche Gewährleistungsfristen gelten nach VOB und nach BGB?*
5. *Welche Bereiche regeln die Allgemeinen technischen Vertragsbedingungen für die verschiedenen Gewerke?*
6. *Erstellen Sie ein Leistungsverzeichnis für den nachträglichen Einbau einer Schleppdachgaube in unser Projekthaus.*
7. *Welche als Nebenleistungen geltenden Arbeiten fallen beim nachträglichen Einbau einer Gaube an?*
8. *Drei Jahre nach Einbau eines Dachflächenfensters weist der Anschluss an die Dachhaut Undichtigkeiten auf. Ist der ausführende Zimmereibetrieb verpflichtet, den Mangel zu beseitigen, wenn im Vertrag nichts vereinbart wurde?*

Lernfeld 15:
Fertigen eines Hallenbinders

Wie vielseitig und leistungsfähig der Holzbau war und ist, bezeugen die unterschiedlichsten, bisweilen kühnen Bauwerke aus Vergangenheit und Gegenwart: Die erstaunlichen Dachkonstruktionen von Kathedralen, Schlössern, Speicherhäusern und großen Scheunen, die weit über Flüsse und Täler geschlagenen Holzbrücken, die hohe Räume überspannenden Binder neuzeitlicher Hallen für Landwirtschaft, Gewerbe, Industrie, Sport und Kultur. Gemeinsames Merkmal all dieser Holzkonstruktionen ist die größere Spannweite der Hauptträger, auch Binder genannt.

Mit den unterschiedlichen Formen und Konstruktionsarten für solche Hallenbinder wollen wir uns hier befassen. Es ist zu klären, welcher Binder für welchen Zweck geeignet ist, aus welchen Einzelbauteilen z. B. Fachwerkträger bestehen und wie die Hölzer an den Knoten- und Auflagerpunkten angeschlossen werden können. Hier spielen die Verbindungsmittel des Ingenieurholzbaus, z. B. Nägel, Dübel, Bolzen, Stahlbleche, eine dominierende Rolle.

In den einzelnen Bauteilen treten dabei unterschiedliche statische Beanspruchungen auf, von denen die Wahl des geeigneten Baustoffs und Querschnitts abhängt. Sinngemäß gilt dies auch für die richtige Ausbildung der Anschlüsse (z. B. Nagelbilder).

Oft sind Wind- und Knickverbände zur Aussteifung des gesamten Tragwerks erforderlich. Besondere Vorbereitungen und Maßnahmen verlangen sowohl Transport als auch Montage der oft hohen und mitunter sehr langen Binder.

15.1 Übersicht

Binder: ein Oberbegriff für viele Konstruktionen

Als „Binder" werden heute in erster Linie die vorgefertigten **Hauptträger** weit gespannter Holzkonstruktionen wie z. B. Brücken, Tribünenüberdachungen und Hallen (→ **Hallenbinder**) bezeichnet. In unterschiedlichsten Formen, Bauarten und Tragsystemen kommen sie überall dort zum Einsatz, wo große Räume (10 m bis 100 m und mehr) frei zu überspannen sind.

Den gegenwärtigen Hallenbindern gingen überlieferte, aufwendig abgebundene Konstruktionen aus Kanthölzern voraus, die schon immer als Binder bezeichnet wurden. Auch hier handelt es sich um Haupttragwerke; allerdings beanspruchen sie große Bauhöhen, oft ganze Dachräume.

Dazu gehören z. B. Hänge- und Sprengwerksdächer von Kirchen, Markthallen, Ratssälen usw. mit beachtlichen Spannweiten bis 20 Meter.

Zur Erstellung kleinerer „Hallen" für Landwirtschaft und Gewerbe kommen noch gelegentlich traditionelle Scheunenbinder zum Einsatz.

Einteilung und Bezeichnungen

Hallenbinder lassen sich in vielerlei Hinsicht unterteilen und bezeichnen, je nachdem welche formalen oder konstruktiven Merkmale hervorgehoben werden sollen.

Grundsätzlich unterscheidet man zwei Hauptarten:

Vollwandträger und **Fachwerkträger**

Typische Vertreter sind der „vollwandig" geschlossene Brettschichtholzbinder bzw. der aus vielen Kanthölzern und Brettern „fachwerkartig" offen zusammengesetzte Nagelbinder. In den nachfolgenden Abschnitten wird auf diese Trägerarten genauer eingegangen.

Die **Binderformen** ergeben sich aus den jeweiligen Dachquerschnitten; mit entscheidend sind statisch-konstruktive Erfordernisse und gestalterische Gesichtspunkte.

Nach **Bauarten** unterscheidet man je nach den verwendeten Hölzern und/oder Verbindungsmitteln:
- Nagel-, Nagelbrett-, Nagelplattenbinder,
- Kantholz-, Kantholzdübelbinder,
- Brettschichtholzbinder.

Die wichtigsten statischen **Tragsysteme** sind:
- Einfeldträger, auch mit Kragarm(en),
- Durchlaufträger,
- Rahmen und Bögen, meist mit drei Gelenken.

Nach der **Querschnittsform** werden die Binder in Rechteck- oder Stegträger (z. B. I- oder Kastenträger) unterteilt.

Hallenbinder als Dreigelenkrahmen (Spannweite bis 40 m)

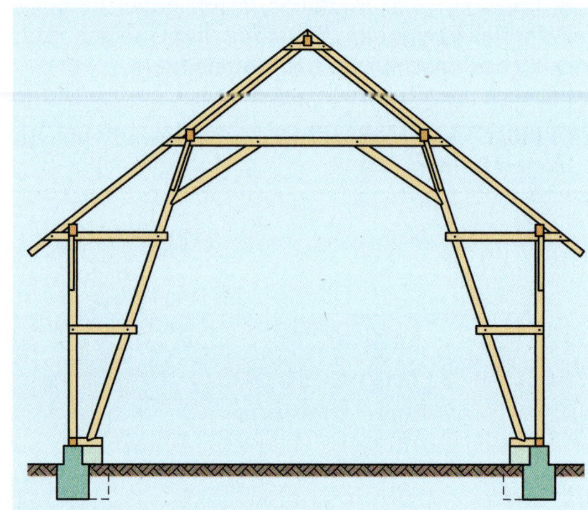

Scheunenbinder (Spannweite etwa 12 m)

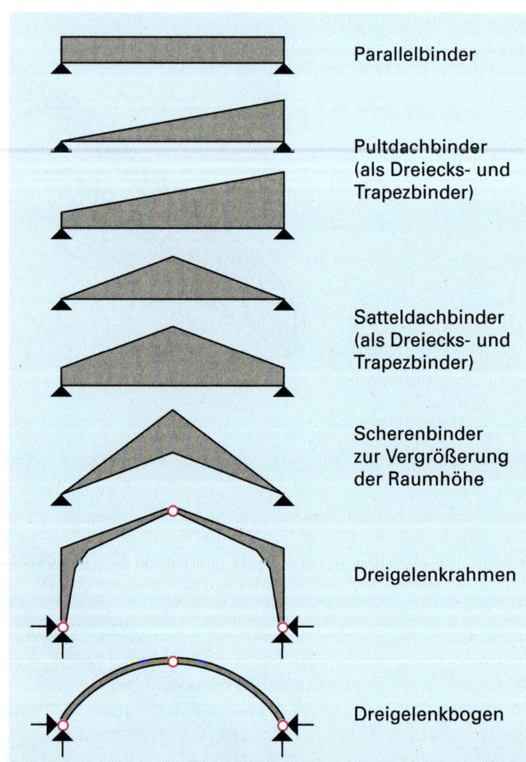

Binderformen

15.2 Vollwandträger

15.2.1 Träger aus Brettschichtholz

Die Herstellung von Brettschichtholz (BSH) ist in Normen geregelt und darf nur in Betrieben erfolgen, die ihre Eignung nachgewiesen haben und über eine entsprechende, von der Prüfstelle befristet ausgestellte Bescheinigung (A oder B) verfügen.

Aufbau von Brettschichtholz

Es besteht aus vorwiegend parallel zur Faserrichtung verklebten (verleimten) Brettlagen, den sogenannten Lamellen. Geeignet sind die einheimische Fichte, Tanne, Kiefer, Douglasie und außereuropäische Nadelhölzer. Die Klebstofffugen können rechtwinklig zur langen Seite (horizontal laminiertes BSH) oder rechtwinklig zur kurzen Seite des Querschnittes (vertikal laminiertes BSH) verlaufen.

Für die Lamellen gilt:

- Dicke max. 45 mm,
- gehobelt und auf Trägerlänge längsverleimt (Keilzinkenverbindungen),
- Holzfeuchte zwischen 8% und 15%,
- Querschnittsfläche max. 120 cm².

Festigkeit

Die Festigkeit der Vollholz-Lamellen, die in den Sortierklassen zum Ausdruck kommt, bestimmt im Wesentlichen die Festigkeit des Brettschichtholzes. Die Einteilung und Bezeichnung erfolgt in Festigkeitsklassen GL 24 ... GL 36.

Für einen BSH-Querschnitt können Lamellen unterschiedlicher Festigkeit verwendet werden. Deshalb sind zu unterscheiden:

- **Homogenes Brettschichtholz**
  Es werden nur Lamellen einer Sortierklasse verwendet, z. B. GL 28h.
- **Kombiniertes Brettschichtholz**
  Die inneren Lamellen des Querschnitts gehören der nächst niedrigeren Sortierklasse an, z. B. GL 28c.

Die geforderte Festigkeit und Dauerhaftigkeit von BSH wird durch die Verwendung von Polykondensationsklebern auf Phenol- oder Aminoplast-Basis erreicht, die in zwei Typen eingeteilt sind. Der Klebstoff-Typ I ist für alle Bauteile zu verwenden, die direkt und langerfristig der Bewitterung oder Temperaturen über 50 °C ausgesetzt sind. In den meisten Fällen, beim Einsatz von BSH in durchlüfteten, beheizten und vor direkter Außenbewitterung geschützten Bauten, genügt der Typ II.

Der **Querschnitt** ist in der Regel rechteckig, kann durch Verklebung zu sogenannten Verbundbauteilen auch T- oder I-förmig sein.

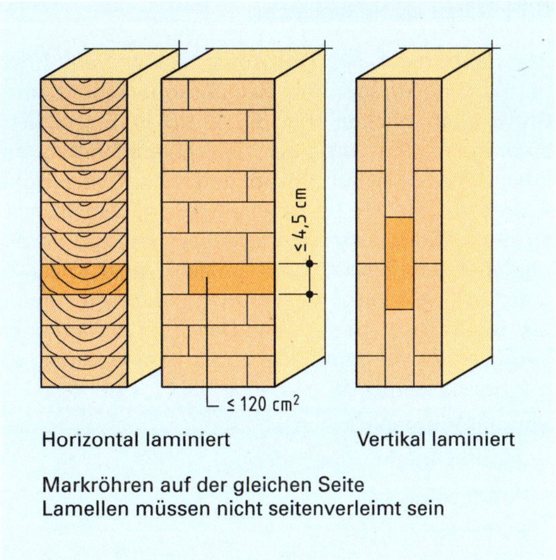

Aufbau und Klebstofffugen von BSH

Festigkeitsklasse	GL 24	GL 28	GL 32	GL 36
Sortierklasse der Lamellen	S 10 C 24	S 13 C 30	C 35	C 40
Biegefestigkeit in MPa (N/mm²)	24	28	32	36
Die Festigkeitsklassen sind nach der zulässigen Biegefestigkeit des Gesamtquerschnitts bezeichnet.				

Festigkeitsklassen für BSH

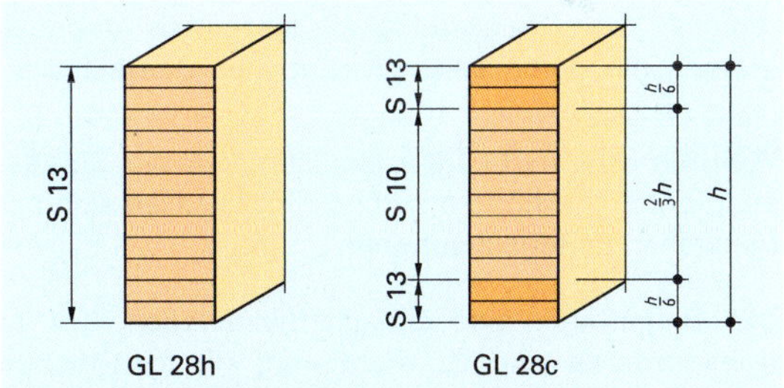

Homogenes und kombiniertes Brettschichtholz

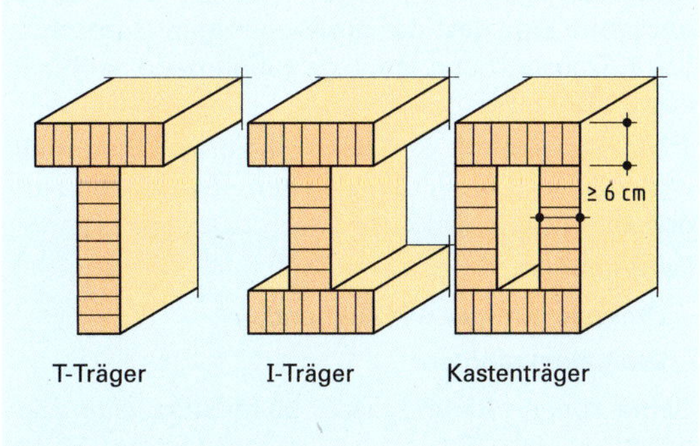

Weitere Querschnittsformen

BSH-Träger als Hallenbinder

Als Hauptträger der Dachkonstruktion wählt man häufig Einfeldträger mit Rechteckquerschnitt; ihre Stützweiten reichen von 8...30 m, in Einzelfällen sind auch 40 m erzielbar. Die Querschnittsbreite liegt dabei zwischen 14 cm und 22 cm, die Höhe kann bis zu 200 cm betragen. Unter der Dachlast, also der ständig wirkenden Eigenlast und der veränderlichen Schneelast, werden diese Träger überwiegend auf „Biegung" beansprucht und demzufolge als **Biegeträger** bezeichnet. Das Tragverhalten ist vergleichbar mit dem Balken oder dem Unterzug einer Holzbalkendecke.

Standardformen sind:

- **gerader Träger** (Parallelträger),
- **Pultdachträger,**
- **Satteldachträger**
  mit geradem unteren Rand,
  mit gekrümmtem unteren Rand.

Die notwendigen Querschnittsabmessungen, insbesondere die Trägerhöhe, sind von folgenden Einflüssen abhängig, abgestuft nach der Reihenfolge ihrer Bedeutung:

1. Stützweite,
2. Dachlast pro m² Dachfläche,
3. Binderabstand (5...7 m).

Die Biegebeanspruchung, die statisch im sogenannten Biegemoment ausgedrückt wird, hängt quadratisch von der Stützweite ab. Ihre Verdopplung führt zu einem 4-mal so großen Biegemoment. Die Tragfähigkeit und Biegesteifigkeit lässt sich dann in erster Linie durch Vergrößerung der Querschnittshöhe steigern.

Weil die Stützweite l am stärksten auf die Bemessung der Trägerhöhe h durchschlägt, lassen sich nebenstehende Regeln angeben.

BSH-Biegeträger sind einfach herzustellen, gut zu transportieren und zu montieren; die gehobelten Oberflächen lassen sich mit wenig Aufwand behandeln und warten (z. B. durch Schutzanstriche), sofern die Stützweite etwa 25 m nicht überschreitet. Bei weitgespannten Biegeträgern wirken sich Länge und hohe Eigenlast der großvolumigen Querschnitte bei Transport und Montage zunehmend nachteilig aus.

Trägersysteme mit Gelenken, die kürzere Binderteile ermöglichen, bieten sich als alternative Konstruktionen an.

Dazu gehören:

- **Dreigelenkträger mit Zugband,**
- **Dreigelenkrahmen.**

Damit können Räume bis zu 50 m Stützweite überdacht werden. Bei zentral angeordnetem Gelenk sind Hallen mit vieleckigem Grundriss möglich.

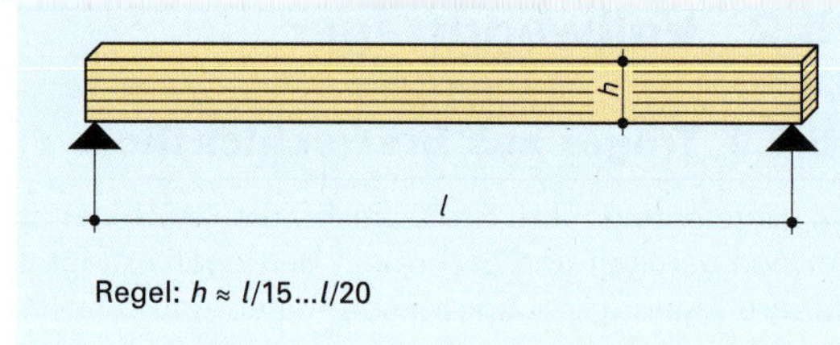

Gerader Träger

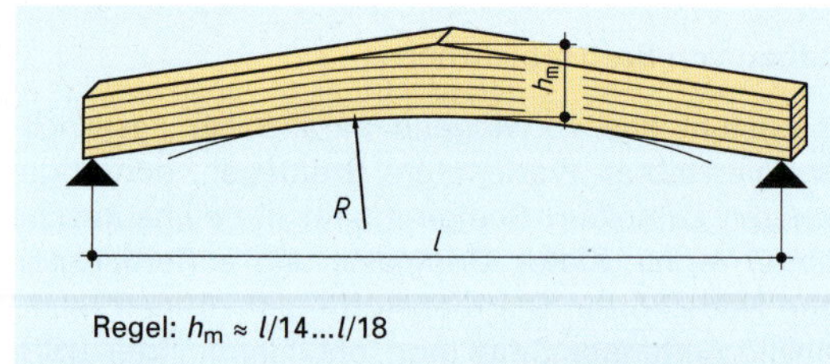

Satteldachträger mit gekrümmtem unterem Rand

Gerader Durchlaufträger mit Anschlüssen für Nebenträger

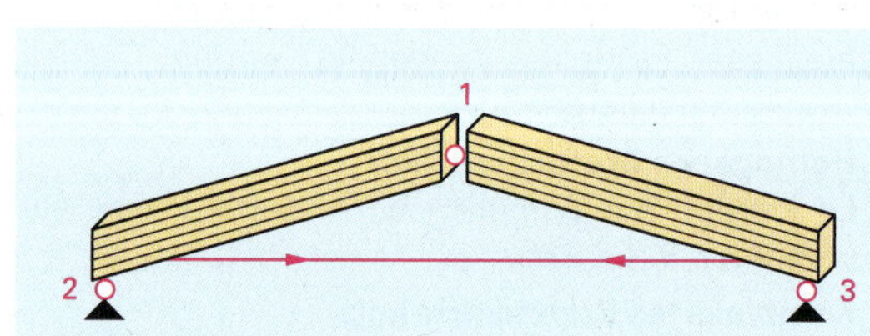

Dreigelenkträger mit Zugband

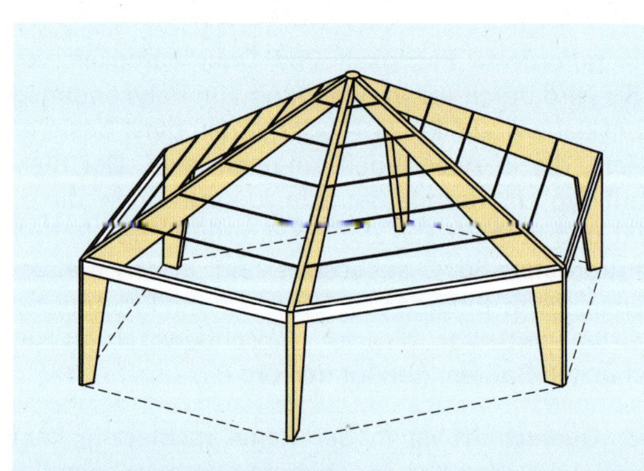

Dreigelenkrahmen im Sechseck

15.2.2 Träger besonderer Bauarten

Träger mit Rechteckquerschnitt

Mit allgemein bauaufsichtlich zugelassenen Holzwerkstoffen wie

- **Furnierschichtholz** (FSH, z. B. Kerto),
- **Furnierstreifenholz** (PSL, z. B. Parallam)

können Hallenbinder mit schlanken Querschnitten, Rundungen und großer Tragfähigkeit hergestellt werden.

Kerto®-Hallenbinder werden entsprechend den statisch erforderlichen Abmessungen aus großformatigen FSH-Platten gesägt. Die einzelnen Trägerteile können bis zu 75 mm dick und 25 m lang sein. Die hochkantig eingebauten Rechteckquerschnitte weisen demzufolge – vergleichbar mit dem vertikal laminierten Brettschichtholz – lotrechte Furnierlagen und Klebefugen auf. Durch Verklebung sind zusammengesetzte Querschnitte möglich.

Statt einzelne Bretter- oder Furnierschichten zu verkleben, können Kanthölzer durch mechanische Verbindungsmittel zu größeren Binderquerschnitten zusammengefügt werden. Dieses Prinzip ist vom „verdübelten" Balken her bekannt, bei dem man die schubfeste Verbindung der einzelnen Holzlagen mit Dübeln und Bolzen erreicht. Dessen Herstellung ist jedoch aufwendig und lohnintensiv.

Beim **Nagelplatten-Balkenbinder** geschieht dies wirtschaftlicher durch außenseitig an den Kantholzfugen eingepresste Nagelplatten. Diese Verbindung ist nachgiebiger als die „starre" Verklebung der Brettlamellen bei BSH, sodass geringere Festigkeiten und Biegesteifigkeiten in Kauf zu nehmen sind. Für viele gewerblich oder landwirtschaftlich genutzte Hallen mittlerer Spannweite bis 25 m kann diese Bauart in Frage kommen.

Vollwandbinder mit Rechteckquerschnitt werden meist aus Brettschichtholz, aber auch aus zugelassenen Holzwerkstoffen oder durch mechanisch verbundene Kanthölzer gefertigt.

Stegträger

Einige bauaufsichtlich zugelassene Sonderbauarten mit Stegen aus verleimten Brettlagen oder Furniersperrholz, z. B. Kämpf-, Wolff- oder Wellstegträger, spielen heute im Hallenbau keine Rolle mehr. Ihre Produktion ist ausgelaufen oder auf Schalungsträger bzw. Nebenträger kleiner Bauhöhe beschränkt.

Mit Stegen aus Holzwerkstoffen (OSB-, Sperrholz- oder Holzspanplatten) können **Träger mit I- oder kastenförmigen Querschnitten** gefertigt werden. Die Verbindung mit den Gurthölzern erfolgt durch Klebung und/oder mechanisch mit Nägeln, Klammern oder Schrauben. In regelmäßigem Abstand eingebaute Steifen sorgen für die notwendige Formstabilität und verhindern, dass die dünnwandigen Stege unter Schubkräften ausbeulen.

Kerto®-Hallenbinder

Kerto®: gebogene Binderkonstruktion

Nagelplatten-Balkenbinder

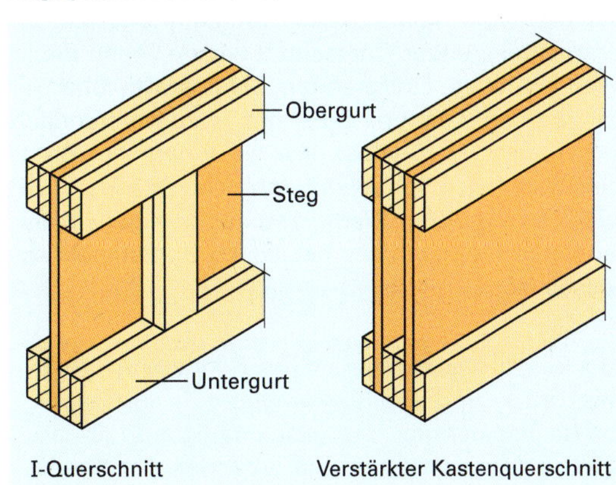

Stegträger

15.2.3 Tragverhalten von Biegeträgern

Hier soll es um das Tragverhalten eines waagerechten Einfeldträgers aus BSH mit Rechteckquerschnitt infolge **lotrechter Lasten** gehen. Die Ableitung der Windlasten wird gesondert behandelt.

Gesamtlast

Als Haupttragglieder der Dachkonstruktion nehmen die Binder die **ständig wirkenden Eigenlasten** des Daches sowie die **veränderlichen Schneelasten** auf und tragen sie auf die Hallenstützen ab.

Die rechtwinklig zur Trägerachse wirkende Gesamtlast hängt außerdem vom Binderabstand ab, der im Regelfall 5...7 m beträgt. Er stellt den Lasteintragungsbereich eines Binders dar.

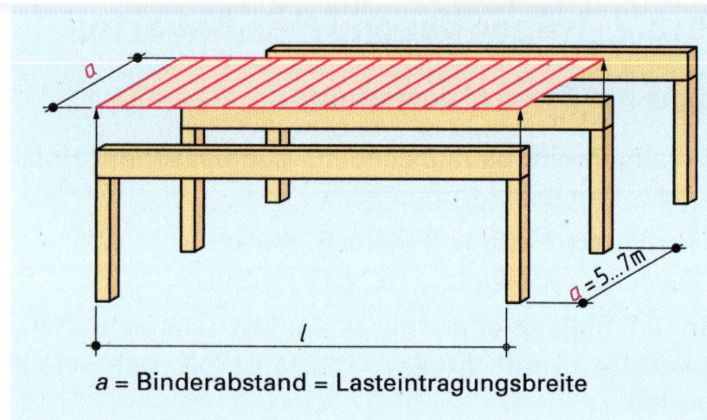

Lasteintragungsbereich eines Binders

Biegebeanspruchung

Unter dieser Gesamtlast biegt sich der Binder wahrnehmbar durch. Er verhält sich grundsätzlich nicht anders als ein normaler Deckenbalken oder eine Gerüstbohle. Die **Durchbiegung**, dies wird bei näherer Betrachtung deutlich, geht hauptsächlich auf **Biegekräfte** zurück, die innerhalb des Trägerquerschnitts wirken. Der ursprünglich rechteckige, unter Last zum Trapez deformierte Trägerabschnitt zeigt, dass die auf Zug beanspruchten Fasern an der Unterseite gedehnt, während die unter Druck stehenden Fasern an der Oberseite des Trägers gestaucht werden. Weiter lässt sich ablesen, dass die aus den Biegekräften resultierenden **Druck- und Zugspannungen** an der Ober- bzw. Unterseite am größten sind und zur Trägerachse hin auf null abnehmen. Die dort liegenden Holzfasern verhalten sich neutral; man nennt die Trägerachse deshalb auch „neutrale Faser".

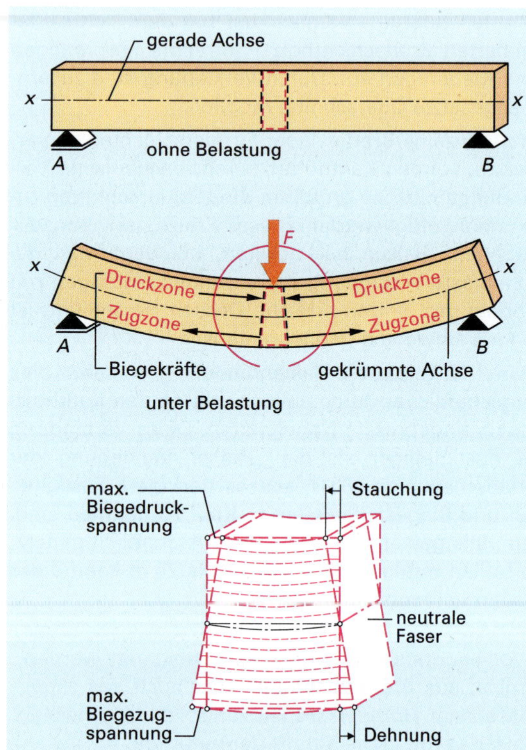

Binder unter Biegebeanspruchung

Damit die Gebrauchstauglichkeit des Gebäudes gewährleistet bleibt und verformungsbedingte Folgeschäden ausbleiben, sind die maximalen Durchbiegungen zu begrenzen. Die empfohlenen Grenzwerte betragen 1/300 oder 1/200 der Stützweite je nach Bemessungssituation.

Alle Brettlagen können aber nur dann wie **ein** zusammenhängender Querschnitt wirken, wenn die in den Leimfugen auftretenden **Schubkräfte** übertragen werden können. Dies gilt selbstverständlich auch für das Holz selbst, also im Innern der Brettschichten. Diese Schubkräfte erreichen bei den Auflagern ihre größten Werte, wie aus den gegenseitigen Verschiebungen des belasteten Brettstapels abzulesen ist.

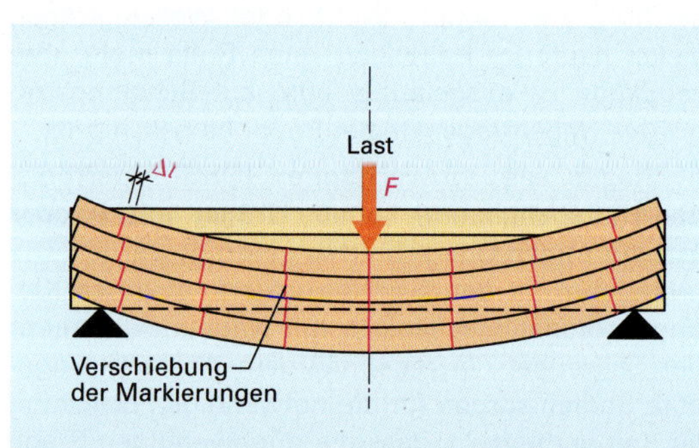

Längsschubspannungen sind im Auflagerbereich am größten

Bei Biegeträgern treten an den Rändern die größten Druck- und Zugspannungen auf. Zur Trägerachse hin nehmen sie gleichmäßig auf „0" ab. In den Klebstofffugen und zwischen den Faserschichten sind Schubkräfte wirksam.

15.2.4 Zeichnerische Darstellung

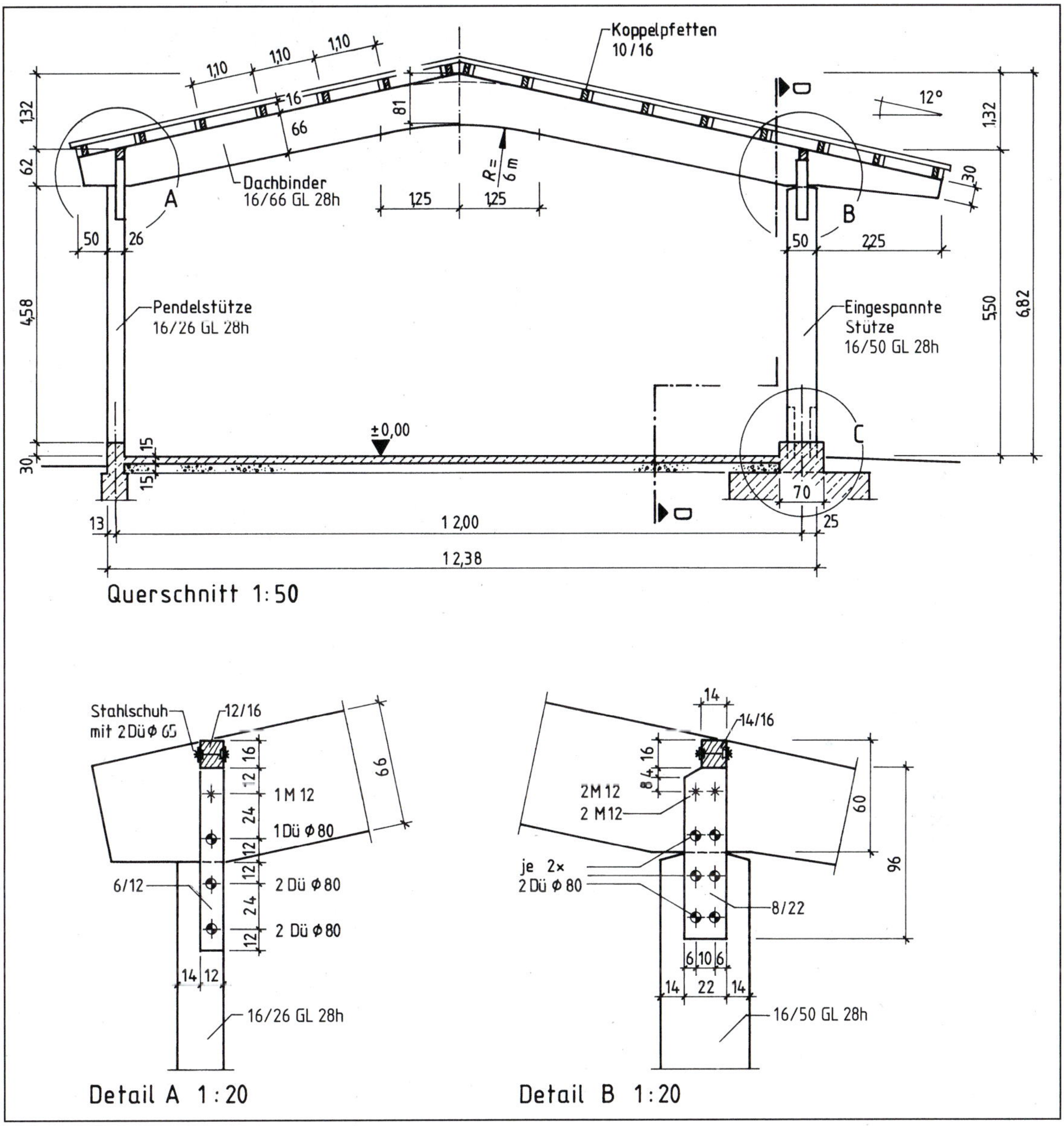

Halle mit Satteldachbinder und Stützen aus Brettschichtholz

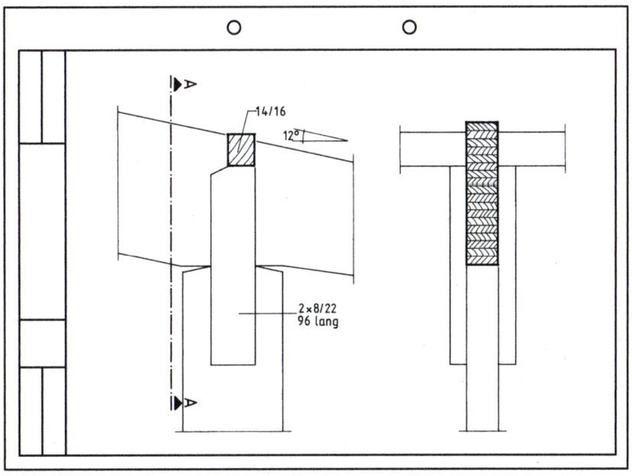

Aufgabe

Zeichnen Sie das Binderauflager (Detailpunkt B) in der Seitenansicht und im Schnitt A-A, der rechtwinklig durch den Dachbinder mit Blick nach außen geführt wird. Darstellung der Verbindungsmittel mit Bemaßung, Maßstab 1:10, A4-Breitformat.

15.3 Fachwerkträger

15.3.1 Übersicht

Vom Vollwand- zum Fachwerkträger

Beim zuvor behandelten Vollwandbinder mit Rechteckquerschnitt wurde deutlich, dass sich die Biegekräfte hauptsächlich am oberen und unteren Trägerrand konzentrieren, während die inneren Querschnittsteile verhältnismäßig geringe Längsspannungen aufweisen. Also ist es naheliegend, den Vollquerschnitt in Einzelteile „aufzulösen", denen genau definierte Tragfunktionen zukommen.

Beim I- oder Kastenträger wurde bereits der erste Schritt gemacht: **Ober- und Untergurt** nehmen konzentriert die Biegedruck- bzw. Biegezugkraft auf, während die Stege vorrangig für die Ableitung der Querkräfte (Schubkräfte) zuständig sind. Beim Fachwerkträger wird das Prinzip zu Ende geführt: Anstelle der flächigen Stege treten hier einzelne Hölzer, die als **Vertikal- und Diagonalstäbe** den Raum zwischen den Gurtstäben „füllen"; man bezeichnet sie deshalb auch als **Füllstäbe**.

Der Fachwerkträger ist ein Stabwerk, bei dem die einzelnen Stäbe in einer Art spezialisierter Aufgabenteilung die Lastabtragung bewerkstelligen. Die Anordnung der Stäbe zum „Fachwerksystem" folgt dem bekannten Prinzip der Dreiecksbildung.

Beanspruchung der Fachwerkstäbe

Wie beschrieben übernehmen die oberen und unteren Randstäbe, die Gurte des Fachwerkträgers, die Biegekräfte. Bei Einfeldträgern unter üblicher Belastung wirkt der **Obergurt als Druckstab**, der **Untergurt als Zugstab.**

Vertikal- und Diagonalstäbe tragen die einwirkenden Lasten (Querkräfte) zu den Auflagern ab. Je nach System werden sie dabei auf Druck oder Zug beansprucht.

Für die Ausbildung der Verbindungen oder die Auswahl geeigneter Stabquerschnitte sollte der Zimmermann Zug- und Druckstäbe unterscheiden können. Für die meisten einfachen Fachwerksysteme lässt sich dies an der Anordnung der Stäbe feststellen. Bei komplizierten Systemen, außergewöhnlichen Belastungen, bei Unsicherheiten oder Unklarheiten muss unbedingt ein Statiker hinzugezogen werden.

Nebenstehende Darstellungen zeigen die unterschiedlichen Beanspruchungen der einzelnen Stäbe. Druckstäbe sind rot, Zugstäbe schwarz gezeichnet. Stäbe ohne planmäßige Kraft, sogenannte Null-Stäbe, sind schwarz gestrichelt. Die parallelgurtigen Träger lassen sich mit mehrfachen Hängewerken vergleichen: Zu den Auflagern hin fallende Diagonalen (= Streben) sind auf Druck, steigende auf Zug beansprucht.

Fachwerkträger mit Diagonalstäben

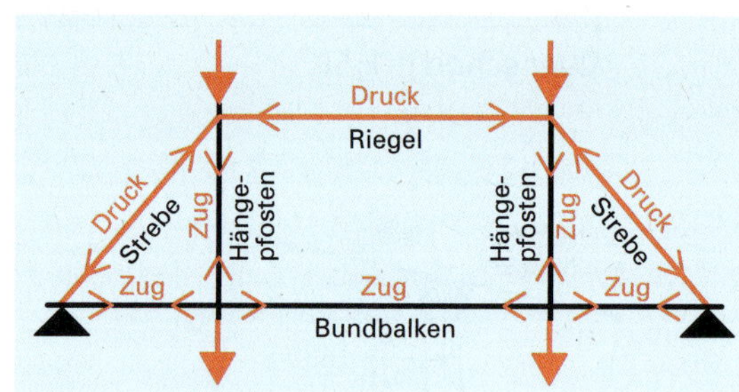

Doppeltes Hängewerk (System)

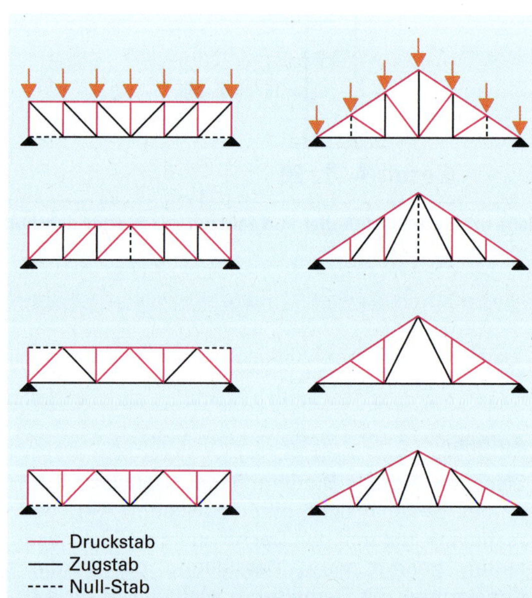

Stabkräfte bei Standard-Fachwerkbindern

Binderhöhe

Die **Binderhöhe** hängt wie bei den Vollwandträgern in erster Linie von der Stützweite des Dachträgers ab. Nachrangig ist der Einfluss der Binderform oder der Bauart.

Die Trägerhöhe *h* kann überschlägig als Bruchteil der Spannweite *l* mit folgenden Formeln berechnet werden:

Parallelbinder	$h \approx l/10 \ldots l/15$
Trapezbinder	$h \approx l/8 \ldots l/10$
Dreiecksbinder	$h \approx l/5 \ldots l/8$

Die im Vergleich zu Biegeträgern mit Rechteckquerschnitt größere Bauhöhe reduziert die Gurtkräfte und macht kleinere Holzquerschnitte für Ober- und Untergurte möglich.

Die Untergurte sollten **überhöht** ausgeführt werden, weil wegen der Nachgiebigkeit der mechanischen Verbindungsmittel (Nägel, Stabdübel, Dübel besonderer Bauart) und der Kurz- und Langzeitverformungen der Hölzer mit größeren Durchbiegungen der Fachwerkträger zu rechnen ist.

Wirtschaftlichkeit

Größter Vorteil der Fachwerkbinder ist ihre **geringere Masse**, die auf die „offene" Bauweise mit vergleichsweise kleinen Stabquerschnitten zurückzuführen ist. In den meisten Fällen genügen die wesentlich preisgünstigeren **Bauschnitthölzer** den statischen Erfordernissen, wodurch ein weiterer Kostenvorteil entsteht. Nur bei hochbelasteten oder sehr weit gespannten Trägern ist der Einsatz von BSH geboten.

Bei langen Fachwerkträgern können durch geplante **Montagestöße** die Transportlängen und -lasten reduziert werden. Für Montagehilfen, Hebezeuge und Krane genügen kleinere Traglasten.

Dieser positiven Bilanz zu Gunsten der Fachwerkbinder sind die meist höheren **Fertigungskosten** gegenüberzustellen. Lohnintensive, handwerkliche Herstellungsverfahren, wie z. B. beim Nagelbrettbinder oder Kantholzbinder, kehren den Vorteil durch geringere Materialkosten schnell ins Gegenteil. Als sehr wirtschaftlich behaupten sich die hochmechanisiert gefertigten Nagelplatten-Konstruktionen.

Anforderungen an den **Brandschutz** sind bei kleinformatigen Stäben nur durch abgehängte Decken mit entsprechendem Feuerwiderstand zu erfüllen.

15.3.2 Nagelbinder

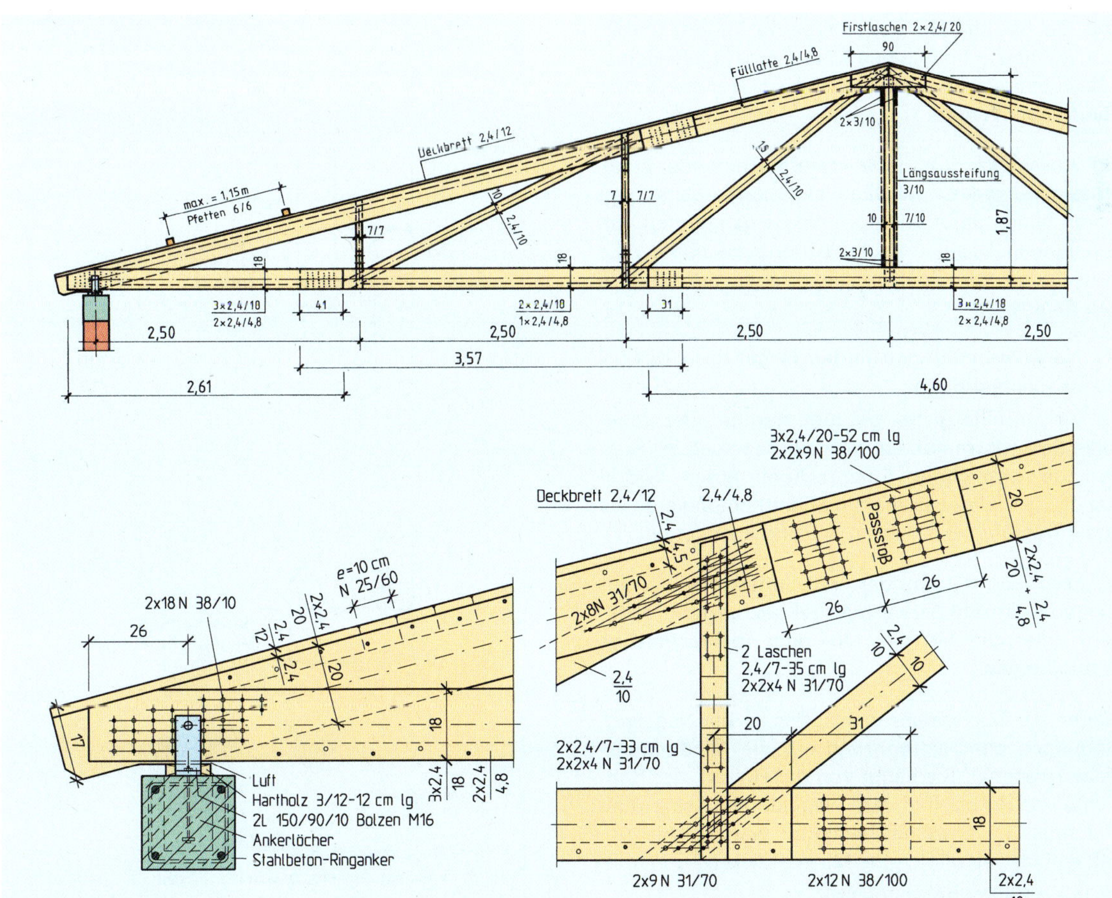

Nagelbrettbinder

Verwendung und Herstellung

Für kleinere Hallen bis max. 20 m Spannweite kommt diese „leichte" Binderbauart noch gelegentlich zum Einsatz. Ihre relativ geringe Tragfähigkeit machen kleine Binderabstände zwischen 1 m und 2 m erforderlich.

Bei kurzen Spannweiten werden alle Stäbe (Gurte und Füllstäbe) aus Brettern hergestellt. Bei größeren Stützweiten empfiehlt es sich, die auf Druck beanspruchten, knickgefährdeten Stäbe aus Kanthölzern oder mehreren verbundenen Brettern zu fertigen.

Die **handwerkliche Herstellung** kann nach Ausführungsplänen in jeder Zimmerei erfolgen: Der Abbund der Bretter und Kanthölzer lässt sich unter Verwendung von Einmalschablonen und Nagelapparaten einigermaßen rationell ausführen. Bei größeren Bauvorhaben mit entsprechenden Stückzahlen ist der Einbau fremdgefertigter Nagelplattenbinder meist wirtschaftlicher.

Nagelverbindung

Eine Verbindung mit vielen dünnen Nägeln ist einer solchen mit wenig dicken Nägeln vorzuziehen. Die zu übertragende Kraft wird dadurch besser verteilt und die Spaltgefahr des Holzes verringert; außerdem können auf derselben Fläche mit Nägeln kleineren Durchmessers vergleichsweise größere Kräfte übertragen werden.

Ein Anschluss, d.h. jede kraftübertragende Fuge, muss mindestens zwei Nägel enthalten. Ausnahmen davon bilden unter anderem die Befestigungen von Schalungen, Dachlatten und Windrispen, ebenso die Befestigung von Sparren und Pfetten auf Bindern und Rähmen.

Für Nagelverbindungen finden **Nägel** nach DIN EN 10230-1 Verwendung.

Sie weisen eine glatte, geraute, gerillte oder angerollte Schaftform auf. Letztere werden auch als Sondernägel bezeichnet. Entsprechend ihrem Widerstand gegen Herausziehen in Schaftrichtung sind sie in die Tragfähigkeitsklassen 1, 2 und 3 eingeteilt.

Je nach der Anzahl der wirksamen Nagelscherflächen (= Anzahl der vom Nagel gekreuzten Holzfugen) unterscheidet man **ein- oder mehrschnittige Verbindungen**.

Wegen der Spaltgefahr des Holzes ist bei Nagelverbindungen ohne Vorbohrung auf die **Mindestholzdicke** zu achten. Sie hängt von der Holzart, der Rohdichte des Holzes und dem Nageldurchmesser d ab und muss im Einzelfall bestimmt werden. Als Anhaltspunkte seien folgende Mindestdicken t genannt:

$t \geq 14 \cdot d$ für Vollholz allgemein

$t \geq 7 \cdot d$ für Kiefernholz

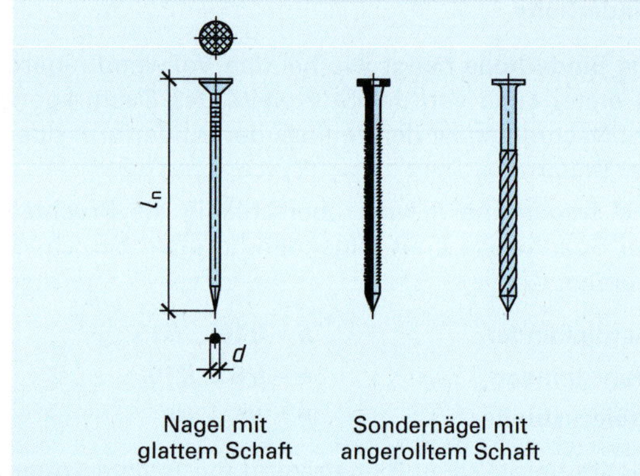

Nägel

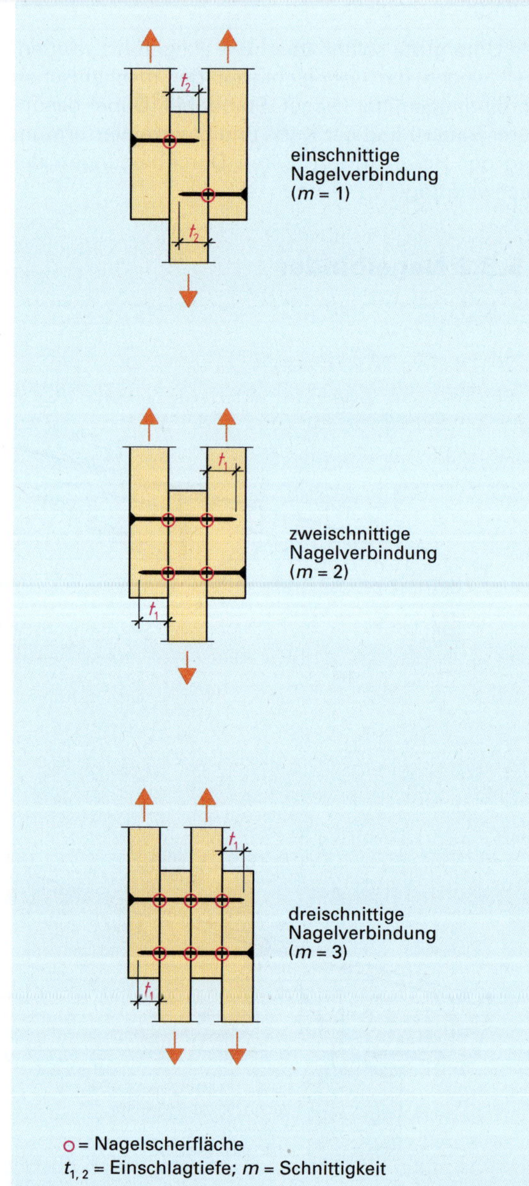

Schnittigkeit

Die **Tragfähigkeit** eines Anschlusses ist abhängig von:

1. der Anzahl der Nägel (jedoch mindestens 2),
2. dem Durchmesser der Nägel,
3. der Einschlagtiefe bzw. der Nagellänge,
4. den Nagellöchern vorgebohrt / nicht vorgebohrt. Die Vorbohrung erfolgt ggf. mit dem etwa 0,9-fachen Nageldurchmesser. Laubhölzer sind immer über die ganze Nagellänge vorzubohren.

Die volle Tragfähigkeit eines Nagels mit dem Durchmesser *d* ist bei einer **Einschlagtiefe** t_1 bzw. t_2 von mindestens $9 \cdot d$ gegeben.

Geringere Einschlagtiefen führen zu einer verminderten Tragfähigkeit; bei Werten unter $4 \cdot d$ trägt die nächstliegende Scherfuge nicht mehr.

Parallel zur Faserrichtung eingeschlagene Nägel dürfen nicht zur Kraftübertragung herangezogen werden.

Die Anordnung der statisch erforderlichen Nägel wird zeichnerisch mithilfe von Risslinien im sogenannten **Nagelbild** dargestellt, das sich anschließend auf die Hölzer übertragen lässt.

Beim Entwurf des Nagelbilds sind die geregelten Mindestnagelabstände zu beachten. Sie sind abhängig von

- dem Nageldurchmesser *d*,
- der Lage der Nägel (untereinander, vom beanspruchten oder unbeanspruchten Rand),
- dem Winkel zwischen Kraft- und Faserrichtung,
- ggf. der Vorbohrung.

Die Nägel können zu den Risslinien um *d*/2 versetzt oder nicht versetzt angeordnet werden.

Die beanspruchten Ränder einer Nagelverbindung sind nebenstehend dargestellt.

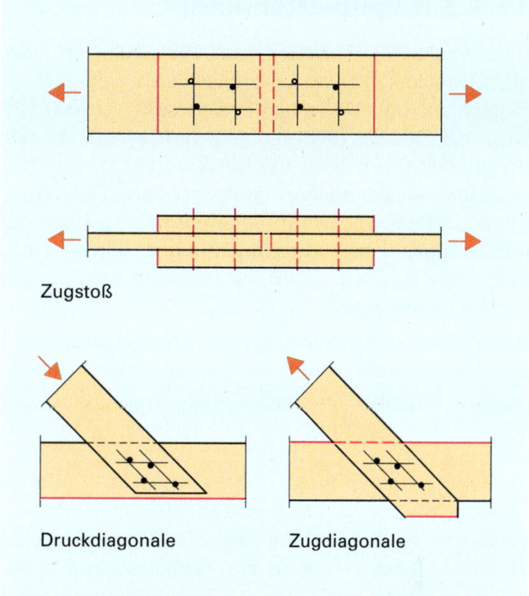

Beanspruchte Ränder

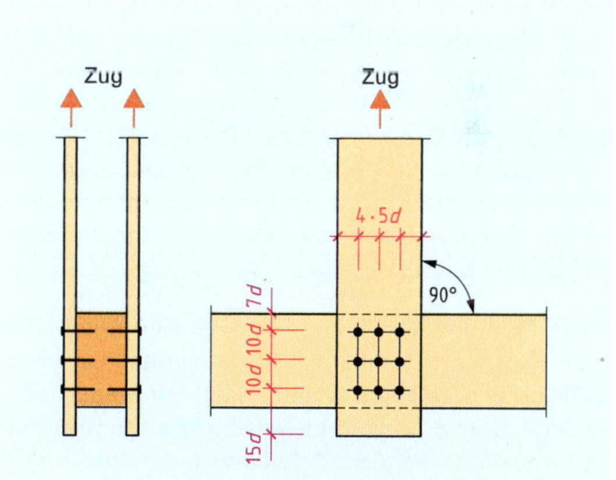

Die dargestellten Mindestabstände gelten für Nageldurchmesser $d < 5$ mm und eine Holz-Rohdichte ≤ 420 kg/m³.

Bei $d \geq 5$ mm oder größeren Holz-Rohdichten bis 500 kg/m³ sind die Abstände größer.

Bei Anschlusswinkeln zwischen 0° und 90° sind sie in Abhängigkeit vom Winkel zu berechnen. Weiterführende Angaben enthält DIN EN 1995.

Mindestnagelabstände nicht vorgebohrter Nagelungen für Anschlusswinkel 90°

Die Nagelverbindungen werden vom Tragwerksplaner (Statiker) berechnet und im Nagelbild dargestellt. Der Zimmerer muss die Verbindungen mit größter Sorgfalt ausführen.

Dies heißt in erster Linie:

1. Die vorgeschriebenen Nägel verwenden **(Art, Durchmesser, Länge)**.
2. Die **Schnittigkeit** der Verbindung beachten (ein- oder mehrschnittig).
3. Die Nagellöcher **vorbohren**, falls dies angegeben ist.
4. Das **Nagelbild** genau einhalten. Bei mehrfacher Wiederholung der Nagelverbindung ist es empfehlenswert, eine **Nagelschablone** anzufertigen.

15.3.3 Nagelplattenbinder

Die Nagelplattenbauweise kam 1966 aus den USA nach Deutschland und verbreitete sich wegen ihrer Einfachheit und Wirtschaftlichkeit sehr schnell. Sie ist in der DIN EN 1995 geregelt und basiert auf der Verwendung von bauaufsichtlich zugelassenen Nagelplatten verschiedener Hersteller (Gang-Nail, Wolf, Alpine, Mitek). Jeder Zimmereibetrieb, der über die notwendigen Fertigungseinrichtungen verfügt, insbesondere Spezialpressen, kann diese Verbindungstechnik anwenden.

Die gleich dicken Hölzer werden stumpf abgelängt, aneinander gefügt und durch beiderseits eingepresste **Nagelplatten** miteinander verbunden. Die Nagelplatten bestehen aus mindestens 1,0 mm dickem, verzinktem Stahlblech, aus dem zungenförmige Nägel herausgestanzt und rechtwinklig zur Platte abgebogen sind. Als Konstruktionshölzer sind Bauschnitthölzer der Sortierklassen S 10 oder S 13 zu verwenden. Die erforderlichen Holzquerschnitte sowie Typ, Größe und Lage der Nagelplatten werden aufgrund der statischen Berechnung des Binders festgelegt.

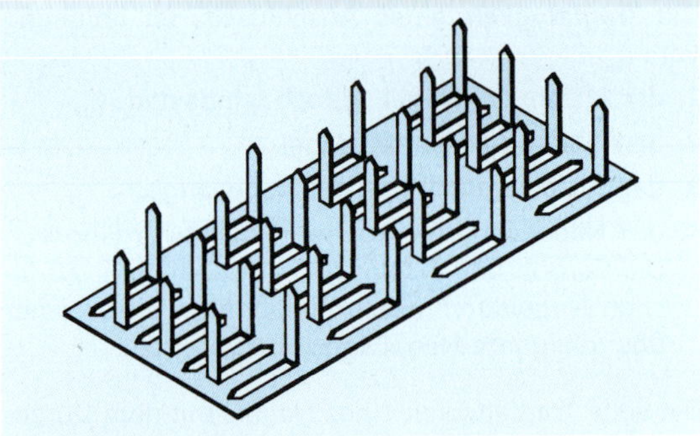

Nagelplatte

Herstellung

Die Mindestholzdicke beträgt je nach Nagelplattentyp 3...5 cm. Gurte und Füllstäbe werden auf einem langen Fertigungstisch passgenau zu Fachwerken zusammengefügt und in ihrer Lage fixiert. Auf speziellen Montageeinrichtungen, die jeweils bei den Fachwerkknoten angeordnet sind, richtet man die untere und obere Knotenplatte genau übereinanderliegend aus. Mit einer mobilen Flachpresse können jetzt, Knoten um Knoten, die Platten paarweise eingepresst werden. Noch weiter automatisierte Verfahren arbeiten mit stationären Presseinrichtungen an jeder Verbindungsstelle.

Diese aufgrund des hohen Mechanisierungsgrades sehr wirtschaftliche Bauweise hat heute die handwerklich hergestellten Nagelbinder – und auch einige zugelassene Sonderbauweisen, wie z. B. Trigonit- und Dreieckstrebenträger – weltweit abgelöst.

Herstellung eines Binders am Fertigungstisch

Beim Nagelplatten-System werden die Konstruktionshölzer der Binder an den Knoten stumpf gestoßen und beidseitig mit eingepressten Nagelplatten verbunden.

Verwendung

Bei Hallen lassen sich Weiten von 30 m mit Nagelplattenbindern frei überspannen. Der Trägerabstand beträgt meist 1,25 m.

Mittlerweile findet diese Bauart auch bei sichtbaren Konstruktionen architektonisch anspruchsvollerer Gebäude Verwendung. Die formale und farbliche Gestaltung von Binder und Nagelplatten trägt dazu erheblich bei.

Am Boden vorgefertigte Dachteile aus Nagelplattenbindern ermöglichen eine schnelle Endmontage

15.3.4 Binder mit Stahlblech-Nagelverbindungen

Nagelverbindungen mit ebenen Stahlblechen

Bei Bindern dieser in DIN EN 1995 geregelten Bauart werden die Fachwerkstäbe an den Knoten mit ebenen, verzinkten Stahlblechen verbunden. Sie sind am Kantholz entweder außen als Lochbleche oder innen liegend als ungelochte Bleche angeordnet. Die Verbindungen können einschnittig – bei außenseitigen Lochblechen – oder mehrschnittig ausgeführt werden, wenn die Bleche innen liegen. Solche Knoten sind in der Lage, sehr große Druck- und Zugkräfte zu übertragen. Während bei außen liegenden Blechen das Erscheinungsbild jenem der Nagelplattenbinder gleicht, treten bei innen eingelassenen Blechen die Verbindungsmittel kaum hervor.

Herstellung

Hauptsächlich für Fachwerkbinder wird die Knotenausbildung mit innen liegenden Blechen angewandt. Zuerst werden die Hölzer an den Knotenpunkten in einem Arbeitsgang mit Spezialsägeblättern lamellenartig geschlitzt, dann die ungelochten Bleche eingeschoben. Vor dem Einschlagen der runden Drahtstifte sind Holz und Stahlbleche gleichzeitig entsprechend dem Nageldurchmesser **vorzubohren**. Sondernägel werden bei außen liegenden Lochblechen verwendet. Das Vorbohren kann dann entfallen.

Wegen der Vielzahl der erforderlichen Bohrungen und dem aufwendigen Schlitzen der Hölzer findet diese Bauweise keine breite Anwendung.

Schlitzen von Hölzern

Besondere Bauweisen

Bei der bauaufsichtlich zugelassenen „Greim"-Bauweise kommen verzinkte Bleche mit Dicken von 1,0 … 1,75 mm zum Einsatz, die **ohne Vorbohren** durchgenagelt werden. Beim Durchschlagen der Bleche mit Drahtstiften von 2,5 … 4,2 mm Dicke entstehen trichterförmige Ausfransungen, die sich positiv auf die Tragfähigkeit und Steifigkeit der Verbindung auswirken.

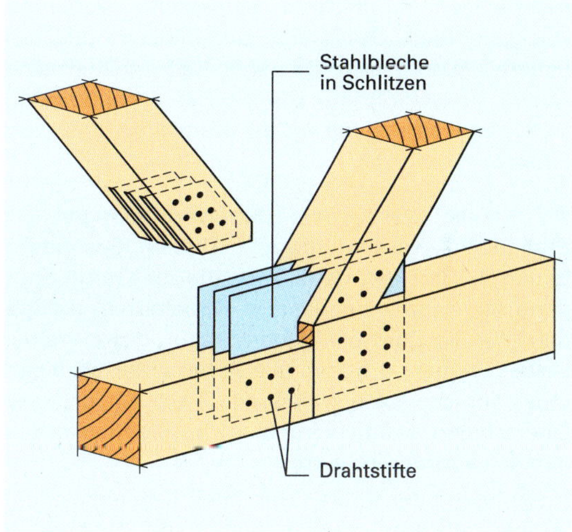

Fachwerkknoten

Fachwerkbinder in Greim-Bauweise bei der Montage

Bei Bindern mit Stahlblech-Nagelverbindungen werden die Stäbe an den Knoten mit ebenen Stahlblechen durch Nagelung verbunden. Die Bleche können außen am Holz oder innen liegend angebracht sein.

15.3.5 Gedübelte Kantholzbinder

Binder dieser aufwendigen Bauart eignen sich hauptsächlich für Hallenbauten mit **Spannweiten bis 40 m**. Die arbeitsintensive Verbindungstechnik lässt kaum eine Serienproduktion wie bei Nagelplattenbindern zu. Dies und die hohe Belastbarkeit des einzelnen Binders sind die Gründe für die großen Binderabstände (etwa 5...7 m).

Konstruktion und Herstellung

Die Stäbe der Fachwerke werden aus ein- oder mehrteiligen Kanthölzern hergestellt, wobei für knickgefährdete Druckstäbe quadratische oder annähernd quadratische Querschnitte vorteilhaft sind. Neben Bauschnittholz kommt bei erhöhter statischer Beanspruchung auch Brettschichtholz zum Einsatz.

Die Knoten werden als Dübelverbindungen aus Stabdübeln, Passbolzen oder Dübeln besonderer Bauart ausgebildet. Dabei kann die zur Kraftübertragung am Knoten notwendige Dübelanzahl maßgebend für die Querschnittsbemessung des einzelnen Stabes werden; d.h., um alle Dübel unterzubringen, muss für das anzuschließende Holz ein größerer Querschnitt gewählt werden, als für die Stabkraft eigentlich erforderlich wäre.

Anschlüsse oder Knoten mit innen liegenden Stahllaschen erlauben in Kombination mit Stabdübeln sehr tragfähige und zugleich gut gestaltete Konstruktionen.

Verwendung

Gedübelte Binder finden dort Anwendung, wo Brettschichtträger zu schwer und massig wirken würden. Die „transparente" Fachwerkbauweise lässt die Konstruktion leichter, durchlässiger und interessanter erscheinen, als es bei Vollwandbindern oft der Fall wäre. Konstruktiv und gestalterisch sind viele Varianten möglich. Brandschutzbestimmungen können u.U. auch ohne Bekleidungen oder angehängte Decken erfüllt werden. Nicht zu unterschätzen ist der Vorteil, dass man zwischen den Füllstäben auch gebäudetechnische Installationen (Lüftung, Heizung, Beleuchtung etc.) durchführen kann. Hallenbäder, Sport- und Mehrzweckhallen, Lager- und Produktionshallen für Industrie und Gewerbe sind typische Einsatzbereiche dieser Bauart.

Sporthalle mit Kantholzbindern

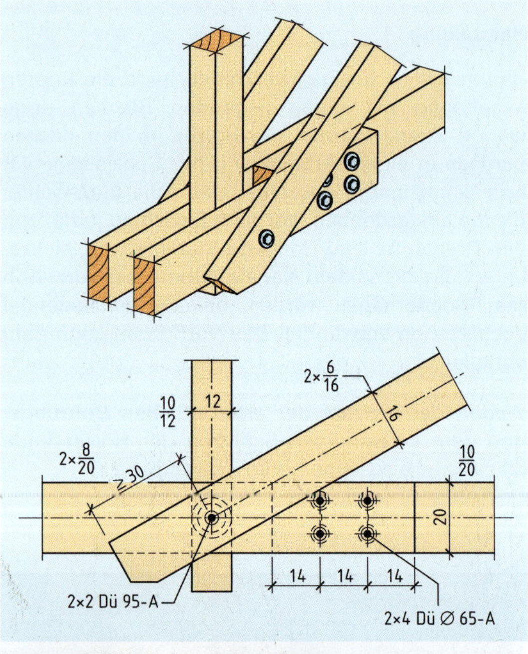

Knoten mit Dübeln besonderer Bauart

Knoten mit Stabdübeln und Bolzen

Gedübelte Kantholzbinder werden vor allem bei hoher Belastung und größeren Spannweiten gewählt. Die Bauschnitt- oder Brettschichthölzer werden an den Knoten mit Stabdübeln, Passbolzen oder Dübeln besonderer Bauart verbunden.

Verbindungen mit Stabdübeln und Passbolzen

Bei **Stabdübeln** handelt es sich um zylindrische Stahlstifte mit Durchmessern von mindestens 6 mm und höchstens 30 mm, die man in gleich große Bohrlöcher eintreibt, um ein- oder mehrschnittige Verbindungen herzustellen. Dabei werden sie – mit vorgebohrten Nagelverbindungen vergleichbar – an den kraftübertragenden Fugen auf Abscheren beansprucht. Stabdübelverbindungen sind überaus leistungsfähig; in Bezug auf die Verbindungsfläche sind sehr große Kräfte zu übertragen.

Zur seitlichen Sicherung oder bei Verbindungen mit außen liegenden Stahlteilen können sie mit Kopf und Mutter oder beidseitig mit Muttern versehen sein. Dann nennt man sie **Passbolzen**. Das Gewinde sollte mit einem kleineren Durchmesser als der Schaft ausgeführt sein, um es vor Beschädigungen zu schützen und das Eintreiben zu erleichtern.

Eine tragende Verbindung sollte mindestens zwei Stabdübel und vier Scherflächen besitzen. Bei Verwendung von nur zwei Stabdübeln ist die Verbindung demnach 2-schnittig auszuführen; bei einer einschnittigen Verbindung sind allerdings vier Stabdübel erforderlich. Verbindungen mit nur einem Stabdübel sind bei Halbierung der rechnerischen Tragfähigkeit möglich.

Verbindungen mit Bolzen

Bolzen sind immer mit Kopf und Mutter versehen und werden zusammen mit zwei großen Unterlegscheiben in Bohrungen mit max. 1 mm Lochspiel eingebaut und anschließend fest angezogen. Die erzeugte Klemmwirkung verhindert, dass sich die Bolzen, begünstigt durch das Lochspiel, zu stark verformen. Größere Verschiebungen am Knoten können so verhindert werden. Daher ist es notwendig, die Bolzen – beispielsweise bei nachträglich schwindenden Hölzern – nach dem Erreichen der Ausgleichsfeuchte nachzuziehen.

Wegen des möglichen Schlupfs sind Bolzenverbindungen aber nur bei untergeordneten oder fliegenden Bauten (Baracken, Bierzelte usw.) und Gerüsten zulässig. Für Dauerbauten, bei denen es auf Steifigkeit und Formbeständigkeit ankommt, sollten sie nicht verwendet werden.

Tragende Verbindungen erfordern mindestens zwei Bolzen. Üblich sind Durchmesser von 12 ... 24 mm (siehe Tabelle). Zu beachten ist, dass die Größe der Scheiben mit dem Bolzendurchmesser anwächst.

Tragende Bolzenverbindungen sind nur bei untergeordneten Bauten und Gerüsten zulässig. Stabdübel und Passbolzen können bei allen Bauten und Bauteilen verwendet werden. In jedem Fall sind mindestens zwei Verbindungsmittel vorzusehen.

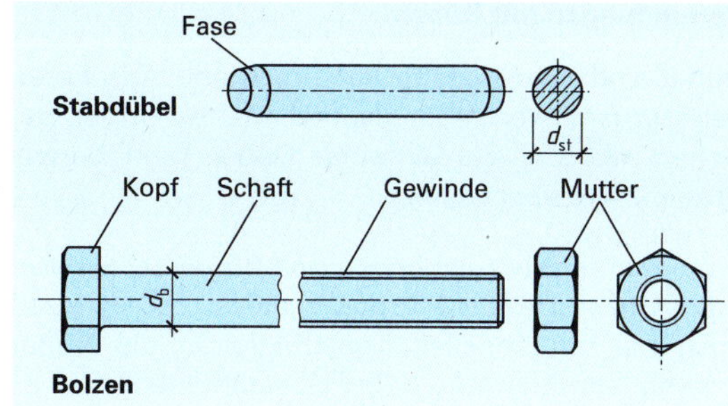

Stabdübel und Bolzen

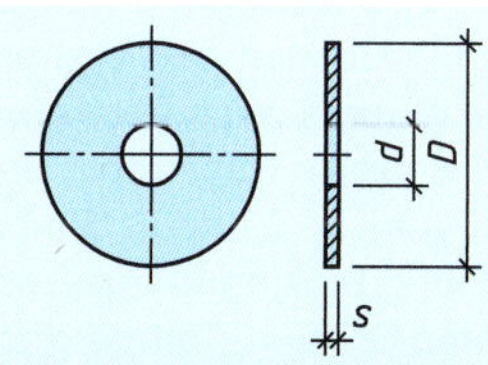

Für Schrauben-bolzen	Innendurch-messer *d* in mm	Außendurch-messer *D* in mm	Scheiben-dicke *s* in mm
M 12	14	58	6
M 16	18	68	6
M 20	22	80	8
M 22	25	92	8
M 24	27	105	8

Scheiben für Bolzen und Passbolzen

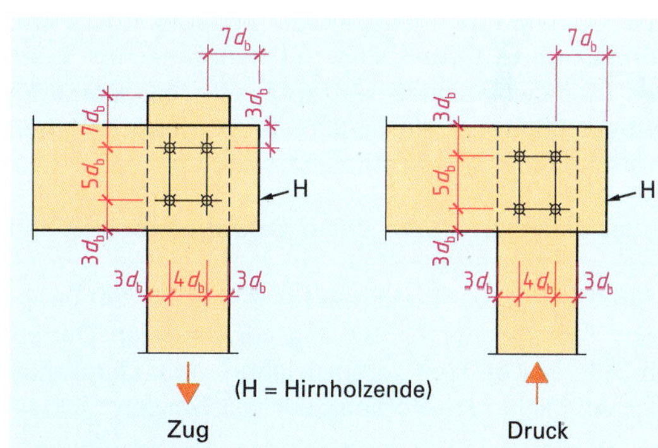

Mindestabstände bei tragenden Bolzenverbindungen für Anschlusswinkel 90°

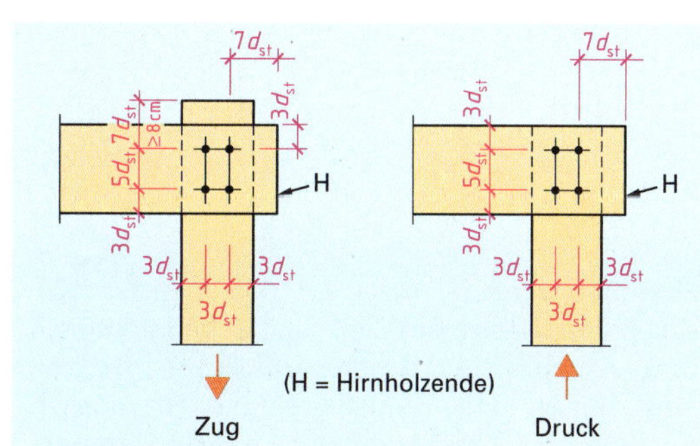

Mindestabstände bei tragenden Stabdübel- und Passbolzenverbindungen für Anschlusswinkel 90°

Verbindungen mit Dübeln

Dübel sind überwiegend auf Druck und Abscheren beanspruchte Verbindungsmittel, die mit Bolzen gesichert werden. Ein einzelner Dübel kann bereits große Kräfte übertragen.

Im modernen Holzbau haben sich **Dübel besonderer Bauart** nach DIN EN 912 durchgesetzt. Sie ersetzen auch bei traditionellen Konstruktionen die früher verwendeten Hartholz- oder Flachstahldübel.

Je nach zu übertragender Kraft stehen unterschiedliche Dübelgrößen zur Verfügung. Sie sind verhältnismäßig einfach einzubauen und eignen sich in Form von einseitigen Dübeln auch für Verbindungen von Stahlteilen mit Hölzern. Nach ihrer Bauart unterteilt man sie in die Typen A, B und C. Sie bestehen in der Regel aus Metall (z. B. Aluminium-Gusslegierungen, kalt umformbaren Stählen, Temperguss).

Diese Dübel können für Verbindungen von Vollholz, Brettschichtholz und Balkenschichtholz verwendet werden; für Laubhölzer nur Dübel des Typs A und B.

Außer in Material und Form unterscheiden sich Dübel besonderer Bauart durch die Art und Weise ihres Einbaus in die zu verbindenden Hölzer:

- **Ringdübel** werden in passende Vertiefungen des Holzes eingelegt.
- **Scheibendübel** werden ohne Benutzung von Nut- oder Fräswerkzeugen in das Holz eingepresst.

Die Betten der „eingelassenen" Dübel werden mit Spezialwerkzeugen ausgefräst. Scheibendübel mit Zähnen oder Dornen sind mit hydraulischen Pressen in das Nadelholz einzupressen; bei kleineren Dübeln können dafür auch die vorgeschriebenen Bolzen oder Spindeln eingesetzt werden.

Jeder Dübel ist durch einen **Schraubenbolzen** mit großen Unterlegscheiben zu sichern. Der vorgeschriebene Bolzendurchmesser (M 12 … M 24) hängt vom Typ und der Größe des verwendeten Dübels ab. Alle Bolzen sind so anzuziehen, dass die Scheiben vollflächig am Holz eingedrückt werden.

Bei Ringdübeln und zweiseitigen Scheibendübeln sind alternativ entsprechend dicke Gewindestangen oder Holzschrauben einsetzbar.

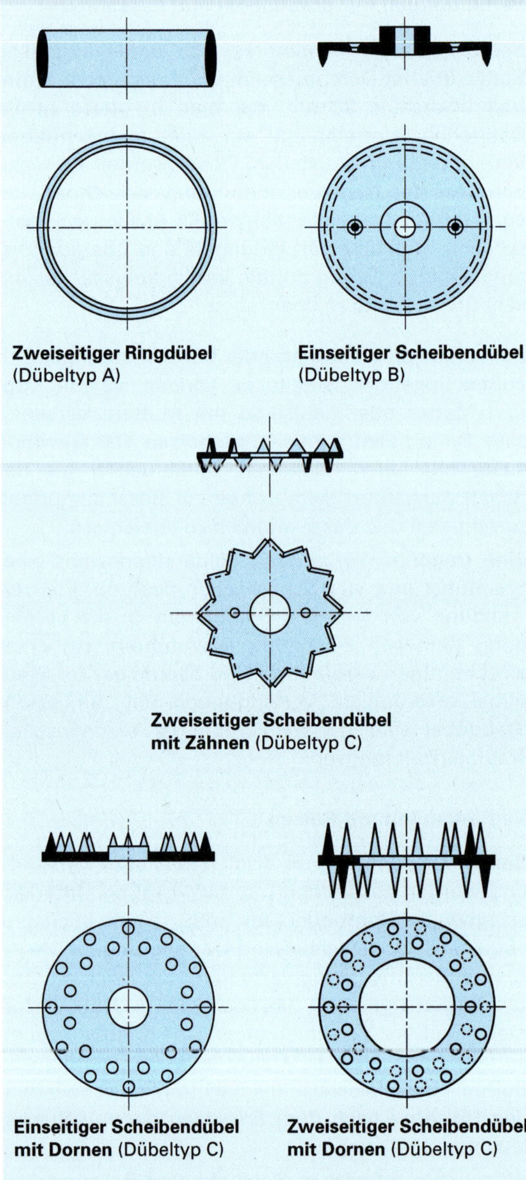

Dübel besonderer Bauart (nach DIN EN 912)

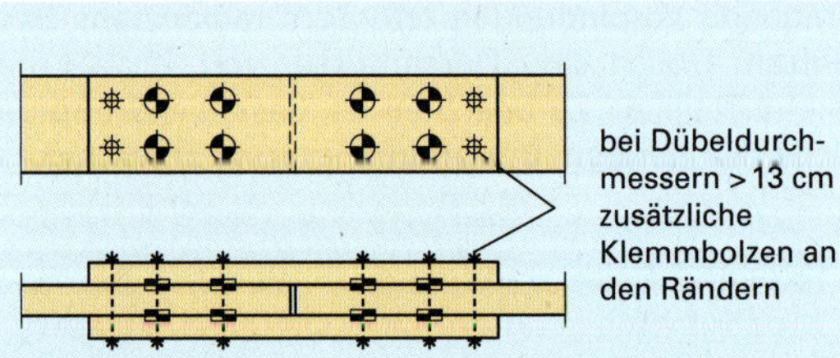

Anordnung der Bolzen bei Dübelverbindungen

Die Mindestabstände sind in Abhängigkeit vom verwendeten Dübel in DIN EN 1995 geregelt.

Man unterscheidet nach Art des Einbaus zwischen (eingelassenen) Ring- und Scheibendübeln und (eingepressten) Scheibendübeln mit Zähnen oder Dornen. Alle Dübelverbindungen müssen durch Bolzen unter Verwendung großer Unterlegscheiben zusammengehalten werden.

Verbindungen mit Blechformteilen

Immer größere Verbreitung finden Blechformteile für Holzverbindungen. Sie bestehen aus mindestens 2 mm dicken **feuerverzinkten Stahlblechen** und besitzen Bohrungen zur Befestigung mit Ankernägeln, Schrauben oder Bolzen. Bei Fachwerkbindern können sie zur Lagesicherung von Druckstäben (Winkelverbinder) oder in Form von Lochblechen zum Anschluss von Zugstäben verwendet werden.

Die verschiedenen Blechformteile eignen sich für nahezu alle Längs- und Querverbindungen von Hölzern untereinander oder mit Bauteilen aus Stahl, Beton oder Mauerwerk.

Je nach Formteil können Druck- und Zugkräfte, Auflagerkräfte, Querkräfte oder Schubkräfte übertragen werden. Sie sind sehr schnell verarbeitet und rufen keine Schwächung der Holzquerschnitte hervor.

Für einzelne statisch beanspruchte Blechformteile wie z. B. Balkenschuhe, Winkel, Sparrenpfettenanker oder Rispenbänder liegen **bauaufsichtliche Zulassungen** vor, in denen die zulässigen Belastungen und die Ausführung der Verbindung geregelt sind.

Blechformteile eignen sich für viele Verbindungen im Holzbau. Gegebenenfalls sind die Bestimmungen der bauaufsichtlichen Zulassungen zu beachten.

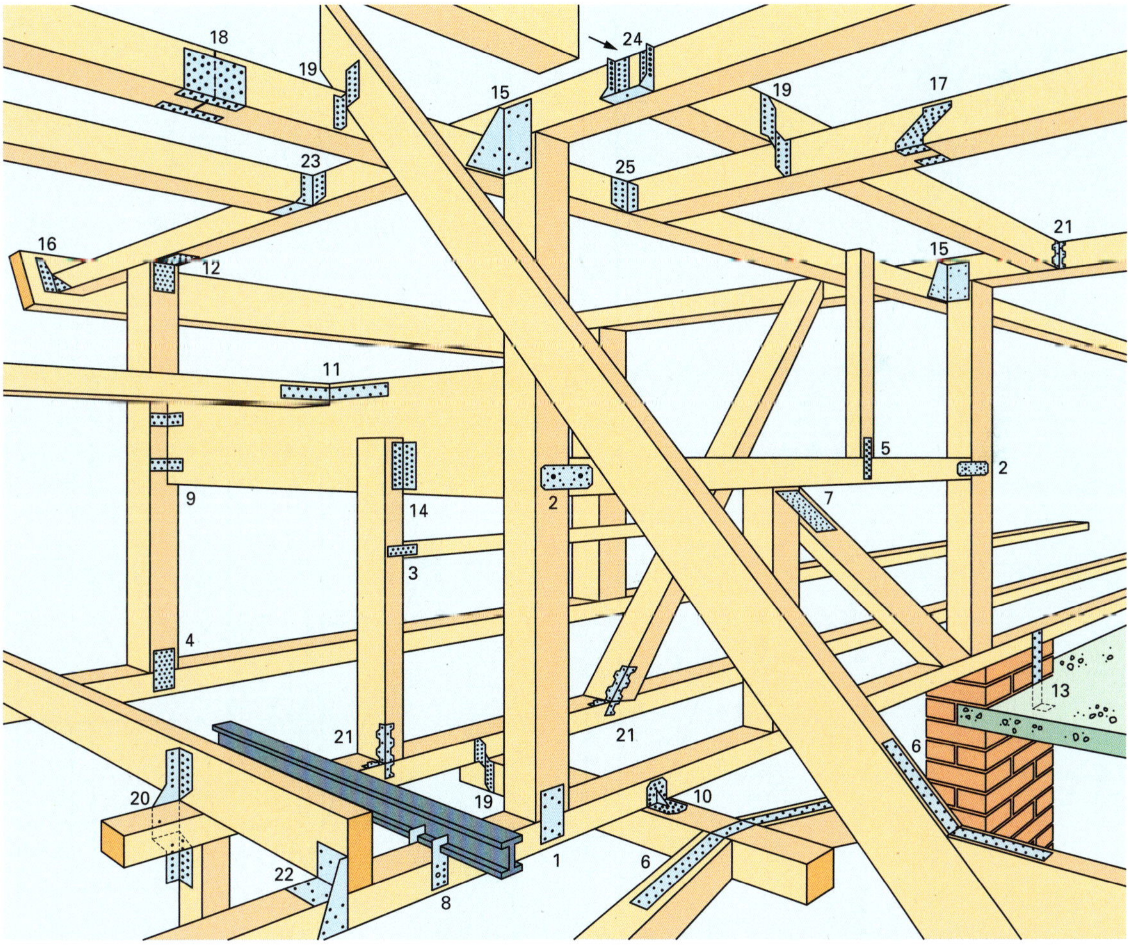

1 Flachverbinder
2 Schwerer Flachverbinder
3 Mini-Flachverbinder
4 Lochplatte
5 Lochplattenstreifen
6 Flach-Stripverbinder
7 Knotenverbinder, Kehlriegelverbinder
8 I-Träger-Balkenverbinder
9 Mini-Winkelverbinder
10 Winkelverbinder
11 Winkel-Stripverbinder
12 Lochplattenwinkel
13 Beton-Flachstahlanker
14 Eckverbinder
15 Nagelverbinder
16 Stirnverbinder
17 Gerberverbinder
18 Schwerer Gerberverbinder
19 Sparrenpfetten-Anker
20 Sparrenpfosten-Anker
21 Vielzweckverbinder
22 Universalverbinder
23 Balkenschuh, einteilig
24 Balkenschuh, einteilig
25 Vario-Balkenschuh, zweiteilig

Blechformteilverbinder

15.3.6 Zeichnerische Darstellung

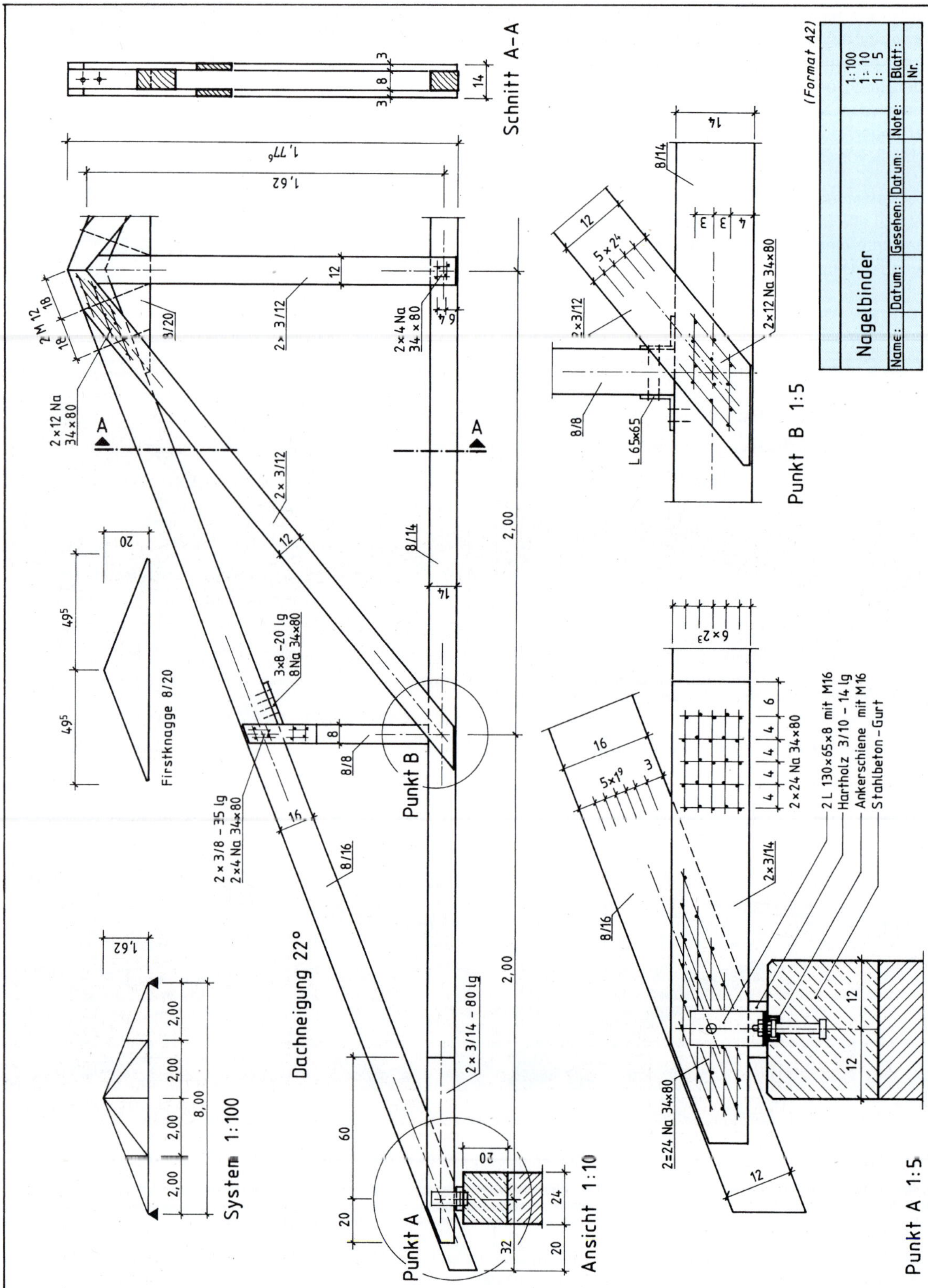

Aufgaben

1. Zeichnen Sie den Knoten am Auflager des auf der vorigen Seite dargestellten **Nagelbinders** in der Ansicht (Punkt A).
   Alle Bauteile, Verbindungsmittel und Nagelbilder sind vollständig darzustellen, zu beschriften und zu bemaßen, Maßstab 1:5, A4-Breitformat.
2. In gleicher Weise ist der obere und untere Knoten des kurzen Fachwerkpfostens in der Ansicht darzustellen. Der Vertikalstab kann verkürzt gezeichnet werden, Maßstab 1:5, A4-Hochformat.

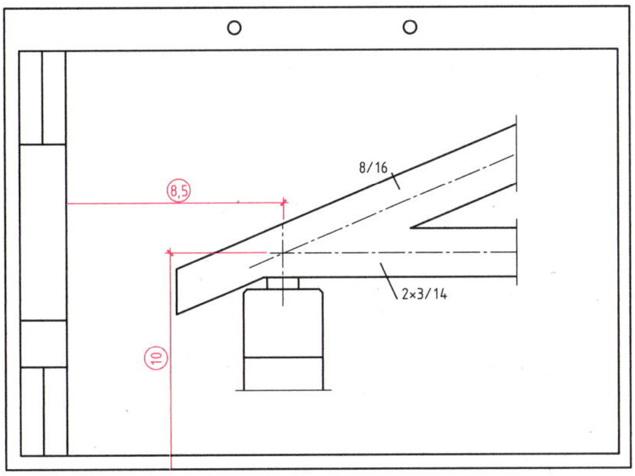

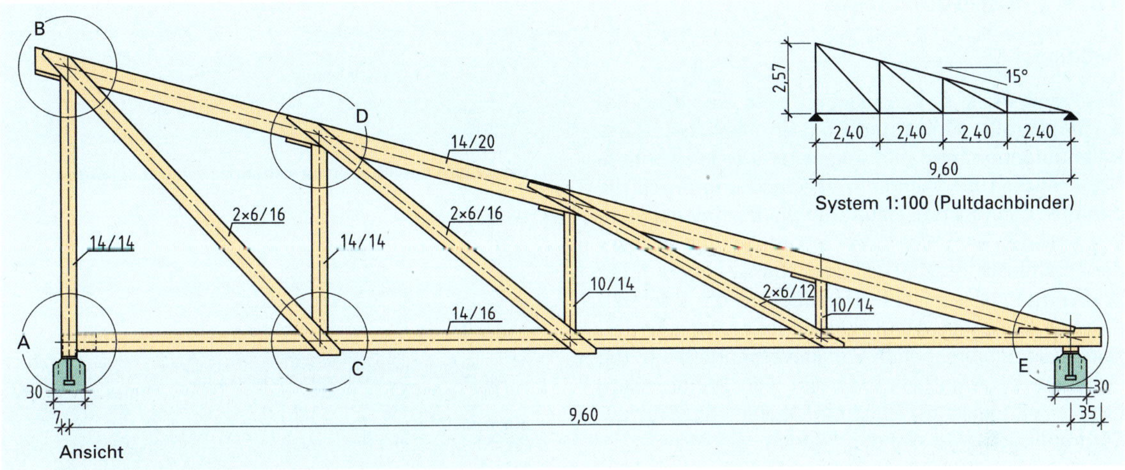

Gedübelter Kantholzbinder

Aufgaben

1. Zeichnen Sie die Fachwerkknoten A und B über dem Auflager des oben dargestellten Kantholzbinders in der Ansicht.
   Alle Bauteile und Verbindungsmittel sind vollständig darzustellen, zu beschriften und zu bemaßen, Maßstab 1:10, A4-Hochformat.
2. Die Knoten C und D sind in gleicher Weise darzustellen.
   Anschluss am Knoten C:
   Zweiteiliger diagonaler Zugstab mit 2 Dübeln ⌀95, Typ A, vertikaler Druckstab stumpf mit Winkelverbinder beidseitig.
   Anschluss am Knoten D:
   Zweiteiliger Diagonalstab mit 2 Dübeln ⌀80, Typ A, Vertikalstab stumpf mit Knagge 3/14 cm (Nagelung mit 8 Drahtstiften 31 × 70).
   Maßstab 1:10, A4-Hochformat.

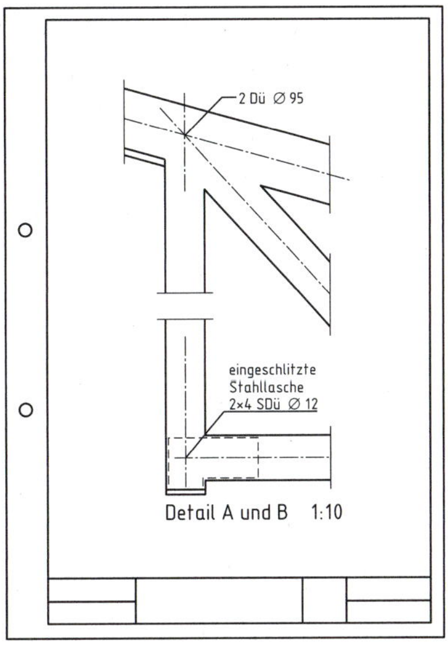

15.4 Aussteifung

Bei der Konstruktion von Hallen ist ein besonderes Augenmerk auf die Aussteifung des gesamten räumlichen Tragwerks zu richten. Zum einen liegt das an den großen Windangriffsflächen der Außenhülle, die zu erheblichen Winddruck- und -soglasten führen, zum andern an den großen Stützweiten der frei gespannten Binder. Sie müssen so stabilisiert werden, dass sie unter Belastung nicht seitlich ausweichen können. Die Aufnahme der horizontalen **Wind- und Stabilisierungskräfte** kann durch Abstützungen gegen fest stehende Wände oder über eingespannte Stützen erfolgen, hauptsächlich aber durch **Verbände** in den Dach- und Wandebenen oder durch entsprechend steif ausgebildete Scheiben.

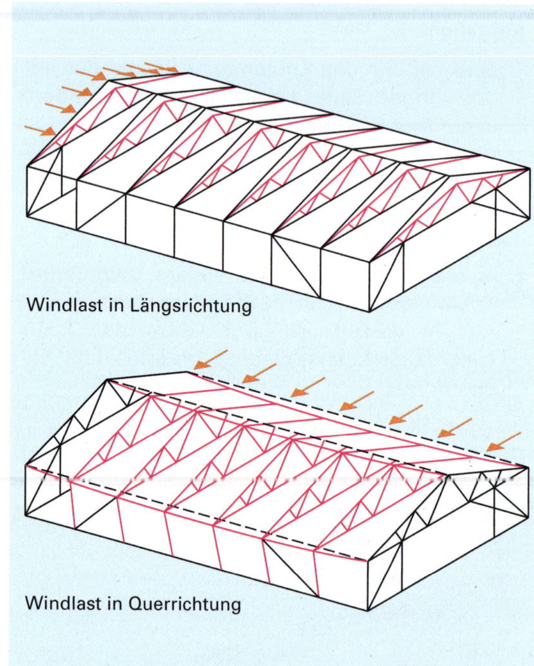

Verschiebungen bei unzureichender Windaussteifung

15.4.1 Windverbände

Funktion

Das Tragwerk ist so auszusteifen, dass die horizontalen Windkräfte (Druck und Sog) an allen Seiten der Halle aufgenommen und abgeleitet werden können. Dazu müssen die Wände in Windrichtung durch die dahinter befindlichen Haupttragglieder unverschieblich gehalten sein. Dies lässt sich durch die vorhandenen Stützen und in der Dachebene angeordnete Windverbände erreichen. Der oben in die Dachverbände eingeleitete Windlastanteil muss dann seinerseits über entsprechende Vertikalverbände bis in die Fundamente abgetragen werden. Die Windaussteifung erfolgt also im Zusammenspiel von Stützen, Bindern, Dach- und Wandverbänden.

Tragende V-Stützen bilden Vertikalverband

Konstruktion

Die **fachwerkartig** konstruierten Verbände sind mit waagerecht liegenden oder senkrecht stehenden Fachwerkträgern vergleichbar. Sie bestehen aus Gurten und Füllstäben, wobei vorhandene Tragglieder in den Verband integriert werden. Als Gurte von Dachverbänden können zum Beispiel Randträger, verstärkte Dachpfetten oder die Binder selbst fungieren; bei den Vertikalverbänden übernehmen meist die Hallenstützen diese Funktion. Als Diagonalen kommen aus gestalterischen Gründen häufig kreuzweise angeordnete Zugstäbe aus Rundstahl zum Einsatz. Je nach Windrichtung spricht der eine oder andere Zugstab an.

Weitere Aussteifungskonstruktionen

Eingespannte Stahlbeton- oder BSH-Stützen können Windverbände teilweise oder ganz entbehrlich machen. Auch durch rahmenartige oder bogenförmige Hallenbinder (z. B. Gelenkrahmen bzw. -bögen) ist das Tragwerk in den Binderebenen bereits ausgesteift. Dachverbände an den kurzen Hallenseiten übernehmen die Windaussteifung rechtwinklig dazu.

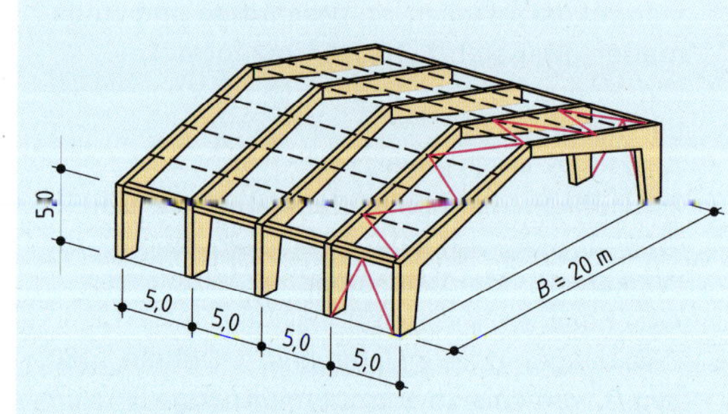

Queraussteifung durch Rahmen
Längsaussteifung durch Verbände

15.4.2 Stabilisierungsverbände

Verbände gegen Kippen und Knicken

Unabhängig von Windlasten besteht bei schlanken **BSH-Bindern** mit Rechteckquerschnitt die Gefahr, dass die unter Biegedruck stehenden Binderteile seitlich ausweichen und ein „Kippen" des Trägerquerschnitts auslösen. Dies kann man verhindern, indem die Binder gegen **Kippverbände** in der Dachebene abgestützt werden. Die Weiterleitung der Stabilisierungskräfte bis zum Verband übernehmen entweder Nebenträger oder die oft vorhandenen Dachpfetten.

Die Kippaussteifung lässt sich auch durch andere Konstruktionen erreichen. Entscheidend ist dabei, dass der Binderquerschnitt daran gehindert wird, sich seitlich zu „verdrehen".

Besonders gefährdet sind die langen Druckgurte der **Fachwerkträger**, die ohne seitliche Abstützung bereits unter geringer Last ausknicken würden. Für Vollwandbinder mit Kasten- oder I-Profil gilt Ähnliches. Zur Reduktion der Knicklängen müssen die Druckgurte in regelmäßigen Abständen seitlich gehalten sein. Schmale Gurte sind dabei in kleineren Abständen abzustützen als breite. Die stabilisierenden Stützkräfte sind dann wie oben beschrieben in **Knickverbände** weiterzuleiten.

Besondere Sorgfalt ist bei Dachkonstruktionen mit Nagelplattenbindern erforderlich. Siehe hierzu Abschnitt 15.4.3.

Gemeinsamer Verband

Es ist unnötig und unwirtschaftlich, getrennte Aussteifungsverbände für Windlasten und Stabilisierungskräfte vorzusehen. Die vorhandenen Dachverbände in Hallenquerrichtung können selbstverständlich beide Aufgaben gleichzeitig erfüllen, wenn sie entsprechend berechnet und konstruiert sind. Bei langen Hallen kann es erforderlich sein, die anfallenden Kräfte auf mehrere Verbände zu verteilen.

Leichte Dachkonstruktionen sind so zu verankern, dass sie nicht von **Windsogkräften** abgehoben werden können. Darüber hinaus können besondere, in der Dachkonstruktion stehende Längsverbände notwendig sein. Sie dienen dazu, die Untergurte der Dachbinder auszusteifen, die bei Windsog unter Druckspannung geraten und ausknicken könnten.

Bei Hallen werden die unabhängig voneinander auftretenden Wind- und Stabilisierungskräfte in der Regel durch Horizontalverbände in der Dachebene und Vertikalverbände in der Ebene der Außenwände aufgenommen. Eingespannte Stützen und Rahmen- oder Bogenbinder tragen zur Aussteifung bei.

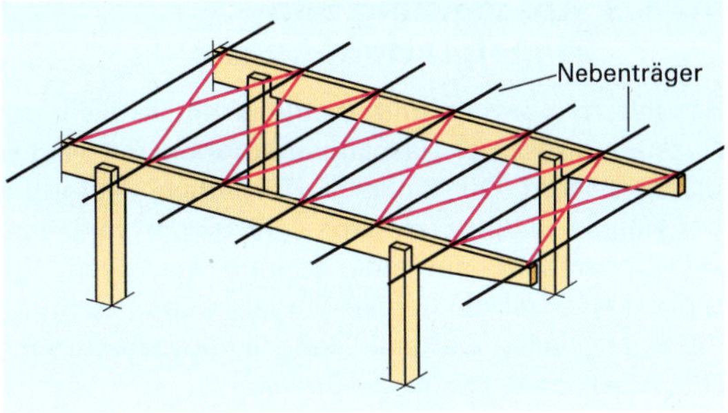

Dachverband stabilisiert kippgefährdete Biegeträger

Binderpaare in Nagelplattenbauweise mit Dachverbänden vor der Montage

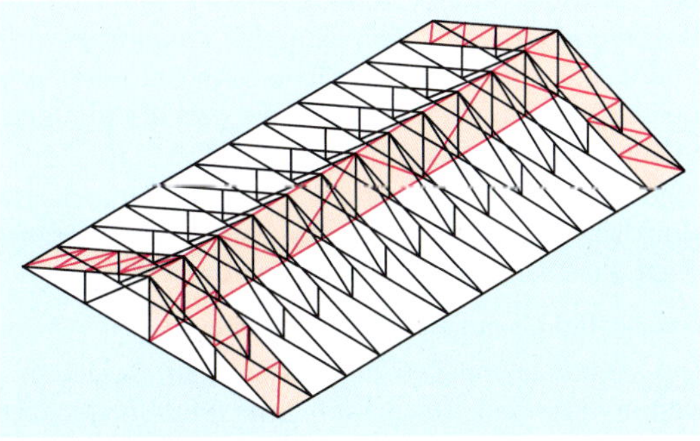

Wind- und Längsverband bei einer Dachkonstruktion aus Fachwerkbindern

15.4.3 Aussteifung von Nagelplattenbindern

Besondere Sorgfalt und Planung hinsichtlich der Aussteifung ist bei Dachkonstruktionen mit Nagelplattenbindern (NP-Binder) erforderlich. Aufgrund der kleinen Stabbreiten haben NP-Binder senkrecht zur Binderebene nur eine geringe Steifigkeit. Ein Kippen und Knicken der NP-Binder in Längsrichtung muss vermieden werden. Dies gilt sinngemäß auch schon bei der Montage der Binder.

Verbände in Gurtebene

Entsprechend dem vorgesehenen Abstand der NP-Binder, in der Regel 1,25 m, werden zwei Binder zu einem Binderpaar zusammengefügt. Dies erfolgt durch den Einbau von Verbänden in der Ebene des Obergurtes oder je nach statischer Erfordernis zusätzlich auch in der Untergurtebene.

Binderpaar und Windrispenband zur Aussteifung

Alternativ zu den Verbänden kann durch Beplankung mit Holzwerkstoffen aussteifende Wirkung erzielt werden.

Die aussteifenden Binderpaare sind am Dachrandbereich anzubringen. Innerhalb des Daches sind in Abständen bis zu 12,50 m weitere Binderpaare anzuordnen. In der Firstlinie sind diese durch zug- und druckfeste Firstbohlen gegeneinander abgestützt.

Windrispenbänder

Mittels Windrispenbändern aus Flachstahl können die Kräfte im Verband der Obergurtebene an den Traufseiten rückverankert werden. Wichtig ist hierbei, dass die Bänder straff gespannt sind und die Befestigung gemäß Statikangabe ausgeführt und überwacht wird. Bei sämtlichen Anschlüssen und Befestigungspunkten erfordert die geringe Stabbreite der NP-Binder besondere Sorgfalt.

Eine diagonale Anbringung von zug- und druckfesten Holzrispen auf der Unterseite der Binderobergurte wirkt gleichfalls aussteifend für die Dachfläche.

Dachlatten als aussteifende Bauteile

Die Verbände müssen die Lasten aller Binder aufnehmen können. Dachlatten oder Pfetten, je nach Art der Bedachung, müssen daher die Kräfte zug- und druckfest in die Binderpaare einleiten. Hierzu sind **alle** Dachlatten **aussteifend** an den Bindern zu befestigen.

Am Stoß zweier Dachlatten auf dem schmalen Binderobergurt entsteht in der Regel nur eine zweitklassige, nicht aussteifende Verbindung. Die erforderlichen Mindestnagelabstände der DIN EN 1995 können meist nicht eingehalten werden.

Dachlatten (mm/mm)	Mindestnagellänge nach DIN EN 1995 Einschlagtiefe = 12 · d_n	
	d_n = 3,0 mm	d_n = 2,8 mm
24/48	≥ 60 mm	≥ 58 mm
24/60	≥ 60 mm	≥ 58 mm
30/50	≥ 65 mm	≥ 64 mm
40/60	≥ 75 mm	≥ 74 mm

Zuordnung Dachlattenquerschnitte und Mindestnagellängen

– Dachlattenstoß nicht aussteifend

Um die erforderlichen Randabstände am Lattenstoß (ohne aussteifenden Zweck) einhalten zu können, ergibt sich eine Mindestbreite des Obergurtes von $2 \cdot (5\,d_n + 7\,d_n)$. Bei einem Nageldurchmesser von d_n = 3,0 mm müsste der Obergurt demnach mindestens 72 mm breit sein. Nur durch die erlaubte Schrägnagelung bis 20 Grad können diese Abstände beim dargestellten Obergurt eingehalten werden.

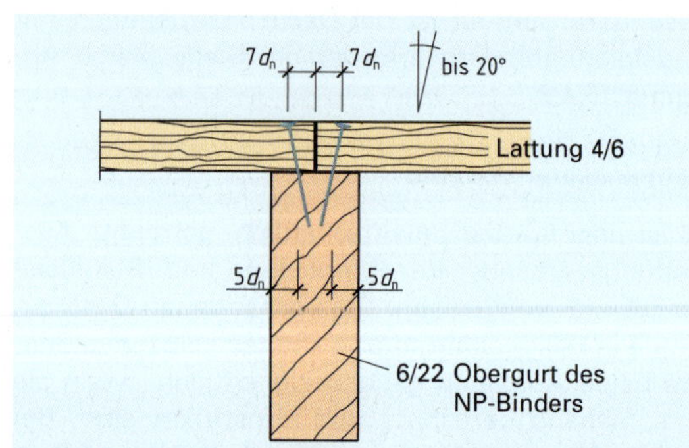

Lattenstoß nicht aussteifend

Nicht aussteifende Lattenstöße müssen versetzt angeordnet werden. Nur jeder dritte Stoß ist dann auf demselben Binder auszuführen.

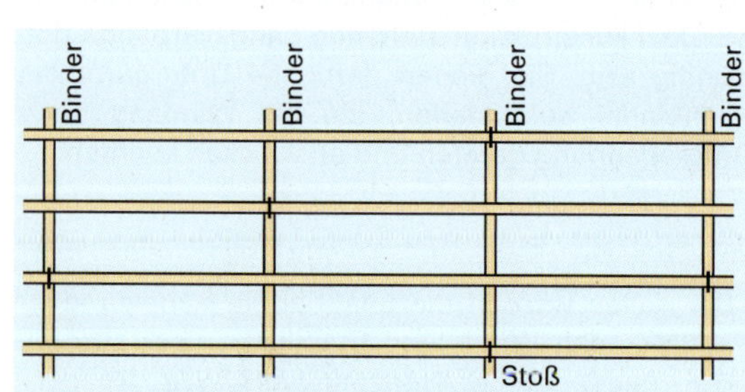

Anordnung versetzt gestoßener Dachlatten

Nicht aussteifende Dachlattenstöße müssen versetzt angeordnet werden.

– Dachlattenstoß aussteifend

Um die Aussteifungskräfte aufnehmen zu können, müssen die Nagelverbindungen größere Randabstände aufweisen. Nach handwerklichen Regeln wäre für unseren Obergurt des NP-Binders eine Mindestbreite von $2 \cdot (7\,d_n + 15\,d_n) = 44\,d_n$ notwendig – also mindestens 132 mm. Dies entspräche nicht den wirtschaftlichen, schmalen Dimensionierungen der NP-Binder.

Abhilfe kann das Anbringen eines Beiholzes am Obergurt schaffen. Die Auflagerfläche wird verbreitert.

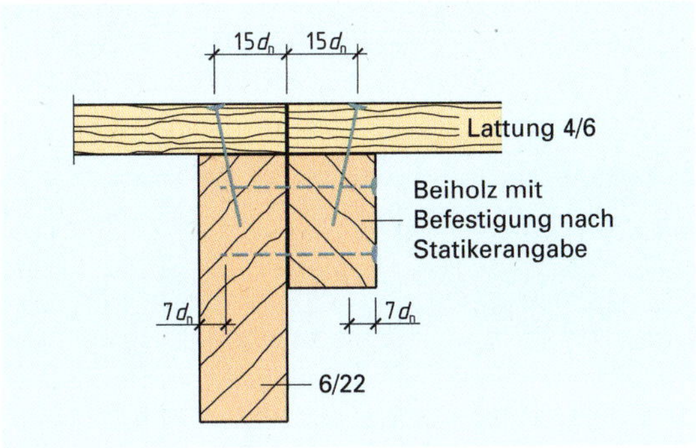

Lattenstoß aussteifend durch Beiholz. Lattenstöße sind dann fluchtend auf demselben Binder möglich

Bei Verwendung von Konterlatten kann die Auflagerfläche durch eine Bohle als Konterlatte vergrößert werden.

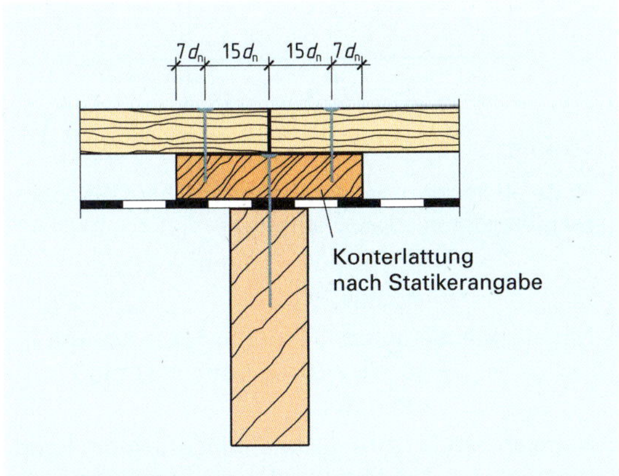

Lattenstoß aussteifend durch verbreiterte Konterlattung

Bei Dachlattenstößen sind generell die Randbereiche zu berücksichtigen.

Aussteifende Dachlattenstöße können bei Nagelplattenbindern nur durch eine Verbreiterung der Auflagerfläche ausgeführt werden.

Längsaussteifungen in Füllstabebene

Dachlatten oder Pfetten verbinden die Obergurte der Nagelplattenbinder. An den Knotenpunkten der Füllstäbe an Ober- und Untergurt kann durch den Einbau von Holzrispen, sogenannte **Läufer**, eine weitere zug- und druckfeste Verbindung zwischen den einzelnen Binderelementen erfolgen.

Um auf Druck beanspruchte Füllstäbe der NP-Binder am Ausknicken zu hindern, werden Läufer in der Mitte der Druckstäbe montiert.

Läufer

Aussteifende Wirkung wird durch den Einbau von **Diagonalen** in der Ebene der Füllstäbe erreicht.

Die steigenden oder fallenden Diagonalen sind über mindestens drei Binderabstände zu führen.

Bei der Befestigung sind Anzahl und Randabstände der Nägel nach DIN EN 1995 bzw. nach Angabe der Statik vorzunehmen.

Nach 25 m ist mit einer steigenden und fallenden Diagonalen eine Auskreuzung vorzunehmen.

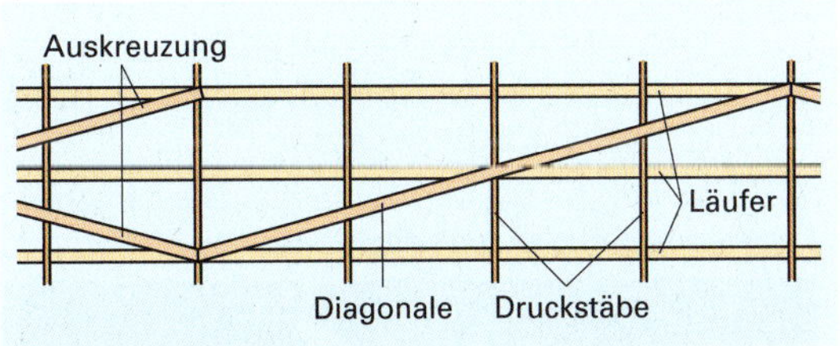

Längsaussteifung

15.5 Aufgaben

1. *Mit welchen Binderformen lassen sich Hallen mit Satteldächern konstruieren?*
2. *Unter welcher Voraussetzung dürfen Holzbaubetriebe Brettschichtholzträger herstellen?*
3. *Welche Merkmale sind für die Lamellen von Brettschichtholzträgern besonders wichtig?*
4. *Von welchen Einflüssen hängt die Bauhöhe eines Hallenbinders im Wesentlichen ab?*
5. Berechnen Sie die Mindesthöhe eines Parallelbinders aus BSH (Rechteckquerschnitt) und eines Fachwerkbinders für eine Stützweite von 30 m. Begründen Sie den Unterschied.
6. *Welche Vorteile bieten gelenkig verbundene Träger gegenüber einteiligen bei großen Stützweiten?*
7. *Erklären Sie den Aufbau von Stegträgern unterschiedlichen Querschnitts.*
8. *Vergleichen Sie die statischen Beanspruchungen im Querschnitt eines Biegeträgers mit denen in den Stäben eines Fachwerkbinders.*
9. *Wie hängen Herstellungsverfahren und Wirtschaftlichkeit von Fachwerkbindern zusammen?*
10. *Von welchen Faktoren hängt die Tragfähigkeit einer Nagelverbindung ab?*
11. *Beschreiben Sie die Knotenausbildung beim Nagelplatten-System.*
12. *Nennen Sie die Unterschiede zwischen Bolzen und Passbolzen hinsichtlich ihrer Verwendbarkeit.*
13. *Warum müssen Dübelverbindungen durch Bolzen zusammengehalten werden?*
14. *Begründen Sie die Notwendigkeit von Wind- und Stabilisierungsverbänden.*
15. *Beschreiben Sie die Aussteifungskonstruktion der nachfolgenden Abbildung.*

16. Bei den dargestellten Anschlüssen sollen Nägel der Größe 31 × 70 angeordnet werden.

    Berechnen Sie die Mindestabstände und entwerfen Sie geeignete Nagelbilder. Zeichnerische Darstellung im Maßstab 1:5.

    a) Längsstoß mit 16 Nägeln links und rechts,

    b) Vertikalanschluss mit 9 Nägeln.

    Beachten Sie dabei das Beispiel unten.

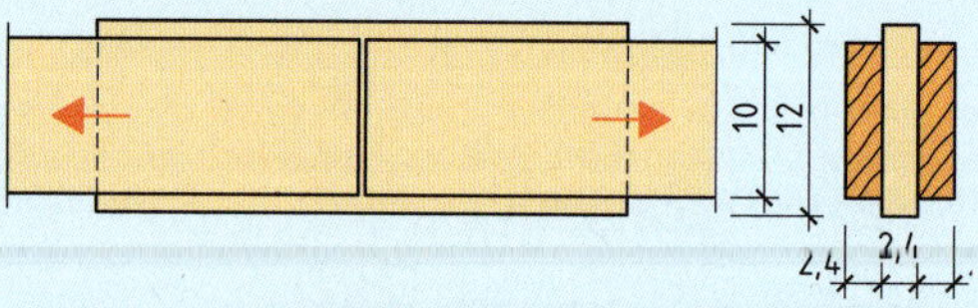

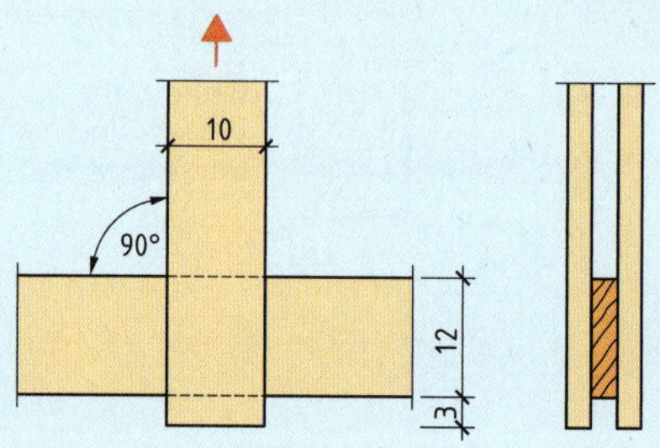

Beispiel:

Berechnen Sie die Mindestnagelabstände und verteilen Sie 6 Nägel (31 × 80) auf jede Anschlussfläche.

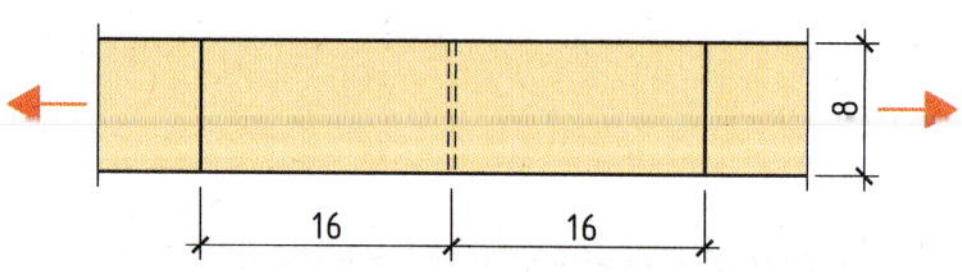

Lösung:

Nagelabstände von den beanspruchten Rändern rechtwinklig der Faserrichtung

$= 12 \cdot d_n = 12 \cdot 3{,}1\ \text{mm} = \underline{37{,}2\ \text{mm}}$

$\rightarrow$ 40 mm

Nagelabstände untereinander in Faserrichtung

$= 10 \cdot d_n = 10 \cdot 3{,}1\ \text{mm} = \underline{31\ \text{mm}}$

$\rightarrow$ 40 mm

Nagelabstände zum nicht beanspruchten Rand (parallel zur Kraftrichtung) und Nagelabstände untereinander parallel zur Faserrichtung

$= 5 \cdot d_n = 5 \cdot 3{,}1\ \text{mm} = \underline{15{,}5\ \text{mm}}$

$\rightarrow$ 25 mm bzw. 30 mm

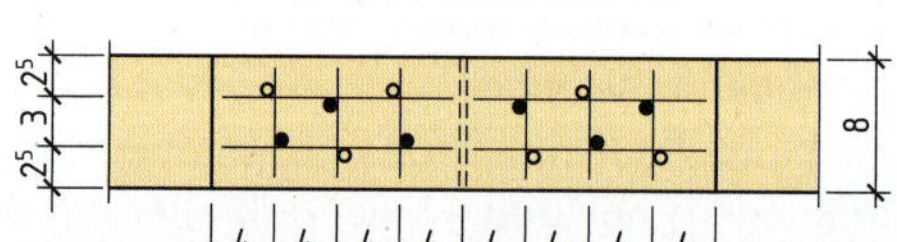

Lernfeld 16:
Konstruieren einer gewendelten Holztreppe

Im Lernfeld 11 wurde eine gerade Holztreppe für das Projekt vorgeschlagen. Gestalterische Überlegungen, Optimierung der Wegeführung innerhalb des Gebäudes oder Größe und Form der Räume können dazu führen, dass der Einbau einer gewendelten Treppe von Vorteil ist.

Gewendelte Treppen sind im Vergleich zu geraden Treppen schwieriger zu konstruieren und herzustellen.

Die Stufen von gewendelten Treppen müssen verzogen werden. Dadurch wird die Auftrittbreite an den Wangen verschieden groß. Je besser eine Treppe verzogen ist, umso schöner werden die Wangenschwünge. Gut verzogene Treppen sind außerdem sicher und bequem zu begehen.

Gewendelte Treppen können mit Treppenpfosten oder Krümmlingen hergestellt werden.

16.1 Begriffe

Treppenarten

Gewendelte Treppen werden wie auch gerade Treppen in der DIN 18065 nach ihrer Form unterschieden.

Einläufige viertelgewendelte Treppen benötigen im Vergleich zu einläufigen geraden Treppen weniger Platz und sind aufgrund der Wendelung flexibler einzusetzen.

Viertelgewendelte Treppen können sowohl am Antritt als auch am Austritt gewendelt werden. Am Austritt gewendelte Treppen sind jedoch ungünstig zu begehen und sollten daher möglichst nicht zum Einsatz kommen. **Einläufige halbgewendelte Treppen** benötigen ebenfalls erheblich weniger Platz als gerade Treppen vergleichbarer Form (z. B. zweiläufige gegenläufige Treppe mit Zwischenpodest).

Wendeltreppen mit **Treppenauge** oder **Treppenspindel** benötigen die kleinste Grundfläche. Da Treppen mit dieser Form meistens aus gestalterischen Gründen gewählt werden, kommt die Schönheit dieser Treppen erst dann zur Geltung, wenn viel Platz vorhanden ist und sie frei im Raum stehen.

Gewendelte Treppen sollten daher nicht nur aus Platzgründen gewählt werden.

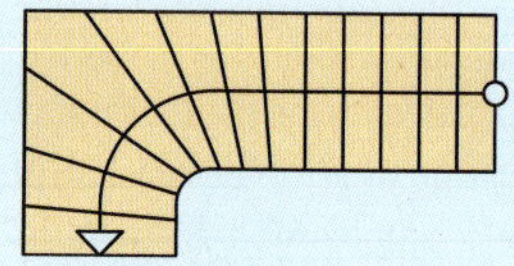
Einläufige, im Austritt viertelgewendelte Treppe

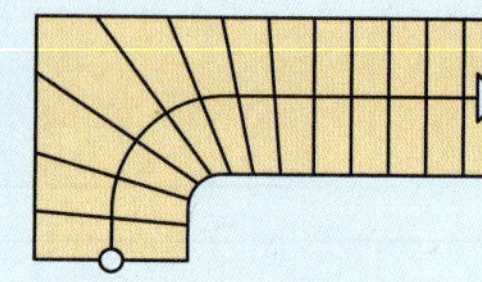
Einläufige, im Antritt viertelgewendelte Treppe

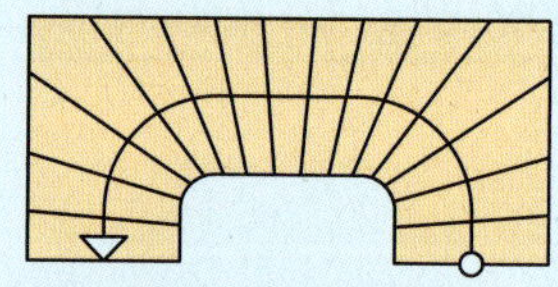
Einläufige, zweimal viertelgewendelte Treppe

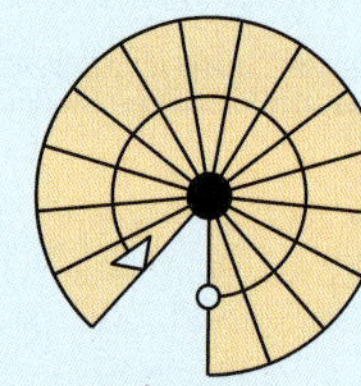
Spindeltreppe

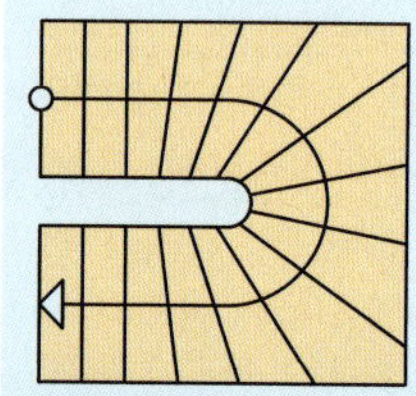
Einläufige halbgewendelte Treppe

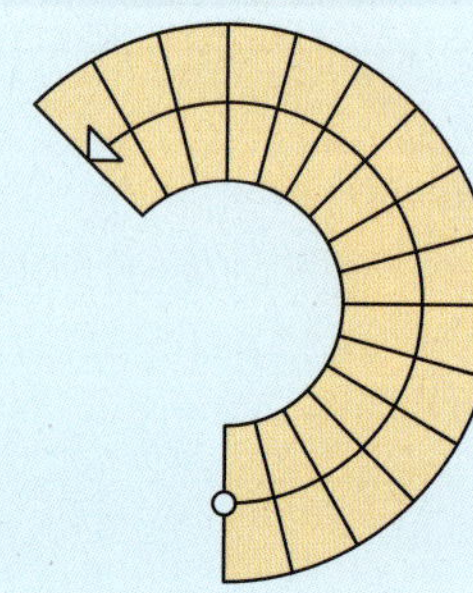
Wendeltreppe

Treppenformen

Begriffe

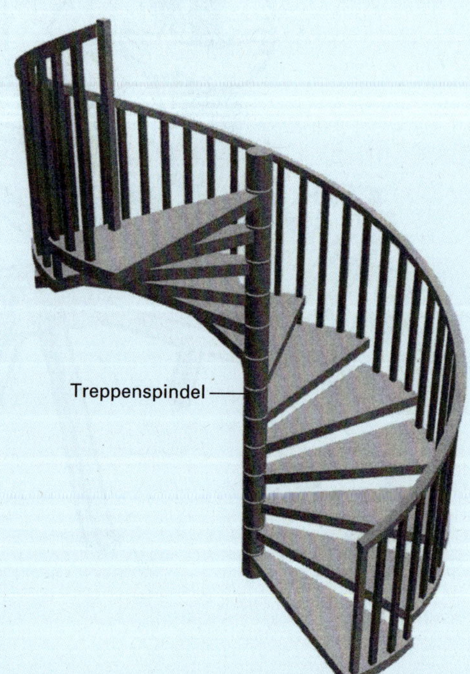

16.2 Verziehung von gewendelten Treppen

Da die Lichtwange an gewendelten Treppen kürzer als die Lauflinie ist, wird die Auftrittbreite der Stufen an der Wange kleiner. Die Auftrittbreiten können nicht beliebig festgelegt werden, sondern müssen nach bestimmten Regeln ermittelt werden. Diese Arbeit wird als **Verziehen** von Treppen bezeichnet.

Die Stufen sollen an der Lichtwange bis zum Scheitelpunkt der Wendelung allmählich schmaler werden. Das Begehen der Treppe wird dadurch erleichtert und die Lichtwange bekommt einen schönen und gleichmäßigen Schwung.

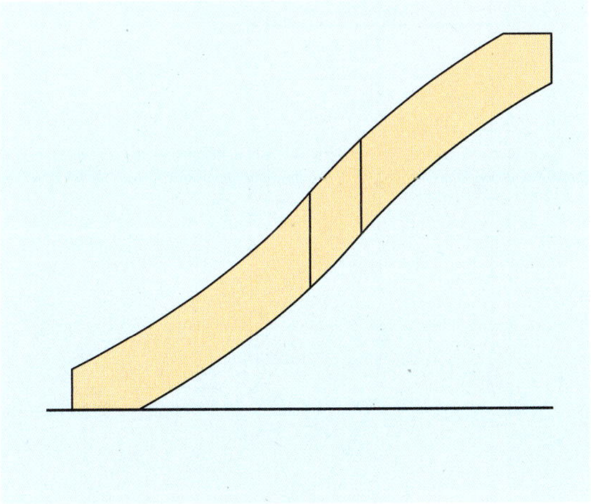

Harmonischer Schwung der Lichtwange

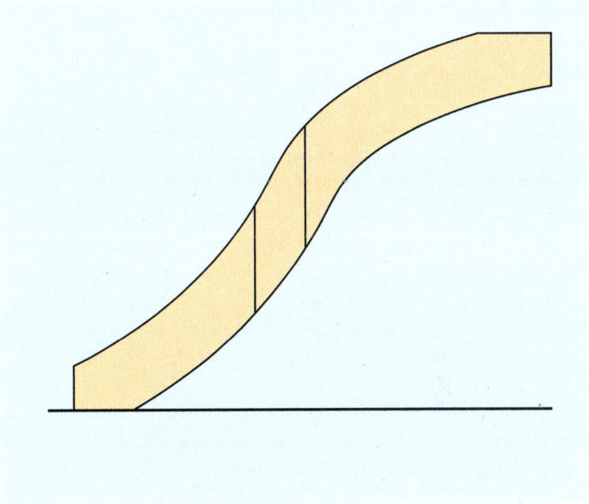

Unharmonischer Schwung der Lichtwange

Bevor mit dem Verziehen begonnen wird, sind einige Grundsätze zu beachten.

1. In Gebäuden mit höchstens zwei Wohneinheiten müssen Wendelstufen an der schmalsten Stelle der inneren Begrenzung der nutzbaren Treppenlaufbreite einen Auftritt von mindestens 50 mm haben.

   In allen übrigen Gebäuden sind nach DIN 18065 100 mm vorgeschrieben.

2. Die Vorderkante einer Tritt- oder Setzstufe sollte nie in das Eck der Wandwangen geführt werden.

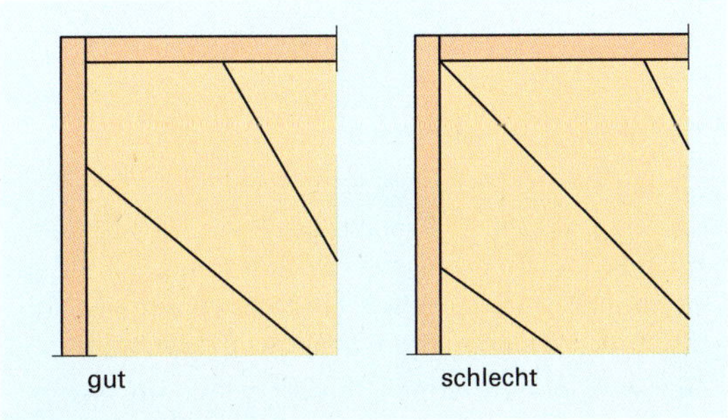

Wandwangeneck

3. Die erste zu verziehende Stufe sollte etwa im Abstand der doppelten Treppenlaufbreite von der Stirnseite der Treppe liegen.

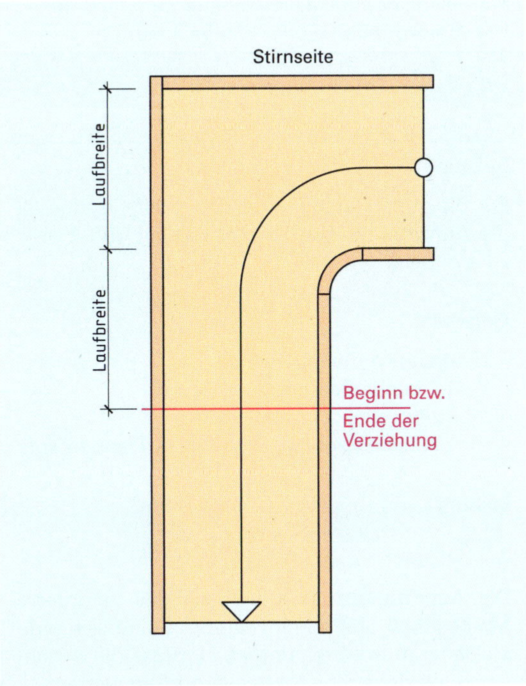

Zu verziehender Bereich

Auftrittbreite am Spickeltritt

Die Auftrittbreiten an der Lichtwange dürfen die in der DIN 18065 festgelegten Mindestmaße nicht unterschreiten. Abhängig von Treppenform und Anzahl der zu verziehenden Stufen kann die Auftrittbreite auch merklich größer sein. Bei viertelgewendelten Treppen kann man davon ausgehen, dass die Auftrittbreite der Spickelstufe an der Wange zwischen 12 cm und 14 cm liegt.

Mithilfe einer einfachen Berechnung kann die Auftrittbreite genau ermittelt werden.

$$a' = a - \frac{y \cdot b \cdot \pi}{n + z}$$

a'	Auftrittbreite an der Wange
a	Auftrittbreite auf der Lauflinie
y	Faktor, der die Art der Wendelung angibt – viertelgewendelte Treppen = 1 – halbgewendelte Treppen = 2
b	Abstand der Lauflinie von der Innenkante der Lichtwange
π	Kreiszahl 3,14
n	Anzahl der zu verziehenden Stufen
z	Faktor, der bei gleichmäßiger Zunahme der Auftrittbreiten an der Wange 1 beträgt

Beispiel:

Für die abgebildete viertelgewendelte Treppe ist die Auftrittbreite der Spickelstufe an der Wange zu ermitteln.

Gegeben:

- Steigungsverhältnis 18/27
- lichte Treppenlaufbreite = 100 cm
- 10 Stufen sind zu verziehen
- die Lauflinie liegt in der Mitte des Treppenlaufs

Lösung:

$$a = 27\text{ cm} - \frac{1 \cdot 50\text{ cm} \cdot 3{,}14}{10 + 1} = \underline{12{,}7\text{ cm}}$$

Die Auftrittbreite ist größer als das geforderte Mindestmaß und somit zulässig. Sollte sich eine zu kleine Auftrittbreite ergeben, muss die Anzahl der zu verziehenden Stufen vergrößert werden.

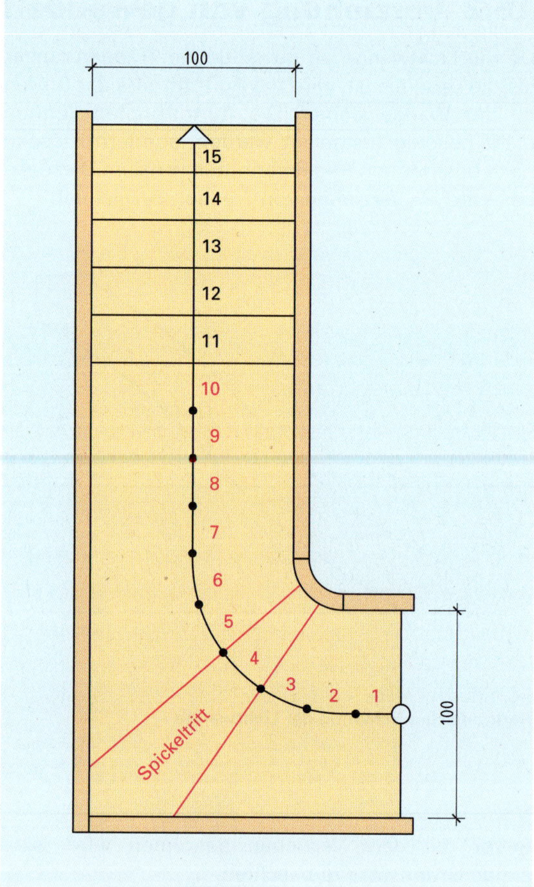

Auftrittbreite am Spickeltritt

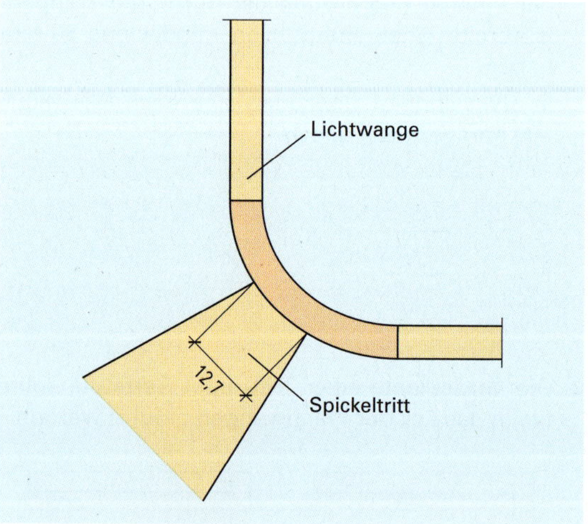

Auftrittbreite an der Lichtwange

Damit gewendelte Treppen sicher und bequem zu begehen sind, müssen die Stufen gleichmäßig verzogen werden. Dabei sind Mindestmaße für die Auftrittbreiten an der Wange zu beachten.

Gut verzogene Treppen führen zu einem gleichmäßigen und schönen Wangenschwung.

Verziehungsmethoden

Für das Verziehen der Stufen stehen eine Vielzahl rechnerischer und grafischer Methoden zur Verfügung, von denen hier nur eine Auswahl beschrieben werden kann.

Fluchtpunktmethode

- Auf der Lauflinie werden die Auftrittbreiten der Treppe abgetragen.
- Die Spickelstufe wird festgelegt.
- Die Vorderkanten der ersten und letzten geraden Stufen werden eingezeichnet und als Bezugslinie verwendet.
- Die Vorder- und Hinterkante der Spickelstufe werden verlängert und mit der Bezugslinie zum Schneiden gebracht.
- Auf der Bezugslinie entsteht die Strecke *x*, entsprechend der Anzahl der zu verziehenden Stufen wird die Strecke *x* auf der Bezugslinie abgetragen.
- Die Punkte auf der Bezugslinie werden mit den auf der Lauflinie festgelegten Auftrittbreiten verbunden.
- Die so ermittelten Linien stellen die Vorderkanten der zu verziehenden Stufen dar.

Vergatterung

- Auf der Lauflinie werden die Auftrittbreiten der Treppe abgetragen.
- Eine Strecke mit der Länge $\overline{AB}$ auf der Lichtwange (Vorderkante erste gerade Stufe bis Achse $\overline{BB'}$) wird abgetragen.
- Rechtwinklig dazu wird im Punkt A eine gleich lange Strecke gezeichnet.
- Durch die Punkte C und B wird eine Linie über B hinaus gezogen.
- Von Punkt A aus wird eine Strecke mit der Länge $\overline{A'B'}$ mit der Verlängerung der Linie $\overline{CB}$ zum Schneiden gebracht.
- Auf der Strecke $\overline{B'A'}$ werden die Auftrittbreiten abgetragen und mit dem Punkt C verbunden. Teilt die Achse $\overline{BB'}$ den Spickeltritt in der Mitte (wie in der Abbildung), so wird für Auftritt 6 die Länge $\frac{a}{2}$ abgetragen.
- Die Schnittpunkte auf der Strecke $\overline{BA}$ entsprechen der Teilung der Lichtwange.

Ist die Anzahl der zu verziehenden Stufen auf beiden Seiten der Wendelung unterschiedlich, so muss für jede Seite die Verziehung vorgenommen werden.

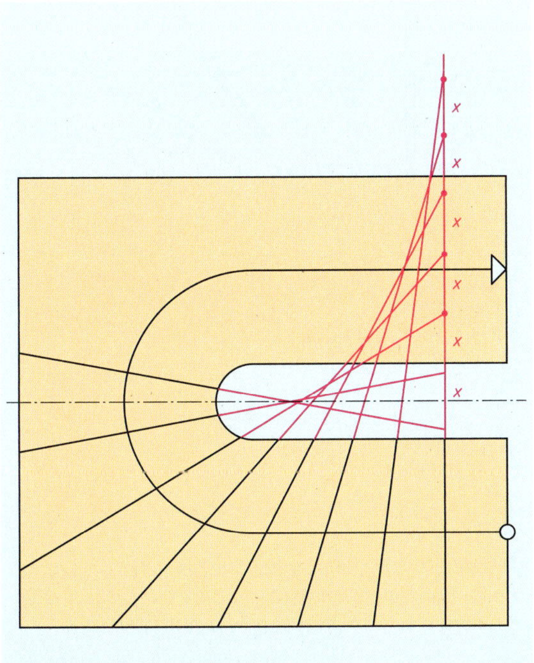

Fluchtpunktmethode

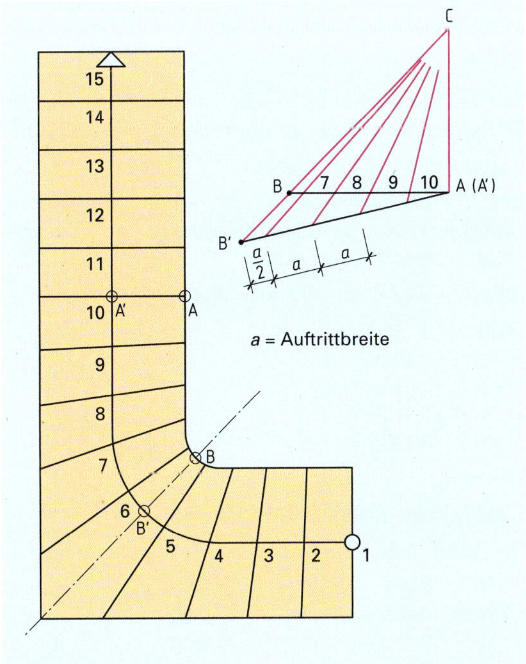

Vergatterung

Rechnerische Methode

Die „Spickelstufe" wird mit 10 cm Auftrittbreite an der Lichtwange festgelegt. Anschließend wird die Länge von der Vorderkante der ersten geraden Stufe (3) bis zur Vorderkante der Spickelstufe (8) auf der Freiwange berechnet.

Das gebogene Teil beträgt $\frac{\pi \cdot d}{4} - \frac{10\text{ cm}}{2}$

$= \frac{3{,}14 \cdot 20\text{ cm}}{4} - 5\text{ cm} = 10{,}7\text{ cm}$

Der gerade Teil wird auf der Lauflinie berechnet.

$5\frac{1}{2}$ Auftrittbreiten $- \frac{\pi \cdot d}{4}$

$= 5{,}5 \cdot 29\text{ cm} - \frac{3{,}14 \cdot 110\text{ cm}}{4} = 73{,}2\text{ cm}$

Gesamtlänge = 73,2 cm + 10,7 cm = 83,9 cm

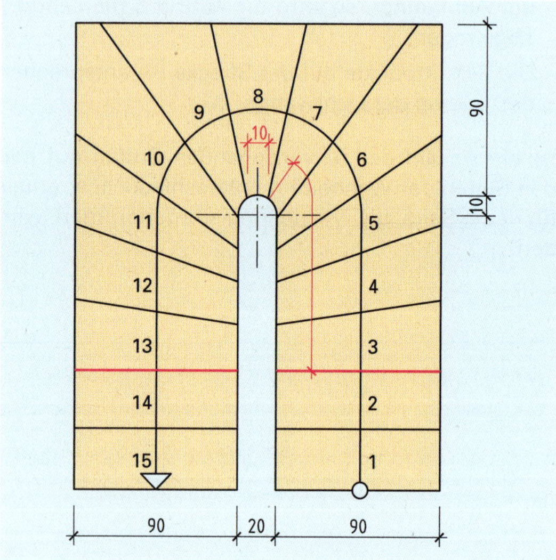

Für die Stufen 9 … 13 bzw. 3 … 7 wird ebenfalls ein Grundmaß von 10 cm an der Freiwange festgelegt.

Insgesamt 5 · 10 cm = 50 cm

Die Differenz zwischen der ermittelten Länge an der Lichtwange und dem Grundmaß wird den zu verziehenden Stufen zugemessen.

Differenz = 83,9 cm – 50 cm = 33,9 cm

Stufe 7 + 1 Teil
Stufe 6 + 2 Teile
Stufe 5 + 3 Teile
Stufe 4 + 4 Teile
Stufe 3 + 5 Teile
Zusammen 15 Teile

1 Teil beträgt 33,9 cm : 15 = 2,3 cm

Die Auftrittbreiten betragen an der Freiwange für

Stufe 7 10 cm + 2,3 cm = 12,3 cm
Stufe 6 10 cm + 2 · 2,3 cm = 14,6 cm
Stufe 5 10 cm + 3 · 2,3 cm = 16,9 cm
Stufe 4 10 cm + 4 · 2,3 cm = 19,2 cm
Stufe 3 10 cm + 5 · 2,3 cm = 21,5 cm

Verziehen mit Leisten

In der Praxis wurden Stufen früher häufig durch das Auslegen von Leisten nach Augenmaß verzogen.

- Der Treppengrundriss wird auf dem Reißboden im Maßstab 1 : 1 aufgezeichnet.
- Die Auftrittbreiten werden auf der Lauflinie abgetragen.
- Die Spickelstufe und die ersten und letzten geraden Stufen werden festgelegt.
- Die restlichen zu verziehenden Stufen werden durch Leisten markiert.

Die Leisten werden im Bereich der Wendelung so lange verschoben, bis eine optimale Verziehung gefunden ist. Dabei kann es erforderlich sein, dass die bereits festgelegte Spickelstufe korrigiert werden muss.

Das Verziehen mit Leisten erfordert zwar viel Erfahrung, ergibt aber in der Regel die besseren Ergebnisse. Grafische und rechnerische Verziehungen können durch das Auslegen von Leisten optimiert werden.

Besonders bei Verziehungen mit spezieller Software oder mittels Modulen in Abbundprogrammen können vorgeschlagene „Verziehungen" mit der „Leistenmethode" nachbearbeitet werden. Dabei werden einzelne Stufenvorderkanten am Bildschirm verschoben.

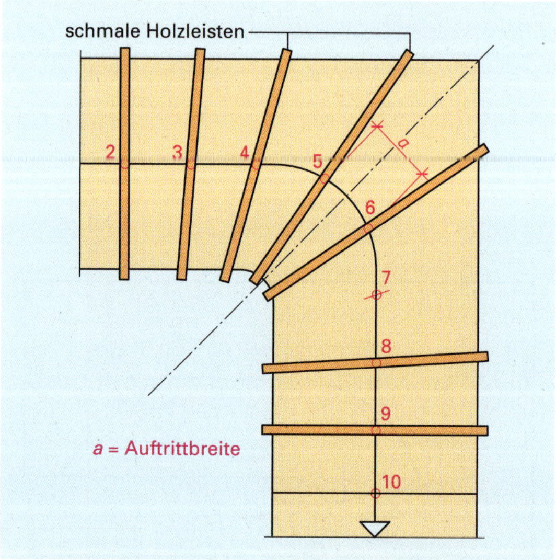

Verziehen mit Leisten

Die Verziehung kann mithilfe grafischer und rechnerischer Verziehungsmethoden oder durch das Auslegen von Leisten vorgenommen werden.

Bei entsprechender Erfahrung ist die Verziehung mit Leisten vorzuziehen.

16.3 Austragen der Wangen

Wangen werden ausgetragen, indem die Auftrittbreiten an den Wangen aus dem Grundriss entnommen und auf eine Papierschablone zusammen mit den Steigungshöhen übertragen werden.

Dies kann sowohl mit großen transparenten Linealen und Zeichenwinkeln oder mit Anreißwinkeln vorgenommen werden. Anschließend wird die Schablone auf die Wange gelegt und mithilfe einer Nadel an allen Eckpunkten der Stufen so durchstochen, dass diese Punkte auf der Wange markiert sind.

Durch Verbinden der Punkte werden die für das Ausfräsen der Wange notwendigen Risse ermittelt.

Mithilfe des Anreißwinkels, auf dem die Steigung und alle Auftrittbreiten abgetragen sind, kann auch direkt auf der Wange angerissen werden.

Um die Oberkante der Wange festzulegen, wird das Wangenbesteck eingezeichnet.

Aus gestalterischen Gründen sollte die Lichtwange von oben bis unten durchgehend gleich breit sein. Deshalb wird die Unterkante der Wange nicht über das Besteck sondern durch Parallelverschiebung der Oberkante ermittelt. Wandwangen können in der Breite variieren.

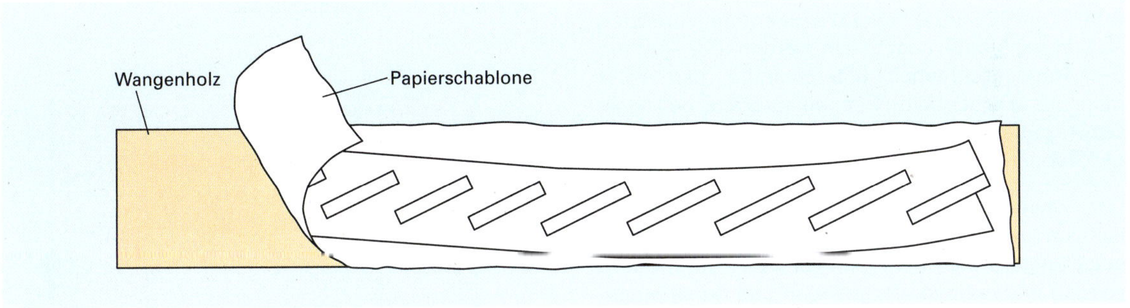

Übertragung der Risse mithilfe einer Papierschablone

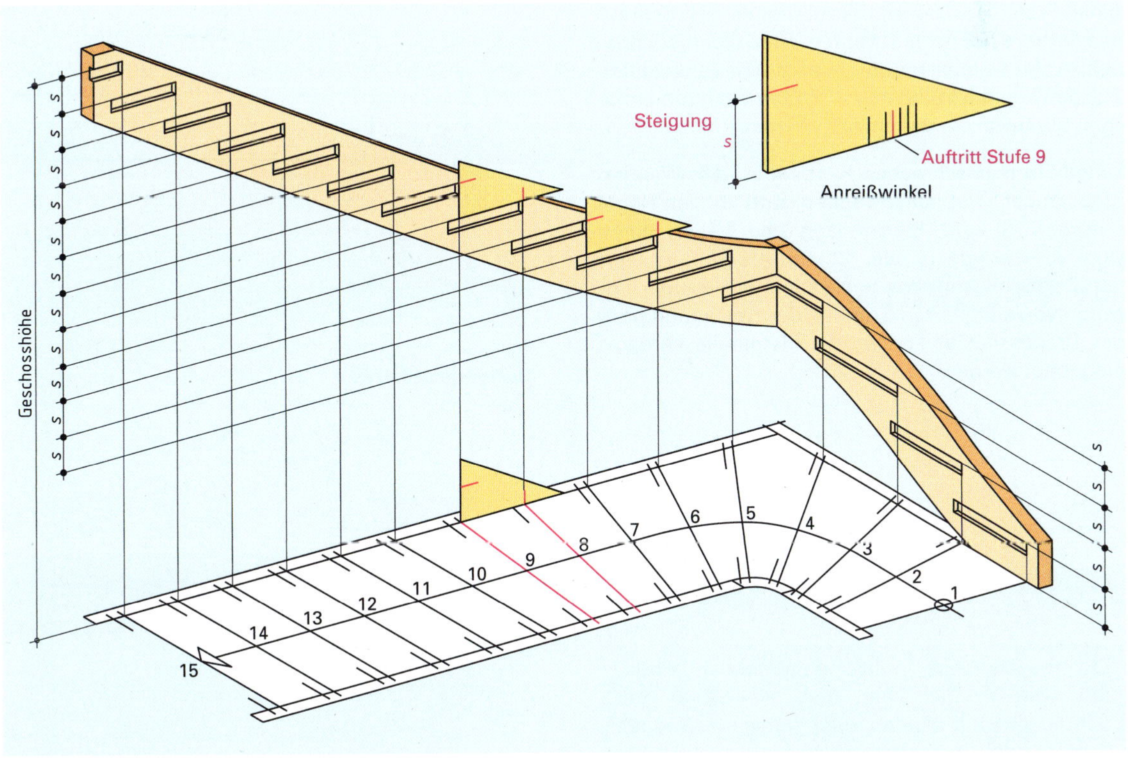

Übertragung der Risse mithilfe eines Anreißwinkels

16.4 Treppenverbindungen

Da Holztreppen zum Schwinden neigen, ist es sinnvoll, Verbindungsmittel zu wählen, die später nachgezogen werden können. Schrauben unterschiedlichster Art kommen daher im Treppenbau zum Einsatz.

Auch Leimverbindungen werden durch Schrauben ergänzt, da durch sie das Zusammenfügen und Anpressen vereinfacht wird.

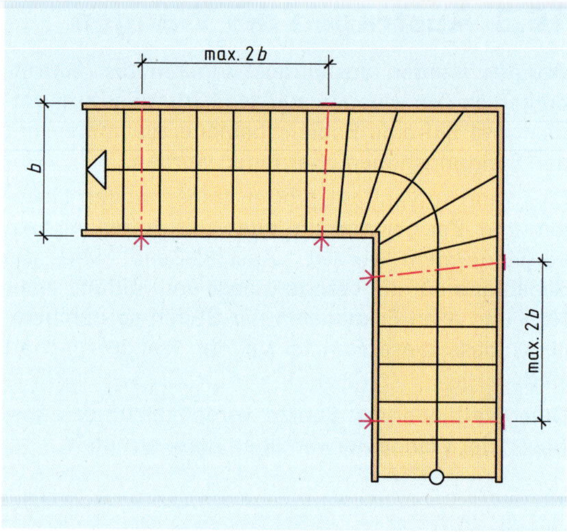

Anordnung der Treppenschrauben

Verbindungen zwischen Wangen und Stufen

Treppenschrauben verbinden die Wangen untereinander oder die Wangen mit den Trittstufen. Der Treppenlauf wird dadurch zusammengehalten.

Die erste Treppenschraube sollte unter dem zweiten Auftritt und die letzte Schraube unter dem vorletzten Auftritt der Treppe angebracht werden. Der Abstand der Treppenschrauben untereinander darf nicht mehr als die doppelte Treppenlaufbreite betragen. Die Anzahl der Treppenschrauben richtet sich nach der Treppenlauflänge und der Treppenform.

Der Schaft der Treppenschrauben wird in diesem Fall von unten in die Trittstufen eingelassen und mit einer eingeleimten Holzleiste verdeckt. Die Muttern werden in die Wange eingelassen und durch eingeleimte Holzscheiben oder aufgesetzte Holzrosetten verdeckt.

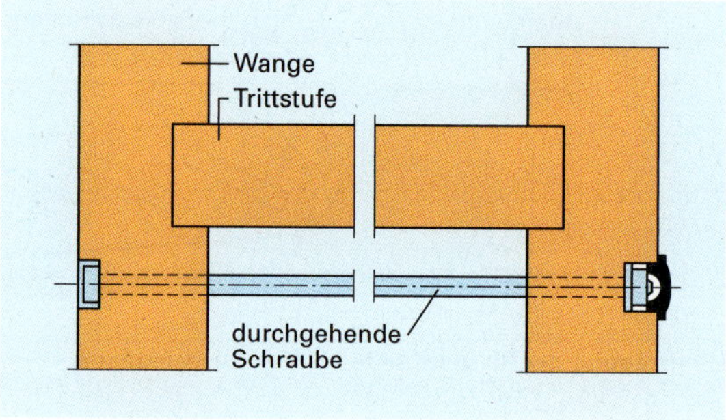

Lange Treppenschrauben

Einfacher und besser ist die direkte Verbindung zwischen Stufe und Wange. Hierfür eignen sich Schrauben in Verbindung mit Muffen oder Quergewindebolzen. An vollgestemmten, von unten verkleideten Treppen können Wangen und Stufen auch mit einfachen Stahlwinkeln verbunden werden.

Lange Treppenschrauben verbinden die Wangen miteinander. Treppenschrauben sind in der Regel zwischen 70 und 150 cm lang und haben einen Durchmesser von 10 oder 12 mm. Als Muttern werden Zweischlitzmuttern, Sechskantmuttern oder Rosetten verwendet. Aus Gründen der Gestaltung oder des Brandschutzes können die Metallteile verdeckt eingebaut werden.

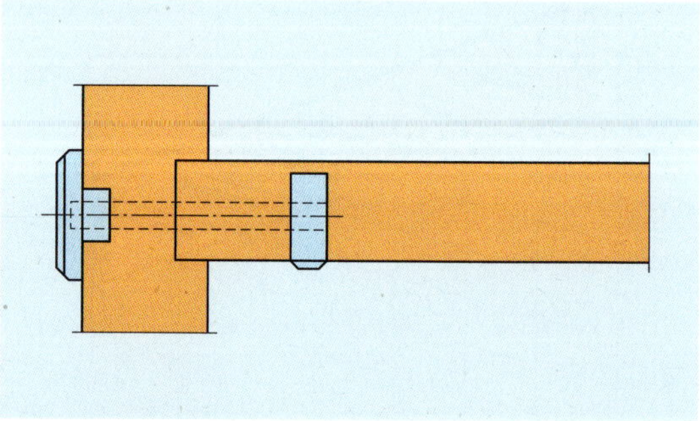
Quergewindebolzen

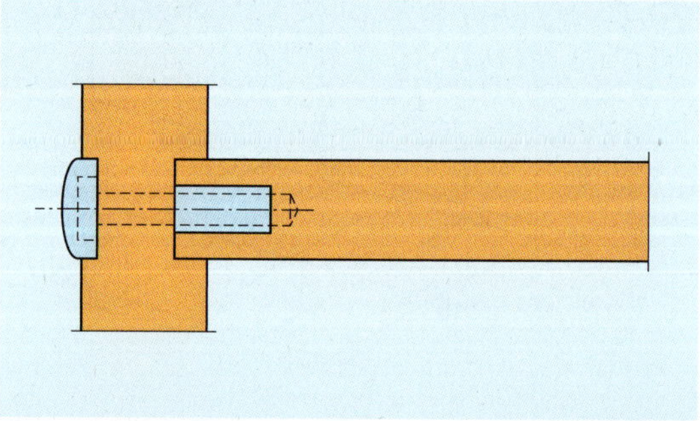
Muffe

Die Treppenwangen müssen miteinander verbunden werden. Dies kann über die Stufen mit Schrauben und Muffen oder direkt mit langen Treppenschrauben erreicht werden.

Verbindung zwischen Wangen und Treppenpfosten

Der Anschluss zwischen den Wangen und den Treppenpfosten wird in der Regel mit Schlüsselschrauben in Verbindung mit Holzdübeln hergestellt.

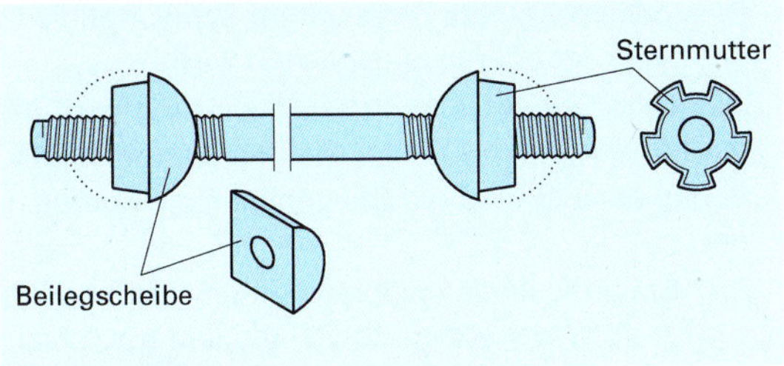

Kropfschrauben

Häufig kommen auch Kropfschrauben zum Einsatz. Zusätzlich kann die Verbindung verleimt werden.

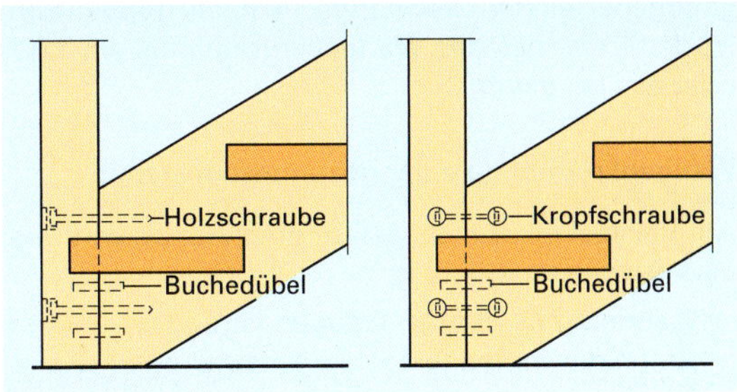

Pfostenschrauben

16.5 Treppengeländer

Die Ausführung des Treppengeländers hängt im Wesentlichen von der Treppenkonstruktion und der Treppenform ab. An Treppen mit geraden Läufen können Geländer mit beliebiger Ausführung gewählt werden (vgl. Lernfeld 12). An gewendelten Treppen empfiehlt es sich, Geländer mit Geländerstäben anzubringen.

Der senkrechte Abstand zwischen Vorderkante Stufe und Oberkante Handlauf sollte immer gleich groß sein (in der Regel 90 cm). Der Abstand zwischen Oberkante Lichtwange und Unterkante Handlauf verkleinert sich jedoch im Bereich des Krümmlings erheblich, da die Neigung der Treppe hier sehr steil ist.

An Treppengeländern mit Bordbrettern oder Füllungen erscheint dieser Abstand noch kleiner, da die parallel verlaufenden Geländerteile die Verengung optisch unterstützen.

Bei Geländerstäben fällt die Verengung kaum auf.

> Für gewendelte Treppen eignen sich Geländer mit senkrecht angebrachten Geländerstäben am besten.

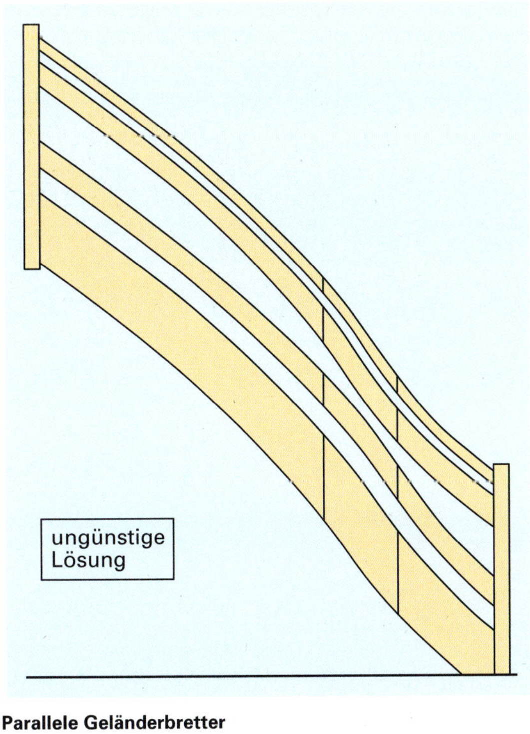

Parallele Geländerbretter

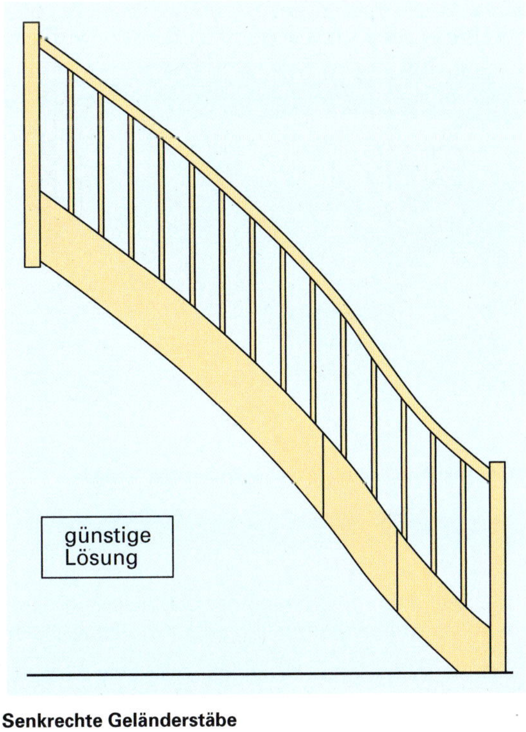

Senkrechte Geländerstäbe

16.6 Austragen des Wangenkrümmlings

Der Wangenkrümmling ist der im Treppengrundriss gebogene Teil der Lichtwange. Je nach Treppenform ist der Grundriss des Wangenkrümmlings ein Kreis oder ein Teil davon.

Wangenkrümmling einer gestemmten Treppe

Am Beispiel einer halbgestemmten Treppe wird hier die Austragung erläutert.

- Nachdem die Treppe verzogen ist und die Vorderkanten der Stufen festgelegt sind, wird der Grundriss des Krümmlings gezeichnet und in Segmente geteilt.
- Anschließend wird die innere Mantelfläche des Krümmlings abgewickelt.
- Diese Abwicklung dient als Schablone, um die Stufen auf den Krümmling zu übertragen.
- Durch das Abtragen des oberen und unteren Besteck werden die Schwunglinien ermittelt.
- Bei gleichem oberen und unteren Besteck wird der Krümmling ungleich breit.
- Da der Krümmling Teil der Lichtwange ist, muss er durchgehend genauso breit wie die Wangen sein.
- Dies geschieht, indem die untere Schwunglinie in der Form der oberen angeglichen wird.
- Aus dem Grundriss und der Abwicklung wird die äußere Ansicht des Wangenkrümmlings ermittelt.
- In der Ansicht wird die Steigungslinie eingezeichnet.
- Die Steigungslinie entspricht einer rechtwinklig zum Aufriss stehenden Ebene, die den noch nicht ausgearbeiteten Krümmling schräg schneidet.
- Die durch diesen Schnitt entstehende elliptische Fläche entspricht der Verstreckungsschablone für den Krümmling.

Mithilfe der meist aus dünnem Sperrholz hergestellten Verstreckungsschablone wird die obere und untere Fläche des Wangenkrümmlings angerissen.

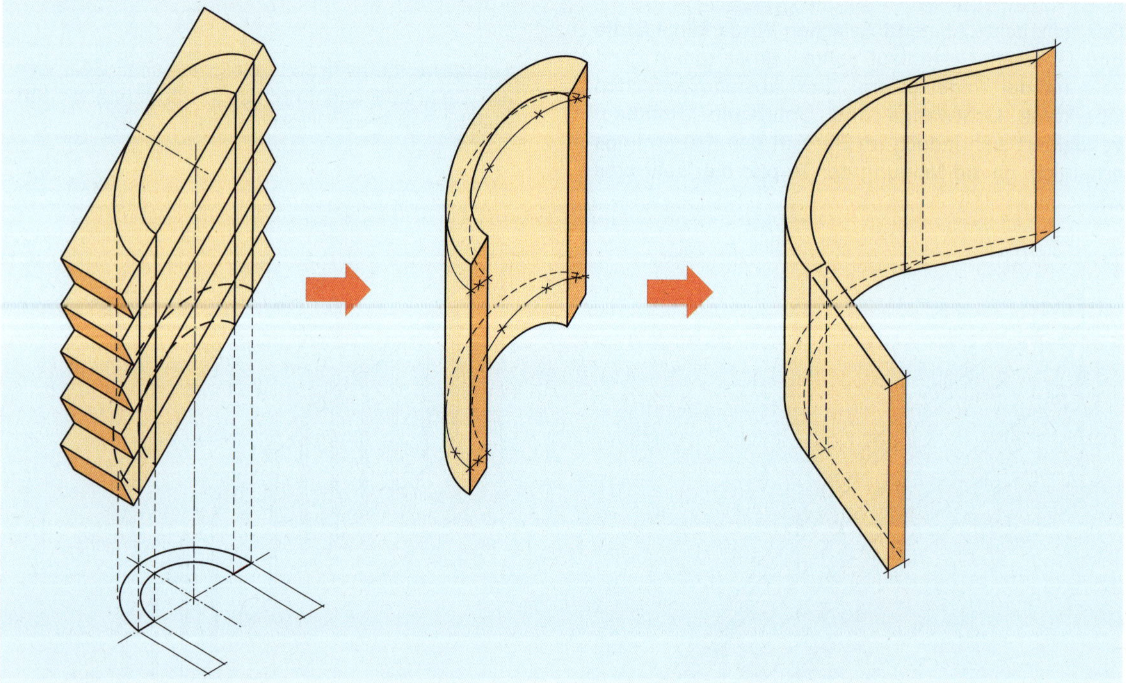

Wangenkrümmling einer halbgewendelten Treppe

Das gekrümmte Verbindungsstück zwischen den geraden Teilen der Lichtwangen an gewendelten Treppen wird als Wangenkrümmling oder Kropf bezeichnet.

Zur Herstellung des Wangenkrümmlings wird die innere Abwicklung als Verstreckungsschablone konstruiert.

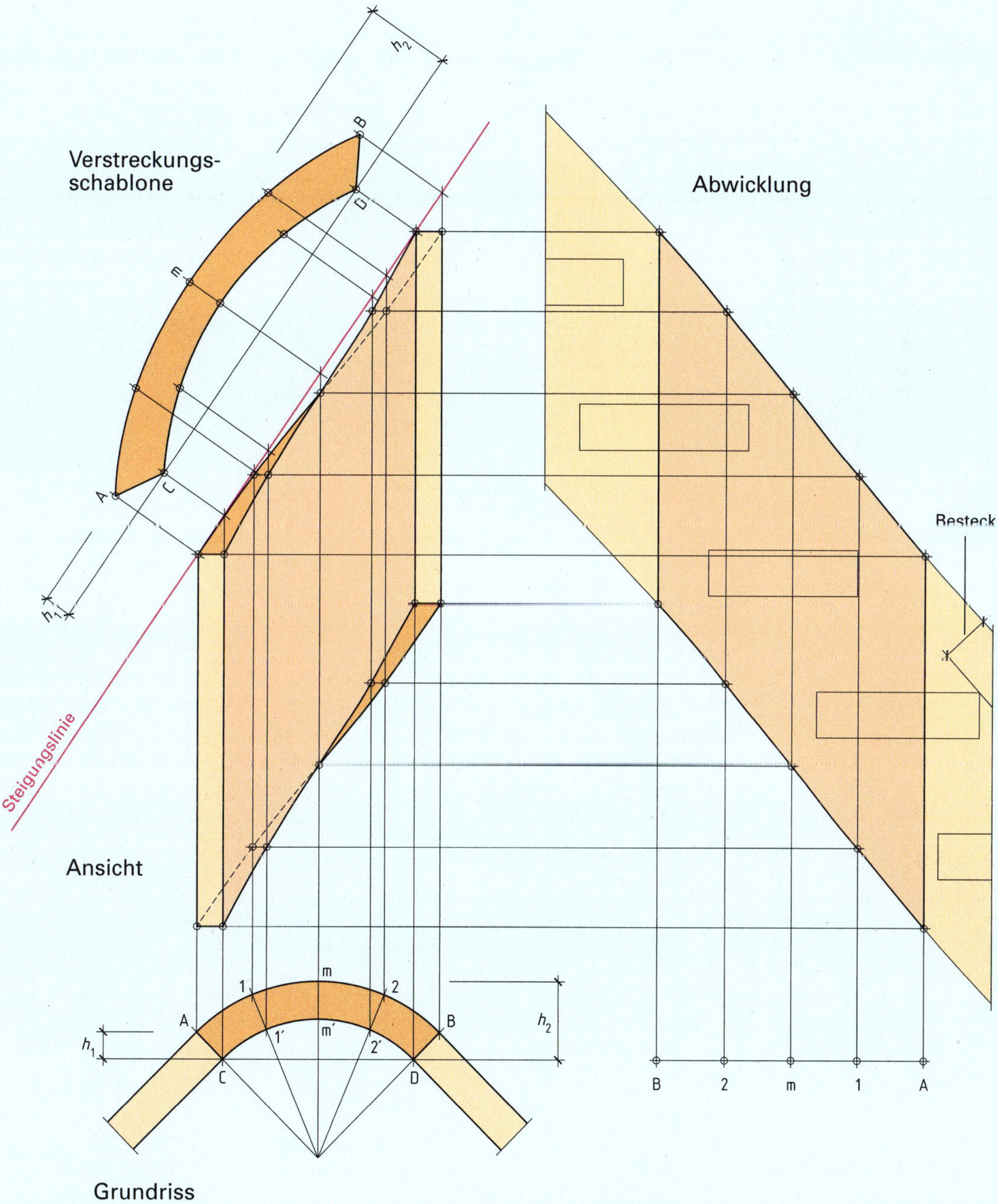

Wangenkrümmling einer halbgestemmten viertelgewendelten Treppe

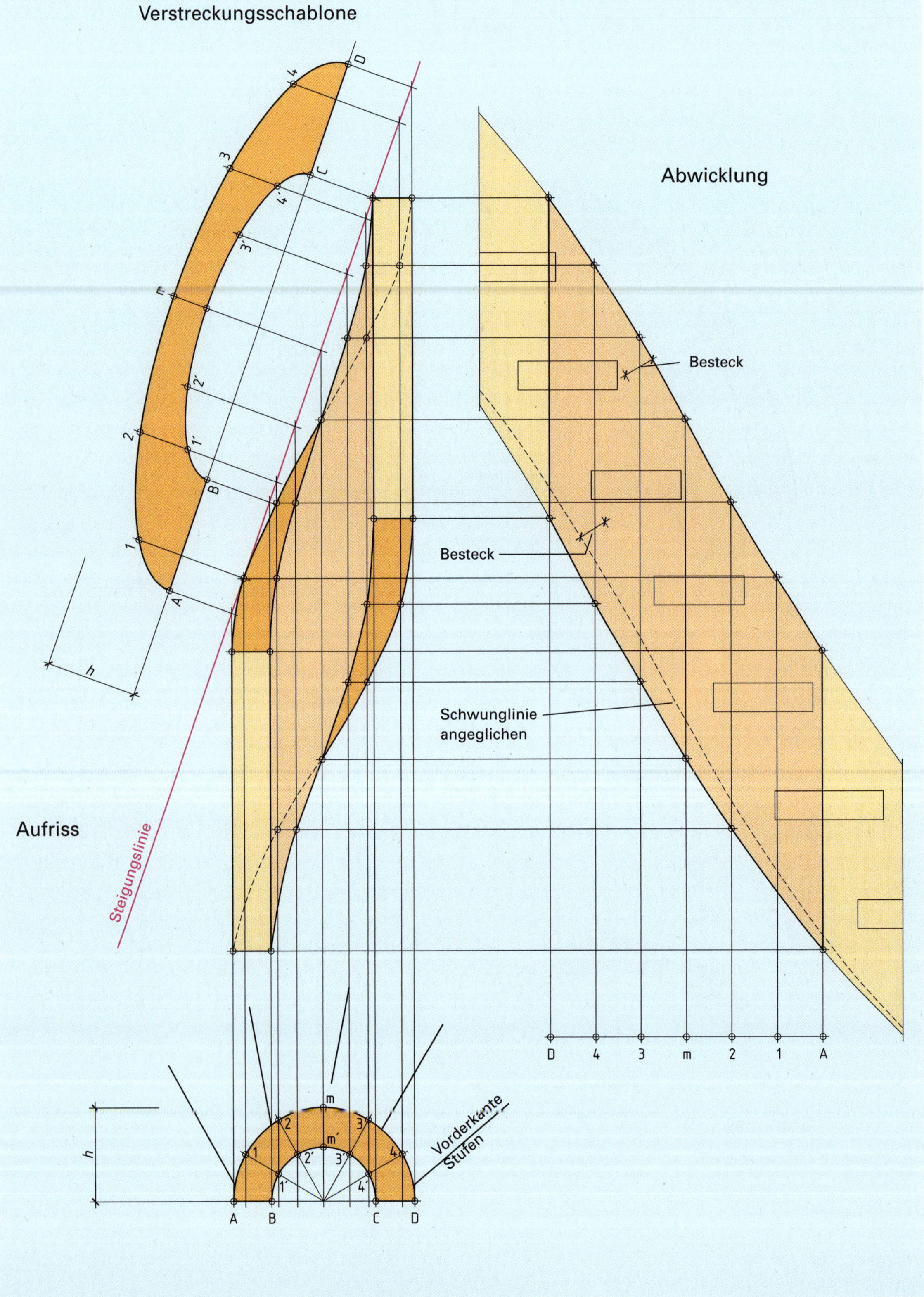

Wangenkrümmling einer gestemmten einläufigen halbgewendelten Treppe

Verbindung zwischen Wangen und Wangenkrümmling

Die Verbindung zwischen den Wangen und dem Wangenkrümmling ist sorgfältig herzustellen, da hier hohe Belastungen auftreten.

Am gängigsten ist eine Verbindung mit Dübeln und Kropfschrauben mit zusätzlicher Verleimung.

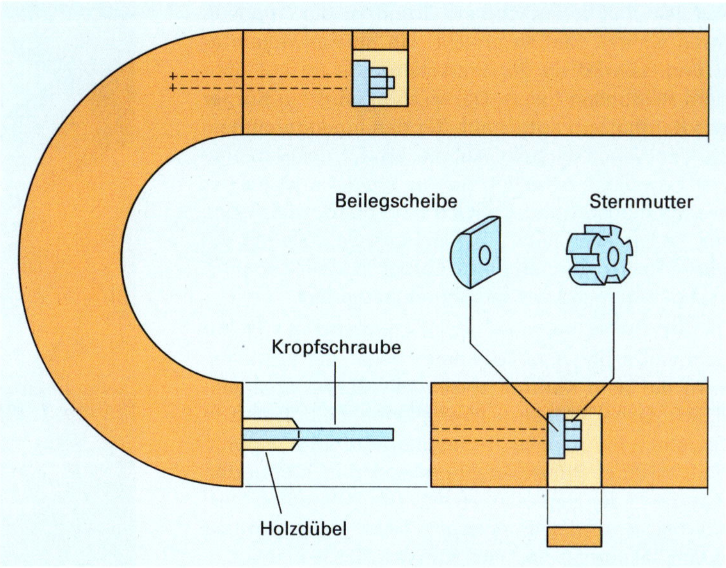

Verbindung zwischen Wange und Wangenkrümmling

Zusammenfassung

Gewendelte Treppen werden nach der Form der Wendelung unterschieden. Es werden viertel-, halb- und vollgewendelte Treppen unterschieden. Auch Spindeltreppen zählen zu den Wendeltreppen.

Gewendelte Treppen haben in der Regel einen geringeren Platzbedarf als gerade Treppen.

Häufig kommen gewendelte Treppen aus gestalterischen Gründen zum Einsatz. Damit die Treppen richtig zur Geltung kommen, sollte genügend Platz für die Treppen vorgesehen werden.

Die Stufen gewendelter Treppen müssen sorgfältig verzogen werden, damit die Treppen sicher und bequem zu begehen sind.

Die Auftrittbreiten an der Lichtwange müssen bis zur Spickelstufe gleichmäßig kleiner werden.

An der Spickelstufe ist die Auftrittbreite am kleinsten. Sie darf die in der DIN 18065 festgelegten Mindestmaße nicht unterschreiten.

Das Verziehen der Stufen kann mithilfe zeichnerischer und rechnerischer Methoden sowie durch das Auslegen von Leisten vorgenommen werden.

Das Verziehen mithilfe von Leisten ergibt bei einiger Erfahrung die besten Ergebnisse.

Das gekrümmte Verbindungsstück zwischen den geraden Wangenteilen an der Lichtwange wird als Wangenkrümmling oder Kropf bezeichnet.

Für die Herstellung des Krümmlings müssen der Aufriss, die äußere Abwicklung und die Verstreckungsschablone ermittelt werden.

Um die Wangen anzureißen, werden die Stufenbreiten aus dem Grundriss übernommen und mit der Treppensteigung auf eine Papierschablone gezeichnet und von dort auf die Wangenhölzer übertragen.

Der Wangenkrümmling wird mithilfe von Dübeln und Kropfschrauben mit den Wangen verbunden.

16.7 Herstellung runder Bauteile im Treppenbau

Aus gestalterischen Gründen oder für eine bessere Ergonomie, etwa bei Handläufen, kann die Herstellung runder oder gerundeter Treppenbauteile nötig sein. Die gängigen Holzbearbeitungsmaschinen sind für eine flächige, ebene Bearbeitung ausgelegt. Kleinere Radien allerdings können mit Fräsern erstellt werden. Aber runde Wangenteile stellen eine besondere Herausforderung dar. Früher war die Herstellung von Kropfstücken gängige Praxis, um beispielsweise die Lichtwangen viertel- und halbgewendelter Treppen zu verbinden. Heute werden runde Wangen meist schichtverleimt.

16.7.1 Schichtverleimte Wangen

Besonders bei Wendel- oder Spindeltreppen werden die Wangen aus Furnieren oder Lamellen verleimt. Hierzu wird zuerst eine **Abwicklung** der Wange angefertigt. Je nach Radius werden dann Lamellen zwischen 5 und 8 mm aus Vollholz auf speziellen Bandsägen gesägt und gehobelt. Bei engeren Radien werden Furniere mit 2...3 mm Dicke verwendet. Jeweils die äußeren Schichten sind später sichtbar und müssen in ihrer Güte den Anforderungen der Treppe entsprechen.

Auf dem Reißboden wird ein Grundriss der Treppe in ihren wahren Maßen erstellt, ein spiegelverkehrter Grundriss wird an der Werkstattdecke im Lot über dem Reißboden fixiert. Dazwischen wird ein **Körper aus Kanthölzern** aufgebaut, der den Innendurchmesser der Wange darstellt. Auf diesem Körper wird eine Hartfaserplatte befestigt, die die späteren Maße der Wange markiert und zugleich eine glatte Oberfläche für die Lamellen liefert. Für kleinere Bauteile mit engeren Radien können diese Körper in kleinerem Format gefertigt und wiederverwendet werden.

Jede Lamelle bekommt einen **Leimauftrag** mit der Leimwalze und das komplette Paket der Lamellen wird auf dem Kantholzkörper mit Schraubzwingen fixiert. Dabei dienen lastverteilende Beihölzer zum Spannen. Industrielle Treppenbau-Betriebe verwenden mitunter **Rundwangenpressen** mit integrierten Zwingen oder sie bedienen sich der Vakuumtechnik. Hierbei wird der Pressdruck für die Verleimung durch Vakuumtaschen aus Kunststofffolie erzeugt.

Nach dem Aushärten des Leims wird der **Wangenrohling** weiterbearbeitet. Die Ober- und Unterkanten werden gesägt und bei einer gestemmten Treppe die Stufen eingestemmt. Dies wird wegen der Krümmung entweder von Hand mit Stemmeisen oder mit der Oberfräse und Anschlagschablone vorgenommen. Auch spezielle Treppenwangen-Fräsgeräte können zum Einsatz kommen. Große CNC-gesteuerte Mehrspindel-Fräsanlagen können diese Arbeiten vollautomatisch durchführen.

Schließlich werden die Geländerstäbe eingebohrt und die Wange geschliffen. Auch hier kommen wieder spezielle Schleifvorrichtungen zum Einsatz, die ein Schleifen in den mitunter engen Radien erlauben.

Runde Wangen werden meist schichtverleimt hergestellt. Dazu sind Leimvorrichtungen erforderlich, die der Zimmerer selbst herstellen kann.

Spindeltreppe mit Außenwange, Buche gedämpft

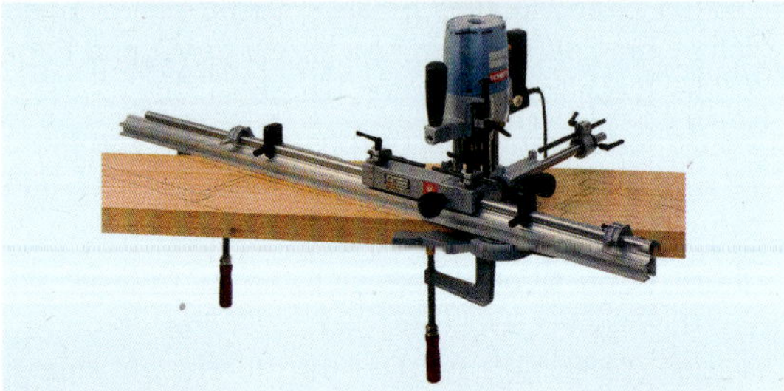

Fräsen einer Außenwange mit Treppenwangen-Fräsgerät

Kanthölzer werden auf dem Aufriss befestigt

Innendurchmesser der Außenwange mit Hartfaser markiert

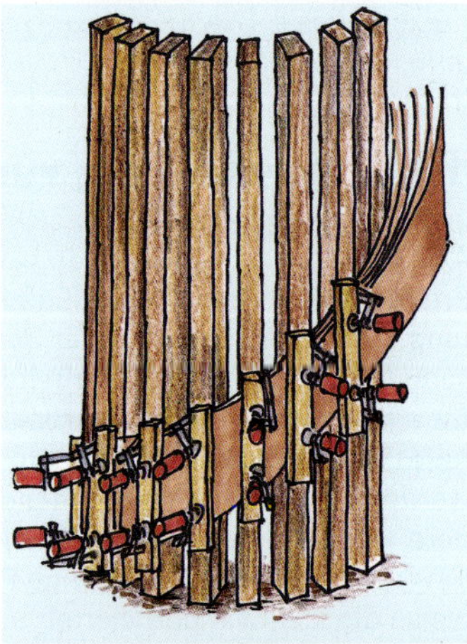

Das Spannen der beleimten Lamellen mit Schraubzwingen

16.7.2 Runde Geländerteile

Für Handläufe und Geländerpfosten eignen sich **kreisförmige Querschnitte** besonders, weil sie „gut in der Hand liegen" und die Verletzungsgefahr minimieren.

Pfosten und Staketen

Pfosten und Geländerstäbe werden gedrechselt. Dabei rotiert der Holzrohling auf einer **Drechselbank** und die Späne werden durch Drechseleisen abgenommen, bis eine runde Form entsteht. Mittels Schablonen können verschiedene Formen realisiert werden oder es können auch nur Teile des Pfostens oder Geländerstabes gedrechselt werden.

Handläufe

Für kleinere Durchmesser bei Handläufen können spezielle **Rundfräser** zum Einsatz kommen. Ein quadratischer Holzquerschnitt kann so mit zwei Fräsgängen zum Rundquerschnitt gearbeitet werden. Gerade Handläufe werden auf der **Tischfräse** mit automatischem Vorschub einfach und schnell hergestellt. Handläufe für Wendel- und Spindeltreppen werden mit den Wangen verleimt und vom Rohling abgetrennt. Die Rundform wird dann mit einem Handlauf-Fräsgerät, das über ein Rollensystem der Handlaufform folgt, in vier Arbeitsgängen gefräst. Jeder Arbeitsgang fräst einen Viertelkreis aus dem quadratischen Querschnitt.

Runde Geländerteile können gedrechselt oder gefräst werden.

Zweiter Arbeitsgang auf der Tischfräse

Ausschnitt aus einer schichtverleimten Wange aus Buche-Furnieren

Viertelgewendelte, schichtverleimte Wange aus Eiche

Geländer aus kreisrunden Holzquerschnitten

Teilgedrechselter Pfosten aus Eiche

Fräsen eines geraden Handlaufs auf der Tischfräse (erster Arbeitsgang)

Moderne Wendeltreppe mit runden Handläufen

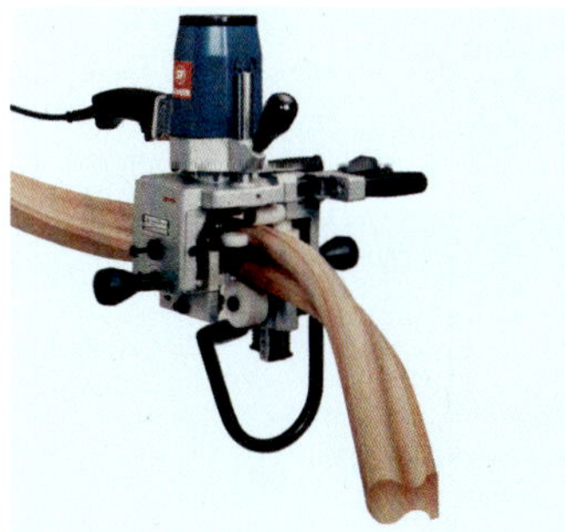

Handlauf-Fräsgerät

Spindeltreppe

Aufgaben

1. *Nennen Sie wesentliche Grundsätze, die beim Verziehen von gewendelten Treppen zu beachten sind.*

2. *Zeichnen Sie den Grundriss einer halbgewendelten Treppe im Maßstab 1:20. Die nutzbare Treppenlaufbreite beträgt 80 cm und die Auftrittbreite 27 cm. Insgesamt sind 15 Auftritte vorhanden. Tragen Sie die Auftrittbreiten auf der Lauflinie ab und verziehen Sie die Stufen mithilfe der Vergatterung und der Fluchtpunktmethode. Vergleichen und beurteilen Sie Ihre Ergebnisse.*

3. *Tragen Sie den Krümmling der von Ihnen verzogenen Treppe im Maßstab 1:10 aus. Die Steigung beträgt 17,5 cm.*

4. *Zeichnen Sie verschiedene Treppengrundrisse nach Ihren Vorstellungen. Verziehen Sie die Stufen mit einer der genannten Methoden.*

5. Ermitteln Sie das fehlende Maß *x*, wenn folgende Maße für den abgebildeten viertelgewendelten Treppengrundriss gegeben sind: Geschosshöhe $h = 2{,}61$ m, s zwischen 17 und 18 cm.

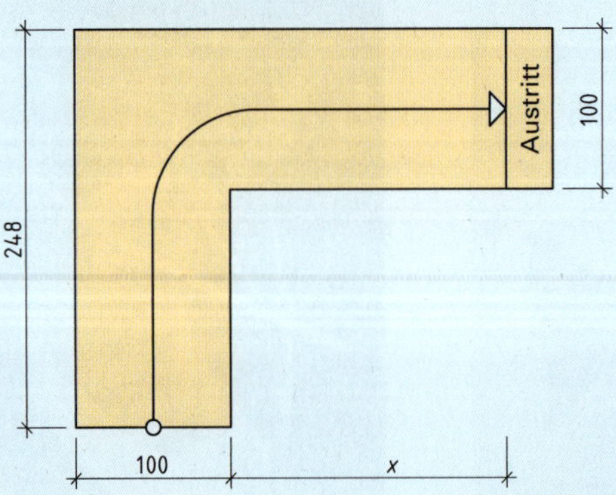

6. Für die im Antritt viertelgewendelte Treppe sollen die Lauflänge l und das Auftrittmaß a ermittelt werden, wenn die Geschosshöhe $h = 264$ cm und die Steigungshöhe $s = 17{,}6$ cm betragen. Kontrollieren Sie das ermittelte Steigungsverhältnis mit der Schrittmaßregel.

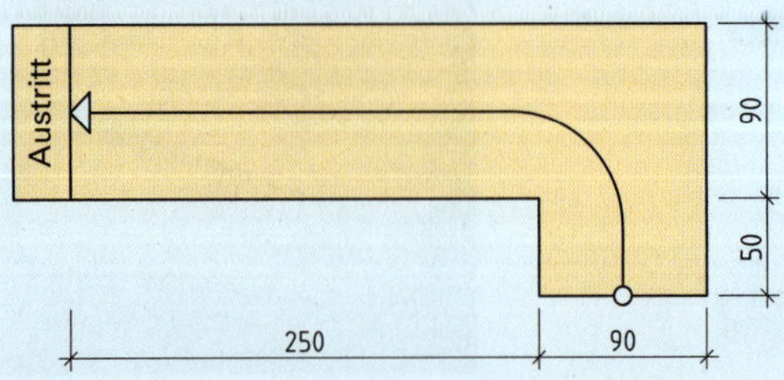

7. Die Auftrittbreite der Treppe beträgt 29 cm.

   Berechnen Sie die Verziehung für die Stufen 1 … 9.

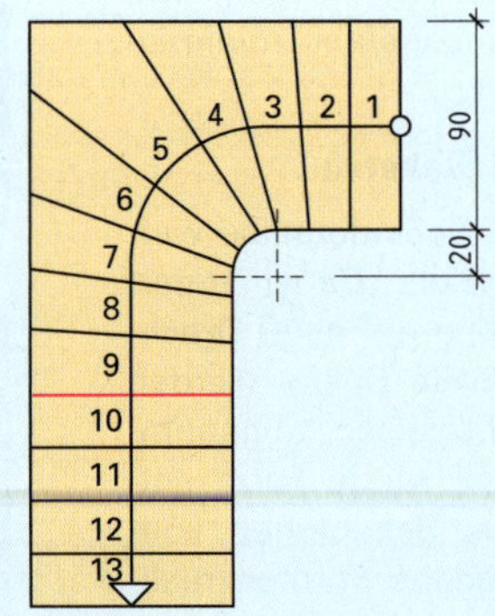

8. Die Auftrittbreite der halbgewendelten Treppe beträgt 28 cm (28,8 cm). Die schmalste Auftrittbreite an der Freiwange soll 10 cm betragen.

   Verziehen Sie die Stufen 3 … 15 mit der Rechenmethode.

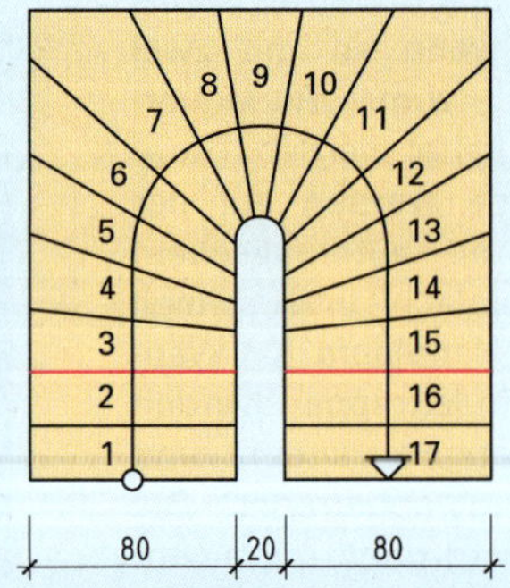

9. Ermitteln Sie die Lage der ersten und letzten geraden Stufe, wenn die Auftrittbreite an der Freiwange mindestens 10 cm beträgt. Die Auftrittbreite auf der Lauflinie beträgt 29,5 cm.

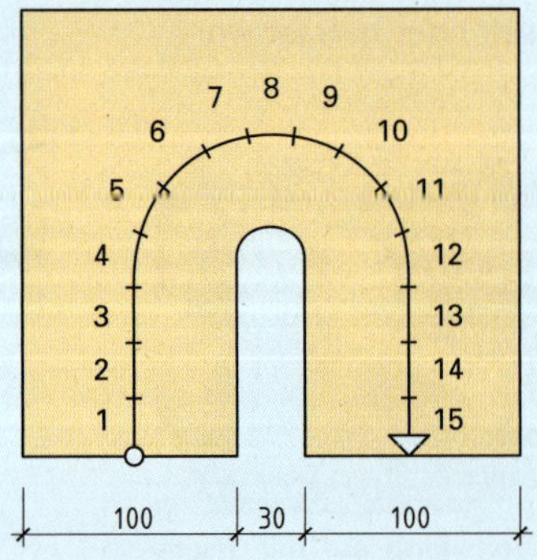

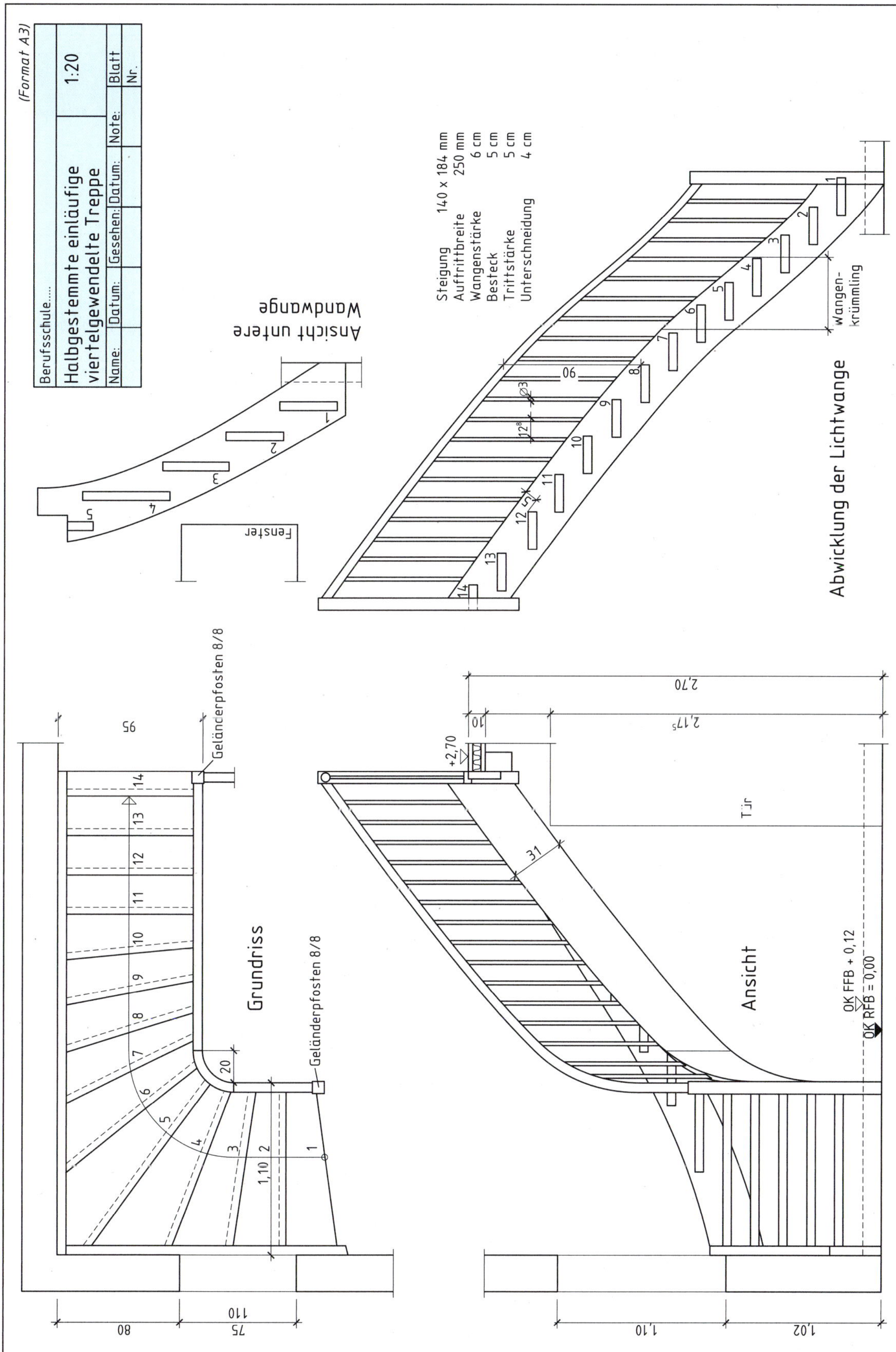
(Format A3)
Berufsschule.....
Halbgestemmte einläufige viertelgewendelte Treppe
1:20
Name:
Datum:
Gesehen:
Datum:
Note:
Blatt
Nr.
Steigung 140 x 184 mm
Auftrittbreite 250 mm
Wangenstärke 6 cm
Besteck 5 cm
Trittstärke 5 cm
Unterschneidung 4 cm
Ansicht untere Wandwange
Fenster
Abwicklung der Lichtwange
Wangen-krümmling
Grundriss
Geländerpfosten 8/8
Geländerpfosten 8/8
Ansicht
Tür
+2,70
OK FFB + 0,12
OK RFB = 0,00
2,70
2,17⁵
95
1,10
80
75
110
1,10
1,02

16.8 Zeichenaufgaben

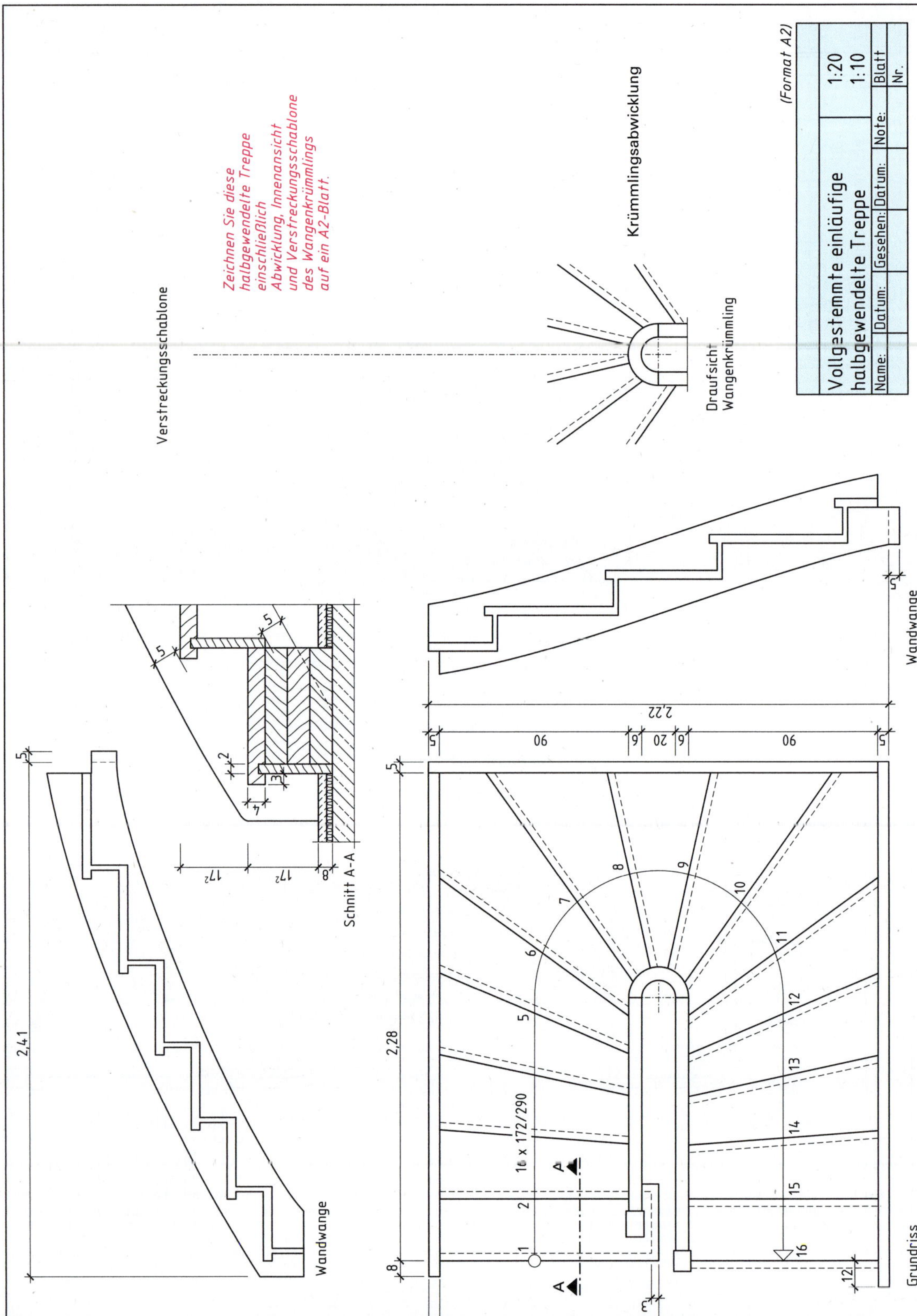

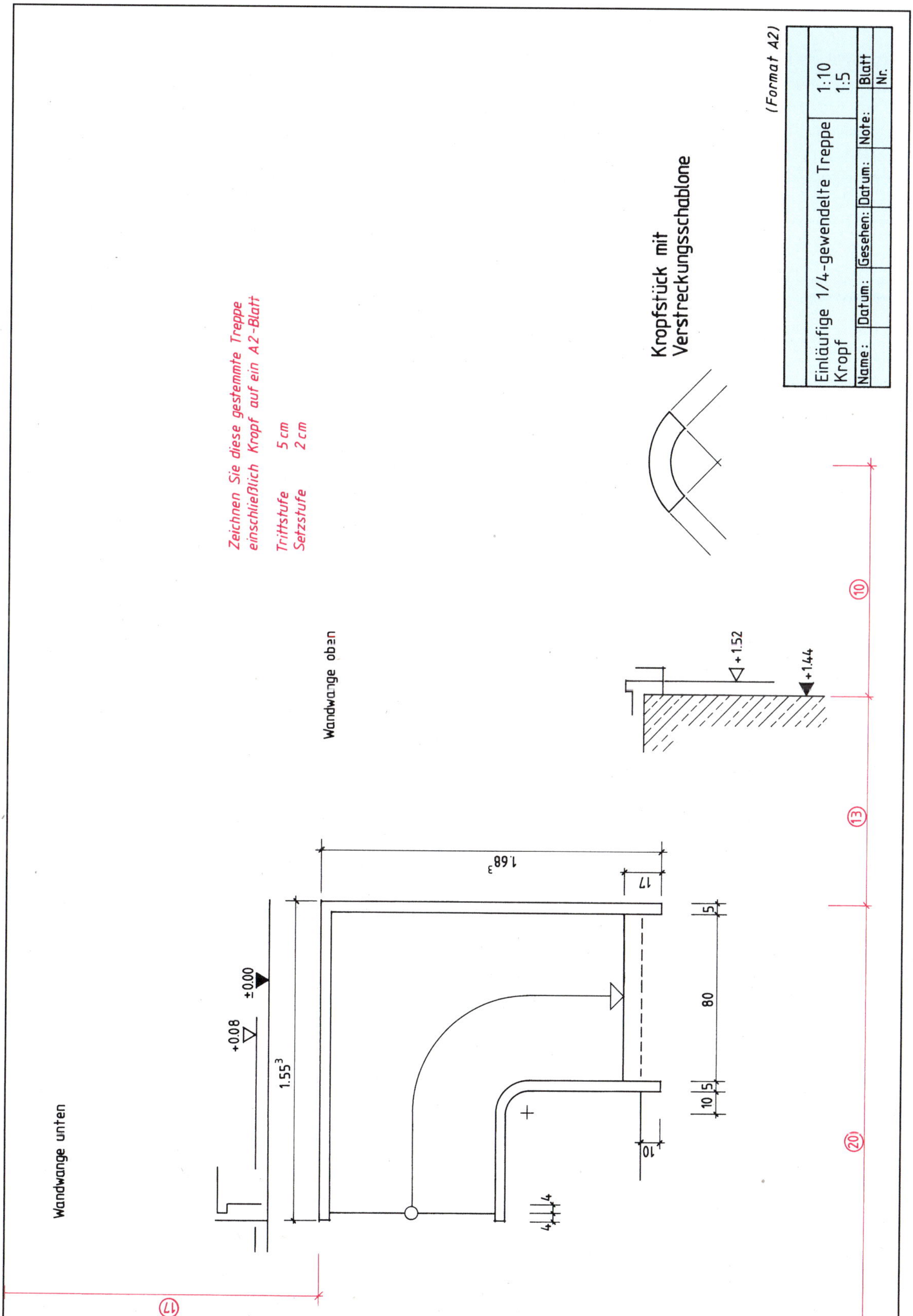

(Format A2)
Einläufige 1/4-gewendelte Treppe
Kropf
1:10
1:5
Name:
Datum:
Gesehen:
Datum:
Note:
Blatt
Nr.
Kropfstück mit Verstreckungsschablone
Zeichnen Sie diese gestemmte Treppe einschließlich Kropf auf ein A2-Blatt
Trittstufe 5 cm
Setzstufe 2 cm
Wandwange oben
Wandwange unten
+1.52
+1.44
+0.08
±0.00
1.55³
1.68³
17
5
80
10
4

16.9 Projektaufgabe

Für das Projekt ist eine halbgewendelte Holztreppe vorzusehen. Sie soll halbgestemmt ausgeführt werden.

1. Legen Sie die Laufrichtung der Treppe fest.
2. Bestimmen Sie die Stärke des Fertigfußbodens im Erd- und Obergeschoss. Ermitteln Sie die Geschosshöhe bezogen auf den Fertigfußboden.
3. Ermitteln Sie das Steigungsverhältnis.
4. Zeichnen Sie im Maßstab 1:10 den Grundriss und die Wangenabwicklungen.
5. Tragen Sie den Wangenkrümmling aus.

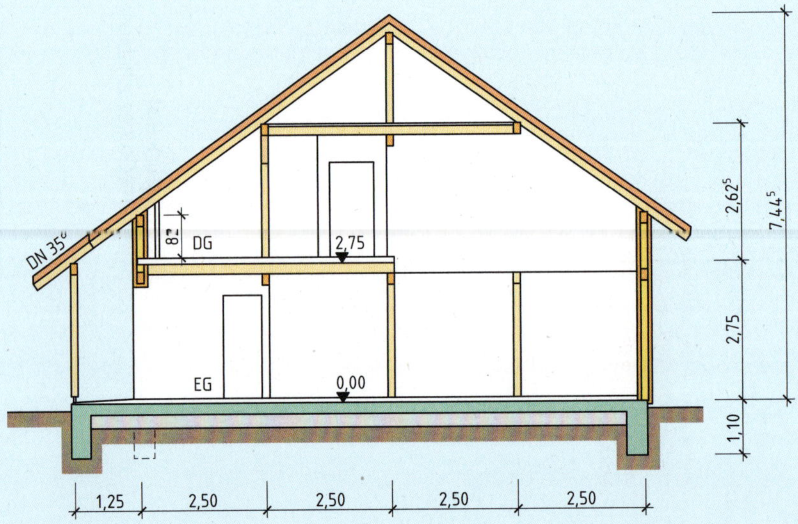

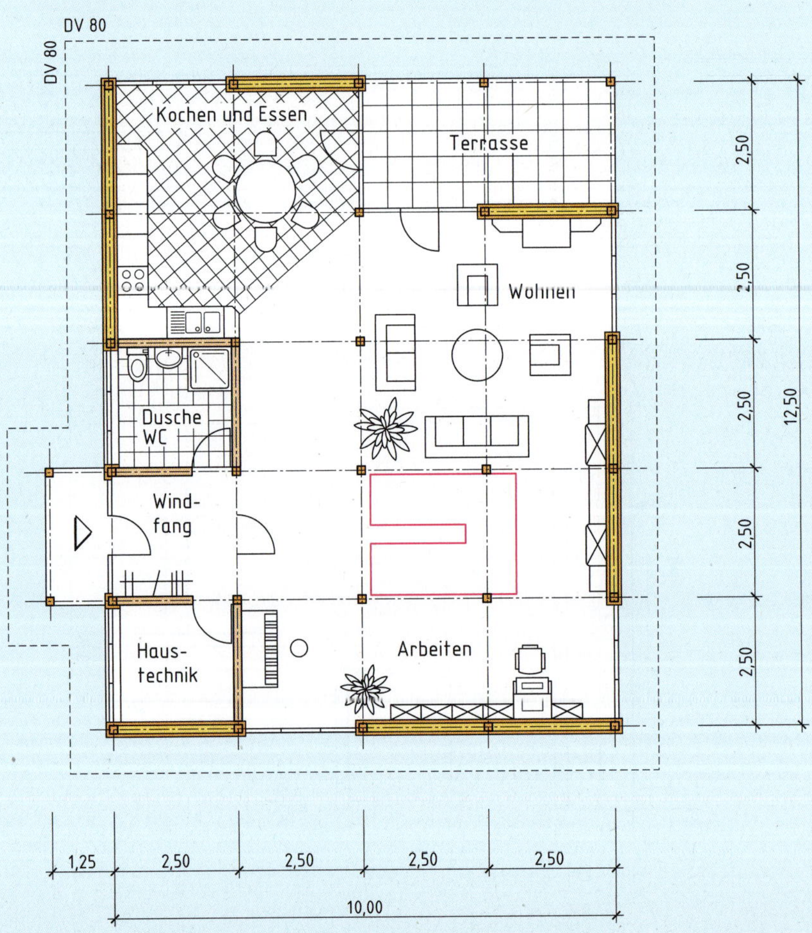

Lernfeld 17:
Sanieren eines Fachwerkhauses

Jahrhundertealte Fachwerkhäuser stellen wertvolle Kulturgüter dar, die es zu erhalten gilt. Eine fachgerechte Sanierung, die sowohl die technischen als auch die baugeschichtlich-gestalterischen Aspekte berücksichtigt, ist hierzu unbedingt erforderlich.

Viele Fachwerkfassaden schlummern noch hinter bröckelndem Putz, der manchmal Jahrhunderte früher aus Brandschutzgründen oder optischen Erwägungen aufgebracht wurde.

In 5 Schritten kann das Vorgehen bei der Sanierung eines Fachwerkhauses gegliedert werden:

1 Bestandsaufnahme

2 Schadensanalyse

3 Sanierungskonzept

4 Abfangungen und Gerüste

5 Gestaltung und Pflege

Marktplatz in Esslingen a. N.

17.1 Bestandsaufnahme

Fachwerkbauten haben in Mitteleuropa eine lange Geschichte. Die ältesten uns erhalten gebliebenen Fachwerkhäuser stammen aus der Zeit um 1400 n. Chr. Je nach Standort haben sich in Deutschland drei hauptsächliche Fachwerkstile entwickelt:

Landschaft	Bezeichnung
Norddeutschland	sächsisch (niederdeutsch)
Mitteldeutschland	fränkisch (mitteldeutsch)
Süddeutschland	alemannisch (oberdeutsch)

Zeit	Epoche
bis etwa 1470	Mittelalter (Romanik/Gotik)
1470–1550	Übergangszeit (Spätgotik)
1550–1650	Neuzeit (Renaissance)
1650–1750	Neuzeit (Barock)

Die Blütezeit des Fachwerkbaus lag zwischen 1400 und 1700 n. Chr. Viele der heute noch stehenden Fachwerkhäuser stammen aus dieser Zeit und sind teilweise in einem überraschend guten Zustand. Eine Aufnahme des Gebäudes kann durch Maßband und Zeichenbrett erfolgen, die moderne Technik der fotogrammetrischen Aufnahmen erleichtert die Arbeiten allerdings wesentlich.

Erwähnenswert ist, dass die alten Baumeister in der Wahl der harmonischen Proportionen von einfachen, geometrischen Grundformen ausgegangen sind, wie dem Kreis oder dem gleichseitigen Dreieck.

Sächsisches Fachwerk

An charakteristischen Merkmalen können die einzelnen Fachwerkstile erkannt und zugeordnet werden. So zeichnen beispielsweise große Pfostenabstände und „Mannfiguren" (eingeblattete Aussteifungen aus Kopf- und Fußbändern) das alemannische Fachwerk aus, im fränkischen Fachwerkbau hingegen finden wir kleine Pfostenabstände, wandhohe Streben zur Aussteifung und oftmals gebogene Zierhölzer. Das sächsische Fachwerkhaus schließlich weist neben sehr enger Pfostenstellung statt Streben meist verzierte Holzbrüstungstafeln oder eine Ausfachung aus Ziegelmauerwerk auf.

Im 17. und 18. Jahrhundert wurden immer mehr Gebäude aus Stein erstellt und bestehende Fachwerkbauten verputzt. So warten heute noch viele künstlerisch erstellte Fachwerkgiebel darauf, nach Befreiung vom Putz und fachgerechter Renovierung wieder im alten Glanz zu erstrahlen.

Merkmale der Fachwerkstile		
Alemannisch	Fränkisch	Sächsisch
große Pfostenabstände; Pfosten mit großen Querschnitten; Fuß- und Kopfbänder in Pfosten, Schwellen, Rähme und Pfetten eingeblattet; Pfosten stehen häufig direkt auf den Fundamenten; Holzfußböden sind in jedem Geschoss von außen sichtbar.	häufig Zierhölzer wie Rauten und gebogene Fußbänder mit Nasen; wandhohe Streben (oft gebogen); kleine Pfostenabstände; Sturzriegel liegen höher als Fachriegel.	sehr enger Pfostenabstand; selten Streben; Ausfachung oft durch Ziegelmauerwerk oder verzierte Holzbrüstungstafeln; häufig ohne Sturzriegel; Fenster reichen bis an das Rähm.

Alemannisch Fränkisch Sächsisch

Fachwerkstile

In Deutschland unterscheidet man drei Fachwerkstile: alemannisch (oberdeutsch), fränkisch (mitteldeutsch) und sächsisch (niederdeutsch). Der alemannische Stil wurde im 16. Jahrhundert durch den Einfluss fränkischer Stilmerkmale abgelöst.

17.1.1 Fachausdrücke/Bezeichnungen

① Schwelle
② Giebelnase
③ Aufzugsbalken
④ Ladeluke
⑤ Riegel
⑥ Sturzriegel
⑦ Sparren
⑧ Gefache/Ausfachung
⑨ Stuhlsäule
⑩ Andreaskreuz
⑪ Sichtbalken
⑫ Ganzer Mann
⑬ Gegenstrebe
⑭ Gegenstrebe
⑮ Halber Mann
⑯ Eckständer
⑰ Stockschwelle
⑱ Rähm
⑲ Knagge
⑳ Fußwinkelholz
㉑ Fußwinkelholz
㉒ Fachriegel
㉓ Fußband
㉔ Fußband
㉕ Hahnenbalken
㉖ Fußschwelle/Schwellriegel
㉗ Eckständer
㉘ Fußstrebe
㉙ Ständer, Stiel, Pfosten
㉚ Dreiviertelstrebe
㉛ Sockel (Mauerwerk)
㉜ Sturzriegel
㉝ Brustriegel
㉞ Fensterpfosten
㉟ Sturzriegel
㊱ Brustriogol
㊲ Fachriegel
㊳ Gegenstrebe

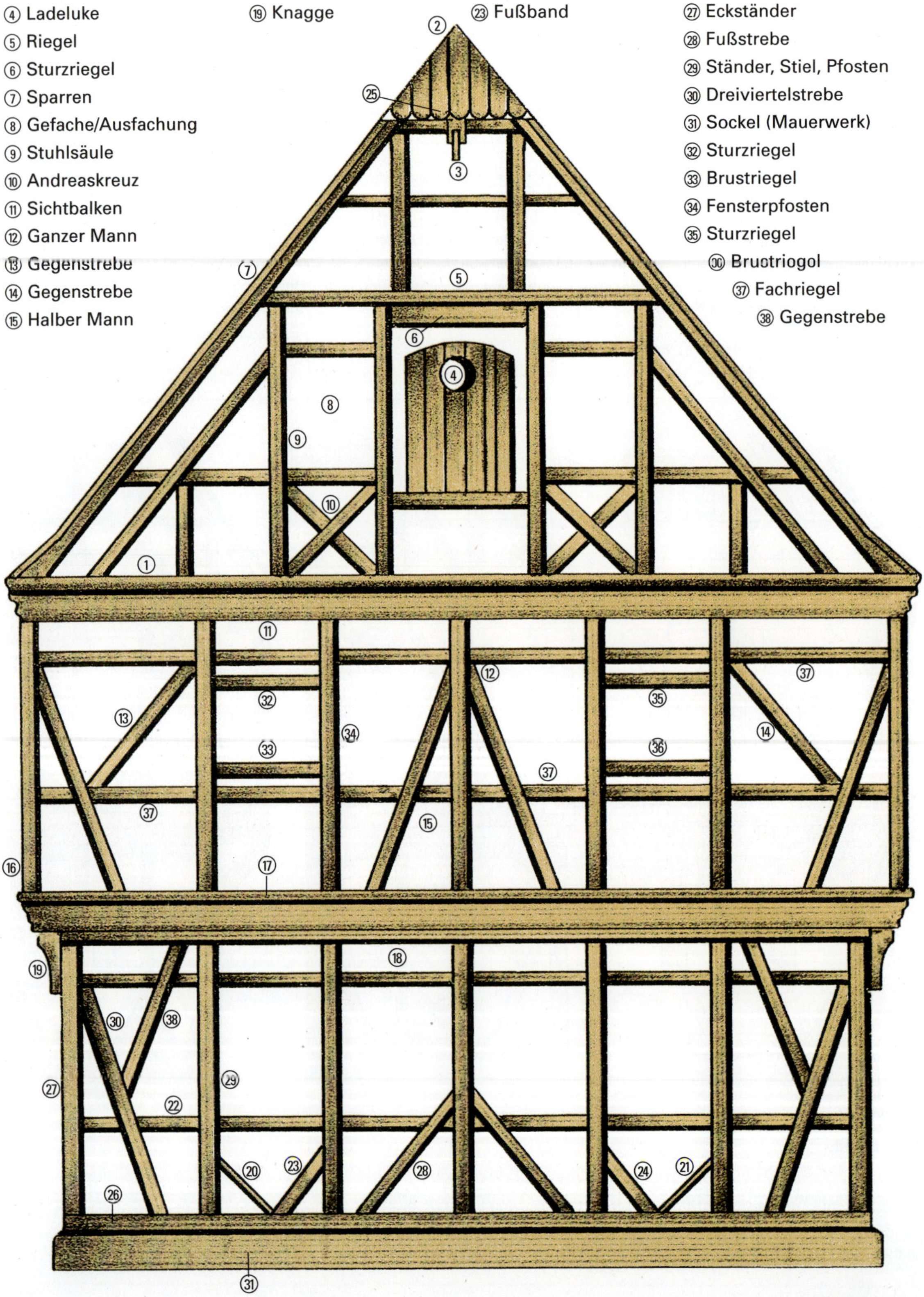

17.1.2 Grafische Darstellung

Zur Bestandsaufnahme gehört auch die Darstellung des Gebäudes und wichtiger Details. Man kann unter folgenden Darstellungsformen wählen:

- Ausführungszeichnungen nach Aufmaß,
- Freihandskizzen,
- fotogrammetrische Erfassung.

Ausführungszeichnungen nach Aufmaß

Die zu zeichnende Fassade oder das Detail wird mit Messgeräten (Bandmaß, Meterstab etc.) vermessen und die Werte in einer Aufmaßskizze vermerkt. Auf der Basis dieser Maße wird eine normgerechte Zeichnung am Zeichenbrett erstellt und vermaßt. Ein geeigneter Maßstab ist zu wählen, bei Grundrissen, Ansichten oder Schnitten ist dies in der Regel 1:100 oder 1:50 (je nach Genauigkeitsstufe), bei Details je nach Art und Größe zwischen 1:2 und 1:10.

Saniertes Fachwerkhaus

WESTANSICHT

Westfassade

Westfassade

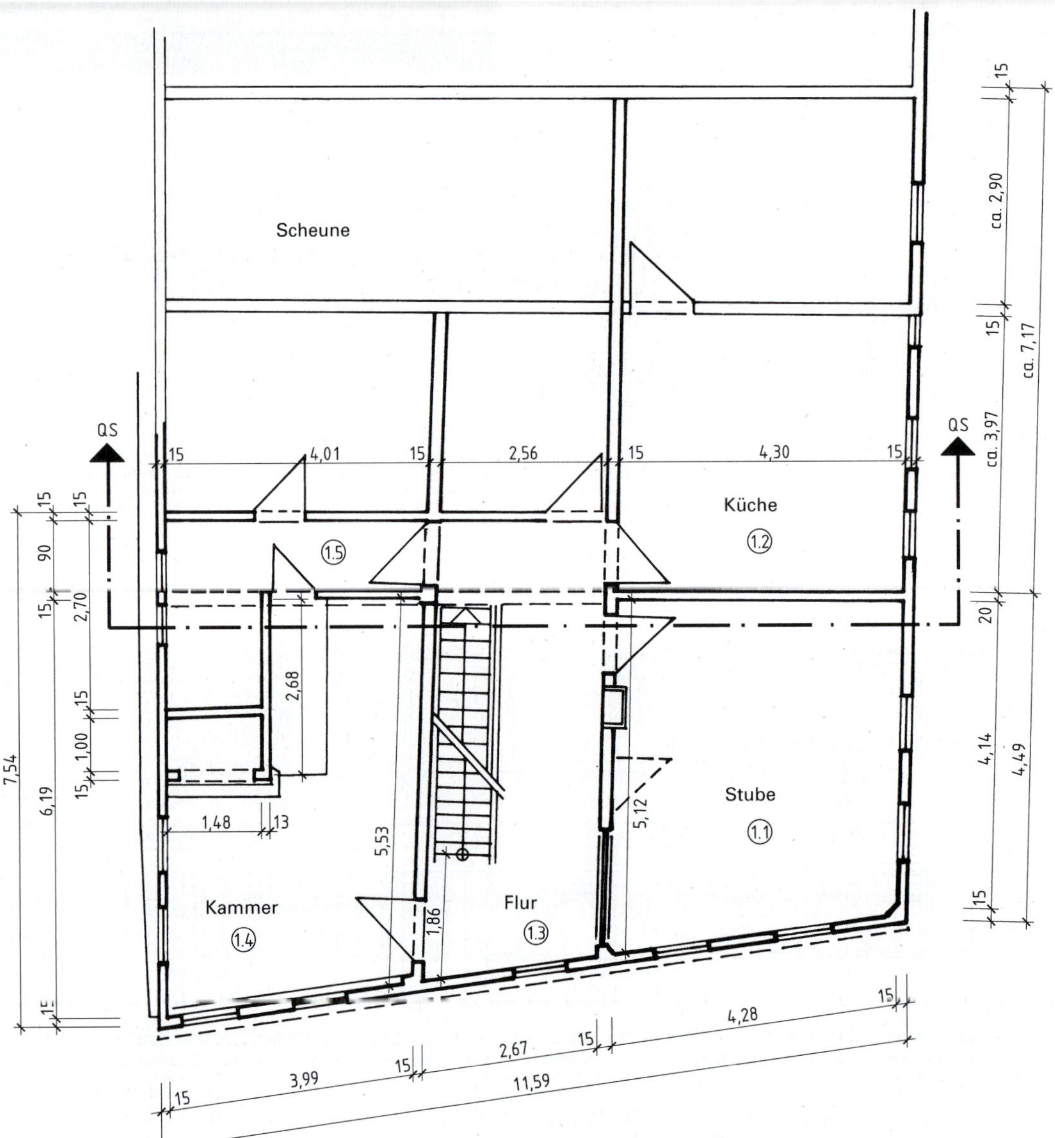

1. OBERGESCHOSS

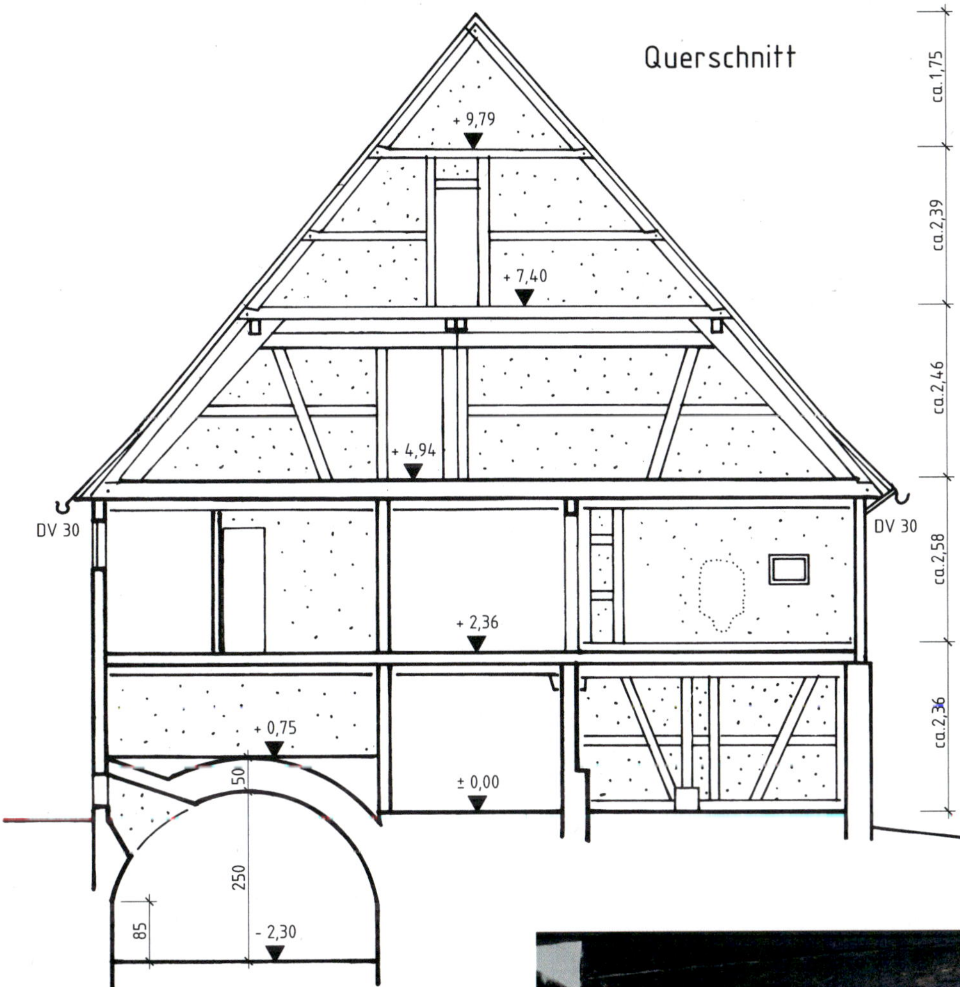

Ansicht, Grundriss und Schnitt eines alemannischen Fachwerkhauses am Fuße der Schwäbischen Alb. Die Ausführungszeichnungen, die auf der Basis von Aufmaßarbeiten erstellt wurden, bildeten die Grundlage für eine umfassende Sanierung. Das Gebäude wird heute als Café genutzt und erfuhr zu diesem Zweck große bauliche Veränderungen im Innenbereich.

Neue Holztreppe zur Galerie

Galerie

Freihandskizzen

Freihandskizzen dienen zum einen als Grundlage für Maßaufnahmen, sie können aber auch anstelle einer Ausführungszeichnung angefertigt werden. So kann beispielsweise mit einer Freihandskizze die Wirkung einer beabsichtigten Sanierungsmaßnahme festgestellt werden, das Zusammenspiel verschiedener Farbgebungen geprüft werden.

Freihandzeichnen muss geübt werden, am besten in folgenden Schritten:

- Zeichnen von waagerechten, parallelen Linien (der ganze Unterarm liegt auf, die Bewegung kommt aus dem Ellbogen),
- Zeichnen von senkrechten Linien (aus dem Handgelenk, längere Linien entstehen durch erneutes Ansetzen),
- Zeichnen einfacher geometrischer Körper (Rechtecke, Quadrate), dabei werden jeweils alle waagerechten und senkrechten Linien nacheinander gezeichnet,
- Anfertigen von isometrischen und perspektivischen Zeichnungen von Körpern.

Bei Freihandskizzen dürfen, anders als bei technischen Zeichnungen, die Linien leicht „verzittert" aussehen und sich an den Ecken überschneiden. Eine Freihandskizze wirkt dadurch lebendiger als eine technische Zeichnung.

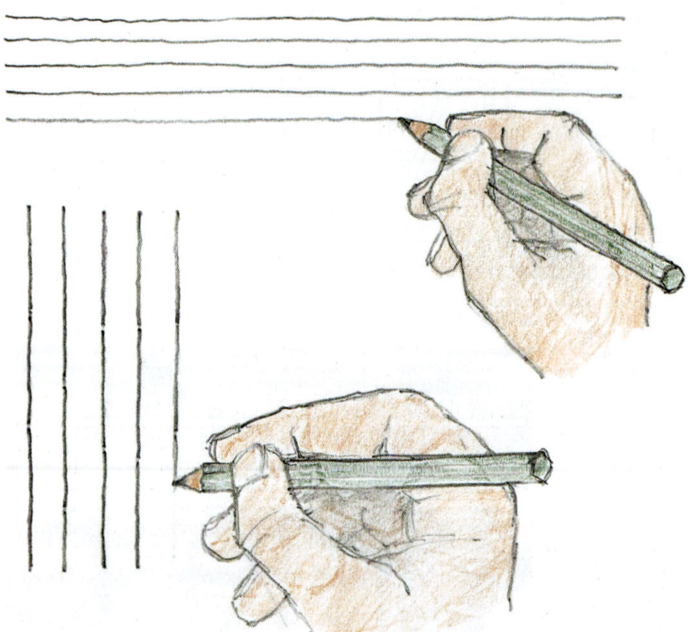

Sowohl die Technik des Freihandzeichnens als auch das „Sehen" der Proportionen, das heißt der Größenverhältnisse in einem Zeichenobjekt, erfordert einige Übung.

Für das Zeichnen draußen am Objekt empfiehlt sich die Mitnahme eines Klemmbrettes. Als Bleistifte sollte man für Konturen etwa die Härte HB bis 2B verwenden, für Schraffuren können auch härtere Minen benutzt werden.

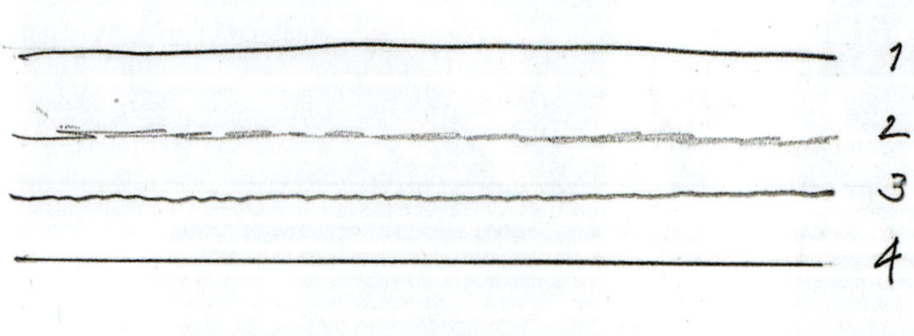

Wirkung von Linien

1. ungünstig, da krumm
2. ungünstig, da keine eindeutige Linie erkennbar
3. günstig, da gerade und leicht „verzittert"
4. ungünstig, da mit Lineal gezogen, glatt und steril

Freihandskizzen sind ohne großen Aufwand herstellbar. Die Linien sind leicht „verzittert", gerade und dürfen sich an den Ecken leicht überschneiden. Sie sind mit Bleistift (HB) oder Tuschestiften/Faserstiften herstellbar.

Freihandskizze eines alemannischen Fachwerkhauses, mit Bleistift perspektivisch dargestellt.

Alemannischer Fachwerkgiebel

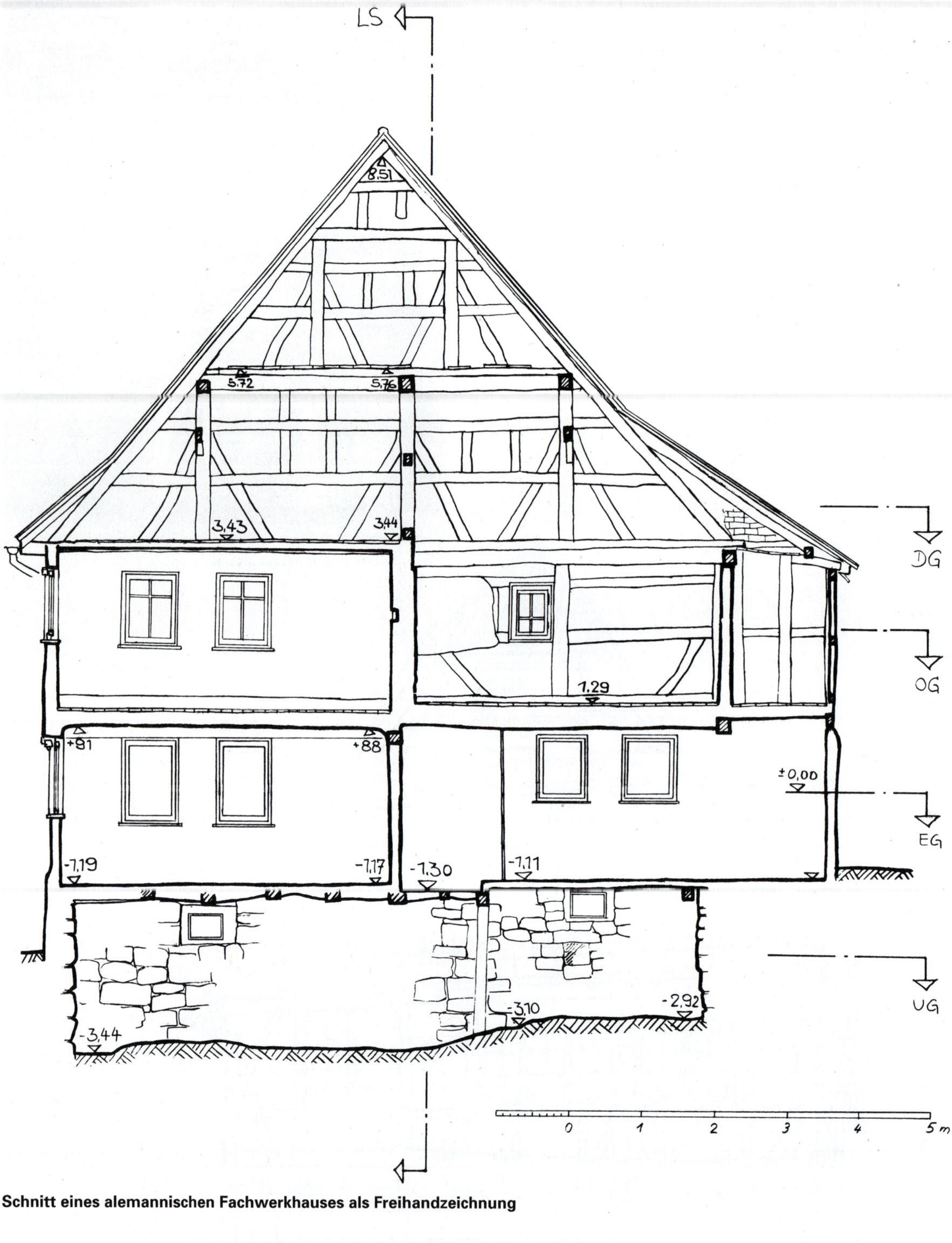

Schnitt eines alemannischen Fachwerkhauses als Freihandzeichnung

Freihandskizzen eignen sich zur Aufnahme von Fassaden, Schnitten und Grundrissen. Sie sind einfach herzustellen und geben den Charakter eines schiefen Fachwerkhauses am besten wieder.

Fotogrammetrie

Die Fotogrammetrie ist eine neuartige Methode, um sehr zeitsparend Ansichten von Gebäuden aufzunehmen. Dabei werden am Gebäude Messpunkte fixiert, deren Abstände genau vermessen werden. Mit zwei Fotoapparaten werden Aufnahmen von zwei Standorten aus gemacht, was eine Art „räumliches Sehen" ermöglicht. Mittels Computer und moderner Software wird ein Plan der Gebäudeansicht erstellt. Die zugehörigen Maße errechnet der Computer auf der Basis der von Hand schon ermittelten und markierten Strecke.

Alemannisches Fachwerk

Fotogrammetrische Aufnahme eines alemannischen Fachwerkgiebels

Als Grundlage zur Bestandsaufnahme eignen sich Ausführungszeichnungen, Freihandskizzen und fotogrammetrische Aufnahmen.

Zusammenfassung

Die Blütezeit des Fachwerkbaus lag zwischen 1400 und 1700 n. Chr. Man unterscheidet je nach Merkmalen drei Fachwerkstile in Deutschland, und zwar den sächsischen, fränkischen und alemannischen Stil. Als Grundlage für eine Bestandsaufnahme dient eine grafische Darstellung in Form einer Ausführungszeichnung, einer Freihandzeichnung oder einer fotogrammetrischen Aufnahme.

17.2 Schadensanalyse

Die tragende Struktur eines Fachwerkhauses wird gebildet aus Fachwerkwänden, Holzbalkendecken und der Dachkonstruktion. Eine Vielzahl von Hölzern ist durch traditionelle, zimmermannsmäßig ausgebildete Knotenpunkte verbunden.

Bei der Schadensanalyse sind folgende Bereiche zu prüfen:

- Zustand der Holzbauteile, insbesondere Schwellen auf Mauerwerk,
- Zustand der Knotenpunkte (auch unter statischen Gesichtspunkten),
- Zustand der Dachkonstruktion (Deckung und tragende Hölzer).

Holz hat bei fachgerechtem Einsatz und entsprechendem Schutz eine nahezu unbegrenzte Lebensdauer. Eine Zerstörung kann jedoch innerhalb kürzester Zeit durch Pilze und Insekten erfolgen.

17.2.1 Holz zerstörende Pilze

Sporen Holz zerstörender Pilze sind allgegenwärtig. Bei ausreichend hoher Feuchtigkeit (etwa ab Fasersättigung) wachsen zunächst einzelne Zellfäden (Hyphen) heran, die auf dem Holz ein Myzel ausbilden. Durch Ausscheidung von Enzymen werden die Zellwände des Holzes angegriffen und eine Fäulnis des Holzes verursacht. Mit der Bildung eines Fruchtkörpers ist der Entwicklungszyklus wieder geschlossen.

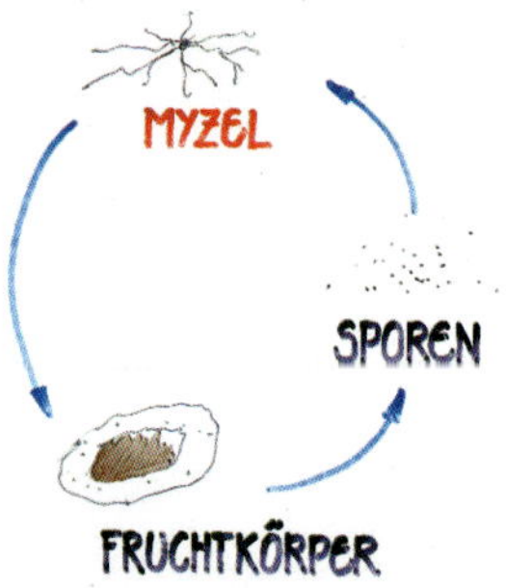

Entwicklungsphasen der Pilze

Im Folgenden werden die wichtigsten an Bauholz anzutreffenden Arten vorgestellt.

Echter Hausschwamm

Der Echte Hausschwamm ist der gefährlichste Pilz an verbautem Nadelholz. Er tritt bevorzugt in Altbauten auf, wobei sich sein Vorkommen auf den Keller- und Erdgeschossbereich konzentriert. Neben weißem, wattoartigem Luftmyzel bildet der Pilz auch ein spezielles Strangmyzel aus. Mithilfe dieser bis zu bleistiftdicken, oft meterlangen grauen Stränge kann der Echte Hausschwamm Wasser transportieren und trockeneres Holz (Holzfeuchtigkeit etwa 20 %) aktiv befeuchten um es anschließend zu besiedeln. Die starren Stränge brechen im trockenen Zustand mit knackendem Geräusch, wodurch sich der Pilz gut von den anderen Arten unterscheiden lässt.

Pfosten auf Mauerwerk

Durch Feuchte geschädigte Fachwerkschwelle

Holz besiedelnde Pilze

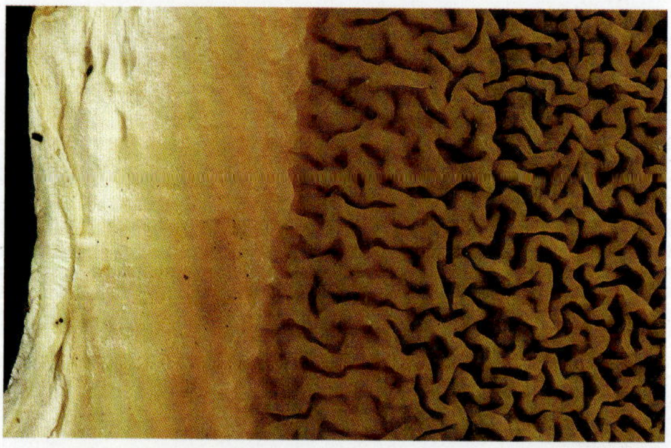

Fruchtkörper des Echten Hausschwamms

Er bevorzugt Holzfeuchten zwischen 30 und 40% und stellt damit die geringsten Feuchtigkeitsansprüche der vorgestellten Arten. Seine Gefährlichkeit liegt darüber hinaus auch darin begründet, dass er mit seinem Myzel Mauerwerk durchwachsen kann. Befallen werden alle cellulosehaltigen Baustoffe (z.B. Holzwerkstoffe, Bücher, Teppiche etc.). Bei einer durchschnittlichen Wachstumsgeschwindigkeit von 6 mm pro Tag (bei 20...22 °C) kann sich ein Pilzbefall somit innerhalb eines Jahres auf über 4 m vom Befallsherd ausdehnen. Bei Temperaturen über 26 °C stellt der Pilz sein Wachstum ein. Auch nach monatelanger Ruhephase kann er wieder aktiv werden.

Der Fruchtkörper des Pilzes ist pfannkuchenartig weich, aber zäh, in der Mitte hirnartig gefaltet und durch die Sporen rostrot gefärbt. Nach außen ist er durch einen weißen, wulstartigen Zuwachsrand begrenzt. Alte, verfaulte Fruchtkörper sind dunkel gefärbt und stinken übelartig modrig.

Der Pilz verursacht durch den bevorzugten Celluloseabbau eine Braunfäule, wobei sich das Holz braun verfärbt, da das braune Lignin übrigbleibt. Das Holz zerfällt zunächst in würfelförmige Stücke und lässt sich schließlich zu Pulver zerreiben. Braunfaules Konstruktionsholz verliert jegliche Tragfähigkeit.

Brauner Keller- oder Warzenschwamm

Der Braune Kellerschwamm kommt vornehmlich bei feuchtem Holz (etwa 50...60% Holzfeuchtigkeit) bzw. nassem Mauerwerk vor. Er wächst sehr schnell und steht in seinem Zerstörungswerk dem Echten Hausschwamm nicht nach. Er kann allerdings Holz nicht aktiv befeuchten und Mauerwerk wird in der Regel nicht durchwachsen. Somit lässt sich der Befall durch Beseitigung der Feuchtequelle rasch eindämmen.

Das Strangmyzel ist im Gegensatz zum Echten Hausschwamm schwarzbraun gefärbt und liegt fächerartig bzw. haarartig eng an der Unterlage auf. Der Fruchtkörper ist flach, krustenförmig ausgebildet und durch die Sporen braun gefärbt. Auf der Oberfläche sind kleine warzige Erhebungen sichtbar.

Der Braune Kellerschwamm ist ein Braunfäuleerreger, dessen Zerstörungswerk häufig erst spät erkannt wird, da die oberste Holzschicht meist intakt erhalten bleibt, während das Holz im Innern bereits vollständig zerstört ist.

Weißer Porenschwamm

Ähnlich wie der Braune Kellerschwamm bevorzugt der Weiße Porenschwamm eine hohe Holzfeuchtigkeit von 40...50%. Er befällt vornehmlich Nadelhölzer, an denen er eine Braunfäule erzeugt. Das Oberflächenmyzel ist eisblumenartig verzweigt und bleibt auch im Alter weiß. Die Stränge sind glatt und ebenfalls weiß, sind jedoch im Gegensatz zum Echten Hausschwamm auch im trockenen Zustand noch biegsam.

Typischer Würfelbruch des braunfaulen Holzes

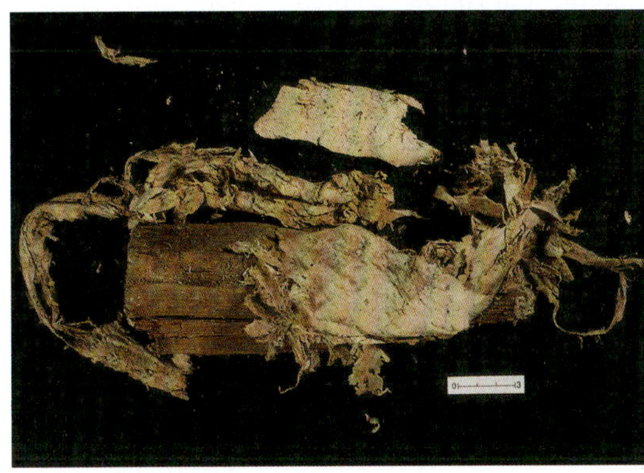

Myzel des Echten Hausschwamms

Hausschwammbefall

Myzel des Kellerschwamms

Fruchtkörper sind häufig in Gebäuden zu finden. Auf der Oberfläche befinden sich eckige, unregelmäßig angeordnete Poren. Die zunächst reinweißen Fruchtkörper dunkeln nach, sodass sie im Alter cremefarben erscheinen. Sie sind von korkig-ledriger Konsistenz und haften dem Holz noch Jahre an.

17.2.2 Wichtige Holz zerstörende Insekten in Fachwerkhäusern

Aus der Vielzahl der Holz zerstörenden Insekten sind diejenigen Insekten ausgewählt, die uns in Mitteleuropa im verbauten Holz der Fachwerkhäuser begegnen und bei deren massivem Befall diese Konstruktionshölzer bisweilen in ihrer Tragkraft stark beeinträchtigt werden können.

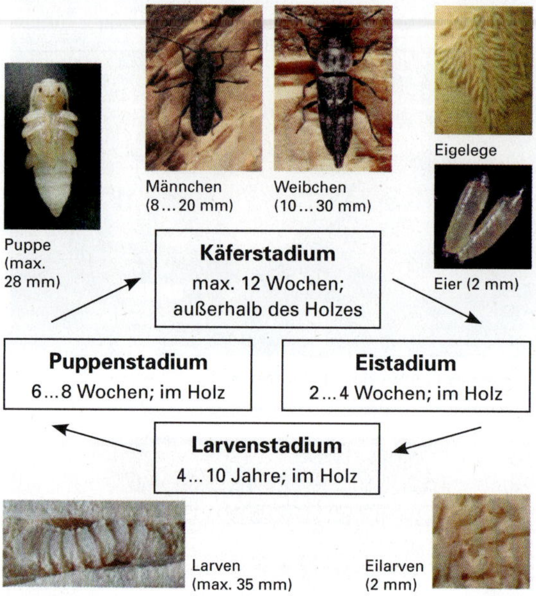

Käferstadien

Die Entwicklung der Holz zerstörenden Insekten – am Beispiel des Hausbockkäfers dargestellt – beginnt mit der Eiablage. Die aus den Eiern schlüpfenden Larven fressen sich durch den Holzkörper („Fraßgänge"), wachsen unter Häutungen heran, verpuppen sich und schlüpfen schließlich als sogenannte „Vollinsekten" durch ein „Ausflugloch" aus dem Holz. Die eigentlichen Holzzerstörungen, die das Abnagen und das Verdauen von bestimmten Holzbestandteilen umfassen, werden durch die Larven verursacht, die Geschlechtstiere – das gilt für die behandelten Käferarten – fressen nicht mehr, sondern sorgen nur für die Fortpflanzung.

Hausbockkäfer, „Balkenbock"
(*Hylotrupes bajulus* (L.))

Der gefährlichste Vertreter in unseren Breiten ist der Hausbockkäfer (falsch ist für diese Art der Ausdruck „Holzbock"), der mit einer Körperlänge von 8...30 mm schwarz bis braun gefärbt ist und verbautes Nadelholz befällt. Die Weibchen sind zumeist größer als die Männchen. Die typischen langen,

Porenschwamm

Hausbockkäfer, Weibchen

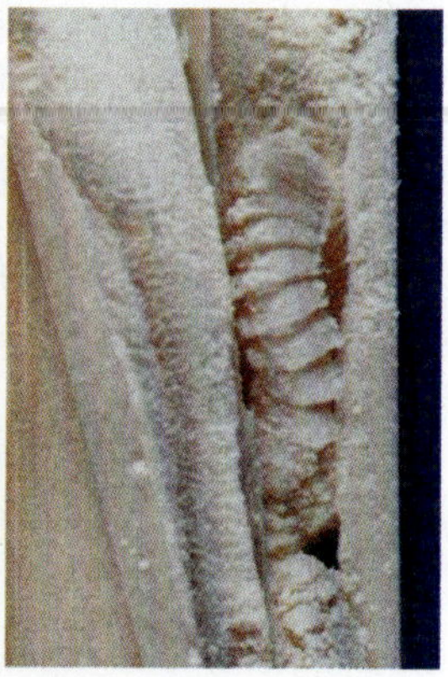
Hausbockkäfer, Larve

Hausbockkäfer, Befallsbilder außen und innen

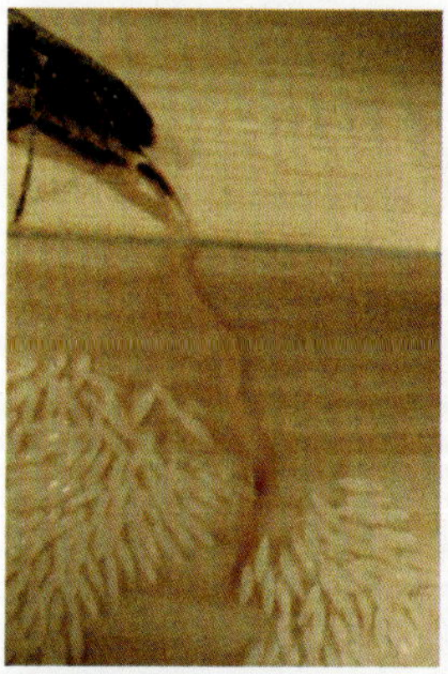
Hausbockkäfer, eierlegendes Weibchen

Hausbockkäfer, Eigelege

meist geschwungenen Antennen charakterisieren auch diese Bockkäferart, die auf ihrem Halsschild zwei glänzende „Schwielen" und auf den Flügeldecken helle, quer verlaufende „Borstenbänder" besitzt. Bis zu 600 Eier können in mehreren „Eipaketen" in Risse und Spalten der Hölzer abgelegt werden. Nur im Splintholz fressend, wachsen die 2 mm langen hellen Eilarven unter einer Vielzahl von Häutungen bis zu einer Größe von 35 mm heran. Die Verpuppung unter der dünnen Außenschicht und der Käferschlupf durch zumeist ovale Ausfluglöcher (3…4 × 5…10 mm) schließen die Generationszeit von 4…10 Jahren ab. Die Larvengänge sind im Querschnitt oval und in der Regel mit lockerem Bohrmehl gefüllt, das durch walzenartige Kotteilchen gekennzeichnet ist. Dieses rieselt bei Öffnung der Gänge (z. T. auch Aufplatzen der dünnen Holzoberfläche) oder aus den genagten Ausfluglöchern heraus.

Gewöhnlicher Nagekäfer, „Möbelkäfer"
(*Anobium punctatum* (DeGeer))

Mit einer Körperlänge von 2,5…5 mm werden die braunen Käfer und ihre hellen, bauchseitig gekrümmten Larven (1…6 mm lang) in verarbeitetem bzw. verbautem Nadel- und Laubholz gefunden. Die Art neigt zu Massenbefall und befällt als Trockenholzschädling neben Bauholz vor allem Möbel, Holzgerätschaften u. a. Ihre Generationszeit liegt bei 1…4 Jahren. Runde Ausfluglöcher (Ø 1…2 mm), unregelmäßig verlaufende im Querschnitt runde Gänge sowie holzfarbenes, lockeres Bohrmehl mit meist einseitig zugespitzten Kotteilchen kennzeichnen die Art.

Bunter/Gescheckter Nagekäfer, „Totenuhr"
(*Xestobium rufovillosum* (DeGeer))

Braun mit gelben Borstenflecken und einer Körperlänge von 3…8 mm ist dieser auch als „Totenuhr" bezeichnete Käfer ein Spezialist für verbautes Eichenholz. Die Larven sind je nach Entwicklungsstadium bis zu 10 mm lang, hell und bauchseitig gekrümmt. Befall von pilzbefallenem, feucht gewordenem Laubholz, Tickgeräusche der Geschlechtstiere zur Paarungszeit sowie eine Generationszeit von 2…13 Jahren sind weitere Merkmale. Runde Ausfluglöcher (Ø2…4 mm), ebensolche Larvengänge, eine schwammartige Zerstörung der Holzsubstanz sowie lockeres Bohrmehl mit linsenförmigen Kotteilchen unterscheiden diese Art von anderen der Familie der Nage- oder Klopfkäfer.

Splintholzkäfer (Lyctidae spec.) spielen in den Konstruktionen der Fachwerkhäuser keine Rolle.

Zusammenfassung

Pilze können am verbauten Holz große Schäden hervorrufen. Die Sporen benötigen zum Wachstum Feuchte. Der gefährlichste Vertreter ist der Echte Hausschwamm. Sein Myzel kann Mauerwerk durchwachsen und er kann Wasser über weite Strecken herleiten. Neben dem Hausschwamm haben vor allem Keller- und Porenschwamm eine große Bedeutung.

Insekten sind die wichtigsten tierischen Holzschädlinge. Am verbauten Holz rufen vor allem der Hausbockkäfer, der gewöhnliche Nagekäfer und der gescheckte Nagekäfer Schäden hervor.

Gewöhnl. Nagekäfer, Männchen

Gewöhnl. Nagekäfer, Larve

Gewöhnlicher Nagekäfer, Befallsbilder außen und innen

Bunter Nagekäfer, Männchen

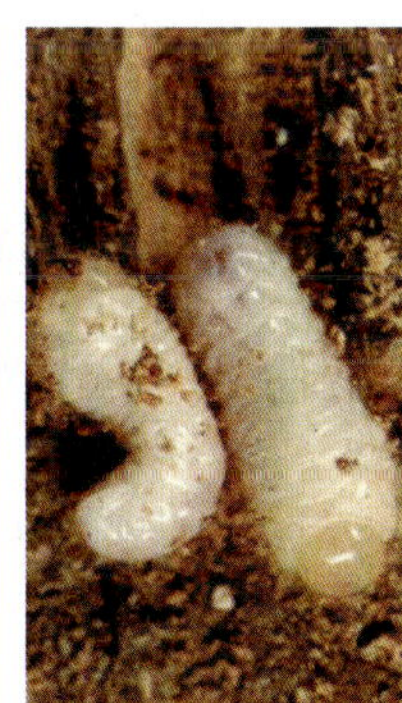

Bunter Nagekäfer, Larven

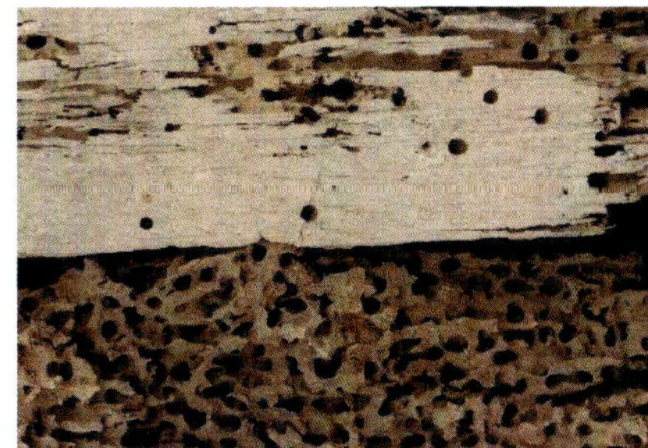

Bunter/Gescheckter Nagekäfer, Befallsbilder außen und innen

Schäden durch Verwitterung und Verblauung

Anders als bei den Holz zerstörenden Pilzen und Insekten liegt hier eine Beeinträchtigung vor, die eher die Optik des Holzes und die Auslösung von Folgeschäden betrifft als die Verminderung der tragenden Funktion.

Ungeschütztes Holz, das der Witterung (Sonneneinstrahlung und Schlagregen, der wieder abtrocknet) ausgesetzt ist, erfährt eine farbliche Veränderung, es wird silberfarbig oder schwarz.

Unter dem Einfluss von UV-Strahlung wird das Lignin zu einem wasserlöslichen Stoff umgebaut, der durch Regen ausgewaschen wird. An der Holzoberfläche bleibt die helle Cellulose übrig und ruft einen Bleicheffekt hervor. Die starke Vergrauung oder Dunklung des Holzes ist auf den Befall mit Vergrauungs- bzw. Schwarzpilzen zurückzuführen.

Stark vergraute Fassade (mit neuer Aufstockung)

Der Ligninabbau führt auch zu einer gewissen Schwächung der oberflächennahen Holzstruktur, wodurch ein Abtragungsprozess durch ablaufendes Wasser oder Wind einsetzt. Anhand mikroskopischer Schnitte lässt sich feststellen, dass das Frühholz schneller abgetragen wird und deshalb eine Waschbrettstruktur entsteht.

Schäden durch Verblauung

Die wichtigste Gruppe der Holz verfärbenden Pilze stellen die Bläuepilze dar, deren braune Hyphen im Nadelholz blau erscheinen. Die Pilze besiedeln das Splintholz und ernähren sich dort von den Inhaltsstoffen der Holzzellen. Ihre Aktivität im Holz führt zu keinem Festigkeitsverlust, d.h. keiner Fäulnis, sondern beeinträchtigt lediglich das Aussehen. Bei dem als sog. Anstrichbläue bezeichneten Schaden durchbrechen Pilzmyzel und Fruchtkörper den Anstrichfilm, sodass weitere Feuchtigkeit von außen ins Holz eindringt. In der Folge können sich Holz zerstörende Pilze ansiedeln und es kann sich unter dem Anstrich eine Fäulnis ausbilden.

Ungeschütztes Holz verändert seine Farbe und Oberflächenstruktur unter Witterungseinflüssen (UV-Strahlung und Niederschläge) und durch Bläuebefall.

Stadien der Verwitterung

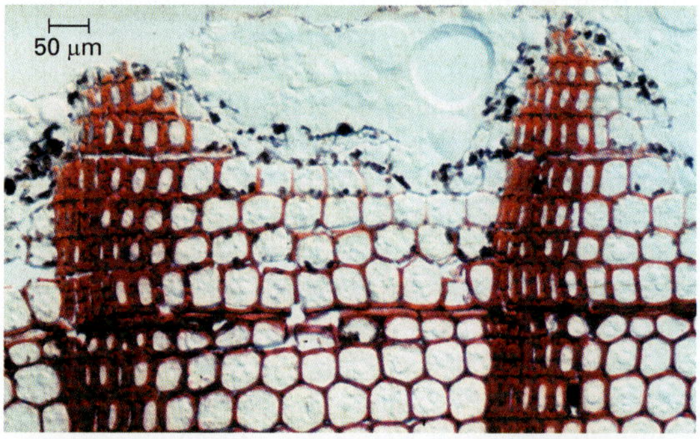

Mikroskopischer Schnitt durch verwitterte Oberfläche

Verblautes Kiefernholz eines Fensterrahmens

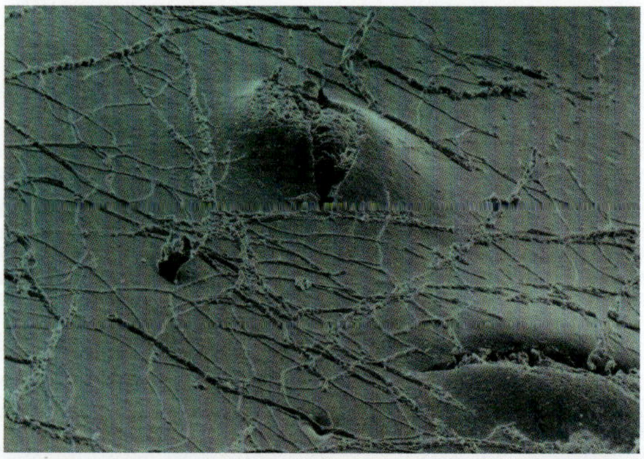

Mikroskopische Aufnahme: Bläuepilz durchbricht Lackschicht

17.3 Sanierungskonzept

Nach einer gründlichen Aufnahme der Schäden wird ein Sanierungskonzept erstellt, das sich im Wesentlichen nach
- Art der Schädigung und
- Ausmaß der Schäden

richtet.

17.3.1 Befall durch Hausbockkäfer

- Untersuchung der Tragkonstruktion auf Fraßschäden und Standsicherheit. Dabei wird das befallene Holzteil bis auf die tragfähige Restsubstanz abgebeilt.
- Mit einer Bürste oder Druckluft wird das Holz von Bohrmehl gründlich gereinigt.
- Die verbleibenden Holzteile werden mit einem Insekten bekämpfenden Holzschutzmittel eingestrichen.
- Bei zu starker Zerstörung werden die Restquerschnitte entweder durch beigenagelte/geschraubte Holzteile verstärkt oder gänzlich durch neue ersetzt (mit Holzschutzmittel „gegen Insekten vorbeugend“ behandeln). Dabei empfiehlt es sich, im sichtbaren Bereich möglichst einwandfreies Altholz zu verwenden, um die Sanierung so unauffällig wie möglich zu gestalten.

17.3.2 Befall mit Echtem Hausschwamm

Ist das Holz vom Echten Hausschwamm befallen, so sind umfangreiche Bekämpfungsmaßnahmen erforderlich. Bei der Durchführung ist die DIN 68800 T4 zu beachten. Die Bekämpfung erfordert ein fundiertes Fachwissen und sollte stets einem erfahrenen Fachbetrieb überlassen werden.

Unter anderem sind die folgenden Maßnahmen zu treffen:
- Zuerst ist die Feuchtigkeitsursache dauerhaft zu beseitigen und der Ausgangspunkt des Befalls zu ermitteln.

Anlaschung eines Kehlbalkens

Das befallene Holz wird bis auf die letzten Fraßgänge abgebeilt

Die untersten freigelegten Befallstellen werden ausgebürstet

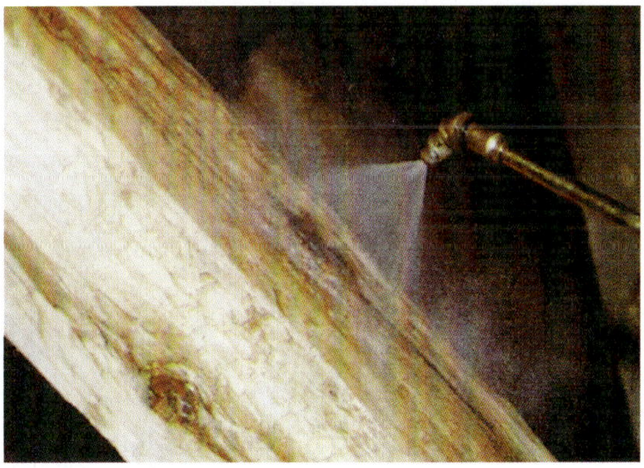

Einbringen des Bekämpfungsmittels im Sprühverfahren

- Sämtliche befallene Hölzer sind zu entfernen, und zwar mit einem Sicherheitsabstand von etwa 1,5 m in alle Richtungen über den sichtbar befallenen Bereich hinaus.
- Putz und Mörtelfugen sind sorgfältig auf Pilzmyzel zu untersuchen. Fugenmörtel sollte etwa 2 cm tief ausgekratzt werden.
- Die entfernten pilzbefallenen Bauteile sind unverzüglich zu sichern und geordnet zu entsorgen.
- Verbleibende und neu eingebaute Holzteile müssen mit einem zugelassenem Holzschutzmittel vorbeugend vor Pilzbefall geschützt werden.

Für die Mengenberechnung des zu verwendenden Holzschutzmittels kann die Holzoberfläche eines Dachstuhles gemäß folgendem Beispiel überschlägig berechnet werden:

Außenmaße Grundriss: $8 \cdot 12$ m = 96 m^2
Firsthöhe bis 5 m: $96 \cdot$ Faktor 3,3
= 316,8 m^2

In diesem Wert sind 96 m^2 Fußbodenfläche berücksichtigt. Dabei gilt:

Firsthöhe bis	5 m	Faktor 3,3
Firsthöhe bis	7 m	Faktor 3,6
Firsthöhe über	7 m	Faktor 4,0

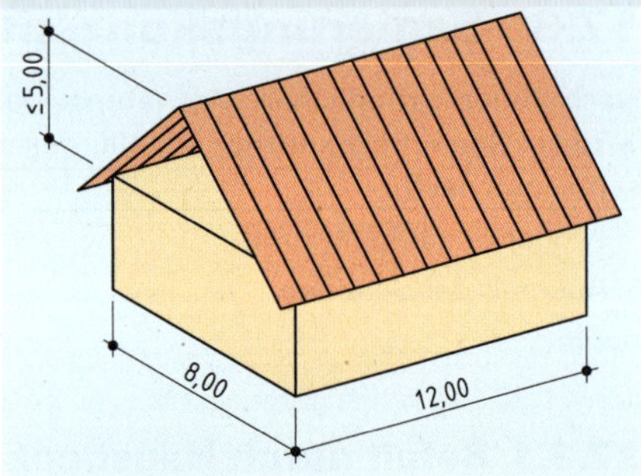

Weitere mögliche Sanierungsmaßnahmen

Nur teilweise zerstörte Hölzer können entweder durch Anlaschung oder Erstellen einer Prothese ergänzt werden. Diese Prothesen können aus Kunststoff bestehen, der, mit Glasfaserstäben armiert, ähnlich wie Beton gegossen wird. Eine entsprechende Schalung gemäß der gewünschten späteren Form muss angefertigt und mit Trennmittel behandelt werden.

Eine weitere Möglichkeit bietet eine Holzprothese. Ein neues oder altes, gesundes Holzstück wird stumpf an das zu ergänzende Bauteil gestoßen, die Kraftübertragung erfolgt durch die innen liegende Armierung. Der Vorteil gegenüber der Anschalung liegt darin, dass keinerlei Verbindungsmittel, Laschen oder Bleche sichtbar sind.

Absägen des Balkenkopfes

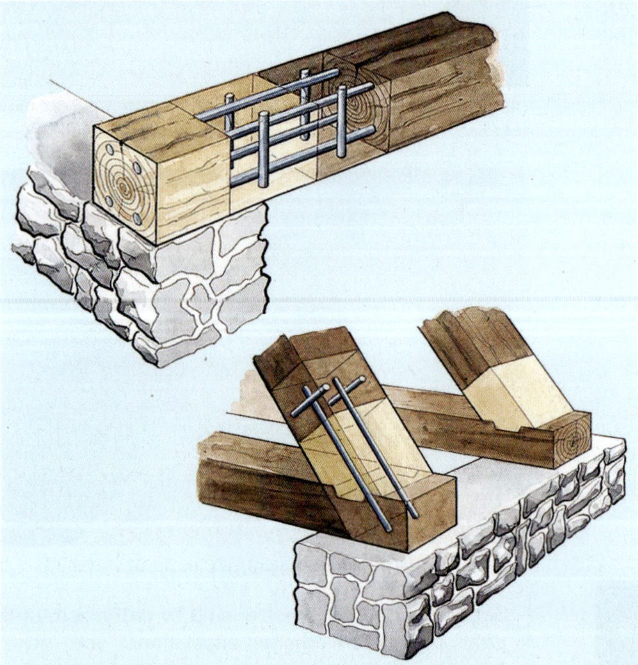
Schematische Darstellung einer Balkenkopfergänzung

Bewehrung aus Glasfaserkunststoff

Fertige Kunststoffprothese

Zusammenfassung

Die Wahl des Sanierungskonzeptes richtet sich im Wesentlichen nach Art und Ausmaß der Schädigung. Bei einem Pilzbefall muss die Feuchtequelle beseitigt werden, das geschädigte Holz ausgewechselt und vor neuem Befall geschützt werden. Durch Insektenfraß geschädigte Hölzer werden je nach tragendem Restquerschnitt nur abgebeilt und mit bekämpfendem Holzschutzmittel behandelt oder ausgetauscht. Weitere Methoden sind das Anlaschen oder die Herstellung einer Holzprothese.

17.3.3 Sanierung bei denkmalgeschützten Gebäuden

Steht ein Fachwerkhaus unter Denkmalschutz, so ist bei der Sanierung darauf zu achten, dass **möglichst viel der ursprünglichen Bausubstanz erhalten bleibt**. Dies kann dazu führen, dass ein Totalaustausch einer Fachwerkwand zwar kostengünstiger wäre, jedoch das aufwendige Anlaschen der Hölzer vorzuziehen ist. Dabei ist besonders darauf zu achten, dass auch die historischen Gefache, soweit möglich, erhalten bleiben. Diese können zum Beispiel durch aufgenagelte Bretter vor dem Herausfallen geschützt werden.

Auch die Ausmauerungen sollen erhalten bleiben

Meist sind die Schäden an den Fußpunkten der Hölzer und den Schwellen besonders ausgeprägt. Bei einer Teilsanierung ist zuerst darauf zu achten, dass die tragenden Pfosten und Streben entlastet werden. Dies kann nach vorhergehender Abfangung (siehe Kap. 17.4.9) durch eine Aufhängung mittels Rispenbändern an das darüberliegende Geschoss geschehen.

Schäden im Bereich der Schwelle

Vor dem Entfernen der schadhaften Teile wird festgestellt, wie weit das Holz noch funktionsfähig ist. Schäden im Inneren des Holzquerschnittes können nicht ohne Weiteres erkannt werden. Hierbei kann jedoch die Resistographie Aufschluss geben, ein relativ neues Verfahren der Bohrwiderstandsmessung. Dabei wird das zu untersuchende Holz mit einer Bohrnadel von 1,5…3 mm Durchmesser durchbohrt. Der mechanische Bohrwiderstand wird über die Leistungsaufnahme des Motors gemessen und in einem Schaubild dargestellt. Im intakten Holz schwankt der Widerstand nur aufgrund der Jahrringe, bei schadhaften Bereichen sinkt der Widerstand stark ab.

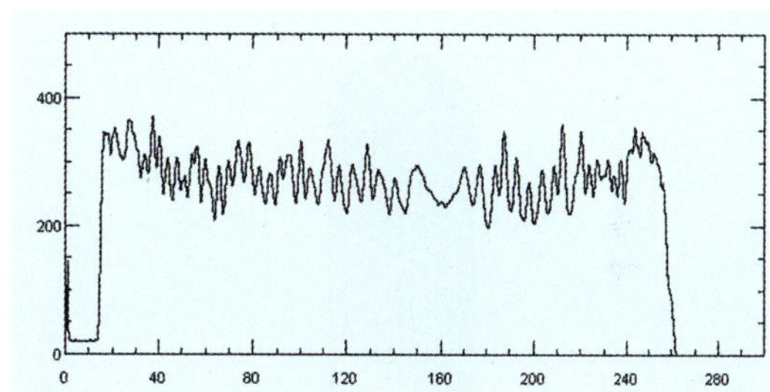

Typisches Bohrwiderstandsprofil eines intakten Fichtenbalkens

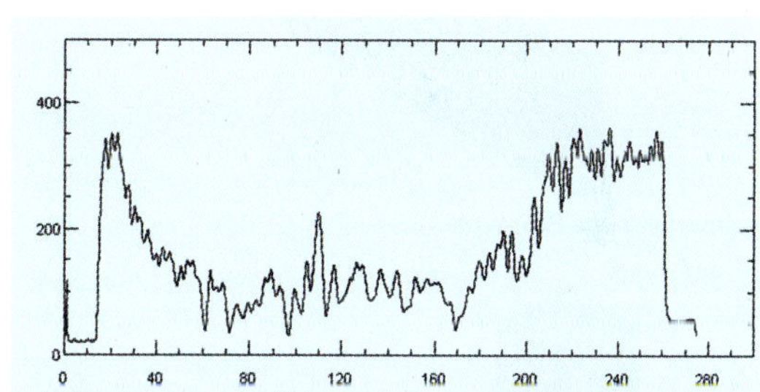

Typisches Bohrwiderstandsprofil eines Fichtenbalkens mit Innenfäule

Nach Feststellung des Schadens werden die zerstörten Teile abgesägt und intaktes Holz mit tragfähigen Verbindungen eingebaut.

Schadhaftes Holz wird abgesägt

Möglichkeiten solcher Verbindungen je nach baulicher Situation zeigen die folgenden Abbildungen:

Schräg geschnittene Aufbohlung

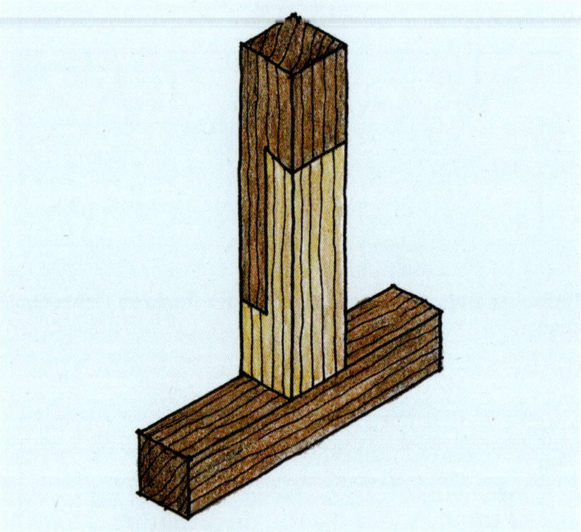

Ergänzung eines Pfostens

Ergänzung Pfosten – Schwelle

Die kraftübertragenden Druckflächen müssen passend ausgeführt werden, die Abschrägungen sind nach außen fallend auszuführen und erschweren ein Eindringen des Wassers in die Stöße.

Ergänzen eines Fachwerkpfostens

Um eine kraftschlüssige Verbindung zu gewährleisten, werden Rundstäbe aus Eichenholz mit einem Durchmesser von etwa 2,5 cm mit einem D4-Leim eingesetzt. Die im Innenausbau gängigen Rundstäbe aus Buchenholz sind ungeeignet, weil sie nicht resistent gegen Pilzbefall sind.

Rundstab, gebohrt und eingeleimt

Vor dem Austausch der Hölzer

Nach dem Austausch der Hölzer

Zusammenfassung

Steht ein Gebäude unter Denkmalschutz, muss so viel ursprüngliche Bausubstanz wie möglich erhalten werden. Ergänzungen von Hölzern sind passgenau auszuführen und können mit eingeleimten Eichenrundholzstäben befestigt werden.

17.3.4 Altersbestimmung von Holzbauwerken

Eine besondere Methode der Altersbestimmung stellt die **Dendrochronologie** dar. Sie basiert auf der Vermessung von Jahrringen bei Bäumen. Die unterschiedlichen Temperaturen und Niederschläge (zum Beispiel langer Winter oder trockener Sommer) bewirken den Wuchs unterschiedlich breiter Jahrringe. Da die Wachstumsbedingungen innerhalb eines Jahres bei einer Holzart im gleichen Waldgebiet den gleichen Zuwachs bewirken, lassen sich aus diesen charakteristischen Jahrringfolgen sogenannte Standardkurven erstellen. Früher geschah dies auf transparenten Folien, heute bearbeitet man die Proben mit dem Computer.

Vorgehensweise bei der Altersbestimmung eines Gebäudes

Zuerst werden Holzproben entnommen, entweder als Bohrkerne oder als Scheiben aus Kanthölzern. Es sollten mindestens 50...80 Jahrringe sichtbar sein, um ein hinreichend gesichertes Ergebnis zu erzielen. Mit Rasierklingen werden die Jahrringe auf einer Breite von 1...2 Zentimeter quer zur Faser angeschnitten, sodass die Jahresringgrenzen unter dem Mikroskop genau erkannt werden können. Um einen besseren Kontrast zu erzielen, reibt man Kreide in den so gewonnenen Querschnitt. Jeweils nach 10 Jahrringen wird eine rote Markierungslinie gezeichnet zur besseren Übersichtlichkeit.

Der Querschnitt wird nun auf dem Messtisch mittels Mikroskop vermessen und die **Jahrringbreiten** aufgezeichnet. Die sich ergebende **Kurve** (auf der Hochachse die Jahrringbreite, auf der Längsachse die Zeit in Jahren) wird nun mit schon bestehenden Kurven verglichen, wobei man den Standort und die Baumart berücksichtigt. Hat man übereinstimmende Kurvenabschnitte gefunden, so kann man für jeden Jahrring das Alter angeben. Für die Altersbestimmung von Bauwerken ist natürlich das Fälldatum des Baumes entscheidend. Hierzu ist eine Baumkante nötig, die die Fällzeitbestimmung bis auf ein halbes Jahr genau zulässt. Bei Eiche ist häufig das Splintholz durch Schädlinge bereits vernichtet, sodass man etwa 20...30 Jahre dazurechnen sollte.

Geht man mit übereinstimmenden Jahrringabschnitten immer weiter zurück, so kann man **Jahrringkalender** erstellen, die für bestimmte Gegenden und Baumarten bis 12 000 v. Chr. zurückreichen. Sehr alte Hölzer haben sich beispielsweise in Gletschermoränen, Kieslagerstätten oder in Mooren unter Luftabschluss erhalten. Auf diese Weise ist man in der Lage, lange Zeitabschnitte zu überbrücken. Die Altersbestimmung mittels Dendrochronologie ist die genaueste Art, archäologische Funde zu datieren.

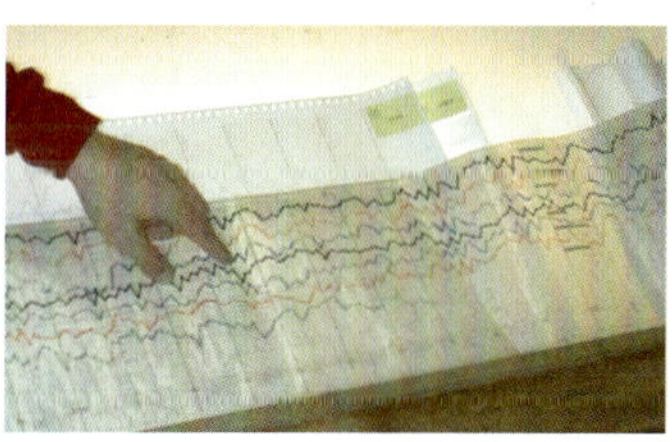

Jahrringkurven verschiedener Waldgebiete auf Folien

Probestück aus einem Eiche-Fachwerkriegel mit Markröhre

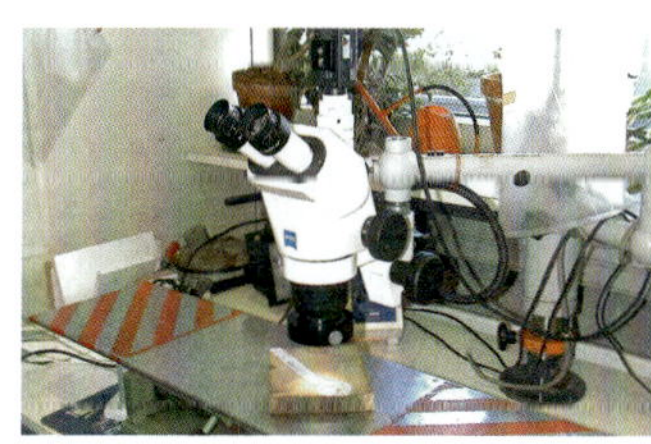

Messtisch mit Mikroskop

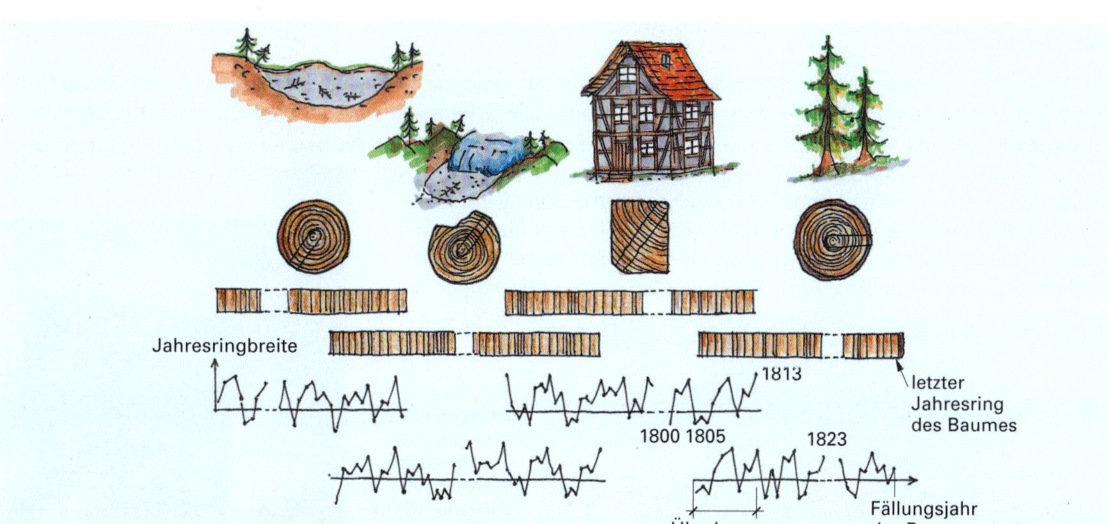

Schematische Darstellung der Bildung einer Standardkurve. Deutlich sichtbar sind die Bereiche der Überlappung, wo die Folge der Jahrringbreiten übereinstimmt

17.3.5 Vorbeugender Schutz von Holz mit Holzschutzmitteln

Gebrauchsklassen

Holzschutzmaßnahmen mit Holzschutzmitteln sind erforderlich, wenn das Holz der Gefahr von Bauschäden durch **Organismen** ausgesetzt ist. Organismen in diesem Zusammenhang sind Holz zerstörende Pilze, Holz verfärbende Pilze, Käfer, Termiten und marine Organismen (Meereswasserorganismen). In folgender Tabelle werden Holz und Holzprodukte je nach den Gebrauchsbedingungen sechs Gebrauchsklassen zugeordnet.

Gebrauchsklasse	Holzfeuchte	Allgemeine Gebrauchsbedingungen	Beispiele	Gefährdung durch				Auswaschbeanspruchung
				Insekten	Pilze	Moderfäule	Holzschädlinge im Meerwasser	
0	trocken (ständig ≤ 20 %)	Holz oder Holzprodukt unter Dach, keine Bewitterung, keine Befeuchtung, Insektenschäden ausgeschlossen	– sichtbare Hölzer in Wohnräumen – allseitig insektendicht abgedeckte Holzbauteile	nein	nein	nein	nein	nein
1	trocken (ständig ≤ 20 %)	Holz oder Holzprodukt unter Dach, keine Bewitterung, keine Befeuchtung	– Sparren/Pfetten in unbeheizten Dachstühlen – nicht insektendicht bekleidete Balken	ja	nein	nein	nein	nein
2	gelegentlich feucht (> 20 %)	Holz oder Holzprodukt unter Dach, keine Bewitterung, gelegentlich hohe Umgebungsfeuchte möglich, keine dauernde Befeuchtung	– unzureichend wärmegedämmte Balkenköpfe in Altbauten – Träger überdachter Brücken über Wasser	ja	ja	nein	nein	nein
3.1	gelegentlich feucht (> 20 %)	Holz oder Holzprodukt nicht unter Dach, mit Bewitterung, aber ohne ständigen Erd- oder Wasserkontakt, Anreicherung von Wasser im Holz nicht zu erwarten	– bewitterte Stützen mit ausreichend Bodenabstand – Zaunlatten	ja	ja	nein	nein	ja
3.2	häufig feucht (> 20 %)	Holz oder Holzprodukt nicht unter Dach, mit Bewitterung, aber ohne ständigen Erd- oder Wasserkontakt, Anreicherung von Wasser im Holz zu erwarten	– bewitterte horizontale Handläufe – bewitterte Balkonbalken	ja	ja	nein	nein	ja
4	vorwiegend bis ständig feucht (> 20 %)	Holz oder Holzprodukt in Kontakt mit Erde oder Süßwasser, vorwiegend bis ständig einer Befeuchtung ausgesetzt	– Palisaden – Hölzer für Uferbefestigungen	ja	ja	ja	nein	ja
5	ständig feucht (> 20 %)	Holz oder Holzprodukt, ständig Meerwasser ausgesetzt	– Kai- und Steganlagen	ja	ja	ja	ja	ja

Holzschutzmittel

Die Wirksamkeit der Holzschutzmittel beruht auf dem Inhalt biologisch wirksamer (biozider) Stoffe. Diese Stoffe sind **giftig**; ohne diese Stoffe wäre aber ihr Einsatz gegen die Schadorganismen (Insekten und Pilze) sinnlos.

Für tragende Teile dürfen nur Holzschutzmittel verwendet werden, die das **Prüfzeichen** für Zulassung und Überwachung besitzen. Dieses Zeichen besagt, dass das Mittel in seiner Wirksamkeit amtlich geprüft und vom Bundesinstitut für gesundheitlichen Verbraucherschutz und Veterinärmedizin BgVV (früher Bundesgesundheitsamt) und Umweltbundesamt bewertet worden ist. Außerdem müssen die Holzschutzmittel ein **Prüfprädikat** besitzen. Folgende Prüfprädikate werden dabei unterschieden:

Kurzzeichen	Bedeutung
Iv	gegen **I**nsekten **v**orbeugend wirksam
P	gegen **P**ilze vorbeugend wirksam (Fäulnisschutz)
W	auch für Holz, das der **W**itterung ausgesetzt ist, jedoch nicht im ständigen Erdkontakt und nicht im ständigen Kontakt mit Wasser
E	auch für Holz, das **e**xtremer Beanspruchung ausgesetzt ist (im ständigen Erdkontakt und/oder im ständigen Kontakt mit Wasser sowie bei Schmutzablagerungen in Rissen und Fugen)
B	gegen Ver**b**lauung an verarbeitetem Holz wirksam

Alte Holzbauwerke zeigen, dass bei sorgfältigem baulichem Holzschutz ein Schutz von Holz mit Holzschutzmitteln nicht erforderlich ist

Im Wesentlichen kann bei den Holzschutzmitteln zwischen **wasserlöslichen** und **öligen** Mitteln unterschieden werden.

Die öligen Holzschutzmittel sind in der Regel lösungsmittelhaltig und werden gebrauchsfertig geliefert. Das zu behandelnde Holz muss trocken oder halbtrocken sein.

Die wasserlöslichen Holzschutzmittel (Salze) eignen sich besonders zur Behandlung von halbtrockenem und feuchtem Holz, bei Anwendung besonderer Einbringverfahren auch von saftfrischem Holz.

Für tragende Holzbauteile dürfen nur Holzschutzmittel mit Prüfzeichen und Prüfprädikaten verwendet werden.

Es wird zwischen wasserlöslichen und öligen Holzschutzmitteln unterschieden.

Kesseldruckanlage

Einbringverfahren

Die Holzschutzmittel können dem Holz durch verschiedene Einbringverfahren zugeführt werden. Die Wahl des Einbringverfahrens ist von der Gebrauchsklasse, der Holzfeuchte und dem vorgesehenen Holzschutzmittel abhängig.

Die einzelnen Verfahren belasten unterschiedlich stark unsere Umwelt. Es ist deshalb immer einem geeigneten Verfahren mit geringer Umweltbelastung der Vorzug zu geben.

Es wird zwischen folgenden Einbringverfahren unterschieden.

- **Druckverfahren**, wie Kesseldruckverfahren oder Niederdruckverfahren
- **Nichtdruckverfahren**, wie Einlagerungsverfahren oder Oberflächenverfahren
- **Sonderverfahren** zur Behandlung von gefährdeten Stellen

Bei den **Druckverfahren** wird das entrindete und entbastete Holz in einem druckdichten Kessel getränkt, indem Tränkflüssigkeit (Holzschutzmittel) mithilfe von Druckunterschieden in das Holz eingebracht wird.

Die **Nichtdruckverfahren** benötigen keinen geschlossenen Kessel für das Einbringen der Tränkflüssigkeit in das Holz. Das Holz wird dabei entweder in Trögen mit Tränkflüssigkeit eingelagert, oder die Tränkflüssigkeit wird mechanisch bzw. manuell von außen an die Holzoberfläche herangeführt.

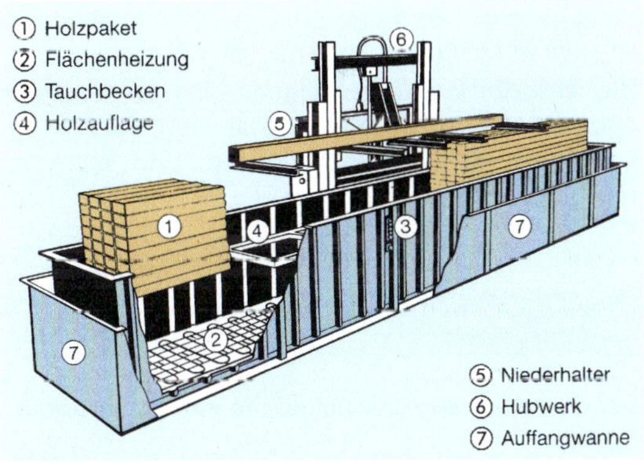

Tauchanlage

Einlagerungsverfahren

Bei den Einlagerungsverfahren wird das von Rinde und Bast befreite Holz in offenen (druckfesten) Trögen getränkt.

Die **Trogtränkung** erfordert eine Einlagerung des Holzes über einen bis mehrere Tage.

Bei der **Einstelltränkung** erfolgt die Einlagerung wie bei der Trogtränkung über einen bis mehrere Tage, aber eingegrenzt auf die gefährdeten Bereiche (z. B. Fußenden von Pfosten).

Gebrauchsklasse	Einbringverfahren	
	statisch nicht beanspruchte Bauteile	statisch beanspruchte oder aussteifende Bauteile
1 und 2	Oberflächenverfahren	
3	Oberflächenverfahren Einlagerungsverfahren Niederdruckverfahren	Einlagerungsverfahren Druckverfahren
4 und 5	Kesseldruckverfahren	

Zusammenhang zwischen Gebrauchsklassen und Einbringverfahren

Da erwärmte Tränkflüssigkeit besser vom Holz aufgenommen wird, besteht auch die Möglichkeit der **Heiß-kalt-Trogtränkung**. Sie wird als Trog- oder Einstelltränkung durchgeführt, wobei die Tränkflüssigkeit zunächst erwärmt wird und danach wieder abkühlt.

Beim **Tauchen** wird das Holz lediglich über eine bis mehrere Stunden eingelagert.

Oberflächenverfahren

Die Oberflächenverfahren führen nur zu einem Schutz unmittelbar an der Oberfläche des Holzes. Der Schutzmittelauftrag erfolgt durch **Fluten**, **Sprühen** im Sprühtunnel, **Spritzen** oder **Streichen**. In speziellen Fertigungszweigen (z. B. bei Fenstern und Außentüren) ist auch das **Kurztauchen**, ein allseitiges Untertauchen des Holzes über Sekunden bis Minuten, üblich.

Fluten und Sprühen dürfen nur in geschlossenen Anlagen mechanisch durchgeführt werden. Beim Spritzen erfolgt ein mindestens zweimaliger Auftrag mittels Spritzgeräten. Da dieses Verfahren für die beteiligten Personen sehr gesundheitsgefährdend sein kann und sehr umweltbelastend ist, darf es nie im Freien durchgeführt werden und nie als vorbeugende Holzschutzmaßnahme zur Anwendung kommen. Das Spritzen darf deshalb nur bei verbautem Holz, z. B. zu Bekämpfungsmaßnahmen, angewendet werden. Beim Streichen wird das Holzschutzmittel mittels Pinsel oder Rolle mindestens zweimal aufgetragen.

Die Nichtdruckverfahren eignen sich für trockenes oder halbtrockenes Holz. Trogtränkung, Einstelltränkung und Heiß-kalt-Trogtränkung sind auch bei feuchtem Holz möglich.

> Bei den Nichtdruckverfahren wird zwischen Einlagerungsverfahren und Oberflächenverfahren unterschieden.

Sonderverfahren zur Behandlung von gefährdeten Stellen

Hier werden bestimmten Holzzonen größere Holzschutzmittelmengen zugeführt. Dies geschieht durch Aufstreichen von Pasten oder durch Anlegen von Bandagen.

Die Zufuhr größerer Holzschutzmittelmengen kann auch mithilfe von Bohrlöchern vorgenommen werden, in die das Schutzmittel eingepresst wird (= Bohrloch-Drucktränkung), das Schutzmittel manuell eingefüllt wird (= Bohrloch-Tränkung) oder das Schutzmittel in der Form von „Salzpatronen“ eingeführt wird.

> Sonderverfahren zur Behandlung von gefährdeten Stellen erfolgen durch Aufstreichen von Holzschutzpasten, Auflegen von Holzschutzbandagen oder es werden Holzschutzmittel in Bohrlöcher eingebracht.

Vorsichtsmaßnahmen beim Umgang mit Holzschutzmitteln

Holzschutzmittel müssen so gelagert werden, dass sie Unbefugten unzugänglich sind. Sie müssen stets in den Originalbehältern fest verschlossen aufbewahrt werden.

Es muss Sorge getragen werden, dass die Holzschutzmittel nie in den Boden, ins Oberflächenwasser, ins Grundwasser oder in die Kanalisation gelangen können.

Unverbrauchte Schutzmittelreste, Rückstände aus Imprägnieranlagen und mit Schutzmitteln behandelte Holzabfälle gelten gemäß Abfallgesetz als besonders überwachungsbedürftiger Abfall (Sondermüll) und dürfen nur durch dafür zuständige Stellen entsorgt werden. Besonders sträflich wäre ein Verbrennen von behandelten Holzresten, weil dabei giftige Gase entstehen.

Beim Verarbeiten der Holzschutzmittel sind unbedingt undurchlässige Schutzhandschuhe sowie eine angemessene Oberbekleidung zu tragen. Alle unbedeckten Körperteile sind mit einer Schutzsalbe (fettfrei bei öligen, fetthaltig bei wasserlöslichen Holzschutzmitteln) einzureiben. Diese Vorsichtsmaßnahmen müssen auch beachtet werden, wenn mit frisch behandelten, noch feuchten Hölzern gearbeitet wird.

Chemikalienempfindliche Personen und Personen mit Wunden oder Hautabschürfungen dürfen auf keinen Fall mit Holzschutzmitteln in Berührung kommen.

Grundsätzlich dürfen Holzschutzmittel nicht im Freien gespritzt oder gesprüht werden. Sprühnebel ist gesundheitsschädlich und belastet sehr stark unsere Umwelt. Ist das Spritzen als bekämpfende Maßnahme unerlässlich, so muss neben der entsprechenden Schutzkleidung eine Atemmaske getragen werden.

Bei regelmäßigem Umgang mit Holzschutzmitteln (auch bei der Bearbeitung von behandelten Hölzern) ist mindestens einmal wöchentlich die Arbeitskleidung zu wechseln.

Vor dem Genuss von Lebensmitteln sind Gesicht und Hände gründlich mit Wasser und Seife oder mit einem entsprechenden Reinigungsmittel zu säubern.

Ölige Holzschutzmittel enthalten in der Regel Lösungsmittel. Das Einatmen der Dämpfe ist gesundheitsschädlich und muss deshalb vermieden werden. Bei der Verarbeitung ist deshalb entweder ein Atemschutz zu tragen oder für eine ausreichende Lüftung zu sorgen. Da die Lösungsmittel brennbar sind, müssen Zündquellen fern gehalten werden, und es gilt absolutes Rauchverbot.

17.3.6 Bekämpfungsmaßnahmen gegen Pilz- und Insektenbefall

Wenn verbautes Holz von Pilzen oder Insekten befallen ist und dadurch die Bauteile gefährdet sind, müssen die Holzschädlinge bekämpft werden.

Sowohl bei der Bekämpfung des Pilzbefalls wie auch bei der Bekämpfung eines Insektenbefalls sind Vorarbeiten, wie das Entfernen und Vernichten befallener Hölzer oder Holzteile, erforderlich. Die genaue Vorgehensweise bei den Vorarbeiten ist in DIN 68800, Teil 4, beschrieben.

Die Bekämpfung kann durch Behandlung mit einem Holzschutzmittel (= chemische Maßnahme) oder – bei Insektenbefall – auch durch **Heißluft**- oder **Durchgasungsverfahren** vorgenommen werden.

Beim Heißluftverfahren muss eine Mindesttemperatur von 55 °C an allen Stellen des zu behandelnden Holzes für die Dauer von mindestens 60 Minuten vorhanden sein.

Die Bekämpfung von Schädlingen bei Holz mittels Begasungsverfahren bedarf einer gasdichten Hülle des Objekts, in welchem die Bekämpfung durchgeführt wird.

Bekämpfung des Insektenbefalls mit Heißluft

Durchgasung eines Gebäudes

Die Bekämpfung von Pilz- und Insektenbefall kann durch ein Holzschutzmittel oder – bei Insektenbefall – auch durch Heißluft- oder Durchgasungsverfahren erfolgen.

Zusammenfassung

Durch den vorbeugenden Schutz von Holz mit Holzschutzmitteln werden die Hölzer widerstandsfähiger gegen schädigende Einflüsse und bereits von Pilzen und Insekten befallene Hölzer können wirkungsvoll behandelt werden. Je nach Art und Ausmaß einer eventuellen Gefährdung wird Holz den Gebrauchsklassen zugeordnet. Die Gebrauchsklasse gibt Aufschluss über die Gebrauchsbedingungen, die Ausgesetztheit gegenüber Feuchtigkeit und das Auftreten von Organismen.

Bei den Holzschutzmitteln wird zwischen öligen und wasserlöslichen Mitteln unterschieden. Für tragende Holzbauteile dürfen nur Holzschutzmittel mit Prüfzeichen für Zulassung und Überwachung verwendet werden.

Die Holzschutzmittel können dem Holz nach folgenden Einbringverfahren zugeführt werden: Druckverfahren wie Kesseldruckverfahren oder Niederdruckverfahren, Nichtdruckverfahren wie Einlagerungsverfahren und Oberflächenverfahren oder Sonderverfahren zur Behandlung von gefährdeten Stellen.

Da Holzschutzmittel Giftstoffe enthalten, sind bei der Verarbeitung Vorsichtsmaßnahmen einzuhalten, um Gesundheitsschädigungen und Umweltschädigungen zu vermeiden.

Aufgaben

1. *Zu welchem Zweck werden die Hölzer in Gebrauchsklassen eingeteilt?*
2. *Warum sind ölige Holzschutzmittel nicht zum Streichen saftfrischer Hölzer geeignet?*
3. *Erklären Sie die Bedeutung der Kurzzeichen Iv, P, W und E.*
4. *Nennen Sie die wichtigsten Einbringverfahren.*
5. *Worin unterscheiden sich die Einbringverfahren?*
6. *Welcher Zusammenhang besteht zwischen den Gebrauchsklassen und den Einbringverfahren?*
7. *Welche Grundsätze sind bei der Lagerung von Holzschutzmitteln zu beachten?*
8. *Welche Grundsätze sind bei der Entsorgung von Holzschutzmittelresten zu beachten?*
9. *Warum ist das Spritzen und Sprühen von Holzschutzmitteln im Freien grundsätzlich verboten?*
10. *Welche Vorsichtsmaßnahmen müssen beim Umgang mit Holzschutzmitteln beachtet werden?*

17.4 Gerüste und Abfangungen

Arbeiten an Fachwerkhäusern müssen sicher durchgeführt werden können. Sowohl bei Dach- wie auch Fassadenarbeiten müssen Gerüste zur Anwendung kommen, die den Anforderungen nach DIN 4420, DIN EN 12810, DIN EN 12811 und DIN EN 12812 genügen. Außerdem müssen die Unfallverhütungsvorschriften der Berufsgenossenschaft genau beachtet werden. Sie sind nach den Regeln der Technik einwandfrei herzustellen, müssen ausreichend tragfähig, standsicher und so beschaffen sein, dass weder die am Bau Beteiligten noch Passanten oder Verkehrsteilnehmer wesentlich behindert oder gefährdet werden. Dasselbe gilt für Unterfangungen und Sprießarbeiten.

17.4.1 Gerüstarten

Nach Art der Verwendung werden die Gerüste in **Arbeits-** und **Schutzgerüste** unterteilt.

Arbeitsgerüste (Kurzzeichen AG) dienen der Ausführung von Bauarbeiten in Höhen, die vom Boden oder von den Geschossdecken aus nicht mehr erreicht werden. Sie müssen außer den Arbeitern auch noch die notwendigen Werkstoffe und Arbeitsgeräte (Werkzeuge, Maschinen) tragen.

Zu den Schutzgerüsten zählen das **Fanggerüst** (Kurzzeichen FG) oder **Dachfanggerüst** (Kurzzeichen DG), die Personen vor tieferen Abstürzen schützen, sowie das **Schutzdach** (Kurzzeichen SD), das Personen, Maschinen und Geräte gegen herabfallende Gegenstände schützt.

Die Gerüstbauarten werden nach dem Tragsystem und der Ausführungsart unterschieden:

Tragsystem (Kurzzeichen)
- Standgerüst (S)
- Hängegerüst (H)
- Auslegergerüst (A)
- Konsolgerüst (K)

Ausführungsart (Kurzzeichen)
- Stahlrohr-Kupplungsgerüst (SR)
- Rahmengerüst (RG)

Bezeichnung

Die Bezeichnung eines Gerüstes besteht aus Kurzzeichen für den Verwendungszweck und das Tragsystem.

Beispiel:
Gerüst EN 12810 – 4D – SW 09/250 – H2 – B – LS
Gerüst der Lastklasse 4, mit einer Systembreite von 0,90 ... 1,20 m, einer Feldlänge von 2,50 m und einer Durchgangshöhe ≥ 1,90 m, mit Bekleidung und mit Zugang über Leitern und Treppen.

Stahlrohr-Kupplungsgerüst

Einteilung der Arbeitsgerüste nach Lastklassen

Nach DIN EN 12811-1 werden die Arbeitsgerüste in sechs Lastklassen eingeteilt. Maßgebend für die Zuordnung sind die Mindestbreite der Gerüstbelagfläche und die zulässige Belastbarkeit. Die Belastbarkeit wird als flächenbezogene Nutzlast in kN/m^2 und als Flächenpressung (= Nutzlast geteilt durch deren tatsächliche Grundrissfläche) angegeben.

Die freie Durchgangsbreite auf der Belagfläche muss auch bei der Lagerung von Materalien mindestens 0,20 m betragen.

Bei den Lastklassen 1, 2 und 3 darf für die Mindestbreite der Belagfläche die Bordbrettdicke mitgerechnet werden.

Gerüste der **Lastklasse 1** dürfen lediglich für Kontrolltätigkeiten verwendet werden. Dabei darf sich je Gerüstfeld höchstens eine Person aufhalten. Materiallagerungen sind nicht zulässig.

Die Gerüste werden nach Art der Verwendung in Arbeits- und Schutzgerüste unterteilt. Zu den Schutzgerüsten zählen die Fanggerüste, Dachfanggerüste und Schutzdächer.

Gerüste der **Lastklasse 2** dürfen nur für Arbeiten verwendet werden, die keine Materiallagerung erfordern, z. B. bei Malerarbeiten.

Gerüste der **Lastklasse 3** eignen sich für Arbeiten, bei denen Baustoffe in geringem Umfang gelagert werden müssen, z. B. bei Putzarbeiten.

Gerüste der **Lastklassen 4, 5 und 6** können für Arbeiten eingesetzt werden, bei denen Baustoffe und Bauteile auf dem Gerüst abgesetzt werden müssen, z. B. bei Mauer- und Betonierarbeiten.

Grundsätzlich muss beachtet werden, dass die vorgeschriebene zulässige Nutzlast und die Flächenpressung nicht überschritten werden.

Lastklasse	Gleichmäßig verteilte Last q_1 kN/m²	Auf einer Fläche von 500 mm × 500 mm konzentrierte Last F_1 kN	Auf einer Fläche von 200 mm × 200 mm konzentrierte Last F_2 kN
1	0,75	1,50	1,00
2	1,50	1,50	1,00
3	2,00	1,50	1,00
4	3,00	3,00	1,00
5	4,50	3,00	1,00
6	6,00	3,00	1,00

Nutzlasten auf Gerüsten

Nach ihrer Belastung werden Arbeitsgerüste in sechs Klassen unterteilt.

17.4.2 Anforderungen an Gerüstbauteile

Gerüstbauteile und Benennungen

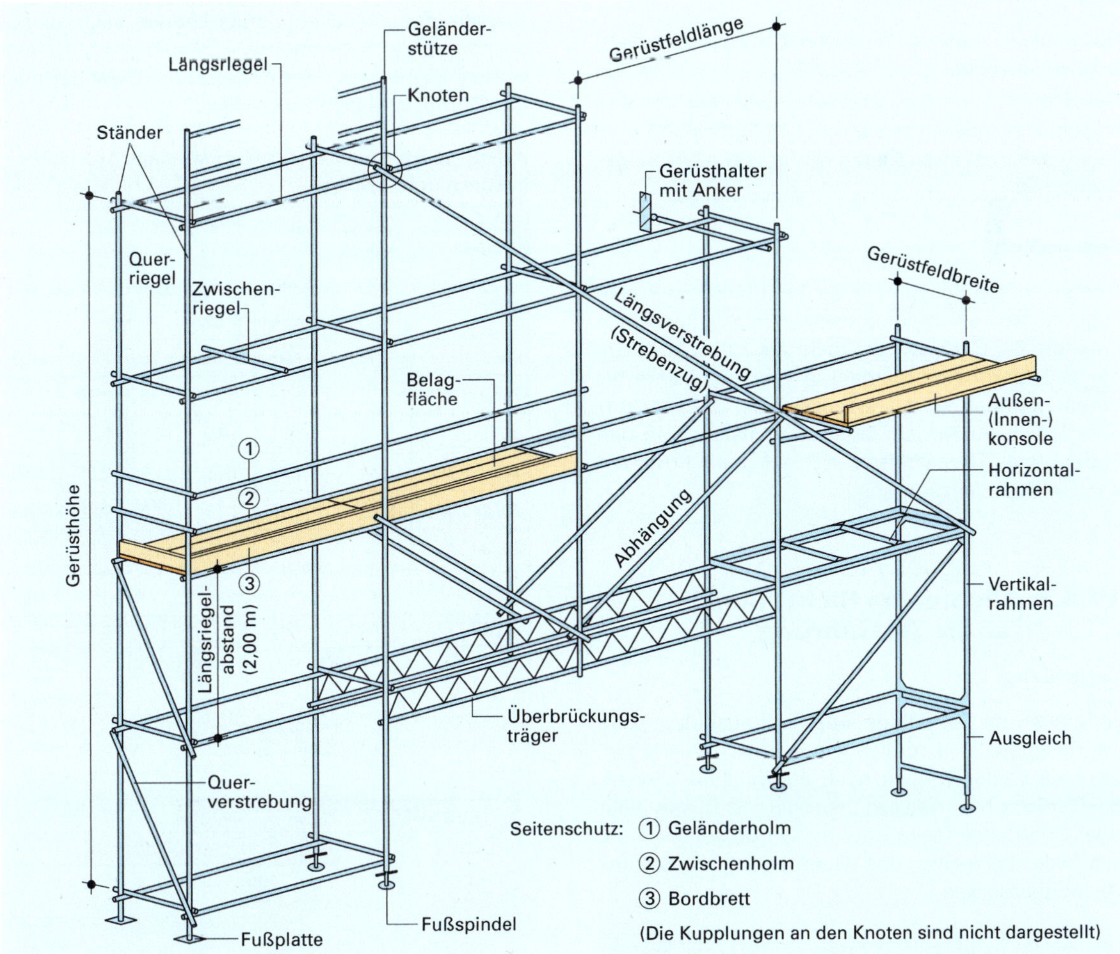

Beispiele für Gerüstbauteile und Benennungen (Fassadengerüst als Standgerüst)

Werkstoffe für Gerüste

Gerüste und Gerüstbauteile können aus den Werkstoffen Stahl, Aluminium oder Holz bestehen.

Gerüstbauteile aus Stahl

Tragende Gerüstbauteile aus Stahl müssen eine Nennwanddicke von mindestens 2 mm, die Teile des Seitenschutzes von mindestens 1,5 mm haben. Stahlrohre, an die Kupplungen angeschlossen werden (z. B. bei systemunabhängigen Stahlrohrgerüsten), müssen eine Nennwanddicke von mindestens 3,2 mm besitzen.

Gerüstbauteile aus Aluminium

Tragende Gerüstbauteile aus Aluminium müssen eine Nennwanddicke von mindestens 2,5 mm, die Teile des Seitenschutzes von mindestens 2 mm haben.

Aluminiumrohre, an denen Kupplungen angeschlossen werden (z. B. bei systemunabhängigen Aluminiumrohrgerüsten), müssen eine Nennwanddicke von mindestens 4 mm besitzen.

Gerüstbauteile aus Holz

Holzbauteile müssen mindestens der Sortierklasse S 10 entsprechen.

Gerüstbretter und Gerüstbohlen sowie Teile des Seitenschutzes müssen mindestens 3 cm dick und vollkantig sein. An ihren Enden dürfen sie nicht aufgerissen sein.

Seitenschutz

Gerüste, deren Belag mehr als 2 m über dem Boden liegt, müssen an der Außenseite einen Seitenschutz erhalten. Bei Gerüsten, die mehr als 30 cm vom Gebäude entfernt sind (gemessen von Belagkante bis Wand), ist auch an der Innenseite ein Seitenschutz erforderlich. Außerdem ist ein Seitenschutz an den Enden eines Gerüstbelags, z. B. an den Stirnseiten von Gerüsten, anzuordnen.

17.4.3 Allgemeine Richtlinien für die Ausführung

Gerüstbelag

Jede benutzte Gerüstlage muss voll ausgelegt sein. Die Belagteile sind so dicht aneinander zu verlegen, dass sie weder wippen noch ausweichen können. Bei Gerüstbohlen müssen unter dem Stoß entweder zwei Querriegel liegen oder die Gerüstbohlen müssen sich beidseitig des Querriegels mindestens 20 cm überdecken.

Belagteile sind so zu verlegen, dass sie weder wippen noch ausweichen können.

Seitenschutz

Der Seitenschutz wird dreiteilig, bestehend aus Geländerholm, Zwischenholm und Bordbrett, ausgebildet. Der lichte Abstand zwischen den Bauteilen darf nicht größer als 47 cm sein. Die Oberkante des Geländerholmes muss mindestens 1 m, die Oberkante des Bordbrettes mindestens 15 cm über dem Gerüstbelag liegen.

Anstelle des Zwischenholmes können auch ausreichend tragfähige Netze bzw. Geflechte mit Maschenweiten kleiner als 10 cm zwischen Geländerholm und Bordbrett gespannt werden.

Zulässige Stützweiten für Gerüstbeläge aus Holzbrettern und -bohlen

Brett- bzw. Bohlenbreite in cm	Lastklasse	Brett- bzw. Bohlendicke in cm				
		3,0	3,5	4,0	4,5	5,0
		größte Stützweite in m				
20	1, 2, 3	1,25	1,50	1,75	2,25	2,50
24 und 28		1,25	1,75	2,25	2,50	2,75
20	4	1,25	1,50	1,75	2,25	2,50
24 und 28		1,25	1,75	2,00	2,25	2,50
20, 24, 28	5	1,25	1,25	1,50	1,75	2,00
20, 24, 28	6	1,00	1,25	1,25	1,50	1,75

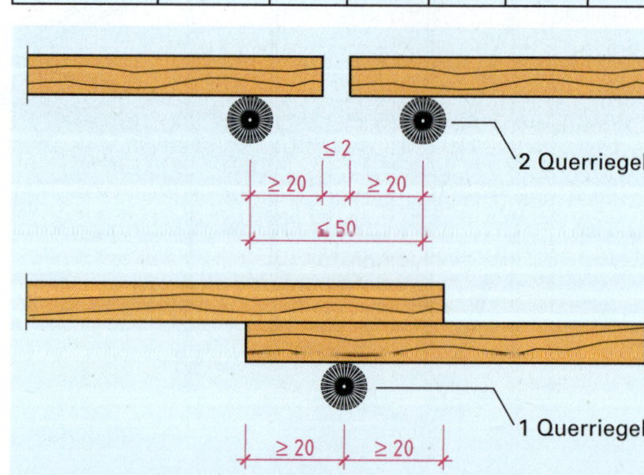

Auflagerung von Gerüstbohlen

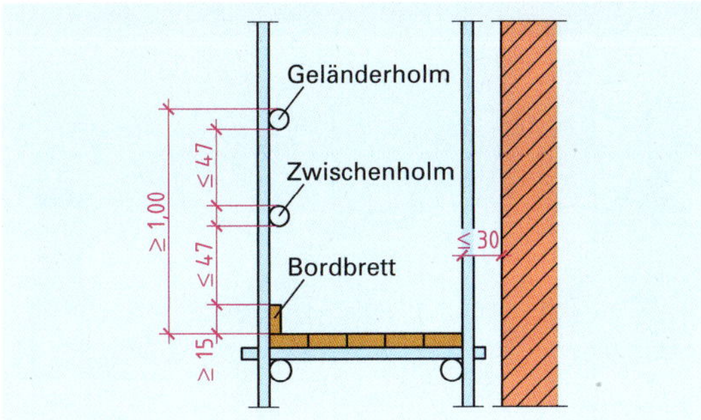

Seitenschutz

Alle Gerüste, deren Gerüstbelag mehr als 2 m über dem Boden liegt, müssen einen Seitenschutz erhalten.

Aussteifung

Gerüste müssen alle Lasten sicher ableiten können. Dazu müssen sie ausgesteift werden. Dies geschieht je nach Gerüstbauart durch Diagonalen, Rahmen und Verankerungen.

Verstrebungen durch Diagonalen müssen an den Kreuzungspunkten mit den vertikalen Traggliedern (Ständern) oder den horizontalen Traggliedern (Längs- und Querriegeln) verbunden werden. Verstrebungen zur Gerüstaussteifung werden über die gesamte Gerüstlänge und -höhe als Strebenkreuze oder Strebenzüge angeordnet, wobei jeder Strebenzug höchstens fünf Gerüstfelder übergreifen darf. Erst die Verstrebung gibt diesen Gerüsten die erforderliche Steifigkeit. Diese Verstrebungen dürfen erst beim endgültigen Abbau des Gerüstes und abgestimmt auf ihn entfernt werden.

Gerüste müssen ausgesteift sein, um alle auf sie einwirkenden Lasten sicher ableiten zu können. Dies geschieht durch Diagonalen, Rahmen und Verankerungen.

Verankerung

Alle Gerüste, die frei stehend nicht standsicher sind, müssen am Gebäude verankert werden. Die Verankerungen (Gerüsthalter) werden an den Knoten (z. B. Kreuzungspunkte Ständer – Längsriegel – Querriegel) angebracht. Die Abstände der Verankerungspunkte richten sich nach der statischen Berechnung. Für Gerüste in Regelausführung werden die Höchstabstände angegeben (siehe Abschnitt 17.4.4).

Verankerungen dürfen nur an standsicheren und festen Bauteilen angebracht werden. Dies sind in der Regel Deckenscheiben, Stützen und Mauerscheiben. Befestigungen an Schneefanggittern, Blitzableitern, Dachrinnen, nicht tragfähigen Fensterpfeilern oder Fensterbrüstungen und dergleichen sind nicht zulässig.

Verankerungselement

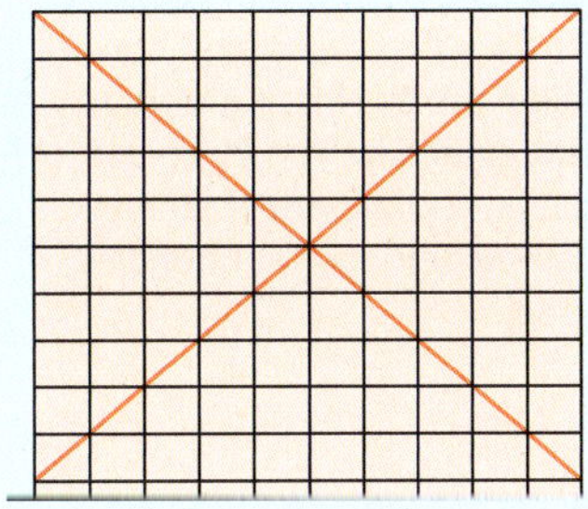

Strebenkreuz

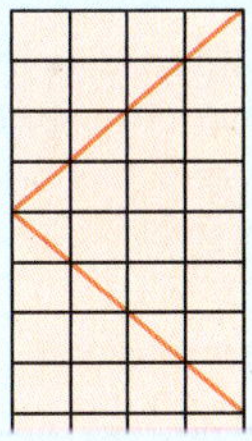

Gegenläufiger Strebenzug

Es dürfen nur zugelassene Verankerungsmittel verwendet werden, und sie sind fachgerecht einzubauen. Befestigungen mit Faserseilen oder Rödeldraht sind unzulässig.

Auch Verankerungen dürfen erst beim Abbau und auf ihn abgestimmt entfernt werden.

Alle Gerüste, die frei stehend nicht standsicher sind, müssen am Gebäude verankert werden.

Regelausführungen für Gerüste

Unter dem Begriff „Regelausführung" ist die Konstruktion von Gerüsten nach bestimmten Regeln zu verstehen. Diese Regeln sind in DIN EN 12811 festgelegt.

Regelausführungen sind für Stahlrohr-Kupplungsgerüste, Auslegergerüste, Konsolgerüste und Hängegerüste möglich.

Gerüste ohne Regelausführung werden statisch berechnet und nach Ausführungsplänen erstellt. Außerdem sind noch handwerkliche Gerüste möglich, die aufgrund fachlicher Erfahrungen erstellt werden; zu diesen Gerüsten zählen z. B. **Bockgerüste** oder Gerüste mit nur geringer Höhe, auch Stangengerüste.

17.4.4 Stahlrohr-Kupplungsgerüst

Stahlrohrgerüste haben im Vergleich zu Gerüsten aus hölzernen Bauteilen eine höhere Nutzungsdauer und sie benötigen einen geringeren Lagerraum. Die verhältnismäßig geringe Masse der Gerüstkonstruktion und deren stabile Knotenpunkte ermöglichen das Einrüsten sehr hoher Bauwerke.

Stahlrohr-Kupplungsgerüste in Regelausführung dürfen für Arbeitsgerüste der Lastklassen 1...6 und für Fanggerüste eingesetzt werden.

Die Stahlrohre mit einem Außendurchmesser von 48,3 mm werden mit Normalkupplungen, Drehkupplungen, Stoßkupplungen und Stoßbolzen verbunden. Die Abbildung rechts zeigt die verschiedenen Kupplungen und die zulässigen Lasten, die übertragen werden können. Gerüstkupplungen sollen mit 50 Nm angezogen werden, dies entspricht einer Last von 20 kg auf einem Hebelarm von 25 cm. Die Ständer stehen unverschiebbar auf Fußplatten oder auf höhenverstellbaren Fußspindeln.

Verankerung

Die Anordnung und die Anzahl der Verankerungspunkte sowie die vorgeschriebene Belastbarkeit der Anker sind davon abhängig, welche Höhe das Gerüst hat und ob es bekleidet oder nicht bekleidet ist.

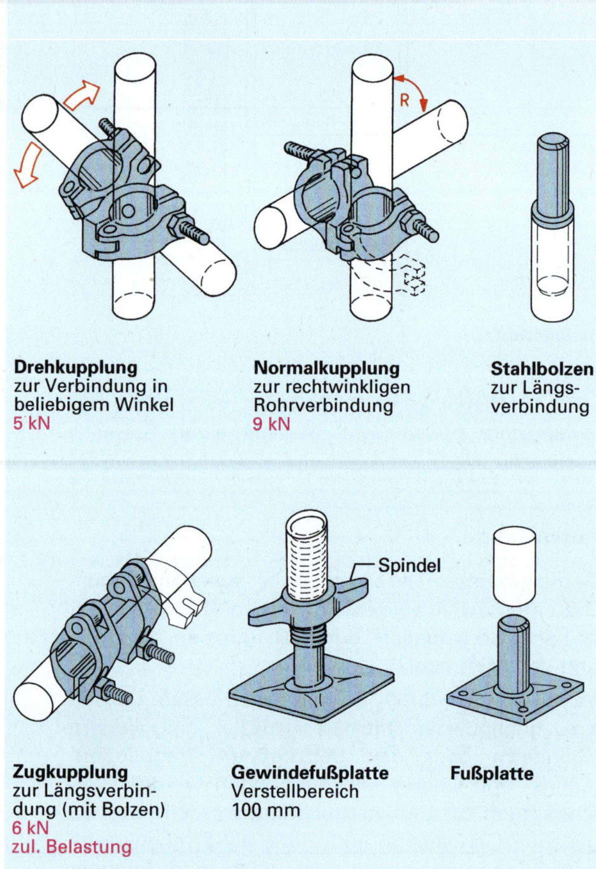

Kupplungen und Fußplatten

Gerüstabmessungen

Für Stahlrohr-Kupplungsgerüste als Standgerüste (Fassadengerüste) in Regelausführung beträgt die zulässige Höhe 30 m.

Ständerabstände

Die Ständerabstände der Stahlrohr-Kupplungsgerüste sind von der Belastung des Gerüstes, also von der Lastklasse, abhängig.

Die nebenstehende Tabelle gilt nur unter der Voraussetzung, dass höchstens zehn Gerüstlagen (ohne Verbreiterungen) ausgelegt sind. Dabei darf in jedem Gerüstfeld nur eine Belagfläche voll genutzt werden.

Bei den Lastklassen 1...3 dürfen keine Lasten (z.B. Steinpakete) durch Krane abgesetzt werden.

Lastklasse	Ständerabstand in m
1 und 2	2,50
3 und 4	2,00
5	1,50
6[1])	1,20

1) Für die Lastklasse 6 müssen zusätzliche Zwischenholme eingebaut werden.

Ständerabstände

Besonders für komplizierte Grundrisse eignet sich das Stahlrohr-Kupplungsgerüst (Domkuppel in Florenz) ▶

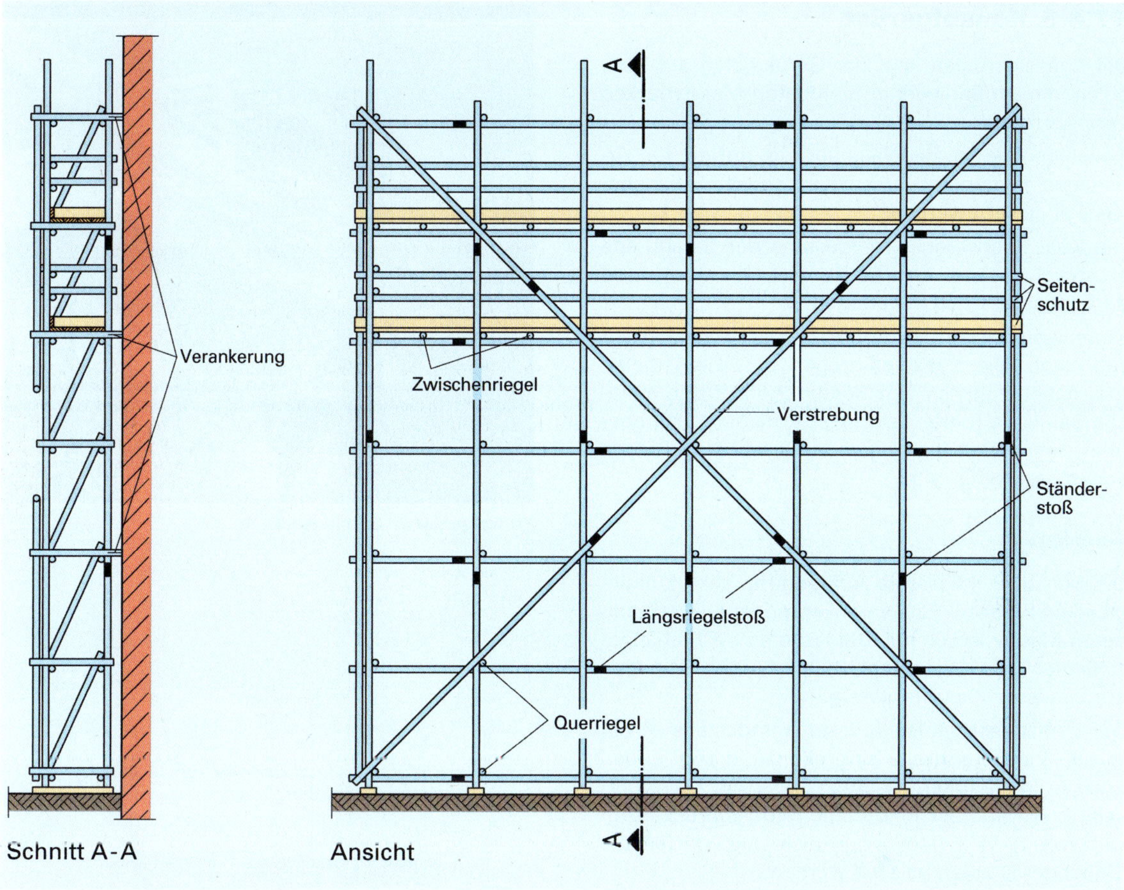

Stahlrohr-Kupplungsgerüst

Stahlrohr-Kupplungsgerüste bestehen aus mindestens 48,3 mm (Außendurchmesser) dicken Stahlrohren. Die Stahlrohre werden mit Kupplungen verbunden. Stahlrohr-Kupplungsgerüste können in Regelausführung eine Höhe von 30 m haben.

17.4.5 Bockgerüst

Das Bockgerüst eignet sich besonders für zeitlich eng begrenzte Aufgaben in geringer Höhe, bspw. das Aufrichten von Pfetten oder das Ausbessern von Bauteilen. Zwei Böcke müssen standsicher aufgestellt werden. Hierzu eignen sich neben üblichen Zimmererböcken aus Holz besonders höhenverstellbare Stahlböcke, die leicht der Aufgabe angepasst werden können. Bockgerüste geringer Höhe müssen weder verankert noch ausgesteift werden. Bei größerer Höhe wird dies notwendig. Es dürfen maximal zwei Böcke aufeinander gestellt werden.

Bockgerüst

Bockgerüste können besonders schnell auf- und abgebaut werden und sind sehr flexibel.

17.4.6 Konsolgerüst

Bei Konsolgerüsten liegt der Gerüstbelag auf Konsolen, die am Bauwerk in Stahlbeton-Massivdecken verankert sind.

Konsolgerüste in Regelausführung dürfen für Arbeitsgerüste der Lastklassen 1 … 3 sowie für Fanggerüste eingesetzt werden.

Die Konsolhöhe muss mindestens der Belagbreite entsprechen und der horizontale Konsolabstand darf höchstens 1,50 m betragen.

Konsolgerüste sind an Rohbauten sehr einfach anzubringen. Die Konsolen tragen den Gerüstbelag und halten zugleich den Seitenschutz. Diese einfache Bauweise führte dazu, dass Konsolgerüste heute an sehr vielen Bauwerken als Arbeits- und Fanggerüst anzutreffen sind.

Konsolgerüst an Gebäudeecke

Verankerung

Die Konsolen müssen je Aufhängung zwei Einhängehaken besitzen. Eine Verankerung ist nur in Stahlbeton-Massivdecken mit mindestens zwei Einhängeschlaufen aus Betonstahl B500A/B500B (Mindestdurchmesser 10 mm) zulässig.

Die Einhängeschlaufen müssen mindestens 50 cm in die Stahlbetondecke eingreifen und ihre Enden müssen in die untere Deckenbewehrung eingeführt sein. Erst wenn der Beton eine Mindestdruckfestigkeit von 10 MPa (MN/m²) erreicht hat, dürfen die Einhängeschlaufen belastet werden.

> Bei Konsolgerüsten liegt der Belag auf Konsolen. Sie werden als Arbeitsgerüste der Lastklassen 1 … 3 und als Fanggerüste eingesetzt.

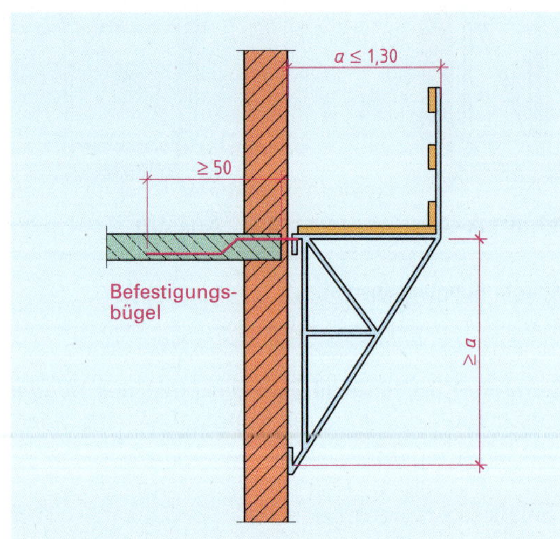

Konsolgerüst

17.4.7 Auslegergerüst

Bei Gebäuden mit sehr großen Höhen ist der Aufbau und Abbau von Standgerüsten sehr zeitaufwendig. Ist durch die Art der Baukonstruktion kein höher belastbares Gerüst erforderlich, so kann ein Auslegergerüst vorgesehen werden.

Auslegergerüste in Regelausführung dürfen für Arbeitsgerüste der Lastklassen 1 … 3 sowie für Fanggerüste eingesetzt werden.

Der Gerüstbelag wird durch Kragträger (Ausleger), die an der Geschossdecke verankert sind, getragen. Als Ausleger finden Stahlprofile I 80, I PE 80, I 100 oder I PE 100 Verwendung.

Auslegergerüst

Verankerung

Die Verankerung ist nur in Stahlbeton-Massivdecken zulässig, wobei immer mindestens zwei Verankerungsbügel aus B500A/B500B mit mindestens 10 mm Durchmesser einbetoniert werden. Die Bügel müssen mit ihren Haken unter die untere Querbewehrung der Decke greifen.

Die Ausleger müssen die Verankerungsbügel mindestens 20 cm überragen und dürfen erst dann belastet werden, wenn der Beton eine Druckfestigkeit von mindestens 10 MPa (MN/m²) erreicht hat.

Seitenschutz

Für den Seitenschutz werden auf die Profilträger von außen Geländerstützen aufgeschoben und verkeilt. Ein fester Sitz muss gewährleistet sein. Für die Ausbildung des Seitenschutzes gilt Abschnitt 17.4.2.

Auf Gerüsten, die als Fanggerüste und Schutzdächer verwendet werden, ist das Absetzen und Lagern von Material und Geräten unzulässig.

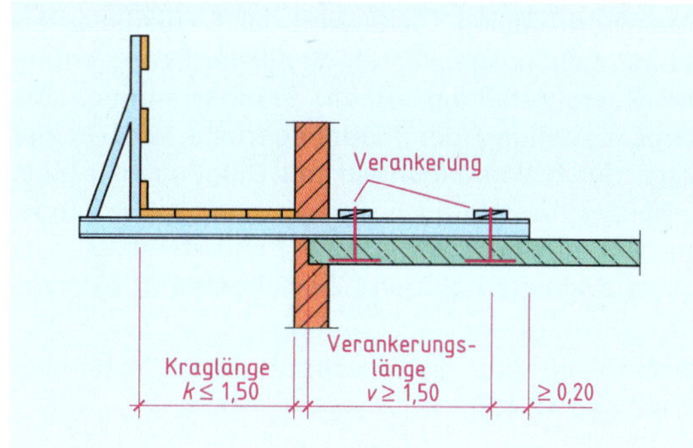

Auslegergerüst (Abmessungen)

Überbrückung von Wandöffnungen

Wandöffnungen (z.B. Fenster) im Bereich des Konsolfußes werden mit Kanthölzern (mind. der Sortierklassen S10) oder Profilträgern überbrückt.

Überbrückung von Wandöffnungen

Überbrückungsträger	**zu überbrückende Öffnung** bis 1,00 m	bis 2,25 m
Kantholz	10 cm/10 cm	2 × 10 cm/12 cm
Profilstahl	–	I 100 oder I PE 100

Auslegergerüste werden für Arbeitsgerüste der Gerüstgruppen 1 ... 3 sowie für Fanggerüste eingesetzt. Die Ausleger werden mit Stahlbügeln in Stahlbetondecken verankert.

17.4.8 Rahmengerüst

Rahmengerüste sind Systemgerüste aus vorgefertigten Bauteilen. Sie finden immer mehr Verwendung im Bauwesen, weil sie sehr einfach und schnell auf- und abzubauen sind.

Die Abmessungen dieser Gerüste sind durch ihre Verbindungen oder Verbindungsmittel vorbestimmt.

Die Gerüstbauteile bestehen aus Stahl oder Aluminium. Für den Gerüstbelag und das Bordbrett findet auch der Werkstoff Holz Verwendung.

Rahmengerüste müssen eine allgemeine bauaufsichtliche Zulassung besitzen, durch die ihre Brauchbarkeit für den vorgesehenen Verwendungszweck nachgewiesen wird. Danach dürfen sie als Arbeitsgerüste und Schutzgerüste gemäß der im Nachweis der Brauchbarkeit festgelegten Lastklasse verwendet werden.

Arbeits- und Dachfanggerüst als Rahmengerüst an einem Fachwerkhaus
Erkennbar sind ferner die belassenen Hölzer (dunkel) und die erneuerten Hölzer (hell) des Giebels

In der horizontalen Ebene wird der Gerüstbelag als Rahmentafel ausgebildet. In vertikaler Ebene erfolgt die Queraussteifung durch Ständerrahmen. Die Längsaussteifung der Rahmengerüste wird in der Regel durch Verstrebungen mit Diagonalen erzielt. Außerdem besteht auch die Möglichkeit, die Längsaussteifung durch biegesteife Rahmen im Seitenschutz (Geländerholm und Zwischenholm) zu erzielen.

Gerüstbelag und **Seitenschutz** siehe Abschnitte 17.4.2 und 17.4.3.

Höhenausgleich durch Gewindefußplatte

Aufbau eines Rahmengerüstes ohne vorlaufenden Seitenschutz

Aufbau eines Gerüstes mit vorlaufendem Seitenschutz als Geländerholm

Moderne Gerüsthersteller bieten mittlerweile einen vorlaufenden Seitenschutz an. Dieser wird bei der Montage der obersten Gerüstlage bereits eingebaut, die Absturzgefahr wird somit stark vermindert und ein sicheres Arbeiten gewährleistet. Je nach Fabrikat handelt es sich dabei um einen Seitenschutz aus Geländer- und Zwischenholm, der eingehängt wird, oder um einen Geländerholm in Kombination mit dem Rahmen.

Rahmengerüste sind sehr schnell und einfach auf- und abzubauen. Ihre Brauchbarkeit muss durch eine allgemeine bauaufsichtliche Zulassung nachgewiesen sein.

17.4.9 Abfangungen

Bei der Sanierung alter Fachwerkgebäude kann es notwendig werden, dass ganze Wände ausgewechselt oder entlastet werden müssen. Zu diesem Zweck müssen die Lasten aus der darüberliegenden Holzbalkendecke abgefangen werden. Hierbei dient ein Unterzug, der die einzelnen Balken trägt, in Verbindung mit Stützen als einfache und wirkungsvolle Konstruktion. Sowohl Unterzug als auch Stützen können aus Stahl oder Holz sein.

Eine Abstützung aus Holz wird zweckmäßigerweise mit einem ausreichend dimensionierten Kantholz als Unterzug und enggestellten Rundholzstützen als Sprieße hergestellt. Die Stützen werden entsprechend abgelängt und mit Holzkeilen unterkeilt. Unterzug und Stützen müssen mit Nägeln, Bauklammern oder Ähnlichem in ihrer Lage gesichert werden. Die Konstruktion sollte mit Bohlen in Längs- und Querrichtung ausgesteift werden.

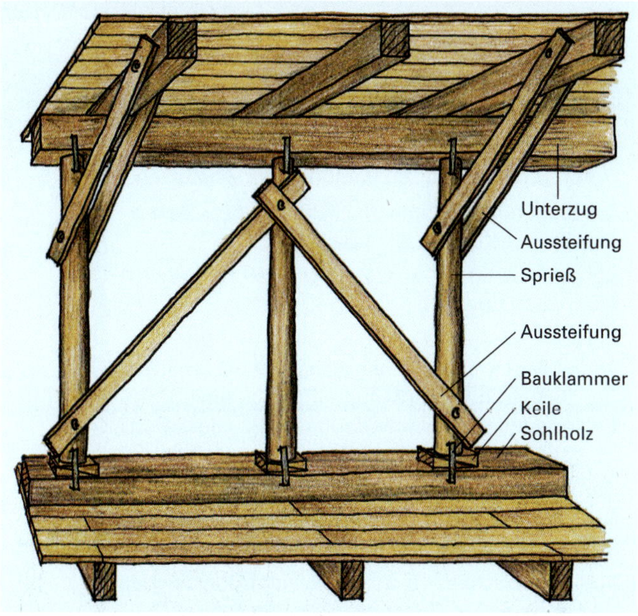

Abfangung eines Deckengebälks

Abfangungen werden mit Unterzügen und Holz- oder Stahlsprießen erstellt. Sie müssen gegen Wegrutschen gesichert und ausgesteift werden.

Unterkeilen der Rundholzspieße

Abhängen der auszuwechselnden Teile mit Windrispenband

Befestigung der Aussteifung

Anschrauben von Windrispenbändern

Zusammenfassung

Gerüste werden nach Art der Verwendung in Arbeitsgerüste und Schutzgerüste unterteilt. Arbeitsgerüste dienen der Ausführung von Bauarbeiten.

Schutzgerüste schützen Personen vor Abstürzen.

Arbeitsgerüste werden hinsichtlich ihrer Belastbarkeit in sechs Klassen unterteilt.

Gerüste bestehen aus den Werkstoffen Stahl, Aluminium oder Holz.

Gerüste, deren Belag mehr als 2 m über dem Boden liegt, müssen einen Seitenschutz erhalten. Der Seitenschutz wird dreiteilig, bestehend aus Geländerholm, Zwischenholm und Bordbrett, ausgebildet.

Gerüste müssen alle Lasten sicher ableiten können. Dazu müssen sie durch Diagonalen, Rahmen und Verankerungen ausgesteift werden.

Alle Gerüste, die frei stehend nicht standsicher sind, müssen am Gebäude verankert werden.

DIN 4420, DIN EN 12810, DIN EN 12811 und DIN EN 12812 sehen für die wichtigsten Gerüste Regelausführungen vor.

Stahlrohr-Kupplungsgerüste bestehen aus Stahlrohren, die mit Kupplungen verbunden werden. In Regelausführung dürfen sie als Arbeitsgerüste der Klassen 1 ... 6 und als Fanggerüste eingesetzt werden.

Bei Auslegergerüsten werden die Ausleger mit Stahlbügeln in Stahlbeton verankert.

Bei Konsolgerüsten liegt der Belag auf Konsolen. Sie werden wie Auslegergerüste als Arbeitsgerüste der Klassen 1 ... 3 und als Fanggerüste eingesetzt. Rahmengerüste sind Systemgerüste aus vorgefertigten Bauteilen. Sie sind sehr schnell und einfach aufzubauen.

Zur Auswechslung von Fachwerkwänden müssen Lasten aus darüberliegenden Decken abgefangen werden. Im Innenbereich wird das Gebälk durch Unterzüge und Sprieße gestützt, die gegen Wegrutschen gesichert und ausgesteift werden.

Aufgaben

1. *Worin besteht der wesentliche Unterschied zwischen Arbeits- und Schutzgerüsten?*
2. *Nennen Sie die Einteilung der Arbeitsgerüste hinsichtlich ihrer Belastbarkeit.*
3. *Nennen Sie Gerüste unterschiedlicher Tragsysteme.*
4. *Nennen Sie Gerüste unterschiedlicher Ausführungsart.*
5. *Erklären Sie die Bedeutung des Begriffs „Regelausführung".*
6. *Wann ist ein Seitenschutz bei Arbeitsgerüsten erforderlich?*
7. *Aus welchen Bauteilen muss der Seitenschutz bestehen?*
8. *Welche Güteanforderungen werden an Gerüstbauteile aus Holz gestellt?*
9. *Beschreiben Sie den vorschriftsmäßigen Stoß von Gerüstbohlen.*
10. *Welche Aufgaben erfüllen die Verstrebungen bei Gerüsten?*
11. *Nennen Sie die Verwendungsmöglichkeiten folgender Gerüste in Regelausführung:*
    - *Stahlrohr-Kupplungsgerüst,*
    - *Auslegergerüst und*
    - *Konsolgerüst.*
12. *Welche Vorteile besitzen Rahmengerüste gegenüber Stahlrohr-Kupplungsgerüsten?*
13. *Wodurch wird bei Rahmengerüsten die vertikale und die horizontale Aussteifung erzielt?*
14. *Wann kommt ein Bockgerüst zur Anwendung?*
15. *Welche Maßnahmen müssen Sie treffen, um eine tragende Fachwerkwand auszuwechseln?*
16. *Nennen Sie die erforderlichen Teile für eine Abfangung im Außenbereich.*
17. *Welche Gefahr besteht bei Gerüstbauteilen aus Holz, die über eine lange Zeitdauer der Witterung ausgesetzt sind?*

17.5 Gestaltung und Pflege

Vielfach hat die Sanierung von Fachwerken in der Vergangenheit den Bauwerken mehr geschadet als genutzt. Mängel beispielsweise durch falsche Anstriche oder Putzfehler können fatale Folgen haben.

Fehler durch versiegelnde Maßnahmen

Besonders an Stellen, wo verschiedene Materialien sich berühren, gibt es oft Schadensherde durch falsche Maßnahmen. Die Materialien der früheren Fachwerke waren aufeinander abgestimmt – so schloss sich beispielsweise der Haarriss zwischen Gefach und Holz bei Regen oder Feuchtigkeitseinwirkung durch den an der Kante gering quellenden Lehm sofort, sodass ein Eindringen großer Wassermengen in die Fuge unterblieb. In der Austrocknungsphase war der Riss wieder offen und ein Abtrocknen der Holzfeuchte war ungehindert möglich. Das Verfugen dieser Übergangsstellen mit elastischen oder plastischen Mitteln verhindert diesen Effekt. Da die Mittel oft an Holz und Putz schlecht haften, entsteht ein ungewollter Riss, in den Wasser in großer Menge eindringt und durch die Versiegelung des breiten Risses nicht wieder abgeführt werden kann. Die Folge ist Fäulnis der Holzbauteile.

Ähnliche Mängel können durch das Verkleiden des Fachwerks mit Fliesen, durch falsche Verputze oder Anstriche entstehen.

Schwellen waren oft über sehr lange Zeit der aufsteigenden Feuchte aus dem Mauerwerk ausgesetzt und weisen im unteren Bereich Fehlstellen auf. Werden diese Stellen einfach durch Mörtel geschlossen, dann ist eine weitere, rapide Zerstörung schon programmiert. Der Mörtel reißt bald wieder ab, bildet eine Fuge und das an der Fassade ablaufende Wasser durchfeuchtet die Schwelle so stark, dass diese binnen weniger Monate zerstört wird.

Abgeplatzter Anstrich

Zerstörte Fachwerkschwelle

Eine weitere Schadensquelle sind zu dampfdichte Anstrichmittel. An unvermeidbaren Fehlstellen kann Wasser eindringen, jedoch nicht wieder austrocknen. So wird das vermeintliche Wetterschutzmittel zur Fäulnisfalle.

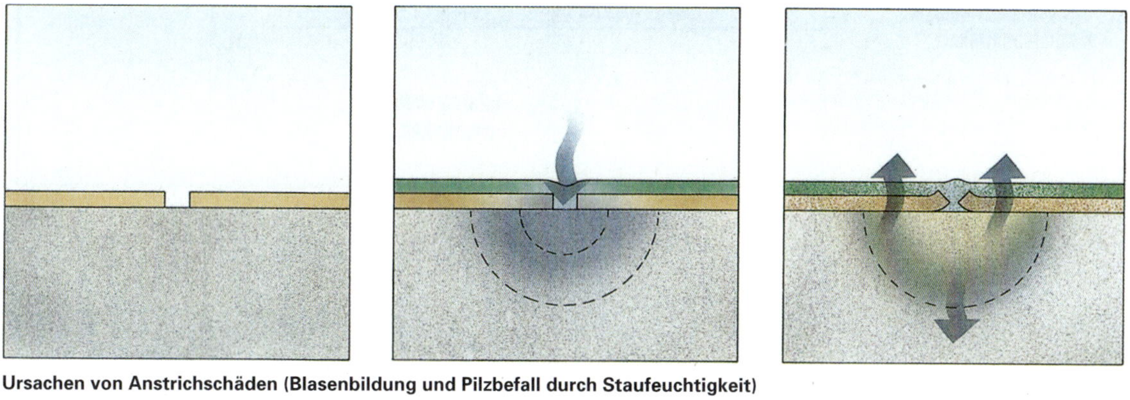

Ursachen von Anstrichschäden (Blasenbildung und Pilzbefall durch Staufeuchtigkeit)

Im Zuge der vermehrten Beachtung des Wärmeschutzes sind viele Fachwerkbauten gedämmt worden. Um das schöne Fachwerk sichtbar zu belassen, wurden Dämmstoffe und Dampfbremsen an der Innenseite angebracht. Dadurch wurde der Taupunkt an die Innenseite der tragenden Wand verschoben. Wies die Dampfbremse Fehlstellen auf (was besonders an Übergangsstellen in komplizierten Altbaugrundrissen fast unvermeidlich ist), so fielen erhebliche Mengen von Tauwasser an, die, verstärkt durch dampfdichte Außenanstriche, nicht mehr ausreichend austrocknen konnten.

Angefaste Putzkanten

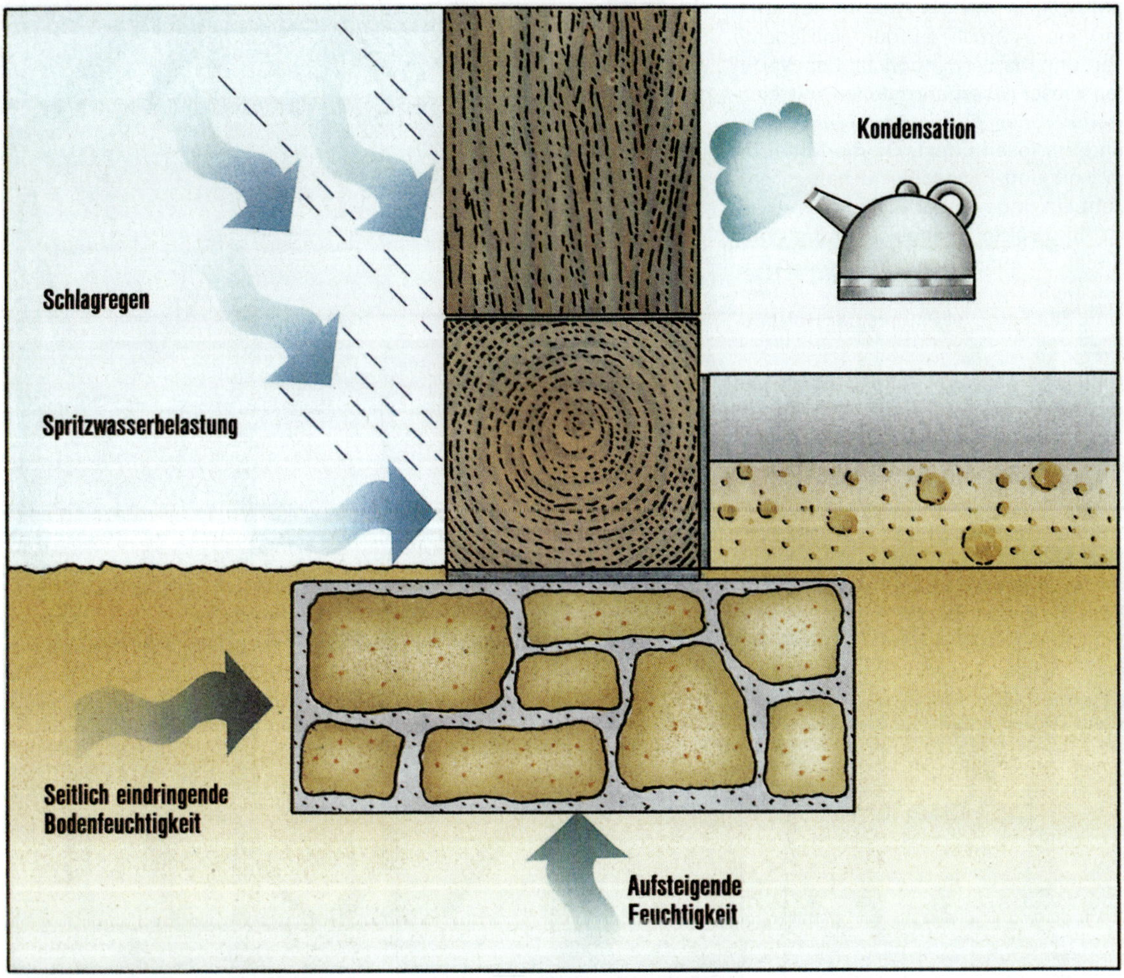

Ursachen der Feuchte im Fachwerk

Durch falsche Sanierung können Fachwerkbauten erheblich geschädigt werden. Es ist darauf zu achten, diffusionsoffene Anstrichmittel zu verwenden und das Eindringen von Feuchte in die Konstruktion zu vermeiden.

Grundsätze für sachgerechte Sanierung und Gestaltung

Die über Jahrhunderte erhalten gebliebene Kombination der Materialien Holz und Lehm hat sich bewährt. Wo immer möglich, sollte dies bei der Sanierung berücksichtigt werden. Durch die häufigen Übergänge der verschiedenen Materialien an einer Fassade ist eine dampfdichte Konstruktion im Fachwerkbau wenig sinnvoll. Vielmehr sollte Wert auf eine diffusionsoffene Bauweise gelegt werden, das heißt, dass neu eingesetzte Materialien ebenfalls dampfdurchlässig sein sollten. Also sollte auf Dampfbremsen weitgehend verzichtet werden.

Bei Anstrichen sollten diffusionsoffene Materialien bevorzugt werden, z. B. Mineralfarben.

Schwellenauflager sind so auszubilden, dass Wasser gut ablaufen und Feuchte gut austrocknen kann. Mit einigem Aufwand kann auch nachträglich eine fehlende Sperrschicht gegen das Mauerwerk eingebaut werden.

Bei vorstehendem Putz müssen die Kanten in einer Weise an die Fachwerkhölzer gezogen werden, dass das Wasser ungehindert an der Fassade ablaufen kann.

Fehlstellen sind mit Holz der gleichen Holzart auszubessern, niemals mit Mörtel oder Ähnlichem. Bei stark abgewitterten Oberflächen kann auch eine Sanierung durch aufgebrachte Bretter in Erwägung gezogen werden. Allerdings kann leicht der Eindruck einer allzu „glatten" und darum nicht mehr fachwerktypischen Fassade entstehen.

Aufgesetzte Bretter

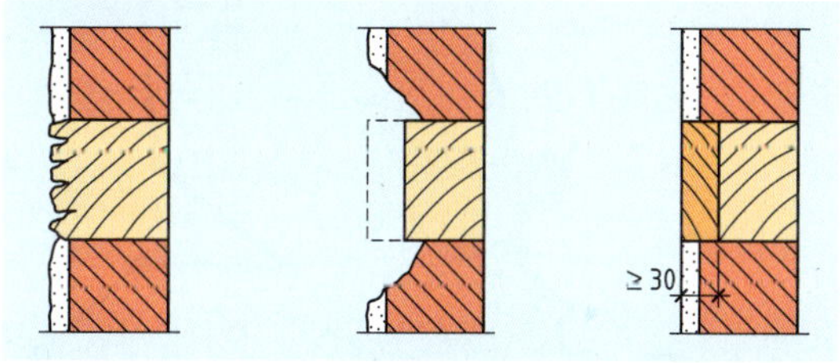

Verwitterte Oberfläche — Abgebeiltes Holz — Aufgesetzte Bohle

Neue Schwelle auf Bleiblech

Gelungene Sanierung

Zusammenfassung

Durch Fehler bei der Wahl der Anstriche, des wärmedämmenden Ausbaus und der Ausfachung können Fachwerke stark geschädigt werden. Es ist darauf zu achten, dass keine Feuchte durch Tauwasser oder Niederschläge in die Konstruktion eindringen kann, beziehungsweise anfallende Feuchte ausdiffundieren kann. Hierzu sollten diffusionsoffene Materialien und Anstriche zur Anwendung kommen. Im Auflagerbereich von Schwellen sind Sperrschichten gegen aufsteigende Feuchte vorzusehen, Putzkanten der Ausfachungen sollten an die Hölzer gezogen werden.

17.6 Die Deutsche Fachwerkstraße

Wie viele andere Länder Europas ist auch Deutschland reich an **historischer Bausubstanz**. Besonders zu den drei regional zu unterscheidenden Fachwerkstilen (niederdeutsch, mitteldeutsch und süddeutsch) lassen sich noch viele, aufwendig renovierte Bauten finden. Fast 100 **Fachwerkstädte** liegen an der **Deutschen Fachwerkstraße**, die 1990 ins Leben gerufen wurde und sich über 2800 km von der Elbmündung bis zum Bodensee erstreckt. Sie bietet eine interessante Möglichkeit, Fachwerkgeschichte zu erleben, sich in Museen über die Fachwerkbauweise zu informieren (Bsp. Wernigerode) oder an Führungen teilzunehmen (Bsp. Strümpfelbach). Schilder weisen Reisende jeweils auf die Deutsche Fachwerkstraße hin, Informationen darüber finden sich aber auch im Internet unter www.deutsche-fachwerkstrasse.de.

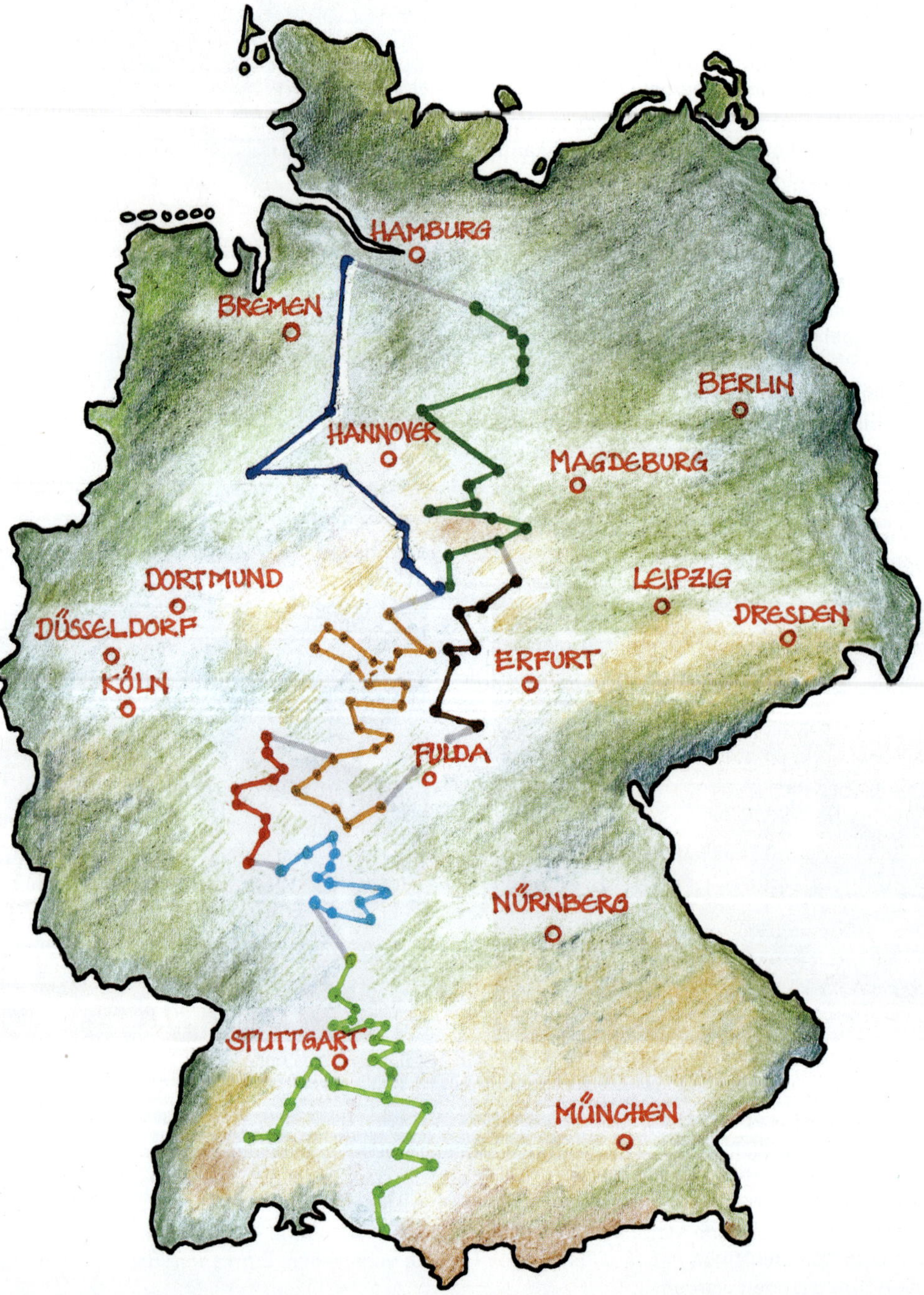

Die Deutsche Fachwerkstraße in ihren sieben Regionalstrecken

Die Regionalstrecken

Die Gesamtstrecke ist in **sieben Regionalstrecken** aufgeteilt:

Von der Elbe zum Weserbergland

Die Etappe erstreckt sich von Stade nach Northeim. Alle eingebundenen Städte haben jeweils einen recht eigenständigen Fachwerkcharakter entwickelt. Länge: 447 km.

Von der Elbtalaue zum Harz

Von Bleckede bis Duderstadt sind prachtvoll geschmückte Fachwerkbauten erhalten. In Quedlinburg bei Wernigerode steht der älteste erhaltene Ständerbau dieser Region, um 1310 n. Chr. erbaut und heute als Fachwerkmuseum genutzt. Länge: 537 km.

Vom Harz zum Thüringer Wald

Die von der Mittelgebirgslandschaft geprägte Etappe zwischen Stolberg und Schmalkalden hat vom repräsentativen Rathaus bis zum Tagelöhnerhaus eine Vielzahl unterschiedlichster Fachwerkausgestaltungen zu bieten. Länge: 204 km.

Fachwerkmuseum Quedlinburg

Vom Weserbergland zum Spessart

Beginnend in Hann. Münden, der Fachwerk- und Dreiflüssestadt, erstreckt sich die Route bis nach Steinau a.d. Straße. Prachtvolle, große Fachwerkbauten mit ihrer klaren Gliederung im mitteldeutschen Stil sind beispielsweise in Melsungen erhalten und prägen maßgeblich das Stadtbild. Länge: 591 km.

Fränkisches Fachwerk in Melsungen

Vom Lahntal zum Rheingau

Der Streckenabschnitt von Dillenburg nach Eltville ist der kürzeste unter den sieben Etappen. Herborn, Wetzlar und Braunfels weisen jeweils eine interessante Fachwerk-Altstadt auf. Länge: 170 km.

Vom Rhein zum Main und Odenwald

Von Trebur nach Reichelsheim kann in zahlreichen Schmuckvarianten, reich verzierten Erkern und aufwendigen Fensterkonstruktionen das Aufblühen der Fachwerkstädte im Mittelalter nachvollzogen werden. Länge: 203 km.

Vom Neckar zum Schwarzwald und Bodensee

Die südlichste Route führt von Mosbach über Bad Urach einmal nach Meersburg am Bodensee und auch nach Haslach im Kinzigtal. 24 Fachwerkstädte liegen an dieser Strecke, Bauten vom 13. bis ins 19. Jahrhundert zeigen die Entwicklung vom alemannischen bis zum fränkischen Stil. Neben den Städten sind auch in vielen Dörfern ganze Straßenzüge von Fachwerkhäusern gesäumt. Besonders eindrucksvoll sind die Rathäuser von Esslingen und Markgröningen. Länge: 560 km.

Fachwerkhaus in Uhlbach/Süddeutschland

Gelungene Beispiele für Fachwerksanierung

Sächsisches Fachwerk

Fränkisches Fachwerk

Alemannisches Fachwerk mit deutlich fränkischem Einfluss

Alemannisches Fachwerk

„Fachwerkensemble" in Süddeutschland

Aufgaben

1. *Nennen Sie fünf Schritte des Vorgehens bei der Sanierung eines Fachwerkhauses.*
2. *Geben Sie die Stilmerkmale des alemannischen Fachwerkbaus an.*
3. *Benennen Sie den Fachwerkstil in Abbildung 1.*
4. *Abbildung 2 zeigt den Fassadenausschnitt eines unsanierten Fachwerkbaus. Bewerten Sie das Fachwerk nach Augenschein hinsichtlich*
   a) der Holzteile,
   b) der Holzverbindungen,
   c) der Ausfachung,
   d) des Verputzes.
5. *Fertigen Sie eine Freihandskizze des Fassadenausschnittes an. Worauf ist beim Freihandzeichnen zu achten?*
6. *Welche Möglichkeiten der grafischen Bestandsaufnahme kennen Sie noch?*

Abbildung 1

Abbildung 2

Aufgaben

7. *Nennen Sie Sanierungskonzepte für den Fall, dass*
   a) *die Hölzer nur an der Oberfläche verwittert sind,*
   b) *wenige Holzteile durch Pilzbefall geschädigt sind,*
   c) *der Eckpfosten durch Insektenfraß zerstört ist,*
   d) *alle Holzteile der Fassade gleichermaßen durch Insektenfraß/Pilzbefall zerstört sind.*
8. *Nennen Sie die Entwicklungszyklen der tierischen Holzschädlinge und der Holz zerstörenden Pilze.*
9. *Nennen Sie die Hauptvertreter der tierischen Holzschädlinge und der Holz zerstörenden Pilze und geben Sie sinnvolle Maßnahmen zur Bekämpfung an.*
10. *An der Fassade in Abbildung 2 sind Verfärbungen der Hölzer erkennbar (silberfarben, dunkelbraun) und besonders am Schwelleneck ein deutliches Abzeichnen der Jahrringe (waschbrettartiges Stehenbleiben des härteren Spätholzes). Erklären Sie das Entstehen dieser Merkmale und bewerten Sie sie hinsichtlich der Tragfähigkeit des Holzes.*
11. *Zur Herstellung eines neuen Fenstersimses steht ein Kiefernholz-Brett zur Verfügung, das bläulich-dunkle Streifen im Splintbereich aufweist. Was müssen Sie beachten?*
12. *Am Eckpfosten sind ovale Ausfluglöcher erkennbar. Welche Schritte der Schadensanalyse/-beseitigung gehen Sie?*
13. *Die Schwellen an der Gebäudeecke sind auf einer Länge von etwa 0,5 m zu beiden Seiten hin durch Fäulnis völlig zerstört. Die übrige Holzsubstanz ist brauchbar. Welche Möglichkeiten hinsichtlich einer Sanierung sehen Sie?*
14. *Zur Fassadensanierung ist ein Arbeitsgerüst notwendig. Fertigen Sie eine Skizze des Gerüstes mit allen notwendigen Verankerungs- und Aussteifungsmaßnahmen an. Für welchen Gerüsttyp entscheiden Sie sich (Begründung)?*
15. *Für den Fall, dass die gesamte Fassade neu erstellt wird, ist eine Abfangung der darüberliegenden Decke notwendig. Skizzieren Sie in einer Freihandskizze diese Abfangung und stellen Sie eine Liste aller erforderlichen Teile zusammen.*
16. *Was müssen Sie bei der Neugestaltung der Fassade beachten hinsichtlich*
    a) *Schwellenauflager,*
    b) *Ausfachung,*
    c) *Verputz,*
    d) *Anstrich?*
17. *Abbildung 3 zeigt ein Fachwerkhaus im süddeutschen Raum vor der Sanierung. Abbildung 4 zeigt das sanierte Gebäude. Fertigen Sie eine Freihandzeichnung der Fassade an. Nennen Sie die wichtigen Schritte, die bei der Sanierung notwendig waren und zeigen Sie auf, wo neben der Erneuerung auch Veränderungen vorgenommen wurden.*

Abbildung 3

Abbildung 4

Lernfeld 18:
Warten eines Niedrigenergiehauses

Häuser in Holzbauweise zeichnen sich durch ihren geringen Verbrauch an Heizenergie aus. Häuser, deren Heizenergieverbrauch deutlich unter den vorgeschriebenen Höchstwerten liegen, werden als Niedrigenergiehäuser bezeichnet. Neubauten in Holzbauweise sind in der Regel Niedrigenergiehäuser.

Um Eigenschaften wie Wärmedämmfähigkeit oder Luftdichtheit sowie das schöne Aussehen dauerhaft zu erhalten, sind fachgerechte Pflege- und Wartungsmaßnahmen erforderlich, auf die im Folgenden eingegangen wird.

18.1 Niedrigenergiehaus – Passivhaus

Häuser in Holzbauweise (z. B. Rahmenbauweise, Tafelbauweise, Skelettbauweise) zeichnen sich durch die hervorragende Wärmedämmung ihrer Außenbauteile aus. Dies führt zu einem sehr geringen Heizenergieverbrauch.

Immer mehr Menschen entschließen sich, nicht nur wegen des schönen Aussehens, sondern auch wegen des geringen Heizenergiebedarfs für ein Wohnhaus in Holzbauweise.

Noch immer werden über 25 % der gesamten Primärenergie in der Bundesrepublik Deutschland buchstäblich „verheizt". Dem muss durch energiesparende Bauweisen entgegengewirkt werden. Bei Häusern in Holzbauweise steht das Energiesparen im Vordergrund. Ein **Niedrigenergiehaus** zeichnet sich durch einen sehr geringen Heizwärmebedarf (< 50 kWh/m²a) aus. Ziel ist das **Passivhaus** (oder Null-Heizenergiehaus), in dem eine hohe Behaglichkeit im Winter und im Sommer ohne spezielles Heizsystem oder Klimaanlage erreicht werden kann.

Häuser in Holzbauweise zeichnen sich durch eine sehr gute Wärmedämmung aus.

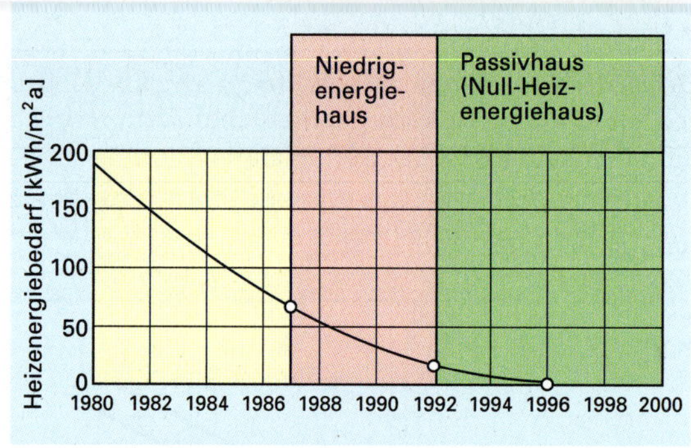

Entwicklung des Heizenergiebedarfs

Gründe zum Energiesparen:

- CO_2-Reduktion
- Ressourcen-Schonung
- Senkung der Betriebskosten
- Wohnflächenzunahme

18.1.1 Heizenergieverbrauch

Zur Zeit ist bei älteren Häusern zur Raumheizung durchschnittlich 220 kWh Heizenergie pro m² beheizter Fläche im Jahr notwendig, was einem Heizölverbrauch von etwa 22 Liter pro m² beheizter Nutzfläche im Jahr entspricht. Dies wiederum verursacht einen CO_2-Ausstoß (CO_2 = Kohlendioxid) von etwa **60 kg** pro m² beheizter Fläche im Jahr.

Die CO_2-Emission ist die Hauptursache für Treibhauseffekt, Waldsterben und weltweite Klimaveränderung!

Selbst ein Neubau, der den Anforderungen des Gebäudeenergiegesetzes entspricht, verursacht noch eine CO_2-Emission von etwa **8 kg** pro m² beheizter Fläche im Jahr. Deshalb muss es ein erstrebenswertes Ziel sein, Häuser zu bauen und zu erhalten, die noch weniger Heizenergie benötigen und dadurch unsere Umwelt noch weniger durch CO_2 belasten.

Neben der CO_2-Reduktion gibt es noch weitere Gründe, Heizenergie zu sparen, z. B.

- Schonung des Vorkommens fossiler Energien, wie z. B. Kohle und Erdöl (Ressourcen-Schonung),
- Senkung der Betriebskosten durch Verringerung der Heizkosten,
- ständige Zunahme des Wohnflächenbedarfs pro Person.

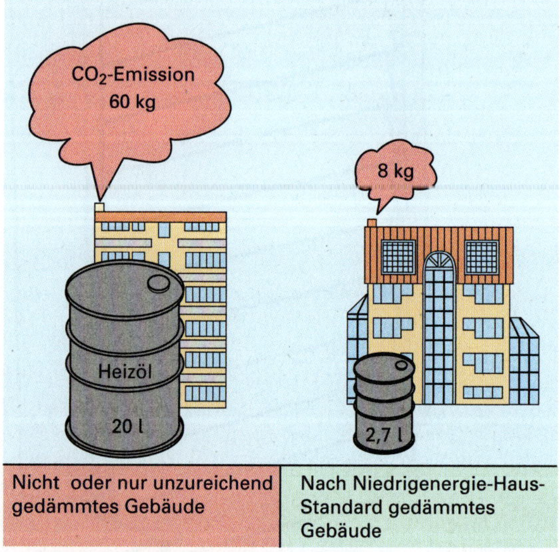

Heizenergieverbrauch und CO_2-Emission pro m² Nutzfläche und Jahr

Die Einsparung von Heizenergie verringert die CO_2-Emission und leistet somit einen wesentlichen Beitrag zum Umweltschutz.

18.2 Energiebilanz

Eine Bilanz ist eine Gegenüberstellung. Der Begriff kommt aus dem Kaufmännischen und stellt das Vermögen den Schulden gegenüber.

Ähnlich ist eine Energiebilanz zu verstehen. Hier wird der Jahres-Heizenergiebedarf, die über Sonneneinstrahlung durch Fenster gewonnene Energie, die gewonnene regenerative Energie und die Wärmegewinne durch Bewohner, Beleuchtung und Geräte den Transmissionswärmeverlusten, Lüftungswärmeverlusten, Verlusten der Anlagetechnik und dem Wärmebedarf der Warmwasserbereitung gegenübergestellt.

Bei einem Niedrigenergiehaus liegt der Jahres-Heizenergiebedarf Q pro m² beheizter Fläche im Jahr bei 10...30 kWh. Die Einheit der Jahres-Heizenergie ist demnach kWh/(m²a).

In einer Formel ausgedrückt heißt dies:

$$Q = Q_H + Q_W + Q_T - Q_R$$

Q = Jahres-Heizenergiebedarf

Q_H = Transmissionswärme (= Wärmetransport durch die Außenbauteile), Wärmeverluste durch Lüftung abzüglich der Wärmegewinne durch Bewohner, Beleuchtung und elektrische Geräte und abzüglich der Wärmegewinne durch Sonnenstrahlung auf Fenster.
Q_H ist somit als der reine Heizwärmebedarf zu verstehen.

Q_W = Energiebedarf für die Warmwasserbereitung

Q_T = Energieverluste der Heizungsanlage (z. B. durch die Erwärmung des Heizraumes), gegebenenfalls auch Verluste der Lüftungs- oder Klimaanlage.

Q_R = Regenerative Energie (z. B. eigene Stromversorgung durch eine Fotovoltaikanlage, durch Wind- oder Wasserkraft).

Der höchste Energieanteil in der Energiebilanz bei herkömmlicher Bauweise ist die Transmissionswärme, also jene Energie, die durch die Außenbauteile an die Außenluft abwandert.

Den größten Einfluss auf die Energieeinsparung besitzen somit die wärmedämmenden Maßnahmen an den Außenbauteilen, also an der Gebäudehülle (Außenwände, Dach, Kellerdecke).

Je kleiner der Wärmedurchgangskoeffizient U des Außenbauteils ist, desto geringer sind die Wärmeverluste.

Bei der Energiebilanz eines Gebäudes wird die benötigte Energie den gewonnenen Energien gegenübergestellt.

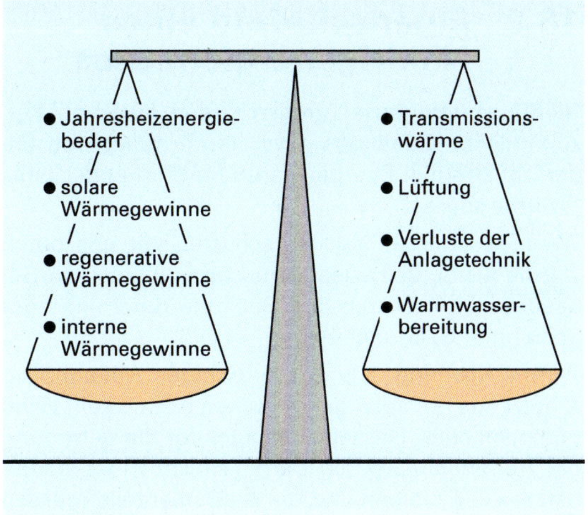

Energiebilanz

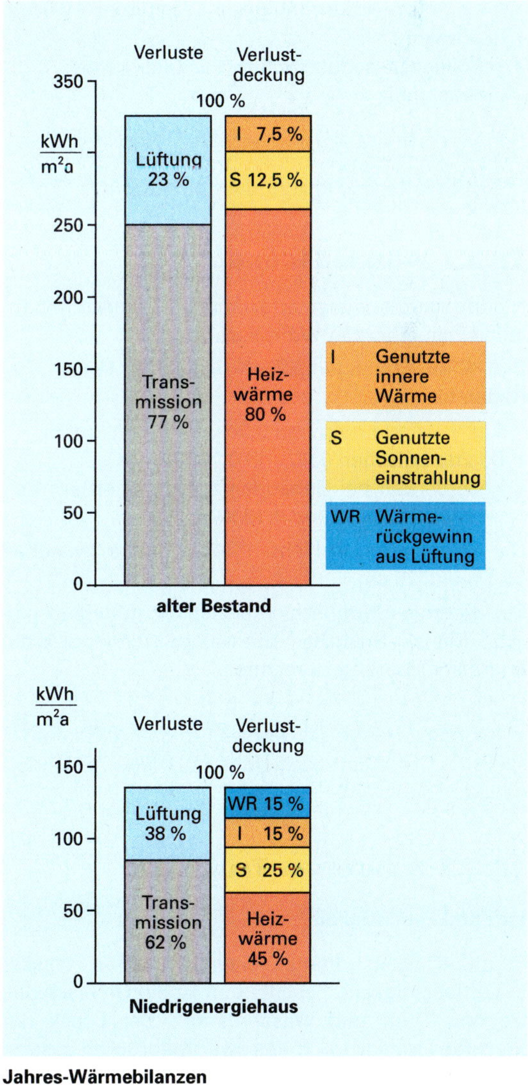

Jahres-Wärmebilanzen
Vergleich alter Bestand – Niedrigenergiehaus

18.3 Eigenschaften eines Niedrigenergiehauses

Niedrigenergiehäuser unterscheiden sich von herkömmlichen Gebäuden durch ihren geringeren Bedarf an Energie. Energiesparen heißt in erster Linie „Wärme sparen".

Wenn es draußen kalt ist, schützen wir uns durch warme Kleidung. Dasselbe machen wir auch an Gebäuden; wir schützen das Gebäude durch eine gut gedämmte Gebäudehülle.

Warme Kleidung, z.B. ein flauschiger Wollpullover, schützt uns nur solange er **trocken** ist und kein **Wind** durch ihn bläst. Dasselbe gilt auch für die Dämmung der Außenbauteile; die Dämmschicht muss dauerhaft trocken bleiben und die Außenbauteile müssen wind- und luftdicht sein.

Daraus lassen sich die drei Haupteigenschaften ableiten, die die Außenbauteile von Niedrigenergiehäusern besitzen müssen:

- hohe Wärmedämmfähigkeit (= geringer Wärmedurchgang),
- Feuchtigkeitsschutz (Schutz vor Tauwasser),
- Luftdichtheit.

Die Außenbauteile müssen gut wärmegedämmt, feuchtigkeitsgeschützt und luftdicht sein.

Vergleich: Pullover – Wärmedämmung eines Hauses

18.3.1 Wärmedämmung

Niedrigenergiehäuser erfordern für die Außenbauteile einen erhöhten Wärmeschutz.

Die Wärmedurchgangskoeffizienten (*U*-Werte) betragen für

- Außenwände zwischen 0,30 und 0,10 W/(m²K),
- Dächer zwischen 0,20 und 0,10 W/(m²K),
- Kellerdecken bei Gebäuden mit unbeheiztem Keller zwischen 0,30 und 0,15 W/(m²K).

Die Wärmedämmschichten liegen etwa zwischen 16 cm und 25 cm.

Bei dickeren Dämmschichten ist für mitteleuropäische Klimaverhältnisse mit keiner nennenswerten Energieeinsparung zu rechnen.

Niedrigenergiehäuser besitzen in den Außenbauteilen Wärmedämmschichten in Dicken zwischen 16 cm und 25 cm.

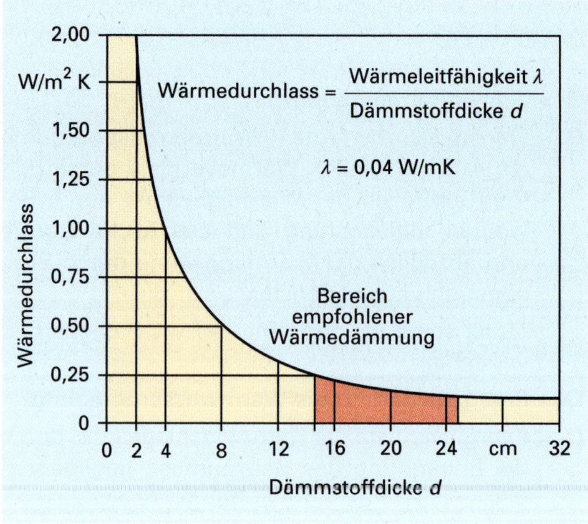

Wärmedurchlass eines Dämmstoffes in Abhängigkeit von seiner Dicke

18.3.2 Schutz vor Tauwasser

Luft und Feuchtigkeit

Raumluft besitzt immer einen Anteil an Wasser (= Luftfeuchtigkeit). Feuchte Luft ist ein Gemisch aus trockener Luft und Wasserdampf. Der Druck der feuchten Luft setzt sich aus zwei Teildrücken zusammen, dem Druck der trockenen Luft und dem Wasserdampfdruck.

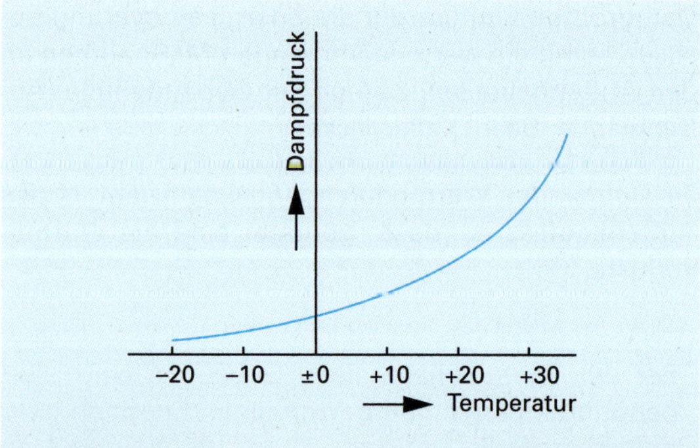

Dampfdruckkurve

Der Wasserdampfdruck kann nicht beliebig groß sein. Mit zunehmender Temperatur kann sich der Teildruck des Wasserdampfes erhöhen. Nimmt die Temperatur ab, so kondensiert der überschüssige Dampf zu feinen Tröpfchen (Nebel), und die Luft enthält die ihrer Temperatur entsprechende größtmögliche Dampfmenge; sie ist mit Wasserdampf gesättigt. Der Teildruck des Wasserdampfes wird in diesem Falle als **Sättigungsdruck** bezeichnet.

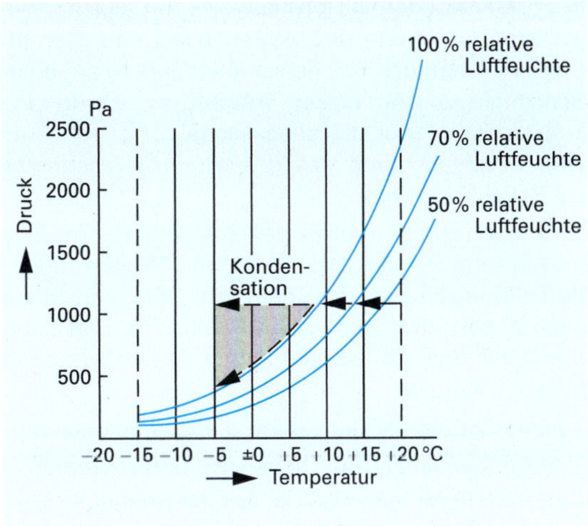

Sinkt die Temperatur, so steigt die relative Luftfeuchte bei gleichbleibendem Wasserdampfgehalt

> Mit zunehmender Temperatur nimmt der Sättigungsdampfdruck zu. Kühlt die Luft ab, so kondensiert der überschüssige Dampf zu Wasser.

Der tatsächlich vorhandene Anteil an Wasserdampf in der Luft wird als **absolute Luftfeuchte** bezeichnet.

Setzt man die absolute Luftfeuchte in das Verhältnis zur maximal möglichen Luftfeuchte, erhält man die **relative Luftfeuchte**, ausgedrückt in Prozenten.

Bei Abkühlung sinkt der höchstmögliche Wasserdampfanteil der Luft, es kommt der Punkt, an dem die tatsächliche gleich der höchstmöglichen Wasserdampfmenge ist (die relative Luftfeuchte beträgt 100%). Dieser Temperaturpunkt wird für die jeweilige Luft-Wasserdampf-Mischung als **Taupunkt** bezeichnet, weil bei weiterer Abkühlung ein Teil des Wasserdampfes notgedrungen kondensieren muss.

Dieser Vorgang zeigt sich deutlich an beschlagenen Fenstern (Schwitzwasserbildung).

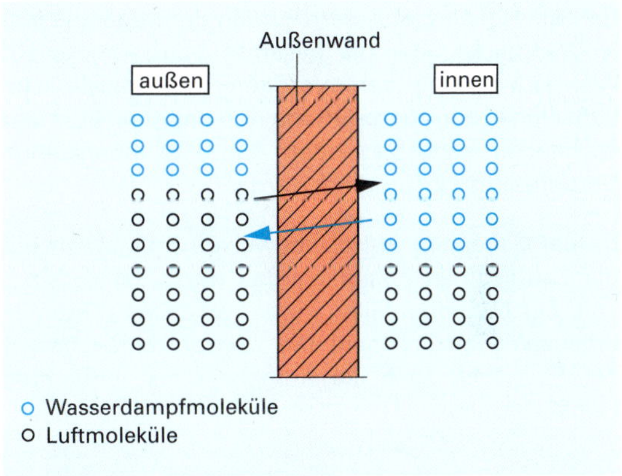

Dampfteildruck-Unterschiede = Unterschiede im Wasserdampfanteil

Schutz gegen Tauwasserbildung

Bei Gebäuden zum Aufenthalt von Menschen ist im Winter der Dampfteildruck der Luft innen immer höher als außen. Durch Diffusion (Druckausgleich) versuchen die Wasserdampfmoleküle einen Ausgleich zu finden; sie strömen nach außen. Wie schnell und wie viel jeweils strömt, hängt vom Diffusionswiderstand der einzelnen Wandschichten ab.

Den Wasserdampfmolekülen entgegen strömen zum Druckausgleich Luftmoleküle. Innerhalb des Bauteils (z.B. Außenwand) sinkt also der Wasserdampfgehalt der Luft von innen nach außen. Für jeden der Teildrücke gibt es einen Taupunkt, es entsteht innerhalb des Bauteils nicht nur ein Taupunkt, sondern eine Folge von Taupunkten (Taupunktkurve), wobei der Taupunkt an der Innenseite dem der Innenluft und der Taupunkt an der Außenseite dem der Außenluft entspricht.

Ist die Außenwand so geschichtet, dass der Diffusionswiderstand von innen nach außen abnimmt und der Dampf an der Außenseite entweichen kann, hat sie ausreichenden Schutz gegen Tauwasserbildung (genügende Wärmedämmung ist vorausgesetzt).

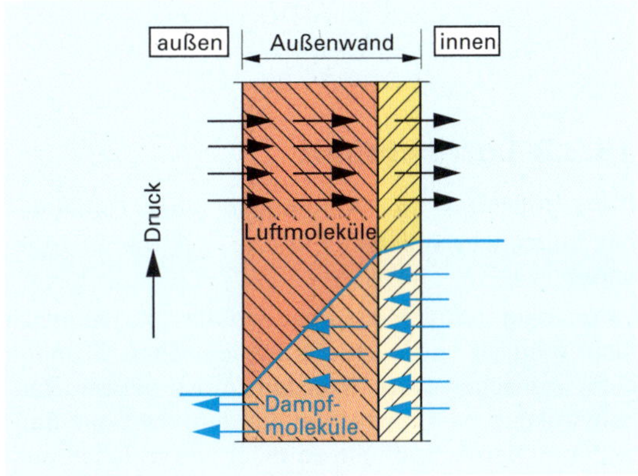

Dampfteildruckkurve

Bei Außenwänden in Holzbauweise mit gleicher Beplankung an Innen- und Außenseite (ohne Dampfbremse) liegt der Kondensationsbereich an einer Schichtgrenze. An dieser Schichtgrenze tritt eine konzentrierte Feuchtigkeitsausscheidung auf, was eine Durchfeuchtung des gesamten Querschnittes zur Folge haben kann.

Grundsätzlich sind alle mehrschichtigen Bauteile tauwassergefährdet, bei denen die Wasserdampfdurchlässigkeit der einzelnen Schichten von innen nach außen nicht ausreichend zunimmt. Hier kann die Gefahr der Tauwasserbildung folgendermaßen beseitigt werden:

- Hinterlüftung der tauwassergefährdeten Schicht,
- Anbringen einer innen liegenden Dampfbremse,
- Hinterlüftung der tauwassergefährdeten Schicht und zusätzliches Anbringen einer innen liegenden Dampfbremse.

Letztgenannte Ausbildung bietet die größte Sicherheit. Sie sollte immer angewendet werden, wenn bei Außenwänden die innen liegende Dampfbremse beschädigt werden kann oder nicht fugenlos durchgeht.

Bei Niedrigenergiehäusern wird in der Regel die volle Wanddicke oder die gesamte Sparrendicke zur Wärmedämmung herangezogen; die erforderliche Luftschicht zur Hinterlüftung ist dann nicht mehr vorhanden, sodass in jedem Fall eine innenseitige Dampfbremse erforderlich wird.

Da bei Gebäuden in Holzbauweise großer Wert auf die Luftdichtheit gelegt werden muss, ist es sinnvoll, bei Außenbauteilen immer eine Dampfbremse innenseitig anzuordnen. Die Dampfbremse besitzt dann zugleich auch die Aufgabe einer luftdichten Gebäudehülle.

Eine innenseitig angeordnete Dampfbremse verhindert das Eindringen von feuchter Luft in das Außenbauteil und beseitigt somit die Tauwassergefahr.

18.3.3 Luftdichtheit

Die Luftdichtheit der Außenhülle eines Gebäudes hat einen wesentlichen Einfluss auf die Energiebilanz.

Eine völlig luftdichte Gebäudehülle ist technisch nicht möglich und auch aus hygienischen Gründen nicht wünschenswert. Trotzdem muss bei der Baukonstruktion darauf geachtet werden, dass alle Bauteilfugen der Außenhülle so dicht wie möglich ausgebildet werden.

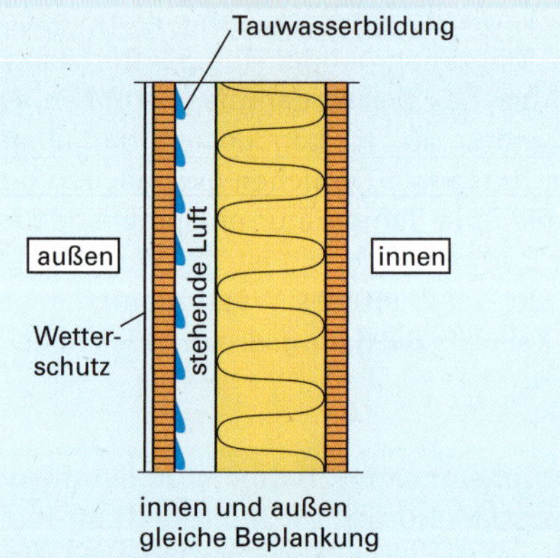

Tauwassergefährdeter Wandquerschnitt

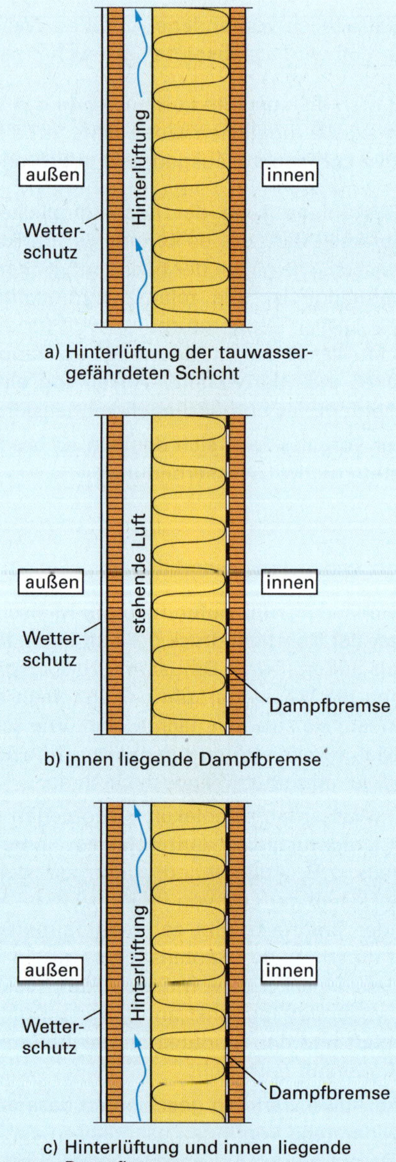

a) Hinterlüftung der tauwassergefährdeten Schicht

b) innen liegende Dampfbremse

c) Hinterlüftung und innen liegende Dampfbremse

Querschnitte für Außenwände (schematisch)

Der für die Wohnhygiene erforderliche Luftwechsel muss über Fensteröffnen oder mechanische Lüftungsanlagen weitgehend kontrolliert erfolgen.

Messung der Luftdichtheit

Die Messung der Luftdichtheit kann durch die **Blower-door-Prüfung** erfolgen.

Bei dieser Prüfung wird mit einem großen Ventilator ein Über- bzw. Unterdruck im Gebäudeinnern hergestellt. Der Über- bzw. Unterdruck im Gebäude wird aufgrund des Luftaustauschs durch die vorhandenen Undichtigkeiten (sogenannte **Leckagen**) abgebaut. Dabei kann durch Rauchstäbchen oder Nebelgeräte die Luftbewegung sichtbar gemacht werden. Die undichten Stellen werden dabei erkannt und können dann durch geeignete Maßnahmen beseitigt werden.

Nach **DIN 4108-7** (Wärmeschutz und Energie-Einsparung in Gebäuden) darf der bei der Blower-door-Prüfung gemessene Luftvolumenstrom bei einer Druckdifferenz zwischen innen und außen von 50 Pa bei Gebäuden mit natürlicher Lüftung

- bezogen auf das Raumvolumen **3 m³** je m³ des Raumvolumens und je Stunde (Einheit = 1/h oder h^{-1}),
- bezogen auf die Gebäudegrundfläche **7,8 m³** je m² Grundfläche und je Stunde (Einheit = m/h)

betragen. Bei Gebäuden mit raumlufttechnischen Anlagen (auch Abluftanlagen) darf der gemessene Luftvolumenstrom lediglich **1,5 h^{-1}** bzw. **3,9 m/h** betragen.

Die Luftdichtheit wird durch die Blower-door-Prüfung gemessen. Dabei wird im Gebäude ein Über- bzw. Unterdruck erzeugt und der Luftaustausch durch die Leckagen gemessen.

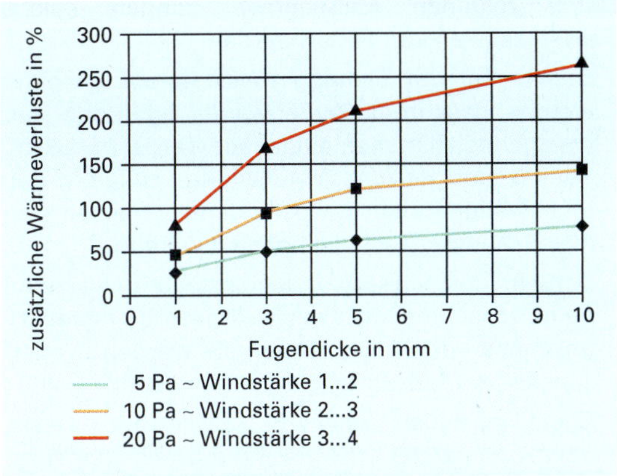

Zusätzliche Wärmeverluste durch Luftströmung bei Fugen

Blower-door-Messung (Ventilator zur Erzeugung des Über- bzw. Unterdruckes im Gebäude)

Möglichkeiten für Leckagen

Um Wärmeverluste zu vermeiden, ist eine luftdichte Gebäudehülle erforderlich.

Die luftdichte Gebäudehülle wird innenseitig angeordnet. Dadurch wird gleichzeitig verhindert, dass die warme und feuchtebeladene Luft in das Innere der Konstruktion eindringt.

Warme, wasserdampfreiche Luft würde innerhalb der Dämmschicht kondensieren und die Holzkonstruktion samt Dämmschicht durchfeuchten.

In der Regel übernimmt die **Dampfbremse** zugleich die Aufgabe, das Gebäude luftdicht zu umhüllen.

Besonders gefährdete Stellen für Leckagen (= undichte Stellen) sind **Durchdringungen von Installationen** in den Außenwänden, **Bauteilanschlüsse** und **Durchdringungen von Entlüftungsrohren** oder **Schornsteinen** durch die Dachfläche.

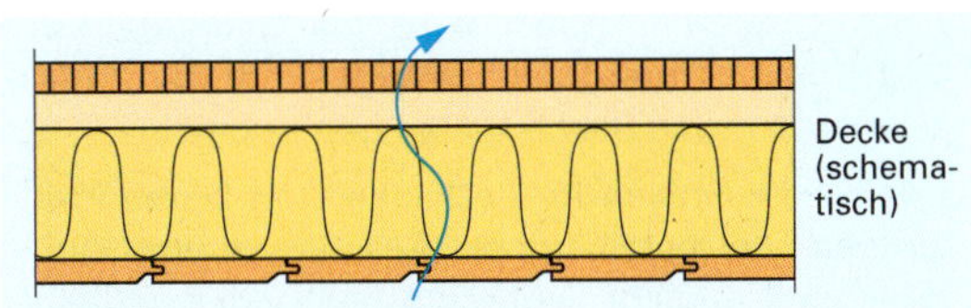

Leckage infolge einer undichten unteren Bekleidung (schematische Darstellung)

Durch folgende Maßnahmen können solche Schwachstellen vermieden werden:

- Bereits bei der Planung muss darauf geachtet werden, dass in die Außenwände keine oder nur wenige Installationen eingebaut werden. Elektro-, Sanitär- und Heizungsinstallationen sollen in den Innenwänden oder in eigens dafür vorgesehenen Installationsschächten eingebaut werden.
- Sind in den Außenwänden Installationen zwingend, so ist eine innenseitig vorgesetzte **Installationsebene** vorzusehen. Durch sie werden „Verletzungen" der luftdichten Hülle vermieden.
- Bauteilanschlüsse wie z.B. Außenwand – Decke oder Außenwand – Innenwand müssen sehr sorgfältig ausgeführt werden. Die luftdichte Schicht (in der Regel ist sie zugleich die Dampfbremse) ist zu überlappen, luftdicht zu überkleben oder mit Anpresslatten und Kompressionsbändern abzudichten.
- Durchdringungen von Entlüftungsrohren oder Schornsteinen durch die Dachfläche sind sorgfältig abzudichten. Dabei ist die luftdichte Schicht (in der Regel die Dampfbremse) mit dem durchdringenden Rohr zu verkleben bzw. mit Anpresslatte und vorkomprimiertem Dichtungsband am Schornstein abzudichten.

Gefährdete Stellen für Leckagen sind Durchdringungen von Installationen, Anschlüsse von Bauteilen und undicht angeschlossene oder undicht gestoßene Dampfbremsen.

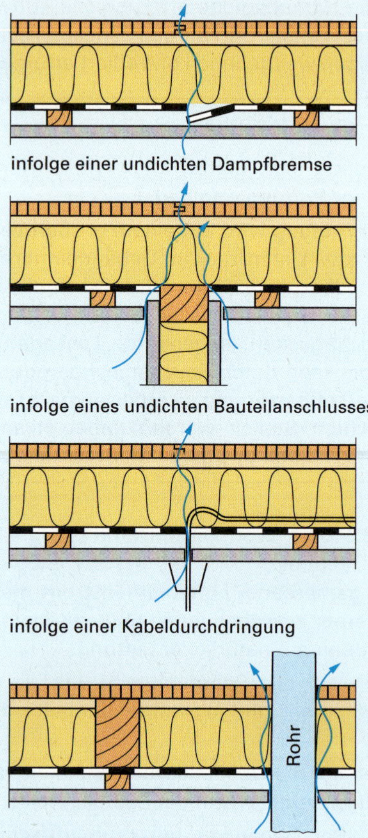

Leckagen (schematische Darstellung)

Zusammenfassung

Häuser in Holzbauweise zeichnen sich durch eine sehr gute Wärmedämmung aus.

Die Einsparung von Heizenergie verringert die CO_2-Emission und leistet somit einen wesentlichen Beitrag zum Umweltschutz.

Bei der Energiebilanz eines Gebäudes wird die benötigte Energie den gewonnenen Energien gegenübergestellt.

Die Außenbauteile müssen gut wärmegedämmt, feuchtigkeitsgeschützt und luftdicht sein. Dies gilt ganz besonders für Niedrigenergiehäuser.

Eine innenseitig angeordnete Dampfbremse verhindert das Eindringen von feuchter Luft in das Außenbauteil und beseitigt somit die Tauwassergefahr.

Dio Luftdiohthoit wird duroh dio Blowcr door Prü fung gemessen. Dabei wird im Gebäude ein Über- bzw. Unterdruck erzeugt und der Luftaustausch durch die Leckagen gemessen.

Gefährdete Stellen für Leckagen sind Durchdringungen von Installationen, Anschlüsse von Bauteilen und undicht angeschlossene oder undicht gestoßene Dampfbremsen.

Aufgaben

1. *Nennen Sie die Merkmale eines Niedrigenergiehauses.*
2. *Worin besteht der Unterschied zwischen einem Niedrigenergiehaus und einem Passivhaus?*
3. *Nennen Sie Gründe für die Einsparung von Heizenergie.*
4. *Welcher Zusammenhang besteht zwischen Wärmeschutz und Umweltschutz?*
5. *Erklären Sie den Begriff „Energiebilanz".*
6. *Welche baulichen Eigenschaften führen zur Energieeinsparung?*
7. *Wie dick müssen die Wärmedämmschichten in den Außenwänden und dem Dach eines Niedrigenergiehauses etwa sein?*
8. *Warum ergeben Wärmedämmschichten mit einer Dicke über 25 cm keine nennenswerten Erhöhungen des Wärmeschutzes?*
9. *Erklären Sie die Begriffe Sättigungsdruck, absolute Luftfeuchte und relative Luftfeuchte.*
10. *Wie wird die Luftdichtheit eines Gebäudes gemessen?*

18.4 Zeichnerische Darstellung

Im Folgenden sind Details (Teilzeichnungen) von Niedrigenergiehäusern in Holzbauweise dargestellt. Bei diesen Zeichnungen wird besonderer Wert darauf gelegt, neben der Konstruktion auch die Luftdichtheit und den dichten Einbau der Dampfbremse darzustellen.

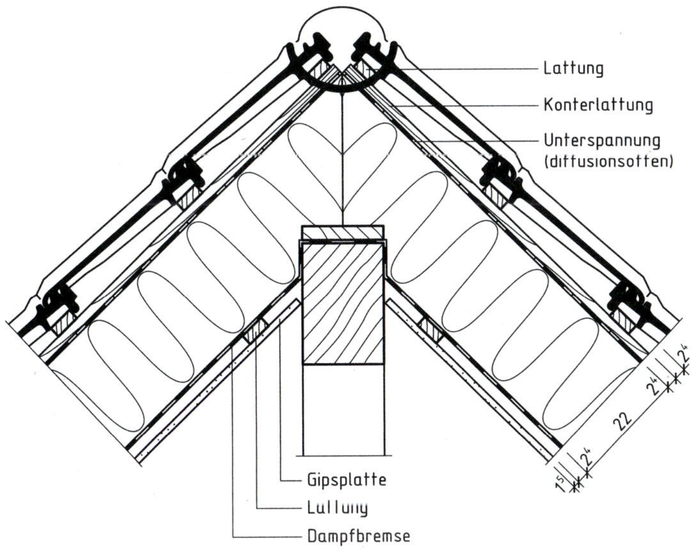

	Firstpunkt	1:5	A3
			(verkleinert)

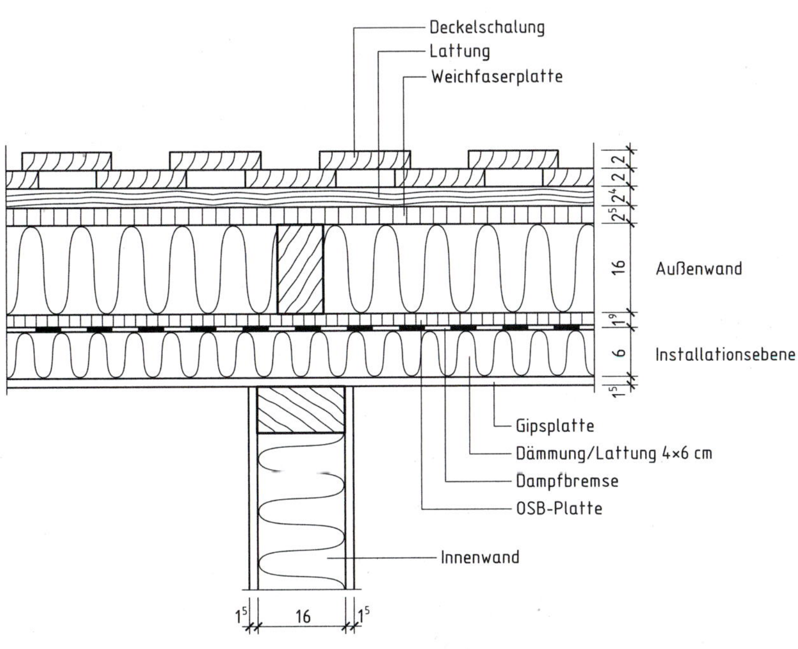

	Außen- und Innenwand	1:5	A3
			(verkleinert)

Aufgabe 1

Fertigen Sie Detailzeichnungen im Maßstab 1:5 von einer Außenwand eines Niedrigenergiehauses in Holzbauweise

a) ohne Installationsebene,

b) mit Installationsebene.

Die Tragkonstruktion besteht aus Ständern mit einer Dicke von 16 cm.
Um den Anforderungen an ein Niedrigenergiehaus zu genügen, soll eine Dämmschichtdicke von insgesamt 22 cm vorhanden sein.

Berechnen Sie den Wärmedurchlasswiderstand R der Wärmedämmschicht, wenn die Wärmeleitfähigkeit des Dämmstoffes $\lambda = 0{,}03$ W/(m K) beträgt.

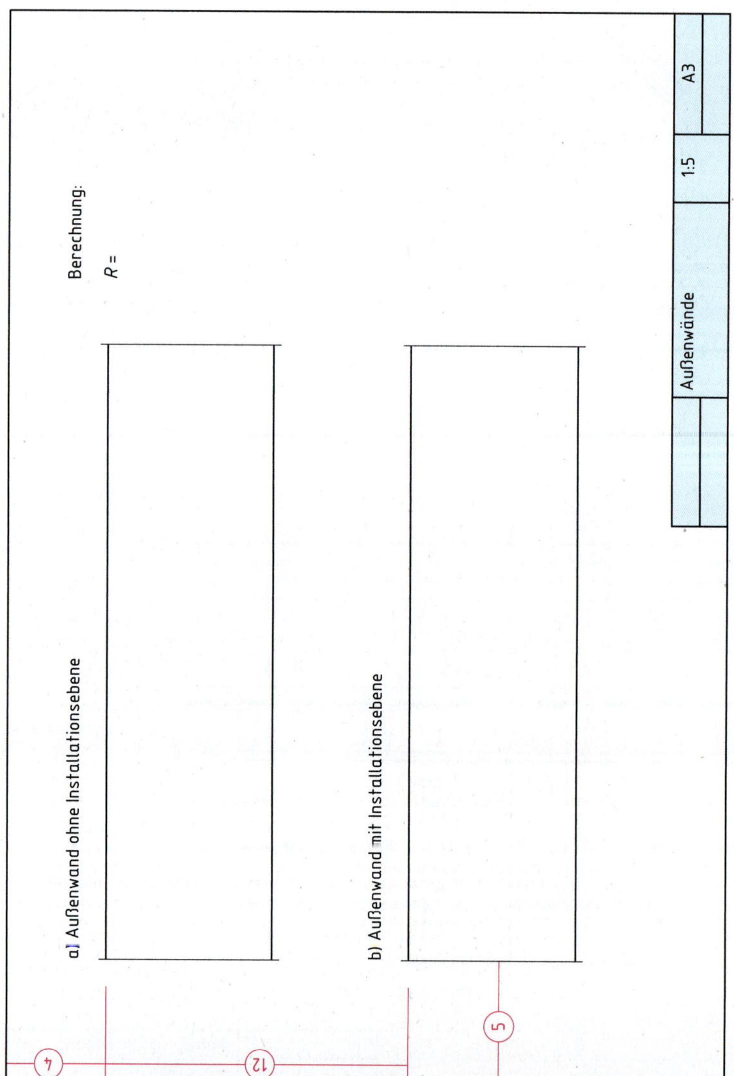

Aufgabe 2

Fertigen Sie Freihandskizzen (Detailzeichnungen, etwa im Maßstab 1:5) von einem Dachaufbau und einer Außenwandecke eines Niedrigenergiehauses.

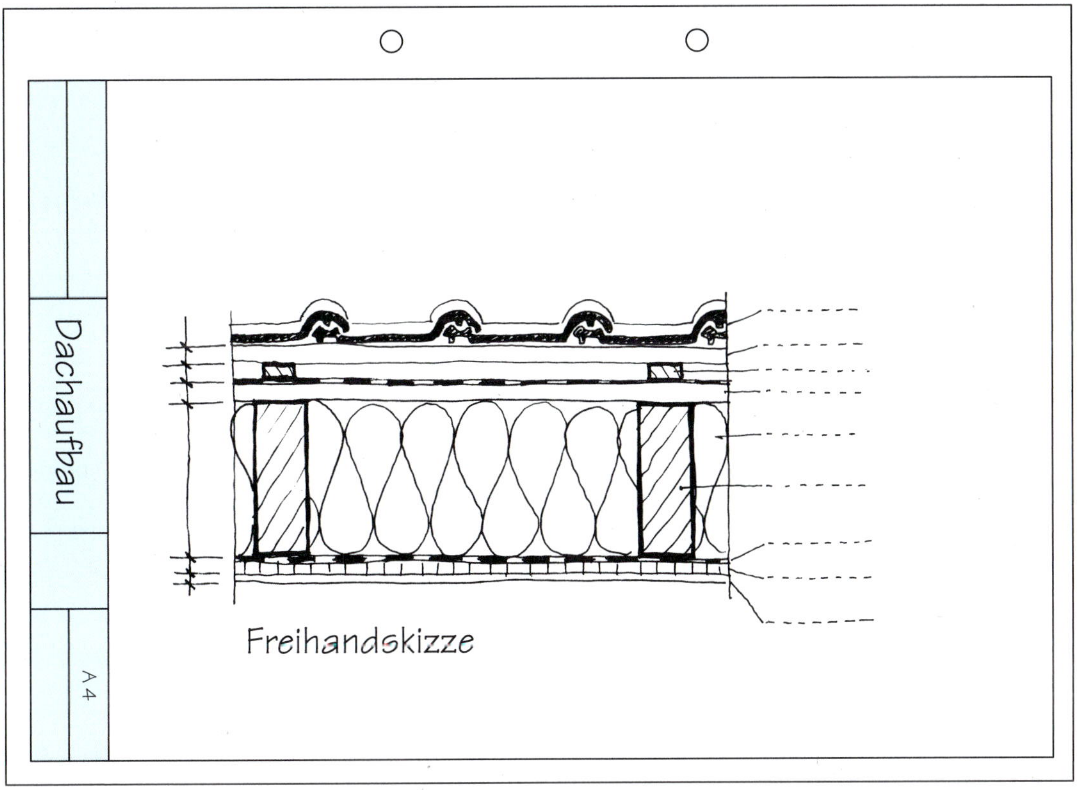

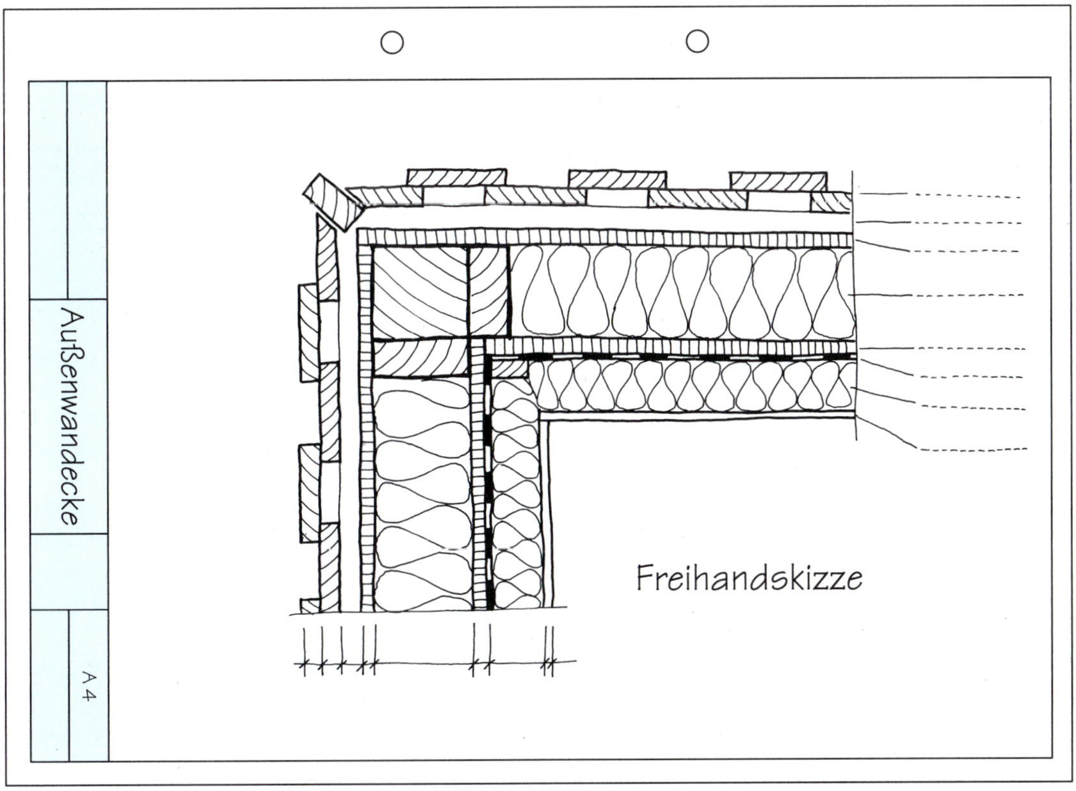

18.4.1 Projektbezogene Aufgaben

Aufgabe 1

Ein Verwandter von Ihnen entdeckt durch Zufall in Ihrem Lehrbuch die Pläne des Projekts.

Da er beabsichtigt, sich einmal ein Niedrigenergiehaus in Holzbauweise bauen zu lassen, stellt er Ihnen folgende Frage:

Worauf muss beim Bau eines Hauses in Holzbauweise besonders geachtet werden, damit die Anforderungen an ein Niedrigenergiehaus erfüllt werden?

Da der Verwandte an einem weiter entfernten Ort wohnt, hätte er gerne Ihre Antwort schriftlich.

Schreiben Sie ihm einen Brief und beantworten Sie darin die Frage. (Der Brief kann auch Skizzen enthalten.)

Aufgabe 2

Im Erdgeschoss unseres Projekts soll zwischen Wohnzimmer und Treppenraum eine Zwischenwand eingebaut werden.

a) Worauf ist bei einem Niedrigenergiehaus beim Anschluss einer Zwischenwand an die Außenwand besonders zu achten? Beantworten Sie die Frage schriftlich.

b) Fertigen Sie eine Skizze des Anschlusses der Innenwand an die Außenwand (Grundriss, Maßstab 1:5).

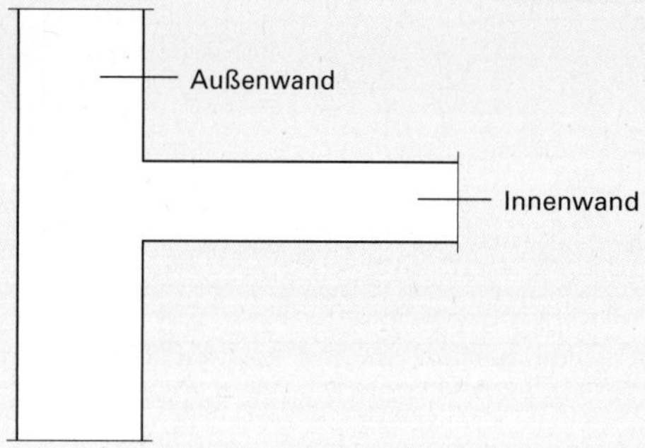

c) Beschreiben Sie die einzelnen Schritte beim Einbau der Zwischenwand in der Form einer Arbeitsanweisung.

Aufgabe 3

Im Dachgeschoss unseres Projekts soll in einer Gruppenarbeit der Einbau einer Schleppdachgaube geplant werden. Bilden Sie Gruppen von 4 … 6 Schülern.

a) Informieren Sie sich über die besonderen Eigenschaften von Niedrigenergiehäusern. Diskutieren Sie in der Gruppe über die Vorteile von Niedrigenergiehäusern. Bedenken Sie dabei nicht nur die Vorteile für die Bewohner, sondern auch die volkswirtschaftliche und gesellschaftliche Bedeutung.

b) Zeichnen Sie je einen schematischen Schnitt durch die Dachfläche und die Seitenwand der Gaube. Achten Sie darauf, dass die Gaubendachfläche eine gleich gute Wärmedämmung wie die übrige Dachfläche erhält und die Seitenwände eine vergleichsweise gleich gute Wärmedämmung wie die vorhandenen Außenwände.

c) Beschreiben Sie die Vorgehensweise beim Einbau der Dampfbremse.

d) Durch welche Bauteile (Bauteilschichten) wird erreicht, dass durch den Gaubeneinbau die Luftdichtheit des Gebäudes nicht beeinträchtigt wird?

e) Stellen Sie die Ergebnisse Ihrer Planung auf einer Pinnwand (oder einem Plakat) dar, und präsentieren Sie das Ergebnis Ihren Mitschülern.

18.5 Warten eines Niedrigenergiehauses

Häusern in Holzbauweise eilt der Ruf voraus, nicht so dauerhaft zu sein wie Häuser in Massivbauweise. Jahrhundertealte Fachwerkhäuser zeigen uns deutlich, dass sie den Häusern in massiver Bauweise bezüglich ihrer Standhaftigkeit und Dauerhaftigkeit in nichts nachstehen.

Natürlich müssen Holzhäuser gewartet und gepflegt werden, wie übrigens Massivhäuser auch, damit Schäden vorgebeugt wird und ihr Wert erhalten bleibt.

Gerade bei Niedrigenergiehäusern ist darauf zu achten, dass die wärmedämmende Eigenschaft der Außenbauteile erhalten bleibt.

Der Bau eines Hauses bedeutet für jeden Bauherrn hohe Kosten, viel Zeit und Mühe. Deshalb möchte auch jeder Hausbesitzer den Wert seines Hauses lange erhalten, ohne viel Geld oder viel Arbeit in den Unterhalt und die Pflege stecken zu müssen. Trotzdem ist eines gewiss: Jedes Gebäude bedarf der **Pflege und Wartung**.

Holzhäuser müssen gewartet und gepflegt werden, um Schäden vorzubeugen und damit ihr Wert erhalten bleibt.

Der **Aufwand für Wartungsarbeiten** kann abhängig sein von

- der Bauart,
- dem Standort,
- der Nutzung,
- der Qualität der Baustoffe,
- der Qualität der Bauausführung.

Werden Pflege und Wartung vernachlässigt, verliert die Bausubstanz sehr schnell an Wert, u. U. bleibt dann nur noch eine Gesamtsanierung oder im schlimmsten Fall der Abriss übrig.

Die größte Pflege muss die äußere Schutzhaut, die **Fassade,** erfahren, die bei Häusern in Holzbauweise in der Regel aus Holz besteht.

Der Aufwand für Wartung und Pflege eines Hauses ist von der Bauart, dem Standort, der Nutzung sowie der Qualität der Baustoffe und Bauausführung abhängig.

18.5.1 Beanspruchung der Fassade

Die Fassade eines Gebäudes hat vielfältige Funktionen. Sie schützt die tragende Außenwandkonstruktion vor Witterungseinflüssen und sichert dadurch ihre Standfähigkeit und Haltbarkeit.

Jahrhundertealtes Holzhaus

Witterungseinflüsse

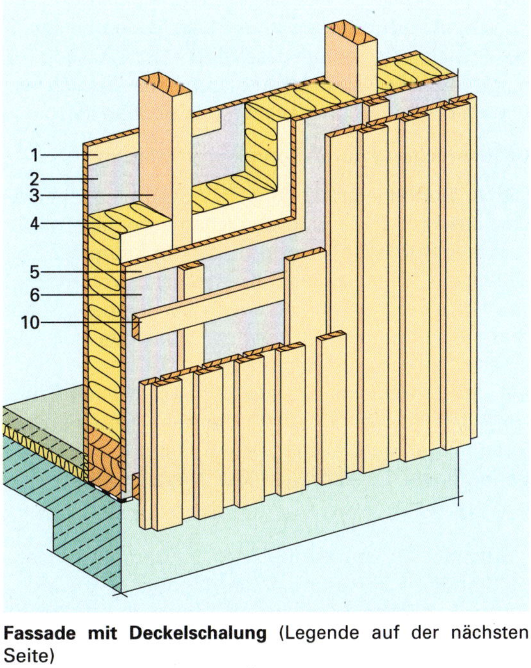

Fassade mit Deckelschalung (Legende auf der nächsten Seite)

Holzhäuser besitzen in der Regel eine Fassade aus Holz; sie können aber auch aus gestalterischen Gründen eine geputzte oder vorgemauerte Fassade erhalten.

Die Fassade schützt die tragende Wandkonstruktion vor Witterungseinflüssen.

Im Folgenden wird auf die Pflege von Holzfassaden eingegangen.
Entscheidend für die Lebensdauer einer Außenwandbekleidung ist neben der richtigen Holzwahl die fachgerechte Ausführung. Dabei steht der Schutz vor Holz zerstörenden Pilzen im Vordergrund. Ist die Holzverkleidung so aufgebaut, dass auch ihre Rückseite luftumspielt (hinterlüftet) ist, kann auf Holzschutzmittel verzichtet werden. Holz zerstörende Pilze benötigen dauerhaft eine Holzfeuchte von über 20 %.

Holzfassaden: Beanspruchungen und deren Auswirkungen

Beanspruchung	Auswirkung
Schlagregen	Durchfeuchtung
Sonneneinstrahlung (UV-Strahlung)	Erhitzung, Ausbleichung
Temperaturschwankungen	Spannungen im Holz
Winddruck und Windsog	mechanische Belastung, Losreißen einzelner Bretter oder Schindeln

Beanspruchung durch Schlagregen

Die auf die Fassade auftreffende Niederschlagsmenge ist häufig von der Windstärke abhängig. Sie kann zur Durchfeuchtung der Holzfassade führen. Eine kurzfristige Durchfeuchtung hat in der Regel keine nachteilige Auswirkung, vorausgesetzt, die Holzfassade ist hinterlüftet. Ein spritzwassergeschützter Sockel verhindert die Dauerdurchfeuchtung in Bodennähe.

Beanspruchung durch Sonneneinstrahlung

Durch Sonneneinstrahlung (UV-Strahlung) verändert das Holz seine ursprüngliche Farbe. Eine unbehandelte Holzfassade verfärbt sich im Laufe der Zeit silbergrau. Dies ist eine holztypische Verfärbung, wie wir sie von alten Gebäuden her kennen. Sollte diese Verfärbung nicht gefallen, muss das Holz mit einem Anstrich versehen werden.
Mit der Sonneneinstrahlung kann es zu einer Erhitzung der Fassade kommen, die beim Holz geringe Spannungen verursacht. Diese Spannungen können geringfügige Lockerungen bei Nagelverbindungen hervorrufen.

Legende: 1 Werkstoffplatte, 2 Dampfbremse, 3 Ständer, 4 Dämmung, 5 Werkstoffplatte, 6 Windsperre, 7 Putzträgerplatte, 8 Drahtgitter, 9 Putz, 10 Lattung, 11 Konterlattung

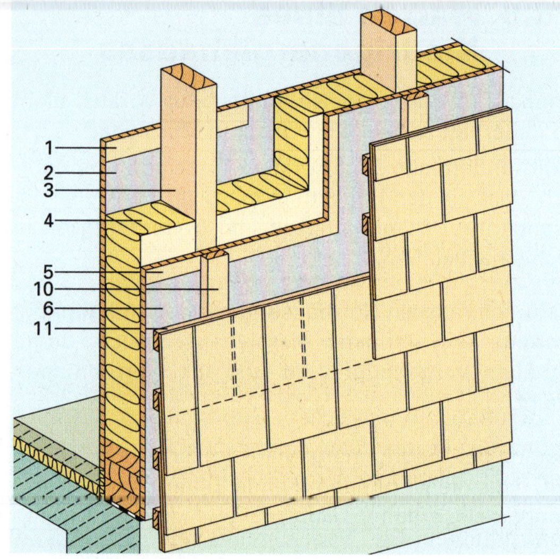

Fassade mit Schindeln

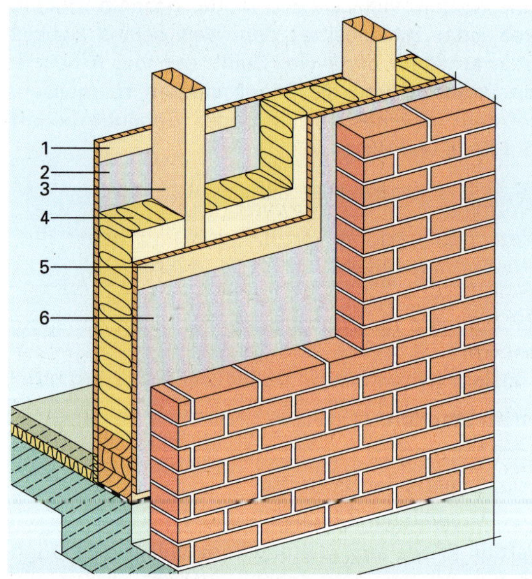

Vorgemauerte Fassade

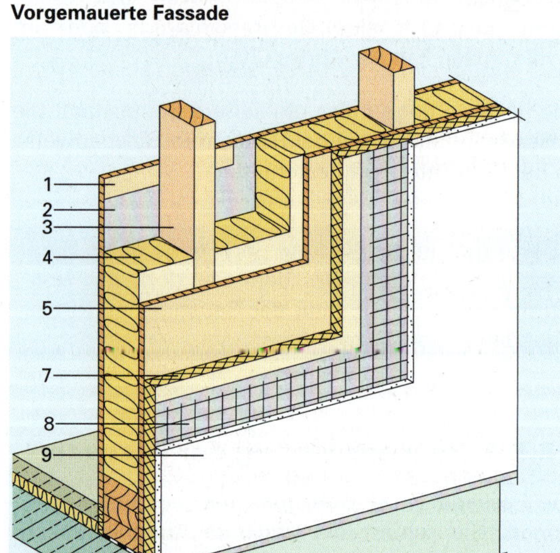

Geputzte Fassade

Beanspruchung durch Temperaturschwankungen

Im Gegensatz zu geputzten Fassaden verursachen Temperaturschwankungen bei Holzfassaden nur ganz geringe Spannungen.

Risse, wie sie bei Putzfassaden vorkommen können, treten bei Holzfassaden nicht auf. Unter Extrembedingungen kann es, wie bei der Erhitzung durch Sonneneinstrahlung, zu einer geringen Lockerung der Nagelverbindungen kommen.

Beanspruchung durch Wind

Winddruck- und Windsogbelastung, insbesondere an den Rändern und Ecken, wirkt sich auf die Befestigung der Bretter oder Schindeln aus. Da sich Nagelverbindungen bei Dauerbelastung lösen können, ist es empfehlenswert, die Bretter der Fassade zu verschrauben. Die Nagelverbindungen bei Schindeln sind weniger gefährdet.

Fassaden werden durch Schlagregen, Sonneneinstrahlung, Temperaturschwankungen und Wind beansprucht.

18.5.2 Pflege der Fassade

Oberflächenbehandlung

Stoffe zur Oberflächenbehandlung sind **Lasuren** und **Lacke.**

Lasuren sind farblose oder pigmentierte (Pigmente = kleine Farbteilchen) Stoffe zur Oberflächenbehandlung, die die Holzstruktur noch erkennen lassen. Sie bestehen aus einem Bindemittel (Acryl- oder Alkydharz) und einem Lösemittel. Außerdem können sie ein Holzschutzmittel (Fungizid) enthalten.

Dünn- und **Dickschichtlasuren** besitzen organische Lösemittel. Bei **Dispersionslasuren** ist das Lösemittel Wasser.

Dünnschichtlasuren dringen tief in die Holzfaser ein, sind atmungsaktiv, Wasser abweisend und witterungsbeständig.

Dickschichtlasuren sind schichtbildende Lasuren. Sie sind in der Regel auf Alkydharzbasis aufgebaut und sind wasserdicht sowie witterungsbeständig.

Dispersionslasuren sind wasserverdünnbar. Sonst sind ihre Eigenschaften ähnlich denen der Dünnschichtlasuren.

Stoffe zur Oberflächenbehandlung von Holz sind Lasuren und Lacke.

Lacke zur Oberflächenbehandlung von Holzfassaden sind pigmentierte, deckende Beschichtungsstoffe. Sie kommen zur Anwendung, wenn die Holzstruktur überdeckt werden soll und sie eignen sich besonders, wenn die Fassade in hellen Farbtönen gehalten werden soll.

Ausgelaugte, zum Teil vergraute Fassade

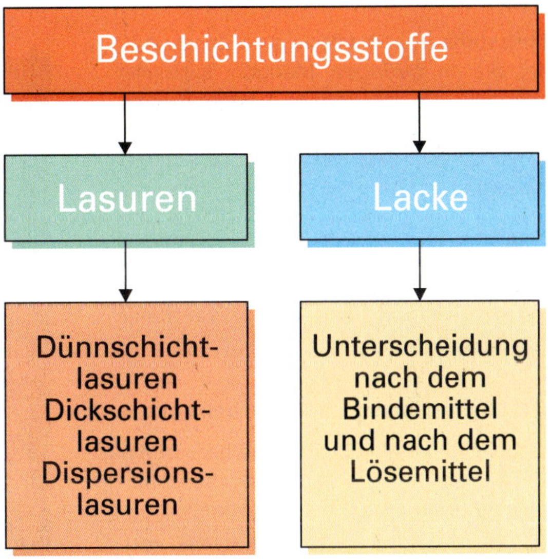

Einteilung der Beschichtungsstoffe

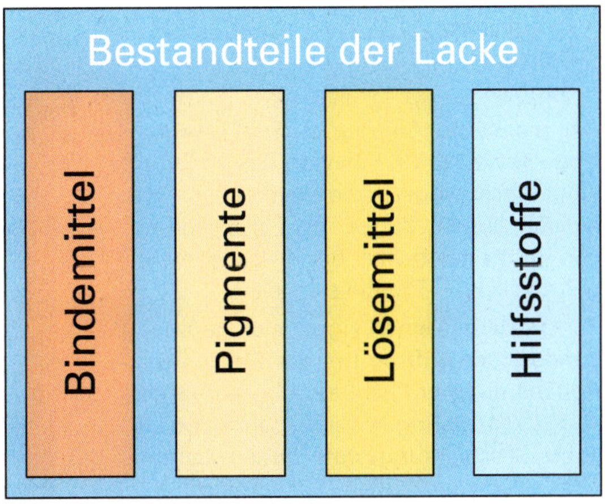

Die vier Komponenten der Lacke

Lacke bestehen aus vier Komponenten:
- Bindemittel,
- Pigmenten,
- Lösemittel,
- Hilfsstoffen bzw. Additiven.

Bindemittel nennt man die nicht flüchtigen, d.h. filmbildenden Teile eines Beschichtungsstoffes. Die Bindemittel der Lacke sind in der Regel Kunstharze.

Pigmente sind im Bindemittel fein verteilte, nicht lösliche Feststoffe, die dem Lack seine Farbe geben.

Lösemittel werden benötigt, um das feste Bindemittel zu lösen und so die Lacke streichfähig zu machen. Aus Gründen des Umweltschutzes sollten für die Pflege von Fassaden nur lösemittelarme Beschichtungsstoffe oder solche, deren Lösemittel Wasser ist, verwendet werden.

Hilfsstoffe bzw. **Additive** sind Zusatzstoffe, die in geringen Mengen zugesetzt werden, um besondere Verarbeitungseigenschaften zu erzielen oder unerwünschte Eigenschaften zu unterdrücken.

> Lacke bestehen aus vier Komponenten: dem Bindemittel, den Pigmenten, dem Lösemittel und den Hilfsstoffen bzw. Additiven.

Auftragstechniken (Lackiertechniken)

Bei der Pflege der Fassade geht es in der Regel um eine Erneuerungsbeschichtung. Als Vorarbeit muss die nicht tragfähige Altbeschichtung mechanisch entfernt werden. Die tragfähige Altbeschichtung wird angelaugt und gründlich nachgewaschen.

Für den Auftrag von Lasuren und Lacken sind folgende Techniken möglich:
- Pinselauftrag,
- Rollen,
- Spritzen.

Der einfachste Auftrag ist der **Pinselauftrag.** Hier wird der Pinsel in den Farbtopf eingetaucht, abgestrichen und danach mit gleichmäßigen Zügen in Faserrichtung des Holzes gestrichen, bis ein gleichmäßiges, deckendes Ergebnis erzielt ist.

Für größere Flächen eignet sich ganz besonders der Auftrag mit der **Rolle.** Beim Rollenauftrag entsteht ein gleichmäßiger Auftrag bei geringem Arbeitsaufwand. Je nach Beschichtungsstoff finden Lammfell-, Kurzhaar- oder Schaumstoffrolle Verwendung.

Gepflegte und gewartete Fassade

Auftrag mit dem Pinsel

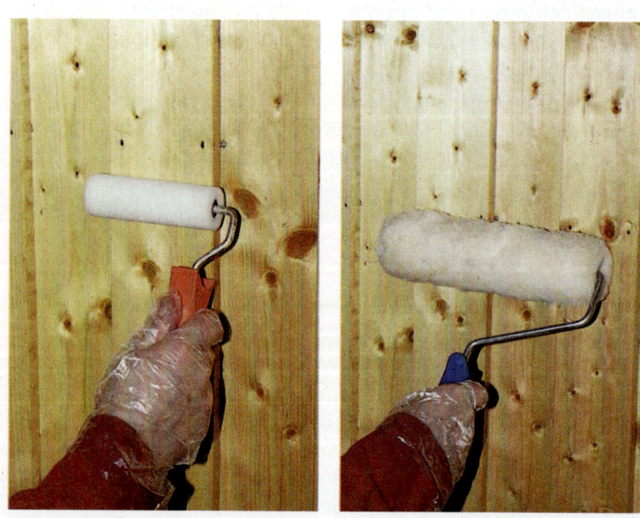

Auftrag mit der Rolle

Spritzen ist sehr umweltbelastend. Es entstehen dabei Spritzverluste von über 50 %! Auf einen solchen Lack- oder Lasurauftrag sollte aus Umweltgründen verzichtet werden.

Das Spritzen von Holzschutzmitteln im Freien ist unzulässig!

Die Beschichtungsstoffe werden mit dem Pinsel oder mit der Rolle aufgetragen. Beim Spritzen entstehen hohe Verluste, die die Umwelt belasten.

Gefahrensymbole

Lasuren und Lacke können gesundheitsschädliche Stoffe enthalten. Bei einem sachgemäßen Umgang (Tragen von Schutzkleidung, Vermeiden von Hautkontakt, Atemschutz, Anwendung nur im Freien usw.) besteht jedoch bei der Verarbeitung keine Gefahr.

Um die Gefährlichkeit der Beschichtungsstoffe zu erkennen, werden sie durch Gefahrensymbole gekennzeichnet.

Im Folgenden sind Gefahrensymbole und Gefahrenbezeichnungen aufgeführt, die bei Beschichtungsstoffen von Bedeutung sein können:

- **Gesundheitsschädlich** beim Einatmen, beim Verschlucken und bei der Berührung mit der Haut,
- **Gesundheitsgefährdend,** reizt Augen, Haut und Atmungsorgane,
- **Ätzend,** verursacht Verätzungen an der Haut und den Schleimhäuten,
- **Leicht- oder hochentzündlich,** der Flammpunkt liegt zwischen 21 °C und 55 °C.

Gesundheitsgefährdende Lasuren und Lacke müssen durch entsprechende Gefahrensymbole gekennzeichnet werden.

Umweltgerechte Entsorgung von Resten

Reste von Lasuren, Lacken und ihren Lösemitteln (Verdünnungen) dürfen auf keinen Fall ins Abwasser gegossen werden.

Grundsätzlich gehören flüssige Lasur- und Lackreste auch niemals in den Restmüll, sie müssen bei Sammelstellen für Sondermüll abgegeben werden.

Restentleerte Dosen und Eimer, die mit dem Grünen Punkt des Dualen Systems gekennzeichnet sind, können problemlos über die Sammlung des Dualen Systems entsorgt werden.

Reste von Lacken, Lasuren und ihren Lösemitteln sind Sondermüll und müssen als solcher entsorgt werden.

Gesundheitsschädlich

Gesundheitsgefährdend

Ätzend

Leicht- oder hochentzündlich

Gefahrensymbole

Zusammenfassung

Holzhäuser müssen gewartet und gepflegt werden, damit Schäden vorgebeugt wird und ihr Wert erhalten bleibt.

Der Aufwand für Wartung und Pflege eines Hauses ist von der Bauart, dem Standort, der Nutzung sowie der Qualität der Baustoffe und Bauausführung abhängig.

Besondere Pflege muss die Fassade erfahren. Sie schützt die tragende Wandkonstruktion vor Witterungseinflüssen und sichert dadurch ihre Standfähigkeit, Haltbarkeit und Wärmedämmfähigkeit.

Fassaden werden durch Schlagregen, Sonneneinstrahlung, Temperaturschwankungen und Wind beansprucht.

Stoffe zur Oberflächenbehandlung von Holz sind Lasuren und Lacke.

Lacke bestehen aus vier Komponenten, dem Bindemittel, den Pigmenten, dem Lösemittel und den Hilfsstoffen bzw. Additiven.

Die Beschichtungsstoffe werden mit dem Pinsel oder mit der Rolle aufgetragen. Beim Spritzen entstehen hohe Verluste, die die Umwelt belasten.

Gesundheitsgefährdende Lasuren und Lacke müssen durch entsprechende Gefahrensymbole gekennzeichnet werden.

Reste von Lacken, Lasuren und ihren Lösemitteln sind Sondermüll und müssen als solcher entsorgt werden.

Aufgaben

1. *Warum müssen Holzhäuser gewartet und gepflegt werden?*
2. *Wovon kann der Aufwand für Wartung und Pflege eines Hauses abhängen?*
3. *Nennen Sie die Beanspruchungen von Gebäudefassaden.*
4. *Welche Auswirkungen haben diese Beanspruchungen?*
5. *Warum muss die Fassade eines Holzhauses besonders gepflegt werden?*
6. *Welcher Unterschied besteht zwischen Lasuren und Lacken?*
7. *Nennen Sie die Bestandteile von Lasuren.*
8. *Nennen Sie die Bestandteile von Lacken.*
9. *Welche Vorteile besitzt der Rollenauftrag gegenüber dem Pinselauftrag?*
10. *Welche Gefahren können beim Verarbeiten von Lasuren und Lacken entstehen?*
11. *Warum ist das Spritzen umweltbelastend und sollte deshalb nicht angewandt werden?*
12. *Welchen Sinn haben die Gefahrensymbole?*
13. *Welche Bedeutung hat dieses Zeichen?*

14. *Worauf ist bei der Entsorgung der Reste von Lasuren und Lacken zu achten?*

18.5.3 Wartung und Pflege im Innern

Auch im Innern eines Holzhauses ist Wartung und Pflege erforderlich, um Schäden vorzubeugen und den Wert des Hauses zu erhalten.

Dies betrifft insbesondere die **Pflege des sichtbaren Holzes** sowie den **Schutz der Dampfbremse** und die **Erhaltung der Luftdichtheit.**

Für die Pflege des sichtbaren Holzes im Innenbereich können Lasuren verwendet werden, die wir bereits von der Pflege der Fassade her kennen. Da das sichtbare Holz im Innern nicht vor Holz zerstörenden Pilzen geschützt werden muss, sollten keine mit Fungiziden angereicherten Lasuren verwendet werden. Außerdem müssen die Lasuren nicht witterungsbeständig sein.

Auch im Innern eines Niedrigenergiehauses ist Pflege und Wartung erforderlich.

Ganz besonders eignen sich im Innenbereich **Öle** und **Wachse** zur Pflege des Holzes.

Gepflegter Innenraum eines Niedrigenergiehauses

Natürliche Öle und Wachse sind biologisch gut abbaubar und sie sind während der Verarbeitung und als Festschicht umweltfreundlich.

Öle

Zur Ölbehandlung von Holzoberflächen eignen sich besonders Naturöle wie **Leinöl, Holzöle** (z.B. Kiefernöl) und **Rapsöl**.

Die Trockenzeiten der Öle sind sehr unterschiedlich und dauern mehrere Stunden bis einige Tage.

Wachse

Als Wachse finden vor allem **Bienenwachs** und **Karnaubawachs** Verwendung.

Bienenwachs wird durch Schmelzen von Bienenwaben gewonnen. Für die flüssige Verarbeitung kann es in Alkohol oder Terpentin gelöst werden.

Karnaubawachs ist ein Bestandteil der Blätter der Wachspalme. Auch dieses Wachs ist wie Bienenwachs bei Raumtemperatur fest und kann in Äther oder Alkohol gelöst werden.

Öle und Wachse werden in flüssigem Zustand mit dem Pinsel, gegebenenfalls auch mit der Rolle aufgetragen. Wachse werden in festem Zustand mit einem Lappen aufgerieben. Sie verleihen der Holzoberfläche ein seidenmattes bis glänzendes Aussehen, betonen die Maserung und besitzen einen angenehmen Geruch. Die Holzoberfläche wird schmutzunempfindlicher und Wasser abweisend.

Zur Pflege des sichtbaren Holzes im Inneren eignen sich ganz besonders natürliche Öle und Wachse. Sie sind umweltfreundlich, betonen die Maserung und machen die Holzoberfläche Schmutz und Wasser abweisend.

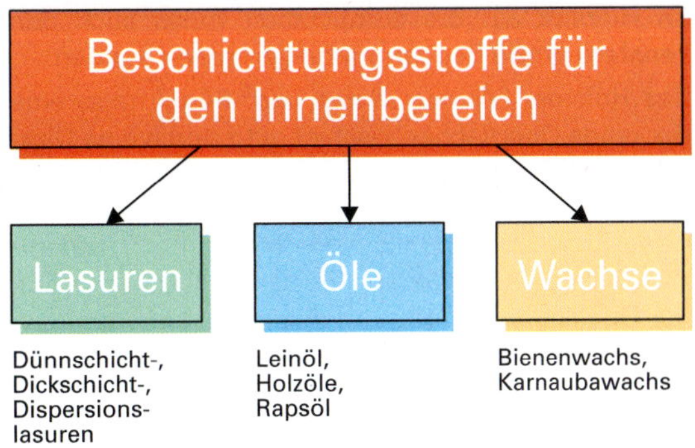

Einteilung der Beschichtungsstoffe für den Innenbereich

Schutz der Dampfbremse

Eine Dampfbremse kann ihrer Funktion nur gerecht werden, wenn sie absolut dicht ist. Bei einem Niedrigenergiehaus ist eine funktionierende Dampfbremse Voraussetzung für die **Wärmedämmung** und **Luftdichtheit.**

Bei Umbauarbeiten oder Einbauten jeder Art muss darauf geachtet werden, dass die Dampfbremse nicht „verletzt" wird. Bereits ein durchdringender Nagel oder eine durchdringende Schraube verletzen die Dampfbremse. Eine derartige Leckage (= undichte Stelle) öffnet feuchtwarmer Luft Zutritt in das Wandinnere. Der Wasserdampf kondensiert dort und durchfeuchtet die Wärmedämmschicht sowie die Tragkonstruktion.

Bei Um- und Einbauten muss darauf geachtet werden, dass die Dampfbremse nicht verletzt wird.

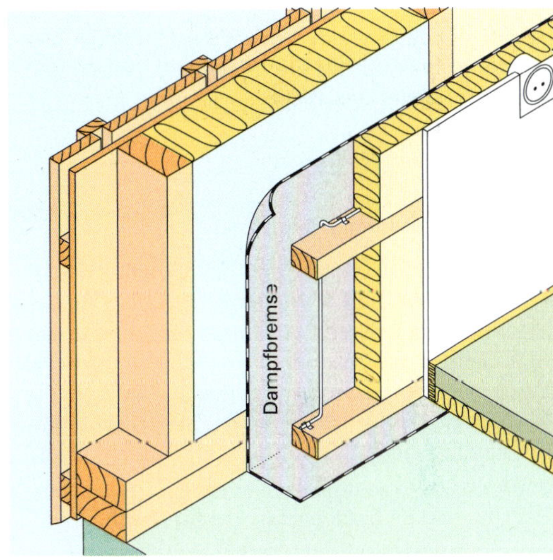

Installationsebene als Schutz der Dampfbremse

Schutz der Luftdichtheit

Da die Dampfbremse zugleich auch für die Luftdichtheit verantwortlich ist, gilt das oben Genannte in gleichem Maße auch für die Luftdichtheit.

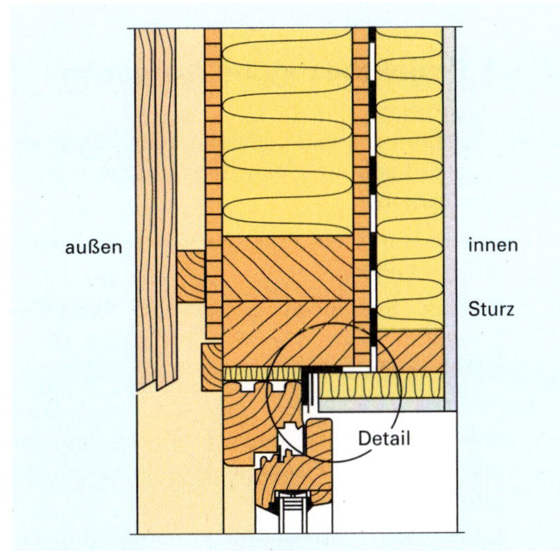

Dicht angeschlossenes und dicht schließendes Fenster

Im Hinblick auf die Luftdichtheit muss auch den **Fenstern** große Bedeutung beigemessen werden.

Das Holz der Fensterrahmen und -flügel muss eine deckende Oberflächenbeschichtung durch eine Dickschichtlasur oder einen Lack erhalten. Dies verhindert die Feuchtigkeitsaufnahme und somit ein Arbeiten bzw. Verziehen des Holzes. Die wärmedämmende Eigenschaft eines Fensters ist nicht nur von der Qualität der Verglasung abhängig, sondern auch von der Luftdichtheit im Falz zwischen Rahmen und Flügel.

Zu den Wartungsarbeiten im Innern gehört deshalb auch die Kontrolle der Fensterbeschläge. Sie sind für das dichte Schließen verantwortlich und können gegebenenfalls nachgestellt werden.

Dasselbe gilt auch für Außentüren.

Fenster bedürfen einer besonderen Pflege und Wartung. Dies betrifft die Pflege des Holzes und die Wartung der Beschläge.

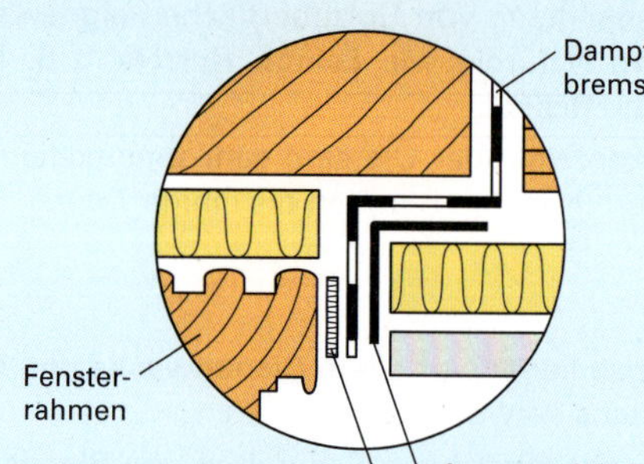

Detail: Abdichtung des Fensterrahmens (schematische Abbildung)

Zusammenfassung

Auch im Innern eines Niedrigenergiehauses ist Pflege und Wartung erforderlich.

Zur Pflege des sichtbaren Holzes im Inneren eignen sich ganz besonders natürliche Öle und Wachse. Sie sind umweltfreundlich, betonen die Maserung und machen die Holzoberfläche unempfindlich gegen Schmutz und Wasser abweisend.

Bei Um- und Einbauten muss darauf geachtet werden, dass die Dampfbremse nicht verletzt wird.

Fenster bedürfen einer besonderen Pflege und Wartung. Dies betrifft die Pflege des Holzes und die Wartung der Beschläge.

Aufgaben

1. *Nennen Sie die wichtigsten Aufgaben der Pflege und Wartung im Innern eines Niedrigenergiehauses.*
2. *Welche Öle finden für die Pflege des Holzes Verwendung?*
3. *Welche Wachse finden für die Pflege des Holzes Verwendung?*
4. *Inwiefern trägt eine Installationsebene in Außenwänden zum Schutz der Dampfbremse bei?*
5. *Warum bedürfen Fenster einer besonderen Pflege und Wartung?*

18.5.4 Projektbezogene Aufgaben

Etwa **10 Jahre** nach Fertigstellung sollen an unserem Projekt **Pflege- und Wartungsarbeiten** vorgenommen werden.

1. Die Fassade unseres Projektes soll einen neuen Anstrich erhalten.
   a) Wählen Sie einen geeigneten Beschichtungsstoff. Begründen Sie Ihre Wahl. (Auswahlkriterien!)
   b) Informieren Sie sich über die Ergiebigkeit des ausgewählten Beschichtungsstoffes, berechnen Sie die Fläche und ermitteln Sie die erforderliche Menge.
   c) Beschreiben Sie die Vorgehensweise beim Erneuern des Anstrichs.
2. Im Innenbereich sollen die sichtbaren Holzteile (Stützen, Wände, Deckenuntersicht, Dachausbau usw.) eine Oberflächenbehandlung erfahren.
   a) Informieren Sie sich über das Marktangebot geeigneter Beschichtungsstoffe (Internet, Fachhandel, Prospekte usw.).
   b) Wählen Sie einen geeigneten Beschichtungsstoff. Begründen Sie Ihre Wahl. (Auswahlkriterien!)
3. Welche Pflege und Wartungsmaßnahmen sind an den Fenstern erforderlich?
   Beschreiben Sie diese Maßnahmen in der Form einer Arbeitsanweisung.

Was Zimmerer über Computer wissen sollten

Computer sind ein wesentliches Arbeitsmittel in Handwerksbetrieben und Industriebetrieben, in Architektur- und Ingenieurbüros und in den Ämtern der Bauverwaltungen. Computer unterstützen somit auch die Planung und Verwirklichung unseres Bauprojektes. Leistungsfähige Programme und das Internet als umfassende Informationsquelle unterstützen die Bauherren und die Bauhandwerkerschaft. Die Baufachleute entwickeln mit den Programmen Bauwerksentwürfe und führen Berechnungen durch, deren Ergebnisse sie kritisch bewerten und umsetzen.

1 Hardware

Die Hardware schafft die Voraussetzungen zum Einsatz von Anwendungsprogrammen. Standortgebundene Rechner bestehen aus der **Zentraleinheit** und den **peripheren Geräten**.

Notebooks (= „Notizbuch") und **Laptops** sowie **Tablets** und **Smartphones** sind leistungsfähige, transportable Computer.

1.1 Zentraleinheit

Sie überwacht und steuert die gesamte Datenverarbeitungsanlage. Der Hauptspeicher der Zentraleinheit hat 16...64 GB für CAD-Anwendungen (GB ist die Abkürzung für Gigabyte) sowie eine leistungsstarke Grafikkarte mit mindestens 8 GB RAM und ist erweiterbar.

1.2 Peripherie

Die Peripherie umfasst die Geräte, die zur Eingabe und Ausgabe von Daten dienen. Mehrere Rechner können lokal vernetzt werden. Das Modem bzw. der Router ermöglichen einem Rechner den Datenaustausch mit anderen Rechnern, die an das Internet angeschlossen sind.

Eingabegeräte

Die **Tastatur** besteht aus dem Schreibmaschinenblock, dem Funktionstastenblock, dem Zahlenblock und dem Cursorsteuerblock. Die **Maus** dient zur Auswahl eines Programmteils, der in einem Menü auf dem Bildschirm angezeigt wird. Auf dem **Grafiktablett** werden CAD-Befehle mit einer Lupe oder einem elektronischen Stift aktiviert. Pläne können über ein Grafiktablett digitalisiert werden. **Scanner** digitalisieren Text- und Planvorlagen sowie bestehende Gebäude. Sie werden dann mit dem Computer weiterbearbeitet. Zu den **Massenspeichern** zählen Festplatten (interne und externe), CDs (Compact Discs), DVDs (Digital Versatile Discs), USB-Memory-Sticks, Blu-Ray-Discs sowie die Cloud (Wolke). Sie dienen der Speicherung von Daten.

Die Kapazität dieser Massenspeicher ist unterschiedlich. **Festplatten** können bis zu 22 Terabyte (TB) speichern. Ein Terabyte entspricht 1000 GB. **CDs** speichern bis zu 900 MB, **DVDs** mehrere Gigabytes und **Blu-Ray-Discs** (optimierte DVDs) bis zu 500 GB.

USB-Memory-Sticks gibt es bis zu 2 TB. Die **Cloud** ermöglicht die Ablage von und den Zugriff auf Dateien über das Internet oder ein Unternehmensnetzwerk. Die Dateien liegen auf einem externen, zentralen Datenspeicher.

Ausgabegeräte

Der **Flachbildschirm** stellt Daten in Textform oder grafisch dar. Gängig sind Bildschirmdiagonalen zwischen 24 und 40 Zoll. Zur CAD-Anwendung sollte sie mindestens 27 Zoll aufweisen. Die Bildauflösung sollte 4 K betragen, also eine horizontale Darstellung von 4000 Pixeln (Pixel = Bildpunkt). Die Qualität der Abbildung wird durch die Grafikkarte, die den Bildschirm steuert, beeinflusst.

Grafikfähiger Bildschirmarbeitsplatz

Gebäudeentwurf in 3D-Darstellung

Die **Plotter** heißen auch Großformatdrucker. Sie sind computergesteuerte Zeichengeräte. Sie werden unterteilt in Flachbett und Rollenplotter. Mit ihnen können auch Schablonen in Originalgröße gezeichnet werden. Kleinformatige Zeichnungen werden über Drucker ausgegeben.

Drucker können Daten in verschiedenen Schriftarten ausdrucken. Zusätzlich ist die genaue Abbildung von Grafiken sowie die Ausgabe von Bildern in Fotoqualität möglich. Drucker arbeiten mit der Tintenstrahl- oder der Lasertechnik.

2 Anwendungsprogramme

2.1 Einsatzgebiete im Bauwesen

Anwendungsprogramme (Software) werden selten vom Anwender programmiert, sondern meist auf dem Softwaremarkt gekauft. Sie unterstützen Planer und Ausführende bei der Lösung von Aufgaben aus den Bereichen Entwurf, Abbund, Vermessung, Bestands- und Mengenermittlung, Tragwerksplanung, Wärmeschutznachweis, Kalkulation, Vergabe, Bauablaufplanung, Aufmaß und Abrechnung.

Die Steuerung von Abbundanlagen erfolgt ebenfalls durch Programme.

Anwendungsprogramme bieten die Vorteile, dass sie beliebig häufig einsetzbar sind und Informationen, die einmal erarbeitet wurden, speichern und diese für weitere Zugriffe zur Verfügung stellen. Das Internet ermöglicht den Austausch von Entwürfen und Lösungsvorschlägen.

2.2 Selbst erstellte Anwendungsprogramme

Einige Aufgaben können durch Programme gelöst werden, die der Anwender selbst erstellt. Die Vorgehensweise kann unabhängig von der Problemstellung in folgende Schritte unterteilt werden:

- Aufgabe beschreiben und strukturieren,
- Programmablaufplan (PAP) nach DIN 66001 entwerfen,
- Programm entsprechend PAP erstellen,
- Programm testen und Ergebnisse auf Richtigkeit überprüfen,
- Programm zur Aufgabenlösung anwenden.

Das Schreiben von Programmen ist zeitaufwendig. Daher kaufen oder mieten Unternehmungen die benötigten Programme.

2.3 Kommerzielle Anwendungsprogramme

2.3.1 Programmarten

Folgende Programmarten werden unterschieden:

1. Programme, die in vielen Wirtschaftszweigen angewendet werden. Dies sind **Textverarbeitungsprogramme, Tabellenkalkulationsprogramme, Datenbanksysteme** und **Buchführungsprogramme**. Vielfach müssen diese Programme dem Anwendungszweck angepasst werden. Hierfür sind Programmierkenntnisse notwendig.

2. Programme, die **speziell** für die **Baubranche** entwickelt werden. **Abbundprogramme** beschleunigen die Ermittlung der Abbundmaße. Sie erstellen auch die Holzliste und werden daher in vielen Zimmereibetrieben angewendet. Vielfach handelt es sich bei Anwendungsprogrammen auch um Einzellösungen. Sie werden nach dem Bedarf einer Baufirma oder eines Amtes von der DV-Abteilung oder einem Softwarehaus erstellt. Dies trifft für die Kalkulationsprogramme von Baufirmen zu. Weiterhin bietet der Softwaremarkt Programme an, die die Anforderungen mehrerer Anwender abdecken und somit ohne Anpassung in unterschiedlichen Unternehmungen eingesetzt werden können.

Holzliste – Nadelholz S 10

Bauvorhaben: Einfamilienhaus

Zu Plan Nr.: 1

Pos.	Anzahl	Bezeichnung	Querschnitt Breite (cm)	Höhe (cm)	Länge (m)	Gesamtlänge (m)	Volumen
1	2	Schwellen	10	12	10,10	20,20	0,242
2	1	Pfette	12	16	10,20	10,20	0,196
3	3	Pfosten	12	12	3,04	9,12	0,131
4	4	Kopfbänder	8	10	1,48	5,92	0,047
5	30	Sparren	8	16	6,00	180,00	2,304

Gesamte Länge: 225,44 m
Gesamtes Volumen: 2,921 m^3

Holzliste (mit Tabellenkalkulationsprogramm erstellt)

Der Leistungsumfang eines Programms kann durch weitere **Programmmodule** ergänzt werden. Programmteile mit spezifischer Leistung können je nach Bedarf zu einem Basisprogramm hinzugekauft oder gemietet und angewendet werden.

2.3.2 Programme für Auftraggeber und Auftragnehmer

Die Auftraggeber (Ämter, Architektur- und Ingenieurbüros, Bauträgergesellschaften) und Auftragnehmer wie Zimmereibetriebe und Abbundzentren stellen unterschiedliche Anforderungen an die Anwendungsprogramme. Der Datenaustausch ist durch genormte Schnittstellen weitgegend problemlos möglich.

2.3.3 Programme für die Ausschreibung, Preisspiegel

Zur Ausschreibung einer Bauleistung muss ein **Leistungsverzeichnis (LV)** angelegt werden. Das LV enthält die **Positionen** von Bauleistungen. Die Positionen werden durch Standardtexte beschrieben. Die Datenverarbeitung ermöglicht die Verwaltung dieser **Standardtexte** durch **Schlüsselnummern.** Somit muss bei der Erstellung eines LV nur die zur Leistung gehörende Schlüsselnummer in den Computer eingegeben werden. Der Computer kopiert den entsprechenden Text auf die LV-Datei und druckt diese aus. Unten stehende Abbildung zeigt einen Ausschnitt aus einem LV, welches mittels Standardleistungsbuch und Computer erstellt wurde. Aus mehreren Leistungsverzeichnissen kann ein Preisspiegel der Angebotssummen und der Idealbieter einer Position ermittelt werden.

```
Pos. 6    Abbinden und Aufstellen bzw. Verlegen der Hölzer
          in Pos. 1-4 nach den Plänen des Statikers und des
          Architekten, unter Beachtung der DIN 1052.

                      ca. .......m, je m € ............ € .......

Pos. 7    Zuschlag zu Pos. 6 für Harthölzer als Beiholz am
          Fußpunkt der Sparren bei liegenden Dachstühlen,
          Schwellen, Unterlagshölzer usw., einschl. Liefe-
          rung.

          Abmessungen ...cm, .....Stck, je Stck € ... € ......

Pos. 8    Zuschlag zu Pos. 6 für Hobeln von Bauhölzern
          (auch Sparren und Balkenköpfe usw.).

                      ca. .....m², je m² € ............ € .......
```

Leistungsverzeichnis (Ausschnitt)

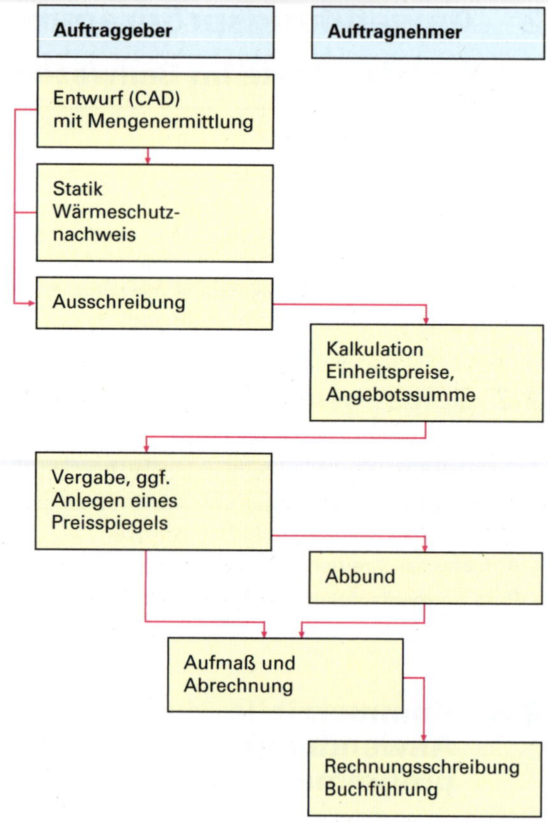

Anwendungsprogramme für Auftraggeber und Auftragnehmer

Position		*Idealbieter*	*Mittelbieter*	*Müller*	*Kaiser*	*Schwab*	*Eigenansatz*	*Opperau*
Bereich	*1*	*Rohbauarbeiten*						
Abschnitt	*1.7*	*Zimmerarbeiten*						
1.	*15,000 m³ Bauholz (Liefern, Abbinden und Aufstellen)*							
	EP	*1000,00*	*1117,90*	*1300,00*	*1287,50*	*1000,00*	*1050,00*	*1070,00*
	GP	*15000,00*	*16768,50*	*19500,00*	*19312,50*	*15000,00*	*15750,00*	*16050,00*
	%	*100,00*	*111,79*	*130,00*	*128,75*	*100,00*	*105,00*	*107,00*

Preisspiegel

2.3.4 CAD-Programme

CAD ist die Abkürzung von **C**omputer-**a**ided **D**esign. Dies bedeutet „rechnerunterstütztes Entwerfen und Konstruieren“. Die grafische Datenverarbeitung ergänzt die herkömmliche Entwurfs- und Zeichentechnik. Der Anwender wählt eine in Menüform angebotene Programmleistung aus. Das Menü wird entweder als Menüleiste auf dem Konstruktionsbildschirm oder einem zweiten Bildschirm oder auf dem Tablett dargestellt. CAD-Programme stellen Bauwerke in 2D-Technik oder in 3D-Technik dar.

Die **2D-Technik** (zweidimensional) zeichnet ein Bauwerk in Ebenen (Grundrisse, Ansichten, Schnitte). Die **3D-Technik** (dreidimensional) ermöglicht die räumliche und perspektivische Darstellung eines Bauwerks. Die CAD-Technik wird in der Baubranche von der Darstellung eines Dachstuhls bis hin zur virtuellen Gebäudebegehung eingesetzt. Die CAD-Daten können an vollautomatische CNC-Abbundstraßen übergeben werden. Dieses rechnergesteuerte Zusammenwirken von Planung und Ausführung wird auch als **CIM** bezeichnet (Computer integrated Manufacturing).

CAD-Programme arbeiten mit der **Overlay-Technik** (Overlay = Überlagerung). Hierunter versteht man die Aufteilung der Information eines Bauplans in verschiedene Elemente, z. B. Wände, Bemaßung und Schraffur. Diese Technik ermöglicht daher das Weglassen nicht erforderlicher Informationen beim Ausplotten eines Plans. Ist beispielsweise ein Geschoss ausschließlich gemauert, so kann beim Plotter von Handwerkerplänen auf die Schraffur verzichtet werden. Das Overlay wird auch als Ebene, Folie oder Layer bezeichnet.

Menüleiste Abbundprogramm

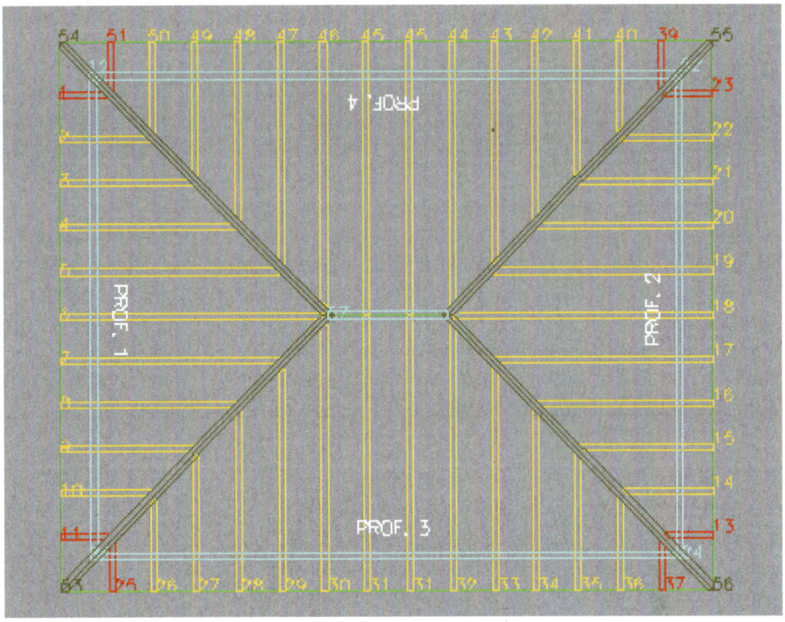

Grundriss Walmdach mit Sparrenlage

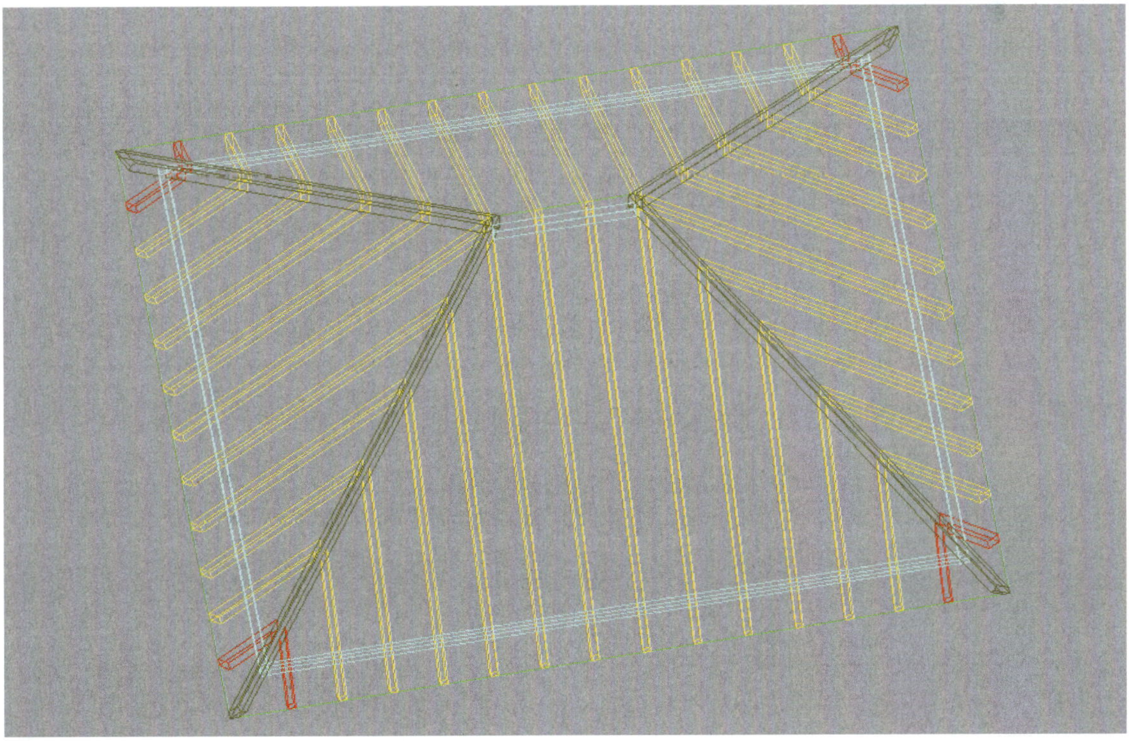

3D-Ansicht Walmdach

3 CNC-Technik

3.1 Computergesteuerte Abbundanlagen

Computergesteuerte Abbundanlagen werden in Zimmereibetrieben, in Abbundzentren und in der Holz verarbeitenden Industrie mit Schwerpunkt Fertig-Holzhausbau und Blockhausbau eingesetzt. Das Abbundprogramm benötigt zur Durchführung der Dachausmittlung als Eingabedaten den Gebäudegrundriss, die gewählte Dachart und die Dachneigung. Die Daten können natürlich auch vorher berechnet und dann in den Computer eingegeben werden. Die Datenübertragung an die Abbundmaschine erfolgt mittels Standleitung oder über Datenspeicher an den Bedienungsstand der Anlage.

Das zu bearbeitende Holz wird durch den vollautomatischen Aufgabequerförderer zum Bearbeitungszentrum geführt. Dort erfolgt die Bearbeitung. Das Bearbeitungszentrum ist mit **Säge**, **Universalfräse** und **Bohrgeräten** bestückt. Damit können die meisten für den Zimmereiabbund benötigten Bauteile gefertigt werden. Zudem können solche Abbundmaschinen mit zusätzlichen Aggregaten erweitert werden, welche z.B. die Bearbeitung von Hölzern für den Treppenbau, Fachwerkbau oder Blockhausbau ermöglichen.

Computergesteuerte Abbundanlage

Platzbedarf der Anlage

Die Draufsicht zeigt ein **Aufstellbeispiel** einer Abbundanlage. Die Maße sind Richtwerte für den Platzbedarf der Anlage. Die Maschine für Hobeln und Anfasen kann nachgerüstet werden.

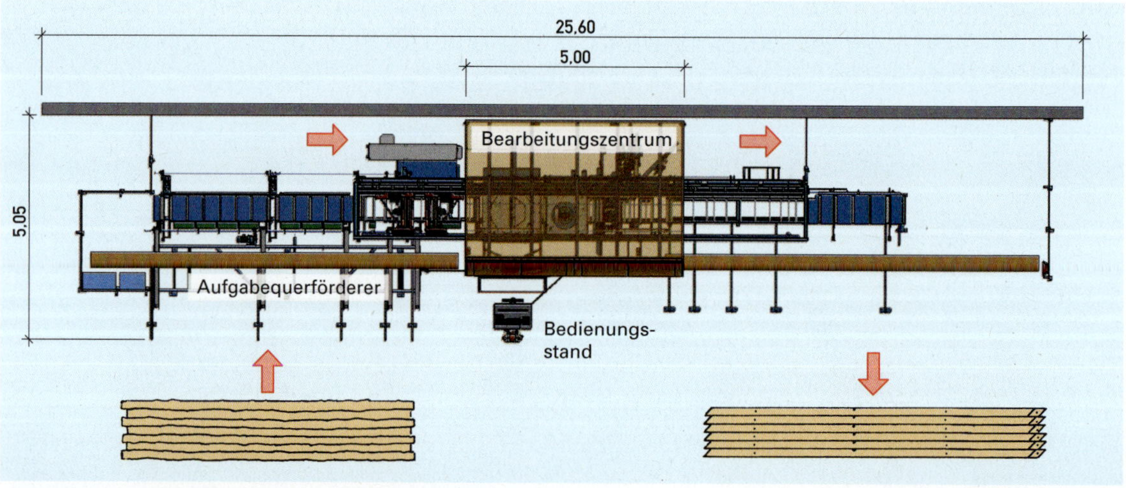

Aufstellbeispiel (ohne Hobelmaschine), max. Holzlänge 10 m

Auftrennen

Revolverfräse

Bogen

Schlossfräsung

Langlochbohrgerät

Balkenpfosten

Nutfräse

Blockhausfräse

Bohrbild

Herzfräsung

Bugfase

Horizontalsäge

Fasefräsung

Revolverfräse

Fingerfräser

Schifterschnitt

Schlitz (geführt)

Synchronfräsung

Schwalbenschwanz am Schifter

Bearbeitung eines Leim-Profilträgers

Stellbrettfräsung

Umfälzung

Schwalbenschwanzfräsung

Werkzeugwechsler

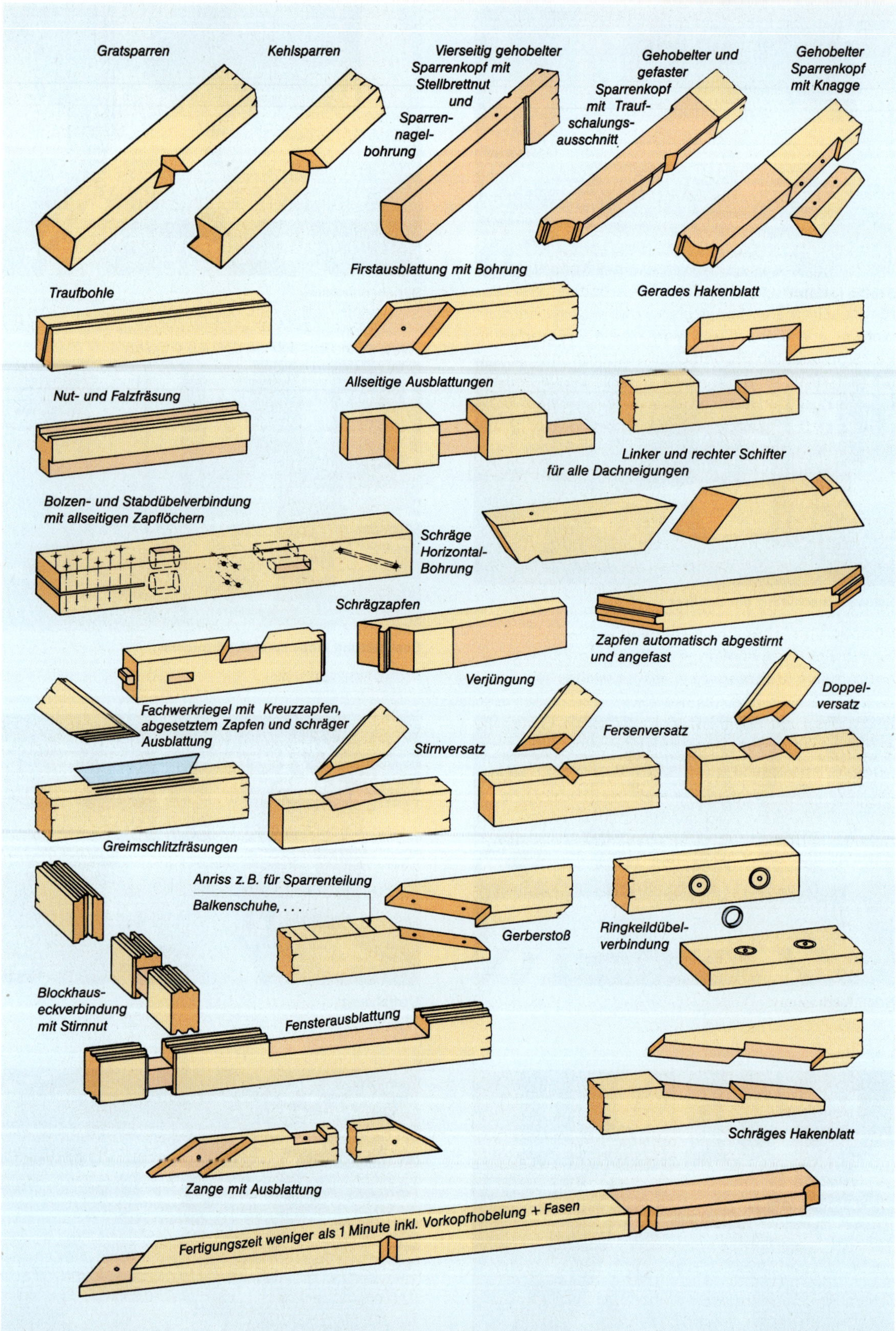

Bearbeitungsmöglichkeiten mit computergesteuerten Abbundanlagen

3.2 CNC-Oberfräsautomat im Treppenbau

Die Computertechnologie ermöglicht nicht nur die schnelle Berechnung von Massen und den Entwurf von Bauwerken, sondern beeinflusst auch die Serienfertigung von Bauteilen. So können gerade oder gewendelte Treppen mit der Unterstützung eines Computers, eines CAD-Programms und eines CNC-gesteuerten Oberfräsautomaten hergestellt werden.

Die Treppe wird nach Aufnahme der Konstruktionsmaße auf der Baustelle am CAD-Arbeitsplatz im Büro der Zimmerei konstruiert. Die Geometriedaten werden gespeichert und von einem Programm in Bewegungsdaten für den Oberfräsautomaten umgerechnet. Gleichzeitig legt das Programm die Reihenfolge fest, in der die Tritte aus den verleimten Massivholzplatten gefräst werden. Hierdurch wird die Verschnittmenge minimiert.

Das Werkstück wird auf den Maschinentisch gelegt, die Spindeln werden mit den richtigen Werkzeugen bestückt und das CNC-Programm wird gestartet. **CNC** kürzt **Computerized Numerical Control** ab. CNC bedeutet, dass ein Computer die Berechnung und die Steuerung des Bewegungsablaufs eines Fräsautomaten übernimmt. Der Oberfräsautomat fräst nun Wangen und Tritte sowie Handläufe. Die Bohrungen für die Sprossen in Wange und Handlauf nimmt ein horizontales Bohraggregat vor, welches ebenfalls vom CNC-Programm gesteuert wird. Die Treppe wird in der Werkstatt weiterbearbeitet, auf der Baustelle eingebaut, abgenommen und abgerechnet.

Der CNC-Oberfräsautomat kann dem Treppenfachmann behilflich sein, er kann ihn jedoch nicht ersetzen. Denn nur der Treppenfachmann kennt die fertigungstechnischen Konsequenzen seiner CAD-Konstruktion.

Arbeitsschritte Treppenbau (CAD/CNC) mit Computereinsatz (C)
1. Messen der Konstruktionsmaße der Treppe auf der Baustelle und Besprechung von Detailpunkten
2. Übernahme der Konstruktionsmaße auf Datenträger (C)
3. Konstruktion der Treppe am Computer (C)
4. Abspeichern der Daten (C)
5. Programm berechnet Bewegungsdaten für den CNC-Oberfräsautomaten unter Minimierung der Verschnittmenge (C)
6. Werkstück auf Maschinentisch, Werkzeuge befestigen
7. Datenübertragung in den Speicher des CNC-Oberfräsautomaten über Standleitung vom Computer (C)
8. CNC-Oberfräsautomat fräst Tritte sowie Wangen und Handläufe mit Bohrungen (C)
9. Weitere Fertigung der Treppe in der Werkstatt
10. Transport der Treppe zur Baustelle
11. Einbau und Abnahme der Treppe
12. Abrechnung der Treppe (C)
13. Archivierung der Daten (C)

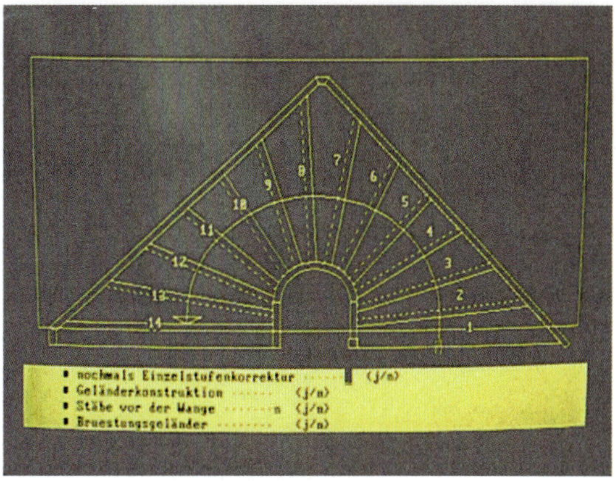

Treppenkonstruktion am CAD-Arbeitsplatz

CNC-Oberfräsautomat

Eingebaute Treppe

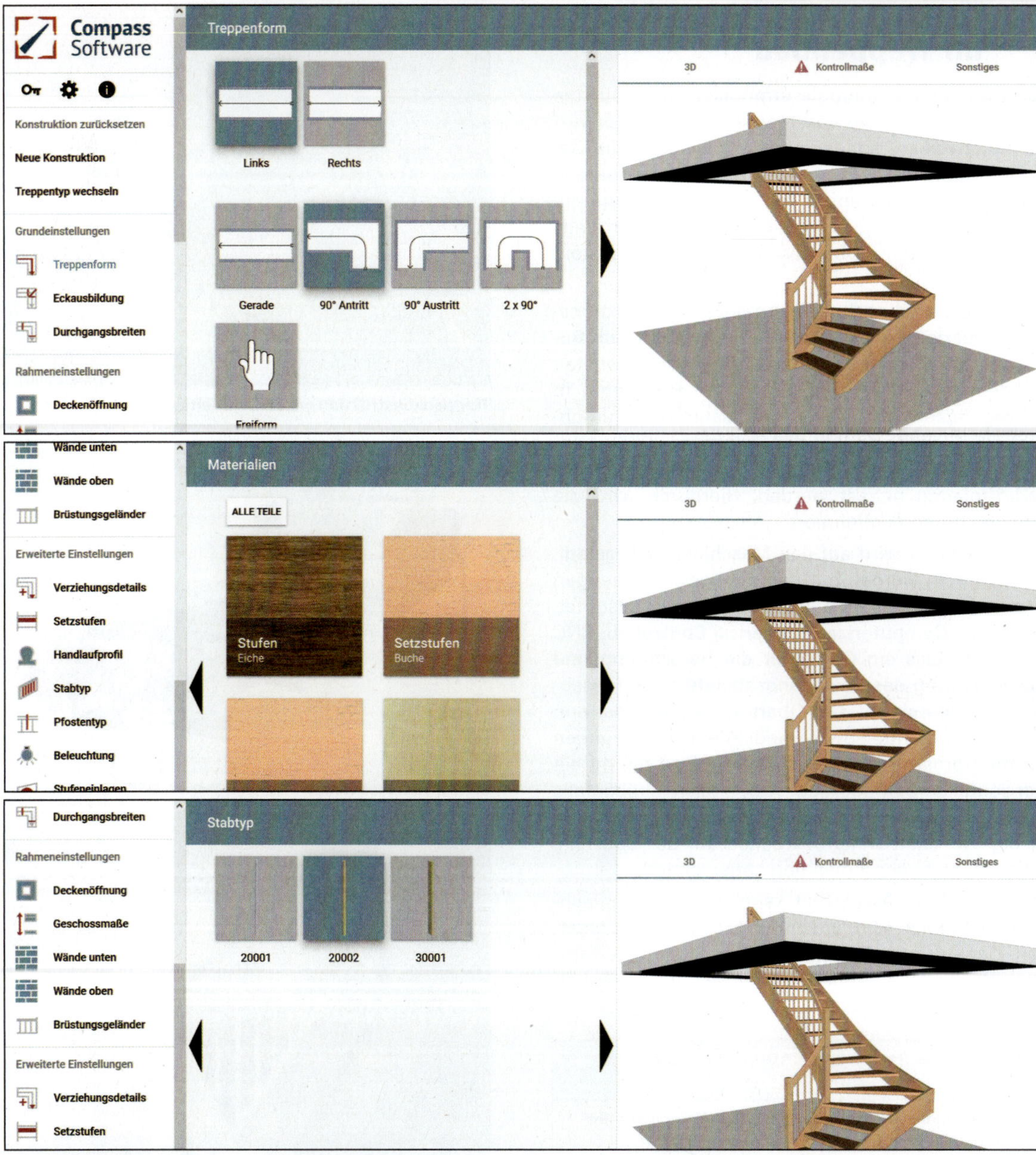

Konstruktionsbildschirm

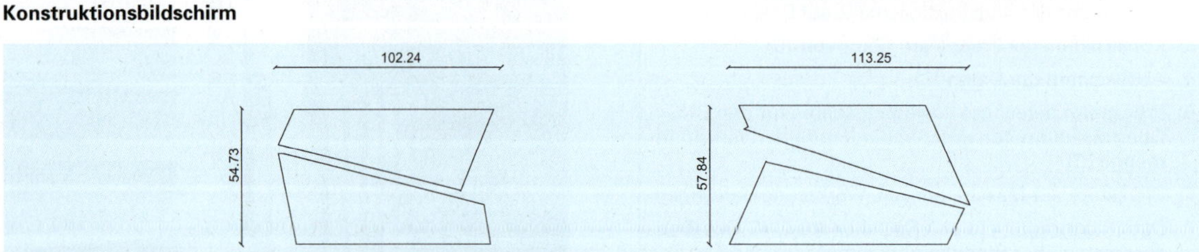

Verschnittmengenminimierung durch die Kombination verzogener Stufen

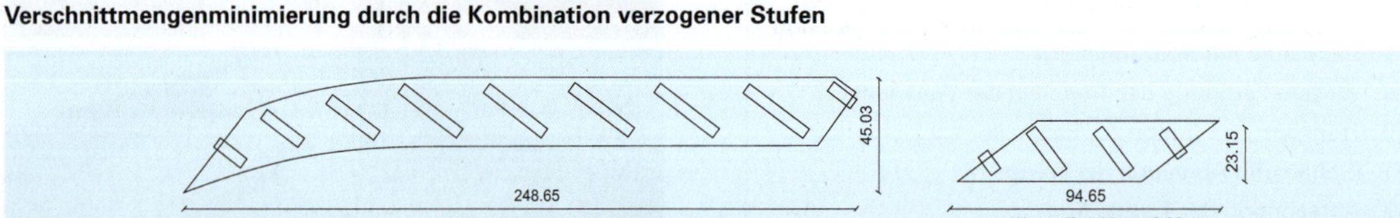

Wangen

4 Internet in der Bautechnik

Das Internet verbindet weltweit Millionen von Rechnern. Es ist das größte Netz für Daten-, Text-, Bild- und Tonaustausch. Der Internetauftritt ermöglicht Handwerksbetrieben, Baufirmen, Planungsbüros und Baubehörden ihren Leistungsumfang über das **WWW** (World Wide Web) anderen Internet-Anwendern vorzustellen. Das Internet ist somit eine umfassende Informationsquelle.

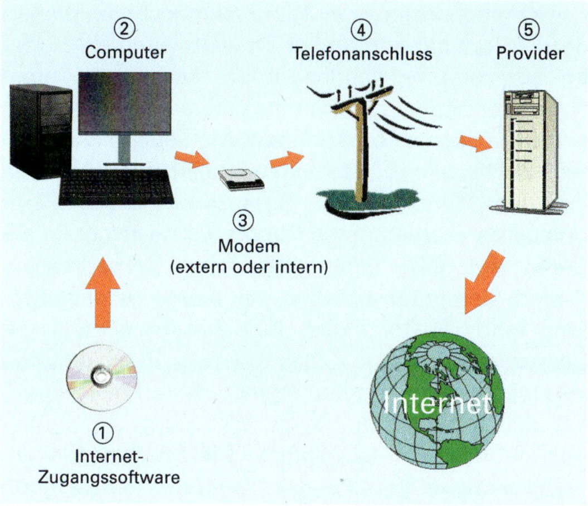

Internetanschluss am Beispiel Telefonleitung

4.1 Hardwarevoraussetzungen

Ein Rechner benötigt für den Internetzugang einen **Router** mit eingebautem **Modem** (abgeleitet aus Modulator und Demodulator). Die Datenübertragung erfolgt über die Telefonleitung oder über Kabel. Kupferkabel werden nach und nach durch **Glasfaserkabel** ersetzt. Die **Datenübertragung per Funk** gewinnt zunehmend an Bedeutung. Die Verbindung erfolgt bei mobilen Endgeräten drahtlos (**WLAN**). **Hotspots** sind öffentliche drahtlose Internetzugangspunkte.

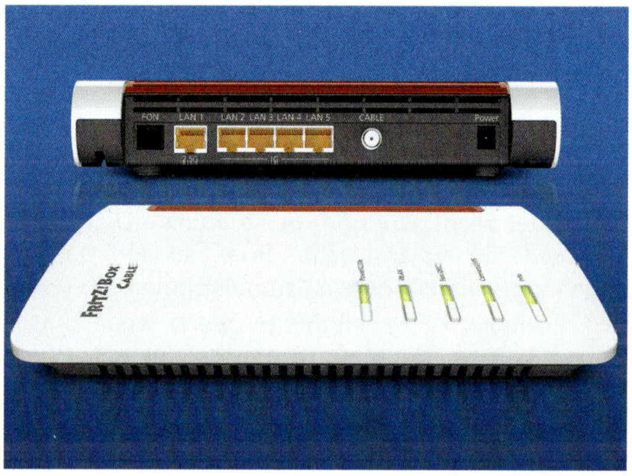

Router

4.2 Software

Der Provider bietet Netzdienstleistungen an. Seine Software stellt über ein Kabelnetz oder über WLAN die Verbindung zwischen Rechner und Internet her.

4.3 Internet-Adresse

Sie dient dazu, eine Web-Seite aufrufen zu können. Eine typische Adresse lautet z. B.
http://www.holzbau-deutschland.de
Die Adresse führt zu dem Rechner, der die Daten zur Verfügung stellt, die Länder- oder die sonstige Kennung, die Bezeichnung des Ordners und den Namen des einzelnen Dokuments. Die Adresse wird auch als URL bezeichnet (uniform resource locator, d. h. Fundstellenanzeiger für gleichförmige Dokumente).

.at	Österreich	.de	Deutschland	.nl	Niederlande
.au	Australien	.es	Spanien	.pl	Polen
.be	Belgien	.fr	Frankreich	.ru	Russland
.ca	Kanada	.gr	Griechenland	.se	Schweden
.ch	Schweiz	.ie	Irland	.tr	Türkei
.cn	China	.it	Italien	.uk	England
.cz	Tschechische Rep.	.jp	Japan	.us	USA
		.lu	Luxemburg		

Länderkennungen

4.4 Sicherheit im Internet

Der Internet-Zugang stellt ein Einfallstor für Angriffe auf einen Rechner dar. Daten können entwendet oder manipuliert werden. Dies geschieht durch **Schadprogramme** (**Computerviren**, **Computerwürmer**, **Trojaner**). Daher hat jedes Betriebssystem einen Echtzeitscanner zum Aufspüren und Abwehren von Schadsoftware. Der Schutz kann durch zusätzliche **Antivirenprogramme** sowie durch regelmäßige Änderung der Passwörter erhöht werden.

.com	Kommerzielle Anbieter
.edu	Schulen, Universitäten, Bildungseinrichtungen
.gov	Ämter, Behörden, staatliche Stellen
.int	Internationale Organisation
.mil	Militärische Systeme
.net	Netzwerk-Organisationen
.org	Verschiedene Organisationen aller Art

Sonstige Kennungen

Zur Internetnutzung benötigt man einen Rechner, eine Leitung, einen Router, Zugangssoftware und einen Provider. Drahtlose Verbindungen sind ebenfalls möglich.

4.5 Suchmaschinen

Das Internet ermöglicht den Zugang zu mehr als einer Milliarde Webseiten. Die Suchmaschinen dienen dazu, Informationen gezielt im weltweiten Netz oder im sprachraum-, landes- oder themenbezogenen Netz zu ermitteln. Die Suchmaschinen werden unterteilt in Volltextsuchmaschinen, Metasuchmaschinen und Suchkataloge. **Volltextsuchmaschinen** erhalten ihre Informationen von datensammelnden Computern, den sogenannten Robots. Diese ermitteln die Daten aus den ihnen bekannten Webadressen. Andere Computer erstellen aus dieser Datensammlung einen Volltextindex. Aus diesem werden die Benutzersuchanfragen beantwortet. **Suchkataloge** werden in Redaktionen erstellt. Mitarbeiter/-innen begutachten die gefundenen Webseiten und sortieren sie nach Schlagwörtern. **Metasuchmaschinen** verbinden die Vorteile der Volltextsuchmaschinen und der Suchkataloge und erreichen dadurch mitunter bessere Suchergebnisse. Die **Qualität der Suchergebnisse** ist von Suchmaschine zu Suchmaschine sehr unterschiedlich. Daher sollte der gesuchte Begriff immer so genau wie möglich eingegrenzt werden.

4.6 E-Mail

E-Mail kürzt electronic mail (elektronische Post) ab. Sie ist der wichtigste und meistgenutzte Dienst des Internets. Ein elektronischer Brief, an den Dateien angehängt sein können, ist zumeist innerhalb weniger Sekunden beim Empfänger, auch wenn dieser Tausende von Kilometern entfernt wohnt. Viele Web-Mail-Dienste bieten die Einrichtung eines kostenlosen Postfachs an. Die Anmeldung bei einem der Dienste läuft online nach folgendem Schema ab:

- Web-Mail-Dienst unter seiner www-Adresse aufrufen.
- Anmeldeformular des Dienstes anfordern und ausfüllen. Hierbei sind Pflicht- und freiwillige Angaben zu unterscheiden.
- Benutzername und Passwort ausdenken und eingeben. Diese Daten sollte man sich gut merken und sie vor unberechtigtem Zugriff schützen. Passwörter sind regelmäßig zu ändern.
- Absenden des korrekt ausgefüllten Formulars an den Dienst.
- Der Web-Mail-Dienst bestätigt die Anmeldung und richtet das E-Mail-Postfach ein.

Der Zugriff zum Postfach erfolgt durch Eingabe des Benutzernamens und des Passworts auf der Hauptseite des Dienstes und dem anschließenden Login. Der Dienst bietet auch ein www-Formular an, in das die Empfängerdaten und der Nachrichtentext einzugeben sind. Dateien können angefügt werden.

> Suchmaschinen liefern Suchergebnisse unterschiedlicher Qualität zu einer Suchanfrage.
> E-Mail ermöglicht den Informationsaustausch in Sekundenschnelle.

www.acoon.de
www.abacho.de
www.excite.de
www.fastbot.de
www.fireball.de
www.msn.com

Volltextsuchmaschinen

www.metacrawler.de
www.metager.de
www.metaspinner.de

Metasuchmaschinen

www.allesklar.de
www.dino-online.org
www.web.de
www.yahoo.de

Suchkataloge

Eingabe des Suchbegriffes

Web-Mail-Dienst	WWW-Adresse	E-Mail-Aufbau
Global Message Exchange (GMX)	www.gmx.de	name@gmx.de name@gmx.net
ePost (Deutsche Post AG)	www.epost.de	name@epost.de name@gmx.net
Hotmail (Microsoft)	www.hotmail.de	name@hotmail.com
Bigfoot	www.bigfoot.de	name@bigfoot.de
Web.de FreeMail	freemail.web.de	name@web.de
Yahoo Mail	www.yahoo.de	name@yahoo.de
Excite Inbox	www.excite.de	name@excite.de
Mail 4 You	www.mail4you.de	name@mail4you.de
Young World	www.young-world.com	name@young-world.com
TopMail	www.topmail.de	name@topmail.de

Deutschsprachige Web-Mail-Dienste

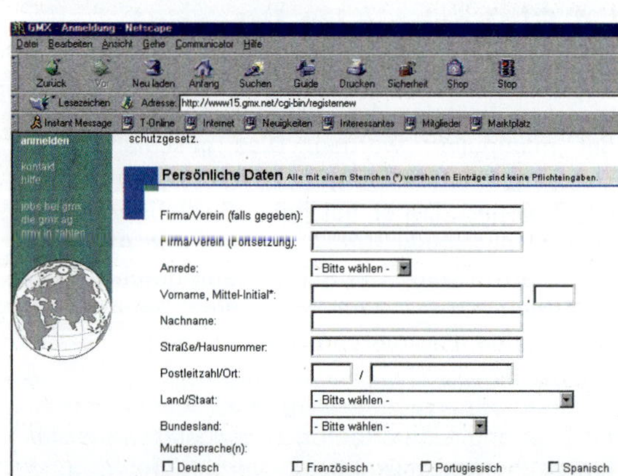

Anmeldeformular eines Web-Mail-Dienstes

4.7 Nützliche Internet-Adressen

Viele Webseiten haben Links (Verbindungen) zu anderen Webseiten gesetzt. Diese Adressen erkennt man am Bildschirm, wenn der Mauspfeil in das Handsymbol übergeht. Die Webseite kann dann durch Mausklick aufgerufen werden. Hier finden Sie einige Adressen von Webseiten aufgeführt, bei denen sich Zimmerleute über Unternehmungen und deren Produkte sowie über Institutionen und Behörden informieren können.

Internet-Adresse	Leistung
www.abbund.com/de/index.shtml	Software für Abbund, Holzbau und Fertigbau
www.abbund.de	Abbundzentrum Fichtenberg/Königshofen
www.abbundzentrum.de	Abbundzentrum Leipzig
www.baunetz.de	Branchen-Plattform für Baufachleute
www.bauregeln.de	Informationen zu 300 Bauregeln
www.bdz-holzbau.de	Bund Deutscher Zimmermeister (mit Links zu den Verbänden aller Bundesländer)
www.bellnet.de/suchen/wirtschaft/industrie/holz.html	Weist auf Websites der Holzindustrie hin
www.bmvbw.de	Bundesministerium für Verkehr, Bau- und Wohnungswesen
www.bundesarchitektenkammer.de	Bundesarchitektenkammer
www.bundesingenieurkammer.de	Bundesingenieurkammer
www.cadwork.de/indexL1a.jsp	Software für Abbund, Holzbau und Fertigbau
www.compass-software.de	Software für Treppenbau
www.dachkomplett.de	Qualitätsverbund DachKomplett
www.dfv.com	Deutscher Fertigbau-Verband e. V.
www.dietrichs.com	Software für Abbund, Holzbau und Fertigbau
www.din.de	Informationen zu den DIN-Normen
www.gaeb.de	Gemeinsamer Ausschuss Elektronik im Bauwesen
www.holzabsatzfonds.de	Zentrale Marketingeinrichtung der deutschen Forst- und Holzwirtschaft (Nachfolger der Arbeitsgemeinschaft Holz)
www.holz.de	Ein Portal zur Holzwirtschaft
www.holzbau-online.de	Zimmerer- und Holzbauverband Baden-Württemberg
www.holz-technik.de	Informationsforum für Holztechniker
www.homag.de	Holzbearbeitungsmaschinenhersteller
www.hundegger.de	Holzbearbeitungsmaschinenhersteller
www.infoholz.de	Publikation des Holzabsatzfonds
www.kesseledv-systeme.de	Software für Abbund, Treppenberechnung, Kalkulation
www.mafell.de	Holzbearbeitungsmaschinenhersteller
www.maka.de	Holzbearbeitungsmaschinenhersteller
www.mikado-online.de	Online-Ausgabe der Holzbau-Fachzeitschrift „mikado"
www.nussreiner.de/abbund-cad-3d	Software für Abbund, Holzbau und Fertigbau
www.rund-ums-holz.de	Suchmaschine Rund-ums-Holz
www.sema-soft.de/software/holzbau	Software für Abbund, Holzbau und Fertigbau
www.trimfox.com	Software für Abbund, Holzbau und Fertigbau
www.vob-online.de	Informationen zur VOB
www.weka.de	Verlag der Holzbau-Fachzeitschrift „mikado"
www.weto.de/home.html	Software für Abbund, Holzbau und Fertigbau
www.wetter.de	Wetter-Auskunft
www.wood.vdma.org	Holzbearbeitungsmaschinenhersteller
www.zimmerer-bayern.com	Verbände des Bayerischen Zimmerer- und Holzbaugewerbes
www.zimmererzentrum.de	Bildungszentrum Holzbau Baden-Württemberg

5 Bildschirmarbeitsplatz

5.1 Mögliche Folgen

Einige Beschäftigte des Berufsfeldes Bau arbeiten viele Stunden pro Tag am Bildschirmarbeitsplatz. Deshalb muss der Arbeitsplatz ergonomisch (körper- und arbeitsgerecht) einwandfrei gestaltet sein.

5.2 Anforderungen

Die Abbildung zeigt einen **Bildschirmarbeitsplatz** mit den **ergonomisch erforderlichen Abmessungen**. Folgende Punkte sollen bei der Einrichtung eines Bildschirmarbeitsplatzes beachtet werden:

- **Sehentfernung 45 ... 60 cm** zu möglichst allen Arbeitsmitteln,
- **Tastatur nicht zu hoch** anordnen,
- **ausreichende Tischplattengröße** als Unterlage für Hardware, Akten und Pläne,
- **Pausenzeiten** bei der Bildschirmarbeit einhalten.

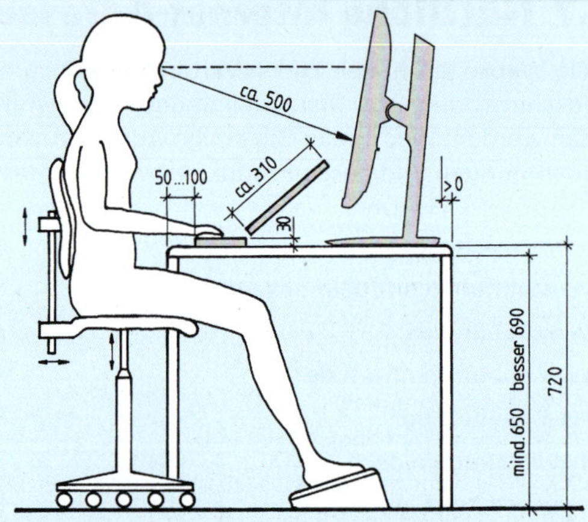

(Zahlenangaben in mm)

Ergonomisch erforderliche Abmessungen

5.3 Unfallverhütung

Beim Umgang mit CNC-Maschinen sind die UVV (Unfallverhütungsvorschriften) einzuhalten.

5.4 Zukünftige Anwendungen

Die zunehmende Vernetzung der Computer wird den Informationsaustausch der am Bau beteiligten Fachleute weiter vereinfachen und beschleunigen.

Zusammenfassung

Anwendungsprogramme werden in vielen Bereichen der Bauplanung, Bauverwaltung und Bauausführung eingesetzt. Sie ermöglichen einen beliebig häufigen Zugriff auf eine einmal erstellte Information. Sie können auf dem Softwaremarkt erworben oder gemietet werden. Anwendungsprogramme werden in folgenden Bereichen eingesetzt:

- Entwurf (CAD), Abbund, Mengenermittlung,
- Tragwerksplanung,
- Wärmeschutznachweis,
- Kalkulation, Vergabe, Aufmaß und Abrechnung,
- Treppenberechnung.

Der Entwurf von Dachstühlen und Treppen ist mit dem Computer möglich. Die Abbundmaße werden von CAD-Programmen ermittelt. Sie können an die CNC-Anlage überspielt werden, welche aus den Maßen Bewegungsdaten für die Fräsköpfe und Sägen sowie Bohrgeräte berechnet.

Bildschirmarbeitsplätze sollten zur Vermeidung von Gesundheitsschäden ergonomisch gestaltet werden.

Zur Internet-Nutzung benötigt man neben dem Computer einen Router und die Zugangssoftware sowie einen Provider oder einen Hotspot.

Suchmaschinen liefern Suchergebnisse unterschiedlicher Qualität zu einer Suchanfrage.

E-Mail ermöglicht den weltweiten Informationsaustausch in Sekundenschnelle.

Aufgaben

1. *Welche Vorteile bieten Anwendungsprogramme?*
2. *Welche Nachteile hat die Erstellung von Programmen durch den Anwender?*
3. *Nennen Sie Einsatzgebiete von Anwendungsprogrammen*
   a) in der Baubranche,
   b) in anderen Wirtschaftszweigen.
4. *Erklären Sie die Begriffe CAD, CIM und CNC.*
5. *Nennen Sie die Bestandteile einer Abbundanlage.*
6. *Beschreiben Sie die Vorteile eines Oberfräsautomaten bei der Herstellung von Treppen.*
7. *Erläutern Sie den Begriff Maus-Menü-Technik.*
8. *Unterscheiden Sie die Drucker.*
9. *Wozu werden Plotter verwendet?*
10. *a) Informieren Sie sich über mehrere Suchmaschinen zum Thema „Zimmerer – Meisterkurse“,*
    b) speichern Sie die Ergebnisse.
11. *Richten Sie sich bei einem Web-Mail-Dienst Ihr E-Mail-Postfach ein.*
12. *Wodurch können Gesundheitsschäden infolge der Arbeit mit dem Computer vermieden werden?*

5.5 Begriffserklärungen

ANWENDUNGSPROGRAMME werden vom Anwender programmiert oder auf dem Softwaremarkt als Einzellösung oder Standardsoftware angeboten. Die Standardsoftware umfasst u. a.

- Buchführungsprogramme,
- Datenbanksysteme,
- Programme zur Tragwerksplanung,
- Tabellenkalkulationsprogramme,
- Textverarbeitungsprogramme,
- Abbundprogramme,
- Treppenberechnungsprogramme.

BILDSCHIRM dient zur Datenausgabe. Die Länge der Bildschirmdiagonale beträgt bis zu 40 Zoll.

BILDSCHIRMARBEITSPLATZ wird hauptsächlich von Ingenieuren, Architekten, Bautechnikern, Bauzeichnern und von Bauleitern benutzt. Der Bildschirmarbeitsplatz muss ergonomisch richtig gestaltet sein.

BIM: Der Begriff Building Information Modeling (deutsch: Gebäudedatenmodellierung) beschreibt eine Methode, die Planung, Ausführung und Bewirtschaftung von Gebäuden mithilfe von Software zu optimieren. Dabei werden alle wichtigen Gebäudedaten digital erfasst, kombiniert und vernetzt. Vom Gebäude wird ein virtuelles Gebäudemodell erstellt und auch geometrisch visualisiert (Computermodell).

CAD heißt Computer-aided Design und bedeutet rechnerunterstütztes Entwerfen und Konstruieren.

CAM kürzt Computer Aided Manufacturing ab.

CIM bedeutet Computer Integrated Manufacturing. Unter CIM versteht man das rechnergesteuerte Zusammenwirken aller Teilgebiete im Fertigungsbetrieb.

CNC ist die Abkürzung von Computerized Numerical Control. Ein Computer ermittelt die Daten, mit welchen die Bewegungsabläufe der Fräsköpfe und Sägen einer automatischen Abbundmaschine gesteuert werden.

CPU bedeutet Central Processing Unit, s. Zentraleinheit.

DATENAUSTAUSCH wird durch genormte Schnittstellen gewährleistet.

DRUCKER geben Daten als Text oder Grafik aus.

E-MAIL ist die elektronische Post im Internet. Der Informationsaustausch um die Erde benötigt nur Sekunden.

ERGONOMIE befasst sich mit der Anpassung der Technik an den Menschen zum Zweck der Arbeitserleichterung. Sie führt zur Gestaltung von Arbeitsplätzen, die keine Gesundheitsschäden hervorrufen.

GRAFIKTABLETT dient zur Dateneingabe.

HARDWARE umfasst die Zentraleinheit und die peripheren Geräte der DV-Anlage.

HAUPTSPEICHER ist Bestandteil der Zentraleinheit.

HOTSPOT ist ein öffentlicher drahtloser Internetzugangspunkt.

INTERNET ist ein Netz, das lokale Datennetze und somit viele Millionen Computer weltweit verbindet.

LAN kürzt Local Area Network ab. Dies bedeutet lokales oder örtliches Netzwerk, das digitale Geräte miteinander verbindet.

LAPTOP s. Notebook

LASERDRUCKER heißt auch Seitendrucker, da er eine Seite aufbereitet und dann druckt. Er erreicht eine hohe Druckqualität bei sehr geringem Betriebsgeräusch.

MASSENSPEICHER sind Festplatten, Blue-Ray-Discs, DVDs, USB-Memory-Sticks oder CDs. Sie nehmen Daten auf.

MAUS ist ein Eingabegerät mit ein bis drei Tasten.

MONITOR s. Bildschirm

MULTIMEDIA bezeichnet Werke und Inhalte, welche aus mehreren, meist digitalen Medien bestehen können: Animation, Audio, Fotografie, Grafik, Text und Video.

NOTEBOOK ist die Bezeichnung für einen leistungsfähigen, tragbaren Computer, der in eine Aktentasche passt.

OVERLAYTECHNIK beschreibt die Arbeitsweise eines Programms. Jedes Overlay enthält spezielle Informationen, z. B. die Schraffur oder die Bemaßung. Diese Informationen werden in einem eigenen Datensatz, welcher nach dem Overlay benannt ist, auf dem Massenspeicher abgelegt.

PERIPHERIE eines Computers bezeichnet die Geräte für die Eingabe und Ausgabe von Daten, z. B. Maus, Tastatur, Bildschirm, Drucker, Plotter, Blue-Ray Disc, Festplatte, DVD, Steuerhebel, Router, Cloud oder Tachymeter.

PLOTTER ist ein Zeichengerät und dient zur Datenausgabe. Es gibt Flachbettplotter und Trommelplotter.

PROGRAMME stellen ausführbare Anweisungen für den Computer dar.

PROGRAMMIERSPRACHEN werden zum Erstellen von Programmen angewendet.

PROZESSOR s. Zentraleinheit

SMARTPHONE s. Notebook

SOFTWARE s. Programme

SUCHMASCHINEN nehmen vom Benutzer Suchbegriffe entgegen und durchsuchen dann das WWW.

TACHYMETER ist ein Vermessungsgerät. Zimmerleute erfassen mit ihm Daten für das elektronische Aufmaß und die Abrechnung von Bauleistungen.

TINTENSTRAHLDRUCKER druckt Zeile um Zeile. Er erreicht eine gute Druckqualität und ist geräuscharm.

TRAGBARER COMPUTER s. Notebook

WLAN kürzt Wireless Local Area Network ab. Wireless bedeutet drahtlos oder kabellos; s. a. LAN

WWW steht für World Wide Web. Im weltweiten Netz werden multimediale Informationen präsentiert.

ZENTRALEINHEIT besteht aus Steuerwerk, Rechenwerk und Hauptspeicher. Sie überwacht die DV-Anlage.

Sachwortverzeichnis

Sachwortverzeichnis

Bildquellenverzeichnis

Verfasser und Verlag danken den genannten Firmen, Institutionen und Privatpersonen für die Überlassung von Vorlagen und Abdruckgenehmigungen zu folgenden Abbildungen:

AIG-konstrukcijas, LV-Salaspils: S. 301/3
AVM Computersysteme Vertriebs GmbH, Berlin: S. 417/2
Norbert Baradoy, Tübingen: S. 298/1
Bau-Fritz GmbH & Co. KG, Erkheim: S. 400/1
Berufsgenossenschaft Holz und Metall (BGHM), Mainz: S. 71/1–4
BG BAU, Berufsgenossenschaft der Bauwirtschaft, Berlin: S. 276/2
Braas GmbH, Oberursel: S. 83/2, 3
Johannes Brucker, Stuttgart: S. 100/2; 109/2
Dr. Peter Cheret, Büro Cheret-Bozic, Stuttgart, Projekt Landespavillon „Treffpunkt Baden-Württemberg" IGA 1993 Stuttgart: S. 304/1
Compass Software GmbH, Dortmund: S. 416/1–5
Thomas Fabrinsky, Dipl.-Ing. Freier Architekt, Karlsruhe: S. 100/1
Willi Felten GmbH, Kiel: S. 309/1
Festool GmbH, D-Wendlingen: S. 72/1; 77/1a
MANFRED FETSCHER, Ilmensee: S. 320/1
Future Mindset 2050 GmbH, Gehrden: S. 406/1
GEALAN Dienstleistung GmbH, Oberkotzau: S. 116/5
Gebr. Knauf Westdeutsche Gipswerke, Iphofen: S. 8/3; 163/3
Glunz AG Glunzdorf, Hamm: S. 138/5
G R A F I K D E S I G N Frederic Hutter, A-Brunn am Gebirge: S. 276/2
Hauptverband der gewerblichen Berufsgenossenschaften, Bonn: S. 69/1
Hawlik & Hawlik GmbH, 86456 Gablingen: S. 365/1
Manfred Huck GmbH & Co. KG, Aßlar-Berghausen: S. 276/1
Hünnebeck Deutschland GmbH, Ratingen: S. 366/1
Hans Hundegger AG, Hawangen: S. 410/1, 2; 411/1–8; 412/1–8; 413/1–8; 414/1
Industrieverband Hartschaum e. V., Heidelberg: S. 120/1
INFORMATIONSDIENST HOLZ: S. 310/1
INTERPANE Glas Industrie AG, Lauenförde: S. 117/4
ISOLITH M. Hattinger GmbH, A-Straßwalchen: S. 141/1–3
Janssen Holzbau GmbH, Werlte: S. 308/3
Wilhelm Kaufmann, Norderstedt: S. 73/1–3; 74/1; 198/2, 3, 5, 7, 8
Kiesling Maschinentechnik GmbH, Dietzenbach: S. 334/2; 335/8
Dr. Gunnar Kleist, Baden-Baden: S. 352/4; 353/2, 4; 354/2; 356/4
Kneer-Südfenster, Westerheim: S. 116/1–4
Kölle Maschinenbau GmbH, Esslingen: S. 74/2; 75/1
Landesamt für Denkmalpflege im RP Stuttgart: S. 345/2; 346/3; 347/1; 350/1; 351/2; 384/1
Wilhelm Layher GmbH & Co. KG, Güglingen: S. 274/2
Lömpel-Bautenschutz GmbH & Co. KG, Arnstein: S. 357/2–4; 358/1, 3–5
Mafell AG, Oberndorf a. N.: S. 76/1–3; 77/3; 78/1
MAKA Systems GmbH, Niersingen: S. 415/2
Maschinenbau Scholz GmbH & Co. KG, Coesfeld: S. 363/1
Architekten Dipl.-Ing. Harald Merz und Karl-Heinz Merz, Albstadt: S. 109/1
Metabowerke GmbH, Nürtingen: S. 72/2
Metsä Wood / © SERGIO GRAZIA, FI-Espoo: S. 301/2
Marco Müller, GROLI Schädlingsbekämpfung GmbH, Dresden: S. 365/2
Dr. Uwe Noldt, Thünen-Institut für Holzforschung, Hamburg: S. 354/1, 3–7; 355/1–6
OPITZ Holzbau GmbH & Co. KG, Neuruppin: S. 308/2; 318/1
RINNTECH Ingenieurbüro & Vertrieb, Heidelberg: S. 359/3, 4
Roto Dach- und Solartechnologie GmbH, Leinfelden-Echterdingen: S. 291/4
Rubner Holzbau GmbH, Augsburg: S. 301/1
Saint-Gobain Isover G+H AG: S. 182/1
Saint-Gobain Rigips GmbH, Düsseldorf: S. 133/3; 134/1; 145/1–6; 148/1–6
Schreinerei Schuster, Rainau-Schwabsberg: S. 10/2; 415/3
Prof. Dr. Jürgen Sell, Eidgenössische Materialprüfungs- und Forschungsanstalt, CH-Dübendorf: S. 13/3–5; 356/3
Shutterstock Images LLC, New York, USA: S. 22/2 (Pigprox); 353/3 (LariBat)
Hermann Sindlinger: S. 22/1; 179/2; 300/3
Dr. Specht GmbH Infrarot-Messtechnik, Taunusstein-Hahn: S. 391/2
Stadt Hildesheim, Andreas Hartmann, Hildesheim: S. 382/1
stock.adobe.com: S. 77/2 (.shock)
Dr. Hans-Peter Sutter, CH-Werdenberg: S. 356/5
Wolfgang Teetz, Eurasburg: S. 316/2; 317/2
VELUX Deutschland GmbH, Hamburg: S. 207/2–4, 209/3, 290/2, 4, 5; 291/2, 3
Ing.-Büro Klaas Visser (IVBH). Emden: S. 406/2
Friedemann Wache – Spezialwerkzeuge f. d. Holzbearbeitung, Ingolstadt: S. 70/2
Zimmerei Waltke GmbH, Dresden: S. 76/4a–b
ZinCo GmbH: S. 180/1, 2

Trotz intensiver Bemühungen ist es uns nicht gelungen, die Urheber einiger Abbildungen zu ermitteln. Die Rechte dieser Urheber werden selbstverständlich gewahrt. Die Urheber oder deren Rechtsnachfolger werden gebeten, sich mit dem Verlag in Verbindung zu setzen.